적외선 스펙트럼 상관도표

	진동 형태		진동수(cm^{-1})	세기	참고 페이지
C—H	Alkane	(신축)	3000~2850	s	44
	—CH_3	(굽힘)	1450, 1375	m	
	—CH_2—	(굽힘)	1465	m	
	Alkene	(신축)	3100~3000	m	45
		(평면외 굽힘)	1000~650	s	
	Aromatic	(신축)	3150~3050	s	55
		(평면외 굽힘)	900~690	s	
	Alkyne	(신축)	약 3300	s	47
	Aldehyde		2900~2800	w	69
			2800~2700	w	
C—C	Alkane		유용하지 않음		
C=C	Alkene		1680~1600	m~w	45
	Aromatic		1600, 1475	m~w	55
C≡C	Alkyne		2250~2100	m~w	47
C=O	Aldehyde		1740~1720	s	69
	Ketone		1725~1705	s	71
	Carboxylic acid		1725~1700	s	76
	Ester		1750~1730	s	77
	Amide		1680~1630	s	83
	Anhydride		1810, 1760	s	87
	Acid chloride		1800	s	85
C—O	Alcohol, ether, ester, carboxylic acid, anhydride		1300~1000	s	60, 63, 76, 77, 87
O—H	Alcohol, phenol				
	자유		3650~3600	m	60
	수소결합		3400~3200	m	60
	Carboxylic acid		3400~2400	m	76
N—H	1차, 2차 amine, amide				
	(신축)		3500~3100	m	88
	(굽힘)		1640~1550	m~s	88
C—N	Amine		1350~1000	m~s	88
C=N	Imine, oxime		1690~1640	w~s	90
C≡N	Nitrile		2260~2240	m	90
X=C=Y	Allene, ketene, isocyanate, isothiocyanate		2270~1940	m~s	90
N=O	Nitro(R—NO_2)		1550, 1350	s	92
S—H	Mercaptan		2550	w	94
S=O	Sulfoxide		1050	s	95
	Sulfone, sulfonyl chloride, sulfate, sulfonamide		1375~1300, 1350~1140	s	95
C—X	Fluoride		1400~1000	s	98
	Chloride		785~540	s	98
	Bromide, iodide		< 667	s	98

^{1}H NMR 화학적 이동 상관도표

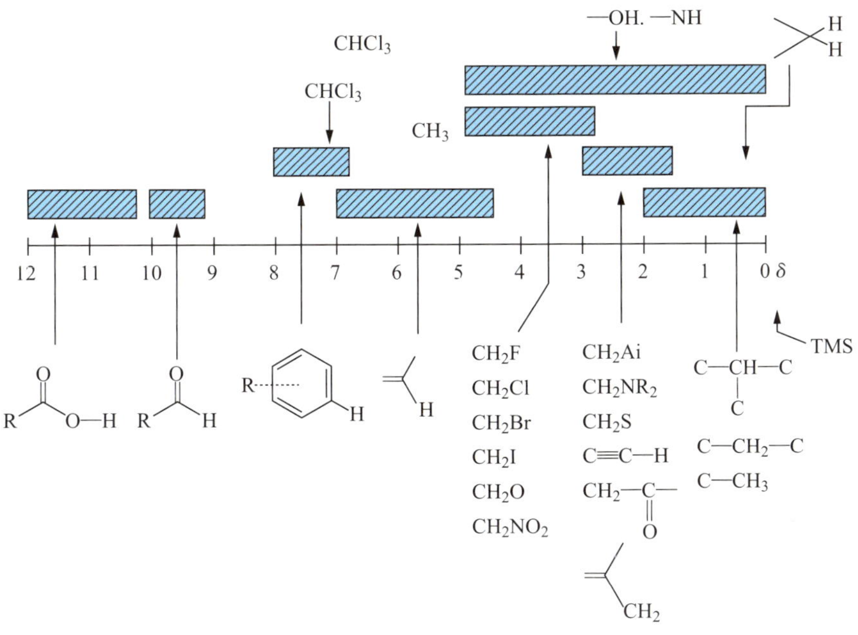

^{13}C NMR 화학적 이동 상관도표

$R-CH_3$	08~30	C≡C	65~90
R_2CH_2	15~55	C≡C	100~150
R_3CH	20~60	C≡N	110~140
C—I C—Br	00~40 25~65	⌬	110~175
C—N	30~65	R—C(=O)—OR, R—C(=O)—OH	155~185
C—O	35~80	$R-C(=O)-NH_2$	155~185
C—O	40~80	R—C(=O)—R, R—C(=O)—H	185~220

Introduction to **Spectroscopy**

5th Edition

Donald L. Pavia
Gary M. Lampman
George S. Kriz
James R. Vyvyan

파비아의

제5판

분광학강의

문석식 · 김진권 · 이석우 · 홍인석 옮김

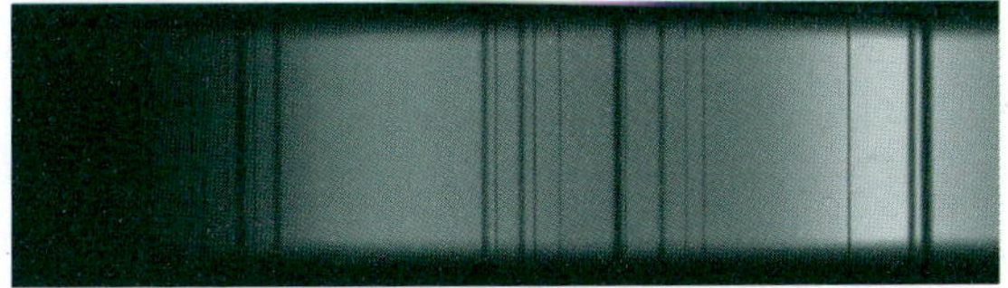

Cengage

Australia • Brazil • Canada • Mexico • Singapore • United Kingdom • United States

***Introduction to Spectroscopy,* Fifth Edition**

Donald L. Pavia
Gary M. Lampman
George S. Kriz
James R. Vyvyan

Original edition © 2015 Brooks Cole, a part of Cengage Learning.
Introduction to Spectroscopy, Fifth Edition by Donald L. Pavia, Gary M. Lampman, George S. Kriz and James R. Vyvyan
ISBN: 9781285460123

This edition is translated by license from Brooks Cole, a part of Cengage Learning, for sale in Korea only.

ISBN-13: 978-89-6218-438-9

Cengage Learning Korea Ltd.
14F YTN Newsquare 76 Sangamsan-ro
Mapo-gu Seoul 03926 Korea
Tel: (82) 2 330 7000
Fax: (82) 2 330 7001

Cengage is a leading provider of customized learning solutions with employees residing in nearly 40 different countries and sales in more than 125 countries around the world. Find your local representative at: **www.cengage.com**

To learn more about Cengage Solutions, visit **www.cengageasia.com**

Printed in Korea
Print Number: 05 Print Year: 2023

옮긴이 머리말

물질의 화학적인 구조 규명은 학문적으로나 산업적으로 매우 중요하다. 한 치의 오차도 없는 물질의 정확한 구조는 화학기술 보호의 필수 불가결한 사항이다. 특히 신기능성 물질 또는 의약 및 농약용 생리활성 신물질의 개발이 절실한 국가적 현실에서 이와 같은 물질에 대한 화학적인 구조의 규명은 매우 중요하다. 이 책은 화학전공자 또는 비전공자들도 쉽게 배울 수 있는 체계적인 화학적 구조 규명에 대한 입문서로서 매우 적절한 교재라고 생각된다.

최근 분석 기기의 괄목할 만한 발달에 힘입어 유기 화합물의 화학적 구조 해석은 주로 분광법에 의존하게 되었다. 특히 최근에 개발된 여러 가지 첨단 기법이 핵자기공명 분광법과 질량 분석법에 많이 도입되었다. 이와 같은 분광법에 관련한 좋은 서적이 시중에 많이 나와 있으나 비전공자들에게는 접근이 용이하지 않으며, 이론적인 내용에 치중하고 있어서 이들 새로운 분석 기법을 활용하기에는 너무 많은 노력이 필요하다. 최근 기술의 발달 속도로 보면, 유기화학자들이 이론적으로 어려운 부분을 완전히 이해하고 스펙트럼을 해석하는 것은 점점 더 어려워지고 있으며, 한편으로 불가능하게까지 느껴진다. 이들 첨단 기기는 유기화학자들이 다루기에는 쉽지 않으므로 유기화학과는 다소 다른 영역의 학문 분야에서 연구하는 전문가들이 기기를 운용한다. 따라서 유기화학자는 이들이 사용한 방법을 최소한 이해하고 있어야 결과에 나타난 영향을 이해할 수 있을 것이다. 이와 같은 관점에서 이번 제5판은 화학적 구조 규명 분야의 이론적 근거가 약한 사람들에게 매우 적절하게 도움이 될 것이다.

고전적으로 원소 분석법으로 물질의 실험식을 알아냈으나, 최근의 고분해능 질량 분석기와 함께 핵자기공명 분광법을 이용하면 쉽게 합리적으로 분자식과 분자 구조를 경이적이라 할 만큼 명확하게 알아낼 수 있다. 지은이의 머리말에서도 밝히듯이 개정판에는 질량 분석법을 두 개의 장으로 나누어 책의 앞부분에 배치하였으며, 내용을 보다 더 이해하기 쉽게 설명하였다. 또한 핵자기공명 분광법과 관련된 모든 내용을 일목요연하게 정리하여 학생들이 공부하기에 논리적으로 편리하도록 하였다. 이와 같은 관점에서 이 책은 미지 물질의 화학적 구조 해석에 매우 유용하게 활용할 수 있을 것이다. 적외선 분광법과 자외선 분광법에 대해서도 매우 상세히 기술하고 있으나 핵자기공명 분광법으로 대치하여 더 쉽게 구조를 해석할 수 있기 때문에, 학부에서 한 학기용 교재로 활용하고자 한다면 적외선 분광법과 자외선 분광법에 불필요하게 많은 시간을 할애하는 것보다는 적절게 줄여서 이용하는 것이 좋을 듯하다.

강의 교재를 선정할 때, 항상 원서와 번역판 사이에서 고민을 한다. 그 주된 고민은 주로 화합물의 이름과 학술 용어 때문이다. 따라서 이 책의 번역판을 내면서 화합물의 이름은 가능한 한 IUPAC 영문 이름을 그대로 사용하였으며, 학술 용어는 가능한 한 대한화학회에서 발간

한 화학술어집을 참고하였다. 하지만 사용한 학술 용어는 다른 원서 또는 전문학술지에서도 사용되기 때문에 번역판마다 다를 수 있다. 따라서 괄호 안에 번역한 용어의 영문 원어를 수록하여 편협하게 치우치지 않도록 노력하였다. 한글 표현법에 충실하려고 노력하였으나, 여의치 않아 영어식으로 번역된 곳도 더러 있을 수 있으며, 한자 용어가 사용된 부분들도 있고, 외래어를 사용한 경우도 있다. 옮긴이가 미천하여 범한 오류를 지적해 주시면 최대한 반영하고자 한다.

끝으로, 이 책의 완성을 위하여 기여해 주신 분들께 감사를 드린다. 특히 출판을 주선해 주신 사이플러스 출판사 임직원들에게 깊은 감사를 드리는 바이다.

2017년 1월 3일

옮긴이 대표 문석식 적음

지은이 머리말

이 책은 유기화학을 전공하는 학생들을 위한 분광학 입문서로서 제5판이다. 이 책은 일반 유기화학 강의 교재에 대한 부교재로 활용할 수 있으며, 학부 고학년생이나 대학원 저학년생을 대상으로 하는 분광학 강의 교재로도 사용할 수 있을 것이다. 실험실에서 연구를 수행하는 학생들에게도 매우 유용한 참고 도서가 될 것이다. 이 책의 지은이들은 학생들에게 스펙트럼 해석 방법을 가르치는 것뿐만 아니라, 기본적인 이론적 개념을 제공하기 위하여 많은 노력을 기울였다. 전판과 같이 이론적인 측면에 과도하게 집중하거나 복잡한 수학적 분석을 사용하지 않고 각 분광학 기법의 중요한 측면만을 다루려고 노력하였다.

이 책의 지은이들은 소속 학과에서 학부 고학년생들에게 분광학적 방법과 고급 NMR 기법을 가르치는 강의에서는 이 책을 주교재로 사용하고 있으며, 유기화학 강의에서는 부교재로 사용하고 있다. 강의 및 강의 자료를 바탕으로 끊임없이 내용을 수정보완하였기 때문에 이 책의 내용은 지속적으로 충실해지고 있다. 지은이들이 강의를 통해 얻은 효과적인 설명과 예제들을 본 개정판에 수록하였다.

개정판의 새로운 내용

전판과 비교하여 분광학의 이해 제5판에서 새롭게 바뀐 내용은 다음과 같다. 질량 분석법에 관한 내용을 책의 앞부분으로 옮기고 두 개의 장으로 나누어 보다 쉽게 설명하였다. 시료 준비와 이온화 방법에 관하여 새롭게 개발된 내용을 추가하였으며, 토막나기 패턴을 이용한 추가적인 구조 해석법도 포함하였다. 핵자기공명을 다룬 모든 장을 함께 모아 논리 순서대로 장을 배치하였다. 부분입체이성질현상을 갖는 시스템과 이종핵 짝지음에 관한 내용을 확대하여 포함하였고, NMR에서 용매 효과에 대한 내용을 수정하였다.

각 장마다 더 많은 연습 문제를 수록하였으며, 풀이가 있는 예제를 추가하여 학생들이 분광학 문제를 푸는 전략과 기교를 더 잘 터득할 수 있도록 하였다. 책의 뒷 부분에 수록된 연습 문제 해답에는 별표(*)를 한 연습 문제의 해답을 수록하였다.

학생들에 들려주고 싶은 조언

다음에 주어진 몇 개의 간단한 제안에 따라 분광학 문제를 풀면, 쉽게 성공할 수 있으며, 더 많은 즐거움을 느낄 수 있다.

1. 각 장의 끝부분에 나타낸 풀이가 있는 예제를 주의 깊게 공부하라. 풀이가 있는 예제의 설명이나 접근법이 편안하게 익숙해지기 전에는 연습 문제를 풀지 말라.

2. 분광학 문제를 풀 때 동료들과 서로 도와가며 문제를 풀면, 아주 많은 것을 배우게 된다. 칠판 주위에 둘러서서 서로 아이디어를 교환하면서 답을 추론하는 과정을 토의하다 보면 많은 즐거움을 느끼게 되고, 배우는 것도 훨씬 많을 것이다.
3. 힘들다고 두려워하거나 걱정할 필요는 없다. 어려운 문제에 대한 해답을 찾아보는 것은 너무 쉽지만, 그럴 경우 배우는 것 또한 많지 않을 것이다. 이제부터 학생 여러분은 여러분의 두뇌를 훈련시켜 과학자들처럼 생각할 수 있어야 한다. 힘든 일을 대신 해주는 사람은 없다.
4. 각 장을 공부할 때 꼭 그 장에 있는 예제나 연습 문제도 함께 풀어야 한다. 그래야만 공부한 개념이 머리 속에 확고하게 각인된다.

비록 이 책을 유기화학 분야에 집중하여 서술하고 있지만, 사실 분광학을 이용한 연구는 생화학, 무기화학, 물리화학, 소재화학, 분석화학 등을 포함한 많은 분야에서 활발하게 수행되고 있다. 이제 분광학은 실험실에서 진행되는 모든 형태의 연구를 뒷받침하고 있으며, 없어서는 안 될 필수적인 방법이다.

감사의 글

지은이들은 Mr. Charles Wandler에게 깊은 감사를 표하고 싶다. 그의 전문적인 식견과 도움이 없었다면 이 책을 완성하지 못했을지도 모른다. 이 책으로 공부하면서 신중하고 사려 깊은 의견을 개진해 준 본과의 많은 학생들에게도 감사의 마음을 전하고 싶다.

끝으로, 많은 인내를 가지고 끊임없는 성원을 아끼지 않은 아내 Neva-Jean Pavia, Marian Lampman, Cathy Vyvyan에게 다시 한 번 깊은 감사의 마음을 전한다. 그들은 많은 것을 참고 견디며 우리들이 이 책을 집필하는 동안 아낌없이 지원해 주었다. 그러므로 그들 역시 이 책의 완성에 대해 축하를 받을 만하다. 고인이 된 Carolyn Kriz를 추모하고 싶다. 그녀가 그립고, 그녀의 사랑, 그녀의 격려가 그립다.

Donald L. Pavia
Gary M. Lampman
George S. Kriz
James R. Vyvyan

차례

제1장 분자식과 화학적 정보

제2장 적외선 분광학

제3장 질량 분석법

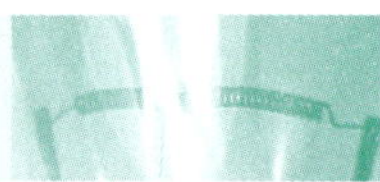

제4장 질량 분석법

제5장 핵자기공명 분광학

제6장 핵자기공명 분광학

제7장 핵자기공명 분광학

제 8 장 핵자기공명 분광학

제 9 장 핵자기공명 분광학

제 10 장
자외선 분광법

제 11 장
구조에 대한 종합 문제

부록 • 701

제 1 장

분자식과 화학적 정보

Molecular Formulas and What Can Be Learned from Them

스펙트럼으로부터 미지의 유기 화합물의 구조를 유추하기에 앞서 그 물질의 분자식을 살펴봄으로써 문제를 어느 정도 간단하게 만들 수 있다. 이 장에서는 화합물의 분자식을 결정하는 방법과 그 분자식으로부터 구조적 정보를 얻는 방법을 기술할 것이다. 이 장에서는 최신 방법과 고전적 방법을 이용하여 분자식을 결정하는 **정량적인 방법**(quantitative method)들을 살펴볼 것이다. 이와 같은 정량적인 방법들을 질량 분석법(mass spectrometry, 제3장)으로 대체할 수 있지만, 아직도 이와 같은 방법들은 일상적으로 사용되고 있다. 많은 학술지에서 연구 결과를 게재하기에 앞서 만족스럽게 얻어진 정량적인 원소 분석 결과를 요구하고 있다(1.1절).

1.1 원소 분석 및 계산법

어떤 물질의 분자식을 결정하기 위한 고전적 과정은 세 단계로 나누어 볼 수 있다.

1. C, H, N, O, S, Cl 등 어떤 종류의 원자가 존재하는지 알아내기 위한 **정성 원소 분석법**(qualitative elemental analysis).
2. 분자에 들어 있는 각 원소의 상대적인 수(퍼센트 조성)를 알아내기 위한 **정량 원소 분석법**(quantitative elemental analysis) 또는 **미량분석**(microanalysis).
3. **분자 질량**(molecular mass) 또는 **분자량**(molecular weight)**의 결정**.

단계 1과 단계 2의 분석을 통하여 화합물의 **실험식**(empirical formula)을 구할 수 있다. 단계 3의 결과로부터 **분자식**(molecular formula)을 구한다.

사실상 모든 유기 화합물에는 탄소와 수소가 들어 있다. 그러므로 대다수의 경우, 시료에 이 원소들이 존재하는지 여부를 굳이 밝힐 필요는 없고, 존재하는 것으로 가정한다. 그러나 어떤 화합물에 탄소나 수소가 존재하는가를 반드시 규명할 필요가 있을 경우에는 그 물질을 과량의 산소 존재 하에서 연소시켜 보면 알 수 있다. 연소시켜서 이산화탄소가 발생하면 미지 물질에 탄소가 존재하는 것이고, 물이 생기면 수소 원자가 틀림없이 존재한다는 것을 의미한다. 요즘에는 기체 크로마토그래피 방법을 이용하여 이산화탄소와 물을 검출할 수 있다. 황 원자는 이산화황으로 전환되며, 질소 원자는 종종 화학 반응에 의해 질소(N_2)로 환원되는데, 이를 다시 연소시켜 질소 산화물로 전환시킨다. 화합물을 수소 기체 조건에서 발화시켜 물로 전환하면, 산소를 검출할 수 있다. 최근에는 이와 같은 모든 분석을 기체 크로마토그래피를 이용하여 수행하며, 이 방법으로 각 기체의 상대적인 양까지도 결정할 수 있다. 분석에 사용한 시료의 양을 알고 있으면, 그 값을 컴퓨터에 입력하여 시료의 **퍼센트 조성**(percentage composition)을 계산할 수 있다.

큰 회사나 큰 대학이 아니면, 원소 분석을 수행할 수 있는 연구실을 갖춘 경우는 드물 것이다. 장비를 설치하고, 최적의 정확도와 정밀도 범위에서 장비가 작동하도록 유지하기 위하여 너무나 많은 시간이 소요된다. 보통은 시료를 **미량분석 실험실**(microanalytical laboratory)에 보내서, 신뢰할 수 있을 만큼의 정확도를 갖는 결과를 손쉽게 얻을 수 있다.

최신 방법을 사용할 수 없었을 때에는, 질량을 아주 정확하게 측정한 시료를 원통형의 유리관에 넣고 연소로에서 연소시켰다. 가열된 관에 산소를 흘려주면, 여분의 산소와 발생한 연소 생성물은 우선 물을 흡수할 수 있는 화학 물질($Mg(ClO_4)_2$)이 들어 있는 흡수관을 통과하고, 이산화탄소를 흡수할 수 있는 물질(NaOH/silica)이 들어 있는 흡수관을 통과하게 된다. 미리 질량을 측정해 놓은 흡수관을 분리하여 다시 질량을 측정하면, 연소에 의하여 발생한 물과 이산화탄소의 양을 결정할 수 있다. 간단한 화학량론적인 접근으로 시료에 존재하는 탄소와 수소의 퍼센트 조성을 계산할 수 있다. 표 1.1에 계산법의 예시를 나타내었다.

일반적으로 시료에 존재하는 산소의 양은 전체에서 다른 원소들의 퍼센트 조성의 합을 빼서 구한다. C, H, O를 포함하는 시료에서 C와 H의 퍼센트 조성을 결정한 후, 산소의 양은 그 나머지 부분이라고 가정한다. 이와 같은 방법은 실제로 산소 이외의 다른 원소가 포함된 시료에도 동일하게 적용된다. 즉, 한 원소를 제외한 다른 모든 원소의 퍼센트 조성이 결정되었을 때, 마지막 원소의 퍼센트 조성은 전체에서 다른 원소들의 퍼센트 조성의 합을 뺀 것과 같다. 오늘날에는 컴퓨터가 장착된 장비에 의해 대부분의 계산이 자동으로 이루어지지만, 화학자들이 이와 같은 기본적인 계산 원리를 알아두는 것은 매우 유용하다.

원소 분석으로부터 결정된 퍼센트 조성을 이용한 **실험식**(empirical formula)을 결정하는 방법을 표 1.2에 나타내었다. 시료의 실험식에서 원소들은 가장 **간단한 정수비**(simplest whole-number ratios)로 표현되어 있으며, 정확한 **분자식**(molecular formula)을 얻기 위하여 실험식에 정수를 곱해 주어야 한다는 사실에 유의하여라. 곱해 주는 숫자를 결정하기 위하여 정확한 분자 질량이 필요하다. 분자 질량을 결정하는 방법은 다음 절에서 논의할 것이다.

아무것도 알려지지 않은(화학적인 출처나 기록이 알려지지 않은) 미지 시료에 대한 실험식을 얻기 위하여 이와 같은 방법을 이용해야 한다. 하지만 잘 알려진 전구물질(반응물)로부터 잘 알려진 반응에 따라 화합물이 합성되었다면, 화합물의 구조에 대해 어느 정도의 지식이 있을 것이다. 이와 같은 경우, 예측되

표 1.1 연소 자료로부터 퍼센트 조성의 계산법

$$C_xH_yO_z + \text{과량 } O_2 \rightarrow x\,CO_2 + \frac{y}{2}\,H_2O$$

9.83 mg   23.26 mg   9.52 mg

$$\text{mmol } CO_2 = \frac{23.26 \text{ mg } CO_2}{44.01 \text{ mg/mmol}} = 0.5285 \text{ mmol } CO_2$$

mmol CO_2 = 원 시료 중 C의 mmol

(0.5285 mmol C)(12.01 mg/mmol C) = 원 시료 중 C는 6.35 mg

$$\text{mmol } H_2O = \frac{9.52 \text{ mg } H_2O}{18.02 \text{ mg/mmol}} = 0.528 \text{ mmol } H_2O$$

$$(0.528 \text{ mmol } H_2O) = \frac{2 \text{ mol H}}{1 \text{ mol } H_2O} = \text{원 시료 중 H는 } 1.056 \text{ mmol}$$

(1.056 mmol H)(1.008 mg/mmol H) = 원 시료 중 H는 1.06 mg

$$\%\,C = \frac{6.35 \text{ mg C}}{9.83 \text{ mg 시료}} \times 100 = 64.6\%$$

$$\%\,H = \frac{1.06 \text{ mg H}}{9.83 \text{ mg 시료}} \times 100 = 10.8\%$$

$$\%\,O = 100 - (64.6 + 10.8) = 24.6\%$$

표 1.2 실험식의 계산법

100 g의 시료를 사용하였다면, 다음과 같이 계산하여

C 64.6% = 64.6 g

H 10.8% = 10.8 g

$$O\ 24.6\% = \frac{24.6\ g}{100.0\ g}$$

$$C의\ 몰수 = \frac{64.6\ g}{12.01\ g/mole} = C\ 5.38\ mol$$

$$H의\ 몰수 = \frac{10.8\ g}{1.008\ g/mole} = H\ 10.7\ mol$$

$$O의\ 몰수 = \frac{24.6\ g}{16.0\ g/mole} = O\ 1.54\ mol$$

다음과 같은 결과가 얻어진다.

$$C_{5.38}H_{10.7}O_{1.54}$$

가장 간단한 비로 전환하면, 다음과 같으며

$$C_{\frac{5.38}{1.54}}H_{\frac{10.7}{1.54}}O_{\frac{1.54}{1.54}} = C_{3.49}H_{6.95}O_{1.00} = C_{3.49}H_{6.95}O_{1.00}$$

근사식으로

$$C_{3.50}H_{7.00}O_{1.00}$$

또는

$$C_7H_{14}O_2$$

가 얻어진다.

는 구조를 기반으로 미리 화합물의 퍼센트 조성을 계산하여 실험값과 비교해 봄으로써 미리 세운 가설의 옳고 그름을 파악할 수 있을 것이다. 이와 같은 계산을 수행할 때, 주기율표에 주어진 원자량은 모든 자리수를 포함하여 계산하여야 하며, 계산이 완전히 끝날 때까지는 반올림하지 말아야 한다. 최종 결과를 소수 둘째 자리까지 얻으면 충분하다. 퍼센트 조성이 10에서 100 사이라면 네 개의 유효숫자, 0에서 10 사이라면 세 개의 유효숫자가 된다. 만약 원소 분석 결과가 계산값과 일치하지 않는다면, 시료에 불순물이 포함되어 있거나, 또는 예상했던 구조가 맞지 않으므로 새로운 구조를 예측하기 위하여 새로운 실험식을 계산하여야 한다. 학술지에 게재 승인을 얻기 위하여 실험값은 계산값과 *0.4% 미만의 오차*로 얻어져야 한다. 대부분의 미량분석 실험실에서는 순수한 물질에 대하여 이 범위 미만의 오차를 갖는 정확도로 분석결과를 얻을 수 있다.

연구에 사용되는 전형적인 원소 분석의 예를 그림 1.1에 나타내었다. Amyl Carbon 교수와 그의 학생은 첫 번째 양식의 아래 부분에 주어진 구조를 갖는 epoxynitrile로 여겨지는 화합물을 합성하였다. 의뢰자의 이름과 확인 코드(보통은 연구노트에 기록된 내용)가 정확하게 표기된 조그만 용기에 이 액체 화합물 시료(25 μL)를 담는다. 분석을 위하여 소량의 시료만이 필요한데, 일반적으로 고체 시료의 경우 수 mg, 액체 시료의 경우 수 μL가 필요하다. 시료와 함께 분석 의뢰서(Request for Analysis)도 작성하여 제출해야 하는데, 그림 1.1의 왼쪽에 있는 견본 양식에 제출해야만 하는 각종 정보들이 제시되어 있다. 이 경

Microanalytical Company, Inc.

REQUEST FOR ANALYSIS FORM

Date: *October 30, 2006*

Report To: *Professor Amyl Carbon*
Department of Chemistry
Western Washington University
Bellingham, WA 98225

Sample No: PAC599A P.O. No : PO2349

Report By: (circle one) AirMail Phone (Email) *pac@www.edu*

Elements to Analyze: C, H, N

Other Elements Present : O

[X] Single Analysis [ ] Duplicate Analysis

[ ] Duplicate only if results are not in range

M.P. ______ B.P. *69* °C @ *2.3* mmHg

Sensitive to : ______ Weigh under N? Y (N)

Dry the Sample? Y (N) Details: ______

[ ] Hygroscopic [ ] Volatile [ ] Explosive

THEORY OR RANGE

%C *67.17*
%H *8.86*
%N *11.19*
%O ______
%Other ______
Mol. Wt. *125.17*

Amount Provided **25 μL**

Stucture:

Comments: $C_7H_{11}NO$

Microanalytical Company, Inc.

November 25, 2006

Professor Amyl Carbon
Department of Chemistry
Western Washington University
Bellingham, WA

RESULTS OF ANALYSIS

Sample ID	Carbon (%)	Hydrogen (%)	Nitrogen (%)
PAC599A	67.39	9.22	11.25
PAC589B	64.98	9.86	8.03
PAC603	73.77	8.20	–

Dr. B. Grant Poohbah, Ph.D.

Director of Analytical Services
Microanalytical Company, Inc

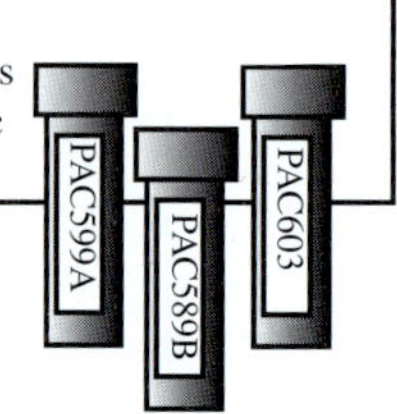

그림 1.1 미량분석 견본 양식. 왼쪽에 나타낸 양식은 시료와 함께 보내야 하는 전형적인 제출 양식이다(그림에 나타낸 시료에 대한 정보가 표기된 세 개의 조그만 용기도 함께 보내야 한다). 각각의 시료에 대하여 각각의 분석 의뢰서를 작성해야 한다. 그림 오른쪽의 배경에 나타낸 것은 분석 결과에 대한 공식적인 편지이다. 시료 PAC599A에 대해 얻어진 결과는 만족스러운가?

우 Carbon 교수는 C, H, N에 대하여 예상되는 결과를 계산하여 예상되는 화학식과 분자량을 계산하였다. 이 화합물은 산소를 포함하고 있지만 산소에 대한 분석 의뢰가 없음에 주목하여라. 다른 두 개의 시료도 함께 의뢰한 것을 알 수 있다. 분석 결과는 약 일주일 쯤 후 Carbon 교수에게 이메일로 발송되었다(양식에 있는 의뢰 내용 참조). 분석 결과에 대한 인증을 위해서 며칠이 지난 후 (그림 오른쪽의 배경에 나타낸 것처럼) 공식적인 편지가 발송되었다. Carbon 교수가 계산한 값과 분석 보고서에 기록된 값들을 비교해 보아라. 그 결과들은 허용 범위에 들어 있는가? 그렇지 않다면 새로 정제된 시료를 다시 반복하여 분석하거나, 새로운 구조의 가능성을 고려해야만 한다.

실제 실험실 환경에서 완전히 새롭거나 전혀 알 수 없는 화합물의 분자식을 결정할 때, 정량적인 원소 분석 결과에 약간의 변수가 있을 수 있는 것을 명심하여라. 이와 같은 상황에서는 다른 분석 실험 결과를 활용하는 것이 도움이 된다. 왜냐하면 적외선(IR) 분석(제2장) 결과와 핵자기공명(NMR) 분석(제5장~제

9장) 결과로부터 가능한 구조가 제안되거나 적어도 시료에 대한 주요 특성을 얻을 수 있기 때문이다. 많은 경우, 이와 같은 방법은 미량분석보다 소량의 불순물에 대해 덜 민감하다.

1.2 분자 질량 결정법

물질의 분자식을 결정하기 위한 다음 단계는 그 물질 1 mol의 질량을 얻는 것이며, 다양한 방법으로 이를 얻을 수 있다. 미지 물질의 분자 질량(molecular mass)을 알지 못하면 원소 분석으로부터 직접 구한 실험식이 그 물질의 진짜 분자식인지, 아니면 분자식을 얻기 위하여 그 실험식에 어떤 정수를 곱해야 되는지 알 수 없다. 1.1절에 인용한 예를 살펴보면, 미지 물질의 분자 질량을 알지 못하고서는 분자식이 $C_7H_{14}O_2$인지 또는 $C_{14}H_{28}O_4$인지 말하는 것은 불가능하다.

최신 실험실에서 분자 질량은 질량 분석법(mass spectrometry)을 이용하여 얻는다. 이 분석법에 대한 상세한 설명과 분자 질량을 구하는 방법은 제3장 3.6절에서 논의할 것이다. 다만 이 절에서는 같은 정보를 얻을 수 있는 몇 가지 고전적인 방법을 살펴보고자 한다.

가끔씩 사용되는 오래된 방법 중 하나는 **증기 밀도법**(vapor density method)이다. 주어진 온도에서 주어진 부피의 기체의 질량을 잰다. 그 기체의 부피를 표준 온도와 표준 압력(STP)에서의 부피로 환산한 후에, 그 부피 속에 존재하는 기체의 몰수를 구할 수 있다(**역자주**. 이상 기체 방정식 $PV = nRT$를 이용하여 몰수 n을 구한다.). 이렇게 얻은 몰수로부터 그 물질의 분자 질량을 쉽게 계산할 수 있다.

물질의 분자 질량을 얻기 위한 또 다른 방법은, 일정량의 미지 물질을 용매에 녹였을 때 나타나는 용매의 어는점 내림을 측정하는 **어는점 내림법**(cryoscopic method)이다. 가끔씩 사용되는 또 다른 방법은 **증기압 막삼투법**(vapor pressure osmometry)이다. 시험 물질을 용매에 녹였을 때 나타나는 용매의 증기압 변화를 측정하여 물질의 분자 질량을 구할 수 있다.

미지 물질이 carboxylic acid라면 표준 수산화 소듐 용액으로 적정할 수 있다. 이 실험으로 **중화 당량**(neutralization equivalent)을 구할 수 있다. 중화 당량은 carboxylic acid의 당량(equivalent weight)과 같다. 만약 carboxylic acid가 하나의 carboxyl 그룹만 갖는다면, 중화 당량과 분자 질량은 같다. 만약 carboxylic acid가 하나 이상의 carboxyl 그룹을 갖는다면, 중화 당량은 carboxylic acid의 분자 질량을 carboxyl 그룹의 개수로 나눈 값이 될 것이다. 많은 phenol, 특히 전자끌기 그룹으로 치환된 phenol의 경우, sulfonic acid 정도의 충분한 산성도를 갖기 때문에 이와 같은 적정 방법을 사용할 수 있다.

1.3 분자식

일단 분자 질량과 실험식이 얻어지면, 곧바로 **분자식**(molecular formula)을 구할 수 있다. 종종 실험식량과 분자 질량이 같다. 이와 같은 경우 실험식이 곧 실제 분자식이 된다. 그러나 많은 경우에 실험식량은 분자 질량보다 작아서, 분자식이 실험식량의 몇 배가 되는지를 결정해야 한다. 이렇게 결정된 배수를 실험식에 곱해 주면 분자식을 얻을 수 있다.

간단하게 **ethane**을 예로 들어 보자. 정량분석으로 실험식은 $\mathbf{CH_3}$로 밝혀졌고, 분자 질량은 30으로 결정되었다. Ethane의 실험식량 15는 분자 질량 30의 $\frac{1}{2}$이다. 그러므로 ethane의 분자식은 $2(CH_3)$ 또는 C_2H_6가 되어야 한다.

이 장의 앞부분에서 이미 소개된 미지 시료에 대한 실험식은 $C_7H_{14}O_2$로 밝혀졌다. 실험식량은 130이다. 이 물질의 분자 질량이 130이라고 가정하면, 실험식과 분자식은 동일하며, 분자식은 $C_7H_{14}O_2$로 결론지을 수 있다.

1.4 수소 모자람 지수

단순히 미지 시료의 분자식을 알기만 해도, 종종 그 시료에 관한 많은 것을 알 수 있다. 다음과 같은 화합물의 일반적인 분자식에 근거하여 이와 같은 정보를 얻을 수 있다.

alkane	C_nH_{2n+2}	수소 2개 차이
cycloalkane 또는 alkene	C_nH_{2n}	수소 2개 차이
alkyne	C_nH_{2n-2}	

분자 내에 고리나 π 결합이 도입될 때마다 분자식에서 수소의 개수가 *두 개씩 감소*한다는 것에 유의하여라. 분자 내에 *삼중 결합(두 개의 π 결합)*이 도입될 때마다, 분자식에서 수소의 개수는 네 개씩 감소한다. 이와 같은 현상을 그림 1.2에 도식으로 나타내었다.

화합물의 분자식에 탄소와 수소가 아닌 원소가 있을 때, 수소에 대한 탄소의 비율은 변한다. 이 비율이 어떻게 변하는지를 예측하기 위하여 다음의 간단한 세 가지 규칙을 이용할 수 있다.

1. 열린 사슬 포화 탄화수소의 화학식을 V족(15족) 원소(N, P, As, Sb, Bi)가 들어 있는 화학식으로 바꾸기 위하여, 각각의 V족(15족) 원소가 있을 때마다 분자식에 수소 원자를 하나씩 *더하여야* 한다(**역자주**. 탄화수소에서 수소 한 개가 빠진 자리에 예를 들어, $-NH_2$가 들어오기 때문에 수소 개수가 한 개 증가한다). 다음 예에서 각 화학식은 탄소 두 개의 비고리 포화 화합물에 맞게 고쳐진 것이다.

   C_2H_6, C_2H_7N, $C_2H_8N_2$, $C_2H_9N_3$

2. 열린 사슬 탄화수소의 화학식을 VI족(16족) 원소(O, S, Se, Te)가 들어 있는 화학식으로 바꾸기 위하여, 수소의 개수는 *바꿀 필요 없이* 그대로 둔다(**역자주**. 탄화수소에서 수소 한 개가 빠진 자리에 예를 들어, $-OH$가 들어오기 때문에 수소 개수는 변하지 않는다). 다음 예에서 각 화학식은 탄소 두 개의 비고리 포화 화합물에 맞게 고쳐진 것이다.

   C_2H_6, C_2H_6O, $C_2H_6O_2$, $C_2H_6O_3$

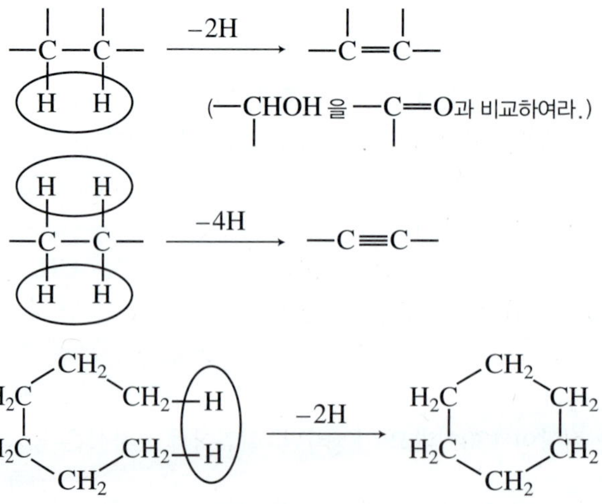

그림 1.2 고리와 이중 결합의 형성. 하나의 고리나 이중 결합이 형성되면 두 개의 수소(2H)가 손실된다.

표 1.3
V족(15족)과 VII족(17족)의 이종 원자가 도입되었을 때, 수소 원자 개수의 교정값 [VI족(16족) 이종 원자는 교정이 필요 없다]

족	예	교정값	실제 변화량
V(15)	C—H → C—NH_2	+1	질소 추가에 따라 수소 1개 증가
VI(16)	C—H → C—OH	0	산소 추가는 수소 개수 변화 없음
VII(17)	C—H → C—Cl	−1	염소 추가에 따라 수소 1개 감소

3. 열린 사슬 포화 탄화수소 화학식을 VII족(17족) 원소(F, Cl, Br, I)가 들어 있는 화학식으로 바꾸기 위하여, VII족(17족) 원소가 한 개 있을 때마다 분자식에서 수소 원자를 하나씩 *빼주어야* 한다(**역자주**. 탄화수소에서 수소 한 개가 빠진 자리에 예를 들어, −Cl이 들어오기 때문에 수소 개수가 한 개 감소한다). 다음 예에서 각 화학식은 탄소 두 개의 비고리 포화 화합물에 맞게 고쳐진 것이다.

$$C_2H_6, \qquad C_2H_5F, \qquad C_2H_4F_2, \qquad C_2H_3F_3$$

각각의 이종 원자 그룹에 대한 이와 같은 교정 숫자(correction number)를 결정하는 방법을 표 1.3에 예를 들어 설명하였다.

수소 모자람 지수(index of hydrogen deficiency)[때로는 **불포화 지수**(unsaturation index)라고 부른다]는 분자에 있는 π 결합 또는 고리의 개수이다. 미지 물질의 분자식을 살펴보고 상응하는 비고리 포화 화합물의 화학식과 비교함으로써 수소 모자람 지수를 구할 수 있다. 두 화학식 사이의 수소 개수의 차이를 2로 나누어 얻어지는 값이 수소 모자람 지수이다.

구조 결정 문제에서 수소 모자람 지수를 매우 유용하게 사용할 수 있다. 단 하나의 스펙트럼을 살펴보지 않고도, 분자에 대한 매우 많은 정보를 얻을 수 있다. 예를 들어, 지수가 **1**인 화합물에는 이중 결합 한 개, 또는 고리 한 개가 틀림없이 들어 있어야 하지만, 두 구조의 특성을 모두 가지고 있을 수는 없다. IR 스펙트럼을 살펴보면, 이중 결합의 유무를 즉시 확인할 수 있다. 만약 이중 결합이 없다면, 이 화합물은 고리 포화 화합물일 것이다. 지수 **2**인 화합물에는 삼중 결합이 한 개 들어 있거나, 이중 결합이 두 개, 또는 고리가 두 개, 아니면 고리 한 개와 이중 결합 한 개가 있을 수 있다. 물질의 수소 모자람 지수를 알게 되면, 화학자는 π 결합 및 고리의 유무를 확인하기 위하여 즉시 스펙트럼의 적당한 영역을 살펴보는 과정을 진행할 수 있다. Benzene에는 고리 한 개와 "이중 결합" 세 개가 있다. 따라서 수소 모자람 지수는 **4**이다. 4 또는 그 이상의 지수를 갖는 화합물에는 benzene류의 고리가 있을 가능성이 있다. 4보다 작은 지수를 갖는 화합물에는 benzene류 고리가 있을 수 없다.

다음 단계를 거쳐 화합물의 수소 모자람 지수를 구한다.

1. 미지 물질과 같은 수의 탄소 원자를 갖는 비고리 포화 탄화수소 화합물의 화학식을 구한다.
2. 미지 물질에 들어 있는 탄소 원자 이외의 다른 원소들에 맞게 화학식을 고친다. V족(15족) 원소 각각마다 수소 원자를 하나씩 더한다. VII족(17족) 원소 각각마다 수소 원자를 하나씩 뺀다.
3. 이 화학식을 미지 물질의 분자식과 비교한다. 두 화학식 사이의 수소 원자 개수의 차이를 구한다.
4. 위의 수소 원자 개수의 차이를 **2**로 나누어 수소 모자람 지수를 구한다. 이것이 미지 물질의 구조식에 있는 π 결합 또는 고리의 개수가 된다.

다음 예제에서 수소 모자람 지수를 구하는 방법과 이 정보를 적용하여 미지 물질의 구조를 결정하는 방법을 설명하고자 한다.

■ 예제 1

이 장의 처음에 소개되었던 미지 물질의 분자식은 $C_7H_{14}O_2$이다.

1. 비고리 포화 탄화수소(C_nH_{2n+2}, $n = 7$)의 일반식을 사용하여 화학식 C_7H_{16}을 구한다.
2. 산소에 맞추어 고쳐서(수소 개수의 변화 없음) 화학식 $C_7H_{16}O_2$를 구한다.
3. 화학식 $C_7H_{16}O_2$는 미지 물질의 화학식 $C_7H_{14}O_2$와 비교하여 수소가 2개 더 많다.
4. 수소 모자람 지수는 **1**이다. 미지 물질에는 고리 한 개 또는 이중 결합 한 개가 있는 것이 분명하다.

이와 같은 정보를 가지고 화학자는 곧바로 IR 스펙트럼의 이중 결합 영역을 살펴볼 수 있다. 그 영역에 탄소–산소 이중 결합(carbonyl 그룹)이 있는 것이 확인되면, 미지 물질이 될 가능성이 있는 이성질체 중에서 그 개수는 상당히 줄어들게 된다. 스펙트럼을 분석하여 좀 더 증거를 찾으면, 미지 물질은 다음과 같은 **isopentyl acetate**라는 결론에 도달하게 된다.

$$CH_3-\overset{\overset{\displaystyle O}{\|}}{C}-O-CH_2-CH_2-\underset{\underset{\displaystyle CH_3}{|}}{CH}-CH_3$$

■ 예제 2

Nicotine의 분자식은 $C_{10}H_{14}N_2$이다.

1. 탄소 10개의 비고리 포화 탄화수소의 화학식은 $C_{10}H_{22}$이다
2. 2개의 질소에 맞추어 고쳐서(수소 2개 더함) 화학식 $C_{10}H_{24}N_2$를 구한다.
3. 화학식 $C_{10}H_{24}N_2$는 nicotine의 화학식 $C_{10}H_{14}N_2$와 비교하여 수소가 10개 더 많다.
4. 수소 모자람 지수는 **5**이다. 이 분자에는 틀림없이 π 결합의 개수와 고리의 개수의 합이 5인 조합이 있다. 지수가 *4*를 넘기 때문에, 이 분자에는 benzene류 고리도 가능하다.

Nicotine의 스펙트럼을 분석하면 정말로 benzene류 고리가 있다는 사실을 금방 알 수 있다. 스펙트럼 분석 결과 다른 이중 결합이 없기 때문에 이 분자에는 틀림없이 다른 포화된 고리가 있어야 한다. 스펙트럼을 더욱 더 세밀하게 분석(refinement)하여, nicotine의 구조식은 다음과 같다는 결론에 이르렀다.

■ **예제 3**

Chloral 수화물(진정제, 중추신경 억제제, 최면제)의 분자식은 $C_2H_3Cl_3O_2$로 밝혀졌다.

1. 탄소 두 개의 비고리 포화 탄화수소의 화학식은 C_2H_6이다.
2. 산소에 대하여 (수소 개수의 변화 없이) 화학식 $C_2H_6O_2$를 얻는다.
3. 염소에 대하여 (수소 3개를 빼서) 화학식 $C_2H_3Cl_3O_2$를 얻는다.
4. 3에서 얻어진 화학식은 정확히 chloral 수화물의 화학식과 같다.
5. 수소 모자람 지수는 **0**이다. Chloral 수화물에는 고리나 이중 결합이 있을 수 없다.

스펙트럼을 살펴본 결과 단일 결합의 구조적 특성에 해당하는 영역에서만 피크가 나타난다. Chloral 수화물의 올바른 구조식은 다음과 같다. 이 분자의 모든 결합은 단일 결합이라는 것을 쉽게 알 수 있을 것이다.

```
        OH
        |
Cl3C — C — H
        |
        OH
```

1.5 십삼의 규칙

고분해능 질량 분석법(high resolution mass spectrometry)을 이용하여 정확한 분자식(exact molecular formula)을 구할 수 있는 분자 질량에 대한 정보를 직접적으로 얻을 수 있다. 제3장에서 논의하게 될 정밀 질량(exact mass) 결정법에서 이 과정을 상세하게 설명할 것이다. 하지만 그와 같은 분자 질량에 관한 정보를 얻을 수 없을 때에는, 주어진 질량에 대해 가능한 모든 분자식을 만들어 보는 것이 종종 유용하다. 다른 형태의 스펙트럼 정보를 적용하여 가능한 화학식 중에서 올바른 화학식을 구별해 낼 수 있다. 주어진 분자 질량에 대한 가능한 분자식을 만들기 위한 유용한 방법이 **십삼의 규칙**(Rule of Thirteen)이다.[1]

십삼의 규칙의 첫 번째 단계에서 탄소와 수소만 들어 있는 **기본 화학식**(base formula)을 만든다. 기본 화학식은 분자 질량(M)을 13(탄소 한 개와 수소 한 개 질량의 합)으로 나눔으로써 얻을 수 있다. 이 계산으로 몫(n)과 나머지(r)를 얻는다.

$$\frac{M}{13} = n + \frac{r}{13}$$

이렇게 하여 다음의 기본 화학식이 구해진다.

$$C_nH_{n+r}$$

이것은 원하는 분자 질량 M을 갖는 탄소와 수소의 개수의 조합이다.

앞의 식에서 다룬 **수소 모자람 지수**(불포화 지수)(U)는 다음 관계식을 적용함으로써 쉽게 구할 수 있다.

$$U = \frac{(n - r + 2)}{2}$$

[1] Bright, J. W., and E. C. M. Chen, "Mass Spectral Interpretation Using the 'Rule of 13,'" *Journal of Chemical Education*, 60 (1983): 557.

표 1.4 보편적인 몇 가지 원소에 대한 C/H 당량(C/H equivalent)

추가되는 원소	C/H 당량	U 변화량	추가되는 원소	C/H 당량	U 변화량
C	H_{12}	7	^{35}Cl	C_2H_{11}	3
H_{12}	C	−7	^{79}Br	C_6H_7	−3
O	CH_4	1	^{79}Br	C_5H_{19}	4
O_2	C_2H_8	2	F	CH_7	2
O_3	C_3H_{12}	3	Si	C_2H_4	1
N	CH_2	$\frac{1}{2}$	P	C_2H_7	2
N_2	C_2H_4	1	I	C_9H_{19}	0
S	C_2H_8	2	I	$C_{10}H_7$	7

물론 수소 모자람 지수는 1.4절에서 다룬 방법으로도 구할 수 있다(**역자주**. 탄소가 n개인 비고리 포화 탄화수소(C_nH_{2n+2})에서 수소는 $2n+2$개이다. 따라서 $U = \frac{(2n+2)-(n+r)}{2} = \frac{n-r+2}{2}$이 된다).

탄소와 수소 이외의 다른 원자가 들어 있는 분자식을 도출하려면, 화학식에 들어 있는 다른 원자의 질량만큼 탄소와 수소를 조합하여 빼야 된다. 예를 들어, 기본 화학식을 산소 원자가 들어 있는 새로운 화학식으로 바꾸려면, 탄소 한 개와 수소 네 개를 동시에 빼고 산소 원자 하나를 넣으면 된다. 두 경우 모두 분자 질량에서 16만큼의 질량 변화($O = CH_4 = 16$)를 가져온다. 기본 화학식으로부터 유기 화합물에서 흔히 볼 수 있는 보편적인 원소에 의해 탄소와 수소가 치환될 때 C/H 당량수를 표 1.4에 나타내었다.[2]

십삼의 규칙의 적용 방법을 이해하기 위하여 분자 질량이 94 amu인 미지 물질을 살펴보자. 식을 적용하면 다음과 같다.

$$\frac{94}{13} = 7 + \frac{3}{13}$$

식에 의해 $n = 7$이며, $r = 3$이다. 기본 화학식은 다음과 같이 된다.

$$C_7H_{10}$$

수소 모자람 지수는 다음과 같다.

$$U = \frac{(7 - 3 + 2)}{2} = 3$$

이 화학식에 맞는 물질에는 세 개의 고리 또는 다중 결합의 조합이 있어야 한다. 가능한 구조 중의 하나는 다음과 같다.

[2] 표 1.4에서 염소와 브로민의 당량은 동위원소가 각각 ^{35}Cl과 ^{79}Br로 존재한다는 가정 아래 결정된 것이다. 이 방법을 적용할 때는 언제나 이 가정을 적용하여라.

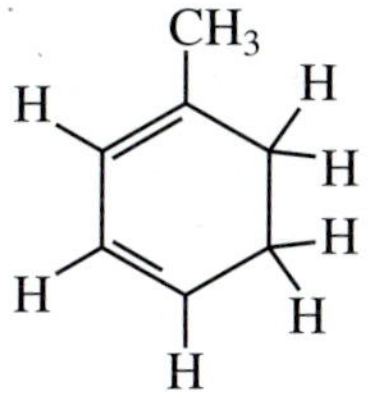

C_7H_{10}

$U = 3$

같은 분자 질량을 갖지만 산소 원자가 하나 들어 있는 물질이 관심 대상이라면, 분자식은 C_6H_6O가 될 것이다. 이 화학식은 다음 절차에 의해 구해졌다.

1. 기본 화학식 = C_7H_{10} $U = 3$
2. 더하기: + O
3. 빼기: − CH_4
4. U 값의 변화: $\Delta U = 1$
5. 새로 얻어진 화학식 = C_6H_6O
6. 새로 얻어진 수소 모자람 지수: $U = 4$

이 자료에 맞는 가능한 물질 중의 하나는 다음과 같다.

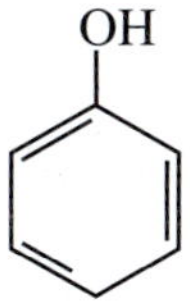

C_6H_6O

$U = 4$

다음과 같이 분자 질량 94 amu를 갖는 가능한 분자식은 더 있을 수 있다.

$C_5H_2O_2$	$U = 5$	C_5H_2S	$U = 5$
C_6H_8N	$U = 3\frac{1}{2}$	CH_3Br	$U = 0$

화학식 C_6H_8N에서 볼 수 있듯이, 짝수의 수소 원자와 홀수의 질소 원자를 포함하는 어떤 화학식에서도 U 값은 분수 값이 되기 때문에, 이와 같은 조합은 가능하지 않은 선택이다.

0보다 작은 U 값(즉 음수)을 갖는 어떤 화합물도 적당한 조합이 아니다. 값이 그렇게 나온 것은 종종 분자식에 산소나 질소 원자가 있어야 한다는 것을 의미한다.

이 방법으로 화학식을 계산할 때 충분한 수소가 없다면, 탄소 1개를 빼고 수소 12개를 더한다(그리고 적절하게 U 값을 고친다). 이 방법은 U 값이 양수일 때에만 적용된다. 다른 방법으로 탄소 1개를 더하고 수소 12개를 빼서(그리고 U 값도 고치고), 다른 가능성이 있는 분자식을 얻을 수 있다.

1.6 질소 규칙

분자식을 구하기 위해 활용할 수 있는 또 다른 방법은 **질소 규칙**(Nitrogen Rule)이다. 이 규칙은 분자를 이루고 있는 질소 원자의 수가 홀수일 때, 분자 질량은 홀수일 것이고, 분자를 이루고 있는 질소 원자의 수가 짝수(또는 0)일 때, 분자 질량은 짝수일 것이라는 것을 의미한다. 질소 규칙은 제3장 3.6절에서 더 자세하게 논의할 것이다.

연습 문제

***1.** 연구자가 가솔린의 노킹 방지 첨가제로 사용되는 화합물을 분석하기 위하여 연소법을 이용하였다. 9.394 mg의 화합물이 연소하여 31.154 mg의 이산화탄소와 7.977 mg의 물이 생겼다.

(a) 화합물의 퍼센트 조성을 계산하여라.

(b) 화합물의 실험식을 구하여라.

***2.** 미지 물질 8.23 mg의 시료를 연소시켜 9.62 mg의 CO_2와 3.94 mg의 H_2O를 얻었다. Halogen 분석법으로 이 물질 5.32 mg으로부터 13.49 mg의 AgCl을 얻었다. 미지의 유기 화합물에 대한 퍼센트 조성과 실험식을 구하여라.

***3.** 중요한 어떤 아미노산의 퍼센트 조성은 C 32.00%, H 6.71%, N 18.66%이었다. 이 물질의 실험식을 구하여라.

***4.** 진통제로 알려진 어떤 화합물의 실험식은 $C_9H_8O_4$이었다. 미지 시료 5.02 mg과 camphor 50.37 mg을 섞은 후 혼합물의 녹는점을 측정하였다. 이 혼합물의 녹는점은 156°C로 관찰되었다. 이 물질의 분자 질량은 얼마인가? 단, camphor의 녹는점은 176.85°C이고, 몰랄 어는점 내림 상수 K_f는 37.7°C/*m*이다.

***5.** 어떤 미지의 산을 23.1 mL의 0.1 M 수산화 소듐으로 적정하였다. 이 산의 질량은 120.8 mg이었다. 이 산의 당량(equivalent weight)은 얼마인가?

***6.** 다음 각 화합물의 수소 모자람 지수를 구하여라.

(a) C_8H_7NO (b) $C_3H_7NO_3$ (c) $C_4H_4BrNO_2$ (d) $C_5H_3ClN_4$ (e) $C_{21}H_{22}N_2O_2$

***7.** 어떤 물질의 분자식은 C_4H_9N이다. 이 물질에 삼중 결합이 들어 있을 가능성이 있는가? 그 이유를 설명하여라.

***8.** (a) 어떤 연구자가 전나무의 껍질로부터 추출한 미지 고체의 퍼센트 조성을 구하려고 분석하였다. 11.32 mg의 시료를 연소 장치에서 연소시켰다. 이산화탄소(24.87 mg)와 물(5.28 mg)이 얻어졌다. 이 분석 결과로부터 미지 고체의 퍼센트 조성을 계산하여라.

(b) 미지 고체의 실험식을 구하여라.

(c) 질량 분석법으로 얻은 분자 질량은 420 g/mol이었다. 분자식은 무엇인가?

(d) 이 화합물에는 몇 개의 방향족 고리가 있을 수 있는가?

***9.** 십삼의 규칙을 이용하여 분자량 136을 갖는 화합물의 가능한 분자식을 구하여라. 각 분자에 제시된 원자 이외에 들어 있는 다른 원자는 탄소와 수소뿐인 것으로 가정한다.

(a) 두 개의 산소 원자가 들어 있는 화합물

(b) 두 개의 질소 원자가 들어 있는 화합물

(c) 두 개의 질소 원자와 한 개의 산소 원자가 들어 있는 화합물

(d) 다섯 개의 탄소 원자와 네 개의 산소 원자가 들어 있는 화합물

***10.** 일반적인 가정용 음용수에서 어떤 alkaloid를 분리하였다. 미지의 alkaloid는 분자 질량이 194인 것으로 밝혀졌다. 십삼의 규칙을 이용하여 미지 물질의 분자식과 수소 모자람 지수를 구하여라. Alkaloid는 천연에 존재하는 **질소**를 포함하는 유기물질이다(*힌트:* 분자식에는 네 개의 질소 원자와 두 개의 산소 원자가 들어 있다. 미지의 물질은 **caffeine**이다. *The Merck Index*에서 이 물질의 구조를 찾아보고 분자식을 확인하여라).

***11.** 마약 단속반(Drug Enforcement Agency, DEA)에서 마약 수색 중에 환각성 물질을 압수하였다. 마약 단속반 소속 화학자가 미지의 환각제를 화학적으로 분석하였을 때, 물질의 분자 질량은 314로 밝혀졌다. 원소 분석으로 단지 탄소와 수소만 존재하는 것이 밝혀졌다. 십삼의 규칙을 이용하여 이 물

질의 분자식과 수소 모자람 지수를 구하여라(*힌트:* 미지 물질의 분자식에는 두 개의 산소 원자가 포함된다. 미지 물질은 대마의 활성 성분인 **tetrahydrocannabinol**이다. *The Merck Index*에서 tetrahydrocannabinol의 구조를 찾아보고 그 분자식을 확인하여라).

12. 소의 우유 시료에서 탄수화물을 분리하였다. 물질의 분자 질량은 342이었다. 미지의 탄수화물을 가수분해하여 분자 질량이 각각 180인 두 이성질체 화합물을 얻었다. 십삼의 규칙을 이용하여 이 물질과 가수분해 생성물의 분자식과 수소 모자람 지수를 구하여라(*힌트:* 우선 분자 질량 180인 가수분해 생성물에 대한 분자 질량을 구하여라. 이 생성물의 분자식에 있는 각 탄소마다 산소 원자가 하나씩 있다. 미지의 물질은 **lactose**이다. *The Merck Index*에서 lactose의 구조를 찾아보고 분자식을 확인하여라).

*로 표시된 연습 문제는 "연습 문제 해답"에 풀이가 주어져 있다.

참고 문헌

O'Neil, M. J., et al., eds. *The Merck Index,* 15th ed., London, England: Royal Society of Chemistry, 2013.

Pavia, D. L., G. M. Lampman, G. S. Kriz, and R. G. Engel, *Introduction to Organic Laboratory Techniques: A Small Scale Approach*, 3rd ed., Belmont, CA: Brooks-Cole Cengage Learning, 2011.

Pavia, D. L., G. M. Lampman, G. S. Kriz, and R. G. Engel, *Introduction to Organic Laboratory Techniques: A Microscale Approach*, 5th ed., Belmont, CA: Brooks-Cole Cengage Learning, 2013.

Shriner, R. L., C. K. F. Hermann, T. C. Morrill, D. Y. Curtin, and R. C. Fuson, *The Systematic Identification of Organic Compounds*, 8th ed., New York, NY: John Wiley, 2004.

제2장

적외선 분광학

Infrared Spectroscopy

유기물이든 무기물이든 관계없이 공유 결합을 지닌 거의 모든 화합물은 전자기(electromagnetic) 스펙트럼의 적외선 영역에서 다양한 전자기 복사 진동수를 흡수한다. 이 영역은, 약 400~800 nm(1 nm = 10^{-9} m)에 걸쳐 있는 가시광선(visible) 영역보다 긴 파장에 놓여 있지만, 1 mm보다 긴 마이크로파(microwave) 영역보다는 짧은 파장에 놓여 있다. 화학적인 목적으로, 적외선 영역 중에서 **진동 적외선**(vibrational infrared) 영역이 더 흥미롭다. 진동 적외선은 파장(λ)이 2.5 μm와 25 μm(1 μm = 10^{-6} m) 사이에 있는 복사선(radiation)이다. 적외선 영역의 스펙트럼에서 사용되는 좀 더 과학적인 파장 단위는 마이크로미터(μm)이지만, IR 스펙트럼에서 마이크론(micron, μ)도 자주 볼 수 있을 것이다. 전자기 스펙트럼에 들어 있는 다른 영역들과 적외선 영역과의 관계를 그림 2.1에 도식화하여 나타내었다.

관계식 $\nu = c/\lambda$ (c는 빛의 속도)에 따라 파장(λ)은 진동수(ν)에 반비례하는 것이 그림 2.1에 나타나 있다. 또한 에너지는 진동수에 정비례한다는 것을 알 수 있다. 즉, $E = h\nu$이며, 이때 h는 플랑크 상수(Plank's constant)이다. 가장 높은 에너지 복사는 스펙트럼의 X-선 영역임을 식 $E = h\nu$로부터 정성적으로 알 수 있다. X-선의 에너지는 분자 내의 결합을 끊기에 충분히 크다. 전자기 스펙트럼의 다른 쪽 끝은 무선진동수(radiofrequency)가 매우 낮은 에너지를 갖는데, 오직 분자 내 핵스핀의 전이(핵자기공명: NMR) 또는 전자 스핀의 전이(전자스핀공명: ESR)만을 일으킬 수 있을 정도이다. 표 2.1에 스펙트럼 영역과 일어날 수 있는 에너지 전이의 형태를 요약해 놓았다. 적외선 영역을 포함하여 각각의 영역으로부터 유기 분자의 구조에 관한 핵심적인 정보들을 얻을 수 있다. 스펙트럼의 무선진동수 영역에서 일어나는 핵자기공명은 제5장~제9장에서 다루는 한편, 자외선 및 가시광선 분광학은 제10장에서 다룰 것이다.

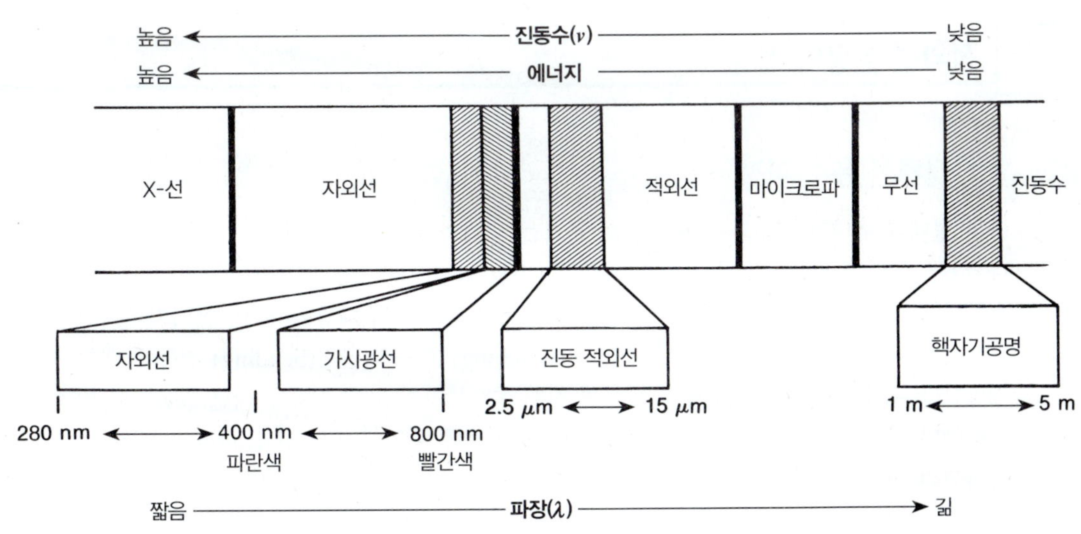

그림 2.1 다른 형태의 복사선과 진동 적외선과의 관계를 보여주는 전자기 스펙트럼 영역.

표 2.1 전자기 스펙트럼의 각 영역에서 일어나는 에너지 전이(transition)의 형태

스펙트럼 영역	에너지 전이
X-선	결합이 끊어짐
자외선/가시광선	전자
적외선	진동
마이크로파	회전
무선진동수	핵스핀(핵자기공명) 전자스핀(전자스핀공명)

대부분의 화학자들은 파장(μ 또는 μm)보다는 **파수**($\overline{\nu}$, wavenumber)의 단위로 전자기 스펙트럼의 진동 적외선 영역의 복사선을 표현한다. 파수는 센티미터의 역수(cm^{-1})로 표시되는데, 센티미터 단위의 파장을 역수로 취함으로써 쉽게 계산할 수 있다. 또한 파수에 빛의 속도(cm/sec로 표현)를 곱하여, 파수를 진동수로 바꿀 수 있다.

$$\overline{\nu}\,(\mathrm{cm}^{-1}) = \frac{1}{\lambda\,(\mathrm{cm})} \qquad \nu\,(\mathrm{Hz}) = \overline{\nu}c = \frac{c\,(\mathrm{cm/sec})}{\lambda\,(\mathrm{cm})}$$

화학자들이 파수 단위를 더 선호하여 사용하는 주된 이유는 파수가 에너지에 정비례하기 때문이다(*파수가 크면 에너지도 더 크다*). 따라서 파수로 표현하면, 진동 적외선 영역은 약 4000~400 cm^{-1} 범위가 되는 셈이다. 이 범위는 2.5~25 μm의 파장에 해당한다. *이 교재에서는 파수 단위만을 사용할 것이다.* 그러나 좀 오래된 문헌에서는 파장 값을 볼 수도 있을 것이다. 다음 관계식을 사용하여 파장(μ 또는 μm)을 파수($\overline{\nu}$)로 바꿀 수 있다.

$$\mathrm{cm}^{-1} = \frac{1}{(\mu\mathrm{m})} \times 10{,}000 \qquad \text{그리고} \qquad \mu\mathrm{m} = \frac{1}{(\mathrm{cm}^{-1})} \times 10{,}000$$

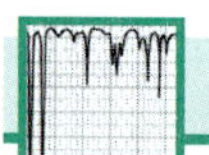

적외선 분광학 서론

2.1 적외선 흡수 과정

다른 형태의 에너지 흡수와 마찬가지로, 분자들은 적외선을 흡수할 때 더 높은 에너지 상태로 들뜨게 된다. 다른 흡수 과정들처럼 적외선 흡수는 양자화된 과정이다. 분자는 오직 선택된 진동수(에너지)들만 흡수한다. 적외선 흡수는 8~40 kJ/mol만큼의 에너지 변화량에 해당한다. 이 에너지 영역에서의 복사선은 대부분의 공유 결합 분자에서 결합의 신축(stretching) 진동과 굽힘(bending) 진동에 대한 진동수 영역에 해당한다. 흡수 과정에서 적외선 복사선의 진동수가 분자의 고유 진동에 대한 진동수와 일치할 때 흡수가 일어나며, 흡수된 에너지로 인하여 분자 내 결합의 진동 운동에 대한 **진폭**(amplitude)이 증가된다. 그러나 복사선의 진동수가 결합 운동의 진동수와 정확하게 일치하더라도, 분자 내의 모든 결합들이 적외선 에너지를 흡수할 수 있는 것이 아니라는 점에 유의하여라. 시간의 함수로 **쌍극자 모멘트**(dipole moment)의 변화가 있는 결합만이 적외선을 흡수할 수 있다. H−H(H_2) 결합이나 Cl−Cl(Cl_2) 결합과 같은 대칭성 결합

들은 적외선을 흡수하지 않는다. 쬐어준 복사선과 같은 진동수로 변화하는 전기 쌍극자가 결합에 나타나야만 에너지가 전달될 수 있다. 변화하고 있는 결합의 전기 쌍극자는 sine 함수로 변화하는 쬐어준 복사선의 전자기장과 상호작용할 수 있다. 따라서 결합의 양쪽 끝에 같거나 거의 같은 그룹을 갖는 대칭성 결합은 적외선을 흡수하지 않을 것이다. 아마도 유기화학적 측면에서 이와 같은 제한을 가장 많이 받을 수 있는 결합은 대칭성 또는 유사 대칭성 alkene(C=C)과 alkyne(C≡C) 결합일 것이다.

$(CH_3)_2C{=}C(CH_3)_2$ $\qquad$ $CH_3{-}CH_2(CH_3)C{=}C(CH_3)_2$

$CH_3{-}C{\equiv}C{-}CH_3$ $\qquad$ $CH_3{-}CH_2{-}C{\equiv}C{-}CH_3$

대칭성 $\qquad$ 유사 대칭성

2.2 적외선 스펙트럼의 이용

모든 형태의 결합의 고유 진동에 대한 진동수는 서로 다르게 나타난다. 서로 다른 두 화합물에서 같은 형태의 두 결합일지라도 서로 약간 다른 두 환경에 처해 있기 때문에, 서로 다른 두 구조의 화합물은 정확히 같은 적외선 흡수 패턴 또는 같은 **IR 스펙트럼**을 보이지는 않는다. 만일 몇몇 흡수 진동수가 요행히 같다 하더라도, 서로 다른 두 화합물이 어떠한 경우에도 같은 IR 스펙트럼(흡수 패턴)을 보이지는 않을 것이다. 따라서 지문이 사람을 구별하기 위하여 쓰이는 것처럼, IR 스펙트럼은 분자들을 구별하기 위하여 쓰일 수 있다. 같아 보이는 두 물질의 IR 스펙트럼을 비교함으로써, 그 물질들이 정말로 같은지 아닌지 판단할 수 있다. 그 물질들의 IR 스펙트럼이 흡수띠마다 완전히 겹치면, 대체로 두 물질은 같은 물질일 것이다.

IR 스펙트럼부터 분자의 구조적 정보를 얻는 것이 두 번째로 중요한 IR 스펙트럼의 용도이다. 각 형태의 결합(N−H, C−H, O−H, C−X, C=O, C−O, C−C, C=C, C≡C, C≡N 등)의 흡수는 진동 적외선 영역의 어떤 좁은 부분에서만 일정하게 나타난다. 좁은 범위의 흡수를 각 형태의 결합에 각각 대응시킬 수 있다. 따라서 이 범위 밖에서 일어나는 흡수는 보통은 다른 형태의 결합으로 인한 것이다. 예를 들어, 범위 $3000 \pm 150\ cm^{-1}$에서 일어나는 흡수는 거의 언제나 분자에 C−H 결합이 있기 때문에 나타난 것이고, 범위 $1715 \pm 100\ cm^{-1}$에서 일어나는 흡수는 보통 그 분자에 C=O 결합(carbonyl 그룹)이 있기 때문에 나타난 것이다. 같은 범위는 같은 형태의 결합에 적용된다. 이것들이 진동 적외선 영역에서 어떻게 분포되어

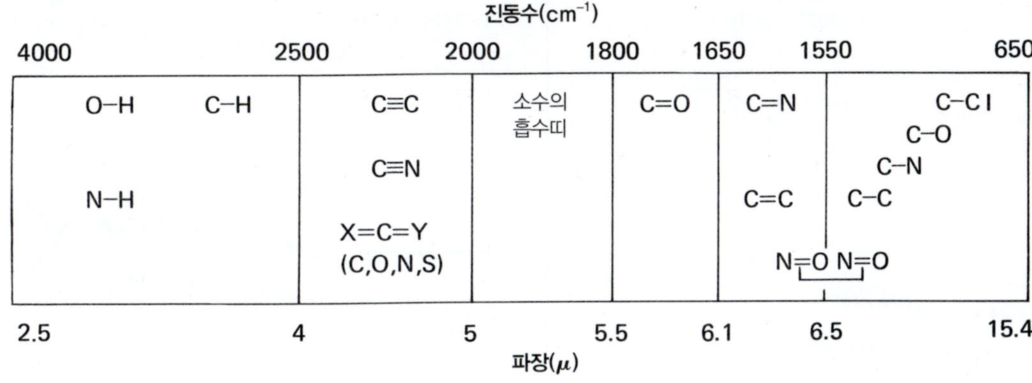

그림 2.2 여러 가지 일반적인 형태의 결합이 흡수하는 대략적인 영역[신축 진동만 고려. 굽힘, 꼬임(twisting) 및 다른 형태의 결합 진동은 그림의 선명도를 고려하여 생략하였다].

있는지를 그림 2.2에 도식적으로 설명하였다. 나중에 편리하게 쓸 수 있도록 다음에 나타낸 일반적인 도표를 마음속 깊이 새겨 두도록 하자.

2.3 신축 방식과 굽힘 방식

흡수를 나타낼 수 있는, 즉 **적외선 활성**(infrared active)인 분자의 진동 운동의 가장 간단한 형태 또는 **방식**(mode)은 신축(stretching) 방식과 굽힘(bending) 방식이다.

C—H　　　O / C　H

신축　　　굽힘

하지만 더 복잡한 다른 형태의 신축과 굽힘 또한 활성이다. Methylene 그룹에 대한 전형적인 진동 방식을 이용하여 몇 가지 용어들을 소개하기로 한다. 일반적으로 비대칭 신축 진동은 대칭 신축 진동보다 큰 진동수에서 일어나고, 또한 신축 진동은 굽힘 진동보다 큰 진동수에서 일어난다. 적외선 흡수띠의 원인을 설명하기 위하여 문헌에는 통상적으로 **가위질**(scissoring), **좌우흔듦**(rocking), **앞뒤흔듦**(wagging), **꼬임**(twisting) 등의 용어들이 사용된다.

세 개 또는 그 이상의 원자들로 이루어진 그룹에서 적어도 두 개의 원소가 같을 때, 두 가지 방식의 신축, 즉 대칭 신축과 비대칭 신축이 있다. 이와 같은 그룹의 예는 $-CH_3$, $-CH_2-$, $-NO_2$, $-NH_2$, acid anhydride 등이다. Methyl 그룹은 약 2872 cm^{-1}에서 대칭 신축을 나타내고, 약 2962 cm^{-1}에서 비대칭 신축을 나타낸다. Acid anhydride 작용기는 비대칭 신축과 대칭 신축 방식 때문에 C=O 영역에서 두 개의 흡수를 나타낸다. 이와 비슷한 현상은 amino 그룹에서도 나타나는데, 1차 amine(NH_2)은 보통 N—H 신축

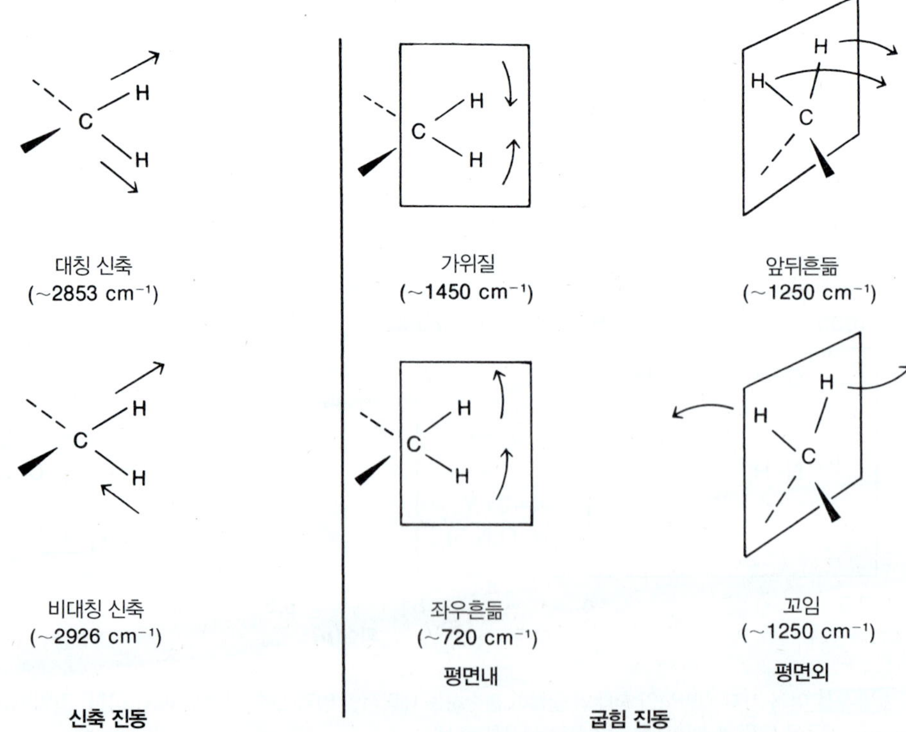

	대칭 신축	비대칭 신축
Methyl	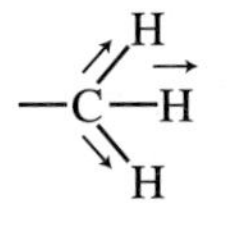 ~2872 cm^{-1}	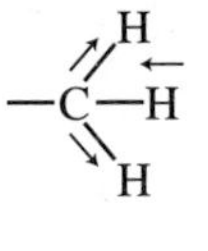 ~2962 cm^{-1}
Anhydride	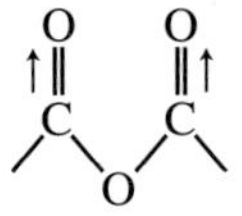 ~1760 cm^{-1}	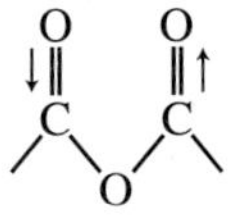 ~1800 cm^{-1}
Amino	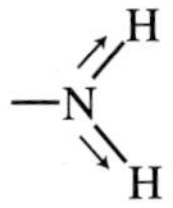 ~3300 cm^{-1}	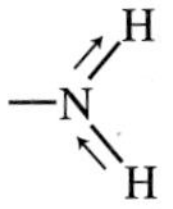 ~3400 cm^{-1}
Nitro	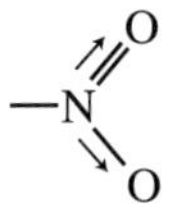 ~1350 cm^{-1}	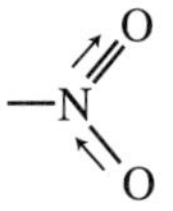 ~1550 cm^{-1}

영역에서 두 개의 흡수가 나타나는 반면, 2차 amine(R_2NH)은 오직 한 개의 흡수띠만 나타낸다. Amide도 비슷한 흡수띠를 보여준다. Nitro 그룹에 대한 두 개의 강한 N=O 신축띠가 있다. 대칭 신축은 약 1350 cm^{-1}에 나타나며, 비대칭 신축은 약 1550 cm^{-1}에 나타난다.

지금까지 다루었던 진동들을 **기본 흡수**(fundamental absorption)라 부른다. 이것들은 바닥 상태로부터 들뜬 상태 중 가장 에너지가 낮은 상태로 들뜸으로써 생긴 것이다. 그러나 약한 배음띠(overtone), 조합띠(combination), 차이띠(difference)들이 나타나기 때문에, 보통 스펙트럼은 복잡하게 나타난다. **배음**은 바닥 상태로부터 기본 진동수(ν)의 정수배에 해당하는 더 높은 에너지 상태로 들뜸으로써 생긴다. 예를 들어, $2\bar{\nu}$, $3\bar{\nu}$ 등의 배음띠를 찾을 수 있을 것이다. 이 배음은 어떤 종류의 물리적 진동으로도 생긴다. 만약 첼로에서 한 줄을 퉁기면, 그 줄은 기본 진동수로 진동한다. 하지만 약한 진동들이 여러 가지 배음 진동수에 나타난다. 500 cm^{-1}에서의 적외선 흡수는 1000 cm^{-1}에서 아주 약한 세기의 동반띠(배음)를 나타낼 수 있다.

한 분자에서 두 진동의 진동수($\bar{\nu}_1$와 $\bar{\nu}_2$)가 상호작용(couple)하여 분자 내에 새로운 진동수의 진동이 생기게 되고, 이것이 적외선 활성일 때, **조합띠**(combination band)라고 부른다. 이 흡수띠는 두 개의 상호작용하는 흡수띠들의 합이다($\bar{\nu}_{조합} = \bar{\nu}_1 + \bar{\nu}_2$). 그러나 모든 조합이 가능한 것은 아니다. 어떤 조합이 허용되는가를 정할 수 있는 규칙은 본 교과 과정의 범위를 벗어나므로 언급하지 않는다.

차이띠(difference band)도 조합띠와 비슷하다. 이 경우에 관찰되는 진동수는 상호작용하는 흡수띠들의 차이로부터 생긴 결과이다($\bar{\nu}_{차이} = \bar{\nu}_1 - \bar{\nu}_2$).

주어진 진동수들의 배수, 더하기, 빼기 등의 연산으로, 배음띠, 조합띠, 차이띠들을 계산할 수 있다. 기본 진동이 배음띠 또는 조합띠와 상호작용할 때, 이렇게 상호작용하여 생긴 진동을 **Fermi 공명**(Fermi resonance)이라 부른다. 이 경우에도 역시 특정 조합만이 허용된다. 이와 같은 Fermi 공명은 carbonyl 화합물에서 종종 관찰된다.

분자 전체의 회전 진동수들이 적외선 활성은 아니지만, 종종 이들은 분자 내에서 신축 진동 및 굽힘 진동과 상호작용하여 미세 구조가 추가로 생기므로, 스펙트럼은 더욱더 복잡해진다. IR 스펙트럼에서 흡수띠가 뾰족하지 않고 좀 폭넓게 나오는 이유 중의 하나가 이와 같은 회전 상호작용(rotational coupling) 때문이고, 이 상호작용으로 인하여 상당한 양의 분별되지 않는 미세 구조가 생기게 된다.

2.4 결합 특성과 흡수 경향

이제부터 결합 세기와 결합 원자들의 질량이 적외선 흡수 진동수에 미치는 영향을 살펴보자. 단순화하기 위하여 간단한 이종핵 이원자 분자(*서로 다른* 두 원자들의 결합)와 그 신축 진동으로 제한하여 논의하고자 한다.

이원자 분자는 진동하는 두 물체가 한 스프링에 연결되어 있는 것으로 생각할 수 있다. 그 결합 길이는 연속적으로 변하지만, 평형 결합 길이 또는 평균 결합 길이를 정할 수는 있다. 스프링이 평균 길이를 벗어나 늘어나거나 줄어들 때, 그 계의 퍼텐셜 에너지는 증가한다.

조화 진동자에서처럼 결합이 진동할 때 진동 에너지는 운동 에너지에서 퍼텐셜 에너지로 또는 퍼텐셜 에너지에서 운동 에너지로 연속적으로 그리고 주기적으로 변한다. 다음 식과 같이 총에너지의 양은 그 진동의 진동수에 비례한다.

$$E_{\text{osc}} \propto h\nu_{\text{osc}}$$

조화 진동자의 진동수는 스프링의 힘상수(K), 강도(stiffness), 결합된 두 원자의 질량(m_1과 m_2)에 의해 결정된다. 결합 진동의 고유 진동수는 다음 식으로부터 구할 수 있다.

$$\bar{\nu} = \frac{1}{2\pi c}\sqrt{\frac{K}{\mu}}$$

이것은 진동 스프링에 대한 Hooke의 법칙으로부터 유도한 것이다. 계의 **환산 질량**(reduced mass) μ는 다음 식에 의해 구할 수 있다.

$$\mu = \frac{m_1 m_2}{m_1 + m_2}$$

K는 결합에 따라 달라지는 상수이다. 어림잡아 짐작하면, 삼중 결합의 힘상수는 단일 결합의 힘상수의 세 배 정도 될 것이고, 이중 결합의 힘상수는 단일 결합의 힘상수의 두 배 정도 될 것이다.

당장 두 가지를 알아낼 수 있다. 첫째로, 강한 결합은 약한 결합보다 더 큰 힘상수를 가지며 더 큰 진동수에서 진동한다. 둘째, 질량(더 큰 환산 질량, μ)이 무거운 원자 사이의 결합은 가벼운 원자 사이의 결합보다 더 작은 진동수에서 진동한다.

일반적으로, 같은 두 원자 사이의 삼중 결합은 이중 결합이나 단일 결합보다 강하며 큰 진동수(큰 파수)를 나타낸다.

C≡C	C=C	C−C
2150 cm^{-1}	1650 cm^{-1}	1200 cm^{-1}

← 힘상수, K 증가

C−H 신축은 3000 cm^{-1} 근처에서 일어난다. 탄소에 결합된 원자의 질량이 증가하면 환산 질량(μ)도 증가하여, 진동의 진동수는 감소한다(파수가 작아진다).

C−H	C−C	C−O	C−Cl	C−Br	C−I
3000 cm^{-1}	1200 cm^{-1}	1100 cm^{-1}	750 cm^{-1}	600 cm^{-1}	500 cm^{-1}

→ 환산 질량, μ 증가

굽힘 운동은 힘상수(K) 값이 작기 때문에 전형적인 신축 운동보다 낮은 에너지(작은 진동수)에서 일어난다.

C—H 신축	C—H 굽힘
~3000 cm^{-1}	~1340 cm^{-1}

혼성화(hybridization)도 힘상수 K에 영향을 미친다. 결합은 $sp^3 < sp^2 < sp$ 순으로 더 강하며, 관찰된 C—H 진동수로부터 이와 같은 경향은 잘 설명된다.

sp	sp^2	sp^3
≡C—H	=C—H	—C—H
3300 cm^{-1}	3100 cm^{-1}	2900 cm^{-1}

공명(resonance) 역시 결합 세기와 결합 길이에 영향을 미치며, 결과적으로 힘상수 K에도 영향을 미친다. 그 이유로 인하여 전형적인 ketone이 1715 cm^{-1}에서 C=O 신축 진동을 나타내는 반면, C=C 이중 결합과 콘쥬게이션을 이루고 있는 ketone은 더 작은 진동수인 1675~1680 cm^{-1} 근처에서 흡수를 일으킨다. 다음 화학식에 나타낸 바와 같이 공명으로 인하여 C=O 결합 길이가 길어지고 단일 결합 성질이 더 많아지기 때문이다.

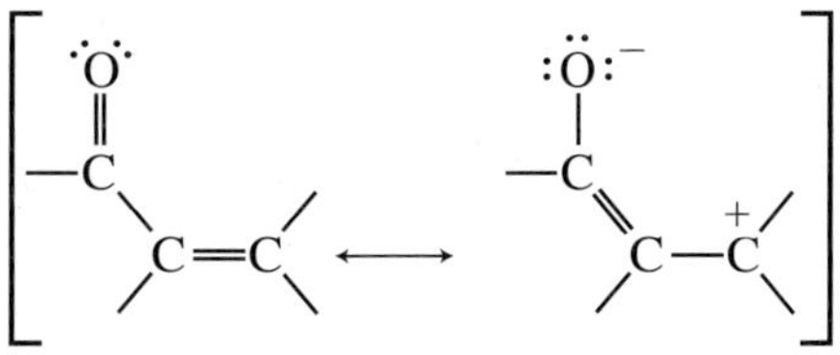

공명은 힘상수 K를 감소시키는 효과를 보이며, 흡수는 작은 진동수로 이동한다.

앞에서 나온 Hooke의 법칙은 다음과 같은 매우 유용한 식으로 변환될 수 있다.

$$\bar{\nu} = \frac{1}{2\pi c}\sqrt{\frac{K}{\mu}}$$

$\bar{\nu}$ = 진동수, cm^{-1}

c = 빛의 속도 = 3×10^{10} cm/sec

K = 힘상수, dyn/cm

$\mu = \frac{m_1 m_2}{m_1 + m_2}$, 원자들의 질량(g),

또는 $\frac{M_1 M_2}{(M_1 + M_2)(6.02 \times 10^{23})}$, 원자들의 질량(amu)

제곱근(square root)을 하여 환산 질량(μ)식의 분모에서 Avogadro의 수(6.02×10^{23})를 없애면, 다음과 같은 식이 얻어진다.

$$\bar{\nu} = \frac{7.76 \times 10^{11}}{2\pi c}\sqrt{\frac{K}{\mu}}$$

π와 c의 실제 값을 넣어서 다음과 같은 새로운 식을 얻는다.

$$\bar{\nu}(\text{cm}^{-1}) = 4.12\sqrt{\frac{K}{\mu}}$$

$$\mu = \frac{M_1M_2}{M_1 + M_2},$$ M_1과 M_2는 원자량

K = 힘상수, dyn/cm [1 dyn = 1 g·cm/sec^2: 1.020 × 10^{-3} **g**(중력가속도)]

표 2.2 몇 가지 형태의 결합에 대한 신축 진동수의 계산

C=C 결합:

$$\bar{\nu} = 4.12\sqrt{\frac{K}{\mu}}$$

$$K = 10 \times 10^5 \text{ dyn/cm}$$

$$\mu = \frac{M_C M_C}{M_C + M_C} = \frac{(12)(12)}{12 + 12} = 6$$

$$\bar{\nu} = 4.12\sqrt{\frac{10 \times 10^5}{6}} = 1682 \text{ cm}^{-1}$$ (계산값)

$\bar{\nu}$ = 1650 cm^{-1} (측정값)

C−H 결합:

$$\bar{\nu} = 4.12\sqrt{\frac{K}{\mu}}$$

$$K = 5 \times 10^5 \text{ dyn/cm}$$

$$\mu = \frac{M_C M_H}{M_C + M_H} = \frac{(12)(1)}{12 + 1} = 0.923$$

$$\bar{\nu} = 4.12\sqrt{\frac{5 \times 10^5}{0.923}} = 3032 \text{ cm}^{-1}$$ (계산값)

$\bar{\nu}$ = 3000 cm^{-1} (측정값)

C−D 결합:

$$\bar{\nu} = 4.12\sqrt{\frac{K}{\mu}}$$

$$K = 5 \times 10^5 \text{ dyn/cm}$$

$$\mu = \frac{M_C M_D}{M_C + M_D} = \frac{(12)(2)}{12 + 2} = 1.71$$

$$\bar{\nu} = 4.12\sqrt{\frac{5 \times 10^5}{1.71}} = 2228 \text{ cm}^{-1}$$ (계산값)

$\bar{\nu}$ = 2206 cm^{-1} (측정값)

이 식은 단일 결합, 이중 결합, 삼중 결합의 K가 각각 5, 10, 15 × 10^5 dyn/cm라고 가정하고 IR 스펙트럼에서 흡수띠의 대략적 위치를 계산하는 데 쓰일 수 있다. 표 2.2에서 몇 가지 예를 제시하였다. 계산값이 표에 있는 실험값과 상당히 잘 일치한다는 것에 주목하여라. 하지만 실험값과 계산값은 공명, 혼성 및 유기 분자 내 작용하는 다른 요인으로 인하여 상당히 변할 수 있다. 그럼에도 불구하고 이와 같은 계산으로 의미있는 정성적인 값을 얻을 수 있다.

2.5 적외선 분광기

화합물의 흡수 스펙트럼을 얻을 수 있는 기기를 **적외선 분광기**(infrared spectrometer) 또는 보다 엄밀하게 **분광광도기**(spectrophotometer)라고 한다. 일반적으로 유기 실험실에서 분산 방식(dispersive)과 Fourier 변환 방식(Fourier transform, FT), 두 가지 종류의 적외선 분광기가 쓰인다. 두 종류의 분광기 모두 4000~400 cm^{-1}의 일반적인 범위에서 화합물들의 스펙트럼을 얻을 수 있다. 두 종류의 분광기를 사용하여 얻은 시험 화합물의 스펙트럼은 거의 같지만, FT-IR 분광기를 이용하면 분산 방식보다 훨씬 더 빠르게 IR 스펙트럼을 얻을 수 있다.

A. 분산 방식 적외선 분광기

그림 2.3a에 간단한 분산 방식 적외선 분광기의 구성 요소들을 도식적으로 설명하였다. 이 분광기에서는 열선으로부터 적외선 복사살(beam of infrared radiation)이 방출된 후, 거울을 통하여 같은 세기를 갖는 두 개의 평행 복사살로 갈라진다. 그 중의 한 복사살 속에 시료가 놓이며, 다른 하나의 복사살은 기준 복사살(reference)로 사용된다. 그 복사살들은 **단색화 장치**(monochromator) 속을 지나면서 적외선 진동수의 연속 스펙트럼으로 변한다. 단색화 장치는 두 복사살을 교대로 회절발(diffraction grating)(오래된 장치에서는 프리즘)로 보내기 위한 장치인 회전하는 부채꼴 톱니바퀴(rotating sector)(살 자르개, beam chopper)로 이루어져 있다. 천천히 회전하는 회절발은 열전쌍 검출기(thermocouple detector)에 도달하는 복사선의 진동수 또는 파장을 변화시킨다. 검출기(detector)는 기준 복사살의 세기와 시료 복사살의 세기의 비율을 감지한다. 이와 같은 방식으로, 빛이 시료를 통과할 때 시료에 의해 어떤 진동수가 흡수되었으며, 어떤 진동수가 영향을 받지 않았는지가 검출기에서 결정된다. 검출기의 신호는 증폭된 후, 기록기(recorder)의 종이에 시료의 결과 스펙트럼으로 그려진다. 여기서 스펙트럼은 회절발이 회전하여 적외선 복사의 진동수가 변함에 따라 기록된다는 것을 잊지 말아야 한다. 따라서 분산 방식 분광기는 **진동수 영역**(frequency domain)에서 스펙트럼을 기록한다고 말할 수 있다.

진동수(정확히 말하면 파수, cm^{-1})는 관습적으로 흡수된 빛의 양에 따라 기록(plot)되는 것이 아니라, 투과된 빛의 양에 따라 기록되는 것이 보편적이다. 검출기는 두 빛살의 세기 비율, 즉 **퍼센트 투과율**(percent transmittance, $\%T$)을 기록한다.

$$\text{퍼센트 투과율} = \frac{I_s}{I_r} \times 100$$

이 식에서 I_s는 시료 복사살의 세기이고, I_r은 기준 복사살의 세기이다. 스펙트럼의 많은 부분에서 투과율이 거의 100%인 것을 볼 수 있는데, 이는 시료가 그 진동수를 갖는 복사를 거의 흡수하지 않고 대부분 투과시킨다는 것을 의미한다. 따라서 최대(maximum) 흡수는 기록지상에서 최소값(minimum)으로 표현된다. 그래도 전통적으로 흡수를 **띠**(peak)라고 부른다.

화학자들은 종종 시료를 용매에 녹여서 화합물의 스펙트럼을 얻기도 한다(2.6절). 시료 용액을 **시료 복사살** 속에 놓는 반면, 동일한 용기에 담은 순수한 용매를 **기준 복사살** 속에 놓고 스펙트럼을 측정한다.

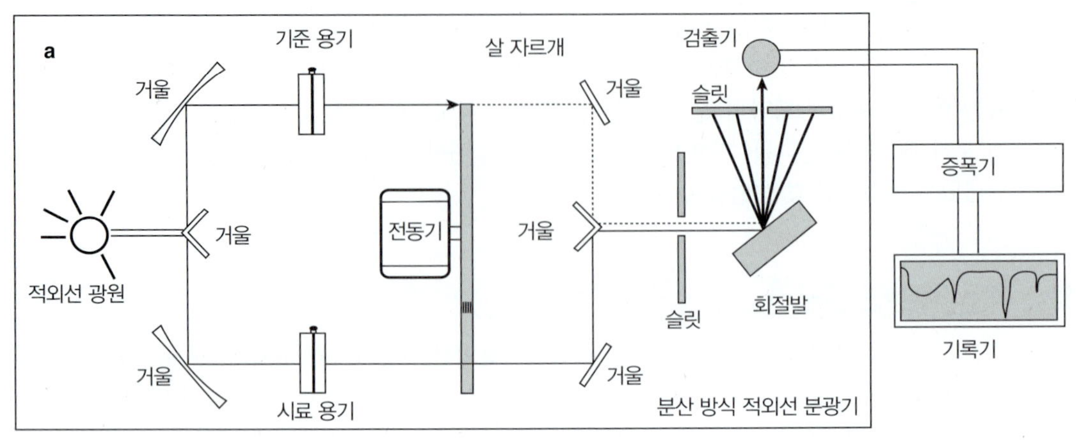

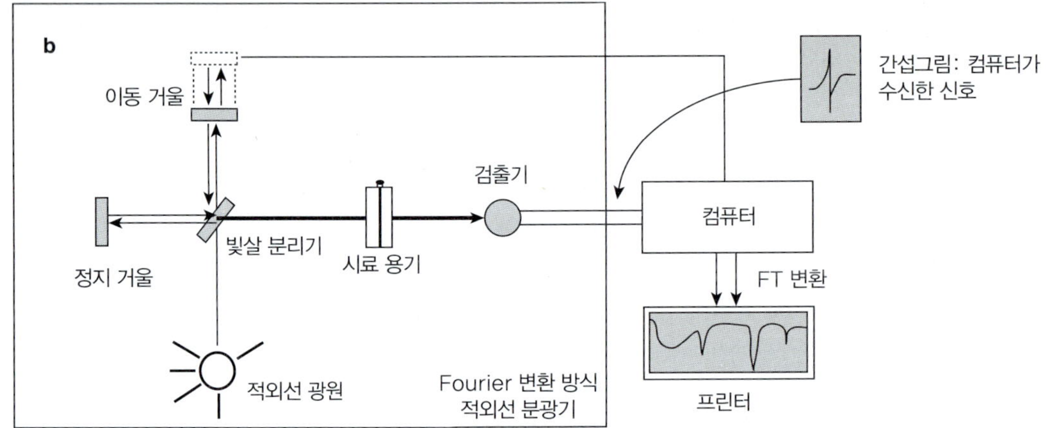

그림 2.3 분산 방식 적외선 분광광도기(a)와 Fourier 변환 방식 분광광도기(b)의 도식적 그림.

분광기는 자동으로 시료의 스펙트럼으로부터 용매의 스펙트럼을 뺀다. 이렇게 하여 분광기는 시료의 스펙트럼으로부터 대기 중의 적외선 활성인 이산화탄소와 수증기 등의 기체에 의한 효과도 상쇄한다(이와 같은 기체들은 양쪽 복사살 모두에 동등하게 존재한다). 이와 같이 편리한 특징 때문에 대부분의 분산 방식 적외선 분광기는 세기 비율을 측정하는 이중 복사살(시료 + 기준) 체계를 갖추고 있다. 이 체계에서는 용매가 양쪽 복사살 속에서 흡수하기 때문에, 용매의 흡수는 비율 I_s/I_r의 양쪽 항에 모두 포함되어 있으므로 서로 상쇄된다. 용매가 없는 원액 액체 시료를 분석할 때, 화합물은 시료 복사살 속에 놓으며, 기준 복사살에는 아무것도 놓지 않는다. 이와 같은 액체의 스펙트럼을 얻을 때, 대기 중에 있는 기체들이 양쪽 복사살 모두에 동등하게 존재하기 때문에 그 기체들의 영향은 자동으로 상쇄된다.

B. Fourier 변환 방식 분광기

가장 최신의 적외선 분광기(분광광도기)는 다른 원리로 작동한다. 광학적 경로(optical pathway)는 **간섭그림**(interferogram)이라 부르는 패턴이 생기도록 설계되어 있다. 간섭그림은 복잡한 신호이며, 파동과 유사한 패턴으로 IR 스펙트럼 영역의 모든 진동수를 지니고 있다. 간섭그림은 본질적으로 세기를 시간의 함수로 나타낸 것이다(**시간 영역 스펙트럼**, time-domain spectrum). 그러나 화학자들은 세기를 진동수의 함수로 그려진 스펙트럼(**진동수 영역 스펙트럼**, frequency-domain spectrum)에 더 많은 관심을 가지고 있다. **Fourier transform(FT)**으로 알려진 수학적 연산을 사용하여 간섭그림으로부터 개개의 흡수 진동수를 분리할 수 있다. 이렇게 하여 얻은 스펙트럼은 사실상 분산 방식 분광기로 얻은 것과 같다. 이와 같은 형태의 기기가 **Fourier 변환 방식 적외선 분광기**(Fourier transform infrared spectrometer, FT-IR)로 알려진 기기이다.[1] FT-IR의 장점은 1초 이내의 매우 짧은 시간에 간섭그림을 얻을 수 있다는 것이다. 그래서 같은 시료로부터 수십 개의 간섭그림을 모아서 컴퓨터에 저장할 수 있다. 저장된 간섭그림의 합을 Fourier 변환하면, 신호 대 잡음 비율(signal-to-noise ratio)이 훨씬 더 좋은 스펙트럼을 얻을 수 있다. 그렇기 때문에 FT-IR 기기는 분산 방식 분광기보다 빠른 속도로 고감도 실험을 수행할 수 있다.

그림 2.3b에 FT-IR 분광기의 도식적 설명을 나타내었다. FT-IR 분광기는 에너지를 시료로 보내기 위하여 **간섭계**(interferometer)를 사용한다. 간섭계에서 광원의 에너지는 입사광과 45°의 각도로 놓여진 거울, 즉 **빛살 분리기**(beam splitter)를 지나게 되고, 이에 의해 입사광은 통과되거나 반사되어 두 개의 직교하는 빛살로 갈라진다. 그림 2.3b에 나타낸 바와 같이 반사되어 90°의 각도로 배향된 빛살은 "정지" 거울(stationary mirror 또는 fixed mirror)에서 반사되어 빛살 분리기로 되돌아오며, 반사되지 않은 다른 빛살 또한 움직이는 거울(moving mirror)에서 반사되어 빛살 분리기로 되돌아온다. 거울의 움직임으로 인하여 두 번째 빛살이 이동하는 경로의 거리가 변하게 된다. 두 빛살은 빛살 분리기에서 다시 만나 조합을 이루게 되며, 두 빛살의 경로차(pathlength difference)에 의하여 보강 간섭과 상쇄 간섭을 일으킨다(**역자주**. 두 빛살이 파장의 정수배만큼의 경로차를 보일 때 보강 간섭을, 반파장의 홀수배만큼의 경로차를 보일 때 상쇄 간섭을 한다). 이와 같은 간섭 패턴을 갖는 조합된 빛살을 간섭그림이라 부른다. 간섭그림은 광원으로부터 들어오는 모든 복사 에너지를 가지고 있으며, 따라서 넓은 범위의 파장을 갖는다.

두 빛살의 조합으로 생성된 간섭그림은 빛살 분리기에 의해 시료 쪽으로 배향된다. 빛살이 시료를 통과할 때, 시료는 IR 스펙트럼의 모든 범위의 파장(또는 진동수)을 동시에 흡수한다. 시료에 의한 흡수로 인하여 변형된 간섭그림(modified interferogram)의 신호는 검출기에 도달하며, 이 간섭그림은 각 파장(또는 진동수)에서 흡수된 에너지의 양에 대한 정보를 지니고 있다. 컴퓨터는 이와 같이 변화된 간섭그림을 비교의 표준인 기준 레이저 빛살과 비교한다. 최종적으로 얻어진 간섭그림은 하나의 시간 영역 신호에 모든 정보를 담고 있는데, 우리는 그것을 해독할 수 없다. 컴퓨터를 활용하여 Fourier 변환이라고 알려진 수학적 과정을 수행하여 흡수된 각각의 진동수를 뽑아내어 재조합한 후, 전형적인 IR 스펙트럼을 그릴 수 있다.

컴퓨터가 연결된 FT-IR 기기는 단일 복사살 방식으로 작동한다. 화합물의 스펙트럼을 얻기 위해, 먼저 적외선 활성인 대기 중 기체(이산화탄소와 수증기)들에 의한 바탕 간섭그림(background interferogram)을 얻는다(산소와 질소는 적외선 활성이 아니다). 이 바탕 간섭그림을 Fourier 변환하면 바탕 스펙트럼(background spectrum)이 얻어진다. 그런 다음 복사살 속에 화합물(시료)을 놓고 얻은 간섭그림을 Fourier 변환하면 스펙트럼을 얻을 수 있다. 이 스펙트럼에는 *화합물과 바탕 환경 모두의 흡수*가 포함되어 있다. 컴퓨터 프로그램이 시료 스펙트럼으로부터 바탕 스펙트럼을 자동적으로 빼버리기 때문에 분석하는 화합물만의 스펙트럼을 얻을 수 있다. 이렇게 얻은 스펙트럼은 고전적인 이중 복사살 분산 방식의 분광기로부터 얻은 결과와 본질적으로 같다. 바탕 스펙트럼에 관한 보다 자세한 사항은 2.22절을 참조하여라.

2.6 적외선 분광 분석을 위한 시료 준비

어떤 화합물의 IR 스펙트럼을 얻기 위해 화합물을 시료 걸이(sample holder) 또는 용기(cell)에 놓아야 한다. 이와 같은 용기의 사용은 곧바로 적외선 분광학에서 문제를 유발시킨다. 유리와 플라스틱은 스펙트럼

[1] 간섭측정법(interferometry)과 FT-IR 기기의 작동 원리는 다음 W. D. Perkins의 두 문헌에 설명되어 있다. "Fourier Transform–Infrared Spectroscopy, Part 1: Instrumentation", *Journal of Chemical Education, 63* (January 1986): A5–A10, and "Fourier Transform–Infrared Spectroscopy, Part 2: Advantages of FT–IR", *Journal of Chemical Education*, *64* (November 1987): A269–271.

의 적외선 영역에서 강하게 흡수한다. 그러므로 용기는 이온성 물질(보통 NaCl이나 KBr)로 만들어야 한다. KBr 판(plate)은 NaCl 판보다 비싸지만, 4000~400 cm^{-1}의 범위에서 사용할 수 있는 이점이 있다. NaCl 판은 상대적으로 가격이 싸기 때문에 널리 사용된다. NaCl 판의 실질적인 사용 범위는 4000~650 cm^{-1}이다. NaCl은 650 cm^{-1}에서 흡수하기 시작하는데, 이보다 낮은 진동수에서 흡수하는 띠는 관찰되지 않을 것이다. 650 cm^{-1} 이하에서 그리 중요한 흡수띠가 나타나지 않으므로, NaCl 판은 통상적인 적외선 분광기에 널리 사용된다.

액체(liquid). 유기 화합물 한 방울을 잘 닦은 한 쌍의 NaCl 판 또는 KBr 판 사이에 놓는다. 이것을 **염판**(salt plate)이라고 한다. 판을 천천히 밀어 붙이면 그들 사이에 얇은 액체 막이 생긴다. 이와 같은 방법으로 얻은 스펙트럼은 용매를 사용하지 않으므로 **원액 스펙트럼**(neat spectrum)이라 한다. 염판은 쉽게 깨지며 물에 잘 녹는다. 그러므로 이와 같은 방법으로 분석할 때, 유기 화합물에는 물기가 없어야 한다. 이와 같이 준비한 한 쌍의 판을 분광기의 시료 걸이에 건다.

고체(solid). 고체 시료의 IR 스펙트럼을 분석하기 위한 방법은 다양하다. 첫 번째 방법은 곱게 가루로 빻은 고체 시료를 분말형 KBr과 섞은 후 그것을 고압으로 압축하는 것이다. 높은 압력에서 KBr은 녹고(melt), 화합물은 모재(matrix) 속에 고정된다. 이렇게 얻은 것을 **KBr 펠릿**(KBr pellet)이라 부르는데, 이것을 분광기의 시료 걸이에 걸어서 측정한다. KBr이 400 cm^{-1}까지 투과하기 때문에, 펠릿을 잘 만들면 스펙트럼에 다른 방해띠가 나타나지 않을 것이다.

고체 시료에 대한 다른 방법은 **Nujol 반죽**(mull)을 사용하는 것인데, 미세하게 빻은 화합물을 광유(mineral oil, Nujol)와 함께 갈아서 광유에 분산된 고운 분말의 현탁액(suspension) 시료를 만드는 것이다. 이 두꺼운 현탁액을 염판 사이에 놓는다. 광유의 흡수띠가 분석하고자 하는 화합물의 흡수띠를 가려서 알아보기 어렵게 만드는 것이 이 방법의 주된 단점이다. Nujol의 흡수띠는 2924, 1462, 1377 cm^{-1}에 나타난다(그림 2.8).

고체 시료의 스펙트럼을 얻기 위한 가장 좋은 방법은 **감쇠 전반사**(attenuated total reflectance, ATR) **장치**를 이용하는 것이다. 최신 적외선 분광기에는 전형적인 투과 모듈과 함께 ATR 장치가 포함되어 있다. ATR 장치를 사용하면 사실상 액체나 고체 모두 시료 준비가 필요 없을 정도로 간편하다. 따라서 분석 시간도 매우 짧다. 제조회사에서는 다중 결정 선택 사양을 권하더라도 다이아몬드 ATR은 유기화학 실험실에서 최고의 내구성을 줄 수 있는 최선의 선택 사양이다. ATR 장치를 사용하여 분석할 때, 소량의 액체나 고체 시료를 전처리 없이 다이아몬드에 직접 올려놓으면 된다. 다이아몬드를 잘라 정교한 각도로 설치하여 입사되는 적외선 복사선이 결정의 내부 표면에서 (그림에 나타낸 바와 같이) 위아래로 계속해서 반사되

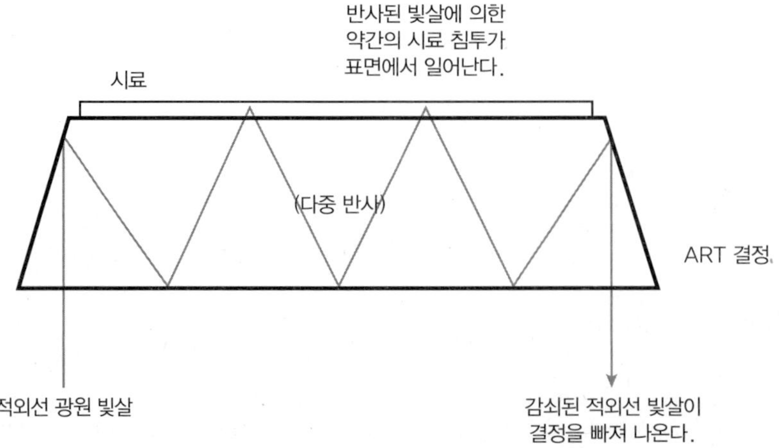

도록 하였다. 입사된 빛살이 시료가 놓여진 표면에서 반사될 때, 빛살의 일부가 시료에 침투된다. 그로 인해 시료의 진동에 대한 진동수가 약간 흡수되어 빛살의 "감쇠(attenuating, 약화)"가 일어난다(**역자주**. 다이아몬드 결정의 두 면 사이에서 반복되는 전반사(다중 반사)를 통하여 입사광에 비해 감지할 만큼 감쇠된 적외선 빛이 결정을 빠져 나오고, 검출기가 이 빛살을 감지한다).

ATR 장치로 인하여 고체의 적외선 분광 분석이 혁명적으로 쉬워졌다. 예를 들어, KBr 펠릿이나 Nujol 반죽을 만들 필요가 없어졌다. ATR FT-IR 장치를 이용하여 얻은 스펙트럼은 투과 방식으로 얻은 FT-IR 스펙트럼과 거의 똑같다. 피크의 상대적 세기는 약간 차이가 나지만, 두 방식으로 얻은 스펙트럼에서 피크의 파수는 일치한다.[2] 일반적인 투과 장치들은 시료에 빛을 투과하기 위하여 투명한 시료가 필요한데, ATR FT-IR 장치를 사용할 때는 (반사 방식이기 때문에) 그렇지 않아도 된다. 다이아몬드 ATR 장치도 몇 가지 한계를 가지고 있다. 예를 들어, 금속에 도포된 박막 시료나 매우 어두운 색을 갖는 시료는 만족스럽게 분석할 수 없다. 그러나 이것 이외의 다른 한계는 거의 없다.

2.7 적외선 스펙트럼을 분석할 때 눈여겨 볼 점

적외선 분광기는 적외선 영역에서 모든 흡수(또는 흡수띠)에 대한 위치와 상대적 크기를 결정하고, 그것들을 종이 위에 그려낸다. 흡수 세기와 파수(또는 파장)의 관계를 기록한 것이 화합물의 **IR 스펙트럼**이다. 그림 2.4에 전형적인 IR 스펙트럼인 3-methyl-2-butanone의 스펙트럼을 나타내었다. 이 스펙트럼은 3000 cm^{-1} 근처와 1715 cm^{-1} 근처에서 최소한 두 개의 강한 흡수띠를 보여주고 있는데, 각각 C—H 신축 진동과 C=O 신축 진동이다.

강한 1715 cm^{-1}의 흡수는 carbonyl 그룹(C=O)에 해당하며 세기가 매우 강하다. 흡수의 특정 위치와 더불어, 이 흡수띠의 *생김새*(shape)와 *세기*(intensity)도 C=O 결합의 고유한 성질이다. 거의 모든 형태의 흡수띠에 있어서 생김새와 세기는 결합의 고유한 성질이다. 즉, 그 흡수띠의 생김새와 세기의 특징을 기술할 수 있고, 이 특징들 때문에 화학자들은 종종 혼돈되는 상황에서도 흡수띠를 구별할 수 있다. 예를 들어, IR 스펙트럼 영역에서 C=O와 C=C 결합은 다음과 같이 어느 정도 같은 영역에서 흡수한다.

C=O	1850~1630 cm^{-1}
C=C	1680~1620 cm^{-1}

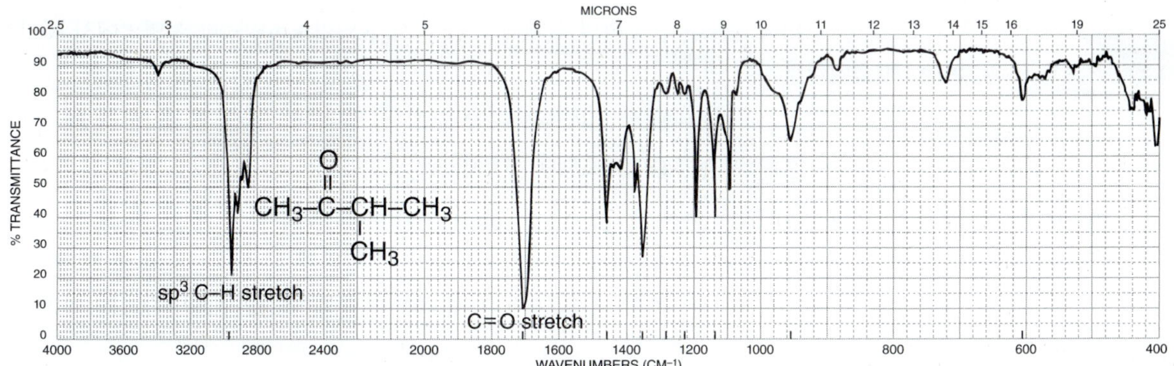

그림 2.4 3-Methyl-2-butanone의 IR 스펙트럼(원액, KBr 판).

[2] Shuttlefield, J. D., and V. H. Grassian, "ATR–FTIR in the Undergraduate Chemistry Laboratory, Part 1: Fundamentals and Examples". *Journal of Chemical Education*, 85 (2008): 279–281.

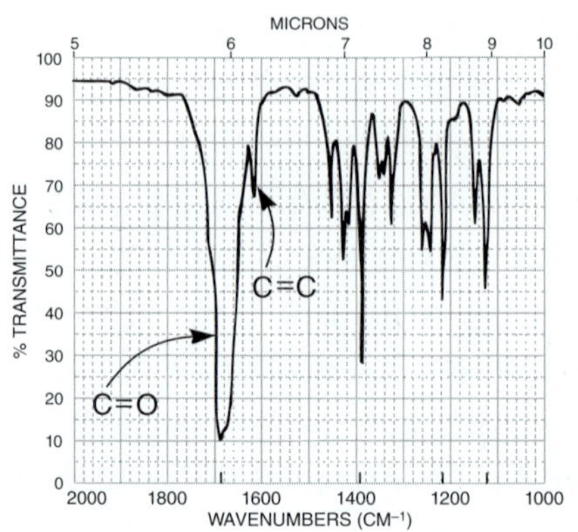

그림 2.5 C=O 흡수띠와 C=C 흡수띠의 세기 비교.

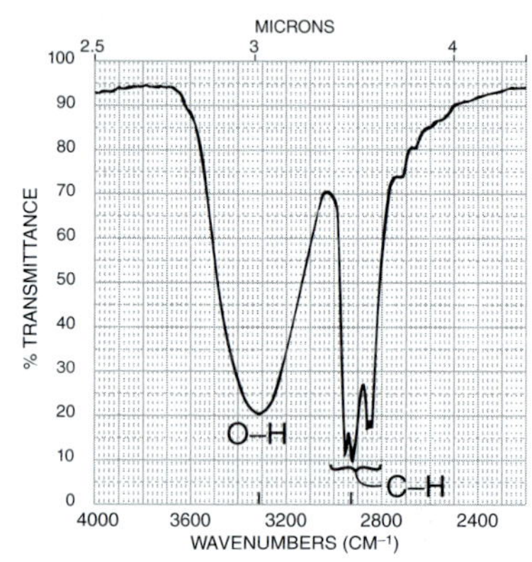

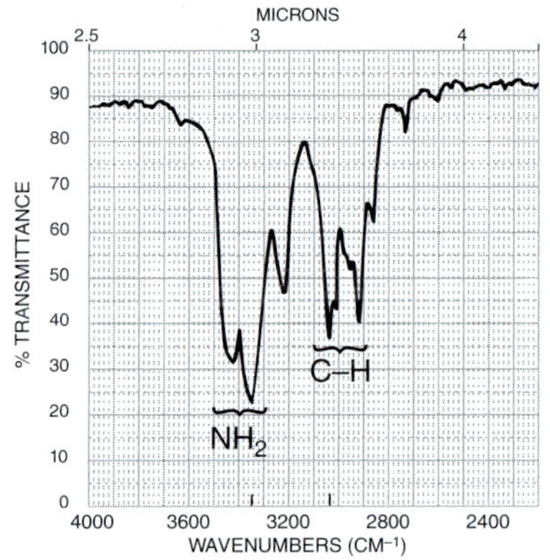

그림 2.6 O−H 흡수띠와 N−H 흡수띠의 생김새 비교.

하지만 C=O 결합은 강한 흡수띠인 반면, C=C 결합은 일반적으로 약하게 흡수한다(그림 2.5). 그러므로 숙련된 학생은 1670 cm^{-1}의 강한 흡수띠를 C=C 이중 결합으로 해석하지 않을 것이고, 약한 흡수를 carbonyl 그룹으로 해석하지도 않을 것이다.

종종 흡수띠의 생김새와 미세 구조는 흡수띠의 실체에 대한 단서가 되기도 한다. 다음 영역에서 N−H와 O−H 영역이 서로 겹치지만,

O−H 3650~3200 cm^{-1}

N−H 3500~3300 cm^{-1}

N−H 흡수는 보통 한 개 또는 두 개의 약한 세기의 *뾰족한*(sharp) 흡수띠로 나타나는 반면, O−H는 N−H 영역에 있을 때, 보통 *넓은*(broad) 흡수띠로 나타난다. 1차 amine도 이 영역에서 두 개의 흡수를 보여주지만, 순수한 액체 alcohol은 단 한 개의 흡수만을 나타낸다(그림 2.6). 그림 2.6에 나타낸 바와 같이 전형적인 C−H 신축 진동수는 3000 cm^{-1}에 나타난다.

그렇기 때문에 앞으로 나오는 스펙트럼을 조사할 때, 생김새와 세기에 주목해야 한다. 이들은 흡수가 일어나는 진동수 못지않게 중요하며, 이와 같은 특징들을 파악할 수 있는 능력을 갖출 수 있도록 노력해야 한다. 종종, 유기화학 문헌 중에서 흡수가 강함(strong, s), 중간(medium, m), 약함(weak, w), 넓은 폭(broad), 뾰족함(sharp) 등으로 언급되어 있는 것을 보게 될 것이다. 이것들은 저자가 실제 스펙트럼을 보여주지 않고도, 흡수띠의 생김새에 대한 느낌을 전달하기 위해서 노력하는 표현들이다.

2.8 상관도표와 상관표

IR 스펙트럼으로부터 구조적 정보를 찾아내기 위해서 여러 가지 작용기가 흡수하는 진동수에 익숙해야 한다. **적외선 상관표**(infrared correlation table)를 참조하여 스펙트럼으로부터 구조적 정보를 찾아낼 수 있다. 상관표에는 다양한 작용기의 흡수 영역을 알 수 있도록 수많은 정보가 나와 있다. 이 장의 맨 끝에 주어진 참고 문헌에 광범위한 상관표가 실려 있다. 가끔 흡수 정보는 **상관도표**(correlation chart)라 부르는 도표의 모양으로 제시되어 있다. 표 2.3은 간략한 상관표이며, 더 상세한 도표는 부록 1을 참조하길 바란다.

표 2.3의 수많은 자료는 마치 소화하기 어려운 듯이 보인다. 하지만 처음에는 그냥 시작하고, 점차 IR 스펙트럼의 좀 더 세밀한 부분에 스스로 익숙해질 수 있도록 노력하여 그것들을 해석할 수 있는 능력을 서서히 늘려 나가면 실제로 그리 어려운 일은 아니다. 먼저 한눈에 볼 수 있는 그림 2.2의 시각적 패턴을 마음속에 깊이 새겨두면 접근을 쉽게 할 수 있다. 그런 뒤에 두 번째 단계로, 이 패턴에서 각 작용기의 "전형적인 흡수값"(기준값으로 쓸 수 있는 하나의 수)을 기억한다. 예를 들어, 모든 전형적인 carbonyl 화합물의 모형으로 간단한 지방족 ketone부터 시작해 보자. 전형적인 지방족 ketone은 약 1715 ± 10 cm^{-1}에서 carbonyl 흡수가 있다. 변화량을 걱정하지 말고 carbonyl 흡수의 기본값으로 1715 cm^{-1}를 암기하여라. 그런 뒤에 좀 더 천천히 carbonyl 범위의 분포 정도와 다른 종류의 carbonyl 그룹이 전체 영역의 어디에서 나타나는가를 보여주는 시각적 패턴에 스스로 익숙해지도록 하여라. 예를 들어, 2.14절에 있는 여러 형태의 carbonyl 화합물의 전형적인 값을 참조하여라. 또한 고리 뒤틀림(ring strain) 및 콘쥬게이션과 같은 요소가 기본값에 얼마나 영향(값이 이동되는 방향)을 미치는지 알아두어라. 암기한 기본값(1715 cm^{-1})을 언제나 마음속에 간직한 채, 다른 인자들의 영향에 따른 경향도 배워야 한다. 앞에서 언급한 방법과 같이 진행하기 위하여 우선 표 2.4에 주어진 기본값을 암기하는 것은 매우 유용하다. 불과 여덟 개밖에 되지 않는다!

2.9 스펙트럼 분석에 대한 접근법

미지 시료의 스펙트럼을 분석할 때, 우선 몇몇 주요 작용기가 있는지 (또는 없는지)를 알아보기 위하여 집중적인 노력을 하여야 한다. C=O, O−H, N−H, C−O, C=C, C≡C, C≡N, NO_2 등의 흡수띠들은 가장 뚜렷하여, 그것들이 존재한다면 즉시 구조적 정보를 얻을 수 있다. 3000 cm^{-1} 주위의 C−H 흡수를 세밀히 분석하려고 노력할 필요는 없다. 왜냐하면 거의 모든 화합물에 이 흡수가 있기 때문이다. 작용기가 나타나는 지점의 미세한 위치 변화에 크게 걱정하지 않아도 된다. 다음은 중요한 총체적 특징들의 점검 목록이다.

1. Carbonyl 그룹은 있는가? C=O 그룹은 1820~1660 cm^{-1}의 영역에서 강한 흡수를 나타낸다. 이 흡수띠는 종종 스펙트럼에서 가장 강하며, 중간 정도로 폭이 넓다. 놓칠 수가 없을 것이다.
2. C=O 그룹이 있다면, 다음 형태를 확인한다(없으면, 3번으로 간다).

ACID	O−H가 있는가? • 3400~2400 cm^{-1} 근처에서 *넓은 폭의* 흡수(보통 C−H와 겹침).
AMIDE	N−H가 있는가? • 3400 cm^{-1} 근처에 중간 세기의 흡수. 때때로, 동일한 세기의 두 개의 흡수띠.
ESTER	C−O가 있는가? • 1300~1000 cm^{-1} 근처에서 강한 흡수.
ANHYDRIDE	1810 cm^{-1}과 1760 cm^{-1} 근처에서 *두 개의* 강한 C=O 흡수.
ALDEHYDE	Aldehyde C−H가 있는가?

표 2.3 간략한 상관표

	진동 형태		진동수(cm^{-1})	세기	참고 페이지
C—H	Alkane	(신축)	3000~2850	s	44
	$-CH_3$	(굽힘)	1450, 1375	m	
	$-CH_2-$	(굽힘)	1465	m	
	Alkene	(신축)	3100~3000	m	45
		(평면외 굽힘)	1000~650	s	
	Aromatic	(신축)	3150~3050	s	55
		(평면외 굽힘)	900~690	s	
	Alkyne	(신축)	약 3300	s	47
	Aldehyde		2900~2800	w	69
			2800~2700	w	
C—C	Alkane		유용하지 않음		
C=C	Alkene		1680~1600	m~w	45
	Aromatic		1600, 1475	m~w	55
C≡C	Alkyne		2250~2100	m~w	47
C=O	Aldehyde		1740~1720	s	69
	Ketone		1725~1705	s	71
	Carboxylic acid		1725~1700	s	76
	Ester		1750~1730	s	77
	Amide		1680~1630	s	83
	Anhydride		1810, 1760	s	87
	Acid chloride		1800	s	85
C—O	Alcohol, ether, ester, carboxylic acid, anhydride		1300~1000	s	60, 63, 76, 77, 87
O—H	Alcohol, phenol				
	자유		3650~3600	m	60
	수소결합		3400~3200	m	60
	Carboxylic acid		3400~2400	m	76
N—H	1차, 2차 amine, amide				
	(신축)		3500~3100	m	88
	(굽힘)		1640~1550	m~s	88
C—N	Amine		1350~1000	m~s	88
C=N	Imine, oxime		1690~1640	w~s	90
C≡N	Nitrile		2260~2240	m	90
X=C=Y	Allene, ketene, isocyanate, isothiocyanate		2270~1940	m~s	90
N=O	Nitro($R-NO_2$)		1550, 1350	s	92
S—H	Mercaptan		2550	w	94
S=O	Sulfoxide		1050	s	95
	Sulfone, sulfonyl chloride, sulfate, sulfonamide		1375~1300, 1350~1140	s	95
C—X	Fluoride		1400~1000	s	98
	Chloride		785~540	s	98
	Bromide, iodide		< 667	s	98

표 2.4 결합의 흡수 기본값

O−H	3400 cm^{-1}	C≡C	2150 cm^{-1}
N−H	3400	C=O	1715
C−H	3000	C=C	1650
C≡N	2250	C−O	1100

- 지방족 C−H 흡수의 오른쪽 2850 cm^{-1}과 2750 cm^{-1} 근처에서 두 개의 약한 흡수.

KETONE 앞의 다섯 가지 사항들이 해당되지 않을 때.

3. C=O 결합이 없다면:

ALCOHOL, PHENOL O−H를 살펴본다.
- 3400~3300 cm^{-1} 근처에서 *넓은 폭의* 흡수.
- 1300~1000 cm^{-1} 근처의 C−O 흡수를 찾아서 이를 확인한다.

AMINE N−H를 살펴본다.
- 3400 cm^{-1} 근처에서 중간 세기의 흡수.

ETHER 1300~1000 cm^{-1} 근처의 C−O를 살펴본다. (3400 cm^{-1} 근처의 O−H 흡수가 없는지 확인한다.)

4. 이중 결합과 방향족 고리.
- C=C는 1650 cm^{-1} 근처에서 약한 흡수.
- 1600~1450 cm^{-1} 범위에서 중간 세기 또는 강한 세기의 흡수. 종종 방향족 고리를 의미한다.
- C−H 영역을 참조하여, 이중 결합 또는 방향족 고리를 확인한다. 방향족 C−H과 vinyl C−H는 3000 cm^{-1}의 왼쪽에서 일어난다 (지방족 C−H는 이 값의 오른쪽에서 일어난다).

5. 삼중 결합
- C≡N은 2250 cm^{-1} 근처에서 중간 세기의 뾰족한 흡수띠.
- C≡C는 2150 cm^{-1} 근처에서 약한 세기의 뾰족한 흡수띠.
- 3300 cm^{-1} 근처에서 acetylene계 C−H를 살펴본다.

6. Nitro 그룹
- 1600~1530 cm^{-1}과 1390~1300 cm^{-1}에서 두 개의 강한 흡수.

7. 탄화수소
- 앞에서 설명한 어떠한 것도 발견되지 않는다.
- 주된 흡수는 3000 cm^{-1} 근처의 C−H 영역에 있다.
- 매우 단순한 스펙트럼. 1460 cm^{-1}과 1375 cm^{-1} 근처에서만 다른 흡수가 나타난다.

처음 시작하는 학생은 스펙트럼에서 모든 흡수띠를 해석하겠다는 생각은 버려야 한다. 아마도 그렇게 할 수도 없을 것이다. 우선 주요 흡수띠를 알고, 그것이 존재하는지 존재하지 않는지를 파악하는 데 주력해야 한다. 다음 절에 나오는 실례들을 주의 깊게 공부함으로써 그런 것들은 수월하게 해석될 수 있을 것이다.

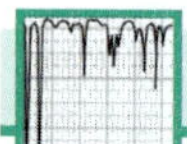

예와 함께 중요 작용기 살펴보기

다음 절에서 적외선 복사에 대하여 중요한 작용기의 거동을 기술하고자 한다. 이 절은 다음과 같이 구성되어 있다.

1. **스펙트럼 분석 상자**(spectral analysis box)에 작용기 또는 진동 형태의 *기본* 정보가 요약되어 있다. 이것은 쉽게 참조할 수 있을 것이다.
2. 스펙트럼의 예들이 그 뒤에 나와 있고, 진단용(diagnostic) *주요* 흡수값들이 각 스펙트럼에 표시되어 있다.
3. 스펙트럼의 예 다음에, 토의(discussion section)에 유기 화합물을 규명하는 데 쓸 수 있는 작용기에 관한 상세한 설명과 그 외의 다른 정보가 나와 있다.

2.10 탄화수소: Alkane, Alkene, Alkyne

A. Alkane

Alkane은 IR 스펙트럼에서 매우 적은 수의 흡수띠를 보여준다. 3000 cm^{-1} 근처에서 네 개 또는 그 이상의 C—H 신축띠와 1475~1365 cm^{-1} 범위에서 CH_2와 CH_3의 굽힘띠를 보여준다.

스펙트럼 분석 상자 *Spectral Analysis Box*

ALKANE

스펙트럼이 일반적으로 단순하며 적은 수의 흡수띠가 있다.

C—H	신축이 3000 cm^{-1} 주위에서 일어난다. Alkane에서(뒤틀림이 있는 고리 화합물은 제외), sp^3 C—H 흡수는 언제나 3000 cm^{-1} 이하의 진동수에서 일어난다(3000~2840 cm^{-1}). 화합물에 vinyl 수소, 방향족 수소, acetylene 수소, cyclopropyl 수소가 있으면, C—H 흡수는 3000 cm^{-1}보다 더 크다. 이 화합물에는 sp^2, sp 혼성이 있다(2.10B, 2.10C절 참조).
CH_2	Methylene 그룹은 대략 1465 cm^{-1} 근처에서 특징적인 굽힘 흡수를 나타낸다.
CH_3	Methyl 그룹은 대략 1375 cm^{-1} 근처에서 특징적인 굽힘 흡수띠를 나타낸다.
CH_2	열린 사슬에서 네 개 이상의 CH_2 그룹과 연관된 굽힘(좌우흔듦) 운동은 약 720 cm^{-1}에서 일어난다[*긴 사슬 흡수띠*(long-chain band)라고 한다].
C—C	신축은 해석상 그렇게 유용하지 않다. 매우 약한 흡수띠가 많다.

예: decane(그림 2.7), 광유(그림 2.8), cyclohexane(그림 2.9).

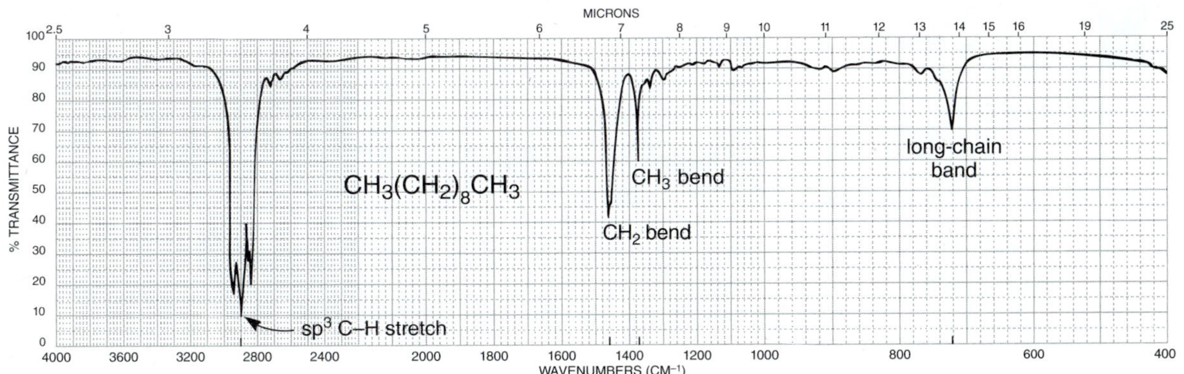

그림 2.7 Decane의 IR 스펙트럼(원액, KBr 판).

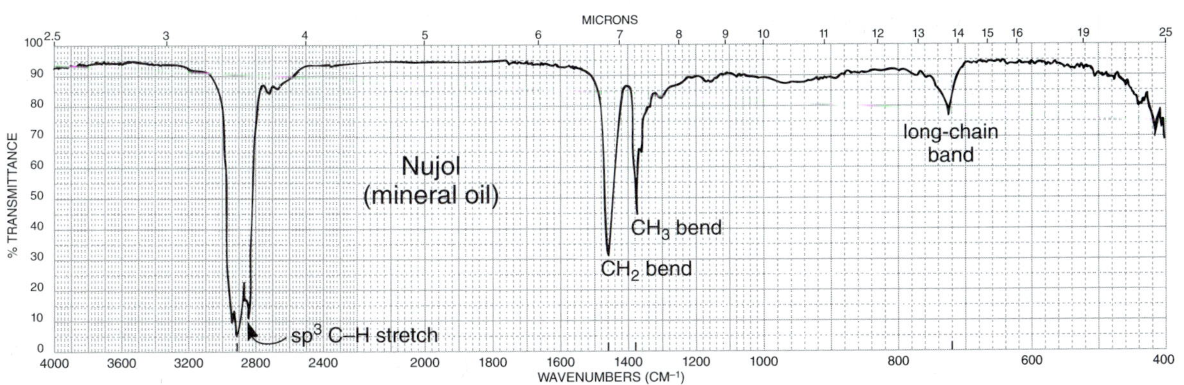

그림 2.8 광유의 IR 스펙트럼(원액, KBr 판).

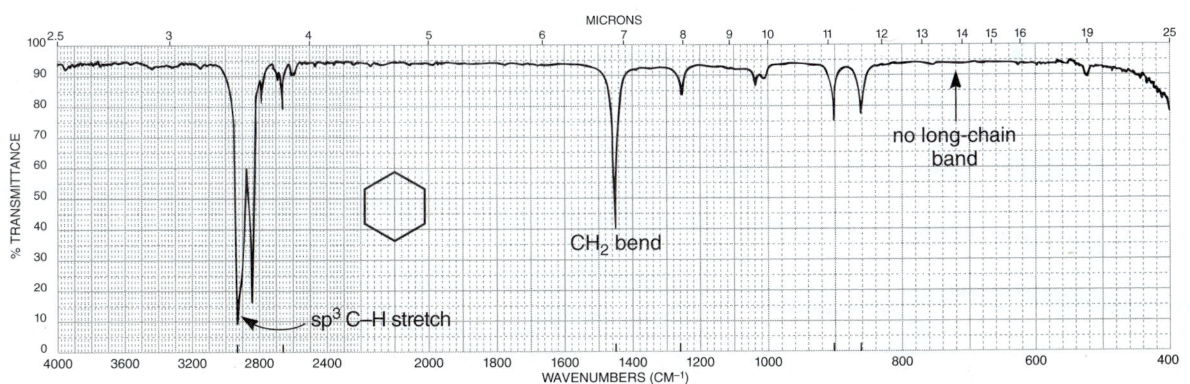

그림 2.9 Cyclohexane의 IR 스펙트럼(원액, KBr 판).

B. Alkene

Alkene은 alkane보다 더 많은 흡수띠를 보여준다. 진단용 주요 흡수띠는 3000 cm^{-1}보다 큰 값에서 얻어지는 sp^2 탄소에 대한 C–H 신축띠와 함께 그 값보다 작은 곳에서 나타나는 sp^3 탄소 원자에 대한 C–H 흡수띠이다. 또한 두드러지는 흡수띠는 1000~650 cm^{-1} 범위에 나타나는 평면외(out-of-plane, oop) 굽힘띠이다. 비대칭성 화합물에서 1650 cm^{-1} 근처에 C=C 신축띠가 나타난다.

스펙트럼 분석 상자 *Spectral Analysis Box*

ALKENE

=C−H　sp^2 C−H의 신축은 3000 cm^{-1}보다 더 큰 값에서 일어난다(3095~3010 cm^{-1}).

=C−H　평면외 굽힘은 범위 1000~650 cm^{-1}에서 일어난다.

이 흡수띠들은 이중 결합에 치환된 정도를 결정하기 위하여 사용될 수 있다(토의 참조).

C=C　신축은 1660~1600 cm^{-1}에서 일어난다. 콘쥬게이션으로 C=C 신축을 작은 진동수로 이동하고, 세기는 증가한다.

대칭으로 치환된 결합(예, 2,3-dimethyl-2-butane)은 적외선을 흡수하지 않는다(쌍극자 모멘트의 변화가 없음).

대칭으로 이중 치환(*trans*)된 이중 결합은 종종 보이지 않을 정도로 흡수가 약하다. *cis*의 경우는 강하다.

예: 1-hexene(그림 2.10), cyclohexene(그림 2.11), *cis*-2-pentene(그림 2.12), *trans*-2-pentene (그림 2.13).

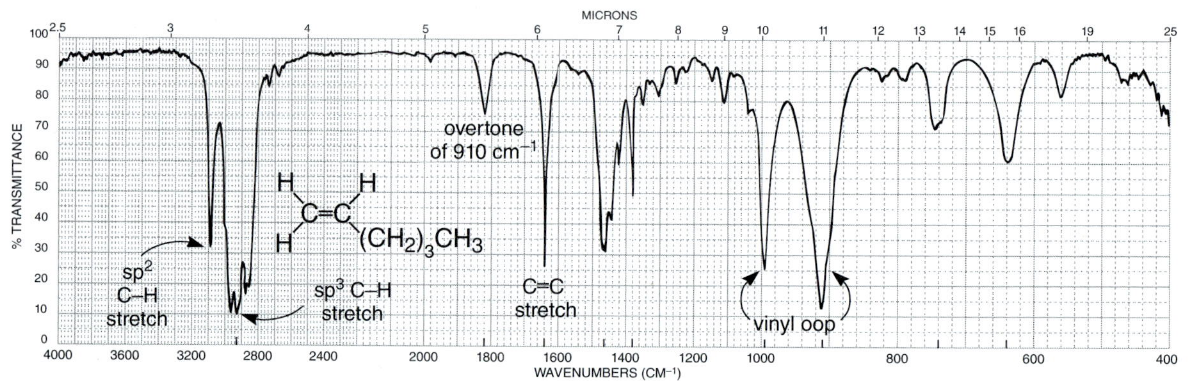

그림 2.10 1-Hexene의 IR 스펙트럼(원액, KBr 판).

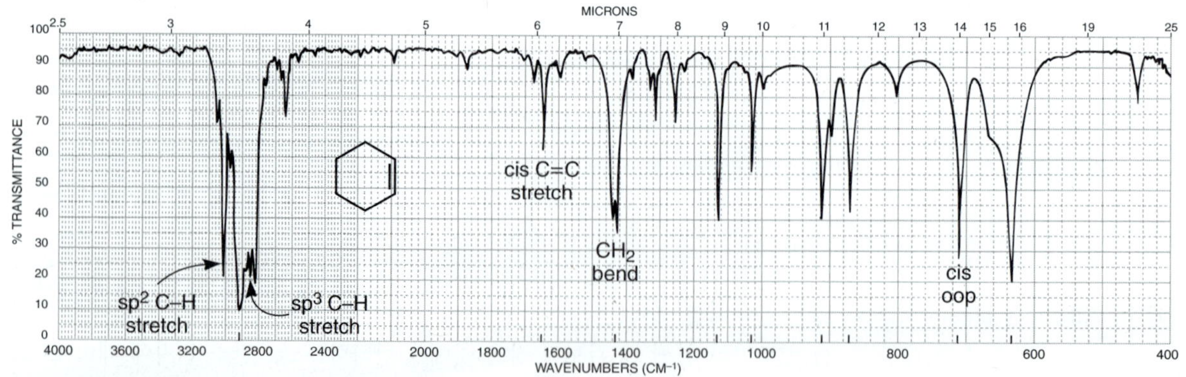

그림 2.11 Cyclohexene의 IR 스펙트럼(원액, KBr 판).

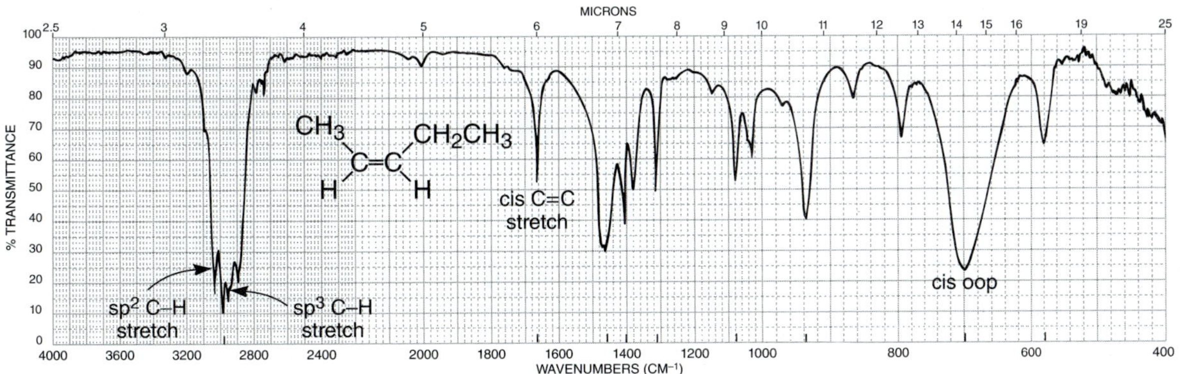

그림 2.12 *cis*-2-Pentene의 IR 스펙트럼(원액, KBr 판).

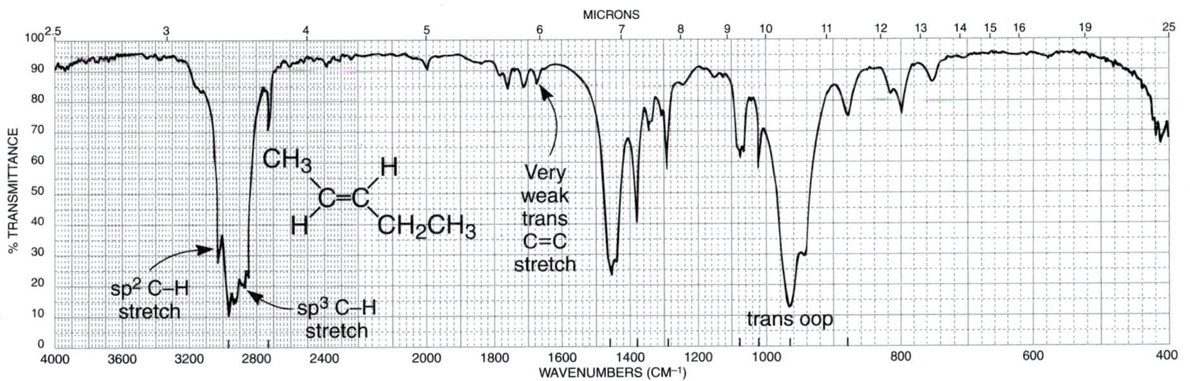

그림 2.13 *trans*-2-Pentene의 IR 스펙트럼(원액, KBr 판).

C. Alkyne

말단 alkyne은 3300 cm^{-1}에서 *sp* 혼성 C−H에 대한 두드러진 흡수띠를 보여준다. 대략 2150 cm^{-1}에 나타나는 C≡C 흡수띠 또한 말단 alkyne에 대한 스펙트럼에 나타나는 두드러진 특징이다. Alkyl 사슬은 sp^3 탄소 원자에 대한 C−H 신축 진동수를 보일 것이다. 다른 특징은 CH_2 그룹과 CH_3 그룹에 대한 굽힘띠이다. 말단이 아닌 alkyne은 3300 cm^{-1}에서 C−H 흡수띠를 나타내지 않는다. 2150 cm^{-1}의 C≡C 흡수띠는 매우 약하거나 스펙트럼에 나타나지 않는다.

스펙트럼 분석 상자 *Spectral Analysis Box*

ALKYNE

≡C−H　*sp* C−H의 신축은 보통 3300 cm^{-1} 근처에서 일어난다.

C≡C　신축은 2150 cm^{-1} 근처에서 일어난다. 콘쥬게이션으로 신축은 작은 진동수로 이동한다. 이중 치환되거나 대칭으로 치환된 삼중 결합은 흡수띠를 보이지 않거나 약한 흡수띠로 나타난다.

예: 1-octyne(그림 2.14), 4-octyne(그림 2.15)

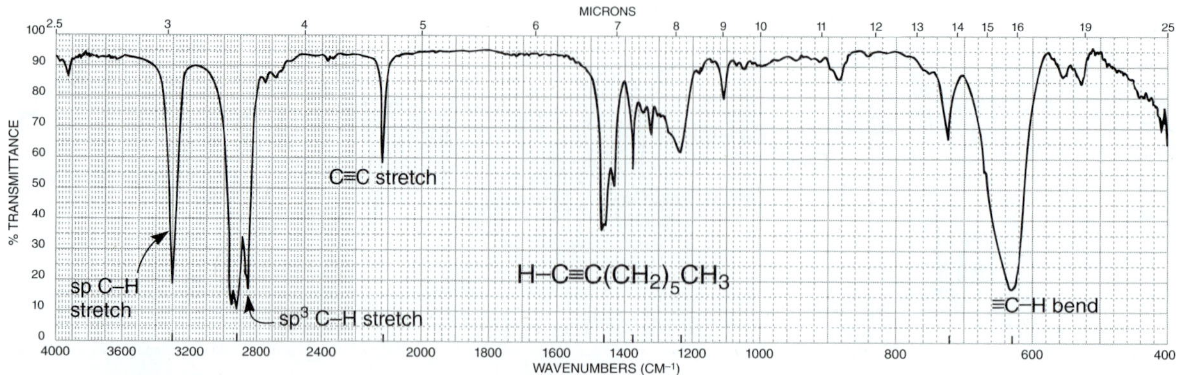

그림 2.14 1-Octyne의 IR 스펙트럼(원액, KBr 판).

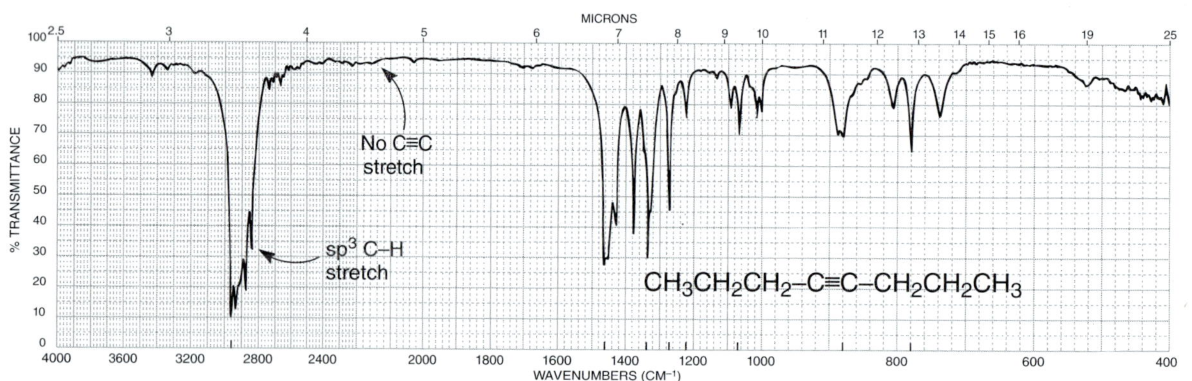

그림 2.15 4-Octyne의 IR 스펙트럼(원액, KBr 판).

토의 *Discussion Section*

C–H 신축 영역

C–H 신축과 굽힘 영역은 IR 스펙트럼에서 가장 해석하기 어려운 영역이다. 그 중에서도 3300~2750 cm^{-1} 범위의 C–H 신축 영역이 일반적으로 더 유용하다. 2.4절에서 논의했듯이, C–H 결합의 흡수 진동수는 대부분 결합에 참여하는 혼성화(hybridization)의 형태와 관계있는 함수이다. Acetylene계 화합물에 들어 있는 *sp*-1*s* C–H 결합은 C=C 이중 결합 화합물(vinyl계 화합물)에 들어 있는 sp^2-1*s* C–H 결합보다 더 강하다. 이와 같은 강한 결합으로 인하여 진동의 힘상수는 더 커지고, 결과적으로 진동수도 더 커진다. 이와 유사하게 vinyl계 화합물의 sp^2-1*s* C–H 흡수는 포화 지방족 화합물의 sp^3-1*s* C–H 흡수보다 더 큰 진동수에서 일어난다. *sp*-, sp^2-, sp^3-혼성 탄소의 여러 가지 C–H 결합에 대한 몇 가지 물리적 상수를 표 2.5에 제시하였다.

표 2.5에 나타낸 바와 같이, C–H 흡수 진동수는 수소가 결합되어 있는 탄소의 혼성 형태를 말해 준다. 모든 C–H 신축 영역을 그림 2.16에 나타내었다. Aldehyde 수소를 제외한 3000 cm^{-1} 이하의 흡수 진동수는 보통 포화 화합물(오직 sp^3-1*s* 수소들만 있음)을 의미한다. 3000 cm^{-1}보다 크고 약 3150 cm^{-1}보다 작은 흡수 진동수는 보통 방향족 수소 또는 vinyl 수소를 뜻한다. 하지만 cyclopropyl C–H 결합도 3100 cm^{-1}의 영역에서 흡수를 나타낸다. 이것은 각 일그러짐(angle distortion)을 줄이기 위하

표 2.5 *sp*-, sp^2-, sp^3-혼성 탄소에 대한 물리적 상수와 C—H 흡수값

결합	≡C−H	=C−H	−C−H
형태	*sp*-1*s*	sp^2-1*s*	sp^3-1*s*
길이	1.08 Å	1.10 Å	1.12 Å
세기	506 kJ	444 kJ	422 kJ
IR 진동수	3300 cm^{-1}	~3100 cm^{-1}	~2900 cm^{-1}

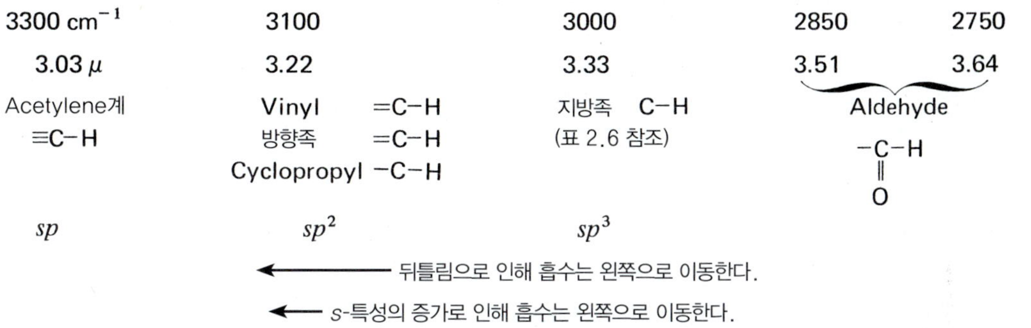

3300 cm^{-1}	3100	3000	2850	2750
3.03 μ	3.22	3.33	3.51	3.64
Acetylene계 ≡C−H	Vinyl =C−H 방향족 =C−H Cyclopropyl −C−H	지방족 C−H (표 2.6 참조)	Aldehyde −C(=O)−H	
sp	sp^2	sp^3		

← 뒤틀림으로 인해 흡수는 왼쪽으로 이동한다.

← *s*-특성의 증가로 인해 흡수는 왼쪽으로 이동한다.

그림 2.16 C—H 신축 영역.

여 고리 C−C 결합에 *p*-특성이 더 많이 들어 있어야 할 필요가 있어, cyclopropyl C−H 결합에 여분의 *s*-특성이 있기 때문이다. 결과적으로 3100 cm^{-1}의 영역에서 흡수를 나타낸다. C=C와 C−H 평면외 굽힘 영역들을 서로 참고하여 해석함으로써, 방향족 수소 또는 vinyl 수소들과 cyclopropyl 수소들을 쉽게 구별할 수 있다. Aldehyde의 C−H 신축은 포화 C−H 흡수보다 작은 진동수에 나타나는데, 보통은 약 2850 cm^{-1}와 2750 cm^{-1}에 약한 두 개의 흡수로 이루어져 있다. 2850 cm^{-1}의 흡수띠는 보통 포화 C−H 흡수띠 위에 볼록 나온 어깨 봉우리(shoulder)처럼 나타난다. 2750 cm^{-1}에서의 흡수띠는 다소 약하여 스펙트럼을 살펴볼 때 놓칠 수도 있다. 하지만 이것은 지방족 sp^3 C−H보다 더 작은 진동수에 나타난다. 만약 aldehyde 화합물을 규명하고자 한다면, 약하지만 진단용으로 사용할 수 있는 한 쌍의 aldehyde C−H 신축띠를 찾아봐야 한다.

Methyl, methylene, methine의 sp^3-혼성 C−H 신축 진동을 표 2.6에 나타내었다. 3차 C−H(methine 수소)는 보통 2890 cm^{-1} 근처에 오직 하나의 약한 C−H 신축 흡수만을 나타낸다. 그러나 methylene 수소(−CH_2−)는 그룹의 대칭(sym) 신축과 비대칭(asym) 신축 방식으로 표현되는 두 개의 C−H 신축 흡수띠를 보여준다. 사실 2890 cm^{-1}의 methine 흡수는 2926 cm^{-1}(asym)와 2853 cm^{-1}(sym)의 두 개의 흡수띠로 갈라진다. 비대칭 방식은 대칭 방식보다 더 큰 쌍극자 모멘트를 유발하며 더 큰 세기를 나타낸다. 2890 cm^{-1}의 methine 흡수띠는 methyl의 경우보다 더 크게 갈라진다. 즉, 약 2962 cm^{-1}와 2872 cm^{-1}에 흡수띠들이 나타난다. 2.3절에서 methylene과 methyl에 대한 비대칭 신축 방식과 대칭 신축 방식을 다루었다.

여러 개의 흡수띠가 C−H 신축 진동 영역에 나타나기 때문에, 그 흡수가 acetylene계(3300 cm^{-1})인지, vinyl계 및 방향족(> 3000 cm^{-1})인지, 지방족(< 3000 cm^{-1})인지, 또는 aldehyde계(2850 cm^{-1}와 2750 cm^{-1})인지만을 결정하는 것이 아마도 좋은 생각일 것이다. 좀 더 깊이 C−H 신축 진동을 해석하

표 2.6 여러 가지 sp^3-혼성 C—H 결합의 신축 진동

그룹		신축 진동(cm^{-1}) 대칭	비대칭
Methyl	CH_3-	2962	2872
Methylene	$-CH_2-$	2926	2853
Methine	$-\overset{\vert}{\underset{\vert}{C}}-$ H	2890 매우 약함	

는 것은 노력할 만한 가치가 없을 수도 있다. 분자 내에 methyl 그룹이 존재하는지 또는 methylene 그룹이 존재하는지를 결정하는 데 C—H 굽힘 진동이 종종 더 유용하다.

Methyl 그룹과 Methylene 그룹의 C—H 굽힘 진동

다른 흡수로 가려져 있지 않을 때, 1465～1370 cm^{-1} 범위를 분석함으로써 methyl 그룹과 methylene 그룹이 존재하는지를 결정할 수 있다. 그림 2.17에 나타낸 바와 같이, CH_2 가위질 진동으로 인한 흡수띠는 보통 1465 cm^{-1}에서 일어난다. CH_3의 굽힘 방식 중의 하나는 보통 1375 cm^{-1} 근처에서 강하게 흡수한다. 이 흡수띠들을 이용하여 각각 methylene 그룹과 methyl 그룹을 검출할 수 있다. 뿐만 아니라 같은 탄소에 두 methyl(geminal dimethyl) 그룹이 있다면, 보통 1375 cm^{-1}의 methyl 그룹의 흡수띠는 거의 같은 세기의 두 흡수띠(대칭 방식과 비대칭 방식)로 갈라진다. 이와 같은 이중선(doublet)은 isopropyl 그룹이 들어 있는 화합물에서 자주 관찰된다. *tert*-Butyl 그룹에서는 1375 cm^{-1}의 흡수띠는 더욱더 넓은 간격의 두 개의 흡수띠로 갈라진다. 1370 cm^{-1}의 흡수띠가 1390 cm^{-1}의 흡수띠보다 좀 더 강하다. Isopropyl 그룹과 *tert*-butyl 그룹에 대해 예상되는 패턴이 그림 2.18에 나타나 있다. 실제로는 이와 같은 이상적인 패턴과는 약간의 차이가 있을 수 있다. 핵자기공명(nuclear magnetic resonance) 분광법을 이용하여 이 그룹들의 존재 여부를 명확하게 확인할 수 있다. Cyclohexane의 스펙트럼(그림

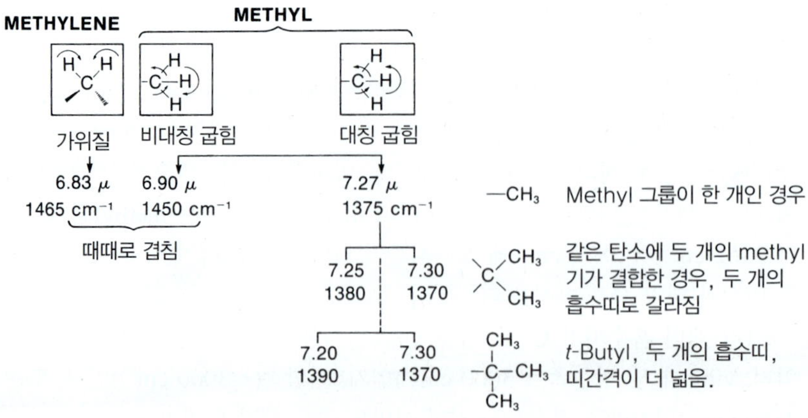

그림 2.17 Methyl 그룹과 methylene 그룹의 C—H 굽힘 진동.

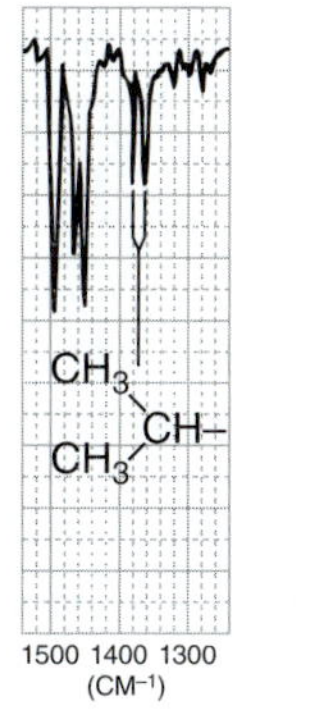

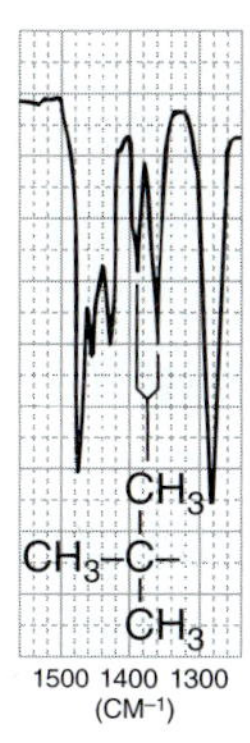

그림 2.18 Isopropyl 그룹과 *tert*-butyl 그룹의 C—H 굽힘 패턴.

2.9)에 나타낸 바와 같이, methyl 그룹이 결합되어 있지 않은 고리 탄화수소에는 1375 cm^{-1} 흡수띠가 사라지고 없다. 마지막으로, 네 개 이상의 탄소로 이루어진 긴 사슬 alkane에서 좌우흔듦(rocking) 흡수띠(2.3절)는 720 cm^{-1} 근처에 나타난다(그림 2.7 참조).

C=C 신축 진동

간단한 Alkyl 치환 Alkene. 간단한 비고리(acyclic) alkene에 대해 C=C 신축 진동수는 보통 1670~1640 cm^{-1} 범위에 나타난다. 이중 결합에 alkyl 그룹이 첨가됨에 따라 C=C 진동수는 증가한다. 예를 들어, 간단한 단일 치환 alkene은 1640 cm^{-1} 근처에서 흡수값을 보이고, 1,1-이중 치환 alkene은 약 1650 cm^{-1}에서 흡수하며, 삼중 치환 alkene들과 사중 치환 alkene들은 1670 cm^{-1} 근처에서 흡수한다. *trans*-이중 치환 alkene은 *cis*-이중 치환 alkene(1658 cm^{-1})보다 큰 진동수(1670 cm^{-1})에서 흡수한다. 하지만 C=C 그룹은 다소 약한 세기를 나타내고, 전형적인 C=O 그룹보다 확실히 훨씬 더 약하다. 많은 경우에 사중 치환 alkene처럼 이중 결합의 흡수는 너무 약하여 거의 관찰되지 않을 수도 있다. 2.1절에서 배운 것처럼 결합되어 있는 그룹이 대칭으로 배열되어 있다면, 신축하는 동안 쌍극자 모멘트에 아무런 변화가 일어나지 않아 적외선 흡수를 관찰할 수 없다. *trans*-Alkene보다 대칭성이 나쁜 *cis*-alkene은 일반적으로 *trans*-alkene보다 좀 더 강하게 흡수한다. 고리 안에 있는 이중 결합은 종종 대칭이거나 거의 대칭이기 때문에 고리 밖에 있는 것보다 좀 더 약하게 흡수한다. 단일 치환 alkene의 말단(terminal)에 있는 이중 결합은 일반적으로 강한 흡수를 나타낸다.

콘쥬게이션 효과. C=C 이중 결합이 carbonyl 그룹 또는 다른 이중 결합들과 콘쥬게이션을 이루면, (다음의 예에 나타낸 바와 같이 공명을 통하여) 단일 결합 특성이 더 많아진 다중 결합을 만들며, 힘상수 K는 작아지고, 그로 인하여 진동수도 작아진다. 예들 들어, styrene의 vinyl 이중 결합은 1630 cm^{-1}에서 흡수를 나타낸다.

$$\left[\mathrm{C{=}C{-}C{=}C} \longleftrightarrow \overset{+}{\mathrm{C}}\mathrm{{-}C{=}C{-}}\overset{-}{\mathrm{C}}\right]$$

여러 개의 이중 결합을 갖는 경우, 때때로 C=C 흡수의 개수는 콘쥬게이션을 이룬 이중 결합의 개수에 상응한다. 이와 같이 상응하는 예는 1,3-pentadiene에서 볼 수 있는데, 여기서 흡수는 1600 cm^{-1}와 1650 cm^{-1}에서 관찰된다. 이 규칙의 예외로 butadiene이 1600 cm^{-1} 근처에 단지 하나의 흡수띠만을 나타내는 것을 들 수 있다. 이중 결합이 carbonyl 그룹과 콘쥬게이션을 이룬다면, C=C 흡수의 진동수는 작은 쪽으로 이동하고, carbonyl 그룹의 강한 쌍극자로 인하여 그 세기 또한 강해진다. 두 개의 형태(conformation) 이성질체가 가능하기 때문에, 종종 이와 같이 콘쥬게이션을 이룬 계에서 두 개의 C=C 흡수띠들이 가까이 붙은 채로 관찰된다.

내부 이중 결합을 갖는 시스템의 고리 크기 효과. 고리 화합물에서 *내부*(internal 또는 endocyclic: 고리 안) 이중 결합의 흡수 진동수는 고리의 크기에 매우 민감하다. 그림 2.19에 나타낸 바와 같이, 흡수 진동수는 내각이 감소함에 따라 감소하여 내각 90°인 cyclobutene에서 최소값을 나타낸다. 흡수 진동수는 내각이 60°인 cyclopropene에서 다시 증가한다. 예기치 못한 이와 같은 진동수의 증가는 cyclopropene의 C=C 진동이 이중 결합에 연결된 C—C 단일 결합 진동과 서로 강하게 짝지음(coupling)하기 때문에 일어나는 것이다. Cyclobutene에서처럼 연결된 C—C 결합이 C=C 축과 수직일 때, 그들의 진동 방식은 C=C 결합의 진동 방식과 직교(orthogonal)하기 때문에(즉, 직교하는 다른 축상에서 진동함) 짝지음하지 않는다. 각이 90° 이상일 때(다음의 예에서는 120°), C—C 단일 결합 신축 진동은 두 개의 성분들로 분해될 수 있는데, 그 중의 하나는 C=C 신축의 방향과 일치하게 된다. C—C 신축 벡터의 성분 **a**와 **b**를 다음 그림에 나타내었다. 성분 **a**가 C=C 신축 벡터와 동일 선상에 있기 때문에, C—C 결합과 C=C 결합이 짝지음하게 되고, 결과적으로 흡수 진동수가 커지게 된다. 각이 90°보다 작은 cyclopropene에 대해서도 비슷한 패턴이 나타난다.

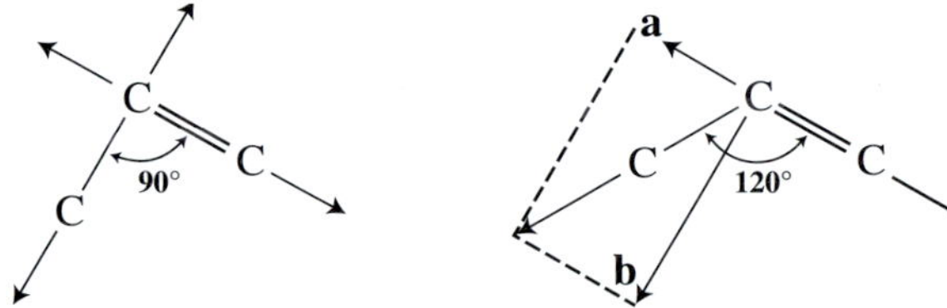

한 개 또는 두 개의 alkyl 그룹이 이중 결합에 직접 결합되어 있을 때, 고리에 들어 있는 이중 결합의 흡수 진동수는 매우 크게 증가한다. 이와 같은 증가는 작은 고리(특히 cyclopropene)에서 가장 극적으로 나타난다. 예를 들어, 그림 2.20에 나타낸 바와 같이 cyclopropene의 이중 결합에 alkyl 그룹 하

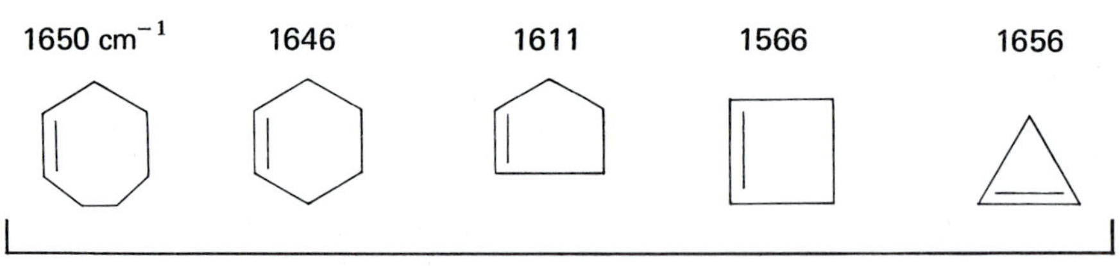

(a) 뒤틀림으로 인해 흡수띠는 오른쪽으로 이동한다.
예외: Cyclopropene

(b) 고리의 접합부에 내부 이중 결합이 있으면, 탄소 한 개를 제거할 때 일어나는 변화와 동등한 양만큼 흡수는 오른쪽으로 이동한다[**역자주**. 다음 예(탄소 여섯 개)의 흡수 진동수는 탄소 다섯 개를 갖는 고리 alkene의 흡수 진동수와 같다].

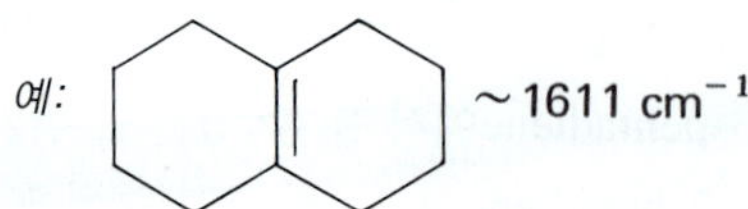

그림 2.19 고리 내부 이중 결합 시스템의 C=C 신축 진동.

나가 결합하면 흡수는 기본값 1656 cm^{-1}에서 약 1788 cm^{-1}로 증가하며, alkyl 그룹 두 개가 결합하면 약 1883 cm^{-1}로 증가한다. 또 다른 예들을 그림에서 살펴볼 수 있다. 앞에서 설명한 규칙을 적용하기에 앞서 고리 크기를 먼저 고려해야 하는 것을 잊지 말아야 한다. 예를 들어, 1,2-dialkylcyclopentene과 1,2-dialkylcyclohexene의 이중 결합이 거의 같은 값에서 흡수한다는 점에도 유의할 필요가 있다.

외부 이중 결합을 갖는 시스템의 고리 크기 효과. 그림 2.21에 나타낸 바와 같이, 고리의 크기가 감소함에 따라 *외부*(external 또는 exocyclic: 고리 밖) 이중 결합의 흡수 진동수는 증가한다. Allene은 외부 이중 결합의 극단적인 예이기 때문에 그림에 포함하였다. C—C 단일 결합들이 필요한 작은 각을 이룰 수 있도록 작은 고리는 더 많은 *p*-특성이 요구된다(경향을 다시 살펴보자. sp = 180°, sp^2 = 120°, sp^3 = 109°, $sp^{>3}$ ≤ 109°). 이로 인하여 이중 결합의 시그마(σ) 결합에서 *p*-특성이 제거되고 *s*-특성이 좀 더 많이 생기면, 이중 결합은 강하고 단단하게 된다. 따라서 힘상수 K가 증가되고, 결과적으로 흡수 진동수는 커진다.

Alkene의 C—H 굽힘 진동

Alkene에 있는 C—H 결합은 적외선을 흡수할 때, 평면내(in-plane) 굽힘 방식과 평면외(out-of-plane) 굽힘 방식에 의해 진동할 수 있다. 말단 alkene의 평면내 가위질(scissoring in-plane) 진동은 약 1415 cm^{-1}에서 일어난다. 단일 치환 alkene과 1,1-이중 치환 alkene에서 이 흡수띠는 중간 세기 또는 약한 세기의 흡수로 위의 값에 나타난다.

Alkene의 스펙트럼에서 1000~650 cm^{-1} 범위의 C—H 평면외 굽힘 진동 영역을 분석하여 alkene에

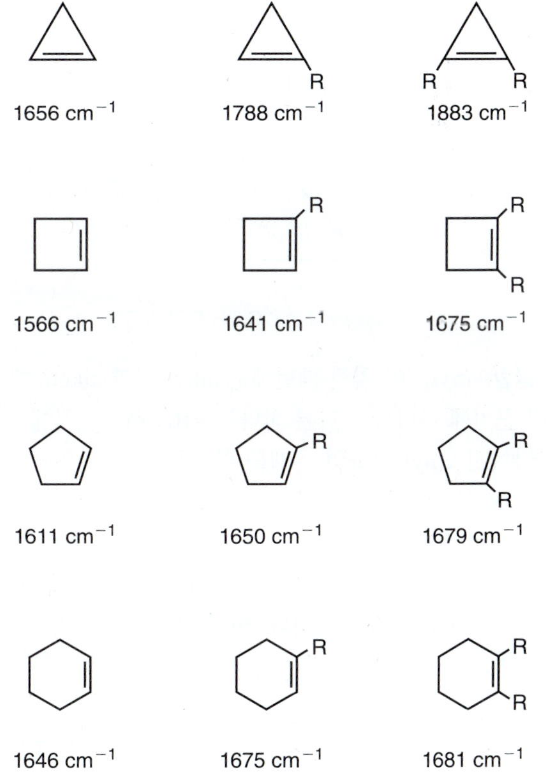

그림 2.20 고리에 있는 C=C 결합의 진동수에 미치는 alkyl 그룹 치환 효과.

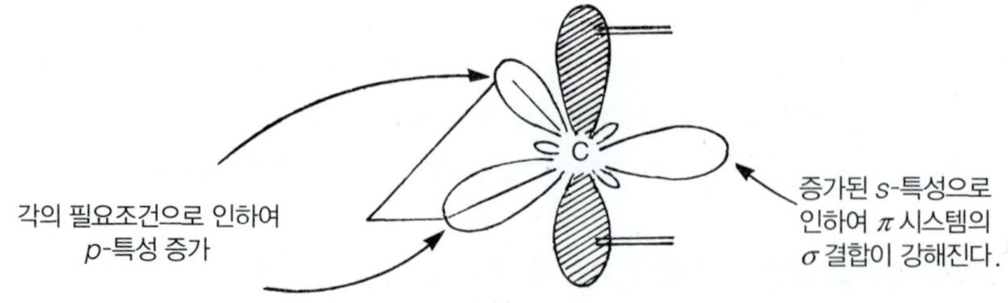

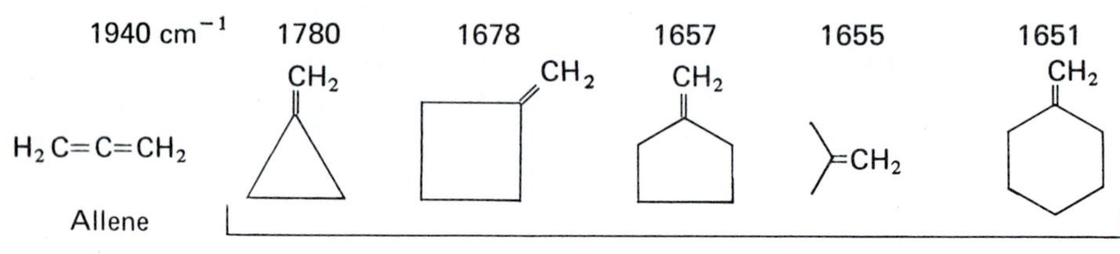

(a) 뒤틀림으로 인하여 흡수띠는 왼쪽으로 이동한다.

(b) 고리의 접합으로 인하여 흡수는 왼쪽으로 이동한다.

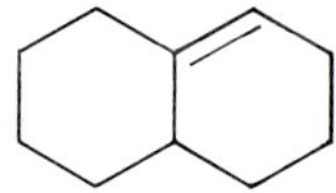

그림 2.21 고리 외부 이중 결합 시스템의 C=C 신축 진동.

대한 가장 가치 있는 정보를 얻을 수 있다. 이 흡수띠들은 종종 스펙트럼에서 가장 강한 흡수띠들이다. 스펙트럼에서 흡수의 개수와 흡수띠들의 위치를 이용하여 이중 결합의 치환 패턴을 알아낼 수 있다.

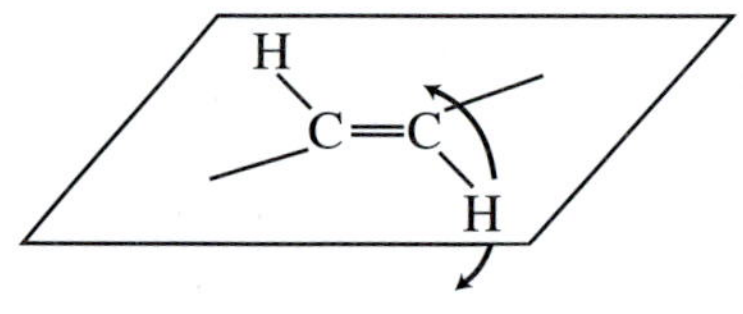

C—H 평면외 굽힘

단일 치환 이중 결합(vinyl). 이 치환 패턴에는 alkyl-치환 alkene에서 두 개의 강한 흡수띠가 보이는데, 하나는 990 cm^{-1} 근처에 나타나고 다른 하나는 910 cm^{-1} 근처에 나타난다. 910 cm^{-1}의 배음띠는 보통 1820 cm^{-1}에 나타나서 vinyl 그룹의 존재를 확인하는 데 도움이 된다. 공명 효과를 통해 전자를 줄 수 있는 그룹(Cl, F, OR)이 이중 결합에 결합되어 있을 때, 910 cm^{-1}의 흡수띠는 810 cm^{-1}까지 작은 진동수로 이동한다. 공명 효과에 의해 전자를 끌어올 수 있는 그룹(C=O, C≡N)이 이중 결합에 결합되어 있을 때, 910 cm^{-1}의 흡수띠는 960 cm^{-1}까지 큰 진동수로 이동한다. 평면외 진동을 이용하여 단일 치환 구조를 확인하는 것은 매우 신뢰할 만하다. 이와 같은 흡수띠가 없으면, 그 분자 내에 이와 같은 구조적 특징이 없는 것이 거의 확실하다.

cis-와 trans-1,2-이중 치환 이중 결합. 이중 결합의 *cis*-배열은 700 cm^{-1} 근처에 하나의 강한 흡수띠를 나타내는 반면, *trans*-이중 결합은 970 cm^{-1} 근처에서 흡수한다. 이와 같은 형태의 정보는 이중 결합을

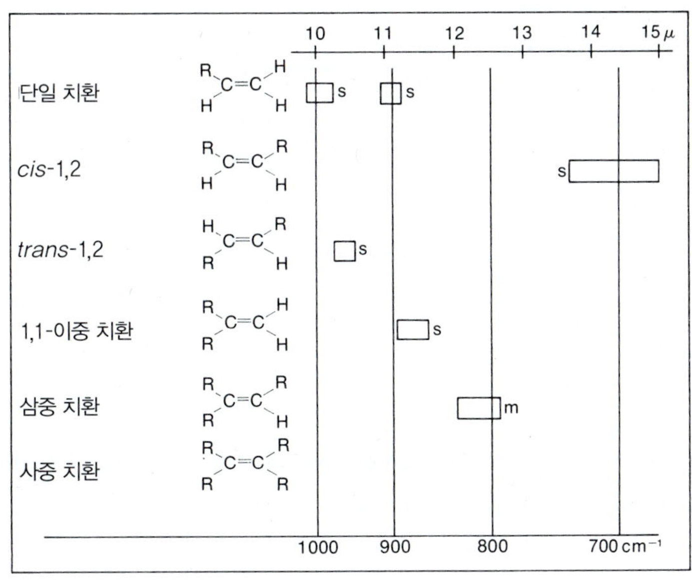

그림 2.22 치환된 alkene의 C—H 평면외 굽힘 진동.

입체화학적으로 규명하는 데 가치 있게 쓸 수 있다(그림 2.12와 2.13).

1,1-이중 치환 이중 결합. Alkyl 그룹 두 개가 *같은 탄소*(*gem*)에 치환된 이중 결합에 대한 흡수는 890 cm^{-1} 근처에서 하나의 강한 흡수띠로 나타난다. 이중 결합에 전자주기(electron-releasing) 또는 전자끌기(electron-withdrawing) 그룹이 결합되어 있을 때, 단일 치환 이중 결합에 나타나는 것과 유사한 이동이 관찰된다.

삼중 치환 이중 결합. 815 cm^{-1} 근처에 하나의 중간 세기의 흡수띠가 나타난다.

사중 치환 이중 결합. 이와 같은 형태의 alkene은 이중 결합에 수소가 결합되어 있지 않기 때문에 이 영역에서는 어떠한 흡수도 나타나지 않는다. 더욱이 이와 같이 많이 치환된 계에서 C=C 신축 진동은 약 1670 cm^{-1}에서 매우 약하게 나타나거나 또는 나타나지 않는다.

그림 2.22에 치환된 alkene의 C—H 평면외 굽힘 진동을 진동수 범위와 함께 나타내었다.

2.11 방향족 고리 화합물

방향족 화합물은 IR 스펙트럼에서 많은 흡수띠를 갖고 있지만, 많은 경우 특징적인 값이 아니다. sp^2 탄소의 C—H 신축띠는 3000 cm^{-1}보다 더 큰 값에 나타난다. 실제로 alkene의 C—H 신축띠도 같은 범위에 나타나기 때문에, C—H 신축띠를 이용하여 alkene과 방향족 화합물을 구별하는 것은 어렵다. 하지만 방향족 고리의 C=C 신축띠는 대개 1600~1450 cm^{-1} 범위에 나타나는데, 이는 alkene의 C=C 신축띠가 나타나는 범위(1650 cm^{-1}) 밖에 있다. 또한 두드러진 흡수띠는 900~690 cm^{-1} 범위에 나타나는 평면외 굽힘띠인데, 2000~1667 cm^{-1}의 약한 배음띠와 함께 나타난다. 이 흡수띠는 고리의 치환 형태를 규명하는 데 사용될 수 있다.

스펙트럼 분석 상자 *Spectral Analysis Box*

방향족 고리 화합물

=C−H sp^2 C−H 신축은 3000 cm^{-1}보다 큰 값에서 일어난다(3050~3010 cm^{-1}).

=C−H 평면외 굽힘은 900~690 cm^{-1} 범위에서 일어난다. 이들 흡수띠들은 고리의 치환 패턴을 규명하는 데 아주 유용하게 쓸 수 있다(토의 참조).

C=C 고리 신축 흡수는 종종 1600 cm^{-1}와 1475 cm^{-1}에서 쌍으로 나타난다.

배음띠와 조합띠들은 2000~1667 cm^{-1} 범위에 나타난다. 이들 *약한* 세기의 흡수는 고리의 치환 형태를 규명하는 데 유용하게 쓸 수 있다.

예: toluene(그림 2.23), *ortho*-diethylbenzene(그림 2.24), *meta*-diethylbenzene(그림 2.25), *para*-diethylbenzene(그림 2.26), styrene(그림 2.27)

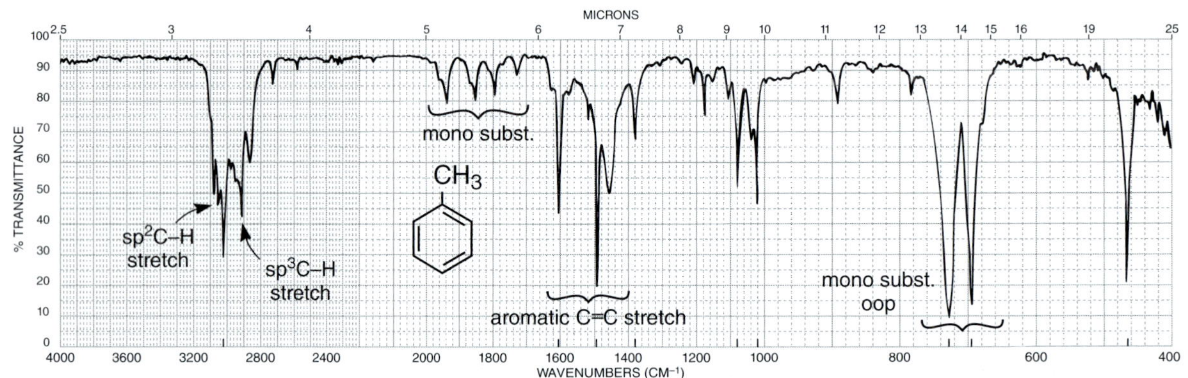

그림 2.23 Toluene의 IR 스펙트럼(원액, KBr 판).

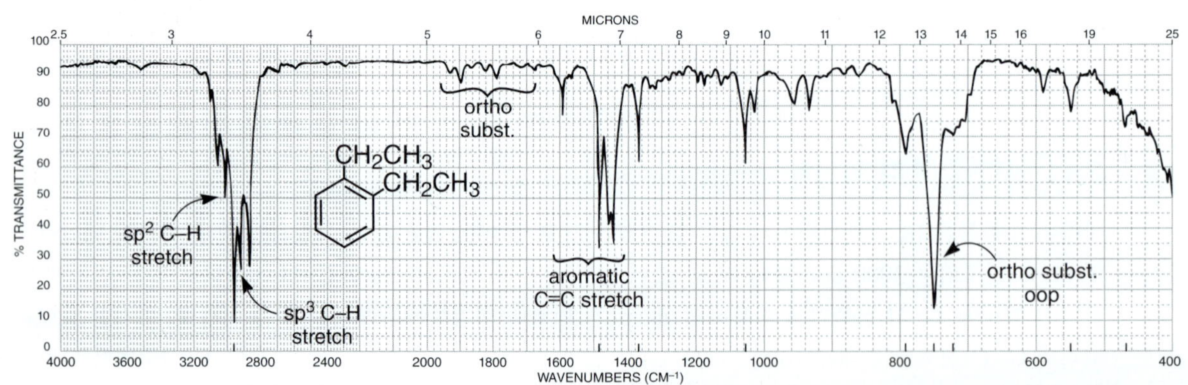

그림 2.24 *ortho*-Diethylbenzene의 IR 스펙트럼(원액, KBr 판).

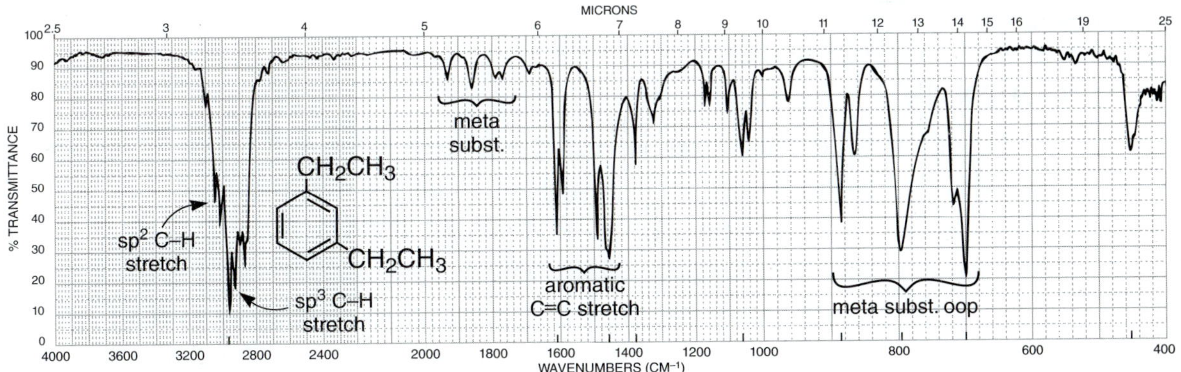

그림 2.25 *meta*-Diethylbenzene의 IR 스펙트럼(원액, KBr 판).

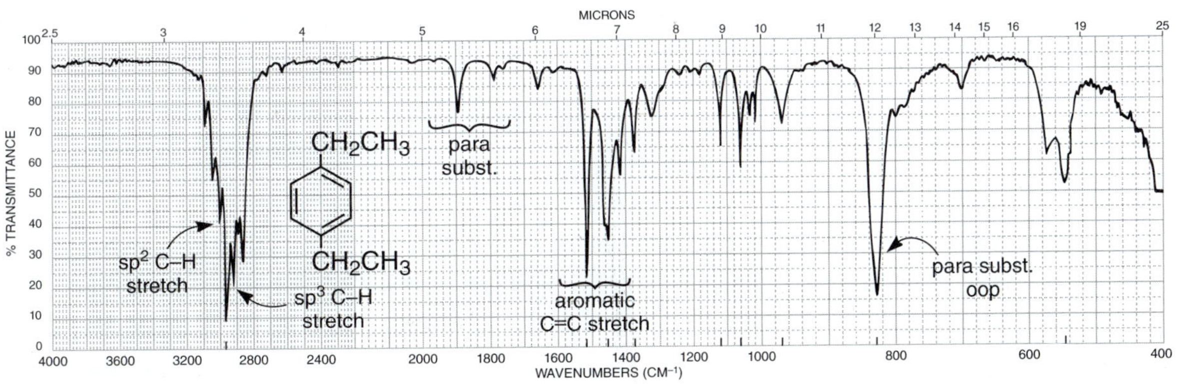

그림 2.26 *para*-Diethylbenzene의 IR 스펙트럼(원액, KBr 판).

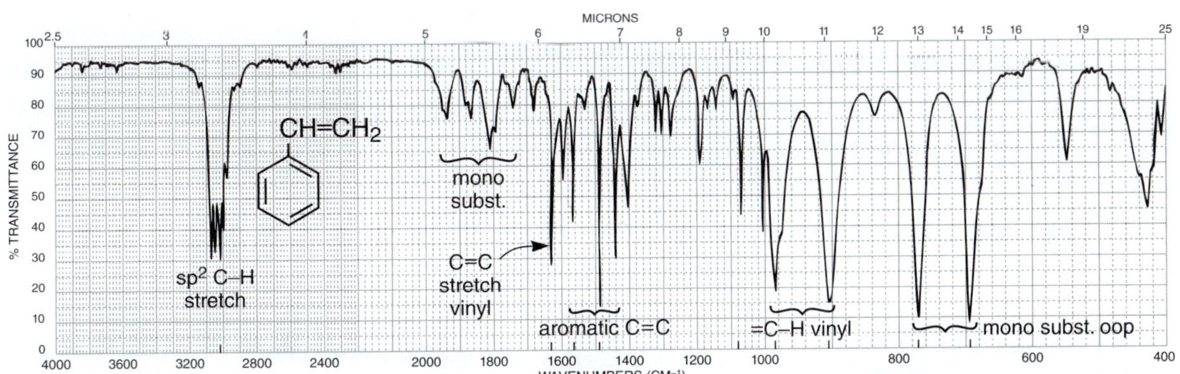

그림 2.27 Styrene의 IR 스펙트럼(원액, KBr 판).

토의 *Discussion Section*

C–H 굽힘 진동

평면내 C–H 굽힘 진동은 1300∼1000 cm^{-1} 범위에서 일어난다. 하지만 이 흡수띠들은 이 영역에서 일어나는 다른 강한 흡수띠들과 겹치기 때문에 진단용으로는 거의 쓸모가 없다.

900∼690 cm^{-1} 범위에 나타나는 평면외 C–H 굽힘 진동은 평면내 진동보다 훨씬 더 유용하다. 이웃하고 있는 수소 원자와 강한 짝지음의 결과로 인하여 이와 같은 매우 강한 흡수가 일어나며, 방향족 고리에서 치환기의 위치를 규명하는 데 쓰일 수 있다. Alkyl, alkoxy, halo, amino, carbonyl 그룹으로 치환된 방향족 화합물들에 대해서 평면외 굽힘 진동에 기반한 치환기의 위치 규명 방법은 매우 신뢰할 만하다. 때로는 방향족 nitro 화합물, 방향족 carboxylic acid의 유도체, 방향족 sulfonic acid의 유도체에 대한 해석 결과는 만족스럽지 못할 때가 있다.

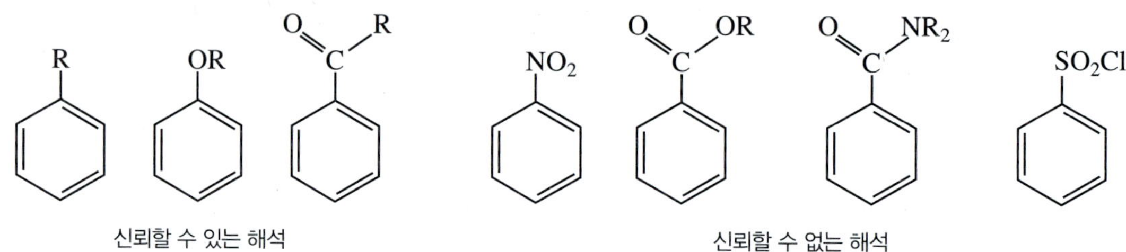

단일 치환 고리. 이 치환 패턴에서는 언제나 690 cm^{-1} 근처에 강한 흡수가 나타난다. 이 흡수띠가 관찰되지 않는다면, 단일 치환 고리가 존재하지 않는 것이다. 두 번째로 강한 흡수띠는 보통 750 cm^{-1} 근처에 나타난다. 스펙트럼을 halocarbon 용매에서 측정할 때, 690 cm^{-1}에 나타나는 흡수띠는 강한 C–X 신축 흡수에 의해 가려질 수도 있다. 단일 치환의 전형적인 두 흡수띠 패턴이 toluene의 스펙트럼(그림 2.23)과 styrene의 스펙트럼(그림 2.27)에 나타나 있다. 또한 styrene의 스펙트럼에는 vinyl의 평면외 굽힘 방식에 의한 한 쌍의 흡수띠가 나타나 있다.

ortho-이중 치환 고리(1,2-이중 치환 고리). 750 cm^{-1} 근처에 하나의 강한 흡수띠가 나타난다. *ortho*-Diethylbenzene의 스펙트럼(그림 2.24)에서 이와 같은 패턴을 관찰할 수 있다.

meta-이중 치환 고리(1,3-이중 치환 고리). 이와 같은 치환 패턴에서는 690 cm^{-1}의 흡수띠와 함께 780 cm^{-1} 근처에서 또 하나의 흡수띠가 나타난다. 종종 중간 세기의 세 번째 흡수띠가 880 cm^{-1} 근처에서 발견된다. *meta*-Diethylbenzene의 스펙트럼(그림 2.25)에서 이와 같은 패턴을 관찰할 수 있다.

para-이중 치환 고리(1,4-이중 치환 고리). 850∼800 cm^{-1} 범위에 하나의 강한 흡수띠가 나타난다. *para*-Diethylbenzene의 스펙트럼(그림 2.26)에서 이와 같은 패턴을 관찰할 수 있다.

앞에서 언급한 보통의 치환 패턴에 대한 C–H 평면외 굽힘 진동과 또 다른 몇 가지 치환 패턴에 대한 C–H 평면외 굽힘 진동을 진동수 범위와 함께 그림 2.28a에 나타내었다. 720∼667 cm^{-1} 영역(검게 칠한 부분)에 나타나는 흡수띠는 C–H 평면외 굽힘의 결과라기보다는 실제로는 C=C 평면외 고리 굽힘 진동의 결과라는 것에 주목하여야 한다.

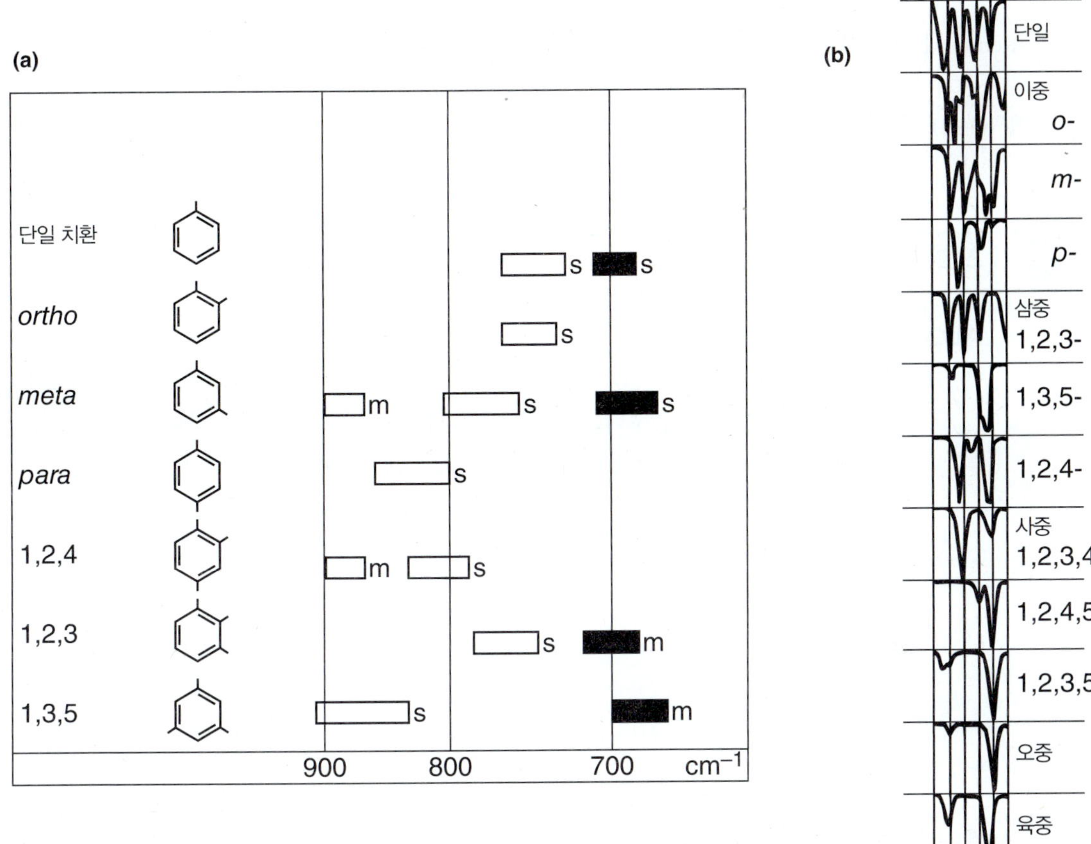

그림 2.28 (a) 치환된 benzene류 화합물들의 C—H 평면외 굽힘 진동(*s = 강한 세기*, *m = 중간 세기*).
(b) 치환된 benzene류 화합물들의 2000~1667 cm^{-1} 영역(인용 문헌: Dyer, John R., *Applications of Absorption Spectroscopy of Organic Compounds*, Prentice-Hall, Englewood Cliffs, N.J., 1965).

조합 흡수띠와 배음 흡수띠

약한 조합띠와 배음띠가 2000~1667 cm^{-1} 범위에서 많이 나타난다. 이 흡수띠들의 상대적인 모양과 개수로부터 방향족 고리의 단일, 이중, 삼중, 사중, 오중, 육중 치환 여부를 알 수 있다. 위치 이성질체의 구별도 가능하다. 흡수가 매우 약하기 때문에 이 흡수띠들을 가장 잘 관찰하기 위해서는 원액이나 진한 용액들을 사용하여야 한다. 만약 화합물에 큰 진동수의 carbonyl 그룹이 존재한다면, carbonyl 흡수띠에 의해 약한 배음띠가 겹쳐지기 때문에, 이 영역의 분석으로부터 유용한 정보를 얻을 수 없다.

이 영역에서 얻을 수 있는 다양한 패턴을 그림 2.28b에 나타내었다. Toluene의 스펙트럼(그림 2.23)과 styrene의 스펙트럼(그림 2.27)에 나타난 단일 치환 패턴은 특히 유용하며, 앞 절에서 다룬 평면외 진동 자료를 확인하는 데 도움이 된다. 마찬가지로, *ortho*-, *meta*-, *para*-이중 치환 패턴 또한 이미 언급한 평면외 굽힘 진동과 일치할 것이다. *ortho*-Diethylbenzene의 스펙트럼(그림 2.24), *meta*-diethylbenzene의 스펙트럼(그림 2.25), *para*-diethylbenzene의 스펙트럼(그림 2.26) 각각은 2000~1667 cm^{-1} 영역은 물론 900~690 cm^{-1} 영역에서 각 구조와 일치하는 흡수띠를 보여준다. 하지만 일반적으로 평면외 진동이 진단 목적으로 좀 더 유용하다.

2.12 Alcohol과 Phenol

Alcohol과 phenol은 3400~3300 cm^{-1} 범위에 강하고 넓게 수소결합 O−H 신축띠를 보여준다. 용액 속에서는 수소결합 O−H 신축띠의 왼쪽 3600 cm^{-1} 근처에서 약하지만 뾰족한 (수소결합을 하지 않은) "자유" O−H 신축띠를 관찰할 수 있다. 그 외에 C−O 신축띠가 1260~1000 cm^{-1} 범위에 나타날 것이다.

스펙트럼 분석 상자 *Spectral Analysis Box*

ALCOHOL과 PHENOL

O−H 자유 O−H 신축은 3650~3600 cm^{-1}에서 *뾰족한* 흡수띠로 나타난다. Alcohol이 용매에 녹았을 때, 이 흡수띠는 수소결합 O−H 흡수띠와 조합되어 나타난다(토의 참조).

수소결합 O−H 흡수띠는 3400~3300 cm^{-1} 범위에서 *넓은* 폭의 흡수띠로 나타난다. 보통 이 흡수띠는 용매에 녹이지 않은 alcohol 원액에 존재하는 유일한 O−H 흡수띠이다. Alcohol이 용매에 녹았을 때, 자유 O−H와 수소결합 O−H 흡수띠가 함께 나타나며, 상대적으로 약한 자유 O−H가 왼쪽에 나타난다(토의 참조).

C−O−H 굽힘은 1440~1220 cm^{-1} 범위에서 넓은 폭의 약한 흡수띠로 나타나는데, 종종 CH_3에 의한 굽힘에 의해 가려진다.

C−O 신축 진동은 보통 1260~1000 cm^{-1} 범위에서 일어난다. 이 흡수띠는 alcohol의 1차, 2차, 3차 구조를 규명하는 데 유용하게 쓸 수 있다(토의 참조).

예: 1-hexanol(그림 2.29), 2-butanol(그림 2.30), *para*-cresol(그림 2.31)의 순수한 원액 시료의 스펙트럼에 수소결합 O−H 신축이 나타나 있다.

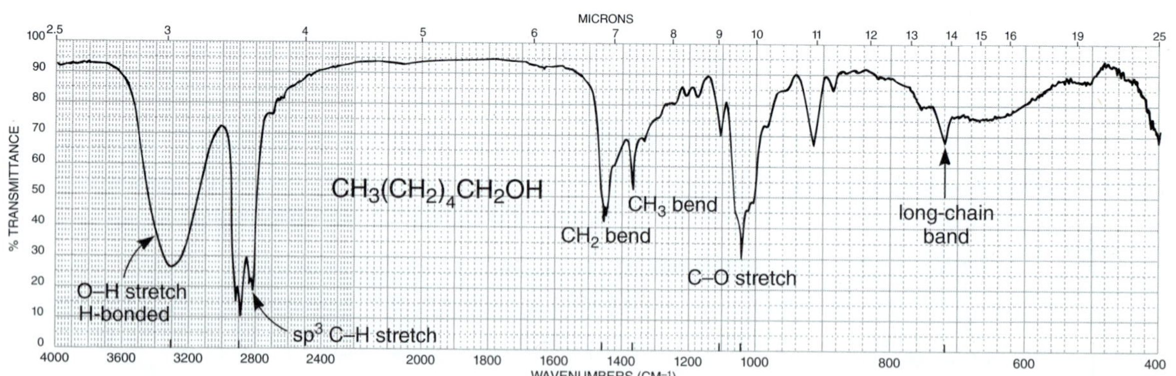

그림 2.29 1-Hexanol의 IR 스펙트럼(원액, KBr 판).

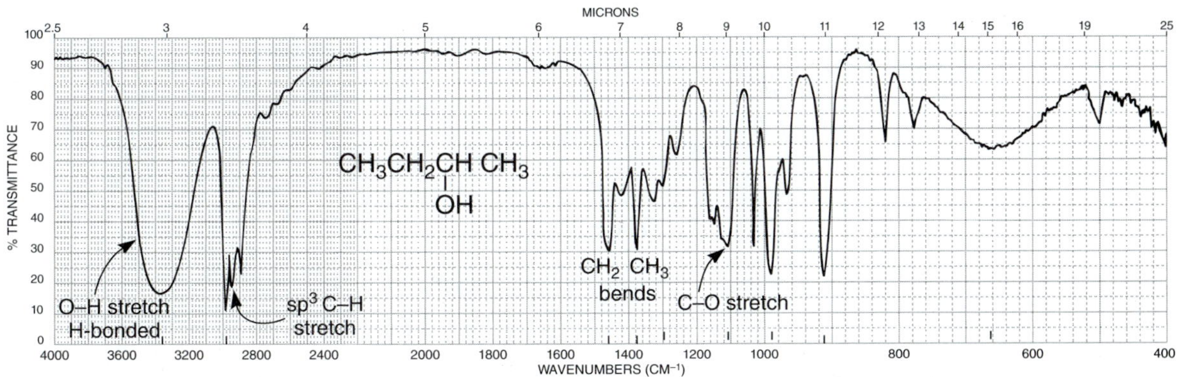

그림 2.30 2-Butanol의 IR 스펙트럼(원액, KBr 판).

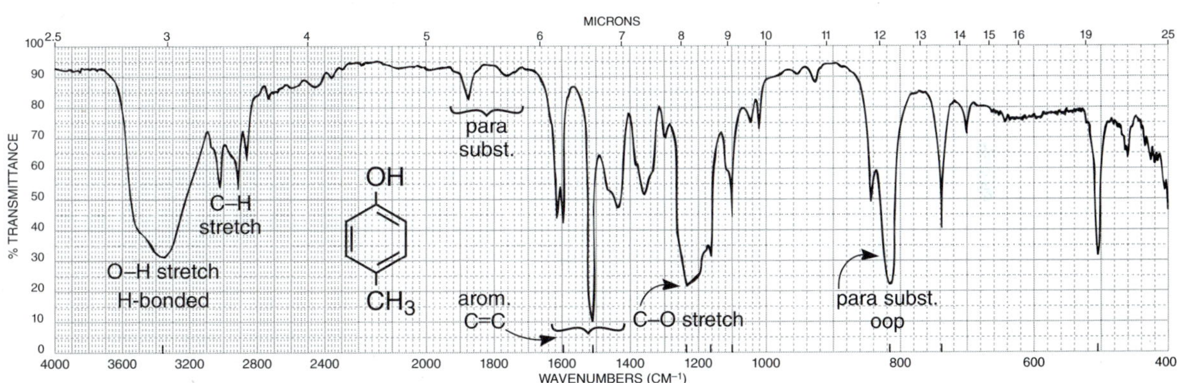

그림 2.31 *para*-Cresol의 IR 스펙트럼(원액, KBr 판).

토의 *Discussion Section*

O–H 신축 진동

흔히 많이 쓰는 원액막(neat liquid film) 방법으로 alcohol 또는 phenol을 분석할 때, 분자 간 수소결합 O–H 신축 진동은 3400~3300 cm^{-1} 범위에서 폭이 넓게 나타난다. 이와 같은 흡수띠를 그림 2.32a에 나타내었다. 이와 같은 흡수띠는 1-hexanol의 스펙트럼(그림 2.29)과 2-butanol의 스펙트럼(그림 2.30)에서도 관찰된다. Phenol 역시 수소결합 O–H 흡수를 보여준다(그림 2.31). Alcohol을 CCl_4로 묽히면, (수소결합을 하지 않은) 뾰족한 "자유" O–H 신축 흡수띠가 (수소결합을 하고 있는) 넓은 폭의 흡수띠 왼쪽 약 3600 cm^{-1}에 나타난다(그림 2.32b). 이 용액을 더 묽히면, 넓은 폭의 분자 간 수소결합 흡수띠는 상당히 약해지고, 주흡수띠인 자유 O–H 신축 흡수만 남게 된다(그림 2.32c). 분자 간 수소결합으로 인하여 O–H 결합은 약해지고, 그로 인하여 흡수띠는 더 작은 진동수(낮은 에너지)로 이동하게 된다.

어떤 연구자들은 alcohol의 1차, 2차, 3차 구조를 규명하는 데 자유 O–H 신축 흡수띠의 위치를 이용하곤 한다. 예를 들어, 1차, 2차, 3차 alcohol과 phenol에서 자유 O–H 신축은 각각 3640, 3630, 3620, 3610 cm^{-1} 근처에서 일어난다. 주의 깊게 눈금을 매기고 O–H 영역을 확대하였을 때에만 이 흡수들을 분석하여 활용할 수 있다. 일반적인 실험 조건 하에서 이와 같은 미세한 구분은 별로 사용 가치가 없다. 오히려 C–O 신축 진동으로부터 훨씬 더 유용한 정보를 얻을 수 있다.

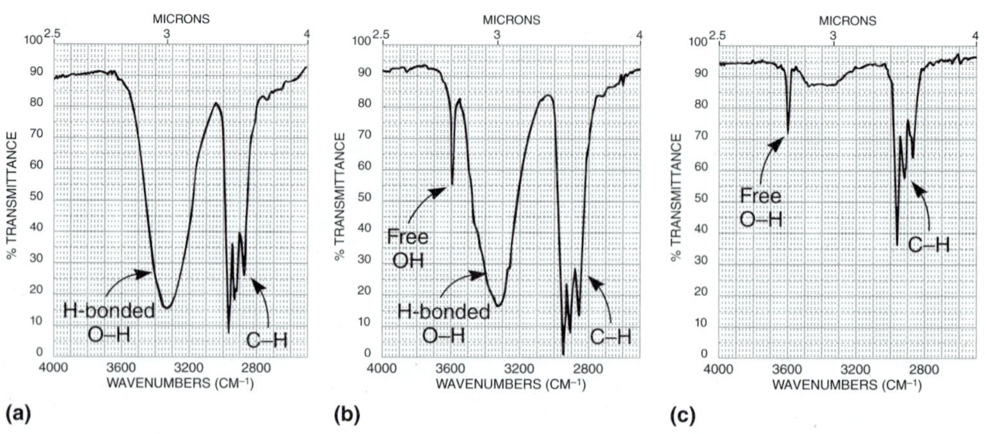

그림 2.32 O—H 신축 영역. (a) 수소결합 O—H(원액). (b) 자유 O—H와 수소결합 O—H(묽은 용액). (c) 자유 O—H와 수소결합 O—H(매우 묽은 용액).

ortho-Carbonyl 치환 phenol에 나타나는 분자 내 수소결합으로 인하여 넓은 폭의 O—H 흡수띠는 보통 작은 진동수로 이동한다. 예를 들어, 보통의 phenol의 O—H 흡수띠의 중심은 약 3350 cm^{-1}에 나타나는 반면, methyl salicylate의 원액 스펙트럼에서 O—H 흡수띠의 중심은 약 3200 cm^{-1}에 나타난다. 분자 내에 있는 수소결합은 농도 변화에 따라 달라지지 않기 때문에, 매우 묽은 용액일지라도 분자 내 수소결합 흡수띠의 위치는 크게 변하지 않는다.

OCH_3 C O H O

Methyl salicylate

Phenol에서 O—H 흡수띠는 종종 alcohol보다 더 폭이 넓지만, 이 흡수에 기초하여 구조를 규명하는 것은 어렵다. 오히려 phenol의 구조를 밝히기 위해서는 간단하게 방향족 C=C 영역과 C—O 신축 진동을 사용하여라. 마지막으로, carboxylic acid의 O—H 신축 진동 역시 이 영역에서 일어난다. 하지만 3400~2400 cm^{-1}에 이르는 *매우 넓은 폭의* 흡수띠와 carbonyl 흡수가 있기 때문에 carboxylic acid는 alcohol과 phenol로부터 쉽게 구별될 수 있다(2.14D절 참조).

C—O—H 굽힘 진동

1440~1220 cm^{-1} 범위에서 C—O—H 굽힘 진동은 H—C—H 굽힘 진동과 함께 몇 개의 약하고 넓은 흡수띠로 얻어진다. 이 넓은 흡수띠들은 보통 1375 cm^{-1}에서 더 강하게 흡수하는 CH_3의 굽힘띠에 묻히기 때문에 관찰하기가 어렵다(그림 2.29 참조).

C—O 신축 진동

강한 C—O 단일 결합 신축 진동은 1260~1000 cm^{-1} 범위에 걸쳐서 관찰된다. C—O 흡수들이 이웃하고 있는 C—C 신축 진동들과 짝지음하기 때문에, 그 흡수띠의 위치로부터 화합물이 1차, 2차, 3차 alcohol인지, phenol인지를 구별할 수 있다. Alcohol과 phenol의 C—O 신축 진동에 대하여 예상되는 흡수띠를 표 2.7에 나타내었다. 비교하기 위해서 O—H 신축 값들 또한 표에 포함하였다.

표 2.7 Alcohol과 phenol의 C—O 신축 진동과 O—H 신축 진동

화합물	C—O 신축(cm^{-1})	O—H 신축(cm^{-1})
Phenol	1220	3610
3°Alcohol(포화)	1150	3620
2°Alcohol(포화)	1100	3630
1°Alcohol(포화)	1050	3640
	↓ 감소	↓ 증가

이웃한 탄소에 불포화가 있거나 고리 구조가 있으면 C—O 흡수 진동수가 작아진다.
2° 예:

OH (cyclohexenol) $1100 \rightarrow 1070\ cm^{-1}$

$C_6H_5CH(OH)CH_3$ $1100 \rightarrow 1070\ cm^{-1}$

$H_2C{=}CHCH(OH)CH_3$ $1100 \rightarrow 1060\ cm^{-1}$

1° 예:

$C_6H_5CH_2OH$ $1050 \rightarrow 1017\ cm^{-1}$

$HC{\equiv}CCH_2OH$ $1050 \rightarrow 1030\ cm^{-1}$

1차 alcohol인 1-hexanol의 스펙트럼(그림 2.29)에서 C—O 흡수는 1058 cm^{-1}에서 일어난다. 반면에 2차 alcohol인 2-butanol의 스펙트럼(그림 2.30)에서 C—O 흡수는 1109 cm^{-1}에서 일어난다. 따라서 두 alcohol의 C—O 흡수띠는 표 2.7의 예상값 근처에서 나타났다. Phenol의 C—O 흡수는 약 1220 cm^{-1}에서 일어나는데, 산소와 방향족 고리의 콘쥬게이션으로 인하여 (더 많은 이중 결합 특성을 갖기 때문에) 흡수는 더 높은 에너지로 이동한다. 이 흡수띠와 더불어 phenol 원액 시료의 O—H 평면내 굽힘 흡수는 보통 1360 cm^{-1} 근처에 나타난다. Alcohol을 묽히지 않은 원액으로 측정할 때도 O—H 평면내 굽힘 흡수띠가 나타난다. 이 흡수는 보통 1375 cm^{-1}에서 methyl 그룹의 C—H 굽힘 진동과 겹쳐진다.

표 2.7에 주어진 숫자들은 *기본값*으로 고려해야 한다. 이웃하고 있는 탄소 원자에 불포화가 있거나 고리에 O—H기가 결합되어 있을 때, 이들 C—O 흡수는 더 작은 진동수로 이동한다. 표 2.7에 제시된 몇 가지 예에서 보듯이, 기본값으로부터 약 30~40 cm^{-1} 정도 이동하는 것이 보통이다.

2.13 Ether

Ether는 1300~1000 cm^{-1} 범위에서 최소한 한 개의 C—O 신축띠를 보여준다. 간단한 지방족 ether는 이

C−O 신축띠의 존재 유무로 alkane과 구별될 수 있다. 여러 가지 관점에서 간단한 ether의 스펙트럼은 alkane의 스펙트럼과 아주 유사하게 보인다. 이 절에서는 방향족 ether, epoxide, acetal 등을 다룬다.

스펙트럼 분석 상자 *Spectral Analysis Box*

ETHER

C−O 가장 두드러진 흡수띠는 C−O 신축(1300~1000 cm^{-1})에 의한 것이다. C−O 신축이 ester나 alcohol에 의한 것이 아니라고 확신하려면, C=O와 O−H가 없는 것을 확인해야 한다. Phenyl alkyl ether에는 두 개의 강한 흡수띠가 약 1250 cm^{-1}와 1040 cm^{-1}에 나타나는 반면, 지방족 ether에는 하나의 강한 흡수띠가 약 1120 cm^{-1}에 나타난다.

예: dibutyl ether(그림 2.33), anisole(그림 2.34)

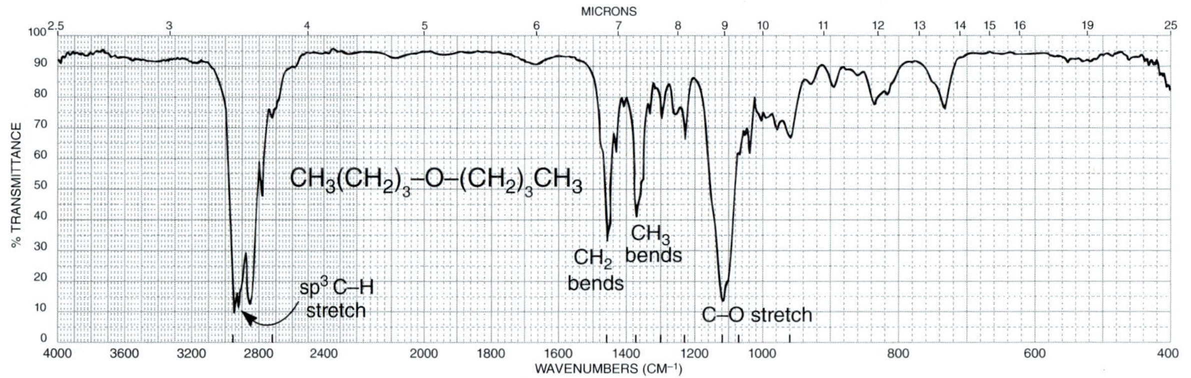

그림 2.33 Dibutyl ether의 IR 스펙트럼(원액, KBr 판).

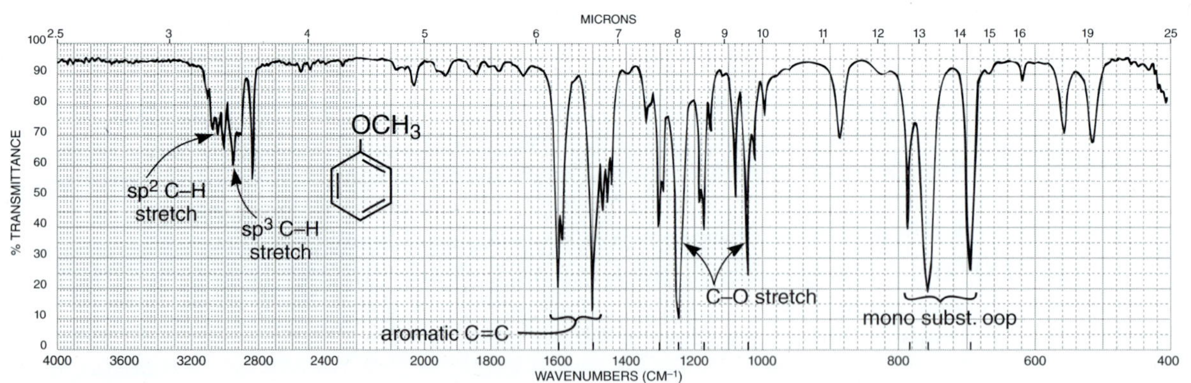

그림 2.34 Anisole의 IR 스펙트럼(원액, KBr 판).

토의 *Discussion Section*

Ether와 관련된 화합물들, 즉 epoxide, acetal, ketal 등은 1300~1000 cm^{-1} 범위에서 C–O–C 신축 흡수를 일으킨다. Alcohol과 ester도 이 영역에서 강한 흡수를 일으키기 때문에, O–H 신축 영역(2.12절)과 C=O 신축 영역(2.14절)에 해당되는 흡수띠가 없음을 관찰하여, 이 화합물들의 가능성을 제외하여야 한다. Ether는 일반적으로 epoxide, acetal, ketal보다 더 자주 접하는 화합물이다.

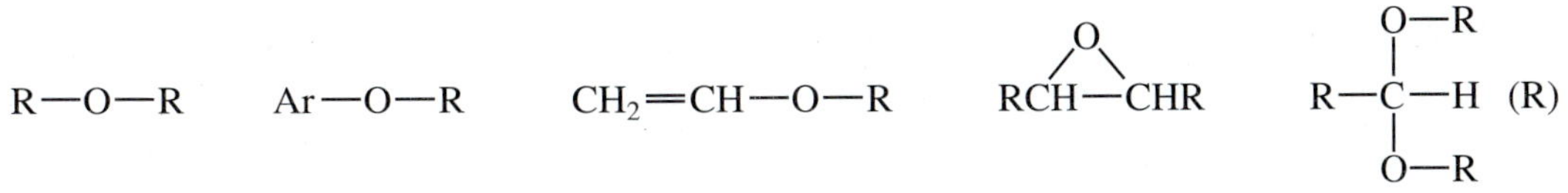

R—O—R — Dialkyl ether

Ar—O—R — Aryl ether

CH_2═CH—O—R — Vinyl ether

RCH—CHR (O 가교) — Epoxide

R—C(O—R)(O—R)—H (R) — Acetal (ketal)

Dialkyl Ether. Dibutyl ether의 스펙트럼(그림 2.33)에 나타난 바와 같이, 비대칭 C–O–C 신축 진동은 약 1120 cm^{-1}에 하나의 강한 흡수를 나타낸다. 850 cm^{-1}에 나타나는 대칭 신축 흡수띠는 일반적으로 매우 약하다. 산소가 들어 있는 육원자 고리(six-membered ring)의 C–O–C 흡수 역시 약 1120 cm^{-1}에서 일어난다.

Aryl Ether와 Vinyl Ether. Anisole의 스펙트럼(그림 2.34)에 나타낸 바와 같이, aryl alkyl ether는 두 개의 강한 흡수를 나타내는데, 비대칭 C–O–C 신축이 1250 cm^{-1} 근처에 나타나며, 대칭 신축이 1040 cm^{-1} 근처에 나타난다. Vinyl alkyl ether 역시 두 개의 흡수를 나타내는데, 비대칭 신축 진동에 해당하는 하나의 강한 흡수띠가 약 1220 cm^{-1}에 나타나며, 대칭 신축에 의한 하나의 매우 약한 흡수띠가 약 850 cm^{-1}에 나타난다.

Aryl ether와 vinyl ether에서 비대칭 신축 진동수가 dialkyl ether의 진동수보다 큰 값으로 이동하는 것을 공명으로 설명할 수 있다. 예를 들어, 이중 결합 특성의 증가 때문에 결합이 강하게 되어 vinyl alkyl ether에서 C–O 흡수띠는 큰 진동수(1220 cm^{-1})로 이동한다. Dialkyl ether에서 C–O 흡수는 1120 cm^{-1}에서 일어난다. 더욱이 공명으로 인하여 C=C 이중 결합의 극성이 증가하기 때문에 약 1640 cm^{-1}의 흡수띠는 일반적인 C=C 흡수보다 강하다(2.10B절).

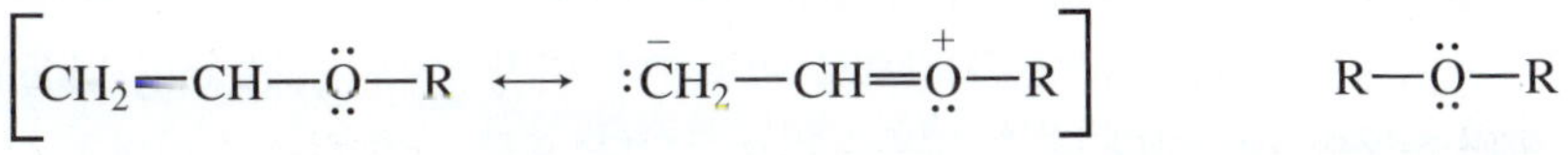

$$\left[CH_2{=}CH{-}\ddot{\underset{\cdot\cdot}{O}}{-}R \longleftrightarrow :\overset{-}{C}H_2{-}CH{=}\overset{+}{\underset{\cdot\cdot}{O}}{-}R\right] \qquad R{-}\ddot{\underset{\cdot\cdot}{O}}{-}R$$

공명 1220 cm^{-1} 공명 없음 1120 cm^{-1}

Epoxide. 이와 같은 작은-고리 화합물들은 1280~1230 cm^{-1} 범위에 (숨쉬기 방식의) 약한 고리 신축띠를 나타낸다. 좀 더 중요한 흡수띠들은 두 개의 강한 고리 변형 흡수띠들인데, 비대칭 흡수는 950~815 cm^{-1} 범위에 나타나며, 대칭 흡수는 880~750 cm^{-1} 범위에 나타난다. 단일 치환된 epoxide의 경우, 대칭 흡수는 주어진 범위의 큰 쪽에 나타나며, 때때로 835 cm^{-1} 근처에 나타난다. 이중 치환된 epoxide의 경우, 주어진 범위의 작은 쪽인 775 cm^{-1} 근처에 나타난다.

Acetal과 Ketal. Ketal 연결부 또는 acetal 연결부가 있는 분자들은 종종 1200~1020 cm^{-1} 범위에서 각각 *네 개 또는 다섯 개의 강한 흡수띠*를 나타낸다. 이 흡수띠들은 때때로 분별되지 않는다.

2.14 Carbonyl 화합물

Aldehyde, ketone, carboxylic acid, ester, amide, acid chloride, acid anhydride에 carbonyl 그룹이 들어 있다. 쌍극자 모멘트의 변화가 크기 때문에 이 그룹은 1850~1650 cm^{-1} 범위에서 강하게 흡수한다. 결합된 원자들에 따라 C=O 신축 진동수는 민감하기 때문에, 앞에서 언급한 작용기들을 갖는 화합물들은 특징적인 값에서 흡수한다. 여러 가지 작용기의 C=O 신축 진동에 대한 전형적인 기본값을 그림 2.35에 제시하였다. 대략 범위의 중간에 있는 ketone의 C=O 신축 진동수를 보통 이 값들을 비교하기 위한 기준점으로 잡는다.

그림 2.35에 주어진 값들의 범위는 전자끌기 효과(유도 효과, inductive effect), 공명 효과, 수소결합을 이용하여 설명할 수 있다. 전자끌기 효과와 공명 효과는 C=O 신축 진동수에 서로 상반되게 영향을 미친다. 첫째, 전기음성도가 큰(electronegative) 원소는 전자끌기 효과를 통하여 탄소와 산소 사이에 있는 전자를 끌어당기는 경향이 있으며, 이로 인하여 C=O 결합이 어느 정도 더 강하게 된다. 결과적으로 큰 진동수(높은 에너지)에서 흡수가 일어난다. 산소가 탄소보다 전기음성도가 크기 때문에 이와 같은 효과는 ester에서 두드러져서 ester의 C=O 진동수가 ketone의 진동수보다 큰 값을 갖게 된다. 둘째, 질소 원자의 비공유전자쌍이 carbonyl 그룹과 콘쥬게이션을 이룰 때 공명 효과가 관찰된다. 결과적으로 C=O 결합에 단일 결합 특성이 증가되고 C=O 흡수 진동수가 작아진다. Amide에서 이와 같은 두 번째 효과가 관찰된다. 질소는 산소 원자보다 전기음성도가 작기 때문에 더 쉽게 양전하를 받아들인다. 아래에 제시된 공명 구조의 기여로 인하여, C=O 그룹에 단일 결합 특성이 생기게 되고, 그로 인하여 amide의 C=O 진동수가 ketone의 진동수보다 작은 값을 갖게 된다.

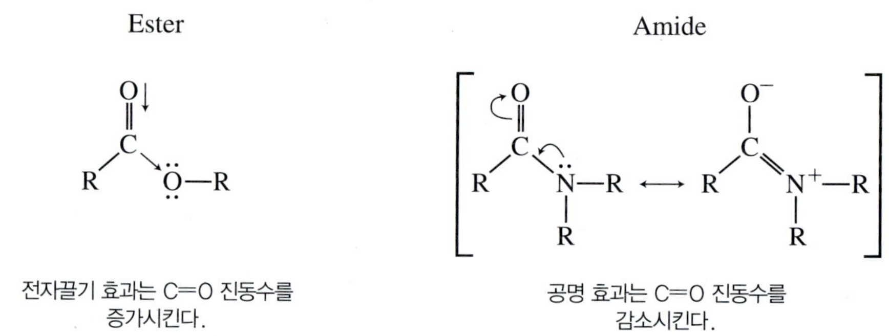

Acid chloride에서는 전기음성도가 큰 halogen 원소의 유도 효과가 증대되어 C=O 결합이 강하게 된다. 따라서 진동수가 ester보다 더 큰 값으로 이동한다. 마찬가지로 acid anhydride에서도 전기음성도가 큰 산소 원자 때문에 ester보다 더 큰 진동수로 이동한다. 또한 대칭 신축과 비대칭 신축 진동으로 인한 두 개의 흡수띠가 acid anhydride에 나타난다(2.3절).

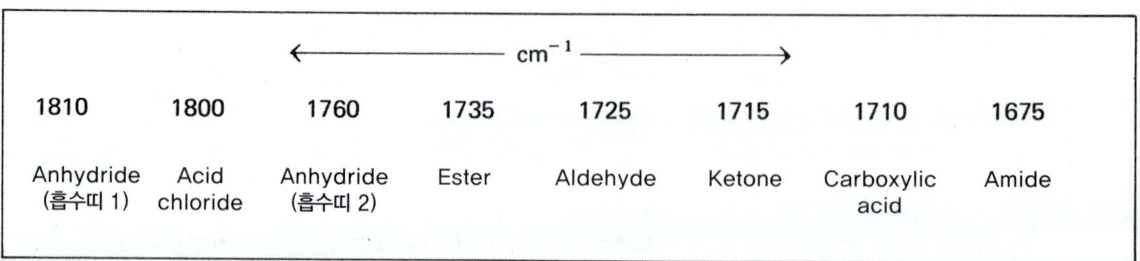

그림 2.35 Carbonyl 그룹의 C=O 신축 진동에 대한 전형적인 기본값.

매우 묽은 용액에서 carboxylic acid는 단량체(monomer) 형태로만 존재하며, 위에서 논의한 전자끌기 효과 때문에 약 1760 cm^{-1}에서 흡수한다. 하지만 진한 용액이나 원액 또는 고체 상태(KBr 펠릿과 Nujol)의 carboxylic acid는 수소결합에 의해 이합체(dimer)를 형성하는 경향이 있다. 이와 같은 이합체 형성으로 C=O 결합은 약화되고, 신축 힘상수 K는 작아지며, 결과적으로 포화 carboxylic acid의 carbonyl 진동수는 약 1710 cm^{-1}로 낮아진다.

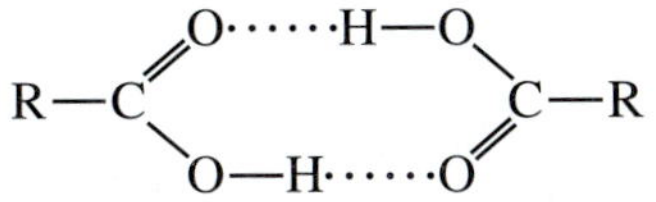

Alkyl 그룹은 (H와 비교하여) 전자주기 그룹이므로 C=O 결합에 전자를 공급하는데, ketone에는 alkyl 그룹이 하나 더 결합되어 있기 때문에 aldehyde보다 작은 진동수에서 흡수한다. 이와 같은 전자주기 효과로 ketone의 C=O 결합은 약화되고, 힘상수와 흡수 진동수는 작아진다.

vs

A. C=O 신축 진동에 영향을 미치는 인자

콘쥬게이션 효과. Carbonyl 그룹과 인접한 곳에 C=C 결합이 도입되면, C=O 결합과 C=C 결합들에 있는 π 전자들이 비편재된다. 이와 같은 콘쥬게이션 때문에 공명 혼성 구조의 C=O 결합과 C=C 결합에 단일 결합 특성이 증가되고, 힘 상수는 작아진다. 결과적으로 carbonyl 결합과 이중 결합의 흡수 진동수가 작아지게 된다. 삼중 결합과의 콘쥬게이션도 이와 같은 효과를 보여준다.

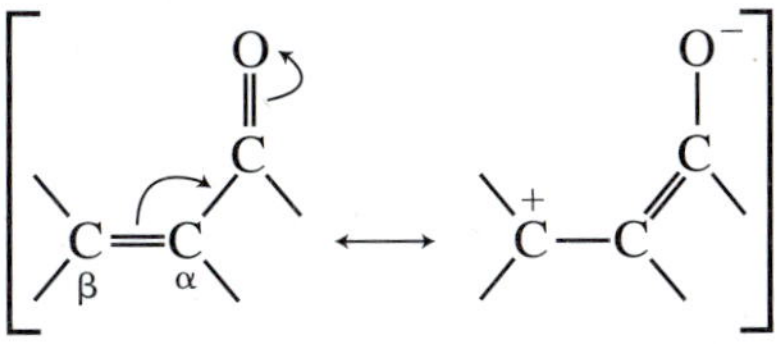

일반적으로 carbonyl 화합물에 α,β-이중 결합을 도입하면, C=O 진동수는 그림 2.35의 기본값보다 25~45 cm^{-1} 정도 작아진다. 이웃에 aryl 그룹을 도입할 때도 비슷한 정도로 작아진다. 여기에 불포화(γ,δ-)를 추가하면 더 작은 진동수로 이동하지만, 약 15 cm^{-1} 정도만 작아진다. 또한 C=C 흡수는 "전형적인" 값인 1650 cm^{-1}에서 작은 진동수인 약 1640 cm^{-1}로 이동하며, C=C 흡수는 아주 강하게 된다. 이와 같은 콘쥬게이션 시스템에는 *s-cis*와 *s-trans*의 두 가지 형태(conformation) 이성질체가 가능하기 때문에, 종종 근접하게 위치한 두 개의 C=O 흡수띠가 관찰된다. *s-cis* 형태 이성질체는 *s-trans* 형태 이성질체보다 더 큰 진동수에서 흡수한다. 몇몇 경우에 있어 C=O 흡수는 이중선으로 갈라지기보다는 넓은 폭을 갖는 모양으로 나타난다.

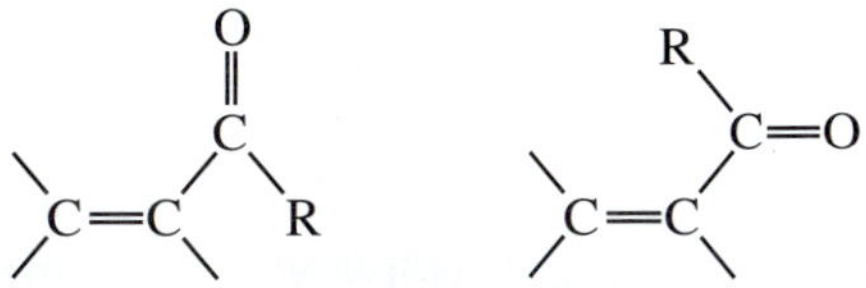

s-cis *s-trans*

다음의 예에 C=O 진동수에 대한 콘쥬게이션 효과를 나타내었다.

α,β-불포화 ketone
1715 → 1690 cm^{-1}

Aryl-치환 aldehyde
1725 → 1700 cm^{-1}

Aryl-치환 acid
1710 → 1680 cm^{-1}

Amide의 C=O 진동수는 콘쥬게이션에 의해 감소되지 않는다. α,β-불포화의 도입은 그림 2.35에 주어진 기본값보다 진동수를 *증가시킨다*. 분명히, 다른 carbonyl의 예처럼 공명에 의한 상호작용을 하는 대신, sp^2 혼성 탄소 원자를 도입하면, carbonyl 그룹의 전자 밀도는 감소되고, (감소된 전자 밀도를 보충하기 위하여) C=O 결합이 더 강화된다. 치환되지 않은 본래의 amide 그룹이 이미 (공명으로 인하여) 매우 안정화되어 있기 때문에, C=C 불포화 그룹의 도입은 이와 같은 공명 효과를 압도하지 못한다.

고리 크기 효과. Carbonyl 그룹을 가지고 있는 육원자 고리는 뒤틀림을 받지 않아 그림 2.35에 주어진 값 근처에서 흡수한다. 고리의 크기가 감소함에 따라 2.10절(C=C 신축 진동과 고리 외부 이중 결합)에서 다른 이유들로 인하여 C=O 흡수 진동수는 증가한다. 그림 2.35에 주어진 작용기 중에서 고리를 형성할 수 있는 모든 작용기에 대해 고리의 각 뒤틀림이 증가함에 따라 흡수 진동수는 증가한다. Ketone과 ester의 경우 종종 뒤틀림이 없는 육원자 고리에서 탄소가 한 개 줄어들 때마다 고리의 진동수는 30 cm^{-1}씩 증가한다. 몇 가지 예를 다음에 나타내었다.

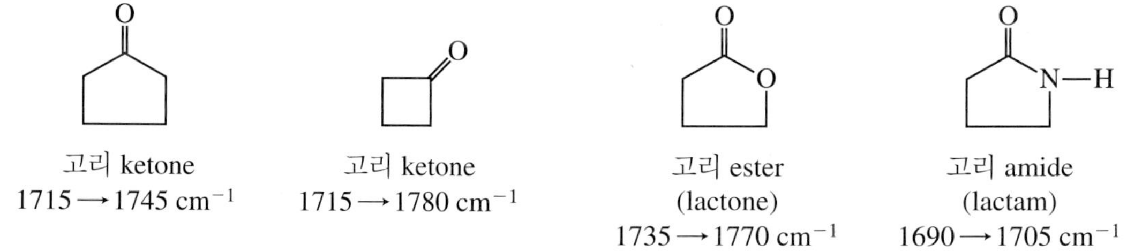

고리 ketone
1715 → 1745 cm^{-1}

고리 ketone
1715 → 1780 cm^{-1}

고리 ester
(lactone)
1735 → 1770 cm^{-1}

고리 amide
(lactam)
1690 → 1705 cm^{-1}

큰 고리의 ketone의 경우, 진동수는 cyclohexanone(1715 cm^{-1})과 거의 같은 값에서부터 그보다 약간 작은 값의 범위에 나타난다. 예를 들어, cycloheptanone은 약 1705 cm^{-1}에서 흡수한다.

α-치환 효과. Carbonyl 그룹의 바로 옆에 있는 탄소가 염소(또는 다른 halogen) 원자에 의해 치환되었을 때, carbonyl 흡수띠는 더 *큰 진동수*로 이동한다. 전자끌기 효과로 인하여 C=O 결합의 탄소의 전자 밀도가 줄어들게 되고, 이와 같이 줄어든 전자 밀도를 보충하기 위하여 π 결합이 더 강하게(짧아지게) 된다. 따라서 힘상수는 커지고, 흡수 진동수도 커진다. 이와 같은 효과는 모든 carbonyl 화합물에 대해서 적용된다.

Ketone의 경우, 이웃하고 있는 탄소에 염소 원자 하나가 치환되면 두 개의 흡수띠가 생긴다. 하나는 염소가 회전하여 carbonyl 그룹 바로 옆에 위치한 형태(conformation)에 의한 것이고, 다른 하나는 염소가 carbonyl 그룹에서 멀리 떨어진 형태에 의한 것이다. 염소가 carbonyl 그룹 바로 옆에 위치해 있을 때, 산소 원자의 비공유전자쌍은 반발하여 밀려난다. 결과적으로 결합은 더 강하게 되고 흡수 진동수는 더 커지게 된다. 다음 예에 나타낸 화합물과 같이 회전이 되지 않는 견고한(rigid) 고리 시스템의 구조를 규명하는 데 이와 같은 종류의 정보는 유용하게 쓰일 수 있다.

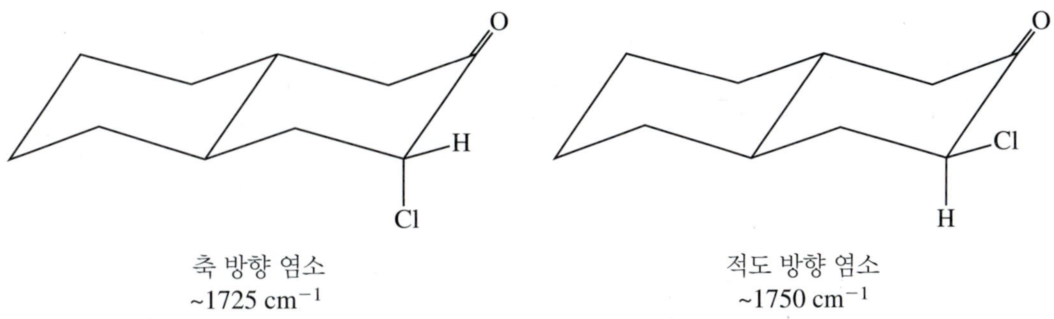

축 방향 염소
~1725 cm^{-1}

적도 방향 염소
~1750 cm^{-1}

수소결합 효과. Carbonyl 그룹과 수소결합이 있으면, C=O 결합 길이는 늘어나고, 신축 힘상수 K는 작아지며, 흡수 진동수는 *작아진다*. 이와 같은 효과에 대한 예로, carboxylic acid 이합체에서 C=O 진동수의 감소와 분자 내 수소결합에 의한 methyl salicylate에서 ester의 C=O 진동수의 감소를 들 수 있다.

Methyl salicylate
1680 cm^{-1}

B. Aldehyde

Aldehyde는 강한 carbonyl(C=O) 신축띠를 보여준다. 보통의 지방족 aldehyde에 대하여 이 신축띠는 1740~1725 cm^{-1} 범위에 나타난다. C=C 그룹 또는 phenyl 그룹에 콘쥬게이션을 이루면 흡수띠는 작은 진동수로 이동한다. C−H 신축 범위에서 aldehyde C−H에 대한 매우 중요한 이중선이 2850 cm^{-1}과 2750 cm^{-1} 근처에서 관찰된다. 이와 같은 이중선의 유무로 carbonyl 그룹을 포함하는 다른 화합물들로부터 aldehyde를 구별할 수 있다.

스펙트럼 분석 상자 *Spectral Analysis Box*

ALDEHYDE

C=O

R−C(=O)−H	n-지방족 aldehyde에 대한 C=O 신축은 1740~1725 cm^{-1} 범위에 나타난다.
>C=C−C(=O)−H	α,β C=C와 콘쥬게이션을 이룬 C=O; C=O에 대하여 1700~1680 cm^{-1}, C=C에 대하여 1640 cm^{-1}.
Ar−C(=O)−H	Phenyl과 콘쥬게이션을 이룬 C=O; C=O에 대하여 1700~1660 cm^{-1}, 고리에 대하여 1600~1450 cm^{-1}.
Ar−C=C−C(=O)−H	길게 콘쥬게이션을 이룬 시스템; C=O에 대하여 1680 cm^{-1}.

C−H	Aldehyde 수소(−CHO)의 신축은 한 쌍의 약한 흡수띠로 구성되는데, 하나는 약 2860~2800 cm^{-1}에 나타나고, 다른 하나는 2760~2700 cm^{-1}에 나타난다. Alkyl 사슬에 의한 보통의 C−H 흡수띠에 의해 가려지지 않기 때문에 작은 진동수에서 흡수하는 흡수띠는 쉽게 관찰할 수 있다. 큰 진동수에서 aldehyde의 C−H 신축은 종종 지방족 C−H 흡수띠에 의해 가려진다.

예: nonanal(그림 2.36), crotonaldehyde(그림 2.37), benzaldehyde(그림 2.38).

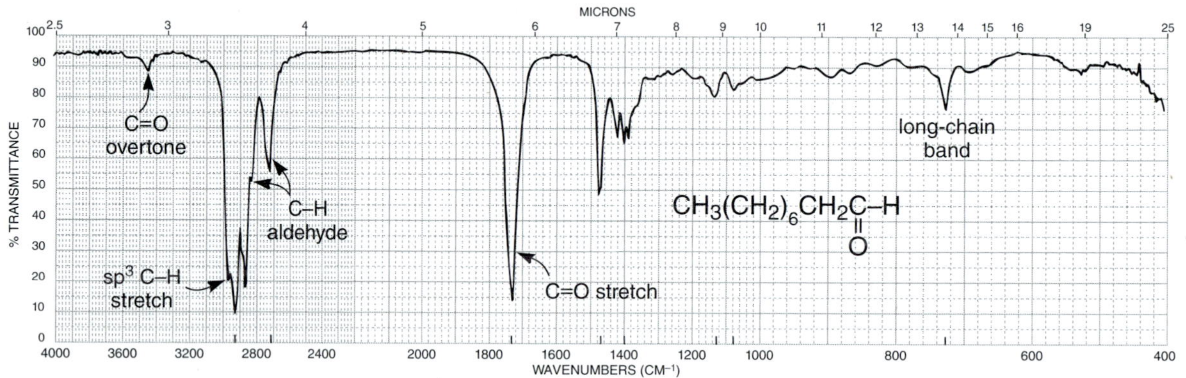

그림 2.36 Nonanal의 IR 스펙트럼(원액, KBr 판).

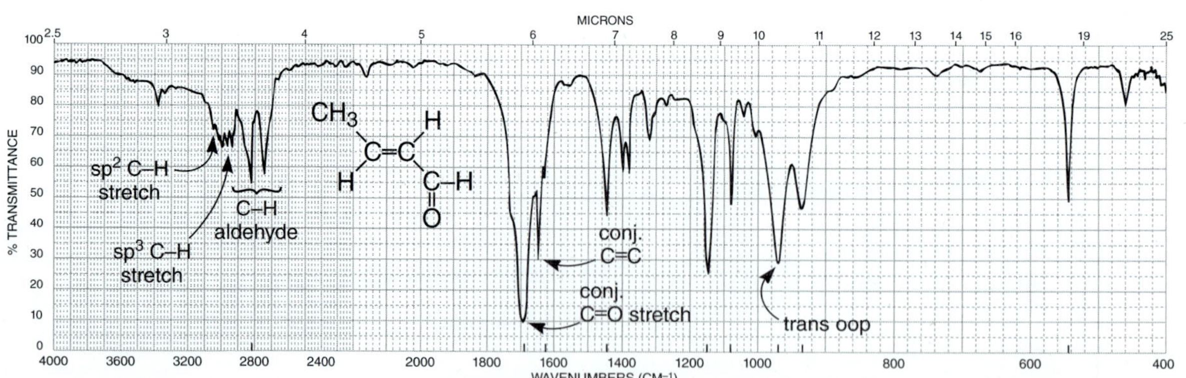

그림 2.37 Crotonaldehyde의 IR 스펙트럼(원액, KBr 판).

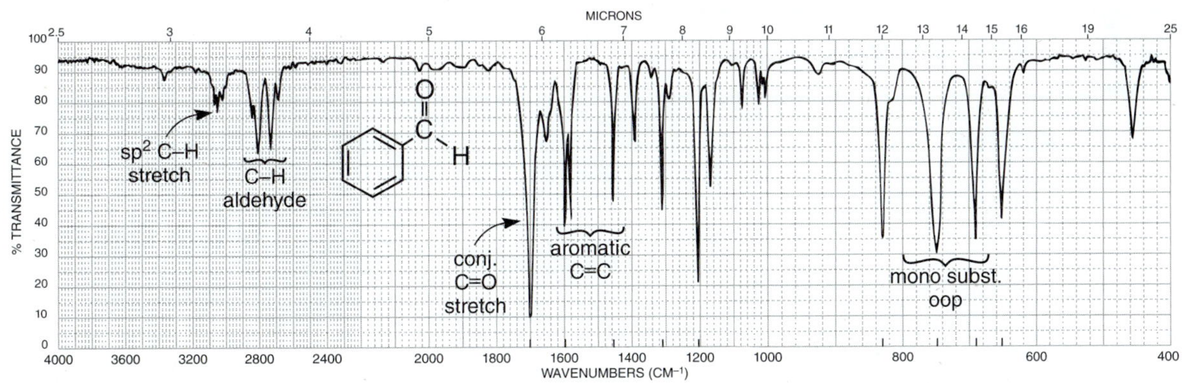

그림 2.38 Benzaldehyde의 IR 스펙트럼(원액, KBr 판).

토의 *Discussion Section*

Nonanal의 스펙트럼(그림 2.36)은 1725 cm^{-1}에 일반적인 aldehyde 신축 진동수를 나타낸다. 이 흡수들의 위치는 ketone의 흡수 위치와 상당히 유사하기 때문에, 이것을 기반으로 aldehyde와 ketone을 구별하기란 쉽지가 않을 수 있다. Carbonyl 그룹이 aryl 그룹 또는 α,β-이중 결합과 콘쥬게이션을 이루면, 2.14A절 콘쥬게이션 효과에서 예측한 바와 같이, 보통의 C=O 신축 흡수띠는 작은 진동수(1700~1680 cm^{-1})로 이동한다. 이와 같은 효과는 α,β-불포화가 있는 crotonaldehyde의 스펙트럼(그림 2.37)과 carbonyl 그룹에 aryl 그룹이 직접 결합되어 있는 benzaldehyde의 스펙트럼(그림 2.38)에서 관찰할 수 있다. α-탄소에 halogen이 결합하면 carbonyl 그룹의 진동수가 증가된다.

Aldehyde(−CHO)에서 약 2750 cm^{-1}와 2850 cm^{-1}에서 관찰할 수 있는 C−H 신축 진동은 ketone과 aldehyde를 구별하는 데 극히 중요하다. 전형적으로 2860~2800 cm^{-1} 범위와 2760~2700 cm^{-1} 범위에 C−H 흡수띠가 쌍으로 나타난다. 다른 C−H 흡수(CH_3, CH_2 등)가 없는 영역에 나타나기 때문에 2750 cm^{-1}에 나타나는 흡수띠가 두 범위 중에서 좀 더 유용하다. 2850 cm^{-1}에 나타나는 흡수띠는 다른 C−H 흡수띠들과 겹쳐지기 때문에 알아보기가 쉽지 않다(nonanal 참조, 그림 2.36). 적절한 C=O 흡수띠와 함께 2750 cm^{-1} 흡수띠가 나타난다면, 거의 확실하게 aldehyde 작용기가 존재한다.

Aldehyde에서 *Fermi 공명의* 결과 2860~2700 cm^{-1} 범위에서 이중선이 관찰된다. Aldehyde의 C−H 신축 진동과 1400~1350 cm^{-1} 범위에 나타나는 중간 세기의 aldehyde C−H 굽힘 진동의 첫번째 배음이 서로 짝지음하면, 두 번째 흡수띠가 나타난다.

Nonanal의 스펙트럼(그림 2.36)에서 1460 cm^{-1}에 나타나는 중간 세기의 흡수는 carbonyl 그룹 바로 옆에 있는 CH_2 그룹의 가위질(굽힘) 진동에 의한 것이다. Carbonyl 그룹에 직접 결합되어 있을 때, methylene 그룹은 종종 더 강하게 흡수한다.

C. Ketone

보통의 지방족 ketone은 1720~1708 cm^{-1} 범위에서 매우 강하게 C=O에 대한 흡수띠를 보여준다. 이 흡수띠는 C=C 그룹 또는 phenyl 그룹과 콘쥬게이션을 이루면서 작은 진동수로 이동한다. α-Halogen 원자는 C=O 진동수를 큰 값으로 이동시킨다. 고리 ketone에서 고리 뒤틀림은 흡수를 큰 진동수로 이동시킨다.

스펙트럼 분석 상자 *Spectral Analysis Box*

KETONE

C=O

R—C(=O)—R

n-지방족 ketone에 대한 C=O 신축은 1720~1708 cm^{-1} 범위에 나타난다.

>C=C—C(=O)—R

α,β C=C와 콘쥬게이션을 이룬 C=O; C=O에 대하여 1700~1675 cm^{-1}, C=C에 대하여 1644~1617 cm^{-1}.

Ar—C(=O)—R

Phenyl과 콘쥬게이션을 이룬 C=O; C=O에 대하여 1700~1680 cm^{-1}, 고리에 대하여 1600~1450 cm^{-1}.

Ar—C(=O)—Ar

두 개의 방향족 고리와 콘쥬게이션을 이룸; C=O에 대하여 1670~1600 cm^{-1}.

(ring)C=O

고리 ketone; 고리 크기가 작아질수록 C=O 진동수는 커진다.

C—C(=O)—C

중간 세기의 굽힘 진동이 1300~1100 cm^{-1} 범위에 나타난다.

예: 3-methyl-2-butanone(그림 2.4), mesityl oxide(그림 2.39), acetophenone(그림 2.40), cyclopentanone(그림 2.41), 2,4-pentanedione(그림 2.42).

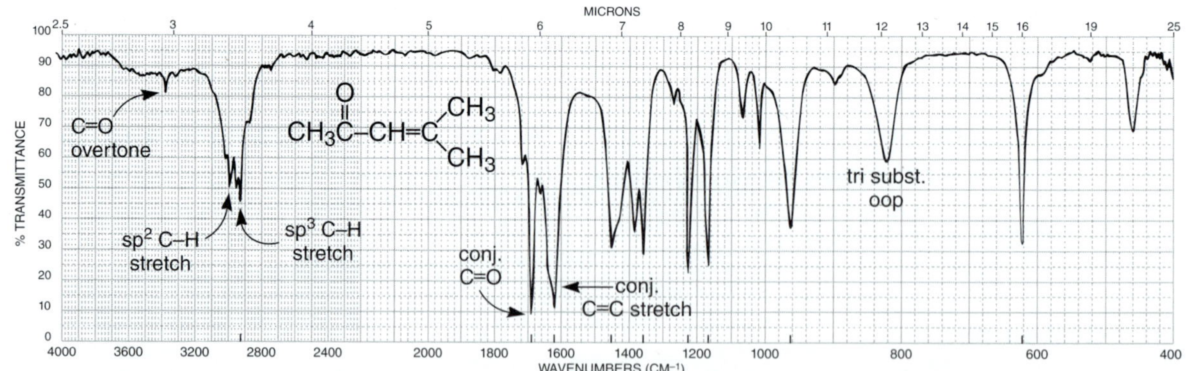

그림 2.39 Mesityl oxide의 IR 스펙트럼(원액, KBr 판).

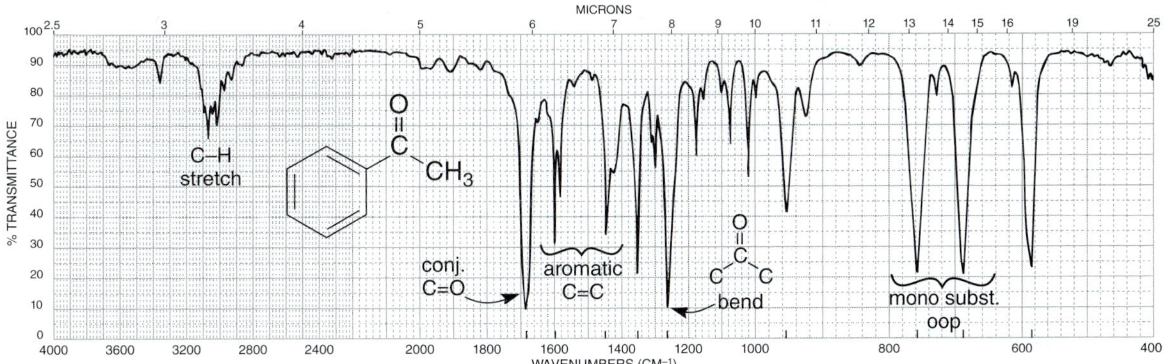

그림 2.40 Acetophenone의 IR 스펙트럼(원액, KBr 판).

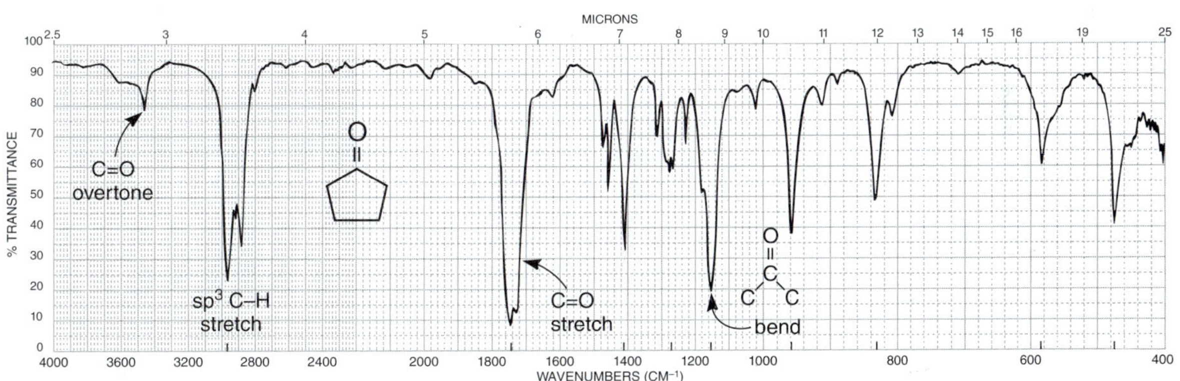

그림 2.41 Cyclopentanone의 IR 스펙트럼(원액, KBr 판).

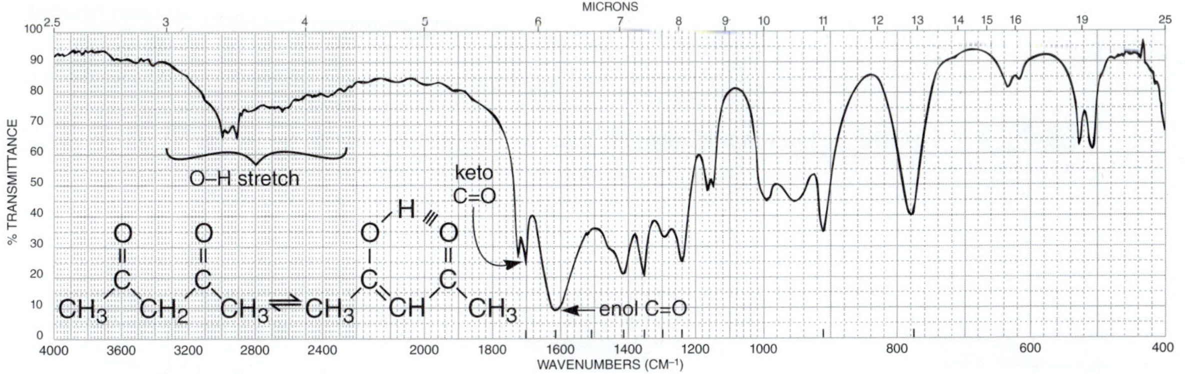

그림 2.42 2,4-Pentanedione의 IR 스펙트럼(원액, KBr 판).

토의 *Discussion Section*

정상 C=O 흡수띠. 3-Methyl-2-butanone의 스펙트럼(그림 2.4)에서 1715 cm^{-1}에 전형적인 ketone, 즉 콘쥬게이션을 이루지 않은 ketone의 신축 진동수가 나타나 있다. C=O(1715 cm^{-1})에 의한 매우 약한 배음 흡수띠는 C=O 흡수 진동수의 두 배(3430 cm^{-1})가 되는 곳에 나타난다. 이와 같은 형태의 작은 흡수띠들을 이 값 근처에 나타나는 O−H 흡수들과 혼동해서는 안된다. O−H 신축 흡수는 세기가 *훨씬 더 강하게* 나온다.

콘쥬게이션 효과. Carbonyl 그룹이 aryl 그룹 또는 α,β-이중 결합과 콘쥬게이션을 이루면, 2.14A절에서 예상한 바와 같이 전형적인 C=O 신축 흡수띠(1715 cm^{-1})가 작은 진동수(1700~1675 cm^{-1})로 이동한다. 회전 이성질체 때문에 carbonyl의 흡수띠가 갈라지거나 폭이 넓어지기도 한다. C=O 흡수띠에 대한 콘쥬게이션 효과는 α,β-불포화를 지닌 mesityl oxide의 스펙트럼(그림 2.39)과 carbonyl 그룹에 aryl 그룹이 결합되어 있는 acetophenone의 스펙트럼(그림 2.40)에서 볼 수 있다. 둘 다 C=O 흡수가 작은 진동수로 이동되어 있다. 콘쥬게이션의 영향을 보여주는 몇 가지 전형적인 C=O 신축 진동을 그림 2.43에 제시하였다.

고리 ketone(고리 뒤틀림). 고리 ketone의 몇 가지 C=O 흡수값을 그림 2.44에 나타내었다. 2.14A절에서 예상한 바와 같이, 고리 뒤틀림에 의해 흡수값은 큰 진동수로 이동한다. Ketene은 *고리 밖* 이중 결합의 극단적인 예이기 때문에 그림 2.44에 포함하였다. 고리의 크기가 감소함에 따라 C=O 그룹에 *s*-특성이 증가하여, ketene의 *sp*-혼성 carbonyl 탄소에서 최대값에 이른다. Cyclopentanone의 스펙트럼(그림 2.41)은 고리 뒤틀림에 의해 carbonyl 그룹의 진동수가 증가되는 것을 보여주고 있다.

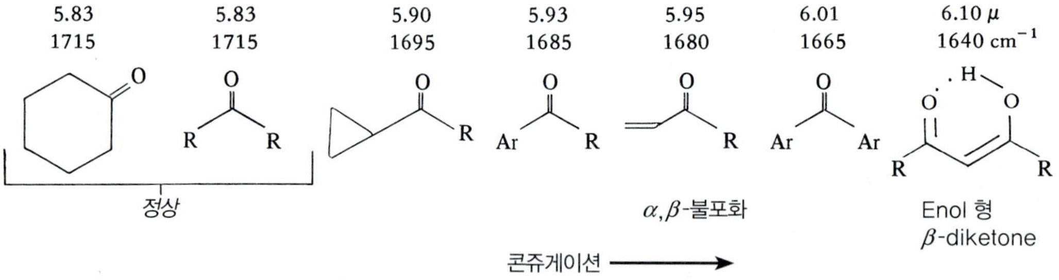

그림 2.43 콘쥬게이션을 이룬 ketone의 C=O 신축 진동.

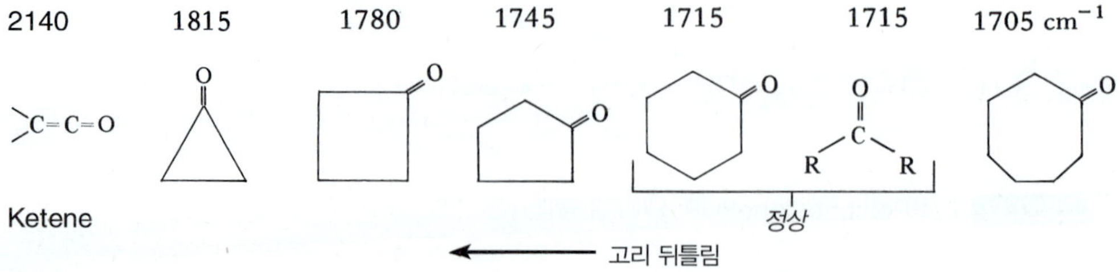

그림 2.44 고리 ketone의 C=O 신축 진동과 ketene의 C=O 신축 진동.

α-Diketone(1,2-Diketone). 두 개의 carbonyl 그룹이 서로 이웃하고 있고, 콘쥬게이션을 이루지 않은 diketone에는 약 1716 cm^{-1}에 하나의 강한 흡수띠가 나타난다. 만약 두 개의 carbonyl 그룹이 방향족 고리들과 콘쥬게이션을 이루면, carbonyl 흡수는 더 작은 진동수인 약 1680 cm^{-1}로 이동한다. 이 경우 대칭 흡수와 비대칭 흡수로 인하여 하나의 흡수띠라기보다는 아주 가까이 인접한 이중선으로 관찰된다.

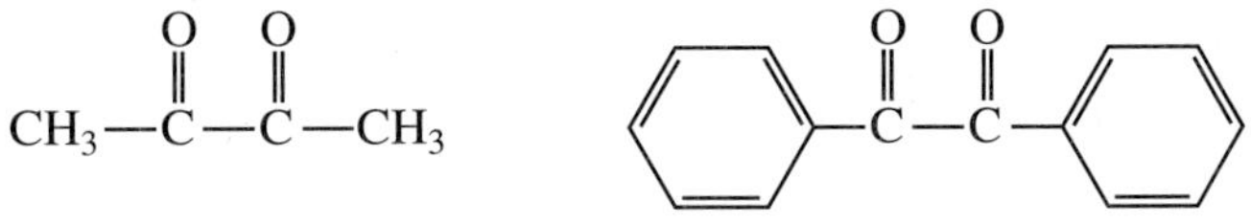

$CH_3-C(=O)-C(=O)-CH_3$　　$C_6H_5-C(=O)-C(=O)-C_6H_5$

1716 cm^{-1}　　1680 cm^{-1}

β-Diketone(1,3-Diketone). 서로 1,3-위치에 carbonyl 그룹이 있는 diketone은 대다수의 ketone에서 관찰되는 것보다 좀 더 복잡한 패턴을 나타낸다(2,4-pentanedione, 그림 2.42). β-Diketone에서는 종종 enol 토토머(tautomer)와 keto 토토머의 평형 혼합물이 생성되는 토토머현상이 일어난다. 대다수의 β-diketone은 enol 토토머를 더 많은 양 포함하고 있기 때문에 enol 토토머와 keto 토토머의 carbonyl 흡수띠를 모두 관찰할 수 있을 것이다.

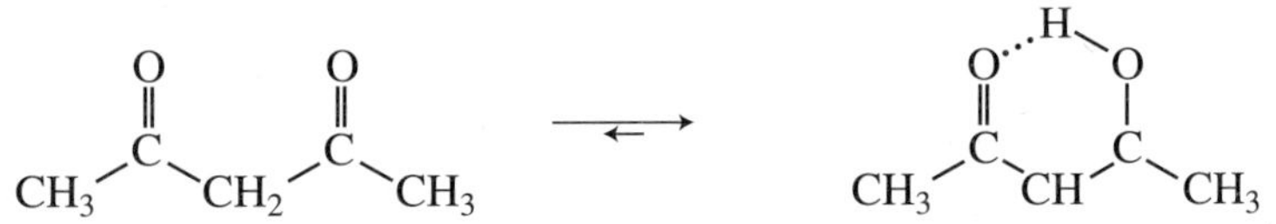

$CH_3-C(=O)-CH_2-C(=O)-CH_3 \rightleftharpoons CH_3-C(=O)-CH=C(-OH)-CH_3$ (O⋯H 수소결합)

Keto 토토머

C=O 이중선
1723 cm^{-1} (대칭 신축)
1706 cm^{-1} (비대칭 신축)

Enol 토토머

C=O (수소결합), 1622 cm^{-1}
O—H (수소결합), 3200~2400 cm^{-1}

Enol 토토머에서 carbonyl 그룹의 흡수는 약 1622 cm^{-1}에 나타난다. 이는 정상 ketone에 대한 값인 1715 cm^{-1}와 비교하여 위치가 크게 이동되었으며, 그 세기는 더 강해진다. 이와 같은 이동은 2.14A 절에서 다루었듯이 내부 수소결합의 결과로 인한 것이다. 하지만 공명 효과 역시 enol 토토머 carbonyl 그룹의 진동수를 작게 만든다. 공명 효과로 인하여 enol 토토머에 단일 결합 특성이 나타나게 된다.

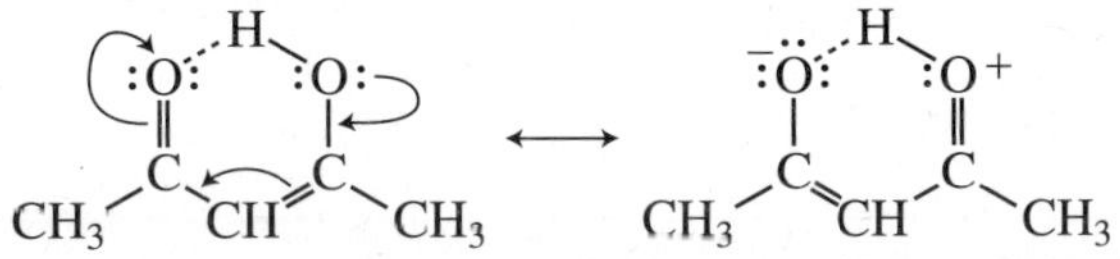

$CH_3-C(=\ddot{O}:)-CH=C(-\ddot{O}:-H)-CH_3 \longleftrightarrow CH_3-C(-\ddot{O}:^{-})=CH-C(=O^{+}-H)-CH_3$

Enol 토토머의 넓은 폭의 약한 O—H 신축이 3200~2400 cm^{-1}에서 관찰된다. Keto 토토머도 역시 존재하기 때문에 두 carbonyl 그룹에 대한 대칭 신축과 비대칭 신축 진동수의 이중선이 관찰된다(그림 2.42). Enol 형과 keto 형의 carbonyl 흡수에 대한 상대적 세기는 평형 상태에서 각 토토머의 퍼센트 비율에 의존한다. 수소결합을 이루고 있는 enol 형의 carbonyl 그룹은 1640~1570 cm^{-1} 범위에서 관찰된다. Keto 형의 carbonyl 그룹은 1730~1695 cm^{-1} 범위에 이중선으로 나타난다.

α-할로케톤. 2.14A절에서 논의된 바와 같이, α-탄소에 halogen 원소가 결합하면 carbonyl 흡수띠는 더 큰 진동수로 이동한다. Alkoxy 그룹($-O-CH_3$)과 같이 전자끌기 그룹으로 치환되었을 때에도 비슷한 이동이 일어난다. 예를 들어, chloroacetone에 있는 carbonyl 그룹은 1750 cm^{-1}에 나타나며, methoxyacetone에 있는 carbonyl 그룹은 1731 cm^{-1}에 나타난다. 전기음성도가 큰 플루오린 원자가 결합되어 있을 때, 진동수는 훨씬 더 큰 값으로 이동한다(fluoroacetone의 경우 1781cm^{-1}).

굽힘 방식. Ketone의 C−CO−C 그룹에서 서로 짝지은 신축 진동과 굽힘 진동의 흡수는 1300~1100 cm^{-1} 범위에서 중간 세기에서 강한 세기로 일어난다. 3-Methyl-2-butanone의 스펙트럼(그림 2.4)에 나타낸 바와 같이 약 1180 cm^{-1}에 흡수띠가 나타나는데, 지방족 ketone은 주어진 범위의 작은 진동수 영역(1220~1100 cm^{-1})에서 흡수한다. Acetophenone의 스펙트럼(그림 2.40)에 나타낸 바와 같이 약 1260 cm^{-1}에서 흡수띠가 나타나는데, 방향족 ketone은 주어진 범위의 큰 진동수 영역(1300~1200 cm^{-1})에서 흡수한다.

Carbonyl 그룹에 이웃하고 있는 methyl 그룹의 대칭 굽힘 진동에 해당하는 흡수띠가 1370 cm^{-1}에 중간 세기로 나타난다. 이와 같은 methyl 그룹은 탄화수소에 있는 methyl 그룹보다 더 강한 세기로 흡수한다.

D. Carboxylic Acid

보통의 지방족 carboxylic acid는 *이합체* 형태에서 1730~1700 cm^{-1} 범위에서 매우 강한 C=O 그룹의 흡수띠를 보여준다. 이 흡수띠는 C=C 그룹 또는 phenyl 그룹에 콘쥬게이션을 이루면서 작은 진동수로 이동한다. 스펙트럼에서 O−H 신축은 3400~2400 cm^{-1}의 넓은 범위에서 *매우* 넓은 폭의 흡수띠로 나타난다. 이 흡수띠는 대략 3000 cm^{-1}를 중심으로 나타나며, 부분적으로 C−H 신축띠를 가리게 된다. C=O 흡수띠와 함께 이렇게 매우 넓은 폭의 O−H 신축띠가 보이면, 그 화합물은 거의 확실하게 carboxylic acid이다.

스펙트럼 분석 상자 *Spectral Analysis Box*

CARBOXYLIC ACID

O−H 신축은 보통 (강한 수소결합으로 인하여) *매우 넓은* 폭으로 3400~2400 cm^{-1}에 나타난다. 종종 C−H 흡수를 가리게 된다.

C=O 신축은 *매우 넓은* 폭으로 1730~1700 cm^{-1}에 나타난다. 콘쥬게이션으로 흡수는 더 작은 진동수로 이동한다.

C−O 신축은 1320~1210 cm^{-1}에 중간 정도의 세기로 나타난다.

예: isobutyric acid(그림 2.45), benzoic acid(그림 2.46)

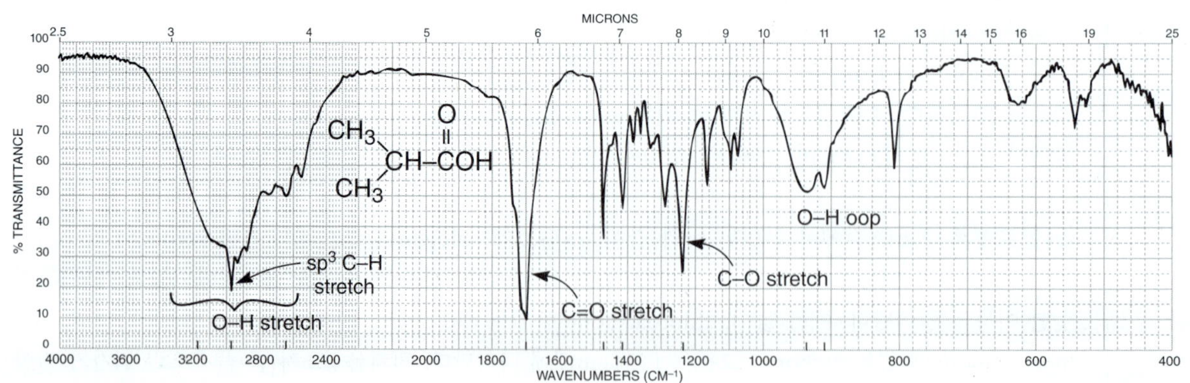

그림 2.45 Isobutyric acid의 IR 스펙트럼(원액, KBr 판).

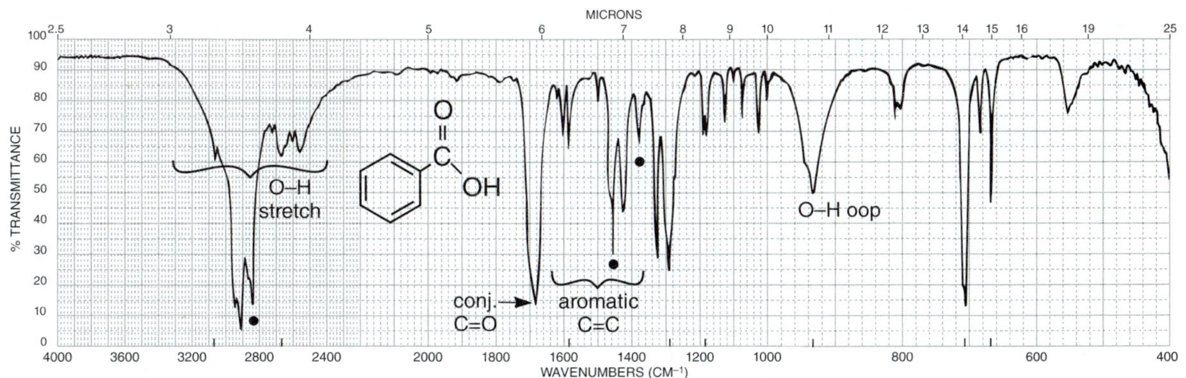

그림 2.46 Benzoic acid의 IR 스펙트럼(Nujol 반죽, KBr 판). 점으로 표시된 흡수띠는 Nujol(광유)의 흡수를 가리킨다(그림 2.8 참조).

토의 *Discussion Section*

Carboxylic acid 스펙트럼의 가장 독특한 특징은 3400~2400 cm^{-1} 범위에 나타나는 *매우 넓은 폭의* O−H 흡수이다. 2.14절에서 언급한 바와 같이, 이 흡수띠는 이합체에 존재하는 강한 수소결합으로 인한 것이다. 이 흡수는 종종 같은 영역에 나타나는 C−H 신축 진동을 가려서 알아볼 수 없게 만든다. 만약 이와 같은 넓은 폭의 수소결합 흡수띠가 적절한 C=O 흡수값과 함께 보인다면, 화합물은 거의 확실하게 caboxylic acid이다. 그림 2.45와 그림 2.46에 각각 지방족 carboxylic acid와 방향족 caboxylic acid의 스펙트럼을 나타내었다.

이합체에 대해서 약 1730~1700 cm^{-1}에 나타나는 carbonyl 신축 흡수는 대개 aldehyde나 ketone에 존재하는 carbonyl 신축보다 더 넓은 폭을 가지며 더 강한 세기를 보인다. 대부분의 carboxylic acid의 경우에 용매로 묽히면, 단량체에 대한 C=O 흡수띠가 1760~1730 cm^{-1} 범위에 나타난다. 하지만 보통 원액으로 스펙트럼을 분석하는 것이 더 수월하기 때문에, 실험에서 단량체는 자주 관찰되지 않는다. KBr 펠릿이나 Nujol 반죽으로 측정할 때와 마찬가지로 이 조건에서도 이합체가 존재한다. 어떤 carboxylic acid는 매우 묽은 용액에서조차도 이합체로 존재한다는 것에 유념하여야 한다. 2.14A절에서 예상한 바와 같이, C=C 그룹이나 aryl 그룹과 콘쥬게이션을 이루고 있으면, benzoic acid 스펙트럼(그림 2.46)에 나타난 바와 같이 흡수띠는 더 작은 진동수로 이동한다. α-탄소에 halogen이 결합하면, C=O 진동수는 커진다. 2.18절에서 carboxylic acid의 염을 다룰 것이다.

Carboxylic acid(이합체)의 C−O 신축 진동은 중간 정도의 세기로 1260 cm^{-1} 근처에 나타난다. 수소결합 O−H의 평면외 굽힘 진동에 의한 넓은 흡수띠는 약 930 cm^{-1}에 나타난다. 보통 이 흡수띠는 세기가 약하거나 중간 정도이다.

E. Ester

보통의 지방족 ester는 1750~1735 cm^{-1} 범위에서 매우 강한 C=O 그룹의 흡수띠를 보여준다. C=O 흡수띠는 C=C 그룹 또는 phenyl 그룹에 콘쥬게이션을 이루면서 작은 진동수로 이동한다. 반면에 C=C 그룹 또는 phenyl 그룹이 ester의 *단일 결합 산소*에 콘쥬게이션을 이루면 위에 주어진 범위보다 증가된 진동수에서 흡수띠를 보여준다. 고리 ester(lactone)에서 고리 뒤틀림은 C=O의 흡수를 큰 진동수로 이동시킨다.

스펙트럼 분석 상자 *Spectral Analysis Box*

Ester

C=O

R—C(=O)—O—R	*n*-지방족 ester의 C=O 신축은 1750~1735 cm^{-1} 범위에 나타난다.
>C=C(—)—C(=O)—O—R	*α,β* C=C와 콘쥬게이션을 이룬 C=O; C=O에 대하여 1740~1715 cm^{-1}, C=C에 대하여 1640~1625 cm^{-1}(어떤 C=C에 대해서는 *cis*와 *trans*의 두 흡수띠).
Ar—C(=O)—O—R	Phenyl과 콘쥬게이션을 이룬 C=O; C=O에 대하여 1740~1715 cm^{-1}, 고리에 대하여 1600~1450 cm^{-1}.
R—C(=O)—O—C(—)=C<	C=C 또는 phenyl과 단일 결합 산소 원자의 콘쥬게이션; C=O에 대하여 1765~1762 cm^{-1}.
(고리 O—C=O)	고리 ester(lactone); 고리 크기가 작아질수록 C=O 진동수는 커진다.

C–O — 두 개 이상의 신축이 나타나며, 하나는 다른 것보다 더 강하고 더 넓은 폭으로 1300~1000 cm^{-1} 범위에 나타난다.

예: ethyl butyrate(그림 2.47), methyl methacrylate(그림 2.48), vinyl acetate(그림 2.49), methyl benzoate(그림 2.50), methyl salicylate(그림 2.51).

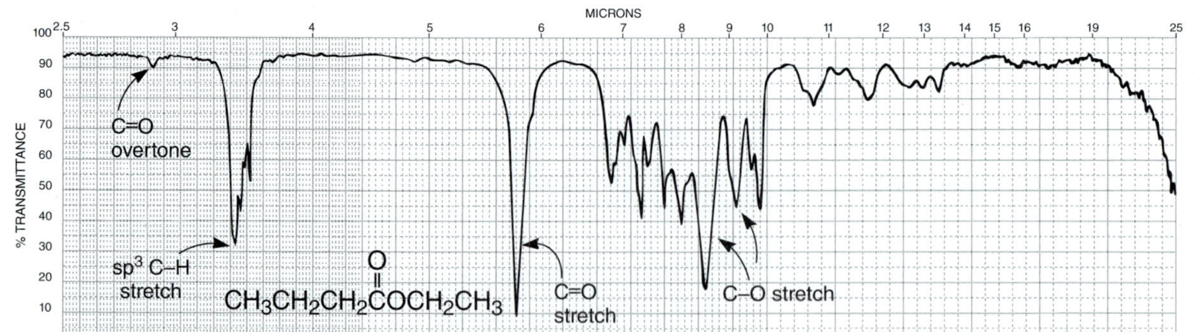

그림 2.47 Ethyl butyrate의 IR 스펙트럼(원액, KBr 판).

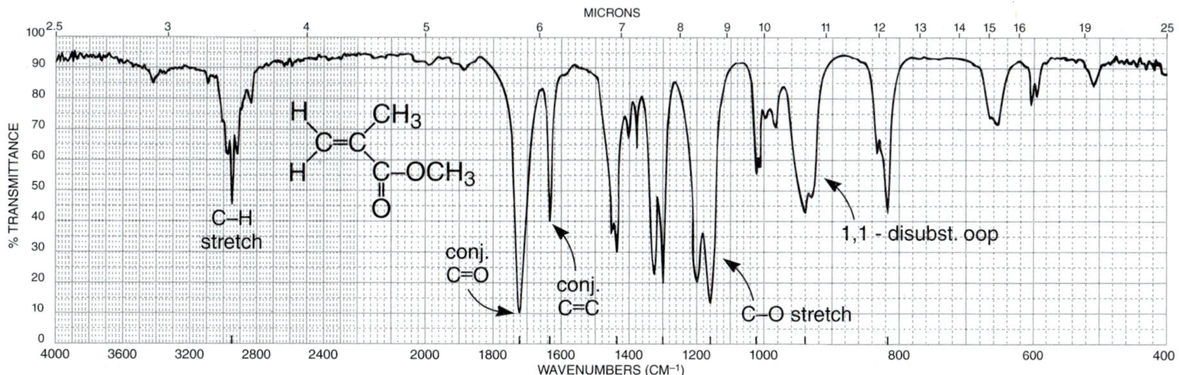

그림 2.48 Methyl methacrylate의 IR 스펙트럼(원액, KBr 판).

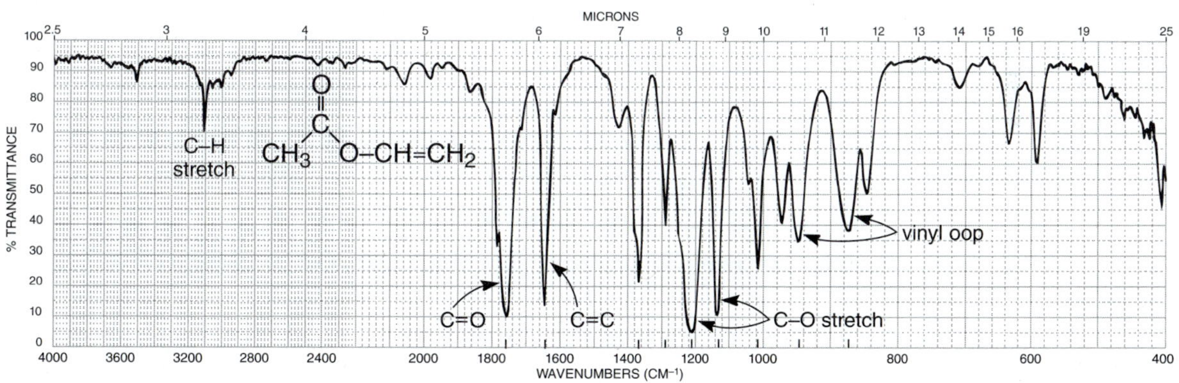

그림 2.49 Vinyl acetate의 IR 스펙트럼(원액, KBr 판).

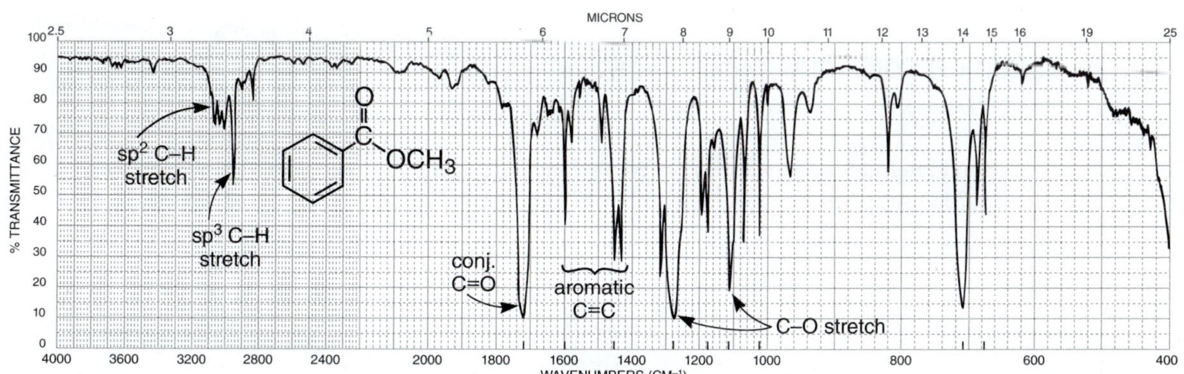

그림 2.50 Methyl benzoate의 IR 스펙트럼(원액, KBr 판).

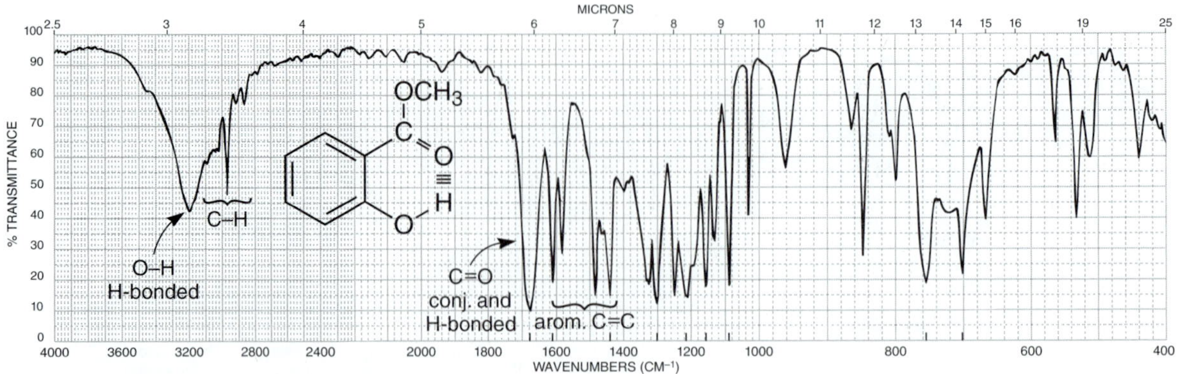

그림 2.51 Methyl salicylate의 IR 스펙트럼(원액, KBr 판).

토의 *Discussion Section*

Ester의 일반적 특징. 전형적인 ester의 스펙트럼에서 가장 두드러진 특징은 1750~1735 cm^{-1} 범위에 나타나는 강한 C=O 신축 흡수와 1300~1000 cm^{-1} 범위에 나타나는 C−O의 신축 흡수이다. 비록 ester의 carbonyl 그룹이 일반적인 ketone과 같은 영역에서 나타날 수도 있지만, ketone의 흡수가 폭이 좁고 약하게 나타나기 때문에 1300~1000 cm^{-1} 영역에 *강하고 넓은* 폭으로 나타나는 ester의 C−O 신축 진동을 관찰함으로써 손쉽게 ketone을 고려 대상에서 제외할 수 있다. 예를 들어, 1300~1000 cm^{-1} 영역에서 ketone인 mesityl oxide(그림 2.39)의 스펙트럼과 ester인 ethyl butyrate(그림 2.47)의 스펙트럼을 비교해 보자. Ethyl butyrate는 약 1738 cm^{-1}에서 전형적인 C=O 신축 진동을 나타낸다.

Carbonyl 그룹과 콘쥬게이션(α,β-불포화 또는 aryl 치환). 2.14A절 콘쥬게이션 효과에서 예상한 바와 같이 ester에 α,β-불포화가 있거나 aryl 치환이 있으면, C=O 신축 진동은 약 15~25 cm^{-1} 정도 더 작은 진동수로 이동한다. Methyl methacrylate의 스펙트럼(그림 2.48)과 methyl benzoate(그림 2.50)의 스펙트럼에서 C=O 흡수는 전형적인 ester인 ethyl butyrate(그림 2.47)의 위치로부터 이동하여 나타나 있다. 또한 methyl methacrylate에서 1630 cm^{-1}의 C=C 흡수띠가 콘쥬게이션이 없는 이중 결합의 값보다 더 강하게 나타난다는 것에도 주의하여야 한다(2.10B절).

$CH_3CH_2CH_2C(=O)OCH_2CH_3$

Ethyl butyrate
1738 cm^{-1}

$\overset{\beta}{CH_2}=\overset{\alpha}{C}(CH_3)-C(=O)OCH_3$

Methyl methacrylate
1725 cm^{-1}

$C_6H_5-C(=O)-OCH_3$

Methyl benzoate
1724 cm^{-1}

Ester의 단일 결합 산소와 콘쥬게이션. 단일 결합 산소와 콘쥬게이션을 이루면, C=O 진동의 흡수는 더 큰 진동수로 이동한다. 분명히 콘쥬게이션은 carbonyl 그룹과 가능한 공명을 방해하며, 이로 인해 C=O 흡수띠의 흡수 진동수가 증가하게 된다.

$$\left[R-C(=O)-\ddot{\underset{\cdot\cdot}{O}}-CH=CH_2 \longleftrightarrow R-C(=O)-\overset{+}{\underset{\cdot\cdot}{O}}=CH-\bar{C}H_2 \right]$$

Vinyl acetate의 스펙트럼(그림 2.49)에서 C=O 흡수띠는 전형적인 ester보다 25 cm^{-1}만큼 증가한 1762 cm^{-1}에 나타난다. C=C 흡수 세기는 vinyl ether에서 얻은 패턴과 비슷하게 증가된다는 것에 주목하여라(2.13절). 산소에 aryl 그룹이 도입되어도 비슷한 패턴이 나타날 것이다.

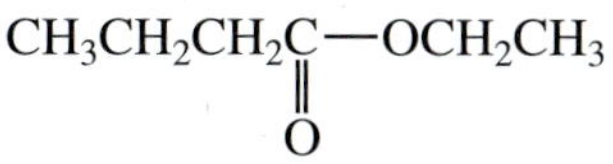

$CH_3CH_2CH_2C(=O)—OCH_2CH_3$

Ethyl butyrate
1738 cm^{-1}

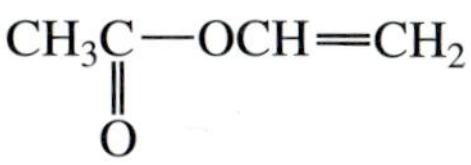

$CH_3C(=O)—OCH=CH_2$

Vinyl acetate
1762 cm^{-1}

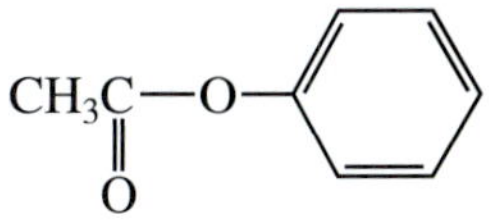

$CH_3C(=O)—O—C_6H_5$

Phenyl acetate
1765 cm^{-1}

C=O 진동에 대한 α,β-불포화나 aryl 치환의 일반적인 효과와 산소의 콘쥬게이션에 의한 일반적인 효과를 그림 2.52에 나타내었다.

수소결합 효과. 2.14A절에서 예상한 바와 같이 분자 내 수소결합이 있으면, methyl salicylate의 스펙트럼(그림 2.51)에서 관찰되는 바와 같이, C=O 진동은 더 작은 진동수로 이동한다.

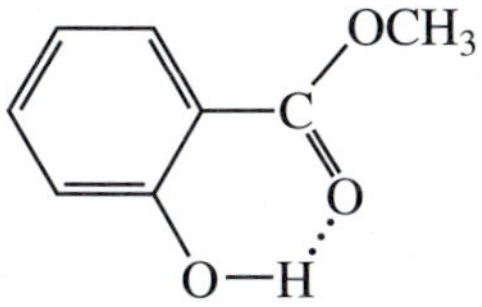

Methyl salicylate
1680 cm^{-1}

고리 ester(Lactone). 2.14A절에서 예상한 바와 같이 고리 크기가 감소함에 따라 C=O 진동은 더 큰 진동수로 이동한다. 뒤틀림이 없는 육원자 고리 ester인 δ-valerolactone은 비고리 ester와 거의 같은 값에서 흡수한다(1735 cm^{-1}). 각 뒤틀림의 증가로 인하여 γ-butyrolactone은 δ-valerolactone보다 약 35 cm^{-1} 더 큰 값에서 흡수한다.

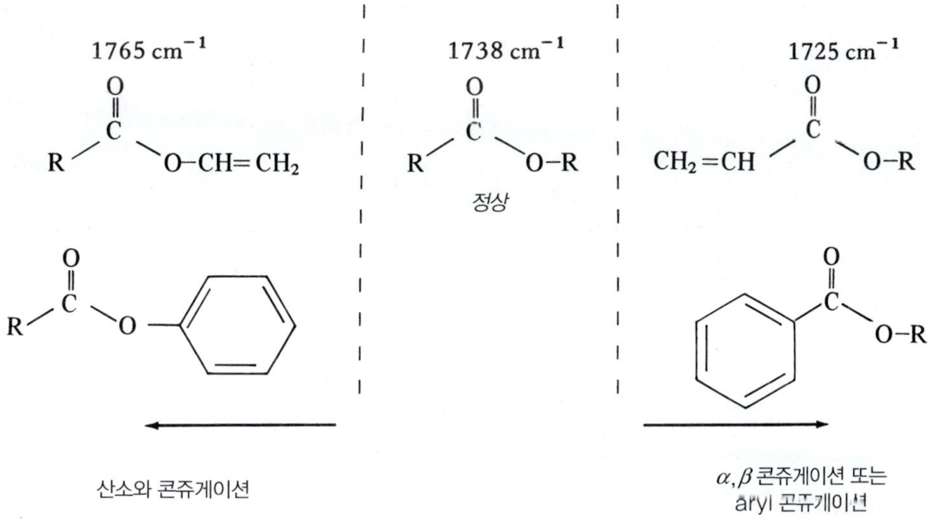

1765 cm^{-1} | 1738 cm^{-1} | 1725 cm^{-1}

R–C(=O)–O–CH=CH_2 | R–C(=O)–O–R (정상) | CH_2=CH–C(=O)–O–R

R–C(=O)–O–C_6H_5 | | C_6H_5–C(=O)–O–R

← 산소와 콘쥬게이션

→ α,β 콘쥬게이션 또는 aryl 콘쥬게이션

그림 2.52 비고리 ester의 C=O 진동에 대한 α,β-불포화나 aryl 치환의 효과와 산소의 콘쥬게이션 효과.

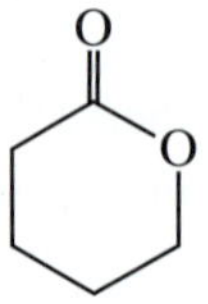

δ-Valerolactone
1735 cm^{-1}

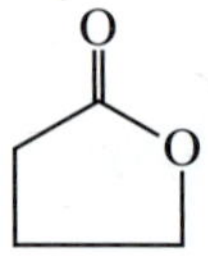

γ-Butyrolactone
1770 cm^{-1}

표 2.8에 몇 가지 전형적인 lactone과 함께 그들의 C=O 신축 흡수값을 나타내었다. 이 값들을 살펴보면 고리 크기 효과, α,β-불포화 그룹과 C=O 사이의 콘쥬게이션 효과와 단일 결합 산소와 불포화 그룹과의 콘쥬게이션 효과를 볼 수 있다.

***α-Halo* 효과**. α-탄소에 halogen이 결합하면, C=O 진동수는 커진다.

α-Keto Ester. 원리상 "ketone"과 "ester"의 작용기가 함께 있는 화합물이며, 두 종류의 carbonyl 그룹으로 보아야 한다. 보통 1735 cm^{-1} 근처의 주흡수띠에 볼록 나온 어깨 봉우리를 보이거나 또는 하나의 넓은 폭의 흡수띠를 보인다.

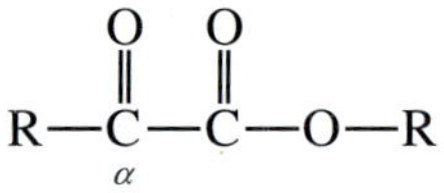

$$R-\overset{\overset{\displaystyle O}{\|}}{\underset{\alpha}{C}}-\overset{\overset{\displaystyle O}{\|}}{C}-O-R$$

β-Keto Ester. 이와 같은 종류의 화합물들은 β-diketone과 같이 토토머현상을 나타내지만, β-keto ester의 소량만이 enol 형으로 전환되기 때문에 enol 형은 적은 양으로 존재한다. β-Keto ester의 "keto"

표 2.8 Lactone의 C=O 진동에 대한 고리 크기 효과, α,β-불포화 그룹과의 콘쥬게이션 효과, 단일 결합 산소와의 콘쥬게이션 효과

고리 크기 효과(cm^{-1})	α,β 콘쥬게이션 효과(cm^{-1})	산소와 콘쥬게이션 효과(cm^{-1})
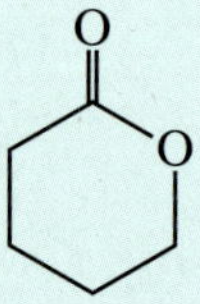 1735	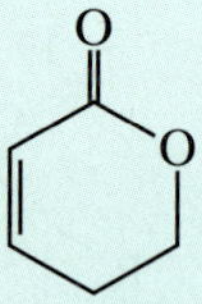 1725	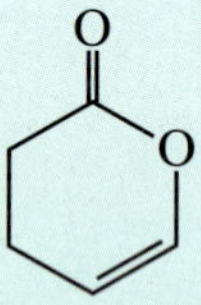 1760
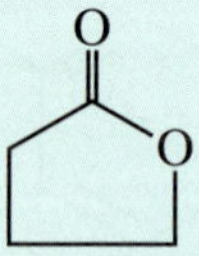 1770	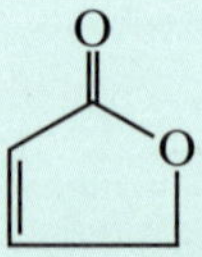 1750	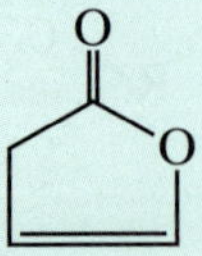 1800
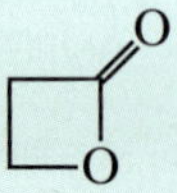 1820		

토토머에서 두 개의 carbonyl 그룹에 대한 *강한 세기*의 이중선이 약 1720 cm^{-1}와 1740 cm^{-1}에 나타난다. 아마도 이것은 ketone과 ester의 C=O 그룹으로부터 나온 것일 것이다. "Enol" 토토머의 C=O 흡수띠(종종 이중선)가 *약한 세기*라는 증거가 1650 cm^{-1}에 나타난다. 일반적으로 enol 토토머의 농도가 낮기 때문에 β-diketone에서 볼 수 있는 넓은 폭의 O−H 신축띠를 관찰할 수 없다.

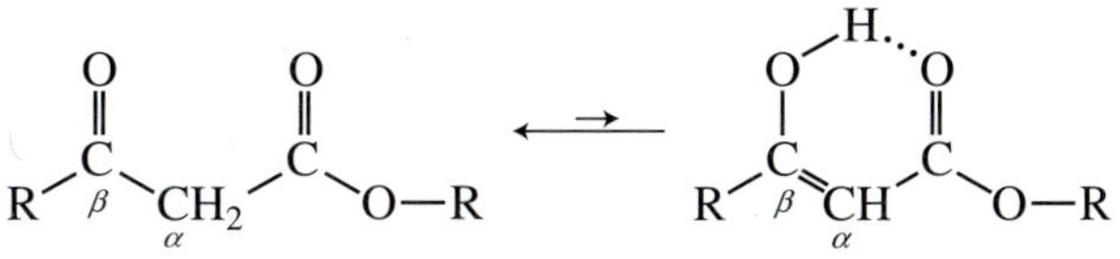

Keto 토토머 ⇌ Enol 토토머

Ester의 C−O 신축 진동. Ester의 C−O 신축 진동은 1300~1000 cm^{-1} 범위에 두 개(또는 그 이상)의 흡수띠로 나타난다. 일반적으로 ester의 carbonyl 그룹 옆에 있는 ("acid" 쪽) C−O 신축은 스펙트럼에서 가장 강하고 가장 넓은 폭의 흡수띠 중의 하나이다. 이 흡수는 대부분의 ester에서 1300~1150 cm^{-1} 범위에 나타난다. 방향족 산의 ester는 이 범위의 큰 진동수 영역 근처에서 흡수하며, 포화 carboxylic acid의 ester는 이 범위의 작은 진동수 영역 근처에서 흡수한다. Ester의 "alcohol" 부분에 대한 C−O 신축은 1150~1000 cm^{-1} 범위에 보다 약한 흡수띠로 나타난다. Ester 작용기를 확인하려고 1300~1000 cm^{-1} 영역의 스펙트럼을 분석할 때, 너무 자세하게 해석하려고 노력할 필요는 없다. Ester와 같은 화합물을 규명하는 데 도움이 되는 적어도 한 개 정도의 매우 강하고 넓은 폭의 흡수를 발견하면 일반적으로 충분하다.

F. Amide

Amide는 1700~1640 cm^{-1} 범위에서 매우 강한 C=O 그룹의 흡수띠를 보여준다. N−H 신축은 3475~3150 cm^{-1} 범위에서 관찰된다. 치환되지 않은(1차) amide, R−CO−NH_2는 N−H 흡수 범위에서 두 개의 흡수띠를 보여주는 반면, 단일 치환된(2차) amide, R−CO−NH−R은 한 개의 흡수띠만을 보여준다. N−H 흡수띠가 존재하고 유난히 작은 C=O에 대한 흡수값을 가지면 amide 작용기의 존재를 조심스럽게 제안할 수 있다. 이중 치환된(3차) amide, R−CO−NR_2는 1680~1630 cm^{-1} 범위에서 C=O 그룹에 대한 흡수띠를 보여주지만, N−H 신축은 보여주지 못한다.

스펙트럼 분석 상자 *Spectral Analysis Box*

AMIDE

C=O	신축은 대체로 1700~1640 cm^{-1}에서 일어난다.
N−H	1차 amide(−NH_2)의 신축은 3350 cm^{-1}와 3180 cm^{-1} 부근에서 두 개의 흡수띠로 나온다.
	2차 amide(−NH)에는 약 3300 cm^{-1}에 하나의 흡수띠가 있다.
N−H	1차 amide와 2차 amide의 굽힘은 1640~1550 cm^{-1}에서 일어난다.

예: propionamide(그림 2.53), *N*-methylacetamide(그림 2.54)

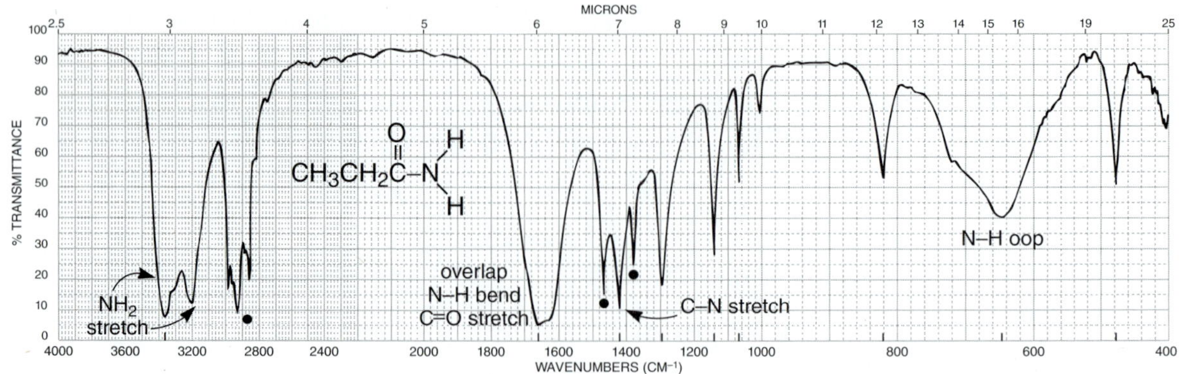

그림 2.53 Propionamide의 IR 스펙트럼(Nujol 반죽, KBr 판). 점으로 표시된 흡수띠는 Nujol(광유)의 흡수띠를 가리킨다(그림 2.8 참조).

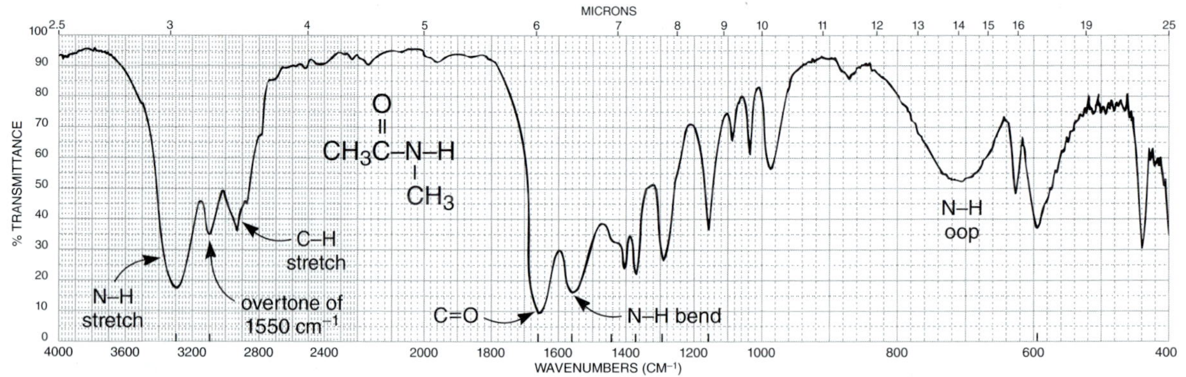

그림 2.54 *N*-Methylacetamide의 IR 스펙트럼(원액, KBr 판).

토의 *Discussion Section*

Amide의 Carbonyl 흡수. 고체 상태(KBr 펠릿 또는 Nujol)의 1차, 2차 amide는 1700~1640 cm^{-1}의 범위에서 넓은 폭의 C=O 흡수를 나타낸다. C=O 흡수띠는 1680~1630 cm^{-1} 범위에 나타나는 N−H 굽힘띠와 부분적으로 겹쳐진다. 따라서 C=O 흡수가 이중선처럼 나타나게 된다. 매우 묽은 용액에서 C=O 흡수는 약 1690 cm^{-1}에 나타난다. 이와 같은 효과는 고체 상태나 진한 용액에서 carboxylic acid가 수소결합으로 인하여 그 진동수가 감소되는 것과 비슷하다. 수소결합을 할 수 없는 3차 amide는 (고체 상태 또는 용액에서 농도의 진하고 묽은 정도 같은) 물리적 상태에 영향을 받지 않는 C=O 진동을 나타내며, 1차 amide나 2차 amide와 거의 같은 범위(1700~1640 cm^{-1})에서 흡수한다.

$$\mathrm{R{-}C({=}O){-}N(H)(H)} \qquad \mathrm{R{-}C({=}O){-}N(H)(R)} \qquad \mathrm{R{-}C({=}O){-}N(R)(R)}$$

1차 amide　　2차 amide　　3차 amide

표 2.8에 있는 lactone에서 살펴본 바와 같이, 고리 amide(lactam)에서도 고리 크기가 감소함에 따라 예상대로 C=O 진동수가 커진다.

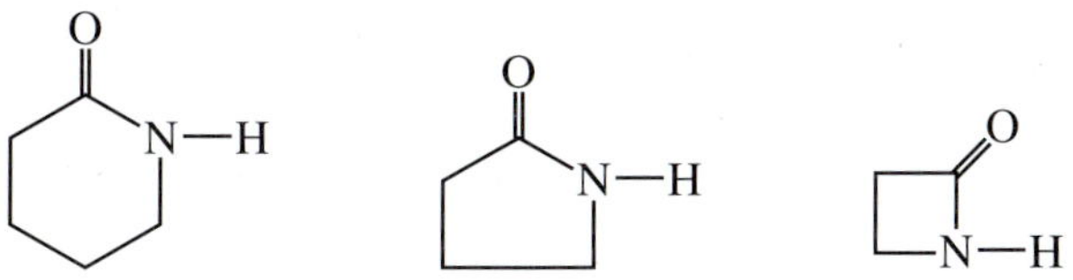

~1660 cm^{-1} ~1705 cm^{-1} ~1745 cm^{-1}

N−H와 C−N 신축띠. 고체 상태(KBr 펠릿 또는 Nujol)의 1차 amide에 대하여 꽤 강한 한 쌍의 N−H 신축띠가 약 3350 cm^{-1}와 3180 cm^{-1}에 나타난다. 3350 cm^{-1}와 3180 cm^{-1}에 나타나는 흡수띠들은 각각 비대칭 진동과 대칭 진동의 결과이다(2.3절). 한 가지 예로 propionamide의 스펙트럼을 그림 2.53에 나타내었다. 고체 상태에서 2차 amide와 lactam은 약 3300 cm^{-1}에서 하나의 흡수띠를 나타낸다. 2차 amide에서 약 3100 cm^{-1}에 약하게 나타나는 흡수띠는 1550 cm^{-1} 흡수띠의 Fermi 공명 배음으로 인한 것이다. 1차 amide의 C−N 신축 흡수는 약 1400 cm^{-1}에 나타난다.

N−H 굽힘띠. 고체 상태에서 1차 amide의 강한 굽힘 진동띠는 1640~1620 cm^{-1} 범위에 나타난다. 이 흡수띠들은 종종 C=O 신축띠와 대체로 겹쳐진다. 1차 amide의 다른 굽힘띠는 약 1125 cm^{-1}에 나타나며, 750~600 cm^{-1} 범위에서도 매우 넓은 폭의 흡수띠를 나타낸다. 2차 amide는 1550 cm^{-1}에 상대적으로 강한 굽힘띠를 나타내는데, 이는 C−N 신축띠와 N−H 굽힘띠의 조합으로 인한 것이다.

G. Acid Chloride

보통의 지방족 acid chloride는 1810~1775 cm^{-1} 범위에서 매우 강한 C=O 그룹의 흡수띠를 보여준다. Acid chloride와 acid anhydride는 큰 진동수에서 C=O 그룹의 흡수띠를 나타내는 가장 보편적인 작용기이다. 콘쥬게이션은 진동수를 낮춘다.

스펙트럼 분석 상자 *Spectral Analysis Box*

ACID CHLORIDE

C=O 콘쥬게이션을 이루지 않은 acid chloride에서 신축은 1810~1775 cm^{-1} 범위에 나타난다. 콘쥬게이션을 이루면 진동수는 1780~1760 cm^{-1}로 낮아진다.

C−Cl 신축은 730~550 cm^{-1} 범위에서 일어난다.

예: acetyl chloride(그림 2.55), benzoyl chloride(그림 2.56)

토의 *Discussion Section*

C=O 신축 진동. 이 책에서는 많은 acid halide 중에서 acid chloride에 대해서만 다룰 것이다. 포화 acid chloride에서 특징적으로 강한 carbonyl 흡수가 큰 진동수인 약 1800 cm^{-1}에 나타난다. Acetyl chloride의 스펙트럼을 그림 2.55에 나타내었다. 2.14A절에서 예상한 바와 같이, 콘쥬게이션을 이룬 acid chloride는 더 작은 진동수에서 흡수한다(1780~1760 cm^{-1}). Aryl 그룹이 치환된 acid chloride의 한 예로 benzoyl chloride의 스펙트럼을 그림 2.56에 나타내었다. 이 스펙트럼에서 주흡수띠는 1774 cm^{-1}에 나타나지만, 약하게 볼록 나온 어깨 봉우리가 C=O 흡수 범위의 큰 진동수 영역(1810 cm^{-1})에

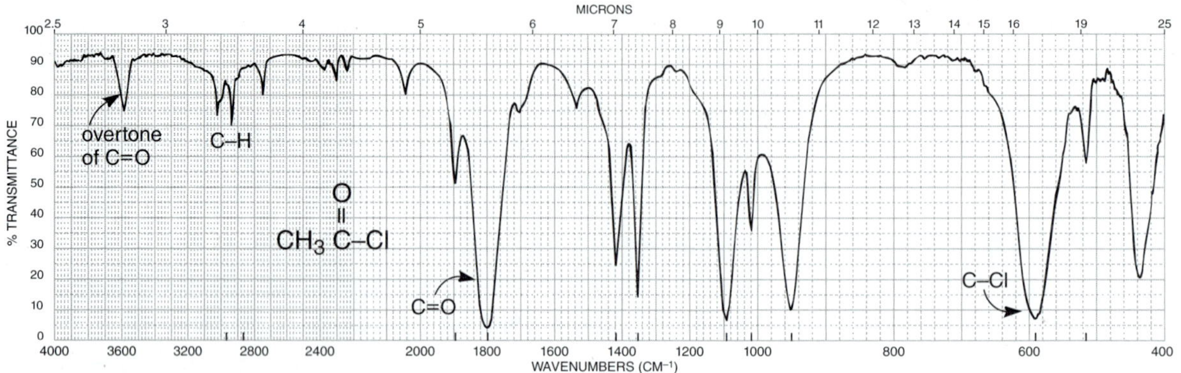

그림 2.55 Acetyl chloride의 IR 스펙트럼(원액, KBr 판).

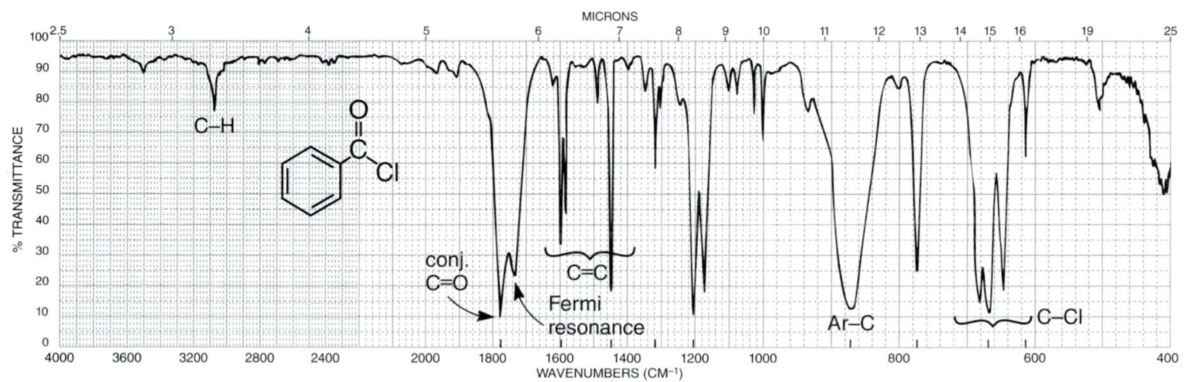

그림 2.56 Benzoyl chloride의 IR 스펙트럼(원액, KBr 판).

나타난다. 이렇게 볼록 나온 어깨 봉우리는 아마도 1000~900 cm^{-1} 범위의 강한 흡수띠의 배음의 결과로부터 생긴 것이다. Acetyl chloride의 스펙트럼(그림 2.55)에서도 역시 약 1900 cm^{-1}에 약한 흡수띠가 보인다. 가끔 이와 같은 배음띠가 상대적으로 강하게 관찰된다.

일부 방향족 acid chloride에서 다소 강한 또 다른 흡수띠가 C=O 흡수 범위의 작은 진동수 영역에 나타나는 것을 종종 관찰할 수 있다. 이 흡수띠로 인하여 C=O 흡수가 이중선처럼 보인다. Benzoyl chloride의 스펙트럼(그림 2.56)에서 이와 같은 흡수띠가 약 1730 cm^{-1}에 나타나는데, 이는 아마도 C=O 진동이 900~800 cm^{-1} 범위에서 종종 나타나는 강한 aryl-C 신축띠의 배음과 상호작용함으로써 생긴 Fermi 공명일 것이다. 기본 진동이 배음띠나 조합띠와 짝지음할 때, 그와 같은 짝지음 진동을 **Fermi 공명**(Fermi resonance)이라고 한다. Fermi 공명띠는 많은 방향족 acid chloride에서 C=O 흡수 범위의 큰 진동수 영역에서도 나타날 수 있다. 다른 carbonyl 화합물에서도 이와 같은 형태의 상호작용으로 인하여 갈라짐(splitting)이 일어날 수 있다.

C–Cl 신축 진동. 이 흡수띠는 730~550 cm^{-1} 범위에 나타나는데, KBr 판이나 KBr 용기를 사용했을 때 가장 잘 관찰된다. Acetyl chloride의 스펙트럼에 하나의 강한 C–Cl 흡수띠가 나타나 있다. 다른 지방족 acid chloride에서 다양한 형태(conformation)가 가능하기 때문에 네 개 정도의 흡수띠를 관찰할 수 있다.

H. Anhydride

Anhydride는 C=O 그룹에 대하여 두 개의 강한 흡수띠를 보여준다. 보통의 alkyl-치환된 anhydride는 일반적으로 1820~1750 cm^{-1} 근처에 흡수띠를 보여준다. Anhydride와 acid chloride는 큰 진동수에서 C=O 그룹의 흡수띠를 나타내는 가장 보편적인 작용기이다. 콘쥬게이션으로 인하여 각각의 흡수띠는 작은 진동수로 이동된다(각각 약 30 cm^{-1}). 보통의 오원자 고리 anhydride는 1860 cm^{-1}와 1780 cm^{-1} 근처에서 흡수띠를 나타낸다.

스펙트럼 분석 상자 *Spectral Analysis Box*

ANHYDRIDE

C=O 신축은 언제나 가변적인 상대적 세기로 1830~1800 cm^{-1}와 1775~1740 cm^{-1}에 두 개의 흡수띠로 나타난다. 콘쥬게이션을 이루면, 흡수는 작은 진동수로 이동한다. 고리 뒤틀림이 있으면, 흡수는 더 큰 진동수로 이동한다.

C−O 신축(다중 결합)은 1300~900 cm^{-1} 범위에 나타난다.

예: propionic anhydride(그림 2.57).

토의 *Discussion Section*

비고리 포화 anhydride의 특징적 패턴은 1830~1800 cm^{-1}와 1775~1740 cm^{-1}에 나타나는 두 개의 강한 흡수띠인데, 그들의 세기는 꼭 동일하지는 않다. 두 개의 흡수띠는 비대칭 신축과 대칭 신축에 의한 것이다(2.3절). 콘쥬게이션은 흡수를 더 작은 진동수로 이동시키는 반면, 고리화(고리 뒤틀림)는 흡수를 더 큰 진동수로 이동시킨다. *강하고 넓은* 폭의 C−O 신축 진동은 1300~900 cm^{-1} 범위에 나타난다. Propionic anhydride의 스펙트럼을 그림 2.57에 나타내었다.

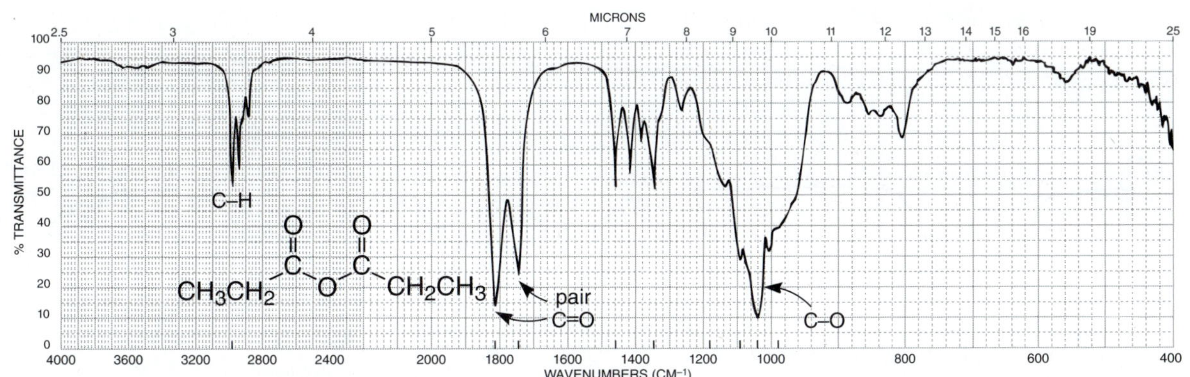

그림 2.57 Propionic anhydride의 IR 스펙트럼(원액, KBr 판).

2.15 Amine

1차 amine, R−NH_2는 3500~3300 cm^{-1} 범위에서 두 개의 N−H 신축띠가 나타내는 반면, 2차 amine, R_2N−H는 이 범위에서 한 개의 흡수띠만 나타낸다. 3차 amine은 N−H 신축띠를 나타내지 못한다. 이와 같은 특징 때문에 N−H 신축 범위를 검토하여 1차, 2차, 3차 amine을 쉽게 구별할 수 있다.

스펙트럼 분석 상자 *Spectral Analysis Box*

AMINE

N−H 신축은 3500~3300 cm^{-1} 범위에 나타난다. 1차 amine은 두 개의 흡수띠를 나타낸다. 2차 amine은 하나의 흡수띠를 나타낸다. 지방족 화합물에서는 보이지 않을 만큼 약하고, 방향족 2차 amine에서는 보다 강하다. 3차 amine에는 N−H 신축이 없다.

N−H 1차 amine에서 굽힘으로 인한 흡수띠는 1640~1560 cm^{-1} 범위에 넓은 폭으로 나타난다. 2차 amine은 1500 cm^{-1} 부근에서 흡수한다.

N−H 때때로 800 cm^{-1} 부근에서 흡수하는 평면외 굽힘이 관찰된다.

C−N 신축은 1350~1000 cm^{-1} 범위에 나타난다.

예: butylamine(그림 2.58), dibutylamine(그림 2.59), tributylamine(그림 2.60), *N*-methylaniline(그림 2.61).

토의 *Discussion Section*

N−H의 신축 진동은 3500~3300 cm^{-1} 범위에 나타난다. 원액 시료에서 N−H 흡수는 종종 O−H 흡수띠보다 약하고 뾰족하기(그림 2.6 참조) 때문에 때때로 amine과 alcohol은 구별될 수 있다. 원액 상태로 측정할 때, (수소결합을 이루는) 1차 amine은 3400 cm^{-1}와 3300 cm^{-1}에서 *두 개의 흡수띠*를 나타낸다. 둘 중에서 큰 진동수에 나타나는 흡수띠는 비대칭 진동에 의한 것이고, 작은 진동수에 나타나는 흡수띠는 대칭 진동에 의한 것이다(2.3절). 두 개의 자유 N−H 신축 진동은 묽은 용액에서 더 큰 진동수로 이동한다. 지방족 1차 amine의 스펙트럼을 그림 2.58에 나타내었다. 약하게 볼록 나온 어깨 봉

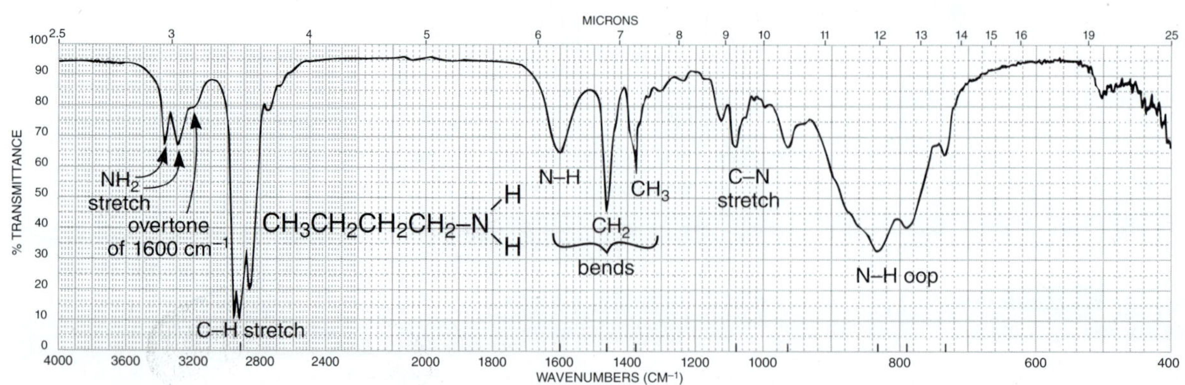

그림 2.58 Butylamine의 IR 스펙트럼(원액, KBr 판).

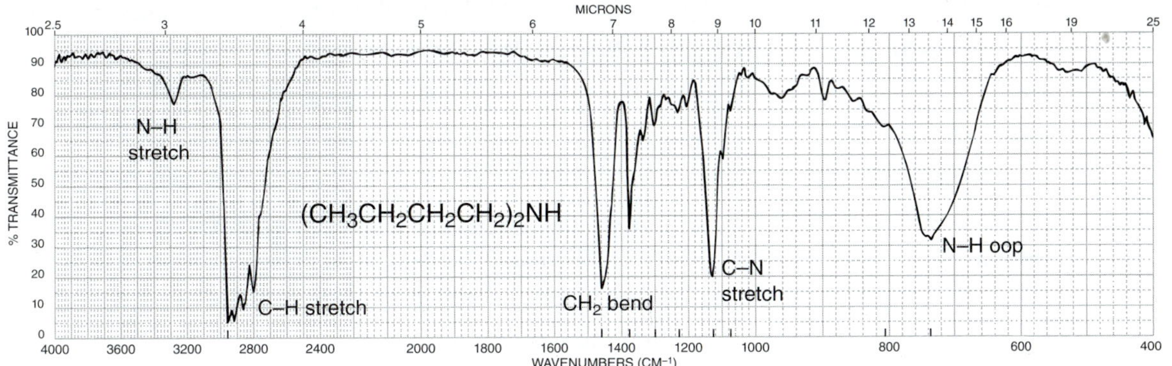

그림 2.59 Dibutylamine의 IR 스펙트럼(원액, KBr 판).

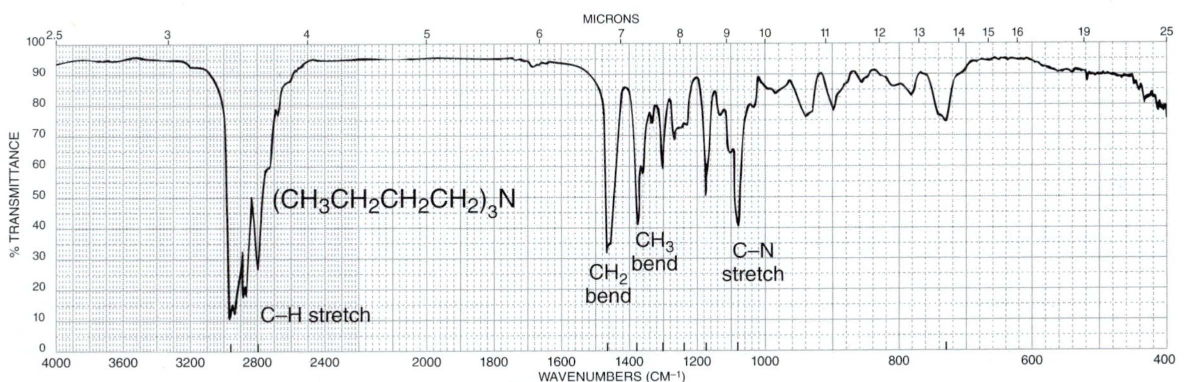

그림 2.60 Tributylamine의 IR 스펙트럼(원액, KBr 판).

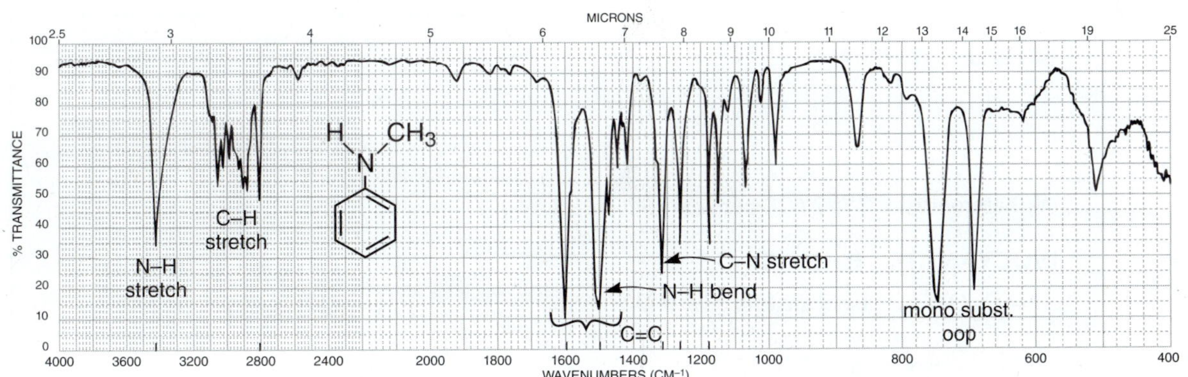

그림 2.61 *N*-Methylamine의 IR 스펙트럼(원액, KBr 판).

우리가 대칭 N−H 신축띠 범위의 작은 진동수 쪽 약 3200 cm^{-1}에 나타나 있다. 이와 같은 약한 세기의 흡수띠는 1600 cm^{-1} 부근에 나타나는 대칭 N−H 굽힘 진동의 배음으로 인한 것이다. 3200 cm^{-1} 부근의 볼록 나온 어깨 봉우리는 3300 cm^{-1} 부근의 대칭 N−H 신축띠와 Fermi 공명 상호작용에 의해서 세기가 증가하였다. 때때로 방향족 1차 amine에서 배음 흡수띠는 훨씬 더 두드러지게 나타난다.

원액 상태로 측정할 때, 지방족 2차 amine에는 약 3300 cm^{-1} 부근의 N−H 신축 영역에 *하나의 흡*

수띠가 나타나는데, 종종 보이지 않을 정도로 약하게 나타난다. 반면에 방향족 2차 amine에는 세기가 좀 더 강한 N−H 흡수띠가 3400 cm^{-1} 부근에 나타난다. 지방족 2차 amine과 방향족 2차 amine의 스펙트럼을 각각 그림 2.59와 그림 2.61에 나타내었다. 그림 2.60에 나타낸 바와 같이, 이 영역에서 3차 amine은 흡수하지 않는다.

1차 amine에서 N−H 굽힘(가위질) 방식은 1640~1560 cm^{-1} 범위에 중간 세기 또는 강한 세기(넓은 폭)의 흡수띠로 나타난다. 방향족 2차 amine에는 그 흡수띠가 범위의 작은 진동수 쪽으로 이동하여 1500 cm^{-1} 부근에 나타난다. 하지만 지방족 2차 amine의 N−H 굽힘 진동은 매우 약하여 보통은 잘 관찰되지 않는다. 방향족 화합물의 N−H 진동은 종종 이 영역에 나타나는 방향족 C=C 고리의 흡수와 겹쳐진다. 1차 amine과 2차 amine의 평면외 N−H 굽힘 진동은 800 cm^{-1} 근처에 넓은 흡수띠로 나타난다. 이와 같은 흡수띠는 원액 상태로 화합물의 스펙트럼을 측정할 때 나타나며, 지방족 amine에서 가장 쉽게 관찰할 수 있다(그림 2.58과 그림 2.59).

모든 amine에서 C−N 신축 흡수는 중간 세기 또는 강한 세기의 흡수띠로 1350~1000 cm^{-1} 범위에서 일어난다. 지방족 amine은 1250~1000 cm^{-1} 범위에서 흡수하는 반면, 방향족 amine은 1350~1250 cm^{-1} 범위에서 흡수한다. 공명으로 인하여 고리와 결합된 질소 원자 사이에 이중 결합 특성이 증가하여, 방향족 amine에서 C−N 흡수는 더 큰 진동수에서 일어난다.

2.16 Nitrile, Isocyanate, Isothiocyanate, Imine

Nitrile, isocyanate, isothiocyanate 모두 C≡C 결합과 유사한 *sp* 혼성 탄소 원자를 가지고 있으며, 2100~2270 cm^{-1} 범위에서 흡수한다. 반면 imine의 C=N 결합은 sp^2 탄소 원자를 가지고 있으며, imine과 유사 화합물들은 이중 결합이 나타나는 1690~1640 cm^{-1} 범위에서 흡수한다.

스펙트럼 분석 상자 *Spectral Analysis Box*

NITRILE R−C≡N

−C≡N	신축은 2250 cm^{-1} 부근에 중간 세기로 뾰족하게 나타난다. 이중 결합 또는 방향족 고리와 콘쥬게이션을 이루면, 흡수는 작은 진동수로 이동한다.

예: butyronitrile(그림 2.62), benzonitrile(그림 2.63).

ISOCYANATE R−N=C=O

−N=C=O	Isocyanate의 신축은 2270 cm^{-1} 부근에 넓은 폭의 강한 흡수로 나타난다.

예: benzyl isocyanate(그림 2.64).

ISOTHIOCYANATE R−N=C=S

−N=C=S	Isothiocyanate의 신축은 2125 cm^{-1} 부근에 하나 또는 두 개의 넓은 폭의 강한 흡수로 나타난다.

IMINE $R_2C=N-R$

−C(−)=N−	Oxime, imine 등의 신축은 1690~1640 cm^{-1} 범위에 다양한 세기의 흡수로 나타난다.

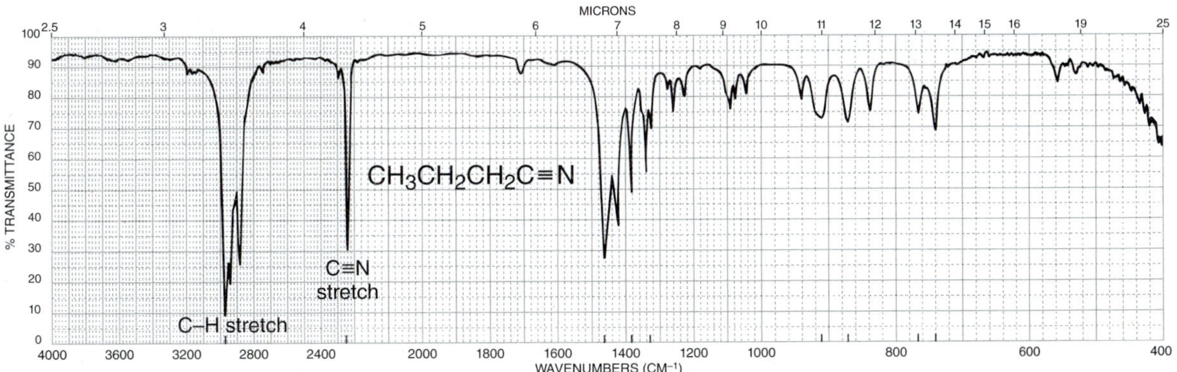

그림 2.62 Butyronitrile의 IR 스펙트럼(원액, KBr 판).

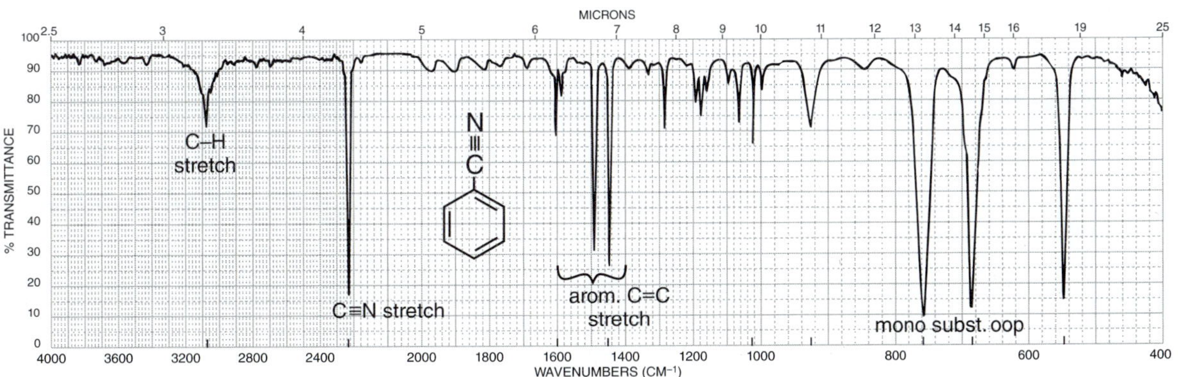

그림 2.63 Benzonitrile의 IR 스펙트럼(원액, KBr 판).

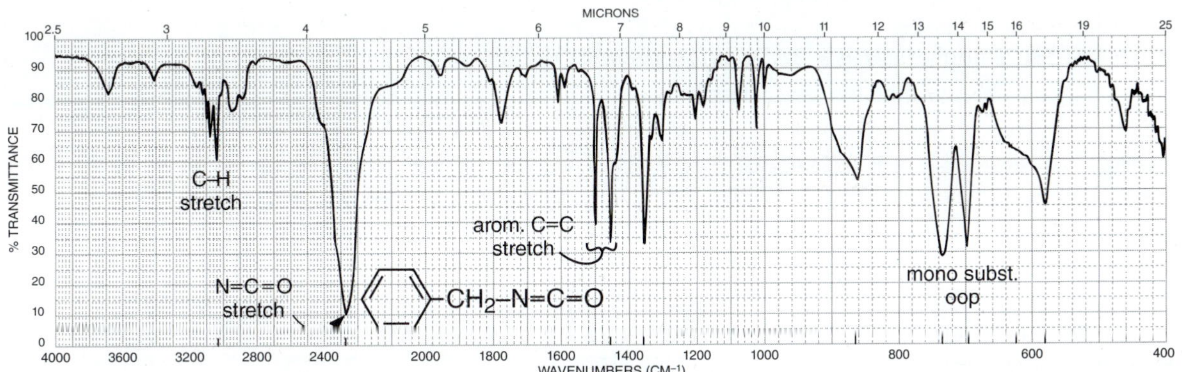

그림 2.64 Benzyl isocyanate의 IR 스펙트럼(원액, KBr 판).

토의 *Discussion Section*

***sp*-혼성 탄소.** Nitrile의 C≡N 그룹은 스펙트럼의 삼중 결합 영역(2270~2210 cm^{-1})에서 중간 세기의 뾰족한 흡수띠를 나타낸다. 이 영역(2150 cm^{-1}) 근처에서 흡수하는 C≡C 결합은 사슬의 말단에 있지 않으면, 보통 약하고 넓은 폭의 흡수띠를 나타낸다. 지방족 nitrile은 약 2250 cm^{-1}에서 흡수하는 반면, 방향족 nitrile은 더 작은 진동수인 2230 cm^{-1}에서 흡수한다. 그림 2.62와 그림 2.63은 각각 지방족 nitrile과 방향족 nitrile의 스펙트럼이다. 방향족 nitrile은 삼중 결합이 고리와 콘쥬게이션을 이루기 때문에 세기는 증가하고, 더 작은 진동수에서 흡수한다. Isocyanate에도 역시 *sp* 혼성 탄소 원자(R−N=C=O)가 들어 있다. 이와 같은 종류의 화합물은 2270 cm^{-1}에서 넓은 폭의 강한 흡수띠를 나타낸다(그림 2.64).

***sp*²-혼성 탄소.** C=N 결합은 C=C 결합의 흡수와 거의 같은 영역에서 흡수한다. 비록 C=N 흡수는 화합물에 따라 그 세기가 다르지만, 그 세기는 보통 C=C 결합보다 더 강하다. Oxime(R−CH=N−O−H)에서 C=N 흡수는 1690~1640 cm^{-1} 범위에 나타나며, O−H 흡수는 3650~2600 cm^{-1} 범위에 넓게 나타난다. Imine(R−CH=N−R)에서 C=N 흡수는 1690~1650 cm^{-1} 범위에 나타난다.

2.17 Nitro 화합물

Nitro 화합물은 IR 스펙트럼에서 두 개의 강한 흡수띠를 보여준다. 하나는 1550 cm^{-1} 근처에, 다른 하나는 1350 cm^{-1} 근처에 나타난다. 비록 이 두 흡수띠가 1600~1450 cm^{-1}의 방향족 고리 범위와 부분적으로 겹칠지라도 NO_2 흡수띠는 쉽게 관찰할 수 있다.

스펙트럼 분석 상자 *Spectral Analysis Box*

NITRO 화합물

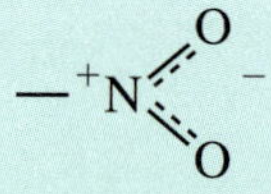

지방족 nitro 화합물: 비대칭 신축(강한 세기), 1600~1530 cm^{-1}; 대칭 신축(중간 세기), 1390~1300 cm^{-1}.

(콘쥬게이션을 이룬) 방향족 nitro 화합물: 비대칭 신축(강한 세기), 1550~1490 cm^{-1}; 대칭 신축(강한 세기), 1355~1315 cm^{-1}.

예: 1-nitrohexane(그림 2.65), nitrobenzene(그림 2.66)

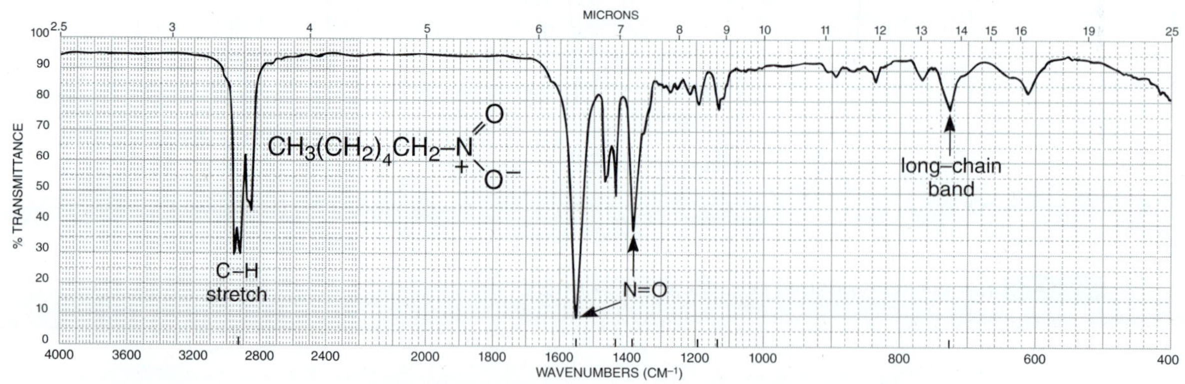

그림 2.65 1-Nitrohexane의 IR 스펙트럼(원액, KBr 판).

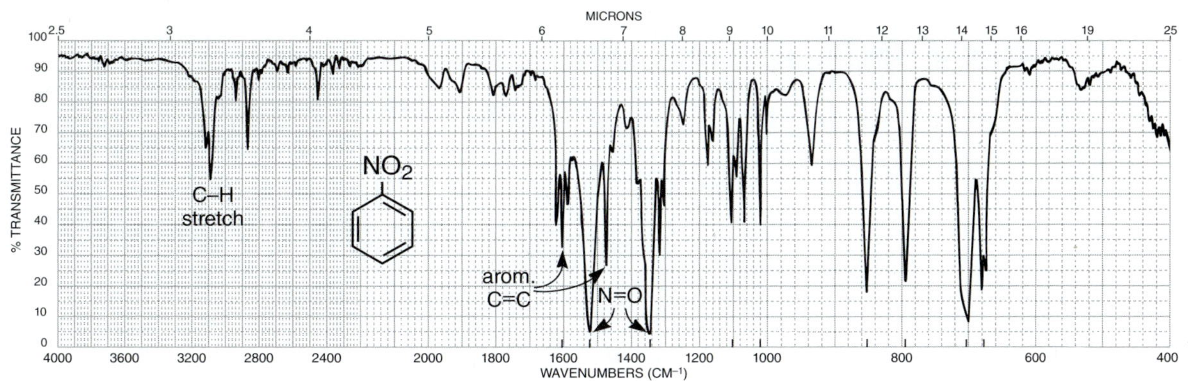

그림 2.66 Nitrobenzene의 IR 스펙트럼(원액, KBr 판).

토의 *Discussion Section*

Nitro 그룹(NO_2)은 IR 스펙트럼에서 두 개의 강한 흡수띠를 나타낸다. 지방족 nitro 화합물에서 비대칭 신축 진동은 1600~1530 cm^{-1} 범위에서 일어나고, 대칭 신축띠는 1390~1300 cm^{-1} 범위에서 일어난다. 예를 들어, 1-nitrohexane(그림 2.65)과 같은 지방족 화합물은 약 1550 cm^{-1}와 1380 cm^{-1}에서 흡수한다. 일반적으로 작은 진동수의 흡수띠는 큰 진동수의 흡수띠보다 세기가 약하다. 지방족 nitro 화합물과는 대조적으로, 방향족 nitro 화합물은 거의 같은 세기를 갖는 두 개의 흡수띠를 나타낸다. Nitro 그룹이 방향족 고리와 콘쥬게이션을 이루면, 흡수띠는 더 작은 진동수인 1550~1490 cm^{-1}와 1355~1315 cm^{-1} 범위로 이동한다. 예를 들어, nitrobenzene(그림 2.66)은 1525 cm^{-1}와 1350 cm^{-1}에서 강하게 흡수한다. Nitroso 그룹(R−N=O)은 1600~1500 cm^{-1} 범위에서 오직 하나의 강한 흡수띠를 나타낸다.

2.18 Carboxylate 염, Amine 염, Amino Acid

이 절에서는 이온 결합 화합물들, 즉 carboxylate 염, amine 염, amino acid를 다룬다. Amino acid는 zwitterion(내부염) 특성을 가지기 때문에 이 절에 포함되었다(**역자주**. zwitterion: 한 화합물 내에 양이온과 음이온을 동시에 갖는 것을 지칭한다. 예를 들어, amino acid는 $-NH_3^+$와 $-COO^-$를 동시에 갖는다).

스펙트럼 분석 상자 *Spectral Analysis Box*

CARBOXYLATE 염 $R-C(=O)-O^- \ Na^+$

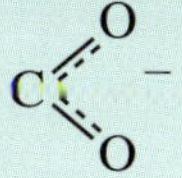

비대칭 신축은 1600 cm^{-1} 부근에 강하게 나타나고, 대칭 신축은 1400 cm^{-1} 부근에 강하게 나타난다.

C=O 흡수 진동수는 공명으로 인하여 (단일 결합 특성이 증가하기 때문에) carboxylic acid의 값보다 작게 나타난다.

AMINE 염 NH_4^+ RNH_3^+ $R_2NH_2^+$ R_3NH^+

N–H (폭이 넓은) 신축은 3300~2600 cm^{-1} 범위에 나타난다. Ammonium 이온은 이 범위의 큰 진동수 영역에서 흡수하는 반면, 3차 amine 염은 이 범위의 작은 진동수 영역에서 흡수한다. 1차 amine 염과 2차 amine 염은 3100~2700 cm^{-1} 범위의 중간 부분에서 흡수한다. 넓은 폭의 흡수띠는 종종 2100 cm^{-1} 부근에 나타난다.

N–H (강한) 굽힘은 1610~1500 cm^{-1}에 나타난다. (두 개의 흡수띠를 갖는) 1차 amine 염은 1610 cm^{-1}에 비대칭 진동이 나타나고, 1500 cm^{-1}에 대칭 진동이 나타난다. 2차 amine 염은 1610~1550 cm^{-1} 범위에서 흡수한다. 3차 amine 염은 매우 약하게 흡수한다.

AMINO ACID

$$R-CH(NH_2)-C(=O)-OH \longrightarrow R-CH(^+NH_3)-C(=O)-O^-$$

이 화합물은 양쪽성 이온(zwitterion, 내부염)으로 존재하며, carboxylate와 1차 amine 염을 합한 스펙트럼을 나타낸다. Amino acid는 NH_3^+ 신축(매우 넓은 폭), N−H 굽힘(비대칭/대칭), COO^- 신축(비대칭/대칭)에 대한 흡수띠를 나타낸다.

예: leucine(그림 2.67)

2.19 황 화합물

이 절에서는 mercaptan(또는 thiol)과 sulfide와 같은 단일 결합 화합물들, 이중 결합 S=O 화합물들을 포함하여 황 화합물에 대한 IR 스펙트럼을 다룬다.

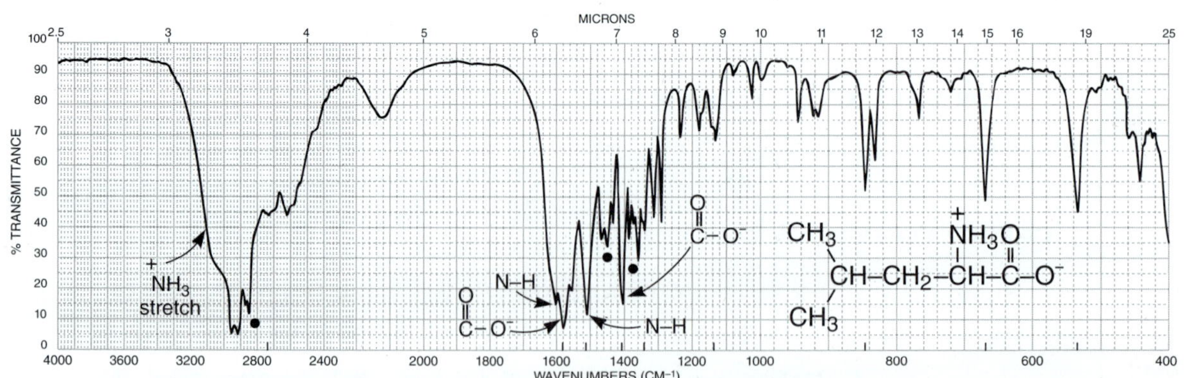

그림 2.67 Leucine의 IR 스펙트럼(Nujol 반죽, KBr 판). 점으로 표시된 흡수띠는 Nujol(광유)의 흡수를 가리킨다(그림 2.8 참조).

스펙트럼 분석 상자 *Spectral Analysis Box*

MERCAPTAN(THIOL)　R−S−H

S−H　한 개의 약한 신축띠가 2550 cm^{-1} 근처에 나타난다. 이 영역에서는 다른 흡수가 거의 나타나지 않으므로, 사실상 이 흡수띠로 이 그룹의 존재를 확인할 수 있다.

예: benzenethiol(그림 2.68)

SULFIDE　R−S−R

IR 스펙트럼으로부터 유용한 정보를 거의 얻을 수 없다.

SULFOXIDE　$R-\underset{\underset{O}{\|}}{S}-R$

S=O　한 개의 강한 신축띠가 1050 cm^{-1} 근처에 나타난다.

SULFONE　$R-\underset{\underset{O}{\|}}{\overset{\overset{O}{\|}}{S}}-R$

S=O　강한 비대칭 신축은 1300 cm^{-1}에 나타나고, 강한 대칭 신축은 1150 cm^{-1}에 나타난다.

SULFONYL CHLORIDE　$R-\underset{\underset{O}{\|}}{\overset{\overset{O}{\|}}{S}}-Cl$

S=O　강한 비대칭 신축은 1375 cm^{-1}에 나타나고, 강한 대칭 신축은 1185 cm^{-1}에 나타난다.

예: benzenesulfonyl chloride(그림 2.69)

SULFONATE　$R-\underset{\underset{O}{\|}}{\overset{\overset{O}{\|}}{S}}-O-R$

S=O　강한 비대칭 신축은 1350 cm^{-1}에 나타나고, 강한 대칭 신축은 1175 cm^{-1}에 나타난다.
S−O　여러 개의 강한 신축띠는 1000~750 cm^{-1} 범위에 나타난다.

예: methyl *p*-toluenesulfonate(그림 2.70)

SULFONAMIDE (고체 상태)　$R-\underset{\underset{O}{\|}}{\overset{\overset{O}{\|}}{S}}-NH_2$　　$R-\underset{\underset{O}{\|}}{\overset{\overset{O}{\|}}{S}}-NH-R$

S=O　강한 비대칭 신축은 1325 cm^{-1}에 나타나고, 강한 대칭 신축은 1140 cm^{-1}에 나타난다.
N−H　1차 N−H의 신축은 3350 cm^{-1}와 3250 cm^{-1}에 나타나고, 2차 N−H의 신축은 3250 cm^{-1}에 나타나고, 굽힘은 1550 cm^{-1}에 나타난다.

예: benzenesulfonamide(그림 2.71)

SULFONIC ACID
(무수)

R—S(=O)(=O)—O—H

S=O 강한 비대칭 신축은 1350 cm^{-1}에 나타나고, 강한 대칭 신축은 1150 cm^{-1}에 나타난다.
S—O 강한 신축이 650 cm^{-1}에 나타난다.

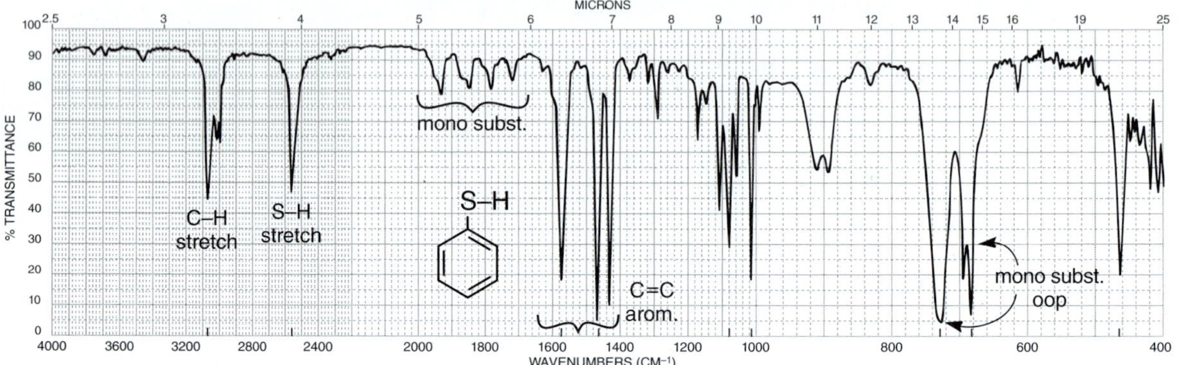

그림 2.68 Benzenethiol의 IR 스펙트럼(원액, KBr 판).

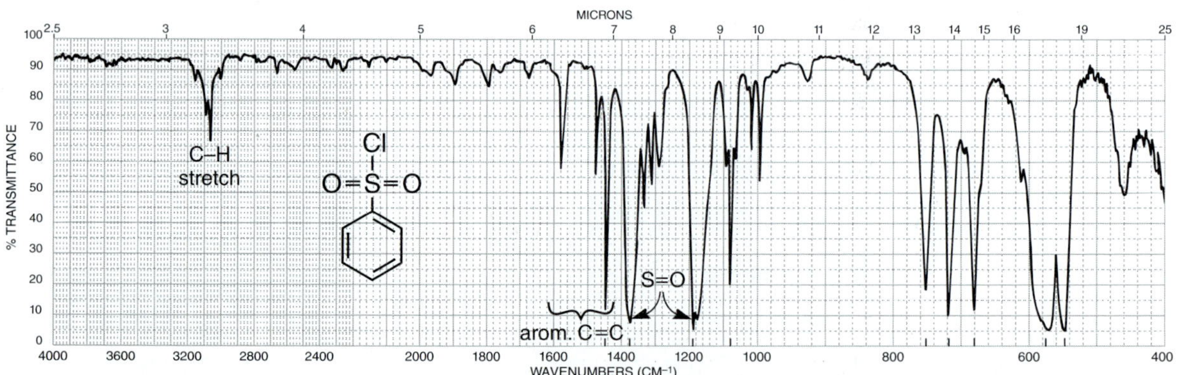

그림 2.69 Benzenesulfonyl chloride의 IR 스펙트럼(원액, KBr 판).

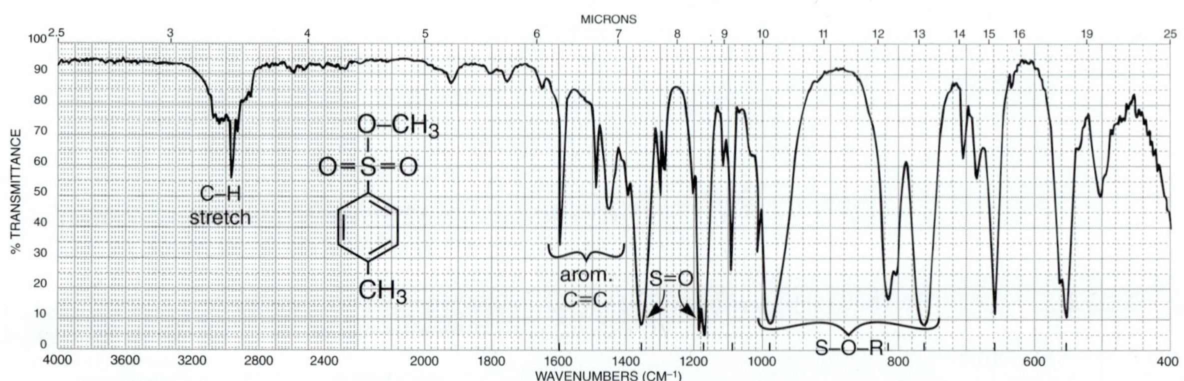

그림 2.70 Methyl *p*-toluenesulfonate의 IR 스펙트럼(원액, KBr 판).

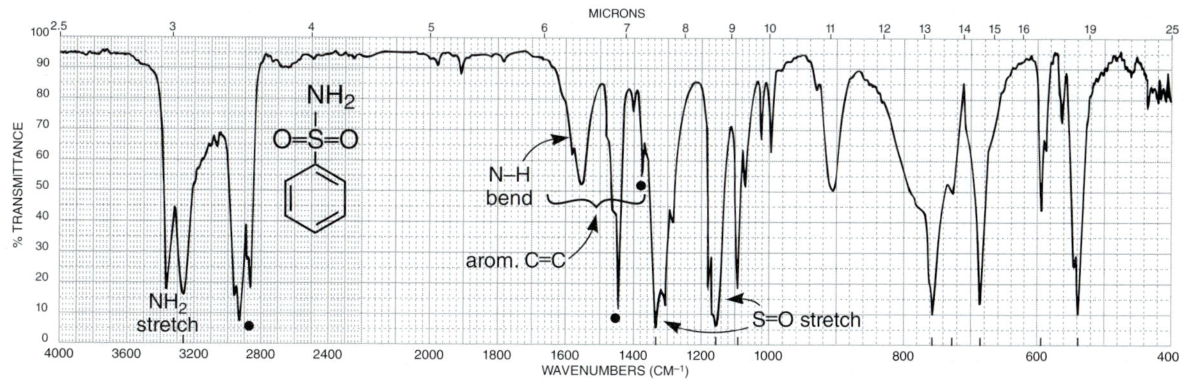

그림 2.71 Benzenesulfonamide의 IR 스펙트럼(Nujol 반죽, KBr 판). 점으로 표시된 흡수띠는 Nujol(광유)의 흡수를 가리킨다(그림 2.8 참조).

2.20 인 화합물

이 절에서는 단일 결합 화합물들(P−H, P−R, P−O−R), 이중 결합 P=O 화합물들을 포함하여 인 화합물에 대한 IR 스펙트럼을 다룬다.

스펙트럼 분석 상자 *Spectral Analysis Box*

PHOSPHINE RPH$_2$ R$_2$PH

P−H	신축, 2320~2270 cm^{-1} 범위에 하나의 강하고 날카로운 흡수띠.
PH$_2$	굽힘, 1090~1075 cm^{-1} 범위와 840~810 cm^{-1} 범위에 중간 세기의 흡수띠.
P−H	굽힘, 990~885 cm^{-1} 범위에 중간 세기의 흡수띠.
P−CH$_3$	굽힘, 1450~1395 cm^{-1} 범위와 1346~1255 cm^{-1} 범위에 중간 세기의 흡수띠.
P−CH$_2$−	굽힘, 1440~1400 cm^{-1} 범위에 중간 세기의 흡수띠.

PHOSPHINE OXIDE R$_3$P=O Ar$_3$P=O

P=O	신축, 1210~1140 cm^{-1} 범위에 하나의 매우 강한 흡수띠.

PHOSPHATE ESTER (RO)$_3$P=O

P=O	신축, 1300~1240 cm^{-1} 범위에 하나의 매우 강한 흡수띠.
R−O	신축, 1088~920 cm^{-1} 범위에 하나 또는 둘의 강한 흡수띠.
P−O	신축, 845~725 cm^{-1} 범위에 중간 세기의 흡수띠.

2.21 Alkyl Halide와 Aryl Halide

이 절에서는 halogen을 포함하는 화합물에 대한 IR 스펙트럼을 다룬다. 플루오린을 포함하는 화합물을 제외하고, IR 스펙트럼으로 화합물에 halide의 존재 여부를 결정하는 것은 몇 가지 이유 때문에 매우 어렵다. 첫째, C−X 흡수는 스펙트럼에서 매우 작은 진동수 범위, 즉 가장 오른쪽에 나타나는데 이 범위에는 아주 많은 다른 흡수띠들이 나타나기 때문이다(지문 영역, fingerprint). 둘째, NaCl 판이나 NaCl 용기가 (650 cm^{-1} 이상에서만 빛을 투과하므로 NaCl 판 자체의 흡수 때문에) halogen이 흡수하는 영역을 가릴 수 있다.

이 절에 CCl_4와 $CHCl_3$의 스펙트럼이 주어졌다. 종종 다른 고체 시료의 용액 스펙트럼을 얻기 위하여 이들을 용매로 사용한다. 이 화합물들은 두 개 이상의 염소 원자를 가지고 있으며, 각각 약 785 cm^{-1}와 759 cm^{-1}에서 강한 C−Cl 신축을 나타낸다. 한 개의 염소 원자를 가지는 화합물의 분석은 지문 영역의 흡수띠들에 의해 가려지기 때문에 의미가 없다. Bromide, iodide는 정상적인 NaCl 판의 측정 범위를 벗어난 곳에서 흡수한다. Halogen을 포함하는 화합물에 대해 보다 더 신뢰성 있는 정보를 제공할 수 있는 방법은 질량 분석법(3.7절, 4.9절)이다.

스펙트럼 분석 상자 *Spectral Analysis Box*

FLUORIDE R−F

C−F 1400~1000 cm^{-1} 범위에서 강한 신축. Monofluoroalkane은 이 범위의 작은 진동수에서 흡수하는 반면, poylfluoroalkane은 1350~1100 cm^{-1} 범위에서 여러 개의 강한 흡수띠를 나타낸다. Aryl fluoride는 1250~1100 cm^{-1} 범위에서 흡수한다.

CHLORIDE R−Cl

C−Cl 지방족 chloride에서 신축은 785~540 cm^{-1} 범위에 강하게 나타난다. 1차 chloride는 이 범위의 큰 진동수 영역에서 흡수하는 반면, 3차 chloride는 이 범위의 작은 진동수 영역에서 흡수한다. 가능한 다른 형태(conformation)로 인하여, 두 개 이상의 흡수띠가 관찰될 수도 있다.

하나의 탄소 원자에 여러 개의 치환기가 결합되어 있으면, 이 범위의 큰 진동수 영역에 강한 흡수가 나타난다. CH_2Cl_2(739 cm^{-1}), $CHCl_3$(759 cm^{-1}), CCl_4(785 cm^{-1}). Aryl chloride는 1100~1035 cm^{-1} 범위에서 흡수한다.

CH_2−Cl 굽힘(wagging)은 1300~1230 cm^{-1} 범위에 나타난다.

예: carbon tetrachloride(그림 2.72), chloroform(그림 2.73).

BROMIDE R−Br

C−Br 지방족 bromide에서 신축은 NaCl 판이나 NaCl 용기를 사용하는 보통의 분광법의 측정 범위를 벗어난 범위인 650~510 cm^{-1} 범위에 강하게 나타난다. 지방족 chloride에 대해 제시된 경향은 bromide에서도 적용된다. Aryl bromide는 1075~1030 cm^{-1} 범위에서 흡수한다.

CH_2−Br 굽힘(wagging)은 1250~1190 cm^{-1} 범위에 나타난다.

IODIDE R−I

C−I 지방족 iodide에서 신축은 NaCl 판이나 NaCl 용기를 사용하는 보통의 분광법의 측정 범위를 벗어난 범위인 600~485 cm^{-1} 범위에 강하게 나타난다. 지방족 chloride에 대해 제시된 경향은 iodide에서도 적용된다.

CH_2−I 굽힘(wagging)은 1200~1150 cm^{-1} 범위에 나타난다.

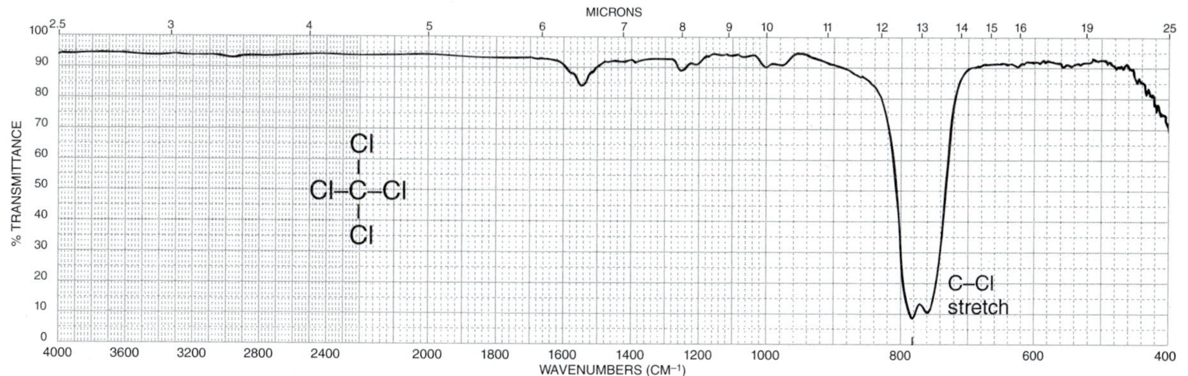

그림 2.72 Carbon tetrachloride의 IR 스펙트럼(원액, KBr 판).

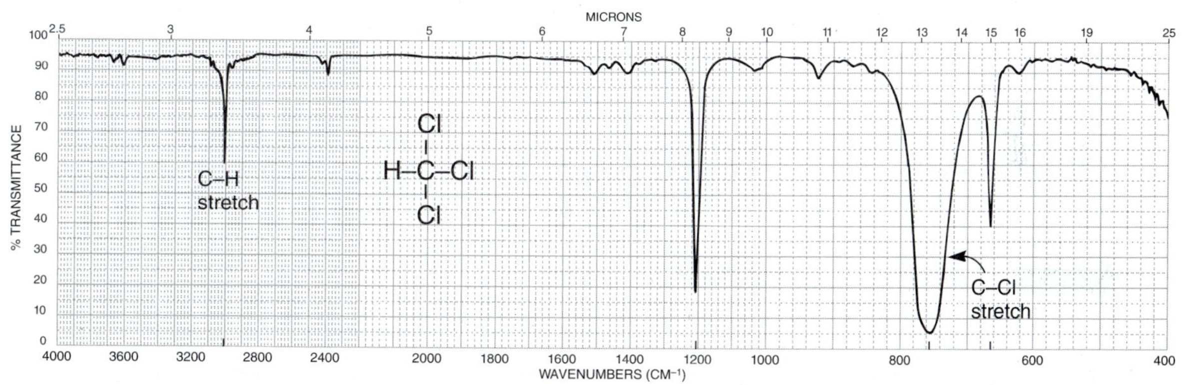

그림 2.73 Chloroform의 IR 스펙트럼(원액, KBr 판).

2.22 바탕 스펙트럼

이 절에서는 전형적인 바탕 스펙트럼(background spectrum)을 살펴보고자 한다. 적외선 에너지 빛살은 측정하고자 하는 시료는 물론 일정 거리의 공기를 통과하며 지나간다. 공기 중에 있는 이산화탄소와 수증기 분자가 주로 적외선을 흡수한다. 모든 IR 스펙트럼은 이 두 분자의 흡수를 포함하고 있다. FT-IR 분광기는 홑살 분광기(2.5B절과 그림 2.3b 참조)이므로 이와 같은 흡수를 시료의 스펙트럼을 측정함과 동시에 제거할 수는 없다. 겹살 장치를 사용하는 분산 방식 적외선 분광기에서는 동시에 제거할 수 있다(2.5A절과 그림 2.3a 참조). 대신에 FT-IR에서는 (경로에 어떠한 시료도 없는) “바탕 스펙트럼”을 얻어 컴퓨터에 저장한다. 시료 스펙트럼을 얻은 후, 공기에 의한 피크를 효과적으로 제거하기 위하여 컴퓨터가 자동으로 시료 스펙트럼에서 바탕 스펙트럼을 뺀다.

FT-IR 분광기로 얻은 전형적인 바탕 스펙트럼을 그림 2.74에 나타내었다. 2350 cm^{-1}에 나타나는 두 개의 흡수띠는 이산화탄소의 비대칭 신축 방식으로 인한 것이다. 3750 cm^{-1}와 1600 cm^{-1}를 중심으로 여러 흡수띠가 무리로 나타나는 것은 공기 중에 있는 (기체 상태의) 물 분자의 신축과 굽힘 방식으로 인한 것이다. 이와 같은 흡수에서의 미세 구조(뾰족한 흡수띠들)는 공기 중의 물이나 *기체 상태*의 다른 작은 분자에서 자주 관찰되는데, 이는 겹쳐진 회전 에너지 준위의 흡수 때문이다. 보통 *액체 상태*나 *고체 상태*에서 미세 구조는 서로 뒤섞여 넓고 매끄러운 곡선으로 바뀐다(2.12절에 있는 alcohol의 수소결합을 참조). 때때로 거울에 불순물이 화학적으로 코팅되거나, 흡착된 물질로 인하여 광학 기기의 품질이 떨어져서 바

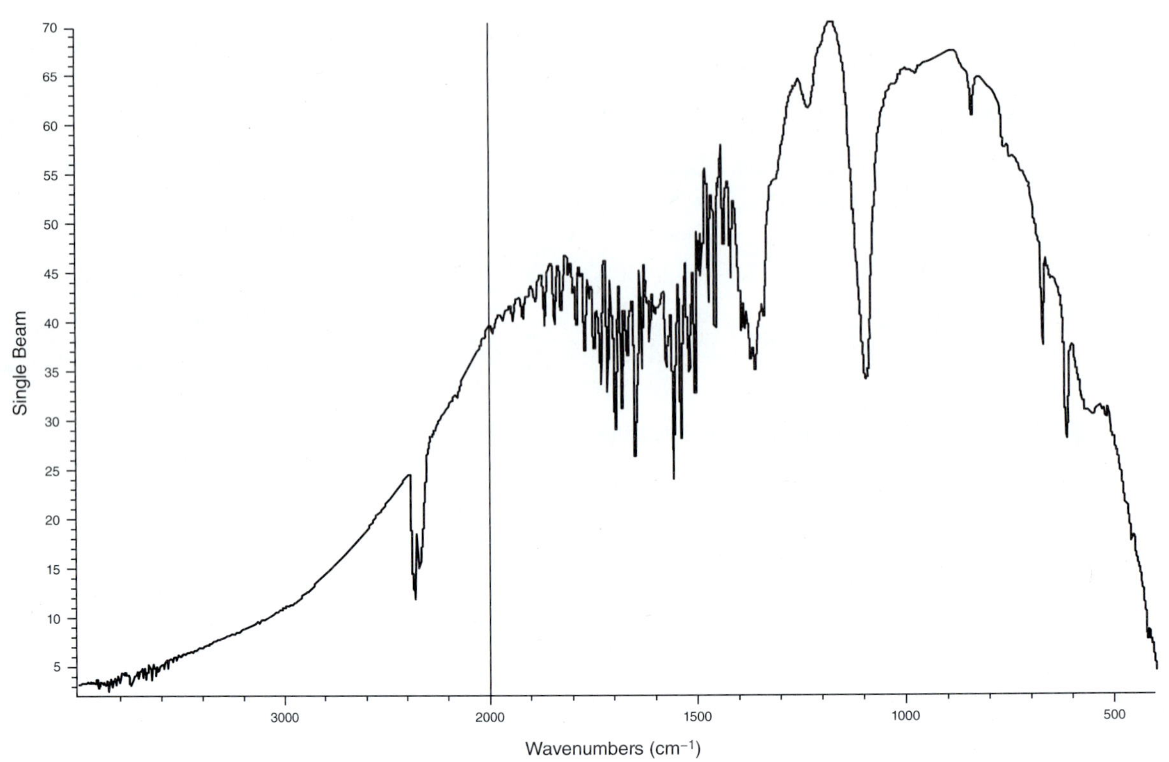

그림 2.74 FT-IR 분광기로 측정된 바탕 스펙트럼.

탕 스펙트럼에 다른 흡수띠가 나타날 수도 있다. 광학 기기를 잘 청소하여 다시 최적의 조건으로 만들 수 있다.

적외선 광원의 출력에 차이가 생겨 바탕 스펙트럼이 종 모양의 곡선으로 나타날 때가 있다. "램프"로부터 출력되는 빛살의 세기가 스펙트럼의 중심부에 있는 파장에서 최대가 되며, 양 끝으로 갈수록 줄어들기 때문이다. 측정하는 파장 범위에서 광원으로부터 출력되는 빛살의 세기가 일정하지 않을 때도 시료의 FT-IR 스펙트럼에는 이와 같이 굽은 부분이 나타난다. 대부분의 FT-IR 분광기는 소프트웨어를 활용하여 "*자동으로 기준선 맞추기*(autobaseline)" 절차로 이와 같은 굽은 부분을 보정할 수 있다. 자동으로 기준선 맞추기 절차를 통하여 광원으로부터 출력되는 빛살의 세기 불균등을 보정하여 수평 기준선으로 스펙트럼을 얻을 수 있다.

(KBr 펠릿 또는 건조된 얇은 막으로 만들어진) 고체 시료에는 "광산란(light-scattering)" 효과로 인하여 부가적인 기준선 불균등이 일어난다. 알갱이로 된 시료는 주경로 밖으로 빛을 회절시키거나 산란시키므로 세기의 손실을 가져온다. 보통 스펙트럼의 진동수가 큰 쪽(단파장)인 약 4000~2500 cm^{-1} 범위에서 이 산란의 효과는 가장 크다. 불투명하거나 곱게 갈지 않은 시료를 사용하여 만들어진 KBr 펠릿으로 스펙트럼을 측정할 때 종종 이와 같은 효과가 관찰된다. 그 결과 작은 진동수로 가면서 기준선이 올라간다. 자동으로 기준선 맞추기 절차를 통하여 이와 같은 문제를 해결할 수 있다.

마지막으로, 컴퓨터로 바탕 스펙트럼을 빼줄 때, 완벽하게 되지 않는 경우가 항상 일어난다. 스펙트럼의 2350 cm^{-1}에 이산화탄소의 "이중선"이 관찰되면 이와 같은 상황이라는 것을 금방 인지할 수 있다. 이 파수값에서 얻어지는 흡수띠는 측정하고자 하는 시료로 인한 것이 아니라, 보통 이산화탄소에 의한 것이다. 흔한 일은 아니지만 바탕 스펙트럼을 빼준 것이 바탕보다 우세하게 나타나는 황당한 상황이 일어난다. 이로 인해 이산화탄소의 이중선은 기준선의 "음의 쪽"(기준선보다 위쪽)에 나타난다. 다행스럽게도 2350

cm^{-1} 근처 영역에서 흡수하는 다른 작용기가 거의 없기 때문에 상대적으로 쉽게 이산화탄소 흡수띠를 확인할 수 있다.

2.23 적외선 스펙트럼 문제 풀이법

이 절에서는 IR 스펙트럼을 이용하여 서로 다른 네 가지 미지 화합물의 구조를 결정할 것이다. IR 스펙트럼만으로 정확한 구조를 유도하는 것은 일반적으로 불가능하다. 하지만 때로는 가능성 있는 구조들 중에서 해당되지 않는 대부분의 후보들을 제외시키는 것은 가능하다. 스펙트럼을 분석하는 방법의 중요한 내용을 2.9절에서 다루었다. 또한 다음에 주어진 그림과 표들이 특히 중요하다는 것을 곧 알게 될 것이다.

- 표 2.4: 작용기의 기본값
- Alcohol, amine, nitrile에 대한 스펙트럼 분석 상자
- 그림 2.35: C=O 작용기의 유형
- C=O 신축 진동에 영향을 미치는 인자(2.14A절)
- 그림 2.43과 그림 2.44를 포함한 2.14C절(ketone)
- Aldehyde, ketone, carboxylic acid, ester, amine의 스펙트럼 분석 상자
- 그림 2.22: C=C에 결합한 작용기의 치환 패턴
- 그림 2.28: benzene 고리에 결합한 작용기의 패턴

■ 예제 1

첫 번째 예제로, 그림 2.75에 나타낸 화학식 $C_5H_{12}O$를 갖는 화합물의 구조 또는 가능한 구조를 밝혀라. 우선, $C_5H_{12}O$에 대한 수소 모자람 지수(제1장 1.4절)를 구하여라. "지수" 값은 0으로 얻어진다. 각각 "지수" 1을 갖는 작용기인 C=O나 C=C를 배제할 수 있으므로, 결론적으로 이 화합물에는 이중 결합이 없다. 스펙트럼에서 약 3350 cm^{-1}에 강하고 넓은 폭의 흡수띠가 나타나는데, 이는 O−H 그룹으로 할당할 수 있다(2.12절). 이제 화합물의 구조가 1차, 2차, 3차 alcohol 중 어느 것인지 알아내기 위하여 추가적인 조사를 하여야 한다. C−O 단일 결합 신축에 해당되는 1050 cm^{-1} 근처의 흡수띠를 살펴보면, alcohol의 구조를 구별할 수 있다(표 2.7). 이 흡수띠에 대한 가장 적합한 할당은 1차 alcohol이다. 따라서 미지 화합물은 포화 1차 alcohol이며, 가능한 구조는 다음과 같다. 1380 cm^{-1}와 1370 cm^{-1}에 나타나는 한 쌍의 피크를 검토하여 이와 같은 1차 alcohol 중에서 가장 적합한 alcohol을 선택할 수 있다(그림 2.17). 가장 적합한 화합물은 3-methyl-1-butanol이다.

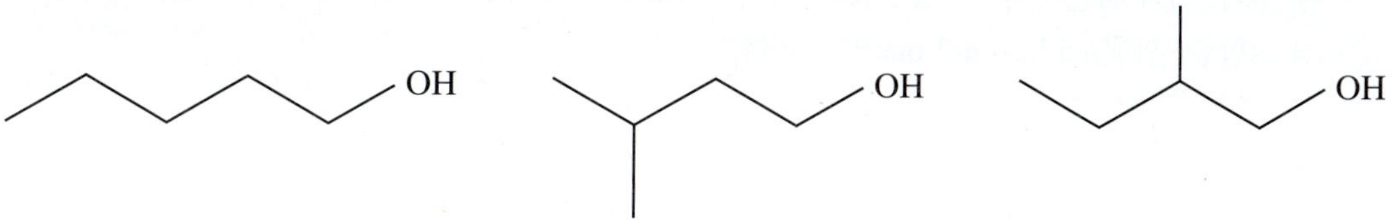

OH　　OH　　OH

1-Pentanol　　3-Methyl-1-butanol　　2-Methyl-1-butanol

■ 예제 2

두 번째 예제로, 그림 2.76에 나타낸 화학식 $C_6H_{10}O$를 갖는 화합물의 구조 또는 가능한 구조를 밝혀라. 계산된 수소 모자람 지수는 2이다(제1장 1.4절). 1719 cm^{-1}에 나타나는 강한 흡수띠는 분명히 C=O 흡수띠

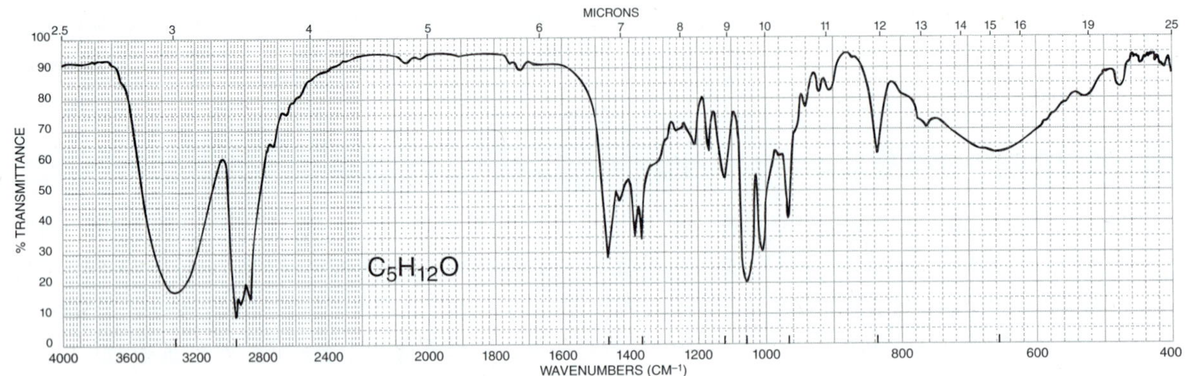

그림 2.75 예제 1, 화학식 $C_5H_{12}O$를 갖는 미지 화합물.

로 할당되며, ketone에 대해 예상한 값에 매우 근접한다. 약 1640 cm^{-1}에 나타나는 흡수띠로 C=C 결합의 존재를 알 수 있다. 이 자료로부터 화합물은 불포화 carbonyl 화합물이라는 것을 추측할 수 있으며, 이는 "지수" 값 2에 적합하다. sp^2 C—H 패턴은 3100 cm^{-1} 근처에 나타나는 뾰족한 흡수띠를 보여준다. 이를 통해 C=C 그룹의 존재를 확신할 수 있다. sp^3 C—H 그룹의 흡수띠는 2940 cm^{-1}를 중심으로 나타나며, 이는 아무런 도움을 주지 못한다. 이제 2.14절에 따라 carbonyl 그룹의 가능성을 살펴보자. 이 화합물이 ketone이라는 것이 분명하지는 않을지라도, 다른 C=O 그룹의 가능성을 배제하는 것은 도움이 된다(그림 2.35 참조). 그림 2.76에 나타낸 스펙트럼을 그림 2.36에 나타낸 aldehyde의 스펙트럼과 비교하면, 2800 cm^{-1}를 중심으로 하는 aldehyde C—H 그룹에 대한 이중선을 관찰할 수 없다. 따라서 aldehyde 작용기의 가능성은 제거된다. Ester나 carboxylic acid는 화합물에 두 개의 산소를 가지기 때문에 가능성이 없다. 그림 2.76에 나타낸 화합물은 화학식에 질소를 가지고 있지 않기 때문에 amide는 가능성이 없다. 이것으로부터 C=O 그룹은 불포화 ketone에 해당된다는 것을 확신할 수 있다.

다음으로 해야 할 일은 C=O 그룹에 대하여 C=C 결합의 위치를 결정하는 것이다. 콘쥬게이션을 이룬 ketone인가? 이것은 기대할 수 없을 것 같다. 왜냐하면 carbonyl 그룹은 콘쥬게이션을 이루지 않은 C=O 그룹에 대한 정상값 가까이에 나타나기 때문이다(그림 2.43 "정상"값 참조). 따라서 이것으로부터 고려되는 구조는 반드시 C=O에 대하여 콘쥬게이션을 이루지 않는 C=C를 가져야만 한다는 것을 확인할 필요가 있다. 그렇다면 C=C는 어디에 위치하는 것인가? 그림 2.22는 C=C 결합의 위치를 결정하는 데 반드시 도움이 될 것이다. 가장 적합한 것은 C=C 결합을 사슬의 말단에 배치하는 것으로 단일 치환 이중결합 패턴($H_2C{=}C$)이 얻어진다. 900 cm^{-1}와 1000 cm^{-1} 근처에 나타나는 흡수띠로부터 이 배치를 확신할 수 있다. 이와 같은 경우, 그림 2.76에 나타낸 화학식 $C_6H_{10}O$에 대해 합리적인 구조를 할당할 수 있다. 가장 적합한 구조는 5-hexen-2-one일 것이다.

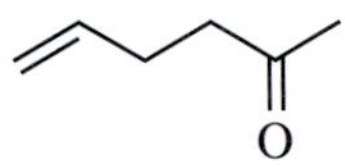

5-Hexen-2-one

올바른 구조

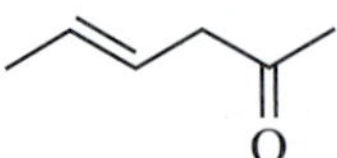

4-Hexen-2-one

콘쥬게이션을 이루지 않고, 1725 cm^{-1} 근처에 C=O를 갖지만 C=C는 그림 2.22에 적합하지 않다.

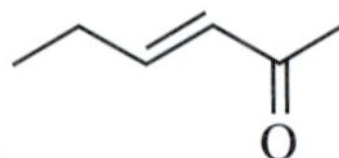

3-Hexen-2-one

콘쥬게이션을 이루고, 1700 cm^{-1}보다 작은 값에서 C=O를 갖기 때문에 선택에서 배제되었다.

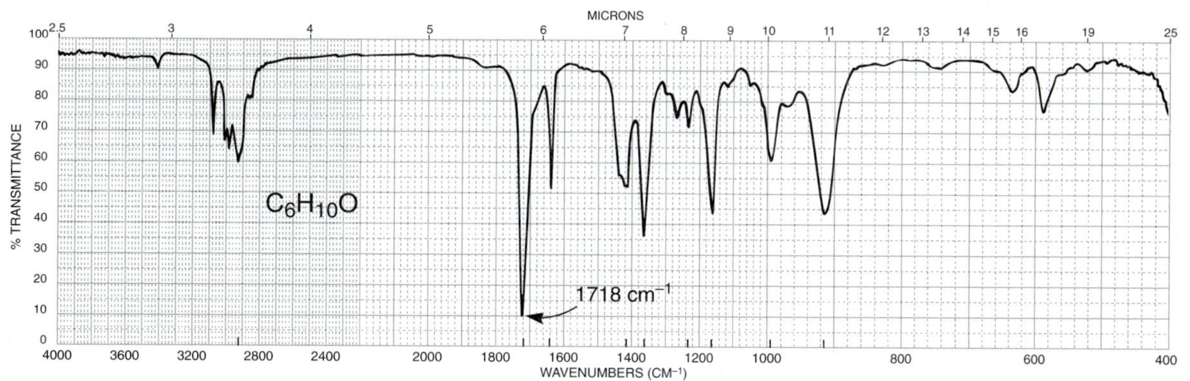

그림 2.76 예제 2, 화학식 $C_6H_{10}O$를 갖는 미지 화합물.

예제 3

세 번째 예제로, 그림 2.77에 나타낸 화학식 C_7H_9N을 갖는 화합물의 구조 또는 가능한 구조를 밝혀라. 계산된 수소 모자람 지수는 4이다(제1장 1.4절). 매우 높은 "지수"값은 화합물이 방향족 고리를 가질 수도 있다는 것을 나타낸다. 이것은 확실하지는 않지만 초기 접근으로는 괜찮다. 그림 2.77에서 1600~1450 cm^{-1} 범위에서 발견되는 방향족 고리 패턴에 의해 이 추측을 확신할 수 있다.

화합물이 방향족 고리를 갖는다고 가정하면, 고리의 치환 정도를 결정해야 한다. 그림 2.28a의 C−H 평면외 굽힘 흡수띠를 검토해 보면, *meta* 치환(1,3-이중 치환)된 고리를 추정할 수 있다. 약 700 cm^{-1}, 800 cm^{-1}, 900 cm^{-1}에 나타나는 세 개의 흡수띠 묶음은 1,3-이중 치환된 고리에 아주 적합하다. 1700~2000 cm^{-1} 범위에 나타나는 매우 약한 흡수띠의 세-흡수띠 패턴 역시 1,3-이중 치환 고리와 일치한다(그림 2.28b 참조). 화학식에 질소 원자 한 개가 있으므로 amine 작용기로 생각된다. 2.15절을 참조하여 이 화합물이 1차 amine인지 또는 2차 amine인지 결정할 필요가 있다. 1차 amine은 3300~3500 cm^{-1} 범위에서 발견되는 두-흡수띠 패턴을 갖는 강한 NH_2 패턴으로 인하여 분명한 가능성을 나타낸다(그림 2.58 참조). 2차 amine은 같은 범위 내에서 단일 N−H 흡수띠를 나타낼 것이다(그림 2.59 참조). 이제 마지막으로 해야 할 일은 남아 있는 탄소 원자의 위치를 결정하는 것이다. Methyl 그룹이 존재할 것으로 추정되며, 방향족 고리의 세 번째 탄소에 배치할 수 있다. (약 1600 cm^{-1}에 넓은 폭의 흡수띠로 나타나는) 1차 amine에 대한 N−H 굽힘은 1600~1450 cm^{-1} 범위에 나타나는 방향족 고리 패턴과 겹쳐진다. 스펙트럼에 가장 적합한 화합물은 3-methylaniline이다.

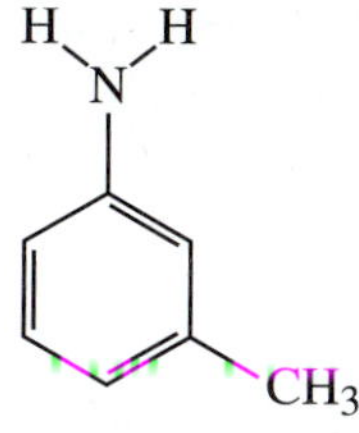

3-Methylaniline은 서로 1,3(*meta*)-위치인 작용기들을 가지고 있다.

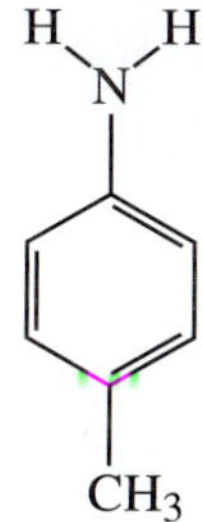

4-Methylaniline은 서로 1,4(*para*)-위치인 작용기들을 가지고 있어 스펙트럼에 적합하지 않다.

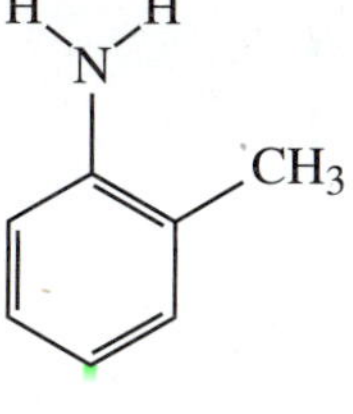

2-Methylaniline은 서로 1,2(*ortho*)-위치인 작용기들을 가지고 있어 스펙트럼에 적합하지 않다.

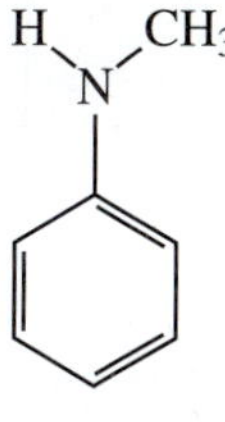

N-Methylaniline은 2차 amine이기 때문에 스펙트럼에 적합하지 않다.

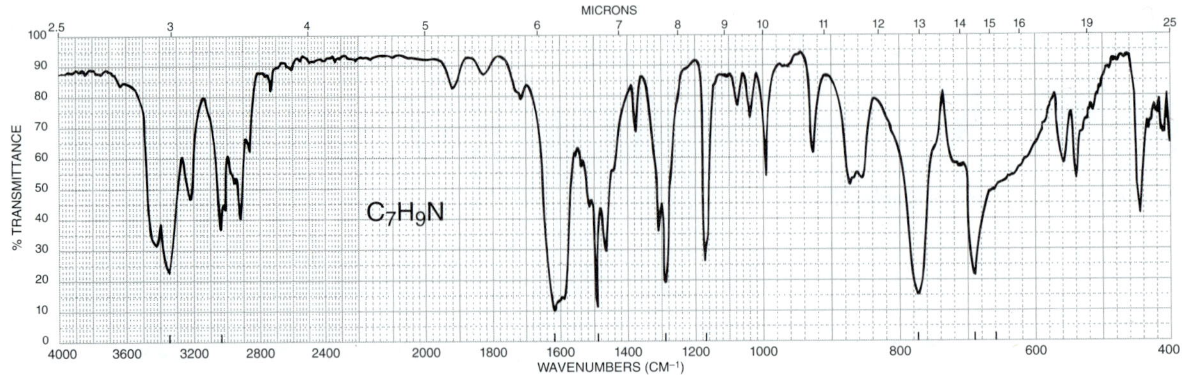

그림 2.77 예제 3, 화학식 C_7H_9N를 갖는 미지 화합물.

예제 4

네 번째 예제로, 그림 2.78에 나타낸 화학식 $C_5H_{10}N_2$를 갖는 화합물의 구조 또는 가능한 구조를 밝혀라. 계산된 수소 모자람 지수는 2이다(제1장 1.4절). 간략히 스펙트럼을 살펴보면, 2250 cm^{-1} 근처에서 두드러진 흡수띠가 관찰된다. 이 값 근처에 나타나는 유일한 작용기는 nitrile(C≡N) 또는 alkyne(C≡C)이다. 삼중 결합에 대한 값을 표 2.4에 나타내었다. Alkyne은 2150 cm^{-1}에 가깝게 나타나는 반면, nitrile은 스펙트럼에서 관찰된 값(2250 cm^{-1})에 나타난다. 수소 모자람 지수값이 2이기 때문에 삼중 결합 한 개를 갖는 화합물에 적합하다.

남아 있는 질소 원자는 amine으로 보인다. 화합물은 1차, 2차, 3차 amine 중 어느 것인가? 2.15절에 amine의 유형에 따른 스펙트럼을 나타내었다. 불행하게도 3600~3200 cm^{-1} 범위에 존재하는 amine의 유형을 밝히는 것은 쉽지 않다. 이 영역은 종종 시료에 존재하는 물에 의해 가려지기도 하고, 분자의 다른 부분에 의해 나타나는 약한 배음띠에 의해 가려지기도 한다. 하지만 1차 amine(RNH_2)은 두드러진 이중선을 나타내는 반면, 2차 amine(R_2NH)는 단일선을 나타낸다. 3600~3200 cm^{-1} 범위에 두드러진 흡수띠가 나타나지 않으므로, 이 화합물은 결합된 3차 amino 그룹(R_3N)을 갖는 nitrile(C≡N)로 결론지을 수 있

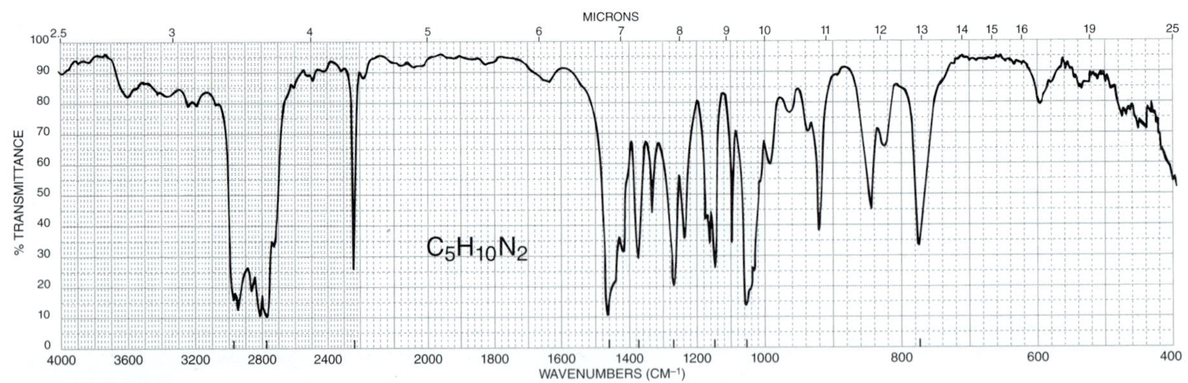

그림 2.78 예제 4, 화학식 $C_5H_{10}N_2$를 갖는 미지 화합물.

다. 핵자기공명(NMR) 분석을 통하여 구조에 대한 최종 할당을 할 수 있다. NMR 정보 없이는 여러 개의 적합한 가능성이 존재한다. 주어진 스펙트럼을 진짜 시료의 스펙트럼과 비교하여 화합물은 다음과 같다고 결정하였다.

3-(*N*,*N*-Dimethylamino)propanenitrile

연습 문제

분자식이 주어졌을 때, 수소 모자람 지수를 구해보는 것이 좋다(1.4절). 종종 이 지수로부터 분자에 있을지도 모르는 작용기에 관한 유용한 정보를 얻을 수 있다.

***1.** 다음의 각 문항에 분자식이 주어져 있다. IR 스펙트럼과 일치하는 구조식을 추론하여라. 한 가지 이상의 답이 가능할 수도 있다.

(a) C_3H_3Cl

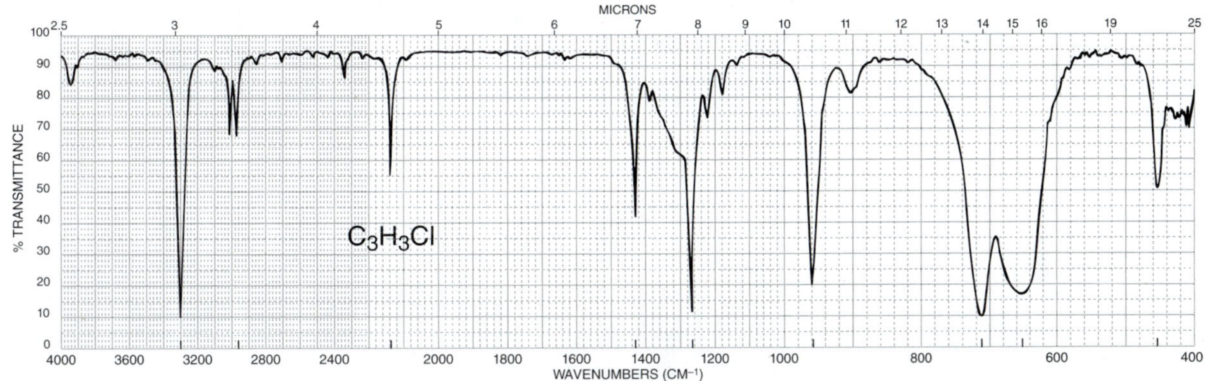

(b) $C_{10}H_{14}$

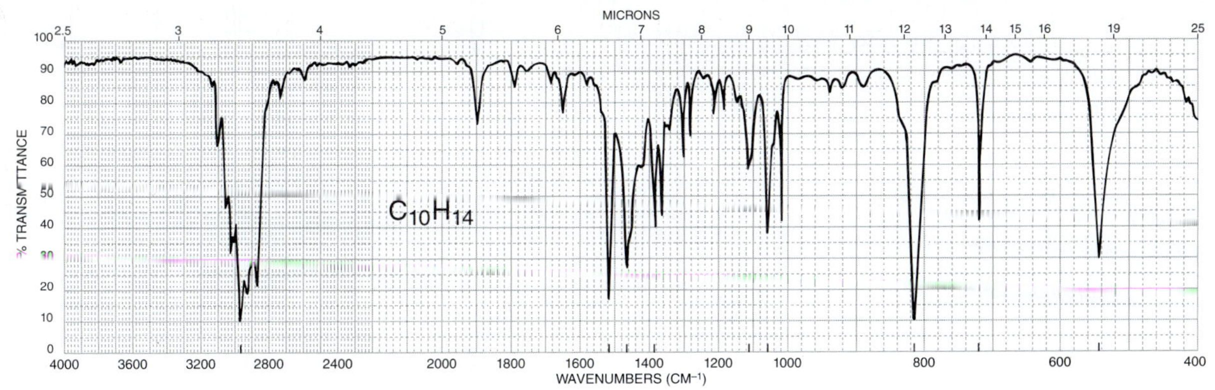

(c) C_7H_8O

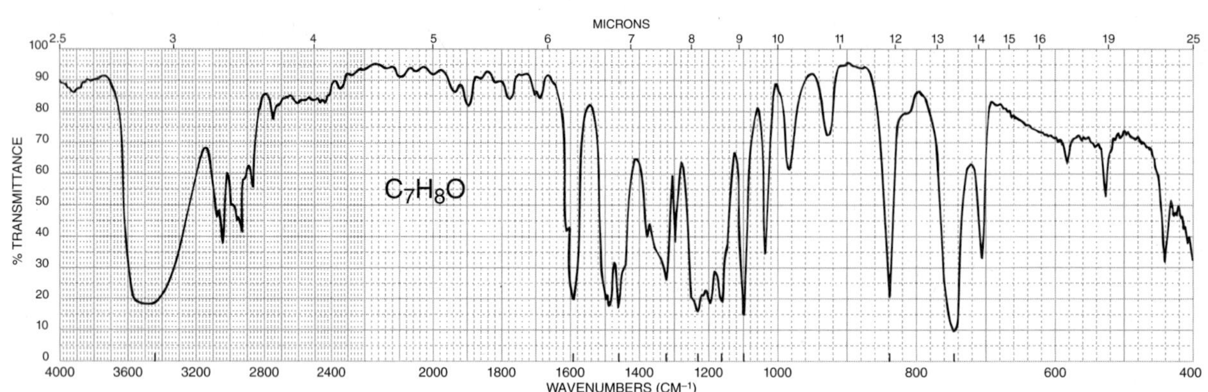

(d) $C_8H_{11}N$

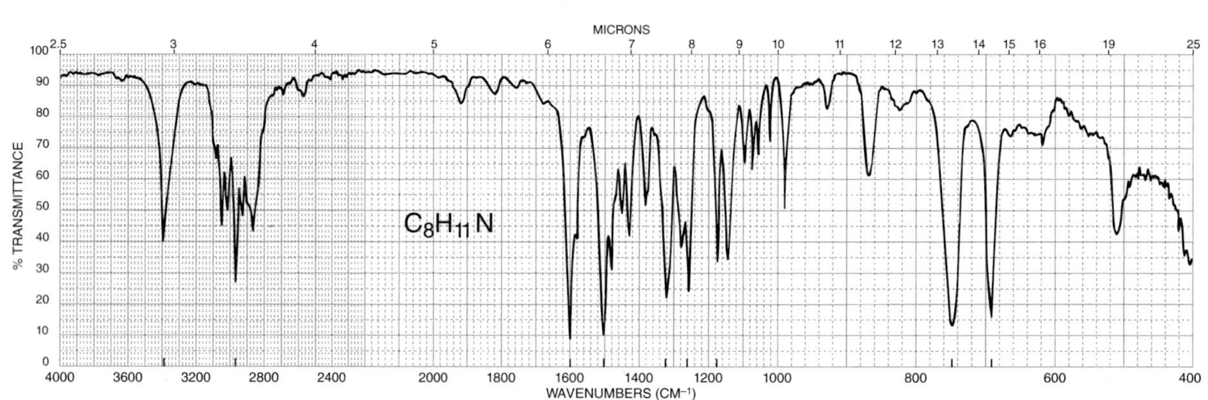

(e) C_7H_7Cl

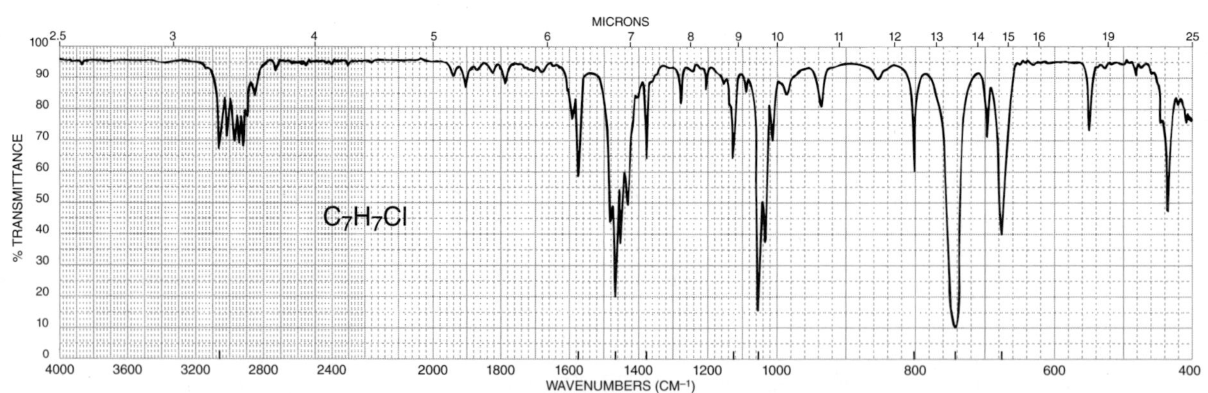

(f) $C_3H_5O_2Cl$

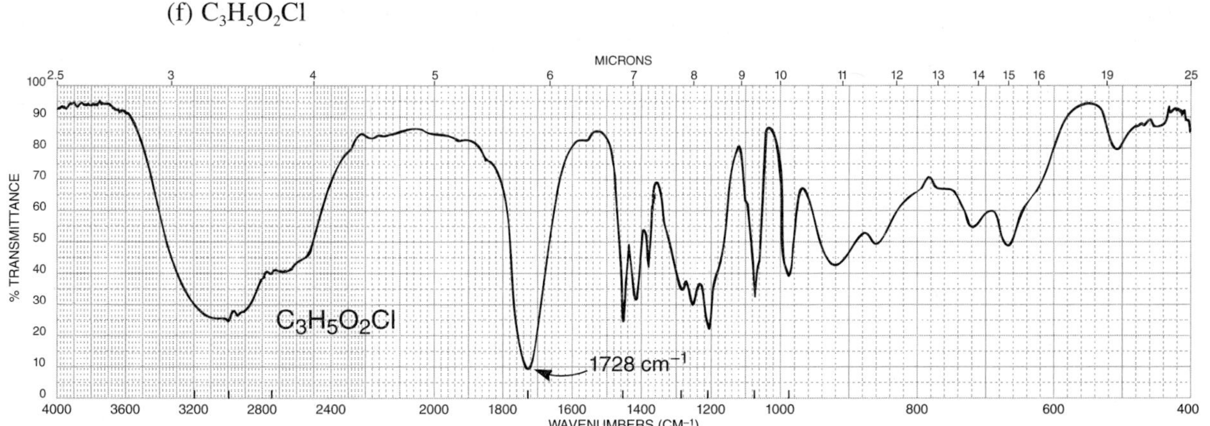

(g) $C_{10}H_{12}$(두 개의 육원자 고리)

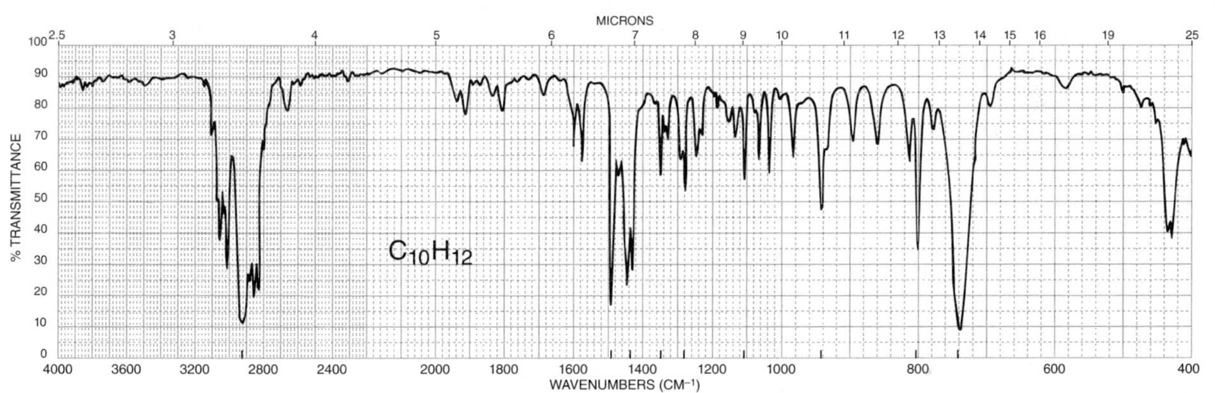

(h) C_4H_8O

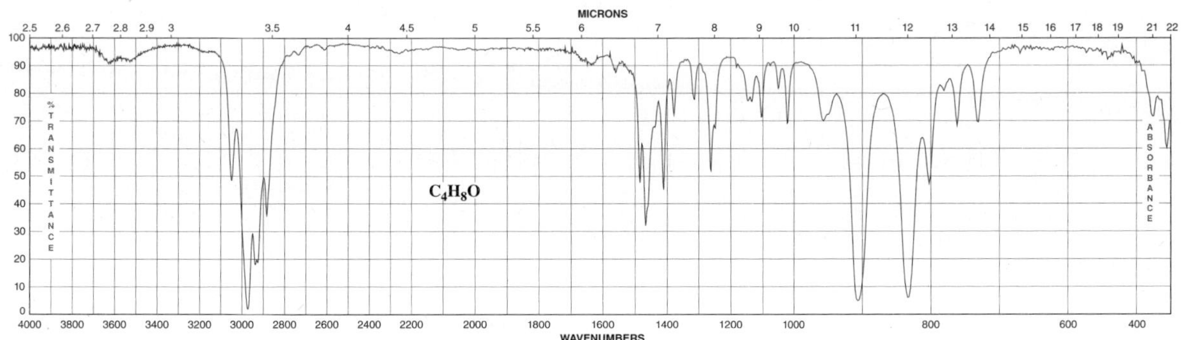

*2. 개미는 적의 출현을 (동족의) 다른 개미에게 알리기 위하여, 경보 페르몬이라고 부르는 화합물을 소량 분비한다. 하나의 개미에서 여러 가지 성분의 페르몬이 확인되었으며, 그 중에서 두 개의 구조는 다음과 같다. 어떤 화합물이 제시된 IR 스펙트럼을 나타내는가?

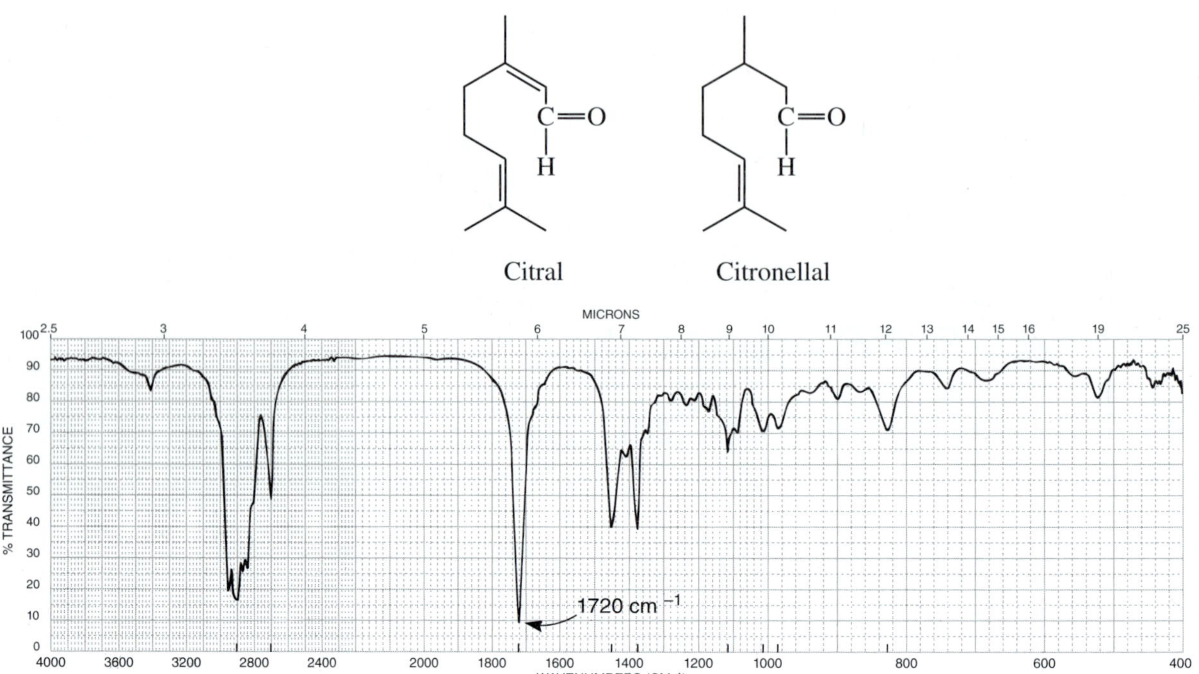

***3.** 계피 기름의 주성분의 구조식은 C_9H_8O이다. 다음의 IR 스펙트럼으로부터 이 성분의 구조를 추론하여라.

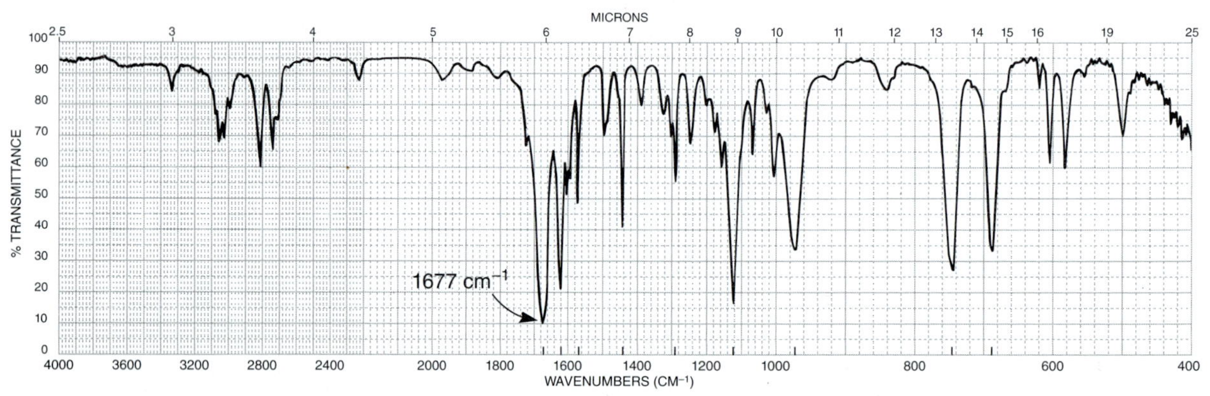

***4.** *cis*-3-Hexen-1-ol과 *trans*-3-hexen-1-ol의 IR 스펙트럼은 다음과 같다. 각 스펙트럼에 구조를 할당하여라.

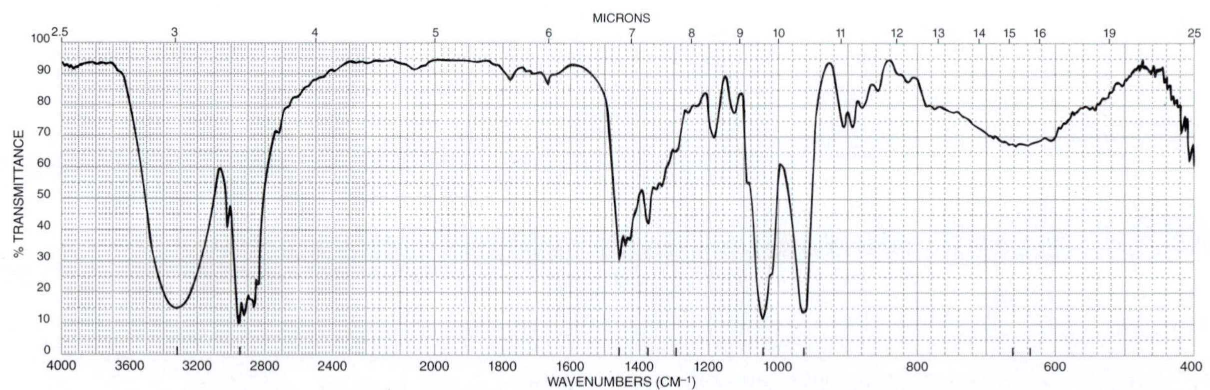

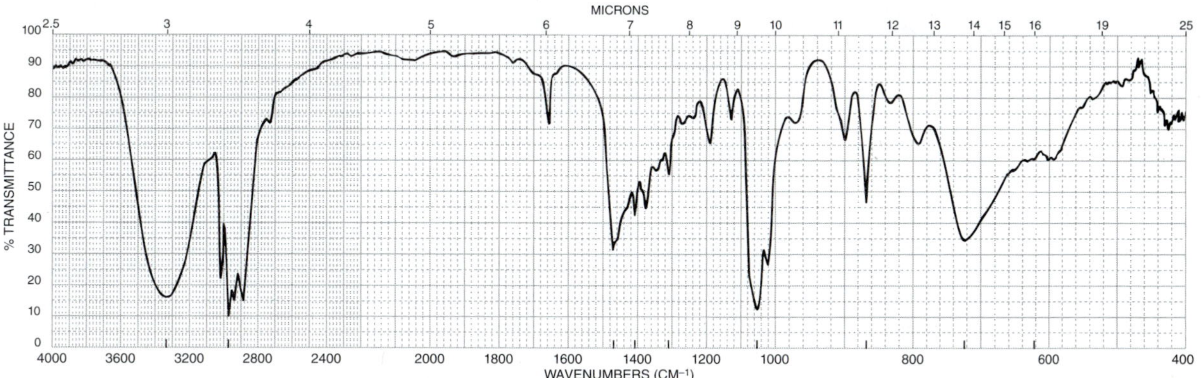

5. 다음의 각 문항에서 제시된 IR 스펙트럼에 가장 적합한 구조를 선택하여라.

*(a)

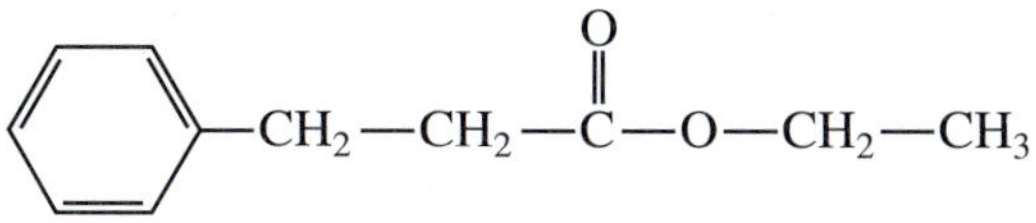

$$-CH_2-CH_2-\overset{\overset{\displaystyle O}{\|}}{C}-O-CH_2-CH_3$$

A

$$-CH=CH-\overset{\overset{\displaystyle O}{\|}}{C}-O-CH_2-CH_3$$

B

$$-CH_2-CH_2-\overset{\overset{\displaystyle O}{\|}}{C}-CH_2-CH_3$$

C

$$-O-\overset{\overset{\displaystyle O}{\|}}{C}-CH_2-CH=CH-CH_3$$

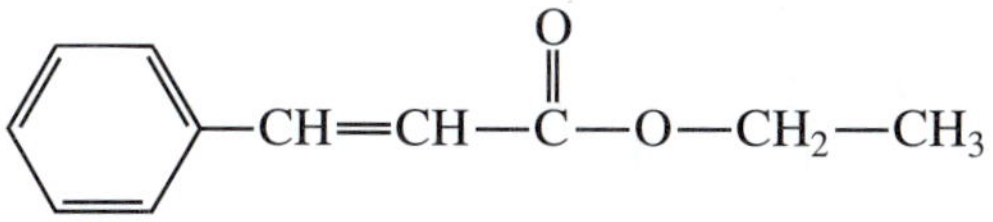

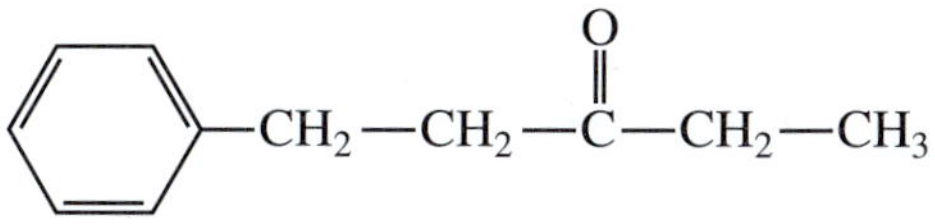

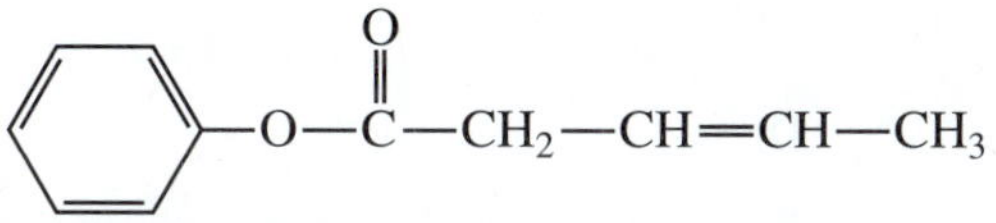

D

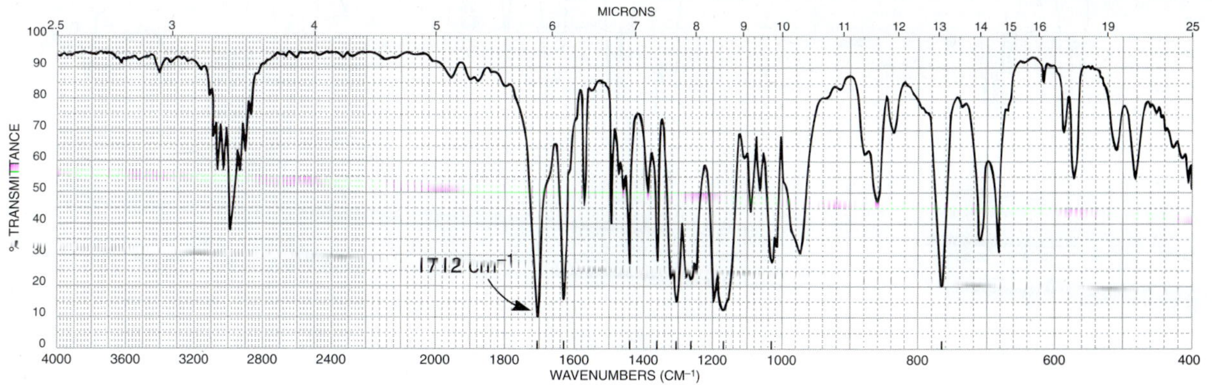

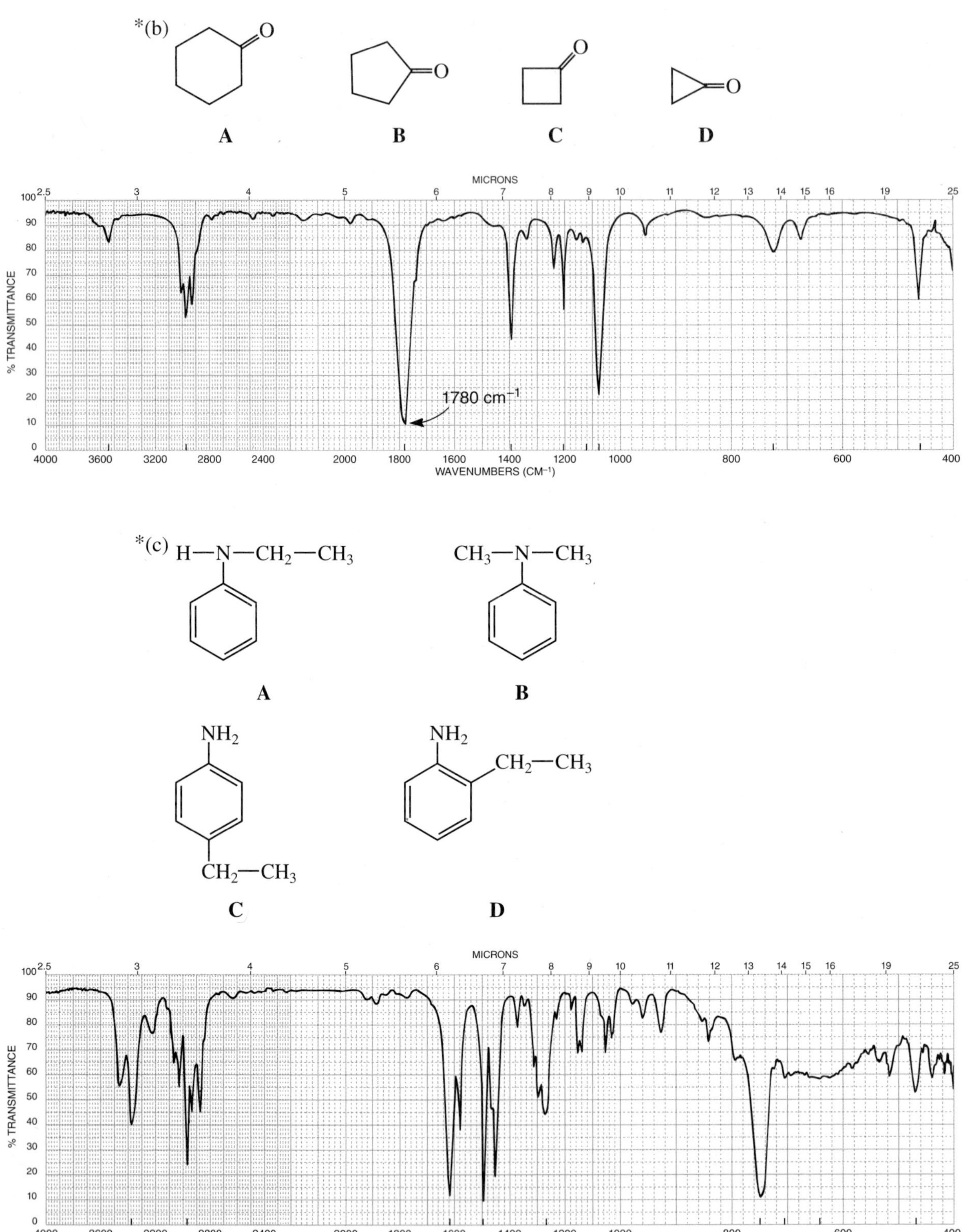
*(b)
O
O
O
O
A
B
C
D
MICRONS
% TRANSMITTANCE
1780 cm⁻¹
WAVENUMBERS (CM⁻¹)
*(c) H—N—CH₂—CH₃
CH₃—N—CH₃
A
B
NH₂
NH₂
CH₂—CH₃
CH₂—CH₃
C
D
MICRONS
% TRANSMITTANCE
WAVENUMBERS (CM⁻¹)

*(d)

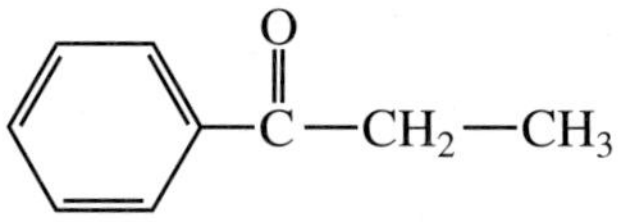

A: $C_6H_5-C(=O)-CH_2-CH_3$

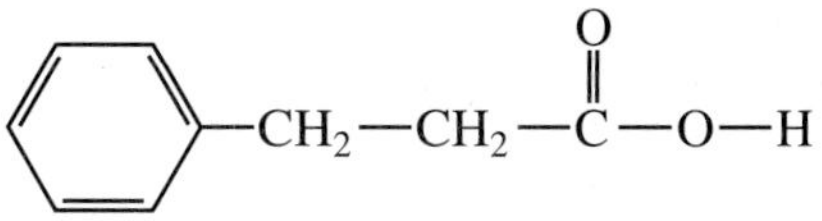

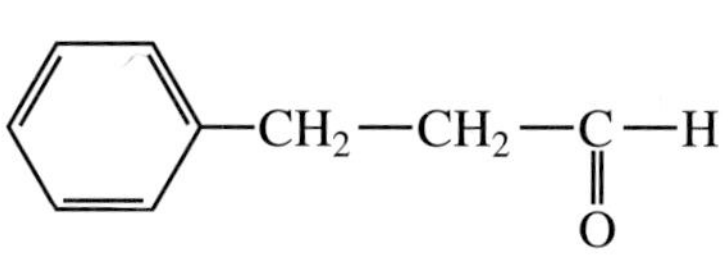

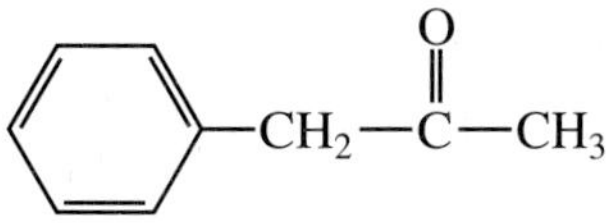

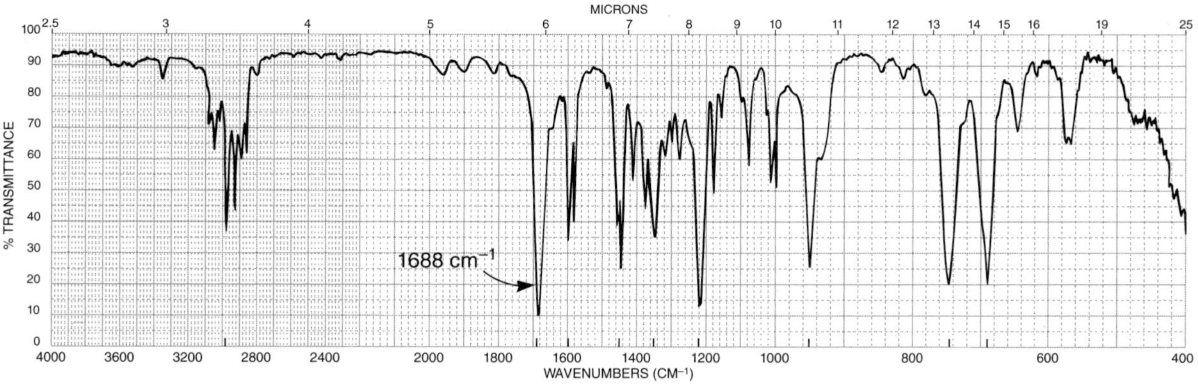

B: $C_6H_5-CH_2-CH_2-C(=O)-O-H$

C: $C_6H_5-CH_2-CH_2-C(=O)-H$

D: $C_6H_5-CH_2-C(=O)-CH_3$

MICRONS

% TRANSMITTANCE

1688 cm^{-1}

WAVENUMBERS (CM^{-1})

*(e)

A: $CH_3-CH_2-C(=O)-C(=O)-CH_2-CH_3$

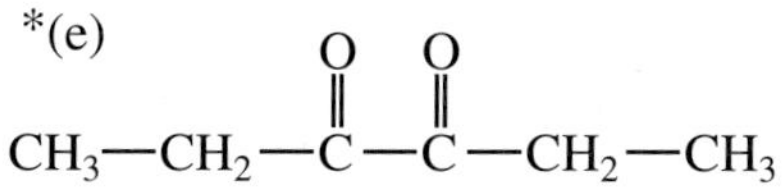

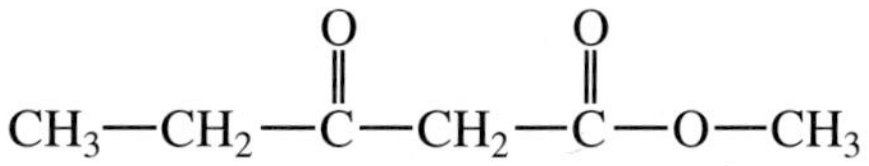

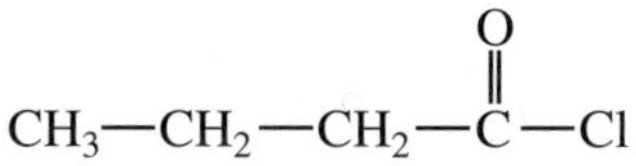

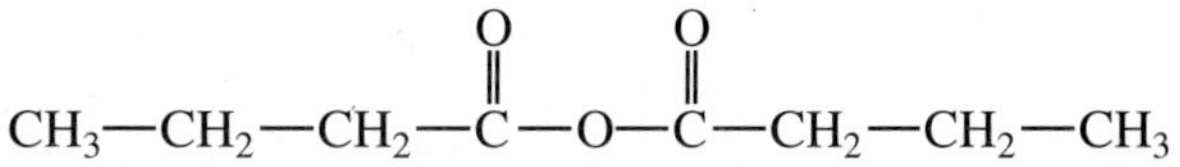

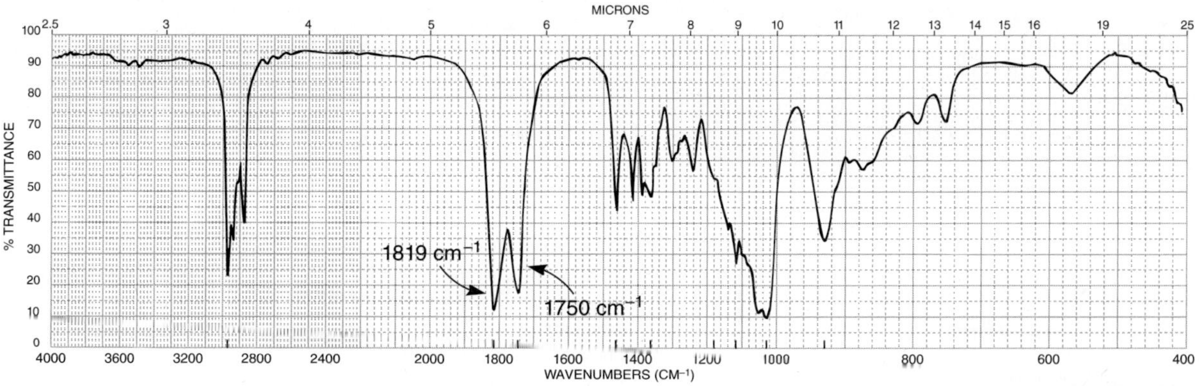

B: $CH_3-CH_2-C(=O)-CH_2-C(=O)-O-CH_3$

C: $CH_3-CH_2-CH_2-C(=O)-Cl$

D: $CH_3-CH_2-CH_2-C(=O)-O-C(=O)-CH_2-CH_2-CH_3$

MICRONS

% TRANSMITTANCE

1819 cm^{-1}

1750 cm^{-1}

WAVENUMBERS (CM^{-1})

(f)

A B C D

MICRONS

% TRANSMITTANCE

1675 cm^{-1}

WAVENUMBERS

(g)

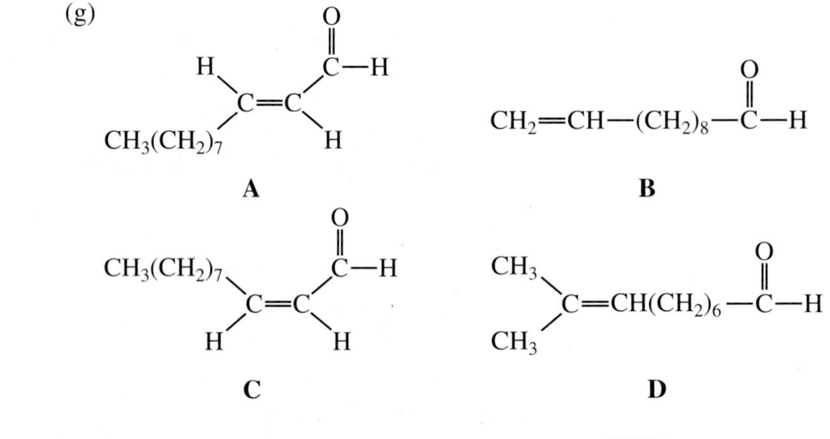

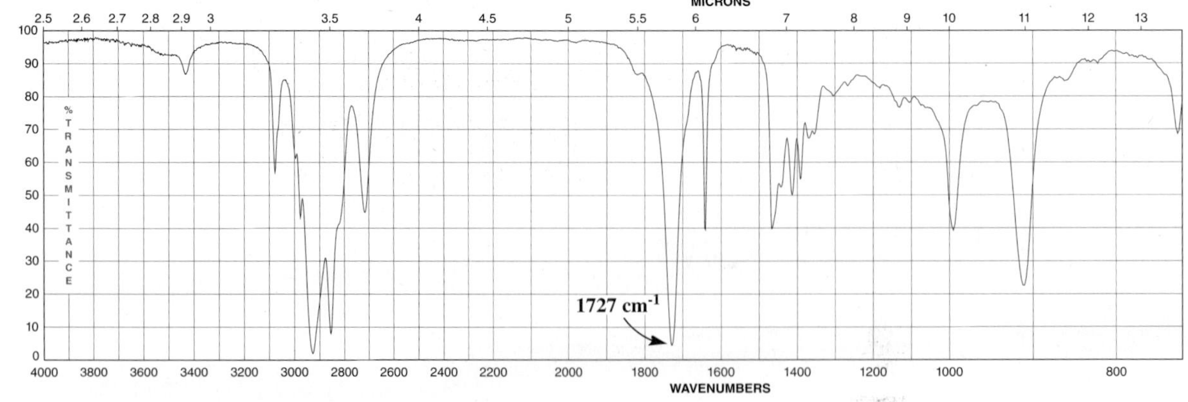

(h)

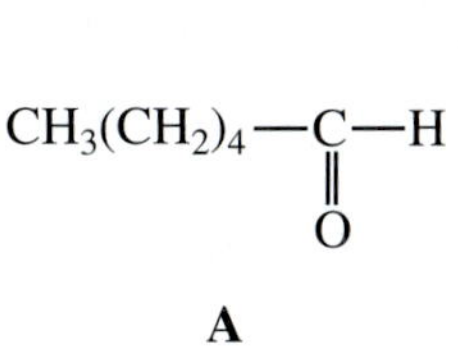

$CH_3(CH_2)_4-C(=O)-H$

A

$CH_3-C(=O)-(CH_2)_3-CH_3$

B

$CH_3-CH_2-CH_2-CH=CH-C(=O)-H$

C

$CH_3-CH_2-CH_2-CH=C(CH_2CH_3)-C(=O)-H$

D

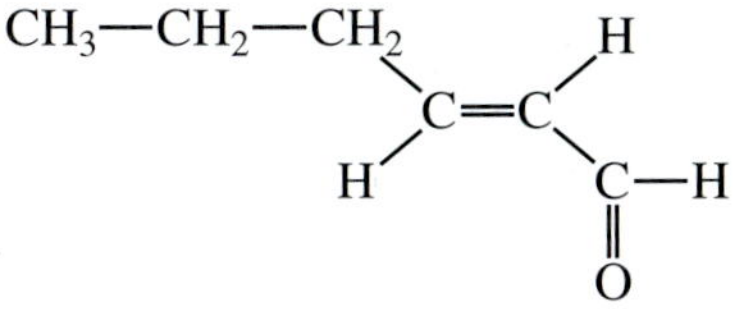

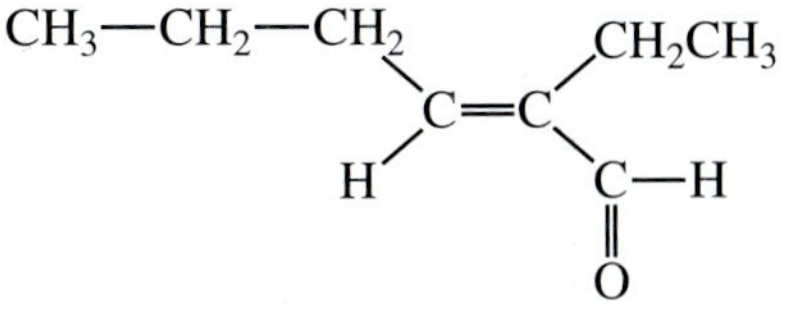

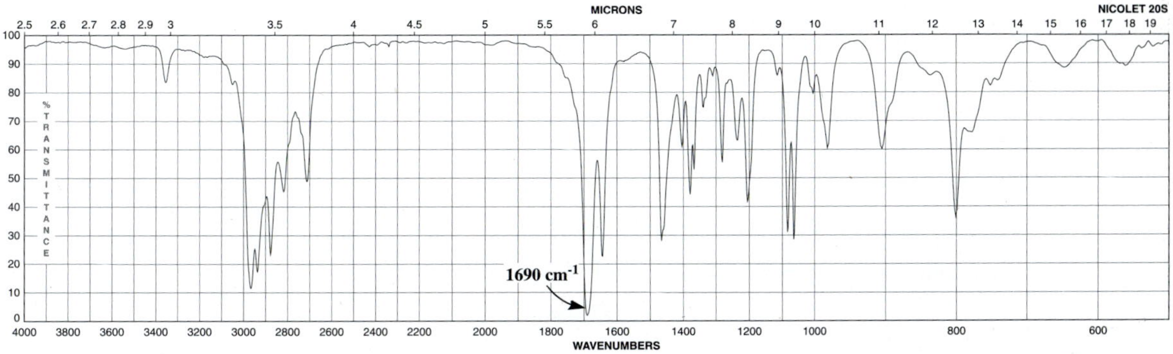

1690 cm^{-1}

(i)

Cyclohexyl–NH_2

A

Cyclohexyl–$NH-CH_3$

B

Cyclohexyl–$N(CH_3)_2$

C

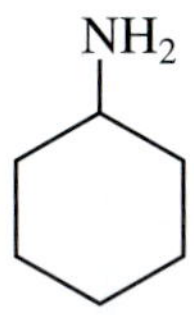

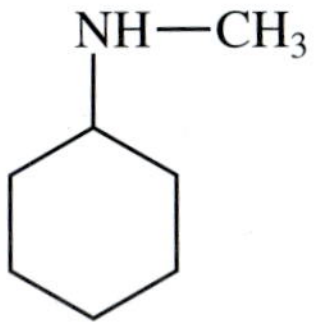

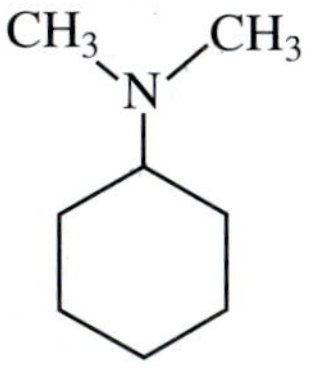

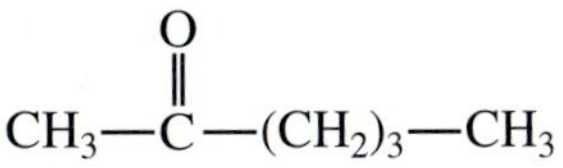

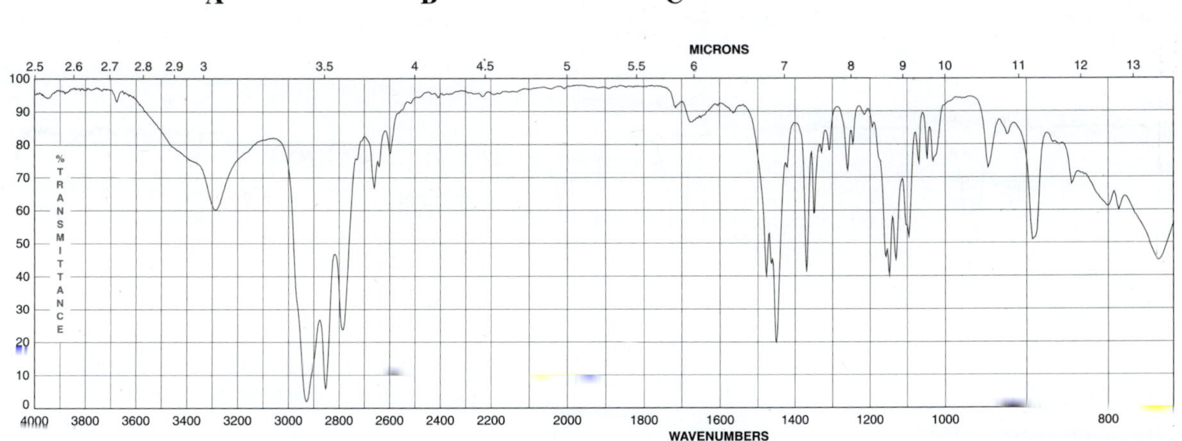

(j) $CH_3-CH_2-CH_2-S-CH_2-CH_2-CH_3$ **A**

$CH_3(CH_2)_4CH_2-S-H$ **B**

$CH_3(CH_2)_4CH_2-O-H$ **C**

$CH_3-CH_2-CH_2-O-CH_2-CH_2-CH_3$ **D**

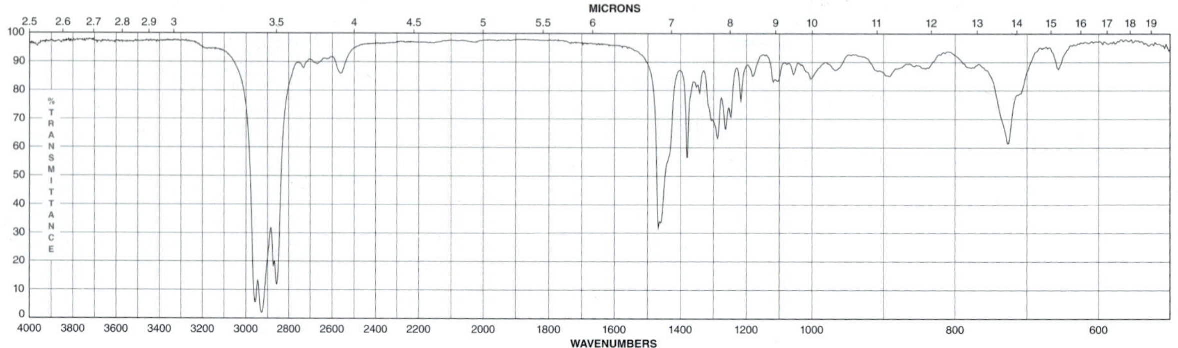

***6.** 몇몇 중합체 물질의 IR 스펙트럼을 다음에 나타내었다. 다음 물질 중에서 각 스펙트럼에 적합한 구조를 선택하여라. Polyamide(nylon), poly(methyl methacrylate), polyethylene, polystyrene, poly(acrylonitrile-styrene). 필요하다면 이 물질들의 구조를 찾아보아라.

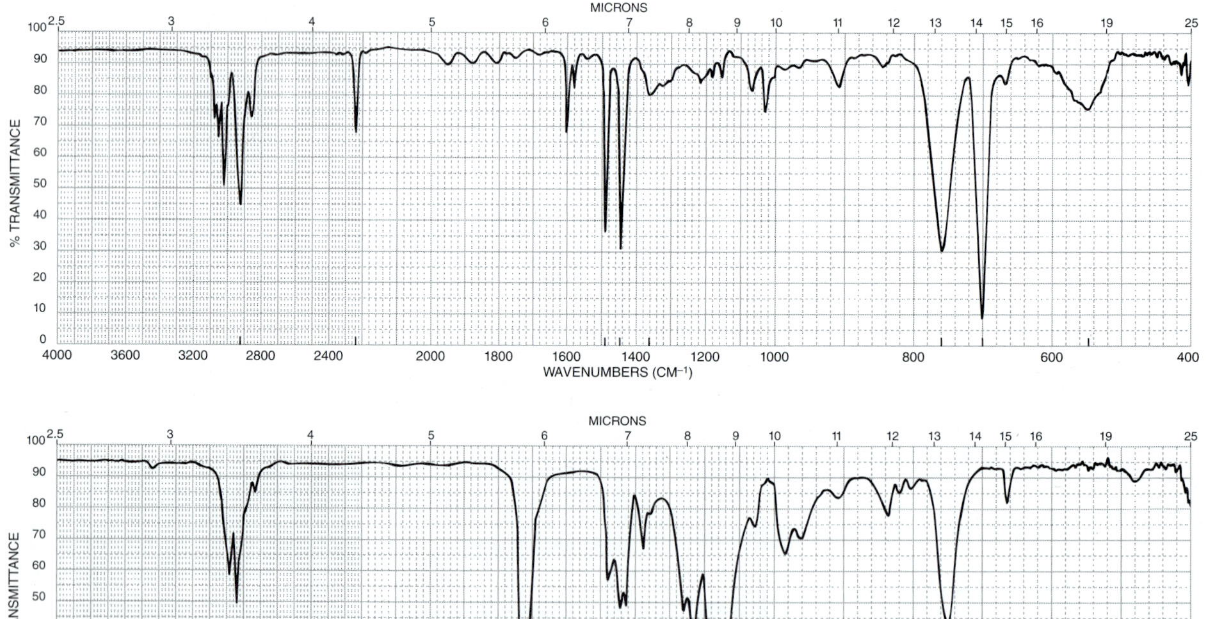

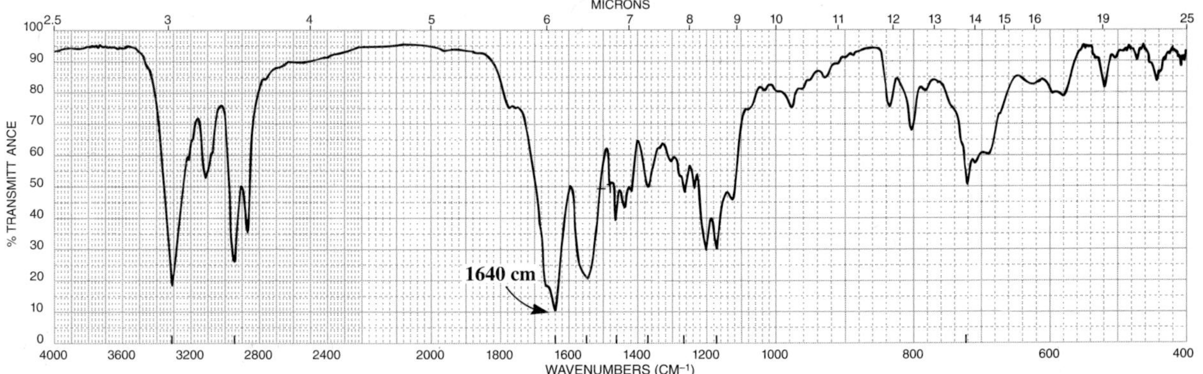

7. 제시된 IR 스펙트럼에 맞는 구조를 할당하여라. 다음에 나타낸 탄소 다섯 개를 갖는 ester 중에서 선택하여라.

$$CH_3-CH_2-\overset{\overset{\displaystyle O}{\|}}{C}-O-CH=CH_2 \qquad CH_3-CH_2-CH_2-O-\overset{\overset{\displaystyle O}{\|}}{C}-CH_3$$

$$CH_3-\overset{\overset{\displaystyle O}{\|}}{C}-O-CH_2-CH=CH_2 \qquad CH_2=CH-\overset{\overset{\displaystyle O}{\|}}{C}-O-CH_2-CH_3$$

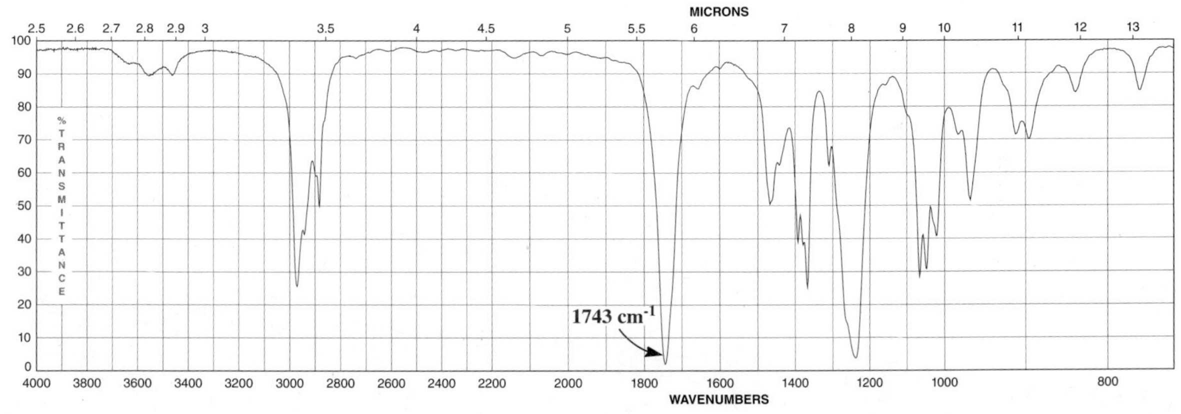

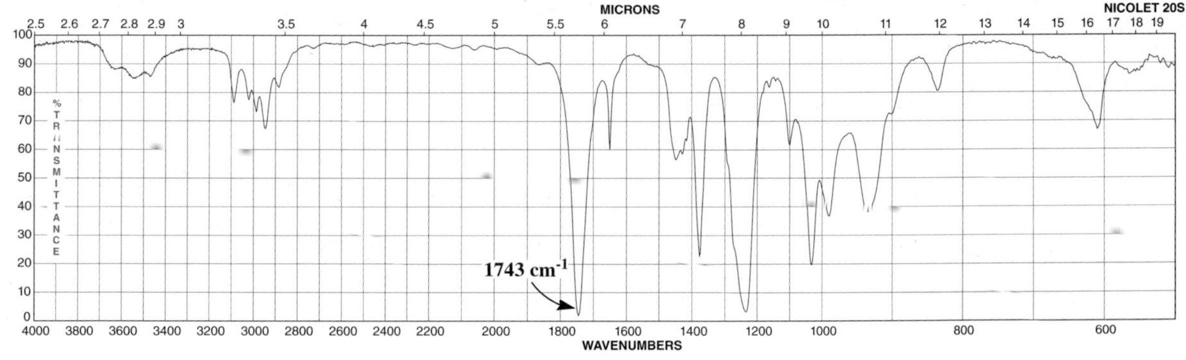

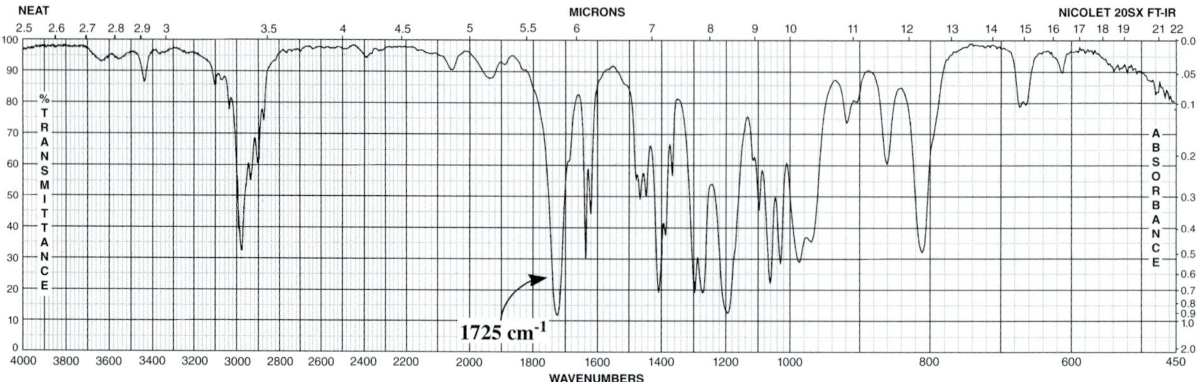

8. 주어진 구조로부터 다음 세 개의 IR 스펙트럼에 맞는 구조를 할당하여라.

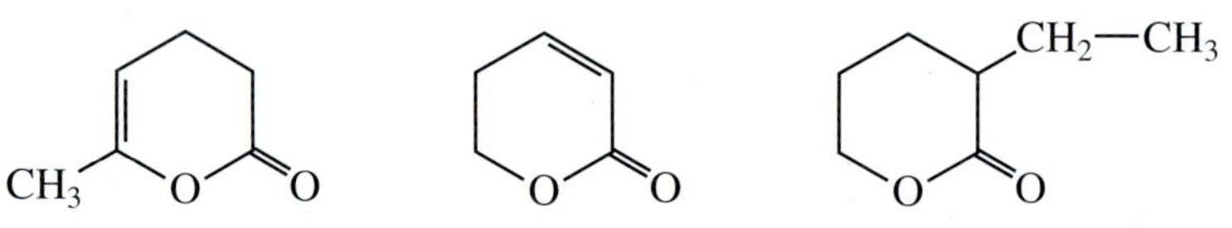

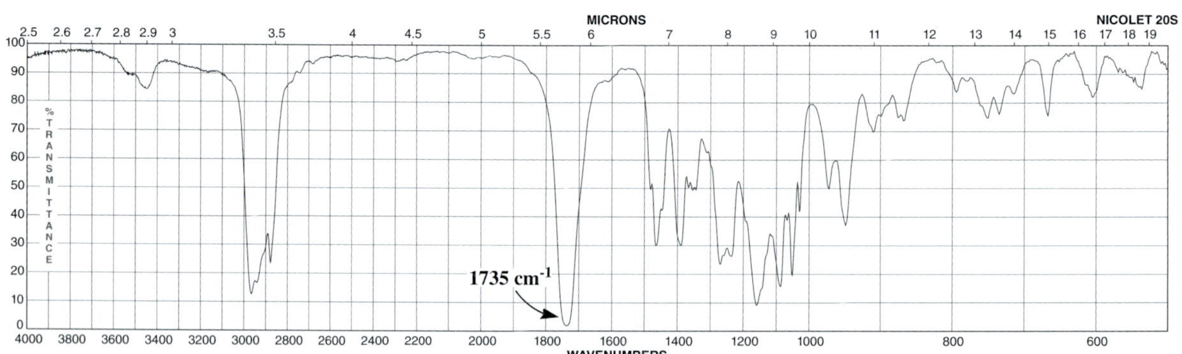

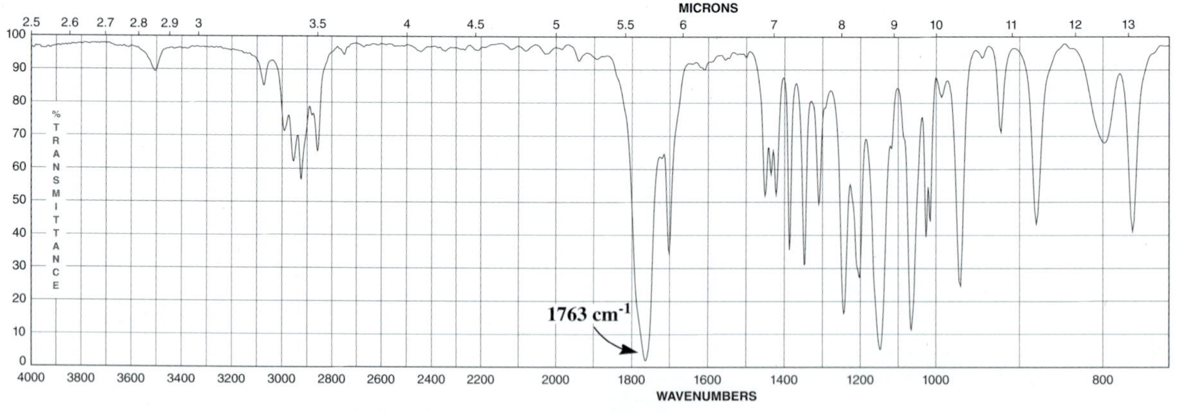

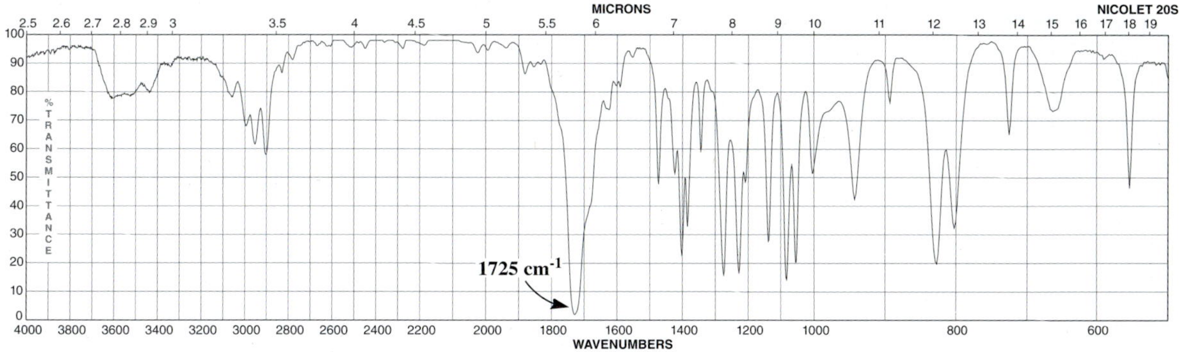

9. 주어진 구조로부터 다음 세 개의 IR 스펙트럼에 맞는 구조를 할당하여라.

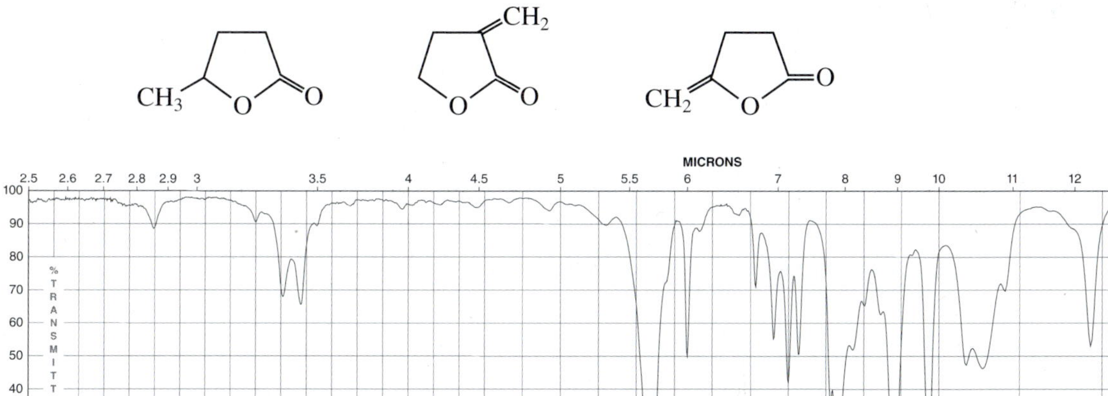

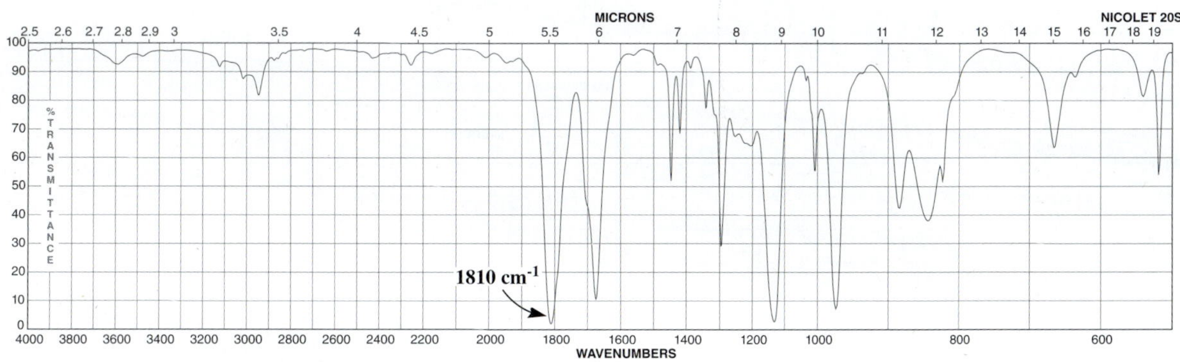

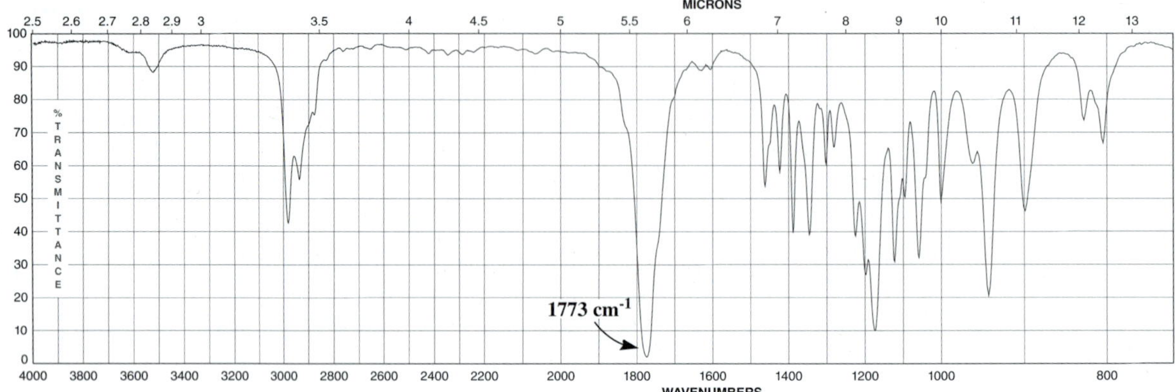

10. 제시된 IR 스펙트럼에 맞는 구조를 할당하여라. 다음에 나타낸 탄소 다섯 개를 갖는 alcohol 중에서 선택하여라.

$(CH_3)_2C{=}CH{-}CH_2OH$ $\qquad$ $CH_2{=}C(CH_3){-}CH_2CH_2OH$

$CH_3CH_2CH_2CH_2CH_2OH$ $\qquad$ $CH_2{=}CH{-}CH_2CH_2CH_2OH$

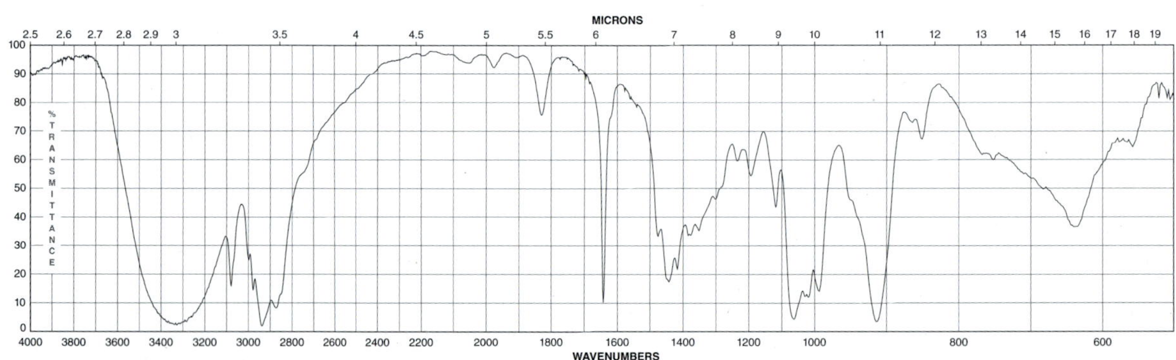

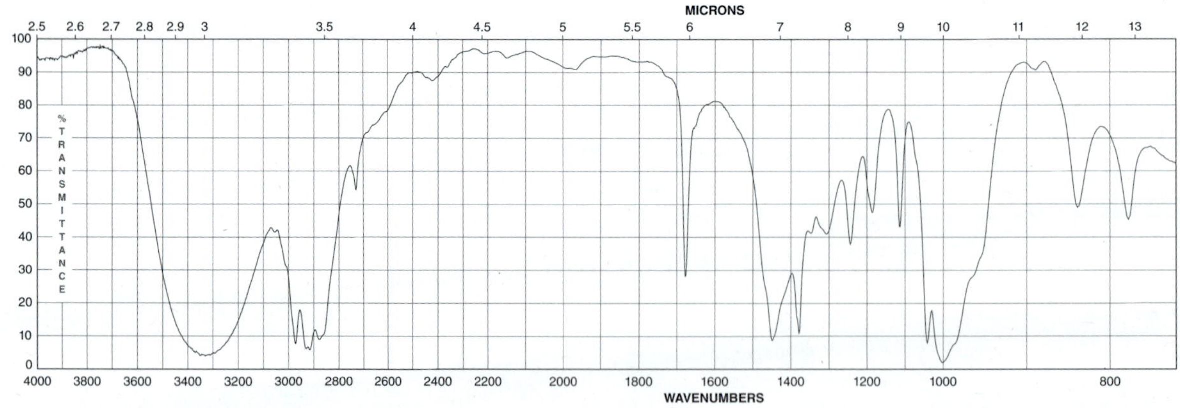

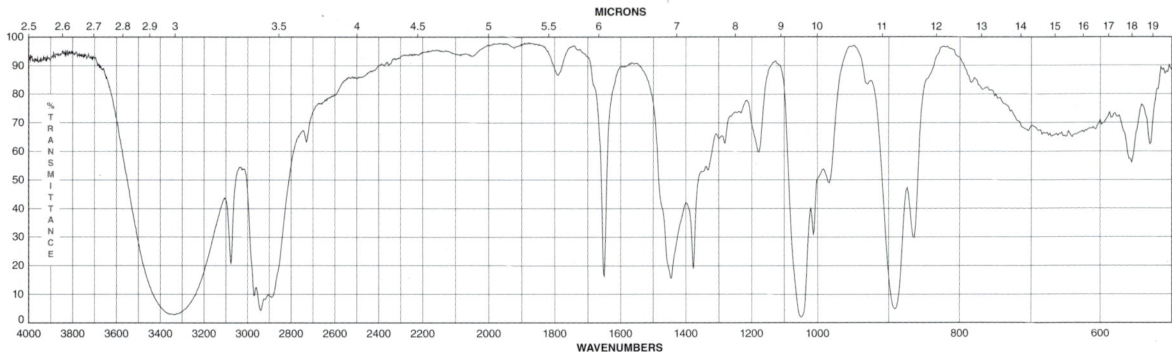

11. Acetophenone에서 C=O 진동수는 대략 1685 cm^{-1}에 나타난다. *para*-위치를 amino 그룹으로 치환하면 C=O 진동수는 1652 cm^{-1}로 이동하는 반면, *para*-위치를 nitro 그룹으로 치환하면 C=O 진동수는 1693 cm^{-1}로 이동한다. Acetophenone의 기본값인 1685 cm^{-1}를 기준으로 각 치환기의 도입으로 인한 C=O 진동수의 이동에 대하여 설명하여라.

참고 문헌

Books and Compilations of Spectra

Bellamy, L. J., *The Infrared Spectra of Complex Molecules*, 3rd ed., John Wiley, New York, 1975.

Colthrup, N. B., L. H. Daly, and S. E. Wiberley, *Introduction to Infrared and Raman Spectroscopy*, 3rd ed., Academic Press, New York, 1990.

Lin-Vein, D., N. B. Colthrup, W. G. Fateley, and J. G. Grasselli, *The Handbook of Infrared and Raman Characteristic Frequencies of Organic Molecules*, Academic Press, New York, 1991.

Nakanishi, K., and P. H. Solomon, *Infrared Absorption Spectroscopy*, 2nd ed., Holden-Day, San Francisco, 1998.

Pouchert, C. J., *Aldrich Library of FT-IR Spectra*, Aldrich Chemical Co., Milwaukee, WI, 1985 (1st edition) and 1997 (2nd edition).

Pretsch, E., T. Clerc, J. Seibl, and W. Simon, *Tables of Spectral Data for Structure Determination of Organic Compounds*, 3rd ed., Springer-Verlag, Berlin, 1998, 1989. Translated from the German by K. Biemann.

Sadtler Standard Spectra, Sadtler Research laboratories Division, Bio-Rad Laboratories, Inc., 3316 Spring Garden Street, Philadelphia, PA 19104-2596. Numerous FT-IR search libraries are available for computers.

Silverstein, R. M., F. X. Webster, and D. Kiemle, *Spectrometric Identification of Organic Compounds*, 7th ed., John Wiley, New York, 2005.

Selected Websites

http://www2.chemistry.msu.edu/faculty/reusch/VirtTxtJml/Spectrpy/spectro.htm
The excellent website presented by Professor William Reusch from the Department of Chemistry at Michigan State University includes background material for infrared spectroscopy, NMR spectroscopy, UV spectroscopy, and mass spectrometry. Some problems are included. The site includes links to other available sites for spectral problems.

http://sdbs.riodb.aist.go.jp/sdbs/cgi-bin/cre_index.cgi?lang=eng
This excellent free website presents an Integrated Spectral Data Base System for Organic Compounds (SDBS). It is organized and maintained by the National Institute of Advanced Industrial Science and Technology (AIST), Tsukuba, Ibaraki 305-8565, Japan. This database includes infrared, mass spectra, and NMR data (^{1}H and ^{13}C) for a number of compounds.

http://webbook.nist.gov/chemistry/
The National Institute of Standards and Technology (NIST) has developed the WebBook. This site includes gas-phase infrared spectra and mass spectral data for compounds. This site is not as useful as the SDBS website for infrared spectra, since most of the listed infrared spectra were determined in the gas phase rather than as a liquid phase. The mass spectral database is more useful.

http://www.chem.ucla.edu/~webspectra/
UCLA Department of Chemistry and Biochemistry in connection with Cambridge University Isotope Laboratories presents WebSpectra, an outstanding collection of unknowns for students to interpret. The website provides NMR spectra and some IR spectra. Solutions are provided. Formulas for each of the unknowns are provided. No mass spectral data is included. They provide links to other sites with problems for students to solve.

제3장

질량 분석법

Mass Spectrometry

제1부: 기본 이론, 장치, 시료 준비 방법

질량 분석의 원리는 이 책에 기술된 다른 어떤 기기 분석 기술의 원리보다도 오래되었다. 질량 분석의 기본 원리는 1890년대 후반으로 거슬러 올라가 J. J. Thomson이 전자의 질량 대 전하 비율(mass-to-charge ratio)을 측정하고, Wien이 양극선(anode ray)의 자기적 편향(magnetic deflection)을 연구하여 양극선이 양으로 하전되었다는 것을 밝히던 시기에 태동되었다. 두 사람 모두 그들의 연구 업적을 인정받아 노벨상을 수상하였다(Thomson: 1906년, Wien: 1911년). 1912년에서 1913년 사이에 Thomson은 대기 중에 존재하는 기체에 대한 질량 스펙트럼을 연구하였다. 특히 질량 스펙트럼을 이용하여 neon-20의 시료 중에 neon-22가 존재하는 것을 증명하기 위하여 노력하였으며, 그 결과 원소에는 동위원소가 존재함을 증명하였다. 오늘날 우리가 알고 있는 것과 같은 최초의 질량 분석기는 1918년 A. J. Dempster에 의해 제작되었다. 하지만 질량 분석법은 비교적 값이 싸고 신뢰성이 높은 기기를 구입할 수 있게 된 약 50년 전부터 널리 쓰이게 되었다.

1980~90년대에 들어서 분자량(molecular weight, MW)이 큰 화합물이나 생물학적 시료에 대한 시료 주입 기법과 이온화 기법의 지속적인 발달로 인하여 새로운 연구 영역에 질량 분석기를 도입할 수 있게 되었다. 유지가 쉽고 저렴한 가격으로 장비를 구입할 수 있어 질량 분석법은 이제 Thomson과 Wien의 연구 분야에서 아주 많이 벗어난 다양한 분야에서도 없어서는 안되는 중요한 기법이 되었다. 오늘날 생명공학회사에서는 질량 분석법을 이용하여 단백질, oligonucleotide, 다당류 등에 대해 분석평가(assay)를 하고 서열결정(sequence)을 한다. 제약회사는 선도물질의 창출과 구조 해석에서부터 합성 개발, 조합 화학, 약물동태학, 약물대사에 이르기까지 의약품 개발 과정의 모든 임상 단계에서 질량 분석법을 사용한다. 세계의 보건 진료소에서는 각종 암들을 비롯한 질병의 상태를 검사하기 위하여 사용되는 "표지 물질(marker)"의 존재 여부와 농도(level)를 혈액 검사나 소변 검사를 통해서 알아내고, 불법 약물 또는 경기력 향상 약물의 존재를 검출하고 정량분석하기 위하여 질량 분석법을 사용한다. 환경학자들은 질량 분석법을 이용하여 수질과 공기의 질을 감시하며, 지질학자들은 매장된 석유의 품질을 검사하기 위하여 질량 분석법을 사용한다. 또한 공항에서 안전 심사와 폭발물 흔적의 법의학적 수사를 위하여 질량 분석법은 일상적으로 사용된다.

오늘날까지 질량 분석법과 직접적으로 연관된 연구 분야에서 다섯 명이나 되는 노벨상 수상자가 배출되었다. "기체에 의한 전기전도에 관한 이론적 연구 및 실험적 연구"에 대하여 J. J. Thomson(물리학상, 1906), "질량 분석 사진을 이용한 많은 비방사성 원소의 동위원소 발견"에 대하여 F. W. Aston(화학상, 1922), "이온 트랩 기법의 개발"에 대하여 W. Paul(물리학상, 1989), 가장 최근에 "생물 거대분자의 질량 분석을 위한 연성 탈착 이온화 방법의 개발"에 대하여 J. B. Fenn과 K. Tanaka(화학상, 2002)이다.

3.1 질량 분석기: 개요

가장 간단한 형태의 질량 분석기는 다섯 개의 구성 요소(그림 3.1)를 가지고 있으며, 이 장에서 각 구성 요소를 세분하여 기술할 것이다. 질량 분석기의 첫 번째 구성 요소는 **시료 주입구**(sample inlet, 3.2절)이다.

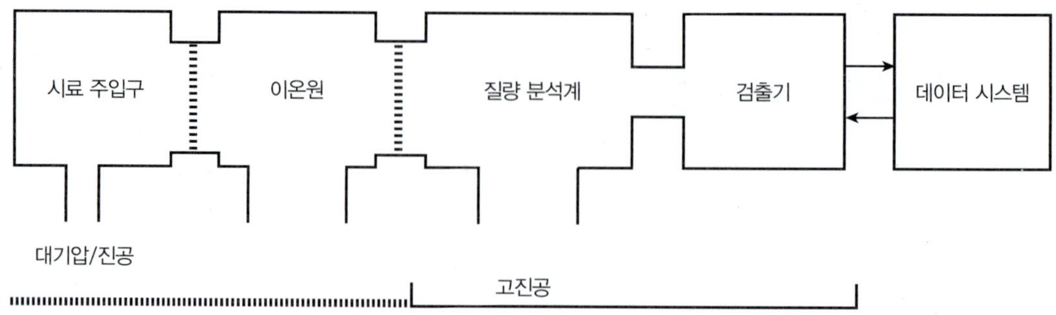

그림 3.1 질량 분석기의 구성 요소(인용 문헌: Gross, J. H., *Mass Spectrometer: A Textbook*, Springer, Berlin, 2004. 허가 후 게재).

시료 주입구를 통하여 보통의 실험실 환경(1 기압) 하에 있는 시료를 보다 낮은 압력의 질량 분석기로 주입한다. 질량 분석기 안쪽의 압력은 화학 이온화 이온원에서는 수 mmHg이며, 질량 분석기의 질량 분석계와 검출기 영역에서는 $\sim 10^{-3}$ mmHg 정도이다. 시료 주입구는 시료를 **이온원**(ion source, 3.3절)으로 보내며, 이온원에서 시료 분자는 기체 상태 이온으로 전환된다. 최근에는 실험실 대기 조건에서 사용할 수 있도록 시료 주입구와 이온원을 결합한 장치가 개발되었으며, 결과적으로 시료 준비가 매우 간단해졌다. 이 이온들은 전자기장에 의해서 가속된다. 이어서 **질량 분석계**(mass analyzer, 3.4절)는 시료 이온들의 **질량 대 전하의 비율**(m/z)에 따라 이온들을 분리한다. 이온은 충돌수를 계량할 수 있는 **검출기**(detector, 3.5절)에 의하여 검출되고, 신호는 기록되며, 대개 개인용 컴퓨터(PC)와 같은 **데이터 시스템**에 의해 처리된다. 데이터 시스템으로부터 나오는 출력이 **질량 스펙트럼**(mass spectrum)이며, 이것은 질량 대 전하 비율을 가로축으로, 검출된 이온의 개수를 세로축으로 그린 그래프이다.

3.2 시료 주입

기본적인 질량 분석기의 구성 요소의 각 기능을 자세히 검토해보면, 앞에서 논의한 것보다 다소 복잡하다는 것을 알 수 있다. 이온이 형성되기 전에 분자의 흐름은 이온화가 일어나는 장소(이온화실, ionization chamber)로 유입되어야 한다. **시료 주입 장치**(sample inlet system)를 통하여 이와 같은 분자의 흐름이 제공된다.

질량 분석기는 기체, 액체, 고체 시료 모두 분석할 수 있다. 이온화실로 분자의 흐름이 흘러들어 갈 수 있도록 충분한 양의 시료가 증기 상태로 전환되어야 한다. 물론 기체 상태의 물질은 이미 기화되어 있기 때문에 간단한 주입 장치를 사용하면 된다. 이와 같은 시료 주입 장치는 이온화실이 시료 주입 장치보다 압력이 낮은 상태가 되도록 약간 감압을 한다. 큰 저장 용기에 유입된 시료는 그곳에서 기화되어 기체 분자가 압력이 낮은 상태의 이온화실로 빨려 들어가도록 한다. 이온화실로 들어가는 분자의 흐름이 일정하게 하기 위하여 증기는 이온화실로 들어가기 전에 **분자 누출구**(molecular leak)라고 부르는 조그만 구멍을 통과한다. 휘발성 액체나 고체에 대해서도 같은 장치를 사용할 수 있다. 비교적 휘발성이 낮은 물질의 경우에는 시료에 열을 가하여 증기압을 높이기 위하여 시료 주입 장치를 오븐 안에 장착할 수도 있다. 이때 시료가 분해되는 온도까지 열을 가하지 않도록 주의해야 한다.

비휘발성 시료에 대해서는 다른 형태의 시료 주입 장치를 사용해야만 한다. 일반적인 방법 중의 하나가 **직접 탐침 방식**(direct probe method)이다. 시료를 탐침의 끝에 있는 가느다란 전선 고리나 핀 위에 올려놓은 후에, 탐침을 진공 잠금 장치(vacuum lock)를 통하여 이온화실에 밀어 넣는다. 시료 탐침은 이온원 가까이에 놓이게 된다. 탐침이 가열되면 시료로부터 생긴 증기는 이온화를 위한 전자살 가까이로 전개

된다. 이와 같은 장치를 이용하여 실온에서 증기압이 10^{-9} mmHg 이하인 분자 시료를 연구할 수 있다.

지난 10년 동안, 공기 중의 대기압 상태에서 시료를 주입할 수 있는 다양한 방법이 개발되어 본질적으로 시료 준비 과정이 필요 없게 되었다. 다양한 대기압 화학 이온화(atmospheric pressure chemical ionization, APCI) 기법에서 시료는 이온원과 질량 분석계의 주입구 사이의 이온화된 기체의 흐름(3.3B절)이나 용매 에어로졸(3.3D절)의 흐름에 놓이게 된다.

질량 분석기에 크로마토그래피를 연결하여 사용함으로써 시료 주입 장치에 매우 유용하고 혁신적인 기술을 도입하게 되었다. 이와 같은 시료 주입 기법을 사용하여 복잡한 성분으로 이루어진 혼합물을 크로마토그래피로 분리한 후, 각 성분의 질량 스펙트럼을 개별적으로 측정할 수 있게 되었다. 하지만 이 방법의 단점은 질량 분석기가 빠르게 주사(scan)하여야 한다는 것이다. 즉, 어떠한 물질이 이어지는 다음 성분에 의하여 오염되지 않도록 하기 위하여, 질량 분석기는 혼합물에 있는 각 성분의 질량 스펙트럼을 크로마토그래피의 컬럼으로부터 다음 성분이 용리되어 유출되기 전에 측정하여야만 한다. 크로마토그래피에서 고효율의 컬럼을 사용하기 때문에, 대부분의 경우 용리액의 흐름이 (질량 분석기에 의해) 분석되기 이전에 (크로마토그래피에 의해) 화합물은 완전히 분리된다. 질량 분석기는 관심 대상의 m/z의 범위에 대해서 적어도 초당 1회 주사를 할 수 있어야 한다. 더 좁은 질량 범위를 분석하기 위해서는 훨씬 더 많은 주사를 할 필요가 있다. 크로마토그래피가 결합된 질량 분석기는 상대적으로 작고 쓸모 있게 설계되어 있으며 고분해능을 갖는다.

기체 크로마토그래피 – 질량 분석기(gas chromatography – mass spectrometry, GC-MS)에서 기체 크로마토그래피로부터 얻어진 기체의 흐름은 밸브를 통하여 관으로 들어가서 분자 누출구를 통과한다. 따라서 기체 흐름의 일부는 질량 분석기의 이온화실로 들어갈 수 있다. 이와 같은 방법으로 기체 크로마토그래피에 주입된 혼합물의 각 성분에 대한 질량 스펙트럼을 얻을 수 있다. 사실상 질량 분석기는 (기체 크로마토그래피의) 검출기 역할을 한다. 유사하게, **고성능 액체 크로마토그래피 – 질량 분석기**(high-performance liquid chromatography – mass spectrometry, HPLC-MS, 또는 간단하게 LC-MS)는 특수한 연결 장치를 통하여 질량 분석기와 연결된다. HPLC 컬럼에서 용리된 물질은 질량 분석기에 의해 검출되어 그에 대한 질량 스펙트럼이 얻어지고, 분석되어 질량 분석기의 컴퓨터에 저장된 자료집에서 검색된 표준 스펙트럼과 대조하여 확인된다.

3.3 이온화 방법

A. 전자 이온화(EI)

시료 주입 방법에 상관없이 일단 시료 분자의 흐름이 질량 분석기로 들어가면 시료 분자는 분석되거나 검출되기 이전에 **이온원**에 의해 전하를 띤 입자로 전환된다. 시료를 이온으로 바꾸는 가장 간단하며 가장 보편적인 방법은 **전자 이온화**(electron ionization, EI) 방법이다. EI-MS 방법에서 수천 °C로 가열된 **필라멘트**에서 고에너지 전자살(beam of electron)이 방출된다. 이와 같은 고에너지 전자가 시료 주입 장치로부터 흘러 들어온 분자의 흐름과 충돌한다. 전자–분자 간의 충돌로 인하여 분자로부터 전자가 제거되어 양이온이 생성된다. 양의 전위(positive electrical potential)를 갖는 **반발판**(repeller plate)은 새롭게 생성된 양이온을 일련의 **가속판**(accelerating plate) 쪽으로 보낸다. 가속판을 가로질러 걸려 있는 1~10 kV의 큰 전위차로 인하여 빠르게 이동하는 양이온살이 생성된다. 하나 또는 몇 개의 **초점 슬릿**(focusing slit)을 지나면서 균일한 이온살이 만들어진다(그림 3.2).

대부분의 시료 분자는 이온화되지 않은 채 이온화실에 연결되어 있는 진공 펌프에 의하여 계속해서 밖으로 배출된다. 일부 분자는 전자를 흡수하여 음이온으로 전환되기도 하는데, 이와 같은 음이온은 반발판에 의해 흡수된다. 일부 질량 분석기에서는 반발판과 가속판의 극성(polarity)을 반대로 바꿀 수가 있는

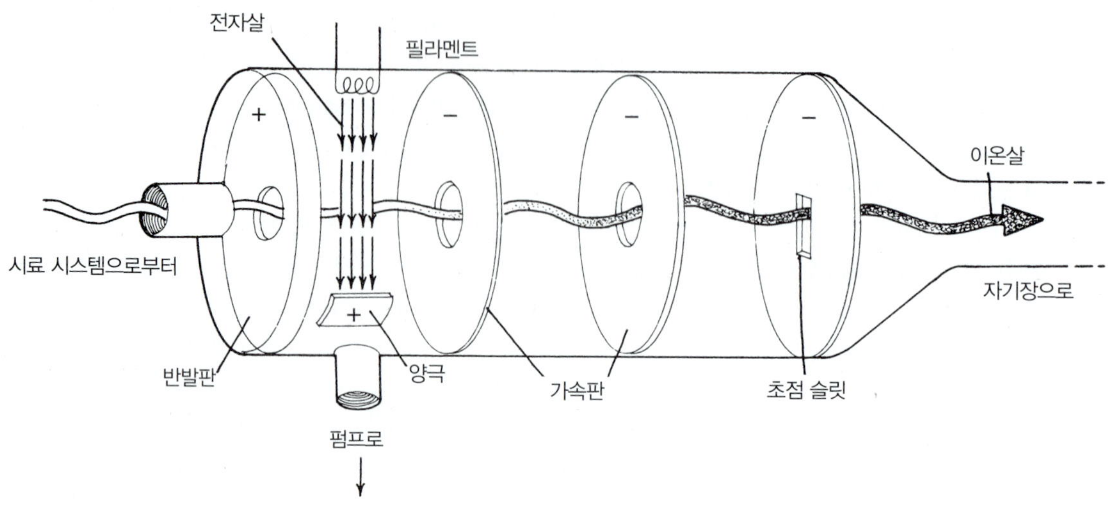

그림 3.2 전자 이온화실.

데, 그럴 경우 시료 분자가 전자살과 충돌할 때 전자 포획에 의하여 생성되는 음이온의 질량 분석을 할 수 있다. 양이온들 중 일부는 (한 개 이상의 전자를 잃어) +1보다 큰 전하를 띠기도 하는데, 이들도 +1 전하를 띠는 양이온과 동일한 방법으로 가속된다.

원자나 분자로부터 전자를 제거하는 데 필요한 에너지를 **이온화 퍼텐셜**(ionization potential) 또는 **이온화 에너지**(ionization energy)라고 한다. 대부분의 유기 화합물은 8~15 eV의 이온화 에너지를 갖는다. 그러나 고효율로 이온을 생성하기 위해서는 분자의 흐름과 충돌하는 전자살이 50~70 eV 정도의 큰 에너지를 가져야만 한다. 토막나기 패턴을 비롯한 전산화된 자료집과 쉽게 비교할 수 있는 재현성 있는 스펙트럼을 얻기 위하여 표준으로 70 eV의 전자살을 사용한다.

작은 유기 분자의 일상적인 질량 분석에 있어 확실하게 EI-MS는 장점을 가지고 있다. 전자 이온화 기계 장치는 비싸지 않으며 고장이 잘 나지 않는다. EI 과정으로 분자 이온의 중요한 토막나기가 일어나는 동안 과량의 운동 에너지가 시료에 가해진다(제4장). 화합물의 토막나기 패턴은 재현성을 가지고 있으며, 활용가능한 (화합물의 스펙트럼) 자료집을 통하여 많은 EI-MS 자료를 이용할 수 있다. PC를 사용하여 시료 화합물의 질량 스펙트럼을 수초 내에 스펙트럼 자료집에 수록된 수천 개의 스펙트럼 자료와 비교할 수 있다. 따라서 간단한 절차를 통하여 화합물을 확인하고 그 결정에 대해 확신할 수 있다.

EI 조건 하에서 분자 이온이 토막 이온으로 분해되는 것은 EI-MS의 분명한 단점으로 간주된다. 일부 화합물들은 너무 쉽게 토막나기 때문에 분자 이온의 수명이 너무 짧아 질량 분석계로 검출할 수가 없다. 따라서 이와 같은 경우에는 화합물의 분자 질량(3.6절)을 측정할 수 없다. EI-MS의 또 다른 단점은 시료가 이온화실에서 전자살과 접촉할 수 있도록 대체적으로 휘발성이어야 한다는 것이다. 토막나기 문제와 더불어 이와 같은 단점으로 인하여 분자량(MW)이 큰 화합물과 대부분의 생분자를 EI-MS를 이용하여 분석하는 것은 어렵다.

B. 화학 이온화(CI)

화학 이온화-질량 분석법(chemical ionization-mass spectrometry, CI-MS)에서 시료 분자는 시료보다 상대적으로 훨씬 더 과량인 이온화된 시약 기체(reagent gas)의 흐름과 합쳐진다. 시료 분자가 미리 이온화된 시약 기체와 충돌할 때, 일부 시료 분자는 양성자 전달, 전자 전달, 부가화합물(adduct) 형성 등 다양한 메커니즘을 통하여 이온화된다. 쉽게 이용 가능한 기체나 휘발성이 큰 액체가 CI-MS에서 시약 기체로 사용된다.

CI-MS의 일반적인 이온화 시약으로 methane, ammonia, isobutane, methanol 등이 있다. CI 시약 기체로 methane이 사용될 때, 주된 이온화 방식은 CH_5^+ 이온으로부터 시료로 양성자가 전달되는 것이다. 소량의 이온들은 시료와 $C_2H_5^+$과 $C_2H_5^+$의 동족류(homologous) 사이에 형성된 부가화합물로부터 얻어진다. Methane은 반응식 3.1~3.4에 나타낸 바와 같이 이온으로 전환된다.

$$CH_4 + e^- \rightarrow CH_4^{\bullet+} + 2e^- \quad \text{반응식 3.1}$$
$$CH_4^{\bullet+} + CH_4 \rightarrow CH_5^+ + {\bullet}CH_3 \quad \text{반응식 3.2}$$

$$CH_4^{\bullet+} \rightarrow CH_3^+ + H\bullet \quad \text{반응식 3.3}$$
$$CH_3^+ + CH_4 \rightarrow C_2H_5^+ + H_2 \quad \text{반응식 3.4}$$

그런 후에 시료 분자 M은 반응식 3.5와 3.6에 나타낸 바와 같이 이온-분자 간의 반응으로 이온화된다.

$$M + CH_5^+ \rightarrow (M+H)^+ + CH_4 \quad \text{반응식 3.5}$$
$$M + C_2H_5^+ \rightarrow (M+C_2H_5)^+ \quad \text{반응식 3.6}$$

시약 기체로 ammonia를 사용한 CI에 대해서도 매우 유사한 반응이 일어난다(반응식 3.7~3.9).

$$NH_3 + e^- \rightarrow NH_3^{\bullet+} + 2e^- \quad \text{반응식 3.7}$$
$$NH_3^{\bullet+} + NH_3 \rightarrow NH_4^+ + {\bullet}NH_2 \quad \text{반응식 3.8}$$
$$M + NH_4^+ \rightarrow (M+H)^+ + NH_3 \quad \text{반응식 3.9}$$

Isobutane을 시약 기체로 사용하면 *tert*-butyl 양이온을 생성한다(반응식 3.10과 3.11). 이 이온은 시료 분자의 염기성 부분에 양성자가 아주 쉽게 결합할 수 있도록 해준다(반응식 3.12). CI-MS에서 isobutane을 사용하면 부가화합물의 형성 역시 가능하다(반응식 3.13).

$$(CH_3)_3CH + e^- \rightarrow (CH_3)_3CH^{\bullet+} + 2e^- \quad \text{반응식 3.10}$$
$$(CH_3)_3CH^{\bullet+} \rightarrow (CH_3)_3C^+ + H\bullet \quad \text{반응식 3.11}$$
$$M + (CH_3)_3C^+ \rightarrow (M+H)^+ + (CH_3)_2C{=}CH_2 \quad \text{반응식 3.12}$$
$$M + (CH_3)_3C^+ \rightarrow [M+C(CH_3)_3]^+ \quad \text{반응식 3.13}$$

CI-MS에서 시약 기체를 바꾸면서 이온화의 선택성과 이온의 토막나기 정도를 다양하게 조절할 수 있다. 여분의 토막나기 없이 확실하게 시료가 효율적으로 이온화될 수 있도록 하기 위하여 시료와 시약 기체의 **양성자 친화도**(proton affinity)가 최적의 조합이 될 수 있도록 시약 기체의 선택은 매우 신중하게 해야 한다. 시료와 시약 기체 사이의 양성자 친화도 차이가 클수록 이온화되는 동안 시료에 더 많은 에너지가 전달된다. 과량의 에너지로 인하여 매우 들뜬 진동 상태의 분석 이온이 만들어진다. 과량의 운동 에너지가 충분하게 전달되면, 공유 결합이 끊어지면서 시료 이온은 토막날 것이다. 그러므로 시료의 양성자 친화도와 매우 엇비슷한 양성자 친화도를 갖는 시약 기체를 사용하면, 손상되지 않은 분자 이온이 많이 얻어지며 토막 이온이 조금 생길 것이다. 물론 이와 같은 방법은 시료의 양성자 친화도를 정확히 알고 있을 때에만 가능하다. 하지만 분석하고자 하는 시료와 유사한 작용기를 갖는 간단한 화합물에 대해 측정된 값들을 정리한 표를 활용하여 (시료의 양성자 친화도의) 추정값을 얻을 수 있다. 일반적인 CI 시약 기체와 함께 그것들의 이온 형태와 특성을 표 3.1에 정리하여 나타내었다.

그림 3.3에 나타낸 바와 같이 시료를 이온화하기 위하여 사용한 시약 기체에 따라 lavandulyl acetate(MW 196)의 CI-MS는 겉으로 보기에 매우 다른 질량 스펙트럼을 보여준다. 맨 위의 스펙트럼에서 lavandulyl acetate에 양성자가 결합된 분자 이온[$(M + H)^+$, m/z = 197]은 거의 보이지 않는다. 또한 m/z = 137의 토막으로 인한 피크가 스펙트럼에서 가장 큰 피크이다. 시약 기체로 isobutane을 사용하여 얻어진 가운데 스펙트럼에서 m/z = 197의 양성자가 결합된 분자 이온이 훨씬 더 두드러지며, 전체적으로 토막

표 3.1 화학 이온화(CI) 시약 기체의 요약

시약 기체	양성자 친화도 (kcal/mol)	시약 이온	분석 이온	설명
H_2	101	H_3^+	$(M + H)^+$	토막나기가 많이 일어난다.
CH_4	132	CH_5^+, $C_2H_5^+$	$(M + H)^+$, $(M + C_2H_5)^+$	H_2보다 토막나기가 덜 일어나며, 부가화합물을 만들 수 있다.
NH_3	204	NH_4^+	$(M + H)^+$, $(M + NH_4)^+$	선택적 이온화, 약간의 토막나기, 일부 부가화합물 형성
$(CH_3)_3CH$	196	$(CH_3)_3C^+$	$(M + H)^+$ $[M + C(CH_3)_3]^+$	약하고 선택적인 양성자화, 약간의 토막나기
CH_3OH	182	$CH_3OH_2^+$	$(M + H)^+$	Methane과 isobutane 사이 정도의 토막나기가 관찰된다.
CH_3CN	188	CH_3CNH^+	$(M + H)^+$	Methane과 isobutane 사이 정도의 토막나기가 관찰된다.

나기가 덜 일어났다. 하지만 아직까지 토막나기는 심각한 수준이다. 여전히 스펙트럼에서 $m/z = 137$의 이온이 가장 큰 피크이다. 마지막으로 lavandulyl acetate가 ammonia에 의해 이온화될 때, 양성자가 결합된 분자 이온이 가장 큰 피크(기본 피크)이며, 토막나기가 거의 관찰되지 않는다. 이 스펙트럼에 부가화합물 이온[$(M + NH_4)^+$, $m/z = 214$]의 피크가 나타나는 것에 주목하여라.

실제로 CI 조건에서 얻어진 스펙트럼은 일반적으로 시약 기체 이온의 m/z 이상의 질량 범위에서 얻어진다. 이온화된 시약 기체 역시 분석계에 의해 검출된다. 시약 기체가 시료에 비하여 상대적으로 훨씬 많은 양으로 존재하기 때문에 아마도 스펙트럼에서 시약 기체 이온이 주된 피크가 될 것이다. 그러므로 methane을 시약 기체로 사용한 CI 스펙트럼은 전형적으로 $m/z = 50$ 이상에서 얻어지며(물론 CH_5^+의 $m/z = 17$이지만, $C_2H_5^+$[$m/z = 29$], $C_3H_5^+$[$m/z = 41$]이 함께 존재함), isobutane을 시약 기체로 사용한 CI 스펙트럼은 전형적으로 $m/z = 60$ 또는 70 이상에서 얻어진다.

CI-MS의 주된 장점은 손상되지 않은 유사-분자 이온[$(M + H)^+$]이 선별적으로 생성된다는 것이다. 서로 다른 이온화 조건에서 얻어진 butyl methacrylate의 질량 스펙트럼을 그림 3.4에 나타내었다. EI-MS에서 분자 이온($m/z = 142$)은 거의 보이지 않지만 CI-MS 스펙트럼에서는 $(M + H)^+$ 이온($m/z = 143$)이 두드러진다. 시약 기체로 isobutane을 사용하여 얻어진 CI-MS는 methane을 사용하여 얻어진 CI-MS보다 토막나기가 훨씬 덜하다. CI-MS의 또 다른 장점은 가격이 비싸지 않고, 기계 장치가 견고하다는 것이다. 하지만 화학 이온화를 일으키기 위하여 시료는 EI-MS의 경우와 같이 쉽게 기화되어야 한다. 그로 인하여 큰 분자량을 갖는 화합물이나 수많은 생분자의 분석이 불가능하다. CI의 이온원은 EI의 이온원과 매우 비슷하게 설계된다. 가장 최신의 질량 분석기는 수분 내에 EI 방식과 CI 방식 사이를 상호 전환할 수 있도록 설계되어 있다.

양성자가 결합되는 것이 CI-MS에서 가장 보편적으로 접하게 되는 이온화 방법인 반면에 양성자를 빼앗아가는 또 다른 이온화 과정도 있다. 예를 들어, 시약 기체로 methyl nitrite/methanol 혼합물을 사용하면 CH_3O^- 이온이 생성되는데, 이 이온은 시료로부터 양성자를 빼앗아 $(M - H)^-$ 이온을 형성한다. 유사하게, 시약 기체로 NF_3을 사용하면 시료로부터 양성자를 빼앗는 F^- 이온이 생성되어, 역시 $(M - H)^-$ 이온을 형성한다. CI 조건 하에서 음으로 하전된 부가 생성물을 형성하는 것이 가능하다.

화학 이온화는 실시간 직접 분석법(direct analysis in real time, DART)으로 알려진 공기 중의 대기

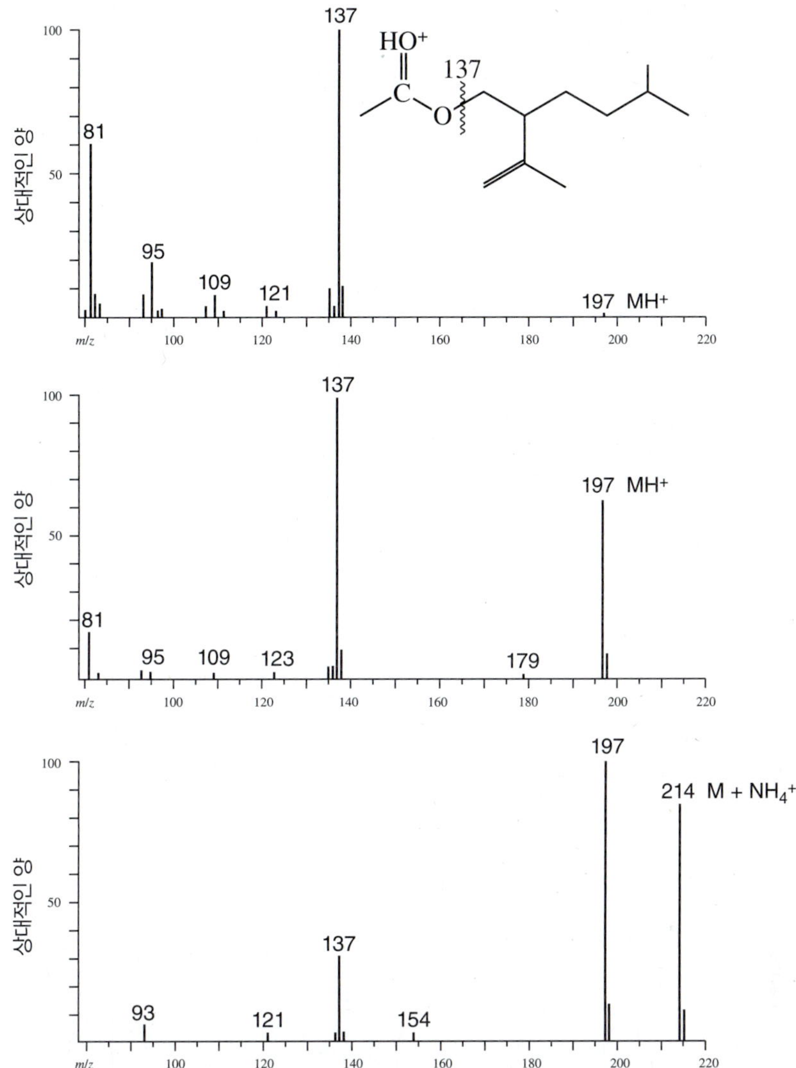

그림 3.3 시약 기체로 methane(위), isobutane(가운데), NH_3(아래)를 사용한 lavandulyl acetate의 CI-MS 자료 비교(인용 문헌: McLafferty, F. W. and F. Turecek, *Interpretation of Mass Spectra*, 4th ed., University Science Books, Mill Valley, CA, 1993. 허가 후 게재).

압 상태에서 시료를 다루는 기법에도 사용된다. 이와 같은 이온화 방법(그림 3.5)에서 일반적으로 시약 기체로 He이나 Ar을 사용하고, 시약 기체는 1~5 kV 전위의 주사 바늘 전극을 통과하여 들뜬 기체 원자를 생성한다. 들뜬 상태 기체는 대기 중의 물과 충돌하여 양성자가 결합된 물 클러스터를 생성한다(반응식 3.14). 시료는 망사 스크린, 유리 모세관, 또는 다른 고체 표면을 포함하는 다양한 방식으로 이온살에 놓여진다. 시료와 양성자가 결합된 물 클러스터 사이의 충돌에 의해 시료에 양성자가 전달된다(반응식 3.15). 양성자가 결합된 후, 분석 분자 이온은 작은 구멍을 통하여 질량 분석계로 들어간다.

$$He^* + n\,H_2O \rightarrow [(H_2O)_{n-1}H]^+ + OH^- + He \quad \textbf{반응식 3.14}$$

$$[(H_2O)_{n-1}H]^+ + M \rightarrow (M+H)^+ + (n-1)\,H_2O \quad \textbf{반응식 3.15}$$

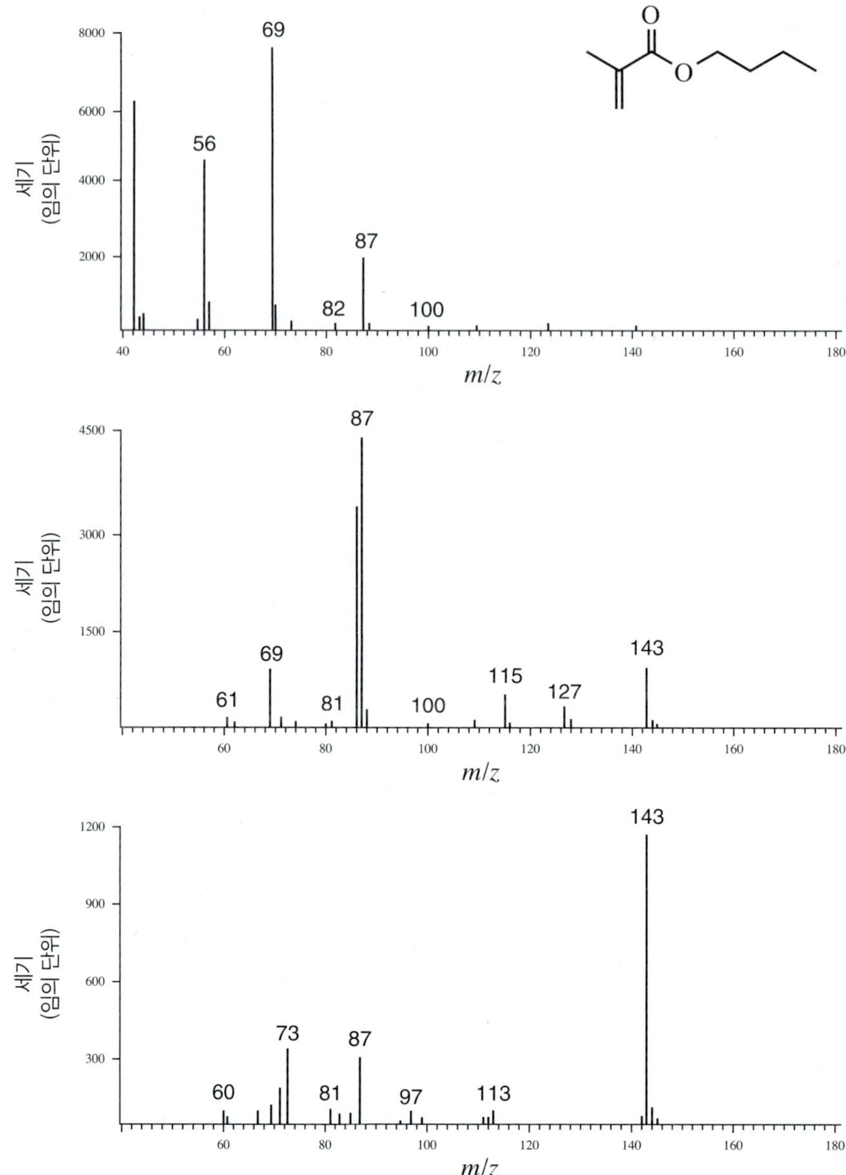

그림 3.4 Butyl methacrylate의 EI 조건 하에서 얻어진 MS(위), CI 조건 하에서 얻어진 MS(methane: 가운데, isobutane: 아래)(인용 문헌: DeHoffmann, E. and V. Stroobant, *Mass Spectroscopy: Principles and Applications*, 2nd ed., John Wiley and Sons, New York, 1999. 허가 후 게재).

C. 탈착 이온화 기법(SIMS, FAB, MALDI)

EI 방법과 CI 방법 모두 상대적으로 (작은 분자량의) 휘발성 시료가 요구된다. 가장 최근에 개발된 이온화 기법을 사용한 질량 분석기로 크고 비휘발성인 분자를 분석할 수 있다. **이차 이온 질량 분석법**(secondary ion mass spectroscopy, SIMS), **고속 원자 폭격법**(fast atom bombardment, FAB), **매트릭스 보조 레이저 탈착 이온화법**(matrix-assisted laser desorption ionization, MALDI) 등 세 가지 방법이며, 모두 **탈착 이온화**(desorption ionization, DI) 기법이다. 탈착 이온화에서는 분석하고자 하는 시료를 매트릭스에 녹이거나 분산시켜 SIMS의 경우 고에너지(1~10 keV)의 이온살, FAB의 경우 중성 원자, MALDI의 경우

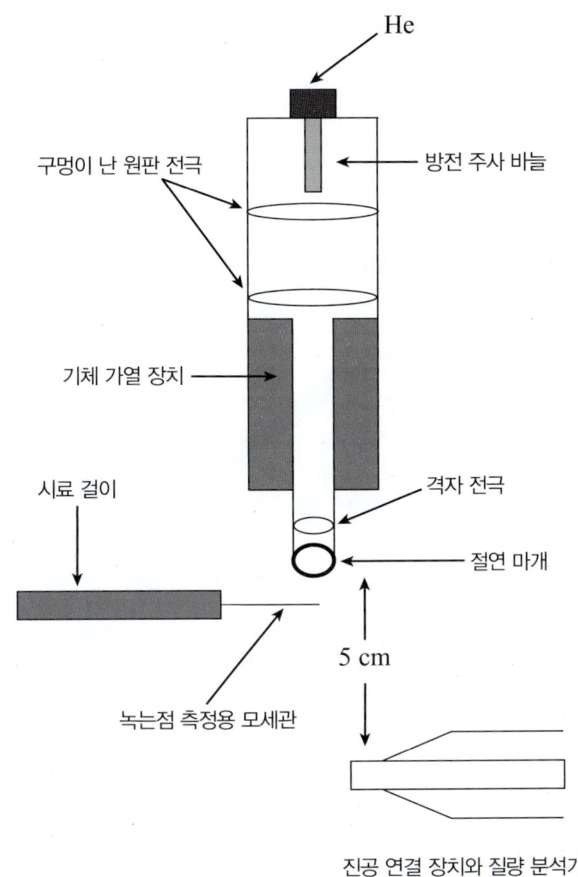

그림 3.5 실시간 직접 분석법(DART)의 이온원에 대한 도식적 표현[인용 문헌: Petucci, C. et al., *Analytical Chemistry* 79, (2007): 5064].

강한 세기의 광자의 경로에 놓는다. 종종 Ar^+ 또는 Cs^+ 이온살이 SIMS에 사용되며, 중성 Ar 또는 Xe 원자살이 일반적으로 FAB에 사용된다. 대부분의 MALDI 분석기에는 337 nm에서 방출되는 질소 레이저가 사용된다. 하지만 젤에 포함된 시료나 얇은 막 크로마토그래피(TLC) 판에 있는 시료를 직접 분석하기 위하여 일부 응용에서는 적외선(IR) 레이저를 사용하기도 한다. 이와 같은 이온/원자/광자들이 시료와 충돌하면, 시료 분자 일부가 이온화되어 생성된 이온들이 표면으로부터 튀어 나온다(그림 3.6). 튀어 나온 이온은 다른 이온화 방법과 마찬가지로 질량 분석계를 향하여 가속된다. 시료를 이온화하기 위하여 FAB에서 중성 원자를 사용하기 때문에 양이온과 음이온의 검출이 모두 가능하다. SIMS와 FAB에서 분자 이온은 $(M + H)^+$ 또는 $(M + H)^-$이다. 하지만 외부로부터 유입된 알칼리 금속으로 인하여 $(M + Na)^+$와 $(M + K)^+$ 또한 생성될 수 있다. SIMS와 FAB의 이온화 기법은 polypeptide와 oligonucleotide와 같이 분자량이 약 20,000이 넘는 시료 화합물에 대하여 사용된다.

매트릭스는 비휘발성이고 상대적으로 비활성이며, 이온이 형성될 수 있도록 적절한 전해질이어야 한다. 매트릭스 화합물의 산성도가 분석 시료보다 크면, $(M + H)^+$ 이온이 주로 생성되는 반면, 분석 시료의 산성도가 매트릭스보다 크면, 대부분 $(M - H)^-$ 이온이 생성된다. 이온살/원자살에 의해 가해진 과량의 에너지의 대부분이 매트릭스에 흡수되어 질량 스펙트럼에 많은 양의 배경 이온이 생성된다. 사실상 이온화되는 동안 매트릭스 내에서의 화학 반응으로 약 600 *m/z* 이하의 질량 영역 대부분에서 배경 이온이 나타날 수 있다. SIMS나 FAB에 대한 일반적인 매트릭스 화합물은 glycerol, thioglycerol, 3-nitrobenzyl al-

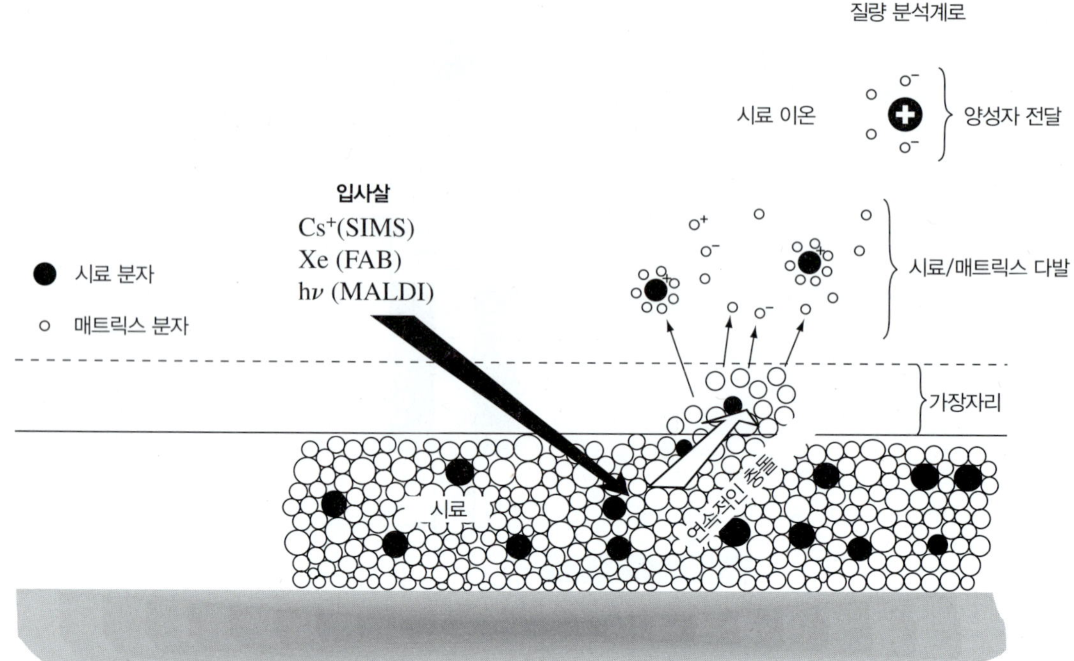

그림 3.6 탈착 이온화 기법의 도식적 표현.

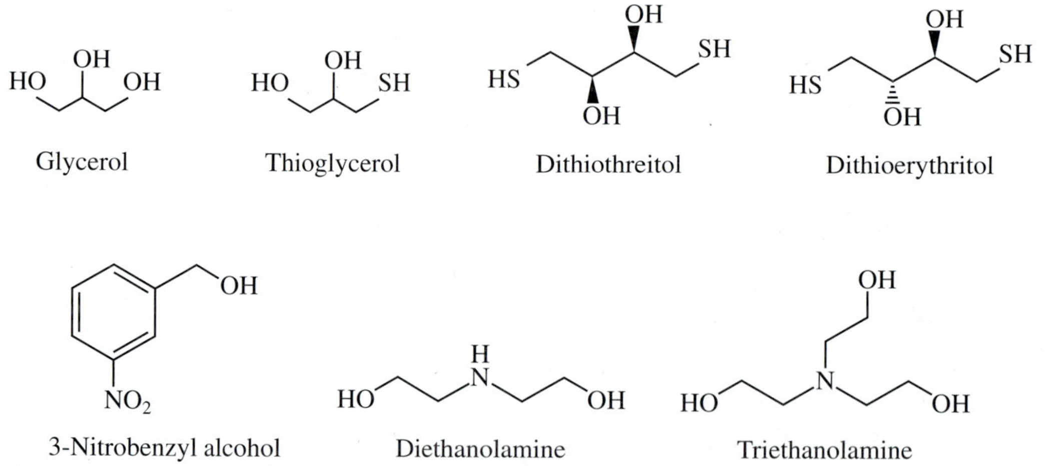

HO OH OH — Glycerol

HO OH SH — Thioglycerol

HS OH SH OH — Dithiothreitol

HS OH SH OH — Dithioerythritol

OH NO_2 — 3-Nitrobenzyl alcohol

HO H N OH — Diethanolamine

OH HO N OH — Triethanolamine

그림 3.7 SIMS와 FAB 질량 분석법에 사용되는 일반적인 매트릭스.

chohol, diethanolamine, triethanolamine 등이 있으며, dithiothreitol(DTT)과 dithioerythritol의 혼합물도 사용된다(그림 3.7).

MALDI에 사용되는 매트릭스 화합물은 레이저 펄스(337 nm, 질소 레이저)로부터 자외선(UV)을 흡수하는 능력에 따라 선택된다. 치환된 nicotinic acid, picolinic acid, cinnamic acid 유도체가 MALDI 기법에 흔히 사용된다(그림 3.8). 매트릭스는 레이저 펄스로부터 대부분의 에너지를 흡수한다. 따라서 매트릭스로부터 방출되는 손상되지 않은 시료 이온의 생성이 가능하다. 수천 amu의 평균 분자량을 갖는 작은 중합체에서부터 분자량이 300,000 amu에 달하는 oligosaccharide, oligonucleotide, polypeptide, 항체,

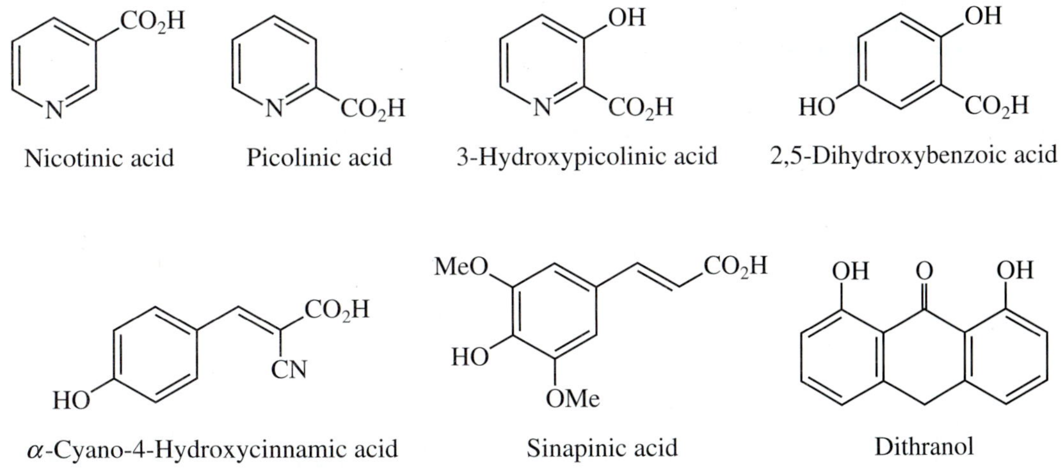

Nicotinic acid　Picolinic acid　3-Hydroxypicolinic acid　2,5-Dihydroxybenzoic acid

α-Cyano-4-Hydroxycinnamic acid　Sinapinic acid　Dithranol

그림 3.8 MALDI 응용에 사용되는 일반적인 매트릭스.

작은 단백질 등에 이르기까지 넓은 범위의 분자량을 갖는 시료의 분석에 MALDI 질량 분석법은 유용하다. 더욱이 MALDI는 fmol(1×10^{-15} mol) 정도의 시료만을 필요로 한다!

D. 전기분무 이온화(ESI)

큰 분자량을 갖는 생분자와 활성 화합물 또는 비휘발성 화합물의 연구를 위하여 훨씬 더 유용한 기법이 **전기분무 이온화**(electrospray ionization, ESI) 방법인데, 이와 닮은 방법이 **열분무 이온화**(thermospray ionization, TSI) 방법이다. ESI에서는 가느다란 모세관의 끝을 통하여 시료 분자를 포함하는 용액을 거의 대기압 상태의 가열된 분무실 안으로 분무한다. 시료 용액이 흘러가는 모세관의 표면을 가로질러 높은 전압의 전위가 걸려 있기 때문에 하전된 작은 방울은 이온화실로 분무된다. 하전된 방울은 반대 방향으로 흐르는 건조 기체(보통은 질소)의 흐름을 받아 방울로부터 용매 분자가 증발된다. 따라서 각 방울의 전하 밀도는 정전기적 반발력이 방울의 표면 장력(Rayleigh 한계)을 이겨낼 때까지 계속해서 증가하며, 그 한계점에서 방울은 더 작은 방울로 쪼개져 나간다. 이 과정은 기체상에 용매가 없는 방울이 남을 때까지 계속된다(그림 3.9). TSI 역시 유사한 메커니즘으로 일어나지만, 초기에 전하를 띤 방울을 형성하기 위하여 정전기적 전위 대신에 가열된 모세관을 사용한다. ESI에서는 용액에 존재하는 염기성 화학종이 시료로부터 양성자를 빼앗아가기 때문에 음이온이 형성될 수 있다. ESI는 용액 중에서 시료를 사용할 수 있기 때문에 과거 10~20년 동안 ESI가 TSI보다 훨씬 더 보편적으로 사용되었다. ESI는 LC-MS에 적용하기에 가장 논리적인 방법이다.

ESI에 의해 발생되는 이온의 전하는 용액 중에 있는 시료의 전하 상태를 반영할 필요는 없다. (보통은 양성자 형태로) 시료 분자에 전달되는 전하는 에어로졸이 증발되는 동안 방울의 전하 농도와 모세관의 정전기적 전위로부터 유래한 전기화학적 과정의 조합으로 발생한다.

시료 이온은 단일 전하 또는 다중 전하를 갖는다. 그림 3.10은 달걀 흰자로부터 얻은 lysozyme의 ESI-MS를 보여주고 있는데, dithiothreitol이 있는 경우와 없는 경우 모두를 나타내었다. 첫 번째 스펙트럼에 10^+, 11^+, 12^+, 13^+의 전하를 갖는 단백질 분자를 나타내는 이온들이 관찰된다. 다음 스펙트럼에 20^+의 전하를 갖는 단백질 피크를 포함하여 훨씬 더 큰 전하를 갖는 이온들이 관찰된다. 다중으로 하전된 이온의 형성은 단백질의 MS 분석에 특히 유용하다. 전형적인 단백질은 염기성 아미노산 곁가지의 존재로 인하여 많은 양성자를 수반한다. 결과적으로 분자량이 200,000 amu에 근접하는 단백질에 대하여 m/z = 600~2000에 피크가 나타난다.

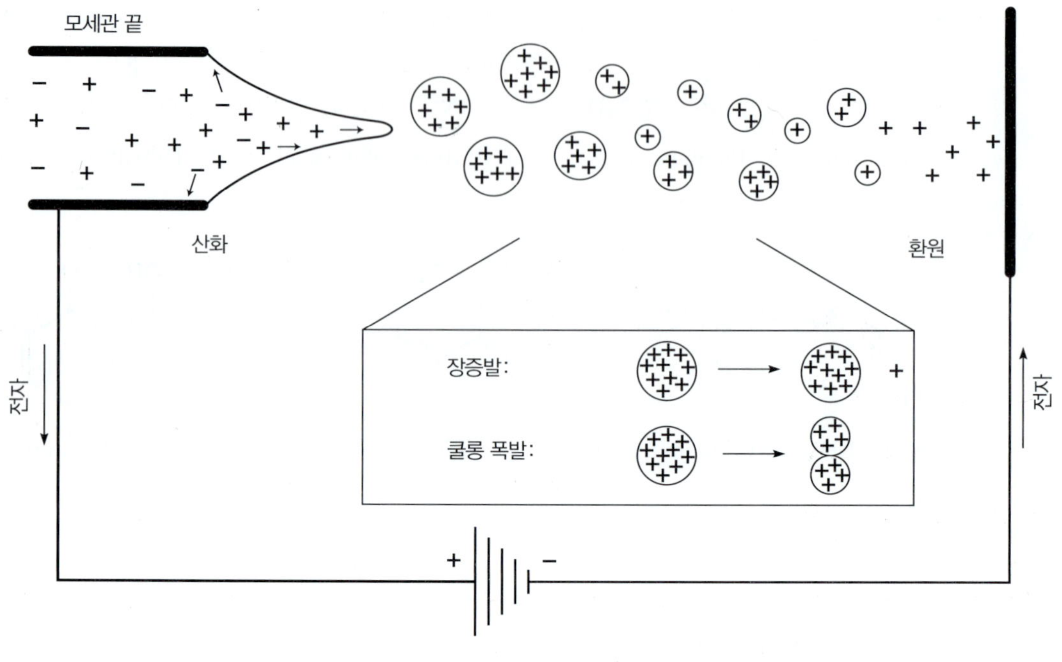

그림 3.9 장증발과 쿨롱 폭발을 나타내는 전기분무 이온화(ESI)의 도식적인 표현(인용 문헌: Gross, J. H., *Mass Spectrometer: A Textbook*, Springer, Berlin, 2004. 허가 후 게재).

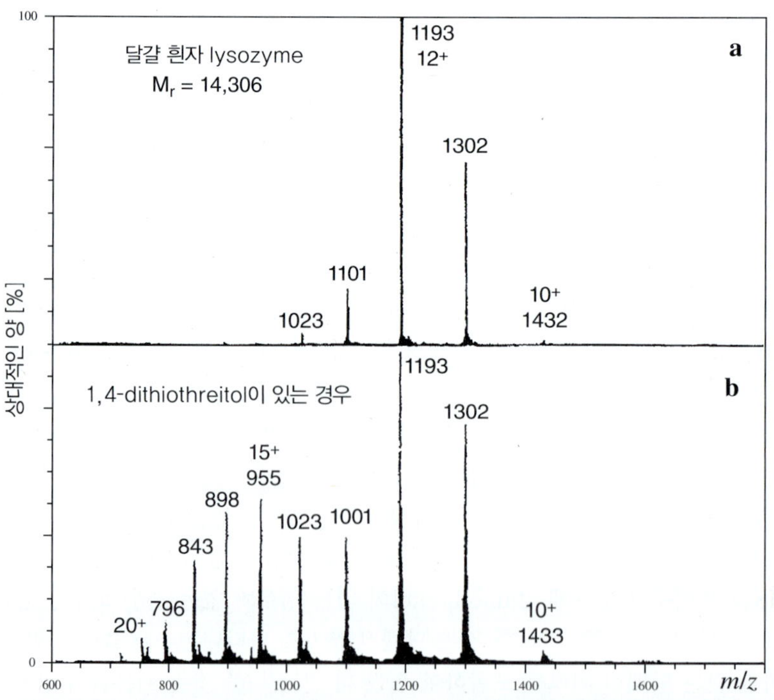

그림 3.10 단백질의 ESI-MS. Dithiothreitol이 없는 경우(위)와 있는 경우(아래) 달걀 흰자로부터 얻은 lysozyme (인용 문헌: Gross, J. H., *Mass Spectrometer: A Textbook*, Springer, Berlin, 2004. 허가 후 게재).

그림 3.10에 나타난 자료는 lysozyme의 분자 질량을 계산하는 데 유용하게 쓰일 수 있다. 크로마토그램에 나타난 m/z 값에 lysozyme의 전하를 곱하여 질량을 계산할 수 있다. 예를 들어, 다음과 같이 lysozyme의 분자 질량은 대략 14,320 amu로 얻을 수 있다.

$$(10)(1432) = 14{,}320 \text{ amu}$$
$$(12)(1193) = 14{,}316 \text{ amu}$$
$$(15)(955) = 14{,}325 \text{ amu}$$

하지만 ESI-MS는 커다란 생분자의 연구에만 제한되지 않는다. 분자량 100~1500 amu 범위의 작은 분자들도 ESI-MS를 사용하여 연구할 수 있다. 너무 비휘발성이어서 직접 탐침 방법으로 도입할 수 없거나, 너무 극성이 크거나 너무 열적 반응성이 커서 GC-MS 방법으로 도입할 수 없는 화합물은 ESI 기법을 갖춘 LC-MS를 사용하여 연구하는 것이 이상적이다.

탈착 전기분무 이온화(desorption electrospray ionization, DESI)는 전기분무 이온화 기법의 연성 이온화 방법과 표면으로부터 시료 이온이 탈착되는 것을 조합한 것이다. 하지만 MALDI 방법과는 달리 매트릭스가 필요하지 않다. DESI 기법은 전기분무에 의해 분산된 수용성 에어로졸을 사용하여 분석 이온을 이온화시키고 탈착시킨다. DART 기법(3.3B절)과 비슷한 시기에 개발된 DESI 연결 장치는 가열된 이온 전달관을 사용하는 질량 분석계가 장착되어 있으며, 때로는 유연성이 있어서 연구자가 직접 시료 표면 위에 DESI 연결 장치를 붙들고 있을 수 있다.

적절한 질량 분석계가 장착된 DESI 및 DART와 같은 연성 이온화 기법을 이용하여 정밀한 질량 스펙트럼을 얻어 정확한 원소 조성을 결정할 수 있다(3.7절). (공기 중의 대기압 상태에서 시료 준비를 할 수 있는) 열린 이온원 배치로 인하여 수많은 매트릭스와 표면으로부터 시료를 준비할 수 있다. 예를 들어, 손상을 입지 않은 식물 재료, 의류, 콘크리트, 심지어 인체 피부에 이르기까지 매우 폭넓게 다양하다. 이온살 안에서 시료가 이동하면서 공간 분해능을 제공하기 때문에 동일 시료의 서로 다른 영역을 분석할 수 있어 화학적 조성이 달라지는 것도 관찰할 수 있다. 생물 분자와 폭발물 잔류물을 포함하는 물질에 대한 분석 그래프를 얻을 수 있기 때문에 이 기법은 수사 및 공공 안전 응용 분야에 매우 유용하다.

3.4 질량 분석

일단 시료가 이온화되면, 이온살은 전기장에 의해 가속된 후, 이온이 질량 대 전하 비율(m/z)에 따라 분리되는 질량 분석기의 구성 요소인 **질량 분석계**(mass analyzer)로 들어간다. 다양한 응용에 대하여 다양한 이온화 방법이 있는 것과 마찬가지로 몇 가지 유형의 질량 분석계가 있다. 몇몇 질량 분석계는 다른 것에 비해 다양한 목적으로 사용되기도 하지만, 한 가지 선택 사양이 널리 두루두루 적용되도록 만들 수는 없다.

A. 자기 부채꼴 질량 분석계

가속된 이온의 운동 에너지는 다음과 같다.

$$\frac{1}{2}mv^2 = zV \qquad \text{식 3.16}$$

이때, m은 이온의 질량, v는 이온의 속도, z는 이온의 전하, V는 이온-가속판 사이의 전위차를 나타낸다. 이온은 **자기 부채꼴**(magnetic sector) 질량 분석계의 자극(pole of a magnet) 사이를 통과한다(그림 3.11). 자기장의 존재 하에서 하전된 입자는 곡선 비행 경로를 그리며, 이 곡선 경로의 반지름을 산출하는 식은 다음과 같다.

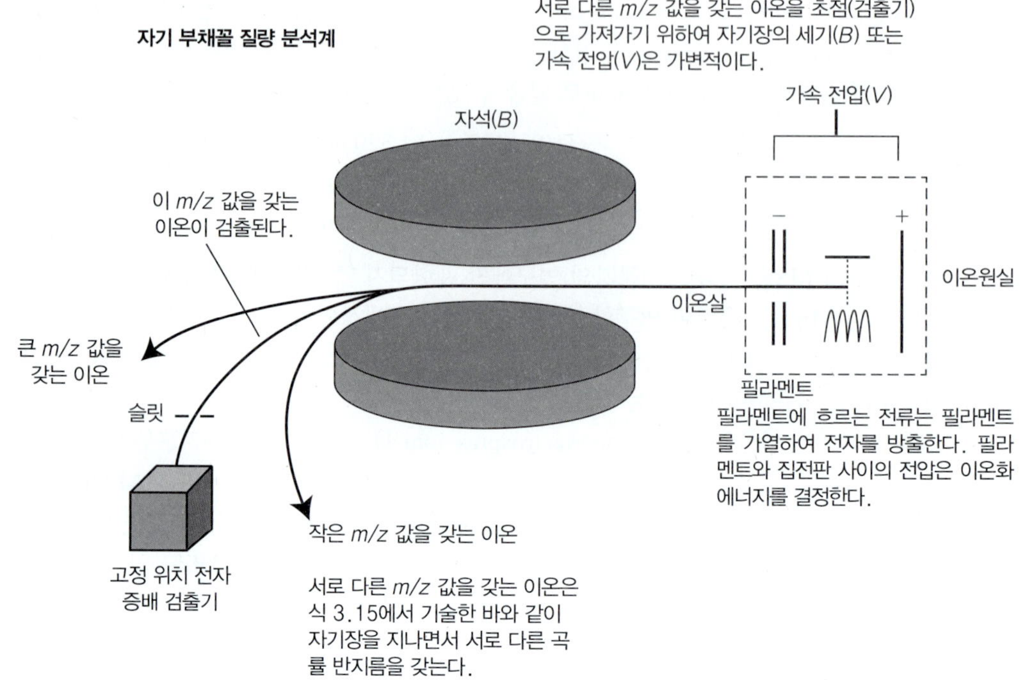

그림 3.11 자기 부채꼴 질량 분석계의 도식.

$$r = \frac{mv}{zB} \qquad \text{식 3.17}$$

이때, r은 곡선 경로의 반지름, B는 자기장의 세기를 나타낸다. 위의 두 식을 결합하여 속도를 제거하면 다음과 같은 결과를 얻는다.

$$\frac{m}{z} = \frac{B^2r^2}{2V} \qquad \text{식 3.18}$$

식 3.18에 나타낸 바와 같이, m/z 값이 클수록 곡선 경로의 반지름도 커진다. 기기 내의 분석관은 고정된 곡률 반지름을 갖도록 설계되어 있다. 적절한 m/z 값을 갖는 입자는 굽은 분석관을 통과하여 검출기에 도달한다. m/z 값이 너무 크거나 너무 작은 입자는 분석관의 측면에 부딪혀 검출기에 도달하지 못한다. 만약 한 가지 질량의 입자만을 검출할 수 있다면, 이 방법은 별로 흥미롭지 않을 것이다. 따라서 이온화실에서 생성된 모든 이온이 검출될 수 있도록 자기장의 세기가 연속적으로 변하여야 한다(*자기장 주사*라고 불린다). 검출기에서 얻어진 신호는 가로축에 m/z 값, 세로축에 이온수를 도시하는 형태로 기록된다.

질량 분석기에서 가장 중요한 것은 다음과 같이 정의되는 **분해능**(resolution)이다.

$$R = \frac{M}{\Delta M} \qquad \text{식 3.19}$$

이때, R은 분해능, M은 입자의 질량, 그리고 ΔM은 기기에 의하여 분별될 수 있는 질량 M을 갖는 입자와 그 다음으로 높은 질량을 갖는 입자와의 질량 차이를 나타낸다. 자기 부채꼴 분석계는 곡률 반지름과 슬릿 폭에 따라 10,000 정도 범위의 분해능을 갖는다.

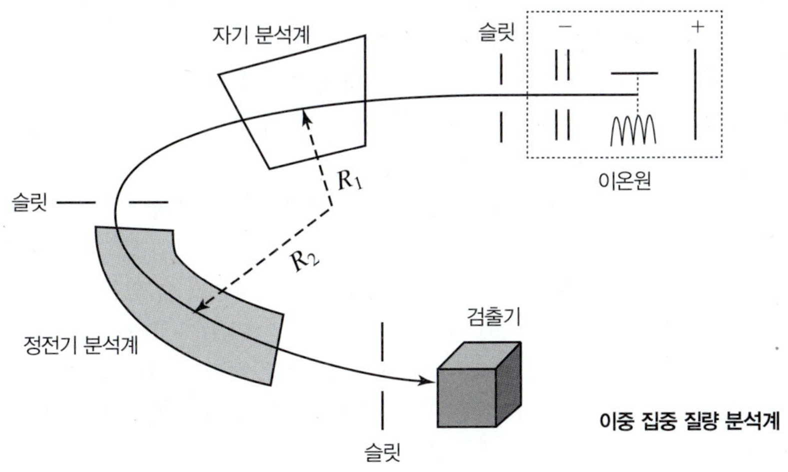

그림 3.12 이중 집중 질량 분석계의 도식.

B. 이중 집중 질량 분석계

많은 응용 분야에서는 훨씬 더 높은 분해능이 요구되며, 이와 같은 기본적인 자기 부채꼴 설계를 개선하여 더 높은 분해능을 얻을 수 있다. 사실상 오늘날 자기 부채꼴 분석계는 **이중 집중 질량 분석기**(double-focusing mass spectrometer)에서만 사용된다. 이온화실을 떠난 입자는 정밀하게 말해서 모두 다 동일한 속도를 가지고 있지는 않다. 따라서 이온살은 자기 부채꼴을 통과하기 전 또는 후에 전기장 영역을 통과한다(그림 3.12). 전기장의 존재 하에서 모든 입자는 같은 속도로 이동한다. 이와 같은 각각의 영역에서 입자는 곡선 경로를 그리게 되며, 질량 분석계의 분해능은 자기 부채꼴만을 사용했을 때보다 10배 이상 향상된다.

C. 사중 극자 질량 분석계

사중 극자 질량 분석계(quadrupole mass analyzer, 그림 3.13)에는 이온살의 진행 방향과 평행하게 네 개의 고체 막대가 배치되어 있다. 비록 실린더 형태의 막대가 사용될지라도 이 막대들의 단면은 쌍곡선형이어야 한다. 막대에 직류 전압(DC)과 무선진동수(RF)를 걸어주면, 그 결과 막대 사이에서 진동하는(oscil-

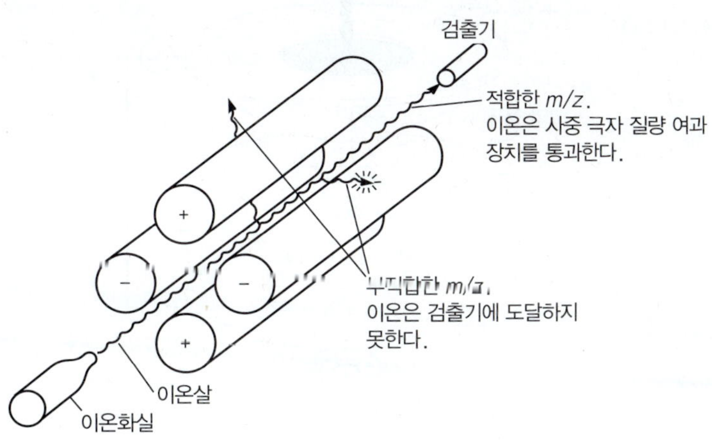

그림 3.13 사중 극자 질량 분석계.

lating) 정전기장이 발생된다. 직류 전압에 대한 무선진동수 진폭의 비율에 따라 이온은 이 정전기장에서 진동하게 된다. (너무 작거나 또는 너무 커서) 부적합한 질량 대 전하 비율을 갖는 이온들은 불안정한 진동을 하게 되고, 진동의 진폭은 입자가 막대 중의 하나에 충돌할 때까지 계속적으로 증가된다. 적절한 질량 대 전하 비율을 갖는 이온은 일정한 진폭으로 안정된 진동을 하며, "나선형"의 궤적을 그리면서 사중 극자 축을 빠져 나간다. 이와 같은 이온들은 사중 극자 막대와 충돌하지 않고 분석계를 통과하여 검출기에 도달한다. 자기 부채꼴 분석계와 마찬가지로 사중 극자 분석계 역시 높은 *m*/*z* 값으로부터 낮은 *m*/*z* 값으로 주사할 수 있다. 사중 극자 분석계는 "실험대 위에서 사용하는" 대부분의 GC-MS 시스템에 적용되며, 일부 사중 극자 분석계가 *m*/*z* 범위가 2000에 근접하는 LC-MS에 사용될 수 있을지라도 전형적으로는 0~1000 정도 *m*/*z* 범위에서 사용된다. 사중 극자 질량 분석기는 저분해능(*R*~3000)을 갖는 기기이며, 따라서 시료의 정확한 원소 조성을 제공해줄 수 없다. 하지만 상대적으로 가격이 저렴하여 다양한 응용 분야에 일반적으로 사용된다. 또 다른 단점은 주사 방식의 본질적 특성으로 인하여 자료 수집 속도가 상대적으로 느리다는 것이다.

사중 극자 **이온 트랩** 질량 분석계(quadrupole ion trap mass analyzer)는 GC-MS 기기에서 보편적으로 사용되는 질량 분석계이며, 앞에서 설명한 직선형 사중 극자와 비슷한 원리로 작동된다. 이온 트랩은 두 개의 쌍곡선 endcap 전극과 도넛 모양의 한 개의 고리 전극으로 구성되어 있다(endcap 전극들은 서로 연결되어 있다). 교류 전류(AC)(또는 DC)와 무선진동수 전위(RF potential)가 endcap 전극과 고리 전극 사이에 걸려 있다(그림 3.14). 직선형 사중 극자 분석계에서 서로 다른 *m*/*z* 값을 갖는 이온들은 RF와 직류 전압을 조절하여 사중 극자를 빠져나가게 할 수 있다. 이온 트랩에서 모든 *m*/*z* 값을 갖는 이온들은 트랩 안에서 일제히 동일한 중심축을 갖는 궤적 안에서 진동을 한다. RF 전위 훑음(sweeping, **역자주**. 일정한 범위의 RF 전위에 대하여 각 전위에서 실험을 진행하여 결과를 얻는 것)을 하면, 이온들은 검출기로 향하는 축 방향에 있는 트랩으로부터 방출되고, 불안한 궤적에 놓이게 되어 증가하는 *m*/*z* 값을 갖는 이온들이 제거되는 결과가 얻어진다. 이 과정을 **공명 방출**(resonant ejection)이라고 부른다. 이온 트랩 질량 분석계는 대체로 직선형 사중 극자 기기보다 감도가 약간 더 좋지만 서로 비슷한 분해능을 갖는다.

이온 트랩은 (트랩에 들어가기 전에 이온화되지 않은 중성 분자는 물론) 모든 *m*/*z* 값을 갖는 이온들을 일제히 포함하기 때문에, 이온 트랩 질량 분석계는 스펙트럼을 복잡하게 만드는 과부화 및 이온–분자 충

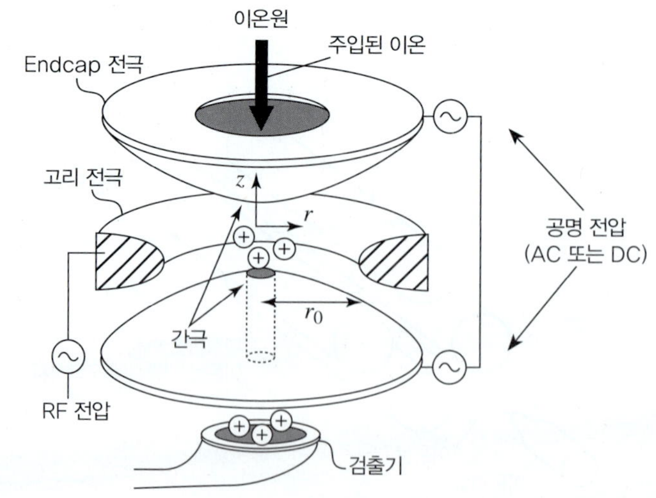

그림 3.14 사중 극자 이온 트랩 질량 분석기(인용 문헌: Gross, J. H., *Mass Spectrometer: A Textbook*, Springer, Berlin, 2004. 허가 후 게재).

돌에 대해서도 역시 감도가 좋다. 모든 시료 분자가 이온화되는 것은 아니라는 것을 기억하여라. 많은 분자는 전하를 띠지 않은 채 남아 있으며, 중성 화학종은 이온 트랩 안에서 무질서한 경로로 운동한다. 결과적으로 이온이 자신의 안정된 궤적을 따라 진동할 때, 이온과 이들의 충돌이 일어난다. 이와 같은 충돌로 인하여 화학 이온화 형태의 이온화가 일어난다(식 3.20). 이것을 때때로 *self*-CI(스스로 일어나는 화학 이온화)라고 부른다.

$$\underset{\text{토막 이온}}{(R-H)^+} + \underset{\text{중성 시료 분자}}{M} \longrightarrow \underset{\text{중성 또는 라디칼}}{R} + \underset{\text{양성자가 결합된 분자 이온}}{(M+H)^+} \qquad \text{식 3.20}$$

결과적으로 질량 스펙트럼에 비정상적으로 큰 $(M + H)^+$ 피크가 얻어진다. 그림 3.15에서 이와 같은 현상이 관찰된다. 표준 조건 하의 methyl dodecanoate의 EI-MS 스펙트럼에서 기본 피크는 m/z = 215이며, 이는 이온 트랩에서 이온−분자 충돌로 인해 생성된 $(M + H)^+$ 피크를 나타낸다. 이온화 효율을 증가시키거나, (적은 양의 시료를 주입하여) 이온 트랩 안의 이온수를 감소시킴으로써 또는 두 가지 방법을 모두 사용하여 이와 같은 self-CI 과정을 최소화시킬 수 있다. 그림 3.15의 다음 스펙트럼은 이온이 더 긴 시간 동안 머무를 수 있도록 최적화된 이온 트랩의 조건으로부터 얻은 것이다. 아직까지 (M + 1) 피크가 ^{13}C 동위원소의 기여(3.7절)에 의한 것보다 훨씬 크게 나오지만, 이 스펙트럼에는 M^+ 이온도 분명하게 나타난다. 훨씬 큰 (M + 1) 피크가 나타날지라도 다행히 컴퓨터를 사용하여 스펙트럼 자료집을 탐색하는 것에는 거의 영향을 미치지 못한다. 인쇄된 표준 스펙트럼과 시료 스펙트럼을 눈으로 점검하면 아주 다르게 보일 것이다. 미지 시료를 분석하고자 할 때, 분석 전에 분자식이나 또는 존재하는 작용기에 대해서 제시된 것이 없다면 self-CI 피크는 아주 골치 아픈 문제거리가 된다.

D. 비행 시간형 질량 분석계

비행 시간형 질량 분석계(time-of-flight mass analyzer)는 같은 순간에 생성되어 같은 운동 에너지를 갖는 이온들의 속도는 이온의 질량에 의존하여 변할 것이라는 간단한 개념에 기반하고 있다(가벼운 이온이 더 빠르다). 이온들이 질량 분석기의 검출기를 향하여 움직일 때 빠른(가벼운) 이온이 먼저 검출기에 충돌할 것이다. 이 개념을 좀 더 깊이 있게 검토하면, 전위 V로 가속되는 이온의 운동 에너지는 다음과 같다.

$$zV = \frac{mv^2}{2} \qquad \text{식 3.21}$$

이온의 속도는 비행 경로의 거리 L을 그 거리만큼 가는 데 걸리는 시간 t로 나누어준 것이다.

$$v = \frac{L}{t} \qquad \text{식 3.22}$$

이 식의 v를 식 3.21의 v에 대입하면 다음과 같은 새로운 식이 얻어진다.

$$zV = \frac{mL^2}{2t^2} \qquad \text{식 3.23}$$

식 3.23을 정리하여 다음과 같이 m/z를 얻을 수 있다.

$$\frac{m}{z} = \frac{2Vt^2}{L^2} \qquad \text{식 3.24}$$

비행 시간형 질량 분석계(그림 3.16)는 이온의 비행 시간(time-of-flight, TOF)을 마이크로초(μsec) 이하로 정확하게 측정하기 위하여 매우 빠른 전자 장치를 필요로 한다. 더욱이 모든 이온이 동시에 검출기를 향하여 이동을 시작할 수 있도록 TOF 시스템에 있는 이온들은 짧은 시간에 생성되어야만 하고, 잘 정립된 펄스이어야만 한다. 첫 번째 요구사항 때문에 TOF 기기가 최초로 1940~50년대에 개발되었음에도

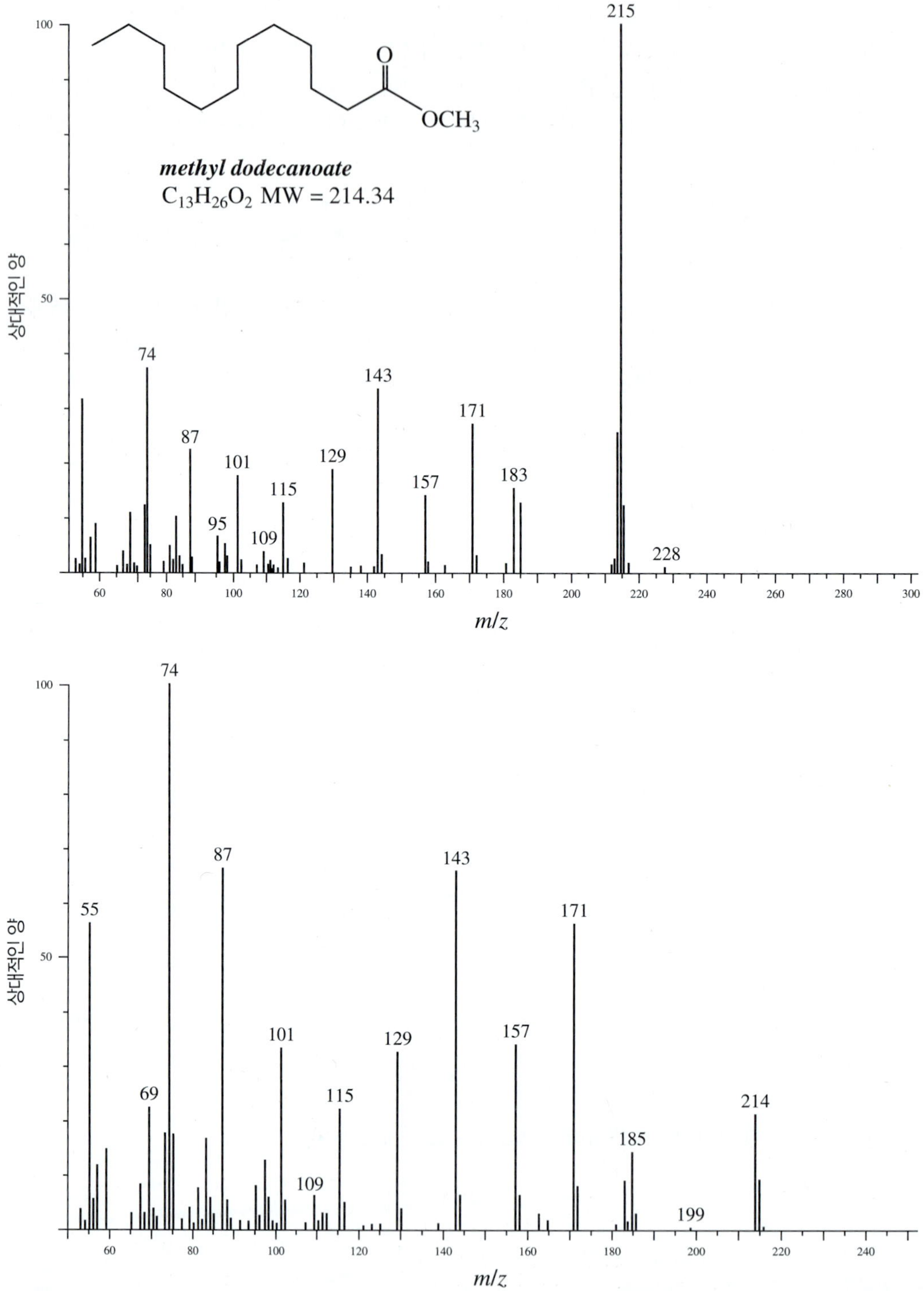

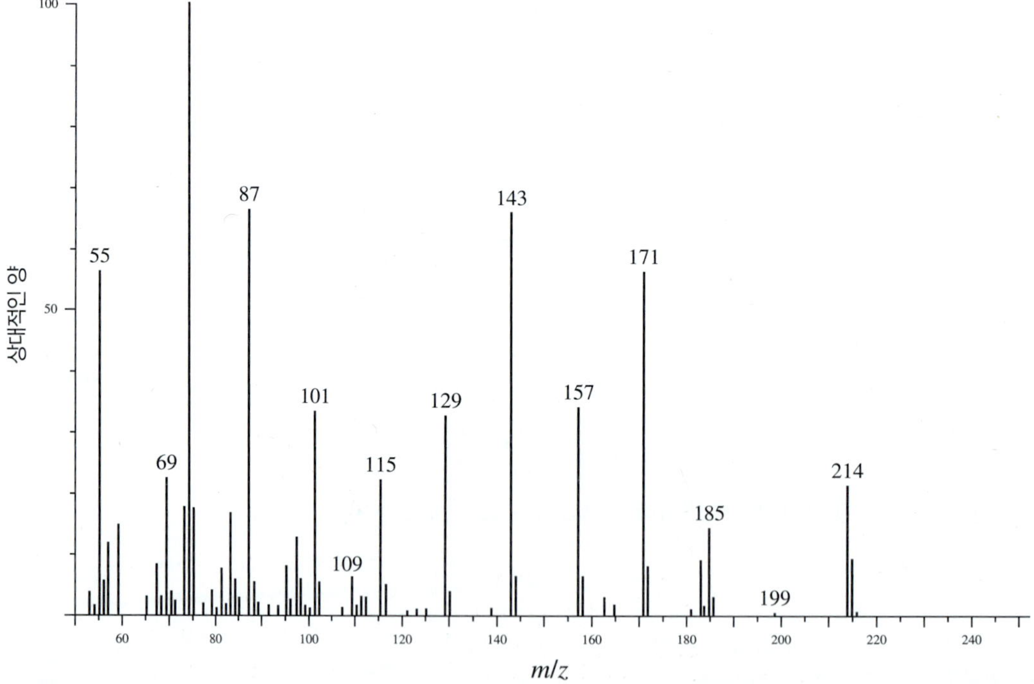

그림 3.15 표준 조건(위)과 이온-분자 충돌 및 self-CI를 최소화한 최적화된 조건(아래)에서 사중 극자 이온 트랩 질량 분석기를 사용하여 얻은 methyl dodecanoate의 EI-MS(Varian Inc.로부터 제공된 자료).

불구하고, 적절한 전자 회로 소자가 가격 대비 성능이 급격히 향상된 1980~90년대에 이르기까지 이 기기가 널리 쓰이지 못하였다. 두 번째 요구사항은 MALDI 이온화 기법에 아주 적합한 것이다. MALDI/TOF

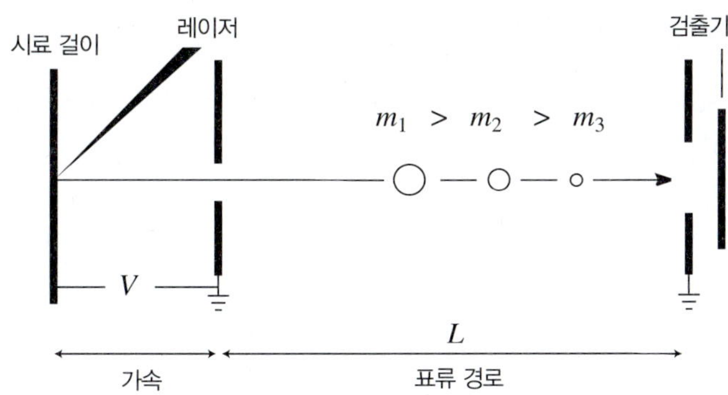

그림 3.16 MALDI/TOF 질량 분석기의 도식적인 표현.

질량 분석기는 생분자와 합성 중합체의 분석 분야에 아주 넓게 사용된다. TOF 질량 분석기는 이론적으로 제한된 질량 범위를 가지고 있지 않다. 이 질량 분석기는 감도가 높다. 실험 도중 이온의 일부가 "버려지는" 자기 부채꼴 또는 사중 극자 분석기와는 달리 (원리상) TOF 기기는 초기 펄스에 생성된 모든 이온을 분석할 수 있다. MALDI/TOF를 이용하여 300,000 amu의 분자량을 갖는 시료를 분석할 수 있으며, 아주 양이 적은 수백 amol(10^{-18} mol)의 물질로부터 질량 분석 자료를 얻을 수 있다.

비행 시간형 질량 분석계의 주된 단점은 본질적으로 낮은 분해능이다. TOF 기기의 질량 분해능(*R*, 식 3.19)은 이온의 비행 시간에 비례한다. 따라서 긴 표류관(drift tube)을 사용하여 분해능을 증가시킨다. 일반적으로 수 m 길이의 비행관이 고급 기기에 사용된다. 짧은 표류관을 사용하면 200~500 정도의 분해능만이 가능하다. 분해능을 증가시키기 위하여 이온 반사기(reflector)를 사용하여 TOF 분석계를 개선할 수 있다. 반사기는 이온 거울과 같이 거동하며, 질량 분석기의 자유 표류 영역 너머에 있는 전기장이다. 반사기를 사용하여 서로 약간 다른 운동 에너지를 갖는 이온들을 다시 집중시킬 수 있으며, 작은 각으로 맞추어 놓으면, 본래의 이온원을 향하여 반대 경로로 이온을 보낸다. 이것은 본질적으로 이온 비행 경로를 두 배로 만든다. 반사기 TOF 기기에서 수천의 질량 분해능이 가능하다. 사중 극자를 TOF 분석계(QTOF)와 결합하면 정밀 질량 결정에 대한 대부분의 경우에 대해 충분한 분해능을 제공한다(3.6절).

비행 시간형 질량 분석기는 비교적 간단하기 때문에 여러 분야에 이용할 수 있다. 1991년 걸프전(Gulf War)에서 이라크군이 미군에 대하여 화학 무기를 살포할 것인지에 대해 관심이 집중되었다. 이와 같은 가능성을 방지하기 위하여 미국 육군은 질량 분석기를 장착한 많은 궤도 차량을 포진시켰다. 질량 분석기를 사용하여 공기 시료를 채취한 후 분석하여 공기 중에 살포된 어떠한 독성 기체에 대해서도 사전 경고를 할 수 있도록 하였다. 기본적인 TOF 질량 분석기는 공항의 보안 검색대에서 폭발물이나 불법 약물의 잔류물 검출에도 사용된다. 수명이 짧은 물질 연구에 이 기기를 유용하게 사용할 수 있으므로, TOF 질량 분석기는 반응속도론 연구, 특히 매우 빠른 반응에 대한 연구에 유용하게 사용된다. 이 기법으로 연소나 폭발과 같은 매우 빠른 반응을 연구할 수 있다.

3.5 검출과 정량화: 질량 스펙트럼

대부분의 질량 분석기의 **검출기**(detector)는 이온들이 검출기에 충돌하는 수에 비례하여 전류를 생성하는 측정 기기로 구성되어 있다. 일반적인 실험에서 정확하게 몇 개의 이온이 검출기에 충돌할 것인가에 대하여 고민하기 전까지 이것은 꽤 합리적인 것처럼 들린다. EI GC-MS를 사용하여 작은 유기 분자(MW = 250)를 분석하는 전형적인 응용을 생각해보자. 주입되는 1.0 mg/mL의 시료 1.0 μL에는 대략 3.6 × 10^{15}

개의 분자가 포함되어 있다. GC가 1:100 비율(1/100)의 분할 방식으로 작동한다고 가정하면, 오직 3.6 × 10^{13}개의 분자만이 크로마토그래피 컬럼으로 들어간다. GC 피크의 앞부분에서 얻어진 질량 스펙트럼은 용리되는 물질의 10%(1/10)만을 나타낼 수 있고, 1000개의 분자 중에서 한 개(1/1000)만이 이온으로 전환되면, 3.6 × 10^{9}개의 이온이 이용 가능하다. 이것 역시도 아직까지 전하를 띤 입자가 많은 것처럼 보인다. 그러나 기다려라! 주사 분석기에서 대부분의 이온은 검출기에 도달하지 못한다. 예를 들어, 질량 분석계가 35~300 *m*/*z*의 범위를 측정할 때, 대부분의 이온들은 사중 극자 막대에서 전하를 잃는다. 이와 같은 경우에 주어진 어떠한 *m*/*z* 값의 이온은 300번에 단 한 번(1/300) 분석계를 지나간다. 분명히, 질량 스펙트럼에서 각각의 피크는 아주 작은 전기 신호를 나타내며, 검출기는 이와 같은 미소 전류를 증폭할 수 있어야만 한다.

전자 증배관 회로(electron multiplier circuit)를 사용하여, 검출기에 충돌하는 한 개의 이온에 의하여 생성되는 전류까지도 매우 정확하게 측정할 수 있다. 이 검출기의 기본 개념은 질량 분석계로부터 방사된 이온의 경로에 있는 금속 컵인 Faraday 컵의 간단한 개념이다. 한 개의 이온이 전자 증배관의 표면에 충돌할 때, 두 개의 전자가 튀어나온다. 검출기의 앞부분과 뒷부분 사이에 걸린 약 2 kV의 전위차로 인하여 전자들은 전자 증배관 안쪽으로 더욱 깊숙이 들어갈 수 있으며, 거기에서 각 전자들은 또 다시 표면에 충돌하여 각 충돌이 일어날 때마다 두 개씩 추가적인 전자를 방출한다. 이 과정은 전자 증배관의 끝에 도달할 때까지 계속되며, 전류는 데이터 시스템에 의해 분석되고 기록된다. 방금 기술한 신호 증폭은 2^n배가 될 것이다. 이때, *n*은 전자 증배관 표면에 충돌한 횟수를 나타낸다. 전형적인 전자 증배관은 신호를 10^5~10^6배 증가시킨다. 두 가지 유형의 전자 증배관을 그림 3.17에 나타내었다. 굽은 형태의 전자 증배관은 이온 경로를 짧게 만들기 때문에 결과적으로 잡음이 적은 신호가 얻어진다. 광전자 증배관(photomultiplier) 검출기는 전자 증배관과 유사한 원리로 작동된다. 광전자 증배관에서는 이온이 형광막에 충돌하며, 충돌된 이온의 수에 비례하여 광자(photon)가 방출되는 것이 전자 증배관과 다른 점이다. (전류 대신) 빛의 세기가 데이터 시스템에 의해 분석되고 기록된다.

검출기로부터의 신호가 **기록기**(recorder)에 옮겨지면 이것이 곧 질량 스펙트럼(mass spectrum)이 된다. 최근의 기기는 검출기의 출력을 연결 장치(interface)를 통하여 컴퓨터로 보낸다. 컴퓨터는 결과를 저장하며, 표 또는 그림 형태로 출력할 수도 있고, 컴퓨터에 저장된 스펙트럼 자료집의 표준 스펙트럼과 비교할 수도 있다.

그림 3.18은 전형적인 질량 스펙트럼으로, 중추 신경계의 신경 전달 물질로 작용하는 dopamine의 질

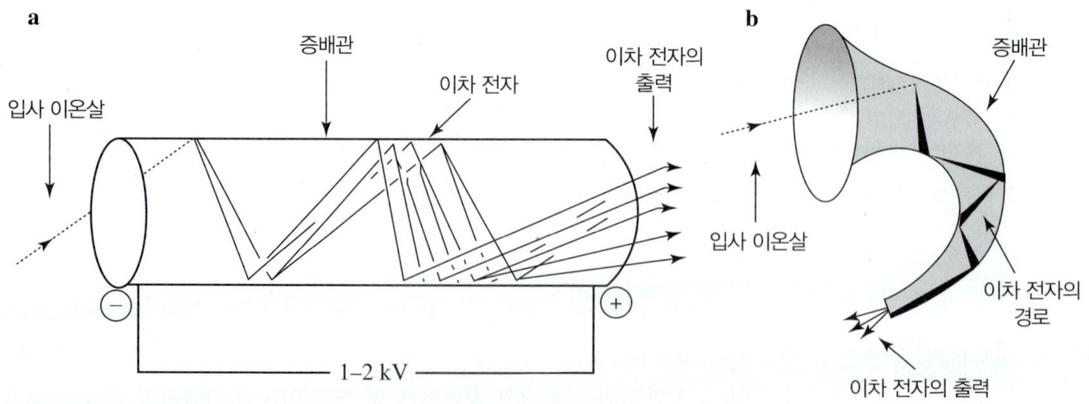

그림 3.17 (a) 선형 채널 전자 증배관과 (b) 굽은 채널 전자 증배관(인용 문헌: Gross, J. H., *Mass Spectrometer: A Textbook*, Springer, Berlin, 2004. 허가 후 게재).

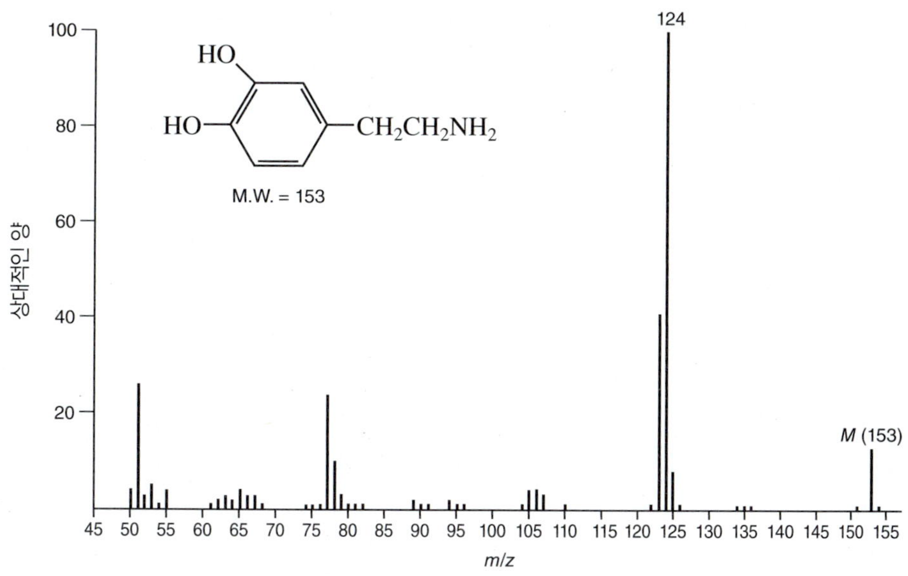

그림 3.18 Dopamine의 EI-MS의 일부분.

량 스펙트럼이다. 질량 스펙트럼의 *x*축은 *m*/*z*의 값이며, *y*축은 이온의 상대적인 양이다. 질량 스펙트럼의 결과는 표 3.2에 나타낸 바와 같이 표로 나타낼 수도 있다. 이온화실에서 생성된 가장 양이 많은 이온은 질량 스펙트럼 상에서 가장 큰 피크로 나타나는데, 이 피크를 **기본 피크**(base peak)라고 한다. Dopamine의 질량 스펙트럼에서 기본 피크는 124의 *m*/*z* 값에 나타난다. 스펙트럼의 세기는 기본 피크를 100으로 정규화(normalized)한 후, 다른 이온들의 피크 세기는 기본 피크에 대한 상대적인 양(백분율)으로 기록된다. *m*/*z* 범위는 전형적으로 35~40에서 시작한다. 이는 기체나 작은 alkyl 토막에 의해 발생하는 배경 이온으로부터 얻어진 작은 질량을 갖는 토막의 강한 피크를 제거하기 위함이다. CI 조건에서 자료를 수집할 때, *m*/*z* 범위의 시작점을 약간 상향 조정하여 시약 기체로부터 얻어진 큰 피크들을 제거한다.

앞에서 언급한 바와 같이 EI-MS의 이온화실에서 전자살은 시료 분자 일부를 양이온으로 전환시킨다. 분자에서 단순히 하나의 전자만을 제거하면 이온이 생기며, 이것의 질량은 원래 분자의 실제 분자량과 같다. 이와 같은 이온을 **분자 이온**(molecular ion)이라 하고, 일반적으로 $\mathbf{M^+}$ 또는 $\mathbf{M^{\bullet+}}$로 표시한다. 엄밀히 말하여 분자 이온은 **라디칼 양이온**(radical cation)이다. 왜냐하면 이 분자 이온은 양전하를 가질 뿐만 아니라 짝을 짓지 않은 하나의 전자(홀전자)를 가지고 있기 때문이다. 한 개의 전자만을 잃고 생긴 이온이라고 가정하면, 질량 스펙트럼 상에 나타난 분자 이온의 *m*/*z* 값은 원래 분자의 분자량이 된다. 만약 질량 스펙트럼에서 분자 이온 피크를 규명할 수 있다면, 미지 물질의 분자량을 결정하기 위하여 스펙트럼을 이용할 수 있을 것이다. 우선 무거운 동위원소를 무시한다면, 분자 이온 피크는 질량 스펙트럼에서 가장 큰 *m*/*z* 값을 갖는 피크이다. 이것을 그림 3.18의 그래프에 나타내었다(*m*/*z* = 153).

자연계에 존재하는 분자는 동위원소를 가지고 있다. 사실 모든 원자는 자연계에서 고유한 자연계 존재비로 존재하는 더 무거운 동위원소를 가지고 있다. 수소는 주로 ^{1}H로 나타나지만 수소 원자의 약 0.02%는 동위원소 ^{2}H이다. 탄소는 보통 ^{12}C이지만 탄소 원자의 약 1.1%는 동위원소 ^{13}C이다. 플루오린과 일부 다른 원소를 제외한 대다수 원소들은 자연계에 일정한 비율의 동위원소를 가지고 있다.

이와 같은 무거운 동위원소를 갖는 이온에 의한 피크도 질량 스펙트럼에 나타난다. 동위원소 피크의 상대적인 양은 자연계에 있는 동위원소 존재비에 비례한다. 대부분 동위원소는 "정상" 원자의 질량보다 질량 단위로 1 또는 2만큼 큰 값에 나타난다. 그러므로 분자 이온 피크(M^+) 이외에, ***M* + 1**, ***M* + 2** 피크의

표 3.2 Dopamine의 EI-MS. 그림 3.18에 있는 결과를 표로 나타냄

m/z	상대적인 양	*m/z*	상대적인 양	*m/z*	상대적인 양
50	4.00	76	1.48	114	0.05
50.5	0.05	77	24.29	115	0.19
51	25.71	78	10.48	116	0.24
51.5	0.19	79	2.71	117	0.24
52	3.00	80	0.81	118	0.14
52.5	0.62	81	1.05	119	0.19
53	5.43	82	0.67	120	0.14
53.5	0.19	83	0.14	121	0.24
54	1.00	84	0.10	122	0.71
55	4.00	85	0.10	123	41.43
56	0.43	86	0.14	124	100.00(기본 피크)
56.5	0.05(준안정 피크)	87	0.14	125	7.62
57	0.33	88	0.19	126	0.71
58	0.10	89	1.57	127	0.10
58.5	0.05	89.7	0.10(준안정 피크)	128	0.10
59	0.05	90	0.57	129	0.10
59.5	0.05	90.7	0.10(준안정 피크)	131	0.05
60	0.10	91	0.76	132	0.19
60.5	0.05	92	0.43	133	0.14
61	0.52	93	0.43	134	0.52
61.5	0.10	94	1.76	135	0.52
62	1.57	95	1.43	136	1.48
63	3.29	96	0.52	137	0.33
64	1.57	97	0.14	138	0.10
65	3.57	98	0.05	139	0.10
65.5	0.05	99	0.05	141	0.19
66	3.14	100.6	0.19(준안정 피크)	142	0.05
66.5	0.14	101	0.10	143	0.05
67	2.86	102	0.14	144	0.05
67.5	0.10	103	0.24	145	0.05
68	0.67	104	0.76	146	0.05
69	0.43	105	4.29	147	0.05
70	0.24	106	4.29	148	0.10
71	0.19	107	3.29	149	0.24
72	0.05	108	0.43	150	0.33
73	0.14	109	0.48	151	1.00
74	0.67	110	0.86	152	0.38
74.5	0.05	111	0.10	153	13.33(분자 이온)
75	1.00	112	0.05	154	1.48
75.5	0.14	113	0.05	155	0.19

위치도 찾아내려고 노력해야 한다. 3.6절에서 논의하겠지만, 이와 같은 $M + 1$, $M + 2$ 피크의 상대적 양은 연구하고자 하는 물질의 분자식을 결정하는 데 사용된다. 그림 3.18에서 동위원소 피크는 분자 이온 피크보다 큰 m/z 값(154, 155)에서 약한 세기로 나타난다(표 3.2 참조).

이온화실에서 전자살에 의하여 분자 이온이 생성될 수 있음을 살펴보았다. 이 전자살은 또한 분자 내 특정 결합을 끊기에 충분하여 일련의 분자 토막(molecular fragment)을 만들어낸다. 이렇게 형성된 양전하를 띤 토막은 이온화실에서 가속되어, 질량 분석계를 통과하고, 검출되어 (기록기에서) 질량 스펙트럼으로 기록된다. 이와 같은 **토막 이온**(fragment ion)은 각각의 질량에 해당하는 m/z 값에 나타난다. 아주 흔하게 질량 스펙트럼에서 어미 이온(parent ion)보다는 토막 이온들이 가장 많은 양으로 나타난다. 두 번째로, 일단 형성된 분자 이온이 매우 불안정하여 이온화실의 가속 영역으로 들어가기 전에 분해된다면, 토막 이온이 생기게 된다. 이와 같은 종류의 토막나기에서 대체로 수명은 10^{-6}초 이하이다. 그런 후에 하전된 토막은 질량 스펙트럼에 토막 이온으로 나타난다. 질량 스펙트럼에서 토막나기 패턴을 연구함으로써 물질의 구조에 대한 많은 정보를 얻을 수 있다. 제4장에서 일반적인 화합물에 대한 토막나기 패턴을 다룰 것이다.

10^{-6}초의 수명을 갖는 이온은 분해되기 전에 이온화실에서 가속된다. 이와 같은 이온들은 질량 분석기의 *분석계 영역을 통과하*는 동안에 분해될 수도 있다. 이때 생성된 토막 이온은 보통의 이온보다 꽤 낮은 에너지를 갖게 된다. 왜냐하면 이온이 가속될 때 이온이 받은 운동 에너지의 일부를 원래 이온 중 하전되지 않은 부분이 가져가 버렸기 때문이다. 그 결과 분석계에서 생성된 토막 이온은 검출기로 가는 도중 비정상적인 비행 경로를 따르게 된다. 이 이온을 형성시킨 원래 이온의 질량과 이 이온 자체의 질량에 따른 m/z 값에서 피크가 나타난다. 이와 같은 이온은 질량 스펙트럼에서 **준안정 이온**(metastable ion) **피크**라고 불린다. 준안정 이온 피크는 대개 폭이 넓고 정수값이 아닌 m/z 값에서 빈번하게 나타난다. 원래 이온의 질량과 질량 스펙트럼에서 준안정 이온 피크의 위치와의 관계는 다음 식과 같다.

$$m_1^+ \longrightarrow m_2^+ \qquad \text{식 3.25}$$

$$m^* = \frac{(m_2)^2}{m_1} \qquad \text{식 3.26}$$

이때, m^*는 질량 스펙트럼에서 준안정 이온의 겉보기 질량, m_1은 토막이 유래된 원래 이온의 질량, m_2는 새로운 토막 이온의 질량을 나타낸다. 준안정 이온 피크의 존재는 두 개의 이온을 서로 명확하게 연계시키므로 어떤 경우에는 준안정 이온 피크를 유용하게 이용할 수 있다. 준안정 이온 피크를 이용하면 제안된 토막나기 패턴을 증명하거나 구조 증명 문제의 풀이에 도움이 된다.

3.6 분자량 결정

3.3절에서 고에너지 전자살이 시료 분자의 흐름에 부딪힐 때 분자들의 이온화가 일어남을 알았다. 그 결과 생긴 **분자 이온**들은 가속되어 자기장에 보내져 검출된다. 만약 분자 이온들의 수명이 적어도 10^{-5}초라면 이들은 토막나지 않고 검출기에 도달한다. 분자 이온에 해당하는 m/z 값을 관찰함으로써 시료 분자의 분자량을 결정할 수 있다.

실제 분자량 결정은 앞에서 설명한 것과 같이 그렇게 쉬운 일은 아니다. 첫째, 질량 분석기에서 가속된 이온의 질량값은 화학적 원자량을 사용하여 얻은 평균 분자량(**역자주**. 분자 1 mol의 질량)이 아니라 한 개의 이온에 들어 있는 각 원자들의 질량을 합한 참질량(true mass, **역자주**. 분자 한 개의 실제 질량)이라는 것을 알아야 한다. 화학적 원자량은 주어진 원소에 대한 모든 동위원소의 질량에 대한 산술 평균값이다. 일반적으로 질량 분석기는 가장 흔한 원소가 결합된 입자와 그보다 무거운 동위원소가 결합된 입자의 질량을 구별할 수 있다. 결과적으로 분자 이온으로 관찰된 질량은 모든 성분 원자가 원소 중에서 가장 흔한 원소로 이루어진 분자의 질량에 해당한다. 둘째, 전자에 의해 폭격을 받은 분자들은 토막 이온들로 쪼개질 수 있다. 이와 같은 토막나기의 결과 질량 스펙트럼은 다양한 *m*/*z* 값에 나타나는 피크를 갖는 매우 복잡한 스펙트럼이 될 수 있다. 추측하는 피크가 토막 이온의 피크가 아니라 분명한 분자 이온의 피크인가를 확신하기 위하여 많은 주의를 기울여야 한다. 분자 이온이 다소 불안정하여 쉽게 토막나는 경우와 같이 분자 이온의 양이 적을 때는 특히 조심하여야 한다. 질량 스펙트럼에서 검출된 이온의 질량들은 정확하게 측정되어야 한다. 질량 스펙트럼의 피크 할당 과정에서 단지 1 질량 단위(1 amu)에 오류가 생겨도 구조 결정은 불가능하게 된다.

특정 피크가 분자 이온에 해당함을 확인하기 위한 한 가지 방법은 이온화 전자살의 에너지를 변화시키는 것이다. 만약 이 전자살의 에너지가 작아지면 분자 이온이 토막나는 경향도 줄어든다. 그 결과 분자 이온 피크의 세기는 전자살의 에너지가 감소함에 따라 증가하게 되는 반면, 토막 이온 피크의 세기는 감소하게 된다. 분자 이온 피크에 대하여 다음 사실들이 적용되어야 한다.

1. 더 큰 질량에서 나타나는 동위원소 피크를 제외하고, 분자 이온 피크는 스펙트럼에서 가장 큰 질량의 이온에 해당하여야 한다. 동위원소 피크의 세기는 일반적으로 분자 이온 피크보다 훨씬 약하다. 대부분 스펙트럼 연구에 사용되는 시료의 압력에서 이온과 분자가 충돌하여 보다 무거운 입자를 형성할 가능성은 매우 적다. (특히 GC-MS 스펙트럼에서) 컬럼 용출(column bleed)의 결과로 생기는 배경 이온을 분간하기 위하여 세심한 주의를 기울여야 한다(**역자주**. 컬럼 용출은 GC 모세관에 사용되는 silicone 기반의 정지상이 분해되면서 생성되는 작은 화합물의 지속적인 용리를 일컫는다).
2. 분자 이온은 홀수개의 전자를 가져야 한다. 분자가 전자살에 의하여 이온화되면, 한 개의 전자를 잃고 라디칼 양이온이 된다. 이 이온의 전하는 +1이고 홀수개의 전자를 갖는 이온이 된다.
3. 이온은 논리적인 중성 토막의 손실로 인하여 스펙트럼에서 중요한 토막, 특히 상대적으로 큰 질량의 토막을 만들 수 있어야 한다. (M − 3)~(M − 14) 범위와 (M − 21)~(M − 25) 범위에 있는 토막 이온은 합리적인 손실이 아니다. 유사하게, 토막 이온은 분자 이온보다 더 많은 수의 특정 원소

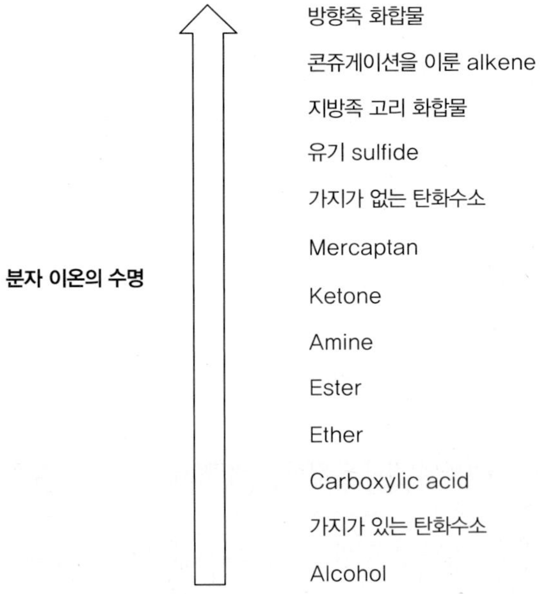

의 원자를 가질 수 없다. 제4장에서 이 토막나기 과정에 대해서 상세하게 설명할 것이다.

예상되는 분자 이온의 측정 존재비는 추정된 분자 구조를 근거로 한 기대값과 일치하여야 한다. 가지가 많은 화합물은 매우 쉽게 토막난다. 따라서 가지가 많은 화합물은 분자 이온 피크가 강하게 나타나지 않는다. 분자 이온들의 수명은 다음의 일반화된 순서에 따라 변한다.

주어진 피크가 분자 이온에 해당하는가를 확인하기 위하여 때때로 사용되는 규칙으로 이른바 **질소 규칙**(Nitrogen Rule)이 있다. 이 규칙에 의하면, 만약 화합물이 질소 원자를 짝수개(또는 0개) 가지고 있다면, 이 화합물의 분자 이온은 짝수 질량값에 나타난다는 것이다. 반면, 질소 원자를 홀수개 가지고 있는 분자는 홀수 질량을 갖는 분자 이온을 생성할 것이다. 질소 규칙은 질소의 질량은 짝수이지만 원자가(valence)는 홀수라는 사실에서 유래되었다. 결과적으로 여분의 수소 원자가 분자의 한 부분으로 포함되면서 분자가 홀수 질량을 가지게 된다. 이 효과를 설명하기 위하여 ethylamine($CH_3CH_2NH_2$)을 살펴보자. 이 물질은 한 개의 질소 원자를 가지며 질량은 홀수(45)이다. 반면에 ethylenediamine(H_2N-CH_2-CH_2-NH_2)은 두 개의 질소 원자를 가지며 질량은 짝수(60)이다.

Cl 원자나 Br 원자를 갖는 분자를 연구할 때는 주의하여야 하는데, 왜냐하면 이들 원소는 일반적으로 두 가지 동위원소를 가지고 있기 때문이다. Cl에는 질량 35(상대 존재비 = 75.77%)와 질량 37(상대 존재비 = 24.23%)의 동위원소가 있으며, Br에는 질량 79(상대 존재비 = 50.5%)와 질량 81(상대 존재비 = 49.5%)의 동위원소가 있다. 이와 같은 원소가 존재할 때는 분자 이온 피크와 무거운 halogen 동위원소가 들어 있는 분자 이온 피크를 혼동하지 않도록 세심한 주의가 필요하다. 이것은 3.7B절에서 추가적으로 다룰 것이다.

질량 분석법에서 많은 경우 질량 스펙트럼에서 분자 이온을 관찰할 수 있다. 일단 스펙트럼에서 분자 이온 피크를 확인하였다면, 분자량 결정의 문제는 해결된다. 그러나 불안정한 분자 이온을 형성하는 분자에서는 분자 이온의 피크를 관찰하지 못할 수도 있다. 수명이 10^{-5}초 미만의 분자 이온은 가속되기 전에 토막으로 나누어진다. 이와 같은 경우에 관찰되는 유일한 피크는 토막 이온들에 의한 것이다. 이와 같은 많은 경우에 온화한 조건에서 CI 방법을 사용하여 유사 분자 이온 $(M + H)^+$을 검출할 수 있다. 간단하게 여분의 수소 원자에 대한 1 질량 단위를 빼줌으로써 화합물의 분자 질량을 결정할 수 있다. 이 방법으로 분자 이온을 검출할 수 없으면 특정한 부류의 화합물에 대하여 알려진 토막나기 패턴에 근거를 두고 물질의 분자량을 유추하여야 할 것이다. 예를 들어, alcohol은 매우 쉽게 탈수(dehydration)된다. 따라서 분자 이온은 질량 분석계로 가속되기 전에 중성 토막인 물을 잃어버린다(질량 18). Alcohol에 대한 분자 이온의 질량을 결정하려면, 가장 무거운 토막을 찾아 그것의 질량에 18을 더할 필요가 있다는 것을 명심하여야 한다. 유사하게, acetate ester 역시 쉽게 acetic acid(질량 60)를 잃어버린다. 만일 acetic acid를 잃어버리면, 분자 이온의 질량은 가장 무거운 토막의 질량보다 60 질량 단위만큼 더 클 것이다.

산소 화합물은 매우 안정한 oxonium 이온을, 질소 화합물은 ammonium 이온을 형성하기 때문에, 이온-분자 충돌은 분자 이온의 질량보다 질량 단위 1이 큰 피크를 형성한다. 이것은 3.4절에서 이온 트랩 질량 분석계를 논의할 때 다룬 self-CI를 지칭한다. 때때로 이온−분자 생성물의 형성은 산소나 질소 화합물의 분자량 결정에 도움이 된다. 하지만 미지 시료의 스펙트럼에서 진짜 분자 이온을 결정하기 위하여 노력할 때, 이와 같은 self-CI는 때때로 혼동스럽다.

3.7 분자식 결정

A. 정밀 질량 결정

고분해능 질량 분석기의 가장 중요한 응용은 아마도 물질의 분자량을 아주 정확하게 결정하는 것이다. 보

표 3.3 몇 가지 물질에 대한 분자량과 정밀 질량의 비교

분자식(MF)	분자량(MW)(g/mol)	정밀 질량
C_3H_8O	60.1	60.05754
$C_2H_8N_2$	60.1	60.06884
$C_2H_4O_2$	60.1	60.02112
CH_4N_2O	60.1	60.03242

통 원자는 정수의 질량수를 갖는다고 우리는 생각하고 있다. 예를 들어, H = 1, C = 12, O = 16 등이다. 그러나 아주 정밀하게 원자량을 측정할 수 있다면, 이것은 사실이 아님을 알 수 있다. 1923년 Aston은 모든 동위원소의 질량에는 작은 "질량 결손(mass defect)" 특성이 있는 것을 발견하였다. 각 원자의 질량은 실제로 *핵채움 비율*(nuclear packing fraction)로 알려진 양만큼 전체의 질량수와 차이가 있다. 몇 가지 원자들의 실제 질량을 표 3.4에 나타내었다.

분자에 들어 있는 원소에 따라 결정되는 명목상의 질량(nominal mass)이 서로 같은 입자일지라도 아주 정밀하게 측정할 수 있다면, 측정된 질량에 근소한 차이가 나타날 수 있다. 예를 들어, 분자량이 60.1 g/mol인 분자는 C_3H_8O, $C_2H_8N_2$, $C_2H_4O_2$, CH_4N_2O 등이 될 수 있다(표 3.3). **저분해능 질량 스펙트럼**(low-resolution mass spectrum, LRMS)으로는 이와 같은 화학식들을 구별할 수 없다. 그러나 원소들에 대한 가장 흔한 동위원소의 질량을 사용하여 각 화학식에 대한 정밀 질량을 계산하면, 화학식들 사이에 소수 둘째 자리 또는 셋째 자리에서 질량 차이가 나타난다. 질량이 60.058인 분자 이온이 관찰되면, 미지 분자가 C_3H_8O임이 확인되는 것이다. 이와 같은 피크들을 구별하기 위해서는 약 5320의 분해능을 가지고 있는 기기가 필요한데, 이것은 요즘의 질량 분석기로 가능하다. 최신 기기를 사용하여 20,000 이상의 분해능을 얻을 수도 있다. **고분해능 질량 스펙트럼**(high-resolution mass spectrum, HRMS)으로 분자 이온의 정확한 질량을 측정할 수 있는 것은 물론, 물질의 정확한 분자식을 알 수 있다. 보통의 고분해능 기기로 이온의 m/z 값을 소수 넷째 또는 다섯째 자리까지 측정할 수 있다. 이와 같은 정밀도로 정밀 질량이 측정되면 (동위원소를 포함하는 화학식을 제외하고) 오로지 한 개의 화학식만이 자료에 적합하게 된다. 고분해능 질량 스펙트럼은 합성 화학자는 물론 천연물을 분리하고 구조 결정 연구를 하거나 약물의 대사 연구를 하는 연구자들에게 매우 유용하다. 질량 분석법으로 분자량을 결정할 때의 정밀도와 제1장 1.2절에서 설명한 화학적 방법에 의한 분자량 결정의 정밀도를 비교해 보면 흥미롭다. 화학적 방법은 단지 두 개 또는 세 개의 유효 숫자(±0.1~1%) 정도의 정확도인데 반하여, 질량 분석법에 의한 분자량은 약 ±0.005%의 정확도로 결정될 수 있다. 확실히 질량 분석법은 화학적 방법에 의한 분자량 결정법보다 훨씬 더 정밀하다. 몇 가지 일반적인 원소들의 정밀 질량 값을 표 3.4에서 찾을 수 있다.

B. 동위원소 비율 자료

앞 절에서 고분해능 질량 분석기에서 나온 자료를 이용하여 분자식을 결정하는 방법을 기술하였다. 분자식을 결정하는 또 다른 방법은 분자 이온 피크에 대해 1 이상의 질량 단위가 무거운 동위원소가 포함된 이온(분자 이온 다발) 피크의 상대적 세기를 조사하는 것이다. 이 방법은 고분해능 질량 분석기를 마음대로 쓸 수 있는 연구자나 정확한 질량 분석을 위해 분석 실험실에 시료를 의뢰하는 연구자들이 일반적으로 쓰는 방법은 아니다. 그럼에도 불구하고 분자 이온 다발의 사용으로 훨씬 더 비싼 고분해능의 기기가 요구되지 않은 채, 상대적으로 빠르게 분자식을 결정할 수 있기 때문에 쓸모가 있다. 물론 분자 이온 피크가 매우

표 3.4 몇 가지 일반적인 원소들의 정밀 질량

원소	원자량	핵	질량
수소	1.00797	^{1}H	1.00783
		^{2}H	2.01410
탄소	12.01115	^{12}C	12.0000
		^{13}C	13.00336
질소	14.0067	^{14}N	14.0031
		^{15}N	15.0001
산소	15.9994	^{16}O	15.9949
		^{17}O	16.9991
		^{18}O	17.9992
플루오린	18.9984	^{19}F	18.9984
규소	28.086	^{28}Si	27.9769
		^{29}Si	28.9765
		^{30}Si	29.9738
인	30.974	^{31}P	30.9738
황	32.064	^{32}S	31.9721
		^{33}S	32.9715
		^{34}S	33.9679
염소	35.453	^{35}Cl	34.9689
		^{37}Cl	36.9659
브로민	79.909	^{79}Br	78.9183
		^{81}Br	80.9163
아이오딘	126.904	^{127}I	126.9045

약하거나 없을 경우에는 이 방법의 유용성이 없다. 때때로 질량 스펙트럼에서 분자 이온 주변의 동위원소의 피크를 찾기 어려운 경우가 있으며, 이 방법으로 얻은 결과는 다소 부정확할 수도 있다.

분자 이온 피크의 세기와 동위원소를 갖는 이온들의 피크의 세기를 비교하여 분자식을 결정하는 방법을 설명하기 위하여 ethane(C_2H_6)을 예로 들어보자. Ethane에 가장 흔한 탄소와 수소의 동위원소(**역자주**. 즉 ^{12}C와 ^{1}H)가 존재할 때, 그것의 분자량은 30이다. 이 화합물의 분자 이온 피크는 스펙트럼에서 m/z = 30에 해당하는 곳에 나타나야 한다. 그러나 가끔 ethane 시료의 탄소 중 하나가 탄소의 동위원소인 ^{13}C로 되어 있는 분자를 관찰할 수 있다. 이 분자는 질량 스펙트럼에서 m/z = 31인 곳에 나타날 것이다. 자연계에서 ^{13}C의 상대적 존재비는 ^{12}C의 1.08%이다. 수많은 ethane 기체 시료의 분자 중에서 두 개의 탄소 중 어느 하나의 탄소가 ^{13}C일 경우의 비율은 1.08%이다. Ethane에는 탄소 원자가 두 개 있으므로, 질량 31의 ethane은 (2 × 1.08) = 2.16%이 된다. 따라서 m/z = 30에 나타나는 분자 이온 피크의 세기에 대해 2.16%의 세기로 m/z = 31인 곳에서 피크가 관찰될 것이다. 이 질량 31 피크를 $M + 1$ 피크라고 하는데, 왜냐하면 그 질량이 분자 이온의 피크보다 1 질량 단위만큼 더 크기 때문이다. 질량 31의 입자는 다른 방법으로 형성될 수도 있다는 것을 알아야 한다. Ethane의 수소 원자 중 하나를 중수소(^{2}H)로 치환하면, 이 분자 또한 질량 31을 가질 것이다. 자연계에서 중수소의 존재비는 ^{1}H 원자 존재비의 0.016%에 불과하다. 만일 중수소의 기여만을 생각한다면 $M + 1$ 피크의 세기는 분자 이온 피크 세기의 (6 × 0.016) = 0.096%가 될

표 3.5 보통 원소들과 동위원소들의 자연계 상대 존재비

원소	상대적인 양					
수소	^{1}H	100	^{2}H	0.016		
탄소	^{12}C	100	^{13}C	1.08		
질소	^{14}N	100	^{15}N	0.38		
산소	^{16}O	100	^{17}O	0.04	^{18}O	0.20
플루오린	^{19}F	100				
규소	^{28}Si	100	^{29}Si	5.10	^{30}Si	3.35
인	^{31}P	100				
황	^{32}S	100	^{33}S	0.78	^{34}S	4.40
염소	^{35}Cl	100			^{37}Cl	32.5
브로민	^{79}Br	100			^{81}Br	98.0
아이오딘	^{127}I	100				

것이다. 중수소에 의한 기여를 ^{13}C에 의한 기여에 더하면, 분자 이온 피크 세기의 2.26%에 해당하는 $M + 1$ 피크를 얻을 수 있다. 만약 ethane 분자의 두 탄소 원자가 모두 ^{13}C 원자로 치환되면 $m/z = 32$인 이온이 형성된다. 자연계의 ethane 시료 중에서 $^{13}C_2H_6$의 분자식이 존재할 확률은 $(1.08/100 \times 1.08/100) \times 100 = 0.01\%$이다.

분자 이온 피크의 질량보다 2 질량 단위만큼 더 큰 곳에 나타나는 피크를 $M + 2$ 피크라고 한다. Ethane의 $M + 2$ 피크의 세기는 분자 이온 피크 세기의 0.01%이다. 수소 원자 대신 치환된 두 개 중수소 원자의 기여는 $(0.016/100 \times 0.016/100) \times 100 = 0.00000256\%$로 무시할 만한 양이다. 분자 이온, $M + 1$과 $M + 2$ 피크의 비를 결정하기 위하여, 표 3.5에 일부 원자와 그 동위원소의 자연계에서의 존재비를 적어놓았다. 이 표에서 동위원소의 상대 존재비(relative abundance)는 가장 흔한 동위원소의 존재비를 100으로 하여 계산되었다.

주어진 분자식에 대하여 $M + 1$과 $M + 2$ 피크의 상대적 세기가 어떻게 고유한 값을 갖는지를 알아보기 위하여 질량 42인 propene(C_3H_6)과 diazomethane(CH_2N_2) 두 분자를 예로 들어보자. Propene은 $M + 1$ 피크의 세기는 $(3 \times 1.08) + (6 \times 0.016) = 3.34\%$이어야 하며, $M + 2$ 피크의 세기는 0.05%이어야 한다. 질소의 ^{15}N 동위원소의 자연계 존재비는 ^{14}N 원자의 존재비의 0.38%이다. Diazomethane에서는 $M + 1$ 피크의 상대적 세기가 분자 이온 피크 세기의 $1.08 + (2 \times 0.016) + (2 \times 0.38) = 1.87\%$일 것으로 예상되며, $M + 2$ 피크의 세기는 분자 이온 피크 세기의 0.01%가 될 것이다. 표 3.6에서 이와 같은 세기의

표 3.6 Propene과 diazomethane의 동위원소 비율

		상대적 세기		
화합물	분자 질량	M	$M + 1$	$M + 2$
C_3H_6	42	100	3.34	0.05
CH_2N_2	42	100	1.87	0.01

표 3.7 CO, N_2, C_2H_4의 동위원소 비율

화합물	분자 질량	상대적 세기		
		M	*M* + 1	*M* + 2
CO	28	100	1.12	0.2
N_2	28	100	0.76	
C_2H_4	28	100	2.23	0.01

비를 요약하였다. 이 표에서 두 분자가 동일한 분자량을 가지고 있지만, $M + 1$과 $M + 2$ 피크의 상대적 세기는 매우 다른 것을 알 수 있다.

표 3.7에서 질량 28인 세 물질, 즉 일산화탄소, 질소 분자, ethene의 분자 이온, $M + 1$, $M + 2$ 피크의 비율을 비교하였다. $M + 1$과 $M + 2$ 피크의 상대적 세기로 이와 같은 분자들을 구별할 수 있다.

분자가 점점 커지고 복잡해질수록 $M + 1$과 $M + 2$ 피크를 만들 수 있는 조합은 점점 많아진다. 특정한 원자들의 조합으로, 분자 이온 피크에 대한 이와 같은 피크의 상대적인 세기는 고유한 값을 갖는다. 따라서 동위원소 비율법(isotope ratio method)은 화합물의 분자식을 결정하는 데 이용될 수 있다. 또한 $M + 2$ 피크의 세기를 조사하는 것은 분자식에 있을 수 있는 원소에 관한 정보를 얻은 데 도움이 된다. 유난히 강한 $M + 2$ 피크는 미지의 물질에 황이나 규소가 존재한다는 것을 의미한다. ^{33}S과 ^{34}S의 상대적인 존재비는 각각 0.78과 4.40이며, ^{30}Si의 상대적인 존재비는 3.35이다. 숙련된 화학자라면 우선적으로 정상적인 피크보다 더 큰 $M + 2$ 피크로부터 황이나 규소가 존재한다는 암시를 알 수 있다. 염소와 브로민 역시 중요한 $M + 2$ 동위원소 피크를 갖는다. 다음에 따로 분리하여 이에 대하여 설명할 것이다.

탄소, 수소, 산소, 질소의 가능한 조합과 각 조합에 대한 $M + 1$과 $M + 2$ 피크의 세기의 비율이 표로 만들어져 있다. 질량 스펙트럼을 다루는 전문 서적에서 $M + 1$과 $M + 2$ 피크의 상대적인 세기에 대해 광범위하게 정리한 표를 볼 수 있을 것이다. 동위원소를 갖는 원소를 포함하는 화합물의 분자 이온 다발에서 동위원소 피크의 상대적인 세기를 정확하게 계산하기 위하여 다항식을 사용하여야 하기 때문에 직접 손으로 계산하기에는 시간이 너무 많이 소모된다. 다행스럽게도 질량 분석기를 다루는 많은 웹사이트에 동위원소 계산기가 있어서 이제 이와 같은 일은 간단한 일이 되었다. 이 장의 끝에 수록된 참고 문헌에도 몇 개의 웹사이트가 제공되어 있다.

C, H, N, O, F, Si, P, S를 포함하는 화합물에 대하여 $M + 1$과 $M + 2$ 피크에 대한 상대적인 세기는 단순화된 수식을 사용하여 빠르게 계산할 수 있다. 주어진 분자식에 대하여 분자 이온 $M^+ = 100$으로 했을 때 $M + 1$ 피크 세기에 대한 계산식이 식 3.27에 나타나 있다. 유사하게, 분자 이온 $M^+ = 100$으로 했을 때 $M + 2$ 피크 세기에 대한 계산식이 식 3.28에 나타나 있다.

$$[M + 1] = (\text{C의 개수} \times 1.1) + (\text{H의 개수} \times 0.016) + (\text{N의 개수} \times 0.38) + (\text{O의 개수} \times 0.04) + (\text{S의 개수} \times 0.8) + (\text{Si의 개수} \times 5.1) \quad \text{식 3.27}$$

$$[M + 2] = \frac{(\text{C의 개수})(\text{C의 개수} - 1)}{2} \times \frac{(1.1)^2}{100} + (\text{O의 개수} \times 0.2) + (\text{S의 개수} \times 4.4) + (\text{Si의 개수} \times 3.4) \quad \text{식 3.28}$$

염소와 브로민이 존재할 때는, $M + 2$ 피크가 매우 중요하다. 이 원소의 동위원소는 각각 2 질량 단위만큼 더 무겁다. ^{37}Cl의 자연계 존재비는 ^{35}Cl의 32.5%이고, ^{81}Br의 자연계 존재비는 ^{79}Br의 98.0%이다.

표 3.8
브로민과 염소의 여러 가지 조합에 따른 동위원소 피크의 상대적 세기

	상대적 세기			
Halogen	***M***	***M* + 2**	***M* + 4**	***M* + 6**
Br	100	97.7		
Br_2	100	195.0	95.4	
Br_3	100	293.0	286.0	93.4
Cl	100	32.6		
Cl_2	100	65.3	10.6	
Cl_3	100	97.8	31.9	3.47
BrCl	100	130.0	31.9	
Br_2Cl	100	228.0	159.0	31.2
Cl_2Br	100	163.0	74.4	10.4

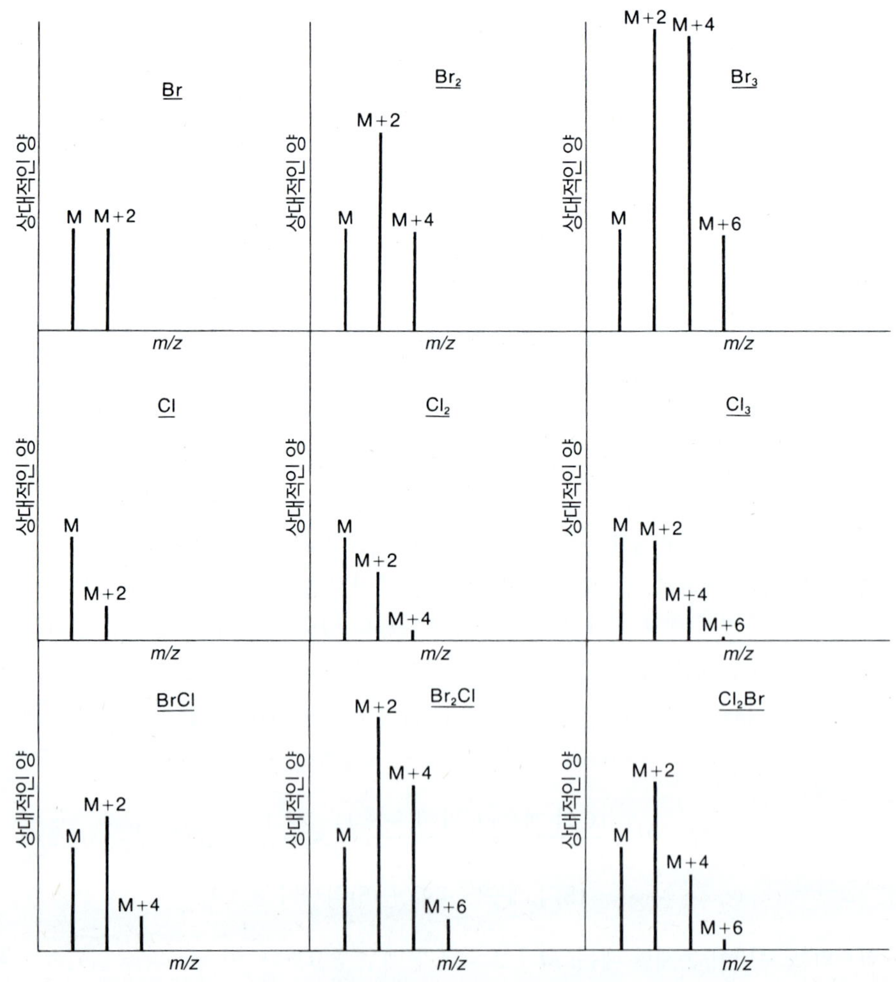

그림 3.19 브로민과 염소의 여러 가지 조합에 따른 예상 질량 스펙트럼.

이와 같은 원소들이 존재할 때, $M + 2$ 피크는 훨씬 강하게 나타난다. 만약 화합물이 두 개의 Cl 원자나 Br 원자를 갖는다면, 강한 $M + 2$ 피크는 물론 특이한 $M + 4$ 피크도 관찰되어야만 한다. 이와 같은 경우에는 질량 스펙트럼에서 분자 이온 피크를 확인하는 데 주의하여야 한다. 유기 halogen 화합물의 질량 스펙트럼에 대하여 4.9절에서 자세하게 논의할 것이다. 표 3.8에 브로민 원자와 염소 원자들의 여러 가지 조합에 따른 동위원소 피크의 상대적 세기를 나타내었으며, 그림 3.19에 설명을 나타내었다.

연습 문제

***1.** 알칼로이드 vobtusine의 저분해능 질량 스펙트럼으로 얻은 분자량은 718이었다. 분자량은 $C_{43}H_{50}N_4O_6$와 $C_{42}H_{46}N_4O_7$의 분자식과 일치한다. 고분해능 질량 스펙트럼으로 얻은 분자량은 718.3743이었다. 어느 것이 vobtusine의 분자식에 해당되는가?

***2.** 오리나무 속 식물(red alder)에서 발견되는 diarylheptanoid xyloside는 oregonin의 tetramethyl-triacetyl 유도체로서 저분해능 질량 분석기로 측정한 결과 분자량이 660이었다. 가능한 분자식은 $C_{32}H_{36}O_{15}$, $C_{33}H_{40}O_{14}$, $C_{34}H_{44}O_{13}$, $C_{35}H_{48}O_{12}$, $C_{32}H_{52}O_{14}$, $C_{33}H_{56}O_{13}$이다. 고분해능 질량 분석기에서 측정한 결과 정확한 분자량이 660.278이었다. Oregonin 유도체의 정확한 분자식은 어느 것인가?

***3.** 미지 물질이 100의 상대적 세기로 $m/z = 170$에서 분자 이온 피크를 나타내었다. $M + 1$ 피크의 세기는 13.2이고, $M + 2$ 피크의 세기는 1.00이었다. 미지 물질의 분자식을 구하여라.

***4.** 미지 탄화수소 물질의 분자 이온 피크는 $m/z = 84$에 나타나며, 피크의 상대적 세기는 31.3이었다. $M + 1$ 피크의 상대적 세기는 2.06이고, $M + 2$ 피크의 상대적 세기는 0.08이다. 이 물질의 분자식을 구하여라.

***5.** 미지 물질이 100의 상대적 세기로 $m/z = 170$에서 분자 이온 피크를 나타내었다. $M + 1$ 피크의 상대적 세기는 8.00이고, $M + 2$ 피크의 상대적 세기는 0.30이었다. 미지 물질의 분자식을 구하여라.

***6.** 미지 액체 시료의 질량 스펙트럼에서 분자 이온 피크는 $m/z = 78$에 나타나며, 그 상대적 세기는 23.6이다. 동위원소에 의한 피크의 상대적 세기는 다음과 같다.

m/z	상대적 세기
79	0.79
80	7.55
81	0.25

미지 물질의 분자식을 구하여라.

참고 문헌

Chapman, J. R., *Practical Organic Mass Spectrometry: A Guide for Chemical and Biochemical Analysis*, 2nd ed., John Wiley, New York, 1995.

Crews, R, J. Rodriguez, and M. Jaspars, *Organic Structure Analysis*, 2nd ed., Oxford University Press, New York, 2010.

DeHoffmann, E. and V. Stroobant, *Mass Spectrometry: Principles and Applications*, 3rd ed., Wiley, New York, 2007.

Gross, J. H., and Roepstorff, *Mass Spectrometry: A Textbook*, 2nd ed., Springer, Berlin, 2011.

Lambert, J. B., S. Gronert, H. F. Shurvell, and D. A. Lightner, *Organic Structural Spectroscopy*, 2nd ed., Prentice Hall, Upper Saddle River, NJ, 2011.

March, R. E. and J. F. Todd, *Quadrupole Ion Trap Mass Spectrometry*, 2nd ed., Wiley-Interscience, New York, 2005.

McFadden, W. H., *Techniques of Combined Gas Chromatography/Mass Spectrometry: Applications in Organic Analysis*, Wiley-Interscience, New York, 1989.

McLafferty, F. W., and F. Tureaek, *Interpretation of Mass Spectra*, 4th ed., University Science Books, Mill Valley, Calif., 1993.

Pretsch, E., T. P. Buhlmann, and C. Affolter, *Structure Determination of Organic Compounds. Tables of Spectral Data*, 4th ed., Springer-Verlag, Berlin and New York, 2009.

Silverstein, R. M., F. X. Webster, and D. J. Kiemle, *Spectrometric Identification of Organic Compounds*, 7th ed., John Wiley, New York, 2005.

Smith, R. M., *Understanding Mass Spectra, A Basic Approach*, 2nd ed., Wiley, New York, 2004.

Watson, J. T. and O. D. Sparkman, *Introduction to Mass Spectrometry: Instrumentation, Applications, and Strategies .for Data Interpretation*, 4th ed., Wiley, New York, 2007.

Articles

Cody, R. B., J. A. Laramée, and H. D. Durst, "Versatile New Ion Source for the Analysis of Materials in Open Air under Ambient Conditions," *Analytical Chemistry* 77 (2005): 2297-2302.

Takats, Z., J. M. Wiseman, and R. G. Cooks, "Ambient Mass Spectrometry using Desporption Electrospray Ionization (DESI): Instrumentation, mechanisms and applications in forensics, chemistry, and biology," *Journal of Mass Spectrometry* 40 (2005): 1261-1275.

Selected Websites

National Institute of Materials and Chemical Research, Tsukuba, Ibaraki, Japan, *Integrated Spectra Data Base System for Organic Compounds (SDBS):* http://sdbs.riodb.aist.go.jp/sdbs/cgi-bin/cre_index.cgi

National Institute of Standards and Technology, *NIST Chemistry WebBook:*

http://webbook.nist.gov/chemistry/

http://www.sisweb.com/mstools.htm

http://www.sisweb.com/index/referenc/academicsites.html

제**4**장

질량 분석법

Mass Spectrometry

제2부: 토막나기와 구조 해석

전자 분무 이온화 질량 분석기(EI-MS)에서 분자는 이온화실에서 고에너지 전자에 의해 폭격된다(3.3A절). 시료 분자와 전자 사이의 충돌로 인하여 초기에 시료 분자는 전자 하나를 잃어 라디칼 양이온이 된다. 또한 분자는 입사된 전자들과 충돌하는 동안 상당한 여분의 에너지를 흡수한다. 이 여분의 에너지로 인하여 분자 이온은 매우 들뜬 진동 상태에 놓이게 된다. 이와 같은 조건 하에서 라디칼 양이온은 작은 토막(fragment)으로 끊어져 질량 스펙트럼에서 검출된다. 이와 같은 토막 이온의 분석으로 분자 구조의 결정에 필요한 구조에 관한 정보를 얻을 수 있다. 종종 분자 구조를 결정할 때에는 다른 분광학적 정보가 추가적으로 있어야만 용이하다. 이 장에서는 예측 가능한 결합 절단의 주요 형태를 배울 것이며, 토막나기의 분석으로 분자의 구조를 유추하는 방법을 배울 것이다. 분자 이온의 구조와 기본 토막나기 메커니즘을 다룬 후, 보편적인 작용기를 갖는 화합물의 부류에 따른 예측 가능한 토막나기 패턴을 살펴봄으로써 질량 스펙트럼 자료로부터 구조를 결정하는 데 필요한 분석 절차를 이해하게 될 것이다.

4.1 초기 이온화 과정

앞에서 논의한 바와 같이 전자 이온화로 인하여 매우 높은 에너지를 갖는 라디칼 양이온이 형성된다. 많은 수의 라디칼 양이온은 충분한 에너지를 가지고 있어 한 개 이상의 결합이 절단되어 토막 이온이 형성된다. 만약 분자 이온의 수명이 10^{-5}초 이상이 된다면 분자 이온에 해당되는 피크를 질량 스펙트럼에서 관찰할 수 있다. 그러나 수명이 10^{-5}초 이하의 분자 이온들은 이온화실에서 가속되어 질량 분석계로 들어가기 전에 토막으로 끊어져 버린다. 주어진 화합물에 대해 이온화에 의해 형성된 분자 이온들 모두가 정확히 같은 수명을 갖는 것은 아니다. 어떤 이온들은 다른 것들보다 수명이 짧다. 따라서 일반적인 EI 질량 스펙트럼에서 분자 이온과 그 토막 이온에 해당되는 피크를 모두 관찰할 수 있다.

우선 시료 분자의 이온화로 분자 이온이 생기는데 분자 이온은 양전하를 가질 뿐만 아니라 짝을 짓지 않은 전자(홀전자) 하나를 갖는다. 분자 이온은 실제 라디칼 양이온이며 홀수개의 전자를 갖는다. (화합물에 질소를 포함하지 않는다면, 3.6절) 홀수 전자 이온($OE^{\bullet+}$)의 질량은 짝수이며, 짝수 전자 이온(EE^{+})의 질량은 홀수이다. 토막나기에 대해 논의할 때, 우선적으로 초기 이온화 과정에서 전자를 잃고 형성되는 $M^{\bullet+}$ 이온에 대해 논의한다. 이온화 과정 동안 가장 방출되기 쉬운 전자는 퍼텐셜 에너지가 가장 높은 분자 궤도함수에 있는 전자, 즉 분자에 의해 가장 느슨하게 잡혀 있는 전자이다. 따라서 π 궤도함수에서 전자를 떼어내는 것보다 비결합성 궤도함수 n에서 전자를 제거하는 것이 더 쉽다. 유사하게, σ 궤도함수에 비하여 π 궤도함수에서 전자를 제거하는 것이 훨씬 더 쉽다. 분자 이온에서 전하의 위치는 한 원자에 편재되어 있거나(localized), 여러 개의 원자에 골고루 퍼져 비편재된(nonlocalized) 것으로 나타낼 수 있다. 전자 손실과 분자 이온의 표현법에 관한 몇 가지 예가 다음에 주어져 있다.

비결합성 궤도함수에서 한 개의 전자 이탈:

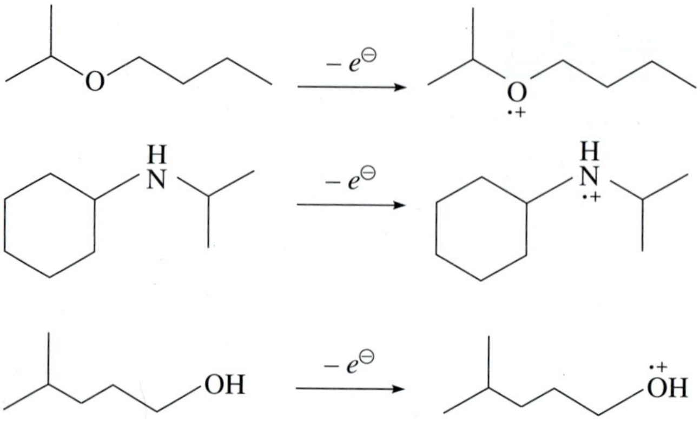

$- e^{\ominus}$

$- e^{\ominus}$

$- e^{\ominus}$

π 궤도함수에서 한 개의 전자 이탈:

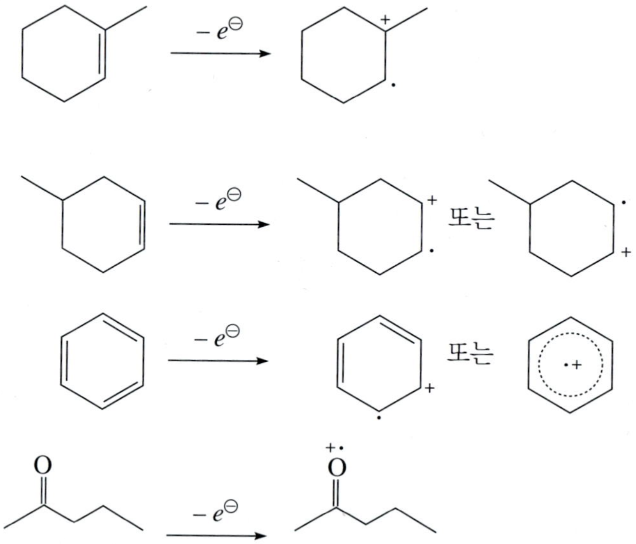

$- e^{\ominus}$

$- e^{\ominus}$ 또는

$- e^{\ominus}$ 또는

$- e^{\ominus}$

σ 궤도함수에서 한 개의 전자 이탈:

$- e^{\ominus}$ 또는 또는

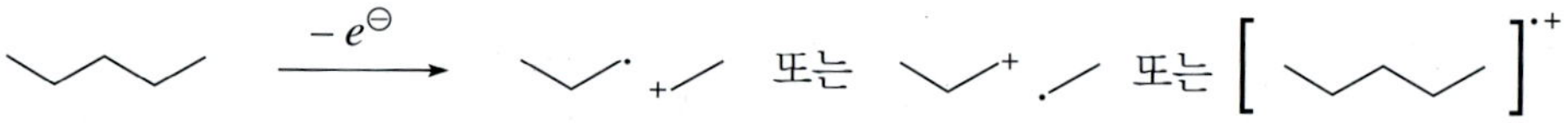

4.2 기본 토막나기 과정

토막나기 메커니즘을 그릴 때, 어떤 토막이 이온이고 어떤 토막이 중성인지를 잘못 할당하거나 가능성이 가장 낮은 토막을 그리는 것을 막기 위하여 반드시 전하 위치와 라디칼 위치를 주의 깊게 추적해야만 한다. 또한 토막나기는 기체 상태에서 일어나며, 이온은 매우 높은 들뜬 진동 상태에 있다는 것을 명심하여야 한다. 결합의 끊어짐과 결합의 형성 과정을 한꺼번에(concerted) 표현하여 화학 반응식에 대한 메커니즘을 그리는 방법과 동일하게 토막나기 메커니즘을 그릴 수 있다. Diels–Alder 반응의 역반응에 의한 토막나기와 같은 과정들이 우리에게 보다 친숙한 화학 반응과 비슷하다는 것을 강조하기 위하여 종종 결합의 끊어짐과 결합의 형성 과정을 한꺼번에 그린다. 그렇지만 질량 분석기에서 대부분의 토막나기는 단계적으로 일어난다. 끝으로 한 개의 전자가 움직이는 것은 외머리 화살표(낚시 바늘, ⌒)로 표현하고, 두 개의 전자가 움직이는 과정은 쌍머리 화살표(⌒)로 일관성 있게 표현할 필요가 있다.

A. Stevenson 규칙

질량 분석기에서 토막 이온의 형성은 대부분 일분자 과정(unimolecular process)이다. 이온화실에서 시료의 압력은 너무 낮아 의미있는 두 분자 간의 충돌(bimolecular collision)은 일어나지 않는다. 에너지 측면에서 가장 선호되는 일분자 과정으로 대부분의 토막 이온이 생긴다. **Stevenson 규칙**은 이와 같은 개념을 배경으로 한다. 가장 낮은 이온화 에너지를 갖는 토막에 양전하를 남겨 놓는 것이 가장 일어나기 쉬운 토막나기이다. 다른 말로 표현하면, 더 안정한 이온을 형성하는 토막나기 과정은 덜 안정한 이온을 형성하는 과정보다 잘 일어난다. 이와 같은 설명을 이전에 어디에서 들은 적이 있는가? 이 개념은 alkene에 hydrogen halide를 첨가할 때 더 안정한 탄소 양이온(carbocation)이 가장 빨리 형성되고, 첨가 반응의 주생성물을 만든다는, 모든 유기화학자에게 친숙한 Markovnikov 규칙과 동일한 개념을 배경으로 한다. 사실상 이온의 토막나기와 관련된 대부분의 화학은 용액에서 탄소 양이온의 성질에 의해 설명될 수 있다. 예를 들어, alkyl 치환은 탄소 양이온을 안정하게 만드는 것과 같은 방법으로 토막 이온을 안정하게 만든다(토막 이온의 형성을 촉진시킨다). 전기음성도(electronegativity), 편극도(polarizability), 공명 비편재화(resonance delocalization), octet 규칙과 같은 이미 친숙한 개념들이 그럴듯한 토막나기 과정에 대한 예측에 도움이 된다.

때때로 토막나기 과정에 의하여 전기적으로 중성인 토막이 생기기도 한다. 이 중성 토막은 질량 스펙트럼에는 나타나지 않지만 토막 이온과 원래의 분자 이온 간의 질량 차이를 파악함으로써 그 존재를 추정할 수 있다. 다시 말하면 안정한 중성 토막을 형성하는 과정은 덜 안정한 중성 토막을 형성하는 경우보다 잘 일어난다. $OE^{\bullet+}$는 두 가지 방식으로 토막나기를 한다. 결합이 끊어져 EE^+와 라디칼($R^\bullet$)을 생성하거나, 결합이 끊어져 다른 $OE^{\bullet+}$와 전자 껍질이 채워진 중성 분자(N)를 생성한다. 반면에 EE^+는 단지 한 가지 방식으로 토막나기를 한다. 결합이 끊어져 EE^+와 전자 껍질이 채워진 중성 분자(N)를 생성한다. 이것이 이른바 **짝수 전자 규칙**(even-electron rule)이다. 가장 일반적인 토막나기 방식은 결합 한 개가 끊어지는 것이다. 이 과정에서 $OE^{\bullet+}$는 라디칼 $R^\bullet$과 EE^+ 토막 이온을 생성한다. 안정한 탄소 양이온이 생기는 절단이 우선적으로 일어난다. (화합물에서) 한 개 이상의 라디칼 손실이 가능할 때, Stevenson 규칙으로 추론을 해보면 가장 큰 alkyl 라디칼 손실이 가장 잘 일어난다. 따라서 이온을 형성하기 위한 토막나기의 쉬운 정도는 다음 순서에 따른다.

$$H_3C^+ < RCH_2^+ < R_2CH^+ < R_3C^+ < H_2C{=}CHCH_2^+ \sim HC{\equiv}CCH_2^+ < C_6H_5CH_2^+$$

어렵다 *쉽다*

B. 라디칼-자리-개시 절단: α-절단

일반적인 유기 작용기의 특징적인 토막나기 패턴을 검토하기 전에, 가장 일반적인 토막나기 방식에 대해 살펴보자. **라디칼-자리-개시**(radical-site-initiated) 토막나기는 대표적인 한결합 절단 중의 하나이며, 보통 α-절단(α-cleavage)이라 부른다. 라디칼 자리에 직접 연결된 결합이 끊어지는 것이 아니라 오히려 바로 옆에 있는 원자(α-위치)에 연결된 결합이 끊어지기 때문에 α-절단이라는 용어는 다소 혼돈스럽다. α-절단은 이종 원자(그림 4.1에서 Y)와 관련이 있거나 없거나 포화 자리 또는 불포화 자리에서 일어난다.

C. 전하-자리-개시 절단: 유도 절단

또 다른 일반적인 한결합 절단은 **전하-자리-개시**(charge-site-initiated) **절단** 또는 **유도 절단**(inductive cleavage)이며, 토막나기 메커니즘에 기호 i로 표시된다. 유도 절단은 라디칼 또는 전자 껍질이 채워진 중성 분자 끝에 있는 전기음성도가 큰 이종 원자가 전자쌍을 끌어당기는 것과 연관이 있다. 그림 4.2에 나타난 것과 같이 α-절단은 OE^+에서만 일어나는 토막나기인 반면, 유도 절단은 OE^+와 EE^+ 둘 다에서 일어나

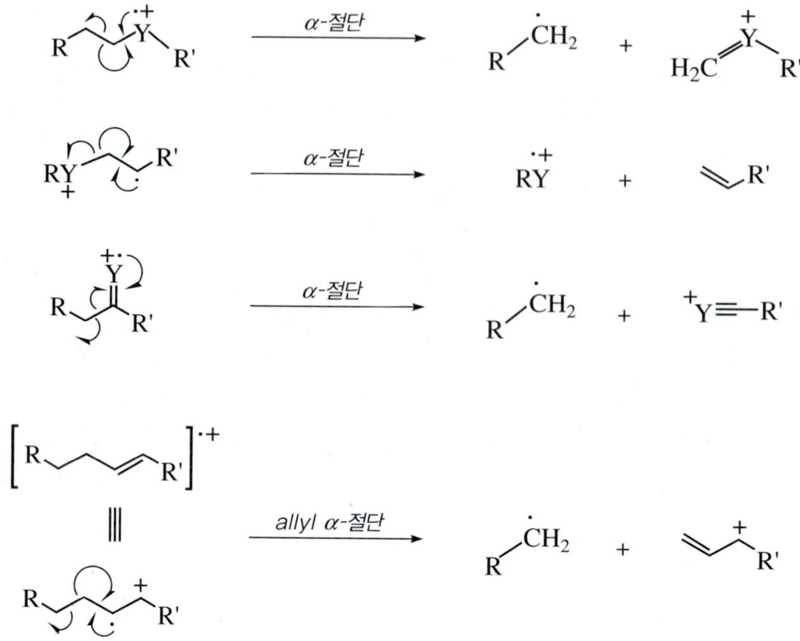

그림 4.1 α-절단 토막나기의 표현(Y는 이종 원자).

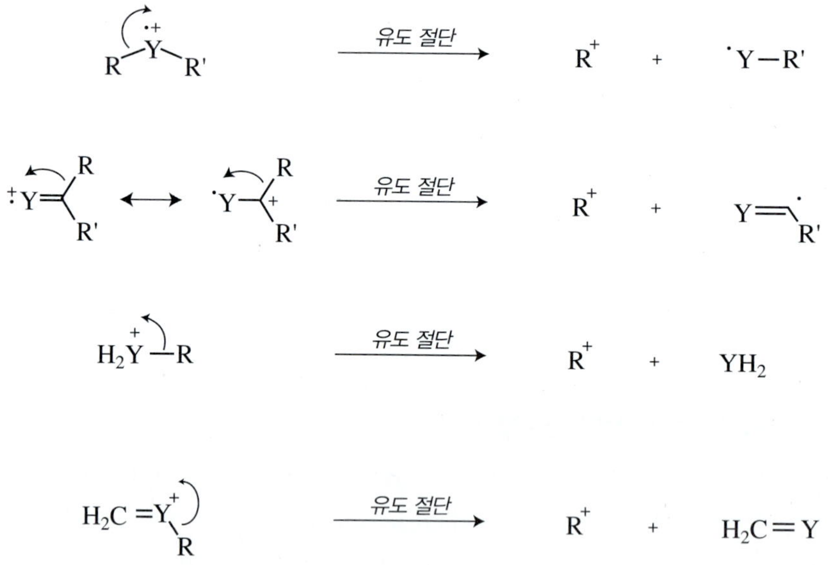

그림 4.2 유도 절단 토막나기의 표현(Y는 이종 원자).

는 토막나기이다.

D. 두결합 절단

몇몇 토막나기에서는 두결합이 동시에 절단된다. 이 과정에서 제거가 일어나는데, 홀수 전자 분자 이온으로부터 OE^{+}와 짝수 전자 중성 토막 *N*이 얻어진다. 일반적으로 안정한 작은 분자 형태의 중성 토막은 H_2O, hydrogen halide(HX), alkene 등이다. 이와 같은 두결합 절단의 몇 가지 예를 그림 4.3에 나타내었다.

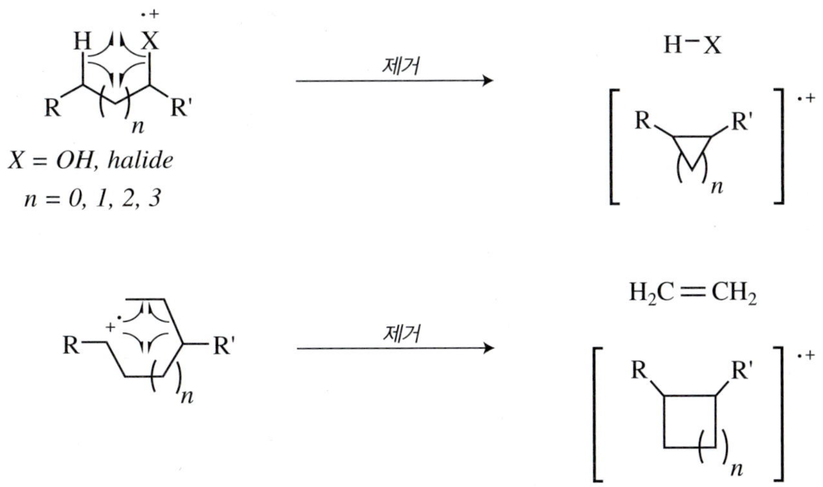

$X = OH$, halide
$n = 0, 1, 2, 3$

제거

$H-X$

제거

$H_2C=CH_2$

그림 4.3 보편적인 두결합 토막나기(X는 이종 원자).

E. Diels-Alder 반응의 역반응에 의한 절단

불포화 육원자 고리는 **Diels–Alder 반응의 역반응**(retro Diels–Alder reaction)에 의한 토막나기를 거쳐 diene 라디칼 양이온과 중성 alkene을 생성한다. 모든 유기화학자들에게 Diels–Alder 반응이라고 알려진 $[4\pi + 2\pi]$ diene + dienophile 고리 첨가 반응이 정방향으로 진행된다면 cyclohexene 유도체가 얻어지는데, 토막나기로 얻어진 diene 라디칼 양이온과 중성 alkene은 이와 같은 cyclohexene 유도체에 대한 가상적인 전구체이다. Diels–Alder 반응의 역반응에 의한 토막나기의 도식적인 표현을 그림 4.4에 나타내었다. 홀전자와 전하가 Stevenson 규칙에 따라 diene에 남아 있는 것에 주목하여라.

F. McLafferty 자리옮김

많은 기질에서 일어날 수 있는 아주 일반적인 토막나기는 **McLafferty 자리옮김**(rearrangement)이다(그림 4.5). 이 토막나기 방식은 1956년 Fred McLafferty에 의해서 최초로 기술되었다. 간단한 α-절단과 함께 McLafferty 자리옮김은 가장 예측하기 쉬운 토막나기이다. McLafferty 자리옮김에서, alkene, arene, carbonyl, imine의 라디칼 양이온으로부터 떨어져 있는 탄소 3의 수소 원자(γ-수소라고 부름)는 육원자 고리 전이 상태를 거쳐 전하 자리로 전달된다. 이와 동시에 구조의 α 위치와 β 위치 사이의 σ 결합이 끊어진다. 이것으로 인하여 새로운 라디칼 양이온과 본래의 β 탄소와 γ 탄소 사이에 π 결합을 갖는 alkene이 생성된다. McLafferty 자리옮김 메커니즘은 단순하기 때문에 일반적으로 그림 4.5에 나타낸 바와 같이 모든 과정을 한꺼번에 나타낸다. 하지만 한결합 이상이 끊어지는 토막나기가 대개 단계적 과정이라는 일반적인 규칙과 같이 McLafferty 자리옮김으로 인한 토막나기 역시 사실상 단계적 과정이라는 실험적 증거는 있다. 많은 유기 작용기의 스펙트럼에서 McLafferty 자리옮김은 자주 관찰된다. 앞으로 몇 가지 예들

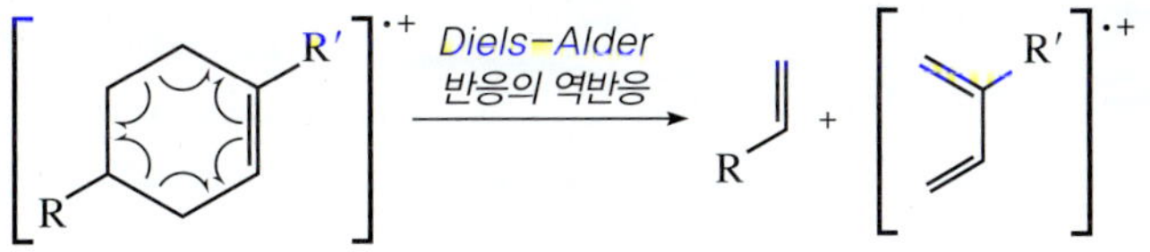

Diels–Alder 반응의 역반응

그림 4.4 Diels–Alder 반응의 역반응에 의한 토막나기.

R γH Z Y β α Z, Y = C, N, O McLafferty 자리옮김 R + H Z Y

그림 4.5 McLafferty 자리옮김.

을 더 보게 될 것이다.

G. 기타 절단 형태

앞에서 언급한 과정 이외에 자리옮김, 작용기의 이동(migration of group), 토막 이온의 2차적인 토막나기 등을 수반하는 토막나기 과정도 가능하다. 이 방식들은 이미 앞에서 언급하였던 두 가지 경우에 비하여 자주 일어나는 것은 아니며, 이 과정들이 중요하게 작용되는 화합물에서 추가적으로 논의될 것이다.

4.3 탄화수소의 토막나기 패턴

A. Alkane

포화 탄화수소나 큰 포화 탄화수소 골격을 갖는 유기 화합물에서 토막나기 과정은 예측하기가 매우 수월하다. 용액 내에서 탄소 양이온의 안정도를 설명하기 위하여 적용되는 사항들이 alkane의 토막나기 패턴을 이해하는 데 이용될 수 있다. Alkane의 질량 스펙트럼은 강한 분자 이온 피크와 14 amu 떨어져 나타나는 통상적인 일련의 토막 이온 피크들이 나타나는 것이 특징이다.

곧은 사슬(straight chain) 즉 *n*-alkane(normal alkane)에서는 butane의 질량 스펙트럼(그림 4.6)과 octane의 질량 스펙트럼(그림 4.7)에서와 같이 분자 이온에 해당하는 피크를 관찰할 수 있다. 탄소 골격에 가지가 많아짐에 따라 분자 이온 피크의 세기는 감소한다. 곧은 사슬 alkane은 항상 일차 탄소 양이온의 토막을 갖는다. 이 이온들은 다소 불안정하므로 토막나기가 잘 일어나지 않는다. 상당히 많은 수의 원래 분자들이 토막나지 않고 전자 폭격에서 살아남는다. 따라서 매우 큰 세기의 분자 이온 피크가 관찰된다. 이 효과는 butane과 isobutane의 질량 스펙트럼을 비교해 보면 쉽게 알 수 있다(그림 4.8). Isobutane의 분자 이온 피크는 butane의 경우보다 훨씬 약하다. 가지달린 사슬의 분자 이온 피크의 세기에 미치는 효과는 octane의 질량 스펙트럼과 2,2,4-trimethylpentane의 질량 스펙트럼(그림 4.9)을 비교해 보면 확실하게 알 수 있다. 곧은 사슬 이성질체에서 분자 이온 피크가 아주 쉽게 관찰되는 반면, 2,2,4-trimethylpentane의 분자 이온 피크는 너무 약해 관찰할 수 없다. 탄화수소가 토막으로 절단되는 방법을 검토함으로써 가지달린 사슬의 분자 이온 피크의 세기에 미치는 효과를 이해할 수 있다.

스펙트럼 분석 상자 – Alkane *Spectral Analysis Box–Alkane*

분자 이온	토막 이온
강한 M^+	일련의 CH_2 단위의 손실: $M-14$, $M-28$, $M-42$ 등

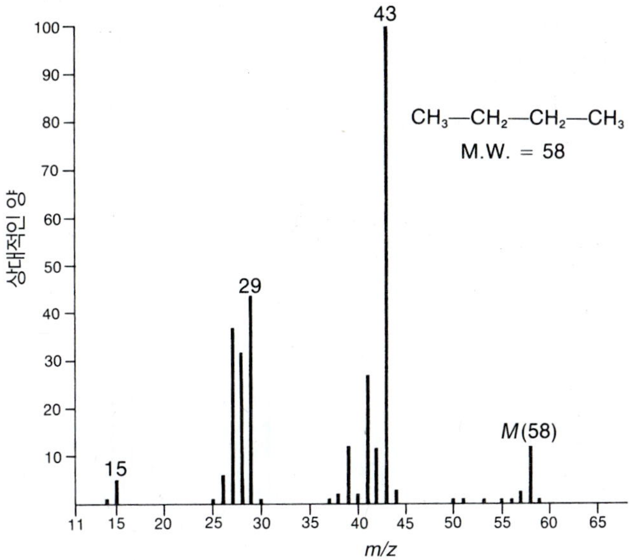

그림 4.6 Butane의 질량 스펙트럼.

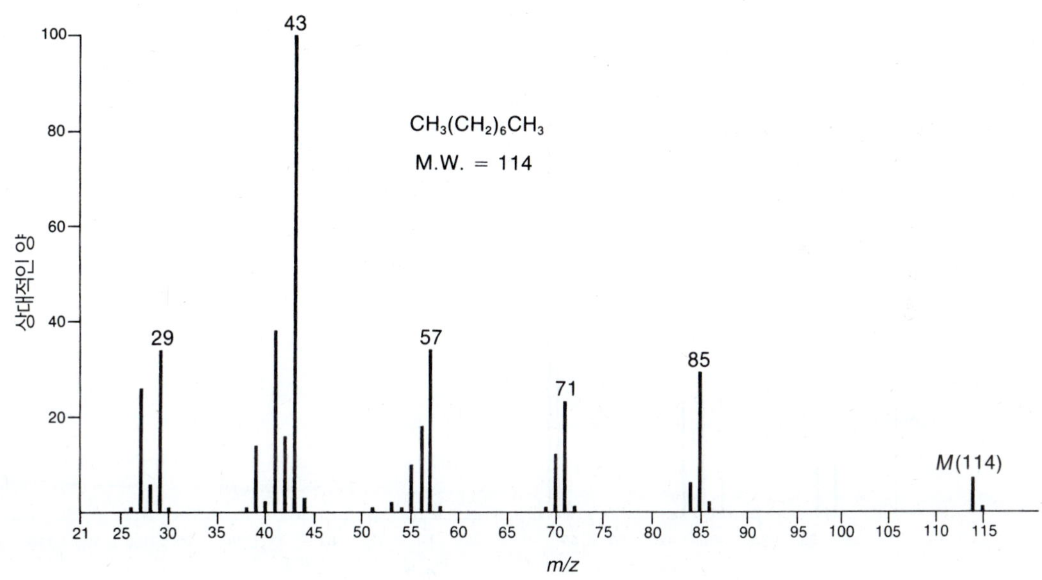

그림 4.7 Octane의 EI 질량 스펙트럼.

곧은 사슬 탄화수소는 탄소–탄소 사이의 결합이 절단되어 토막이 형성된다. 이렇게 하여 일련의 동족류(homologous)의 토막나기 생성물들이 생성된다. 예를 들어, butane의 경우, C1과 C2 사이가 절단되어 methyl 라디칼을 잃고, propyl 탄소 양이온(m/z = 43)이 생성된다. C2와 C3가 절단되어 ethyl 라디칼을 잃고 ethyl 탄소 양이온(m/z = 29)이 생성된다. Octane의 경우, hexyl 이온(m/z = 85), pentyl 이온(m/z = 71), butyl 이온(m/z = 57), propyl 이온(m/z = 43), ethyl 이온(m/z = 29)들의 토막 피크가 관찰된다. 피크 다발을 생성하는 alkane 토막은 14 질량 단위(CH_2 그룹에 해당하는)만큼 서로 떨어져 있다. 각 다발 내의 다른 토막들은 추가적으로 한 개 또는 두 개의 수소 원자의 손실로 인한 것이다. Octane의 질량

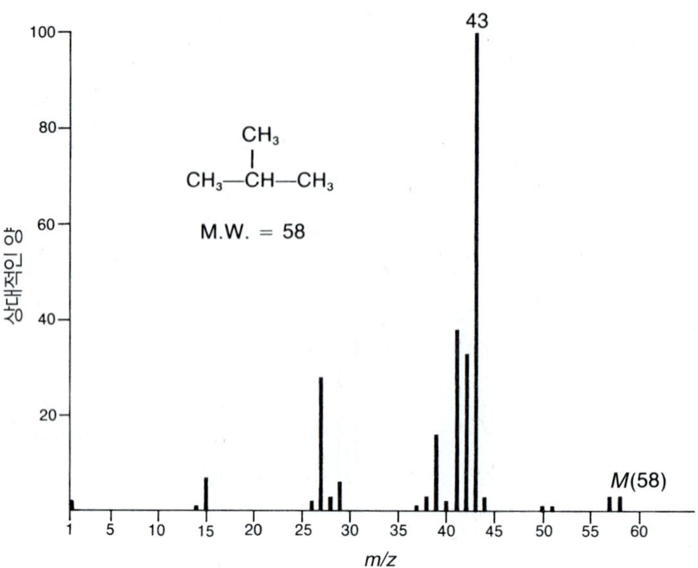

그림 4.8 Isobutane의 EI 질량 스펙트럼.

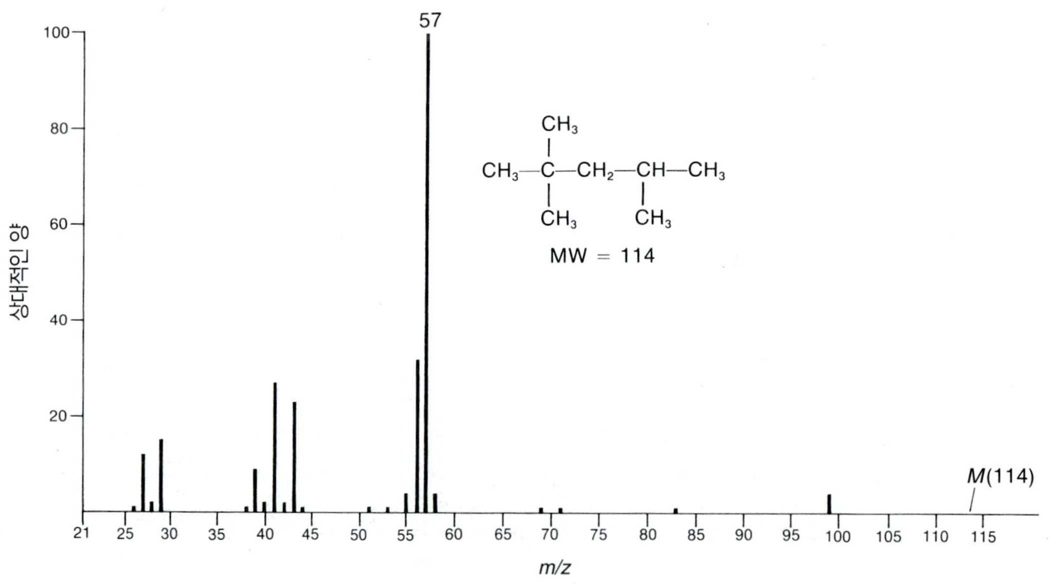

그림 4.9 2,2,4-Trimethylpentane(isooctane)의 EI 질량 스펙트럼.

스펙트럼에서 볼 수 있듯이 세 개의 탄소 이온이 가장 양이 많은 이온이며, 토막 이온의 질량이 증가할수록 각 다발의 세기는 일정하게 감소함을 알 수 있다. 흥미롭게도 긴 사슬 alkane에서는 한 개의 탄소 원자의 손실에 해당하는 토막이 일반적으로 나타나지 않는다. Octane의 질량 스펙트럼에서 일곱 개 탄소를 갖는 토막은 질량 99에 나타나야 하지만 실제로는 관찰되지 않는다.

가지달린 사슬 alkane에서는 탄소−탄소 결합이 절단되면 2차 탄소 양이온 또는 3차 탄소 양이온이 형성된다. 물론 이들 양이온은 일차 양이온보다 안정하므로 토막나기가 잘 일어난다. 가지달린 사슬 분자의 대부분이 토막이 되어 분자 이온 피크는 매우 작거나 없는 경우가 많다. Isobutane에서 탄소−탄소 결합이 절단되면 isopropyl 탄소 양이온이 생성되는데, 이것은 *n*-propyl 이온보다 안정하다. 토막나기의 생성물이 매우 안정하기 때문에 isobutane은 butane에 비해 토막나기가 용이하게 일어난다. 2,2,4-Trimethylpentane에서 주요 절단 방식은 C2와 C3 사이가 끊어지는 것이며, 이로 인하여 *tert*-butyl 탄소 양이온이 생성된다. 3차 탄소 양이온은 포화 alkyl 탄소 양이온 중에서 가장 안정하므로 이와 같은 절단은 매우 잘 일어나며, $m/z = 57$에서 강한 토막 피크가 나타난다.

B. Cycloalkane

Cycloalkane은 일반적으로 강한 분자 이온을 형성한다. 보통 ethene 분자의 손실($M - 28$)을 거치는 토막나기를 한다. Cycloalkane의 전형적인 질량 스펙트럼은 상대적으로 강한 세기의 분자 이온 피크를 보여준다. 고리 화합물이 토막나려면 두 개의 탄소−탄소 결합이 끊어져야 하는데 이 과정은 결합 한 개의 절단보다 훨씬 어렵다. 따라서 cycloalkane 분자들은 비고리 alkane 분자들에 비해 토막나지 않고 전자 폭격에서 더 많은 비율로 살아남는다. Cyclopentane의 질량 스펙트럼(그림 4.10)과 methylcyclopentane의 질량 스펙트럼(그림 4.11)에서 강한 분자 이온 피크가 관찰된다.

Cycloalkane의 토막나기 패턴으로 alkane과 같이 동족류로 배열된 질량 다발(mass cluster)이 생성된다. 하지만 cycloalkane의 가장 중요한 절단 방식은 어미 분자나 중간체 OE$^+$로부터 ethene 분자($H_2C{=}CH_2$)를 잃는 것이다. Cyclopentane에서 $m/z = 42$의 피크와 methyl cyclopentane에서 $m/z = 56$의 피크는 어미 분자로부터 ethene을 잃음으로써 생긴 피크이다. 각각의 토막 피크는 질량 스펙트럼에서 가장 강하게 나타난다. Cycloalkane이 곁사슬을 가지고 있을 때 곁사슬이 없어지는 것이 우선적인 토막나기 방식이다. Methyl cyclopentane의 질량 스펙트럼에서 $m/z = 69$의 토막 피크는 CH_3 곁사슬을 잃음으로써 생긴 2차 탄소 양이온에 의한 것이다.

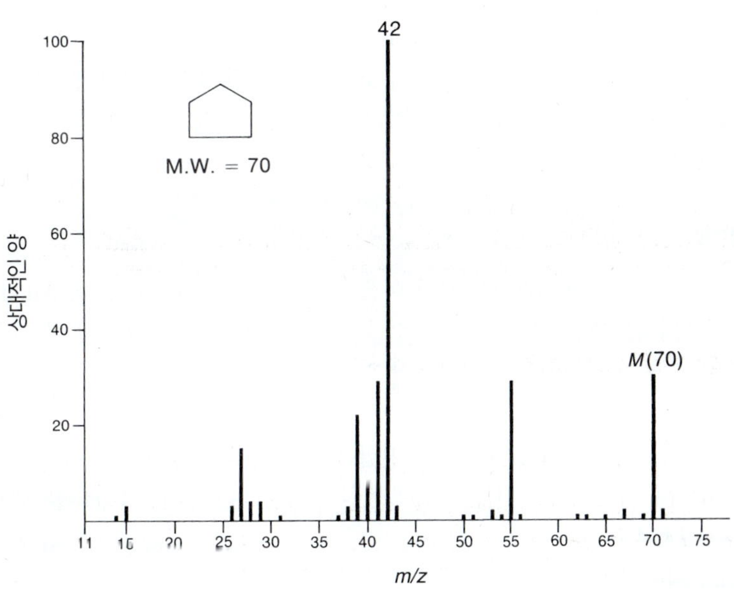

그림 4.10 Cyclopentane의 EI 질량 스펙트럼.

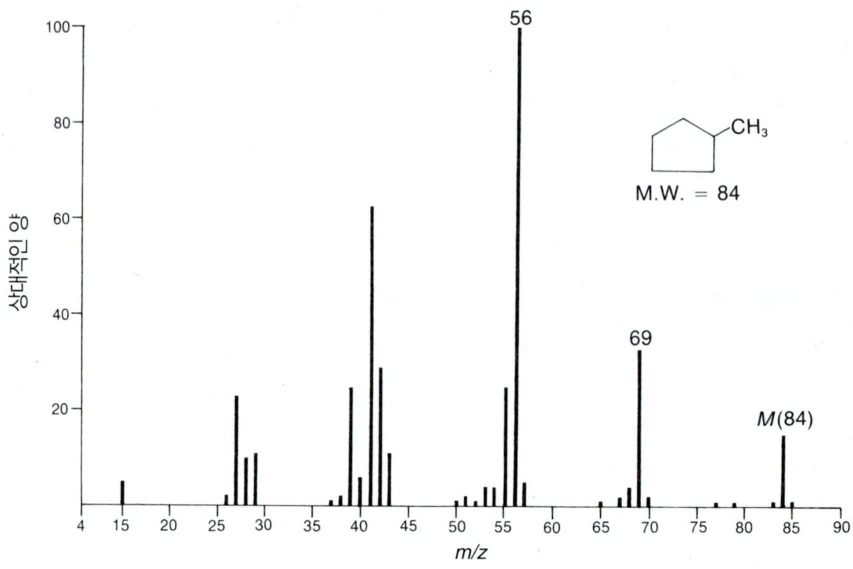

그림 4.11 Methylcyclopentane의 EI 질량 스펙트럼.

스펙트럼 분석 상자 – Cycloalkane *Spectral Analysis Box–Cycloalkane*

분자 이온	**토막 이온**
강한 M^+	$M-28$
	일련의 피크: $M-15$, $M-29$, $M-43$, $M-57$ 등

이와 같은 정보를 bicyclo[2.2.1]heptane의 질량 스펙트럼(그림 4.12)에 적용하면 $m/z = 81$은 곁사슬(하나의 다리 결합 탄소와 추가로 하나의 수소 원자, $CH_2 + H$)을 잃고 생긴 토막 피크이며, $m/z = 68$은 ethene을 잃고 생긴 토막 피크임을 알 수 있다. $m/z = 67$의 토막 피크는 ethene과 함께 수소 원자 하나를 잃음으로써 생긴 것이다.

C. Alkene

대부분 alkene의 질량 스펙트럼에서 분자 이온 피크는 분명하게 나타난다. Alkene의 질량 스펙트럼의 특징은 분자 이온의 질량이 수소 모자람 지수를 적어도 1을 갖는 분자식에 상응해야만 한다는 것이다(제1장 참조). 아마도 전자 폭격으로 π 결합에서 한 개의 전자가 제거되며, 탄소 골격은 상대적으로 깨지지 않은 채로 유지된다. Alkene에서 토막나기가 진행되면, 남게 되는 토막 이온은 $C_nH_{2n}^{+}$와 $C_nH_{2n-1}^{+}$에 해당하는 분자식을 갖게 된다. Alkene에서 이중 결합은 쉽게 이동하기 때문에 이중 결합의 위치를 알아내는 것은 어렵다. Alkene 이성질체 간의 질량 스펙트럼의 유사성은 분자식 C_5H_{10}을 갖는 세 이성질체의 질량 스펙트럼(그림 4.13, 4.14, 4.15)에 잘 나타나 있다. 1-Pentene의 질량 스펙트럼에서 $m/z = 42$에 큰 토막 피크가 나타나는 차이 이외에 이성질체들의 질량 스펙트럼은 거의 동일하다. 이 이온은 McLafferty-형태 자리옮김을 통하여 분자 이온으로부터 ethylene의 손실로 인하여 쉽게 생성된다. 말단 alkene의 질량 스펙트럼에서 중요한 토막은 $m/z = 41$에 나타나는 allyl 탄소 양이온인데, 이 이온은 그림 4.1에 나타낸 바와 같이 allyl α-절단을 거쳐 생성된다. $m/z = 55$에 나타나는 토막 피크는 methyl 라디칼을 잃음으로써 생긴

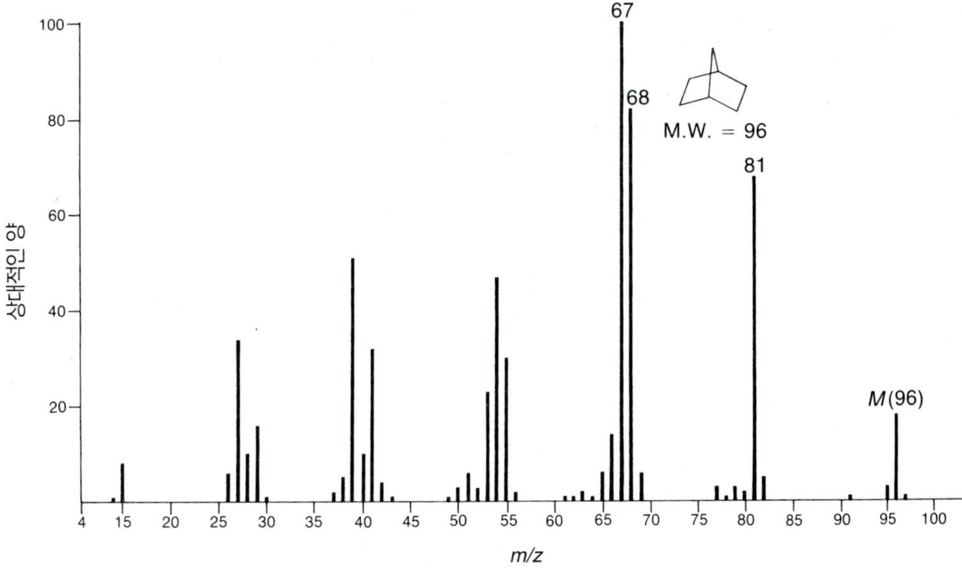

그림 4.12 Bicyclo[2.2.1]heptane(norbornane)의 EI 질량 스펙트럼.

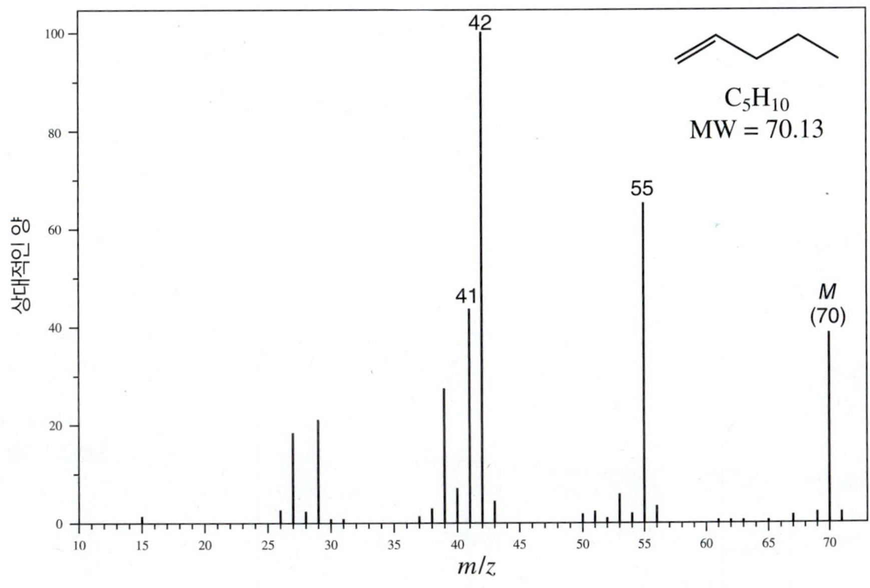

그림 4.13 1-Pentene의 EI 질량 스펙트럼.

것이다. 이 토막 피크는 alkene의 끝부분에 있는 methyl 그룹의 손실로 공명 안정화되는 allyl 양이온이 만들어지기 때문에 부분입체이성질체(diastereoisomer)인 pentene 이성질체의 스펙트럼에서 기본 피크이다. MS 분석만으로 *E*-pentene과 *Z*-pentcne을 구별하는 것은 충분하지 않다. IR 분석, 특히 C−H 평면외 굽힘 영역의 분석을 통하여 alkene의 배열을 분명하게 결정할 수 있다.

스펙트럼 분석 상자 – Alkene *Spectral Analysis Box–Alkene*

분자 이온	**토막 이온**
강한 M^+	$m/z = 41$
	일련의 피크: $M-15$, $M-29$, $M-43$, $M-57$ 등

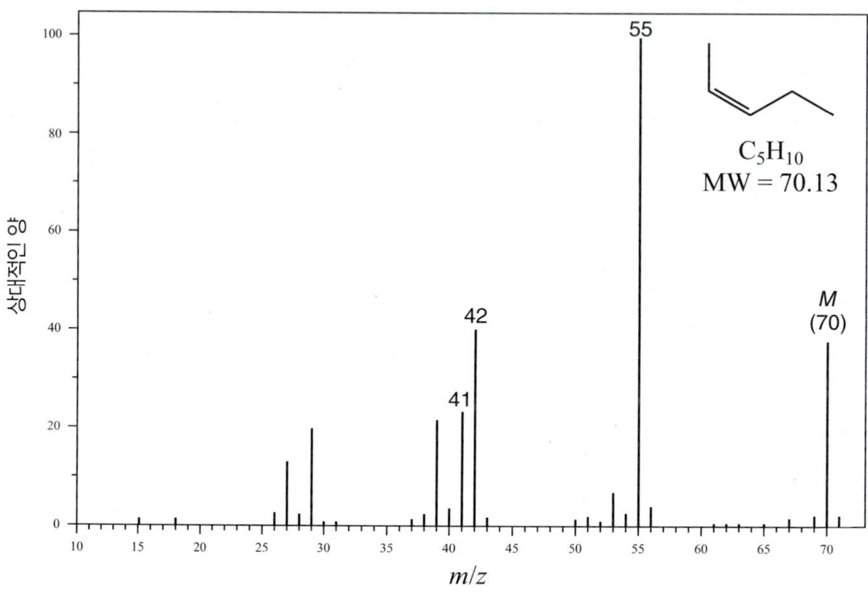

그림 4.14 *Z*-2-Pentene의 EI 질량 스펙트럼.

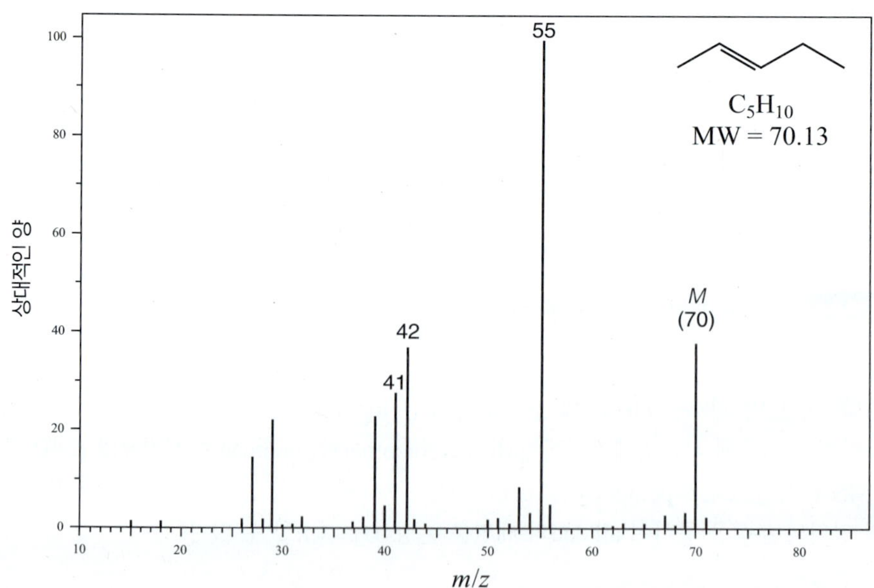

그림 4.15 *E*-2-Pentene의 EI 질량 스펙트럼.

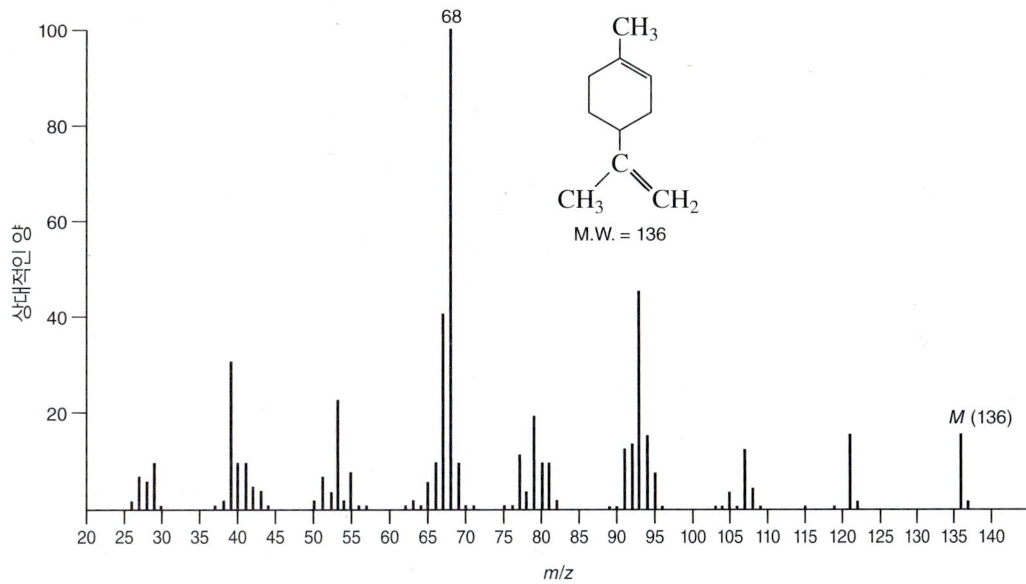

그림 4.16 Limonene의 EI 질량 스펙트럼.

Cycloalkene의 질량 스펙트럼은 매우 확실한 분자 이온 피크를 나타낸다. 많은 cycloalkene에서 결합의 이동은 궁극적으로 동일한 질량 스펙트럼을 나타낸다. 따라서 cycloalkene, 특히 cyclopentene 또는 cycloheptene에서 이중 결합의 위치를 알아낸다는 것은 불가능하다. Cyclohexene은 Diels–Alder 반응의 역반응(그림 4.4)에 해당하는 특징적인 토막나기 패턴을 보여준다. Monoterpene limonene의 질량 스펙트럼(그림 4.16)에서 m/z = 68의 강한 피크는 앞에서 언급한 Diels–Alder 반응의 역반응에 의한 diene 토막에 해당된다.

단순하게 화합물에 cyclohexene 부분이 존재한다고 해서 질량 스펙트럼에서 Diels–Alder 반응의 역반응이 관찰된다는 것을 보장할 수는 없다. α-Ionone과 β-ionone의 질량 스펙트럼(그림 4.17)을 살펴보자. 일반적으로 훨씬 많은 토막이 α-ionone의 스펙트럼에 나타난다. 특히 m/z = 136에 나타나는 피크는 cyclohexene 고리의 Diels–Alder 반응의 역반응으로 isobutane을 잃고 생성된 것이다. β-Ionone의 Diels-Alder 반응의 역반응에 의한 토막나기로 인하여 m/z = 164에 ethene을 잃고 생성된 피크를 나타내지만 이는 아주 작은 피크이다. β-Ionone의 경우 고리에 있는 이중 결합의 이웃에서 α-절단으로 methyl 라디칼이 손실되어 상대적으로 안정한 3차 allyl 양이온이 얻어진다. α-Ionone의 경우 이와 같은 토막나기가 가능하지 않다.

D. Alkyne

Alkyne의 질량 스펙트럼은 alkene의 질량 스펙트럼과 매우 유사하다. 분자 이온 피크가 다소 강한 경향이 있고 토막나기 과정은 alkene의 과정과 흡사하다. 1-Pentyne의 질량 스펙트럼(그림 4.18)에 나타난 것처럼 α-절단을 거쳐 ethyl이 손실되어 propargyl 이온(m/z = 39, $HC{\equiv}C{-}CH_2^+$)이 생성되는 토막나기가 중요하다. 유사하게, 2-pentyne의 α-절단에서 methyl이 손실되어 공명 안정화된 propargylic 양이온(m/z = 53, $HC{\equiv}C{-}CH_2{-}CH_2^+$)이 생성된다(그림 4.19). 말단 alkyne의 중요한 또 다른 토막나기 방식은 말단 수소를 잃고 강한 $M - 1$ 피크가 생성되는 것이다. 이것은 1-pentyne의 스펙트럼에서 기본 피크(m/z = 67)로 나타난다.

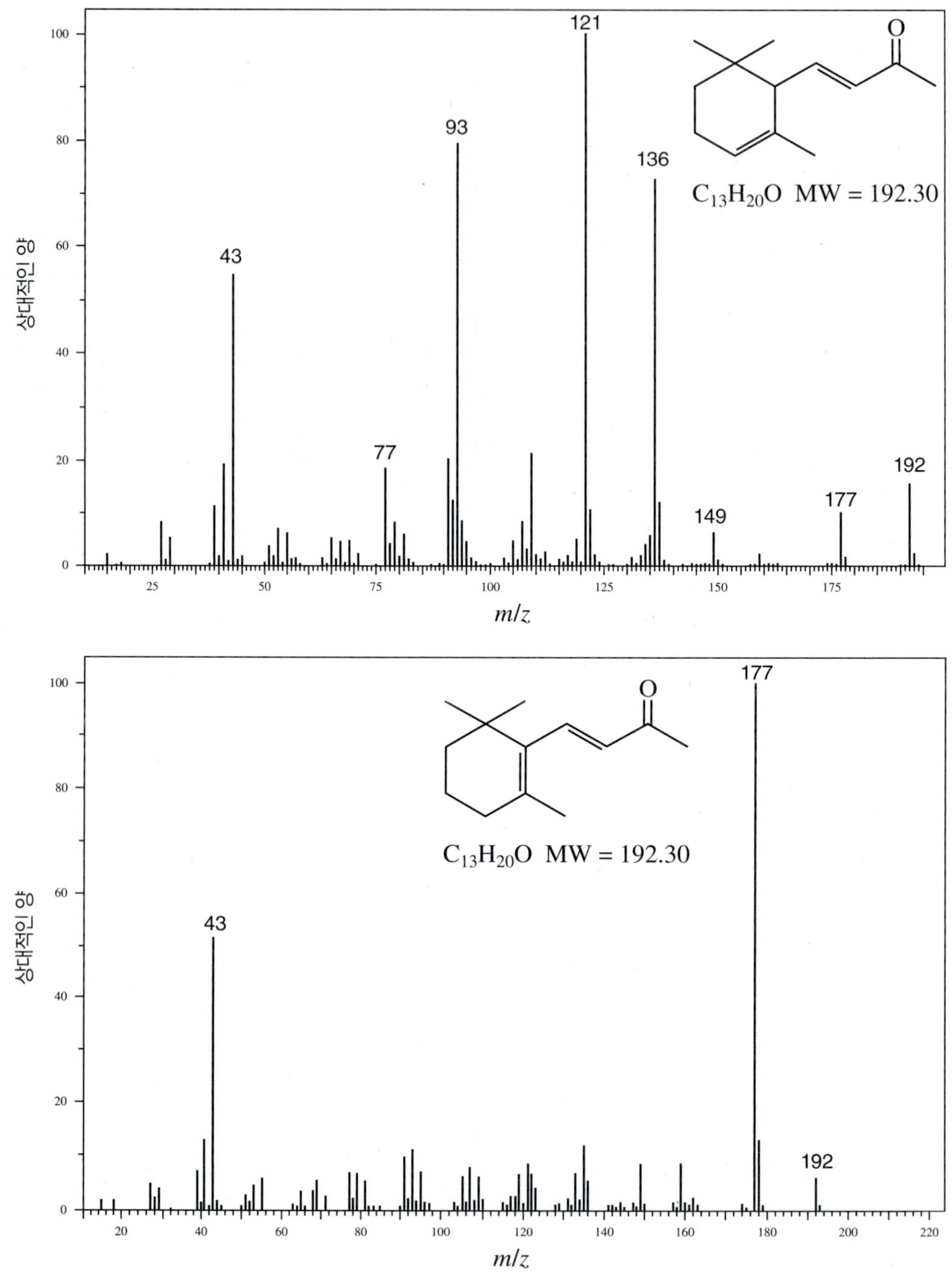

그림 4.17 α-Ionone(위)과 β-ionone(아래)의 EI 질량 스펙트럼.

스펙트럼 분석 상자 – Alkyne *Spectral Analysis Box–Alkyne*

분자 이온	**토막 이온**
강한 M^+	$m/z = 39$
	강한 $M - 1$ 피크

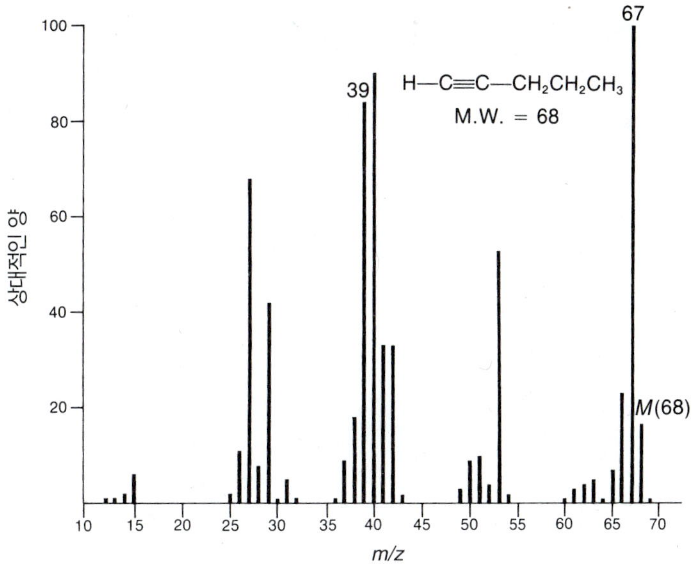

그림 4.18 1-Pentyne의 EI 질량 스펙트럼.

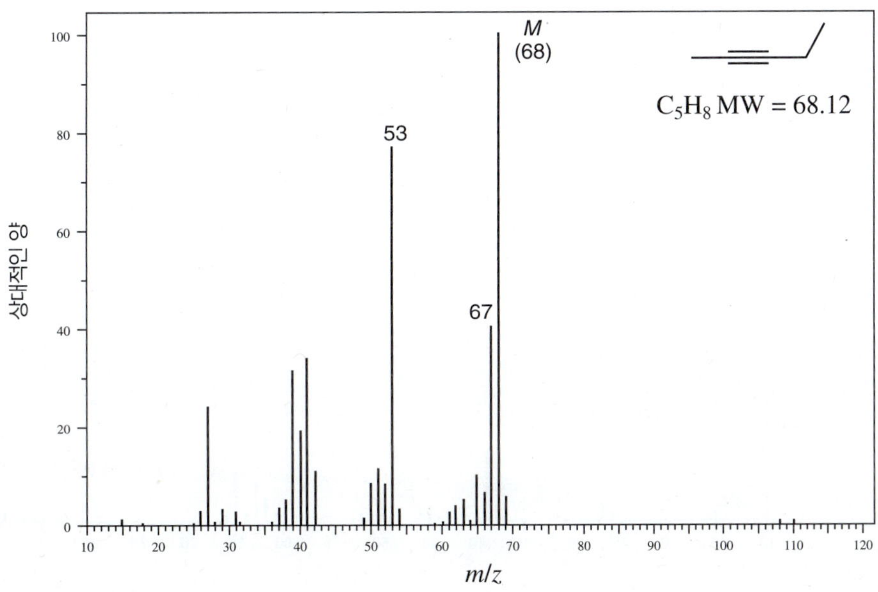

그림 4.19 2-Pentyne의 EI 질량 스펙트럼.

E. 방향족 탄화수소

대부분의 방향족 탄화수소의 질량 스펙트럼에는 매우 강한 분자 이온 피크가 나타난다. Benzene의 질량 스펙트럼(그림 4.20)으로 얻은 증거에 따르면 benzene 고리이 토막나기는 많은 에너지를 필요로 한다. 따라서 중요하게 고려해야 할 정도의 토막나기는 관찰되지 않는다. Toluene의 질량 스펙트럼(그림 4.21)에서 분자 이온이 수소를 잃어 *m*/*z* = 91에 강한 피크가 나타난다. 이 토막 이온의 피크는 benzyl 탄소 양이온($C_6H_5CH_2^+$)에 의한 것이라고 추정되지만, 동위원소 표지 실험에 의하면 실제적으로 benzyl 탄소 양이

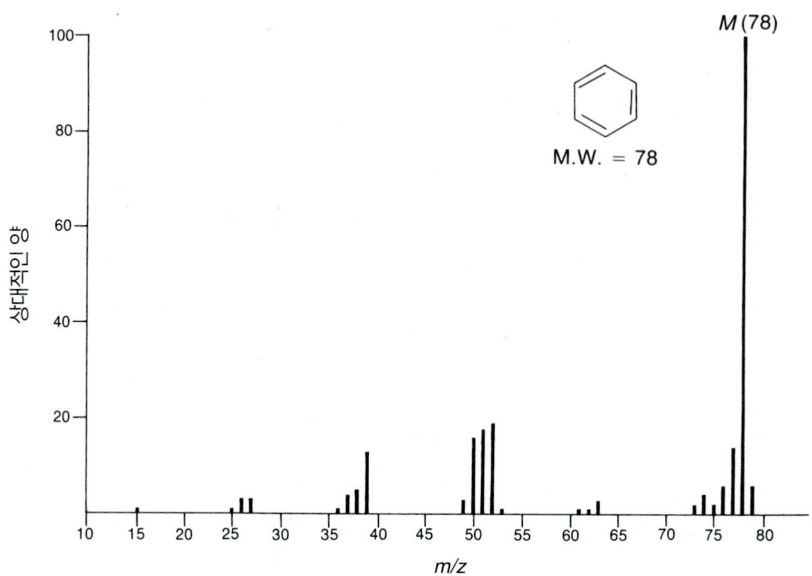

그림 4.20 Benzene의 EI 질량 스펙트럼.

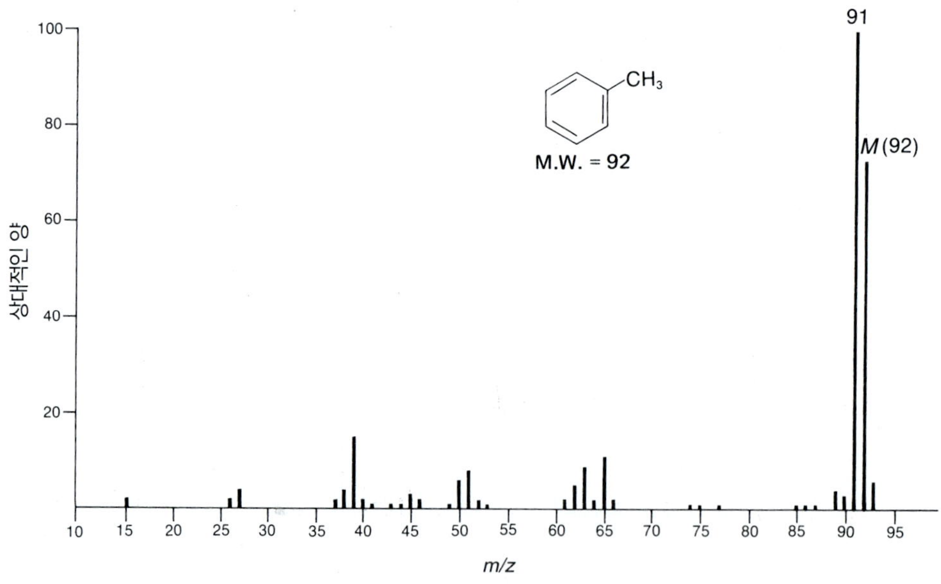

그림 4.21 Toluene의 EI 질량 스펙트럼.

온은 자리옮김을 하여 비편재된 방향성 **tropylium 이온**($C_7H_7^+$, 그림 4.25)을 형성한다. Benzene 고리에 큰 곁사슬이 결합되어 있는 경우에 선호되는 토막나기 방식은 곁사슬을 절단하고 **benzyl 양이온**을 형성하는 것인데, benzyl 탄소 양이온은 자발적으로 자리옮김하여 tropylium 이온을 형성한다. Benzene 고리에 결합된 곁사슬이 세 개 이상의 탄소를 가지고 있으면, McLafferty 자리옮김에 의해 형성된 이온이 관찰된다.

Xylene 이성질체들의 질량 스펙트럼(예를 들어, 그림 4.22와 4.23)에서 m/z = 105인 중간 세기의 피

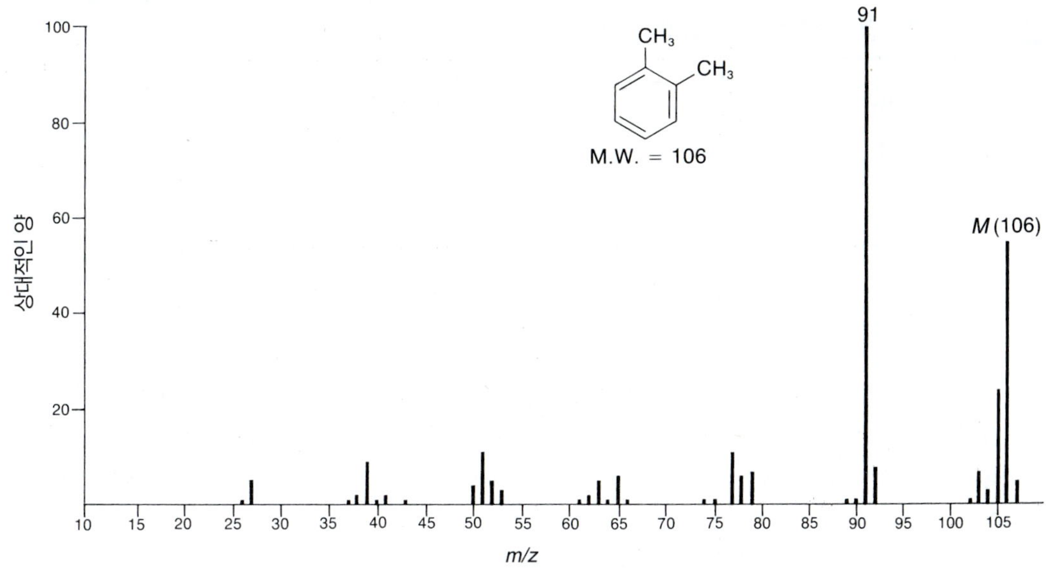

그림 4.22 *ortho*-Xylene의 EI 질량 스펙트럼.

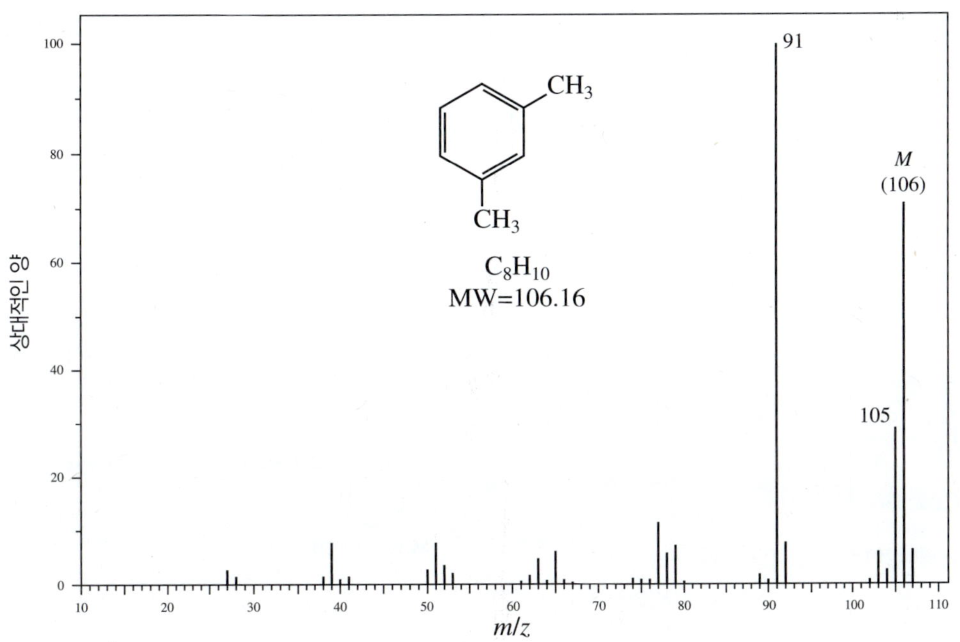

그림 4.23 *meta*-Xylene의 EI 질량 스펙트럼.

크가 있는데, 이것은 수소 원자를 잃고 얻어진 methyltropylium 이온에 의한 것이다. 더욱 중요한 것은 xylene이 한 개의 methyl 그룹을 잃고 치환되지 않은 $C_7H_7^+$ 이온(m/z = 91)을 형성한다는 것이다. *Ortho-*, *meta-*, *para-*이중 치환 방향족 고리의 질량 스펙트럼은 본질적으로 동일하다. 결과적으로 질량 분석법만으로는 alkyl 그룹으로 많이 치환된 benzene의 치환 패턴을 결정할 수 없다.

스펙트럼 분석 상자 – 방향족 탄화수소 *Spectral Analysis Box–Aromatic Hydrocarbon*

분자 이온	**토막 이온**
강한 M^+	$m/z = 91$
	$m/z = 92$

Alkyl 치환 benzene에서 치환된 tropylium 이온의 형성은 전형적으로 일어난다. Isopropylbenzene의 질량 스펙트럼(그림 4.24)에서, m/z = 105인 강한 피크가 관찰된다. 이 피크는 methyl 그룹을 잃고 생성되는 methyl 치환된 tropylium 이온에 해당된다. Tropylium 이온은 그 자신만의 특징적인 토막나기 방식을 가지고 있다. Tropylium 이온의 토막나기에 의해 방향성 cyclopentadienyl 양이온(m/z = 65)과 ethyne(acetylene)이 생성된다. 또 다시 cyclopentadienyl 양이온의 토막나기에 의해 ethyne과 cyclopropenyl 양이온(m/z = 39)이 생성된다(그림 4.25).

Butylbenzene의 질량 스펙트럼(그림 4.26)에서도 tropylium 이온에 의한 강한 피크가 m/z = 91에 나타난다. Benzene의 고리에 결합되어 있는 alkyl 그룹이 propyl 그룹 또는 그 이상일 경우, McLafferty 자리옮김이 쉽게 일어나 m/z = 92에 피크가 나타난다. 사실상, 세 개 이상의 탄소와 γ-위치에 적어도 한 개의 수소를 갖는 곁사슬이 달린 모든 alkylbenzene은 McLafferty 자리옮김을 하며, 질량 스펙트럼의 m/z = 92에 피크가 나타난다. Butylbenzene을 예로 들어 이 자리옮김 과정을 다음과 같이 나타낼 수 있다.

McLafferty 자리옮김

m/z = 92

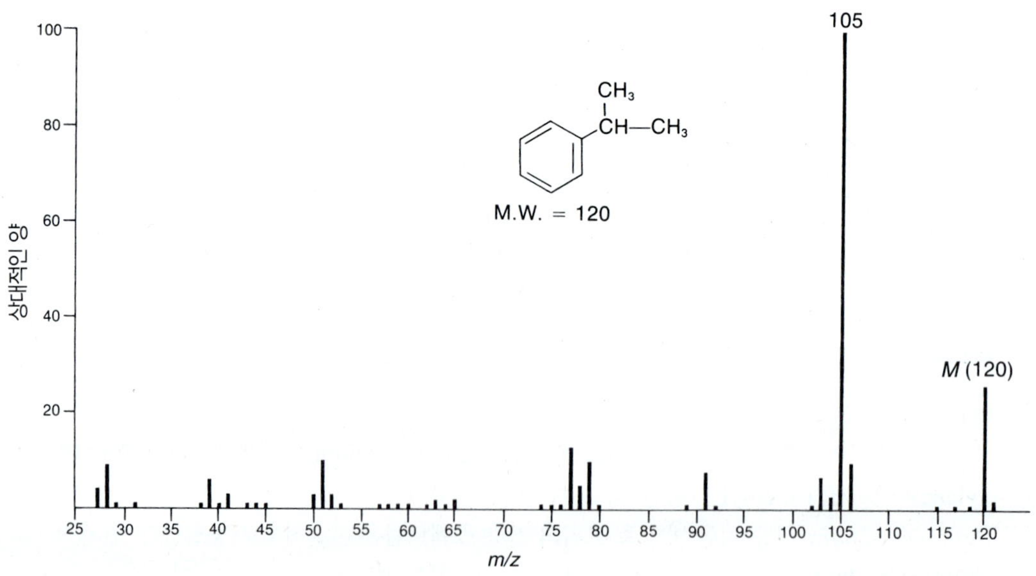

그림 4.24 Isopropylbenzene(cumene)의 EI 질량 스펙트럼.

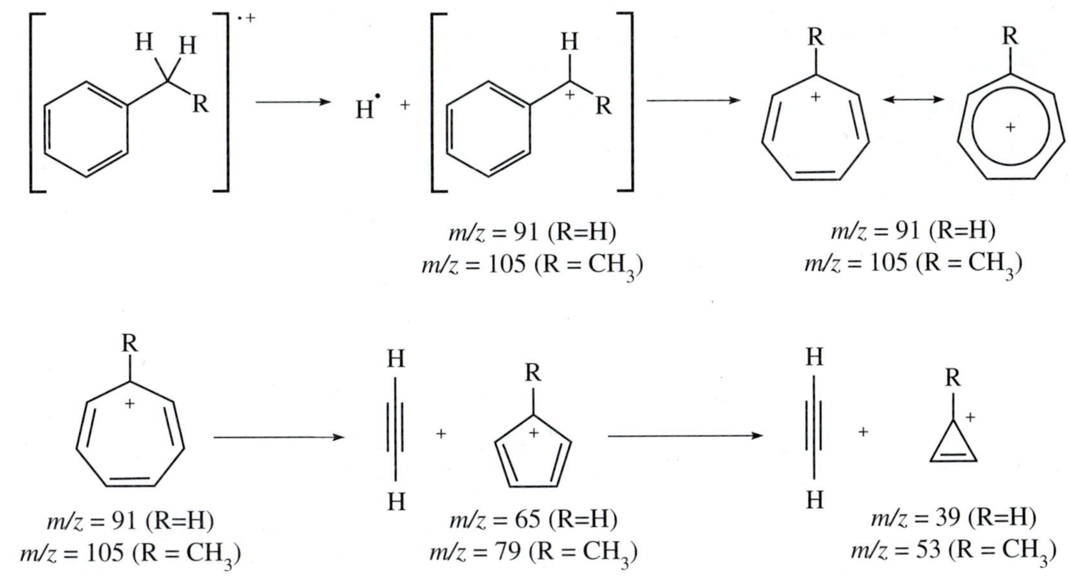

H
H
R
H
+
H
+
R
R
+
R
+
m/z = 91 (R=H)
m/z = 105 (R = CH3)
m/z = 91 (R=H)
m/z = 105 (R = CH3)
R
+
H
H
+
R
+
H
H
+
R
+
m/z = 91 (R=H)
m/z = 105 (R = CH3)
m/z = 65 (R=H)
m/z = 79 (R = CH3)
m/z = 39 (R=H)
m/z = 53 (R = CH3)

그림 4.25 Tropylium 이온의 형성과 토막나기.

91
92
105
M
(134)
C10H14
MW = 134.22
상대적인 양
m/z
0
20
40
60
80
100
25
50
75
100
125
150

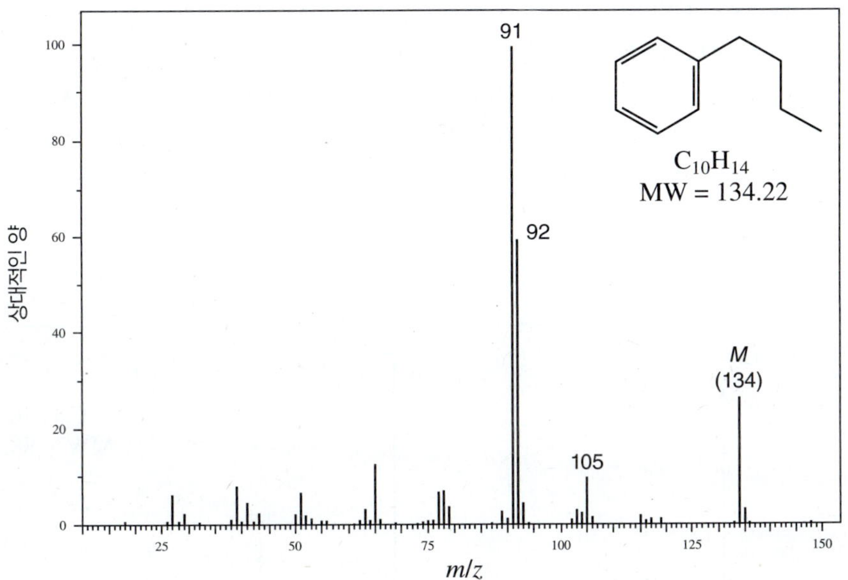

그림 4.26 Butylbenzene의 EI 질량 스펙트럼.

4.4 Alcohol, Phenol, Thiol의 토막나기 패턴

1차 alcohol 또는 2차 alcohol의 질량 스펙트럼에서 분자 이온 피크의 세기는 보통 작은 편이며, 3차 alcohol의 질량 스펙트럼에서 분자 이온 피크는 완전히 사라진다. Alcohol의 일반적인 토막나기는 hydroxyl 그룹 옆의 α-절단과 탈수 반응이다.

스펙트럼 분석 상자 – Alcohol *Spectral Analysis Box–Alcohol*

분자 이온	**토막 이온**
약하거나 없는 M^+	alkyl 그룹 손실
	$M - 18$

곧은 사슬 pentanol의 이성질체인 1-pentanol(그림 4.27), 2-pentanol(그림 4.28), 3-pentanol(그림 4.29)은 모두 질량 스펙트럼에서 m/z = 88에 분자 이온 피크가 매우 약하게 나타나는 반면, 3차 alcohol인 2-methyl-2-butanol의 질량 스펙트럼(그림 4.30)에는 분자 이온 피크가 완전히 사라진다. Alcohol의 가장 중요한 토막나기 반응은 α-절단에 의한 alkyl 그룹의 손실이다. 앞서 논의한 바와 같이 가장 큰 alkyl 그룹이 가장 쉽게 떨어진다. 1-Pentanol의 스펙트럼에서(그림 4.27) m/z = 31인 강한 피크는 butyl 그룹을 잃음으로써 생긴 $H_2C{=}OH^+$ 이온의 피크이다. 2-Pentanol(그림 4.28)은 propyl 그룹을 잃어서 m/z = 45에 $CH_3CH{=}OH^+$의 토막을 생성하며, 또는 methyl 라디칼을 잃고 m/z = 73에 $CH_3CH_2CH_2CH{=}OH^+$에 해당하는 상대적으로 작은 피크를 나타낸다. 3-Pentanol은 ethyl 라디칼을 잃고 m/z = 59에 $CH_3CH_2CH{=}OH^+$ 이온을 생성한다. 대칭 구조를 갖는 3-pentanol은 동등한 두 개의 α-절단 경로가 있어서 해당하는 이온에 대해 훨씬 더 큰 피크가 만들어진다(그림 4.29). 2-Methyl-2-butanol(그림 4.30)은 다른 두 가지 방식의 α-절단으로 methyl 라디칼을 잃고, m/z = 73에 상당한 크기의 피크를 생성한다. 또한 ethyl 라디칼을 잃고 생성된 $(CH_3)_2C{=}OH^+$ 이온에 해당하는 토막 피크가 m/z = 59에 나타난다.

두 번째 일반적인 토막나기 방식은 탈수 반응(dehydration reaction)이다. Alcohol의 사슬 길이가 증가할수록 탈수 반응의 중요성도 증가한다. 탈수 반응으로 생긴 토막 이온 피크(m/z = 70)의 세기는 1-pentanol의 스펙트럼에서 매우 크지만, 다른 pentanol 이성질체에서는 아주 작다. 탈수 반응은 이온화가 일어나기 전에 열에 의해 일어나기도 하고, 분자 이온의 토막나기에 의해 일어나기도 한다. **열에 의한 탈수**

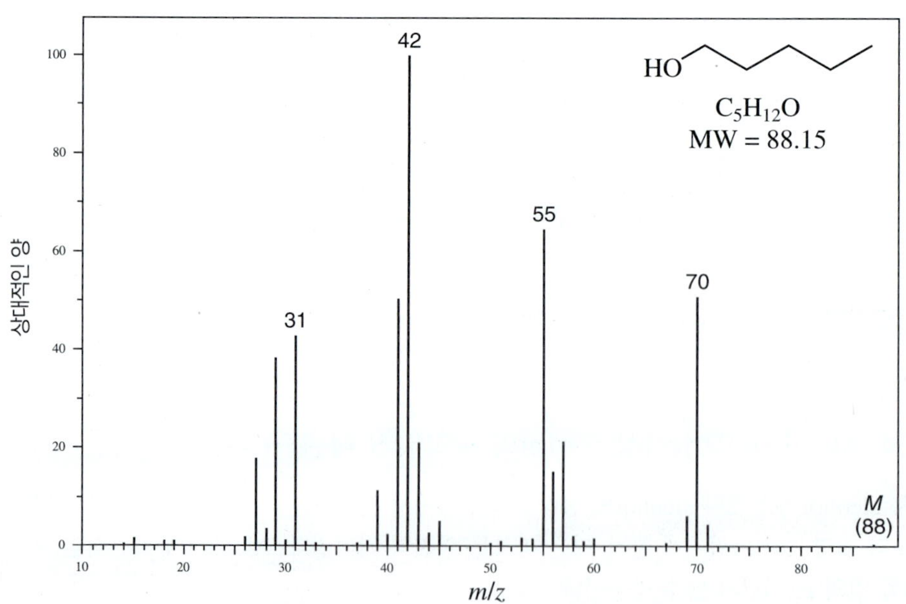

그림 4.27 1-Pentanol의 EI 질량 스펙트럼.

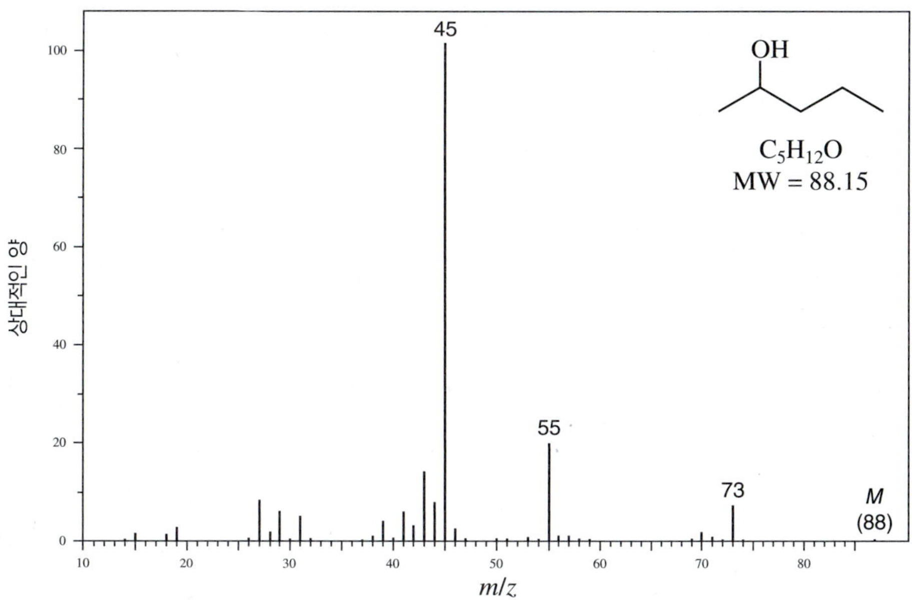

그림 4.28 2-Pentanol의 EI 질량 스펙트럼.

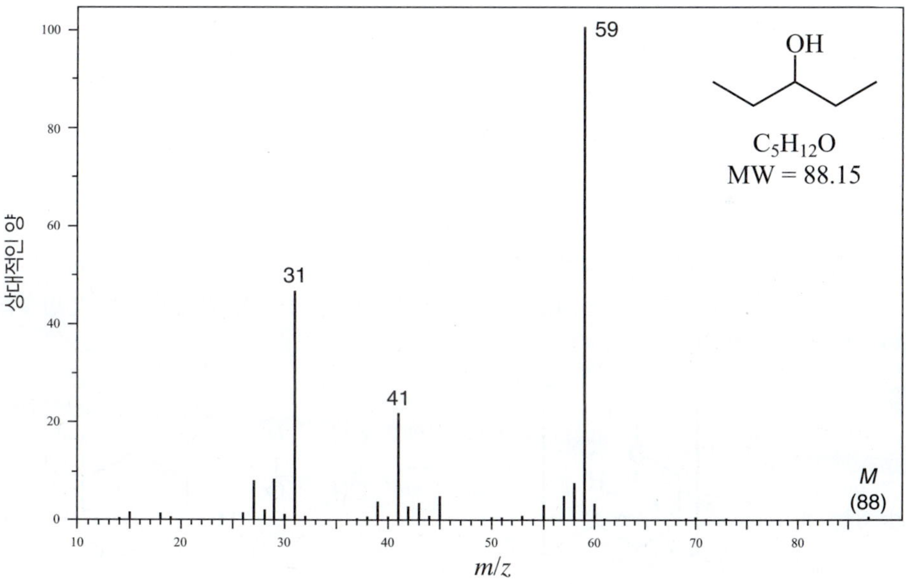

그림 4.29 3-Pentanol의 EI 질량 스펙트럼.

(thermal dehydration)는 특히 alcohol 시료를 GC-MS로 분석할 때 문제가 된다. 기체 크로마토그래피의 주입구는 일반적으로 200°C 이상을 유지한다. 따라서 많은 alcohol, 특히 3차 alcohol과 allyl alcohol/benzyl alcohol은 시료 물질이 GC 컬럼에 도달하기도 전에, 보다 정확하게 표현하면 질량 분석기의 이온원에 도달하기도 전에 탈수를 일으킨다. 열에 의한 탈수 반응은 물의 **1,2-제거**(1,2-elimination) 반응이다. Alcohol 분자가 손상되지 않은 채 이온원에 도달하더라도 분자 이온의 탈수는 여전히 일어난다. 이와 같은 경우의 탈수 반응은 고리 메커니즘을 통한 물의 **1,4-제거**(1,4-elimination) 반응이다.

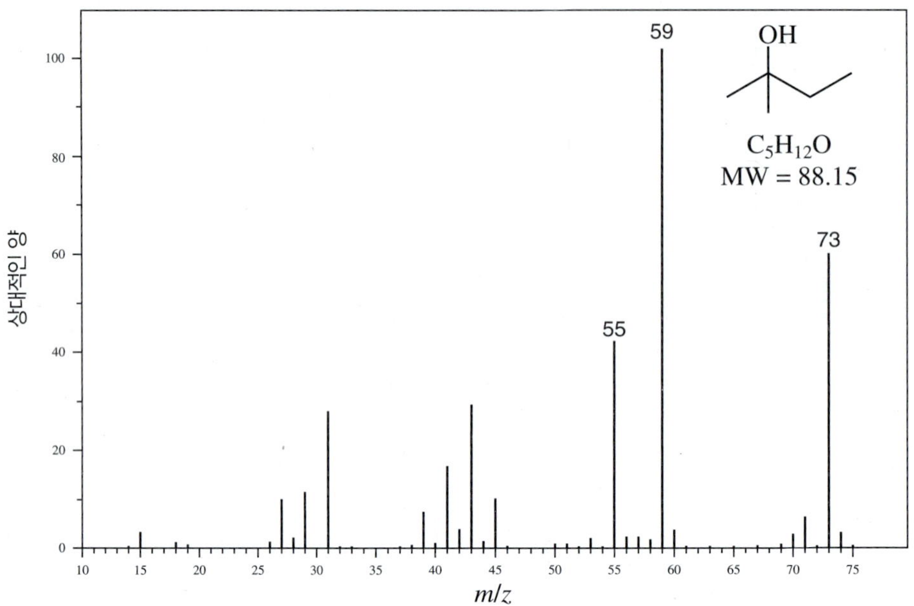

그림 4.30 2-Methyl-2-butanol의 EI 질량 스펙트럼.

제거

$n = 1, 2$

네 개 이상의 탄소를 갖는 alcohol은 물과 ethylene을 *동시에* 잃는다. 1-Butanol의 경우 이와 같은 토막나기는 두드러지지 않지만, 1-pentanol의 질량 스펙트럼(그림 4.27)에서 이로 인한 피크가 m/z = 42에 나타나는 기본 피크이다.

$m/z = 42$

고리 alcohol은 최소한 세 가지의 다른 경로로 토막난다. 그림 4.31에 cyclohexanol에 대한 각 경로를 나타내었다. 첫 번째 토막나기는 단순한 α-절단으로 수소 원자를 잃고 $M - 1$ 토막 이온이 얻어진다. 두 번째 토막나기 경로는 초기에 hydroxyl 그룹이 결합되어 있는 탄소에 이웃한 고리 결합의 α-절단이 일어나고, 이어서 1,5-수소 이동이 일어난다. 1,5-수소 이동으로 인하여 라디칼 자리가 oxonium 이온에 이웃한 공명 안정 위치로 되돌아간다. 두 번째 α-절단으로 propyl 라디칼을 잃고 m/z = 57을 갖는 양성자가 결합된 acrolein 이온이 형성된다. 이와 같은 토막나기 경로는 cyclohexanone 유도체(4.6B절)에 대한 토막나기 방식과 거의 동등하다. 고리 alcohol의 세 번째 토막나기 방식은 3~4개 떨어진 탄소로부터 수소 원자를 탈취하여 m/z = 82에서 두고리 라디칼 양이온을 형성한다(수소 원자는 오원자 고리 또는 육원자 고리 전이 상태에서 전달된다). Cyclohexanol의 질량 스펙트럼(그림 4.32)에서 이들 각 토막 이온에 해당

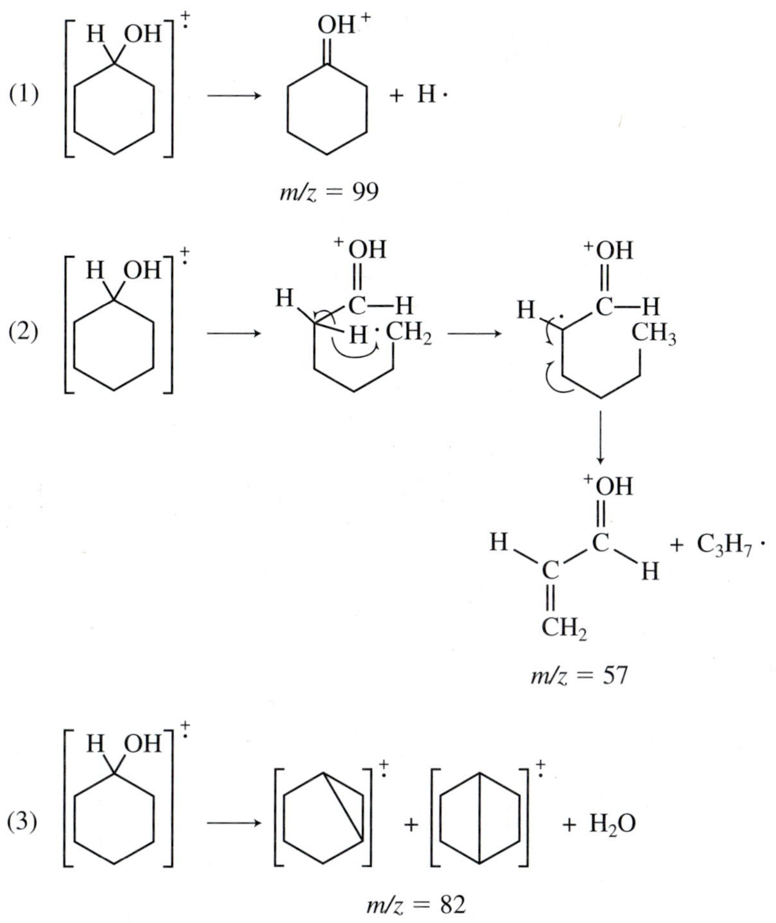

(1) $[\text{cyclohexanol}]^{+\cdot} \longrightarrow$ OH^+ (protonated cyclohexanone) $+ H\cdot$

$m/z = 99$

(2) $[\text{cyclohexanol}]^{+\cdot} \longrightarrow$ ^+OH $\longrightarrow$ ^+OH, CH_3

$\downarrow$

^+OH, CH_2 $+ C_3H_7\cdot$

$m/z = 57$

(3) $[\text{cyclohexanol}]^{+\cdot} \longrightarrow [\ ]^{+\cdot} + [\ ]^{+\cdot} + H_2O$

$m/z = 82$

그림 4.31 Cyclohexanol의 토막나기 경로.

하는 피크가 관찰된다.

Benzyl alcohol은 보통 강한 분자 이온 피크를 보인다. 다음에 나타낸 연속적인 반응은 benzyl alcohol의 중요한 토막나기 방식을 설명해 준다. 분자 이온으로부터 수소 원자를 잃고 hydroxytropylium 이온(m/z = 107)이 생성된다. Hydroxytropylium 이온은 일산화탄소를 잃고 공명-비편재된 cyclohexadienyl 양이온(m/z = 79)을 생성한다. 이 이온은 수소 분자를 잃고 m/z = 77인 phenyl 양이온 $C_6H_5^+$를 생성한다. Benzyl alcohol의 질량 스펙트럼(그림 4.33)에서 이들 토막 이온에 의한 피크가 관찰된다.

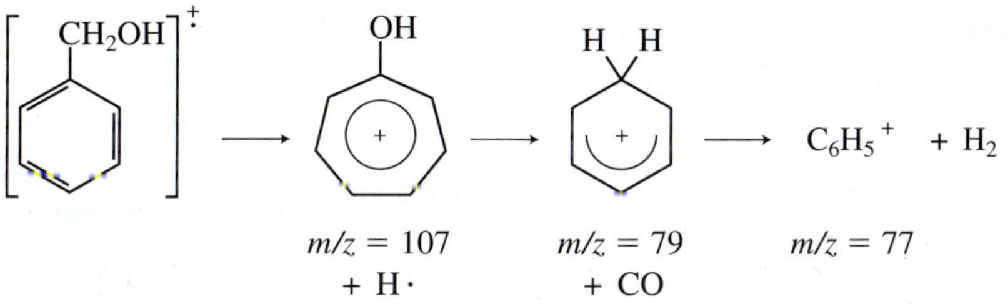

$[\text{C}_6\text{H}_5\text{CH}_2\text{OH}]^{+\cdot} \longrightarrow$ OH $\longrightarrow$ H H $\longrightarrow C_6H_5^+ + H_2$

$m/z = 107$ $+ H\cdot$ $m/z = 79$ $+ CO$ $m/z = 77$

Phenol의 질량 스펙트럼에는 강한 분자 이온 피크가 관찰된다. 사실상, m/z = 94에 나타나는 분자 이온은 phenol의 EI 질량 스펙트럼(그림 4.34)의 기본 피크이다. 잘 일어나는 토막나기 방식은 수소 원자를 잃고 m/z = 93에 작은 $M - 1$ 피크를 생성하거나, 일산화탄소(CO)를 잃고 m/z = 66에 $M - 28$ 피크를

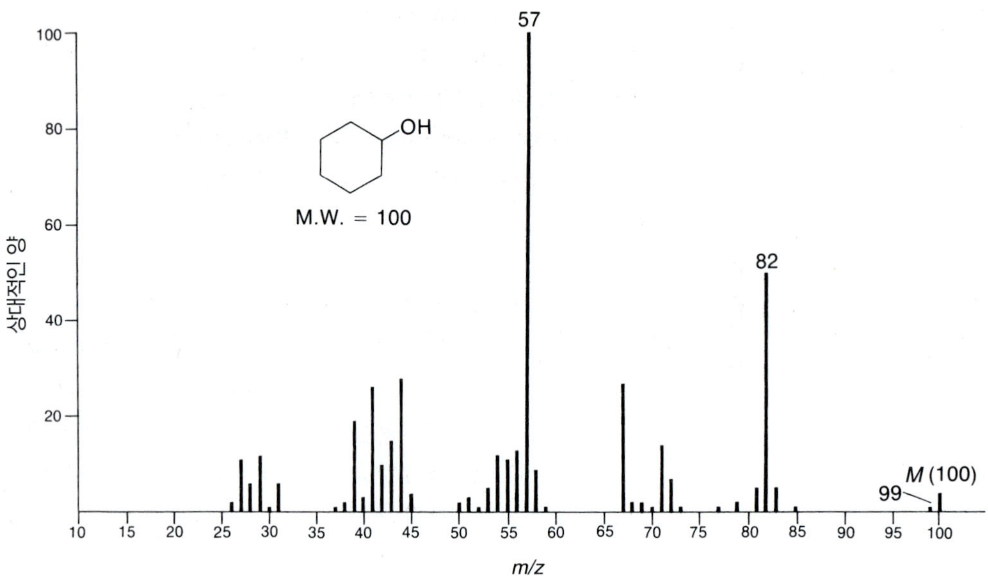

그림 4.32 Cyclohexanol의 EI 질량 스펙트럼.

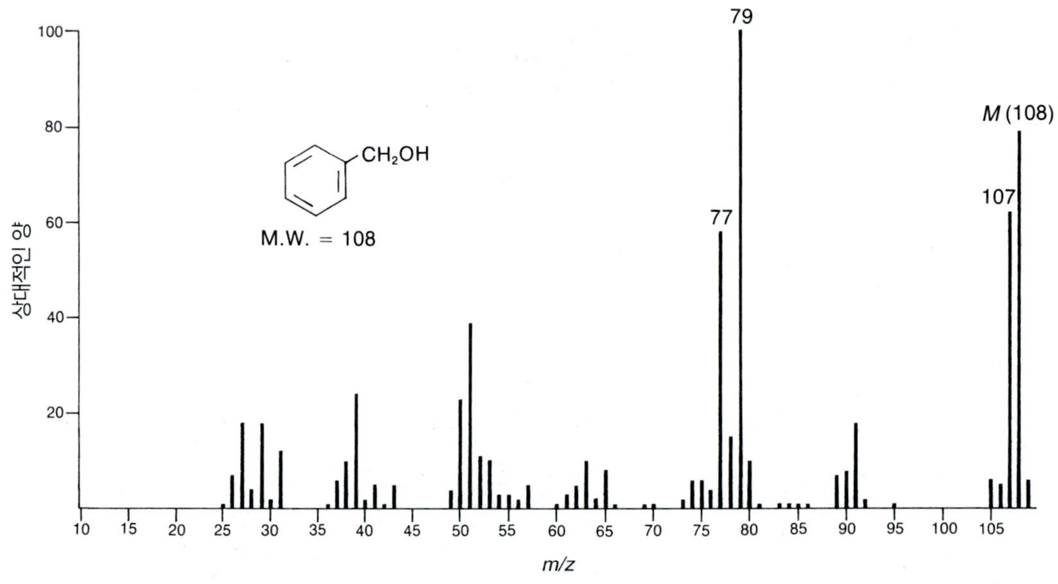

그림 4.33 Benzyl alcohol의 EI 질량 스펙트럼.

생성하거나, formyl 라디칼(HCO·)를 잃고 *M* − 29에 피크를 나타내는 것이다. Phenol(C_6H_5OH)의 경우 *m/z* = 65에서 방향성 cyclopentadienyl 양이온 피크가 관찰된다. 어떤 경우에는 29 질량 단위의 손실이 순차적으로 일어난다. 즉, 초기에 일산화탄소(28 질량 단위)가 이탈하고 이어서 수소 원자(1 질량 단위)가 이탈한다. *ortho*-Cresol(2-methylphenol)의 질량 스펙트럼(그림 4.35)에는 치환되지 않은 phenol보다 훨씬 큰 *M* − 1 피크가 나타난다. *o*-Cresol의 스펙트럼에서 *m/z* = 80과 *m/z* = 79에 나타나는 피크는 각각 CO의 손실과 formyl 라디칼의 손실로 인한 것이다.

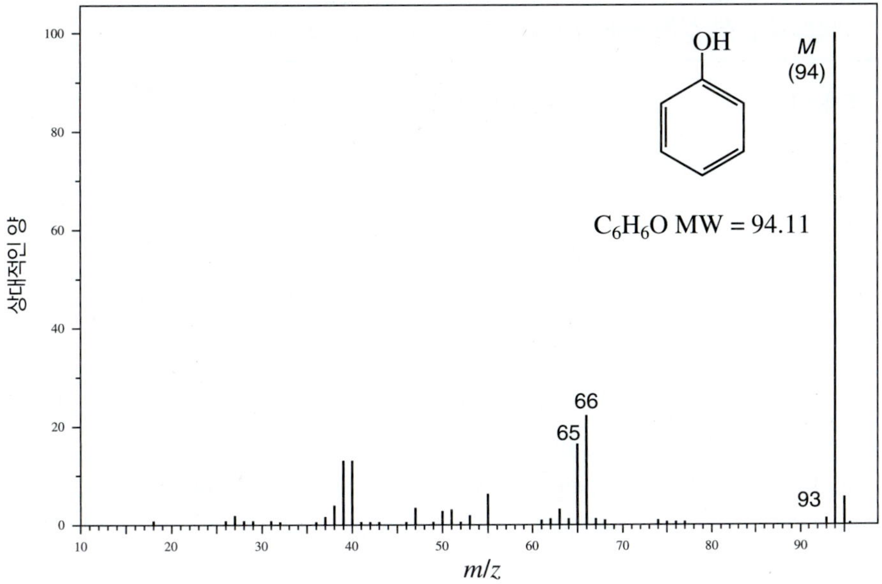

그림 4.34 Phenol의 EI 질량 스펙트럼.

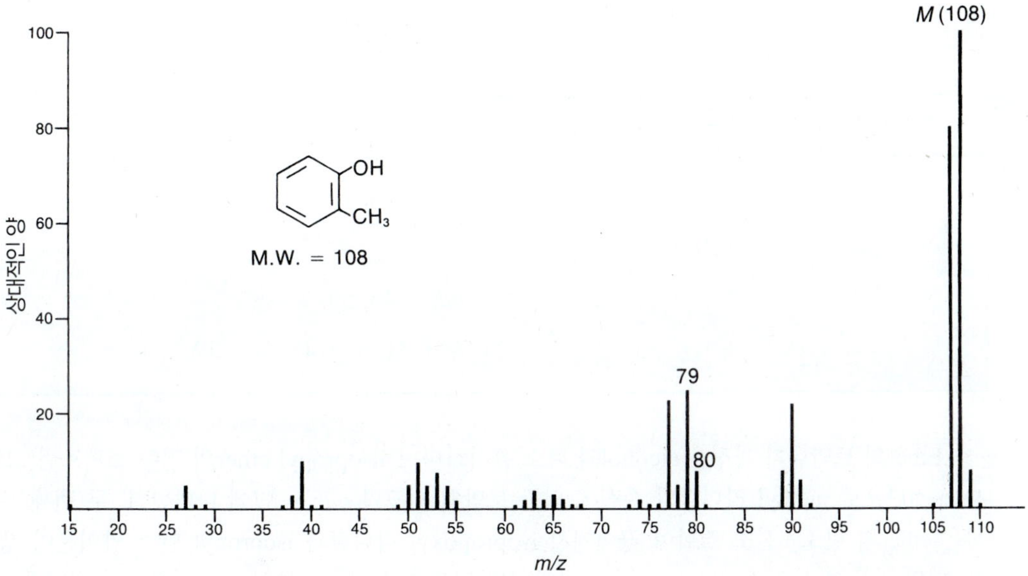

그림 4.35 2-Methylphenol(*ortho*-cresol)의 EI 질량 스펙트럼

스펙트럼 분석 상자 – Phenol *Spectral Analysis Box–Phenol*

분자 이온	토막 이온
강한 M^+	$M-1$
	$M-28$
	$M-29$

Thiol의 분자 이온 피크는 대조되는 alcohol의 분자 이온 피크보다 훨씬 강하게 나타난다. 황 화합물의 질량 스펙트럼의 특징은 중요한 $M+2$ 피크가 나타난다는 것이다. 이 피크는 자연계에 4.4%의 존재비를 갖는 무거운 동위원소 ^{34}S에 의한 피크이다.

Thiol의 토막나기 패턴은 alcohol의 패턴과 매우 유사하다. Alcohol이 특정 조건 하에서 탈수되는 것처럼 thiol로부터 hydrogen sulfide(H_2S)가 이탈되어 $M-34$의 토막 이온 피크가 생성된다.

4.5 Ether와 sulfide의 토막나기 패턴

지방족 ether에서는 같은 분자량의 alcohol에 비하여 좀 더 강한 분자 이온 피크가 나타나는 경향이 있다. 그럼에도 불구하고 여전히 ether의 분자 이온 피크는 다소 약하다. 주요한 토막나기 방식은 α-절단, 유도 절단(β-절단)을 통한 탄소 양이온 토막의 형성과 alkoxy 라디칼의 손실 등이다.

스펙트럼 분석 상자 – Ether *Spectral Analysis Box–Ether*

분자 이온	토막 이온
약하지만 관찰할 수 있는 M^+	α-절단
	m/z = 43, 59, 73 등
	$M-31$, $M-45$, $M-59$ 등

Ether의 토막나기 과정은 alcohol과 다소 유사하다. Diisopropyl ether의 질량 스펙트럼(그림 4.36)에서 α-절단으로 methyl 라디칼의 손실에 의한 토막의 피크가 m/z = 87에 나타난다. 두 번째 토막나기 방식은 ether의 탄소–산소 결합이 끊어져서 isopropoxyl 라디칼과 isopropyl 탄소 양이온이 생기는 것이다. 이와 같은 방식으로 diisopropyl ether가 절단됨으로써 m/z = 43의 $C_3H_7^+$ 토막이 생긴다. 세 번째 토막나기 방식은 분자 이온이 아닌 토막 이온 중 하나에서 일어나는 자리옮김 반응이다. 이 자리옮김에 의해 alkene이 생성되고, β-수소가 oxonium 이온에 전달된다. Ether의 α-탄소에 가지가 달려있을 때 이와 같은 자리옮김 방식이 특히 잘 일어난다. Diisopropyl ether의 경우 이와 같은 자리옮김에 의해 m/z = 45에 $(HO{=}CHCH_3)^+$ 토막이 생긴다.

$$R{-}CH{=}\overset{+}{O}{-}\underset{\underset{R}{|}}{CH_\alpha}{-}\overset{H}{\overset{|}{CH_2}}_\beta \longrightarrow R{-}CH{=}\overset{+}{O}H + \underset{\underset{R}{|}}{CH}{=}CH_2$$

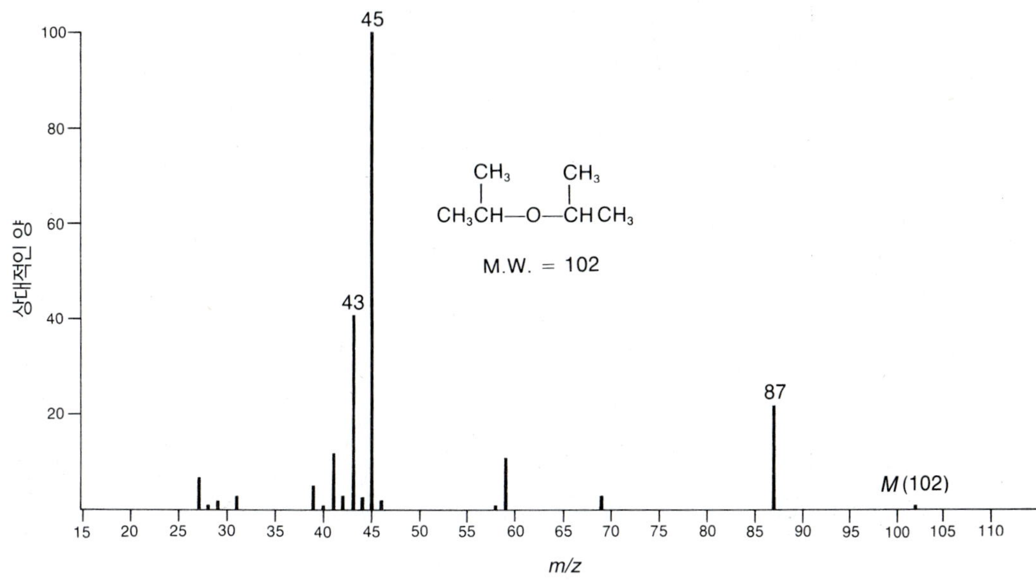

그림 4.36 Diisopropyl ether의 EI 질량 스펙트럼.

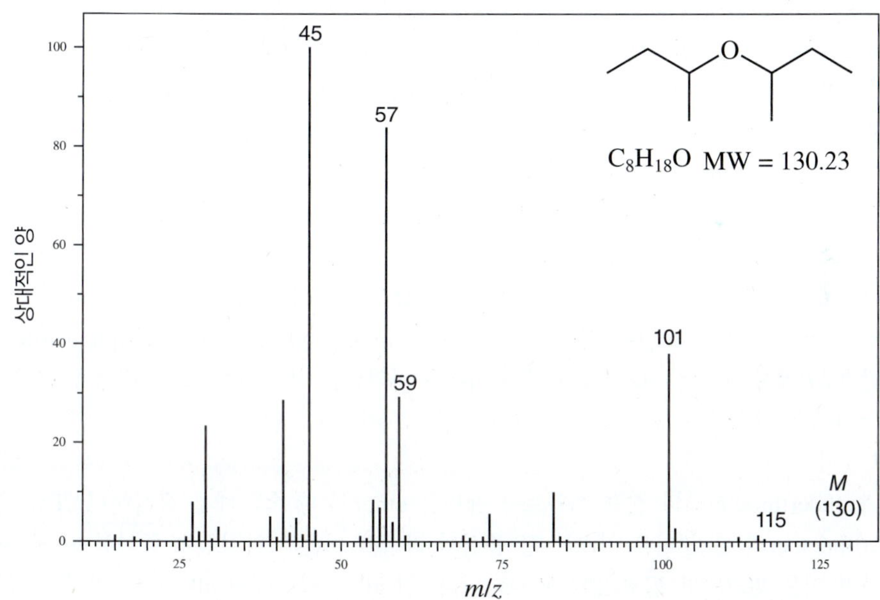

그림 4.37 Di-*sec*-butyl ether의 EI 질량 스펙트럼.

Di-*sec*-butyl ether의 질량 스펙트럼(그림 4.37)은 동일한 토막나기를 보여준다. 하지만 이 화합물에는 가능한 두 가지의 α-절단이 있다. Methyl 라디칼을 잃고 m/z = 115에 매우 작은 $M - 15$ 피크를 나타내며, 보다 큰 ethyl 라디칼을 잃고 m/z = 101에 충분히 더 큰 피크를 나타낸다. C–O 결합이 유도 절단은 m/z = 57의 *sec*-butyl 양이온을 생성한다. α-절단 생성물의 추가적인 자리옮김으로 m/z = 45와 59에 각각 $(HO{=}CHCH_3)^+$와 $(HO{=}CHCH_2CH_3)^+$에 해당하는 피크를 생성한다.

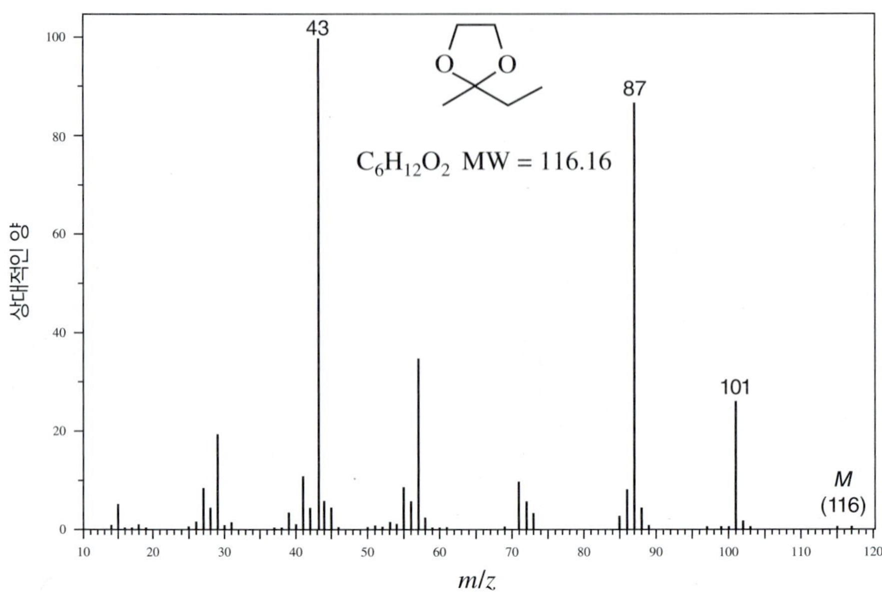

그림 4.38 2-Ethyl-2-methyl-1,3-dioxolane의 EI 질량 스펙트럼.

Acetal과 ketal은 ether와 매우 유사하게 거동한다. 그러나 토막나기 과정은 ether에서보다 acetal과 ketal에서 훨씬 더 잘 일어나서 이들의 분자 이온 피크는 매우 약하거나 거의 나타나지 않는다. 예를 들어, 2-ethyl-2-methyl-1,3-dioxolane(methyl ethyl ketone의 ethylene ketal)의 질량 스펙트럼(그림 4.38)에 분자 이온은 나타나지 않는다. α-절단으로 methyl 라디칼을 잃고 m/z = 101에 가장 큰 피크를 나타낸다. 다른 α-절단으로 ethyl 라디칼을 잃고 m/z = 87에 큰 피크를 나타낸다. 스펙트럼에서 기본 피크는 전형적인 2-methyl-1,3-dioxolane에 대한 값인 m/z = 43에 나타난다.

방향족 ether는 alkyl 그룹을 잃고 $C_6H_5O^+$ 이온을 생성하는 절단 반응을 하기도 한다. 이들 토막 이온은 다시 CO를 잃고 cyclopentadienyl 양이온($C_5H_5^+$)을 형성한다. 또한 방향족 ether는 alkoxy 그룹을 모두 잃고 phenyl 양이온($C_6H_5^+$)을 생성한다. 4-Methylphenyl ether(*p*-methylphenetole)의 질량 스펙트럼(그림 4.39)에서 m/z = 136에 강한 분자 이온이 나타남은 물론, ethyl 라디칼을 잃고 얻어진 토막 이온이 m/z = 107에 나타난다. McLafferty 자리옮김으로 ethene을 잃고 얻어진 토막 이온이 m/z = 108에 기본 피크로 나타난다.

Sulfide(thioether)의 질량 스펙트럼 패턴은 ether의 패턴과 매우 유사하다. Thiol의 경우와 마찬가지로 thioether의 분자 이온 피크는 황 중심의 라디칼 이온의 안정성이 증가하기 때문에 대조되는 ether의 분자 이온 피크보다 훨씬 강하게 나타난다. 긴 alkyl 사슬에서 alkene의 위치를 정하는 데 alkene의 dimethyl disulfide 유도체의 α-절단을 유용하게 사용할 수 있다. 긴 사슬 alkene은 곤충 페로몬과 수생 천연물의 보편적 구조 특성이다. 2-D NMR을 이용하여 긴 사슬 안에서 alkene의 위치를 결정할 수도 있지만, alkene과 dimethyl disulfide와의 반응으로 얻어지는 생성물의 간단한 EI 질량 스펙트럼 분석으로 alkene의 위치를 결정할 수 있다. 아주 적은 양(~μg)의 시료만이 반응에 필요하다. 포도 줄기를 갉아먹는 곤충에서 분리한 생물학적 활성 화합물의 반응으로 얻어진 생성물을 분석하면, 다음에 나타낸 바와 같이 이웃하는 sulfide 그룹 사이에서 C−C 결합의 절단에 의해 생성된 두 진단성 이온을 관찰할 수 있다(그림 4.40). Thioether 그룹 사이에서 분자 이온의 절단은 m/z = 136과 201에 나타나는 토막을 생성한다. 따라서 alkene(이중 결합)은 반응하지 않은 본래의 지방산 사슬의 탄소 9와 탄소 10 사이에 위치한다.

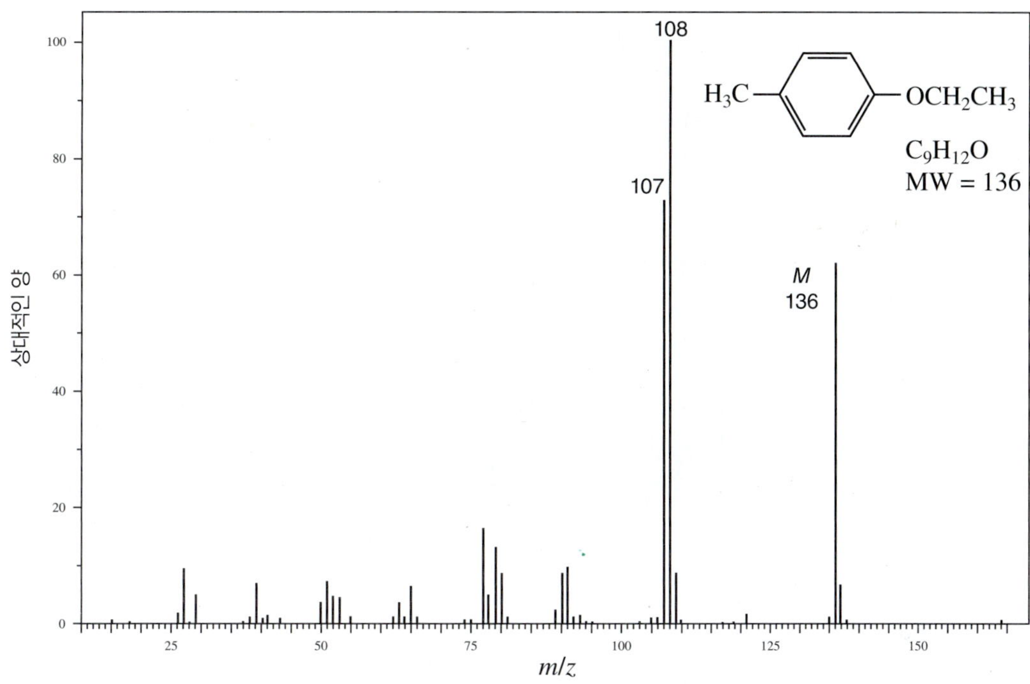

그림 4.39 4-Methylphenetole의 EI 질량 스펙트럼.

4.6 Carbonyl 작용기를 포함하는 화합물의 토막나기 패턴

IR 스펙트럼 분석에서 살펴본 것과 같이 carbonyl 그룹은 분석하고자 하는 물질에 관한 풍부한 정보를 제공해 주기 때문에 분광학에서 매우 중요하다. C=O 부분을 갖는 화합물의 질량 분석에서도 마찬가지이다. Carbonyl을 포함하는 모든 화합물은 공통적인 토막나기를 한다. α-절단, 유도 절단(β-절단), McLafferty 자리옮김이 어디에서나 일어난다. Carbonyl을 포함하는 작용기 중 일부는 독특한 토막나기 거동을 보여 구조에 대한 단서로 쓸 수 있다. 이 절에서는 C=O를 포함하는 분자의 보편적인 토막나기 패턴을 다루게 될 것이다.

A. Aldehyde

지방족 aldehyde의 분자 이온 피크는 때에 따라서 매우 약하지만 보통 관찰할 수 있다. 주요한 토막나기 방식은 α-절단과 β-절단이다. Carbonyl 그룹에 결합되어 있는 탄소 사슬이 최소한 세 개의 탄소를 포함하고 있을 때, 보통 McLafferty 자리옮김이 관찰된다.

스펙트럼 분석 상자 – Aldehyde *Spectral Analysis Box–Aldehyde*

분자 이온

약하지만 관찰할 수 있는 M^+(지방족)

강한 M^+(방향족)

토막 이온

지방족:

$m/z = 29$, $M - 29$, $M - 43$, $m/z = 44$

방향족:

$M - 1$, $M - 29$

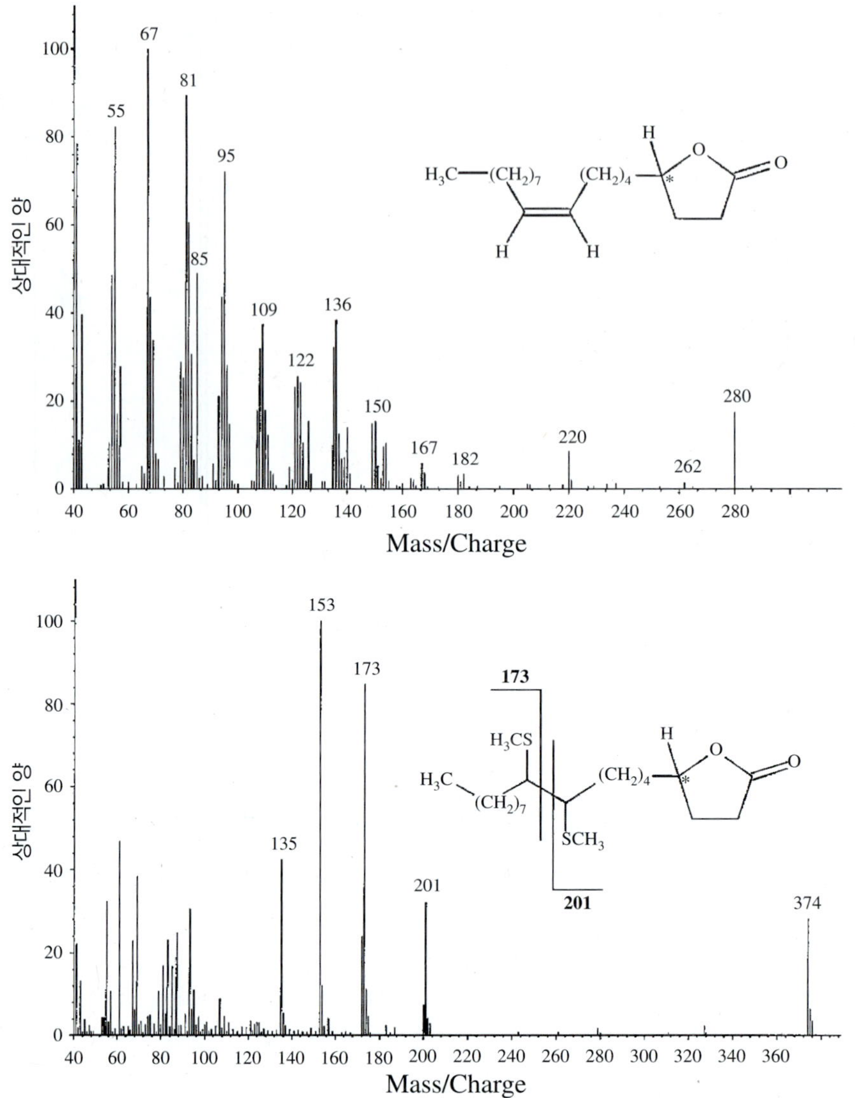

그림 4.40 (Z)-9-Octadecen-4-olide의 EI 질량 스펙트럼(위)과 (Z)-9-octadecen-4-olide의 dimethyl disulfide 유도체의 EI 질량 스펙트럼(아래). Thioether 그룹 사이의 절단[인용 문헌: Cosse, A. A., et al, *Journal of Chemical Ecology* 27(2001): 1841–1853].

한 개의 수소 원자를 잃고 나타나는 $M - 1$ 피크는 aldehyde에서 매우 특징적인 피크이다. 이 피크는 valeraldehyde의 질량 스펙트럼(그림 4.41)의 m/z = 85에서 관찰할 수 있다. HCO^+ 형성에 의한 피크는 m/z = 29에서 관찰될 수 있는데, 이 또한 aldehyde의 질량 스펙트럼의 전형적인 피크이다. Aldehyde에서 두 번째로 중요한 토막나기 방식은 ***β*-절단**(유도 절단)으로 알려져 있다. Valeraldehyde의 질량 스펙트럼에서 *β*-절단으로 propyl 양이온(m/z = 43)이 생성된다.

H α β —(β-절단)→ H + m/z = 43

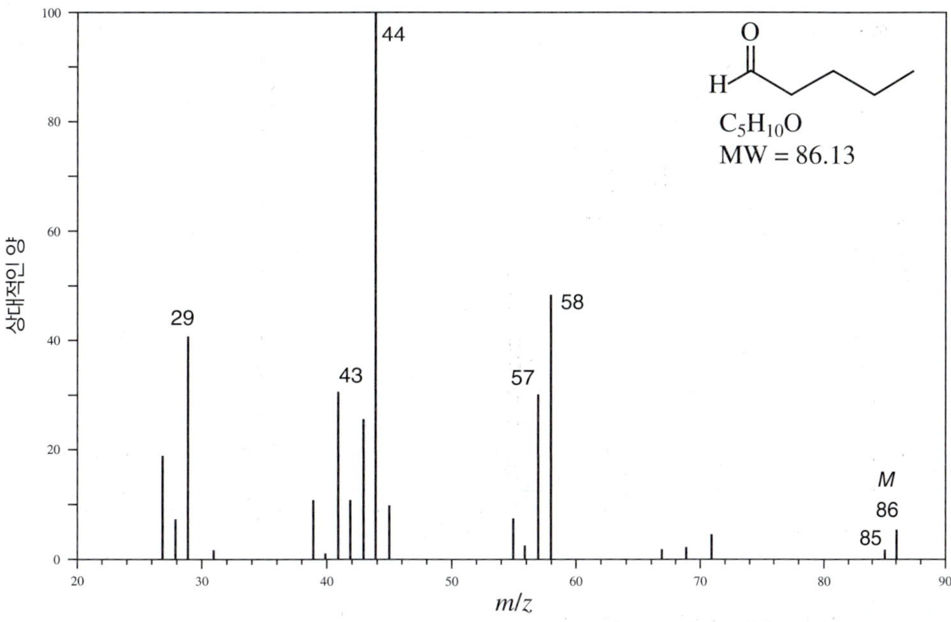

그림 4.41 Valeraldehyde의 EI 질량 스펙트럼.

Aldehyde에서 세 번째 주요한 토막나기 경로는 McLafferty 자리옮김이다. 이 자리옮김에 의해 생긴 토막 이온은 m/z = 44에 나타나며, 이것이 valeraldehyde의 스펙트럼에서 기본 피크이다. m/z = 44에 해당하는 피크는 aldehyde의 질량 스펙트럼의 가장 특징적인 것으로 간주된다. 물론 McLafferty 자리옮김과 마찬가지로 이 자리옮김도 carbonyl 그룹에 결합되어 있는 사슬이 세 개 이상의 탄소를 가질 경우에만 잘 일어난다.

방향족 aldehyde 역시 매우 강한 분자 이온 피크를 나타낸다. α-절단을 통하여 한 개의 수소 원자를 잃는 것이 가장 잘 일어나는 과정이다. 그 결과로 생긴 $M - 1$ 피크가 어떤 경우에는 분자 이온 피크보다 더 강하게 나타난다. Benzaldehyde의 질량 스펙트럼(그림 4.42)에서 $M - 1$ 피크는 m/z = 105에 나타난다. m/z = 77에서도 피크가 관찰되는데, 이것은 formyl 라디칼을 잃고 phenyl 양이온이 생성된 것이다.

B. Ketone

Ketone의 질량 스펙트럼에서 분자 이온 피크는 강하게 나타난다. Carbonyl 그룹에 결합된 alkyl 그룹의 손실은 가장 중요한 토막나기 과정이다. 토막나기 패턴은 aldehyde와 유사하다. α-절단에 의하여 alkyl 그룹을 잃는 것이 중요한 토막나기 방식이다. Stevenson 규칙에 맞게 carbonyl 그룹에 결합되어 있는 두 개의 alkyl 그룹이 크면 클수록 쉽게 떨어져 나간다. Ketone과 aldehyde에서 α-절단에 의하여 형성된 이온은 acylium 이온($RC{\equiv}O^+$)이다. 2-Butanone의 질량 스펙트럼(그림 4.43)에서 ethyl 그룹을 잃고 생긴 m/z = 43 피크는 methyl 그룹을 잃고 생긴 m/z = 57 피크보다 훨씬 더 강하다. 마찬가지로 2-octanone의 질량 스펙트럼(그림 4.44)에서 hexyl 그룹을 잃고 생긴 m/z = 43 피크가 methyl 그룹을 잃고 생긴 m/z = 113의 약한 피크보다 훨씬 더 쉽게 생성된다.

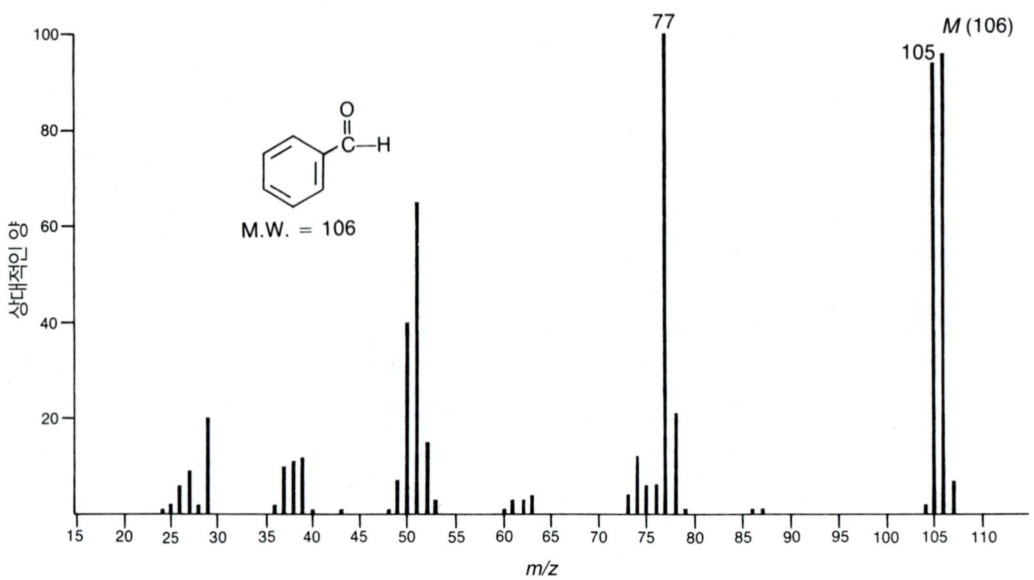

그림 4.42 Benzaldehyde의 EI 질량 스펙트럼.

스펙트럼 분석 상자 – Ketone *Spectral Analysis Box–Ketone*

분자 이온	**토막 이온**
강한 M^+	지방족:
	$M - 15$, $M - 29$, $M - 43$ 등
	$m/z = 43$
	$m/z = 58, 72, 86$ 등
	$m/z = 42, 83$
	방향족:
	$m/z = 105, 120$

Ketone의 carbonyl 그룹에 세 개 이상의 탄소 원자를 가지고 있는 alkyl 그룹이 적어도 한 개 이상 결합되어 있다면 McLafferty 자리옮김이 가능하다. 2-Octanone의 질량 스펙트럼에서 m/z = 58의 피크는 McLafferty 자리옮김 과정으로 생성된 토막 이온에 의한 것이다.

고리 ketone은 다양한 토막나기 과정과 자리옮김 과정을 겪는다. Cyclohexanone의 경우를 예로 들어 이와 같은 과정의 개요를 다음과 같이 요약하였다. Cyclohexanone의 질량 스펙트럼(그림 4.45)에서 각 과정에서 생성된 토막 이온 피크를 관찰할 수 있다.

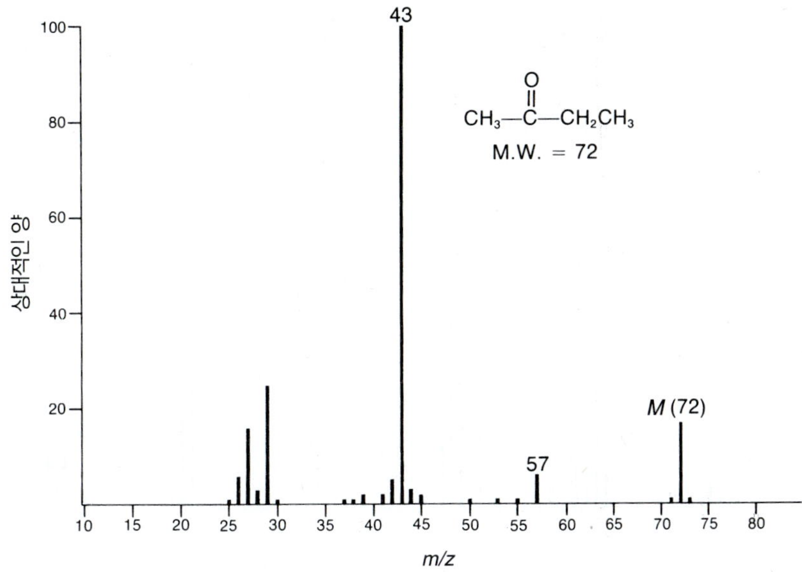

그림 4.43 2-Butanone의 EI 질량 스펙트럼.

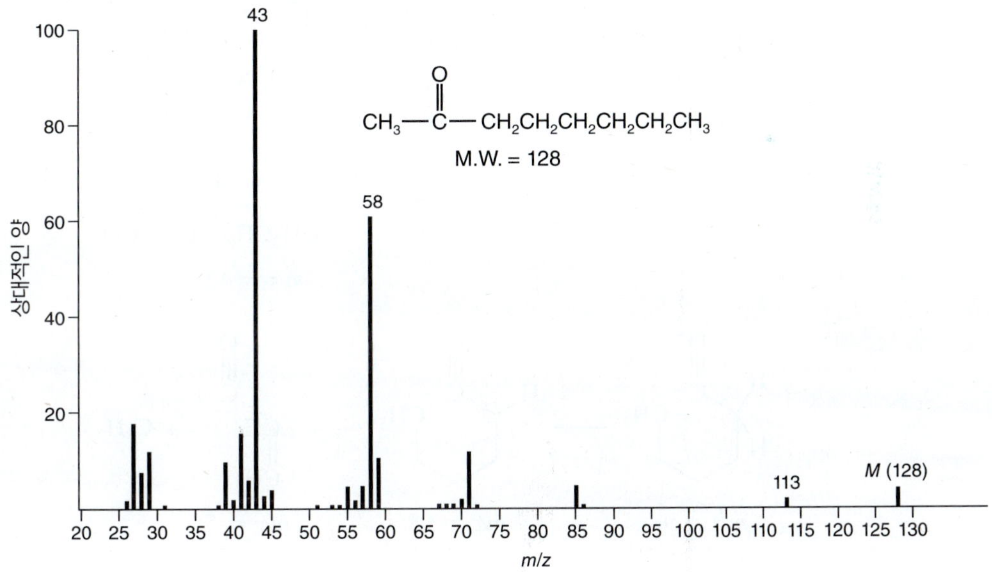

그림 4.44 2-Octanone의 EI 질량 스펙트럼.

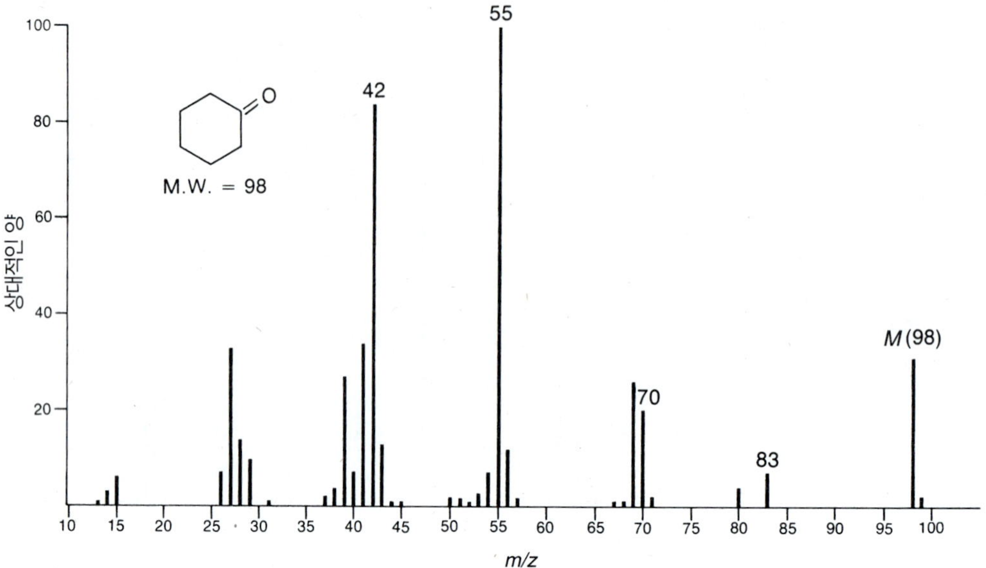

그림 4.45 Cyclohexanone의 EI 질량 스펙트럼.

$m/z = 98$ → $m/z = 98$ → $m/z = 70$ + C_2H_4

↓

$^{+}CH_2CH_2\dot{C}H_2$ + CO

$m/z = 42$

$m/z = 98$ → $m/z = 98$ → $m/z = 55$ + $C_3H_7\cdot$

$m/z = 98$ → $m/z = 83$ + $CH_3\cdot$

방향족 ketone은 α-절단을 통하여 alkyl 그룹을 잃고 phenylacylium 이온($C_6H_5CO^+$, m/z = 105)을 생성한다. 이 이온은 2차 토막나기를 거쳐 일산화탄소를 잃고 $C_6H_5^+$ 이온(m/z = 77)을 생성한다. 이들 피크는 acetophenone의 질량 스펙트럼(그림 4.46)에서 두드러지게 나타난다. 방향족 ketone의 carbonyl 그룹에 큰 alkyl 그룹이 결합되어 있으면 McLafferty 유형의 자리옮김이 가능하다. Carbonyl 그룹이나 방향족 고리로 자리옮김이 가능하다. Butyrophenone의 경우 고리로 McLafferty 자리옮김을 하여 m/z = 106에 토막이 나타나며, carbonyl로 자리옮김을 하여 m/z = 120에 토막이 나타난다(그림 4.47). m/z = 120의 토막 이온은 추가적인 α-절단을 거쳐 m/z = 105에서 $C_6H_5CO^+$이온을 생성한다.

McLafferty 자리옮김

m/z = 106

McLafferty 자리옮김

m/z = 120

C. Ester

Ester의 토막나기 과정은 아주 쉽게 일어나지만, methyl ester의 질량 스펙트럼에서 약한 분자 이온 피크를 관찰할 수 있다. 고차 alcohol로부터 얻어진 ester는 아주 약한 분자 이온 피크를 생성하며, 네 개 이상의 탄소를 갖는 alcohol로부터 얻어진 ester의 분자 이온은 너무 빨리 토막나기 때문에 분자 이온 피크를

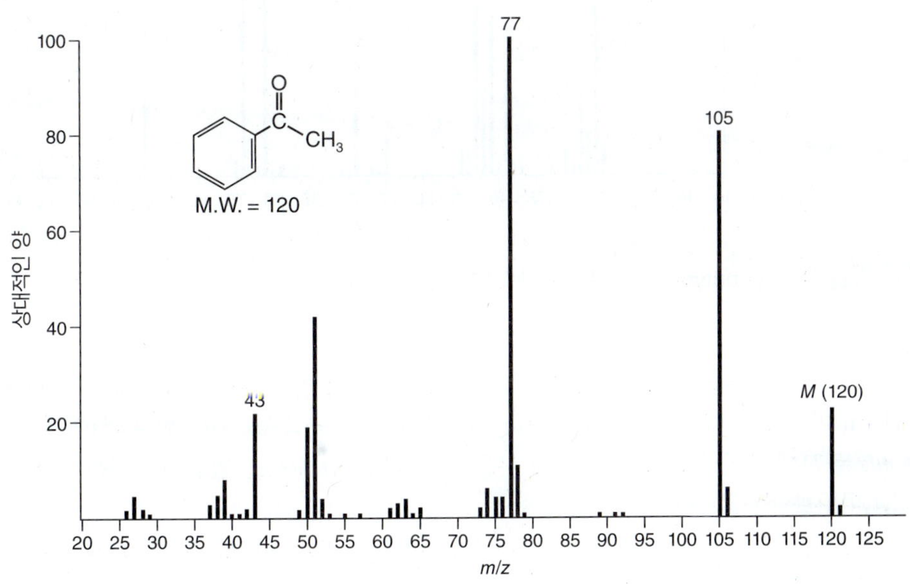

그림 4.46 Acetophenone의 EI 질량 스펙트럼.

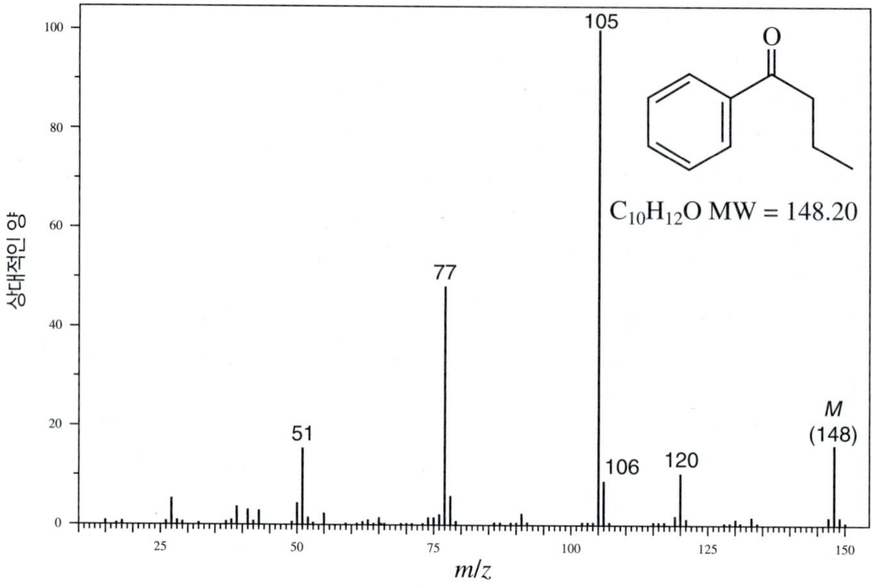

그림 4.47 Butyrophenone의 EI 질량 스펙트럼.

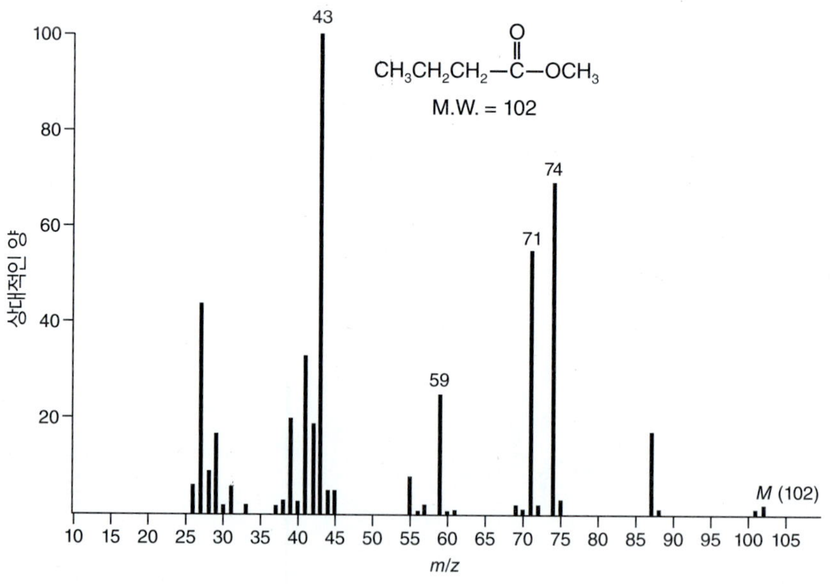

그림 4.48 Methyl butyrate의 EI 질량 스펙트럼.

관찰할 수 없다. Ester의 가장 중요한 토막나기 방식은 α-절단이며, 이것을 통하여 alkoxy 그룹을 잃고 acylium 이온 $RC{\equiv}O^+$이 생성된다. Methyl butyrate의 질량 스펙트럼(그림 4.48)에서 acylium 이온 피크는 m/z = 71에 나타난다. Ester의 acyl 부분으로부터 alkyl 그룹을 잃고 얻어지는 두 번째로 유용한 피크는 남겨진 토막 $H_3C-O-C{=}O^+$인데 이는 methyl butyrate의 질량 스펙트럼에서 m/z = 59에 나타난다. 이외의 토막 이온 피크는 ester 분자의 acyl 부분에서 유래된 $^+OCH_3$ 토막(m/z = 31)과 R^+ 토막(methyl butyrate의 경우 m/z = 43에서 $CH_3CH_2CH_2^+$)이 있다.

스펙트럼 분석 상자 – Ester *Spectral Analysis Box–Ester*

분자 이온	**토막 이온**
약하지만 일반적으로 관찰할 수 있는 M^+	Methyl ester:
	$M - 31$, $m/z = 59, 74$
	고차 alcohol로부터 얻어진 ester:
	$M - 45$, $M - 59$, $M - 73$
	$m/z = 73, 87, 101$
	$m/z = 88, 102, 116$
	$m/z = 61, 75, 89$
	$m/z = 77, 105, 108$
	$M - 32$, $M - 46$, $M - 60$

Ester의 또 다른 중요한 토막나기는 (methyl ester에 대하여) $m/z = 74$에 피크를 나타내는 McLafferty 자리옮김이다. Ethyl ester, propyl ester, butyl ester, 그 이상의 alkyl ester 역시 전형적인 methyl ester에서와 같이 특이한 McLafferty 자리옮김과 α-절단 과정을 겪는다. 그러나 이와 같은 ester류는 분자 내 alkoxy 부분의 추가적인 자리옮김 과정을 겪는데, 그 결과 $m/z = 61, 75, 89$ 등에서 토막이 나타난다. 이와 같은 과정을 butyl butyrate를 예로 들어 다음에 설명을 나타내었으며, 이를 일반적으로 **McLafferty + 1 자리옮김** 또는 이중 수소 전달 McLafferty 자리옮김이라고 부른다(그림 4.49). Butyl butyrate의 질량 스

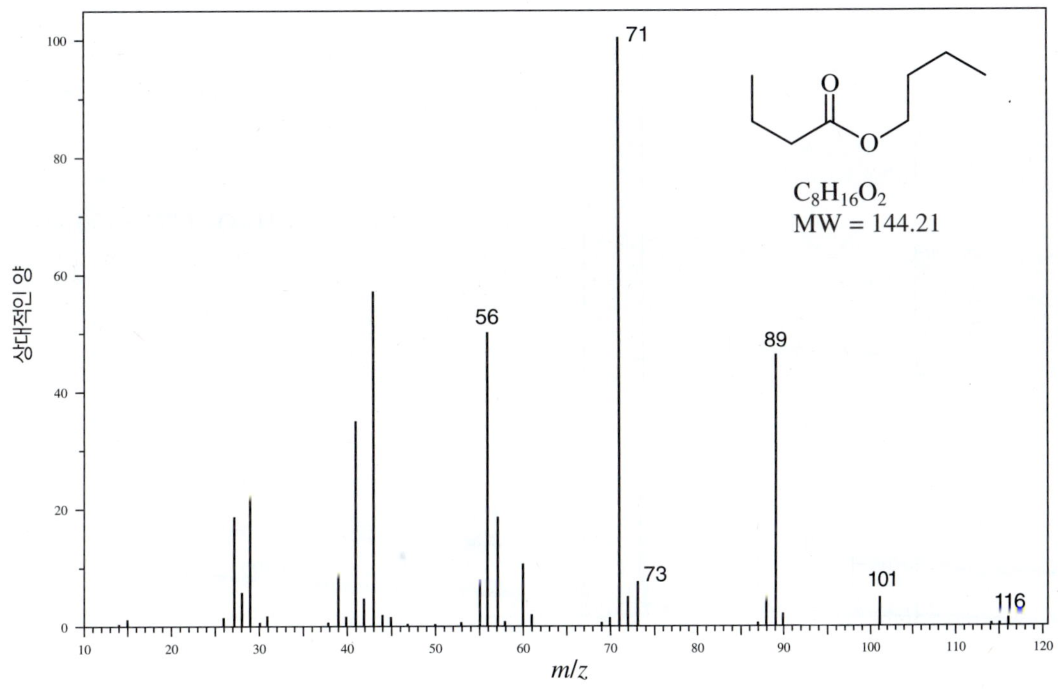

그림 4.49 Butyl butyrate의 EI 질량 스펙트럼.

펙트럼에서 다른 몇 개의 피크는 일반적인 토막나기이므로 쉽게 할당할 수 있다. α-절단을 통하여 propyl 라디칼을 잃고 m/z = 101의 butoxyacylium 이온이 형성된다. Ester의 acyl 부분에서 McLafferty 자리옮김으로 인하여 m/z = 73에서 이온이 관찰되며, 분자 이온으로부터 butoxy 라디칼을 잃고 m/z = 71에 나타나는 acylium 이온이 얻어진다.

유도 절단

m/z = 56

자리옮김

Benzyl ester는 자리옮김에 의하여 중성의 ketene 분자와 m/z = 108의 benzyl alcohol의 라디칼 양이온을 잃어버린다. 그 결과 생성된 이온은 이 화합물의 질량 스펙트럼에서 가장 강한 피크로 나타난다. 이와 같은 토막나기는 m/z = 91에 나타나는 benzyl 양이온과 tropylium 이온과 함께 benzyl laurate의 질량 스펙트럼(그림 4.50)에서 두드러진다. Benzyl laurate의 스펙트럼에서 큰 질량의 토막은 benzyl 라디칼을 잃고 m/z = 199에 나타나는 피크와 α-절단으로 benzyloxy 라디칼을 잃고 m/z = 183에 나타나는 피크이다.

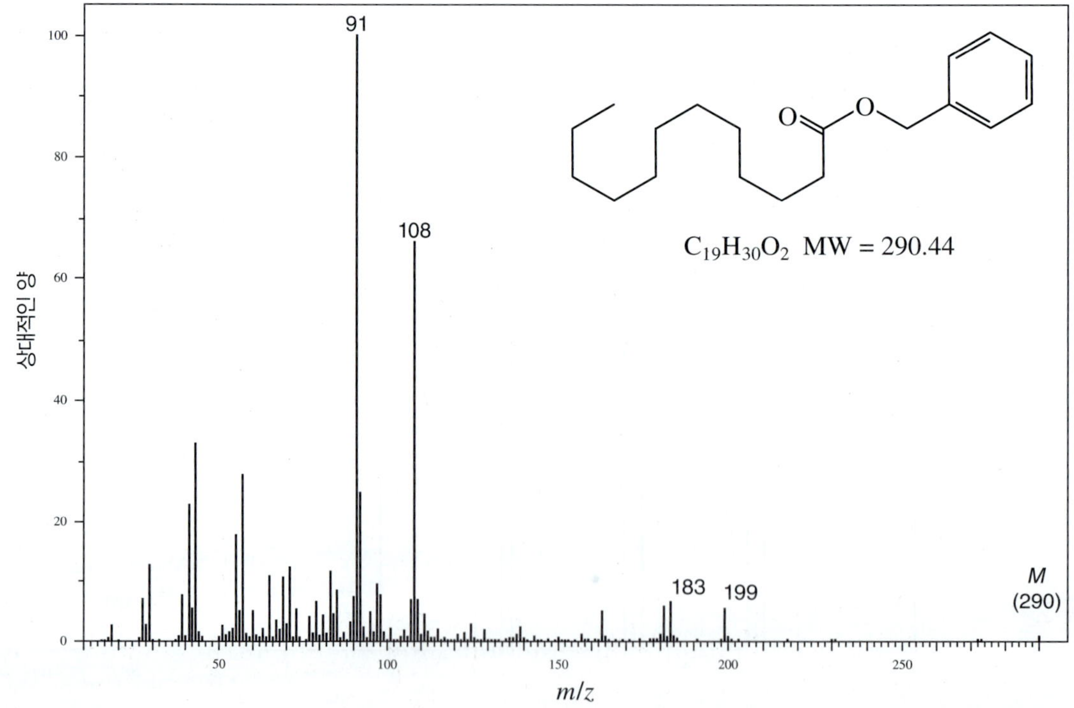

그림 4.50 Benzyl laurate의 EI 질량 스펙트럼.

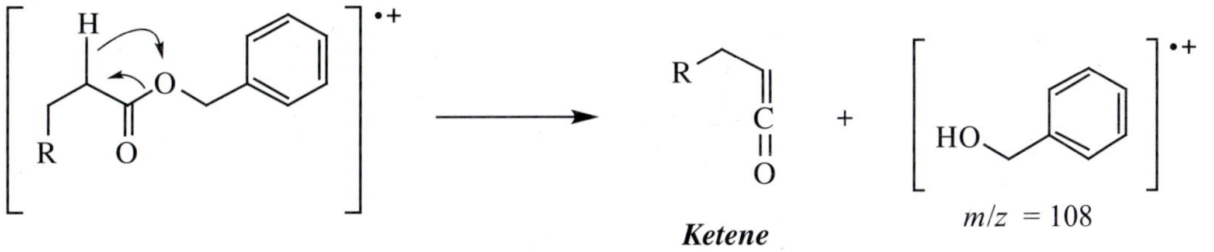

Ketene

m/z = 108

Alkyl benzoate ester에서 alkoxy 그룹이 떨어져 나가면서 $C_6H_5C{\equiv}O^+$이온(m/z = 105)이 생성된다. 이 이온에서 다시 CO가 이탈되어 m/z = 77에서 phenyl 양이온($C_6H_5^+$)이 생성된다. Methyl benzoate의 질량 스펙트럼(그림 4.51)에 두 피크 모두 나타난다. Benzoate ester에서 치환된 alkyl 그룹이 ester 작용기에 대하여 *ortho* 위치에 있지 않는 한, 질량 스펙트럼에 거의 영향을 주지 못한다. *Ortho* 위치에 있는 경우 alkyl 그룹은 ester 작용기와 상호작용할 수 있어 alcohol 분자가 제거된다. 이것은 isobutyl salicylate의 질량 스펙트럼(그림 4.52)에서 관찰된다. m/z = 120의 기본 피크는 *ortho* 효과를 통한 isobutyl alcohol의 제거로 인해 생성된다. m/z = 121의 토막은 표준 α-절단으로 isobutoxyl 라디칼의 손실로 인해 생성되며, m/z = 138의 피크는 분자 이온으로부터 isobutene의 제거로 인해 생성된다.

m/z = 120

m/z = 138

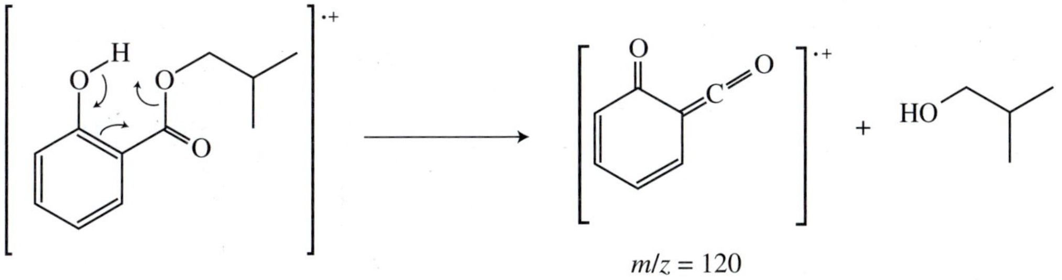

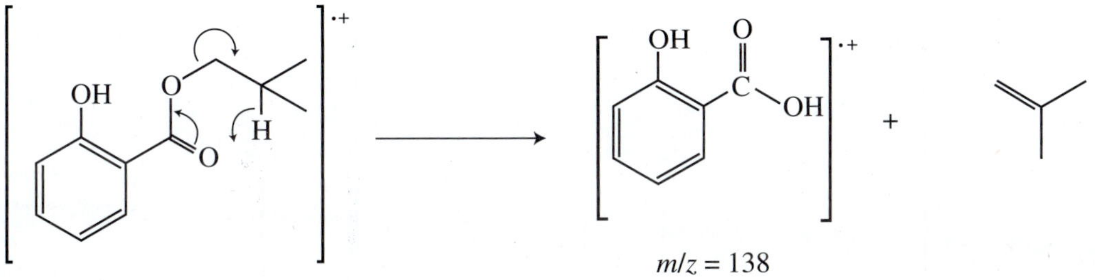

D. Carboxylic Acid

지방족 carboxylic acid의 질량 스펙트럼에는 약하지만 관찰할 수 있는 분자 이온 피크가 나타난다. 반면에 방향족 carboxylic acid의 질량 스펙트럼에는 강한 분자 이온 피크가 나타난다. 주요한 토막나기 방식은 methyl ester의 방식과 비슷하다.

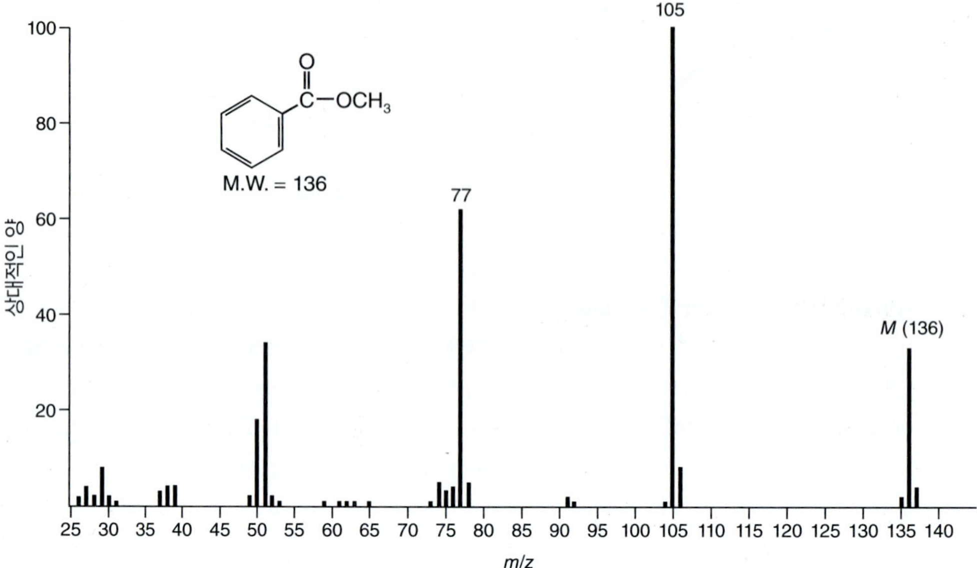

그림 4.51 Methyl benzoate의 EI 질량 스펙트럼.

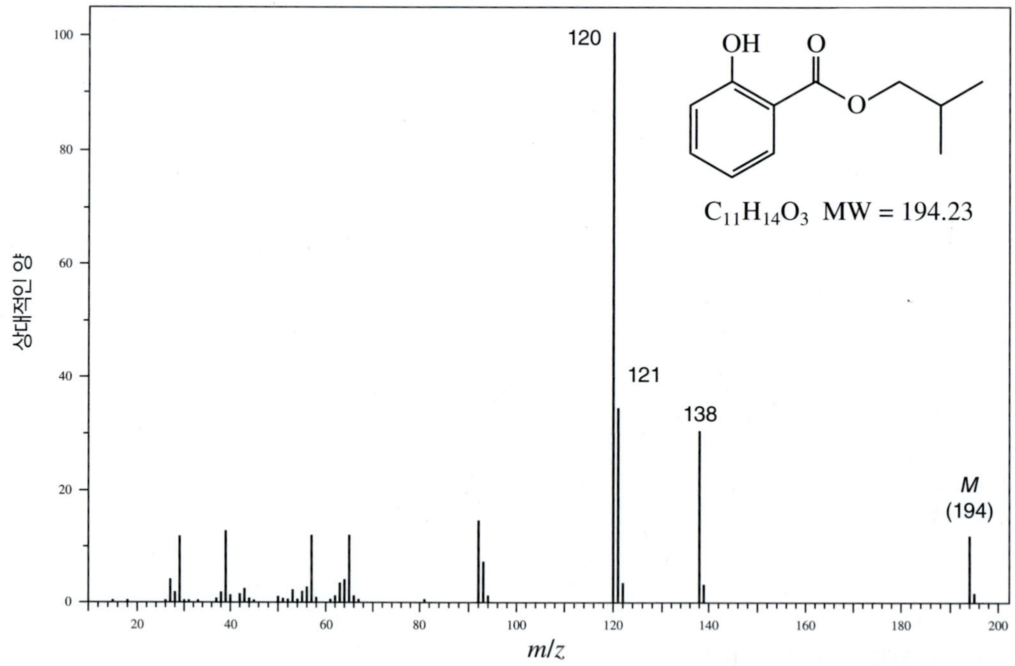

그림 4.52 Isobutyl salicylate의 EI 질량 스펙트럼.

스펙트럼 분석 상자 – Carboxylic Acid *Spectral Analysis Box–Carboxylic Acid*

분자 이온	**토막 이온**
지방족 carboxylic acid:	지방족 carboxylic acid:
약하지만 관찰할 수 있는 M^+	$M - 17$, $M - 45$
	$m/z = 45, 60$
방향족 carboxylic acid:	방향족 carboxylic acid:
강한 M^+	$M - 17$, $M - 45$
	$M - 18$

사슬이 짧은 산의 경우 C=O 그룹의 양측에서 α-절단에 의하여 OH나 COOH가 떨어져 나가는 것이 관찰된다. Butyric acid의 질량 스펙트럼(그림 4.53)에서 ·OH가 이탈되면 $m/z = 71$에 작은 피크가 나타나며, COOH가 이탈되면 $m/z = 45$에 피크가 나타난다. 자유 라디칼로 alkyl 그룹이 제거되면 남아 있는 $COOH^+$ 이온($m/z = 45$) 또한 질량 스펙트럼에서 관찰된다. 이 토막 이온 피크는 carboxylic acid의 질량 스펙트럼의 특징이다. γ-수소가 있는 산의 경우 토막나기의 주요한 경로는 McLafferty 자리옮김이다. Carboxylic acid의 경우 이 자리옮김에 의하여 $m/z = 60$에 두드러진 피크가 나타난다.

방향족 carboxylic acid는 분자 이온 피크가 강하게 나타난다. 가장 중요한 토막나기 경로는 ·OH가 이탈되어, $C_6H_5C{\equiv}O^+$ 이온($m/z = 105$)을 형성하는 것과 여기서 다시 CO가 이탈되어 $C_6H_5^+$ 이온($m/z = 77$)이 형성되는 것이다. *para*-Anisic acid의 질량 스펙트럼(그림 4.54)에서 ·OH가 이탈되어 $m/z = 135$의 값에 피크가 나타난다. 이 이온에서 추가적으로 CO가 이탈되면 $m/z = 107$의 값에 피크가 나타난다. *Ortho* 위치에 alkyl, hydroxy 또는 amino 치환기가 있는 benzoic acid는 4.6C절의 끝에 예시된 바와 같이 *ortho* 치환된 benzoate ester에서 관찰되는 것과 유사한 자리옮김 반응을 거쳐 물이 제거된다.

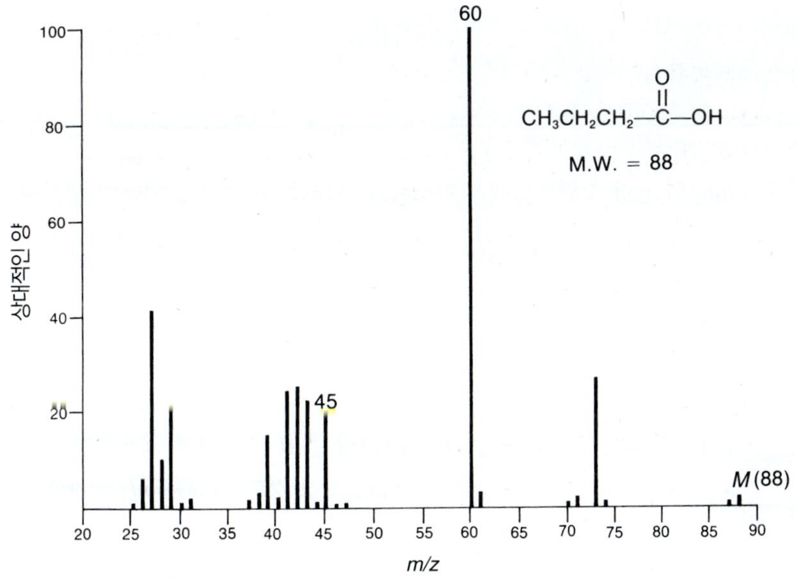

그림 4.53 Butyric acid의 EI 질량 스펙트럼.

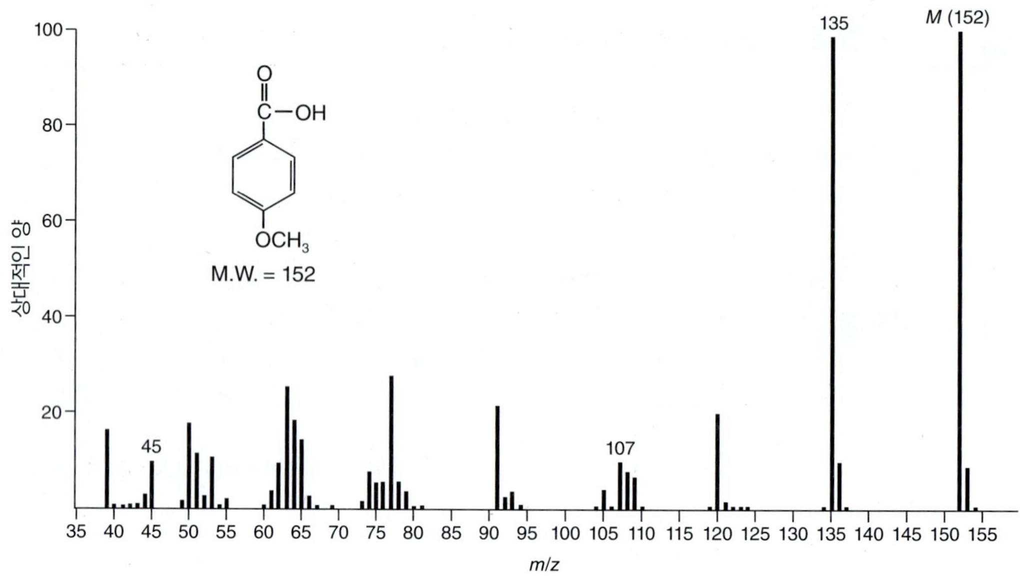

그림 4.54 *para*-Anisic acid의 EI 질량 스펙트럼.

4.7 Amine의 토막나기 패턴

분자 이온의 질량값은 amine과 같은 물질의 규명에 큰 도움을 준다. 3.6절에서 언급한 바와 같이 홀수의 질소 원자를 갖는 화합물의 분자량은 홀수이다. 이와 같은 근거에 의하여 화합물이 amine인지 아닌지를 쉽게 구별할 수 있다. 불행하게도 지방족 amine의 경우, 분자 이온 피크는 매우 약하거나 나타나지 않는다.

스펙트럼 분석 상자 – Amine *Spectral Analysis Box–Amine*

분자 이온	토막 이온
약하거나 없는 M^+	α-절단
질소 규칙 적용	$m/z = 30$

지방족 amine의 질량 스펙트럼에서 가장 강한 피크는 α-절단에 의하여 생성된다.

$$\left[\mathrm{R{-}C{-}N}\right]^{+\cdot} \longrightarrow \mathrm{R}\cdot + \mathrm{C{=}\overset{+}{N}}$$

이 과정을 통해서 이탈되는 그룹이 R일 경우에, 가장 큰 R 그룹이 우선적으로 이탈된다. 질소에 이웃한 탄소에 가지가 없는 1차 amine의 경우 스펙트럼에서 가장 강한 피크는 $m/z = 30$에 나타난다. 이 피크는 α-절단에 의하여 생긴 것이다.

$$\left[R-CH_2-NH_2 \right]^{+\cdot} \longrightarrow R\cdot + CH_2{=}\overset{+}{N}H_2$$
$$m/z = 30$$

비록 단정적이지는 않지만 이 피크의 존재는 시료 물질이 1차 amine이라는 좋은 증거가 된다. 이 피크는 2차 amine, 3차 amine의 토막나기에 의해 생긴 이온의 2차 토막나기에 의해서도 생긴다. Ethylamine의 질량 스펙트럼(그림 4.55)에서 m/z = 30의 피크를 분명하게 볼 수 있다.

사슬이 긴 1차 amine에서도 똑같은 β-절단 피크가 나타날 수 있다. Amine의 R 그룹이 추가적으로 토막나면 R 그룹에서 연속적으로 CH_2가 이탈되어 질량 단위 14 차이의 일련의 토막 다발이 형성된다. 긴 사슬 1차 amine은 다음과 같은 토막나기 과정을 거친다.

$$\left[R-CH_2 \quad NH_2 \atop (CH_2)_n \right]^{+\cdot} \longrightarrow R\cdot + CH_2-\overset{+}{N}H_2 \atop (CH_2)_n$$

이 과정은 특히 n = 4일 때 가장 잘 일어나는데, 이는 안정한 육원자 고리가 생기기 때문이다. 이 경우에 m/z = 86에 토막 이온이 나타난다.

2차 amine, 3차 amine도 역시 이와 같은 토막나기 과정을 거친다. 가장 중요한 토막나기 과정은 β-절단이다. Diethylamine의 질량 스펙트럼(그림 4.56)에서 m/z = 58의 강한 피크는 methyl 그룹이 떨어져 나가 생긴 것이다. 마찬가지로 triethylamine의 질량 스펙트럼(그림 4.57)에서도 methyl 그룹을 잃고 m/z = 86에 가장 강한 피크가 나타난다. 각각의 경우, 먼저 생긴 토막 이온이 또 다시 토막나기를 거쳐 m/z = 30에 피크가 나타난다.

지방족 고리 amine에서 분자 이온 피크는 일반적으로 강하게 나타난다. 주요한 토막나기 방식은 다음과 같다.

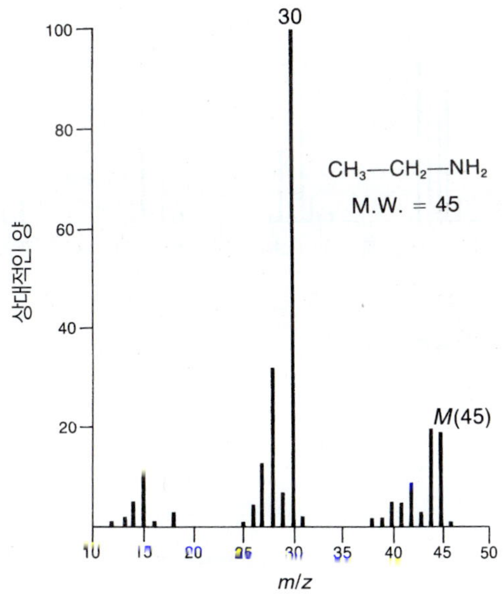

그림 4.55 Ethylamine의 질량 스펙트럼.

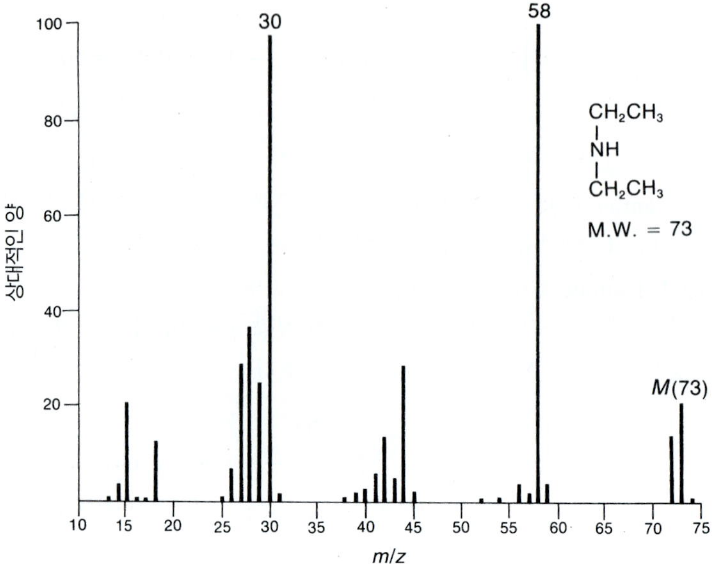

그림 4.56 Diethylamine의 질량 스펙트럼.

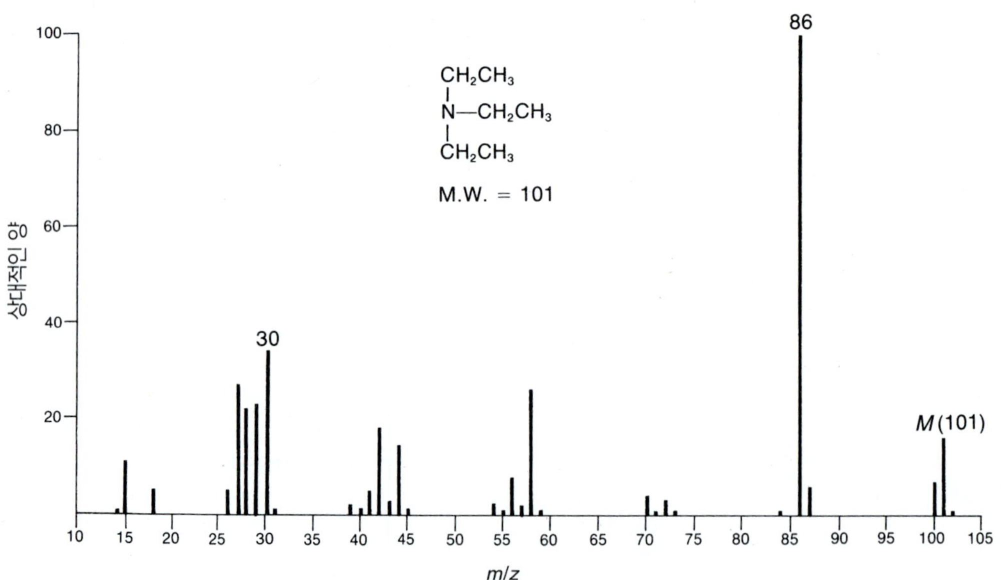

그림 4.57 Triethylamine의 질량 스펙트럼.

$m/z = 85$ → $m/z = 84$ + H· → $CH_3—\overset{+}{N}≡CH$ ($m/z = 42$) + cyclopropane (CH_2, $H_2C — CH_2$)

$m/z = 85$ → $\cdot CH_2—\overset{+}{N}(CH_3)=CH_2$ ($m/z = 57$) + $CH_2=CH_2$ → $CH_2=\overset{+}{N}=CH_2$ ($m/z = 42$) + $CH_3\cdot$

방향족 amine은 강한 분자 이온 피크를 나타낸다. 수소 원자 한 개가 떨어져 나가 분자 이온보다 질량 단위가 하나 작은 *m/z* 값에 적절하게 강한 피크가 나타난다. 방향족 amine의 토막나기 과정은 aniline의 경우를 예로 들어 다음과 같이 설명할 수 있다.

$[C_6H_5NH_2]^{+\cdot}$ ($m/z = 93$) → $[C_6H_5NH]^{+}$ ($m/z = 92$) + H· → $[C_5H_6]^{+\cdot}$ ($m/z = 66$) + HCN

$m/z = 66$ → $[C_5H_5]^{+}$ ($m/z = 65$) + H·

매우 강하게 나타나는 분자 이온 피크는 치환된 pyridine의 특징이다. 때로는 수소 원자 한 개가 떨어져 분자 이온보다 질량 단위가 하나 작은 *m/z* 값에 피크가 나타나기도 한다.

Pyridine 고리의 가장 중요한 토막나기 과정은 hydrogen cyanide(HCN) 성분이 떨어져 나가는 것이다. 이 과정에서 분자 이온보다 질량 단위가 27 작은 토막 이온이 생긴다. 3-Methylpyridine의 질량 스펙트럼(그림 4.58)에서 수소가 떨어져 나가 생긴 피크(m/z = 92)와 HCN이 떨어져 나가 생긴 피크(m/z = 66)를 볼 수 있다.

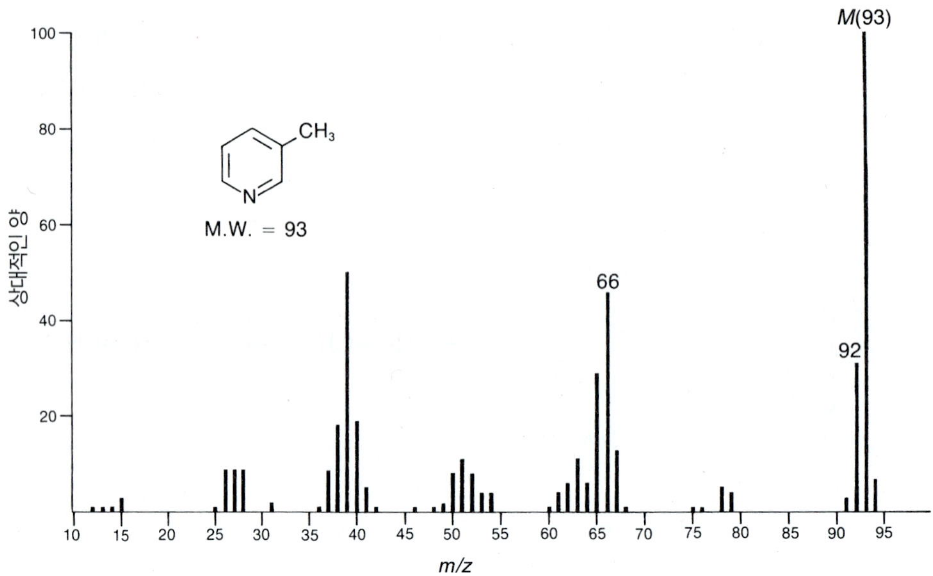

그림 4.58 3-Methylpyridine의 질량 스펙트럼.

세 개 이상의 탄소가 선형으로 배열된 alkyl 곁사슬이 pyridine 고리에 결합된 경우, McLafferty 자리 옮김을 통한 토막나기가 일어난다.

$$\left[\text{2-alkylpyridine (N}\cdots\text{H, R)}\right]^{+\bullet} \longrightarrow \left[\text{N-H 2-methylene-dihydropyridine}\right]^{+\bullet} + \text{R-CH=CH}_2$$

$m/z = 93$

이와 같은 방식의 절단은 고리의 2번 위치에 치환기가 있을 경우 가장 중요하다.

4.8 다른 질소 화합물의 토막나기 패턴

Amine의 경우와 마찬가지로 질소를 포함하는 화합물인 amide, nitrile, nitro 화합물들은 (3.6절에 자세하게 설명된) 질소 규칙을 따른다. 질소 원자를 홀수개 가지고 있는 화합물의 분자량은 홀수이다.

Amide

Amide의 질량 스펙트럼에는 일반적으로 관찰 가능할 정도의 분자 이온 피크가 나타난다. Amide의 토막나기 패턴은 상응하는 ester 또는 carboxylic acid와 매우 유사하다. m/z = 44에 나타나는 강한 토막 이온 피크는 보통 1차 amide를 나타낸다. 이 피크는 다음과 같은 α-절단에 의하여 생성된다.

$$\left[R-\overset{\overset{\displaystyle O}{\|}}{C}-NH_2\right]^{+\bullet} \longrightarrow R\cdot \; + \; [O{=}C{=}NH_2]^+$$

$m/z = 44$

Amide 중 acyl 부분의 탄소 사슬이 충분히 길어서 γ-위치에 결합된 수소를 이동시킬 수 있게 되면 McLafferty 자리옮김이 가능하다. 1차 amide의 경우 McLafferty 자리옮김에 의하여 m/z = 59에 토막 이온 피크가 나타난다. *N*-Alkylamide에서는 유사한 방식으로 얻어진 피크가 73, 87, 101 등의 m/z 값에 나타난다.

m/z = 59

Nitrile

지방족 nitrile은 보통 토막나기가 쉽게 일어나기 때문에 분자 이온 피크는 너무 약하여 관찰되지 않는다. 그러나 대부분의 nitrile은 수소 한 개가 떨어져 나가 생성되는 $R-CH=C=N^+$ 형태의 이온에 해당하는 피크를 나타낸다. 이 피크는 약하지만 nitrile의 특징을 알아내기 위한 진단 피크로 유용하다. Hexanenitrile의 질량 스펙트럼(그림 4.59)에서 이 피크는 m/z = 96에 나타난다.

Nitrile 작용기에 결합된 alkyl 그룹이 propyl 그룹 또는 이보다 긴 탄화수소일 경우 질량 스펙트럼에서 가장 강한 피크는 McLafferty 자리옮김에 의해 생긴다.

m/z = 41

Hexanenitrile의 질량 스펙트럼에 나타나는 이와 같은 피크는 지방족 nitrile의 특징을 알아내기 위하여 매우 유용하게 사용할 수 있다. 불행하게도 nitrile의 alkyl 그룹이 길어지면, 역시 m/z = 41에 나타나는 $C_3H_5^+$ 이온의 생성 확률이 증가한다. 분자량이 큰 nitrile의 경우, 질량이 41인 대부분의 토막 이온은 McLafferty 자리옮김에 의하여 생성된 것이 아니라 $C_3H_5^+$ 이온이다.

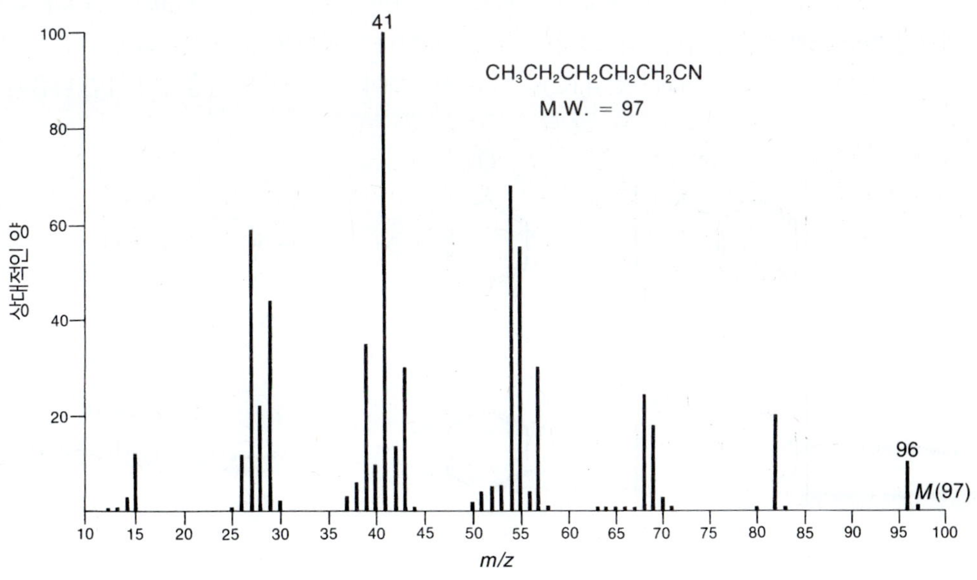

그림 4.59 Hexanenitrile의 질량 스펙트럼.

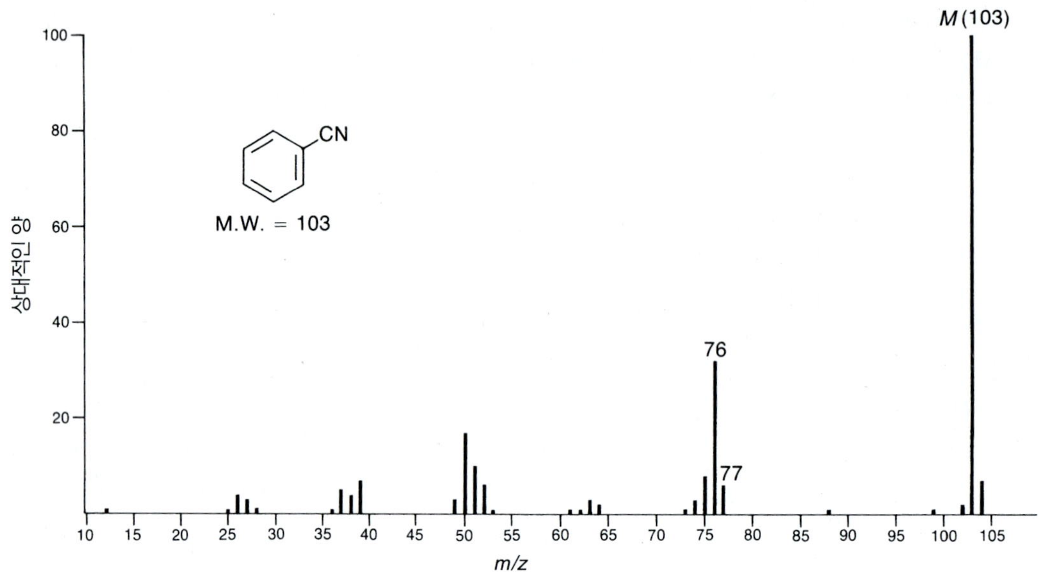

그림 4.60 Benzonitrile의 질량 스펙트럼.

방향족 nitrile의 질량 스펙트럼에서 가장 강한 피크는 분자 이온 피크이다. Benzonitrile(그림 4.60)의 경우 cyanide가 떨어져 나가 $m/z = 77$에 $C_6H_5^+$ 이온이 나타난다. 더 중요한 토막나기 과정은 HCN이 떨어져 나가는 것이다. 이와 같은 토막나기에 의해 benzonitrile에서 $m/z = 76$의 피크가 나타난다.

Nitro 화합물

지방족 nitro 화합물의 분자 이온 피크는 거의 관찰되지 않는다. 질량 스펙트럼은 분자의 탄화수소 부분의 토막나기의 결과이다. 그러나 nitro 화합물의 질량 스펙트럼은 $m/z = 30$에 NO^+ 이온에 해당하는 적절한 세기의 피크가 나타나고, $m/z = 46$에 NO_2^+ 이온에 해당하는 약한 피크가 나타난다. 1-Nitropropane의 질량 스펙트럼(그림 4.61)에서 이 피크들을 볼 수 있다. $m/z = 43$의 강한 피크는 $C_3H_7^+$ 이온에 의한 것이다.

방향족 nitro 화합물은 강한 분자 이온 피크를 나타낸다. 특징적인 NO^+($m/z = 30$)와 NO_2^+($m/z = 46$) 피크가 질량 스펙트럼에 나타난다. 그러나 주요한 토막나기 패턴은 nitro 그룹의 일부 또는 전체가 떨어져 나가는 것이다. Nitrobenzene(그림 4.62)을 예로 사용하여 토막나기 패턴을 설명하면 다음과 같다.

$$[C_6H_5NO_2]^{+\cdot} \longrightarrow C_6H_5O^+ \; (m/z = 93) + NO\cdot \longrightarrow C_5H_5^+ \; (m/z = 65) + CO$$

$$[C_6H_5NO_2]^{+\cdot} \longrightarrow C_6H_5^+ \; (m/z = 77) + NO_2\cdot \longrightarrow C_4H_3^+ \; (m/z = 51) + HC{\equiv}CH$$

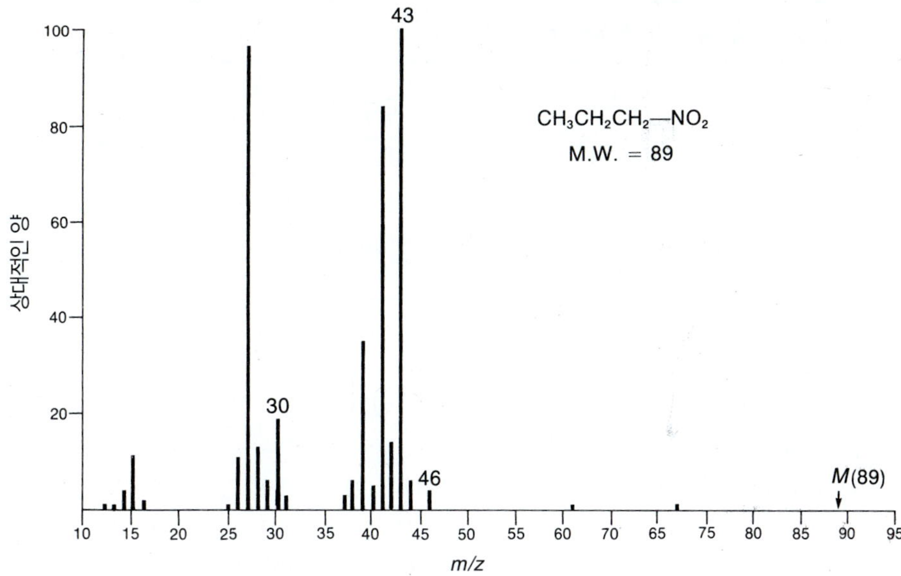

그림 4.61 1-Nitropropane의 질량 스펙트럼.

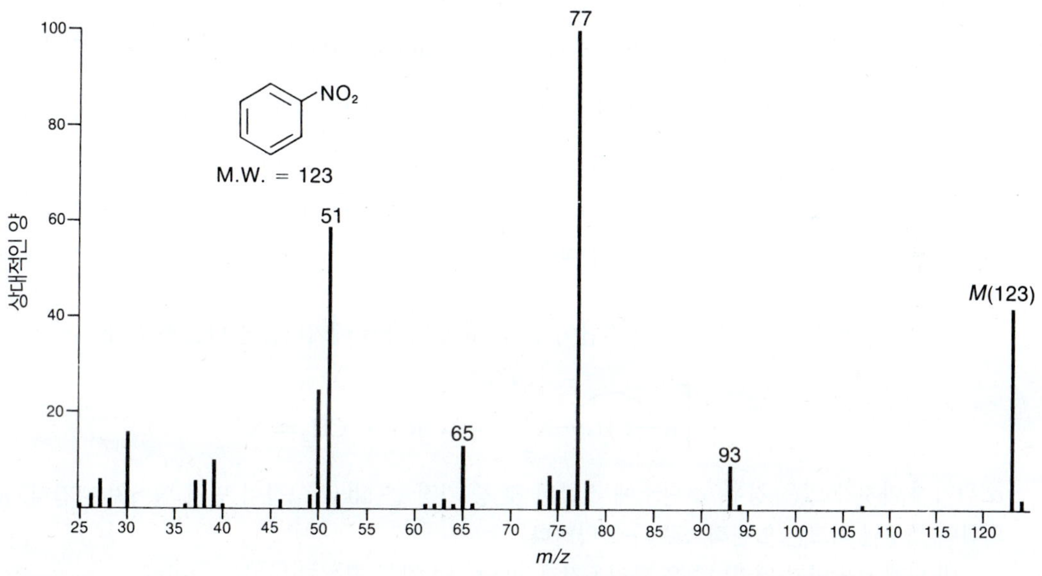

그림 4.62 Nitrobenzene의 질량 스펙트럼.

4.9 Alkyl Chloride와 Alkyl Bromide의 토막나기 패턴

Alkyl chloride와 alkyl bromide의 질량 스펙트럼에서 가장 인상적인 특징은 중요한 $M + 2$ 피크가 존재한다는 것이다. 염소나 브로민이 의미있는 정도의 자연세 존재비를 갖는 두 개의 동위원소 형태로 존재하기 때문에 이 피크들이 생긴다.

스펙트럼 분석 상자 – Alkyl Halide *Spectral Analysis Box–Alkyl Halide*

분자 이온	**토막 이온**
강한 $M + 2$ 피크	Cl 또는 Br의 손실
(Cl에 대하여 $M/(M + 2) = 3:1$,	HCl의 손실
Br에 대하여 $M/(M + 2) = 1:1$)	α-절단

지방족 halogen 화합물의 경우, 분자 이온 피크는 alkyl iodide가 가장 강하고 alkyl bromide, alkyl chloride, alkyl fluoride의 순으로 약해진다. 더욱이 alkyl 그룹의 크기가 증가할수록 또는 α-위치에 가지가 많을수록 분자 이온 피크의 세기가 약해진다.

Alkyl halide에 대하여 몇 가지 중요한 토막나기 메커니즘이 있다. 아마도 가장 중요한 것은 단순히 halogen 원자가 떨어져 나가고 탄소 양이온이 생성되는 것이다. 이 토막나기 과정은 halogen이 좋은 이탈기(leaving group)일 경우에 매우 중요하다. 따라서 이 토막나기 과정은 alkyl iodide와 alkyl bromide의 질량 스펙트럼에서 두드러지게 나타난다. 1-Bromohexane의 질량 스펙트럼(그림 4.63)에서 $m/z = 85$의 피크는 hexyl 이온의 생성에 의한 것이다. 이 이온은 추가적으로 토막나기를 하여 $m/z = 43$에서 $C_3H_7^+$ 이온을 생성한다. 2-Chloroheptane의 질량 스펙트럼(그림 4.64)에서 염소가 이탈되어 생성되는 $m/z = 99$에 나타나는 heptyl 이온 피크는 매우 약하다.

Alkyl halide는 다음과 같은 과정을 통해서 hydrogen halide(HX) 분자를 잃을 수도 있다.

$$[R—CH_2—CH_2—X]^{+\cdot} \longrightarrow [R—CH{=}CH_2]^{+\cdot} + HX$$

이와 같은 토막나기 방식은 alkyl fluoride와 alkyl chloride에서 가장 중요하며, alkyl bromide와 alkyl iodide에서는 덜 중요하다. 1-Bromohexane의 질량 스펙트럼에서 HBr이 떨어져 나가 생성된 $m/z = 84$의 피크는 매우 약하다. 그러나 2-chloroheptane의 경우 HCl이 떨어져 나가 생성된 $m/z = 98$의 피크는 매우 강하다.

덜 중요한 토막나기 방식으로 α-절단이 있다. 이 토막나기 메커니즘은 다음과 같다.

$$\left[R—CH_2—X\right]^{+\cdot} \longrightarrow R\cdot + CH_2{=}X^+$$

α 위치에 가지가 있을 경우, α 탄소에 결합된 것 중 가장 큰 alkyl 그룹이 먼저 떨어져 나간다. α-절단에 의하여 생성된 피크는 일반적으로 다소 약하다.

네 번째 토막나기 메커니즘은 자리옮김과 alkyl 라디칼이 떨어져 나가는 것이다.

$$\left[R\frown\frown\overset{\cdot+}{X}\right] \longrightarrow \text{(cyclic } X^+\text{)} + R\cdot$$

이와 같은 고리 이온은 1-bromohexane의 질량 스펙트럼에서는 $m/z = 135$와 137에 나타나며, 2-chloroheptane의 질량 스펙트럼에서는 $m/z = 105$와 107에 나타난다. 이와 같은 토막나기는 오직 긴 사슬의 alkyl chloride나 alkyl bromide의 질량 스펙트럼에서 중요하다.

Benzyl halide의 질량 스펙트럼에서 분자 이온 피크는 관찰할 수 있을 정도로 강하게 나타난다. 가장 중요한 토막나기는 halogen을 잃고 $C_7H_7^+$ 이온이 생성되는 것이다. Benzyl halide의 방향족 고리에 치환

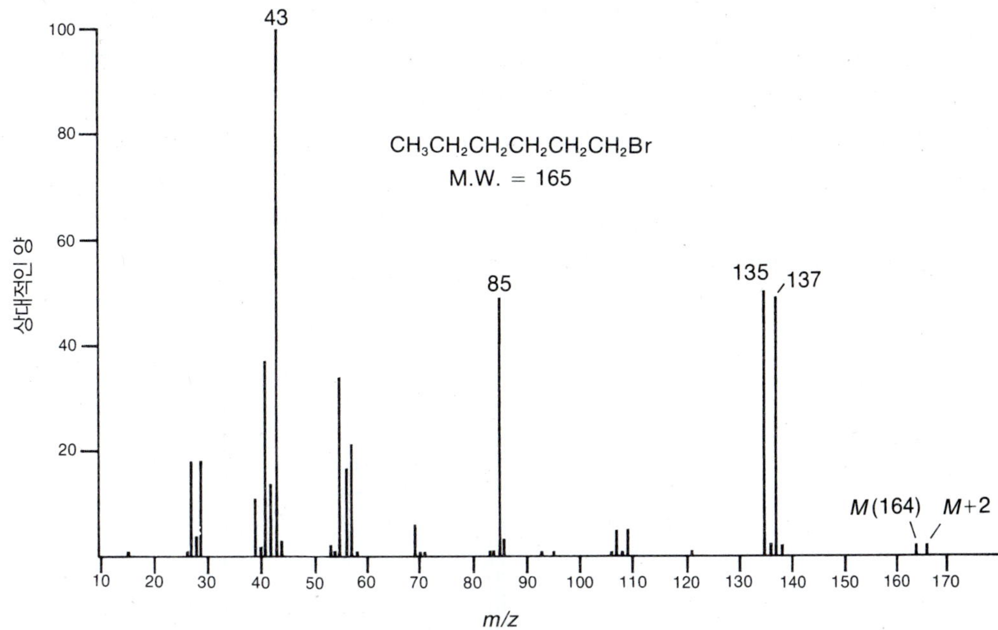

그림 4.63 1-Bromohexane의 질량 스펙트럼.

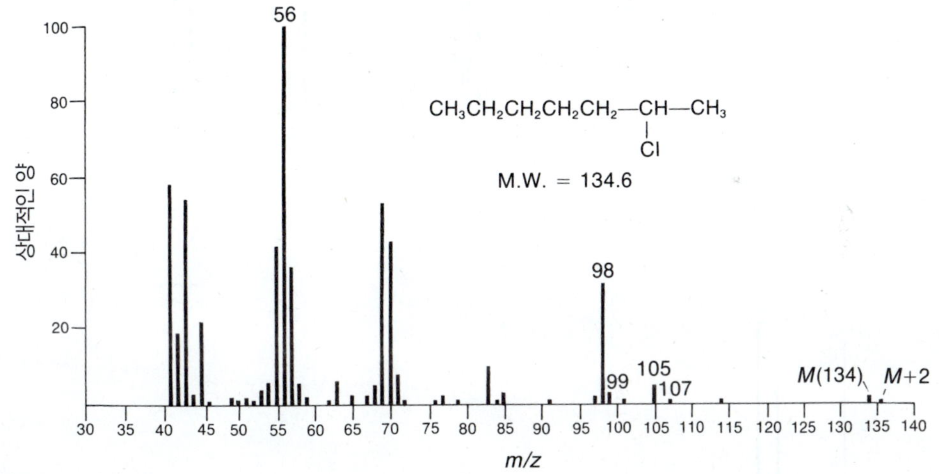

그림 4.64 2-Chloroheptane의 질량 스펙트럼.

기가 있을 경우 치환된 phenyl 양이온도 나타날 수 있다.

방향족 halide의 분자 이온 피크는 일반적으로 매우 강하게 나타난다. 가장 중요한 토막나기 방식은 halogen이 떨어지면서 $C_6H_5^+$ 이온이 형성되는 것이다.

지금까지 기술한 토막나기 패턴은 잘 확립된 것이지만, 염소와 브로민을 포함하는 화합물의 질량 스펙트럼에서 가장 흥미 있는 특징은 두 개의 분자 이온 피크가 나타나는 현상이다. 3.6절에서 설명한 바와 같이 염소는 자연계에 두 개의 동위원소 형태로 존재한다. 질량 37인 염소의 자연계 존재비는 질량 35인 염소에 대하여 32.5%이다. 질량 81인 브로민의 자연계 존재비는 질량 79인 브로민에 대하여 98.0%이다. 따라서 염소를 포함하는 화합물의 $M + 2$ 피크의 세기는 분자 이온의 피크 세기의 32.5%가 될 것이다. 브로민을 포함하는 화합물의 $M + 2$ 피크의 세기는 분자 이온의 피크 세기와 거의 비슷할 것이다. 이들 분자 이온 피크의 쌍(때로는 "이중선"이라고 함)은 ethyl chloride의 질량 스펙트럼(그림 4.65)과 ethyl bromide(그림 4.66)의 질량 스펙트럼에 나타나 있다.

3.7절의 표 3.8을 이용하여 동일 분자 내에 염소 또는 브로민이 한 개 이상 존재할 때 분자 이온 피크와 동위원소 피크의 세기 비율을 결정할 수 있다. 그림 3.19에 수록된 halogen의 조합을 이용하여 질량 스펙트럼을 설명할 수 있도록 dichloromethane(그림 4.67), dibromomethane(그림 4.68), 1-bromo-2-chloroethane(그림 4.69)의 질량 스펙트럼을 여기에 나타내었다.

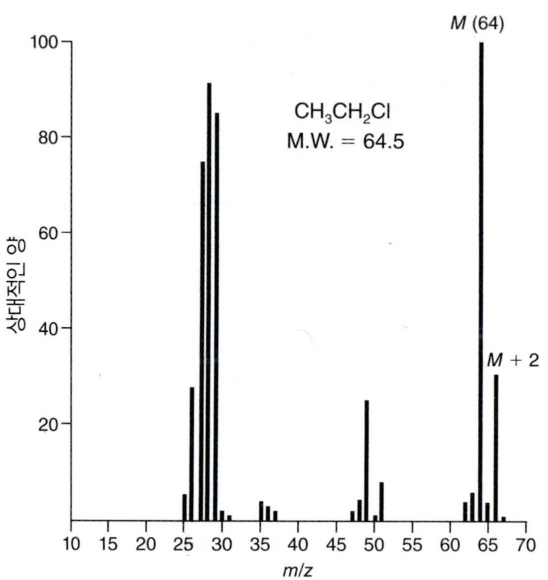

그림 4.65 Ethyl chloride의 질량 스펙트럼.

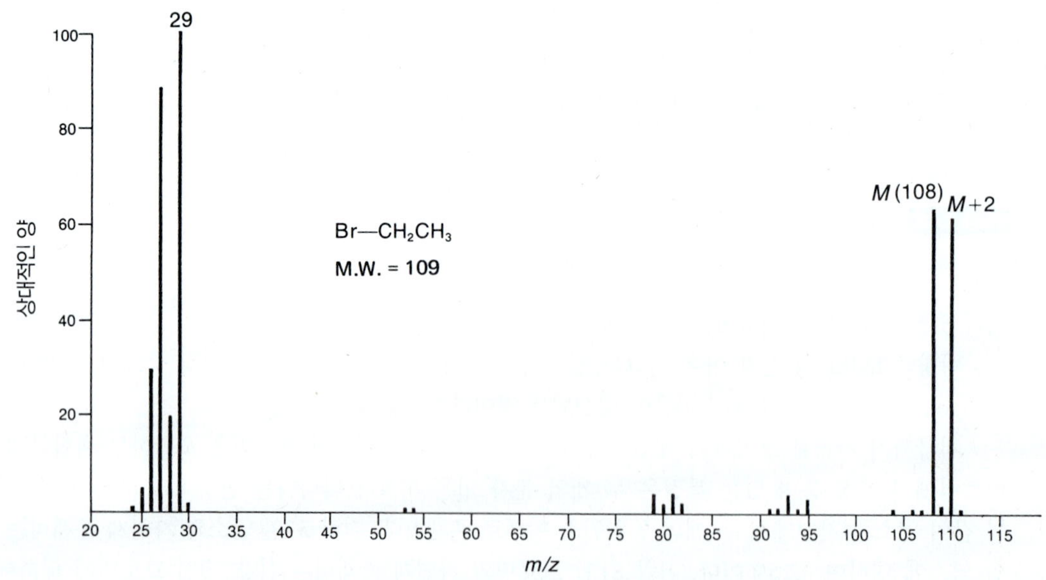

그림 4.66 Ethyl bromide의 질량 스펙트럼.

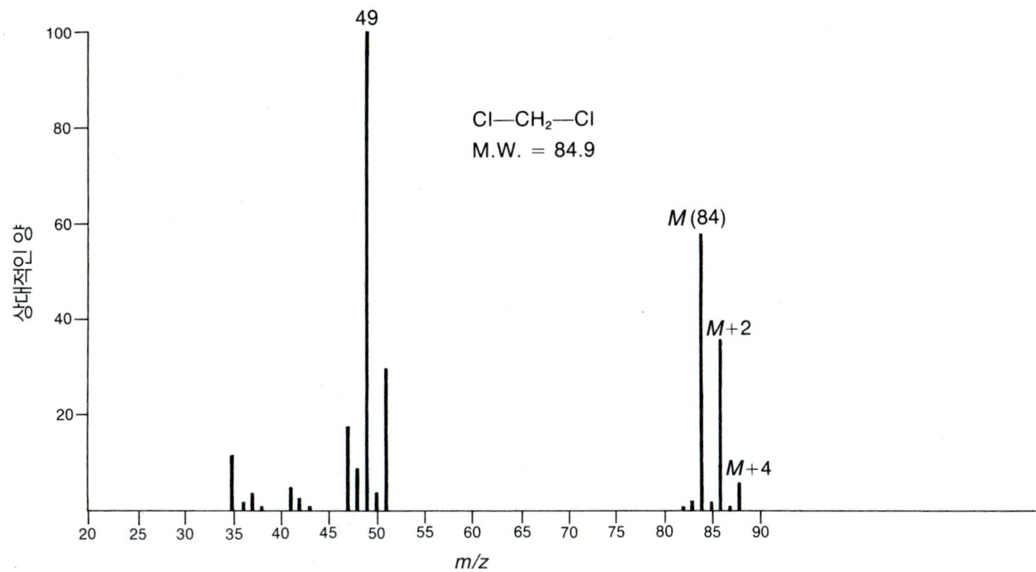

그림 4.67 Dichloromethane의 질량 스펙트럼.

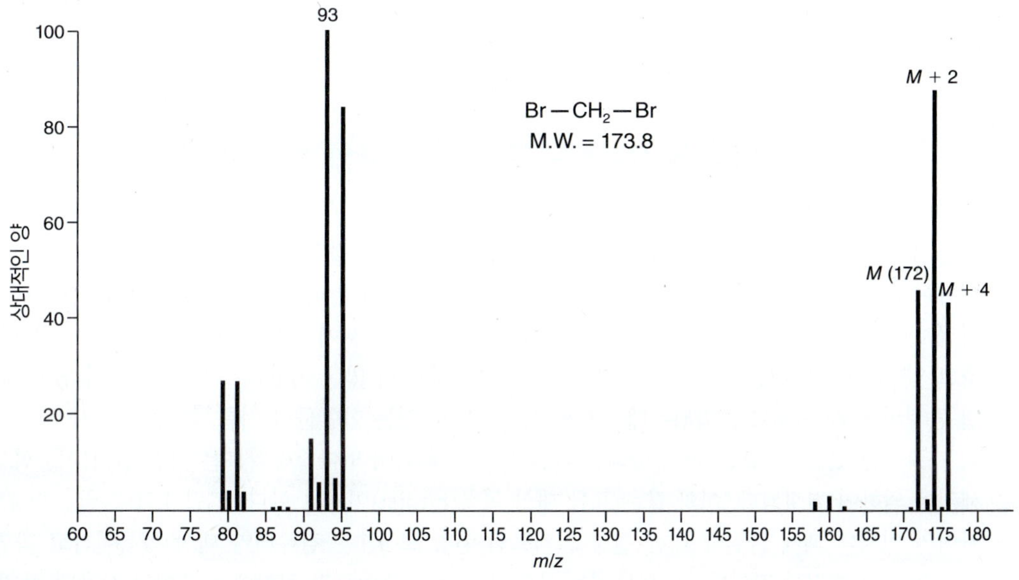

그림 4.68 Dibromomethane의 질량 스펙트럼.

그러나 불행하게도 halogen 화합물을 규명하기 위하여 항상 이와 같은 특징적인 패턴을 이용할 수 있는 것은 아니다. 때로는 분자 이온 피크가 너무 약하여 분자 이온 피크와 동위원소 피크와의 세기 비율을 정확히 측정할 수 없을 때가 있다. 하지만 때로는 halogen 화합물의 질량 스펙트럼 중에서 특정 토막 이온 피크를 이용하여 이와 같은 비교가 가능할 때도 있다. 1-Bromohexane의 질량 스펙트럼(그림 4.63)을 이용하여 이 방법을 설명할 수 있다. *m*/*z* = 135와 137의 토막 이온 피크를 이용하여 브로민의 존재를 확인할 수 있다.

아이오딘과 플루오린은 자연계에 오직 하나의 동위원소로만 존재하기 때문에 동위원소 피크가 나타

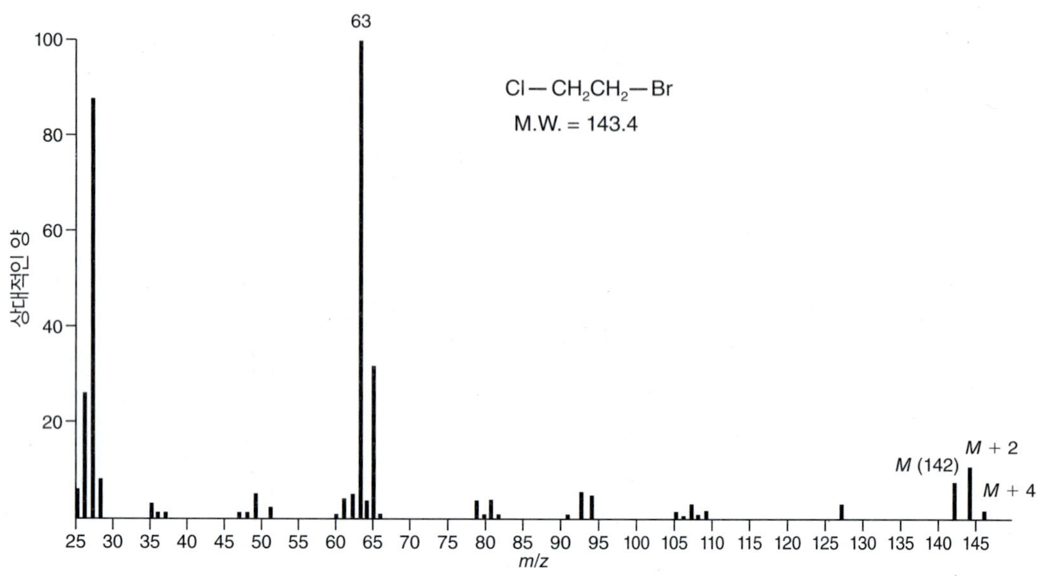

그림 4.69 1-Bromo-2-chloroethane의 질량 스펙트럼.

나지 않는다. 아주 약한 $M + 1$ 피크를 확인하거나 토막 이온과 분자 이온의 질량 차이를 관찰함으로써 halogen의 존재를 유추할 수 있다.

4.10 스펙트럼 자료집을 기반으로 컴퓨터를 활용한 스펙트럼의 확인

디지털 형태로 얻어진 질량 스펙트럼을 활용할 수 있으면, 기본적인 PC를 이용하여 수만 개의 질량 스펙트럼 자료집의 자료와 비교하여 수초 내에 가능성 있는 화합물의 목록을 얻을 수 있다. 탐색 프로그램에 의하여 스펙트럼의 각 피크는 그것의 고유성과 상대적인 양에 따라 분류된다. 큰 질량을 갖는 피크는 흔히 접하게 되는 작은 질량을 갖는 피크들보다 일반적으로 문제에 있는 화합물에 대한 특징을 더 많이 내포하고 있다. 큰 *m/z* 값을 갖는 피크가 탐색 알고리듬에서 더 많은 가중치를 받기 때문이다. 이와 같은 자료집 탐색의 결과는 표로 출력되는데, 이 표에는 가능성 있는 화합물의 이름, 분자식, 검사 시료의 스펙트럼이 자료집에 있는 스펙트럼과 부합되는 확률 등이 수록되어 있다. 이 확률은 상호 일치되는 피크의 개수와 세기에 의하여 결정된다. 이와 같은 표를 대상 목록(hit list)이라고 한다. 그림 4.70은 끓는점 158~159°C 사이의 미지의 액체 물질에 대한 질량 스펙트럼이다. 표 4.1은 컴퓨터가 대상 목록이라고 화면에 나타낸 정보를 다시 정리한 것이다. 이 정보에는 부합되는 것을 확인하기 위하여 컴퓨터가 사용한 각 화합물의 이름, 분자량과 분자식, 그리고 Chemical Abstracts Service(CAS) 등록 번호 등이 포함되어 있다.

표 4.1의 정보로부터 미지의 액체 시료는 완전히 일치될 확률이 94%에 달하기 때문에 **1-chloro-2-methylbenzene**에 가장 가깝다는 것을 알 수 있다. *Meta* 이성질체와 *para* 이성질체가 각각 70%, 60%의 확률을 보이는 것도 흥미롭다. 컴퓨터를 기반으로 하는 자료집의 탐색 결과를 옳다고 간편하게 받아들이는 것은 매력적이지만, 이 방법으로 시료의 확인이 정확하게 결정되었다는 것에 대한 절대적인 보장을 할 수는 없다. 실험으로 얻어진 스펙트럼과 자료집의 스펙트럼을 눈으로 면밀하게 검사하는 과정이 반드시 필요하다. 컴퓨터는 분석하고자 하는 스펙트럼을 단지 내장된 자료집에 있는 스펙트럼과 대조할 수 있을 뿐이다.

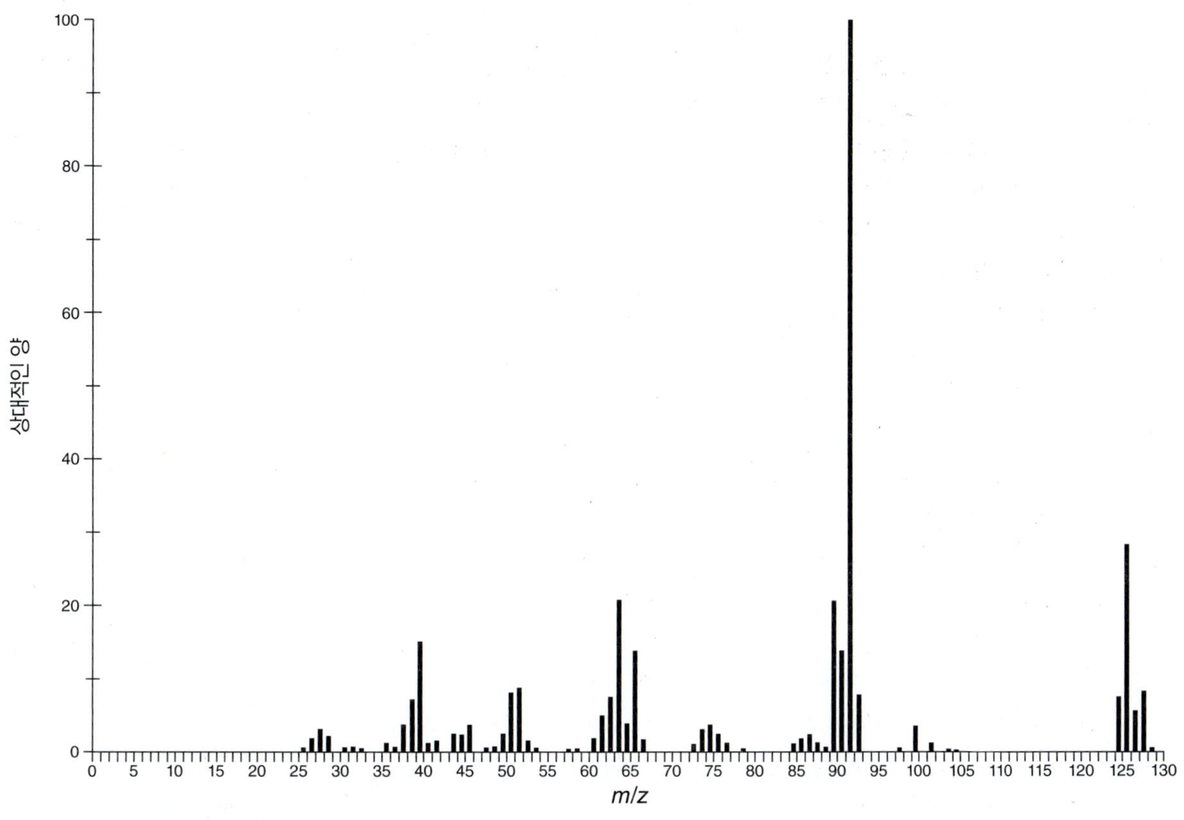

그림 4.70 미지의 액체 시료의 질량 스펙트럼.

표 4.1 미지의 액체 시료에 대한 자료집 탐색 결과

화합물명	분자량	화학식	일치 확률	CAS No.
1. Benzene, 1-chloro-2-methyl-	126	C_7H_7Cl	94	000095-49-8
2. Benzene, 1-chloro-3-methyl-	126	C_7H_7Cl	70	000108-41-8
3. Benzene, 1-chloro-4-methyl-	126	C_7H_7Cl	60	000106-43-4
4. Benzene, (chloromethyl)-	126	C_7H_7Cl	47	000100-44-7
5. 1,3,5-Cycloheptatriene, 1-chloro-	126	C_7H_7Cl	23	032743-66-1

4.11 질량 스펙트럼을 해석하고 문제를 풀기 위한 전략적인 접근법

스펙트럼 자료와 구조의 상관관계와 관련된 다른 문제와 마찬가지로, 질량 스펙트럼의 해석에 대한 잘 정립된 전략을 갖추는 것은 문제를 성공적으로 풀기 위한 열쇠와도 같다. 화학적 직관이 중요한 역할을 하는 것과 같이 연습으로 다져진 경험을 대신할 수 있는 것도 물론 없다. 질량 스펙트럼 자체에 몰두하기 전에 시료에 대해 알려진 모든 것에 대한 목록을 얻도록 하여라. 원소 조성은 알려져 있는가? 분자식은 정밀 분자 질량으로 결정되었는가? 화합물에 어떤 작용기가 존재하는가? 시료의 "화학적 이력"은 무엇인가? 예를 들어, 시료를 어떻게 취급하였는가? 어떤 종류의 화학 반응으로부터 화합물이 분리되었는가? 등 계속된

질문을 해 볼 수 있다.

질량 스펙트럼에 대한 해석의 첫 번째 단계는 분자 이온을 확인하는 것이다. 분자 이온이 갖추어야 할 사항에 대해서는 3.6절을 복습하여라. 분자 이온이 확인되기만 하면, (아직 화학식이 알려지지 않았다면) 그것의 명목상의 질량에 주목하여 Cl과 Br의 존재와 다른 $M + 2$ 피크를 나타내는 원소의 존재에 대하여 규명하기 위하여 동위원소 다발을 면밀히 검토하여라. 분자 이온의 m/z 값이 홀수인가, 짝수인가에 따라 질소 규칙은 (만약 존재한다면, 화합물에 있는) 질소 개수를 제시해주어 구조 해석을 구체화할 수 있도록 해준다. 분자 이온이 나타나지 않으면, 시료의 분자 질량을 측정하기 위하여 CI 조건에서 시료를 분석하는 것도 고려해 볼 만하다. 하지만 추가적인 실험으로 자료를 얻는 것이 힘들 때에는 어떤 손실(예를 들어, alcohol로부터 물의 손실)이 논리적으로 스펙트럼에서 큰 질량을 갖는 피크를 생성했는지를 검토하여라.

분자 이온 다발의 해석 후에는 스펙트럼에서 큰 질량을 갖는 피크를 면밀히 조사하여 질량 손실이 홀수인지 짝수인지를 결정하여라. 0을 포함하여 짝수개의 질소가 존재한다면, 홀수의 질량 손실은 단순히 균일 절단(homolytic cleavage)에 의한 것이며, 짝수의 질량 손실은 자리옮김으로 인한 것이다(만약 홀수개의 질소가 존재한다면, 위와 반대의 결과가 얻어진다). 이와 같은 질량 손실에 대해 라디칼 토막이나 중성 분자를 할당하도록 노력하여라. 그 다음으로 phenylacylium 이온, tropylium 이온, phenyl 양이온, cyclopentadienyl 양이온 등 쉽게 확인이 가능한 토막들을 찾아라.

마지막으로, 제안된 구조와 함께 토막들에 대한 토막나기 정보를 활용하여라. 더욱 깊이 있는 해석을 할 때까지 가능성 있는 구조가 한 가지 이상인 것은 어쩌면 합리적이다. 어떤 경우에는 부분적인 구조만을 얻는다. 가끔 유혹적이기는 하지만, *자료 없이* 구조를 제안하는 것 (또는 가능성 있는 구조를 배제하는 것)은 매우 위험하다. "그 구조는 McLafferty 자리옮김으로 분명히 m/z = Q에서 피크를 나타낸다. 그러나 거기에 어떠한 피크도 없다. 그러므로 그 구조는 잘못되었다." 가능성 있는 구조들을 모을 때, 그 구조의 토막나기를 다시 분석하여 그것이 실험 결과와 일치하는지 여부를 확인하여라. 분석하고자 하는 스펙트럼 자료를 유사한 구조와 작용기를 갖는 화합물의 스펙트럼과 대조하여 많은 정보를 얻을 수 있다. 자료집과 대조하여 분석하고자 하는 스펙트럼에 대한 질량 스펙트럼 자료집의 탐색을 실시하는 것은, 정확하게 부합되지는 않지만 아마도 화합물의 확인에 대한 약간의 실마리를 제시할 것이다.

4.12 질량 스펙트럼 문제 풀이법

이절에서 우리는 EI-MS 자료를 이용하여 두 개의 미지 시료의 구조를 결정할 것이다. 분석하는 화합물이 검색 가능한 MS 자료집에서 이용 가능하지 않을지라도, 자료에서 소수의 중요한 단서 조각들을 이용하여 화합물의 구조를 결정하는 것은 여전히 가능하다. 분자식이 이용 가능하면, 분자 이온에 대한 정밀 질량 결정(3.6절)이나 십삼의 규칙(1.5절)으로부터 절차는 훨씬 더 간단해진다. 더욱이, 화합물에 존재하는 주요 작용기를 알면, 토막나기 패턴을 분석하는 데 도움이 될 것이다. IR 스펙트럼이나 NMR 스펙트럼으로부터 얻은 정보 역시 이 시점에서 유용하다.

풀이가 있는 예제 1

미지 화합물의 질량 스펙트럼은 다음과 같다. 미지 시료의 중요한 적외선 분광 자료는 다음과 같다.

3102 cm^{-1}	3087	3062	3030	1688
1598	1583	1460	1449	1353
1221	952	746	691	

또한 지방족 C–H 신축은 2879~2979 cm^{-1}에 나타난다.

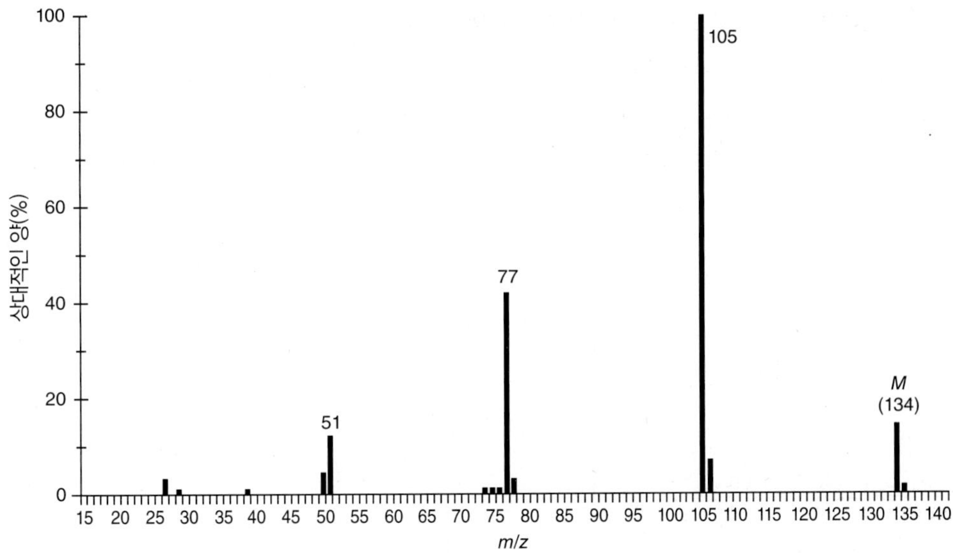

분자 이온은 *m/z* 값이 134에 나타난다. 십삼의 규칙을 적용하면 다음과 같은 가능한 분자식을 얻을 수 있다.

$$C_{10}H_{14} \qquad U = 4$$
$$C_9H_{10}O \qquad U = 5$$

IR 스펙트럼에서 C=O 피크는 1688 cm^{-1}에 나타난다. 이 피크의 위치는 3030~3102 cm^{-1} 범위에서 얻어진 C−H 신축 피크, 1449~1598 cm^{-1} 범위에서 얻어진 C=C 신축 피크와 함께 benzene 고리와 콘쥬게이션을 이룬 carbonyl 그룹을 갖는 ketone이라는 것을 암시한다. 이것은 두 번째 분자식과 일치하며 수소 모자람 지수 또한 일치한다.

질량 스펙트럼에서 기본 피크는 *m/z* = 105에 나타난다. 이 피크는 benzoyl 양이온의 형성에 의한 것으로 보인다.

분자 이온의 질량에서 benzoyl 이온의 질량을 빼면 29 차이가 나는데, 이는 ethyl 그룹이 carbonyl 탄소에 결합되었음을 의미한다. *m/z* = 77에 나타나는 피크는 phenyl 양이온에 의한 것이다.

위에서 언급한 바와 같이 제안된 모든 자료의 "조각"들을 조합하여 미지 시료는 **propiophenone(1-phenyl-1-propanone)**이 틀림없다는 결론을 얻는다.

■ 풀이가 있는 예제 2

실험실에서 오래된 시료를 청소할 때, 단지 "decanone"이라고 표시된 작은 용기 하나를 우연히 발견하였다. 작은 용기에 들어 있는 물질의 EI GC-MS를 얻었고, 얻어진 질량 스펙트럼을 다음 그림에 나타내었다. 토막나기 패턴을 이용하여 작은 용기에 들어 있는 물질이 decanone의 어떤 이성질체인지를 결정하여라.

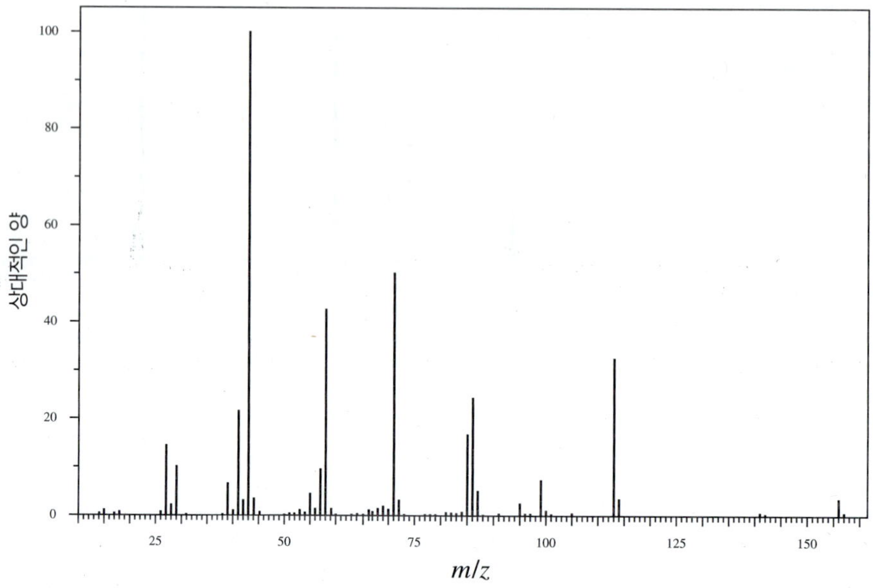

"Decanone"의 이성질체는 네 개이다. 각 이성질체에 대해 ketone의 보편적인 토막나기를 분석하면, 약간의 차이를 발견할 수 있으며, 주어진 스펙트럼에 각 이성질체를 할당시킬 수 있다. Ketone에서 일어나는 가장 보편적인 토막나기는 α-절단과 McLafferty 자리옮김이라는 사실을 인지하는 것에서부터 시작하자. 각 이성질체에서 예상되는 토막에 대한 *m/z* 값의 표를 만들어 주어진 스펙트럼과 비교하면 다음과 같은 결과를 얻을 것이다(각 화합물에는 두 종류의 α-절단이 있고, 두 종류의 McLafferty 자리옮김이 있을 수도 있다). **볼드체** = 스펙트럼에 **존재**, *이탤릭체* = 스펙트럼에 *존재하지 않음*.

Decanone 이성질체	α-절단 토막(*m/z*)	McLafferty 자리옮김(*m/z*)
2-decanone	**43**, *141*	**58**
3-decanone	**57**, *127*	*72*
4-decanone	**71**, **113**	*128*, **86**
5-decanone	**85**, **99**	*100*, *114*

McLafferty 자리옮김에 대한 토막이 없으므로 이제 3-decanone과 5-decanone은 배제할 수 있다. *m/z* = 43이나 58에 나타나는 이온 중의 하나는 2-decanone의 기본 피크로 생각된다. 하지만, *m/z* = 71, 86, 113에 나타나는 이온은 거의 *m/z* = 58에 나타나는 피크만큼 크다. 더욱이 놀랍게도 2-decanone에는 가능한 두 종류의 α-절단이 일어나지 않아 그 이온에 해당되는 *m/z* = 141에 피크가 없다. 따라서 위에 나타낸 스펙트럼은 4-decanone이라고 결론지을 수 있다.

연습 문제

1. 다음의 질량 스펙트럼에 해당되는 구조를 추정하여라. *주의*: 이 문제들 중에는 한 개 이상의 합리적인 답을 요구하는 것도 있다. 어떤 경우에는 문제를 보다 더 합리적으로 풀 수 있도록 IR 스펙트럼 자료를 함께 제시하였다. 수소 모자람 지수(1.4절)와 십삼의 규칙(1.5절)을 다시 살펴보고, 다음 각 문제에 이 방법들을 적용해 보도록 하여라.

*(a) IR 스펙트럼은 C−H 신축과 굽힘 이외에 중요한 특징이 없다.

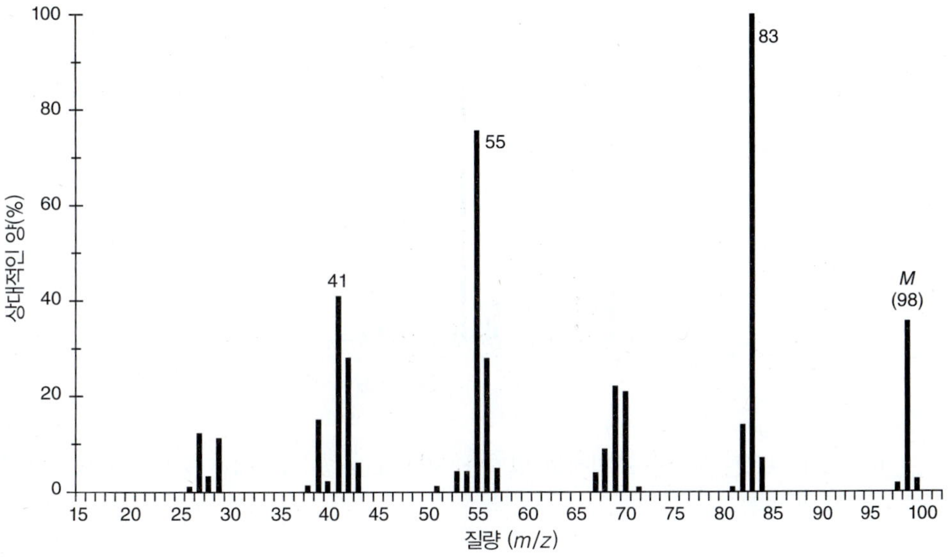

*(b) IR 스펙트럼에는 1650 cm^{-1}에 중간 세기의 피크가 나타난다. 또한 880 cm^{-1}에 C−H 평면외 굽힘 피크가 나타난다.

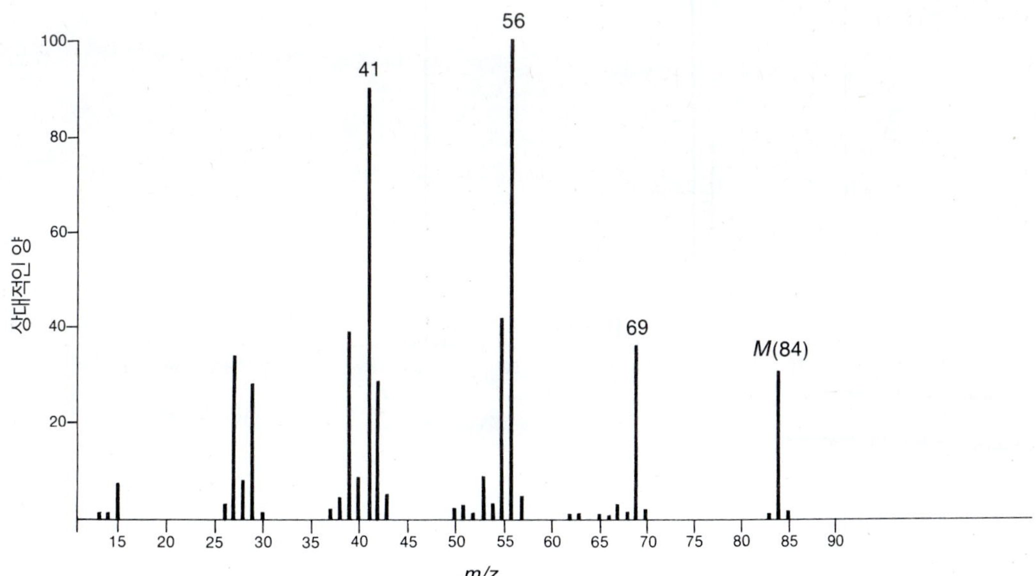

*(c) 미지 시료의 IR 스펙트럼에는 3370 cm^{-1}에 두드러지는 넓은 폭의 피크가 나타난다. 또한 1159 cm^{-1}에 강한 피크가 나타난다. 미지 시료의 질량 스펙트럼에는 분자 이온 피크가 없다. 가장 무거운 토막 이온 피크는 분자 이온으로부터 methyl 그룹이 손실된 것인데, 이 자료로부터 미지 시료의 분자량을 추정해야만 한다.

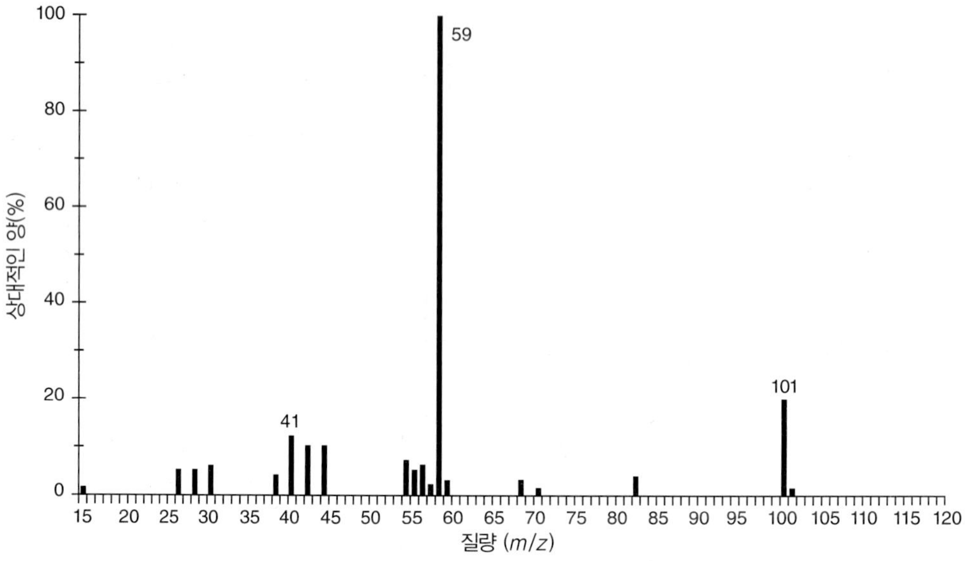

*(d) 미지 시료는 산소를 포함하고 있지만, 3000 cm^{-1} 이상에서는 중요한 적외선 흡수띠가 나타나지 않는다.

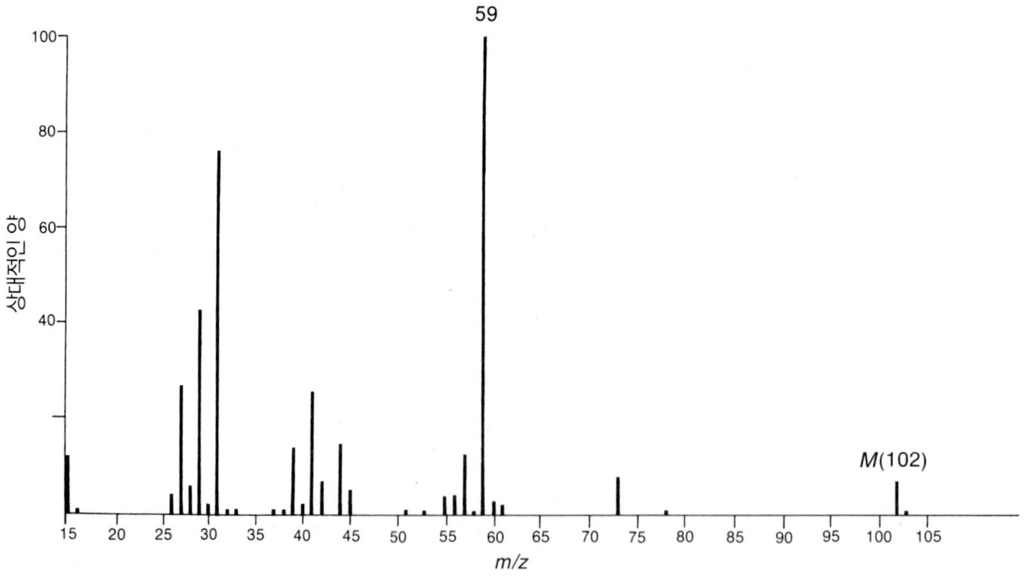

*(e) 미지 시료의 IR 스펙트럼에는 1725 cm^{-1}에 강한 피크가 나타난다.

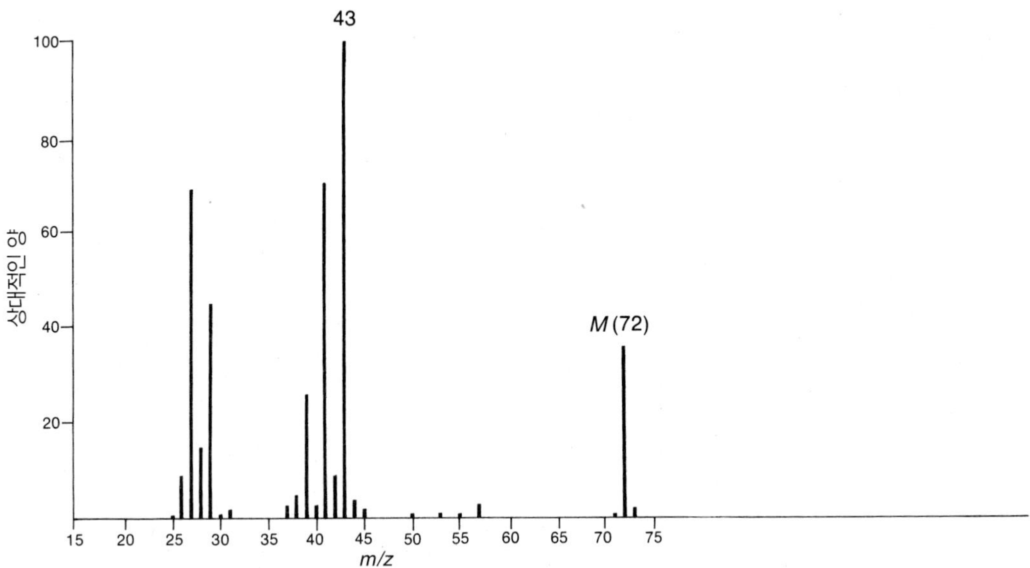

*(f) 미지 시료의 IR 스펙트럼에는 1715 cm^{-1}에 강한 피크가 나타난다.

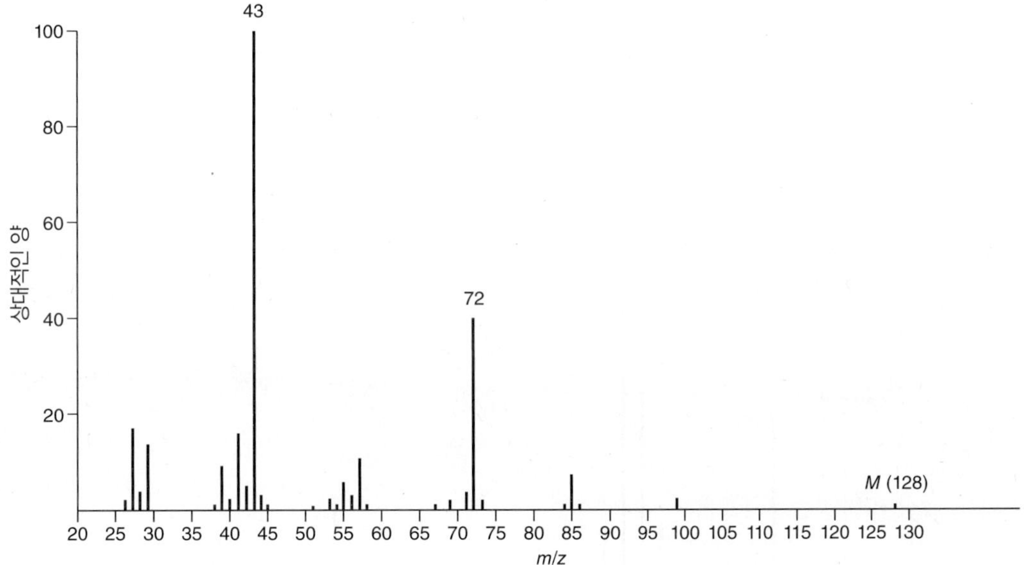

*(g) 이 화합물의 IR 스펙트럼에는 3000 cm^{-1} 이상에서는 중요한 적외선 흡수띠가 나타나지 않는다. 1740 cm^{-1} 근처에 두드러지는 피크가 나타나며, 1200 cm^{-1} 근처에 강한 피크가 나타난다.

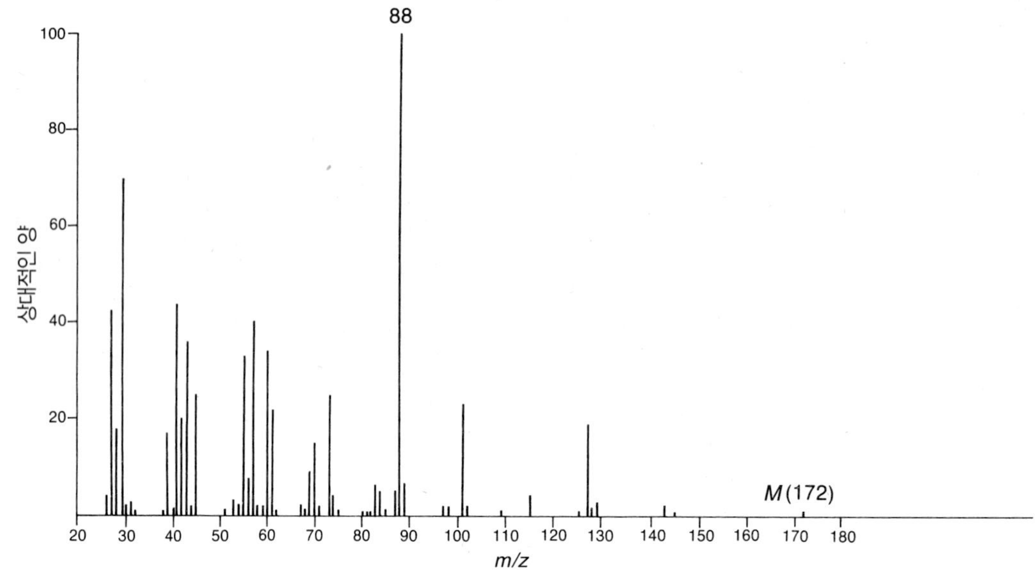

*(h) 이 물질의 IR 스펙트럼에는 대략 1710 cm^{-1}에 강하고 대체로 넓은 폭의 피크가 나타나며, 2500~3000 cm^{-1} 범위에 매우 강하고 넓은 폭의 피크가 나타난다.

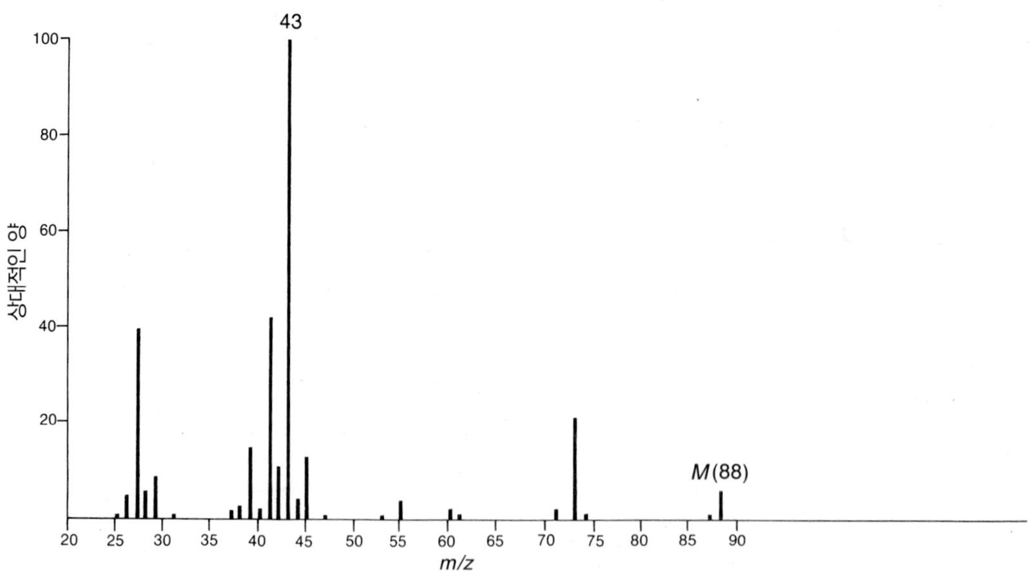

*(i) 미지 시료의 ^{13}C NMR 스펙트럼에는 125~145 ppm 범위에 네 개의 피크가 있다. IR 스펙트럼에는 1680 cm^{-1}에 강하고 대체로 넓은 폭의 피크가 나타나며, 2500~3500 cm^{-1} 범위에 매우 강하고 넓은 폭의 피크가 나타난다.

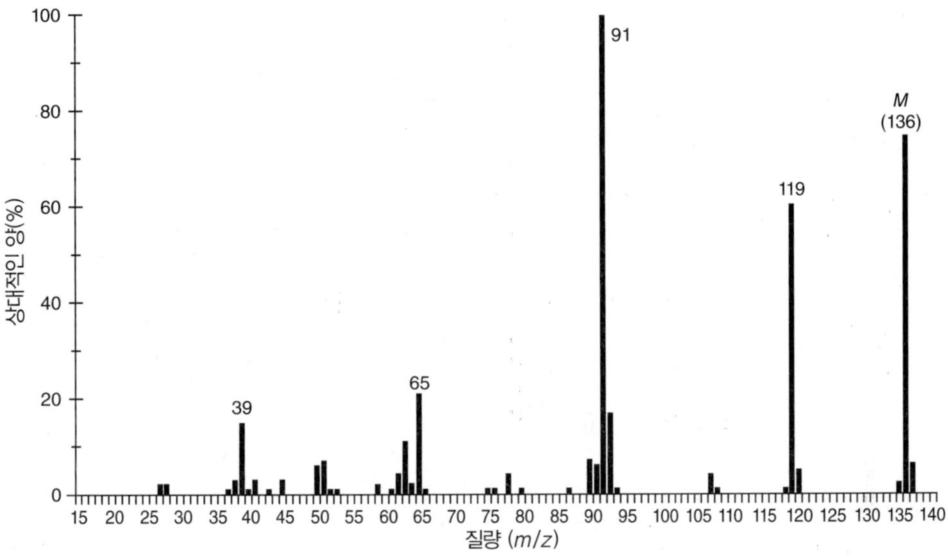

*(j) 이 물질의 분자 이온의 질량이 홀수값임에 주목하여라.

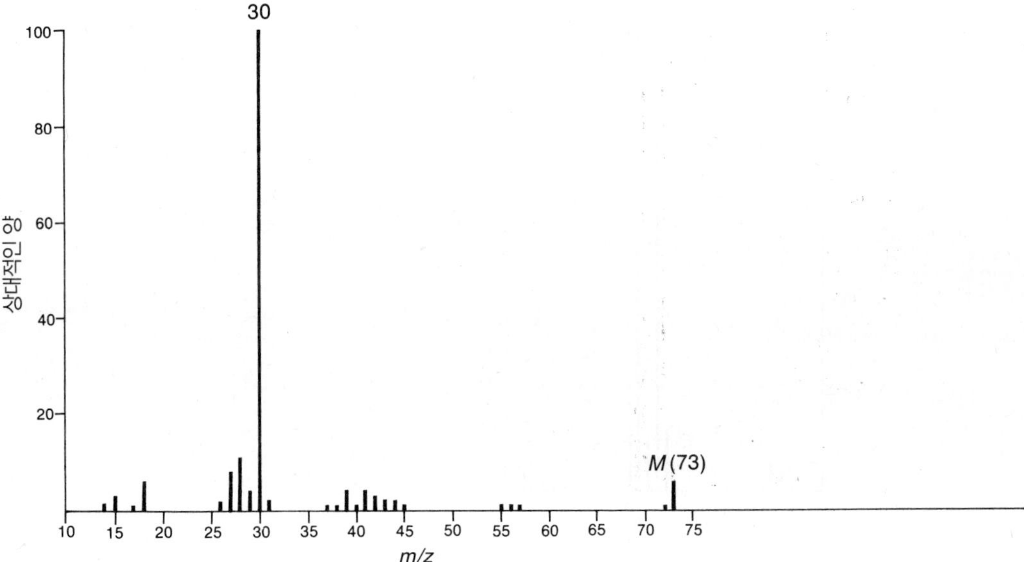

*(k) 질량 스펙트럼에서 **M + 2** 피크에 주목하여라.

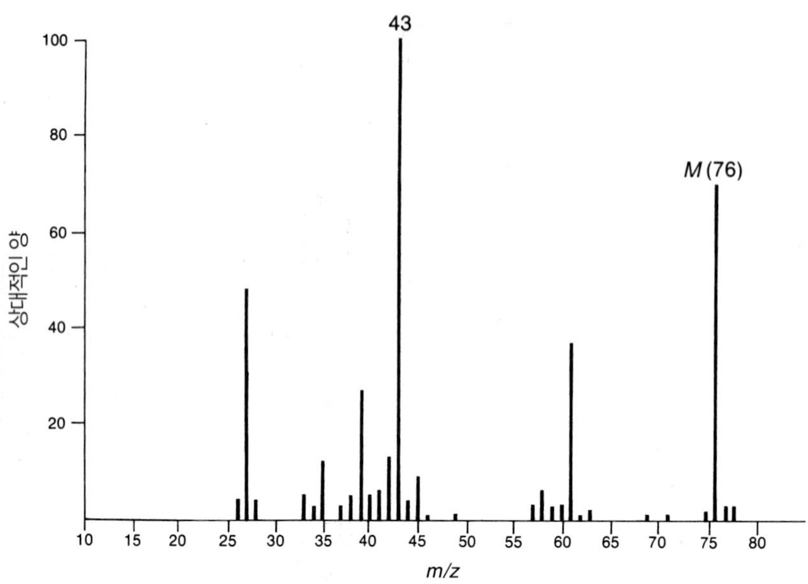

*(l) 미지 시료의 IR 스펙트럼에는 1350 cm^{-1} 근처와 1550 cm^{-1} 근처에 두 개의 강한 피크가 나타난다. 분자 이온의 질량이 홀수값임에 주목하여라.

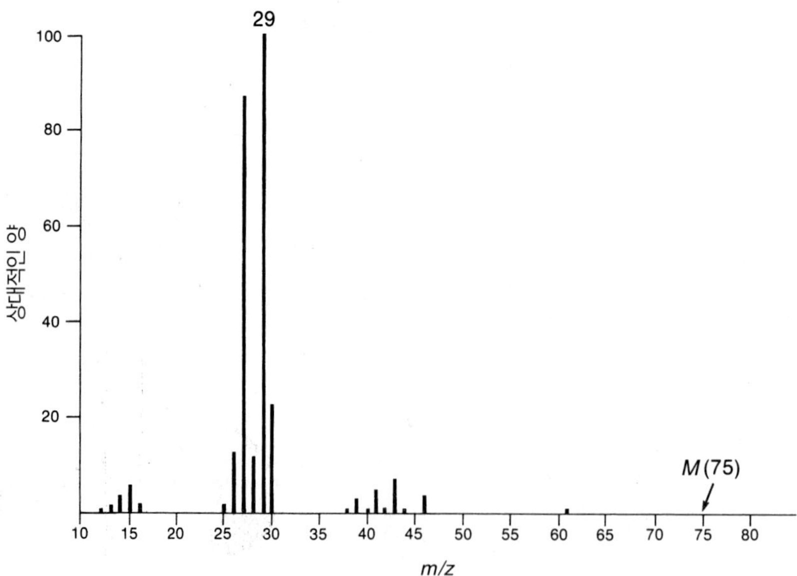

*(m) 이 화합물의 IR 스펙트럼에는 2250 cm^{-1} 근처에 중간 세기의 피크가 나타난다.

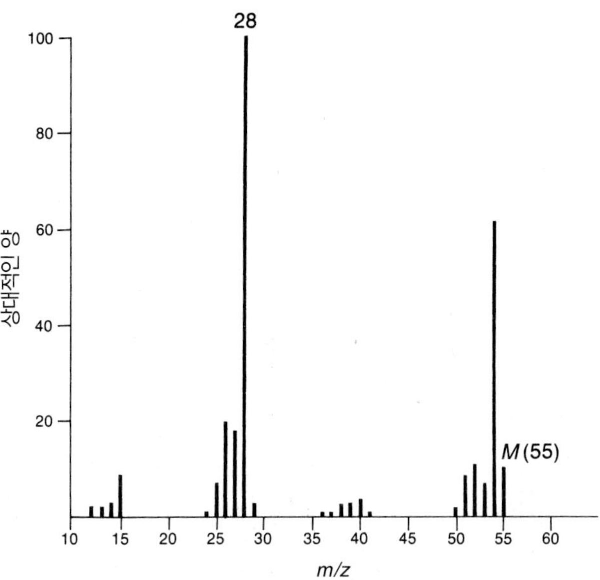

*(n) *m*/*z* = 127, 128에 있는 토막 이온을 고려하여라. 어떤 이온으로부터 이 피크가 생겼을까?

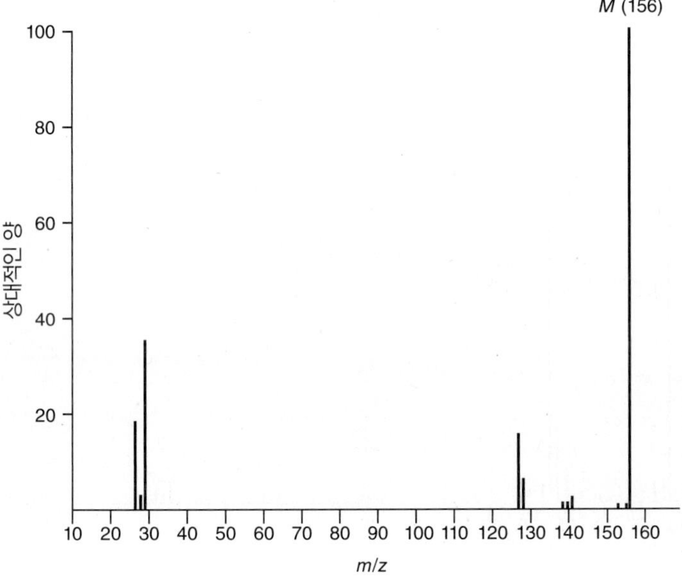

*(o)

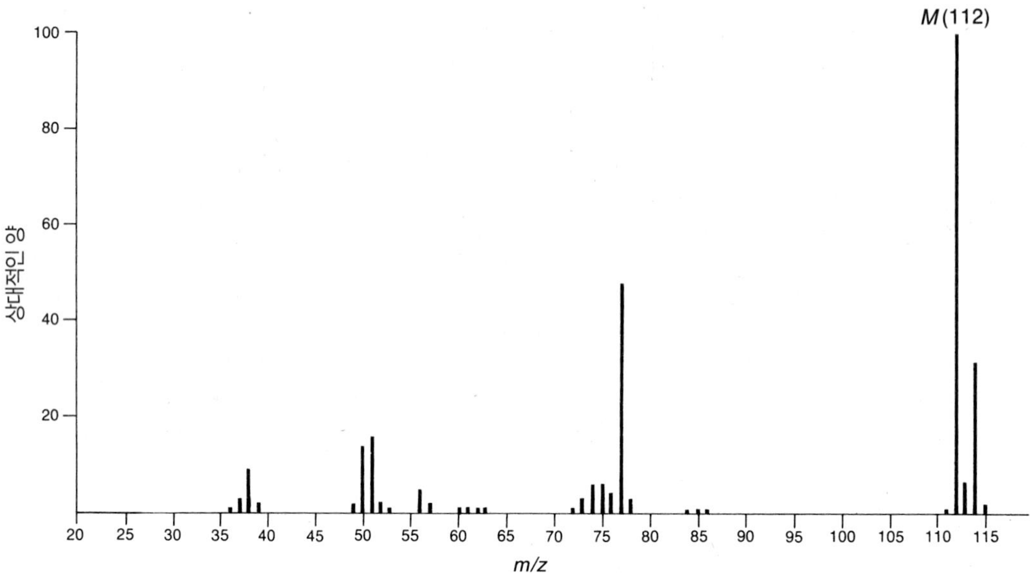
M(112)
100
80
60
40
20
상대적인 양
20 25 30 35 40 45 50 55 60 65 70 75 80 85 90 95 100 105 110 115
m/z

*(p)

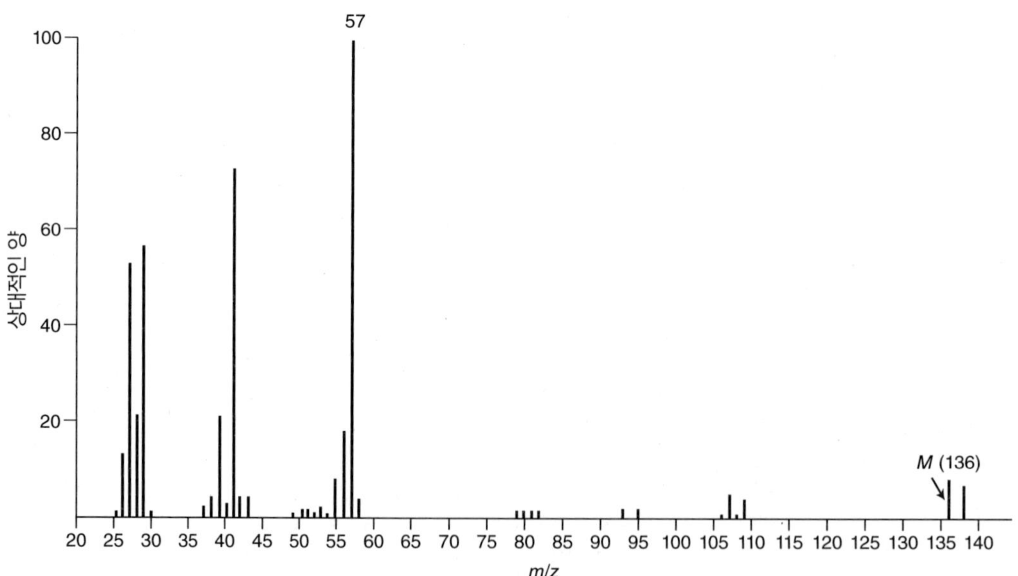
57
M (136)
100
80
60
40
20
상대적인 양
20 25 30 35 40 45 50 55 60 65 70 75 80 85 90 95 100 105 110 115 120 125 130 135 140
m/z

*(q)

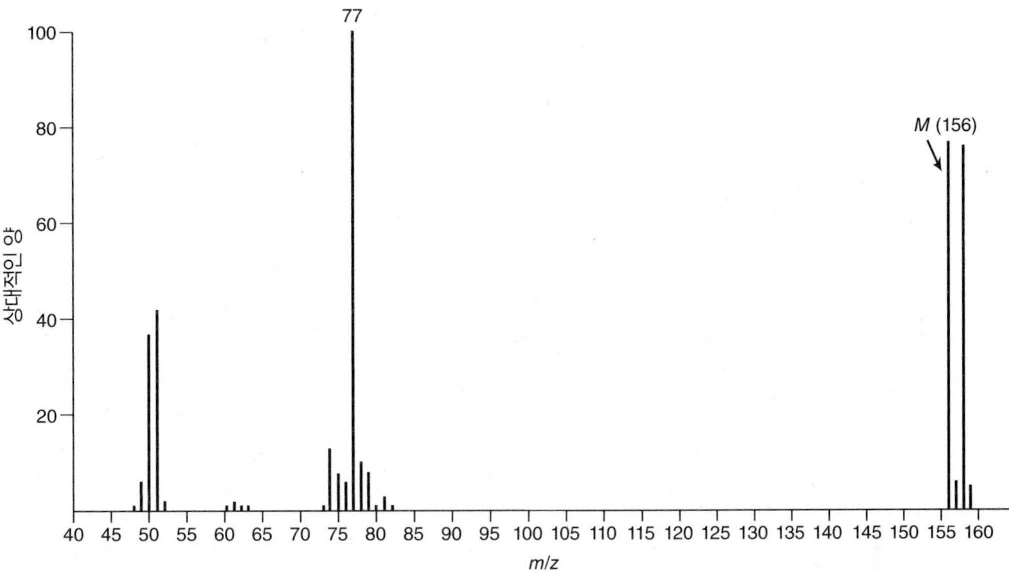
77
M (156)
상대적인 양
100
80
60
40
20
40 45 50 55 60 65 70 75 80 85 90 95 100 105 110 115 120 125 130 135 140 145 150 155 160
m/z

*(r)

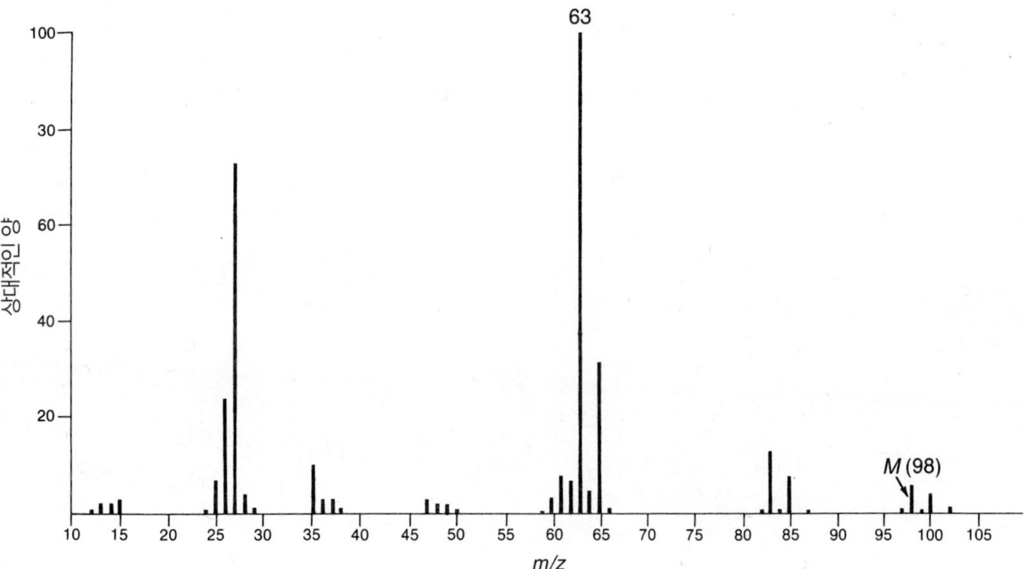
63
M (98)
상대적인 양
100
30
60
40
20
10 15 20 25 30 35 40 45 50 55 60 65 70 75 80 85 90 95 100 105
m/z

*(s) 미지 시료의 IR 스펙트럼에는 다른 흡수와 함께 3087 cm^{-1}, 1612 cm^{-1}에 날카로운 피크가 나타난다. 미지 시료는 염소 원자를 포함하고 있으나 몇 개의 동위원소 피크($M + n$)는 너무 작아 보이지 않는다.

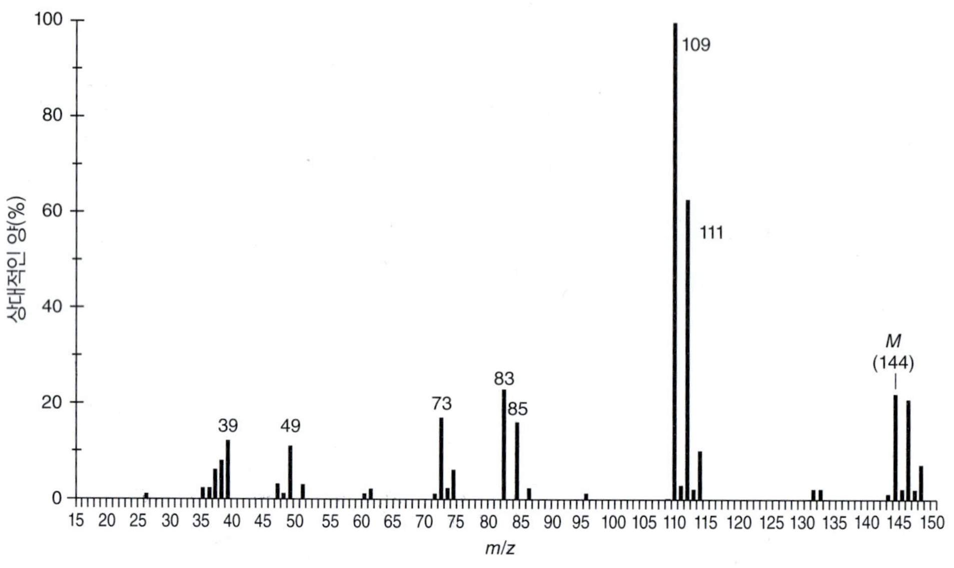

2. 3-Butyn-2-ol의 질량 스펙트럼에는 m/z = 55에 큰 피크가 나타난다. 그에 해당하는 토막을 그리고 특별히 안정한 이유를 설명하여라.

3. 질량 스펙트럼을 이용하여 다음에 주어진 이성질체 쌍을 어떻게 구별할 수 있는가?

(a) $CH_2-CH_2-CH_3$ (cyclohexyl) $\quad$ CH_3, CH_3, CH_3 (cyclohexane)

(b) H, CH_3, C=C, CH_3, CH_2-CH_2, CH_3, C=C, CH_3, H $\quad$ CH_3, CH_3, $CH=CH_2$ (cyclohexane)

(c) O, C, CH_3, CH, CH_2, CH_3, CH_3 $\quad$ O, C, CH_3, CH_2, CH, CH_3, CH_3

(d) $CH_3-CH_2-CH_2-CH(OH)-CH_3$ $\qquad$ $CH_3-C(CH_3)(OH)-CH_2-CH_3$

(e) $CH_3-CH_2-CH_2-CH_2-CH_2-Br$ $\qquad$ $CH_3-CH_2-CH(Br)-CH_2-CH_3$

(f) $CH_3-CH(CH_3)-CH_2-C(=O)-O-CH_3$ $\qquad$ $CH_3-CH_2-CH_2-C(=O)-O-CH_2-CH_3$

(g) $CH_3-CH_2-C(=O)-N(CH_3)-CH_3$ $\qquad$ $CH_3-CH_2-CH_2-C(=O)-N(H)-CH_3$

(h) $CH_3-CH_2-CH_2-CH_2-NH_2$ $\qquad$ $CH_3-CH_2-CH_2-NH-CH_3$

(i) $C_6H_5-C(=O)-CH_2-CH_3$ $\qquad$ $C_6H_5-CH_2-C(=O)-CH_3$

(j) $C_6H_5-C(CH_3)_2-CH_3$ $\qquad$ $C_6H_5-CH_2-CH(CH_3)-CH_3$

4. 질량 스펙트럼과 NMR 스펙트럼(제5장) 또는 IR 스펙트럼(제2장)을 이용하여 주어진 화합물의 구조를 추론하여라.

(a) $C_4H_7BrO_2$: ^1H NMR, 300 MHz, 2.9 ppm(삼중선, 2H), 3.8 ppm(단일선, 3H)

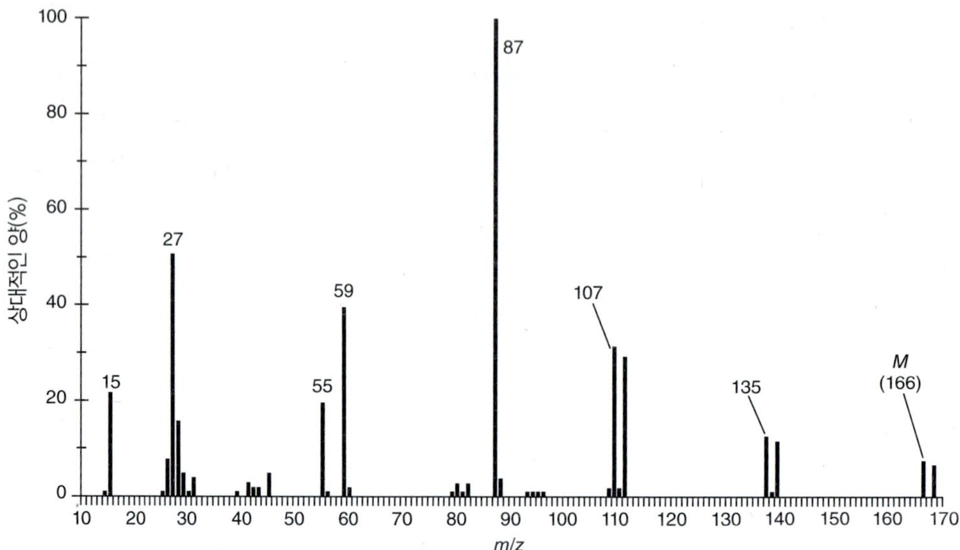

(b) $C_4H_7ClO_2$: ^1H NMR, 300 MHz, 1.7 ppm(이중선, 3H), 3.8 ppm(단일선, 3H), 4.4 ppm(사중선, 1H)

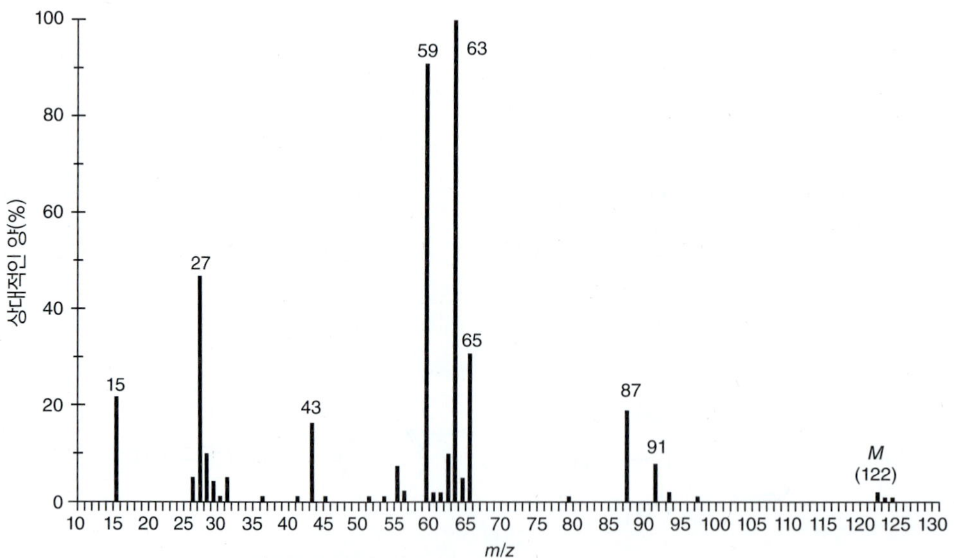

(c) $C_8H_6O_3$: ^{1}H NMR, 300 MHz, 6.1 ppm(단일선, 2H), 6.9 ppm(이중선, 1H), 7.3 ppm(단일선, 1H), 7.4 ppm(이중선, 1H), 9.8 ppm(단일선, 1H); 중요한 IR 흡수: 1687, 1602, 1449, 1264, 1038, 929, 815 cm^{-1}

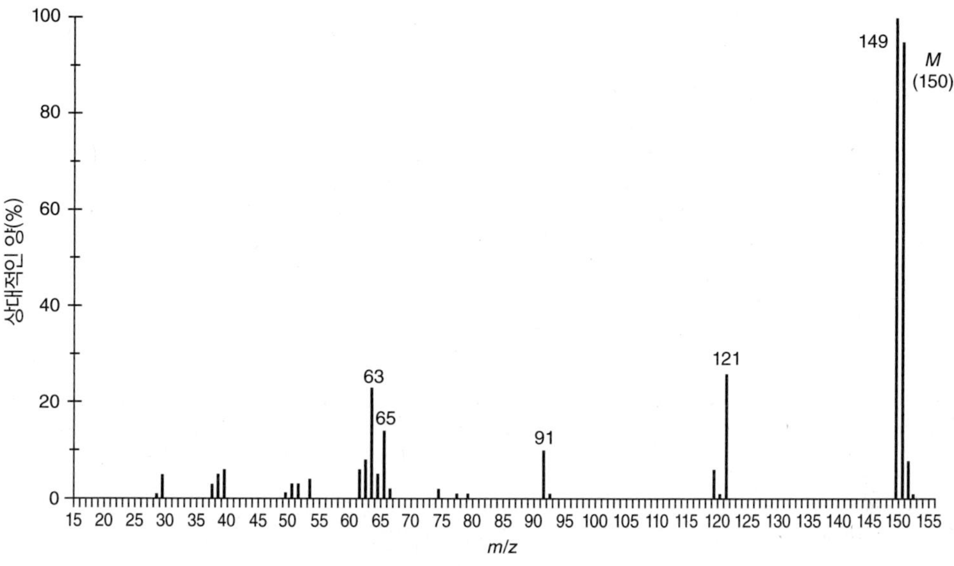

(d) IR 스펙트럼에는 3000 cm^{-1} 이상에 중요한 피크가 나타나지 않는다.

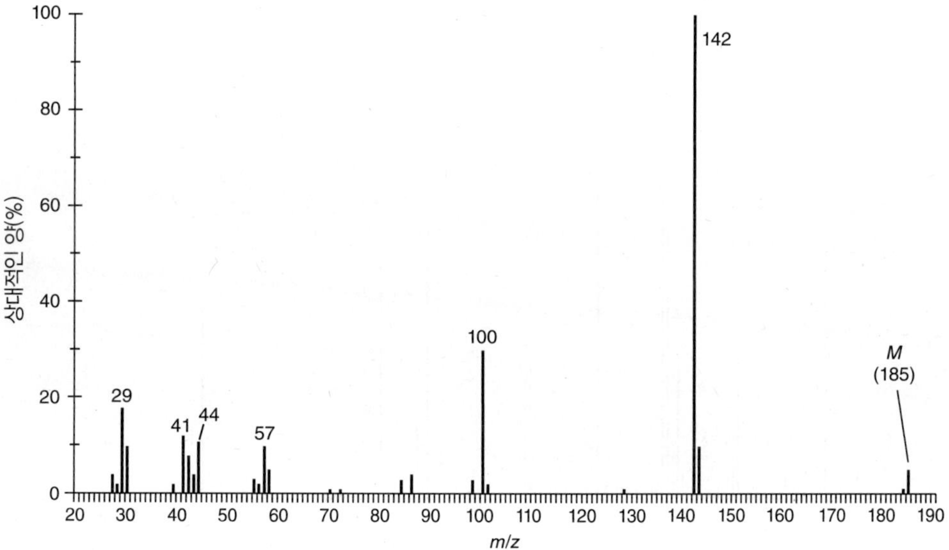

(e) IR 스펙트럼은 3280 cm^{-1}에서 강한 단일 흡수를 갖고 있다.

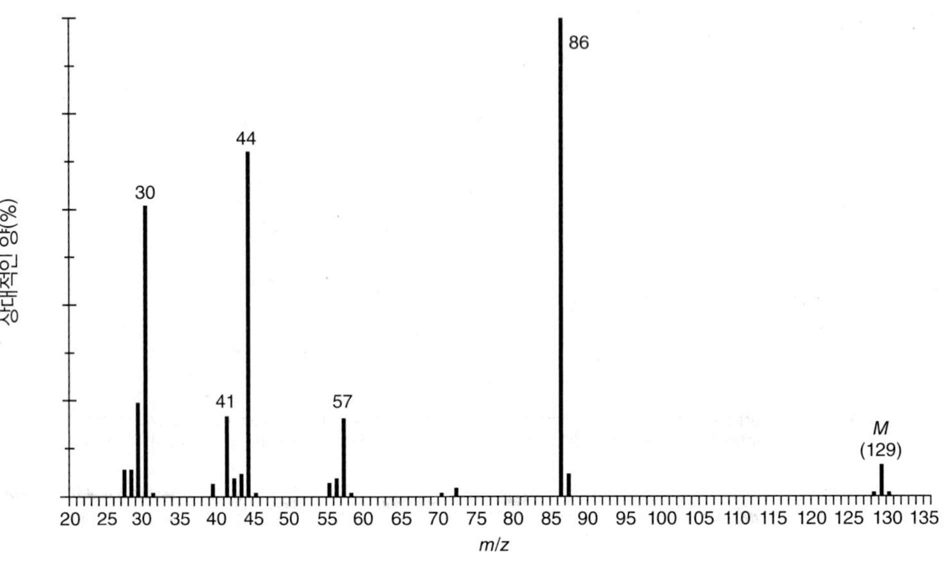

(f) IR 스펙트럼은 1723 cm^{-1}에서 강한 단일 흡수를 갖고 있다.

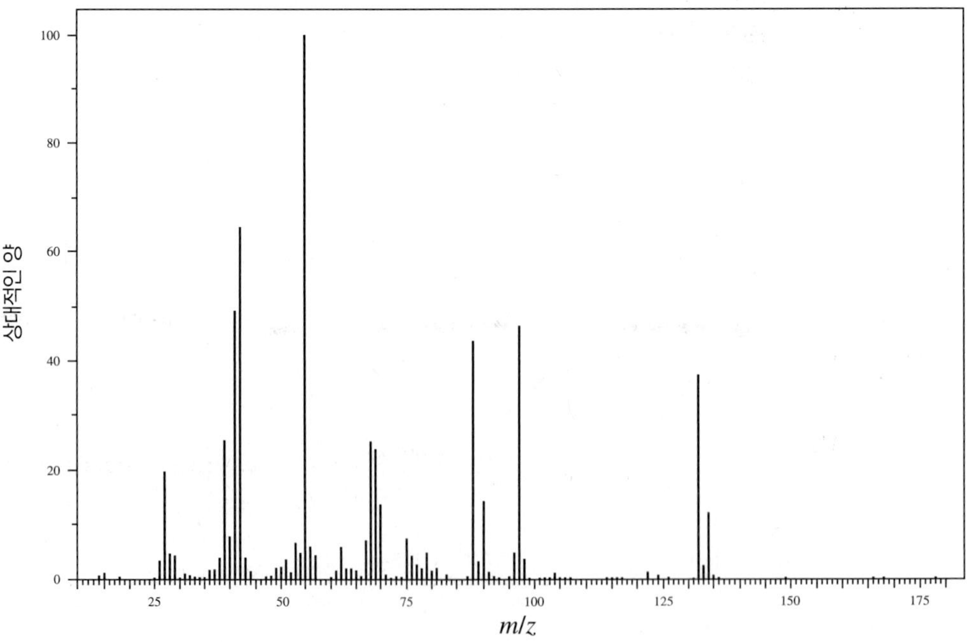

5. 다음에 나타낸 각 구조에 대하여,

- EI 조건에서 초기 이온화가 일어나는 자리를 확인하여 결정하여라.
- *m/z* 값에 해당되는 이온의 구조를 결정하여라.
- 토막 이온의 형성을 설명할 수 있는 토막나기 메커니즘을 그려라.

(a) *m/z* = 98의 토막 이온(스펙트럼의 기본 피크)

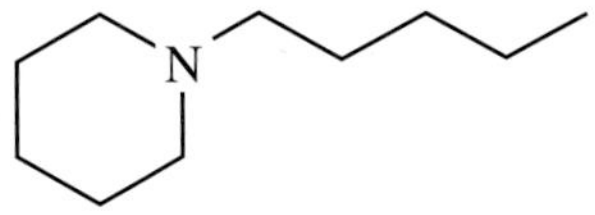

(b) *m/z* = 95의 토막 이온(스펙트럼의 기본 피크)

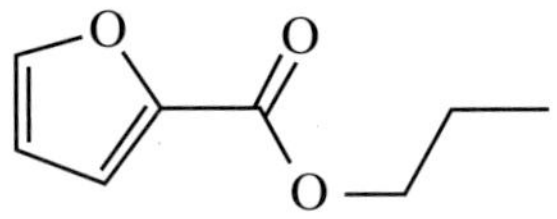

(c) *m/z* = 103과 61(기본 피크)의 토막 이온

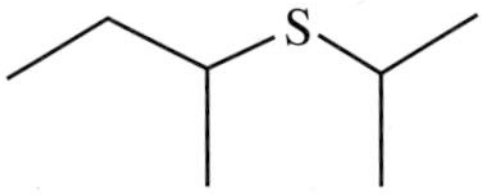

(d) *m/z* = 95(기본 피크)와 43의 토막 이온

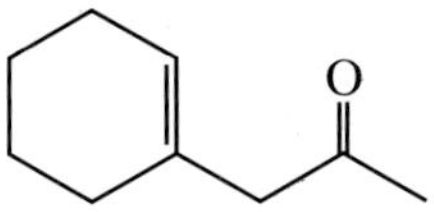

(e) *m/z* = 58의 토막 이온(기본 피크)

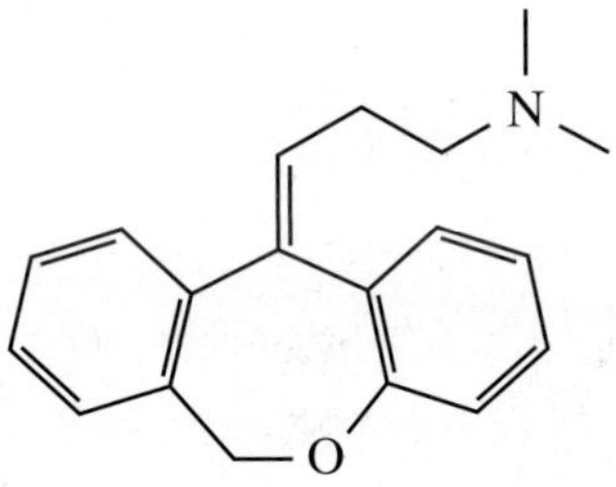

(f) *m/z* = 120의 토막 이온(기본 피크)

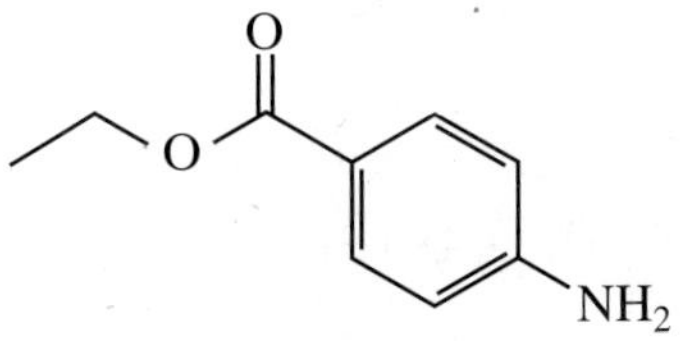

NH_2

(g) m/z = 100(기본 피크)과 91, 72, 44의 토막 이온

6. 다음에 주어진 각 질량 스펙트럼에 대하여 두드러지는 토막 이온에 대한 구조를 그리고, 그 이온들의 형성 과정을 설명하기 위한 토막나기 메커니즘을 그려라.

(a) 3-Methyl-3-heptanol

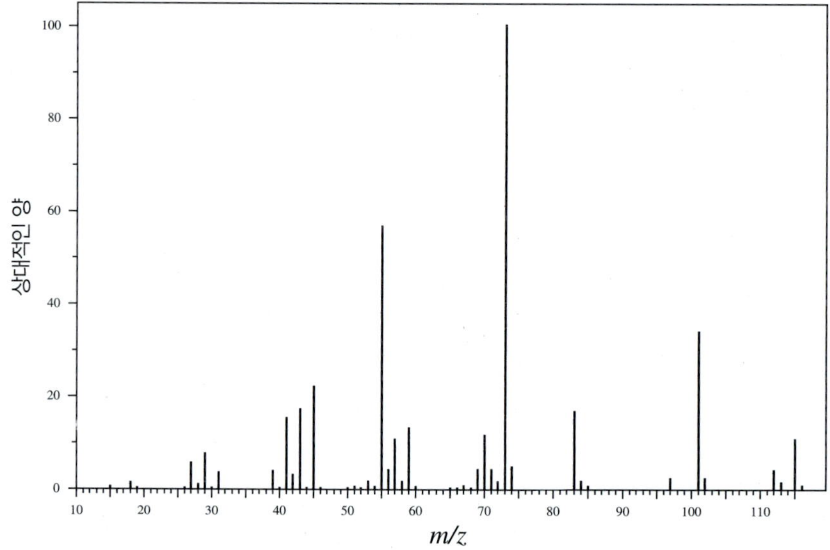

(b) Dicyclohexylamine

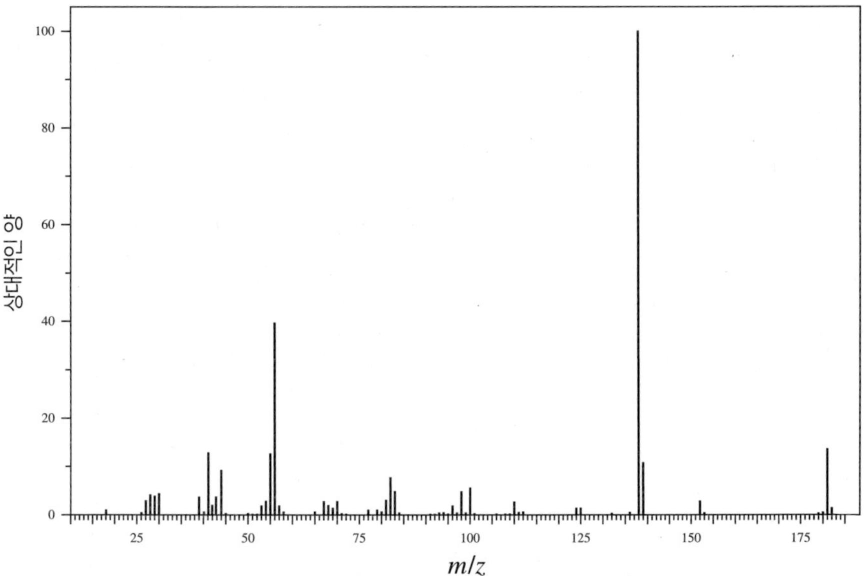

(c) 3,3,5-Trimethylcyclohexanone

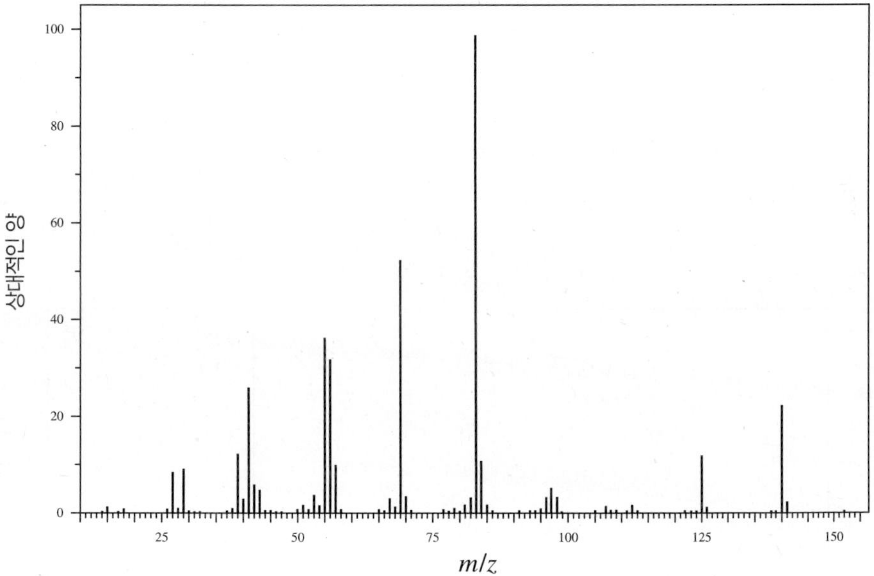

7. 모든 dialkyl phthalate ester는 m/z = 149에 기본 피크를 나타낸다. 이 토막 이온의 구조는 무엇인가? Dialkyl phthalate로부터 이 이온의 형성 과정을 설명하기 위한 메커니즘을 그려라.

8. (a) *ortho*-Nitrotoluene(MW = 137)의 EI-MS에서 m/z = 120에 큰 토막 이온이 나타난다. α,α,α-Trideuterio-*ortho*-nitrotoluene은 m/z = 120에 눈에 띄는 토막 이온을 나타내지 못한다. 대신에 m/z = 122에 피크를 나타낸다. 이와 같은 관찰 사항을 설명할 수 있는 토막나기 과정을 보여라.

(b) Methyl 2-methylbenzoate와 methyl 3-methylbenzoate의 EI 질량 스펙트럼을 다음에 나타내었다. 각 스펙트럼에 알맞은 이성질체를 할당하고 그에 대한 이유를 설명하여라.

스펙트럼 1

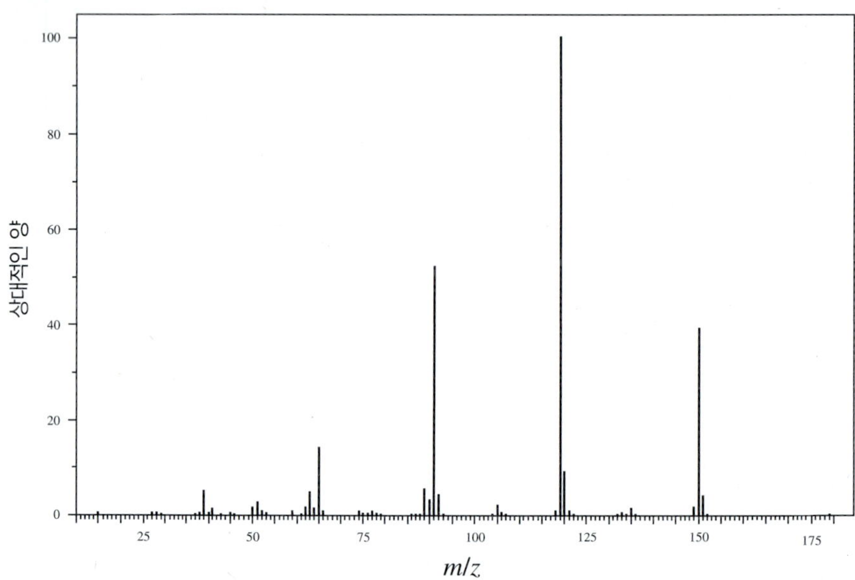

스펙트럼 2

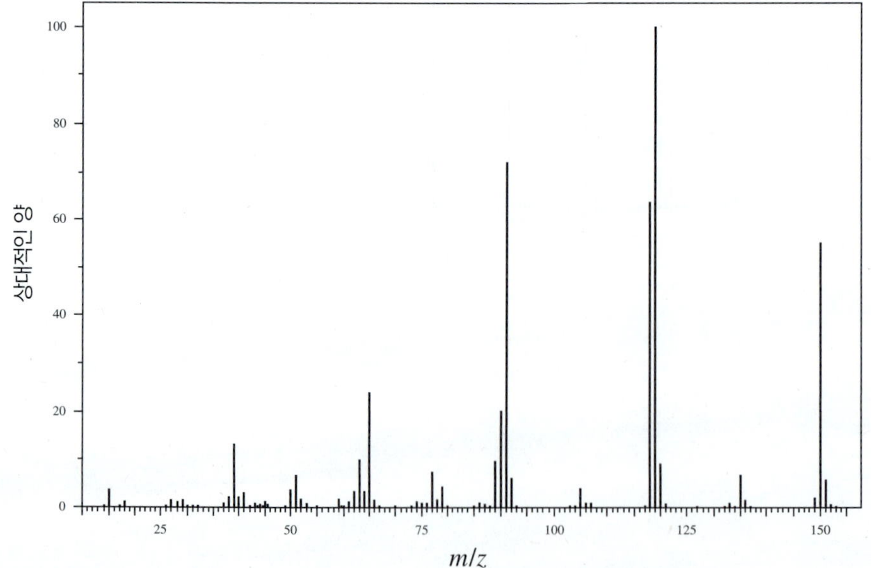

9. 해면 동물 *Haliclona vansoesti*의 methanol 추출물은 브라인 슈림프에 독성을 나타낸다. 추출물을 크로마토그래피로 분리하고 주성분을 분리하였다. IR 자료와 1-D NMR 자료의 분석으로부터 결정된 화합물의 2-D 구조(R = H)를 다음에 나타내었다. 화합물을 triacetate(R = Ac)로 전환시킨 후, 이어서 dimethyl disulfide 및 아이오딘과 함께 소량의 triacetate(0.3 mg)와 반응시켰다. 결과 생성물을 GC-MS를 이용하여 분석하면, m/z = 463에 분자 이온이 나타나며, m/z = 145와 318에 토막 이온이 나타난다. 주어진 천연 물질에서 이중 결합의 정확한 위치를 결정하여라(n과 m을 결정하여라).

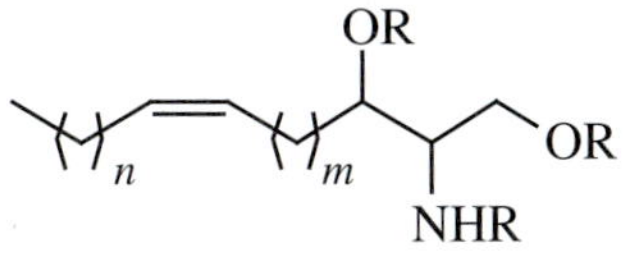

OR OR NHR

$n + m = 8$

10. 1999년 해면 동물 *Amphinxedon* sp.로부터 추출한 pyrinodemin A의 구조는 다음과 같이 탄소16'과 탄소 17' 사이에 *Z*-alkene을 가지고 있다. 구조적 신규성과 보고된 생물학적 활성 때문에 많은 연구 그룹에서 합성을 수행하였다. 본래의 구조가 옳지 않고, 천연 물질은 alkene에 대한 위치 이성질체처럼 보인다는 것이 곧 결정되었다. 다른 제안된 구조는 C15'~C16' 사이에 alkene을 갖거나 C14'~C15' 사이에 alkene을 갖는다. 천연 물질의 화학적 유도체를 만들어 MS 분석으로 pyrinodemin A의 구조에 얽힌 수수께끼를 풀 수 있는 방법을 제안하여라.

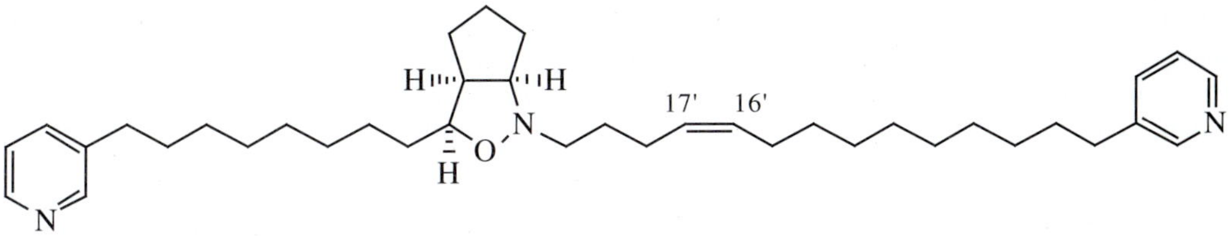

H H 17' 16' N O N H N

11. 악취가 나는 시계꽃 *Passiflora foetida*로부터 분리한 항원충제 천연 물질인 passifloricin A의 구조는 다음에 나타낸 것과 같다. 이 화합물의 수많은 입체 이성질체가 합성되었지만 그 어느 것도 천연 물질의 스펙트럼 자료와 일치되는 스펙트럼 자료를 제공하지 못했다. 천연 passifloricin A에 대해 보고된 스펙트럼 자료를 다시 검토한 결과 두 가지 문제가 있었다. 천연 물질은 단지 두 개의 $CH(OR)CH_2CH(OR)$ 단위(제안된 구조는 세 개 단위)를 가지고 있고, 천연 물질은 EI-MS 분석에서 m/z = 225에 두드러진 피크를 가지고 있었다. 합성 화합물의 어떤 입체이성질체도 m/z = 225 값을 갖는 이온을 만들지는 못하지만, 모든 이성질체가 m/z = 193에 두드러진 피크를 가지고 있었다. 이 정보를 이용하여 passifloricin A에 대해 좀 더 그럴싸한 구조를 제안하여라.

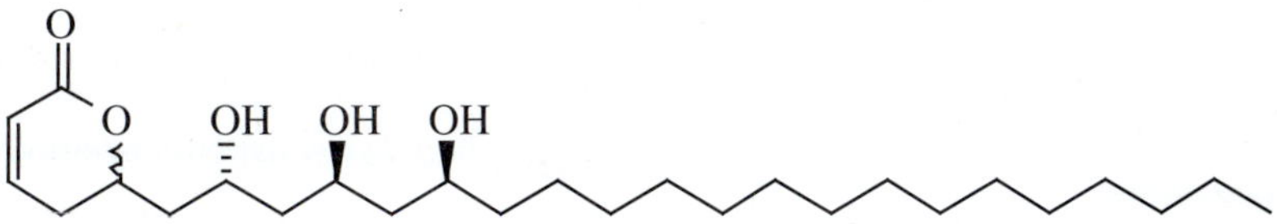

O O OH OH OH

12. 브라질 나무인 *Senna multijuga*의 잎은 acetylcholinesterase를 억제하는 수많은 pyridine alkaloid를 포함하고 있다. 최근에 분리된 화합물 두 개의 구조는 다음과 같다.

OH OH N n m

$n + m = 10$

이성질체 A: EI-MS, m/z (상대적 세기): 222(20), 150(10), 136(25), 123(100).
이성질체 B: EI-MS, m/z (상대적 세기): 236(20), 150(10), 136(25), 123(100).

(a) 질량 분석 자료를 이용하여 각 이성질체에 대하여 hydroxyl 그룹의 정확한 위치를 결정하여라.
(b) m/z = 123인 이온의 구조는 무엇인가? 그 이온의 형성에 대한 메커니즘을 그려라.

참고 문헌

Books

Chapman, J. R., *Practical Organic Mass Spectrometry: A Guide for Chemical and Biochemical Analysis*, 2nd ed., John Wiley, New York, 1995.

Crews, P., J. Rodriguez, and M, Jaspars, *Organic Structure Analysis*, 2nd ed., Oxford University Press, New York, 2010.

DeHoffmann, E,, and V. Stroobant, *Mass Spectrometry: Principles and Applications*, 3rd ed., Wiley, New York, 2007.

Lambert, J. B., S. Gronert. H. F. Shurvell, D. A. Lightner, *Organic Structural Spectroscopy*, 2nd ed., Prentice Hall, Upper Saddle River, NJ, 2011.

McFadden, W. H., *Techniques of Combined Gas Chromatography/Mass Spectrometry: Applications in Organic Analysis*, Wiley-Interscience, New York, 1989.

McLafferty, F. W., and F. Tureček, *Interpretation of Mass Spectra*, 4th ed.. University Science Books, Mill Valley, CA, 1993.

Pretsch, E., T. P. Buhlmann, and C. Affolter, *Structure Determination of Organic Compounds. Tables of Spectral Data*, 4th ed., Springer-Verlag, Berlin and New York, 2009.

Silverstein, R. M., F. X. Webster, and D. J. Kiemle. *Spectrometric Identification of Organic Compounds*, 7th ed., John Wiley, New York, 2005.

Smith. R. M., *Understanding Mass Spectra, A Basic Approach*, 2nd ed., Wiley, New York, 2004.

Watson, J. T., and O. D. Sparkman, *Introduction to Mass Spectrometry: Instrumentation, Applications, and Strategies for Data Interpretation*, 4th ed., Wiley, New York, 2007.

Articles

Carlson, D. A., C.-S. Roan, R. A. Yost, and J. Hector, "Dimethyl Disulfide Derivatives of Long Chain Alkenes, Alkadienes, and Alkatrienes for Gas Chromatography/Mass Spectrometry," *Analytical Chemistry 61* (1989): 1564-1571.

Cosse, A. A., R. J. Bartelt, D. G. James, and R. J. Petroski, "Identification of a Female-Specific, Antennally Active Volatile Compound of the Currant Stem Girdler," *Journal of Chemical Ecology 27* (2001): 1841-1853.

McFadden, W. H., L. E. Boggs, and R. G. Buttery "Specific Rearrangements in the Mass Spectra of Butyl Hexanoates and Similar Aliphatic Esters," *Journal of Physical Chemistry 70*, (1966): 3516-3523.

Yuan, G., and J. Yan "A Method for the Identification of the Double-Bond Position Isomeric Linear Tetradecenols and Related Compounds Based on Mass Spectra of Dimethyl Disulfide Derivatives," *Rapid Communications in Mass Spectrometry 16* (2002): 11-14.

Selected Websites

National Institute of Materials and Chemical Research, Tsukuba, Ibaraki, Japan, *Integrated Spectra Data Base System for Organic Compounds (SDBS):* http://sdbs.riodb.aist.go.jp/sdbs/cgi-bin/cre_index.cgi

National Institute of Standards and Technology, *NIST Chemistry WebBook:* http://webbook.nist.gov/chemistry/

http://www.sisweb.com/mstools.htm

http://www.sisweb.com/index/referenc/academicsites.html

http://www.sisweb.com/mstools.htm

제5장

핵자기공명 분광학

Nuclear Magnetic Resonance Spectroscopy

제1부: 기초 개념

유기화학자에게 **핵자기공명(NMR) 분광학**은 적외선(IR) 분광학보다 훨씬 중요한 분광분석법이다. NMR 기법으로 다양한 핵에 대한 연구를 수행할 수 있지만, 수소와 탄소가 가장 보편적으로 연구되는 핵이다. IR 분광학으로 분자 내에 존재하는 작용기의 유형을 구별할 수 있는 반면, NMR을 이용하여 자기적으로 구별되는 원자의 개수에 대한 정보를 얻을 수 있다. 예를 들어, 수소핵(proton)에 대한 연구를 수행할 때, 구별되는 각 유형의 proton 개수를 구할 수 있을 뿐만 아니라, 각 유형의 핵 주변의 환경 특성에 대한 정보를 얻을 수 있다. 탄소핵의 경우에도 유사한 정보를 얻을 수 있다. IR과 NMR 정보를 종합하면 미지 분자의 구조를 완벽하게 결정할 수 있다.

5.1 핵스핀 상태

많은 원자핵은 **스핀**(spin)이라고 불리는 성질을 가지고 있다. 마치 핵이 회전하는 것처럼 거동한다. 사실 홀수 질량수를 가지거나, 홀수 원자 번호를 가지거나, 또는 둘 다 홀수인 원자핵은 양자화된 **스핀 각운동량**(spin angular momentum)과 자기 모멘트(magnetic moment)를 갖는다. 스핀을 갖는 보편적인 핵은 $^{1}_{1}H$, $^{2}_{1}H$, $^{13}_{6}C$, $^{14}_{7}N$, $^{17}_{8}O$, $^{19}_{9}F$ 등이다. 가장 흔하게 존재하는 (자연계 존재비가 큰) 핵인 탄소의 동위원소 $^{12}_{6}C$와 산소의 동위원소 $^{16}_{8}O$가 스핀을 가지지 않는다는 사실에 주목해야 한다. 하지만 가장 흔하게 존재하는 수소 원자, 즉 proton은 스핀을 갖는다. 스핀을 갖는 각 핵에 대하여 허용된 스핀 상태의 개수는 양자화되어 있고, 핵스핀 양자수 I에 의해 정해진다. 각 핵에서 숫자 I는 물리 상수이며, $(2I + 1)$개의 허용된 스핀 상태가 있다. 각 스핀 상태는 $+I$부터 $-I$까지 범위에서 정수 차이를 갖는다. 즉, 개별 스핀 상태는 다음과 같은 순서로 나타낼 수 있다.

$$+I, (I - 1), \ldots, (-I + 1), -I \qquad \text{식 5.1}$$

예를 들어, proton(수소핵)은 스핀 양자수 $I = \frac{1}{2}$을 갖기 때문에 $[2(\frac{1}{2}) + 1 = 2]$개의 허용된 스핀 상태($-\frac{1}{2}$, $+\frac{1}{2}$)를 갖는다. 염소핵은 $I = \frac{3}{2}$을 갖기 때문에 $[2(\frac{3}{2}) + 1 = 4]$개의 허용된 스핀 상태를 갖는다. $-\frac{3}{2}$, $-\frac{1}{2}$, $+\frac{1}{2}$, $+\frac{3}{2}$. 주요 핵의 스핀 양자수를 표 5.1에 나타내었다.

표 5.1 주요 핵의 스핀 양자수

원소	$^{1}_{1}H$	$^{2}_{1}H$	$^{12}_{6}C$	$^{13}_{6}C$	$^{14}_{7}N$	$^{16}_{8}O$	$^{17}_{8}O$	$^{19}_{9}F$	$^{31}_{15}P$	$^{35}_{17}Cl$
핵스핀 양자수	$\frac{1}{2}$	1	0	$\frac{1}{2}$	1	0	$\frac{5}{2}$	$\frac{1}{2}$	$\frac{1}{2}$	$\frac{3}{2}$
스핀 상태의 개수	2	3	0	2	3	0	6	2	2	4

외부 자기장이 걸리지 않은 경우, 주어진 핵의 모든 스핀 상태는 동등한 에너지를 가지며(degenerate), 원자 집단에서 각 허용된 스핀을 갖는 원자수가 같기 때문에 모든 스핀 상태에는 거의 같은 수의 입자가 존재한다.

5.2 핵자기 모멘트

외부 자기장이 걸리면 스핀 상태는 동등한 에너지를 갖지 못한다. 왜냐하면 핵은 전하를 띤 입자이고, 전하를 띤 입자가 움직이면 그로 인한 자신의 자기장이 생성되기 때문이다. 따라서 핵은 자신의 전하와 스핀으로 인하여 발생된 자기 모멘트 μ를 갖는다. 수소핵은 시계 방향($+\frac{1}{2}$)과 반시계 방향($-\frac{1}{2}$)의 스핀을 가지며, 두 경우의 핵자기 모멘트(μ)는 서로 반대 방향을 가리키고 있다. 외부 자기장 하에서 모든 proton의 자기 모멘트는 외부 자기장과 나란한 방향이거나 반대 방향이다. 두 가지 상황을 그림 5.1에 나타내었다.

각 수소핵은 외부 자기장에 대해 나란한 방향 또는 반대 방향을 갖는 두 가지 배향 중에서 단지 한 가지 스핀 배향만을 가질 수 있다. 스핀 상태 $+\frac{1}{2}$은 외부 자기장의 방향과 나란하여 에너지가 낮은 반면, 스핀 상태 $-\frac{1}{2}$은 외부 자기장의 방향과 반대 방향이기 때문에 에너지가 높다. 이 두 가지 상황에 대하여 자석을

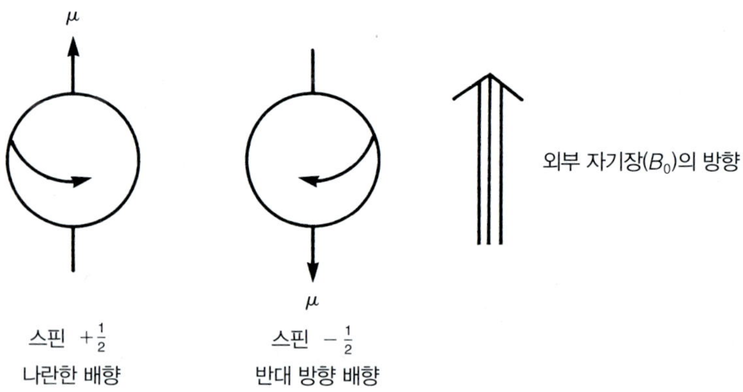

그림 5.1 Proton에 대해 허용된 두 가지 스핀 상태.

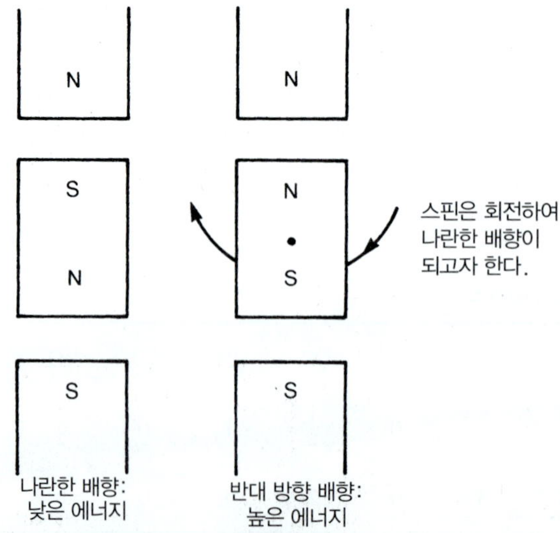

그림 5.2 막대 자석으로 도시한 나란한 배향과 반대 방향 배향.

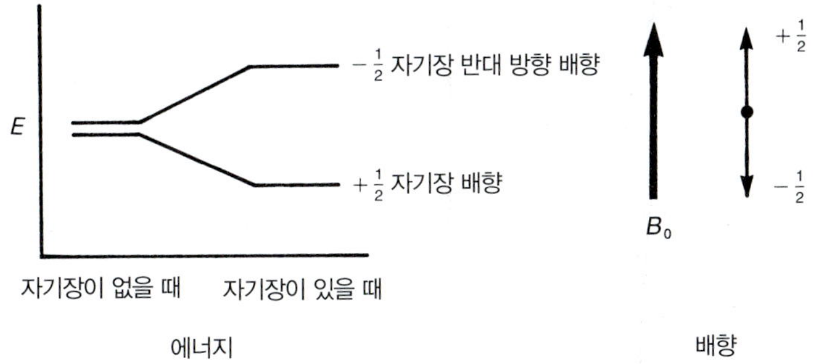

그림 5.3 외부 자기장이 있을 때와 없을 때의 proton의 스핀 상태.

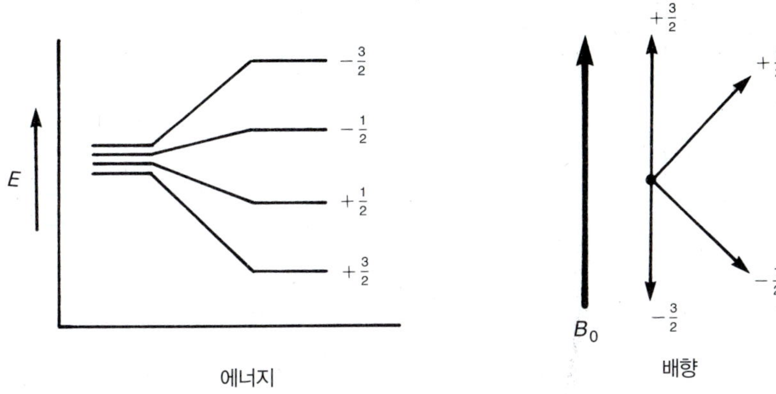

그림 5.4 외부 자기장이 있을 때와 없을 때의 염소 원자의 스핀 상태.

이용한 도식적인 설명을 그림 5.2에 나타내었는데, 조금만 생각하면 누구나 직관적으로 분명하게 이해할 수 있을 것이다. 자석이 나란한 방향으로 놓이면 안정(낮은 에너지)하다. 하지만 자석이 반대 방향으로 놓이면 가운데 자석은 현재 놓인 배향(높은 에너지)으로부터 벗어나려고 한다. 만약 가운데 자석이 회전 중심축에 놓이면, 자발적으로 회전축을 중심으로 회전하여 나란한 배향(낮은 에너지)으로 놓이려 할 것이다. 따라서 외부 자기장이 걸리면, 에너지가 같은 스핀 상태가 그림 5.3에 나타낸 바와 같이 서로 다른 에너지를 갖는 두 개의 상태로 갈라진다.

염소핵의 경우에는 그림 5.4에 나타낸 바와 같이 네 가지의 에너지 준위가 있다. $+\frac{3}{2}$ 스핀 상태는 걸어준 외부 자기장에 나란하고, $-\frac{3}{2}$의 스핀 상태는 외부 자기장과 반대 방향이다. $+\frac{1}{2}$ 스핀 상태와 $-\frac{1}{2}$스핀 상태는 그림 5.4의 오른쪽에 나타낸 벡터 도표와 같이 중간 상태의 배향을 하고 있다.

5.3 에너지 흡수

핵자기공명 현상은 외부 자기장과 나란하게 배향된 핵이 에너지를 흡수하여 외부 자기장에 대하여 스핀 배향을 바꿀 때 일어난다. 수소핵의 예를 그림 5.5에 나타내었다.

에너지 흡수는 양자화된 과정으로, 흡수된 에너지는 두 스핀 상태의 에너지 차이와 같다.

$$E_{\text{흡수}} = (E_{-\frac{1}{2}\text{상태}} - E_{+\frac{1}{2}\text{상태}}) = h\nu \qquad \textbf{식 5.2}$$

사실상 이 에너지 차이는 그림 5.6에 나타낸 바와 같이 외부 자기장 B_0의 세기에 의존하는 함수이다.

외부 자기장의 세기가 클수록 가능한 스핀 상태 간의 에너지 차이도 커진다.

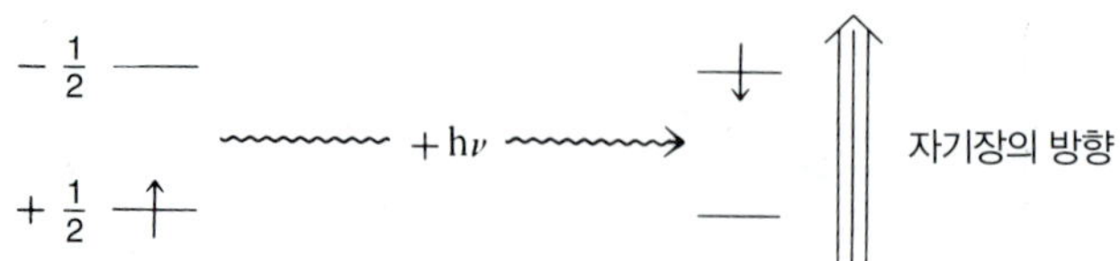

그림 5.5 Proton에 대한 NMR 흡수 과정.

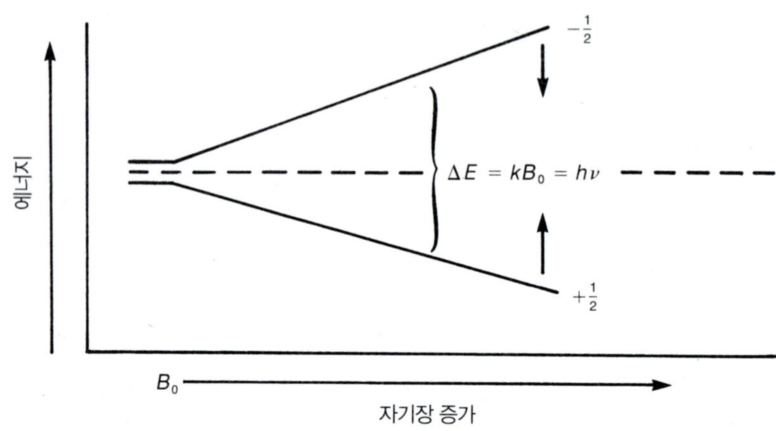

그림 5.6 외부 자기장의 세기 B_0의 함수로서의 스핀 상태 에너지 갈라짐.

$$\Delta E = f(B_0) \qquad \text{식 5.3}$$

에너지 준위 갈라짐의 크기는 관련된 핵에 따라 다르다. (수소, 염소 등) 각 핵은 서로 다른 전하와 질량을 가지므로, 각 핵의 각운동량에 대한 자기 모멘트의 비율은 서로 다르다. **자기회전 비율**(magnetogyric ratio, γ)이라고 부르는 이 비율은 각 핵의 고유한 상수이며, 외부 자기장에 대한 에너지 의존도를 결정해 준다.

$$\Delta E = f(\gamma B_0) = h\nu \qquad \text{식 5.4}$$

핵의 각운동량은 $h/2\pi$ 단위로 양자화되어 있으므로, 최종식은 다음과 같다.

$$\Delta E = \gamma\left(\frac{h}{2\pi}\right) B_0 = h\nu \qquad \text{식 5.5}$$

흡수된 에너지의 진동수에 대해 식을 풀면 다음과 같다.

$$\nu = \left(\frac{\gamma}{2\pi}\right) B_0 \qquad \text{식 5.6}$$

Proton의 정확한 γ값을 대입하면, 가려지지 않는 proton은 1 Tesla(10,000 Gauss) 세기의 외부 자기장에서 42.6 MHz의 진동수를 갖는 복사파를 흡수하고, 1.41 Tesla(14,100 Gauss) 세기의 외부 자기장에서 60.0 MHz 진동수를 갖는 복사파를 흡수한다. 몇몇 핵에 대하여 핵이 공명하는(즉, 에너지를 흡수하여 스핀 전이를 일으키는) 외부 자기장의 세기와 진동수를 표 5.2에 나타내었다.

많은 핵이 자기공명을 일으키지만, 유기화학자는 주로 수소와 탄소의 핵자기공명에 관심이 있다. 이 장에서는 주로 수소를 다루고, 제6장에서 수소 이외의 다른 핵(예를 들어 ^{13}C, ^{19}F, ^{31}P, $^{2}D(^{2}H)$ 등)을 살펴볼 것이다.

Proton(수소 원자의 핵)에서 외부 자기장의 세기가 대략 1.41 Tesla일 때, 두 스핀 상태 간의 에너지 차이는 2.39×10^{-5} kJ/mol 정도이다. 전자기파 스펙트럼에서 무선진동수 영역에 있는 약 60

표 5.2 대표적 핵에 대한 자기공명을 일으키는 진동수와 외부 자기장의 세기

동위원소	자연계 존재비(%)	자기장의 세기, B_0 (Tesla[a])	진동수, ν (MHz)	자기회전 비율, γ (radians/Tesla)
^{1}H	99.98	1.00	42.6	267.53
		1.41	60.0	
		2.35	100.0	
		4.70	200.0	
		7.05	300.0	
^{2}H	0.0156	1.00	6.5	41.1
^{13}C	1.108	1.00	10.7	67.28
		1.41	15.1	
		2.35	25.0	
		4.70	50.0	
		7.05	75.0	
^{19}F	100.0	1.00	40.0	251.7
^{31}P	100.0	1.00	17.2	108.3

[a] 1 Tesla = 10,000 Gauss.

MHz(60,000,000 Hz)의 복사선이 이 에너지 차이에 해당된다. 다른 핵에서 스핀 상태 사이의 에너지 차이는 수소핵의 에너지 차이보다 크거나 작다. 초기의 NMR 분광기는 대략 1.41 Tesla 정도 세기의 가변 외부 자기장을 걸어주었고, 60 MHz의 일정한 무선진동수를 갖는 복사선을 제공하였다. 이 분광기는 단지 proton(수소) 스핀 상태 사이의 전이만을 효과적으로 일어나게 하였고, 다른 핵에는 유용하지 않았다. 탄소나 인과 같은 다른 원소의 핵에서 일어나는 전이를 측정하기 위해서는 별도의 기기가 필요하였다. 현재 주로 쓰고 있는 Fourier 변환 기기(5.7B절)는 하나의 기기로 여러 가지 핵을 측정할 수 있는 장치이다. 300~400 MHz 범위의 진동수에서 작동하는 기기는 현재 매우 흔하게 사용되고 있으며, 큰 대학교의 연구실에는 600 MHz 이상의 진동수를 갖는 기기도 설치되어 있다.

5.4 흡수 메커니즘(공명)

아이들의 장난감인 팽이를 생각해 보면 핵스핀 전이의 본질을 매우 쉽게 이해할 수 있다. Proton은 외부 자기장 하에서 세차 운동(precession)을 하기 때문에 에너지를 흡수한다. 세차 운동 현상은 팽이의 회전과 유사하다. 지구 중력장의 영향으로 팽이는 축을 중심으로 "흔들거리거나" 또는 세차 운동을 한다(그림 5.7a). 회전하는 핵도 걸어준 외부 자기장의 영향으로 비슷한 운동을 한다(그림 5.7b).

외부 자기장이 걸리면 핵은 자신의 스핀축을 주위로 각진동수가 ω인 세차 운동을 한다. 이 진동수를 흔히 **Larmor 진동수**라고 부른다. Proton이 세차 운동하는 진동수는 걸어준 자기장의 세기에 정비례한다. 자기장의 세기가 클수록 세차 운동의 속도(각진동수 ω)는 빨라진다. Proton에 대하여 1.41 Tesla(14,100 Gauss)의 자기장이 걸리면, 세차 운동 진동수는 대략 60 MHz가 된다.

핵이 전하를 띠고 있으므로 세차 운동은 같은 진동수를 갖는 진동하는 전기장을 생성한다. 이 진동수를 갖는 무선진동수 파동이 세차 운동을 하는 proton에 공급되면, 에너지 흡수가 일어날 수 있다. 즉, 입사 복사선의 진동하는 전기장 성분의 진동수가 세차 운동하는 핵에 의해 생성된 전기장의 진동수와 정확하게 일치할 때, 두 전기장은 짝지음을 하고, 에너지는 입사 복사선으로부터 핵으로 전달될 수 있다. 따라서 스핀 변화가 일어난다. 이 조건을 **공명**(resonance)이라고 부르며, 핵은 입사 전자기파와 공명한다고 한다. 그림 5.8에 공명 과정을 도식적으로 나타내었다.

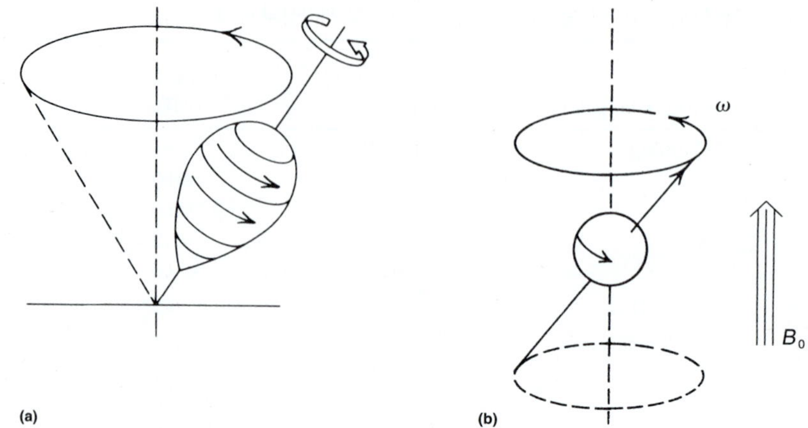

그림 5.7 (a) 지구 중력장에서 팽이의 세차 운동. (b) 외부 자기장의 영향으로 회전하는 핵의 세차 운동.

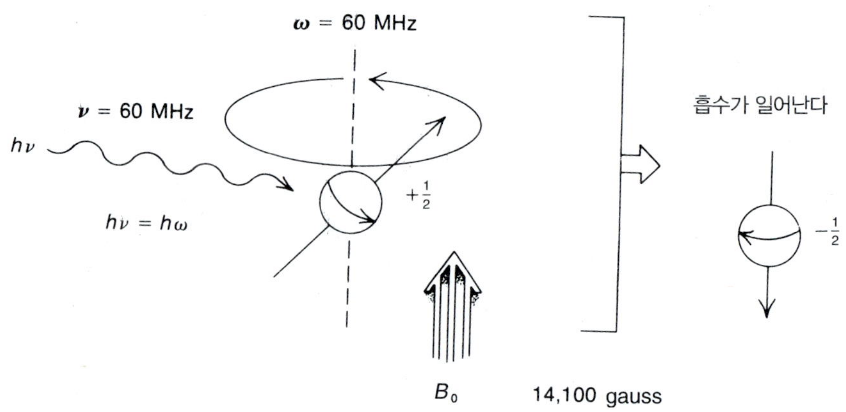

그림 5.8 핵자기공명 과정. $\nu = \omega$일 때 흡수가 일어난다.

5.5 핵스핀 상태의 입자수 밀도

Proton인 경우에 외부 자기장의 세기가 약 1.41 Tesla일 때, 공명은 약 60 MHz에서 일어난다. $\Delta E = h\nu$ 식을 이용하여 proton의 두 스핀 상태 간의 에너지 차이를 계산하면 2.39×10^{-5} kJ/mol이다. 두 준위 사이의 에너지 갈라짐이 작기 때문에, 실온에서 얻어지는 열에너지만으로도 충분하게 두 에너지 준위를 모두 점유할 수 있다. 하지만 낮은 에너지를 갖는 스핀 상태에 약간 더 많은 핵이 존재한다. Boltzmann 분포식을 사용하여 이 차이를 계산할 수 있다. 식 5.7에 의해 높은 준위와 낮은 준위에서 핵스핀의 Boltzmann 비율을 얻을 수 있다.

$$\frac{N_{\text{높은 준위}}}{N_{\text{낮은 준위}}} = e^{-\Delta E/kT} = e^{-h\nu/kT} \qquad \text{식 5.7}$$

$h = 6.624 \times 10^{-34}$ J·sec

$k = 1.380 \times 10^{-23}$ J/K · molecule

T = 절대 온도(K)

이때, ΔE는 높은 준위 에너지 상태와 낮은 준위 에너지 상태 간의 에너지 차이이고, k는 분자의 기체 상수

(R/N_A, Boltzmann 상수)이다. $\Delta E = h\nu$이므로 두 번째 식을 얻을 수 있다. 이때, ν는 기기의 작동 진동수이고, h는 Planck 상수이다.

식 5.7을 이용하여 298 K(25°C), 60 MHz에서 작동하는 기기의 Boltzmann 비율을 계산하면, 높은 준위 스핀 상태를 점유하는 핵의 개수가 1,000,000개일 때, 낮은 준위 스핀 상태를 점유하는 핵의 개수가 1,000,009개이다.

$$\frac{N_{\text{높은 준위}}}{N_{\text{낮은 준위}}} = 0.999991 = \frac{1{,}000{,}000}{1{,}000{,}009}$$

바꾸어 말하면, 대략 2백만 개의 핵 중에서 낮은 준위 스핀 상태에 있는 핵이 높은 준위 스핀 상태에 있는 핵보다 단지 9개 더 많다. 이 개수(9)를 **여분 입자수**(excess population)라고 부른다(그림 5.9).

이와 같은 여분의 핵으로 인해 공명을 관찰할 수 있는 것이다. 60 MHz 복사선을 걸어주었을 때, 높은 준위로 올라가는 전이를 유발할 뿐만 아니라 낮은 준위로 내려오는 전이도 활발하게 한다. 높은 준위 상태와 낮은 준위 상태의 입자수가 정확하게 똑같으면 우리는 알짜 신호를 관찰할 수 없다. 이와 같은 상황을 **포화**(saturation)라고 부른다. NMR 실험을 수행할 때 포화되지 않도록 주의해야 한다. 무선진동수 신호의 전원이 너무 높으면, 빠르게 포화가 일어난다. 그러므로 낮은 준위 스핀 상태에 있는 매우 적은 개수의 여분의 핵이 NMR 분광학에서 매우 중요하며, 그 신호를 검출하기 위해서 매우 민감한 NMR 기기가 요구된다는 것을 알 수 있다.

NMR 기기의 작동 진동수를 높이면, 두 스핀 상태 간의 에너지 차이도 커지며(그림 5.6 참조), 여분 입자수도 증가하게 된다. 작동 진동수 증가에 따른 여분 입자수의 증가를 표 5.3에 나타내었다. 표를 살펴보면 최신 기기들이 왜 큰 작동 진동수를 갖도록 설계되는지를 분명하게 알 수 있다. 큰 진동수에서 더 많은 핵이 전이를 일으키기 때문에 기기의 민감도가 증가하고, 공명 신호가 강해진다. 고자기장 기기가 개발되기 전까지는 ^{13}C와 같은 민감도가 작은 핵을 관찰하기가 매우 어려웠다. ^{13}C는 자연계 존재비(1.1%)가 작고, 수소의 검출 진동수에 비해 훨씬 낮은 검출 진동수를 갖는다(표 5.2).

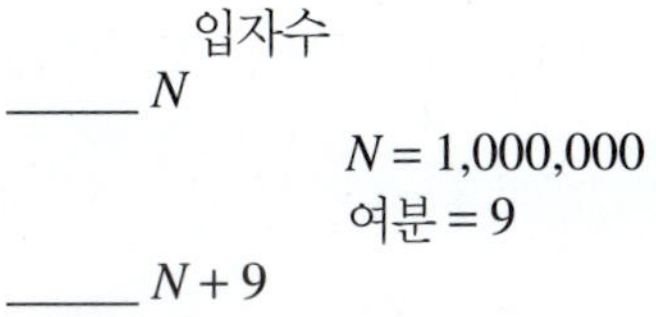

입자수

_____ N

$N = 1{,}000{,}000$

여분 = 9

_____ $N + 9$

그림 5.9 60 MHz에서 낮은 준위 스핀 상태에 있는 핵의 여분 입자수.

표 5.3 작동 진동수에 따른 ^{1}H 여분 핵의 개수 변화

진동수(MHz)	여분 핵의 개수
20	3
40	6
60	9
80	12
100	16
200	32
300	48
600	96

5.6 화학적 이동과 가리움

핵자기공명은 분자 내의 모든 proton이 정확하게 같은 진동수에서 공명하지 않기 때문에 유용성이 매우 크다. 분자 내에서 proton은 전자에 의해 둘러싸여 있고 서로 약간씩 다른 전자 환경(자기 환경)에 놓여 있기 때문에 이와 같은 가변성이 생긴다. 원자가껍질(valence-shell) 전자 밀도는 proton마다 각각 다르다. Proton은 그것을 둘러싸고 있는 전자에 의해 **가려진다**(shielded). 외부 자기장 하에서 proton의 원자가전자는 순환하게 된다. **국소 반자기성 전류**(local diamagnetic current)라고 부르는 이 순환으로 외부 자기장에 대해 반대 방향으로 역자기장이 생성된다. **반자기성 가리움**(diamagnetic shielding) 또는 **반자기성 비등방성**(diamagnetic anisotropy)이라고 부르는 이와 같은 효과를 그림 5.10에 그림으로 설명하였다.

핵 주위에 전자가 순환하는 것을 전기 도선에 전류가 흐르는 것과 유사하게 간주할 수 있다. 도선에 전류가 흐르면 자기장이 유도됨을 물리학에서 배웠다. 원자에서는 국소 반자기성 전류가 걸어준 외부 자기장에 대해 반대 방향으로 제2의 유도 자기장을 생성한다.

반자기성 비등방성의 결과로 인하여 분자 내의 각 proton은 그것을 둘러싸고 있는 전자 밀도에 의존하여 외부 자기장으로부터 가려지게 된다. 핵 주위의 전자 밀도가 클수록 외부 자기장에 반대 방향인 유도 역자기장도 커진다. 핵을 가리는 역자기장으로 인하여 핵은 줄어든 알짜 외부 자기장을 느끼게 된다. 그 결과 핵은 더 작은 진동수로 세차 운동을 한다. 이것은 더 작은 진동수에서 무선진동수 복사선을 흡수한다는 뜻이기도 하다. 분자 내에서 각 proton은 약간씩 다른 화학적 환경에 놓여 있고, 결과적으로 약간씩 다른 전자에 의한 가리움을 갖는다. 따라서 약간씩 다른 공명 진동수를 가지게 된다.

이와 같은 공명 진동수의 차이는 매우 작다. 예를 들어, 외부 자기장의 세기가 1.41 Tesla일 때, chloromethane의 proton의 공명 진동수와 fluoromethane의 proton의 공명 진동수의 차이는 단지 72 Hz 정도이다. 1.41 Tesla 자기장의 세기에서 proton 스핀 전이를 유도하기 위해 사용된 복사선의 진동수가 거의 60 MHz이므로, chloromethane과 fluoromethane 사이의 차이(72 Hz)는 (복사선의 진동수의) 100만분의 1보다 약간 큰 진동수 변화를 나타낸다. 그 정도의 정밀도로 정확한 진동수를 측정하는 것은 매우 어렵다. 따라서 각 proton의 정확한 공명 진동수를 측정하려는 시도를 하지 않는다. 대신에 측정하고자 하는 물질의 용액에 적절한 기준 화합물을 넣고, 시료에 있는 각 proton의 공명 진동수를 기준 물질에 있는 proton의 공명 진동수에 대한 상대값으로 측정한다. 바꾸어 말하면, 진동수 *차이*를 직접 측정하는 것이다.

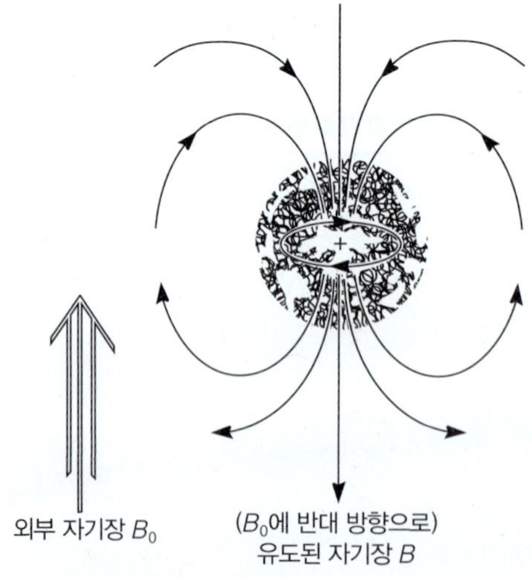

그림 5.10 반자기성 비등방성–원자가전자의 순환에 의해 생성된 핵의 반자기성 가리움.

널리 쓰이는 표준 기준 물질은 **TMS**라고 불리는 **tetramethylsilane, $(CH_3)_4Si$**이다. TMS의 methyl 그룹의 proton은 알려진 대부분의 다른 화합물의 proton보다 가리움 정도가 크기 때문에, 초창기에 이 화합물이 선택되었다. 그 당시에는 TMS보다 가리움 정도가 큰 수소를 갖는 화합물이 알려져 있지 않았기 때문에, 측정 범위의 한쪽 끝(높은 장)에 나타나게 할 수 있어서, TMS는 매우 좋은 기존 물질로 여겨졌다. 따라서 다른 화합물을 측정할 때, 그 화합물의 proton의 공명이 TMS의 공명으로부터 (Hz 단위로) 얼마나 멀리 이동되었는지 그 정도를 나타낸다.

주어진 proton의 TMS로부터의 이동은 걸어준 외부 자기장의 세기에 따라 달라진다. 1.41 Tesla의 외부 자기장에서 proton의 공명은 약 60 MHz인 반면, 2.35 Tesla(23,500 Gauss)의 외부 자기장에서 공명은 약 100 MHz에 나타난다. 공명 진동수의 비율은 두 자기장 세기 비율과 같다.

$$\frac{100\text{ MHz}}{60\text{ MHz}} = \frac{2.35\text{ Tesla}}{1.41\text{ Tesla}} = \frac{23{,}500\text{ Gauss}}{14{,}100\text{ Gauss}} = \frac{5}{3}$$

그러므로 주어진 proton에 대한 TMS로부터의 (Hz 단위의) 이동은 100 MHz 범위(B_0 = 2.35 Tesla)일 때가 60 MHz 범위(B_0 = 1.41 Tesla)일 때보다 $\frac{5}{3}$배 더 커진다. 걸어준 외부 자기장의 세기가 서로 다른 분광기로부터 얻은 자료를 비교할 때, 이것은 매우 혼란스러운 일이다. 이와 같은 혼란은 외부 자기장의 세기에 무관한 새로운 변수(예를 들어, 주어진 proton의 Hz 단위의 이동을 이동값이 얻어진 분광기의 MHz 단위의 진동수로 나눈 값)를 정의함으로써 해결할 수 있다. 이와 같은 방법으로 자기장의 세기에 무관한 **화학적 이동**(chemical shift, δ)이라 부르는 값을 정의할 수 있다.

$$\delta = \frac{(\text{이동, Hz})}{(\text{분광기 진동수, MHz})} \qquad \text{식 5.8}$$

δ 단위의 화학적 이동은 proton 공명이 TMS로부터 이동한 정도를 분광기의 기본 작동 진동수에 대한 ppm 단위로 나타낸 것이다. 주어진 proton에 대한 δ값은 60 MHz(B_0 = 1.41 Tesla)에서 측정하거나 100 MHz(B_0 = 2.35 Tesla)에서 측정하거나 상관없이 항상 똑같다. 예를 들어, 60 MHz에서 CH_3Br의 proton의 이동은 TMS로부터 162 Hz 떨어진 곳에 나타나는 반면, 100 MHz에서는 270 Hz 떨어진 곳에 나타난다. 하지만 두 경우 모두 계산된 δ값은 같다(2.70 ppm).

$$\delta = \frac{162\text{ Hz}}{60\text{ MHz}} = \frac{270\text{ Hz}}{100\text{ MHz}} = 2.70\text{ ppm}$$

협약에 의해 화학적 이동은 주분광기 진동수에 대해서 **δ**(delta) **단위** 또는 **백만분율**(parts per million, ppm)로 표시되고, 이때 TMS에 있는 proton의 공명은 (정의에 의해) 정확히 0.00 ppm이 된다.

NMR 분광기는 큰 δ 값에서 작은 δ 값으로 주사한다(5.7절에서 논의할 것이다). 다음은 전형적인 NMR 스펙트럼 기록지에서 발견되는 δ값의 순서로 나타낸 전형적인 화학적 이동의 척도이다.

주사 방향 ⇒ TMS

12 11 10 9 8 7 6 5 4 3 2 1 0 −1 −2 δ 척도 (ppm)

5.7 핵자기공명 분광기

A. 연속파 기기

고전적인 60 MHz 분광기의 기본 구성에 대한 도식적 설명을 그림 5.11에 나타내었다. 간섭하는 proton이 없는 용매(보통 $CDCl_3$)에 시료를 녹이고, 내부 기준 물질로 TMS를 소량 넣어준다. 작은 원통형 유리

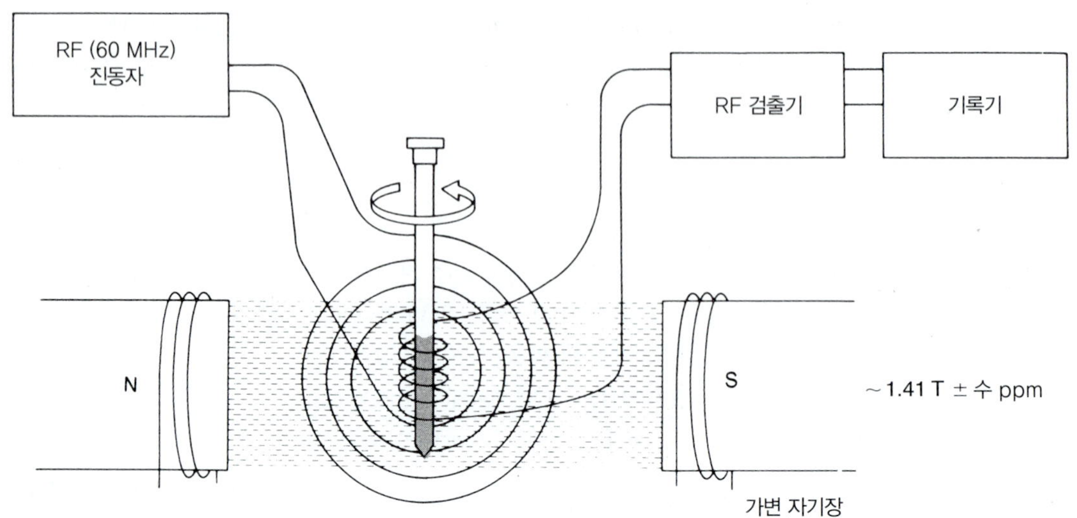

그림 5.11 고전적인 핵자기공명 분광기의 기본 구성.

튜브로 된 시료 용기를 자석의 양극면 사이의 공간에 띄운다. 시료는 세로축을 중심으로 회전하여 용액의 모든 부분이 외부 자기장을 비교적 균일하게 받도록 한다.

또한 자석 사이의 공간에 60 MHz 무선진동수(RF) 발생기가 연결된 코일(coil)이 놓여있다. 이 코일이 proton의 스핀 배향을 변화시키기 위해 사용되는 전자기적 에너지를 공급한다. RF 진동자 코일에 수직으로 검출기 코일이 놓여있다. 에너지 흡수가 일어나지 않으면 검출기 코일은 RF 진동자 코일에서 나오는 에너지를 탐지하지 못한다. 하지만 시료가 에너지를 흡수하면, 핵스핀의 재배향이 검출기 코일의 평면에 RF 신호를 유발하고, 기기는 반응하여 이것을 **공명 신호**(resonance signal) 또는 **피크**(peak)로 기록한다.

일정한 자기장 세기에서 분자 내의 각 유형의 proton은 (그 환경에 따라) 약간씩 다른 진동수로 세차 운동을 한다. RF 진동자의 진동수를 변화시킴으로써 분자 내의 각 proton이 공명하게 하는 것보다, 연속파 NMR 분광기는 일정한 진동수의 RF 신호를 사용하고, 자기장의 세기를 변화시키는 방법을 채택하고 있다. 자기장의 세기가 증가할수록 모든 proton의 세차 운동의 진동수도 커진다. 주어진 유형의 proton의 세차 운동 진동수가 60 MHz에 이르면, 그것은 공명한다. 가변 자석은 실제로 두 부분의 소자로 되어 있다. 1.41 Tesla 세기를 갖는 주자석이 있고, 그것이 전자석의 극으로 씌워져 있다. 전자석에 흐르는 전류를 변화시킴으로써 주자기장의 세기를 20 ppm까지 증가시킬 수 있다. 이와 같은 방법으로 자기장을 변화시킴으로써 시료에 있는 서로 다른 모든 유형의 proton을 공명할 수 있도록 한다.

자기장의 세기를 (직선의 함수로) 선형으로 증가시키면서 기록지를 따라 펜이 움직인다. 전형적인 ^{1}H NMR 스펙트럼을 그림 5.12에 나타내었다. 펜이 왼쪽에서 오른쪽으로 움직이며 자기장은 증가된다. 화학적으로 구별되는 각 유형의 proton이 공명을 하면 그것은 기록지에 피크로 기록된다. $\delta = 0.00$ ppm에 나타나는 피크는 내부 기준 물질인 TMS에 의한 것이다. 더 가려져 있는 proton이 비교적 덜 가려진 proton보다 더 느린 속도로 세차 운동을 하기 때문에 60 MHz에서 세차 운동을 유도하기 위하여 자기장을 더 증가시켜야 한다. 따라서 많이 **가려진**(shielded) proton은 기록지의 오른쪽에 나타나고, **적게 가려진**(또는 **벗겨진**, deshielded) proton은 왼쪽에 나타난다. 기록지 왼쪽 부분을 때때로 **낮은 장**(downfield, low field)이라고 부르고, 오른쪽 부분을 **높은 장**(upfield, high field)이라고 부른다. 보통의 분광기에서 수행하는 것처럼 자기장을 변화시키는 것은 무선진동수(RF)를 변화시키는 것과 정확하게 똑같은 결과를 가져온다. 자기장 세기의 1 ppm 변화(증가)는 RF 진동수의 1 ppm 변화(감소)와 동일한 효과를 가져온다(식

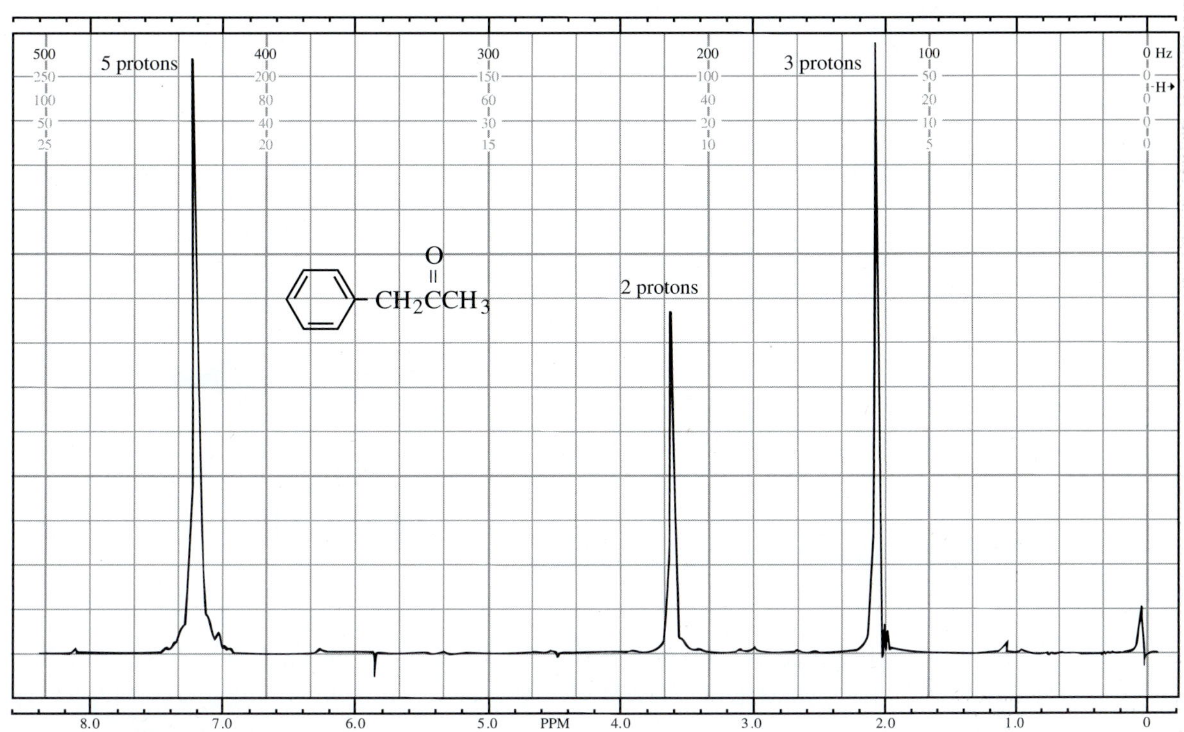

그림 5.12 Phenylacetone의 60 MHz ^{1}H NMR 스펙트럼(오른쪽 맨 끝에 나타난 흡수 피크는 기준 물질로 첨가된 TMS의 피크이다).

5.6 참조). 따라서 RF 진동수 변화 대신 자기장 세기를 변화시키는 것은 단지 기기 설계상의 문제일 뿐이다. 스펙트럼의 낮은 장 끝에서 높은 장 쪽으로 주사하는 방식으로 자기장을 연속적으로 변화시키는 기기를 **연속파**(continuous-wave, CW) **기기**라고 부른다. 이와 같은 스펙트럼에서 피크의 화학적 이동은 TMS와의 *진동수* 차이로 계산되므로 이와 같은 유형의 스펙트럼(그림 5.12)은 **진동수 영역 스펙트럼**(frequency-domain spectrum)이라고 부른다.

연속파 스펙트럼은 뚜렷한 특징을 가지고 있어 쉽게 인지할 수 있다. 연속파 기기에서 나온 피크에는 **뒤떨림**(ringing)이 수반되는데, 이것은 기기가 피크를 주사한 후에 나타나는 일련의 감소하는 진동들이다(그림 5.13). 기기의 자기장과 펜이 새로운 위치로 가기 전에 들뜬 핵이 미처 평형 상태로 이완하여 복귀하지 못하기 때문에 뒤떨림 현상이 일어난다. 들뜬 핵은 주사 속도보다 느린 이완 속도를 갖는다. 그 결과 핵은 여전히 급격하게 감쇠되는 신호인 진동을 방출하며, 그것이 뒤떨림으로 기록된다. 연속파 기기에서 뒤떨림은 자기장의 균일도가 잘 맞추어져 있다는 것을 나타내 주기 때문에 바람직한 현상이다. 피크가 날카로운 단일선(하나의 고립된 피크)일 경우에 뒤떨림은 가장 잘 나타난다.

B. 펄스형 Fourier 변환 기기

5.7A절에서 살펴본 연속파 유형의 NMR 분광기는 관찰 대상 동위원소의 핵을 한 번에 하나씩 들뜨게 하는 방법을 채택하고 있다. [1]H 핵의 경우 각 유형의 proton(phenyl, vinyl, methyl proton 등)이 개별적으로 들뜨게 되고, 그 공명 피크가 각각 독립적으로 관찰되고 기록된다. 주사할 때 먼저 한 가지 유형의 수소를 관찰하고, 이어서 다른 유형을 관찰하는 방식으로 모든 유형이 공명에 이를 때까지 계속하여 차례차례 훑어간다. 이와는 다른 방법으로, 요즘의 고성능 기기에 일반화되어 있는 접근법은 강력하고 짧은 에너지 덩어리인 **펄스**(pulse)를 사용하여 분자 내의 모든 자기성 핵을 동시에 들뜨게 하는 방법이다. 예를 들어,

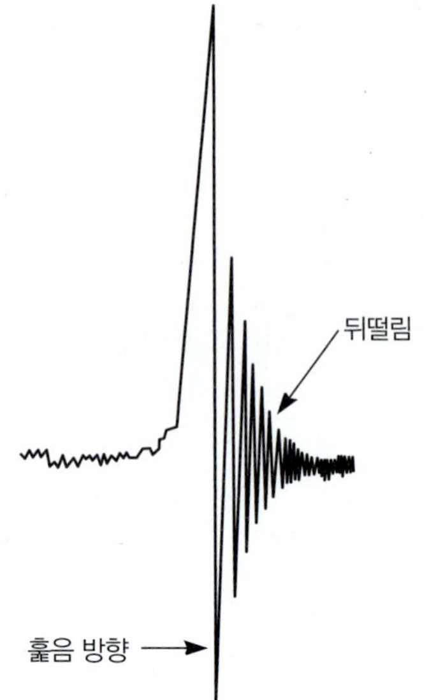

그림 5.13 뒤떨림을 보여주는 연속파 스펙트럼의 피크.

유기 분자에서 모든 ^{1}H 핵은 동시에 공명을 일으킨다. 2.1 Tesla 세기의 자기장을 갖는 기기는 모든 핵을 동시에 들뜨게 하기 위하여 90 MHz의 에너지를 갖는 짧은(1~10 μsec) 펄스를 사용한다. 에너지원은 매우 빠르게 켜지고 꺼지면서 그림 5.14a에 나타낸 것과 유사한 펄스를 생성한다. Heisenberg의 불확정성의 원리의 변형에 따라 이 펄스를 생성하는 진동자의 진동수가 90 MHz로 예정되어 있을지라도, 펄스의 지속 시간(duration)이 매우 짧다면, 진동자가 견고한 기본 진동수를 설정할 충분한 시간이 없기 때문에 펄스의 진동수 내역에 불확정성이 생긴다. 그러므로 그림 5.14b에 나타낸 바와 같이 펄스는 사실상 기본 진동수를 중심으로 하는 *진동수의 범위*를 가지게 된다. 이와 같은 진동수 범위는 단일 에너지 덩어리로서 분자 내의 모든 유형의 수소를 한꺼번에 들뜨게 하기에 충분하다.

펄스가 끝나면 들뜬 핵은 들뜸 에너지를 잃고 다시 원래의 스핀 상태로 복귀한다(즉 **이완한다**). 각 들뜬 핵은 이완하면서 전자기 복사선을 방출한다. 분자는 다른 많은 핵을 포함하고 있기 때문에, 다른 진동수를 갖는 많은 전자기 복사선이 동시에 방출된다. 이 방출을 **자유 유도 감쇠**(free-induction decay, FID) 신호라고 부른다(그림 5.15). 모든 핵은 결국에는 들뜸을 잃어버리기 때문에 FID의 세기는 시간에 따라 감쇠되어 간다는 사실에 주목하여라. FID는 방출되는 모든 진동수의 겹쳐진 조합이므로 매우 복잡하다. 보통 컴퓨터와 Fourier 변환(FT) 해석이라 불리는 수학적 방법을 이용하여 서로 다른 핵에 의한 개별 진동수를 추출해낼 수 있다. 자세한 내용은 이 절의 후반부에서 설명할 것이다.

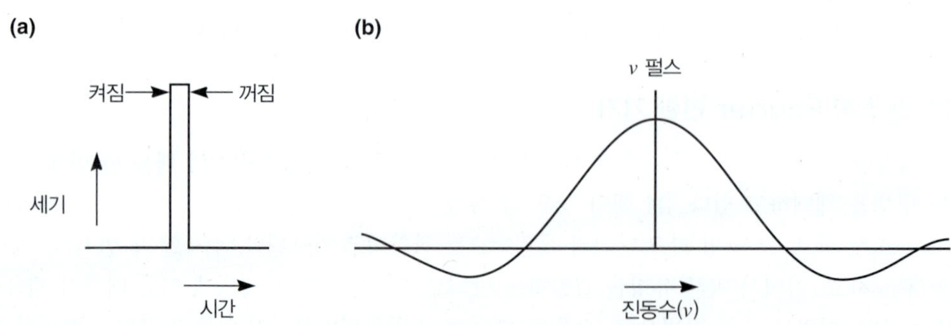

그림 5.14 짧은 펄스. (a) 본래의 펄스. (b) 같은 펄스의 진동수 내역.

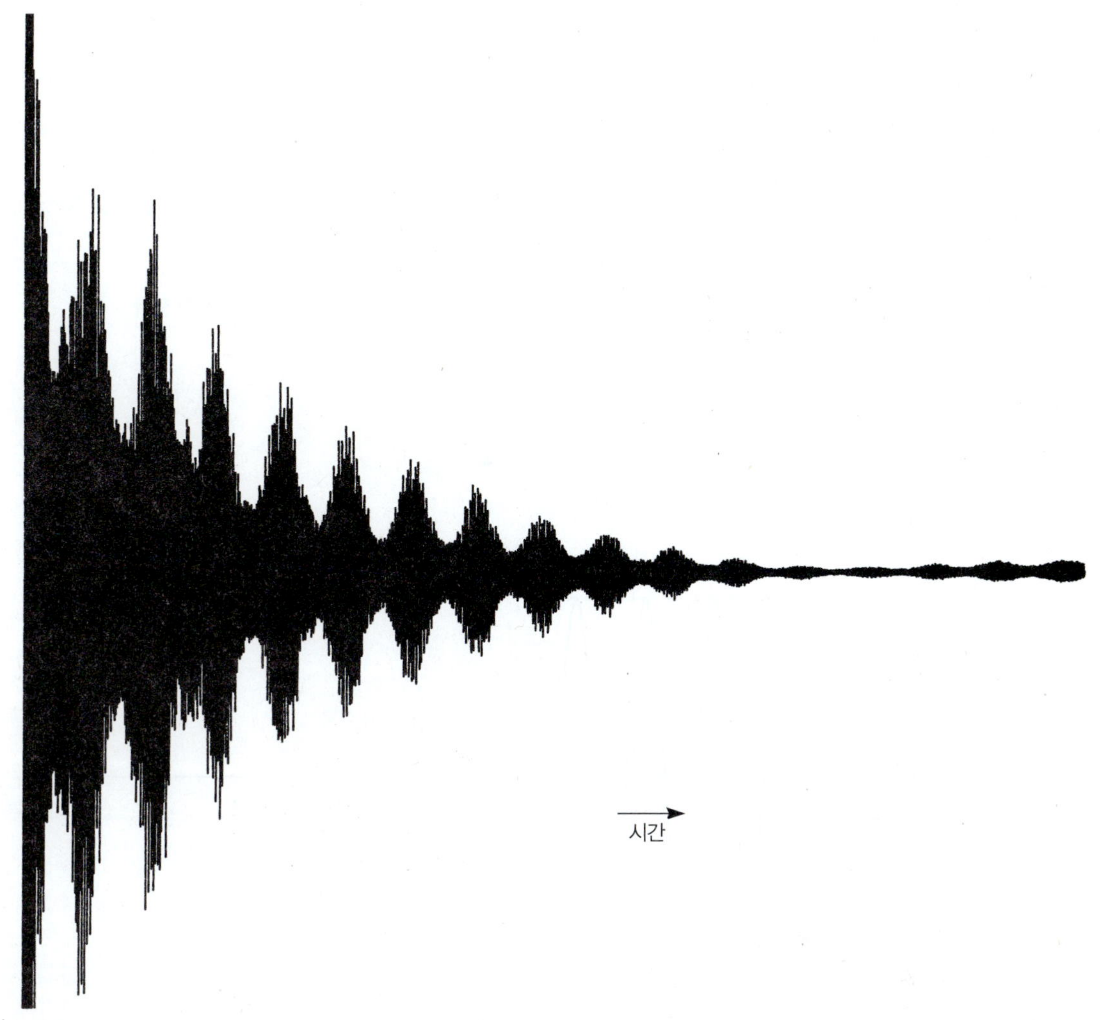

그림 5.15 Ethyl phenylacetate의 ^1H 자유 유도 감쇠(FID) 신호(300 MHz).

Acetone과 같은 매우 간단한 분자를 살펴보면, Fourier 변환 고유의 복잡성을 피하면서 이 방법을 명확히 이해할 수 있다. 그림 5.16a에 acetone에 있는 proton에 대한 FID를 나타내었다. 이 FID는 300 MHz에서 작동하는 7.05 Tesla 자석을 갖는 기기에서 얻은 것이다.

Acetone에는 한 가지 유형의 proton밖에 없기 때문에(여섯 개의 proton이 모두 동일하다) FID 곡선은 하나의 sine파로 구성되어 있다. 신호는 핵이 이완됨에 따라 시간에 대한 지수 함수 형태로 감쇠하여 결국 없어진다. 이 신호에 대한 수평축은 시간이므로 FID는 때때로 **시간 영역 신호**(time-domain signal)로 불린다. 신호의 세기가 감쇠되지 않으면, 그림 5.16b에 나타낸 바와 같이 일정한 세기를 갖는 sine파(또는 cosine파)로 나타날 것이다. 이 파동의 측정된 파장 λ(극대값 사이의 차이)로부터 진동수를 계산할 수 있다.

그렇게 얻어진 진동수는 methyl proton으로부터 방출된 정확한 진동수가 아니다. 기기의 설계상 펄스의 기본 진동수는 acetone 공명의 진동수와 일치하지 않는다. 관찰된 FID는 실제로는 본래의 무선진동수(이 경우 300 MHz)와 들뜬 핵이 방출하는 진동수 사이의 간섭(interference) 신호이다. 이때 파장은 다음 식으로부터 얻어진다.

(a)

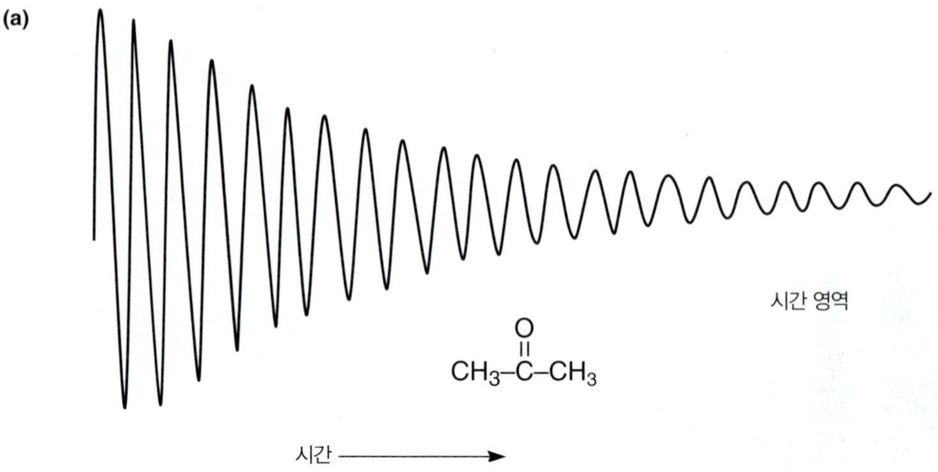

(b)

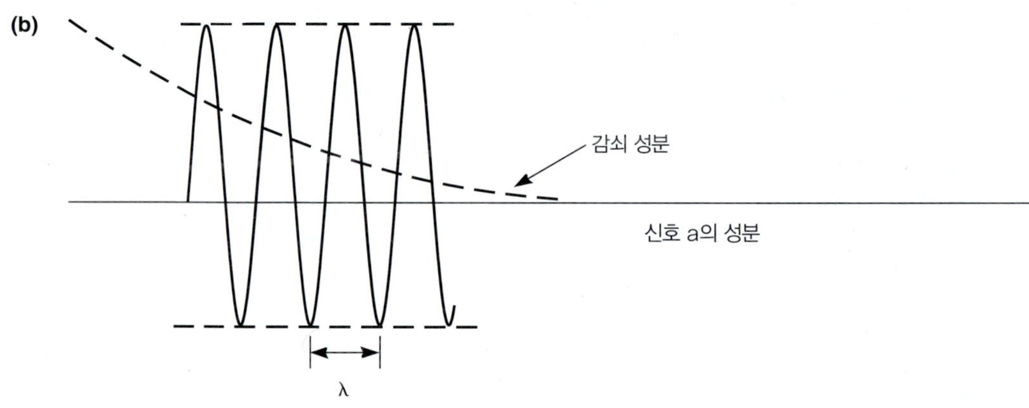

(c)

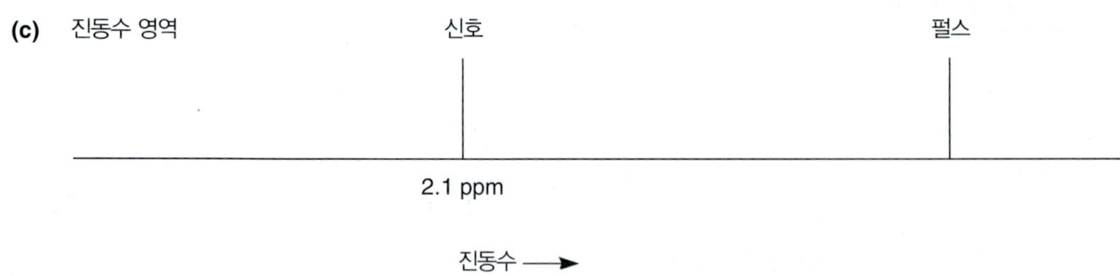

그림 5.16 (a) Acetone에 있는 proton의 FID 곡선(시간 영역). (b) 감쇠가 제거되었을 때의 FID 모습. (c) 진동수 기록지에 그려진 sine파의 진동수(진동수 영역).

$$\lambda = \frac{1}{\nu_{\text{acetone}} - \nu_{\text{펄스}}} \qquad \text{식 5.9}$$

바꾸어 말하면, 이 신호는 두 가지 진동수의 차이를 나타낸다. 펄스의 진동수를 알고 있기 때문에, 곧바로 acetone에 있는 proton의 정확한 진동수를 계산할 수 있다. 하지만 우리는 proton들의 화학적 이동에만 관심이 있기 때문에 그 진동수를 알 필요는 없다. 화학적 이동은 다음 식으로부터 얻어진다.

$$\delta'_{\text{acetone}} = \frac{\nu_{\text{acetone}} - \nu_{\text{펄스}}}{\nu_{\text{펄스}}} \qquad \text{식 5.10}$$

단위 해석으로 다음과 같이 환산할 수 있다.

$$\text{ppm} = \frac{(\text{Hz})}{\text{MHz}}$$

δ'_{acetone}은 TMS로부터가 아닌 펄스의 위치를 기준으로 한 acetone에 있는 proton의 화학적 이동이다. 펄스로부터 TMS의 위치 δ'_{TMS}를 알면, 이 피크의 실제 화학적 이동($\delta_{\text{실제}}$)은 다음과 같은 조정에 의해 계산할 수 있다.

$$\delta_{\text{실제}} = (\delta'_{\text{acetone}} - \delta'_{\text{TMS}}) \qquad \text{식 5.11}$$

이제 이 피크를 화학적 이동으로 표준 NMR 스펙트럼 기록지에 그릴 수 있다(그림 5.16c). Acetone에 대한 피크는 대략 2.1 ppm에 나타난다. 시간 영역 신호를 **진동수 영역 신호**(frequency-domain signal)로 변환시켰다. 진동수 영역 스펙트럼은 연속파 기기에서 얻어지는 스펙트럼에 대한 표준 형식이다.

이제 ehtyl phenylacetate의 ^{1}H FID(그림 5.15)를 살펴보자. 이와 같이 복잡한 분자는 여러 유형의 수소를 가지고 있어, FID는 *서로 다른* 많은 진동수가 겹쳐진 것이다. 또한 각 진동수는 *서로 다른* 감쇠 속도를 갖는다. 하지만 **Fourier 변환**(Fourier transform)이라고 불리는 수학적 기법을 사용하면, 이 신호의 개별 성분들을 분리하여 진동수로 변환시킬 수 있다. Fourier 변환은 FID를 분리된 sine파 또는 cosine파 성분으로 분리한다. 이 과정은 너무 복잡하여 눈이나 손으로 수행할 수는 없고, 컴퓨터를 필요로 한다. 거의 모든 최신 펄스형 FT-NMR 분광기에는 컴퓨터가 장착되어 있어 이와 같은 방법에 의한 자료의 처리뿐만 아니라 기기의 모든 설정을 제어할 수 있다.

여기서 설명한 펄스형 FT 기법은 종래의 연속파 기법에 비해 여러 가지 장점을 가지고 있다. 감도가 좋기 때문에 아주 미세한 신호도 측정 가능하다. 보통 하나의 연속파 스펙트럼을 주사하고 기록하는 데는 5~10분 정도가 소요되지만, 펄스 실험은 매우 빨라서 FID를 측정하는 데 수초 정도가 소요된다. 컴퓨터로 빠른 측정을 함으로써 반복 측정하여 FID 신호 측정값을 평균할 수 있다. 시료의 양이 적을 때 FID 세기가 약하고, 많은 양의 잡음이 섞이게 되는데, 반복 측정하여 평균할 수 있는 이와 같은 방법은 실질적인 이득을 제공한다. **잡음**(noise)은 보통 신호에서 기준선 위아래로 오르락 내리락하게 나타나는 무작위적 전자 신호이다(그림 5.17). 잡음은 무작위적 신호이므로 반복 측정하여 얻은 많은 스펙트럼을 서로 더할 때도 세기는 증가하지 않는다. 이 과정을 통해 신호 대 잡음 비율(signal-to-noise ratio)이 주사 횟수 n의 제곱근의 함수로 향상됨을 알 수 있다.

$$\frac{S}{N} = f\sqrt{n}$$

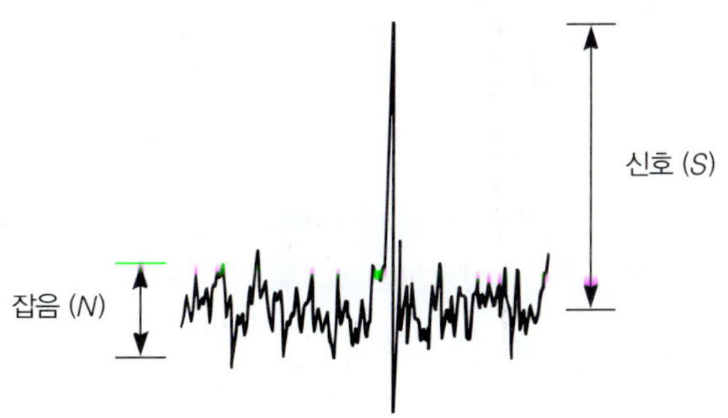

그림 5.17 신호 대 잡음 비율.

그러므로 펄스형 FT-NMR은 자연계 존재비가 아주 작은 핵, 자기적 성질이 강하지 않은 핵, 매우 묽은 시료에 있는 핵을 분석하는 데 특히 적합하다.

21 Tesla 정도의 강한 자기장과 900 MHz에서 작동하는 최신 NMR 분광기는 초전도 자석을 이용한다. 초전도 자석은 특수 합금으로 되어 있고 액체 헬륨 온도로 냉각되어야 한다. 초전도 자석은 보통 액체 헬륨이 들어 있는 단열 용기인 Dewar 플라스크로 둘러싸여 있고, 이 단열 용기는 다시 액체 질소가 들어 있는 단열 용기로 둘러싸여 있다. 100 MHz 이상의 진동수에서 작동되는 기기는 초전도 자석을 이용하고 있다. 이제 300 MHz, 400 MHz, 500 MHz의 진동수를 갖는 NMR 분광기는 화학 분야에서 보편적으로 사용되고 있으며, 900 MHz 이상의 진동수를 갖는 기기는 특수 연구 목적으로 사용되고 있다.

5.8 화학적 동등성 – 개요

분자 내에서 화학적으로 동일한 환경에 있는 모든 proton은 **화학적으로 동등**(chemically equivalent)하다. 이들은 종종 동일한 화학적 이동을 갖는다. 따라서 tetramethylsilane(TMS)의 모든 proton, benzene의 모든 proton, cyclopentane의 모든 proton, acetone의 모든 proton은 대칭으로 인해 각 분자 내 모든 proton이 동등하므로 하나의 δ값에서 공명한다(물론 같은 작용기일지라도 분자가 다르면 다른 δ값에서 공명한다). 각각의 화합물은 NMR 스펙트럼 상에서 단일 흡수 피크를 나타낸다. 이와 같은 proton들을 화학적으로 동등하다고 한다. 반면에 화학적으로 구별되는 서로 다른 proton 묶음들은 각각 서로 다른 흡수 피크로 나타나며, 이 경우 각 proton 묶음들은 서로 화학적으로 동등하지 않다. 다음에 주어진 예를 통해 이와 같은 관계를 명확하게 알 수 있을 것이다.

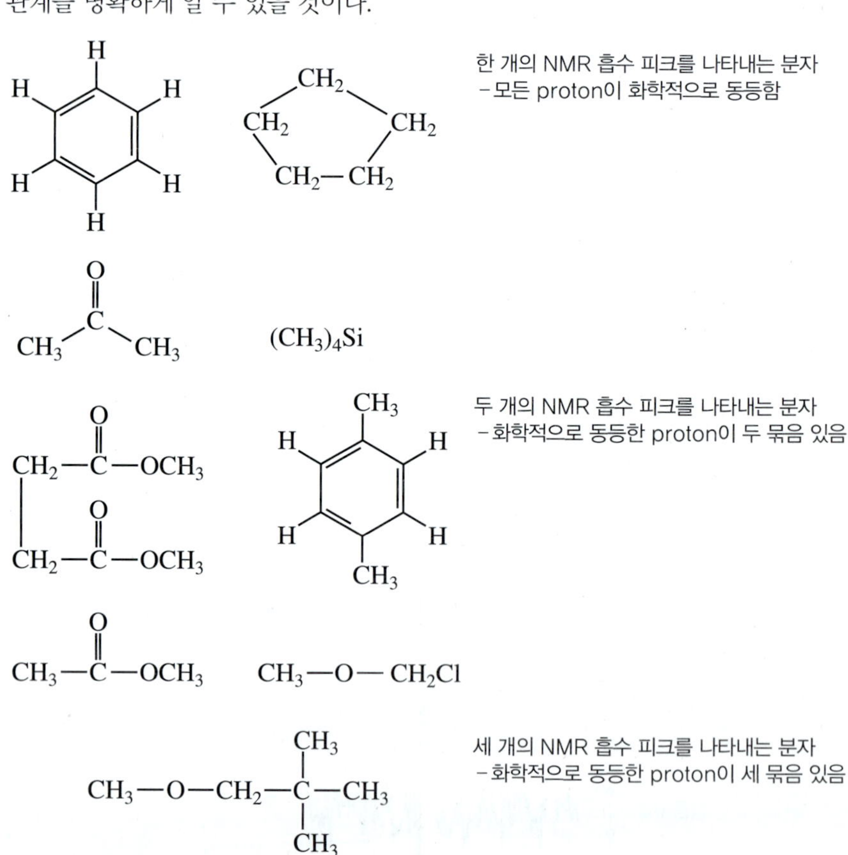

NMR 스펙트럼에서 관찰된 피크의 개수를 통하여 매우 유용한 정보를 얻을 수 있다. 즉, 피크의 개수는 분자 내에서 화학적으로 구별되는 proton 묶음의 개수에 해당된다. 화학적으로 동등한 proton이 종종 **자기적으로도 동등**(magnetically equivalent)할 수 있다. 하지만 *어떤 경우에는 화학적으로 동등한 proton이 자기적으로 동등하지 않을 수도 있다.* 제7장에서 화학적 동등성과 자기적 동등성을 자세히 살펴볼 것이다.

5.9 적분과 적분값

NMR 스펙트럼을 분석하면, 분자 내에 얼마나 많은 유형의 proton이 있는지를 알 수 있을 뿐만 아니라 각 유형의 proton이 얼마나 많이 있는지도 알 수 있다. NMR 스펙트럼에서 각 피크 아래 부분의 면적은 그 피크를 나타내는 수소의 개수에 비례한다. 그러므로 phenylacetone(그림 5.12)에서 세 피크의 면적 비는 5:2:3으로 세 가지 유형의 proton의 개수비와 같다. NMR 분광기에는 각 피크 아래의 면적을 컴퓨터로 **적분**하는 기능이 있다. 각 피크를 찾아서 피크 위에 수직으로 올라가는 선을 긋는데, 이것을 **적분**(integral)이라 하고, 이 적분은 피크 아래의 면적에 비례하는 양만큼 높이를 갖는다. 그림 5.18은 benzyl acetate의 60 MHz NMR 스펙트럼으로, 이와 같은 방법으로 적분한 각 피크를 보여주고 있다.

적분선의 높이 자체가 수소의 절대적 개수를 나타내는 것은 아니다. 이는 각 유형의 수소의 상대적인 개수를 나타낸다. 주어진 적분이 유용하려면 비교할 제2의 적분이 있어야 한다. Benzyl acetate는 이에 대한 좋은 예를 제공해 준다. 첫 번째 적분은 도표상에서 55.5 눈금이고, 두 번째 것은 22.0 눈금, 세 번째 것은 32.5 눈금이다. 이 값은 상대적이다. 가장 작은 숫자로 각각의 숫자를 나누는 방법으로 각 유형에 대한 proton의 비율을 얻을 수 있다.

$$\frac{55.5\text{ 눈금}}{22.0\text{ 눈금}} = 2.52 \qquad \frac{22.0\text{ 눈금}}{22.0\text{ 눈금}} = 1.00 \qquad \frac{32.5\text{ 눈금}}{22.0\text{ 눈금}} = 1.48$$

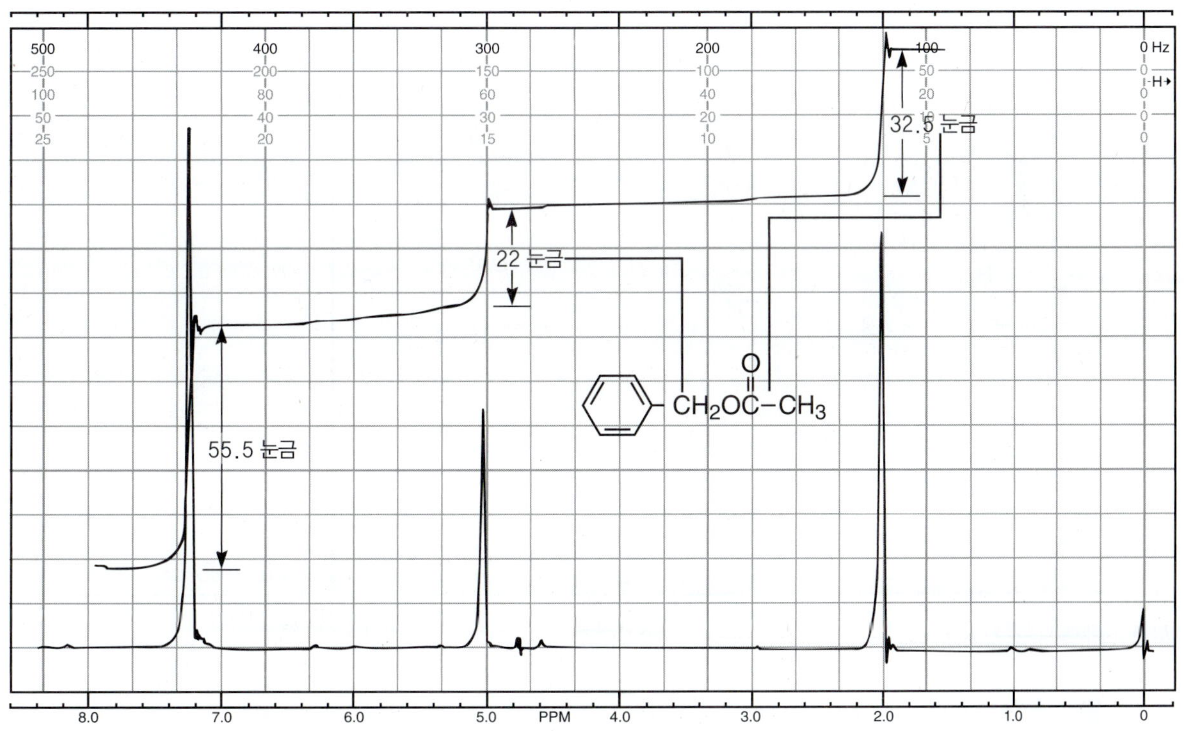

그림 5.18 Benzyl acetate에서 적분비의 결정(60 MHz).

따라서, 모든 유형에 대한 proton의 비율은 2.52:1.00:1.48이다. 5.1 ppm에 있는 피크가 두 개의 수소에 해당된다고 가정하고, 적분에 약간(10% 정도)의 오차가 있다고 가정하면, 얻어진 비율에 2를 곱하여 반올림하면 실제 비율인 5:2:3이 얻어진다. 분명히, 다섯 개의 proton으로 적분되는 7.3 ppm에 나타난 피크는 방향족 고리 proton의 공명에 의한 것인 반면, 세 개의 proton으로 적분되는 2.0 ppm에 나타난 피크는 methyl proton에 의한 것이다. 5.1 ppm에 나타난 proton 두 개에 해당하는 공명은 benzyl proton에 의한 것이다. 적분은 각 유형의 proton 개수의 실제 비율일 필요는 없고, 가장 간단한 비율이라는 것에 주목하기 바란다.

그림 5.19에 나타낸 benzyl acetate의 스펙트럼은 300 MHz에서 작동하는 최신 FT-NMR 기기로 얻은 것이다. 스펙트럼은 60 MHz에서 얻은 스펙트럼과 유사하다. 60 MHz에서 얻은 스펙트럼과 같이 적분선이 나타나 있지만, 추가적으로 각 피크 아래에 인쇄된 디지털 적분값을 관찰할 수 있다. 피크 아래의 면적은 절대값이 아닌 상대값이다. 적분값은 피크로 나타난 proton의 실제 개수에 비례한다. 특정 피크로 나타나는 proton의 실제 개수를 알아내기 위해서는 그림 5.19에 나타난 숫자를 "가공"할 필요가 있다. 적분선 높이의 변화를 측정하여 얻는 것보다 디지털 값으로 제공된 숫자를 이용하여 계산하는 것이 훨씬 쉽다는 것을 알 수 있다. Benzyl acetate의 경우에 전체 proton 개수가 10개임에 유념하여라. 그러므로 10개의 proton을 얻기 위해서 다음과 같이 숫자를 가공하면 된다.

최소 적분값으로 나눔	2를 곱함	반올림
4.58/1.92 = 2.39	(2.39)(2) = 4.78	5H
1.92/1.92 = 1.0	(1.0)(2) = 2.0	2H
2.80/1.92 = 1.46	(1.46)(2) = 2.92	3H
		10H

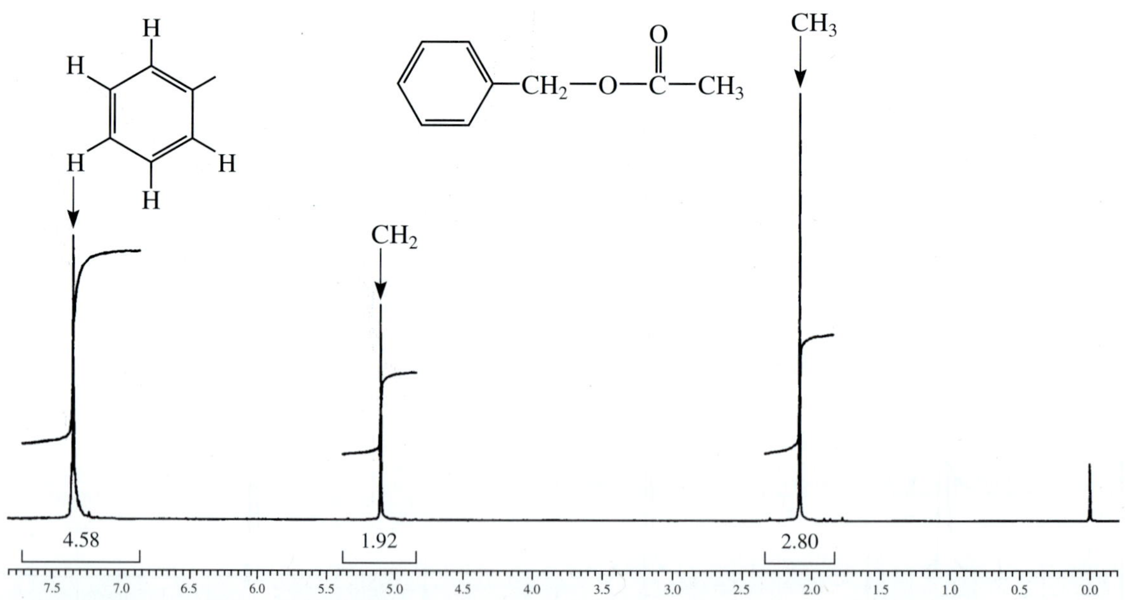

그림 5.19 300 MHz FT-NMR 기기에서 측정된 benzyl acetate의 적분값이 표시된 스펙트럼.

5.10 화학적 환경과 화학적 이동

분자 내의 모든 proton에 대한 공명 진동수가 같다면, 유기화학자에게 NMR은 약간의 쓸모만 있을 것이다. 서로 다른 유형의 proton은 서로 다른 화학적 이동을 나타낼 뿐만 아니라 각각 특징적인 고유의 화학적 이동값을 갖는다. 각 유형의 proton은 공명을 일으킬 수 있는 제한된 범위의 δ값을 갖는다. 그러므로 적외선 진동수가 결합 유형이나 작용기에 관한 단서를 제공해주는 것처럼, 숫자로 나타낸 proton에 대한 화학적 이동값(δ 단위 또는 ppm)은 신호가 유래된 proton의 유형에 관한 단서를 제공해준다.

예를 들어, phenylacetone(그림 5.12)과 benzyl acetate(그림 5.18) 모두에서 방향족 proton은 7.3 ppm 근처에서 공명을 일으키고, carbonyl 그룹에 직접 결합되어 있는 methyl 그룹은 모두 2.1 ppm 부근에서 공명한다. 방향족 proton은 특징적으로 7~8 ppm 범위에서 공명을 나타내는 반면, acetyl 그룹(이 유형의 methyl 그룹)의 공명은 2 ppm 근처에 나타난다. 이와 같이 화학적 이동값은 진단용으로 사용할 수 있다. Benzyl($-CH_2-$) proton의 공명은 phenylacetone(3.6 ppm)에서보다 benzyl acetate(5.1 ppm)에서 더 큰 화학적 이동값에 나타나는 것에도 주목하여라. 전기음성도가 큰 원소인 산소에 결합되면, 이와 같은 proton은 phenylacetone의 proton보다 더 벗겨져서 나타난다(5.11절 참조). 숙련된 화학자는 이와 같은 proton의 화학적 이동값으로부터 산소의 존재를 쉽게 알아차릴 수 있다.

가장 흔한 유형의 proton이 공명하는 화학적 이동이 어떤 범위에 나타나는지를 아는 것은 매우 중요하다. 그림 5.20에 가장 기본적이고 흔하게 접하는 proton 유형에 대한 상관도표를 나타내었다. 선별된 유형의 proton에 대한 화학적 이동의 범위를 표 5.4에 정리하였다. 초보자는 화학적 이동과 proton 유형과의 상관관계를 나타내는 많은 양의 숫자를 외우기가 힘들 것이다. 사실상 대략적인 경향만 파악하면 충분하며, 정확한 일련의 실제 숫자를 기억하기보다는 범위와 proton 유형간의 관계를 "느끼는 것"이 더욱 중요하다. 그러기 위해서는 그림 5.20을 주의 깊게 살펴보는 것이 필요하다. 표 5.4와 부록 2와 부록 3에 좀 더 자세한 화학적 이동의 목록을 나타내었다.

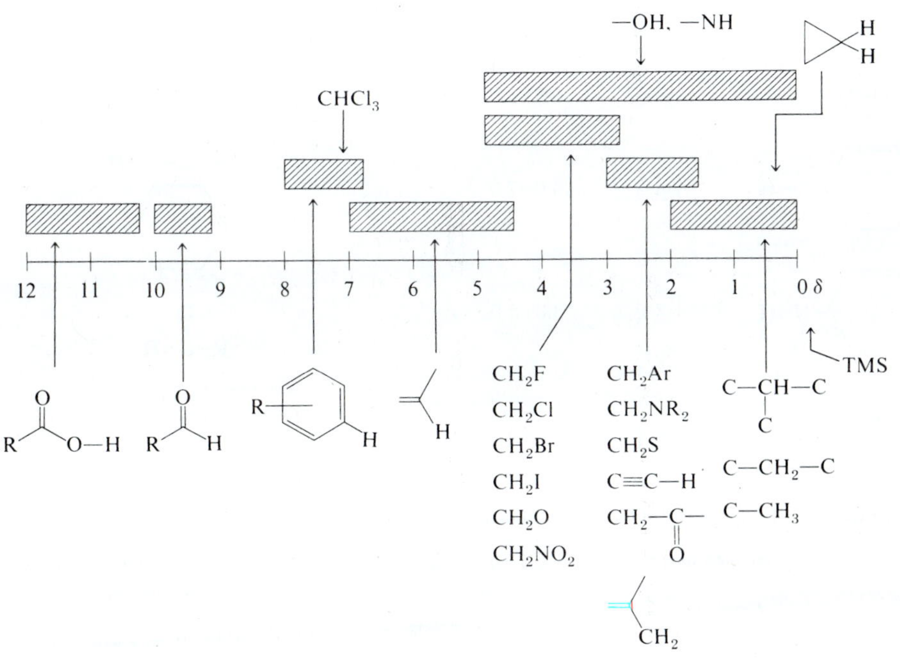

그림 5.20 Proton의 화학적 이동값에 대한 간략한 상관도표.

표 5.4 선별된 유형의 proton에 대한 근사적인 화학적 이동의 범위(ppm)[a]

구조		범위(ppm)
$R-CH_3$		0.7~1.3
$R-CH_2-R$		1.2~1.4
R_3CH		1.4~1.7
R−C=C−C−**H**		1.6~2.6
R−C(=O)−C−**H**, H−C(=O)−C−**H**		2.1~2.4
RO−C(=O)−C−**H**, HO−C(=O)−C−**H**		2.1~2.5
N≡C−C−**H**		2.1~3.0
C_6H_5−C−**H**		2.3~2.7
R−C≡C−**H**		1.7~2.7
R−S−**H**	가변적	1.0~4.0[b]
R−N−**H**	가변적	0.5~4.0[b]
R−O−**H**	가변적	0.5~5.0[b]
C_6H_5−O−**H**	가변적	4.0~7.0[b]
C_6H_5−N−**H**	가변적	3.0~5.0[b]
R−C(=O)−N−**H**	가변적	5.0~9.0[b]
R−N−C−**H**		2.2~2.9
R−S−C−**H**		2.0~3.0
I−C−**H**		2.0~4.0
Br−C−**H**		2.7~4.1
Cl−C−**H**		3.1~4.1
R−S(=O)(=O)−O−C−**H**		ca. 3.0
RO−C−**H**, HO−C−**H**		3.2~3.8
R−C(=O)−O−C−**H**		3.5~4.8
O_2N−C−**H**		4.1~4.3
F−C−**H**		4.2~4.8
R−C=C−**H**		4.5~6.5
C_6H_5−**H**		6.5~8.0
R−C(=O)−**H**		9.0~10.0
R−C(=O)−OH		11.0~12.0

[a] −C−H와 같이 나타낸 proton에 대하여 만약 그 proton이 methyl 그룹(CH_3)의 일부라면, 화학적 이동값은 일반적으로 주어진 범위의 작은 쪽 값이고, 만약 proton이 methylene 그룹(—CH_2—)이면, 중간값의 화학적 이동을 갖는다. 만약 proton이 methine 그룹(−CH−)이면, 화학적 이동값은 주어진 범위의 큰 쪽의 값을 가지게 된다.

[b] 이 그룹의 화학적 이동은 분자 내의 화학적 환경뿐만 아니라 농도, 온도, 용매에 따라 달라진다.

5.11 국소적인 반자기성 가리움

A. 전기음성도 효과

화학적 이동의 경향을 잘 설명할 수 있는 가장 쉬운 예가 관찰하고자 하는 proton이 결합된 탄소에 전기음성도가 큰 원소가 치환되어 있는 경우이다. 치환된 원소의 전기음성도가 크면 클수록 단순하게 화학적 이동은 더 커진다. CH_3X 유형의 여러 가지 화합물에 대한 이와 같은 관계를 표 5.5에 나타내었다.

다중 치환된 경우가 단일 치환된 경우보다 더 강한 효과를 보인다. 치환기의 영향은 거리가 멀어질수록 급격히 감소하여 탄소 세 개 이상을 지나면 전기음성도가 큰 원소의 효과는 거의 없다. 표 5.6에 밑줄 친 proton에 대한 이와 같은 효과를 나타내었다.

5.6절에서 전기음성도 효과의 원인을 간략하게 살펴보았다. 탄소에 결합되어 있는 전기음성도가 큰 치환기는 전자를 끌어당기는 효과가 있어서 그 탄소에 결합되어 있는 proton 주위의 전자 밀도를 감소시킨다. 이와 같은 proton 주위의 전자가 외부 자기장에 대해 proton을 가리고 있다. *국소 반자기성 가리움*으로 불리는 이와 같은 효과를 그림 5.10에 나타내었다. 전기 음성도가 큰 치환기는 proton 주위의 전자 밀도를 감소시키기 때문에, 결합된 proton 주위에 국소 반자기성 가리움 효과를 줄일 수 있다. 이와 같은 유형의 효과를 갖는 치환기는 proton으로부터 전자를 끌어당기므로 proton을 벗긴다고 말할 수 있다. 치환기의 전기음성도가 클수록 proton을 더 벗길 수 있으며, 그 결과로 인해 proton의 화학적 이동은 더 커진다.

B. 혼성화 효과

화학적 이동에 영향을 미치는 중요한 인자 중에서 두 번째로 논의할 것은 proton이 결합되어 있는 원소의 혼성화 종류이다.

■ sp^3 수소

그림 5.20과 표 5.4를 살펴보면, 순수하게 sp^3 탄소 원자에 결합되어 있는 모든 수소(C−CH_3, C−CH_2−C, C−CH(−C)−C, cycloalkane)는 전기음성도가 큰 원소나 π 결합된 그룹이 근처에 없을 경우 0~2 ppm의 제한된 범위에서 공명을 보인다. 이 범위의 가장 오른쪽에는 TMS(0 ppm)가 있고, 예를 들어, cyclopropyl 수

표 5.5 CH_3X 화합물에서 원소 X에 대한 화학적 이동의 의존성

화합물 CH_3X	CH_3F	CH_3OH	CH_3Cl	CH_3Br	CH_3I	CH_4	$(CH_3)_4Si$
원소 X	F	O	Cl	Br	I	H	Si
X의 전기음성도	4.0	3.5	3.1	2.8	2.5	2.1	1.8
화학적 이동 δ	4.26	3.40	3.05	2.68	2.16	0.23	0

표 5.6 치환기 효과

C<u>H</u>Cl_3	C<u>H</u>$_2Cl_2$	C<u>H</u>$_3$Cl	−C<u>H</u>$_2$Br	−C<u>H</u>$_2$−CH_2Br	−C<u>H</u>$_2$−CH_2CH_2Br
7.27	5.30	3.05	3.30	1.69	1.25

소처럼 뒤틀림이 큰 고리의 탄소에 결합되어 있는 수소(0~1 ppm)가 있다. 다른 sp^3 탄소에 결합되어 있는 경우 대부분의 methyl 그룹은 1 ppm 부근에서 공명을 일으킨다. (sp^3 탄소에 결합되어 있는) methylene 그룹 수소는 methyl 그룹 수소보다 약간 큰 화학적 이동(1.2~1.4 ppm)을 보인다. 3차 methine 수소는 2차 수소보다 큰 화학적 이동을 가지며, 2차 수소는 다시 1차 수소나 methyl 수소보다 더 큰 값을 갖는다. 다음의 도표에 이와 같은 관계를 나타내었다.

지방족 영역

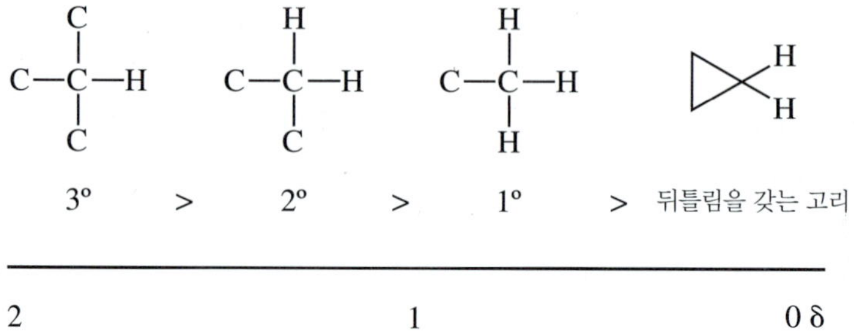

3° > 2° > 1° > 뒤틀림을 갖는 고리

2 1 0 δ

물론 sp^3 탄소에 결합된 수소가 이종 원자(−O−CH_2− 등)나 불포화 탄소(−C=C−CH_2−)에 결합된 경우는 이 범위를 벗어나 더 큰 화학적 이동을 보인다.

sp^2 수소

간단한 vinyl 수소(−C=C−H)는 4.5~7 ppm 범위에서 공명한다. sp^2-1s인 C−H 결합에서 탄소 원자는 더 큰 s-특성(33% s)을 가지므로, sp^3 탄소(25% s)보다 효과적으로 "전기음성도를 더 크게" 만든다. s 궤도함수는 탄소의 p 궤도함수보다 원자핵 쪽에 더 가까이 전자를 붙들고 있는 것을 기억하여야 한다. sp^2 탄소 원자가 전자를 좀 더 강하게 붙들고 있다면, 결과적으로 sp^3-1s 결합에서의 H 핵보다 sp^2-1s 결합에서의 H 핵이 더 벗겨지게 될 것이다. 따라서 vinyl 수소는 sp^3 탄소에 결합된 지방족 수소(1~4 ppm)보다 더 큰 화학적 이동(5~6 ppm)을 나타낸다. 방향족 수소는 그 보다도 더 낮은 장(7~8 ppm)에 나타난다. 하지만 vinyl 공명과 방향족 공명이 낮은 장 위치에 나타나는 정도는 앞에서 언급한 혼성화 차이에 기반하여 예상한 것보다 더 크다. **비등방성**(anisotropy)이라고 불리는 또 다른 효과가 이와 같은 큰 이동의 가장 큰 원인이 된다(5.12절에서 설명할 것이다). (sp^2 탄소에 결합되어 있는) aldehyde proton은 방향족 proton보다 훨씬 낮은 장(9~10 ppm)으로 내려간다. 왜냐하면 전기음성도가 큰 산소의 유도 효과로 말미암아 결합되어 있는 proton의 전자 밀도가 더 줄어들기 때문이다. 방향족 proton이나 alkene proton처럼 aldehyde proton도 비등방성 효과로 인해 비정상적으로 큰 화학적 이동을 나타낸다(5.12절).

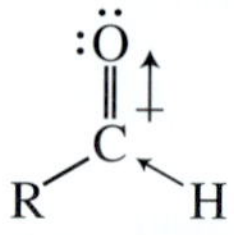

Aldehyde

sp 수소

Acetylene 수소(−C≡C−H, sp-1s)는 비등방성(5.12절에서 설명할 것이다)으로 인하여 비정상적으로 2~3 ppm 범위에서 공명을 나타낸다. 혼성화 효과 하나만을 갖는다고 가정하면, 이미 언급한 바와 같이 acetylene proton은 vinyl proton보다 더 큰 화학적 이동을 가질 것으로 예상된다. sp 탄소는 sp^2 탄소보다 전기음성도가 더 크기 때문이다. 이는 실제 관찰된 것과는 반대이다.

C. 산성 Proton과 교환 가능한 Proton, 수소결합

■ 산성 수소

가장 적게 가려진 proton으로 carboxylic acid에 결합된 proton이 있다. 이들은 10~12 ppm에서 공명한다.

$$\left[R-C(=\ddot{O}:)-\ddot{O}-H \longleftrightarrow R-C(-\ddot{O}:^-)=\overset{+}{\ddot{O}}-H \right]$$

공명 효과와 산소의 전기음성도 효과가 함께 작용하여 산성 proton으로부터 전자를 잡아당기고 있다.

■ 수소결합과 교환 가능한 수소

수소결합을 하는 proton(예: hydroxyl proton이나 amino proton)은 넓은 범위에서 매우 유동적인 흡수 위치를 보인다. 이들은 대개 이종 원자에 결합된 채로 나타난다. 표 5.7에 이와 같은 유형의 proton이 나타나는 범위를 나타내었다. 수소결합을 많이 할수록 proton은 더 벗겨진다. 수소결합의 정도는 대개 농도와 온도의 함수이다. 용액의 농도가 진할수록 분자 간의 접촉이 많아져서 수소결합이 많아진다. (수소결합이 없는) 매우 묽은 용액에서 hydroxyl proton은 0.5~1.0 ppm에서 흡수가 일어나며, 진한 용액에서는 4~5 ppm 근처에 흡수가 나타난다. 다른 이종 원자에 결합된 proton도 비슷한 경향을 보인다.

$R-\ddot{O}-H$

자유 OH(묽은 용액)

$R-O(\delta^-)(-H^{\delta+})\cdots H^{\delta+}-O(\delta^-)(-R)\cdots H^{\delta+}-O(\delta^-)(-R)\cdots$

수소결합 OH(진한 용액)

용매나 다른 분자와 교환 가능한 수소도 흡수 위치가 가변적이다. 다음 화학 반응식에 가능한 상황을 나타내었다.

$$R-O-H_a + R'-O-H_b \rightleftharpoons R-O-H_b + R'-O-H_a$$

$$R-O-H + H{:}SOLV \rightleftharpoons R-\overset{+}{O}(-H)-H + {:}SOLV^-$$

$$R-O-H + {:}SOLV \rightleftharpoons H{:}SOLV^+ + R-O{:}^-$$

이와 같은 상황을 제8장에서 좀 더 자세히 다룰 것이다.

표 5.7 가변적인 화학적 이동을 갖는 proton에 대한 전형적인 범위

Acid	RCOOH	10.5~12.0 ppm
Phenol	ArOH	4.0~7.0
Alcohol	ROH	0.5~5.0
Amine	RNH_2	0.5~5.0
Amide	$RCONH_2$	5.0~8.0
Enol	CH=CH−OH	>15

5.12 자기적 비등방성

그림 5.20은 단순히 결합된 그룹의 전기음성도만을 고려해서는 쉽게 설명되지 않는 화학적 이동을 갖는 어떤 유형의 proton이 존재한다는 것을 분명히 보여 주고 있다. 예를 들어, benzene이나 다른 방향족 시스템의 proton을 생각해 보자. Aryl proton은 일반적으로 chloroform proton 정도로 큰 화학적 이동을 갖는다. Alkene, alkyne, aldehyde proton 역시 전자끌기 효과나 혼성화 효과에 의해 예상되는 값과 일치하지 않는 공명값을 갖는 proton을 갖는다. 각각의 경우, 비정상적인 이동은 관찰하고자 하는 proton의 이웃에 불포화 시스템(π 전자를 갖는 시스템)이 존재하기 때문이다.

Benzene을 예로 들어보자. Benzene이 자기장 내에 놓이면 방향족 고리 시스템의 π 전자는 고리 주위를 순환하게 된다. 이와 같은 순환을 **고리 전류**(ring current)라고 부른다. 고리 도선(loop)에 전류를 흘려주면 자기장이 유도되는 것과 같이 (고리에서) 움직이는 전자는 자기장을 생성한다. 이렇게 생성된 자기장은 공간적으로 충분히 넓은 범위까지 작용하기 때문에 benzene 수소의 가리움에 영향을 준다. 그림 5.21에 이와 같은 현상을 설명하였다.

Benzene 수소는 고리의 반자기성 비등방성에 의해 벗겨졌다고 말할 수 있다. 전자기학 용어에서 등방성 장(isotropic field)은 균일한 밀도를 갖는 장이나 구형의 대칭적 분포를 갖는 장 중에서 한 개를 나타낼 때 쓰인다. 비등방성 장은 등방성 장이 아닌 경우로 불균일한 장이다. 외부에서 걸어준 자기장은 benzene 분자 주위에서 비등방성이다. 왜냐하면 고리의 활성 전자들이 자기장과 상호작용하기 때문이다. 이로 인해 분자 주위에 비균일성(inhomogeneity)이 생긴다. 따라서 benzene 고리에 결합되어 있는 proton은 세 가지 자기장에 의한 영향을 받는다. 첫 번째 자기장은 NMR 분광기의 전자석에 의해 걸어준 강한 자기장이다. 나머지 두 개의 약한 자기장 중의 하나는 proton 주위의 원자가전자에 의한 보통의 가리움에 의한 것이며, 마지막 하나는 고리 시스템의 π 전자에 의해 생성되는 비등방성에 의한 것이다. Benzene proton이 예상보다 큰 화학적 이동을 갖는 것은 바로 비등방성 효과 때문이다. 우연하게도 benzene의 proton이 비등방성 장의 벗김 영역에 위치해 있는 것이다. 만약 proton이 고리 밖이 아닌 고리 안쪽 중심에 위치해 있다면 그 수소는 오히려 가려질 것이다. 왜냐하면 고리 안쪽의 자력선 방향은 고리 바깥쪽의 자력선 방향과 반대이기 때문이다.

π 전자를 갖는 분자의 모든 그룹은 제2의 비등방성 장을 생성한다. Acetylene의 경우, π 전자의 순환으로 생성된 자기장은 acetylene 수소가 가려지는 기하구조를 갖는다(그림 5.22). 그러므로 acetylene 수

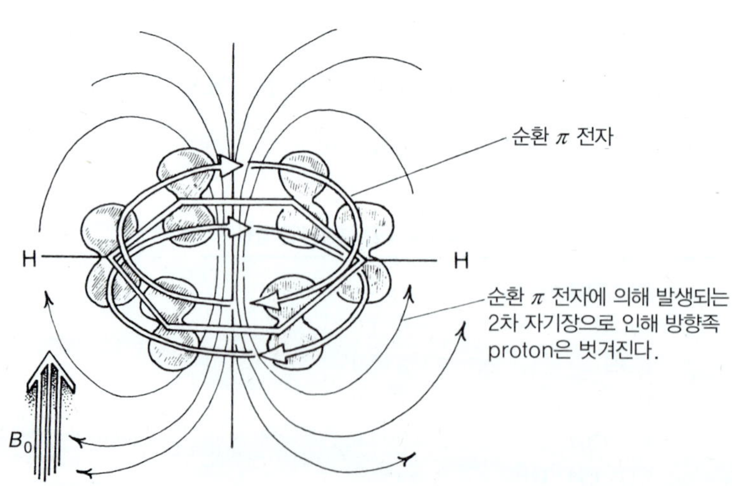

그림 5.21 Benzene에서 반자기성 비등방성.

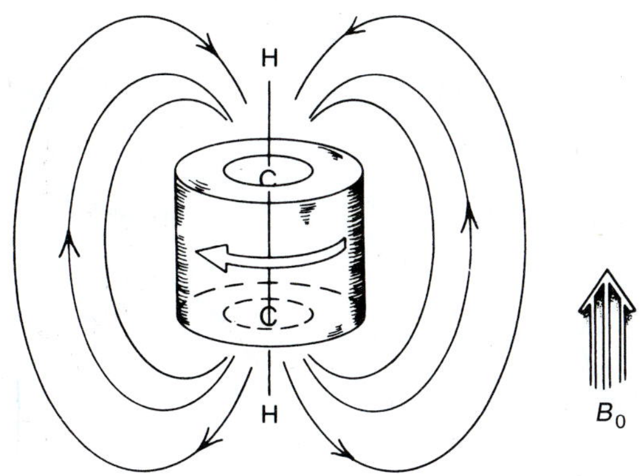

그림 5.22 Acetylene에서 반자기성 비등방성.

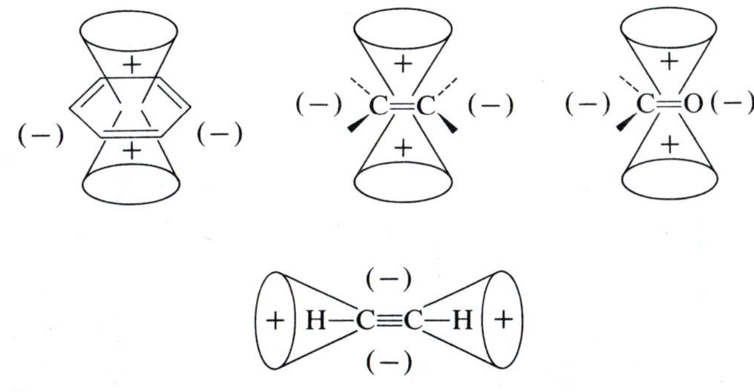

그림 5.23 몇 가지 보편적인 다중 결합 시스템에서의 π 전자의 존재에 의한 비등방성.

소는 예상보다 더 높은 장에서 공명을 갖는다. π 전자를 갖는 다양한 작용기에 의한 가리움 영역과 벗겨짐 영역은 특징적인 모양과 방향을 가지고 있다. 그림 5.23에 몇 가지 그룹의 예를 나타내었다. 원뿔 모양 안에 있는 proton은 가려지고 원뿔 바깥에 있는 proton은 벗겨진다. 비등방성 장의 크기는 거리에 따라 줄어들고, 어떤 거리 이상에서는 본질적으로 비등방성 효과가 사라진다. 그림 5.24는 실제 몇 가지 분자에서의 비등방성 효과를 보여주고 있다.

5.13 스핀–스핀 갈라짐: (n + 1) 규칙

지금까지 화학적 이동과 적분(피크 면적)이 분자 내에 있는 수소의 개수와 유형에 관한 정보를 제공해주는 것에 대해서 논의하였다. NMR 스펙트럼에서 얻을 수 있는 세 번째 유형의 정보는 스핀–스핀 갈라짐 현상에서 찾을 수 있다. 간단한 분자에서도 각 유형의 proton이 단일 공명 피크로 나타나는 경우는 드물다. 예를 들어, 1,1,2-trichloroethane의 경우, 화학적으로 다른 두 가지 유형의 수소가 있다.

(H)
|
Cl—C—(CH_2)—Cl
|
Cl

지금까지 배운 정보를 기반으로, 1,1,2-trichloroethane의 NMR 스펙트럼에서 면적비(적분비) 2:1을 갖는

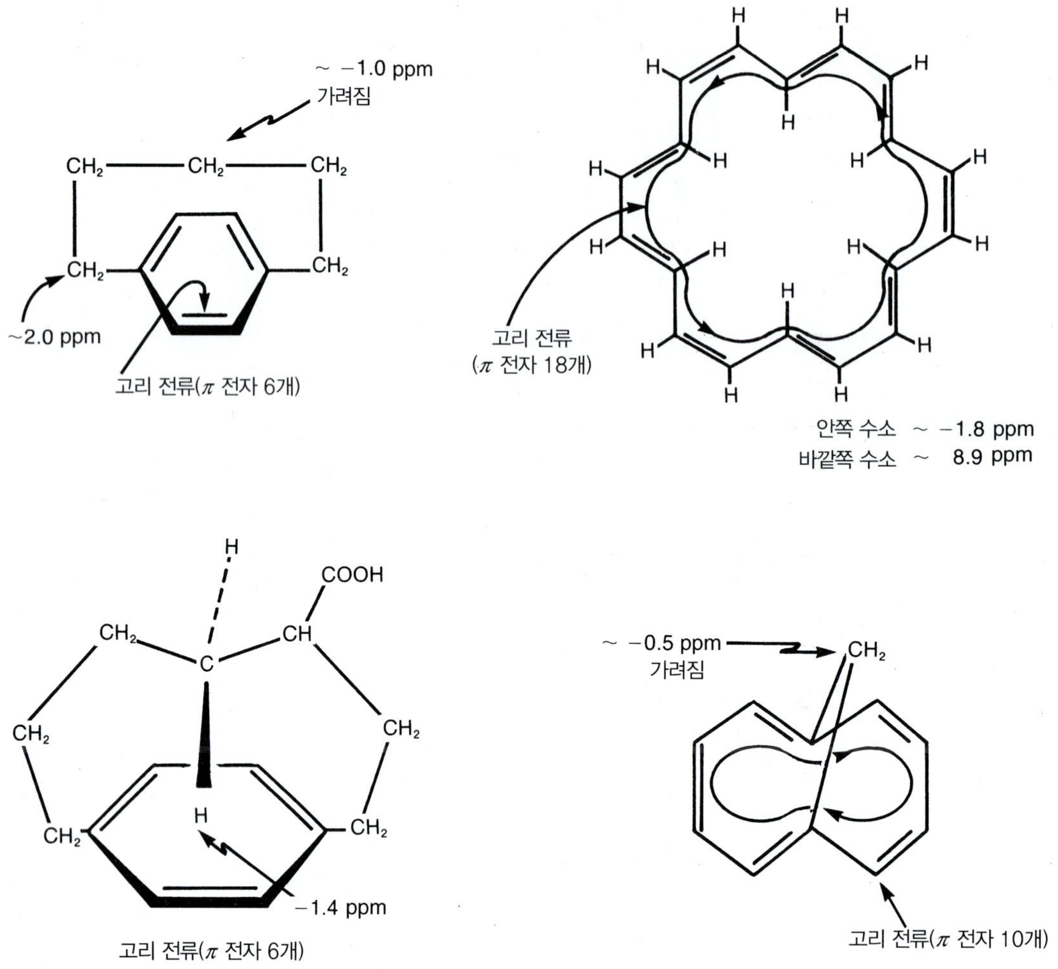

~ −1.0 ppm 가려짐
~2.0 ppm
고리 전류(π 전자 6개)
고리 전류(π 전자 18개)
안쪽 수소 ~ −1.8 ppm
바깥쪽 수소 ~ 8.9 ppm
−1.4 ppm
고리 전류(π 전자 6개)
~ −0.5 ppm 가려짐
고리 전류(π 전자 10개)

그림 5.24 몇 가지 실제 분자에서의 비등방성 효과.

두 개의 공명 피크를 갖는 예상할 수 있다. 실제로 이 화합물의 고분해능 NMR 스펙트럼에는 총 다섯 개의 피크가 관찰된다. 세 개의 피크로 이루어진 그룹(triplet, **삼중선**)이 5.77 ppm에 나타나고 두 개의 피크로 이루어진 그룹(doublet, **이중선**)이 3.95 ppm에 나타난다. 이 분자의 스펙트럼을 그림 5.25에 나타내었다. Methine(CH) 공명(5.77 ppm)이 삼중선으로 갈라졌고, methylene 공명(3.95 ppm)은 이중선으로 갈라졌다. 삼중선 피크 아래 부분의 면적이 1이라면, 이중선 피크 아래 부분의 면적은 상대적으로 2이다.

이와 같은 현상을 **스핀-스핀 갈라짐**(spin–spin splitting)이라 부르며, 실험적으로 ***n* + 1 규칙**에 따라 설명할 수 있다. 각 유형의 proton은 자신이 결합되어 있는 탄소 원자 옆에 있는 탄소에 결합된 동등한(equivalent) proton의 개수(n)를 "감지하여", 자신의 공명 피크를 $(n + 1)$개로 갈라지게 한다.

예를 들어, 1,1,2-trichloroethane에 $n + 1$ 규칙을 적용하여 보자. 먼저 한 개뿐인 methine 수소는 두 개의 methylene proton이 결합된 탄소에 이웃하고 있다. $n + 1$ 규칙에 따르면, 두 개의 동등한 이웃($n = 2$)이 있으므로 $n + 1 = 3$으로 갈라진다(삼중선). 또한 methylene proton은 단지 하나의 methine 수소만이 결합된 탄소에 이웃한다. 이 proton은 이웃이 하나($n = 1$)이므로 $n + 1$ 규칙에 의해 $n + 1 = 2$개의 피크(이중선)로 갈라진다.

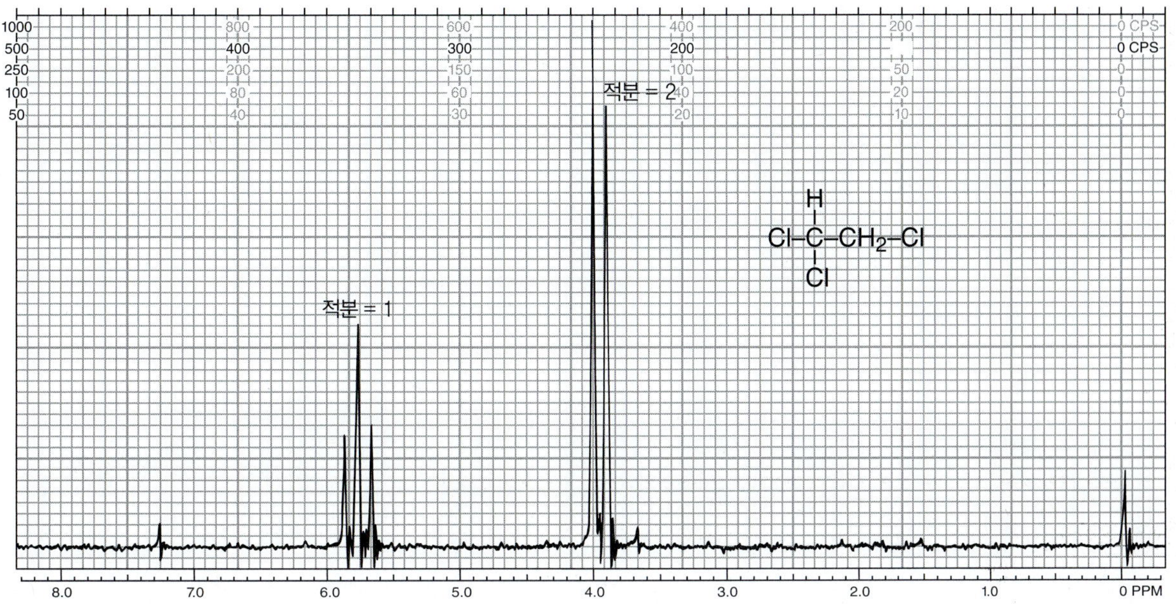

그림 5.25 1,1,2-Trichloroethane의 ^{1}H NMR 스펙트럼(60 MHz).

이웃한 두 개의 proton이 삼중선을 만든다
($n + 1 = 3$)(면적 = 1).

이웃한 한 개의 proton이 이중선을 만든다
($n + 1 = 2$)(면적 = 2).

동등한 proton들은
그룹으로 거동한다.

이 효과의 본질을 설명하기 전에, $n + 1$ 규칙으로 예측되는 간단한 두 가지 경우를 살펴보자. 그림 5.26에 ethyl iodide(CH_3CH_2I)의 스펙트럼을 나타내었다. Methylene proton은 **사중선**(네 개의 피크, quartet)으로 갈라지고, methyl 그룹은 삼중선(세 개의 피크)으로 갈라지는 것에 주목하여라. 이것을 다음과 같이 설명할 수 있다.

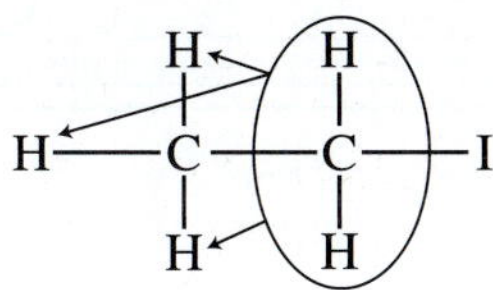

이웃한 세 개의 동등한 proton이 사중선을 만든다
($n + 1 = 4$)(면적 = 2).

이웃한 두 개의 동등한 proton이 삼중선을 만든다
($n + 1 = 3$)(면적 = 3).

마지막으로 그림 5.27에 주어진 2-nitropropane의 스펙트럼을 살펴보자.

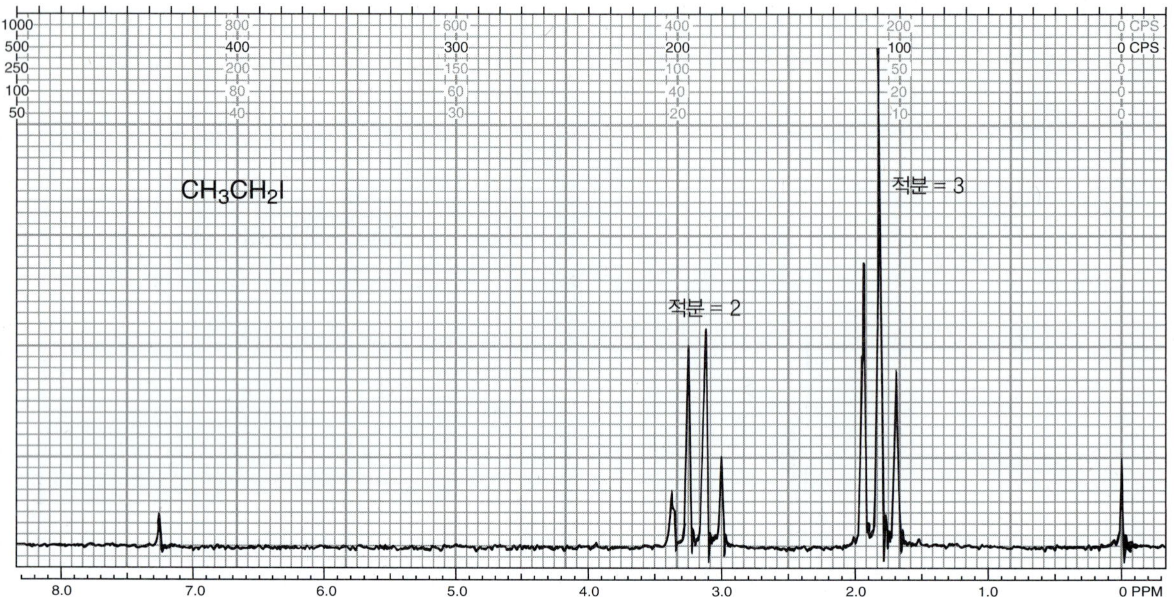

그림 5.26 Ethyl iodide의 ^{1}H NMR 스펙트럼(60 MHz).

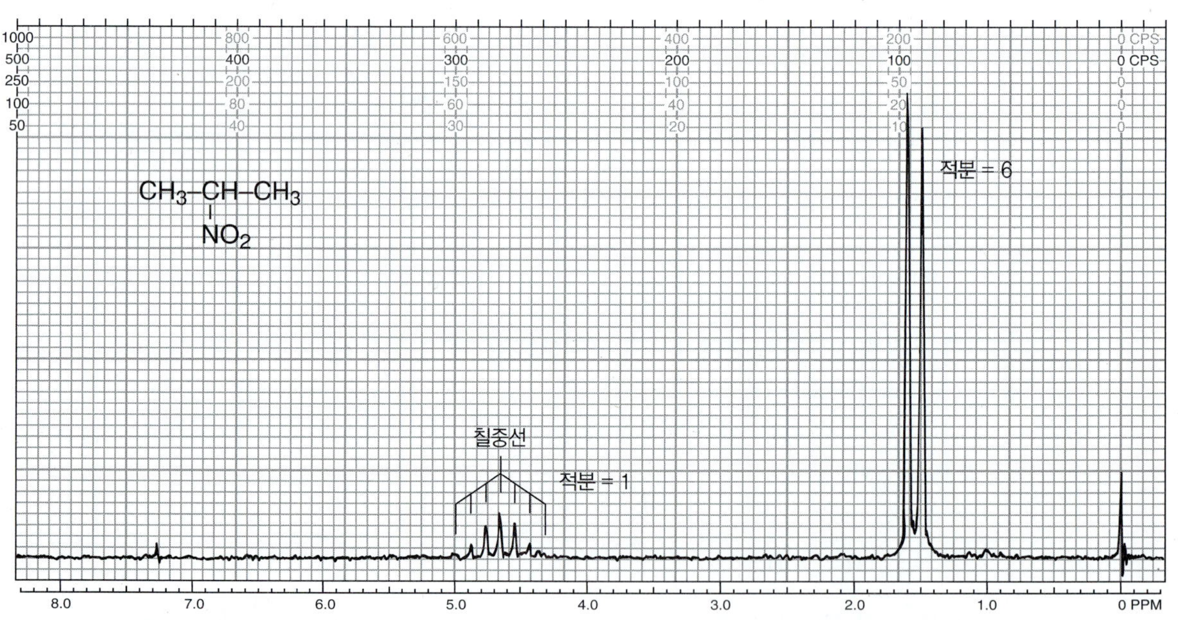

그림 5.27 2-Nitropropane의 ^{1}H NMR 스펙트럼(60 MHz).

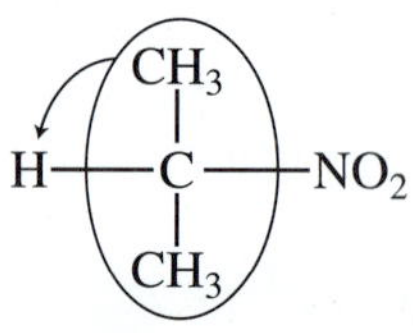

이웃한 한 개의 proton이 이중선을 만든다
(n + 1 = 2)(면적 = 6).

H — C(H)(H)(H) — C(H)(NO$_2$) — C(H)(H)(H)

이웃한 여섯 개의 동등한 proton이
칠중선을 만든다(n + 1 = 7)(면적 = 1).

2-Nitropropane의 경우, methine proton에 대하여 수소를 갖는 이웃하는 탄소가 두 개 있다(두 개의 탄소 각각에 수소 세 개씩). 따라서 모두 여섯 개의 수소에 의해 methine 수소는 **칠중선**(septet)으로 갈라진다.

5.10절과 5.11절에서 살펴본 것과 같이, 다양한 유형의 proton에 대한 화학적 이동도 잘 들어맞는 것을 알 수 있다. 따라서, 1,1,2-trichloroethane에서 (Cl 원자 두 개가 결합된 탄소에 결합되어 있는) methine 수소는 (Cl 원자 한 개만 결합된 탄소에 결합되어 있는) methylene proton보다 더 큰 화학적 이동을 나타낸다. Ethyl iodide에서도 아이오딘이 결합된 탄소에 결합되어 있는 수소는 methyl 그룹의 수소보다 더 큰 화학적 이동을 갖는다. 2-Nitropropane에서도 (nitro 그룹이 결합된 탄소에 결합되어 있는) methine proton은 두 개의 methyl 그룹 수소보다 더 큰 화학적 이동을 나타낸다.

마지막으로, 스핀–스핀 갈라짐이 구조에 관한 새로운 유형의 정보를 제공하는 것에 주목하여라. 스핀–스핀 갈라짐은 하나의 흡수 피크 또는 위의 경우처럼 흡수 다중선을 나타내는 각 형태의 수소에 얼마나 많은 수소가 이웃하고 있는가에 관한 정보를 제공해 주고 있다. 참고로, 흔히 볼 수 있는 스핀–스핀 갈라짐 패턴을 표 5.8에 모아 놓았다.

표 5.8 화합물에서 흔하게 관찰되는 갈라짐 패턴의 몇 가지 예

	낮은 장		높은 장	
1H		Cl—CH(Cl)—CH(Br)—Br		1H
1H	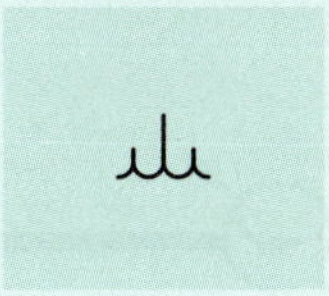	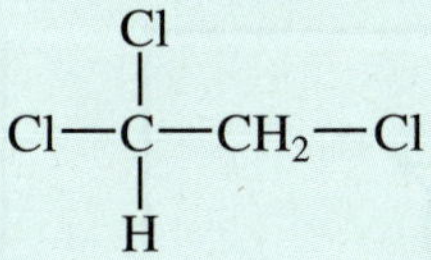 Cl—CH(Cl)—CH_2—Cl	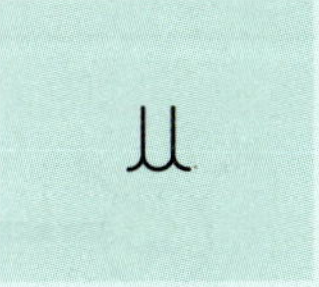	2H
2H	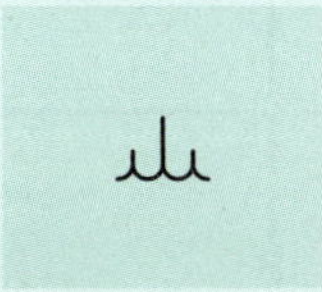	Cl—CH_2—CH_2—Br	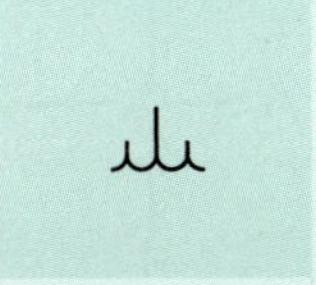	2H
1H	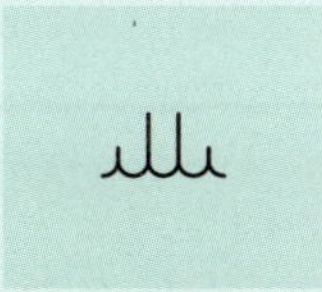	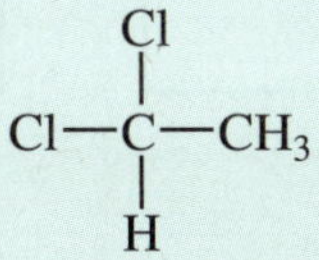 Cl—CH(Cl)—CH_3	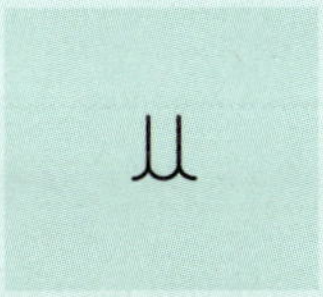	3H
2H	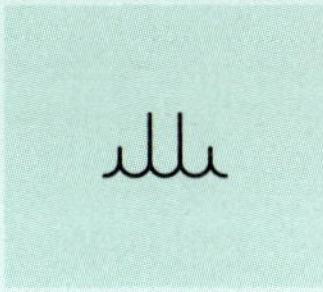	Cl—CH_2—CH_3	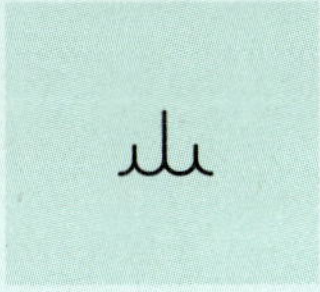	3H
1H	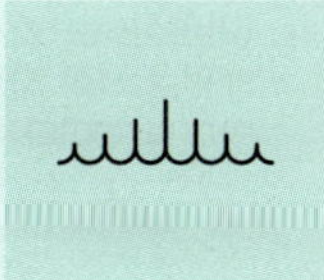	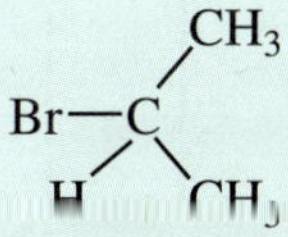 Br—CH(CH_3)—CH_3	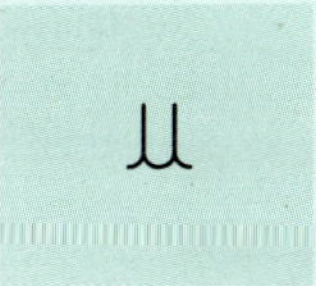	6H

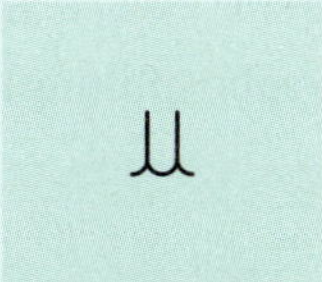

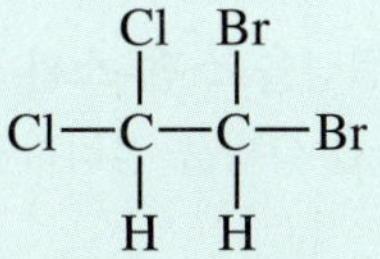

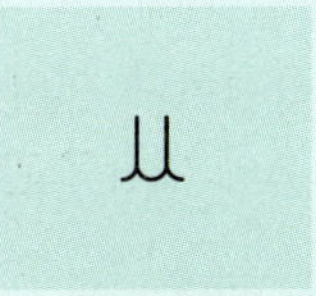

5.14 스핀-스핀 갈라짐의 원인

스핀-스핀 갈라짐은 수소가 이웃하고 있는 탄소 원자에 결합되어 있는 수소를 서로 "감지하기" 때문에 생긴다. 탄소 A에 결합되어 있는 수소가 탄소 B에 결합되어 있는 수소의 스핀 방향을 감지한다. 용액의 몇몇 분자에서 탄소 B에 결합되어 있는 수소가 스핀 $+\frac{1}{2}$(X-형 분자)을 갖고, 용액의 다른 분자에서 탄소 B에 결합되어 있는 수소는 스핀 $-\frac{1}{2}$(Y-형 분자)을 갖는다. 그림 5.28에 이와 같은 두 유형의 분자에 대한 설명을 나타내었다.

Proton A의 화학적 이동은 proton B의 스핀 방향의 영향을 받는다. 이때 proton A는 proton B에 **짝지음되었다**(coupled)라고 말한다. Proton A의 자기적인 환경은 proton B가 $+\frac{1}{2}$ 스핀 상태를 갖느냐, 아니면 $-\frac{1}{2}$ 스핀 상태를 갖느냐에 따라 영향을 받는다. 따라서 proton B가 X-형 분자일 때와 Y-형 분자일 때 proton A는 약간 다른 화학적 이동값에서 흡수한다. 사실상 proton B가 X-형 분자일 때, proton B의 자기장이 외부 자기장과 나란하여 그것의 자기 모멘트가 외부 자기장에 더해지기 때문에 proton A는 약간 벗겨진다. Proton B가 Y-형 분자일 때, proton A는 짝지음이 없을 때의 화학적 이동보다 약간 더 가려지는데, 이는 proton B의 자기장이 proton A에 대한 외부 자기장의 효과를 감소시키기 때문이다.

주어진 용액에서 X-형 분자와 Y-형 분자는 주어진 어떤 시간에서도 대략 같은 개수로 존재한다. 따라서 거의 동일한 세기의 두 개의 흡수가 proton A에서 관찰된다. Proton A의 공명이 proton B에 의해 갈라졌다고 표현한다. 이와 같은 일반 현상을 **스핀-스핀 갈라짐**(spin-spin splitting)이라 부른다. 그림 5.29에 proton A에 대한 스핀-스핀 갈라짐 상황을 정리하였다.

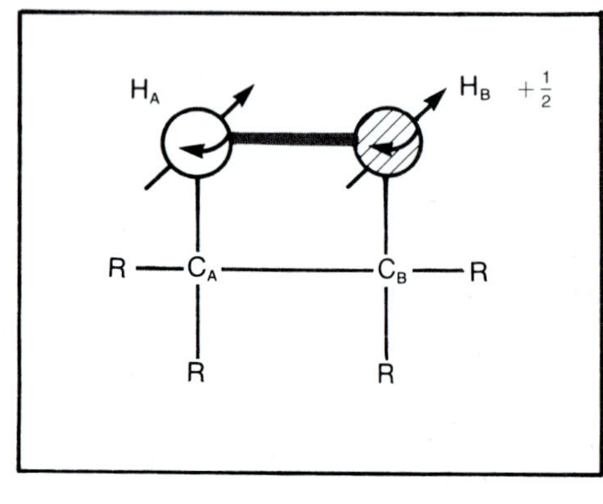

X-형 분자

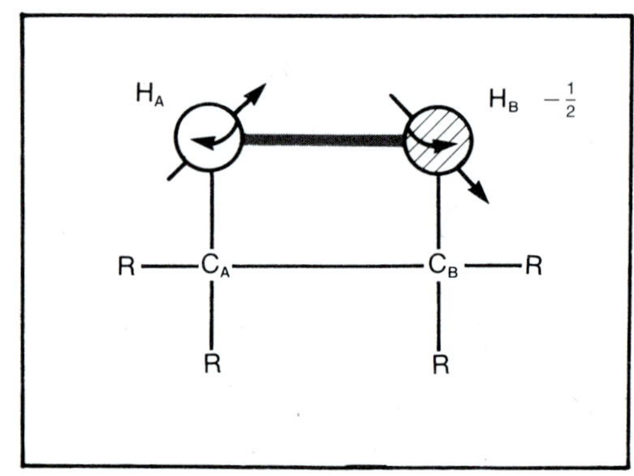

Y-형 분자

그림 5.28 용액에서 proton H_A와 H_B 사이의 스핀 관계가 서로 다른 두 분자.

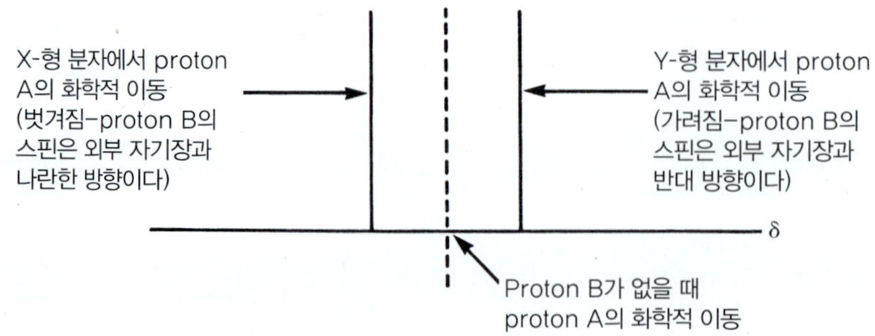

그림 5.29 Proton A의 NMR 스펙트럼에서 스핀-스핀 갈라짐의 원인.

물론 proton A도 두 가지 스핀 상태를 가지므로 proton B를 "갈라지게" 한다. 이 용액에 대한 최종 스펙트럼은 두 개의 이중선으로 이루어진다.

$$\begin{array}{c} H_A \quad H_B \\ -\overset{|}{\underset{|}{C}}-\overset{|}{\underset{|}{C}}- \end{array}$$

다음 분자 중 첫 번째 경우처럼 proton A와 proton B가 대칭에 의해 동등한 경우를 제외하고는 이와 같은 유형의 어떤 상황에서도 두 개의 이중선이 관찰될 것이다.

$$Br-\underset{Cl}{\overset{H_A}{C}}-\underset{Cl}{\overset{H_B}{C}}-Br \qquad Cl-\underset{Cl}{\overset{H_A}{C}}-\underset{OCH_3}{\overset{H_B}{C}}-OCH_3$$

위의 첫 번째 분자는 proton A와 proton B가 같은 화학적 이동을 가지고 실제적으로 동등하기 때문에 하나의 단일 NMR 피크만을 나타낼 것이다. 두 번째 분자는 proton A와 proton B가 동등하지 않고 화학적 이동이 분명하게 다르기 때문에 두 개의 이중선을 나타낼 것이다.

특별한 경우를 제외하고, 짝지음(스핀−스핀 갈라짐)은 오직 이웃하고 있는 탄소에 결합된 수소 사이에서 일어난다. 이웃하지 않는 탄소에 결합된 수소는 갈라짐을 보여줄 정도로 강하게 짝지음할 수가 없다. 물론 이와 같은 일반화에는 몇 가지 중요한 예외도 있다. 그와 같은 특별한 경우는 제7장에서 다룰 것이다.

5.15 Ethyl 그룹(CH_3CH_2–)

그림 5.26과 그림 5.30에 나타낸 ethyl iodide의 스펙트럼을 살펴보자. Methyl proton은 1.83 ppm에 중심을 둔 삼중선으로, methylene proton은 3.20 ppm에 중심을 둔 사중선으로 나타난다. 성분 피크들의 패턴과 상대적 세기는 5.13절에 정리된 두-proton의 경우에 대한 모형을 이용하여 설명할 수 있다. 먼저 사중선으로 나타난 methylene proton과 그 패턴을 살펴보자. Methylene proton은 methyl proton에 의해 갈라지고, 갈라지는 패턴을 이해하려면 그림 5.31에 나타난 methyl 그룹 proton의 여러 가지 가능한 스핀 배열을 검토하여야 한다.

Methyl 그룹에서 자유로운 회전이 가능하기 때문에 methyl 그룹에 있는 세 개의 proton은 서로 구별되지 않는다. 따라서 가능한 여덟 개의 스핀 배열 중에서 몇 가지는 서로 같아지게 된다. 이것을 고려하면 단 네 개의 서로 다른 유형의 배열이 가능하다. 하지만 알짜 스핀이 $+\frac{1}{2}$과 $-\frac{1}{2}$을 갖는 배열은 세 가지가 가능하며, 이것은 알짜 스핀이 $+\frac{3}{2}$과 $-\frac{3}{2}$인 스핀 배열을 가질 수 있는 통계학적 확률보다 세 배 더 크다. 따라서 methylene proton의 갈라짐 패턴에서 가운데에 있는 두 피크가 바깥쪽에 있는 두 피크보다 세기가 크다는 것에 유의하여야 한다. 실제로 세기 비율은 1:3:3:1로 나타난다. (사실상 동등한 겹친 스핀의 묶음을 제외하고) 각각 다른 methyl proton의 스핀 배열로 인하여 분자 내의 methylene proton이 서로 다른 화학적 이동값을 가지게 된다. $+\frac{3}{2}$ 배열에서 각 스핀은 methylene proton을 짝지음이 없을 때보다 더 벗겨지게

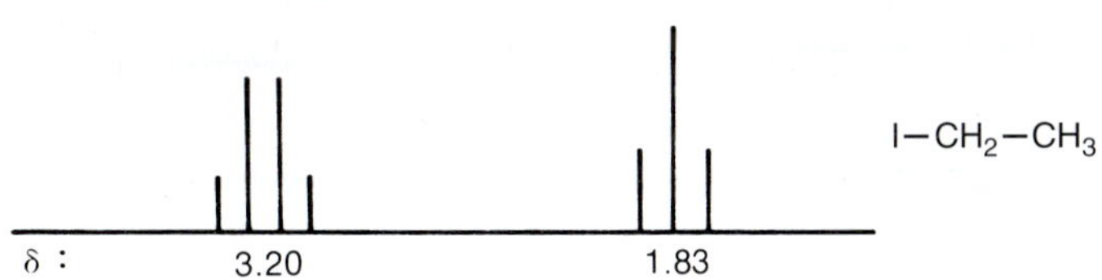

그림 5.30 Ethyl 갈라짐 패턴.

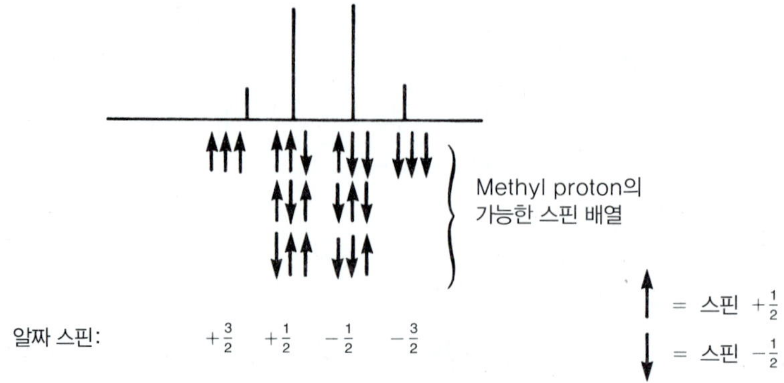

그림 5.31 이웃하고 있는 methyl 그룹의 존재로 인한 methylene proton의 갈라짐 패턴.

한다. $+\frac{1}{2}$ 배열도 methylene proton을 벗기기는 하지만 그 효과는 약하다. 이는 반대 방향의 두 스핀이 서로의 효과를 상쇄되기 때문이다. $-\frac{1}{2}$ 배열은 methylene proton을 약하게 가리는 반면, $-\frac{3}{2}$ 배열은 methylene proton을 더 강하게 가린다.

사실상 용액 내에 서로 다른 네 "유형"의 분자가 있고, 각 유형은 서로 다른 methyl 스핀 배열을 갖고 있다는 사실을 명심해야 한다. 각각 다른 스핀 배열 때문에 분자 내의 methylene proton이 또 다른 methyl 스핀 배열을 갖는 분자의 methylene proton과 서로 다른 화학적 이동을 갖게 된다(물론 스핀 배열이 서로 구별될 수 없거나 겹친 경우는 예외이다). 용액 내에서 $+\frac{1}{2}$ 스핀 배열과 $-\frac{1}{2}$ 스핀 배열을 갖는 분자는 $+\frac{3}{2}$ 스핀 배열과 $-\frac{3}{2}$ 스핀 배열을 갖는 분자보다 수적으로 세 배 많다.

그림 5.32에 methyl proton의 갈라짐 패턴의 유사한 해석을 나타내었다. Methylene proton은 모두 네 가지 가능한 스핀 배열을 갖는다. 그림을 자세히 살펴보면, methyl 그룹에 대하여 삼중선이 얻어진 원인과 상대적 세기 비율 1:2:1인 이유를 쉽게 설명할 수 있다.

이제 ethyl 패턴의 원인과 그것의 세기 비율에 대한 설명을 알게 되었다. 스핀-스핀 갈라짐이 일어나는 것은 분자에 대한 추가적인 구조 정보를 제공해 주기 때문에 유기화학자들에게 매우 중요하다. 즉, 각 유형의 proton에 대해 가장 가까이에 이웃하고 있는 proton의 개수를 알려준다. 화학적 이동으로부터 어떤 유형의 proton이 갈라진 것인지 알 수 있고, 적분(피크 아래의 면적)으로부터 각 유형의 proton에 대한 상대적인 개수를 알 수 있다. 이것은 구조에 대해 대단히 많은 정보를 제공해 주는 것이며, 특정한 화합물을 규명하고자 하는 화학자에게 매우 귀중한 것이다.

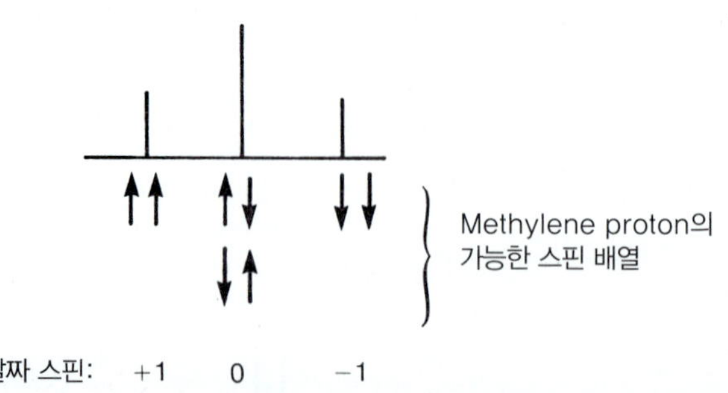

그림 5.32 이웃하고 있는 methylene 그룹의 존재로 인한 methyl proton의 갈라짐 패턴.

5.16 Pascal의 삼각형

$n + 1$ 규칙을 따르는 다중선에서 그 세기 비율이 **Pascal의 삼각형**(Pascal's triangle)이라고 불리는 수학적 기억법을 따르고 있는 것을 쉽게 증명할 수 있다(그림 5.33). 삼각형에 있는 각각의 숫자는 그 위에 있는 왼쪽과 오른쪽의 두 숫자의 합이다. 칠중선과 같은 다중선의 바깥쪽 피크의 세기는 안쪽 피크에 비해 상대적으로 너무 작아서 종종 스펙트럼의 기준선에 묻혀 잘 안 나타날 때도 있음에 유의하여라. 그림 5.27에 이와 같은 현상의 예를 나타내었다.

5.17 짝지음 상수

5.15절에서 ethyl 그룹의 갈라짐 패턴과 다중선 성분의 세기 비율을 논의했지만, 피크가 갈라질 때 정량적으로 어느 정도 갈라지는지를 알아보지 않았다. 간단한 다중선에서 피크 간의 거리를 **짝지음 상수**(coupling constant, J)라 부른다. 짝지음 상수는 핵이 이웃하고 있는 핵의 스핀 상태에 의해 얼마나 강하게 영향을 받는가에 대한 척도이다. 다중선 피크 간의 간격은 화학적 이동과 동일한 척도로 측정되고, 짝지음 상수는 항상 Hz 단위로 표시한다. 예를 들어, ethyl iodide에서 짝지음 상수 J는 7.5 Hz이다. 그림 5.26과 그림 5.34를 참조하면 이 값이 어떻게 얻어졌는지를 알 수 있다.

그림 5.26의 스펙트럼은 60 MHz에서 측정되었다. 따라서, 화학적 이동의 각 ppm(δ 단위)은 60 Hz를 뜻한다. ppm당 12 격자선이 있으므로 각 격자선은 (60 Hz)/12 = 5 Hz이다. 스펙트럼의 맨 위를 보면, cps[cycle per sec(초당 횟수)]로 표시되어 있는데, cps는 Hz와 같은 것이다. 100 cps당 20 도표 눈금이

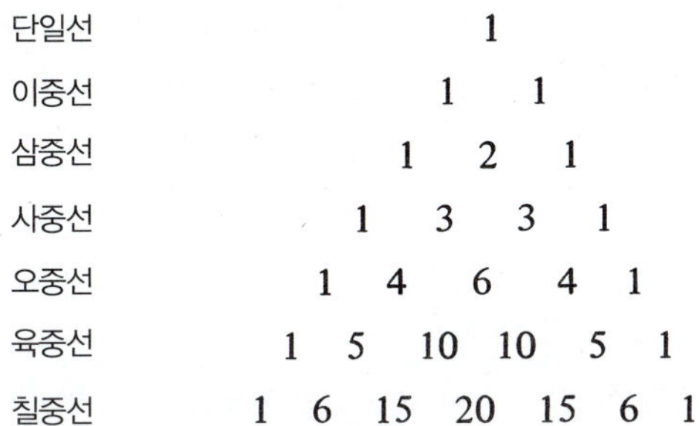

단일선	1
이중선	1 1
삼중선	1 2 1
사중선	1 3 3 1
오중선	1 4 6 4 1
육중선	1 5 10 10 5 1
칠중선	1 6 15 20 15 6 1

그림 5.33 Pascal의 삼각형.

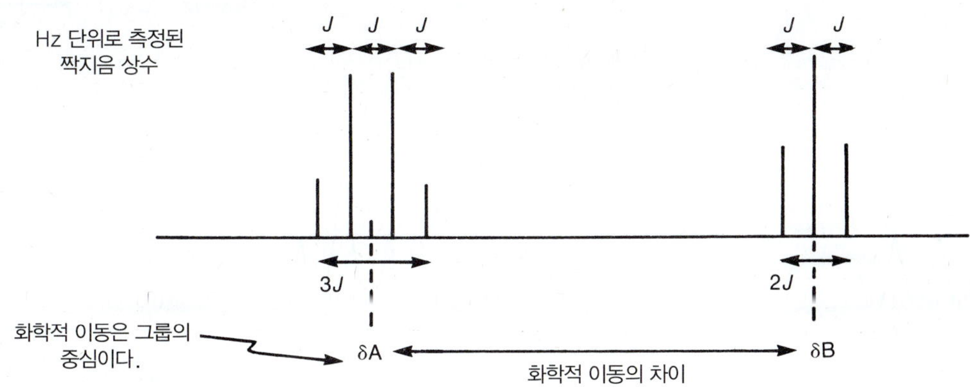

그림 5.34 Ethyl의 갈라짐 패턴에서 짝지음 상수의 정의.

있으므로, 한 눈금은 (100 cps)/20 = 5 cps = 5 Hz이다. 이제 다중선에 적용하면, 성분 피크 사이의 간격은 대략 1.5 도표 눈금이므로 다음 식이 성립한다.

$$J = 1.5\ \text{눈금} \times \frac{5\ \text{Hz}}{1\ \text{눈금}} = 7.5\ \text{Hz}$$

즉, methyl proton과 methylene proton 사이의 짝지음 상수는 7.5 Hz이다. Proton끼리 상호작용하면 (ethyl iodide에서) 그 크기는 항상 같은 값, 7.5 Hz를 갖는다. 짝지음의 크기가 항상 일정하기 때문에 J를 짝지음 상수(coupling constant)라고 부른다.

Ethyl iodide를 각각 60 MHz와 100 MHz에서 NMR 스펙트럼을 측정해 보면 짝지음 상수는 변하지 않는 특성이라는 것을 알 수 있다. 두 스펙트럼을 비교해 보면, 100 MHz 스펙트럼은 60 MHz 스펙트럼에 비해 크게 확대되어 있는 것을 발견할 수 있다. 100 MHz에서 얻은 스펙트럼의 각 proton의 δ(ppm) 단위의 화학적 이동은 60 MHz에서 스펙트럼에서의 화학적 이동과 동일할지라도, CH_3 proton과 CH_2 proton에 대한 Hz 단위의 화학적 이동이 100 MHz에서 훨씬 더 크다. 큰 분광기 진동수에서 측정한 경우 스펙트럼은 확대되지만, 스펙트럼을 자세히 관찰하면 두 스펙트럼에서 CH_3 proton과 CH_2 proton 사이의 짝지음 상수는 항상 7.5 Hz임을 알 수 있다. Ethyl iodide의 스펙트럼을 100 MHz에서 측정해도 삼중선과 사중선의 각 선 사이의 간격은 확대되지는 않는다. 이 두 묶음의 proton 사이의 짝지음의 정도는 스펙트럼을 측정한 분광기의 진동수와는 무관하게 일정하다(그림 5.35).

비고리 화합물에서 대부분의 지방족 proton 사이의 상호작용에 대한 짝지음 상수의 크기는 항상 7.5 Hz 근처이다. 예를 들어, 1,1,2-trichlorethane(그림 5.25)의 경우 J = 6 Hz이고, 2-nitropropane(그림 5.27)의 경우 J = 7 Hz이다. 이 짝지음 상수는 이웃하고 있는 sp^3-혼성 탄소 원자에 결합된 두 수소 사이에서 일어나는 상호작용의 전형적인 값이다. 이웃하고 있는 탄소 원자에 각각 결합된 두 개의 수소 원자 사이의 상호작용을 세결합 상호작용(three-bond interaction)이라 하고 약식 기호 ^3J로 나타낸다. 이것은 가장 흔하게 관찰되는 짝지음으로 전형적인 값은 대략 6~8 Hz이다. 다음 그림에서 굵은 선으로 표시한 것이 서로 세결합으로 떨어져 있는 수소 원자들을 나타낸 것이다.

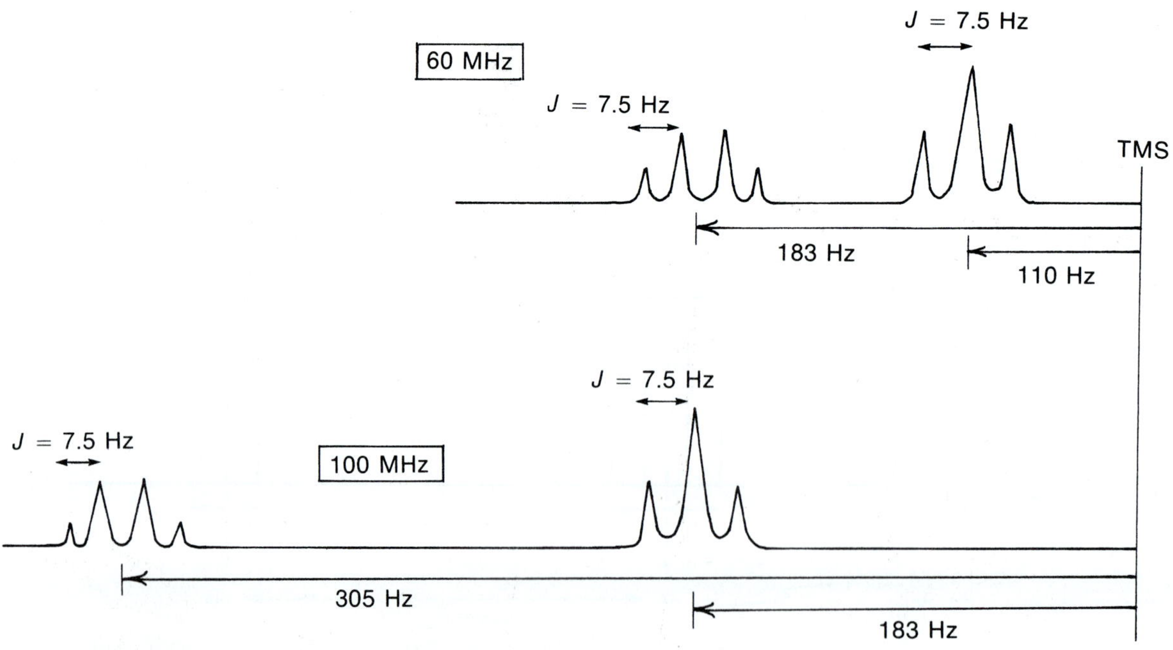

그림 5.35 화학적 이동과 짝지음 상수 사이의 관계의 설명.

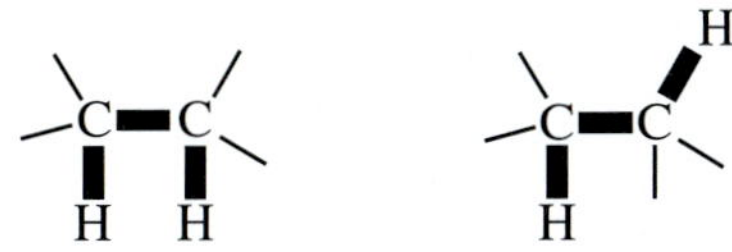

최신 FT-NMR 분광기에서 짝지음 상수는 피크 위에 직접 Hz 값으로 인쇄해 줌으로써 쉽게 측정할 수 있다. Hz 단위로 짝지음 상수를 결정하기 위해서는 간단하게 이 값들을 서로 빼주면 된다. 예를 들어, 각 피크들이 Hz 단위로 표시된 그림 5.40과 그림 5.46에 나타낸 스펙트럼을 살펴보자. 제7장 7.2절에서 두결합(^2J), 세결합(^3J), 네결합(^4J) 상호작용과 관련된 짝지음 상수의 여러 가지 유형에 대해서 설명할 것이다.

^3J *cis* = 10 Hz ^3J *trans* = 16 Hz

Alkene에서 서로 *cis* 관계에 있는 두 수소 원자에 대한 짝지음 상수 ^3J는 10 Hz에 가까운 값을 갖는 반면, *trans* 관계인 두 수소 원자에 대한 짝지음 상수는 더 큰 16 Hz이다. 짝지음 상수의 크기에 관한 연구는 구조에 대한 중요한 정보를 제공해 준다(제7장 7.8절 참조).

표 5.9에 대표적인 ^3J 짝지음 상수에 대한 근사적인 값들을 나타내었다. 짝지음 상수에 대한 좀 더 자세한 목록은 제7장의 7.2절과 부록 5에 주어져 있다.

이 절을 마치기 전에 다음의 공리를 알아두기 바란다. *서로 갈라지게 하는 proton 그룹은 실험 오차 내에서 반드시 동일한 짝지음 상수를 가져야만 한다*. 이 공리는 각각 다른 짝지음 상수를 갖는 몇 개의 다중선으로 구성된 스펙트럼 해석에 대단히 유용하다.

표 5.9 대표적인 ^3J 짝지음 상수와 그 근사값(Hz)

	6~8		*ortho* 6~10		a,a 8~14 a,e 0~7 e,e 0~5
	11~18		8~11		*cis* 6~12 *trans* 4~8
	6~15				*cis* 2~5 *trans* 1~3
	4~10				5~7

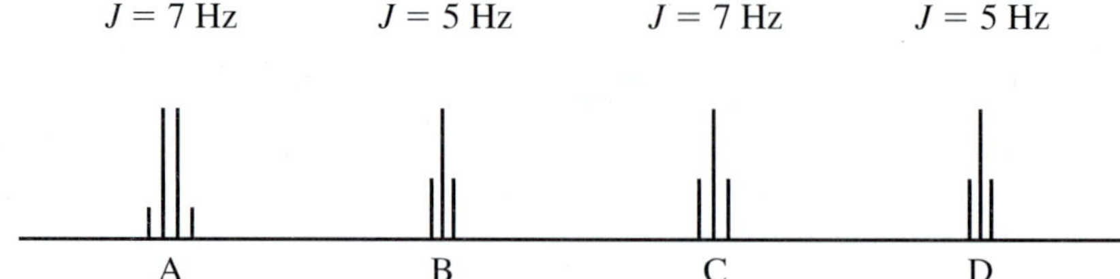

예를 들어, 위의 스펙트럼에서 세 개의 삼중선과 하나의 사중선이 보인다. 세 개의 삼중선 중에서 어느 삼중선이 사중선과 연관된 것일까? 물론 사중선의 *J* 값과 똑같은 *J* 값을 갖는 것이 연관된 것이다. 서로 연관된 proton끼리는 같은 세기로 짝지음을 한다. 이와 같은 예에서 주어진 *J* 값으로부터 판단하면, 사중선 A(*J* = 7 Hz)는 삼중선 C(*J* = 7 Hz)와 연관되어 있고, 삼중선 B나 삼중선 D(*J* = 5 Hz)와는 연관되어 있지 않은 것을 분명하게 알 수 있다. 삼중선 B와 삼중선 D가 서로 상호작용하며 연관되어 있는 것도 분명하다.

가끔 다중선의 비대칭성("기울어짐")도 상호작용하는 다중선을 연결시킬 때 사용하는 또 다른 효과이다. 다중선의 바깥쪽 선들이 서로 동등하지 않은 높이를 갖는 경향이 있다. 예를 들어, 삼중선에서 선 3이 선 1보다 약간 높이가 높아 다중선이 "기울어진" 모습으로 나타날 수 있다. 이와 같은 일이 일어날 경우, 대체로 높이가 더 높은 피크는 갈라짐을 유발시킨 상대 proton 그룹 쪽으로 나타난다. 두 번째 proton 그룹도 같은 방식으로 첫 번째 proton 그룹 쪽으로 기울어져 있다. 양쪽 다중선 위에 기울어진 방향으로 낮은 쪽에서 높은 쪽으로 비스듬하게 화살표를 그으면, 그 화살표들은 서로를 가리키게 될 것이다. 실례로 그림 5.25와 그림 5.26을 참조하여라.

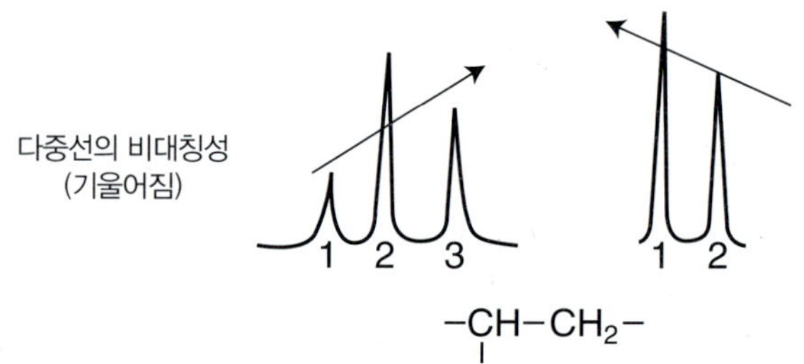

5.18 저자기장과 고자기장 세기에서 얻어진 NMR 스펙트럼의 비교

5.17절에서 논의한 바와 같이 주어진 proton에 대한 TMS로부터의 진동수 이동(Hz 단위)은 고자기장에서 측정한 스펙트럼에서 더 크다. 하지만 모든 짝지음 상수는 저자기장에서 측정한 것과 동일하다(그림 5.35 참조). 비록 Hz 단위의 이동이 고자기장에서 증가하더라도 화학적 이동을 계산할 때, 각각의 경우 작동 진동수로 이동값을 나누어주기 때문에, 주어진 proton에 대한 ppm 단위의 화학적 이동은 저자기장이나 고자기장에서 항상 동일하다(식 5.8). 하지만 저자기장과 고자기장에서 측정한 화합물의 스펙트럼을 비교해 보면, 짝지음 상수가 작동 진동수에 관계없이 Hz 단위로 동일한 값을 가질지라도 ppm당 Hz 값이 변하기 때문에 스펙트럼의 전체 모습은 사뭇 다르게 보인다. 예를 들어, 60 MHz에서는 1 ppm은 60 Hz인 반면, 300 MHz에서는 1 ppm은 300 Hz이다. 짝지음 상수는 변하지 않고 일정하지만, 고자기장으로 갈수록 짝지음 상수는 ppm 단위로는 작아지게 된다.

만약 같은 ppm 척도(각 ppm당 동일한 간격)의 종이에 두 개의 스펙트럼을 그리면, 고자기장 스펙트럼의 갈라짐은 압축되어 나타난다(간격이 좁혀진다). 그 예로 1-nitropropane의 60 MHz 스펙트럼과 300

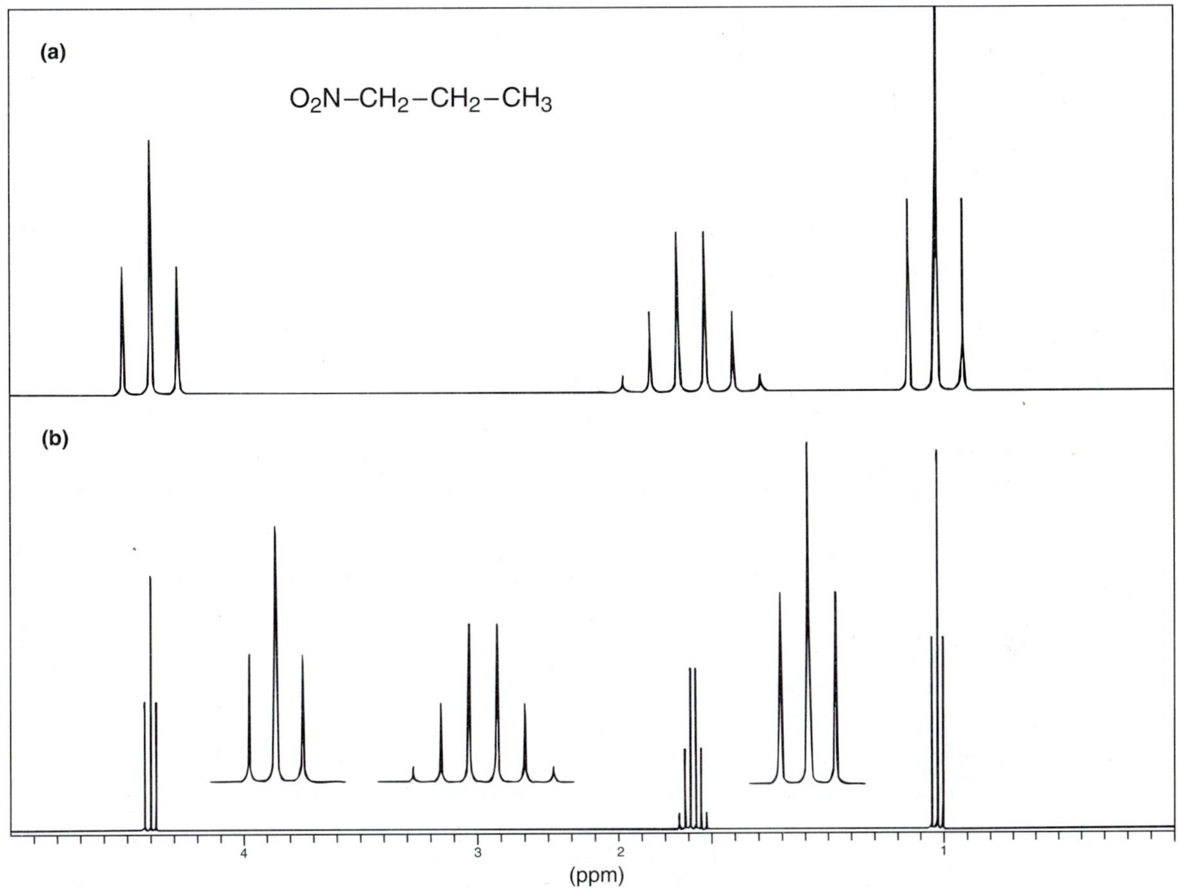

그림 5.36 1-Nitropropane의 ^1H NMR 스펙트럼. (a) 60 MHz에서 측정한 스펙트럼. (b) 300 MHz에서 측정한(확대한 그림을 포함한) 스펙트럼.

MHz 스펙트럼을 그림 5.36에 나타내었다. 짝지음은 그 크기가 변하지 않는다. 다만 ppm 단위로 나타낼 때 (나누어주는 분모가 커지기 때문에) 작아진다. 고자기장에서는 확대된 ppm 척도(ppm당 더 큰 간격)를 사용하여 갈라짐을 자세하게 관찰할 수 있다. (확대된 그림을 살펴보면) 300 MHz의 다중선은 60 MHz에서 관찰한 것과 동일하다. 300 MHz 스펙트럼에서 다중선을 확대한 그림을 그림 5.36b에 나타내었다.

그러므로 300 MHz 스펙트럼에서는 다중선을 자세히 관찰하기 위하여 종종 스펙트럼을 확대할 필요가 있다. 이 장에서 다룬 몇몇 예에서 60 MHz에서 얻어진 스펙트럼을 사용하였다. 그것은 시대에 뒤떨어져서가 아니라 확대할 필요 없이 이 스펙트럼으로 다중선을 명확히 관찰할 수 있기 때문이다. 대부분의 경우에 고자기장 기기에서 얻은 다중선을 확대한 것은 저자기장에서 얻은 다중선과 일치한다. 하지만 고자기장에서 스펙트럼을 얻었을 때 복잡한 다중선이 간단하게 단순화되는 경우도 있다. 다중선이 서로 멀리 떨어져서 잘 분리되고, 2차 상호작용으로 불리는 형태의 상호작용이 감소하거나 심지어는 없어짐으로써 이와 같은 단순화된 스펙트럼이 나타난다. 제7장에서 2차 상호작용에 대해서 다룰 것이다.

5.19 화합물의 유형에 따른 전형적인 ^1H NMR 흡수 살펴보기

이 절에서는 가장 흔하게 접하는 유기 화합물들을 분류하고 각 분류에 속하는 화합물에 대해 예상되는 전형적인 NMR 흡수에 대해 총괄적으로 살펴보고자 한다. 이 지침은 미지 화합물이 속하는 분류를 분석하는데 참고로 사용할 수 있을 것이다. 이와 같은 화합물에서 흔히 관찰되는 짝지음 상수값도 표에 나타내었다. 이 장에서 다루지 않는 짝지음에 대한 정보는 제7장과 제8장에서 자세하게 논의할 것이다. 여러분이 나중에 이 살펴보기를 사용할 때 유용하도록 이 장에 포함시켰다.

A. Alkane

Alkane은 세 가지 다른 유형의 수소(methyl, methylene, methine)를 가지고 있다. 각각은 NMR 스펙트럼에서 각각의 고유한 범위에 나타난다.

스펙트럼 분석 상자 – Alkane *Spectral Analysis Box–Alkane*

화학적 이동

R−**CH**$_3$	0.7~1.3 ppm	Methyl 그룹은 다른 CH 흡수와 겹쳐지더라도 종종 인지할 수 있을 만큼 큰 단일선, 이중선, 또는 삼중선으로 나타난다.
R−**CH**$_2$−R	1.2~1.4 ppm	긴 사슬 구조에서 모든 methylene(CH_2) 흡수는 분별이 안 되는 그룹으로 겹쳐진다.
R$_3$**CH**	1.4~1.7 ppm	Methine 수소(CH)는 methylene 그룹이나 methyl 그룹에 비해 더 큰 화학적 이동을 갖는다.

짝지음 거동

−**CH**−**CH**−	$^3J \approx 7$~8 Hz	탄화수소 사슬에서 이웃하고 있는 수소는 일반적으로 $n + 1$ 규칙에 따라 스핀−스핀 갈라짐을 갖는 짝지음을 한다.

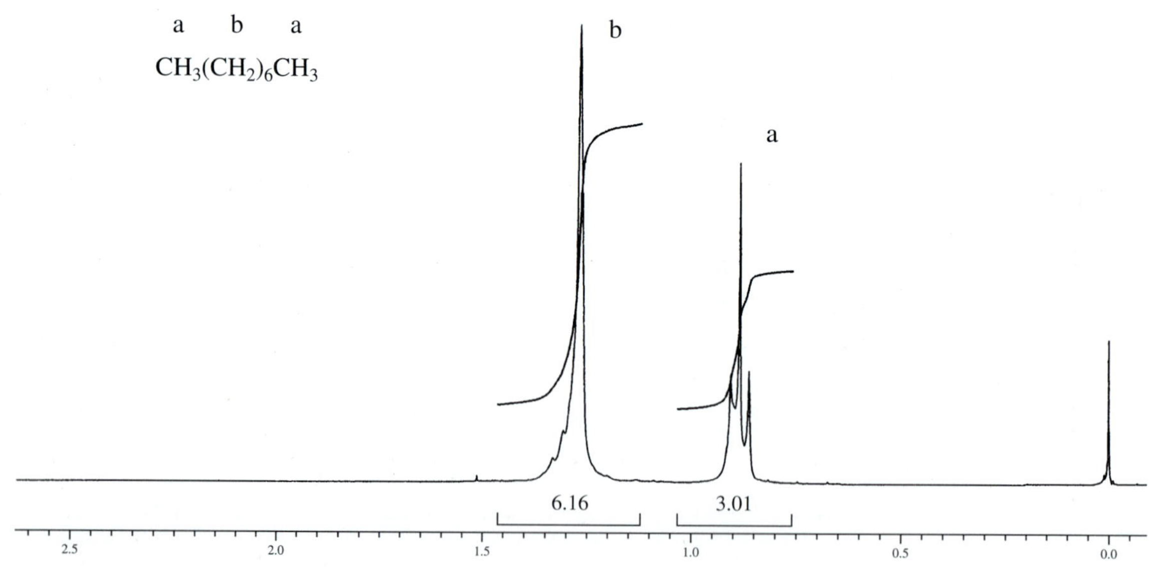

그림 5.37 Octane의 ^{1}H NMR 스펙트럼(300 MHz).

지방족 또는 포화 탄화수소 alkane인 경우, 모든 **CH** 수소의 흡수는 전형적으로 약 0.7~1.7 ppm 범위에서 발견된다. Methyl 그룹의 수소는 가장 강하게 가려진 유형의 proton이기 때문에 methylene 수소(1.2~1.4 ppm)나 methine 수소(1.4~1.7 ppm)보다 더 작은 화학적 이동값(0.7~1.3 ppm)에서 발견된다.

긴 사슬 탄화수소나 큰 고리에서 모든 **CH** 흡수와 $\mathbf{CH_2}$ 흡수는 분별이 안 되는 그룹으로 겹쳐진다. Methyl 그룹의 피크는 대개 더 작은 화학적 이동값(높은 장)에서 발견되어 다른 유형의 수소와는 구별되어 나타난다. 하지만 methyl 수소가 분별이 안 되는 피크 다발에 위치하더라도, 다른 유형의 proton의 흡수와는 달리 분명하게 큰 단일선, 이중선, 또는 삼중선으로 두드러지게 나타나기 때문에 종종 methyl 피크를 인지할 수 있다. Methine proton은 대개 다른 수소와 분리되어 더 낮은 장으로 이동해서 나타난다.

그림 5.37은 탄화수소 octane의 스펙트럼이다. 모든 CH_2 수소가 한 그룹에 있고 CH_3 수소가 다른 한 그룹에 있으므로, 적분은 전체 수소의 수(CH_2 유형의 탄소에 대한 CH_3 유형의 탄소의 비율)를 평가하는 데 사용할 수 있음에 주목하여라. NMR 스펙트럼은 가장 작은 정수비를 보여준다. 실제 proton 개수를 얻기 위해서는 2배를 해 주어야 한다.

B. Alkene

Alkene은 두 가지 유형의 수소, 즉 이중 결합에 직접 결합된 수소인 vinyl 수소와 이중 결합에 결합되어 있는 탄소, 즉 α-탄소에 결합된 allyl 수소를 갖는다. 각 유형은 특징적인 화학적 이동 범위를 갖는다.

스펙트럼 분석 상자 – Alkene *Spectral Analysis Box–Alkene*

화학적 이동

C=C–**H**	4.5~6.5 ppm	이중 결합에 결합된 수소(vinyl 수소)는 이웃하고 있는 이중 결합의 비등방성에 의해 벗겨진다.
C=C–C–**H**	1.6~2.6 ppm	이중 결합에 이웃하고 있는 탄소에 결합된 수소(allyl 수소)도 이중 결합의 비등방성에 의해 벗겨진다. 그러나 이중 결합과의 거리가 더 멀기 때문에 그 효과는 더 작다.

짝지음 거동

H–C=C–**H**	$^3J_{trans} \approx 11\sim18$ Hz $^3J_{cis} \approx 6\sim15$ Hz	Vinyl proton의 갈라짐 패턴은 이중 결합의 같은 탄소에 위치해 있더라도 서로 동등하지 않기 때문에 복잡하게 나타난다(7.6절).
–C=C(–**H**)–**H**	$^2J \approx 0\sim3$ Hz	
–C(–**H**)=C–C–**H**	$^4J \approx 0\sim3$ Hz	Alkene에 allyl 수소가 존재할 때, 이웃하고 있는 (가장 가까운) 탄소에 결합된 수소로 인한 통상적인 갈라짐은 물론, 멀리 있는 이중 결합 탄소에 결합된 수소와도 장거리 allyl 짝지음(7.7절)을 보여준다.

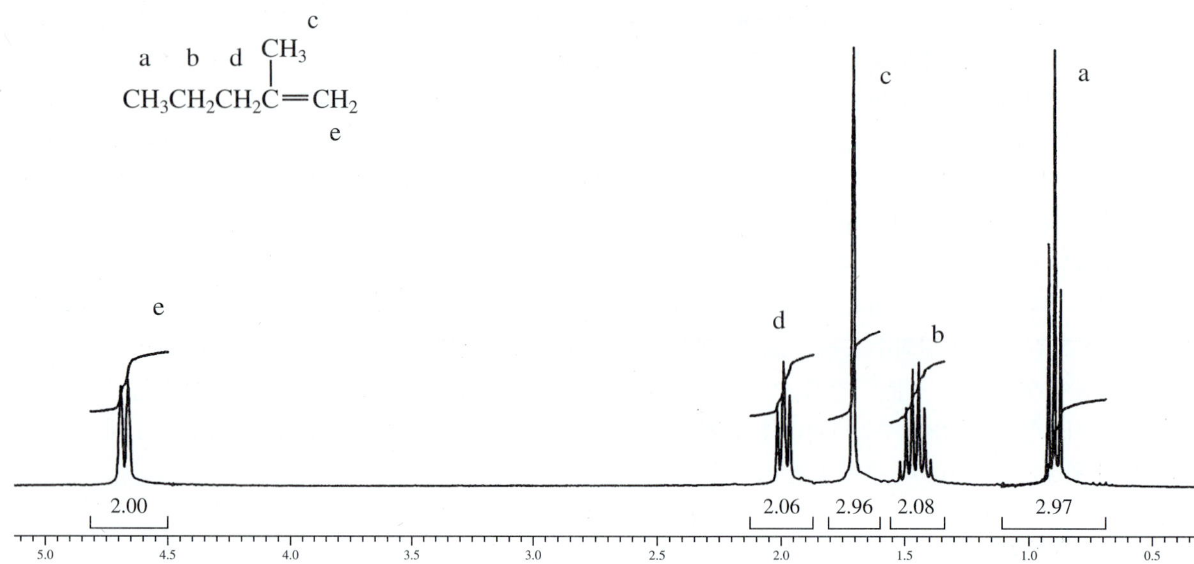

그림 5.38 2-Methyl-1-pentene의 ^{1}H NMR 스펙트럼(300 MHz).

Alkene에서는 두 가지 유형의 NMR 흡수가 전형적으로 관찰된다. 이중 결합에 직접 결합된 proton으로 인한 **vinyl 흡수**(4.5~6.5 ppm)와 이중 결합에 이웃하고 있는 탄소 원자에 위치한 proton으로 인한 **allyl 흡수**(1.6~2.6 ppm)가 관찰된다. 두 형태의 수소 모두 이중 결합의 π 전자의 비등방성 장 때문에 벗겨진다. Allyl 수소는 이중 결합으로부터 더 멀리 떨어져 있기 때문에 이와 같은 효과는 작아진다. 2-Methyl-1-pentene의 스펙트럼을 그림 5.38에 나타내었다. Vinyl 수소는 4.7 ppm에 나타나고, allyl 위치의 methyl 그룹은 1.7 ppm에 나타난다.

Vinyl 수소와 allyl 수소 모두 갈라짐 형태는 아주 복잡한데, 이와 같이 복잡하게 되는 이유는 이중 결합에 결합된 수소가 거의 동등하지 않기 때문이며, 추가적으로 allyl 수소가 이중 결합에 있는 모든 수소와 짝지음을 할 수 있기 때문이다. 제7장 7.8절과 7.9절에서 이와 같은 상황을 자세하게 논의할 것이다.

C. 방향족 화합물

방향족 화합물은 두 가지 유형의 전형적인 수소, 즉 방향족 고리에 있는 수소(benzene 고리 수소)와 이웃하고 있는 탄소 원자에 결합된 benzyl 수소를 가지고 있다.

방향족 고리에 결합된 수소는 쉽게 확인할 수 있다. 다른 유형의 수소가 거의 흡수를 나타내지 않는 고유한 영역(6.5~8.0 ppm)에 나타나기 때문이다. 때때로 크게 벗겨진 vinyl 수소가 이 영역에 나타나기도 하지만, 이것은 극히 드물다. 방향족 고리에 결합된 수소는 이중 결합에 결합된 수소보다 훨씬 더 벗겨져 있는데, 이는 고리에서 π 전자가 순환(고리 전류)하면서 생성된 큰 비등방성 장 때문이다. 이와 같이 특이한 방향족 고리의 거동은 5.12절을 참조하여라.

$-NO_2$와 같이 전자를 끌어당기는 그룹이 고리에 결합되어 있을 때, 고리에 있는 수소는 가장 큰 화학적 이동을 나타낸다. 이와 같은 그룹은 공명 상호작용을 통하여 고리로부터 전자 밀도를 끌어당겨 결합된 수소가 벗겨진다. 반면 methoxy 그룹($-OCH_3$)과 같이 전자를 주는 그룹은 이 수소의 가리움을 증가시켜 화학적 이동은 높은 장 쪽으로 옮겨간다.

스펙트럼 분석 상자 – 방향족 화합물 *Spectral Analysis Box–Aromatic Compounds*

화학적 이동

	화학적 이동	
(benzene 고리)—H	6.5~8.0 ppm	Benzene류 방향족 고리 위에 결합된 수소는 대개 7.0 ppm 근처의 큰 화학적 이동을 갖는다. 수소들은 고리의 π 시스템에 있는 전자에 의해 생성된 큰 비등방성 장 때문에 벗겨진다.
(benzene 고리)—CH—	2.3~2.7 ppm	Benzyl 수소도 고리의 비등방성 장에 의해 벗겨진다. 그러나 고리로부터 더 멀리 떨어져 있어서 그 효과는 더 작다.

짝지음 거동

(benzene 고리)—H, H	$^3J_{ortho} \approx 7 \sim 10$ Hz $^4J_{meta} \approx 2 \sim 3$ Hz $^5J_{para} \approx 0 \sim 1$ Hz	Benzene 고리에 있는 proron에 대한 갈라짐 패턴은 7.10절에서 논의한다. 이와 같은 갈라짐 패턴과 짝지음 상수값의 크기로부터 고리에 결합된 치환기의 위치를 결정하는 것도 종종 가능하다.

Benzene 고리에 결합된 동등하지 않은 수소는 서로 상호작용하여 스핀–스핀 갈라짐 패턴을 만든다. 고리에 결합된 수소 사이의 상호작용의 정도는 수소 사이에 끼어 있는 결합 개수나 수소 사이의 거리에 따라 달라진다. *Ortho* 수소($^3J \approx 7 \sim 10$ Hz)는 *meta* 수소($^4J \approx 2 \sim 3$ Hz)보다 더 강하게 짝지음하고, *meta* 수소는 *para* 수소($^5J \approx 0 \sim 1$ Hz)보다 더 강하게 짝지음한다. 관찰된 고리 수소의 갈라짐 패턴에 의하여 종종 고리의 치환 패턴을 결정할 수 있다(7.10절). 쉽게 인지할 수 있는 한 가지 패턴은 *para*-이중 치환 benzene 고리이다(그림 7.64). α-Chloro-*p*-xylene의 스펙트럼을 그림 5.39에 나타내었다. 강하게 벗겨진 고리 수소가 7.2 ppm에 나타나며, *para*-이중 치환 패턴을 분명하게 보여준다. 2.3 ppm에 보이는 methyl proton의 화학적 이동은 약한 벗겨짐 효과를 보여주고 있다. Methylene 수소의 화학적 이동이 큰 것은 같은 탄소에 전기음성도가 큰 염소가 결합되어 있기 때문이다.

D. Alkyne

말단 alkyne(사슬의 끝에 위치한 삼중 결합)은 acetylene 수소와 삼중 결합 다음 탄소 원자에 위치한 α-수소를 가지고 있다. 삼중 결합이 사슬의 중간에 위치한다면 acetylene 수소는 없을 것이다.

말단 alkyne(삼중 결합이 1번 위치에 있는 화합물)의 acetylene proton은 1.9 ppm 근처에 나타난다. 이것은 π 전자에 의해 유발된 가리움 때문에 높은 장으로 이동한 것이다(그림 5.22). 1-Pentyne의 스펙트럼을 그림 5.40에 나타내었다. 삽입된 그림은 스펙트럼의 1.94 ppm과 2.17 ppm 영역을 확대한 것으로 각각 proton **c**와 proton **d**에 해당한다. 확대된 그림에서 짝지음 상수를 계산할 수 있도록 피크 위에 Hz 값을 표시하였다. 1.94 ppm의 acetylene proton(**c**)은 2.6~3.0 Hz의 짝지음 상수를 갖는 삼중선으로 나타

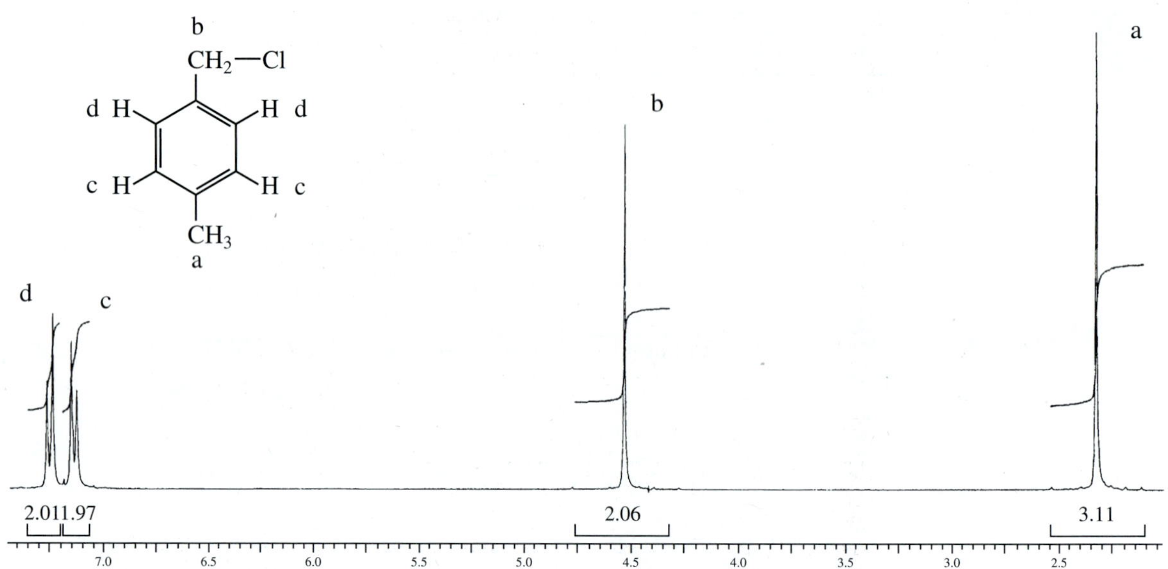

그림 5.39 α-Chloro-*p*-xylene의 ^{1}H NMR 스펙트럼(300 MHz).

스펙트럼 분석 상자 – Alkyne *Spectral Analysis Box–Alkyne*

화학적 이동

C≡C–H	1.7~2.7 ppm	말단 수소 또는 acetylene 수소는 이웃하고 있는 π 결합의 비등방성 가리움 때문에 1.9 ppm 가까이에 화학적 이동을 갖는다.
C≡C–CH–	1.6~2.6 ppm	삼중 결합에 이웃하고 있는 탄소에 결합된 proton 역시 π 시스템의 영향을 받는다.

짝지음 거동

H–C≡C–C–H	^4J = 2~3 Hz	Alkyne에서도 “allyl 짝지음”이 종종 관찰되지만, 상대적으로 작다.

나는 것에 주목하여라. 이 짝지음 상수는 585.8 − 583.2 = 2.6 Hz, 또는 583.2 − 580.2 = 3.0 Hz와 같이 두 피크의 Hz 값을 빼서 계산한다. 이 값들은 실험 오차로 인하여 다소 차이가 난다. 7.0 Hz(^3J)보다 작은 값은 종종 말단 alkyne에서 발견되는 장거리 짝지음(네결합 짝지음, ^4J)에 의한 것이다. 제7장 7.2절과 7.10절에서 장거리 짝지음에 대한 더 많은 정보를 제공할 것이다.

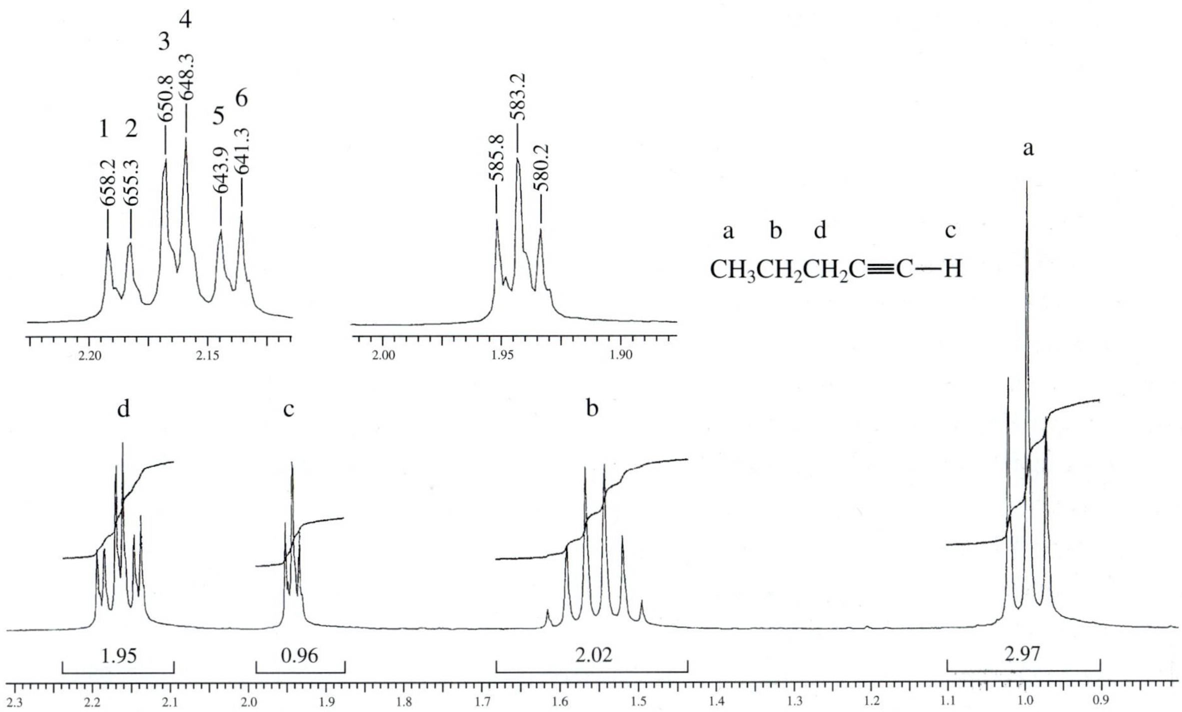

그림 5.40 1-Pentyne의 ^{1}H NMR 스펙트럼(300 MHz).

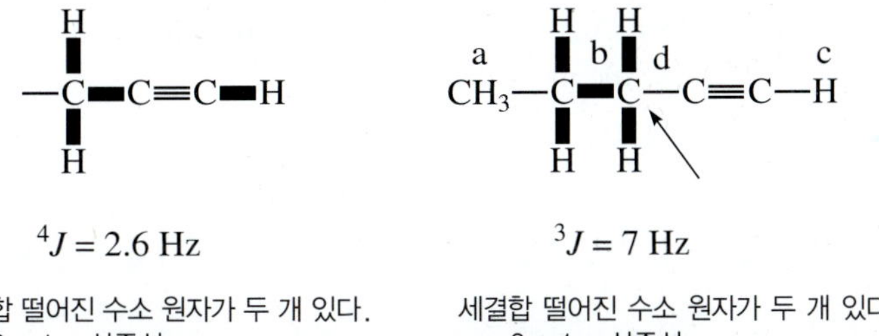

네결합 떨어진 수소 원자가 두 개 있다.
$n = 2 + 1$ = 삼중선

세결합 떨어진 수소 원자가 두 개 있다.
$n = 2 + 1$ = 삼중선

Proton **d**는 두 개의 이웃하는 proton(^{3}J)에 의해서 삼중선으로 갈라지고, 그런 다음 삼중선이 이중선으로 다시 갈라진다(그림 5.40의 삽입된 그림에서 proton **d**를 참조할 것). 이와 같은 유형의 갈라짐 패턴을 *이중선의 삼중선*이라 한다. ^{3}J 짝지음 상수는 뺄셈에 의해 계산할 수 있다. 예를 들어, 왼쪽에서 오른쪽으로 번호 1~6을 부여하고, 피크 4의 값에서 피크 6의 값을 빼면(648.3 − 641.3 = 7.0 Hz) ^{3}J 값이 얻어진다. ^{4}J 짝지음 상수 역시 이중선의 삼중선으로부터 계산할 수 있다. 예를 들어, 피크 5의 값에서 피크 6의 값을 빼면(643.9 − 641.3 = 2.6 Hz) ^{4}J 값이 얻어진다.

그림 5.40에서 1.55 ppm에 나타나는 CH_2 그룹(**b**)의 육중선은 탄소 **d**와 탄소 **a**에 결합된 총 다섯 개의 이웃하고 있는 수소 원자와의 짝지음(^{3}J)으로 인한 것이다. 마지막으로 1.0 ppm에 나타나는 CH_3 그룹(**a**)의 삼중선은 탄소 **b**에 결합된 두 개의 이웃하고 있는 수소 원자와의 짝지음(^{3}J)으로 인한 것이다.

E. Alkyl Halide

Alkyl halide에서 halogen이 결합된 탄소와 같은 탄소에 결합된 α-수소는 벗겨질 것이다.

스펙트럼 분석 상자 – Alkyl Halide *Spectral Analysis Box–Alkyl Halide*

화학적 이동

−**CH**−I	2.0~4.0 ppm	Halogen 원자가 결합된 탄소와 같은 탄소에 결합된 수소의 화학적 이동은 증가(더 낮은 장으로 이동)할 것이다.
−**CH**−Br	2.7~4.1 ppm	이와 같은 벗겨짐 효과는 결합된 halogen 원자의 전기음성도에 의한 것이다. 결합된 halogen 원자의 전기음성도가 증가할수록 화학적 이동의 정도가 증가한다. 따라서 플루오린을 포함하는 화합물에서 가장 큰 화학적 이동을 보인다.
−**CH**−Cl	3.1~4.1 ppm	
−**CH**−F	4.2~4.8 ppm	

짝지음 거동

−**CH**−**F**	$^2J \approx 50$ Hz	플루오린을 포함하는 화합물은 같은 탄소나 이웃하고 있는 탄소에 결합된 수소와 플루오린 사이의 짝지음에 의한 스핀−스핀 갈라짐을 보인다. ^{19}F는 스핀이 $\frac{1}{2}$이다. 다른 halogen(I, Cl, Br)은 짝지음을 하지 않는다.
−**CH**−**CF**−	$^3J \approx 20$ Hz	

Halogen이 결합된 탄소와 같은 탄소에 결합된 수소는 결합된 halogen의 전기음성도 때문에 벗겨진다(국소 반자기성 가리움) (5.11A절). 벗겨지는 정도는 halogen의 전기음성도가 증가함에 따라 증가하고, 여러 개의 halogen이 있을 경우에 더 증가한다.

플루오린을 포함하는 화합물은 플루오린과 같은 탄소에 결합된 수소 사이(−**CHF**)의 짝지음과 플루오린과 이웃하는 탄소에 결합된 수소 사이(**CH**−**CF**−)의 짝지음을 보여준다. 플루오린(^{19}F)의 스핀이 $\frac{1}{2}$이기 때문에 $n + 1$ 규칙을 적용하여 결합된 수소의 다중선을 예측할 수 있다. 다른 halogen은 수소 피크의

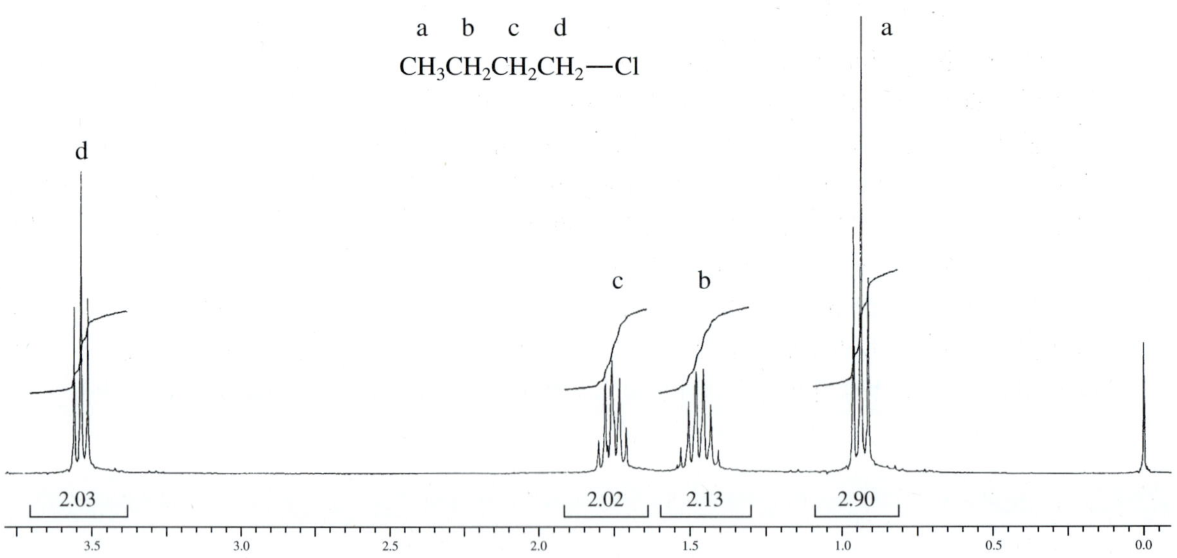

그림 5.41 1-Chlorobutane의 ^{1}H NMR 스펙트럼(300 MHz).

스핀-스핀 갈라짐을 유발하지 않는다.

1-Chlorobutane의 스펙트럼을 그림 5.41에 나타내었다. 1번 탄소에 결합된 수소가 낮은 장으로 크게 이동한 것(벗겨짐)은 같은 탄소에 결합된 염소 때문이다.

F. Alcohol

Alcohol에서는 hydroxyl proton과 α-수소(hydroxyl 그룹이 결합된 탄소에 결합된 수소) 모두 특징적인 화학적 이동을 가지고 있다.

스펙트럼 분석 상자 – Alcohol *Spectral Analysis Box–Alcohol*

화학적 이동

C−OH	0.5~5.0 ppm	−OH 수소의 화학적 이동은 매우 가변적이다. 그 위치는 농도, 용매, 온도에 따라 달라진다. 같은 이유 때문에 피크가 넓은 폭으로 나타날 수도 있다.
CH−O−H	3.2~3.8 ppm	α-탄소에 결합된 proton은 전기음성도가 큰 산소 원자에 의해 벗겨지므로 스펙트럼에서 낮은 장으로 이동한다.

짝지음 거동

CH−OH	*보통 짝지음 없음*, 또는 $^3J = 5$ Hz	많은 용액 속에서 −OH proton은 빠르게 화학적 교환이 일어나기 때문에 −OH proton과 α-탄소에 결합된 수소 사이의 짝지음은 보통 관찰되지 않는다.

−**OH** 수소의 화학적 이동은 가변적이다. 그 위치는 농도, 용매, 온도에 따라 달라지고, 물, 산성 불순물 또는 염기성 불순물의 존재 여부에 따라 달라진다. 이 피크는 0.5~5.0 ppm 범위의 어느 곳에서나 발견된다. 이 흡수의 가변성은 −**OH** proton의 교환 속도와 용액 속에서 형성되는 수소결합의 정도에 달려 있다(8.1절).

−**OH** 수소는 대개 이웃하고 있는 탄소(−**CH**−**OH**)에 결합된 수소와 짝지음하지 않는데, 그 이유는 −OH 수소의 빠른 교환으로 이와 같은 상호작용이 짝풀림되기 때문이다(8.1절).

$$-\mathrm{CH}-\mathbf{OH} + \mathbf{HA} \rightleftharpoons -\mathrm{CH}-\mathbf{OH} + \mathrm{HA} \qquad \text{교환이 빠르면 짝지음이 없음}$$

온도가 올라가거나, 용액에 적은 양의 산 불순물이나 물이 존재하면 교환은 더욱 촉진된다. 고순도의 alcohol에서는 −**CH**−**OH** 짝지음이 관찰된다. 또한 새로 정제하고 증류한 시료, 또는 구입한 후 개봉하지 않은 병에서 취한 alcohol은 이와 같은 짝지음을 보여줄 수도 있다.

때때로 −OH 흡수를 확인하기 위한 방법으로 빠른 교환을 사용할 수도 있다. 이 방법에서 alcohol 용액이 들어 있는 NMR 튜브에 한 방울의 D_2O를 첨가한다. 시료를 흔들어 주고, 몇 분 동안 방치하면, −**OH** 수소는 중수소로 치환되어 −**OD**로 전환되고, 이로 인하여 스펙트럼에서 −**OH** 피크가 사라진다(또는 그 세기를 줄어든다).

$$-\mathrm{CH}-\mathbf{OH} + \mathrm{D_2O} \rightleftharpoons -\mathrm{CH}-\mathrm{OD} + \mathbf{H}\mathrm{OD} \qquad \text{중수소 교환}$$

이웃하고 있는 탄소에 결합된 수소(−**CH**−OH)는 결합된 산소로 인하여 벗겨지기 때문에 3.2~3.8 ppm 범위에 나타난다. 만약 **OH**의 교환이 일어난다면, 이 수소와 −**OH** 수소는 짝지음을 하지 않지만, 탄

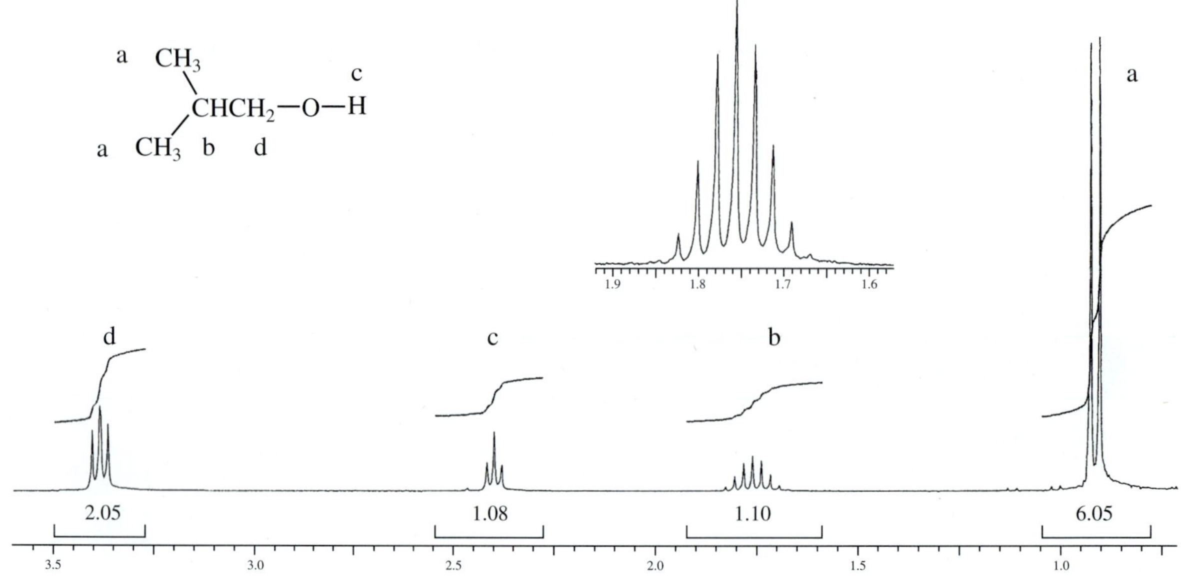

그림 5.42 2-Methyl-1-propanol의 ¹H NMR 스펙트럼(300 MHz).

소 사슬을 따라 위치한 이웃하고 있는 탄소에 결합된 수소와 짝지음을 보여줄 수 있다. 만약 교환이 일어나지 않는다면, 이 수소의 갈라짐 패턴은 −**CH**−**OH**와 −**CH**−**CH**−O−의 다른 크기의 짝지음 상수 때문에 아주 복잡할 것이다(8.1절).

2-Methyl-1-propane의 스펙트럼을 그림 5.42에 나타내었다. Hydroxyl 그룹의 산소가 결합된 탄소와 같은 탄소에 결합된 수소의 화학적 이동이 낮은 장으로 크게 이동한 것(3.4 ppm)에 주목하여라. Hydroxyl 그룹은 2.4 ppm에 나타나고, 이 시료에서 hydroxyl 수소가 이웃하고 있는 탄소에 결합된 수소와 약간의 짝지음한 것이 나타난다. 1.75 ppm에 나타난 methine proton을 확대해서 삽입하였다. 피크의 패턴은 구중선으로 두 개의 methyl 그룹과 한 개의 methylene 그룹과 짝지음한 것($n + 1 = (3 + 3 + 2) + 1 = 9$)을 볼 수 있다.

G. Ether

Ether에서는 산소가 결합된 탄소 원자인 α-탄소에 결합된 수소, 즉 α-수소가 크게 벗겨진다.

스펙트럼 분석 상자 – Ether *Spectral Analysis Box–Ether*

화학적 이동

R−O−**CH**−	3.2~3.8 ppm	산소가 결합된 탄소와 같은 탄소에 결합된 수소는 산소의 전기음성도로 인하여 벗겨진다.

Ether에서는 산소에 이웃하고 있는 탄소에 결합된 수소는 결합된 산소의 전기음성도 때문에 벗겨져서, 화학적 이동이 3.2~3.8 ppm 범위에 나타난다. 특히 methoxy 그룹은 이 범위에서 아주 큰 단일선으로 나타나기 때문에 쉽게 확인할 수 있다. Ethoxy 그룹도 쉽게 확인할 수 있는데, 하나는 높은 장에서 삼중선으로 나타나고, 다른 하나는 3.2~3.8 ppm 범위에 구별되는 사중선으로 나타난다. Epoxide가 예외인 경

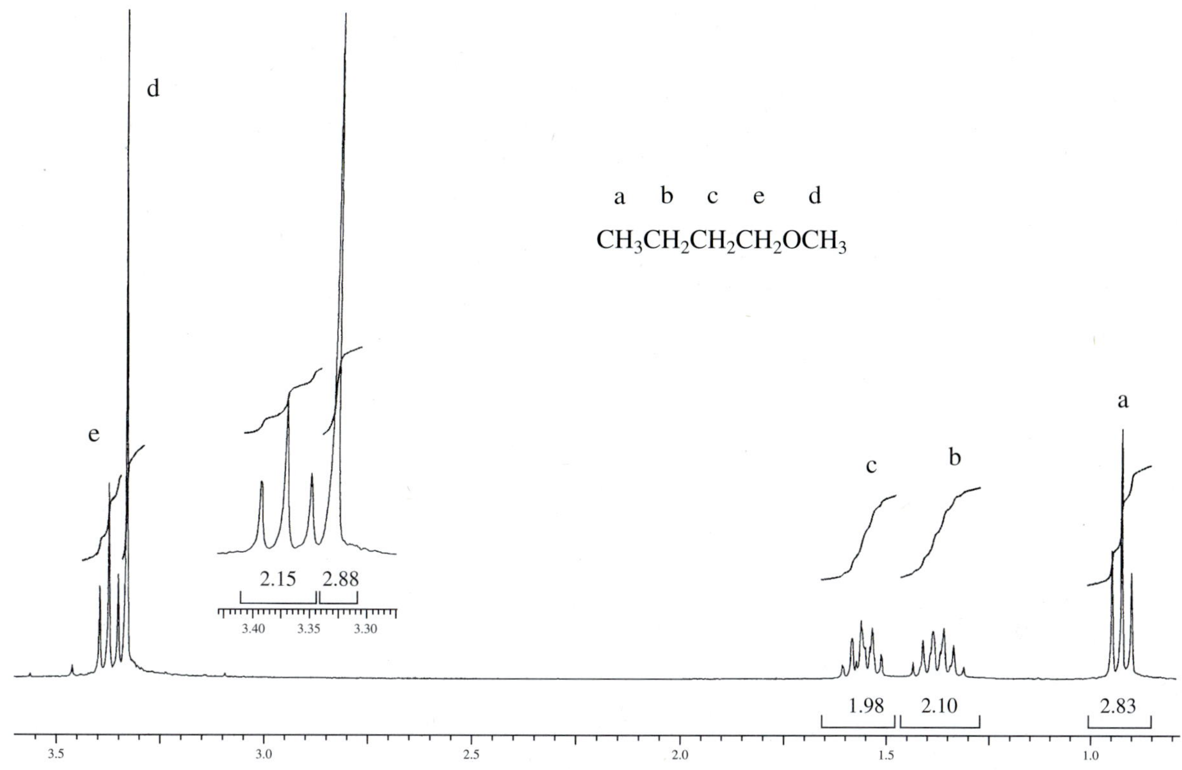

그림 5.43 Butyl methyl ether의 ^{1}H NMR 스펙트럼(300 MHz).

우인데, 고리 뒤틀림으로 인해 벗겨짐이 그렇게 크지 않아서 고리에 결합된 수소는 2.5~3.5 ppm 범위에 나타난다.

Butyl methyl ether의 스펙트럼을 그림 5.43에 나타내었다. 산소에 이웃하고 있는 methyl의 흡수와 methylene의 흡수 모두 약 3.4 ppm에 나타난다. Methoxy 피크는 갈라짐이 없이 크고 뾰족한 단일선으로 나타난다. Methylene 수소는 사슬에서 이웃 탄소에 결합된 수소에 의해 삼중선으로 갈라진다.

H. Amine

Amine에서는 전형적인 두 유형의 수소, 즉 질소에 결합된 amino 그룹 수소와 amino 그룹이 결합된 탄소와 같은 탄소(α-탄소)에 결합된 α-수소가 있다.

스펙트럼 분석 상자 – Amine *Spectral Analysis Box–Amine*

화학적 이동

R–N–H	0.5~4.0 ppm	질소에 결합된 수소는 온도, 산성도, 수소결합의 정도, 용매에 따라 바뀌는 다양한 화학적 이동을 갖는다.
CH–N	2.2~2.9 ppm	α 수소는 결합된 질소의 전기음성도에 의해 약하게 벗겨진다.
N—**H**	3.0~5.0 ppm	이 수소는 고리의 비등방성과 질소로부터 전자 밀도를 제거하고 혼성화의 변화를 가져오는 공명에 의해 벗겨진다.

짝지음 거동

−N−H	$^1J \approx 50$ Hz	질소와 결합된 수소 사이의 직접적인 짝지음은 대개 관찰되지 않지만, 짝지음이 일어날 때는 그 값이 대단히 크다. 보다 보편적으로 이와 같은 짝지음은 질소에 의한 사중 극자 넓혀짐 현상이나 proton 교환에 의해 가려져 불분명하다. 8.4절과 8.5절을 참조하여라.
−N−CH	$^2J \approx 0$ Hz	이 짝지음은 대개 관찰되지 않는다.
C−N−**H** (C에 **H** 결합)	$^3J \approx 0$ Hz	이 짝지음은 화학적 교환 때문에 대개 관찰되지 않는다.

−**NH** 흡수 위치로 amine을 확인하는 것은 신뢰할 수 있는 방법이 아니다. 이 피크는 대단히 가변적이고, 0.5~4.0 ppm의 넓은 범위에 걸쳐 나타나며, 방향족 amine의 경우 범위는 더욱 넓어진다. 이 공명의 위치는 온도, 산성도, 수소결합의 정도, 용매 등에 의해 영향을 받는다. 이와 같은 위치의 가변성에 추가하여, −**NH** 피크는 종종 아주 넓게 퍼져 나타나며, 이웃하고 있는 탄소 원자에 결합된 수소와 뚜렷한 짝지음 없이 세기가 약하다. 이와 같은 현상이 일어나는 이유는 −**NH** proton의 화학적 교환이나 *사중 극자 넓혀짐* 현상(8.5절 참조)이라 불리는 질소의 특성 때문이다. 이미 alcohol에서 언급한 바와 같이, amino 수소도 D_2O와 교환을 하여 피크가 사라진다.

$$-\mathrm{N}-\mathbf{H} + \mathrm{D_2O} \rightleftharpoons -\mathrm{N}-\mathrm{D} + \mathrm{DOH}$$

방향족 amine(aniline)에서 −**NH** 피크는 가장 큰 화학적 이동을 갖는데, 이는 공명에 의해 혼성화의 변화가 생겨서 **NH** 결합이 더 강해졌기 때문이다. 질소는 핵스핀 $I = 1$ 값을 갖는 스핀 활성 원소임에도 불구하고, 질소와 질소에 직접 결합된 수소 사이의 짝지음이나 질소와 이웃하고 있는 탄소에 결합된 수소 사이의 짝지음은 대개 관찰되지 않는다. 그러나 어떤 특수한 경우에는 짝지음이 나타나기도 해서 신뢰할 만한 예측이 어렵다.

Amino 그룹에 α 위치에 있는 수소는 전기음성도가 큰 질소 원자의 존재 때문에 약하게 벗겨져서 2.2~2.9 ppm 범위에 피크가 나타난다. Propylamine의 스펙트럼을 그림 5.44에 나타내었다. 약하고 넓게 퍼진 NH 흡수가 1.8 ppm에 나타나고, 질소에 결합된 수소나 이웃하고 있는 탄소에 결합된 수소와 짝지음이 없는 것에 주목하여라.

I. Nitrile

Nitrile에서는 cyano 그룹이 결합된 탄소와 같은 탄소에 결합된 수소인 α-수소가 유일하게 특징적인 화학적 이동을 갖는다.

스펙트럼 분석 상자 − Nitrile *Spectral Analysis Box–Nitrile*

화학적 이동

−**CH**−C≡N	2.1~3.0 ppm	α-수소는 cyano 그룹에 의해 약하게 벗겨진다.

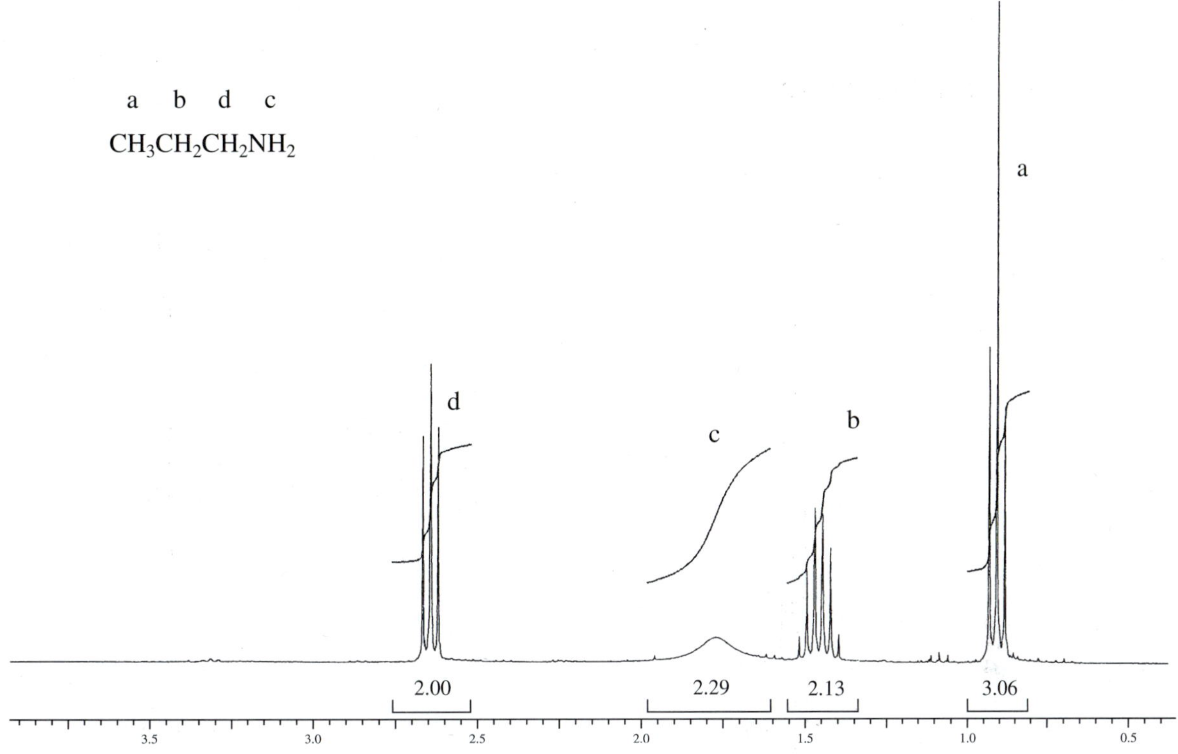

그림 5.44 Propylamine의 ^1H NMR 스펙트럼(300 MHz).

Nitrile에 이웃하고 있는 탄소에 결합된 수소는 π 결합 전자에 의한 비등방성 장에 의해 약하게 벗겨져서, 2.1~3.0 ppm 범위에 피크가 나타난다. Valeronitrile의 스펙트럼을 그림 5.45에 나타내었다. Cyano 그룹에 이웃하고 있는 수소가 2.35 ppm 근처에 나타난다.

J. Aldehyde

Aldehyde에서는 두 유형의 수소, 즉 aldehyde 수소와 aldehyde 그룹이 결합된 탄소와 같은 탄소에 결합된 α-수소가 있다.

스펙트럼 분석 상자 – Aldehyde *Spectral Analysis Box–Aldehyde*

화학적 이동

R–C**H**O	9.0~10.0 ppm	Aldehyde 수소는 carbonyl 그룹(C=O)의 비등방성 때문에 매우 낮은 장으로 이동해 나타난다.
R–C**H**–CH=O	2.1~2.4 ppm	C=O 그룹에 이웃하고 있는 탄소에 결합된 수소도 carbonyl 그룹에 의해 벗겨지지만, 거리가 더 멀기 때문에 그 효과는 약하다.

짝지음 거동

–C**H**–C**H**O	$^3J \approx$ 1~3 Hz	Aldehyde 수소와 이웃하고 있는 탄소에 결합된 수소 사이의 짝지음은 종종 일어나지만 ^3J 값은 작다.

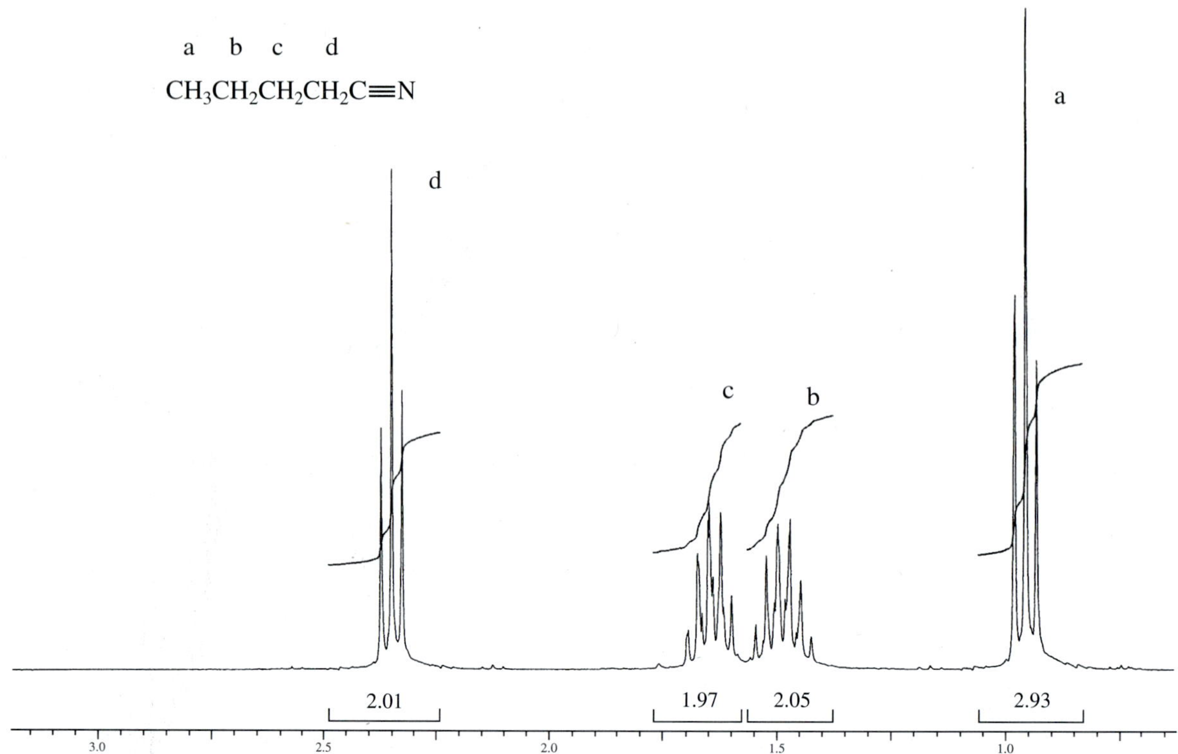

그림 5.45 Valeronitrile의 ^{1}H NMR 스펙트럼(300 MHz).

Aldehyde 그룹(−**C**H**O**)에서 proton의 화학적 이동은 9~10 ppm 범위에 나타난다. 다른 어떤 proton도 이 범위에 나타나지 않기 때문에 이 범위에 나타나는 proton은 aldehyde 그룹의 존재를 직접적으로 알려준다. 그림 5.46은 2-methylpropanal(isobutyraldehyde)의 NMR 스펙트럼이며, 삽입된 그림에서 aldehyde proton은 9.64 ppm에서 ^3J = 1.5 Hz인 이중선으로 나타난다. NMR은 aldehyde 그룹의 존재를 확인하는데 IR 분광학보다 더 신뢰할 수 있다. 다른 영역도 역시 확대하여 삽입했으며, 다음과 같이 요약하였다.

proton **a:** 1.13 ppm (이중선, ^3J = 342.7 − 335.7 = 7.0 Hz)
proton **b:** 2.44 ppm (이중선의 칠중선, ^3J = 738.0 − 731.0 = 7.0 Hz와 ^4J = 725.5 − 724.0 = 1.5 Hz)
proton **c:** 9.64 ppm (이중선, ^3J = 2894.6 − 2893.1 = 1.5 Hz)

Carbonyl 그룹에 이웃하고 있는 CH 그룹(**b**)은 α-탄소에 결합된 수소에 대한 전형적인 값으로 2.1~2.4 ppm 범위에 나타난다. 이 경우에 2.44 ppm에 이중선의 칠중선으로 나타난 패턴은 이웃하고 있는 두 개의 CH_3 그룹과의 짝지음(n = 6 + 1 = 7)과 aldehyde proton과의 짝지음(n = 1 + 1 = 2)에 의한 결과이다.

이중선으로 나타난 두 개의 methyl 그룹(**a**)이 6H로 적분되고, ^3J = 7.0 Hz를 갖는 것에 주목하여라. 이웃하고 있는 탄소 **b**에 결합된 하나의 proton이 존재하기 때문에 n + 1 규칙에 의해 이중선으로 예측된다.

K. Ketone

Ketone은 오직 하나의 구별되는 수소, 즉 α-탄소에 결합된 수소가 있다.

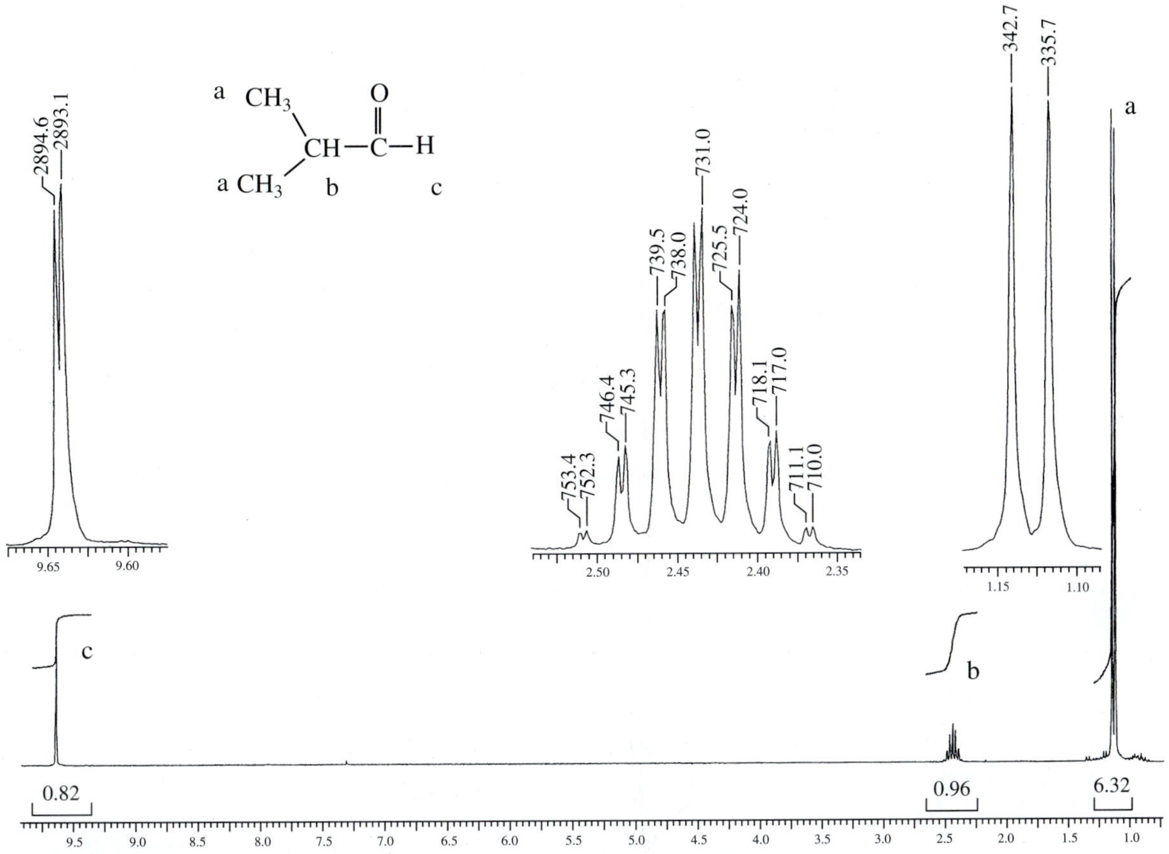

그림 5.46 2-Methylpropanal(isobutyraldehyde)의 300 MHz에서 얻은 ^{1}H NMR 스펙트럼.

스펙트럼 분석 상자 – Ketone *Spectral Analysis Box–Ketone*

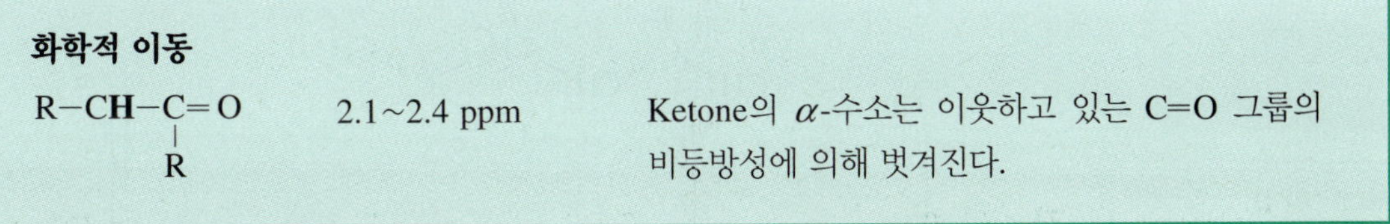

화학적 이동

R–C**H**–C(R)=O	2.1~2.4 ppm	Ketone의 α-수소는 이웃하고 있는 C=O 그룹의 비등방성에 의해 벗겨진다.

Ketone에서는 carbonyl 그룹에 이웃하고 있는 탄소에 결합된 수소는 2.1~2.4 ppm 범위에 나타난다. 이 수소가 긴 사슬의 일부분이라면, 이웃하고 있는 탄소에 결합된 수소에 의해 갈라질 것이며, 사슬을 따라 계속될 것이다. Methyl ketone은 2.1 ppm 근처에서 세 개의 proton에 해당하는 뾰족한 단일선을 보이므로 아주 쉽게 구별할 수 있다. Carbonyl 그룹 다음에 있는 탄소에 결합된 모든 수소는 2.1~2.4 ppm 범위에서 흡수를 나타낸다는 것을 알아야 한다. 그러므로 ketone, aldehyde, ester, amide, carboxylic acid 등은 이와 같은 범위에 NMR 흡수를 갖는다. 따라서 화합물을 ketone으로 확신하기 위해서는 다른 흡수($-CHO$, $-OH$, $-NH_2$, $-OCH_2R$ 등)가 없는지 찾아 볼 필요가 있다. 적외선 분광학은 이와 같은 유형의 화합물을 구별하는데 커다란 도움이 된다. IR 스펙트럼에서 aldehyde, hydroxyl, amino 또는 ether 신축 흡수가 없는 것이 확인되면, 화합물을 ketone으로 확신하는 데 도움이 될 것이다.

5-Methyl-2-hexanone의 스펙트럼을 그림 5.47에 나타내었다. Carbonyl 그룹에 이웃하고 있는 methyl 그룹(**d**)이 2.2 ppm에서 큰 단일선으로 나타나는 것에 주목하여라. 이것은 methyl ketone의 아주 중요한 특징이다. 이웃하고 있는 다른 proton이 없기 때문에 3H로 적분되는 단일선으로 관찰된다. 전형적으로 결합된 proton 개수가 많은 탄소 원자가 더 가려진다. 따라서 methyl 그룹(**d**)은 proton이 더 적게 결합된 methylene 그룹(**e**)보다 더 높은 장에 나타난다. Methylene 그룹 **b**는 사중선으로 1.45 ppm에 분명하게 보이지만, 1.5 ppm에 나타나는 한 개의 proton **c**의 다중선과 부분적으로 겹쳐 있다. 약 0.9 ppm에 이중선으로 나타나는 두 개의 methyl 그룹은 6H로 적분된다. 두 개의 동등한 methyl 그룹이 이중선으로 나타난 것은 이웃하고 있는 하나의 proton과 짝지음(^3J)을 하기 때문이다.

L. Ester

Ester에는 구별할 수 있는 두 유형의 수소가 있다. 즉, ester의 *alcohol 부분*의 산소 원자에 결합된 탄소 원자에 결합된 수소와 ester의 *산 부분*에 있는 α-탄소(즉, C=O 그룹에 이웃하는 탄소)에 결합된 수소가 있다.

스펙트럼 분석 상자 – Ester *Spectral Analysis Box–Ester*

화학적 이동

α O
$-CH_2-C$
$O-CH_2-$
2.1~2.5 ppm 3.5~4.8 ppm

Ester의 α-수소는 이웃하고 있는 carbonyl 그룹(C=O)의 비등방성 때문에 벗겨진다.

단일 결합 산소에 결합된 탄소에 결합된 수소는 산소의 전기음성도에 의해 벗겨진다.

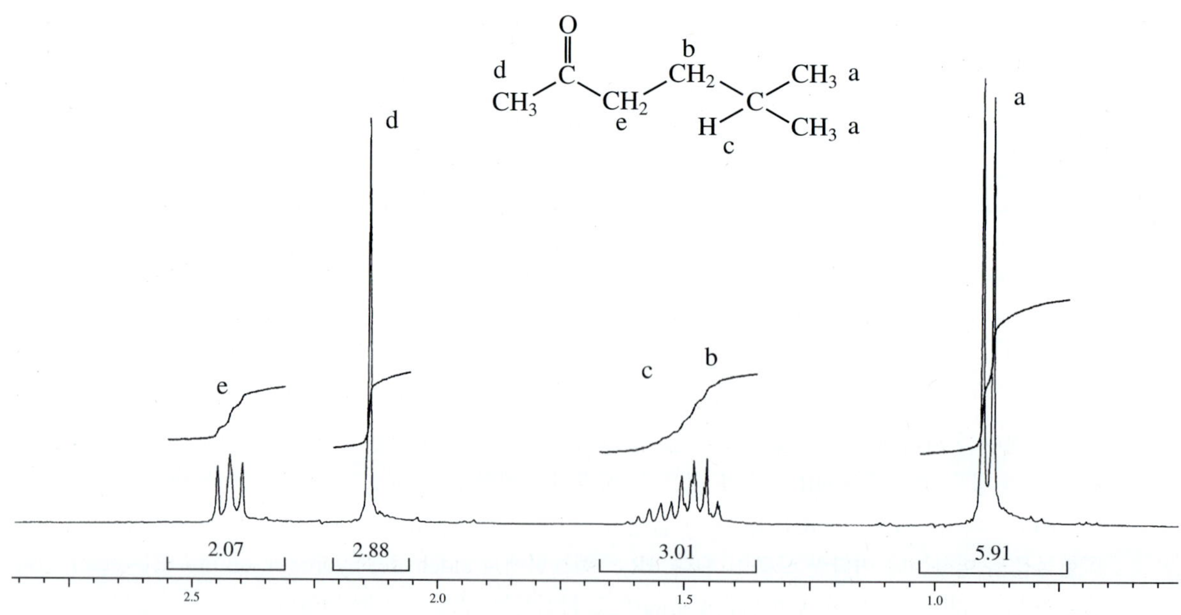

그림 5.47 5-Methyl-2-hexanone의 ^1H NMR 스펙트럼(300 MHz).

Carbonyl 그룹 다음에 오는 탄소에 결합된 모든 수소는 같은 범위(2.1~2.5 ppm)에 흡수를 나타낸다. 이 수소는 carbonyl 그룹의 비등방성 장에 의해 벗겨진다. 그러므로 ketone, aldehyde, ester, amide, carboxylic acid 등은 모두 이와 같은 범위의 NMR 흡수를 갖는다. Ester로 판별하는 데 가장 중요한 피크는 3.5~4.8 ppm 범위에 있다. 이 수소의 화학적 이동이 큰 이유는 같은 탄소에 결합되어 있는 전기음성도가 큰 산소 원자의 효과로 수소가 벗겨지기 때문이다. 앞서 언급한 두 유형의 수소는 모두 긴 사슬의 일부라면 다중선으로 갈라질 수도 있다.

Isobutyl acetate의 스펙트럼을 그림 5.48에 나타내었다. 3H로 적분되는 2.1 ppm의 큰 단일선(**c**)은 C=O 그룹에 결합된 methyl 그룹임에 주목하여라. 만약 methyl 그룹이 (carbonyl 그룹에 결합되지 않고) 단일 결합을 형성하는 산소 원자에 결합되어 있다면, 흡수는 약 3.5~4.0 ppm 근처에 나타날 것이다. 화학적 이동의 정보를 통하여 methyl 그룹이 $-CO_2-$ 그룹의 어느 쪽에 결합되어 있는지를 알 수 있다. 산소 원자에 결합된 $-CH_2-$ 그룹(**d**)은 산소 원자의 전기음성도 때문에 약 3.85 ppm 근처의 낮은 장으로 이동한다. 이 그룹은 2H로 적분되고 이중선으로 나타나는데, 이는 methine 탄소 원자에 결합된 이웃하고 있는 하나의 proton(**b**)에 의한 것이다. Methine 탄소에 결합된 하나의 proton은 다중선으로 나타나는데, 이는 이웃하고 있는 두 개의 methyl 그룹(**a**)과 methylene 그룹(**d**)에 의한 것으로 구중선이다(아홉 개의 피크, 1.95 ppm). 마지막으로, 6H로 적분되면서 0.9 ppm에 이중선으로 나타나는 피크는 두 개의 methyl 그룹이다.

M. Carboxylic Acid

Carboxylic acid는 $-COOH$ 그룹에 결합된 산성 proton과 carboxyl 그룹이 결합된 탄소와 같은 탄소에 결합된 α-수소를 가지고 있다.

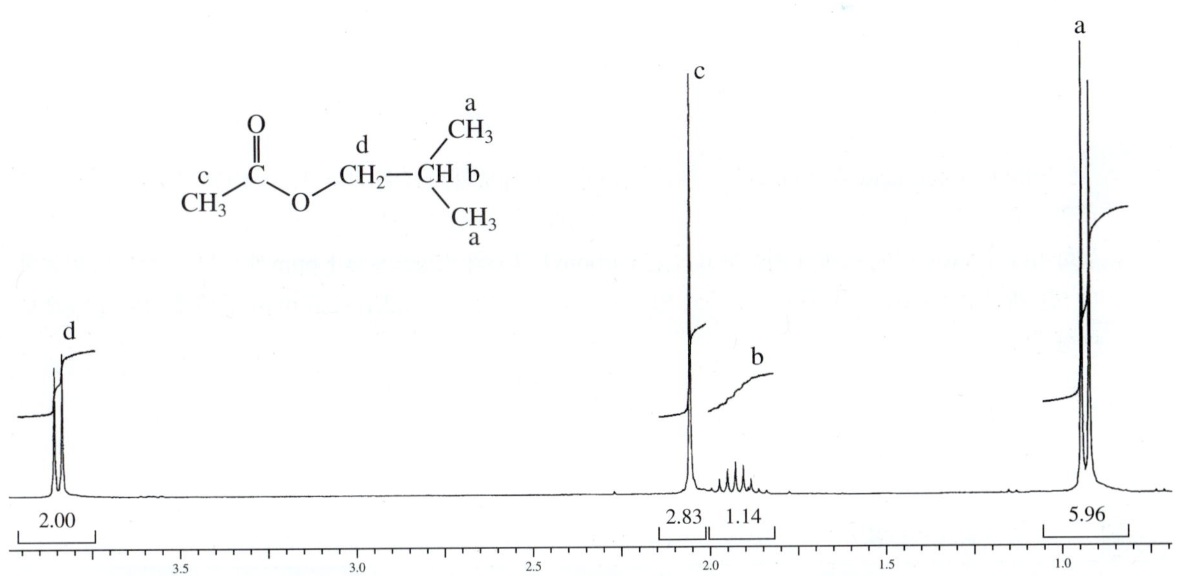

그림 5.48 Isobutyl acetate의 ^1H NMR 스펙트럼(300 MHz).

스펙트럼 분석 상자 – Carboxylic Acid *Spectral Analysis Box–Carboxylic Acid*

화학적 이동

R–COO**H**	11.0~12.0 ppm	이 수소는 결합된 산소에 의해 벗겨지고 강한 산성이다. 보통 넓은 폭의 이 신호는 carboxylic acid의 아주 특징적인 피크이다. 하지만 어떤 경우에는 다음에서 토의할 인자들로 인하여 피크의 폭이 너무 넓어져 기준선으로 사라진다.
–C**H**–COOH	2.1~2.5 ppm	Carbonyl 그룹에 이웃하고 있는 수소는 약하게 벗겨진다.

Carboxylic acid에서 carboxyl 그룹의 수소(–COOH)는 11.0~12.0 ppm 범위에서 공명을 한다. 내부의 강한 수소결합을 갖는 enol OH 그룹의 특별한 경우의 수소를 제외하고는 보편적인 어떤 유형의 수소도 이 범위에 나타나지 않는다. 따라서 이 범위에서 피크가 발견되면 carboxylic acid일 가능성이 매우 크다. Carboxyl 그룹의 수소는 이웃하는 수소가 없으므로 대개 갈라짐이 없다. 하지만 수소결합과 교환에 의해 피크는 *넓어지고*(피크의 바닥이 아주 넓게 된다) 매우 약한 세기를 보여준다. 어떤 경우에 carboxylic acid 피크는 폭이 너무 넓어져 기준선으로 사라진다. 그 경우에 산성 proton은 관찰되지 않는다. 적외선 분광학은 carboxylic acid의 존재를 판단하는 데 매우 신뢰할 만하다. Alcohol에서와 같이 이 수소는 물, D_2O와 교환할 수 있다. D_2O에서는 proton이 교환되어 –COOD로 전환되어 12.0 ppm 근처의 –COO**H** 흡수는 사라지게 된다.

$$\mathrm{R{-}COO\mathbf{H} + D_2O \rightleftharpoons R{-}COOD + DO\mathbf{H}} \qquad D_2O\text{에서 교환}$$

Carboxylic acid는 종종 $CDCl_3$ 용매에 녹지 않는다. 그래서 소량의 소듐 금속이 첨가된 D_2O 용매를 사용하여 carboxylic acid의 NMR 스펙트럼을 얻는 것이 더 실용적이다. 이 용액은 염기성으로(NaOD, D_2O) proton을 제거하여 carboxylic acid를 용해가 잘되는 소듐 염으로 만든다. 하지만 이와 같은 경우, –COO**H**의 흡수는 스펙트럼에서 사라질 것이다.

$$\underset{\text{불용성}}{\mathrm{R{-}COO\mathbf{H}}} + \mathrm{NaOD} \rightleftharpoons \underset{\text{가용성}}{\mathrm{R{-}COO^-\ Na^+}} + \mathrm{DO\mathbf{H}}$$

Ethylmalonic acid의 스펙트럼을 그림 5.49에 나타내었다. 2H로 적분되는 –COOH 흡수는 스펙트럼의 삽입된 그림에 나타내었다. 이 피크는 수소결합과 교환 반응으로 인해 매우 넓게 퍼져 있는 것에 주목하여라. Proton **c**는 두 개의 이웃하고 있는 carbonyl 그룹의 영향으로 3.1 ppm까지 낮은 장으로 이동한다. 한 개의 carbonyl 그룹에만 이웃하고 있는 proton은 일반적으로 2.1~2.5 ppm 범위에 나타날 것으로 예상된다.

N. Amide

스펙트럼 분석 상자 – Amide *Spectral Analysis Box–Amide*

화학적 이동

R(CO)–N–**H**	5.0~9.0 ppm	Amide 질소에 결합된 수소는 화학적 이동이 가변적이다. 그 값은 온도, 농도, 용매에 따라 다르다.

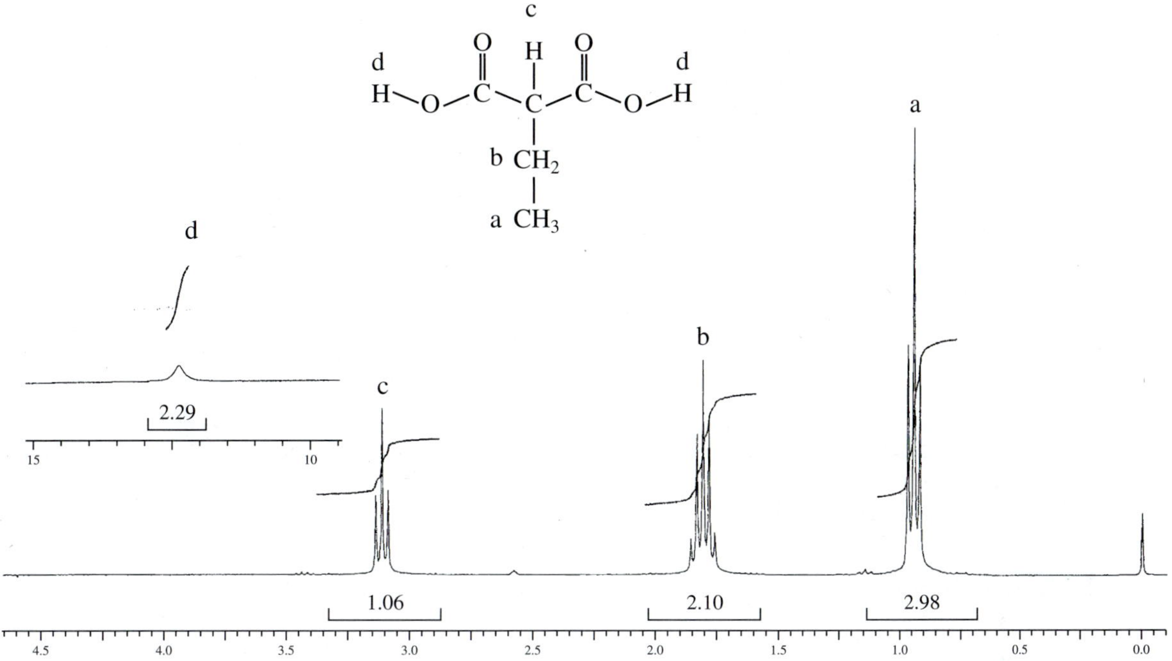

그림 5.49 Ethylmalonic acid의 ^{1}H NMR 스펙트럼(300 MHz).

−**CH**−CONH−	2.1~2.5 ppm	Amide의 α-수소는 다른 acyl(C=O에 이웃하고 있는) 수소와 같은 범위에서 흡수한다. 그 수소들은 carbonyl 그룹에 의해 약하게 벗겨진다.
R(CO)−N−**CH**	2.2~2.9 ppm	Amide의 질소 다음에 있는 탄소에 결합된 수소는 결합된 질소의 전기음성도에 의해 약하게 벗겨진다.
짝지음 거동		
−N−H	$^1J \approx 50$ Hz	이 짝지음은 드물지만 보이는 경우, 짝지음 상수값은 매우 큰 값으로 전형적으로 50 Hz 이상이다. 대부부의 경우 질소 원자의 사중 극자 모멘트나 화학적 교환으로 이 상호작용은 짝풀림된다.
−N−CH−	$^2J \approx 0$ Hz	앞에서 언급한 것과 같은 이유로 대개 관찰되지 않는다.
−N(H)−CH−	$^3J \approx 0$~7 Hz	Amide NH의 교환은 amine의 NH 교환보다 느려서, **NH** 피크가 매우 폭이 넓음에도 불구하고, 이웃하고 있는 **CH** proton의 갈라짐이 관찰된다.

Amide는 세 가지의 구별할 수 있는 유형의 수소, 즉 질소에 결합된 수소, amide 그룹의 carbonyl 쪽에 위치한 탄소 원자에 결합된 α-수소, 질소 원자에 결합된 탄소 원자에 결합된 수소를 가지고 있다.

Amide 그룹에서 −NH 흡수는 매우 가변적이고, 분자 내의 환경뿐만 아니라 온도나 사용된 용매에도 영향을 받는다. 질소의 비공유전자쌍과 carbonyl 그룹 사이의 공명으로 인해 대부분의 amide에서는 C(=O)−N 결합의 회전이 제한된다(**역자주**. 공명 구조의 기여로 인해 탄소와 질소 사이에 부분적인 이중

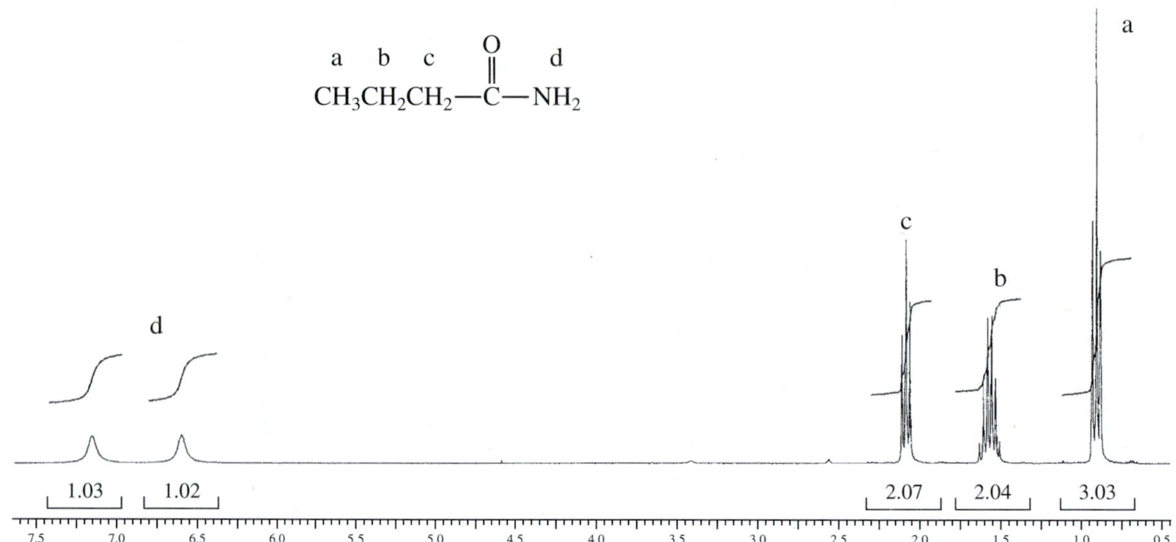

그림 5.50 Butyramide의 ^{1}H NMR 스펙트럼(300 MHz).

결합 특성이 생긴다). 치환이 없는 amide에서 자유로운 회전을 할 수 없으므로 질소에 결합된 두 수소는 동등하지 않다. 따라서 각 수소 당 하나씩 *두 개의 다른 흡수 피크*가 관찰될 것이다(8.6절). 또한 질소 원자는 사중 극자 모멘트를 가지고 있고(8.5절), 그 크기는 분자의 특정 환경에 영향을 받는다. 만약 질소 원자가 큰 값의 사중 극자 모멘트를 갖는다면, 질소에 결합된 수소의 피크는 폭이 넓어질 것이고(피크의 바닥 부분이 넓어짐) 그 세기도 전체적으로 줄어들 것이다.

Carbonyl 그룹에 이웃하고 있는 탄소에 결합된 수소는 유형에 관계없이 모두 NMR 스펙트럼에서 같은 영역의 흡수를 갖는다. 2.1~2.5 ppm.

Butyramide의 스펙트럼을 그림 5.50에 나타내었다. 두 −**N**H 수소가 분리되어 두 개의 흡수(6.6 ppm과 7.2 ppm)를 보여준다. 이것은 이 화합물에서 회전이 제한되었기 때문에 일어난다. C=O 그룹에 이웃하고 있는 탄소에 결합된 수소는 특징적으로 2.1 ppm에 나타난다.

O. Nitroalkane

Nitroalkane에서는 nitro 그룹이 결합된 탄소와 같은 탄소 원자에 결합되어 있는 수소 원자, 즉 α-수소는 특징적으로 큰 화학적 이동을 나타낸다.

스펙트럼 분석 상자 − Nitroalkane *Spectral Analysis Box–Nitroalkane*

화학적 이동

$-C\mathbf{H}-NO_2$ 4.1~4.4 ppm Nitro 그룹에 의해 벗겨진다.

Nitro 그룹에 이웃하고 있는 탄소에 결합된 수소는 강하게 벗겨져서 4.1~4.4 ppm 범위에 나타난다. 이 수소 그룹의 벗겨짐 특성은 결합된 질소의 전기음성도와 질소에 할당되는 양의 형식 전하로 인한 것이 분명하다.

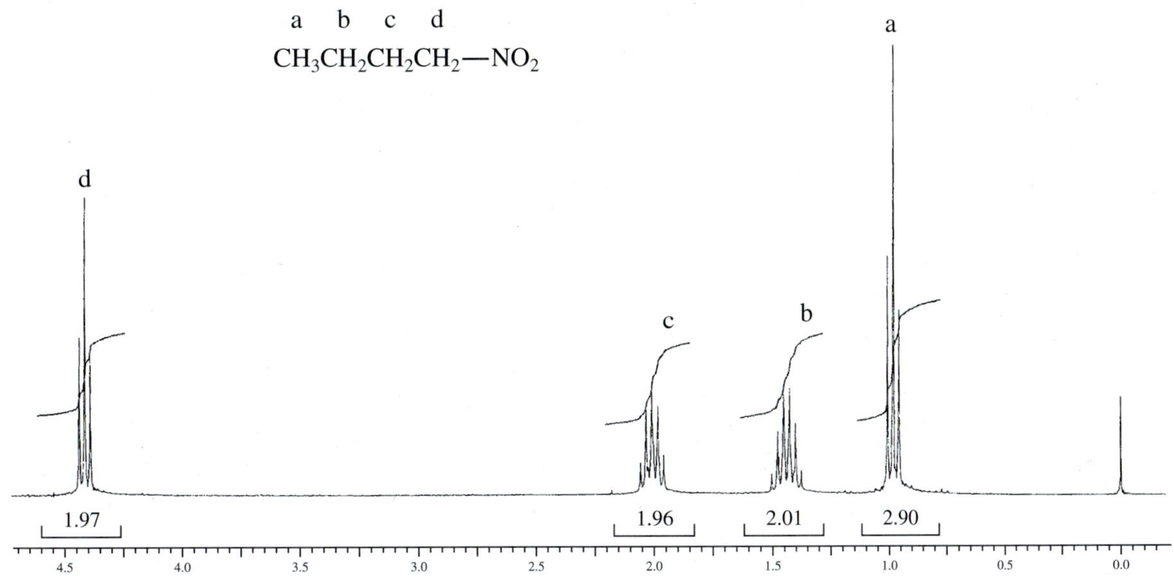

그림 5.51 1-Nitrobutane의 ^{1}H NMR 스펙트럼(300 MHz).

1-Nitrobutane의 스펙트럼을 그림 5.51에 나타내었다. Nitro 그룹에 이웃하고 있는 탄소에 결합된 수소가 4.4 ppm의 큰 화학적 이동을 갖는 것에 주목하여라.

5.20 NMR 스펙트럼 문제 풀이법

이 절에서는 NMR 문제를 풀기 위한 일반적인 접근을 논의하고, 두 개의 특별한 예제 문제를 자세하게 풀어볼 것이다. 다음 그림과 표에는 초보 수준의 학생들에게 도움이 될 가장 중요한 정보들이 수록되어 있다.

그림 5.20	중요한 유형의 proton의 화학적 이동
표 5.4	(좀 더 자세한) proton의 화학적 이동
표 5.9	기본 짝지음 상수
5.19절	작용기의 유형에 따라 예상할 수 있는 것 살펴보기

화합물의 종류가 알려져 있지 않다면, 미지 시료에 대하여 첫 번째 접근은 (주어져 있다면) IR 스펙트럼과 분자식으로부터 출발하는 것이다. IR 스펙트럼은 존재하는 주요 작용기를 결정하는 데 도움을 줄 것이다. 하지만 이종 원자의 수와 불포화 지수 역시 도움을 줄 것이다. 산소 한 개를 가지고 있고 지수가 0인 화합물은 alcohol이나 ether일 가능성이 높다. 그 다음으로 ^{1}H NMR 스펙트럼에서 산소 옆에 있는 매우 벗겨진 proton(4~5 ppm)을 찾아보아라. 산소 한 개를 가지고 있고 지수가 1인 화합물은, 불포화 alcohol이나 불포화 ether도 가능하겠지만, aldehyde나 ketone이다. ^{1}H NMR 스펙트럼에서 carbonyl 옆에 있는 proton이 발견되는 영역(2~3 ppm)을 살펴보아라. 이와 같은 피크가 없을 경우에 이중 결합에 결합된 proton(5~6 ppm)을 찾아보아라. 산소 두 개를 가지고 있고 지수가 1인 화합물은 ester나 acid일 가능성이 높다. ^{1}H NMR에서 carboxylic acid의 proton에 대한 영역(10~12 ppm)이나 ester 산소의 옆에 있는 매우 많이 벗겨진 proton(4~5 ppm)을 살펴보아라. 질소 이종 원자를 갖는 amine, nitrile 등과 같은 화

합물에도 동일한 접근법을 적용시킬 수 있다. 불포화 지수가 4이상이면 (7 ppm 근처의 피크로 나타나는) benzene 고리를 찾아보아라. 불포화 지수로부터 추정한 모든 이중 결합이나 고리의 존재를 설명하려고 노력하여라. 화학식이나 IR 스펙트럼을 가지고 있지 않은 경우에도, 다양한 피크에 대한 ^{1}H NMR 화학적 이동을 대강 검토해 보면, 종종 적절한 작용기에 대한 제대로 된 추정을 할 수 있다.

일단 가능성 있는 작용기를 결정한 후에, 5.19절에 제시한 지시대로 전체 스펙트럼이 추정한 작용기에 대한 예상 패턴과 잘 맞는지 확인하여야 한다. 5.19절은 간과하지 말아야 할 쓸모 있는 도구이다.

일단 화합물에 존재하는 수소의 유형을 결정한 후에, 각 탄소에 수소 그룹을 할당해야 한다. 스펙트럼에서 각 갈라짐 패턴은 단일 탄소에 결합된 수소나 동등한 탄소들에 결합된 수소를 나타낸다. 분자식으로부터 출발하여, 우선 작용기에 존재하는 원자들을 뺀 후에 적분과 갈라짐 패턴을 이용하여 각 그룹에 존재하는 수소의 개수를 결정한다. 분자 내의 모든 탄소에 대하여 설명할 수 있고, 각 탄소에 수소의 개수를 할당할 수 있어야 하며, 각 탄소에 속하는 갈라진 그룹(갈라짐 패턴)에 대하여 이웃하는 수소의 개수를 결정할 수 있어야 한다. 일단 이 과정이 끝나면, 스펙트럼에 적합한 구조의 조립을 시작할 수 있다. 다음에 주어진 두 개의 예제에서 이 최종 단계들을 수행할 것이다.

만약 완전히 오도 가도 못할 지경일 때, 일반적으로 써먹는 접근 방법은 가능하다고 생각되는 모든 구조를 실제로 그리고, 그 구조들에 대한 NMR 스펙트럼의 패턴을 예상하고, 미지 화합물의 스펙트럼과 비교하는 것이다. 보통 한 개의 구조만이 미지 화합물의 NMR 스펙트럼과 일치할 것이다.

또한 주저하지 말고 학생이 알고 있는 조각들의 목록을 작성하고, 스펙트럼에 적합한 구조로 조립하려고 노력하여야 한다. 예를 들어, ester 그룹 $-O-(C{=}O)-$가 존재하고, 2H로 적분되는 CH_2 그룹이 존재하고, 각각 3H(CH_3와 CH_3)로 적분되는 두 개의 methyl 그룹 중에서 하나는 큰 화학적 이동을 갖는 갈라지지 않은 피크이고, 다른 하나는 carbonyl 그룹의 이웃에 있는 ptoton의 대표적인 화학적 이동에 피크가 나타난다는 사실을 알 수 있다. Carbonyl 그룹의 이웃에 있는 탄소에 결합된 proton 그룹은 (세 개의 이웃 proton이 있어) 사중선이고, methyl 그룹은 (두 개의 이웃 proton이 있어) 삼중선이다. 이 정보들로부터 이 화합물에 적합한 유일한 구조식은 $CH_3-O-(C{=}O)-CH_2CH_3$이다.

스펙트럼을 어떻게 나타내었는지 주의 깊게 살펴보아라. 모든 스펙트럼을 전체 화학적 이동 범위를 포함하는 척도로 나타날 필요는 없다. 예를 들어, 예제 1에 주어진 스펙트럼은 단지 0~5 ppm 영역만을 나타내었다. 그 이유는 5.0 ppm보다 큰 화학적 이동을 갖는 피크는 없기 때문이다. 피크 사이의 간격 차이가 클 때는 큰 화학적 이동을 갖는 스펙트럼 부분을 잘라 기준선 위에 다시 그릴 수도 있다. 어떤 피크는 갈라짐을 더 잘 보이게 하거나 짝지음 상수를 구하기 위하여 확대시켜 삽입된 그림으로 나타내기도 한다.

■ 예제 1

다음에 주어진 화합물들은 acetic acid로부터 유도된 이성질체 ester로서 화학식은 $C_5H_{10}O_2$이다. 각 스펙트럼은 갈라짐 패턴을 잘 볼 수 있도록 확대시켰다.

이 화합물이 ester라는 사실을 알았기 때문에 이미 작용기가 무엇인지 알 수 있다. 분자식으로부터 탄소 한 개와 산소 두 개(CO_2)를 빼면, 밝혀야 할 네 개의 탄소와 열 개의 수소가 남는다. 5.19L절로 돌아가서 ester 스펙트럼을 살펴보아라.

예를 들어, 첫 번째 스펙트럼(1a)에서 스펙트럼 위에 그려진 적분선을 이용하여 각각의 다중선으로 나타난 수소 원자에 대해서 개수를 계산할 수 있다(5.9절). 다른 방법을 사용하여 사각형 격자의 개수를 세거나 자를 사용하여 각 적분선의 높이를 재기 위한 수고를 피할 수 있다. 피크 아래에 나타나 있는 적분 숫자를 이용하여 적분값을 결정하는 것이 훨씬 쉽다. 이 숫자들은 피크 아래에 있는 면적을 적분한 값들이다. 이 값들은 실험 오차 범위 안에서 실제 proton 개수에 비례한다. 그 과정은 다음과 같다. 각각의 적분값을 가장 작은 적분값으로 나누어 다음의 두 번째 열에 나타낸 값을 얻는다(1.76/1.76 = 1.0; 2.64/1.76

= 1.5; 1.77/1.76 = 1.01; 2.59/1.76 = 1.47). 세 번째 열에 나타낸 값은 두 번째 열의 값에 2를 곱한 후, 얻어진 값의 소수 이하를 반올림한 값이다. 연산을 끝낸 뒤에 전체 proton의 개수가 분자식에 있는 proton의 개수와 동일한지를 확인해야 한다. 이 경우에는 10개의 proton이다.

1.76	1.0	2 H
2.64	1.5	3 H
1.77	1.01	2 H
2.59	1.47	3 H
		10 proton

표에서처럼 수학적인 접근을 하지 않고, 스펙트럼을 관찰하여 눈으로 어림잡아도 대략 상대적인 proton의 개수는 알 수 있다. 이와 같은 눈으로 어림잡는 접근법을 이용하여 두 번째 스펙트럼(1b)의 proton

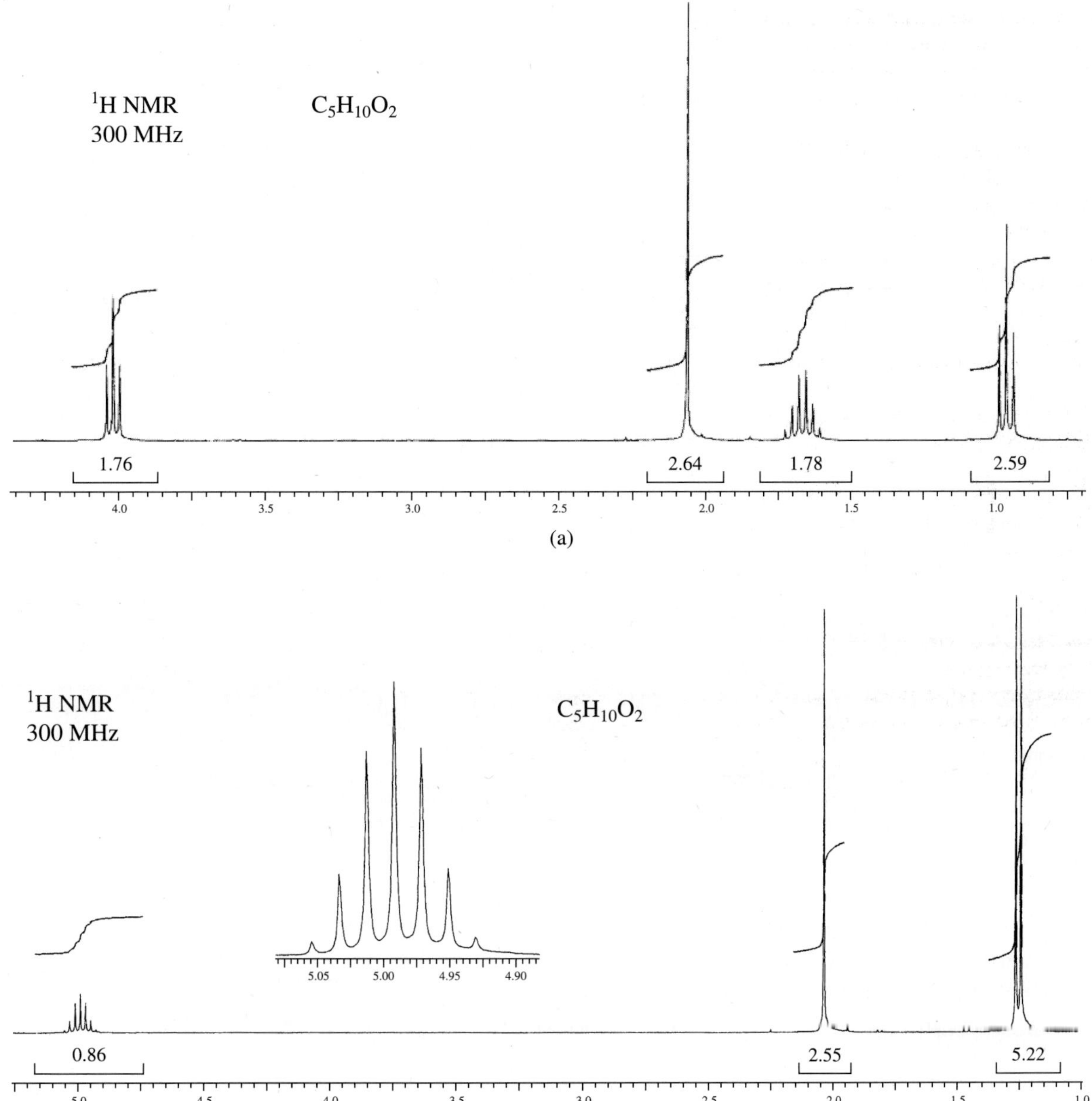

(a)

(b)

비율을 1:3:6 = 10H로 알 수 있다. 이 스펙트럼에서 약 4.9 ppm에 나타나는 칠중선은 잘 보이도록 확대되어 기준선 위에 다시 그렸다.

스펙트럼 1a에 나타낸 첫 번째 ester로 다시 돌아가면, 약 2.1 ppm에 세 개의 수소로 적분되는 뾰족한 단일선을 볼 수 있다. 이것은 이웃하는 수소가 없어 갈라지지 않은 methyl 그룹(CH_3)이다. 화학적 이동은 carbonyl 그룹의 옆에 있는 탄소에 결합된 수소($CH_3-C=O$)에 대한 전형적인 값이다. 반면, 세 개의 수소로 적분되는 또 다른 피크는 0.9 ppm 근처에 나타나는 삼중선이다. 이 methyl 그룹(CH_3)은 바로 가까이에 있는 CH_2 그룹일 가능성이 높은 두 개의 이웃을 갖는 보통의 지방족 포화 탄소를 갖는다. 약 4.1 ppm에서 큰 화학적 이동을 갖는 삼중선은 수소를 벗기는 산소에 결합된 CH_2 그룹($-O-CH_2-$)으로부터 온 것일 가능성이 높다. 약 1.65 ppm에 나타나는 마지막 피크의 묶음은 다섯 개의 이웃을 갖는 CH_2 그룹(적분 = 2)으로부터 유래된 것이다. CH_5 그룹이 불가능하기 때문에 이 수소의 묶음은 두 개의 이웃 탄소, 즉 CH_2 그룹, CH_3 그룹을 가져야만 한다. 이것은 산소에 결합된 *n*-propyl 그룹($-O-CH_2-CH_2-CH_3$)이 있다는 것을 의미한다. 이 사슬의 중심 탄소는 육중선을 나타낸다. 이 모든 정보를 종합하면, 1a에 대한 답으로 propyl ethanoate($CH_3(C=O)O-CH_2CH_2CH_3$)를 얻을 수 있다. 이 ester는 propyl acetate라는 이름도 가능한데, acetic acid의 propyl ester이다.

스펙트럼 1b에서, 2.1 ppm에 나타나는 세 개의 수소로 적분되는 단일선은, 위의 문제 1a와 똑같이, carbonyl 그룹 옆에 있는 갈라지지 않은 methyl 그룹($CH_3-C=O$)이다. 5.0 ppm에 나타나는 칠중선은 여섯 개의 이웃을 갖는 한 개의 수소(CH)이다. CH_6 그룹이 불가능하기 때문에 이 수소의 이웃은 두 개의 methyl 그룹(CH_3 + CH_3)이어야만 한다. 두 methyl 그룹은 모두 CH 그룹에 직접 결합되어 있다. 두 methyl 그룹은 (회전에 의해) 서로 동등한 methyl 그룹이기 때문에 모두 동일한 화학적 이동을 갖는다. 하지만 methyl 그룹은 각각 한 개의 이웃(CH)를 갖기 때문에 각각은 한 쌍의 정교하게 겹쳐진 이중선으로 갈라질 것이다. 여기서 두 개의 피크는 각각 서로 다른 화학적 이동을 갖는 서로 다른 methyl 그룹의 단일선 두 개를 나타내는 것이 *아니라*는 것에 주목하여라. 이중선 피크는 (화학적으로 동등한) 겹쳐지는 두 개의 methyl 그룹을 나타낸다. 화학적 이동이 같고, 각각 이웃하는 CH 그룹에 의하여 동일한 두 개의 겹쳐지는 이중선 피크로 갈라진다. 이와 같은 정보로부터 ester의 alkyl 부분은 산소에 결합된 isopropyl 그룹($-O-CH(CH_3)_2$)이라는 것을 알 수 있다. 화합물 2b에 대한 답은 최종 구조 $CH_3(C=O)O-CH(CH_3)_3$를 갖는 isopropyl ethanoate이다. Isopropyl acetate라고도 한다.

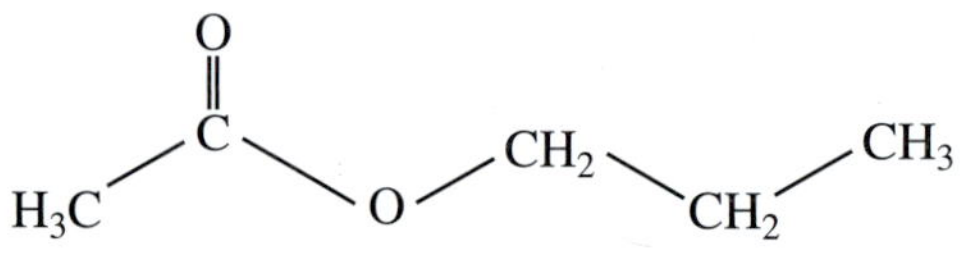

O, C, H_3C, O, CH_2, CH_2, CH_3

n-propyl acetate

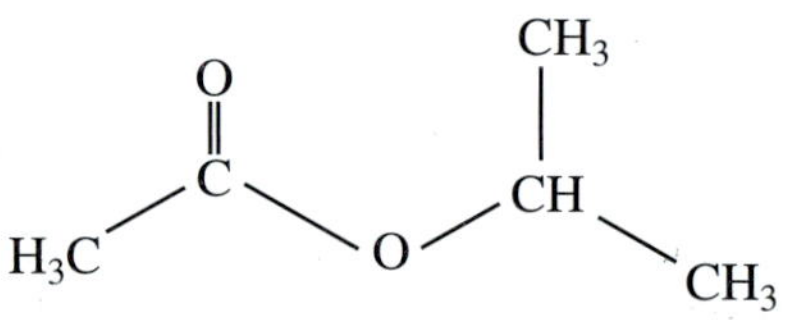

O, C, H_3C, O, CH, CH_3, CH_3

isopropyl acetate

■ 예제 2

예제 2a와 2b의 NMR 스펙트럼은 분자식 $C_3H_5ClO_2$를 갖는 두 이성질체 화합물이다. NMR 스펙트럼에서 12.2 ppm과 11.5 ppm에 나타나는 낮은 장 proton을 각각 확대하여 삽입하였다.

두 스펙트럼에서 12.2 ppm과 11.5 ppm에 나타나는 피크(둘 다 기준선 위에 삽입하였다)의 영역은 carboxylic acid 그룹에 결합된 proton으로 예상되는 영역이다. 스펙트럼 2a에서, 한 개의 수소로 적분되는 acid 피크는 뾰족한 단일선인 반면, 스펙트럼 2b에서 acid 피크는 결과적으로 넓은 폭을 갖는다. 이는 적절한 빠르기의 교환 속도 때문으로 보인다. Carboxylic acid의 NMR 스펙트럼에 대한 전체적인 내용과 피크 넓혀짐에 대한 간단한 설명에 대해서는 5.19M절을 참조하여라.

분자식의 불포화 지수는 1인데 이는 carboxylic acid의 carbonyl 그룹으로 인한 것이며, 분자식에 산소 원자가 두 개 있다. 그러므로 분자식($C_3H_5ClO_2$)에서 carboxylic acid의 작용기인 $-CO_2H$를 빼면, 밝혀야 할 작용기로 C_2H_4Cl이 남는다. 이제 직접적인 노력으로 화합물에 남아 있는 두 개의 탄소를 갖는 부분에 대한 가능한 구조는 $Cl-CH_2CH_2-$와 $CH_3CH(Cl)-$로 단지 두 개뿐이라는 것을 알아내야 한다. 이 두 배열로부터 미지의 화합물의 구조를 얻으면, 첫 번째 배열로부터 얻어진 화합물은 두 개의 삼중선을 갖는데 그 중 하나는 염소로 인해 큰 화학적 이동을 갖고, 두 번째 배열로부터 얻어진 화합물은 하나의 이중선과 염소가 결합된 탄소와 같은 탄소에 결합된 수소에 대하여 낮은 장(벗겨진)의 사중선을 갖는다는 것을 알아내야 한다. Acid 그룹이 결합된 탄소와 같은 탄소에 결합된 수소에 대한 화학적 이동은 2a의 경우(4.45 ppm)가 2b의 경우(3.75 ppm)보다 큰 것에 주목하여라. 2a의 경우, 수소가 결합된 탄소와 같은 탄소에 염소 원자가 결합되어 있지만, 2b의 경우 단순하게 acid 그룹 옆에 결합된 $-CH_2-$ 그룹의 수소이기

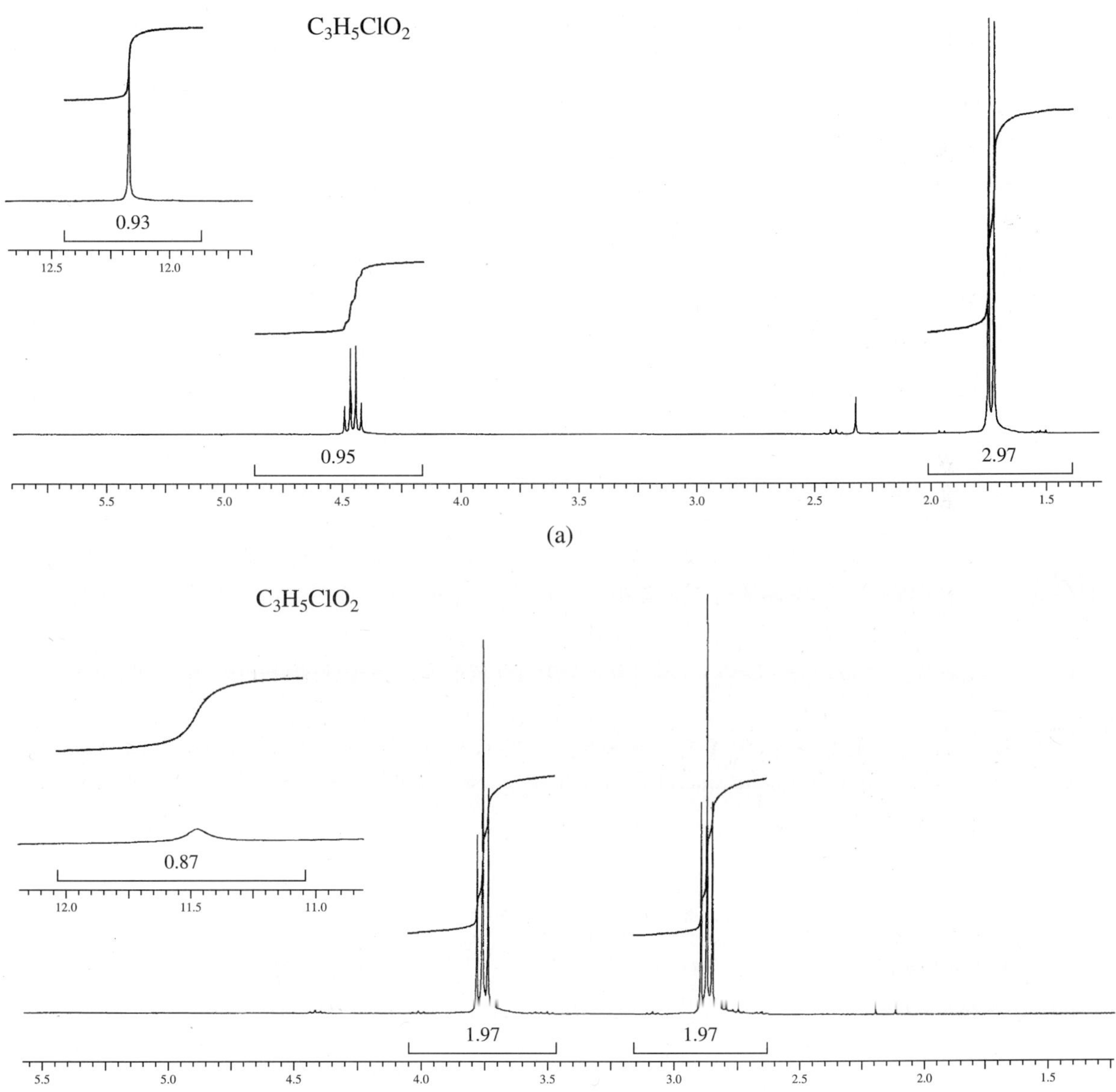

때문이다. 화합물 2a는 2-chloropropanoic acid이고, 화합물 2b는 3-chloropropanoic acid이다.

2-chloroproanoic acid

3-chloropropanoic acid

연습 문제

***1.** 다음 원자에 대해 허용된 핵스핀 상태는 무엇인가?

(a) ^{14}N (b) ^{13}C (c) ^{17}O (d) ^{19}F

***2.** 60 MHz로 작동되는 분광기에서 TMS로부터 128 Hz 낮은 장에서 공명하는 proton의 화학적 이동을 ppm(δ) 단위로 계산하여라.

***3.** 자기장의 세기가 1.41 Tesla(14,100 Gauss)이고 진동자 진동수가 60 MHz일 때, 어떤 proton이 TMS로부터 90 Hz 낮은 장에서 공명한다.

(a) 자기장의 세기를 2.82 Tesla로 증가시키고, 진동자 진동수를 120 MHz로 증가시킬 경우 화학적 이동은 Hz 단위로 얼마인가?

(b) 화학적 이동은 몇 ppm(δ)인가?

***4.** Acetonitrile(CH_3CN)의 쌍극자 모멘트는 3.92 D이고, methyl chloride의 쌍극자 모멘트는 1.85 D임에도 불구하고, acetonitrile은 1.97 ppm에서 공명을 갖는 반면, methyl chloride(CH_3Cl)는 3.05 ppm에서 공명을 갖는다. Acetonitrile의 쌍극자 모멘트가 더 크기 때문에 cyano 그룹의 전기음성도가 염소 원자의 전기음성도보다 클 것으로 추정된다. 전기음성도에 근거하여 예측한 결과와 상반되게 실제로는 acetonitrile의 methyl 수소가 methyl chloride의 methyl 수소보다 더 가려지는 이유를 설명하여라[*힌트:* Cyano 그룹(−C≡N)의 자기적 비등방성의 영향을 받는 공간 범위를 생각해 보아라].

***5.** Phenol의 OH 공명 위치는 용액 내의 농도에 따라 다음 표에 나타난 것처럼 변한다. 다른 한편으로는 *ortho*-hydroxyacetophenone의 hydroxyl proton은 12.05 ppm에 나타나고 농도를 묽혀도 화학적 이동에는 큰 변화가 없다. 이유를 설명하여라.

Phenol

농도 w/v (용매 CCl_4)	δ (ppm)
100%	7.45
20%	6.75
10%	6.45
5%	5.95
2%	4.88
1%	4.37

12.05 ppm

o-Hydroxyacetophenone

***6.** 세 개의 관련 분자 pinane, α-pinene, β-pinene의 methyl 그룹의 화학적 이동은 다음과 같다.

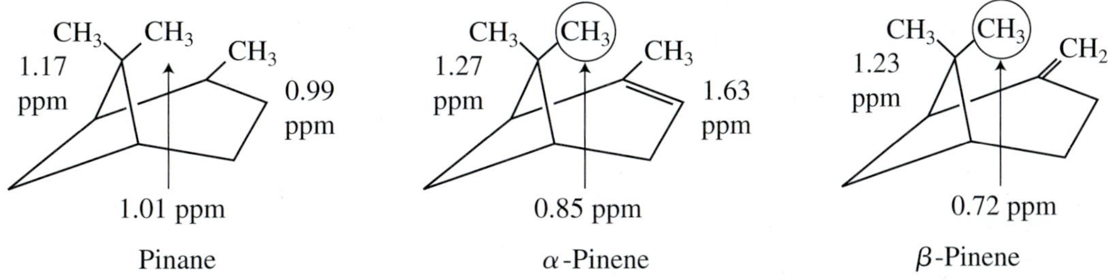

세 화합물의 모형을 만들어서, 동그라미 속에 나타낸 두 methyl 그룹의 화학적 이동이 작은 값을 갖는 이유를 설명하여라.

***7.** Benzaldehyde에서 두 개의 고리 proton은 7.87 ppm에서 공명을 갖고, 나머지 세 개는 7.5~7.6 ppm 범위에서 공명을 갖는다. 이유를 설명하여라.

***8.** 15,16-Dihydro-15,16-dimethylpyrene의 자기적 비등방성을 설명하는 3차원 그림을 그리고, ^1H NMR 스펙트럼에서 methyl 그룹이 −4.2 ppm에서 관찰되는 이유를 설명하여라.

CH_3 CH_3

15,16-Dihydro-15,16-dimethylpyrene

***9.** 다음의 스핀 시스템에 대하여 스핀 배열과 갈라짐 패턴을 설명하여라.

$$\mathrm{Cl{-}C(H_A)(Cl){-}C(H_B)(H_B){-}Br}$$

***10.** Isopropyl iodide에서 isopropyl 그룹의 갈라짐 패턴과 세기를 설명하여라.

$$\mathrm{(CH_3)_2CH{-}I}$$

***11.** 다음 분자에 대해 어떤 스펙트럼이 예상되는가?

$$\mathrm{H{-}C(Cl)(Cl){-}C(H)(Cl){-}C(Cl)(Cl){-}H}$$

***12.** 어떤 배열의 proton이 같은 면적을 갖는 두 개의 삼중선을 나타낼까?

***13.** Propyl bromide의 NMR 스펙트럼의 모습을 예측하여라.

***14.** 다음 화합물은 화학식 $C_4H_8O_2$를 갖는 ester이다. 구조를 알아내고 화학적 이동값을 구조의 각 proton에 할당하여라.

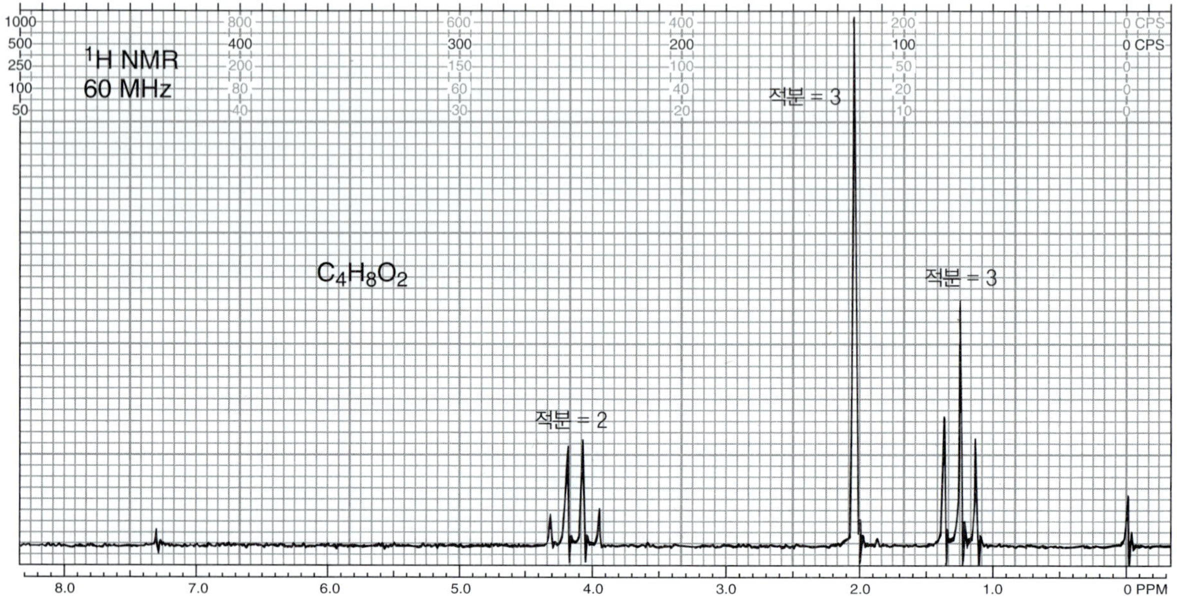

***15.** 다음 화합물은 화학식 C_9H_{12}를 갖는 단일 치환 방향족 탄화수소이다. 구조를 알아내고 화학적 이동값을 구조의 각 proton에 할당하여라.

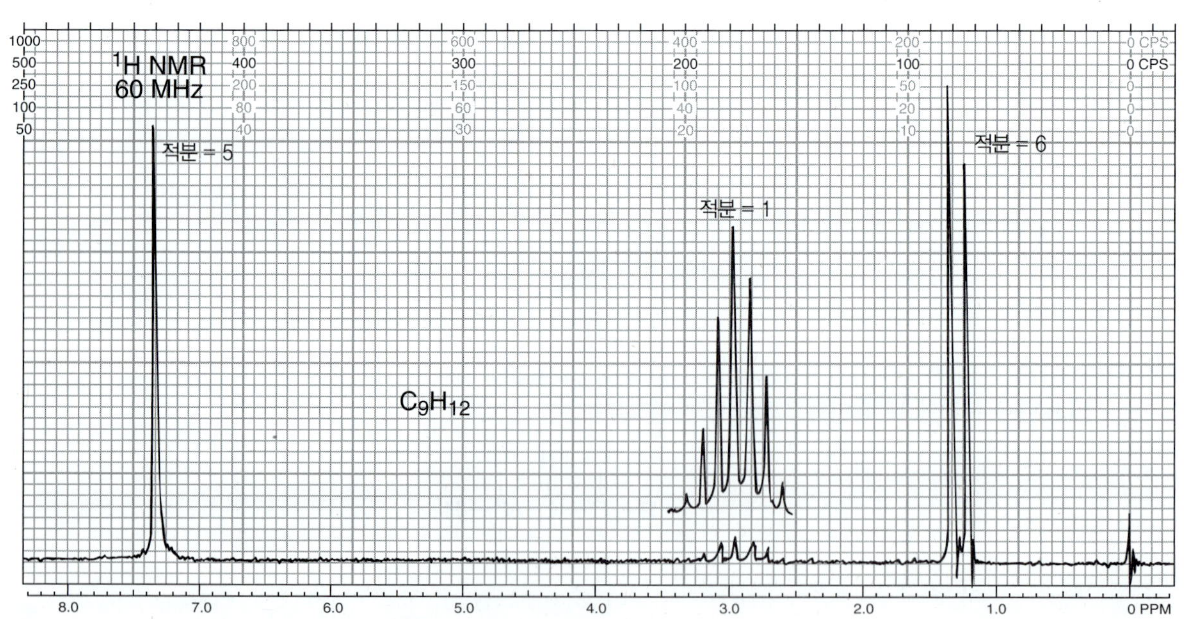

***16.** 다음 화합물은 분자식 $C_4H_7O_2Br$을 갖는 브로민을 포함하는 carboxylic acid이다. 스펙트럼은 0~8 ppm까지 나타내었고, 간결하게 나타내기 위하여 10.97 ppm의 피크는 도표 위로 옮겨서 나타내었다. 이 화합물의 구조는 무엇인가?

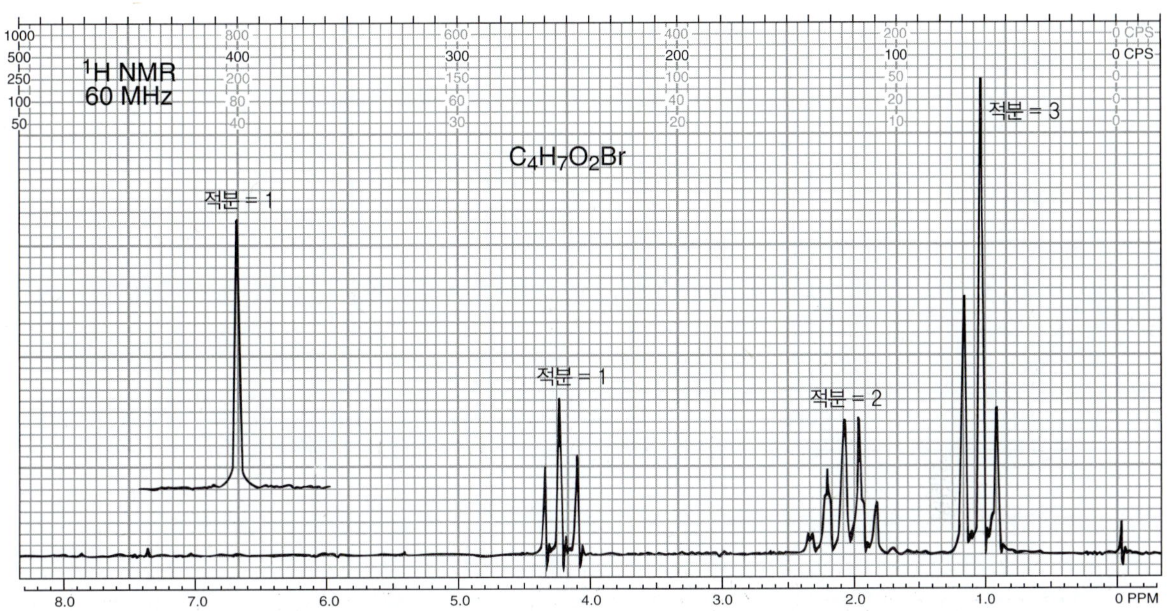

***17.** 다음의 NMR 스펙트럼을 나타내는 화합물의 화학식은 $C_3H_6Br_2$이다. 구조를 그려라.

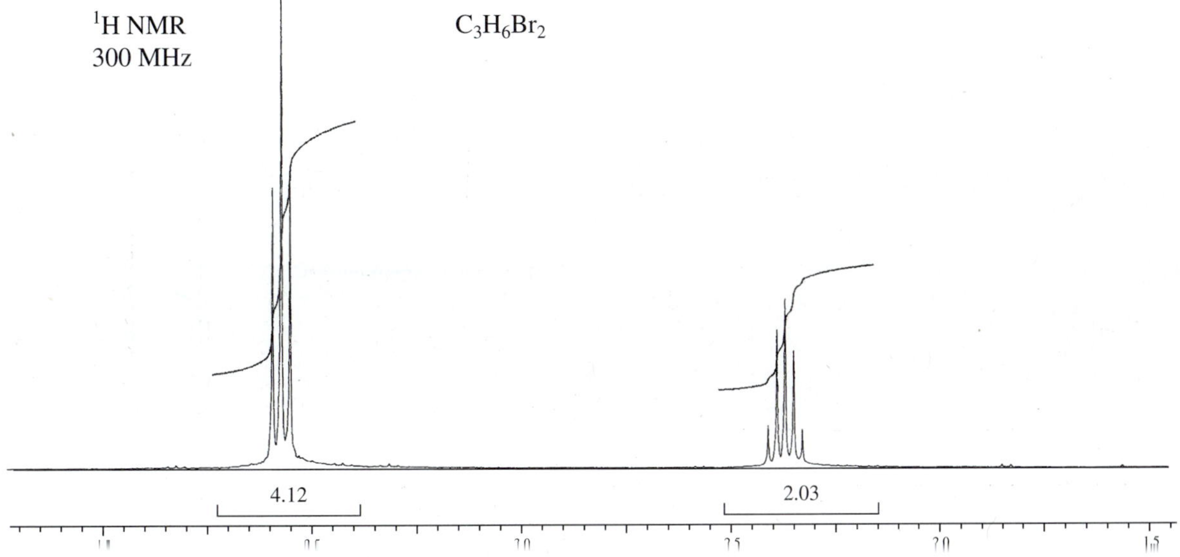

***18.** 다음의 NMR 스펙트럼에 부합되는 화학식 $C_5H_{12}O_2$를 갖는 ether의 구조를 그려라.

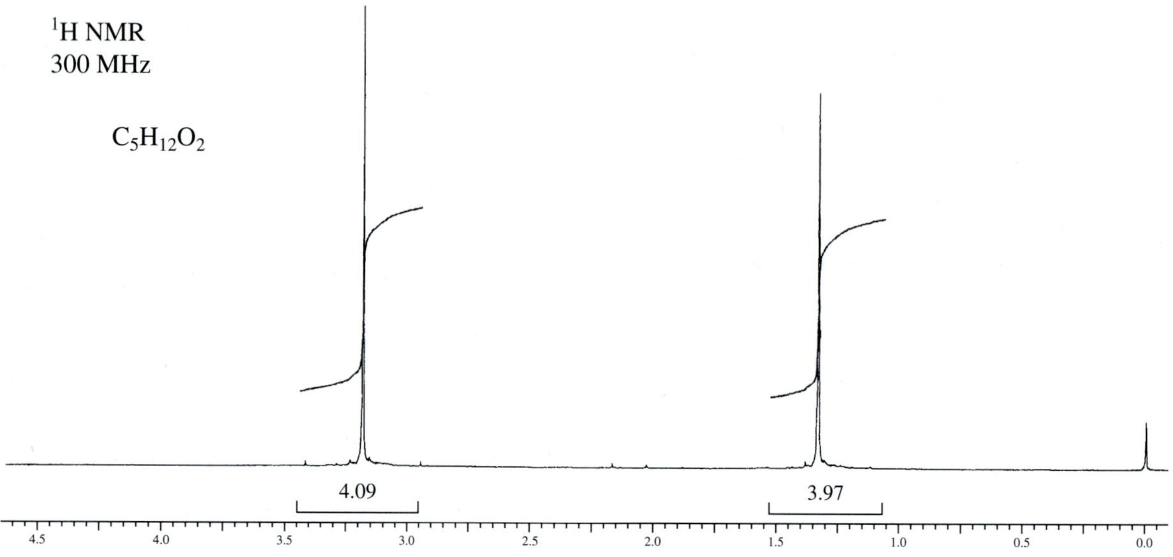

***19.** 다음은 화학식 $C_7H_{14}O_2$를 갖는 세 가지 이성질체 ester의 NMR 스펙트럼이다. 모두 propanoic acid로부터 얻어진 것이다. 각각의 구조를 결정하여라.

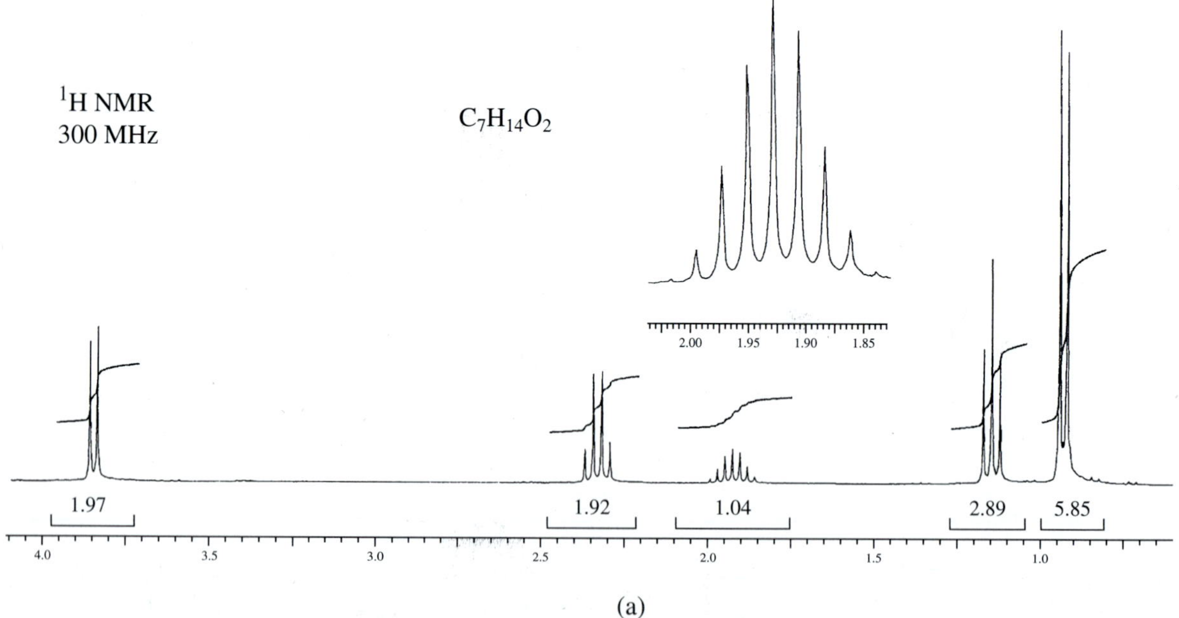

(a)

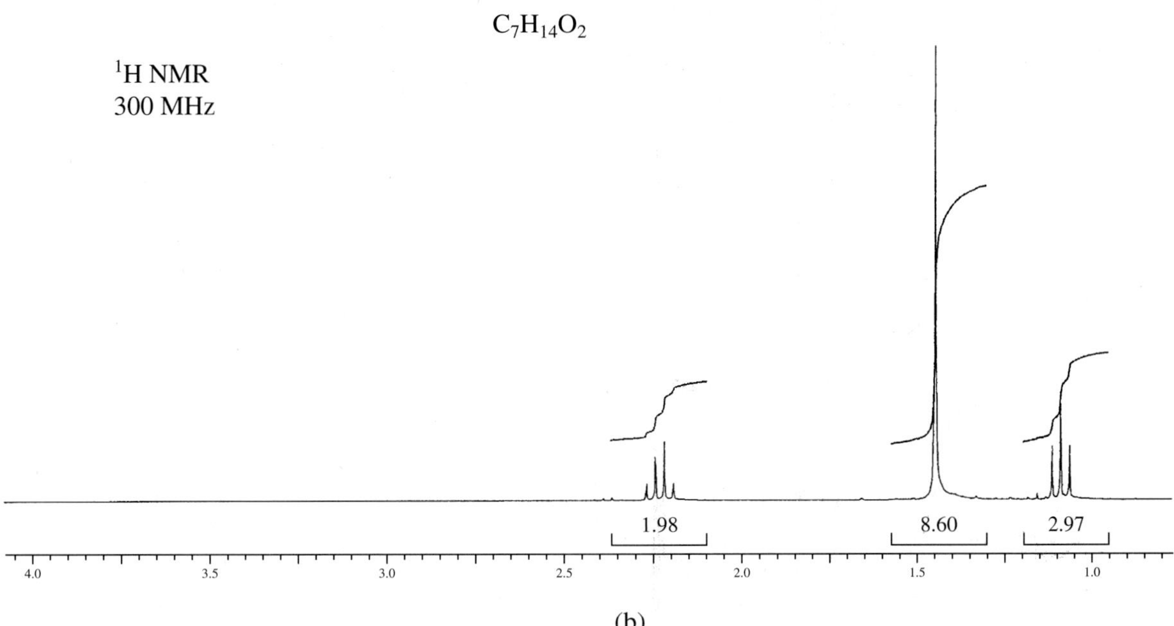
$C_7H_{14}O_2$
^{1}H NMR
300 MHz
1.98
8.60
2.97
4.0
3.5
3.0
2.5
2.0
1.5
1.0

(b)

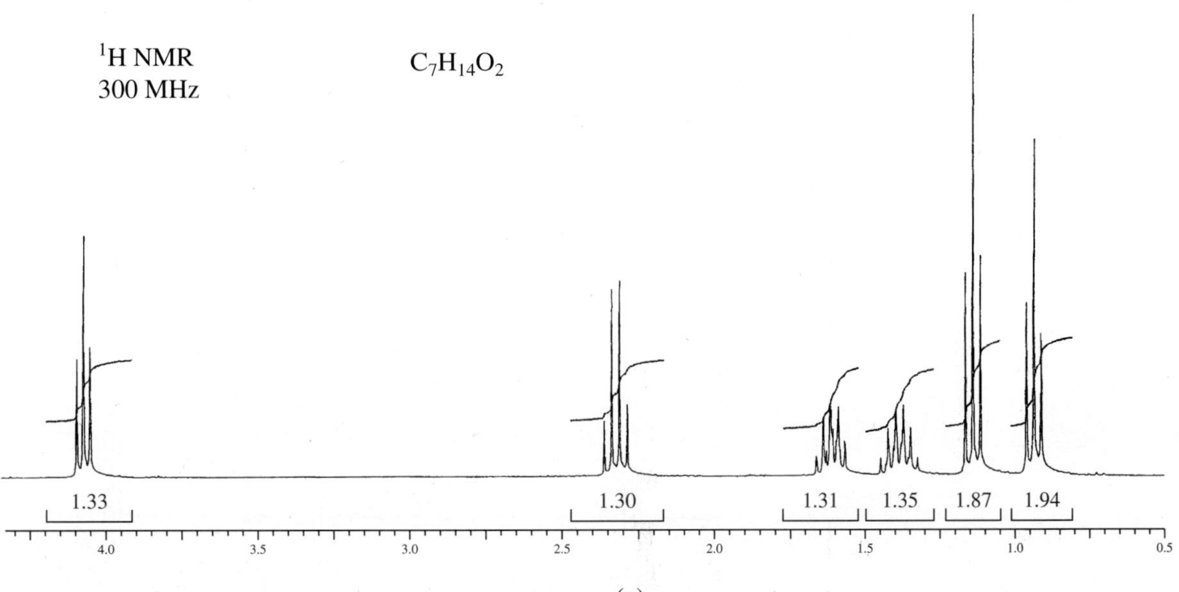
^{1}H NMR
300 MHz
$C_7H_{14}O_2$
1.33
1.30
1.31
1.35
1.87
1.94
4.0
3.5
3.0
2.5
2.0
1.5
1.0
0.5

(c)

***20.** 다음은 화학식 $C_{10}H_{14}$를 갖는 두 가지 이성질체 화합물의 NMR 스펙트럼이다. 7.1~7.3 ppm 범위의 방향족 proton 영역은 방향족 고리에 결합된 proton의 개수를 구하는 것 외에는 더 이상 해석하려고 시도하지 말아라. 이 두 가지 이성질체의 구조를 그려라.

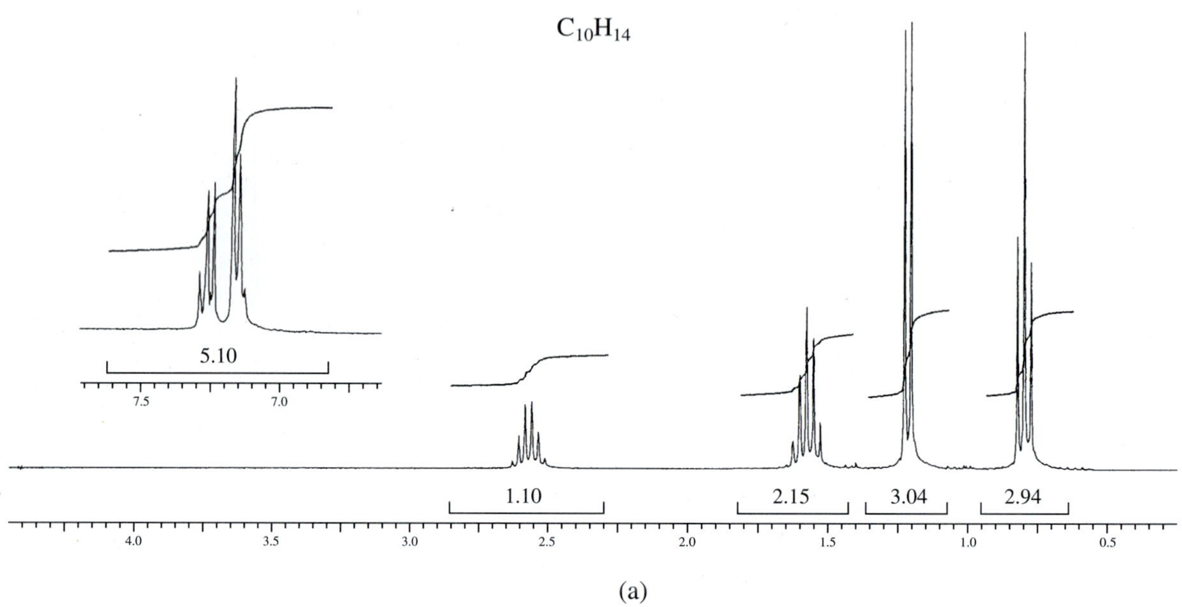

(a)

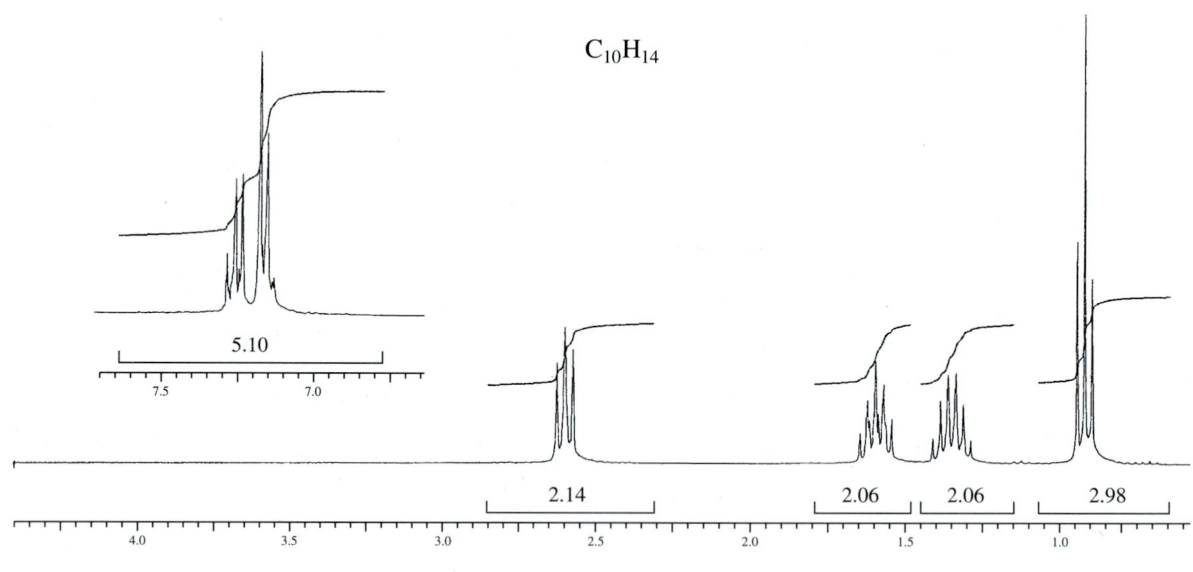

(b)

***21.** 화학식 $C_8H_{11}N$을 갖는 화합물에 대한 NMR 스펙트럼을 나타내었다. IR 스펙트럼은 3350 cm^{-1}에서 이중선을 보여준다. 7.1~7.3 ppm 범위의 방향족 proton 영역은 방향족 고리에 결합된 proton의 개수를 구하는 것 외에는 더 이상 해석하려고 시도하지 말아라. 이 화합물의 구조를 그려라.

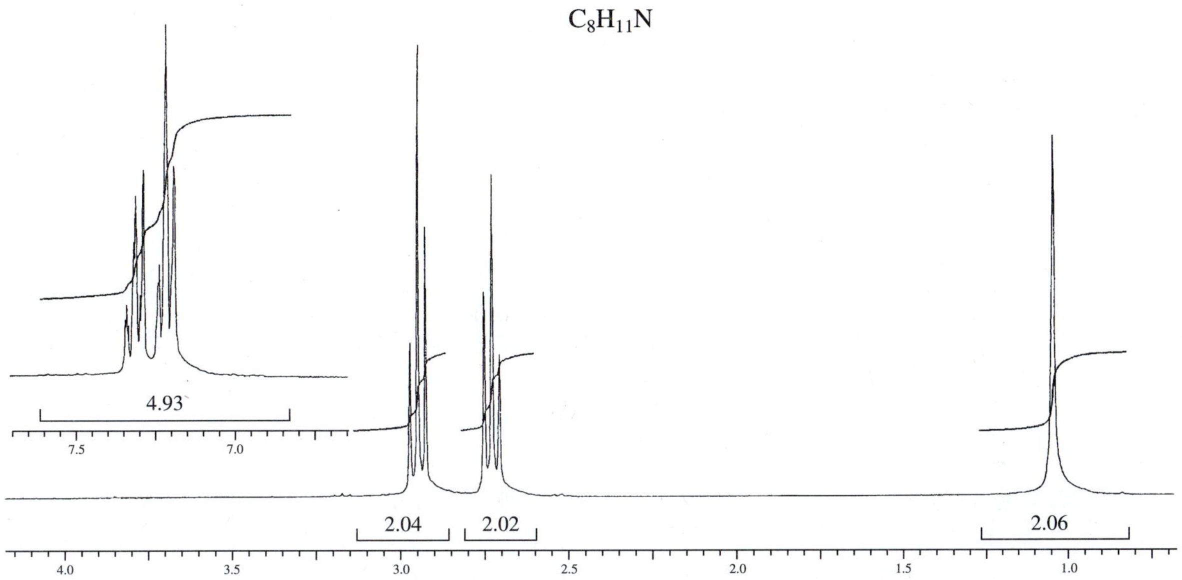

22. 화학식 $C_{10}H_{12}O$를 갖는 이성질체 화합물에 대한 NMR 스펙트럼을 나타내었다. IR 스펙트럼은 1715 cm^{-1}에서 강한 흡수띠를 보여준다. 7.1~7.4 ppm 범위의 방향족 proton 영역은 방향족 고리에 결합된 proton의 개수를 구하는 것 외에는 더 이상 해석하려고 시도하지 말아라. 이 화합물의 구조를 그려라.

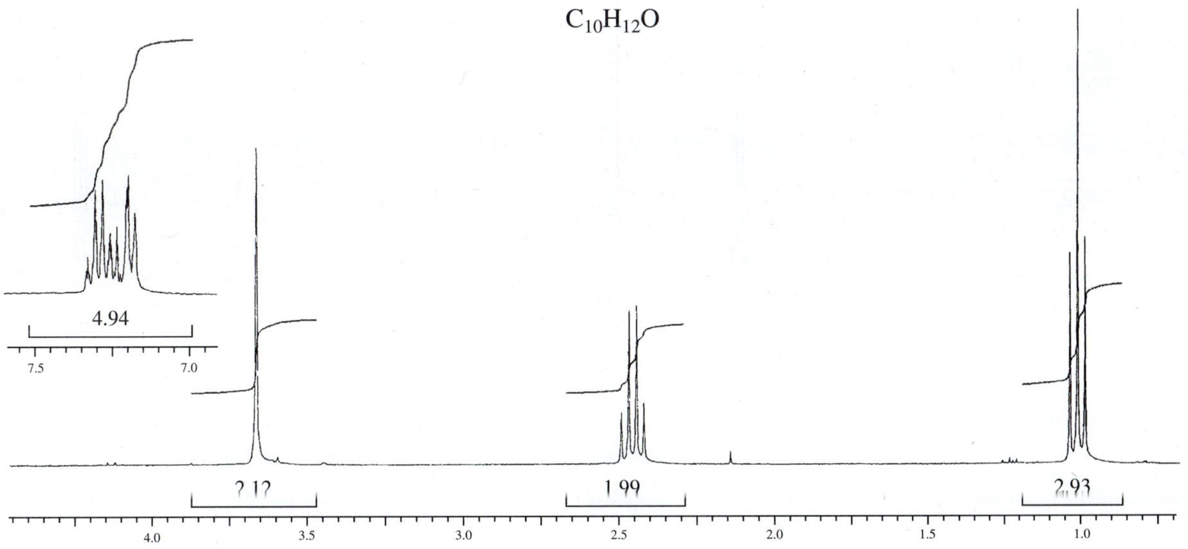

(a)

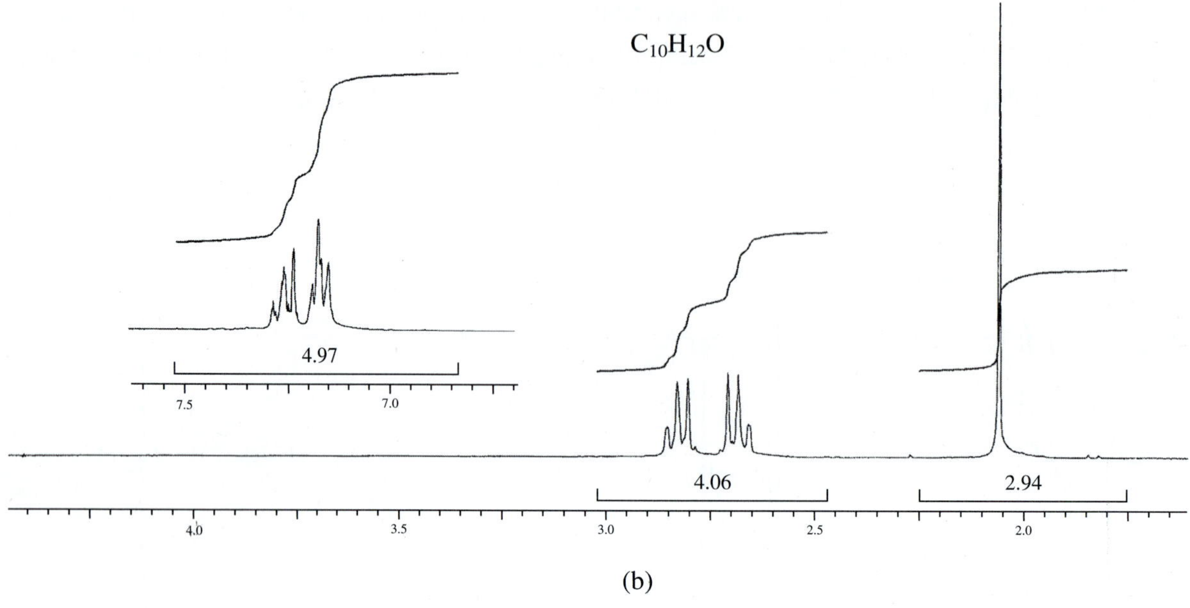

(b)

23. 화학식 $C_{10}H_{12}O_2$를 갖는 네 개의 이성질체 화합물에 대한 NMR 스펙트럼을 각각 a~d에 나타내었다. IR 스펙트럼에서 1735 cm^{-1} 근처에 강한 흡수띠가 나타난다. 7.0~7.5 ppm 범위의 방향족 proton 영역은 방향족 고리에 결합된 proton의 개수를 구하는 것 외에는 더 이상 해석하려고 시도하지 말아라. 이 화합물의 구조를 그려라.

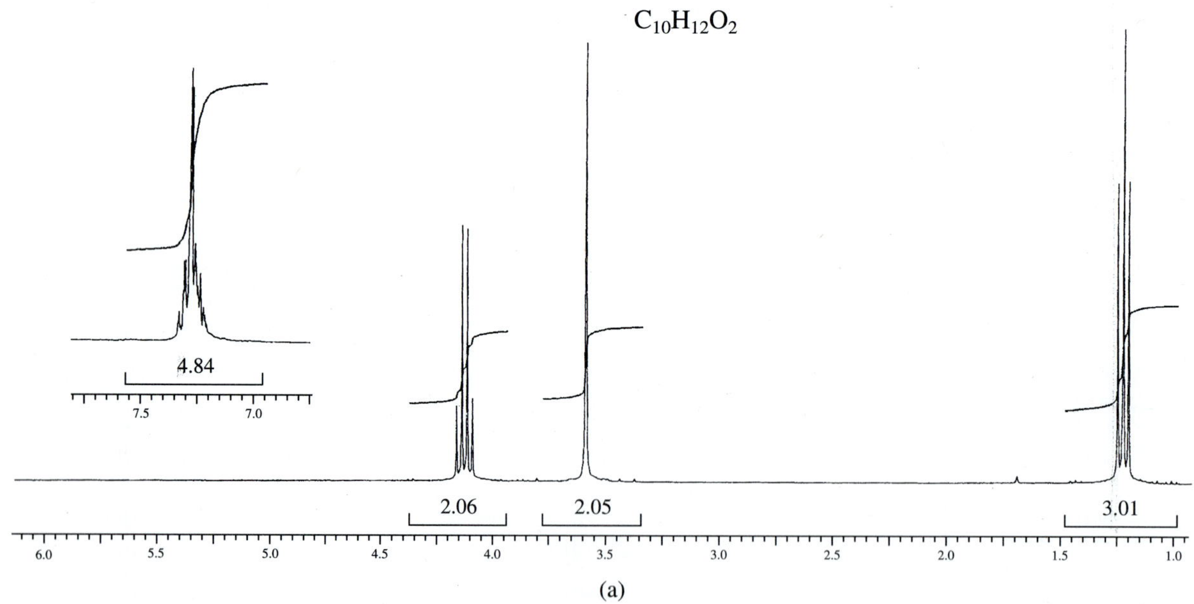

(a)

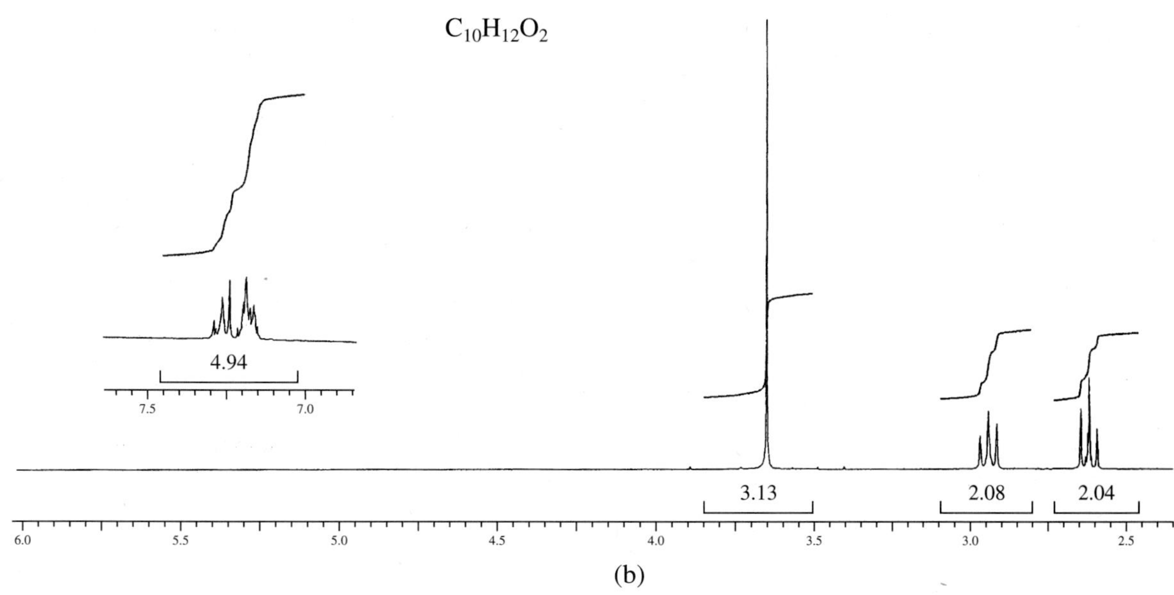

$C_{10}H_{12}O_2$
4.94
7.5
7.0
3.13
2.08
2.04
6.0
5.5
5.0
4.5
4.0
3.5
3.0
2.5

(b)

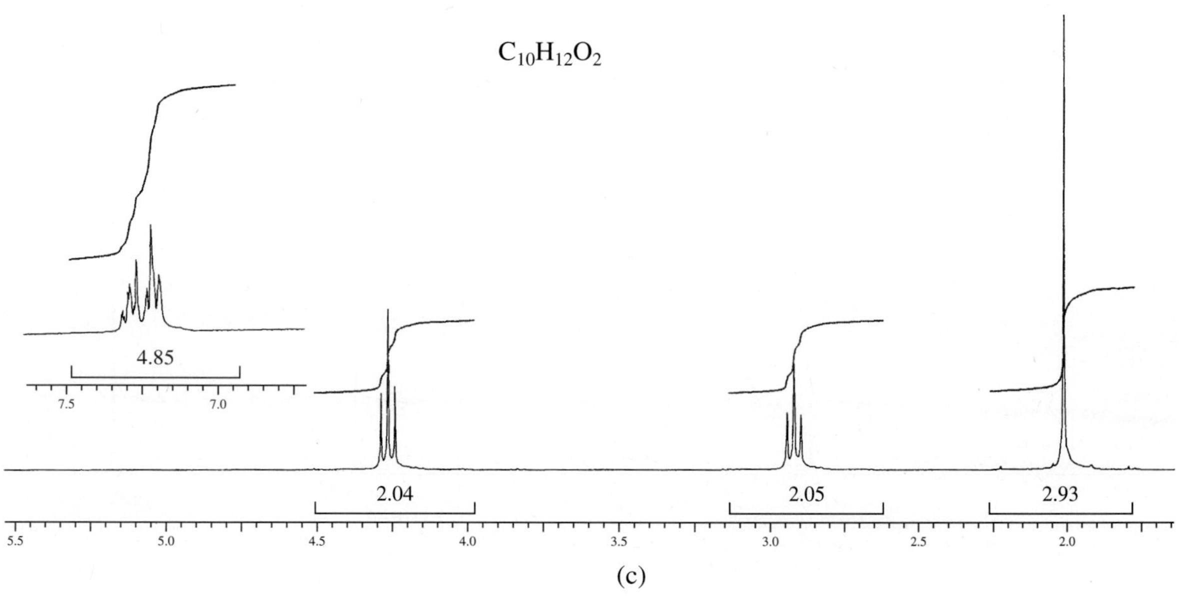

$C_{10}H_{12}O_2$
4.85
7.5
7.0
2.04
2.05
2.93
5.5
5.0
4.5
4.0
3.5
3.0
2.5
2.0

(c)

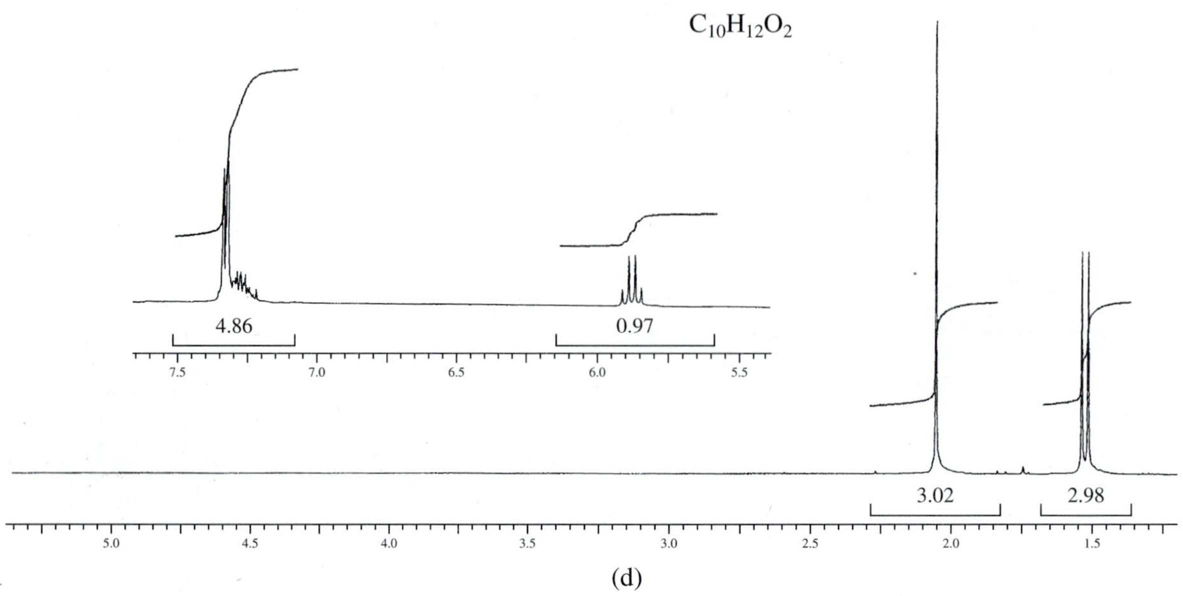

(d)

24. 화학식 $C_5H_{10}O_2$를 갖는 화합물의 NMR 스펙트럼을 나타내었다. IR 스펙트럼에서 이 화합물은 3450 cm^{-1}에서 넓은 흡수띠와 1713 cm^{-1}에서 강한 흡수띠를 보여준다. 이 화합물의 구조를 그려라.

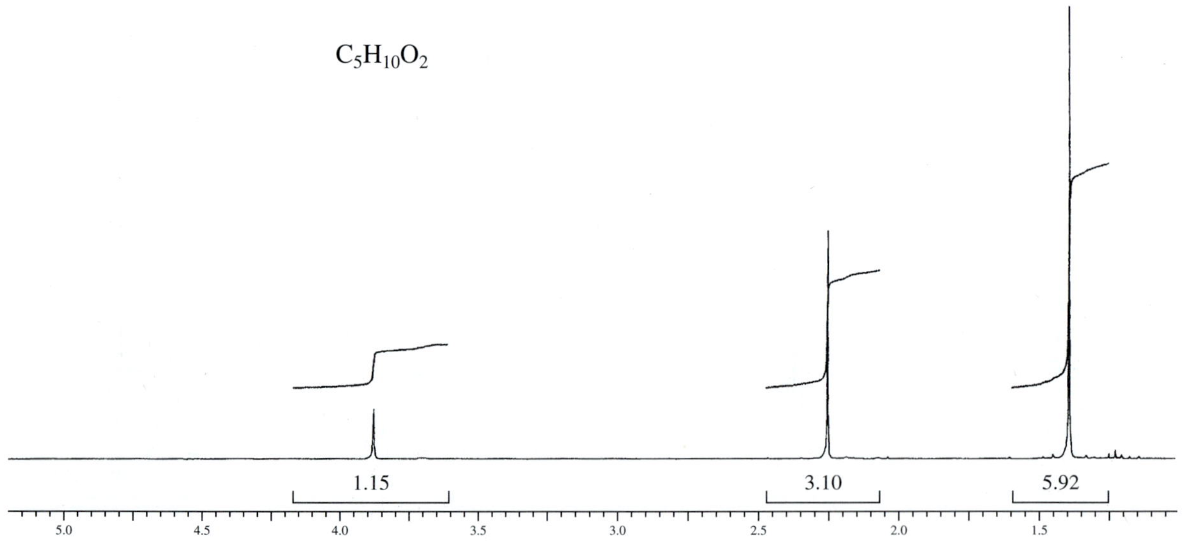

25. 화학식 $C_5H_6O_2$를 갖는 ester에 대한 NMR 스펙트럼을 다음에 나타내었다. IR 스펙트럼에서 3270 cm^{-1}와 2118 cm^{-1}에 중간 세기의 흡수띠가 나타난다. 이 화합물의 구조를 그려라.

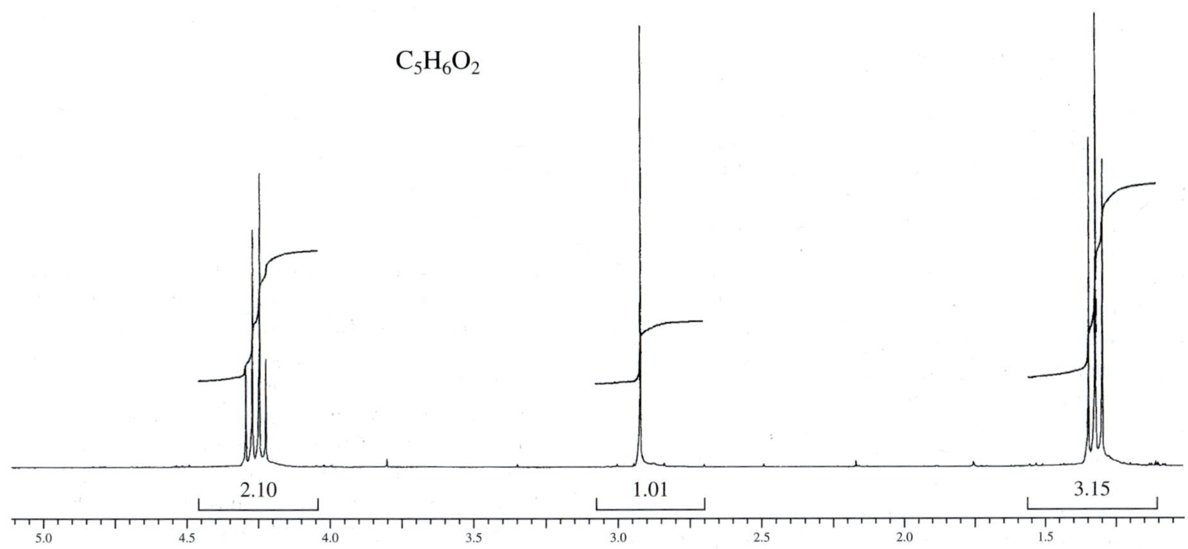

26. 화학식 $C_7H_{12}O_4$를 갖는 화합물에 대한 NMR 스펙트럼을 다음에 나타내었다. IR 스펙트럼에서 1740 cm^{-1}에 강한 흡수띠와 1333~1035 cm^{-1} 범위에 여러 개의 강한 흡수띠가 나타난다. 이 화합물의 구조를 그려라.

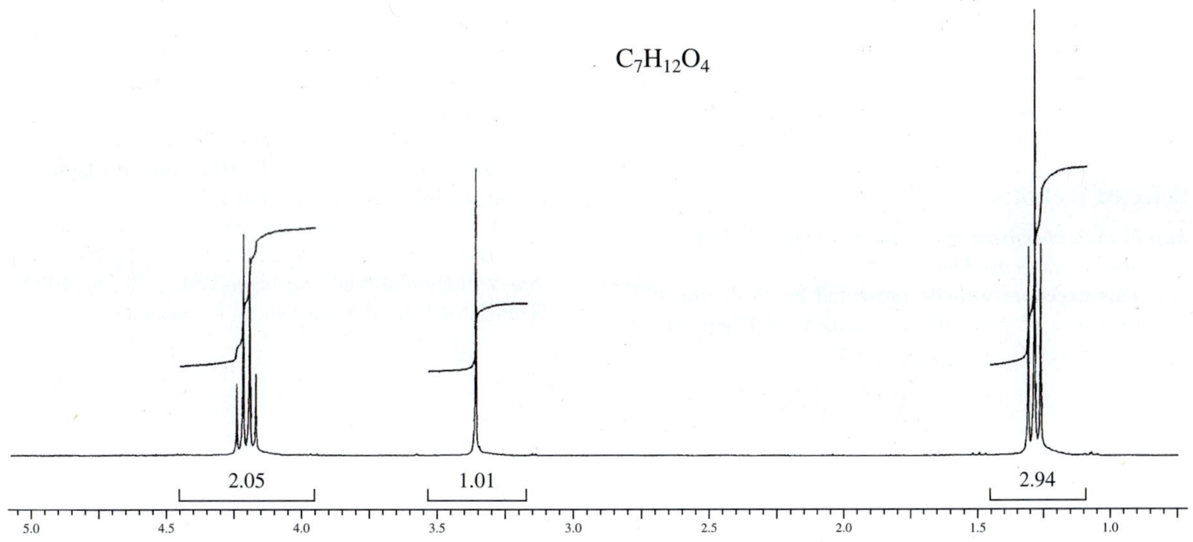

참고 문헌

Textbooks

Berger, S., and S. Braun, *200 and More NMR Experiments*, Wiley-VCH, Weinheim, 2004.

Crews, P., J. Rodriguez, and M. Jaspars, *Organic Structure Analysis*, 2nd ed., Oxford University Press, New York, 2009.

Field, L. D., S. Sterahell and J. R. Kalman, Organic Structures from Spectra, 5th ed., Wiley, 2013.

Friebolin, H., *Basic One- and Two-Dimensional NMR Spectroscopy*, 5th ed., Wiley-VCH Publishers, New York, 2010.

Gunther, H., *NMR Spectroscopy*, 2nd ed., John Wiley and Sons, New York, 1995.

Jackman, L. M., and S. Slemhell, *Nuclear Magnetic Resonance Spectroscopy in Organic Chemistry*, 2nd ed., Pergamon Press, New York, 1969.

Lambert, J. B., S. Groenert, H. F. Shurvell, D. A. Lightner, and R. G. Cooks, *Organic Structural Spectroscopy*, Prentice Hall, Upper Saddle River, NJ, 2010.

Macomber, R. S., *NMR Spectroscopy: Essential Theory and Practice*, College Outline Series, Harcourt, Brace Jovanovich, New York, 1988.

Macomber, R. S., A *Complete Introduction to Modern NMR Spectroscopy*, John Wiley and Sons, New York, 1997.

Sanders, J. K. M., and B. K. Hunter, *Modern NMR Spectroscopy-A Guide for Chemists*, 2nd ed., Oxford University Press, Oxford, 1993.

Silverstein, R. M., F. X. Webster and D. J. Kiemle, *Spectrometric Identification of Organic Compounds*, 7th ed., John Wiley and Sons, 2005.

Williams, D. H., and I. Fleming, *Spectroscopic Methods in Organic Chemistry*, 6th ed., McGraw-Hill Book Co. Ltd., London, 2008.

Selected Websites

http:/www2. chemistry, msu. edu/faculty/reusch/VirtTxtJml/Spectrpy/spectro. htm

This excellent website presented by Professor William Reusch from the Department of Chemistry at the Michigan State University includes background material for infrared spectroscopy, NMR spectroscopy, UV spectroscopy and mass spectrometry. Some problems are included. The site includes links to other available sites for spectral problems.

http://sdbs.riodb.aist.go.jp

This excellent free website presents an integrated Integrated Spectral Data Base System (SDBS) for Organic Compounds, National Institute of Advanced Industrial Science and Technology (AIST), Tsukuba, Ibaraki 305-8565, Japan. This database includes infrared, mass spectra, and NMR data (proton and carbon-13) for a large number of compounds.

http://wmv.chem.ucla.edu/~webspectra/

UCLA Department of Chemistry and Biochemistry in connection with Cambridge University Isotope Laboratories, presents WebSpcctra an outstanding collection of unknowns for students to interpret. The website provides NMR spectra and some IR spectra. Solutions are provided. No mass spectral data are included. They provide links to other sites with problems for students to solve.

http://www.nd.edu/~smithgrp/structure/workbook.htinl

Combined structure problems provided by the Smith group at Notre Dame University.

Compilations of Spectra

Ault, A., and M. R. Ault, *A Handy and Systematic Catalog of NMR Spectra, 60 MHz with Some 270 MHz*, University Science Books, Mill Valley, CA, 1980.

Pouchert, C. J., *The Aldrich Library of NMR Spectra, 60 MHz*, 2nd ed., Aldrich Chemical Company, Milwaukee, WI, 1983.

Pouchert, C. J., and J. Behnke, *The Aldrich Library of ^{13}C and ^{1}H FT-NMR Spectra, 300 MHz*, Aldrich Chemical Company, Milwaukee, WI, 1993.

Pretsch, E., J. P. Buhlmann, and H. Badertscher, *Structure Determination of Organic Compounds. Tables of Spectral Data*, 4th ed., Springer-Verlag, Berlin, 2009. Translated from the German by K. Biemann.

제6장

핵자기공명 분광학

Nuclear Magnetic Resonance Spectroscopy

제2부: 다른 핵과의 이종핵 짝지음을 포함한 ^{13}C 스펙트럼

핵자기공명(NMR) 분광학으로 탄소핵을 연구하는 것은 유기 분자의 구조를 결정하는 데 있어 매우 중요한 기법이다. 탄소 NMR과 함께 proton NMR, IR 분광학을 이용하면, 종종 유기화학자는 실험실에서 "손에 물 한 번 묻히지 않고" 미지 화합물의 구조를 완전하게 결정할 수 있다. Fourier 변환-NMR(FT-NMR) 기기의 개발로 인하여 일상적인 탄소 스펙트럼을 쉽게 얻는 것이 가능하다.

탄소 스펙트럼으로 동등하지 않은 탄소의 개수를 구할 수 있으며, 화합물 내에 존재하는 탄소 원자의 유형(methyl, methylene, 방향족, carbonyl 등)에 대해서도 알 수 있다. 따라서, 탄소 NMR은 분자의 탄소 골격에 관한 직접적인 정보를 제공해 준다. Proton NMR의 일부 원리가 탄소 NMR 연구에도 그대로 적용된다. 하지만 일반적으로 proton NMR보다 ^{13}C NMR 스펙트럼을 사용하는 것이 구조 결정하기에 더 쉽다. 미지 화합물의 구조를 결정하는 데 보통 두 기법을 함께 사용한다.

6.1 ^{13}C 핵

자연계 존재비가 가장 큰 탄소의 동위원소인 ^{12}C는 스핀이 0이기 때문에 NMR-비활성이다(5.1절 참조). 하지만 ^{13}C는 질량수가 홀수이고, 실제로 핵스핀 $I = \frac{1}{2}$을 갖는다. 불행하게도 ^{13}C 핵의 공명은 proton(^{1}H)의 공명보다 관찰하기가 더 어렵다. ^{13}C 공명은 ^{1}H 공명보다 6000배 정도 약한데, 주된 두 가지 이유는 다음과 같다.

첫째, ^{13}C의 자연계 존재비가 매우 작다. 자연계 탄소 원자의 단지 1.08%만이 ^{13}C 원자이다. 분자 내에 전체 탄소의 개수가 적다면, 시료 분자의 대다수가 ^{13}C 핵을 전혀 갖지 않을 가능성이 매우 높다. ^{13}C 동위원소를 갖고 있는 분자 내에서 동일 분자의 두 번째 원자가 ^{13}C 원자일 가능성은 거의 없다. 그러므로 ^{13}C 스펙트럼을 얻을 때, ^{13}C 분자들의 집단으로부터 모아진 스펙트럼을 얻는 것이다. (비록 분자 내에 여러 개의 탄소가 있을 지라도) 분자들의 집단에서 각 분자는 한 개의 탄소에 대한 ^{13}C 공명만을 제공한다. 단 *하나의* 분자로 (분자 내 모든 탄소에 대한) 완전한 스펙트럼을 얻을 수는 없다.

둘째, ^{13}C 탄소핵의 자기회전 비율(magnetogyric ratio)이 수소의 자기회전 비율보다 작아서(표 5.2), ^{13}C 핵은 항상 proton보다 작은 진동수에서 공명한다. 작은 진동수에서는 낮은 준위 스핀 상태에 있는 핵의 여분 입자수가 감소한다는 사실을 기억하여라(표 5.3). 이로 인하여 NMR 검출 과정의 감도가 감소된다.

주어진 자기장의 세기에서 ^{13}C 핵의 공명 진동수는 proton 공명을 관찰하기 위해서 요구되는 진동수의 약 $\frac{1}{4}$ 정도이다(표 5.2 참조). 예를 들어, 7.05 Tesla의 외부 자기장에서 proton은 300 MHz에서 관찰되는 반면, ^{13}C 핵은 약 75 MHz 정도에서 관찰된다. 최신 기기의 개발로 인하여 전달 장치(transmitter)의 진동수를 proton 공명을 관찰하기 위해서 요구되는 값에서 ^{13}C 공명을 관찰하기 위해서 요구되는 값으로 바꾸는 것은 간단하다.

Proton 스펙트럼을 검출하는 것에 비하면 여전히 탄소 신호를 검출하는 것이 어렵지만, 최신 Fourier 변환 기기(5.7B절)를 이용하여 유기 화합물의 ^{13}C-NMR 스펙트럼을 얻을 수 있게 되었다. 탄소의 작은 자연계 존재비 때문에 보통 proton 스펙트럼을 얻을 때보다 훨씬 더 많은 횟수의 주사를 수행하여야 하며, 얻어진 스펙트럼 자료를 축적하여야 한다.

6.2 ^{13}C 화학적 이동

A. 상관도표

^{13}C 스펙트럼에서 얻을 수 있는 중요한 변수는 화학적 이동이다. Tetramethylsilane(TMS)으로부터 ppm 단위로 정리된 전형적인 ^{13}C 화학적 이동을 그림 6.1의 상관도표에 나타내었다. TMS의 (수소가 아닌) methyl 그룹 탄소를 기준 물질로 사용하였다. 대표적인 유형의 탄소에 대한 대략적인 ^{13}C 화학적 이동의 범위를 표 6.1에 정리하였다. ^{13}C에서 화학적 이동은 proton에서 관찰되는 범위(0~12 ppm)보다 훨씬 더 넓은 범위(0~220 ppm)에 나타난다. 이처럼 화학적 이동값의 범위가 매우 넓기 때문에, 유기 분자에서 동등하지 않은 거의 모든 탄소 원자의 피크가 서로 다른 화학적 이동값에 나타난다. Proton NMR에서는 피크가 겹쳐지는 것이 흔하지만, ^{13}C NMR에서는 피크가 거의 겹쳐지지 않는다.

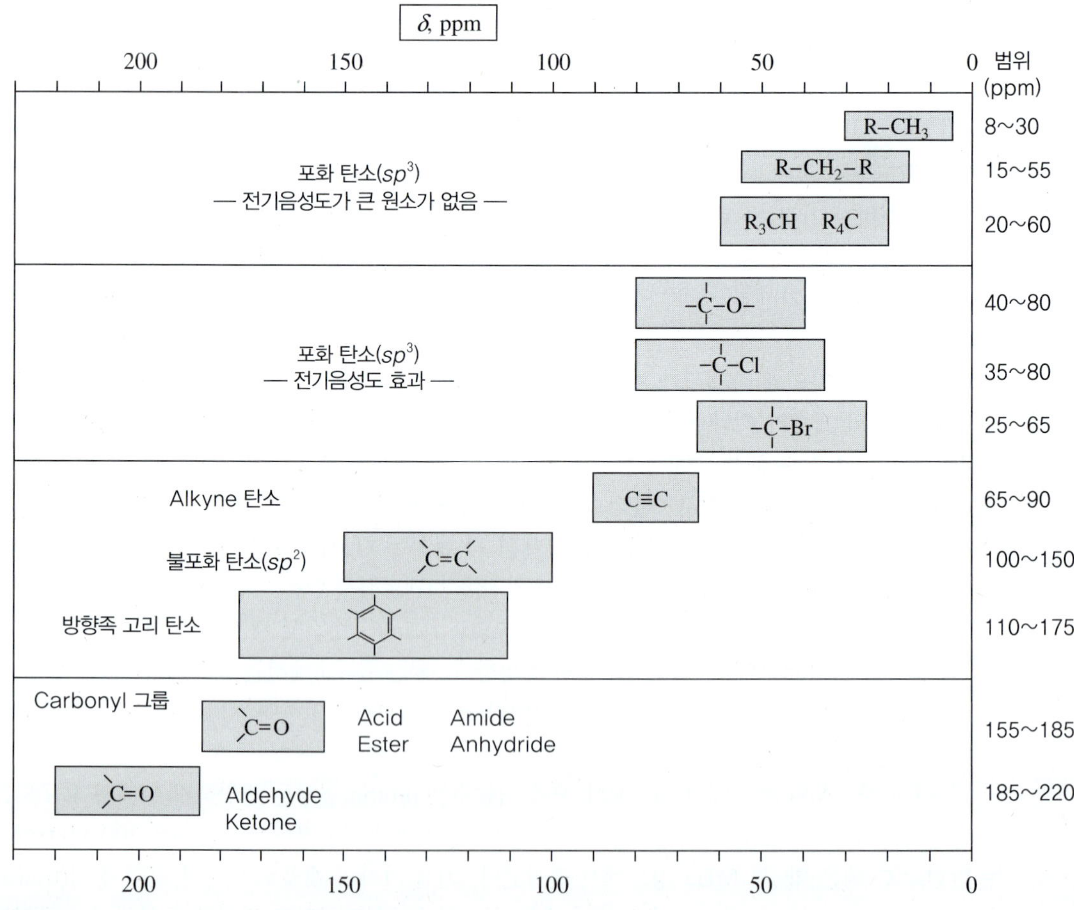

그림 6.1 ^{13}C 화학적 이동의 상관도표(화학적 이동은 TMS를 기준으로 ppm 단위로 나타내었다).

표 6.1 대표적인 유형의 탄소에 대한 대략적인 ^{13}C 화학적 이동의 범위

$R-CH_3$	8~30	C≡C	65~90
R_2CH_2	15~55	C=C	100~150
R_3CH	20~60	C≡N	110~140
C−I	0~40	(benzene ring)	110~175
C−Br	25~65		
C−N	30~65	R−C(=O)−OR, R−C(=O)−OH	155~185
C−Cl	35~80	R−C(=O)−NH_2	155~185
C−O	40~80	R−C(=O)−R, R−C(=O)−H	185~220

위의 상관도표는 네 부분으로 구성되어 있다. 포화 탄소 원자는 TMS에 가장 가까운 가장 높은 장(8~60 ppm)에 나타난다. 그 다음으로 상관도표에는 전기음성도가 큰 원자의 효과가 나타난다(40~80 ppm). 상관도표의 세 번째 부분에는 alkene과 방향족 고리 탄소 원자가 포함되어 있다(100~175 ppm). 마지막으로 상관도표의 네 번째 부분에는 가장 낮은 장의 값(155~220 ppm)에 나타나는 carbonyl 탄소가 포함되어 있다.

전기음성도, 혼성화, 비등방성 등이 모두 ^{1}H 화학적 이동에 영향을 주는 것과 거의 똑같이 ^{13}C 화학적 이동에 영향을 준다. 하지만 ^{13}C 화학적 이동은 20배 정도 크다.[1] 전기음성도(5.11A절)는 proton NMR에서처럼 탄소 NMR에서도 똑같은 벗김 효과를 나타낸다. 전기음성도가 큰 원소는 공명을 낮은 장으로 크게 이동하게 한다. 전기음성도가 큰 원소가 ^{13}C 원자에 직접 결합되어 있어, 단지 한결합인 C−X를 통하여 영향을 주므로, ^{13}C에 대한 이와 같은 이동은 proton에 대한 이동보다 더 크다. Proton의 경우 전기음성도가 큰 원소가 수소에 결합되어 있는 것이 아니라 탄소에 결합되어 있어, 한결합이 아니라 두결합인 H−C−X를 통하여 영향을 준다.

^{1}H NMR에서 화학적 이동에 대한 전기음성도가 큰 원소의 효과는 거리에 따라 감소한다. 그러나 이동 방향은 항상 벗김이 일어나는 방향, 즉 낮은 장 방향이다. ^{13}C NMR에서도 전기음성도가 큰 원소는 α-탄소와 β-탄소에 대해 낮은 장 이동을 일으키지만, 일반적으로 γ-탄소에 대해서는 작지만 높은 장 이동을 일으킨다. 이 효과는 1-hexanol에서 명확하게 볼 수가 있다.

$$\begin{array}{cccccc} 14.2 & 22.8 & 32.0 & 25.8 & 32.8 & 61.9\ \text{ppm} \\ CH_3- & CH_2- & CH_2- & CH_2- & CH_2- & CH_2-OH \\ \omega & \varepsilon & \delta & \gamma & \beta & \alpha \end{array}$$

C3(γ-탄소)에 대한 이동은 전기음성도가 큰 치환기에 대해 예상되는 효과와는 사뭇 다르다. 이와 같은 예외성 때문에 ^{13}C 화학적 이동 상관표를 잘 살펴볼 필요가 있다. 상관표는 부록 7에 실려 있으며, 다음 절에서 설명할 것이다.

[1] 이것을 때때로 *20배 규칙*이라 부른다. Macomber, R., "Proton−Carbon Chemical Shift Correlations", *Journal of Chemical Education, 68(a)*, 284−285, 1991 참조.

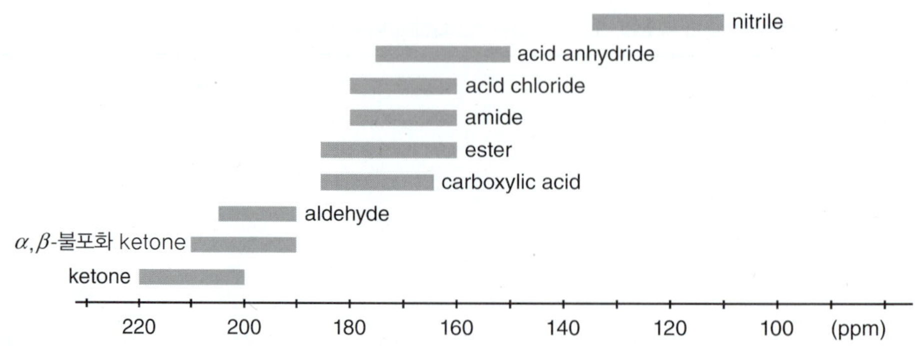

그림 6.2 Carbonyl 작용기와 nitrile 작용기의 ^{13}C NMR에서의 화학적 이동에 대한 상관도표.

^1H 이동과의 유사성을 계속 살펴보면, 탄소에 결합된 (한결합) 수소에 대한 혼성화의 영향보다 (결합이 없는) 탄소 자신이 혼성화에 *직접 연관되어* 있기 때문에 혼성화의 변화(5.11B절)도 ^{13}C에 대하여 더 큰 이동을 일으킨다. ^{13}C NMR에서 carbonyl 그룹의 탄소는 sp^2 혼성화는 물론 전기음성도가 큰 산소가 carbonyl 탄소에 직접 결합되어 있기 때문에 벗겨짐이 훨씬 더 많이 일어나서 가장 큰 화학적 이동을 갖는다. 비등방성(5.12절)은 방향족 고리나 alkene의 탄소에서 큰 화학적 이동의 원인이다.

탄소 원자의 화학적 이동 범위가 수소 원자의 화학적 이동보다 훨씬 넓은 것에 주목하여라. 탄소의 화학적 이동에 영향을 주는 인자들이 하나의 결합을 거쳐 작용하거나 또는 직접 탄소에 작용하기 때문에, 여러 개의 결합을 거쳐 작용하는 수소에 대한 이동보다 탄소에 대한 이동이 더 크다. 그 결과 전체 화학적 이동의 범위는 수소(0~12 ppm)보다 탄소(0~220 ppm)가 훨씬 더 넓다.

유기화학의 중요한 작용기 중에 많은 경우가 carbonyl 그룹을 포함하고 있다. Carbonyl 그룹을 갖는 화합물의 구조를 결정할 때, 종종 미지의 시료에 들어 있는 carbonyl 그룹의 유형에 대한 정보가 있으면 유용하다. Carbonyl 그룹을 포함하는 몇몇 작용기에 대한 ^{13}C 화학적 이동의 전형적인 범위를 그림 6.2에 나타내었다. 일부 겹쳐지는 범위가 있기는 하지만 다른 유형으로부터 ketone과 aldehyde를 구별하는 것은 쉽다. 특히 carbonyl 탄소의 화학적 이동 자료와 IR 스펙트럼 자료를 종합하면 강력한 분석 도구가 된다.

B. ^{13}C 화학적 이동의 계산

핵자기공명 분광학자들은 ^{13}C 화학적 이동에 대해 많은 양의 자료를 모으고, 정리하여 표로 만들었다. 이 표를 이용하면 대부분의 ^{13}C 원자의 화학적 이동을 예측할 수 있다. 분자 골격에 대한 기본값으로부터 시작하여 각 치환기에 대한 값을 보정하는 증가분을 더해주면 된다. 치환기에 대한 보정은 치환기의 유형과 고려 대상 탄소 원자에 대한 상대적 위치에 따라 달라진다. 고리에 대한 보정은 사슬에 대한 보정과 다르며 종종 입체화학(stereochemistry)에 따라 달라진다.

m-Xylene(1,3-dimethylbenzene)을 예로 들어보자. 표를 참조하면 benzene 고리의 탄소에 대한 기본값은 128.5 ppm이다. 그 다음 benzene 고리와 관련된 치환기 표(부록 8의 표 A8.7)를 찾아 methyl 치환기에 대한 보정값을 구한다. 이 값은 다음과 같다.

	ipso	*ortho*	*meta*	*para*
CH_3:	9.3	0.7	− 0.1	−2.9 ppm

Ipso 탄소는 치환기가 직접 결합되어 있는 탄소이다. *m*-Xylene에 대한 계산은 기본값으로부터 시작하여 다음과 같이 증가분을 더해 준다.

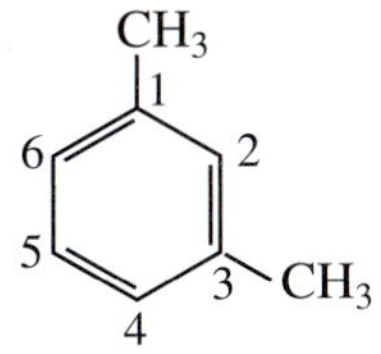

CH_3 (1), 2, 3 CH_3, 4, 5, 6

C1 = 기본값 + *ipso* + *meta* = 128.5 + 9.3 + (−0.1) = 137.7 ppm

C2 = 기본값 + *ortho* + *ortho* = 128.5 + 0.7 + 0.7 = 129.9 ppm

C3 = C1

C4 = 기본값 + *ortho* + *para* = 128.5 + 0.7 + (−2.9) = 126.3 ppm

C5 = 기본값 + *meta* + *meta* = 128.5 + 2(−0.1) = 128.3 ppm

C6 = C4

m-Xylene의 C1, C2, C4, C5에 대한 실제 측정값은 각각 137.6, 130.0, 126.2, 182.2 ppm이고, 계산값은 실제 측정값과 잘 일치하고 있다.

부록 8에 설명과 함께 ^{13}C 화학적 이동 상관표를 나타내었다. 완전한 ^{13}C 화학적 이동 상관표는 너무 방대하여 이 책에 실을 수 없다. 관심이 있으면 이 장 끝에 참고 문헌으로 수록된 Levy, Macomber, Silverstein, Friebolin의 책을 참조하여라. 표보다 편리한 것은 ^{13}C 화학적 이동을 계산하는 컴퓨터 프로그램이다. 잘 개발된 프로그램에서는 마우스를 이용하여 스크린에 분자 구조를 그려 넣기만 하면 프로그램이 자동으로 화학적 이동을 계산하여 대략적인 스펙트럼 모양을 보여준다. 몇몇 프로그램이 참고 문헌에 수록되어 있다.

6.3 Proton-짝지음 ^{13}C 스펙트럼: ^{13}C 신호의 스핀–스핀 갈라짐

인위적인 합성으로 시료 분자에 ^{13}C를 표지시키지 않는 한 같은 분자에서 ^{13}C 원자 두 개가 있을 확률은 낮다. 특히 같은 분자에서 ^{13}C 원자가 서로 이웃하여 존재할 확률은 훨씬 낮다. 그러므로 두 개의 ^{13}C 원자 사이에서 상호작용이 일어나는 **동종핵**(homonuclear, 탄소–탄소) 스핀–스핀 갈라짐 현상은 관찰하기가 어렵다. 하지만 ^{13}C 원자에 직접 결합된 proton의 스핀이 탄소의 스핀과 상호작용을 하여 탄소 신호를 $n + 1$ 규칙에 따라 갈라지게 한다. 이것을 서로 다른 유형의 원자가 관련된 **이종핵**(heteronuclear, 탄소–수소) 짝지음이라 한다. ^{13}C NMR에서는 일반적으로 관찰하고자 하는 탄소 원자에 *직접 결합된* proton에 의해 생기는 갈라짐을 살펴본다. 이것은 한결합 짝지음이다. Proton NMR에서 가장 보편적인 갈라짐은 *이웃하고 있는* 탄소 원자에 결합된 proton 사이에서 일어나는 *동종핵*(수소–수소) 짝지음에 의한 것이라는 것을 기억하여라. 이 경우 상호작용은 세결합 짝지음(H–C–C–H)이다.

^{13}C 원자에 직접 결합된 proton의 효과를 그림 6.3에 나타내었다. $n + 1$ 규칙을 적용하면 각각의 경우에 대한 갈라짐 정도를 예측할 수 있다. 예를 들어, 세 개의 proton이 결합된 ^{13}C 원자의 공명은 사중선($n + 1 = 3 + 1 = 4$)으로 갈라진다. 세 proton에 대한 가능한 스핀 조합은 그림 5.31에 나타낸 설명과 같으며, 각 스핀 조합은 탄소와 상호작용하여 다중선에서 다른 피크로 나타난다. 수소가 탄소에 직접 결합되어 있기 때문에(한결합 짝지음), 이와 같은 상호작용의 짝지음 상수는 매우 커서, J 값은 대략 100~250 Hz에 이른다. Proton NMR 스펙트럼에서 보편적인 약 1~20 Hz의 J 값을 갖는 전형적인 proton 사이의 세결합(H–C–C–H) 짝지음과 비교해 보면 매우 큰 값이다.

그림 6.3을 검토하는 동안 유념해야 할 중요한 사항은 ^{13}C 스펙트럼을 관찰할 때, proton을 직접적으로 "볼 수" 없다는 것이다. 왜냐하면 proton 공명은 ^{13}C 스펙트럼을 얻는 데 사용되는 진동수 범위의 밖에서 일어나기 때문이다. ^{13}C 원자에 대한 proton의 효과만을 관찰할 수 있다. 또한 ^{12}C는 NMR 비활성이므로 관찰할 수 없다는 점을 기억하여라.

^{13}C와 ^{13}C에 직접 결합되어 있는 proton 사이의 스핀–스핀 갈라짐, 또는 짝지음을 보여주는 스펙트럼을 **proton-짝지음 스펙트럼**(proton-coupled spectrum), 또는 **짝풀림 없는 스펙트럼**(nondecoupled spectrum)이라 부른다(다음 절 참조). Ethyl phenylacetate의 proton-짝지음 ^{13}C NMR 스펙트럼을 그림 6.4a에 나타내었다. 이 스펙트럼에서 TMS로부터 낮은 장 쪽으로 첫 번째 나타나는 사중선(14.2 ppm)은

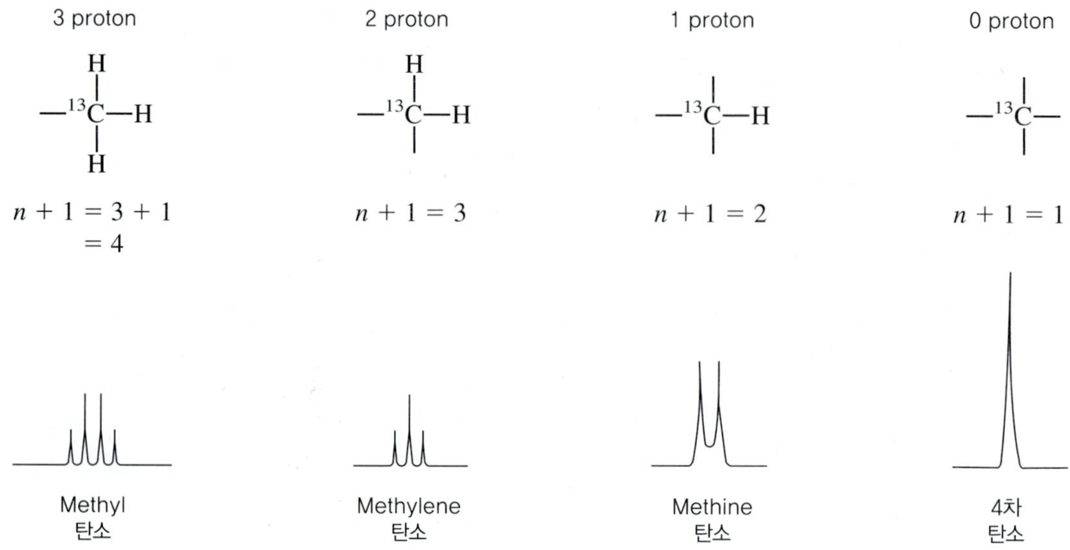

그림 6.3 ^{13}C 공명에 대한 결합된 proton의 효과.

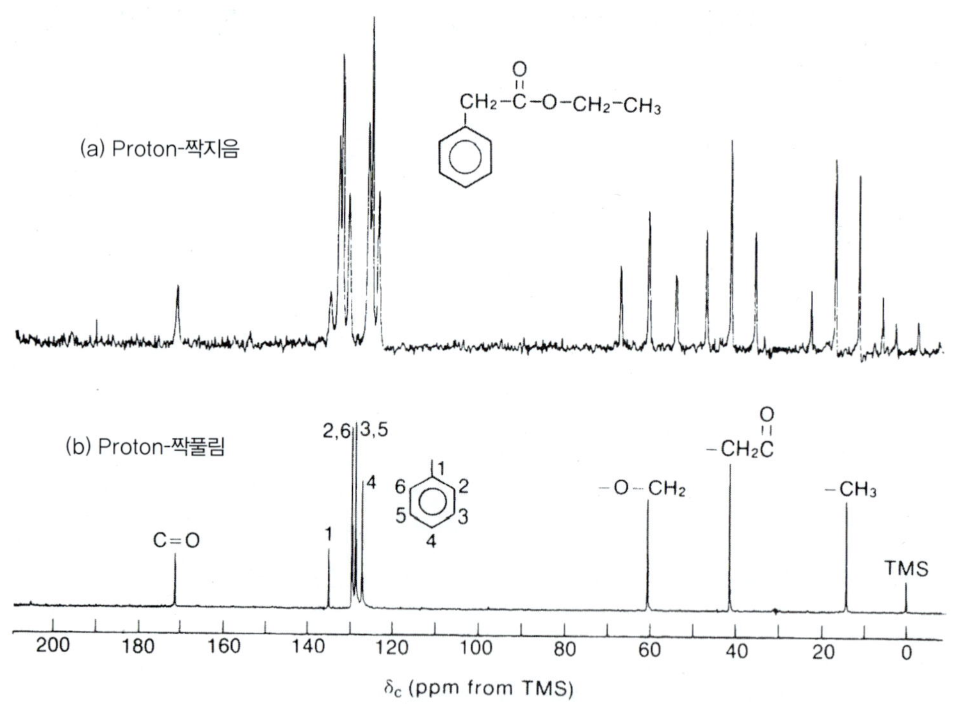

그림 6.4 Ethyl phenylacetate의 (a) Proton-짝지음 ^{13}C NMR 스펙트럼(20 MHz). (b) Proton-짝풀림 ^{13}C NMR 스펙트럼(20 MHz)(인용 문헌: Moore, J. A., and D. L. Dalrymple, *Experimental Methods in Organic Chemistry*, W. B. Saunders, Philadelphia, 1976).

methyl 그룹의 탄소에 해당한다. Methyl 그룹 탄소는 세 개의 결합된 수소(^{13}C–H, 한결합 짝지음)에 의해 사중선으로 갈라진다(J = 127 Hz). 또한 이 스펙트럼의 척도에서는 보이지 않지만 (각 피크를 확대하면) 사중선의 각 피크는 미세한 간격의 삼중선(J = 1 Hz 정도)으로 갈라져 있다. 이와 같은 추가적인 미세 갈라짐(fine splitting)은 이웃하고 있는 $-CH_2-$ 그룹의 두 개의 proton에 의해 일어난다. 이것은 ^{13}C 스펙트럼에 보편적으로 나타나는 유형의 두결합 짝지음(H$-$C$-^{13}$C)이며, 지방족 사슬 탄소 원자를 갖는 시스템에서 이와 같은 짝지음 상수는 일반적으로 매우 작다(J = 0~2 Hz). 이와 같이 짝지음의 크기가 작기 때문에 보통의 스펙트럼 분석에서는 흔히 이와 같은 짝지음은 무시되고, 사중선 자체에 나타나는 커다란 한결합 갈라짐에 더 큰 관심을 갖는다.

Ethyl phenylacetate에는 두 개의 $-CH_2-$ 그룹이 있다. Ethyl $-CH_2-$ 그룹에 해당되는 것은 더 낮은 장(60.6 ppm)에 나타난다. 그 이유는 결합되어 있는 산소에 의해 $-CH_2-$ 그룹의 탄소가 벗겨지기 때문이다. 두 개의 결합되어 있는 수소 때문에 (한결합 짝지음으로) 삼중선으로 나타난다. 또 다시, 이와 같은 확대하지 않은 스펙트럼에서는 보이지 않지만, 이웃하는 methyl 그룹의 세 개 수소가 삼중선의 각 피크를 사중선으로 갈라지게 한다. Benzyl 그룹에 있는 $-CH_2-$ 탄소는 중간 정도 위치에 나타난 삼중선(41.4 ppm)이다. 가장 낮은 장에는 carbonyl 그룹 탄소(171.1 ppm)가 있다. 이 스펙트럼의 척도에서 (직접 결합된 수소가 없기 때문에) 이 피크는 단일선으로 나타난다. 그러나 이웃하고 있는 benzyl $-CH_2-$ 그룹으로 인하여 사실상 미세하게 삼중선으로 갈라진다. 방향족 고리 탄소 또한 스펙트럼에 나타나고, 127~136 ppm 범위에서 공명한다. 6.13절에서 방향족 고리 ^{13}C 공명을 자세히 다룰 것이다.

큰 분자의 proton-짝지음 스펙트럼은 종종 해석하기가 어렵다. $^{13}C-H$ 짝지음 상수가 흔히 스펙트럼에서 각 탄소 사이의 화학적 이동 차이보다 크므로 각각 다른 탄소의 다중선이 보통 서로 겹쳐서 나타난다. 어떤 때는 ethyl phenylacetate(그림 6.4a)와 같은 간단한 분자조차도 해석하기가 어렵다. 다음 절에서 다룰 proton-짝풀림으로 이 문제를 해결할 수 있다.

6.4 Proton-짝풀림 ^{13}C 스펙트럼

대부분의 ^{13}C NMR 스펙트럼은 **proton-짝풀림 스펙트럼**(proton-decoupled spectra)으로 얻는다. 짝풀림 기법을 사용하여 proton과 ^{13}C 핵 사이의 모든 상호작용을 제거할 수 있다. 그러므로 짝풀림 ^{13}C NMR 스펙트럼에는 오직 **단일선**만 나타난다. 이 기법으로 스펙트럼이 단순화되고 다중선이 겹쳐지는 것을 피할 수는 있지만, 결합된 수소의 개수에 관한 정보를 잃어버리는 단점도 있다.

^{13}C NMR 스펙트럼을 측정하는 과정에서 적절한 범위의 넓은 영역의 진동수를 분자 내의 모든 proton에 동시에 쬐어줌으로써 proton **짝풀림**이 수행된다. 대부분의 최신 NMR 분광기에는 **짝풀림 장치**(decoupler)라고 불리는 튜닝 가능한 제2의 무선진동수 발생기가 이 목적으로 구비되어 있다. 짝풀림을 위해 쬐어주면 proton은 포화되며, proton이 가질 수 있는 가능한 모든 스핀 상태 사이에서 높은 준위로 올라가는 전이와 낮은 준위로 내려오는 전이가 빠르게 일어난다. 이와 같은 빠른 전이로 인하여 수소와 관찰하고자 하는 ^{13}C 핵 사이의 스핀$-$스핀 상호작용이 짝풀림된다. 결과적으로 빠른 변화로 인해 모든 스핀 상호작용은 평균값 0을 갖게 된다. 탄소 핵은 결합되어 있는 수소에 대하여 두 개 또는 그 이상의 구별되는 스핀 상태보다는 오히려 평균화된 하나의 스핀 상태만을 "감지한다". 어떤 참고 문헌 자료에는 proton-짝풀림 ^{13}C 스펙트럼을 기호 $^{13}C\{^1H\}$를 사용하여 나타낸다. 이는 ^1H proton에 넓은 영역 짝풀림 신호를 쬐어주는 동안 ^{13}C 스펙트럼을 관찰하였다는 의미이다. 이 책에서는 특별한 언급이 없는 한, 모든 ^{13}C 스펙트럼은 proton-짝풀림 스펙트럼으로 간주한다.

Ethyl phenylacetate의 proton-짝풀림 스펙트럼을 그림 6.4b에 나타내었다. Proton-짝지음 스펙트럼(그림 6.4a)은 6.3절에서 이미 다루었다. 두 개의 스펙트럼을 비교하여, proton 짝풀림 기법이 어떻게 스펙트럼을 단순화하는지 살펴보는 것은 흥미로운 일이다. 화학적으로 또는 자기적으로 구별되는 각 탄소는 각각 하나의 단일선으로만 나타난다. 하지만 두 개의 *ortho* 고리 탄소(탄소 2, 6번)와 두 개의 *meta* 고리 탄소(탄소 3, 5번)는 대칭에 의해 동등하여, *ortho* 고리 탄소의 단일 피크와 *meta* 고리 탄소의 단일 피크

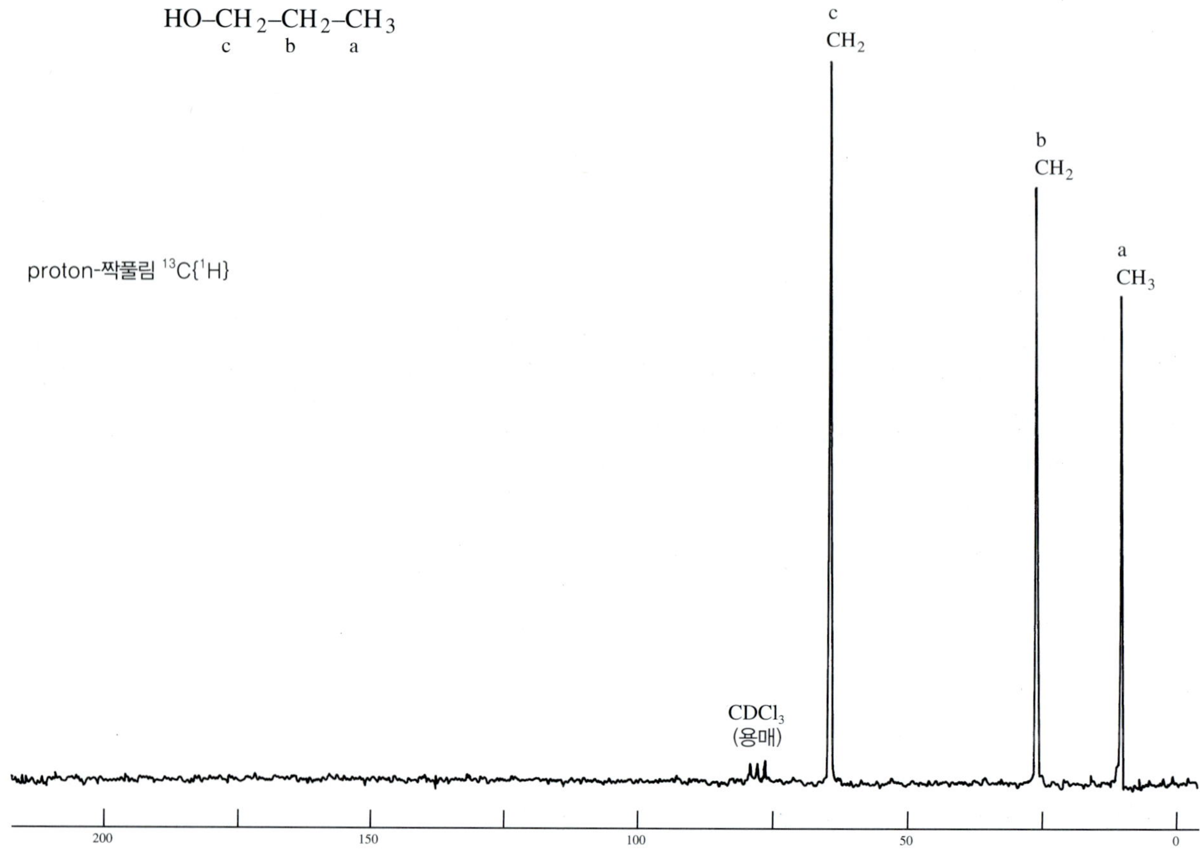

그림 6.5 1-Propanol의 proton-짝풀림 ^{13}C NMR 스펙트럼(22.5 MHz).

가 나타나는 것에 주목하여라.

그림 6.5는 proton-짝풀림 스펙트럼의 두 번째 예이다. 스펙트럼에서 1-propanol의 탄소 원자의 개수와 정확히 일치하는 세 개의 피크가 나타나는 것에 주목하여라. 분자 내에 동등한 탄소가 없으면, 각 ^{13}C 피크는 *각* 탄소에 대해 관찰될 것이다. 그림 6.5에 주어진 피크 할당은 화학적 이동에 대한 표(그림 6.1)에 있는 값과 일치한다. 전기음성도가 큰 산소에 가장 가까운 탄소 원자는 가장 낮은 장에, methyl 탄소는 가장 높은 장에 위치하고 있다.

$\delta = 77$ ppm의 세피크 패턴은 용매 $CDCl_3$에 의한 것이다. 이 패턴은 중수소(^2H)와 ^{13}C 핵 사이의 짝지음의 결과이다(6.13절 참조). $CDCl_3$ 패턴이 종종 TMS 대신 내부 기준으로 사용되기도 한다.

6.5 핵 Overhauser 증대(NOE)

우리가 proton-짝풀림 ^{13}C 스펙트럼을 얻을 때, 많은 탄소 공명의 세기는 proton-짝지음 실험에서 관찰된 세기보다 상당히 증가한다. 수소가 직접 결합되어 있는 탄소 원자에서 증대가 가장 크고, 항상 정비례하는 것은 아니지만, 결합된 수소가 많을수록 증대도 커진다. 이와 같은 효과를 핵 Overhauser 효과(nuclear Overhauser effect)라고 하며, 신호가 증가된 정도를 **핵 Overhauser 증대**(nuclear Overhauser enhancement, NOE)라고 한다. 이 경우에 NOE 효과는 서로 다른 두 가지 핵인 탄소와 수소 사이에서 일어나는 *이종핵* 효과이다. 두 원자 모두 스핀을 가지고 있고 NMR 활성이다. 핵 Overhauser 효과는 서로 다른 두 유형의 원자 중에서 한 원자의 NMR 스펙트럼을 측정하는 동안 다른 원자에 무선진동수를 쬐어줄 때 나타나는 일반적인 현상이다. 측정된(즉, 쬐어주지 않는) 원자의 흡수 세기가 변하면, Overhauser 증대가 나타난다. 이 효과는 관련된 원자 유형에 따라 증대일 수도 있고 감소일 수도 있다. ^{1}H와 상호작용하는 ^{13}C의 경우에 그 효과는 증대이다. 수소에 쬐어줌으로써 탄소 신호의 세기가 증가한다. 관찰되는 최대 증대량은 다음의 관계식으로 주어진다.

$$NOE_{최대} = \frac{1}{2}\left(\frac{\gamma_{irr}}{\gamma_{obs}}\right) \quad \text{식 6.1}$$

이때, γ_{irr}은 쬐어준 핵의 자기회전 비율(magnetogyric ratio)이고, γ_{obs}는 관찰된 핵의 자기회전 비율이다. $NOE_{최대}$는 신호의 *증대로서* 원래의 신호 세기에 더해 주어야 한다는 것을 잊지 말아야 한다.

$$\text{전체 세기의 예측값(최대값)} = 1 + NOE_{최대} \quad \text{식 6.2}$$

Proton-짝풀림 ^{13}C 스펙트럼에서 표 5.2의 수치를 사용하여 NOE를 계산하면, 다음과 같이 얻어진다.

$$NOE_{최대} = \frac{1}{2}\left(\frac{267.5}{67.28}\right) = 1.988 \quad \text{식 6.3}$$

즉, 수소를 쬐어주어 ^{13}C 신호가 200%까지 증대될 수 있다는 것을 나타낸다. 하지만 이 값은 이론적인 최대값이고, 보다 실제적인 경우에는 이론적인 증대보다 작게 나타난다.

이종핵 NOE 효과는 사실상 양방향 모두 작용하므로 어떤 원자든 쬐어줄 수 있다. 수소의 NMR 스펙트럼을 측정하면서 ^{13}C를 쬐어줄 경우 보통의 과정과는 반대로, 수소의 신호는 아주 조금 증대될 것이다. 하지만 주어진 분자에 ^{13}C 원자가 거의 없으므로 그 결과가 그렇게 크지 않다. 반면 NOE는 proton-짝풀림 ^{13}C 스펙트럼을 측정할 때 얻어지는 명백한 *보너스*이다. 수소의 양은 매우 많고, ^{13}C는 자연계 존재비가 낮으므로 보통은 약한 신호를 생성한다. NOE가 탄소 신호의 세기를 증가시키기 때문에, 결과적으로 ^{13}C 스펙트럼의 감도(신호 대 잡음 비율)는 상당히 증가된다.

NOE에 의한 신호의 증대는 **교차 편극**(cross-polarization)의 한 예이다. 한 유형의 핵에서 스핀 상태의 편극이 일어나면, 다른 유형의 핵에서도 스핀 상태의 편극이 일어난다. 교차-편극은 6.6절에서 논의할 것이다. 간단히 설명하면, 위의 proton-짝풀림 ^{13}C 스펙트럼의 예처럼 분자 내의 수소에 무선진동수를 쬐어주면, 수소는 포화되고, 평형(Boltzmann 분포) 상태와는 매우 다른 스핀 분포에 이르게 된다. 정상보다 더 많은 스핀이 들뜬 상태에 있게 된다. 스핀 쌍극자의 상호작용으로 인해 탄소핵의 스핀은 수소핵의 스핀 불균형을 "감지"하여, 낮은 상태에 더 많은 (탄소핵의) 스핀을 갖는 새로운 평형 상태로 탄소핵의 스핀을 조정하기 시작한다. 탄소의 낮은 스핀 상태의 입자수가 증가되면 NMR 신호의 세기도 증가된다.

Proton-짝풀림 ^{13}C 스펙트럼에서 주어진 탄소의 총 NOE는 근처의 수소 개수가 많아질수록 증가한다. 따라서 ^{13}C 스펙트럼에서(각 유형의 탄소가 하나씩 있다고 가정하면) 신호의 세기는 다음의 순서로 커진다.

$$CH_3 > CH_2 > CH \gg C$$

NOE 효과를 일으키는 수소는 자신이 결합되어 있는 탄소보다 더 멀리 떨어져 있는 탄소에도 영향을 주지만, 거리가 멀어지면 효과도 급격히 감소한다. 스핀–스핀 쌍극자 사이의 상호작용은 결합을 통해 전달되는 것이 아니라 공간을 통해 전달되기 때문에, 그 크기는 수소를 원점으로 반지름 거리가 r일 때, r^3에 반비례하는 함수이다.

$$C \xrightarrow{r} H \qquad NOE = f\left(\frac{1}{r^3}\right)$$

따라서, NOE 효과를 나타내기 위해서는 핵이 분자 내에서 서로 이웃하고 있어야 한다. 효과는 탄소에 직접 결합된 수소에 대해서 가장 크다.

고급 실험에서 NOE는 종종 피크 할당을 검증하는 데 사용된다. 선택된 하나의 수소 또는 수소 그룹에 쬐어주면, 고려 대상인 두 탄소 원자 중에서 더 가까운 곳에 위치한 탄소의 신호 증대가 두드러진다. 예를 들어, dimethylformamide에서 두 methyl 그룹은 동등하지 않고 각각 31.1 ppm과 36.2 ppm에 두 개의 신호로 나타난다. 두 개의 신호가 나타나는 이유는 질소의 고립 전자쌍과 carbonyl 그룹의 π 결합 사이의 공명 상호작용으로 인해 C–N 결합에 대한 자유로운 회전이 제한되기 때문이다.

anti, 31.1 ppm

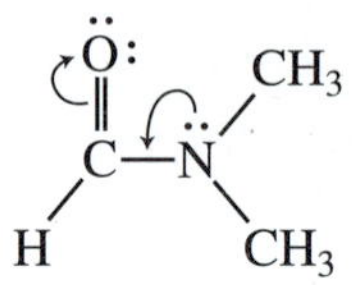

CH_3

H C N

CH_3

syn, 36.2 ppm

Dimethylformamide

Aldehyde 수소에 쬐어주면 *syn* methyl 그룹의 탄소(36.2 ppm)가 *anti* methyl 그룹의 탄소(31.1 ppm)보다 더 큰 NOE를 보인다. 이것으로 두 피크를 구별하여 할당할 수 있다. 즉, *syn* methyl 그룹이 aldehyde 수소에 더 가깝게 위치한다.

결합된 수소에 의한 다중선이 나타나는 proton-짝지음 ^{13}C NMR 스펙트럼을 측정할 때도 NOE 이점을 얻는 것이 가능하다. 짝풀림 장치가 수소를 쬐어주는 동안, 스핀-상태 입자수에 알맞은 교란(perturbation)이 천천히 만들어지고, 짝풀림 장치가 꺼진 후에도 어느 정도 시간 동안 교란은 지속된다. 반면 짝풀림은 짝풀림 장치가 켜져 있는 동안만 작용하고, 짝풀림 장치를 끄면 짝풀림은 즉시 정지한다. 펄스를 주기 전 일정 기간 동안 짝풀림 장치로 쬐어주고, 펄스를 주고 **자유 유도 감쇠**(free-induction decay, FID)를 수집하는 동안 짝풀림 장치를 끄는 방법으로 NOE 효과를 일어나게 할 수 있다. 이 기법으로 NOE 효과로 피크 세기가 증가된 장점을 갖는 **NOE-증대된 proton-짝지음 스펙트럼**을 얻을 수 있다. 자세한 설명은 9.1절을 참조하여라.

6.6 교차 편극: 핵 Overhauser 효과의 원인

교차 편극이 핵 Overhauser 증대를 일으키기 위하여 어떻게 작동하는지 알아보기 위하여 그림 6.6에 나타낸 에너지 도표를 살펴보자. ^{1}**H**와 ^{13}**C** 원자 사이의 두 스핀 시스템을 고려해 보자. 이 두 원자는 스핀 짝지음을 하지만, 어떠한 스핀–스핀 갈라짐도 단순히 무시하면 다음 설명을 이해하기가 좀 더 쉽다. 비록 다음 설명이 다른 가능한 원자 조합에도 동등하게 적용될 수 있지만, 다음 설명은 ^{13}C NMR 분광학의 경우에 적용된다. ^{1}**H**와 ^{13}**C** 원자의 서로 다른 스핀 조합을 갖는 네 개의 분리된 에너지 준위(N_1, N_2, N_3, N_4)를 그림 6.6에 나타내었다. 원자들의 스핀을 각 에너지 준위에 나타내었다.

양자역학의 선택 규칙(selection rule)에 따르면, 한 번에 하나의 스핀 변화만이 연관된 전이(**단일 양자 전이**, single-quantum transition)만이 허용 전이이다. 허용된 전이, 즉 proton 들뜸(^{1}**H**로 표시됨)과 탄소의 들뜸(^{13}**C**로 표시됨)을 그림에 나타내었다. 두 개의 proton 전이 에너지는 서로 같고, 두 개의 탄소 전이 에너지도 서로 같은 것에 주목하여라(*J* 상호작용으로 인한 갈라짐을 무시하기로 한 것을 기억하여라).

네 개의 스핀 상태가 서로 다른 에너지를 갖기 때문에, 각 스핀 상태도 서로 다른 입자수를 갖는다. 스핀 상태 N_3와 스핀 상태 N_2가 매우 비슷한 에너지를 가지고 있기 때문에, 그 상태의 입자수도 거의 같다고

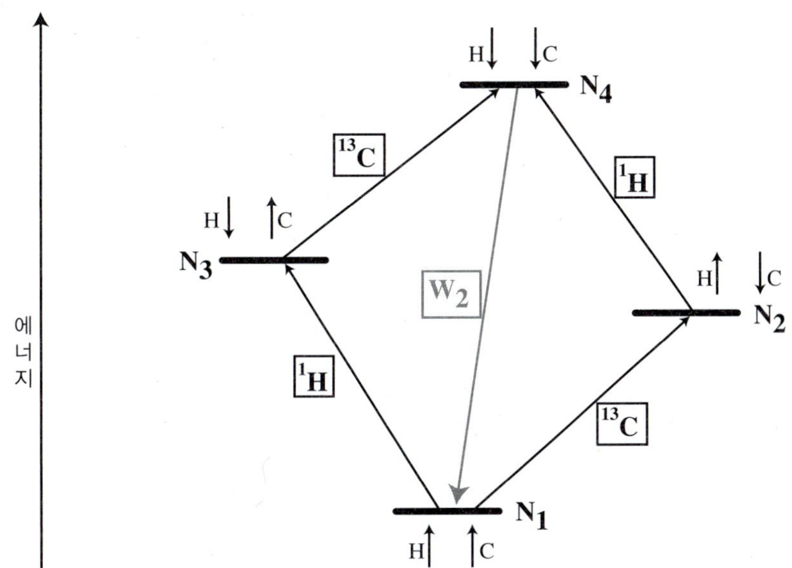

그림 6.6 AX 시스템에 대한 스핀 에너지 준위 도표.

가정할 수 있다. 이제 두 스핀 상태의 평형 입자수를 기호 ***B***로 표현하자. 스핀 상태 N_1의 입자수는 δ만큼 증가될 것이고, 스핀 상태 N_4의 입자수는 δ만큼 감소할 것이다. NMR 피크들의 세기는 전이가 일어나는 에너지 준위 사이의 입자수 차이에 비례하게 될 것이다. 각 에너지 준위의 입자수를 비교하면, 두 탄소 피크(***X***)의 세기는 같다는 것을 알 수 있다

준위	평형 입자수
N_1	$B + \delta$
N_2	B
N_3	B
N_4	$B - \delta$

^{13}C 에너지 준위의 입자수가 평형에 있다고 가정하면, 탄소 신호는 다음의 세기를 가지게 될 것이다.

평형에서 ^{13}C 에너지 준위

$$N_3 - N_4 = B - B + \delta = \delta$$

$$N_1 - N_2 = B + \delta - B = \delta$$

이제 넓은 영역 짝풀림 절차가 진행되는 동안 proton 전이를 쬐어줄 때 무슨 일이 일어나는지 살펴보자. Proton을 쬐어주어 proton 전이가 **포화**되게 한다. 다르게 표현하면 그림 6.6에 나타난 proton 전이에서 이들 핵에 대한 위쪽 방향 전이와 아래쪽 방향 전이에 대한 확률이 이제 *같아지게* 된다. 준위 N_1의 입자수와 준위 N_2의 입자수가 같아지게 되고, 준위 N_3의 입자수는 이제 준위 N_1의 입자수와 같아지게 된다. 따라서 이제 스핀 상태의 입자수는 다음과 같은 표현으로 나타낼 수 있다.

Proton 짝풀림	
준위	입자수
N_1	$B + \frac{1}{2}\delta$
N_2	$B - \frac{1}{2}\delta$
N_3	$B + \frac{1}{2}\delta$
N_4	$B - \frac{1}{2}\delta$

이 표현을 사용하여 탄소 피크의 세기를 나타낼 수 있다.

넓은 영역 짝풀림을 갖는 ^{13}C 에너지 준위

$$N_3 - N_4 = B + \frac{1}{2}\delta - B + \frac{1}{2}\delta = \delta$$

$$N_1 - N_2 = B + \frac{1}{2}\delta - B + \frac{1}{2}\delta = \delta$$

지금까지 탄소 전이의 세기에는 변화가 없다.

이 시점에서 이 시스템에서 작동하고 있는 또 다른 과정이 있다는 것을 생각할 필요가 있다. Proton 신호에 쬐어주는 이와 같은 경우처럼 스핀 상태의 입자수가 평형값으로부터 교란되면, **이완 과정**(relaxation processes)이 입자수를 평형값으로 되돌리려 한다. 낮은 스핀 상태에서 높은 스핀 상태로 스핀을 들뜨게 하는 것과는 달리, 이완 과정은 동일한 양자역학적 선택 규칙을 따르지 않는다. 동시에 두 개의 스핀이 모두 변화하는 이완(**이중-양자 전이**, double-quantum transition)이 허용되며, 사실상 이 형태의 이완이 상대적으로 크기(magnitude)에 중요하다. 그림 6.6의 $\mathbf{W_2}$로 표시된 이완 경로는 스핀 상태 N_4에서 스핀 상태 N_1로 스핀을 이완하여 평형 입자수로 되돌리려 한다. 이 경로에 의해 이완되는 스핀수를 기호 d로 표현하면, 스핀 상태의 입자수는 다음과 같게 된다.

준위	입자수
N_1	$B + \frac{1}{2}\delta + d$
N_2	$B - \frac{1}{2}\delta$
N_3	$B + \frac{1}{2}\delta$
N_4	$B - \frac{1}{2}\delta - d$

탄소 피크의 세기를 이제 다음과 같이 나타낼 수 있다.

넓은 영역 짝풀림과 이완을 갖는 ^{13}C 에너지 준위

$$N_3 - N_4 = B + \frac{1}{2}\delta - B + \frac{1}{2}\delta + d = \delta + d$$

$$N_1 - N_2 = B + \frac{1}{2}\delta + d - B + \frac{1}{2}\delta = \delta + d$$

따라서 각 탄소 피크의 세기는 이와 같은 이완 때문에 d만큼 증대되었다.

d의 이론적 최대값은 2.988이다(식 6.2와 식 6.3 참조). 하지만 관찰되는 핵 Overhauser 증대의 양은 종종 이 값보다 작다. 앞선 토의에서 스핀 상태 N_3에서 스핀 상태 N_2로의 가능한 이완을 무시하였다. 이 이완 경로에는 전체 스핀 수의 알짜 변화가 없다(**영-양자 전이**, zero-quantum transition). 이 이완은 핵 Overhauser 증대를 감소시키는 경향이 있다. 상대적으로 작은 분자에 대해서 이와 같은 두 번째 이완 경로는 $\mathbf{W_2}$에 비해 별로 중요하지 않다. 그러므로 우리는 일반적으로 상당한 증대를 볼 수 있다.

6.7 ^{13}C 스펙트럼에서 적분의 문제점

Proton-짝풀림 ^{13}C 스펙트럼에서는 피크의 크기나 적분에 큰 의미를 부여하지 말아야 한다. 사실 탄소 스펙트럼에서는 일반적으로 proton 스펙트럼에서 허용되는 방식과 똑같은 일상적인 방식으로 적분하지는 않는다. ^{13}C 스펙트럼으로부터 얻은 적분 정보는 그 유효성을 확인하기 위한 특수 기법을 사용하지 않는 한 신뢰할 만한 것이 못된다. 물론 탄소 두 개로부터 얻어진 피크가 탄소 한 개로부터 얻어진 피크보다 큰 것은 사실이다. 하지만 6.5절에서 살펴본 것과 같이 짝풀림을 사용하면, 탄소 피크의 세기는 직접 결합되어 있거나 근처에 있는 수소에 의한 핵 Overhauser 증대에 의해 증대된다. NOE는 모든 탄소에 대해서 그 정도가 같은 것은 아니다. (약간의 예외는 있지만) 대략적인 계산으로 CH_3 피크는 CH_2 피크보다 큰 세기를 갖고, CH_2 피크는 CH 피크보다 큰 세기를 갖고, CH 피크는 결합된 수소가 없는 4차 탄소의 피크보다 큰 세기를 갖는다. 아무런 수소도 결합되어 있지 않은 4차 탄소는 스펙트럼에서 보통 가장 약한 피크로 나타난다.

두 번째 문제점은 ^{13}C FT-NMR에서 적분의 측정 과정에서 일어난다. 그림 6.7은 FT-NMR 실험의 전형적인 펄스 순서(pulse sequence)이다. 펄스 순서가 약 1~3초 간격으로 반복된다. 펄스 후에 자료(FID)를 수집하도록 배당된 시간을 **수집 시간**(aquisition time)이라고 한다. 자료 수집 후에는 보통 짧은 **지연 시간**(delay)을 갖는다. 수소 스펙트럼을 측정할 때 일반적으로 수집 시간이 다 경과되기 전에 FID가 0으로 감쇠되는 것이 보통이다. 대부분의 수소 원자는 매우 빨리(1초 이내에) 원래의 Boltzmann 조건으로 이완하여 복귀한다. 하지만 ^{13}C 원자에서는 특정 원자의 분자 환경에 따라 이완에 필요한 시간이 매우 다양하다(6.8절 참조). 몇몇 ^{13}C 원자는 매우 빨리(수초 이내에) 이완하지만, 다른 ^{13}C 원자는 수소에 비해 매우 느리게(수분 동안) 이완한다. 분자 내에 이완 시간이 긴 탄소 원자가 있으면 모든 ^{13}C 원자가 이완되기도 전에 이미 FID 신호 수집이 끝날 수도 있다. 이와 같은 불일치의 결과로 인해 어떤 원자는 FID에 대한 기여가 완료되어 강한 신호를 나타내는 반면, 다른 원자는 완전하게 이완이 이루어지지 않아 약한 신호를 보인다. 이와 같은 현상이 일어나면 결과적으로 얻어진 피크 면적은 정확한 탄소 개수만큼 적분값을 나타내지 못하게 된다.

자료 수집 시간과 지연 시간을 연장하여 분자 내의 모든 탄소를 이완하게 하는 것도 가능하다. 하지만 이와 같은 방법은 특수한 경우 이외에는 수행하지 않는다. ^{13}C 스펙트럼에서는 반복적으로 주사하기 때문에 수집 시간이 늘어나면 적절한 신호 대 잡음 비율을 갖는 완전한 스펙트럼을 얻기 위해서 너무 긴 시간이 필요하다.

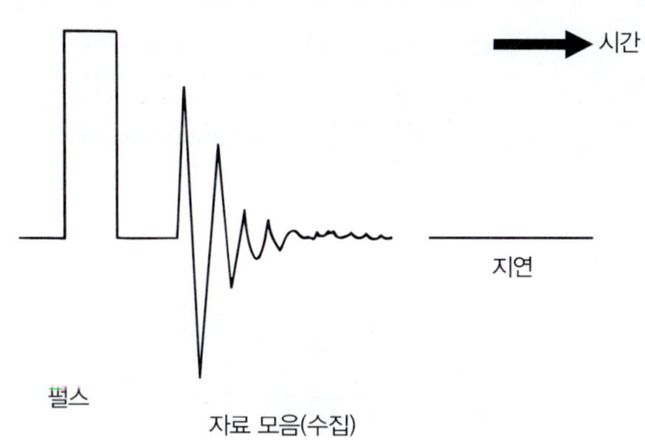

그림 6.7 FT-NMR의 전형적인 펄스 순서.

6.8 분자 이완 과정

외부 자기장이 없을 때, 스핀 $\frac{1}{2}$인 핵에 대한 두 스핀 상태의 분포는 거의 50/50이다. 자기장이 걸린 후 짧은 시간 내에 열평형에 의해 낮은 에너지(나란한 방향) 스핀 상태에 약간의 여분 핵이 생긴다. 높은 상태와 낮은 상태에 있는 핵의 상대적인 개수를 **Boltzmann 평형**이라 부른다. 5.5절에서 이미 Boltzmann 방정식을 이용하여 여러 가지 진동수에서 작동하는 NMR 분광기에 대한 예상되는 여분 핵의 개수를 계산하였다(표 5.3). NMR 신호를 얻기 위해서는 이와 같은 여분의 핵이 필요하다. 공명 진동수에서 스핀 시스템에 펄스를 가하면 Boltzmann 평형이 교란된다(스핀 입자수 비율의 변화가 일어난다). 여분의 핵이 높은 스핀 상태로 들뜨게 되고, 그것이 **이완**하면서 또는 낮은 스핀 상태로 되돌아와 평형으로 복귀하면서, FID 신호가 생성되고, FID 신호가 변환되어 스펙트럼이 얻어진다.

만약 모든 여분의 핵이 에너지를 흡수하면, 두 가지 스핀 상태의 입자수가 다시 같아지는 조건인 **포화** 상태에 도달하여 높은 스핀 상태의 입자수가 더 이상 증가될 수 없다. 두 상태의 입자수가 같을 때, 더 이상 쬐어주어도 위로 올라가는 전이와 똑같은 수만큼 아래로 내려오는 전이가 일어나므로 이 한계가 존재한다. 입자수가 같지 않을 때만 알짜 신호가 관찰된다. 쬐어주는 것을 멈추면, 포화 상태나 포화되기 전 상태의 여분의 들뜬 핵은 이완되고, 다시 Boltzmann 평형을 이룬다.

들뜬 핵이 바닥 상태로 복귀하고 Boltzmann 평형이 다시 이루어지는 과정을 **이완 과정**(relaxation process)이라고 한다. NMR 시스템에는 대표적인으로 두 가지 유형의 이완 과정이 있다. 스핀-격자 이완(spin–lattice relaxation)과 스핀-스핀 이완(spin–spin relaxation)이다. 각 이완은 1차 속도론적 과정으로 일어나며, 각각의 특징은 감쇠 속도를 지배하는 **이완 시간**(relaxation time)으로 나타낸다.

스핀-격자 이완 과정, 또는 **세로 이완 과정**은 자기장의 방향에서 일어나는 이완 과정이다. 스핀은 열 에너지 형태로 주위(격자)에 에너지를 전달함으로써 에너지를 잃는다. 결과적으로 잃은 에너지는 주위를 가열한다. **스핀-격자 이완 시간, T_1**은 이 과정의 속도를 결정한다. 스핀-격자 이완 시간의 역수, $1/T_1$은 감쇠 과정의 속도 상수이다.

다양한 분자 내 과정과 분자 간 과정이 스핀-격자 이완에 기여한다. 자기적 쌍극자-쌍극자 상호작용이 주된 기여를 한다. 들뜬 핵의 스핀은 같은 분자나 이웃 분자의 다른 자기성 핵의 스핀과 상호작용을 한다. 이와 같은 상호작용으로 인해 핵스핀 전이와 핵스핀 교환이 일어난다. 결국 시스템은 Boltzmann 평형으로 복귀한다. 이 메커니즘은 근처에 수소 원자가 있을 때 특히 효과적이다. CH, CH_2, CH_3 그룹과 같이 탄소핵에 수소 원자가 직접 결합되어 있는 경우 이완이 가장 빠르다. 또한 스핀-격자 이완은 운동(회전)이 느린 큰 분자에서 가장 효과적이고, 운동이 빠른 작은 분자에서는 효과적이지 않다.

스핀-스핀 이완 과정, 또는 **가로 이완 과정**은 자기장 방향에 수직인 평면(즉, 신호가 검출되는 평면)에서 일어난다. 스핀-스핀 이완은 스핀 시스템의 에너지를 변화시키지 않는다. 이것은 종종 엔트로피 과정으로 기술된다. 핵이 복사선을 흡수하여 스핀의 변화가 유도되면, 모든 핵은 결국 공명 후에 같은 위상으로 세차 운동을 하게 된다. 이것을 **위상 일치**(phase coherence)라고 한다. 핵은 서로 스핀을 교환함으로써 위상 일치를 잃는다. 세차 운동하는 스핀의 위상이 무작위로 된다(엔트로피가 증가된다). 이와 같은 과정은 NMR 실험에서 연구되는 같은 유형의 핵 사이에서만 일어난다. **스핀-스핀 이완 시간, T_2**가 이 과정의 속도를 결정한다.

우리는 스핀-스핀 이완 시간보다는 스핀-격자 이완 시간 T_1에 관심을 더 갖는다. 왜냐하면 T_1은 NMR 신호 세기에 관련되어 있고, 구조 결정에 관련된 다른 정보를 내포하고 있기 때문이다. T_1 이완 시간을 **역전 회복법**(inversion-recovery method)[2]으로 비교적 쉽게 측정할 수 있다. 스핀-스핀 이완 시간

[2] 이 방법에 대한 자세한 내용은 이 장의 끝에 수록된 참고 문헌을 참조하여라.

T_2는 측정하기가 더 어렵고 구조에 관한 유용한 정보를 제공하지 않는다. 스핀–스핀 이완(위상 무작위화)은 스핀–격자 이완으로 시스템이 Boltzmann 평형으로 복귀하는 것보다 빠르게 일어난다($T_2 \leq T_1$). 하지만 스핀 = $\frac{1}{2}$인 핵이 점도가 작은 용매에 있을 경우, T_1과 T_2는 보통 유사하다.

Proton은 매우 짧은 이완 시간을 갖기 때문에 proton NMR에서 스핀–격자 이완 시간 T_1 값은 그렇게 많이 사용하지 않는다. 하지만 탄소핵에 대한 T_1 시간은 훨씬 길고, 신호 세기에 아주 큰 영향을 미치기 때문에 ^{13}C NMR에서는 T_1 값이 매우 중요하다. (대부분의 carbonyl 탄소를 포함한) 4차 탄소는 결합된 수소가 없으므로 항상 긴 이완 시간을 가질 것으로 예상된다. 긴 이완 시간을 갖는 보편적인 예는 수소가 아닌 다른 치환기를 갖는 방향족 고리의 탄소이다. Isooctane(2,2,4-trimethylpentane)과 toluene에 대한 ^{13}C의 T_1 값은 다음과 같다.

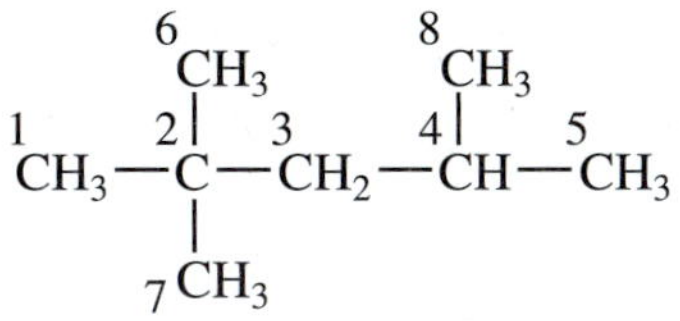

C	T_1
1, 6, 7	9.3 초
2	68
3	13
4	23
5, 8	9.8

2,2,4-Trimethylpentane

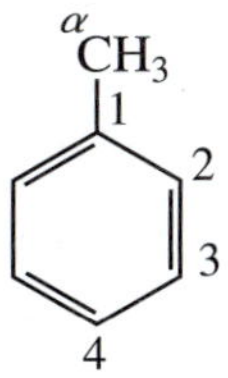

C	T_1	NOE
α	16 초	0.61
1	89	0.56
2	24	1.6
3	24	1.7
4	17	1.6

Toluene

Isooctane에서 수소가 없는 4차 탄소인 2가 가장 긴 이완 시간(68초)을 갖는 것에 주목하여라. 하나의 수소를 갖는 탄소 4가 두 번째로 긴 이완 시간(23초)을 갖고, 그 다음으로 두 개의 수소를 갖는 탄소 3이 13초의 이완 시간을 갖는다. Methyl 그룹(탄소 1, 5, 6, 7, 8)은 이 분자 내에서 가장 짧은 이완 시간을 갖는다. Toluene에 대한 NOE 인자를 T_1 값과 함께 나타내었다. 예상한 바와 같이 수소가 없는 *ipso* 탄소 1이 가장 긴 이완 시간과 가장 작은 NOE를 갖는다. Toluene의 ^{13}C NMR에서 *ipso* 탄소는 가장 작은 세기를 갖는다.

분자가 작고 용매 내에서 빠르게 운동하면, T_1 값이 더 커지는 것을 기억하여라. Cyclopropane 탄소의 T_1은 37초이다. Cyclohexane은 그보다 작은 값인 20초이다. Steroid cholesterol과 같은 큰 분자에서는 4차 탄소를 제외한 모든 탄소가 1~2초 이내의 T_1 값을 가질 것으로 예상된다. 4차 탄소는 결합되어 있는 수소가 없기 때문에 약 4~6초의 T_1 값을 갖는다. Polystyrene과 같은 고체 중합체에서 다양한 탄소들의 T_1 값은 대략 10^{-2}초 정도이다.

^{13}C NMR 스펙트럼을 해석하기 위해서는 예상할 수 있는 NOE와 스핀–격자 이완의 효과가 무엇인지를 알아야 한다. 여기에서 주제에 관한 모든 것을 살펴볼 수는 없으며, 지금까지 논의한 것 이외에도 다른 여러 추가적인 인자들이 있다. 관심이 있다면, 참고 문헌에 수록된 것과 같은 좀 더 고급 과정의 교재를 참조하기 바란다.

2,3-Dimethylbenzofuran의 예를 살펴보며 이 절을 마무리하고자 한다. 이 분자에서 4차(*ipso*) 탄소는 1분이 넘는 이완 시간을 갖는다. 6.7절에서 살펴본 바와 같이, 이 화합물의 제대로 된 스펙트럼을 얻기

위하여 분자 내의 전체 스펙트럼을 측정하고, 큰 T_1 값을 갖는 탄소를 살펴보기 위하여 자료 수집 시간과 지연 시간을 늘릴 필요가 있다.

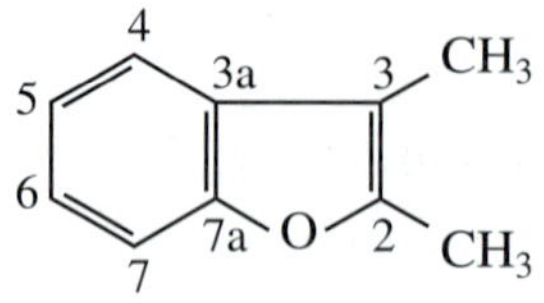

C	T_1	NOE
2	83 초	1.4
3	92	1.6
3a	114	1.5
7a	117	1.3
나머지	<10	1.6~2

2,3-Dimethylbenzofuran

6.9 공명비킴 짝풀림

전형적인 proton-짝풀림 스펙트럼을 얻는 데 사용한 짝풀림 기법은 모든 피크가 단일선으로 나타나는 장점이 있다. 결합된 수소를 갖는 탄소 원자에서는 핵 Overhauser 효과로 인하여 탄소 피크의 세기가 증가되는 이점이 있어 신호 대 잡음 비율이 개선된다. 그러나 불행하게도 짝풀림 기법으로 탄소 스펙트럼을 얻으면 아주 유용한 정보 또한 잃어버린다. 특정 탄소 원자에 결합된 수소의 개수에 대한 정보를 더 이상 얻을 수 없다.

많은 경우, proton-짝지음 스펙트럼을 통해 결합된 수소 개수에 관한 정보를 얻을 수 있으면 매우 유용할 것이다. 그러나 종종 그런 스펙트럼은 해석할 수 없고, 정확하게 할당할 수 없을 정도로 다중선이 겹쳐 있어 너무 복잡하다. **공명비킴 짝풀림**(off-resonance decoupling) 기법이라 불리는 절충 기법으로 스펙트럼은 상대적으로 단순하게 나타나도록 하면서 종종 다중선 정보를 얻을 수 있다.

공명비킴 짝풀림 ^{13}C 스펙트럼에서는 각 탄소 원자와 그 탄소에 직접 결합된 각 수소 사이의 짝지음이 관찰된다. $n + 1$ 규칙을 적용하여 탄소에 결합된 수소가 세 개, 두 개, 한 개 또는 없는지를 알 수 있다. 하지만 공명비킴 짝풀림 기법을 사용하면, 짝지음 상수의 *겉보기 크기*가 감소하여 결과적으로 얻어지는 다중선이 겹쳐지는 문제가 줄어든다. 공명비킴 짝풀림 스펙트럼에서는 탄소 원자와 그 탄소에 직접 결합된 proton 사이의 짝지음(한결합 짝지음)은 유지되지만, 탄소와 탄소에서 멀리 떨어진 proton 사이의 짝지음은 효과적으로 제거된다.

이 기법에서는 제2의 무선진동수 전달 장치(**짝풀림 장치**)의 진동수를 정상 proton 스펙트럼의 일반적인 주사 범위보다 높거나 낮은 장에 맞추어 놓는다(즉, 공명 범위를 비켜나기 때문에 *공명비킴*이라고 한다). 이와는 반대로 실제 짝풀림 실험에서는 짝풀림 장치의 진동수를 proton 공명 범위에 *정확하게 일치*시킨다. 더욱이 공명비킴 짝풀림에서는 완전 짝풀림을 방지하기 위해 짝풀림 진동자의 전원을 *낮게* 유지한다.

공명비킴 짝풀림은 스펙트럼 피크 할당에 큰 도움을 준다. Proton-짝풀림 스펙트럼을 측정한 후에 보통 별도로 공명비킴 짝풀림 스펙트럼을 측정한다. 1-Propanol의 공명비킴 짝풀림 스펙트럼을 그림 6.8에 나타내었다. Methyl 탄소는 사중선으로 갈라졌고, 각 methylene 탄소는 삼중선으로 나타난다. 관찰된 다중선 패턴이 $n + 1$ 규칙과 일치하며, 또한 그림 6.3의 패턴과 일치하는 것에 주목하여라. TMS를 넣었을 경우, TMS의 methyl 탄소는 $\delta = 0$ ppm에 중심을 둔 사중선으로 나타난다.

6.10 DEPT 맛보기

공명비킴 짝풀림은 그 유용성에도 불구하고 이제는 옛날 방식으로 인식되고 있다. 그것은 **DEPT**로 더 잘 알려진 **편극 전달에 의한 일그러짐 없는 증대**(**D**istortionless **E**nhancement by **P**olarization **T**ransfer)와

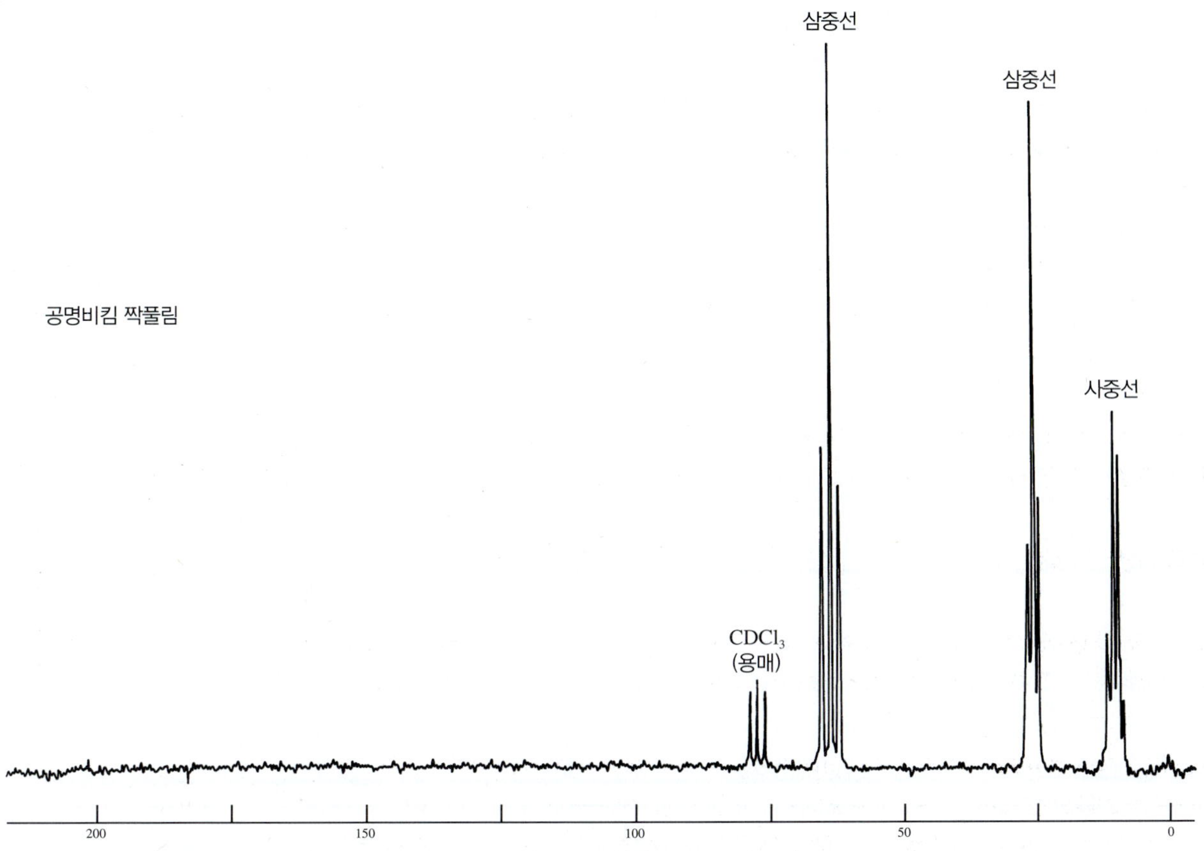

그림 6.8 1-Propanol의 공명비킴 짝풀림 ^{13}C NMR 스펙트럼(22.5 MHz).

같은 보다 최신 방법으로 대체되었다. DEPT 기법을 사용하기 위해서는 FT-펄스형 분광기가 필요하다. DEPT 기법은 공명비킴 짝풀림보다 더 복잡하고 컴퓨터가 요구되지만, 보다 믿을 수 있고 보다 분명하게 동일한 정보를 얻을 수 있다. 제9장에서 DEPT 방법을 자세하게 설명할 것이며, 여기에서는 방법에 대해 간단한 소개와 DEPT 방법으로 얻어진 결과만을 맛보기로 다룰 것이다.

DEPT 기법에서는 ^{13}C와 ^{1}H 두 채널에 있는 복잡한 펄스 순서[3]가 시료에 쬐어진다. 이 펄스 순서의 결과, 분자에 있는 탄소 원자에 대한 ^{13}C 신호가 각 탄소에 결합된 수소의 개수에 따라 다른 **위상**을 나타낸다. 각 유형의 탄소는 복잡한 펄스의 **지속 시간**(duration)에 따라 약간 다르게 거동한다. 이 차이를 검출할 수 있으며, 각 실험을 통해 얻어진 스펙트럼을 도시할 수 있다.

DEPT 실험의 결과를 나타내는 한 가지 보편적인 방법은 네 개의 서로 다른 **부스펙트럼**(subspectrum)을 도시하는 것이다. 각 부스펙트럼은 각기 다른 정보를 제공한다. **Isopentyl acetate**에 대한 DEPT 도시의 견본을 그림 6.9에 나타내었다.

$$\overset{5}{CH_3}-\underset{6}{\overset{\overset{\displaystyle O}{\|}}{C}}-O-\overset{4}{CH_2}-\overset{3}{CH_2}-\overset{2}{\underset{\underset{\displaystyle \underset{1}{CH_3}}{|}}{CH}}-\overset{1}{CH_3}$$

---

[3] 6.7절에 펄스 순서를 소개하였다.

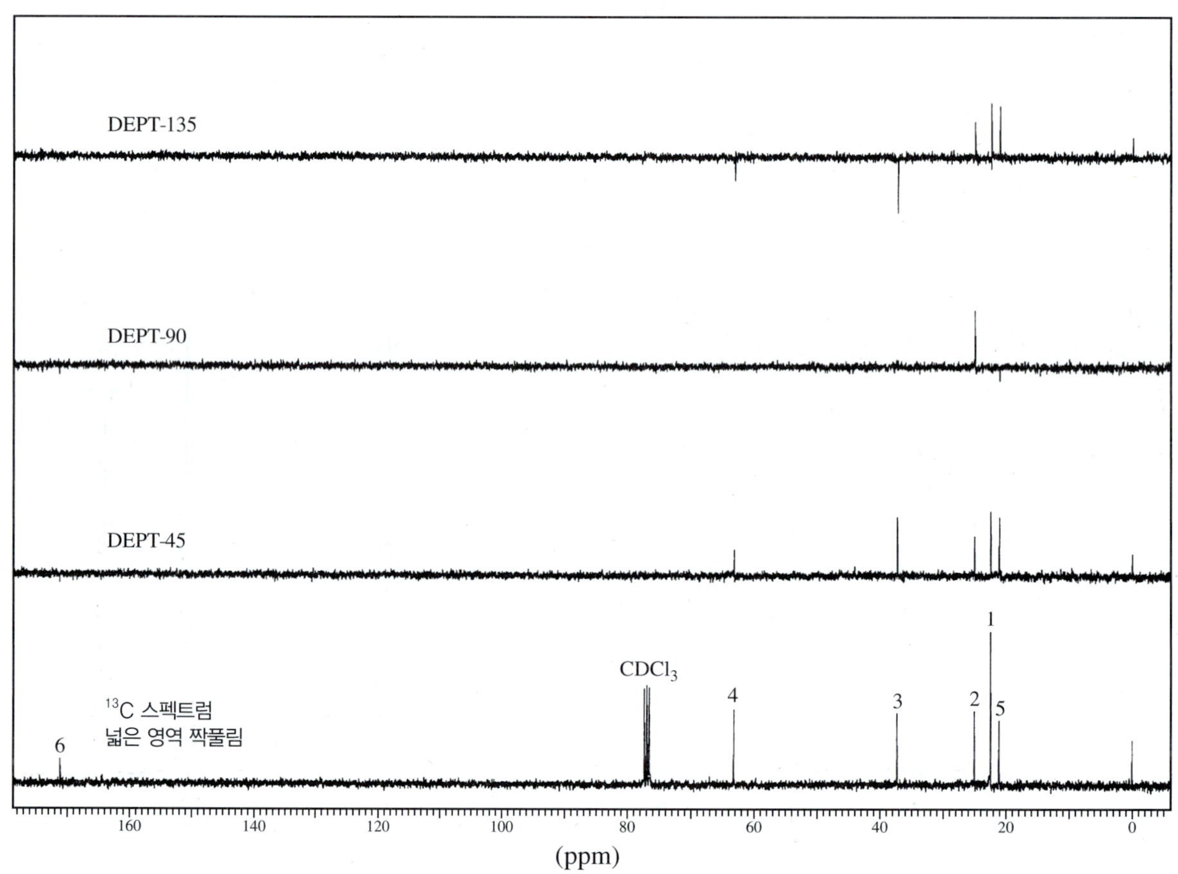

그림 6.9 Isopentyl acetate의 DEPT 스펙트럼.

그림에서 맨 아래 부스펙트럼은 보통의 넓은 영역-짝풀림 ^{13}C 스펙트럼이다. 아래에서 두 번째 부스펙트럼은 **DEPT-45**라고 불리는 펄스 순서에 의한 스펙트럼으로, proton이 결합된 탄소에 대해 발생되는 신호만을 검출하는 것이다. 172 ppm에 **6**으로 표시된 carbonyl 탄소가 보이지 않는 것에 주목하여라. $CDCl_3$ 때문에 생기는 용매 피크(77 ppm)도 보이지 않는다. 중수소(D 또는 ^{2}H)는 ^{1}H와 다르게 거동한다. 그 결과 $CDCl_3$의 탄소는 마치 proton이 결합되지 않은 것처럼 거동한다. 세 번째 부스펙트럼은 (**DEPT-90**이라고 불리는) 약간 다른 펄스 순서에 의한 스펙트럼이다. 이 부스펙트럼에는 오직 한 개의 수소가 결합된 탄소의 신호만 나타난다. 위치 **2**의 탄소(25 ppm)만 관찰된다.

맨 위의 부스펙트럼은 앞에서 언급한 세 개의 부스펙트럼보다 훨씬 더 복잡하다. 이 부스펙트럼을 제공하는 펄스 순서를 **DEPT-135**라 부른다. Proton이 결합된 모든 탄소가 여기에서 신호를 제공하지만, 결합된 수소의 수가 홀수 또는 짝수냐에 따라 신호의 **위상**은 다르다. CH 또는 CH_3 그룹에 의해 발생되는 신호는 양의 피크를 제공하는 반면, CH_2 그룹에 의해 발생되는 신호는 음의(뒤집힌) 피크를 제공할 것이다. 그림 6.9의 맨 위에 있는 부스펙트럼을 검토하면, isopentyl acetate의 스펙트럼에 있는 모든 탄소의 피크를 규명할 수 있다. 21 ppm과 22 ppm의 양의 피크는 DEPT-90 부스펙트럼에 나타나지 않기 때문에 틀림없이 CH_3 그룹을 나타낸다. 정상 ^{13}C 스펙트럼을 살펴보면 21 ppm에 있는 피크는 22 ppm에 있는 피크만큼 강하지 않음을 볼 수 있다. 그러므로 21 ppm에 있는 피크는 위치 **5**에 있는 CH_3 탄소로부터 온 것이며, 22 ppm의 강한 피크는 위치 **1**에 있는 한 쌍의 동등한 CH_3 탄소로부터 온 것이 틀림없다. 25 ppm에 있는 양의 피크는 DEPT-135와 DEPT-90 부스펙트럼에 나타나기 때문에 위치 **2**에 있는 CH 탄소에 의

한 것이라고 이미 결정하였다. 37 ppm에 있는 (뒤집힌) 음의 피크는 CH_2 그룹 때문이며, 위치 **3**에 있는 탄소로부터 온 것이라고 확신할 수 있다. 53 ppm에 있는 뒤집힌 피크는 결합된 산소에 의해 벗겨진 위치 **4**에 있는 CH_2 탄소에 의한 것이 분명하다. 마지막으로 낮은 장의 172 ppm에 있는 피크는 위치 **6**에 있는 carbonyl 탄소로부터 기인한 것이라고 이미 표시하였다. 이 피크는 정상 ^{13}C 스펙트럼에만 나타나므로 결합된 수소를 가지고 있지 않다.

각기 다른 DEPT 펄스 순서를 사용하여 결과를 얻고, 수학적인 처리를 통하여 일련의 부스펙트럼으로 결과를 나타낼 수 있다. CH 탄소만을 첫 번째 부스펙트럼에, CH_2 탄소만을 두 번째 부스펙트럼에, CH_3 탄소만을 세 번째 부스펙트럼에 나타낼 수 있다. DEPT 결과를 표시할 수 있는 또 다른 보편적인 수단은 DEPT-135 실험 결과만을 보여주는 것이다. 분광학자들은 일반적으로 CH와 CH_3 탄소를 구별할 수 있는 화학적 이동의 차이와 같은 지식을 적용하여 이 스펙트럼의 결과를 설명할 수 있다.

DEPT 실험 결과는 연습 문제를 풀 때 도움이 될 수 있도록 때때로 이 책에서 사용할 것이다. 지면을 절약하기 위하여 완전한 스펙트럼보다는 DEPT 실험 결과만이 표로 제공될 것이다.

6.11 몇 가지 스펙트럼의 예 – 동등한 탄소

동등한 ^{13}C 원자는 같은 화학적 이동값에 나타난다. 2,2-Dimethylbutane의 proton-짝풀림 ^{13}C 스펙트럼을 그림 6.10에 나타내었다. 분자의 왼쪽에 있는 세 개의 methyl 그룹은 대칭에 의해 동등하다.

$$CH_3-\overset{\displaystyle CH_3}{\underset{\displaystyle CH_3}{\overset{|}{\underset{|}{C}}}}-CH_2-CH_3$$

이 화합물에는 탄소가 모두 여섯 개 있는데, ^{13}C NMR 스펙트럼에는 네 개의 피크밖에 없다. 동등한 탄소는 같은 화학적 이동에 나타난다. 하나의 methyl 탄소 **a**가 가장 높은 장(9 ppm)에 나타나는 반면, 세 개의 동등한 methyl 탄소 **b**가 29 ppm에 나타난다. 4차 탄소 **c**는 30 ppm에 작은 피크로 나타나고, methylene

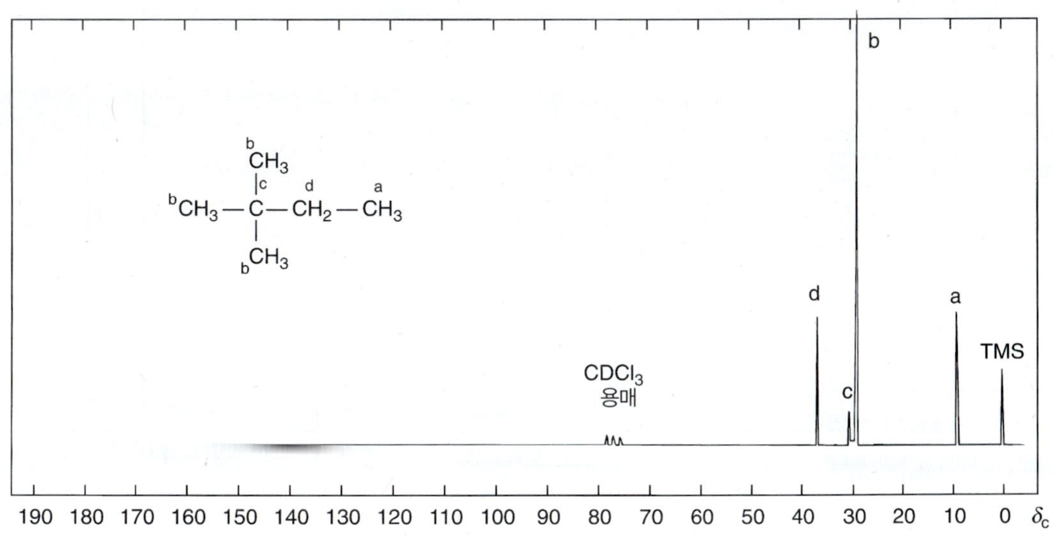

그림 6.10 2,2-Dimethylbutane의 proton-짝풀림 ^{13}C NMR 스펙트럼.

탄소 **d**는 37 ppm에 나타난다. 피크의 상대적인 크기는 부분적으로나마 분자 내에 있는 각 유형의 탄소 원자의 개수와 관련이 있다. 예를 들어, 그림 6.10에서 29 ppm의 피크(**b**)는 다른 것보다 훨씬 크다. 이것은 탄소 세 개에 의해 생긴 것이다. 30 ppm의 4차 탄소(**c**)는 매우 작은 피크이다. 이 탄소에는 수소가 결합되어 있지 않기 때문에 NOE 증대도 거의 없다. 결합되어 있는 수소 원자가 없으면 다른 탄소 원자보다 이완 시간 또한 길다. 결합된 수소가 없는 4차 탄소는 종종 proton-짝풀림 ^{13}C NMR 스펙트럼에서 아주 약한 피크로 나타난다(6.5절, 6.7절 참조).

Cyclohexanol의 proton-짝풀림 ^{13}C 스펙트럼을 그림 6.11에 나타내었다. 이 화합물에는 hydroxyl 그룹을 관통하는 대칭면이 있으며, 오직 네 개의 탄소 공명만을 보인다. 탄소 **a**와 탄소 **c**는 대칭에 의해 두 배로 되고, 탄소 **b**와 탄소 **d**보다 큰 피크를 나타낸다. Hydroxyl 그룹을 갖는 탄소 **d**는 산소에 의해 벗겨져 70.0 ppm에 피크를 나타낸다. 이 피크는 모든 피크 중에서 가장 작은 세기를 갖는 것에 주목하여라. 그 세기가 탄소 **b**의 세기보다 작은 이유는 부분적으로 탄소 **d** 피크가 가장 작은 NOE를 갖기 때문이다. 다른 모든 탄소에는 각각 수소가 두 개 결합되어 있지만, hydroxyl 탄소에는 단 한 개의 수소만이 결합되어 있다.

이중 결합에 결합된 탄소는 sp^2 혼성화와 약간의 반자기성 비등방성 때문에 벗겨진다. 이와 같은 효과는 cyclohexene의 ^{13}C NMR 스펙트럼(그림 6.12)에서 볼 수 있다. Cyclohexene은 이중 결합에 수직인 대칭면을 가지고 있다. 그 결과 세 개의 흡수 피크만을 볼 수 있다. 각 유형의 탄소가 한 쌍씩 있다. 각 이중 결합 탄소 **c**에는 하나의 수소만이 결합되어 있는 반면, 나머지 모든 탄소에는 각각 두 개의 수소가 결합되어 있다. 그 결과 탄소 **c**의 NOE가 감소하고, 이중 결합 탄소는 스펙트럼에서 작은 세기의 피크로 나타난다.

Cyclohexanone의 스펙트럼을 그림 6.13에 나타내었다. Carbonyl 탄소의 세기가 가장 작다. 그 이유는 결합되어 있는 수소가 없기 때문에 NOE가 작을 뿐만 아니라, carbonyl 탄소의 이완 시간이 길기 때문이다. 이미 살펴본 바와 같이, 4차 탄소의 이완 시간은 긴 경향이 있다. 이와 같은 carbonyl 탄소의 큰 화학적 이동값은 그림 6.1에서 예측한 바 있다.

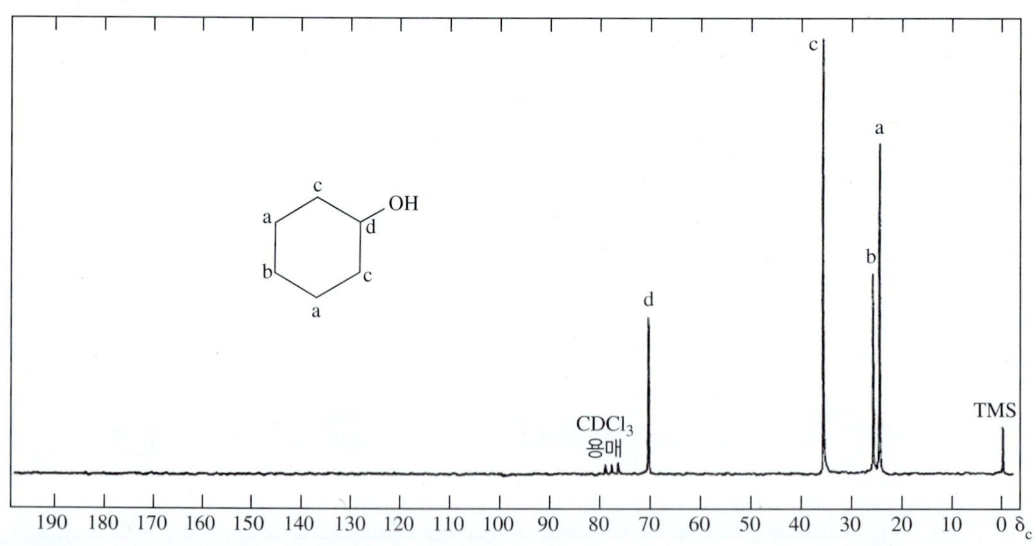

그림 6.11 Cyclohexanol의 proton-짝풀림 ^{13}C NMR 스펙트럼.

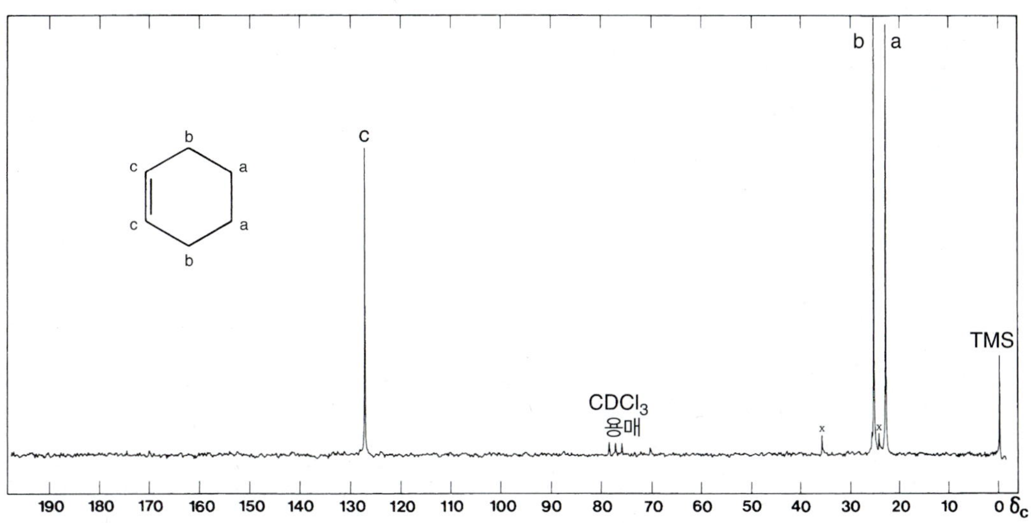

그림 6.12 Cyclohexene의 proton-짝풀림 ^{13}C NMR 스펙트럼.

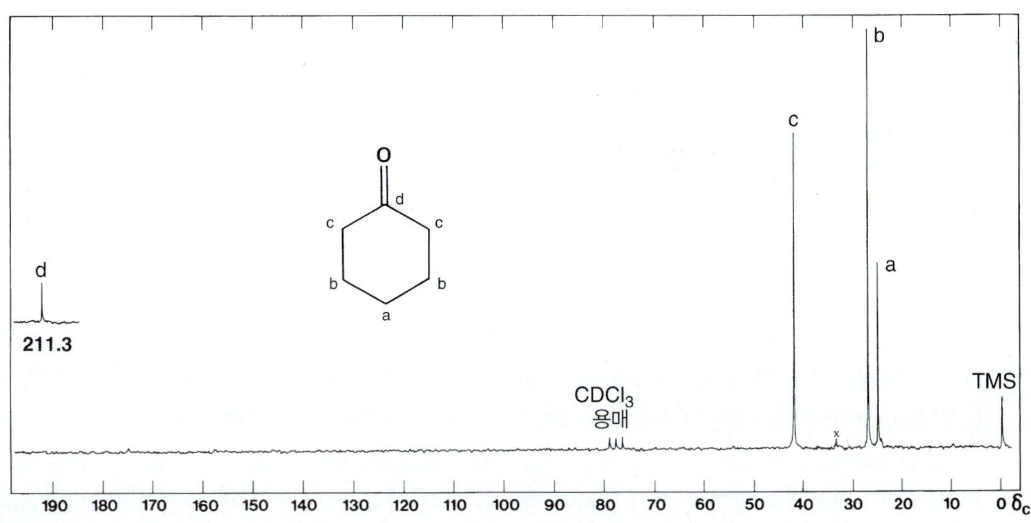

그림 6.13 Cyclohexanone의 proton-짝풀림 ^{13}C NMR 스펙트럼.

6.12 동등하지 않은 탄소 원자

그림 6.10에 나타낸 2,2-dimethylbutane의 스펙트럼은 탄소 c에 결합된 세 개의 methyl 그룹(b)을 갖는다. 세 methyl 그룹들은 모두 동등하며, proton-짝풀림 ^{13}C 스펙트럼에서 단일선으로 나타난다. 하지만 종종 methyl 그룹은 동등하지 않으며, 스펙트럼에서 서로 다른 화학적 이동에 나타난다. 동등하지 않은 methyl 그룹이 나타날 수 있는 몇 가지 경우 중에는 입체 중심 근처에 위치한 그룹을 포함하는 경우와 단일 결합 주위로 자유로운 회전을 할 수가 없어 형태(conformation)가 고정된 화합물인 경우가 있다. 입체 중심의 이웃에 있는 동등하지 않은 두 methyl 그룹은 부분입체이성질성(diastereotopic)이다. 이 개념은

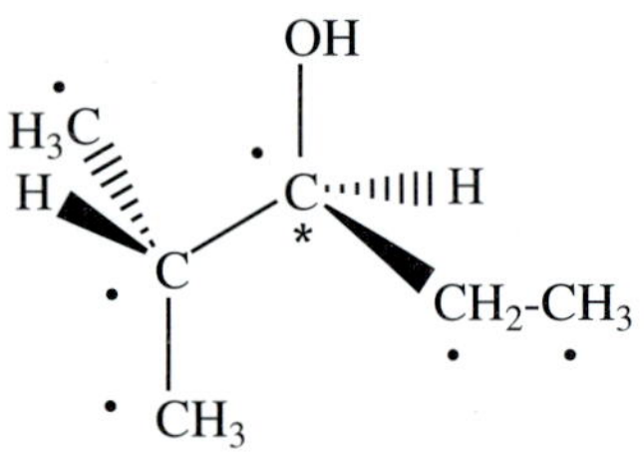

2-Methyl-3-pentanol
*는 입체 중심을 나타낸다.

여섯 개의 탄소 원자가 스펙트럼에 나타난다.
고유한 탄소 원자는 점으로 표시하였다.

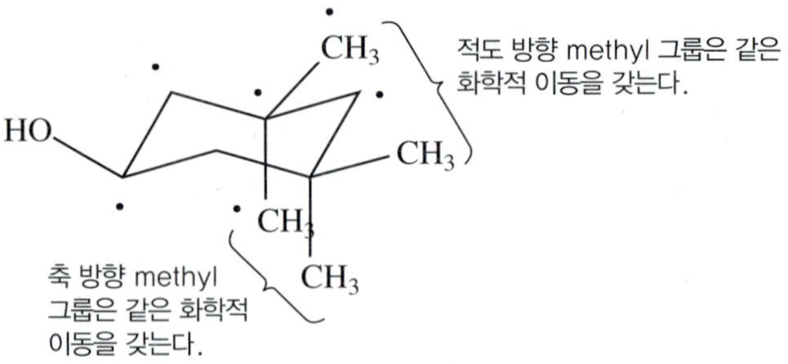

3,3,5,5-Tetramethylcyclohexanol

두 적도 방향 methyl 그룹은 동등하고, 두 축 방향 methyl 그룹과는 다른 화학적 이동에서 단일선으로 나타난다. 스펙트럼에 총 여섯 개의 피크가 나타난다. 네 개는 고리에 있는 고유한 탄소 원자에 대한 것이고, 두 개는 동등하지 않은 methyl 그룹에 대한 것이다.

그림 6.14 동등하지 않은 methyl 그룹을 갖는 화합물의 예.

7.3절과 7.4절에서 매우 자세하게 다룰 것이다. 동등하지 않은 탄소 원자의 두 가지 예를 그림 6.14에 나타내었다.

6.13 방향족 고리를 갖는 화합물

탄소-탄소 이중 결합이나 방향족 고리를 갖는 화합물은 100~175 ppm 범위에서 화학적 이동을 보인다. 이 범위에는 이들 이외의 피크는 상대적으로 적기 때문에, 이곳에 피크가 나타나면 많은 유용한 정보를 얻을 수 있다.

단일 치환 benzene 고리는 proton-짝풀림 ^{13}C 스펙트럼에서 방향족 탄소 영역에 *네 개*의 피크를 나타낸다. 대칭으로 인해 *ortho* 탄소와 *meta* 탄소는 각각 다른 탄소의 두 배이다. 종종 결합된 proton이 없는 탄소(*ipso* 탄소)는 이완 시간이 길고 NOE가 약하기 때문에 매우 약한 피크로 나타난다. 또한 두 배인 *ortho* 탄소와 *meta* 탄소는 두 개의 큰 피크로 나타나고, *para* 탄소는 중간 크기로 나타난다. 많은 경우, 모든 피크를 정확하게 할당하는 것이 그다지 중요한 일은 아니다. 예를 들어, 그림 6.15의 toluene의 스펙트럼을 검토하여, 탄소 **c**와 탄소 **d**의 피크를 할당하는 것은 쉽지 않다는 사실에 주목하여라. 하지만 화학적 이동 상관표(6.2B절과 부록 8 참조)를 사용하면 이 신호를 할당할 수 있을 것이다.

Toluene

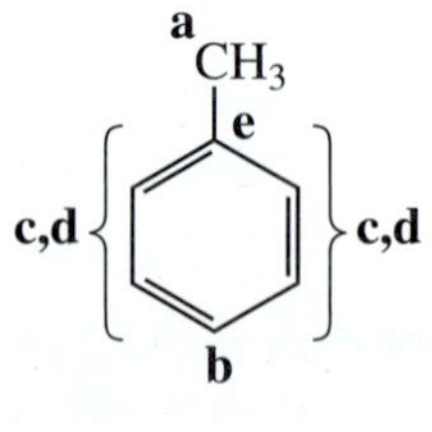

화학적 이동 상관표를 사용하지 않고 할당하는 것은 어렵다.

공명비킴 짝풀림 ^{13}C 스펙트럼이나 proton-짝지음 ^{13}C 스펙트럼에서 단일 치환 benzene 고리는 세 개의 이중선과 하나의 단일선을 나타낸다. 단일선은 결합된 수소가 없는 *ipso* 탄소에 의한 것이다. 고리의 다른 탄소(*ortho*, *meta*, *para*) 각각은 수소가 하나씩 결합되어 있어 이중선으로 나타난다.

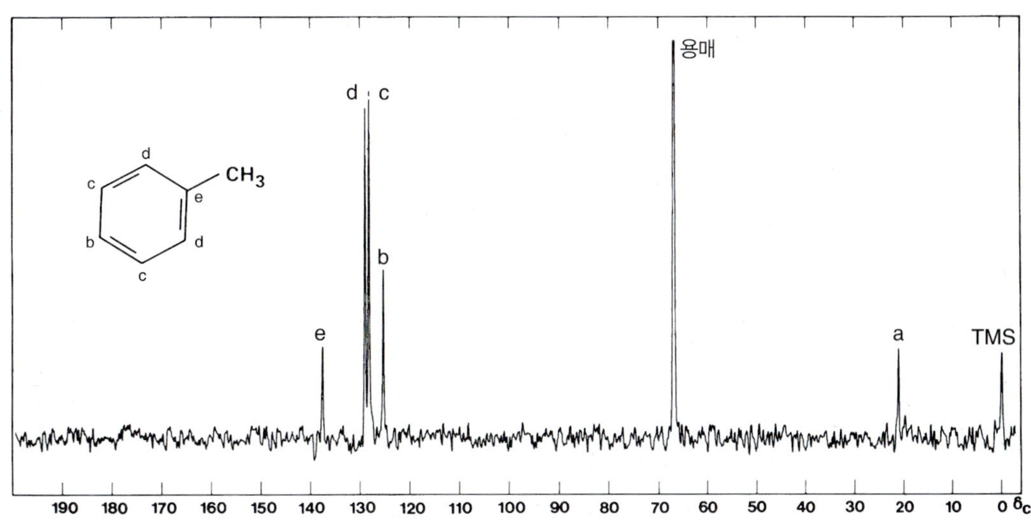

그림 6.15 Toluene의 proton-짝풀림 ^{13}C NMR 스펙트럼.

그림 6.4b는 ethyl phenylacetate의 proton-짝풀림 스펙트럼이며, 피크 옆에 해당 탄소가 표시되어 있다. 방향족 고리 영역(125~135 ppm)에 네 개의 피크가 나타나며, 단일 치환 고리의 패턴과 일치하는 것에 주목하여라. Methyl 탄소는 13 ppm에 하나의 피크를 나타내고, methylene 탄소는 두 개의 피크를 나타낸다. Methylene 탄소 중 하나는 전기음성도가 큰 산소 원자에 직접 결합되어 있으므로 61 ppm에 나타나는 반면, 다른 하나는 좀 더 가려진 41 ppm에 나타난다. Ester의 carbonyl 탄소는 171 ppm에서 공명을 일으킨다. 이 스펙트럼의 모든 탄소의 화학적 이동은 상관도표(그림 6.1)에 나타낸 값과 일치한다.

대칭적으로 **이중 치환**된 benzene 고리는 치환 방식에 따라 proton-짝풀림 ^{13}C 스펙트럼에서 두 개, 세 개 또는 네 개의 피크를 나타낸다. Dichlorobenzene의 이성질체에 대한 설명을 다음 그림에 나타내었다.

위의 세 가지 1,2-dichlorobenzene의 스펙트럼을 그림 6.16에 나타내었다. 각 이성질체의 스펙트럼에 나타난 피크 개수는 방금 전에 분석한 것과 일치한다. 이성질체를 규명하는 데 ^{13}C NMR 분광학이 매우 유용하다는 것을 알 수 있다.

대부분의 다중 치환 benzene 고리의 패턴은 proton 짝풀림 ^{13}C NMR 스펙트럼에서 각 탄소마다 하나씩 여섯 개의 서로 다른 피크를 나타낸다. 하지만 동일한 치환기가 존재하는 경우에는 피크 개수를 줄여주는 대칭면이 있는지 주의 깊게 잘 살펴보아야 한다.

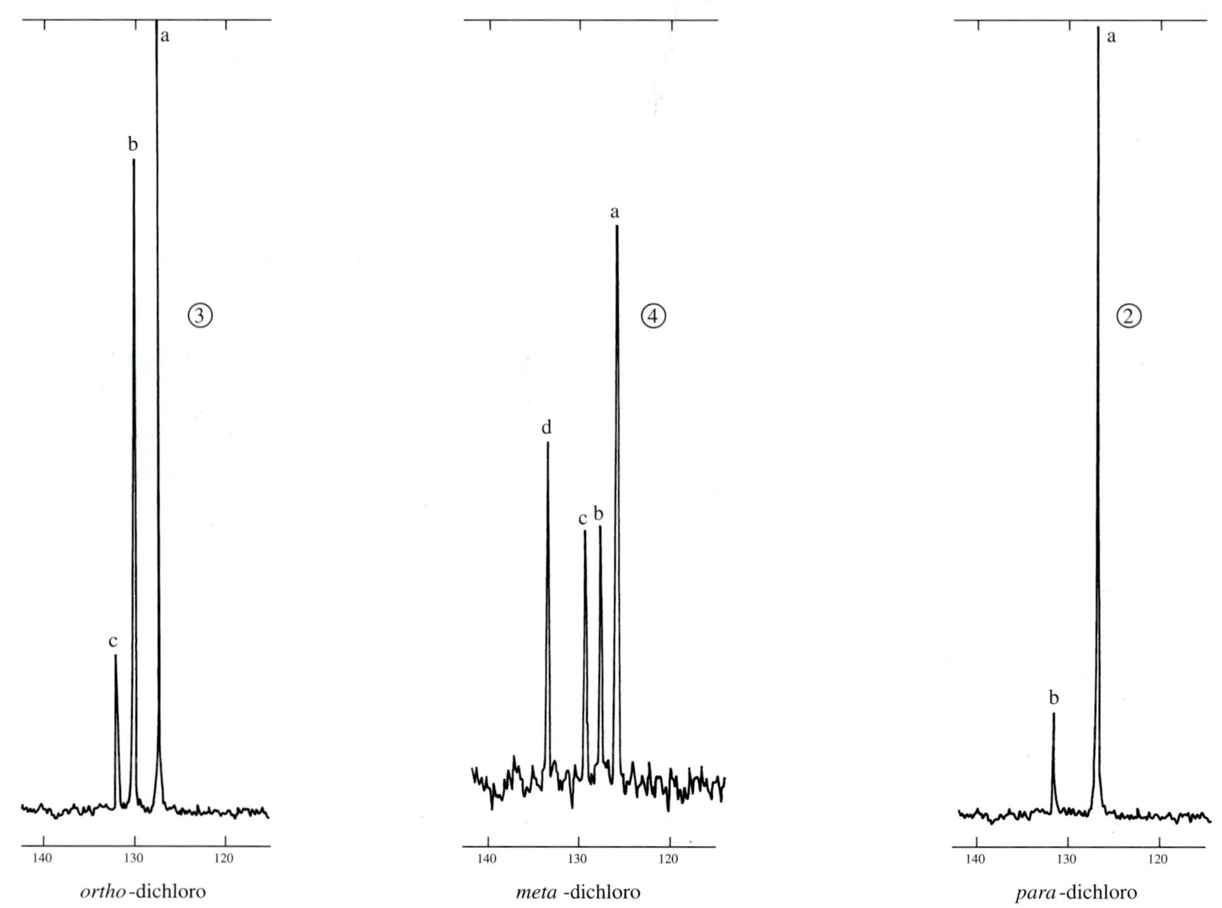

그림 6.16 Dichlorobenzene의 세 이성질체에 대한 proton-짝풀림 ^{13}C NMR 스펙트럼(25 MHz).

6.14 ^{13}C NMR 용매: 탄소와 중수소 사이의 이종핵 짝지음

NMR 기기가 중수소 공명 신호를 “고정 신호(lock signal)”나 기준 신호로 이용하여 정확하게 맞추어진 자석과 전자 장치의 상태를 유지하기 때문에, 대부분의 FT-NMR 분광기는 중수소로 치환된 용매를 사용하여야 한다. 중수소는 수소(^{1}H)의 동위원소인 ^{2}H로서 유기 화합물에서 수소를 쉽게 치환한다. Proton 스펙트럼을 측정할 때, 중수소핵이 대체로 보이지 않기 때문에, 중수소 용매는 수소 스펙트럼에서는 별로 문제될 게 없다. 중수소는 수소와 다른 진동수에서 일어나는 공명을 갖는다. 하지만 ^{13}C NMR에서는 중수소 용매 모두가 탄소 원자를 가지고 있기 때문에, 용매가 자주 스펙트럼의 일부로 나타난다. 이 절에서는 흔히 사용되는 몇 가지 용매의 스펙트럼을 설명하고, 그 과정에서 탄소와 중수소 사이의 이종핵 짝지음을 살펴보고자 한다. Chloroform-*d*와 dimethyl sulfoxide-d_6 용매의 ^{13}C NMR 피크를 그림 6.17에 나타내었다.

Chloroform-*d*, $CDCl_3$는 가장 흔히 사용되는 NMR 용매이다. 이것을 deuterochloroform 또는 중수소화 chloroform이라고 부른다. Chloroform을 사용하면, 스펙트럼에서 가운데 피크가 약 77 ppm의 화학적 이동을 갖는 세피크 다중선(삼중선)의 용매 피크가 나타난다. 그림 6.17에 그 예를 나타내었다. 이 “삼중선”은 proton 스펙트럼의 삼중선(이웃하는 수소가 두 개인 경우)이나 proton-짝지음 ^{13}C 스펙트럼의 삼중선(탄소에 결합된 수소가 두 개인 경우)과 모양이 다른 것에 유의하여라. 앞에서 살펴 본 삼중선과 비교

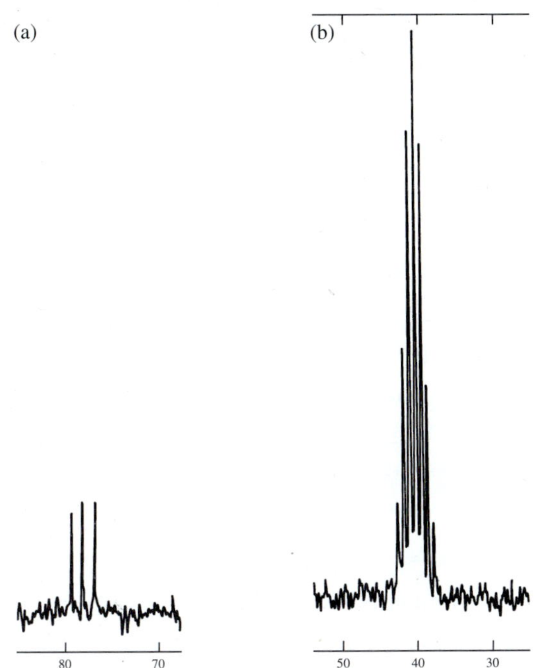

그림 6.17 흔히 사용되는 두 가지 용매의 ^{13}C NMR 피크. (a) Chloroform-*d*. (b) Dimethylsulfoxide-d_6.

하여 세 피크 다중선의 피크 세기 비율이 다르다. 이 삼중선에서는 세 피크 모두가 거의 같은 세기(1:1:1)를 갖는 반면, 다른 유형의 삼중선은 Pascal 삼각형의 숫자를 따라 1:2:1의 세기 비율을 갖는다.

수소의 핵스핀($\frac{1}{2}$)과 달리 중수소의 핵스핀은 1이다. 단일 중수소핵은 세 개의 다른 스핀($2I + 1 = 3$)을 가질 수 있으며, 스핀들의 양자수는 −1, 0, +1이다. 용액에서 $CDCl_3$ 분자는 이 세 스핀 중 하나를 갖는 중수소를 가질 것이다. 세 가지 경우에 대한 확률이 모두 같기 때문에, chloroform-*d*에서 탄소 원자에 대한 서로 다른 세 가지 화학적 이동을 관찰할 수 있고, 각 이동에 나타나는 피크의 크기 비율은 거의 같다. 이와 같은 상호작용에 대한 ^{13}C–D 한결합 짝지음 상수는 약 45 Hz이다. 75 MHz의 작동 진동수에서 세 피크는 약 0.60 ppm씩 떨어져 있다(45 Hz/75 MHz = 0.60 ppm).

중수소는 스핀이 $\frac{1}{2}$인 핵이 아니므로, $n + 1$ 규칙은 탄소 공명의 다중도를 올바르게 예상할 수 없다. $n + 1$ 규칙은 스핀 $= \frac{1}{2}$인 핵에만 적용되며, 다음과 같이 표현되는 보다 일반적인 예상 식의 특수한 경우이다.

$$\text{다중도} = 2nI + 1 \qquad \textbf{식 6.4}$$

이때, n은 핵의 개수이고, I는 그 유형의 핵스핀이다. 이 식을 이용하면, 다음과 같이 *하나의 중수소*가 결합된 탄소 피크에 대해 다중선을 올바르게 예상할 수 있다.

$$2 \cdot 1 \cdot 1 + 1 = 3$$

수소가 세 개 있으면, 식에 의해 proton-짝지음 탄소 피크에 대해 사중선이 예상된다.

$$2 \cdot 3 \cdot \frac{1}{2} + 1 = 4$$

Dimethylsulfoxide-*d*$_6$, $CD_3-SO-CD_3$는 $CDCl_3$에 잘 안 녹는 carboxylic acid나 다른 화합물의 용매로 널리 쓰인다. 식 6.4에 의해 세 개의 중수소가 결합되어 있는 탄소의 다중도는 칠중선으로 예상된다.

$$2 \cdot 3 \cdot 1 + 1 = 7$$

이것은 그림 6.17에서 관찰한 패턴과 정확히 일치한다. 이 패턴의 화학적 이동은 39.5 ppm이고, 짝지음 상수는 40 Hz 정도이다.

중수소의 스핀이 1이고, 수소처럼 $\frac{1}{2}$이 아니므로 Pascal의 삼각형(5.16절의 그림 5.33)은 이와 같은 칠중선 패턴의 세기를 정확히 예측하지 못한다. 그 대신 중수소 원자로 인해 갈라지는 패턴에 대한 다른 형태의 세기 삼각형이 사용된다. 이와 같은 세기 삼각형을 그림 6.18에 나타내었다. 그림 6.19에 삼중선과 오중선에 대한 세기의 해석을 나타내었다. 그림 6.19에서 위쪽 방향 화살표는 스핀 = 1을 나타내고, 아래쪽 방향 화살표는 스핀 = −1을 나타내고, 큰 점은 스핀 = 0을 나타낸다. 칠중선으로 나타나는 다중선의 해석은 스스로 해보도록 남겨 놓았다.

Acetone-d_6, $CD_3{-}CO{-}CD_3$는 dimethylsulfoxide-d_6와 동일한 ^{13}C 칠중선 갈라짐 패턴을 보이지만, 이 칠중선은 29.8 ppm에 중심을 두고 나타나며, carbonyl 피크가 206 ppm에 나타난다. Carbonyl 탄소는 단일선이며, 세결합 짝지음은 나타나지 않는다.

Acetone-d_5는 acetone-d_6를 사용하여 스펙트럼을 얻을 때, 불순물로 흔히 나타난다. 이것은 proton 스펙트럼과 ^{13}C 스펙트럼 모두에서 흥미로운 결과를 가져온다. 이 장에서는 주로 ^{13}C 스펙트럼에 관한 것을 다루지만 두 가지 경우 모두를 검토하도록 하자.

■ 수소 스펙트럼

Proton NMR 스펙트럼에서 acetone-d_6 용매에 포함된 적은 양의 불순물인 acetone-d_5로 인한 다중선이 흔히 나타난다. $CD_3{-}CO{-}CHD_2$ 분자의 $-CHD_2$ 그룹에 있는 수소에 의한 다중선을 그림 6.20에 나타내었다. 식 6.4를 이용하면 acetone-d_5의 proton 스펙트럼에서 정확하게 오중선이 나올 것으로 예측된다.

n	$2nI + 1$ 선	상대적인 세기
0	1	1
1	3	1 1 1
2	5	1 2 3 2 1
3	7	1 3 6 7 6 3 1
4	9	1 4 10 16 19 16 10 4 1
5	11	1 5 15 30 45 51 45 30 15 5 1
6	13	1 6 21 50 90 126 141 126 90 50 21 6 1

그림 6.18 중수소 다중선에 대한 세기 삼각형(n = 중수소 원자의 개수).

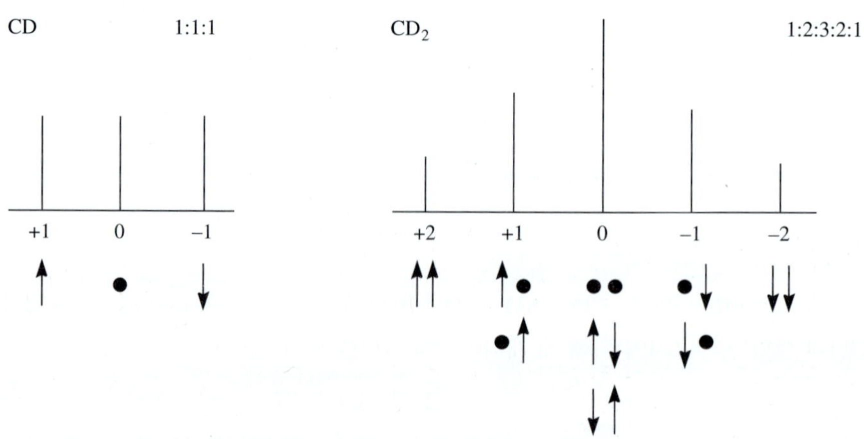

그림 6.19 중수소 삼중선과 오중선에 대한 세기 해석.

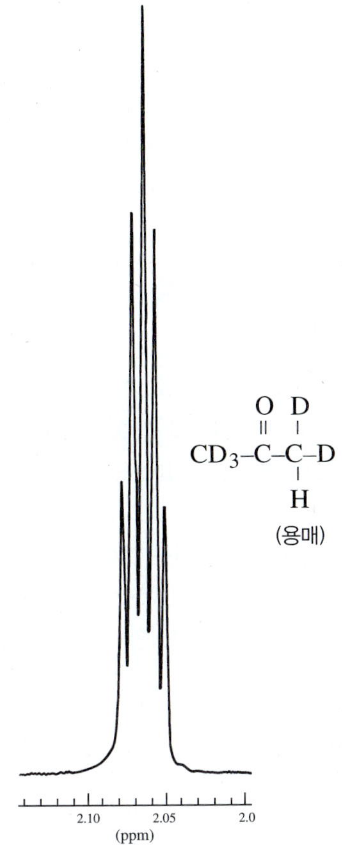

그림 6.20 Acetone-d_5(CD_3—CO—CHD_2)의 300 MHz ^{1}H NMR 스펙트럼.

$$2 \cdot 2 \cdot 1 + 1 = 5$$

실제로도 오중선이 관찰된다.

탄소 스펙트럼

—CHD_2 그룹의 proton-짝지음 ^{13}C 스펙트럼은 수소(스핀 = $\frac{1}{2}$)와 중수소(스핀 = 1) 모두가 탄소와 상호작용하기 때문에 더 복잡하다. 이 경우 식 6.4를 확장한 다음 식을 이용한다.

$$\text{총 다중도} = \Pi_i\,(2n_iI_i + 1) \qquad \text{식 6.5}$$

$$\text{조건: } I_i \geq \frac{1}{2}$$

대문자 Π_i는 관찰 대상 원자와 짝지음을 하는 각기 다른 유형의 원자 i에 대한 항들의 곱셈 연산을 나타낸다(**역자주**. 이때, n_i는 특정 유형의 핵의 개수이고, I_i는 그 유형의 핵의 핵스핀이다). 이 원자들의 핵스핀은 $I \geq \frac{1}{2}$이어야 한다. 스핀 = 0인 원자는 갈라짐 효과를 주지 못한다. 위(—CHD_2)의 경우에 두 개의 항이 있는데, 하나는 수소에 대한 항이고, 다른 하나는 중수소에 대한 항이다.

$$\text{총 다중도} = (2 \cdot 1 \cdot \frac{1}{2} + 1)(2 \cdot 2 \cdot 1 + 1) = 10$$

아마도 ^{13}C—H와 ^{13}C—D의 짝지음 상수는 서로 다를 것이고, 결과적으로 간격이 모두 같지 않아서 10개의 선이 나올 것이다. 더욱이 acetone에는 carbonyl 그룹의 다른 쪽에 제2의 "methyl"그룹을 가지고 있다. CD_3 그룹(일곱 개 피크)은 $-CHD_2$에 의한 10개의 피크와 겹쳐져 해석하기 매우 어려운 패턴이 될 것이다. 다행히 중수소 치환된 acetone은 전형적으로 동위원소 순도 99.9%(용매 분자의 단지 0.1%만이 ^{1}H를 포함한다)를 갖기 때문에 $-CHD_2$ 탄소로 인해 생기는 복잡한 패턴은 정상적인 수집 조건 하에서는 관찰되지 않는다. 흔히 사용되는 NMR 용매에 대한 ^{1}H 화학적 이동과 ^{13}C 화학적 이동을 부록 10에 나타내었다.

6.15 ^{13}C와 ^{19}F 사이의 이종핵 짝지음

C, H, O, Cl, Br을 함유하고 있는 유기 화합물은 proton 짝풀림 장치가 켜져 있을 때는 오직 단일선만으로 나타난다. 정상적인 조건 하에서 산소, 염소, 브로민은 ^{13}C 원자와 짝지음을 하지 않는다. 하지만 유기 화합물이 ^{13}C 원자에 결합된 플루오린 원자를 가질 때, proton 짝풀림 장치가 켜져 있더라도(이때, proton 짝풀림은 일어나지만, 플루오린의 짝풀림은 일어나지 않는다) 이종핵 $^{13}C-^{19}F$ 짝지음이 관찰된다. 이와 같은 효과를 보여주는 두 개의 스펙트럼을 그림 6.21과 그림 6.22에 나타내었다. 갈라짐 패턴을 살펴보기 위하여 $n + 1$ 규칙을 적용할 수 있다. 플루오린은 proton의 핵스핀이나 인의 핵스핀과 동일한 핵스핀($I = \frac{1}{2}$)을 갖는다. 따라서 탄소에 결합된 플루오린이 하나일 때, ^{13}C 원자는 이중선으로 갈라질 것으로 예상된다. 결합된 플루오린 원자가 두 개인 경우, ^{13}C 원자에 대해 삼중선이 얻어진다.

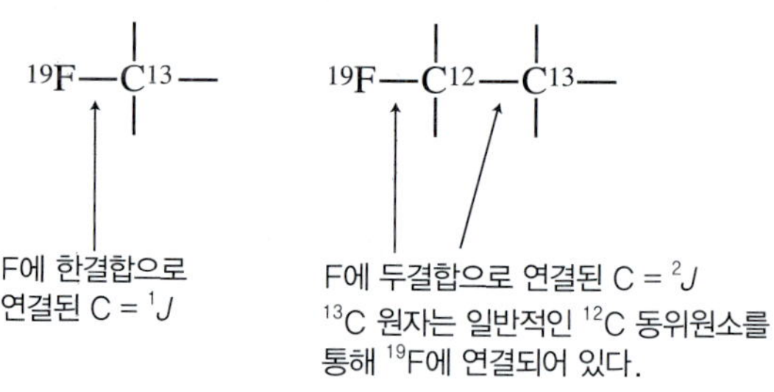

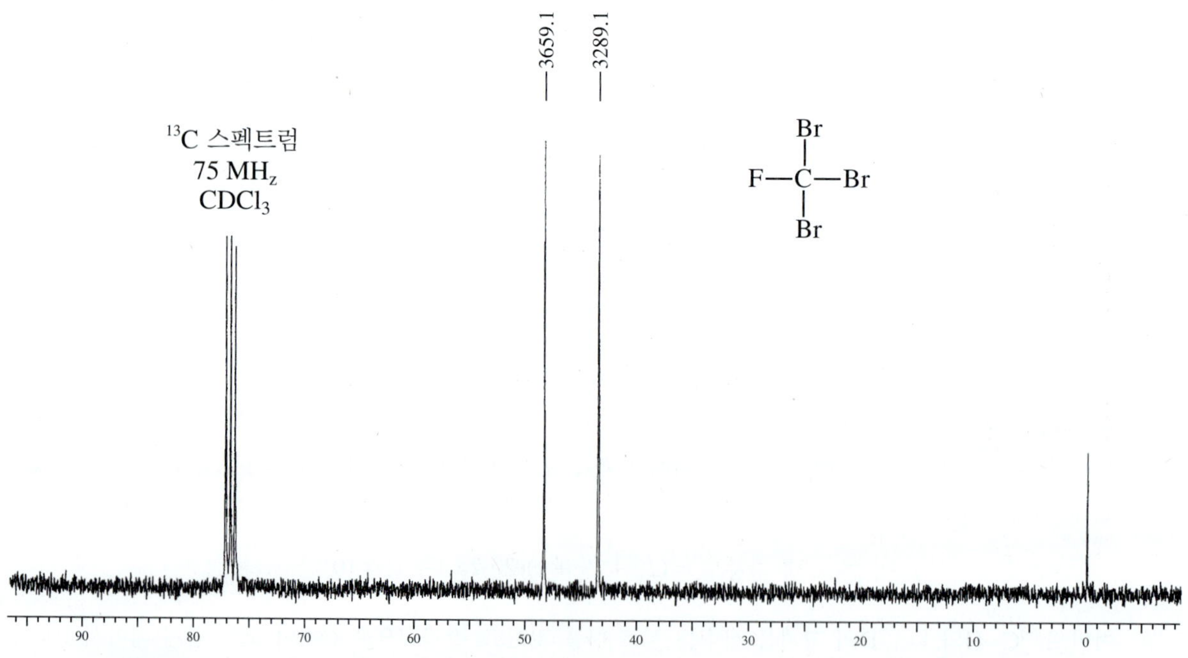

그림 6.21 $CFBr_3$의 ^{13}C proton-짝풀림 스펙트럼(75 MHz).

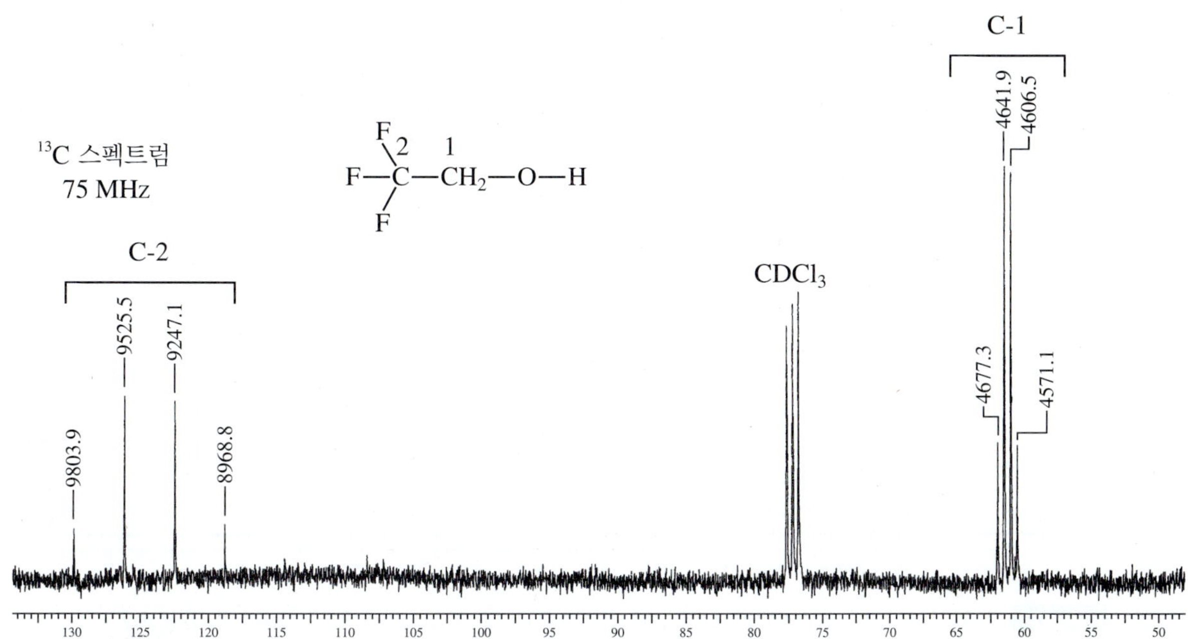

그림 6.22 CF_3CH_2OH의 ^{13}C proton-짝풀림 스펙트럼(75 MHz).

그림 6.21에 나타낸 $CFBr_3$의 스펙트럼에서 이중선의 각 피크 위에 전형적인 ppm 값보다는 Hz 값으로 화학적 이동이 기록되어 있다. 각 피크의 화학적 이동값은 Hz 값을 NMR 분광기의 자기장의 세기(75 MHz)로 나누어 계산할 수 있는데, 계산값은 각각 43.85 ppm과 48.79 ppm이다. 탄소 원자에 대한 실제 화학적 이동은 이중선의 중앙값인 46.32 ppm이다. Hz 단위로 ^{13}C—^{19}F 짝지음 상수는 두 Hz 값의 차이(370 Hz)로 쉽게 결정될 수 있다. 이와 같이 매우 큰 짝지음 상수는 플루오린 핵과 ^{13}C 원자 사이의 직접적인 한결합 짝지음(^1J)의 전형적인 예이다.

플루오린이 ^{13}C와 짝지음하는 두 번째 예를 그림 6.22에 나타내었다. 이 스펙트럼은 ^{13}C와 ^{19}F 사이의 한결합 짝지음과 두결합 짝지음을 모두 보여준다. C-2에 해당하는 약 125 ppm에 중심을 둔 큰 사중선은 하나의 ^{13}C 원자에 세 개의 결합된 플루오린 원자가 한결합 짝지음(^1J)을 하기 때문이다($n + 1 = 4$). 여기서도 큰 사중선의 각 피크 위에 Hz 값이 표시되어 있다. 사중선의 가운데 두 피크의 Hz 값의 차이는 278 Hz이다. 또한 C-1에 해당하는 약 62 ppm에 중심을 둔 또 다른 사중선이 있는 것에 주목하여라. 이 사중선은 ^{13}C로부터 좀 더 멀리(두결합) 떨어진 세 개의 플루오린 원자에 의한 것이다. 사중선 사이의 간격이 약 35 Hz인 것에 주목하여라. 이것은 두결합 짝지음(^2J)으로 설명된다. 짝지음은 거리가 멀어지면 약해지는 것을 기억하여라(전형적인 ^{13}C와 ^{19}F 사이의 짝지음 상수는 부록 9 참조).

6.16 ^{13}C와 ^{31}P 사이의 이종핵 짝지음

^{13}C와 ^{31}P 사이의 짝지음에 관련된 두 스펙트럼의 예를 그림 6.23과 그림 6.24에 나타내었다. 그림 6.23에 나타낸 첫 번째 화합물에서 약 12 ppm에 나타나는 methyl 그룹의 탄소 원자는 이웃하고 있는 하나의 인 원자에 의해 갈라져서 이중선으로 나타나고, 짝지음 상수는 56.1 Hz(919.3 − 863.2 = 56.1 Hz)이다. 이중선으로 나타나는 패턴은 $n + 1$ 규칙을 적용하여 예측할 수 있다. 인의 핵스핀수는 proton이나 플루오린 원자의 핵스핀수($\frac{1}{2}$)와 같다. 이와 같은 상호작용이 한결합 짝지음(^1J)의 예이다.

그림 6.24에 나타낸 두 번째 화합물은 ^{13}C와 ^{31}P 사이의 한결합 짝지음과 두결합 짝지음을 모두 보

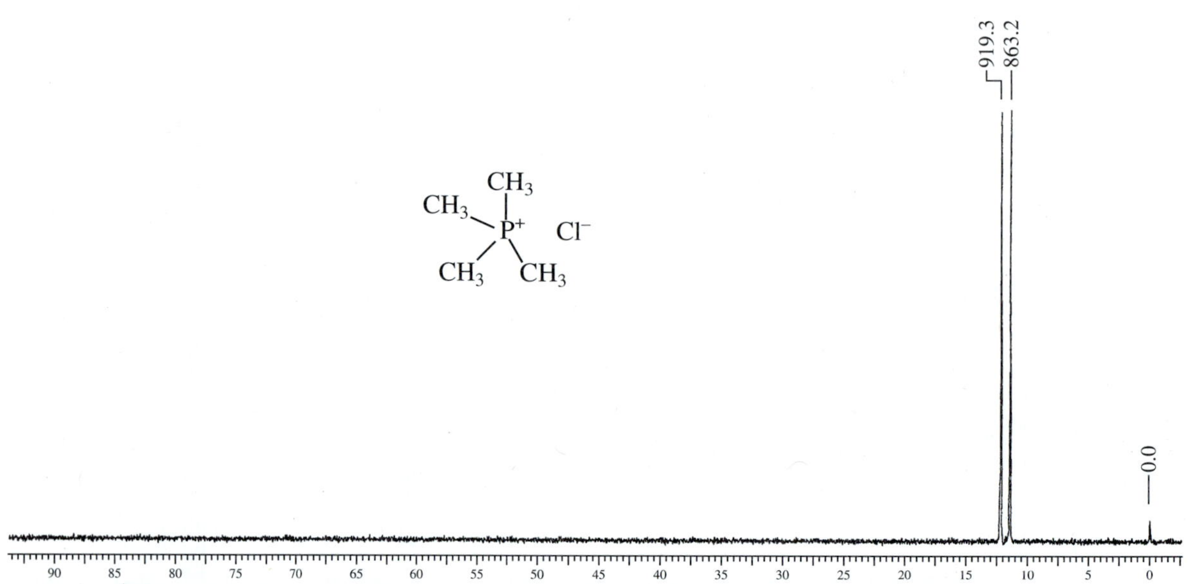

그림 6.23 Tetramethylphosphonium chloride, $(CH_3)_4P^+Cl^-$의 ^{13}C proton-짝풀림 스펙트럼(75 MHz).

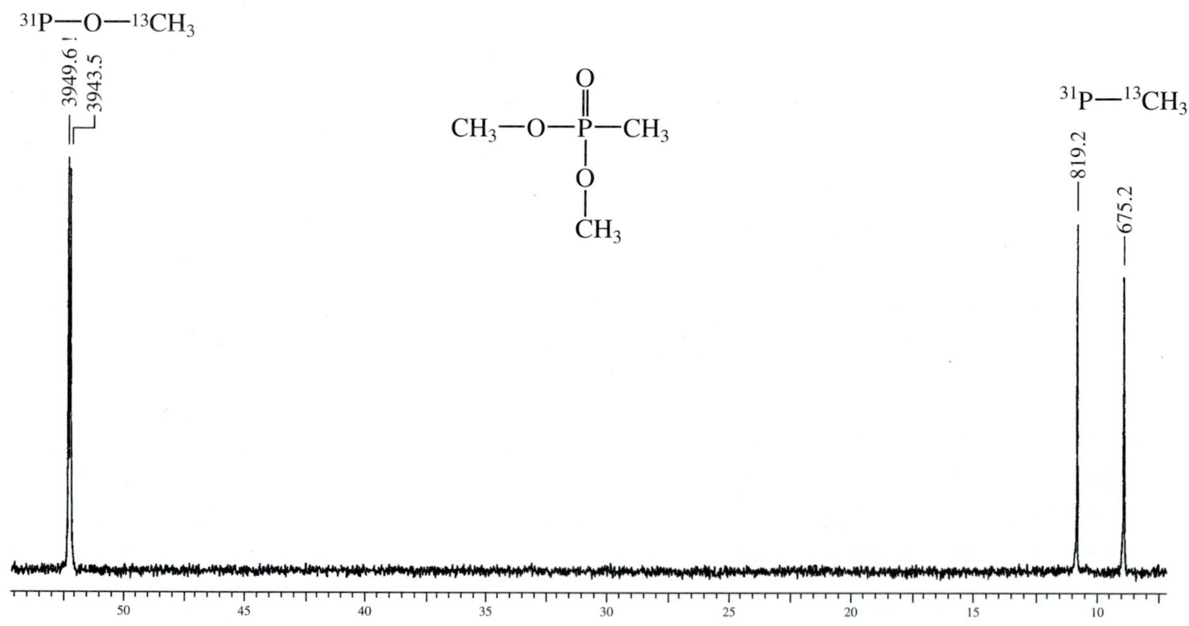

그림 6.24 $CH_3PO(OCH_3)_2$의 ^{13}C proton-짝풀림 스펙트럼(75 MHz).

여준다. 한결합 짝지음은 인 원자와 인 원자에 직접 결합된 methyl 그룹의 ^{13}C 원자 사이에서 일어나고 ($^{31}P-^{13}CH_3$), 짝지음 상수값은 144 Hz(819.2 − 675.2 Hz)이다. 이 이중선은 약 10 ppm에 나타난다. 다른 CH_3 그룹($^{31}P-O-^{13}CH_3$)은 인 원자로부터 두결합 떨어져 있고, 약 52 ppm 근처에 하나의 이중선으로 나타난다. 이 두결합 짝지음 상수는 약 6 Hz(3949.6 − 3943.5 Hz)이다. 한결합 짝지음 상수는 인 원자의 혼성화의 차이 때문에 다양한 값을 가질 수 있다.

$^{31}P—C^{13}—$ $^{31}P—C^{12}—C^{13}—$

P에 한결합으로 연결된 C = ^1J

P에 두결합으로 연결된 C = ^2J
^{13}C 원자는 일반적인 ^{12}C 동위원소를 통해 ^{31}P에 연결되어 있다.

6.17 탄소 NMR과 proton NMR: 구조 문제 풀이법

탄소 NMR 스펙트럼과 proton NMR 스펙트럼을 이용하여 미지 화합물의 구조를 결정하기 위해서 어떻게 접근할 것인가? 먼저 그림 6.25에 나타낸 proton NMR 스펙트럼을 살펴보자. 스펙트럼은 분자식 $C_6H_{10}O_2$를 갖는 화합물에 대한 것이다. 이 화합물의 수소 모자람 지수를 계산하면 2이다.

Proton 화학적 이동. 첫 번째 해야 할 일은 스펙트럼에 나타나 있는 피크에 대한 화학적 이동값을 살펴보는 것이다. Proton이 어디에 나타날 것인가 예측하기 위하여 그림 5.20에 나타낸 proton의 화학적 이동에 대한 개요를 검토하는 것은 매우 큰 도움이 될 것이다.

0.8~1.8 ppm: 이 영역에 나타나는 proton은 일반적으로 전기음성도가 큰 원자로부터 어느 정도 떨어진 CH, CH_2, CH_3 그룹과 같은 sp^3 탄소 원자와 연관되어 있다. 결합된 proton의 개수가 많을수록 더 가려지기 때문에 TMS에 더 가깝게 더 높은 장에 나타난다. 따라서 CH_3 그룹이 CH_2 그룹보다 더 가려지고, 더 작은 ppm 값에 나타날 것이다.

1.8~3.0 ppm: 이 영역은 일반적으로 C=O, C=C, 방향족 그룹에 이웃하고 있는 sp^3 탄소 원자에 결합되어 있는 proton과 연관되어 있다. CH_2–C=O, C=C–CH_2–와 CH_2–Ar 등이 그 예이다. 삼중 결합에 직접 결합된 proton(C≡C–H)이 하나의 예외인데, 그 proton 역시 이 범위에 나타난다.

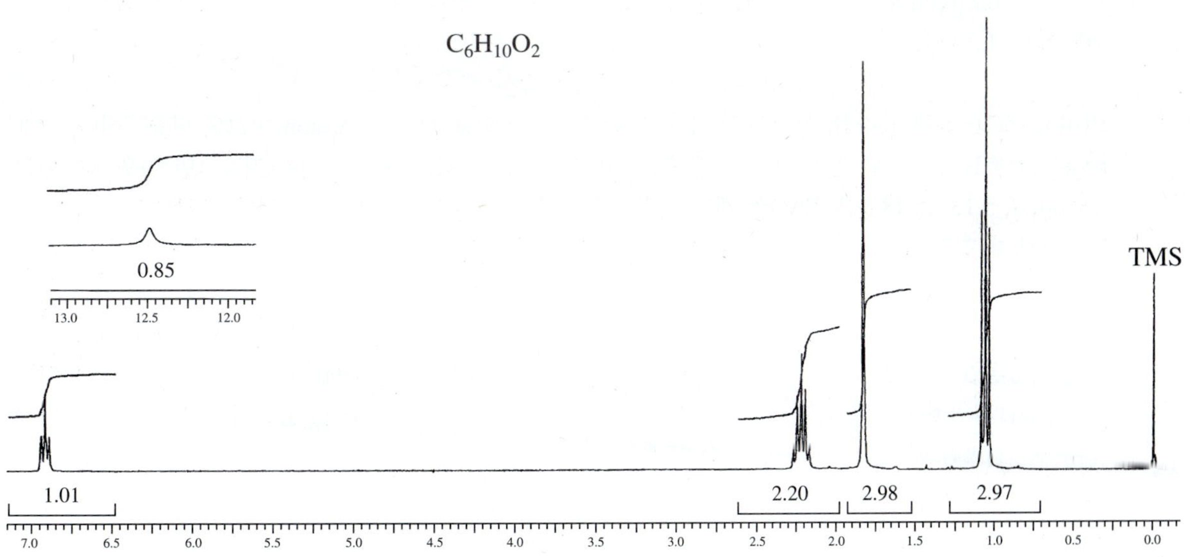

그림 6.25 미지 화합물의 proton NMR 스펙트럼.

3.0~4.5 ppm: 이 영역은 일반적으로 하나의 전기음성도가 큰 원자(일반적으로 산소나 halogen 원자)에 직접 결합된 sp^3 탄소 원자에 결합되어 있는 proton과 연관되어 있다. $-CH_2-Cl$, $-CH_2-Br$과 $-CH_2O-$ 등이 그 예이다. 산소를 포함하는 가장 보편적인 그룹은 alcohol, ether, ester 등과 연관되어 있다. 3.5 ppm 값은 $-O-CH_2-$ 또는 $-O-CH_3$에 대한 화학적 이동으로 기억하기 좋은 숫자이다.

4.5~7.0 ppm: 이 영역은 일반적으로 alkene에서 C=C sp^2 탄소 원자에 **직접** 결합된 proton(vinyl proton)과 연관되어 있다. C=C−H가 그 예이다. 하지만 하나의 탄소에 전기음성도가 큰 여러 개의 원소가 결합되어 있을 때도 이 영역까지 낮은 장으로 proton을 이동시킬 수 있다는 것도 기억해야 한다. $-O-CH_2-O-$와 $Cl-CH_2-Cl$가 그 예이다.

6.5~8.5 ppm: 이 영역은 일반적으로 benzene 고리나 다른 방향족 화합물에서 C=C sp^2 탄소 원자에 **직접** 결합된 proton과 연관되어 있다.

9.0~10 ppm: 이 영역은 항상 C=O 그룹에 직접 결합된 proton, 즉 aldehyde proton과 연관되어 있다.

11.0~13.0 ppm: Carboxylic acid의 proton이 대개 이 영역에 나타난다. Carboxylic acid의 proton은 매우 넓은 폭의 피크로 나타난다. 어떤 경우에는 피크가 너무 넓혀져서 관찰되지 않고 기준선으로 사라지기도 한다.

화학적 이동 정보와 수소 모자람 지수를 이용하여, 6.8 ppm과 12.5 ppm에서 피크가 관찰되는 것으로 미지 화합물이 C=C−H 그룹과 COOH 그룹을 포함하고 있다는 것을 결정할 수 있어야 한다. Alkene 영역 안에 오직 하나의 피크만 있으므로 이중 결합이 삼중 치환되어 있다는 것을 추정할 수 있어야 한다.

Proton 적분. 주어진 탄소 원자에 결합된 proton의 개수는 피크 바로 아래에 인쇄된 숫자로부터 결정할 수 있다. 5.9절을 참조하면, 그림 6.25에 나타난 숫자를 계산기를 사용하지 않고도 정수로 쉽게 반올림할 수 있을 것이다. 숫자는 근사값이라는 것을 기억하여라. 오른쪽에서 왼쪽으로 피크를 차례대로 검토해 보면, 1 ppm의 삼중선은 3H를 나타내고, 1.7 ppm의 단일선은 3H를 나타내고, 2.3 ppm의 오중선은 2H를 나타내고, 6.8 ppm의 삼중선은 1H를 나타내고 있는 것을 결정할 수 있다. 결정한 proton의 전체 개수가 화학식 $C_6H_{10}O_2$에 있는 proton의 개수(10H)와 일치하면 만족스럽다.

Proton 스핀-스핀 갈라짐. 그림 6.25에서 그 다음으로 살펴볼 것은 각 proton 피크의 다중도이다. 이제 proton 스펙트럼에서 단일선, 이중선, 삼중선 패턴을 찾아보아라. $n + 1$ 규칙을 적용하면 이웃하고 있는 proton(^3J, 5.13~5.18절을 참조)의 개수를 결정하는 데 도움이 될 것이다. 전형적인 ^3J 짝지음 상수는 일반적으로 대략 7.5 Hz 값을 갖는다. 300~500 MHz의 고자기장 NMR 분광기를 이용하여 얻은 대부분의 스펙트럼에서 갈라짐 패턴을 보기 위해서는 확대가 필요하다는 것을 기억할 필요가 있다. 그림 6.25에 나타낸 NMR 스펙트럼은 0~10 ppm의 전형적인 전체 범위의 스펙트럼을 포함하고 있지는 않다. 어떤 경우에는 전형적인 범위를 벗어나는 화합물의 일부 스펙트럼을 기준선 윗부분에 삽입된 스펙트럼으로 나타내기도 한다. 그림 6.25에 삽입된 그림으로 나타낸 carboxylic acid의 proton이 바로 이런 경우이다. 또 다른 경우에는 갈라짐 패턴을 완전하게 볼 수 있게 하기 위해서 확대할 필요가 있는 proton에 대해 확대 스펙트럼을 삽입하여 나타내기도 한다. 피크 패턴에서 갈라진 모든 피크를 볼 수 있도록 x축과 y축 두 방향 모두 확장한 칠중선 패턴(일곱 피크) 또는 구중선 패턴(아홉 피크) 등이 확대 스펙트럼을 삽입한 스펙트럼의 예이다. 일례로 이 장의 끝에 있는 연습 문제 5d의 proton NMR 스펙트럼을 참조하여라.

그림 6.25의 미지 화합물에 대해서 1 ppm의 삼중선은 이웃하고 있는 두 개의 proton에 의한 것으로 예상된다. 약 1.7 ppm의 단일선은 이웃하고 있는 proton이 없는 경우이다. 2.3 ppm의 오중선은 두 개의 서로 다른 탄소 원자에 결합된 이웃하고 있는 네 개의 proton이 있는 것을 나타낸다. 마지막으로 6.8 ppm에 삼중선으로 나타난 하나의 vinyl proton은 두 개의 이웃하고 있는 proton에 의한 것이다.

이 시점에서 가장 가능성이 있는 구조는 다음과 같다.

단일선 → CH_3
오중선 → CH_2
CH_3 ← 삼중선
H ← 삼중선
OH ← 넓은 폭의 단일선
$CH_3-CH_2-CH=C(CH_3)-C(=O)-OH$

다음에 나타낸 위 구조의 이성질체는 관찰된 다중도와 맞지 않아서 가능한 구조에서 배제할 수 있다.

사중선 → CH_2
H ← 단일선
CH_3 ← 삼중선
CH_3 ← 단일선
$CH_3-CH_2-C(CH_3)=CH-C(=O)-OH$

다음으로 그림 6.26에 나타낸 proton-짝풀림 ^{13}C 스펙트럼을 살펴봄으로써 구조를 확신할 수 있을 것이다. 스펙트럼은 약 77 ppm에 나타난 용매 $CDCl_3$ 피크(그림 6.17 참조)인 세피크와 더불어 여섯 개의 단일선 피크를 가지고 있다.

^{13}C 화학적 이동. 그림 6.1과 표 6.1에 나타난 상관도표가 스펙트럼을 해석하는 데 유용할 것이다.

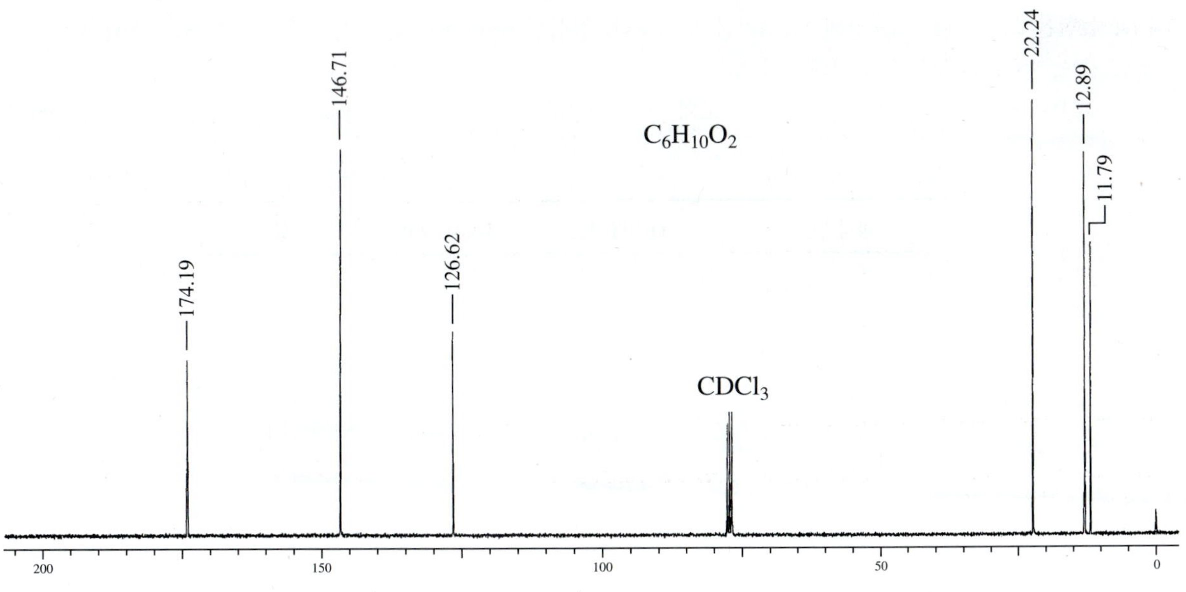

그림 6.26 미지 화합물의 ^{13}C NMR 스펙트럼.

10~50 ppm: NMR 분광학에 사용되는 가장 흔한 용매가 $CDCl_3$이며, 대략 77 ppm에 중심을 둔 세피크 패턴으로 나타난다. 전형적으로 sp^3 ^{13}C 원자는 용매 피크의 오른쪽에 나타난다. CH_3 그룹은 CH_2 그룹보다 더 가려져서 대개 CH_2보다 더 작은 ppm에 나타난다.

35~80 ppm: 예상한 바와 같이, 전기음성도가 큰 원자가 결합되면 proton NMR 분광학에서 관찰된 것과 유사하게 낮은 장으로 이동된다. 이 그룹의 탄소 원자로는 $-CH_2-Br$, $-CH_2-Cl$, $-CH_2-O-$ 등이 있다. C≡C는 65~80 ppm 범위에 나타난다.

110~175 ppm: Alkene과 방향족 화합물의 C=C 그룹이 $CDCl_3$ 피크의 왼쪽에 나타난다. 일반적으로 방향족 ^{13}C 원자가 alkene보다 더 낮은 장에 나타난다. 그러나 다양한 예외가 있기 때문에 alkene과 방향족 화합물 모두 같은 범위에 나타나고, 겹쳐진다고 생각하는 것이 낫다.

160~220 ppm: Carbonyl 그룹은 ^{13}C 스펙트럼의 가장 왼쪽 부분(낮은 장)에 나타난다. Ester와 carboxylic acid의 C=O 그룹은 그 범위에서 작은 값의 범위(160~185 ppm)에 나타나는 반면, ketone과 aldehyde는 그 범위에서 큰 값의 범위(185~220 ppm)에 나타난다. 이와 같은 C=O 피크는 매우 약한 피크로 종종 ^{13}C 스펙트럼을 관찰할 때 빠뜨리기도 한다. C=O 피크를 포함한 상관도표를 그림 6.1과 그림 6.2에 각각 나타내었다.

^{13}C와 proton 사이의 스핀-스핀 갈라짐. ^{13}C 스펙트럼은 일반적으로 proton 짝풀림 장치가 켜져 있는 상태에서 측정된다. 이로 인하여 스펙트럼에는 단일선 피크만 나타난다(6.4절). 하지만 탄소 원자가 세 개의 결합된 proton(CH_3 그룹)을 가졌는지, 두 개의 결합된 proton(CH_2 그룹)을 가졌는지, 한 개의 결합된 proton(CH 그룹)을 가졌는지, 아니면 결합된 proton이 없는(4차 또는 *ipso* 탄소 원자) 것인지를 알아내는 것은 구조를 해석하는 데 아주 유용하다. ^{13}C 원자의 다중도를 결정하는 가장 최신 방법은 DEPT 실험을 수행하는 것이다. 이와 같은 실험으로 어떻게 각 ^{13}C 원자에 대한 다중도를 결정하는지에 대해 6.10절에서 설명하였다. 그림 6.9에 isopentyl acetate에 대한 전형적인 결과를 나타내었다. 이 실험에서 가장 유용한 것이 DEPT-135인데, CH_3 그룹과 CH 그룹은 양의 피크로, CH_2 그룹은 음의 피크로 나타난다. DEPT-90 실험은 오직 CH 그룹(양의 피크)만을 보여준다. 결합된 proton이 없는 탄소 원자(4차 또는 *ipso* 탄소 원자)는 두 실험 모두에서 나타나지 않는다. 미지 화합물에 대한 DEPT 실험 결과를 다음에 나타내었다. 이 DEPT 실험 결과는 여기에 나타낸 구조와 잘 일치한다.

정상 ^{13}C	DEPT-135	DEPT-90	결론
11.79 ppm	양의 피크	피크 없음	CH_3
12.89	양의 피크	피크 없음	CH_3
22.24	음의 피크	피크 없음	CH_2
126.62	피크 없음	피크 없음	C
146.71	양의 피크	양의 피크	CH
174.19	피크 없음	피크 없음	C=O

단일선
오중선 CH_3
$CH_3-CH_2-CH=C(CH_3)-C(=O)-OH$ 넓은 폭의 단일선
삼중선 H
삼중선

연습 문제

***1.** 화학식 $C_3H_6O_2$를 갖는 화합물의 proton-짝풀림 스펙트럼과 공명비킴 짝풀림 스펙트럼은 다음과 같다. 화합물의 구조를 결정하여라.

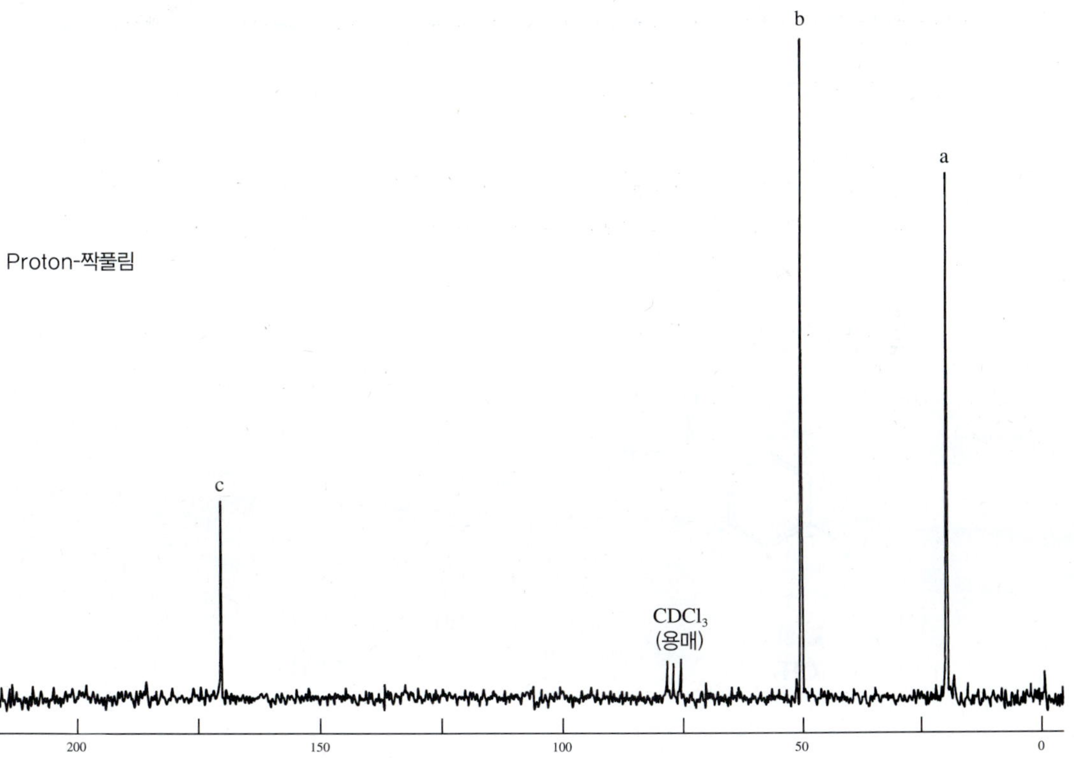

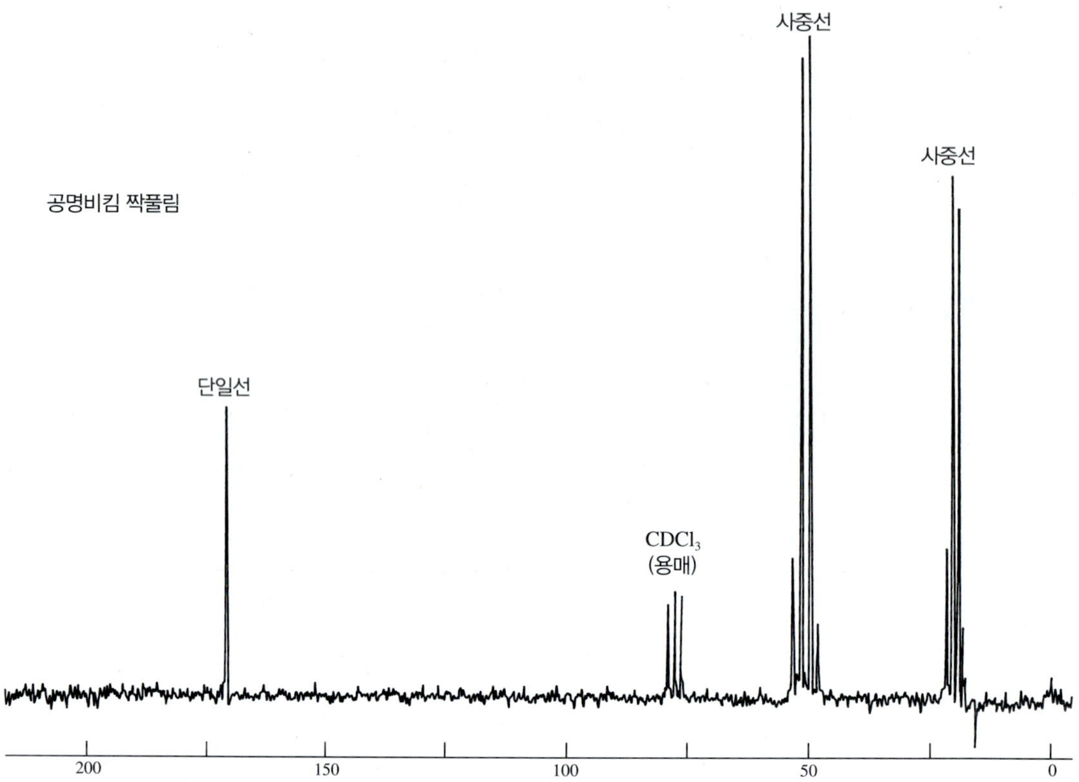

***2.** 다음 각각의 화합물의 proton-짝풀림 ^{13}C 스펙트럼에서 나타날 것으로 예상되는 피크의 개수를 예측하여라. 2a~2d를 예로 제시하였다. 이 두 예에서 점은 동등하지 않은 탄소를 나타낸다.

(a) $CH_3-\overset{\overset{\displaystyle O}{\|}}{C}-O-CH_2-CH_3$ 피크 네 개

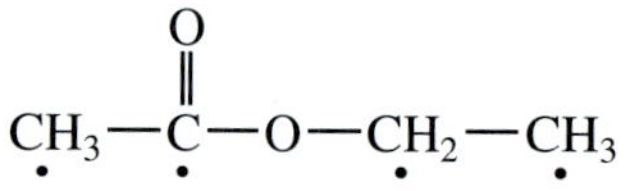

(b) Br, C—OH, O 피크 다섯 개

(c) CH_3, H_3C, C, C, CH_2, OH, H

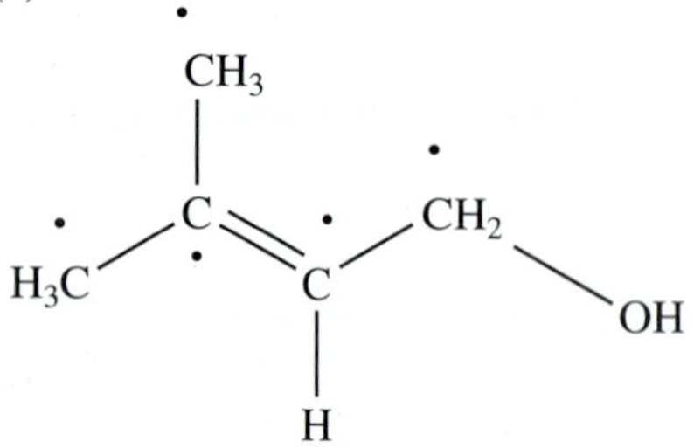

피크 다섯 개

(d) CH_3, CH_3, CH, CH, H_3C, CH, CH_3, OH

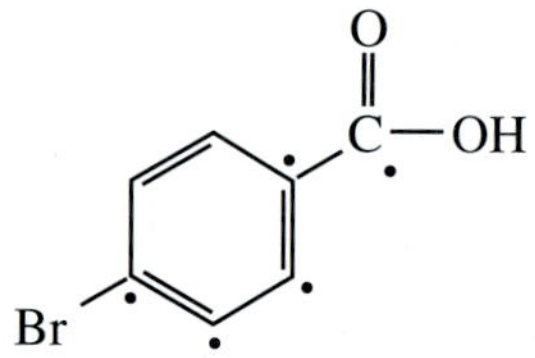

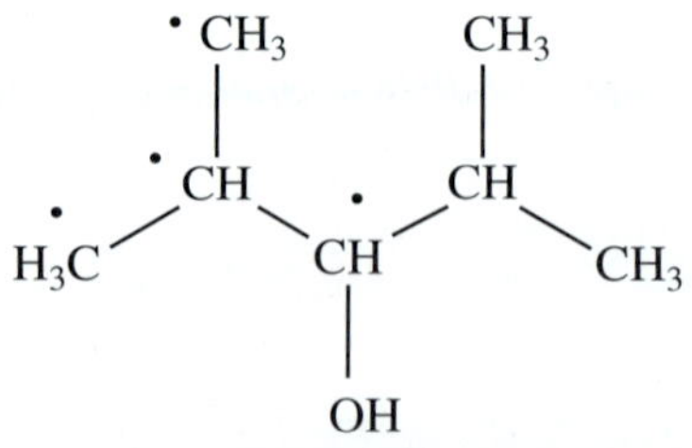

피크 네 개

(e)

CH3
CH
CH2
H3C
C
CH3
H3C
OH

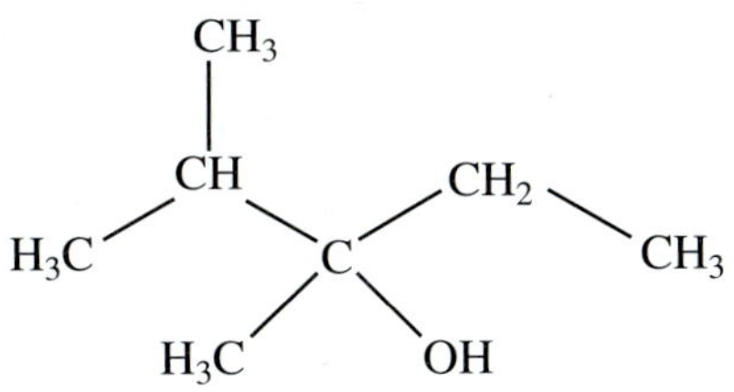

(f)

CH3
O
C
CH3
CH2

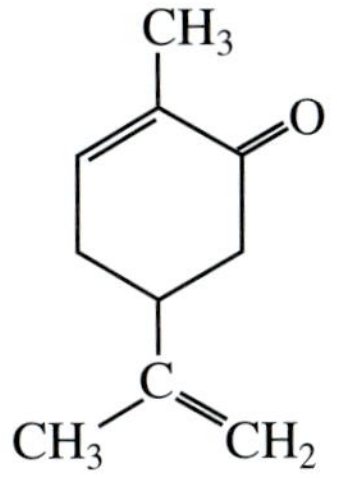

(g)

CH3
CH2
CH2
HO
C
CH2
CH2
HO
CH3

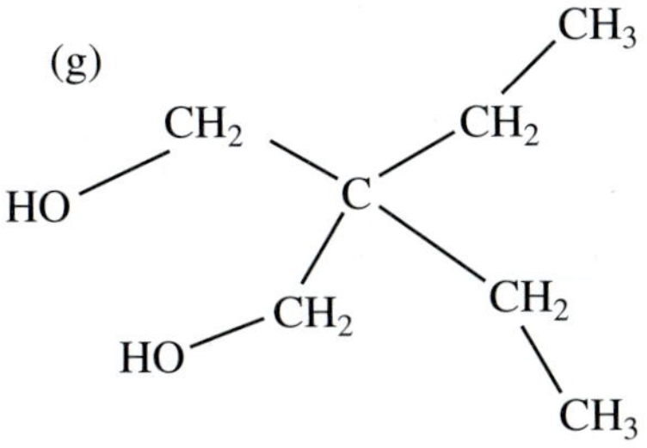

(h)

O
O

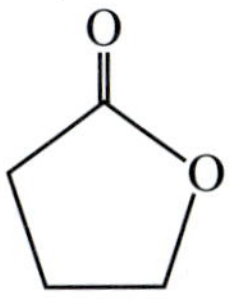

(i)

O
CH3
O
O

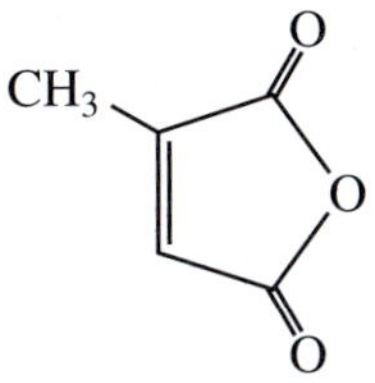

(j)

CH2 — CH3
Br

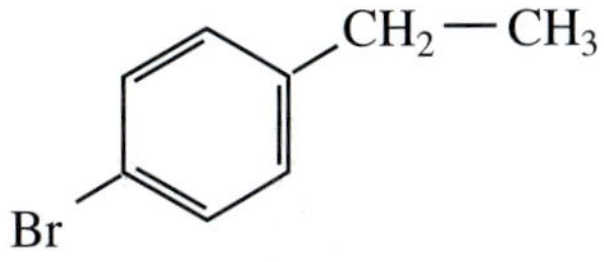

(k)

CH2 — CH3
Br

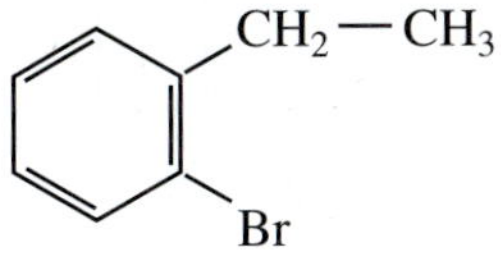

***3.** $C_4H_{10}O$의 화학식을 갖는 세 개의 이성질체 alcohol의 proton-짝풀림 ^{13}C 스펙트럼은 다음과 같다. DEPT나 공명비킴 해석으로 다중도를 알아냈다. **s** = 단일선, **d** = 이중선, **t** = 삼중선, **q** = 사중선. 각 스펙트럼에 해당되는 alcohol을 찾아내고, 각 피크를 해당 탄소 원자에 할당하여라.

A
q
CDCl3
(용매)
s
TMS
190
180
170
160
150
140
130
120
110
100
90
80
70
60
50
40
30
20
10
0
δC

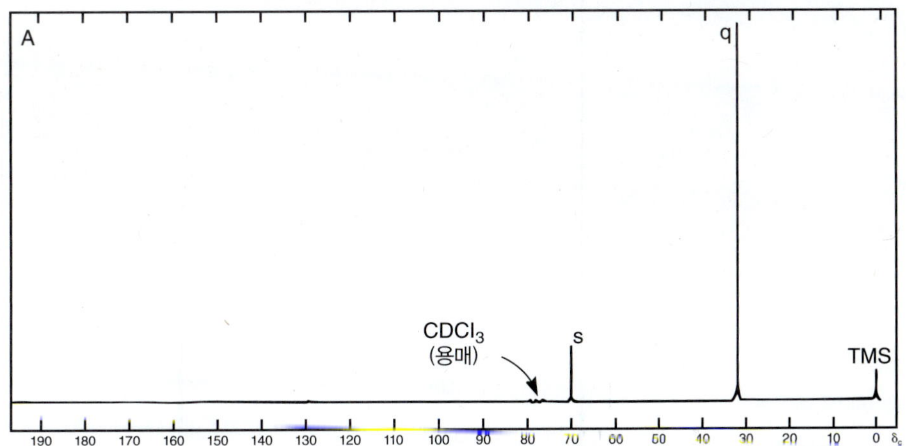

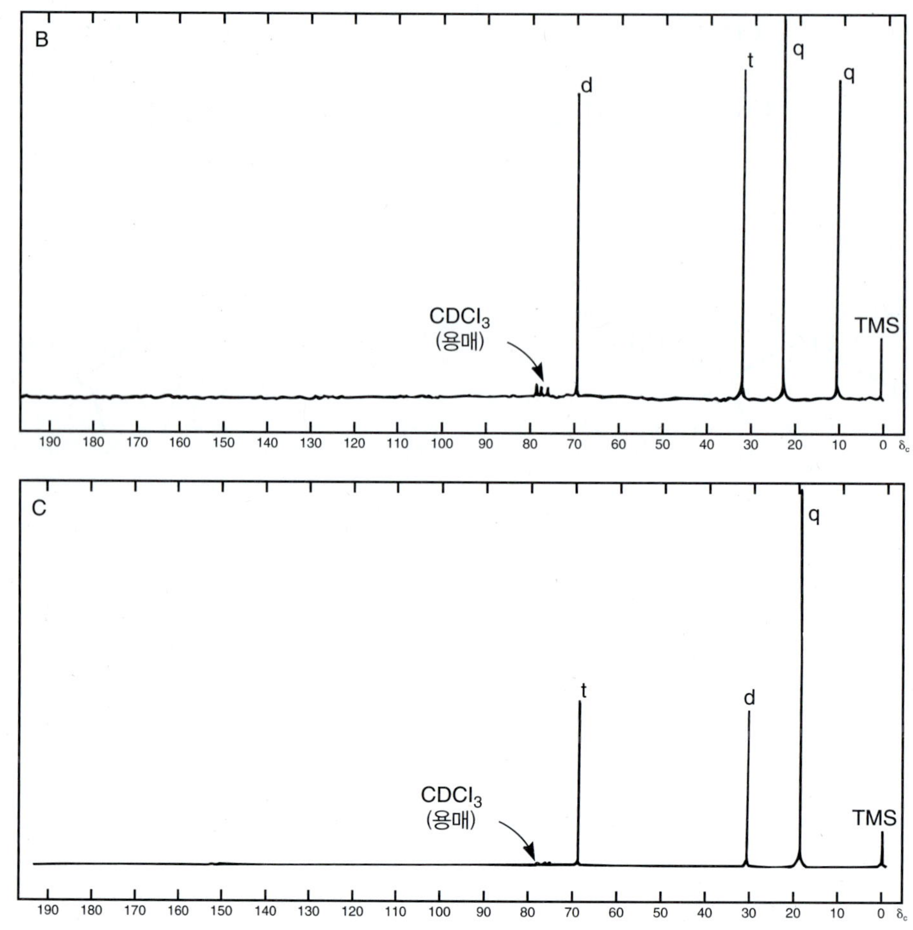

***4.** 다음의 스펙트럼은 $C_5H_8O_2$의 화학식을 갖는 ester의 스펙트럼이다. 다중도는 표시되어 있다. 화합물의 구조를 그리고 각 피크를 할당하여라.

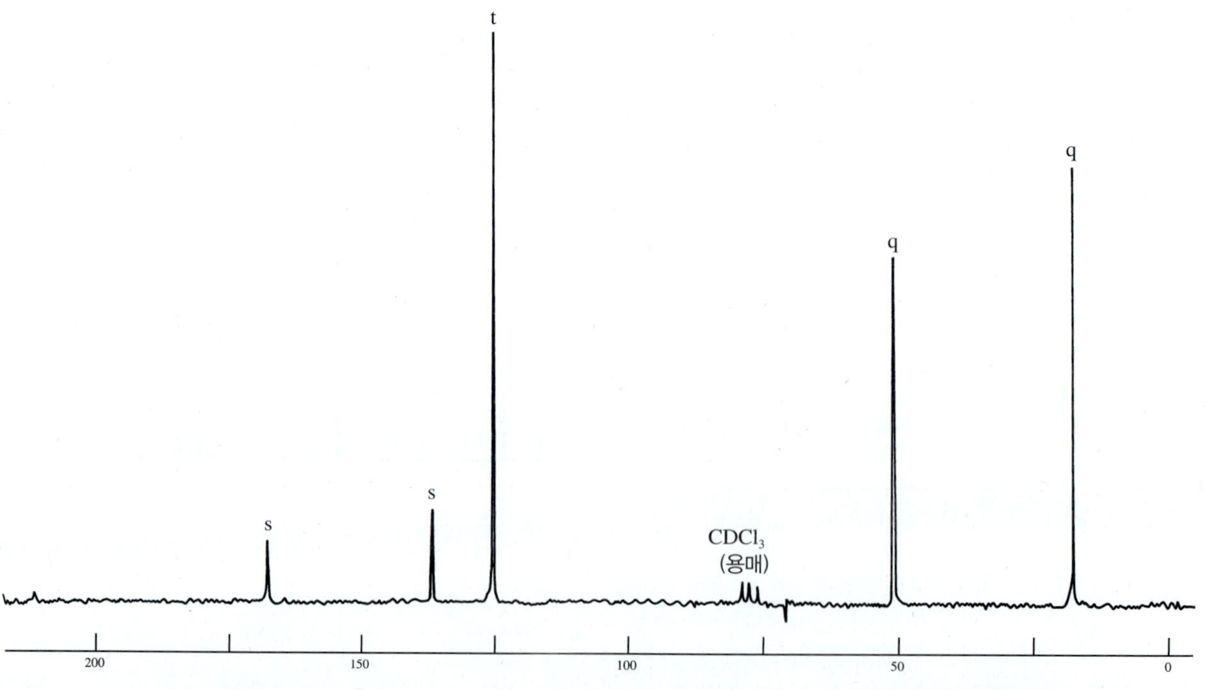

*5. 다음은 C_4H_9Br의 화학식을 갖는 네 개의 이성질체 bromoalkane들의 ^{1}H 스펙트럼과 ^{13}C 스펙트럼이다. 각 구조를 각 쌍의 스펙트럼에 할당하여라.

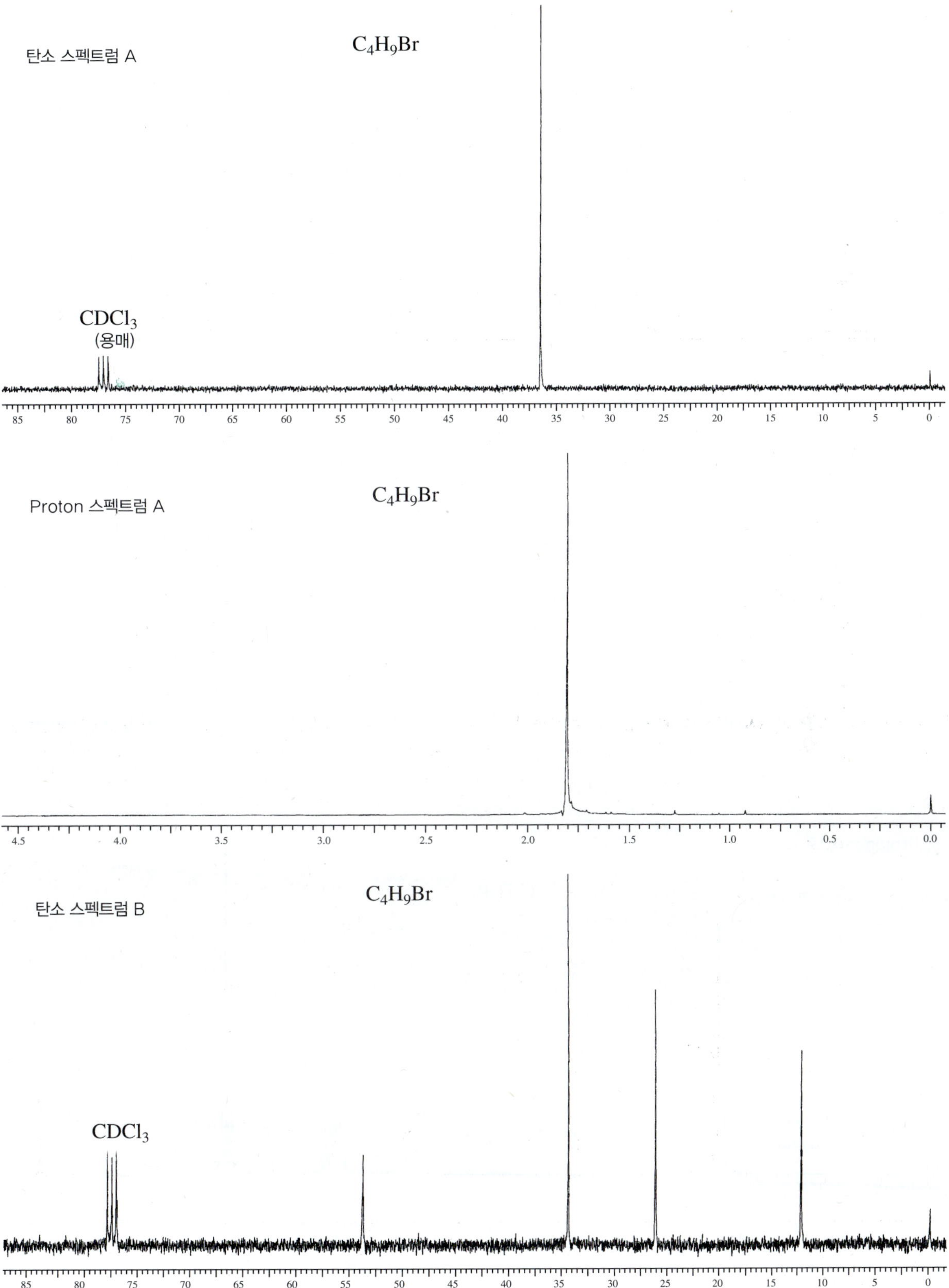

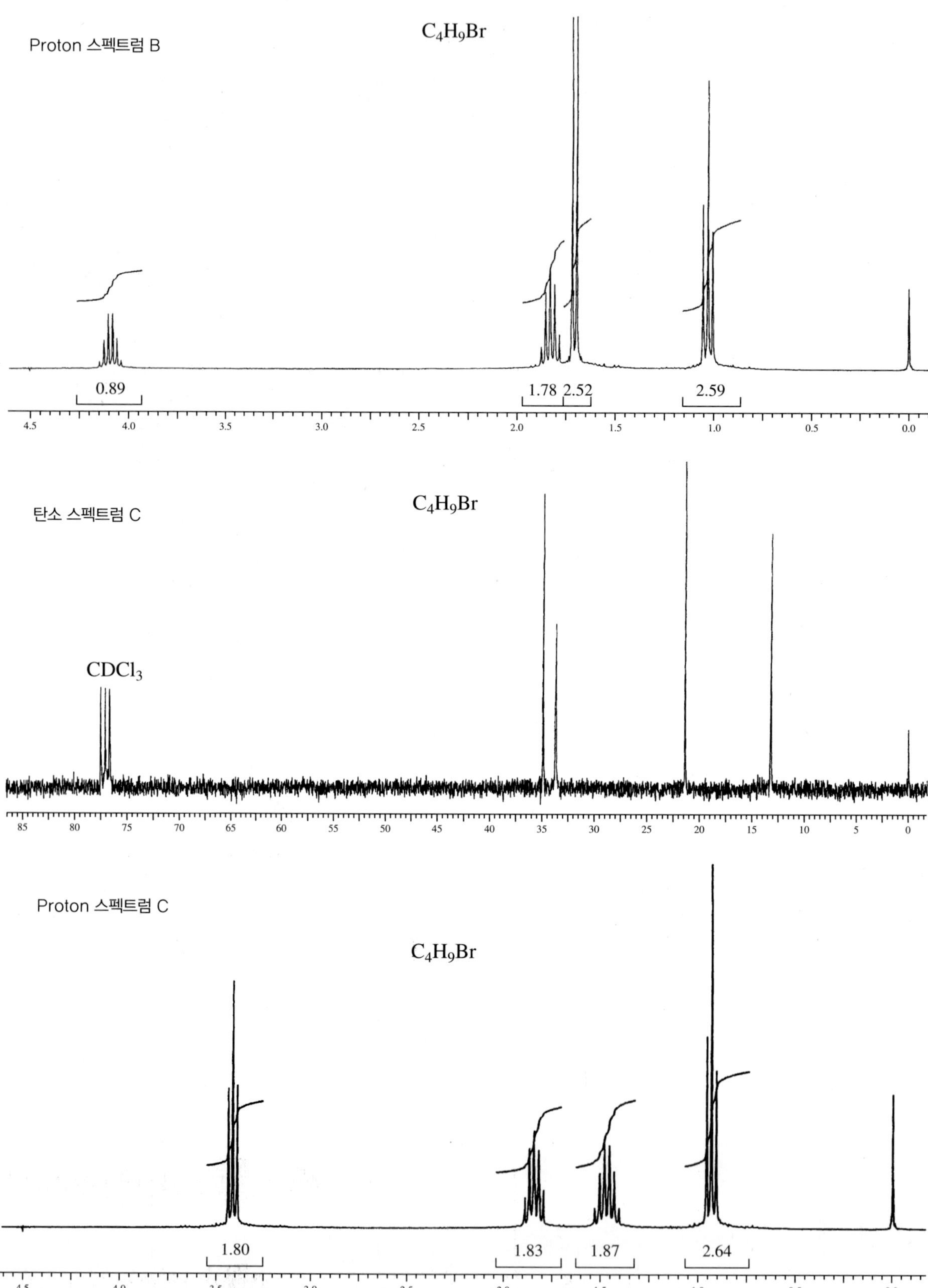
Proton 스펙트럼 B
C4H9Br
0.89
1.78 2.52
2.59
4.5 4.0 3.5 3.0 2.5 2.0 1.5 1.0 0.5 0.0
탄소 스펙트럼 C
C4H9Br
CDCl3
85 80 75 70 65 60 55 50 45 40 35 30 25 20 15 10 5 0
Proton 스펙트럼 C
C4H9Br
1.80
1.83
1.87
2.64
4.5 4.0 3.5 3.0 2.5 2.0 1.5 1.0 0.5 0.0

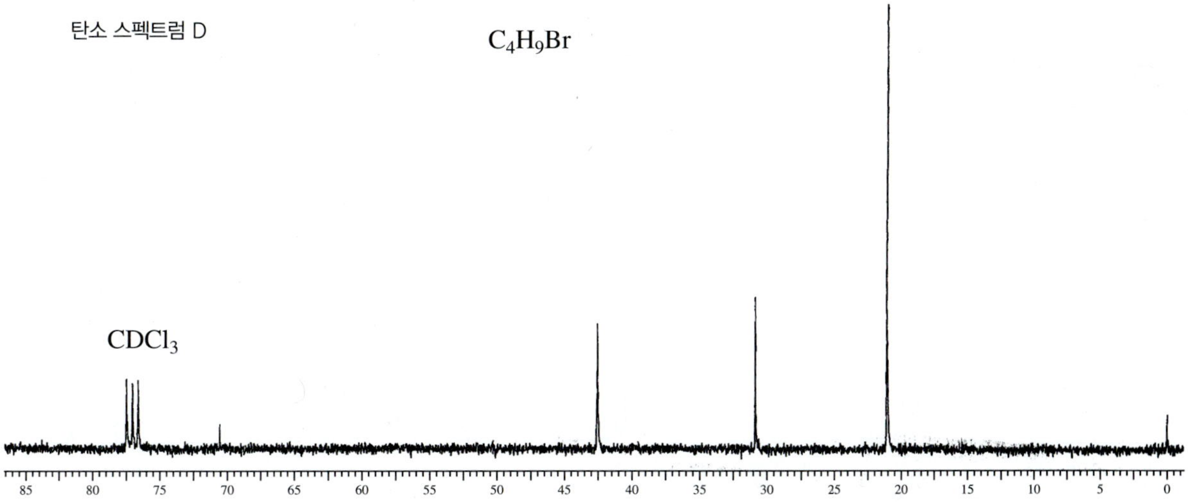

탄소 스펙트럼 D
C4H9Br
CDCl3
85 80 75 70 65 60 55 50 45 40 35 30 25 20 15 10 5 0

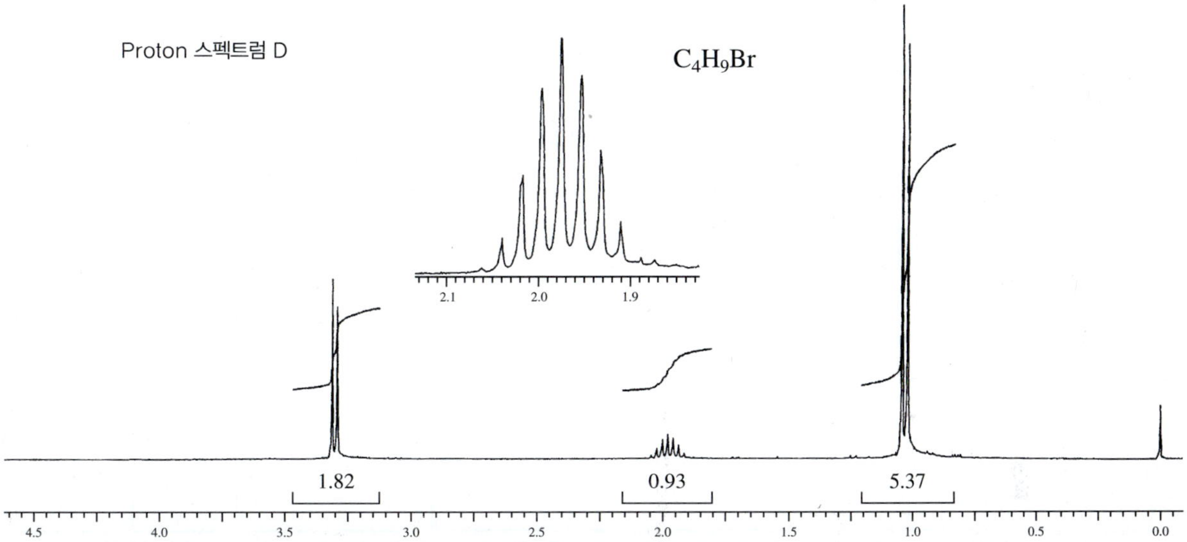

Proton 스펙트럼 D
C4H9Br
2.1 2.0 1.9
1.82
0.93
5.37
4.5 4.0 3.5 3.0 2.5 2.0 1.5 1.0 0.5 0.0

***6.** 다음은 $C_7H_{14}O$의 화학식을 갖는 세 개의 이성질체 ketone들의 ^1H 스펙트럼과 ^{13}C 스펙트럼이다. 각 구조를 각 쌍의 스펙트럼에 할당하여라.

탄소 스펙트럼 A
C7H14O
CDCl3
211.04
44.79
17.39
13.78
200 150 100 50 0

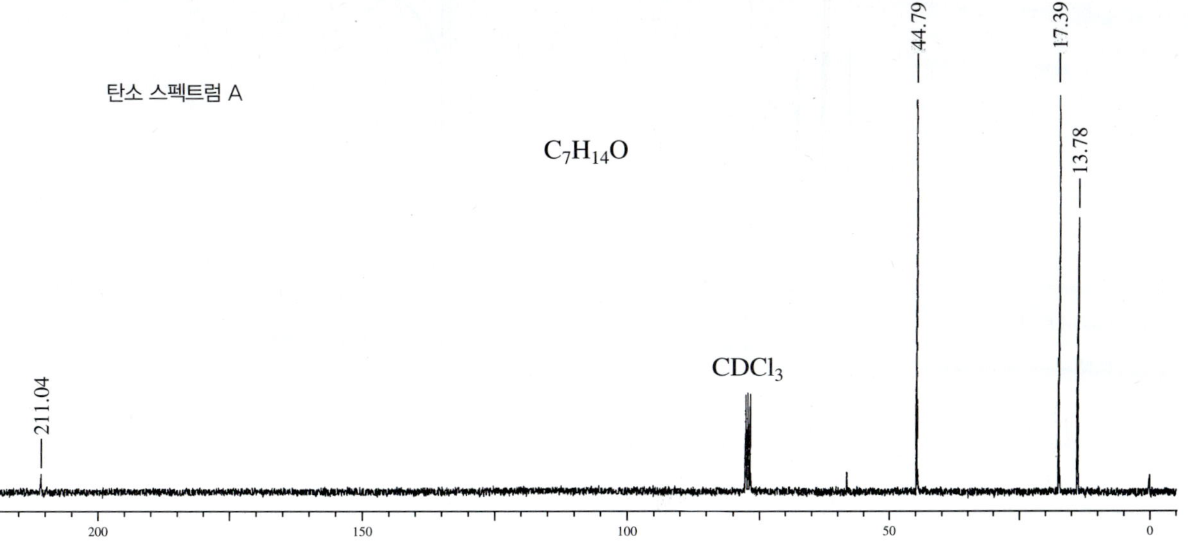

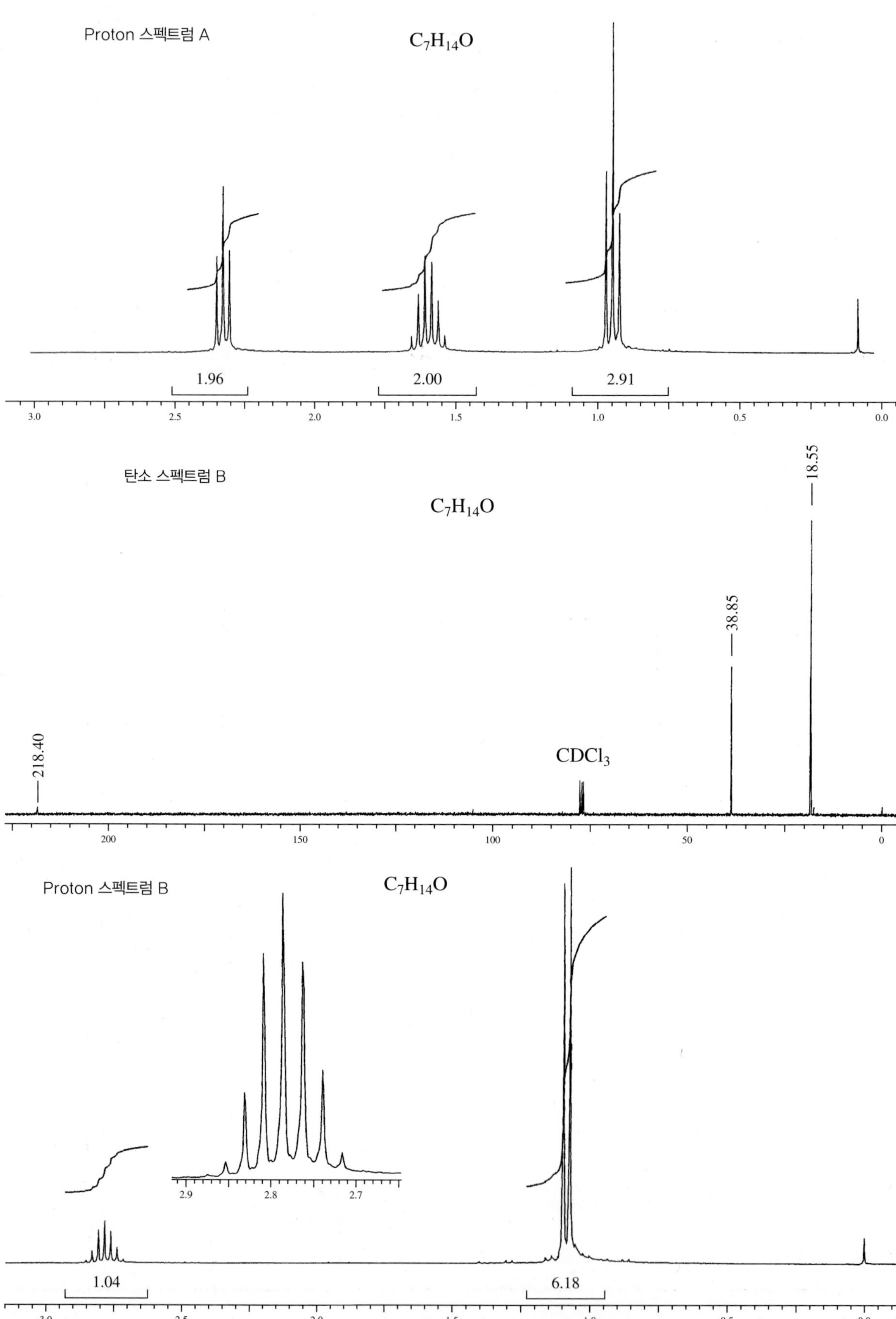

Proton 스펙트럼 A
$C_7H_{14}O$
1.96
2.00
2.91
3.0
2.5
2.0
1.5
1.0
0.5
0.0
탄소 스펙트럼 B
$C_7H_{14}O$
218.40
$CDCl_3$
38.85
18.55
200
150
100
50
0
Proton 스펙트럼 B
$C_7H_{14}O$
2.9
2.8
2.7
1.04
6.18
3.0
2.5
2.0
1.5
1.0
0.5
0.0

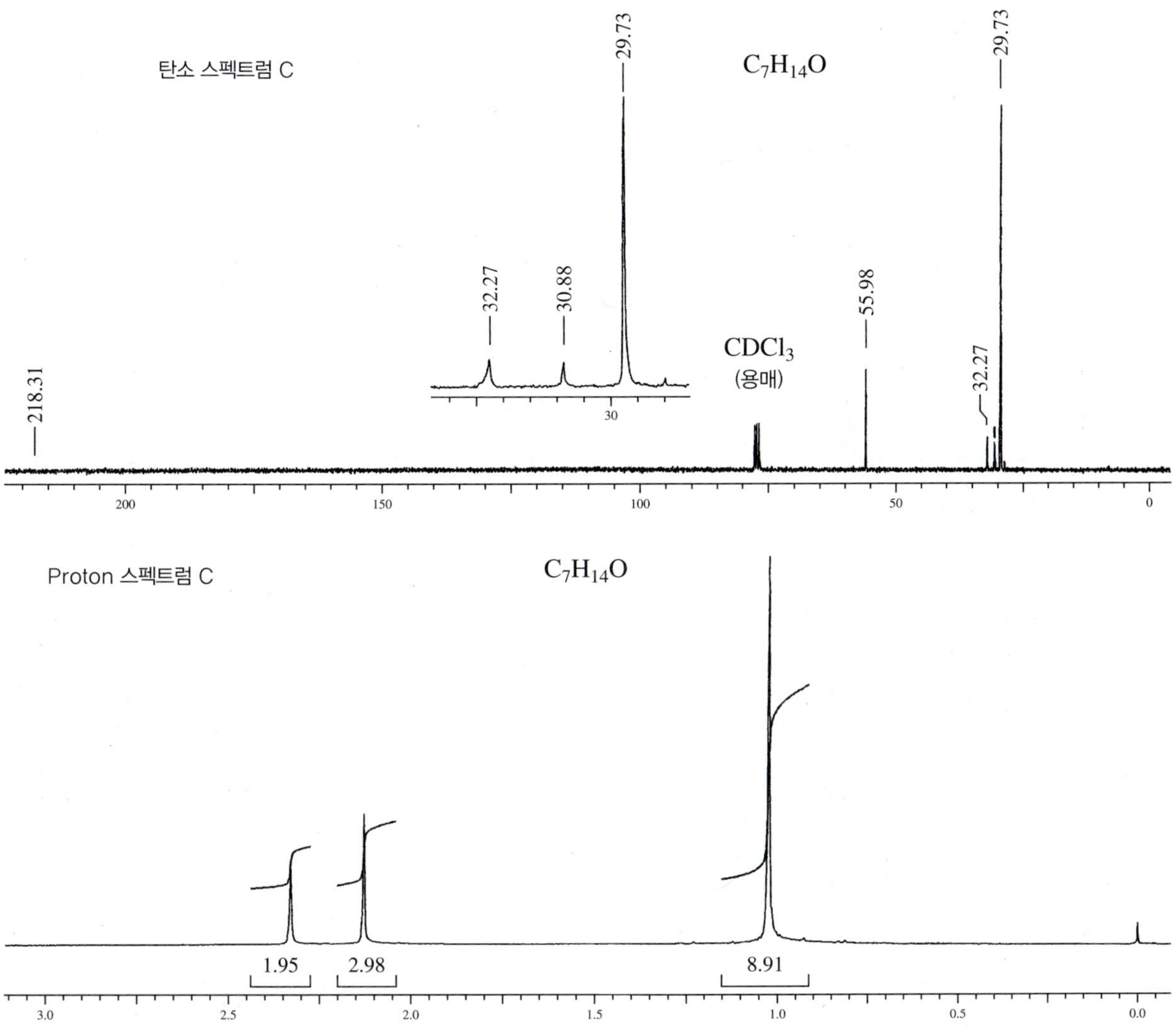

7. C_8H_{18}의 화학식을 갖는 화합물의 proton NMR 스펙트럼은 0.86 ppm에서 오직 한 개의 피크만을 보여준다. ^{13}C NMR 스펙트럼에서는 두 개의 피크를 보여주는데, 26 ppm에 큰 피크 하나, 35 ppm에 작은 피크 하나가 나타난다. 이 화합물의 구조를 그려라.

8. $C_5H_{12}O_2$의 화학식을 갖는 화합물의 proton NMR 스펙트럼은 다음과 같다. 정상 ^{13}C NMR 스펙트럼에서는 세 개의 피크를 보여준다. DEPT-135와 DEPT-90 스펙트럼의 결과를 표로 나타내었다. 이 화합물의 구조를 그려라.

정상 ^{13}C	DEPT-135	DEPT-90
15 ppm	양의 피크	피크 없음
63	음의 피크	피크 없음
95	음의 피크	피크 없음

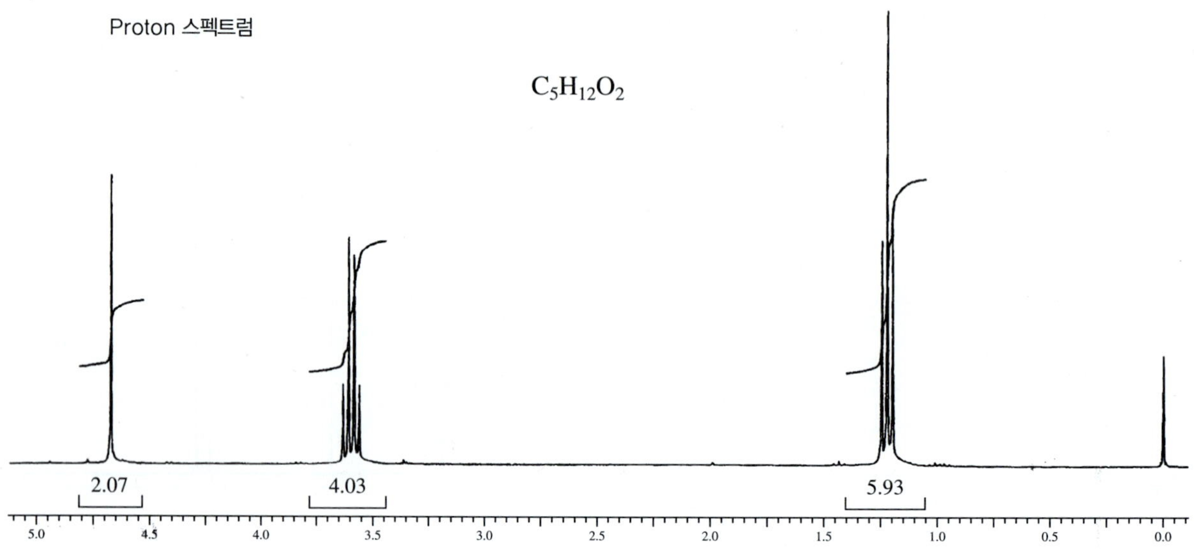

9. $C_5H_{10}O$의 화학식을 갖는 화합물의 proton NMR 스펙트럼은 다음과 같다. 정상 ^{13}C NMR 스펙트럼에서는 세 개의 피크를 보여준다. DEPT-135와 DEPT-90 스펙트럼의 결과를 표로 나타내었다. 이 화합물의 구조를 그려라.

정상 ^{13}C	DEPT-135	DEPT-90
26 ppm	양의 피크	피크 없음
36	피크 없음	피크 없음
84	음의 피크	피크 없음

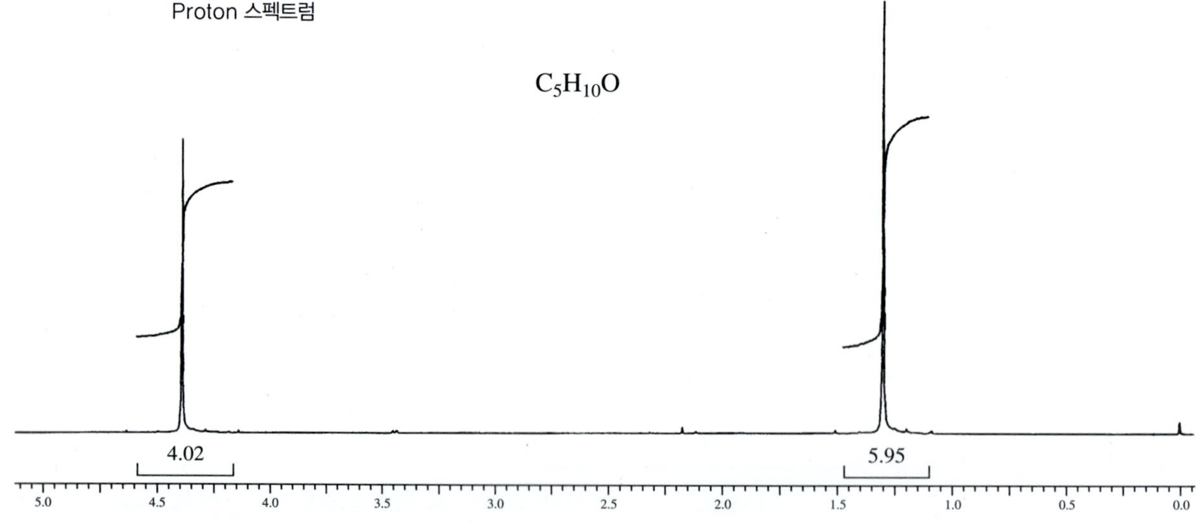

10. $C_5H_{10}O_3$의 화학식을 갖는 화합물의 proton NMR 스펙트럼은 다음과 같다. 정상 ^{13}C NMR 스펙트럼에서는 네 개의 피크를 보여준다. IR 스펙트럼은 1728 cm^{-1}에서 강한 흡수띠를 보여준다. DEPT-135와 DEPT-90 스펙트럼의 결과를 표로 나타내었다. 이 화합물의 구조를 그려라.

정상 ^{13}C	DEPT-135	DEPT-90
25 ppm	양의 피크	피크 없음
55	양의 피크	피크 없음
104	양의 피크	양의 피크
204	피크 없음	피크 없음

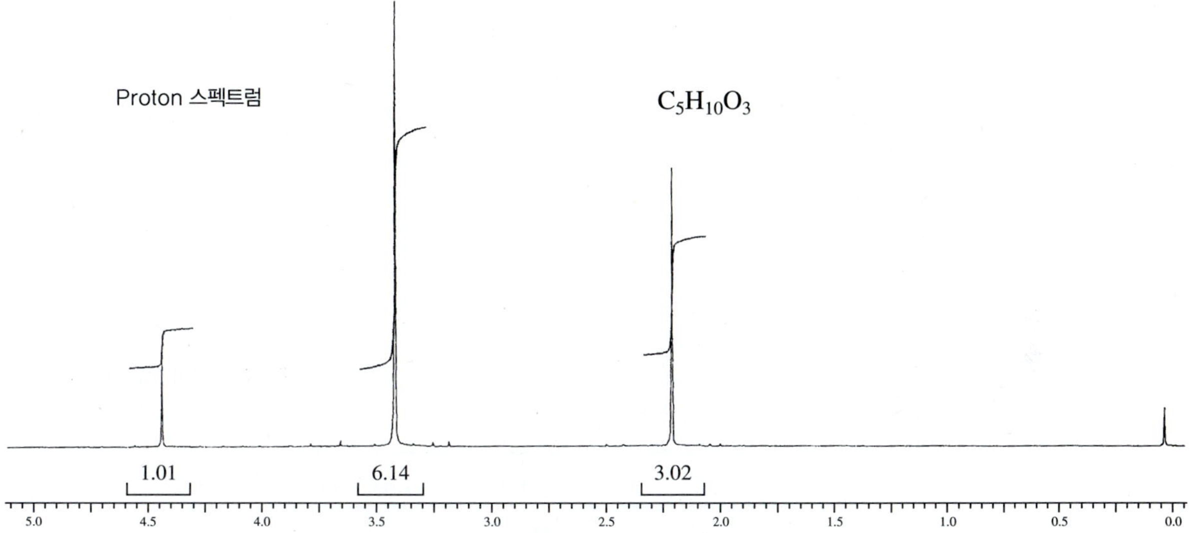

11. C_9H_8O의 화학식을 갖는 화합물의 proton NMR 스펙트럼은 다음과 같다. 정상 ^{13}C NMR 스펙트럼에서는 다섯 개의 피크를 보여준다. IR 스펙트럼은 1746 cm^{-1}에서 강한 흡수띠를 보여준다. DEPT-135와 DEPT-90 스펙트럼의 결과를 표로 나타내었다. 이 화합물의 구조를 그려라.

정상 ^{13}C	DEPT-135	DEPT-90
44 ppm	음의 피크	피크 없음
125	양의 피크	양의 피크
127	양의 피크	양의 피크
138	피크 없음	피크 없음
215	피크 없음	피크 없음

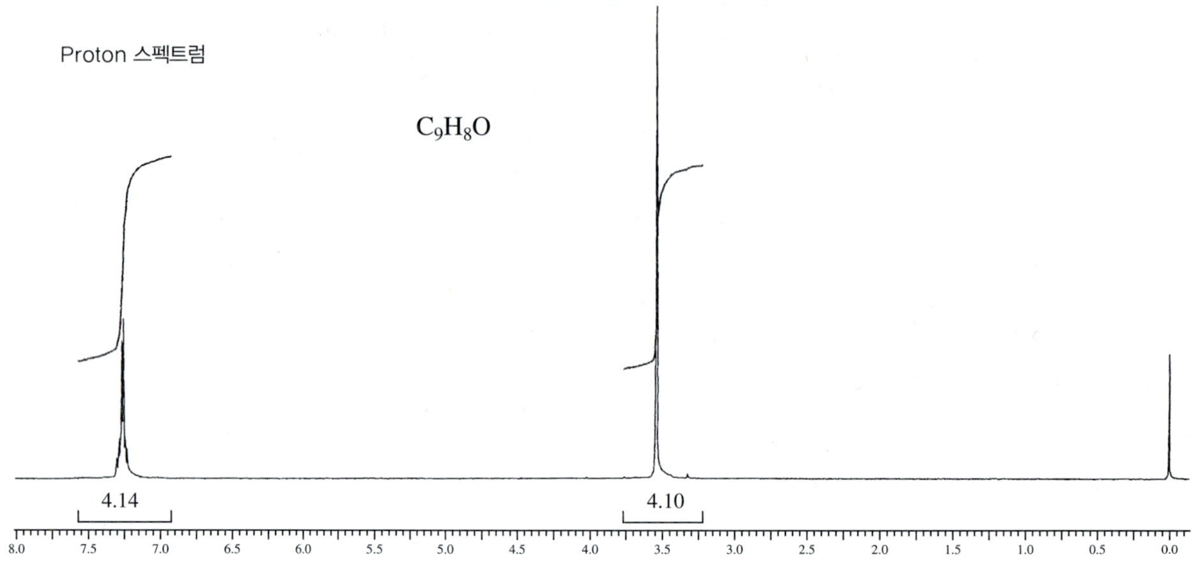

12. $C_{10}H_{12}O_2$의 화학식을 갖는 화합물의 proton NMR 스펙트럼은 다음과 같다. IR 스펙트럼은 1711 cm^{-1}에서 강한 흡수띠를 보여준다. 정상 ^{13}C NMR 스펙트럼 결과를 DEPT-135, DEPT-90 스펙트럼의 결과와 함께 표로 나타내었다. 이 화합물의 구조를 그려라.

정상 ^{13}C	DEPT-135	DEPT-90
29 ppm	양의 피크	피크 없음
50	음의 피크	피크 없음
55	양의 피크	피크 없음
114	양의 피크	양의 피크
126	피크 없음	피크 없음
130	양의 피크	양의 피크
159	피크 없음	피크 없음
207	피크 없음	피크 없음

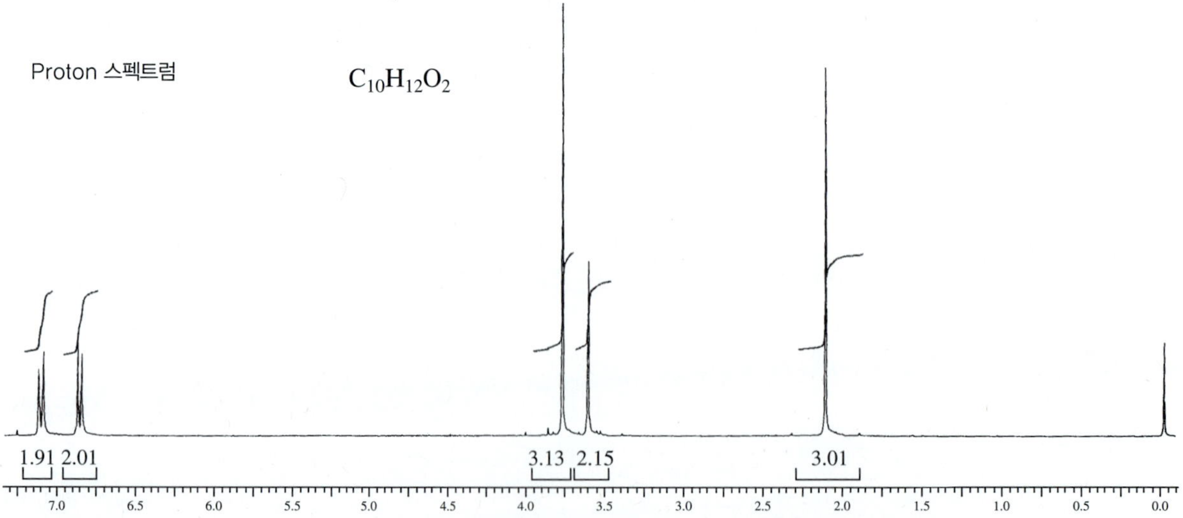

13. $C_7H_{12}O_2$의 화학식을 갖는 화합물의 proton NMR 스펙트럼은 다음과 같다. IR 스펙트럼은 1738 cm^{-1}에서 강한 흡수띠와 1689 cm^{-1}에서 약한 흡수띠를 보여준다. 정상 ^{13}C 실험 결과와 DEPT 실험 결과를 표로 나타내었다. 이 화합물의 구조를 그려라.

정상 ^{13}C	DEPT-135	DEPT-90
18 ppm	양의 피크	피크 없음
21	양의 피크	피크 없음
26	양의 피크	피크 없음
61	음의 피크	피크 없음
119	양의 피크	양의 피크
139	피크 없음	피크 없음
171	피크 없음	피크 없음

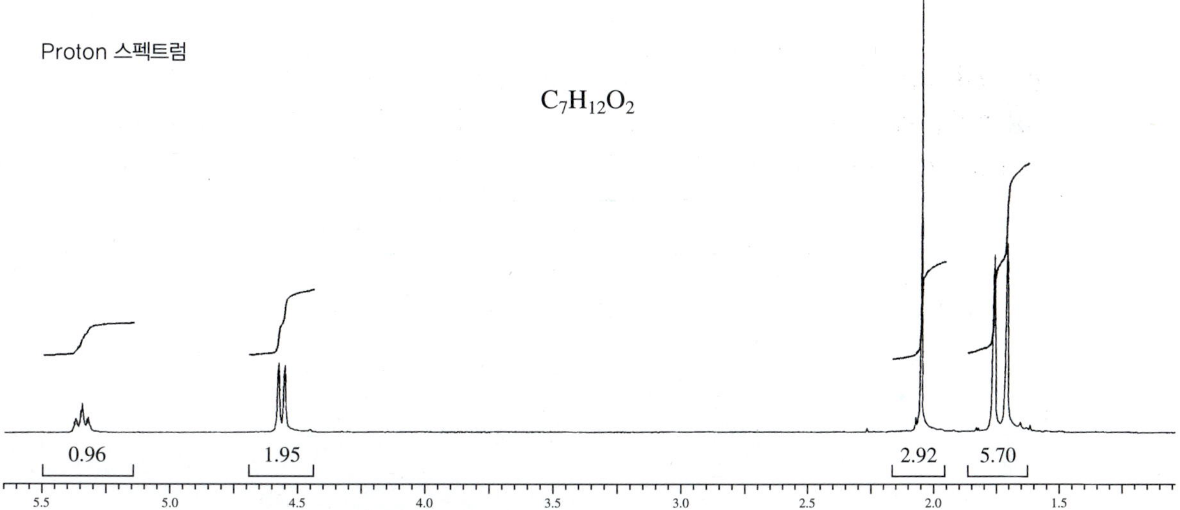

14. $C_7H_{12}O_3$의 화학식을 갖는 화합물의 proton NMR 스펙트럼은 다음과 같다. 1.25 ppm의 삼중선에 대한 짝지음 상수와 4.15 ppm에 나타나는 사중선의 짝지음 상수의 크기가 같다. 2.56 ppm과 2.75 ppm에 나타나는 기울어진 삼중선은 서로 짝지음을 하기 때문이다. IR 스펙트럼은 1720 cm^{-1}와 1738 cm^{-1}에서 강한 흡수띠를 보여준다. 정상 ^{13}C 실험 결과와 DEPT 실험 결과를 표로 나타내었다. 이 화합물의 구조를 그려라.

정상 ^{13}C	DEPT-135	DEPT-90
14 ppm	양의 피크	피크 없음
28	음의 피크	피크 없음
30	양의 피크	피크 없음
38	음의 피크	피크 없음
61	음의 피크	피크 없음
173	피크 없음	피크 없음
207	피크 없음	피크 없음

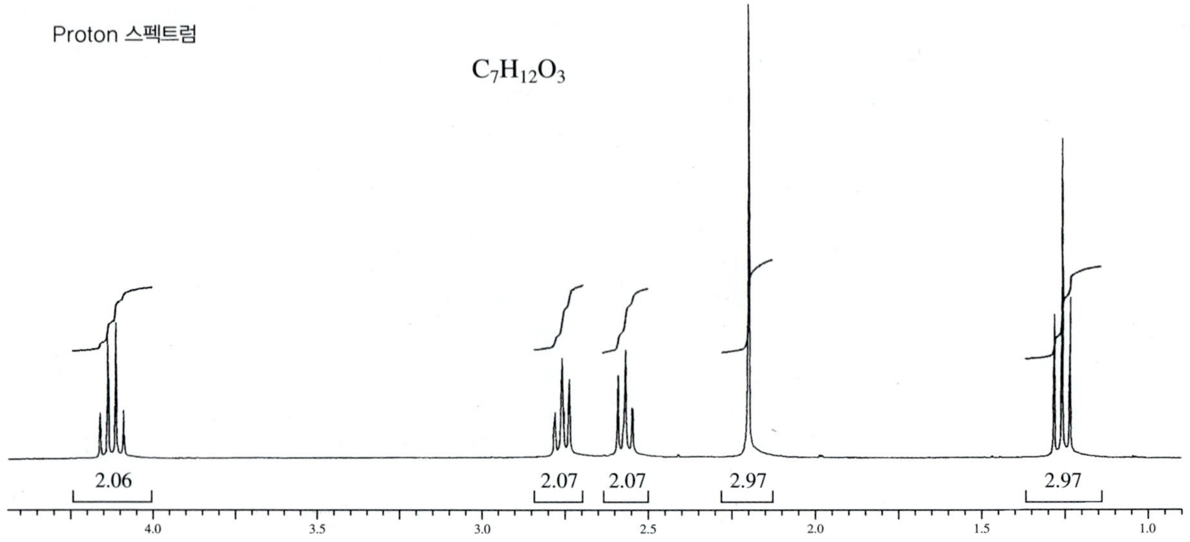

15. $C_5H_{10}O$의 화학식을 갖는 화합물의 proton NMR 스펙트럼은 다음과 같다. 정상 ^{13}C 실험 결과와 DEPT 실험 결과를 표로 나타내었다. IR 스펙트럼은 3340 cm^{-1}에서 넓은 폭의 흡수띠와 1651 cm^{-1}에서 중간 세기의 흡수띠를 보여준다. 이 화합물의 구조를 그려라.

정상 ^{13}C	DEPT-135	DEPT-90
22.2 ppm	양의 피크	피크 없음
40.9	음의 피크	피크 없음
60.2	음의 피크	피크 없음
112.5	음의 피크	피크 없음
142.3	피크 없음	피크 없음

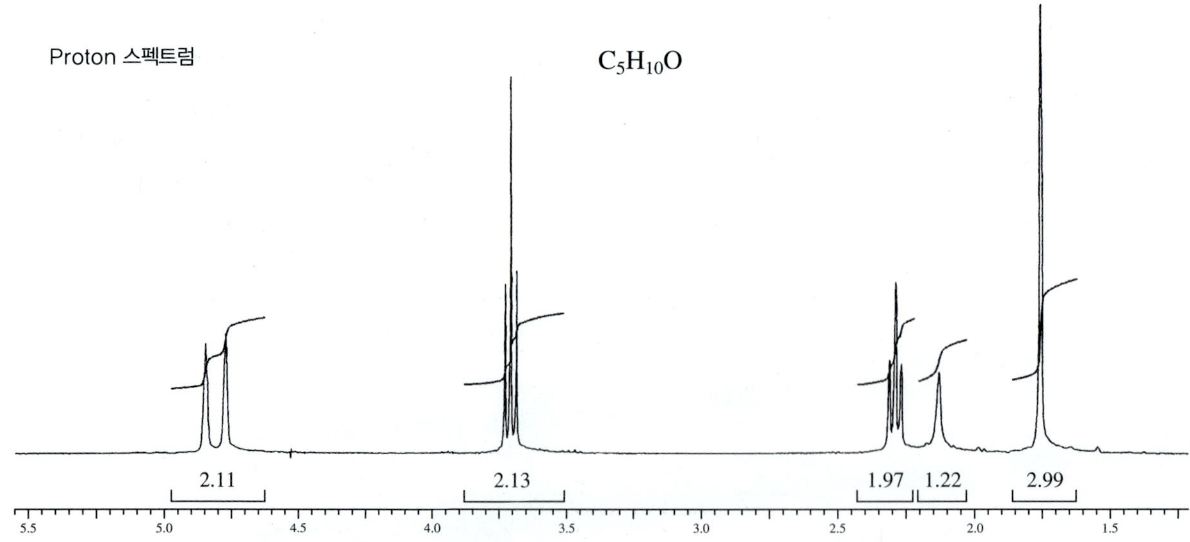

16. $C_5H_9NO_4$의 화학식을 갖는 화합물의 proton NMR 스펙트럼은 다음과 같다. IR 스펙트럼은 1750 cm^{-1}와 1562 cm^{-1}에서 강한 흡수띠와 1320 cm^{-1}에서 중간 세기의 흡수띠를 보여준다. 정상 ^{13}C 실험 결과와 DEPT 실험 결과를 표로 나타내었다. 이 화합물의 구조를 그려라.

정상 ^{13}C	DEPT-135	DEPT-90
14 ppm	양의 피크	피크 없음
16	양의 피크	피크 없음
63	음의 피크	피크 없음
83	양의 피크	양의 피크
165	피크 없음	피크 없음

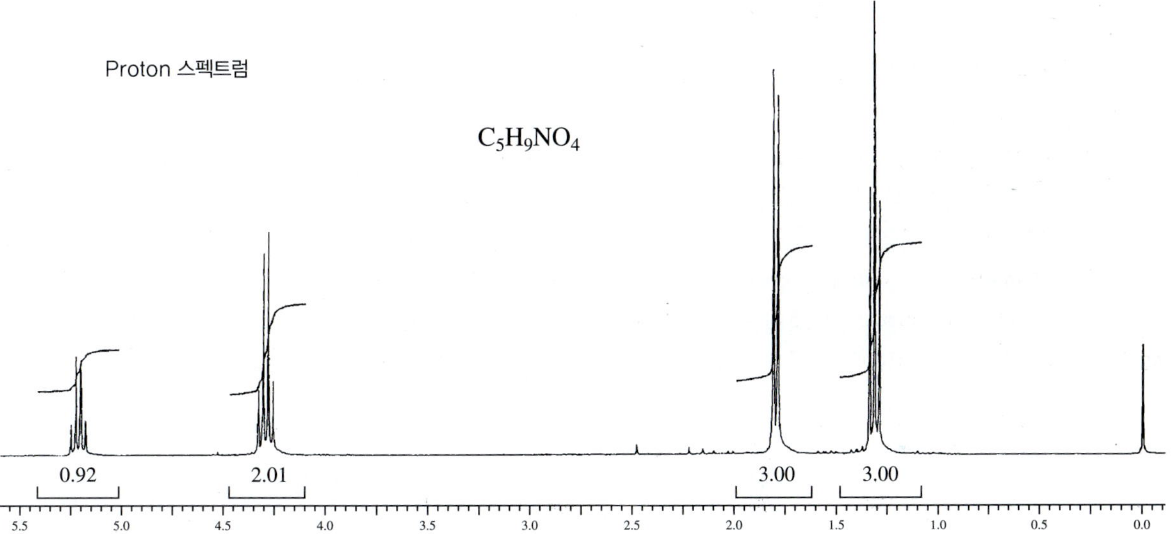

17. $C_6H_5NCl_2$의 화학식을 갖는 화합물의 proton NMR 스펙트럼은 다음과 같다. 정상 ^{13}C 실험 결과와 DEPT 실험 결과를 표로 나타내었다. IR 스펙트럼은 3432 cm^{-1}와 3313 cm^{-1}에서 흡수띠와 1618~1466 cm^{-1} 범위에서 일련의 중간 세기의 흡수띠를 보여준다. 이 화합물의 구조를 그려라.

정상 ^{13}C	DEPT-135	DEPT-90
118.0 ppm	양의 피크	양의 피크
119.5	피크 없음	피크 없음
128.0	양의 피크	양의 피크
140.0	피크 없음	피크 없음

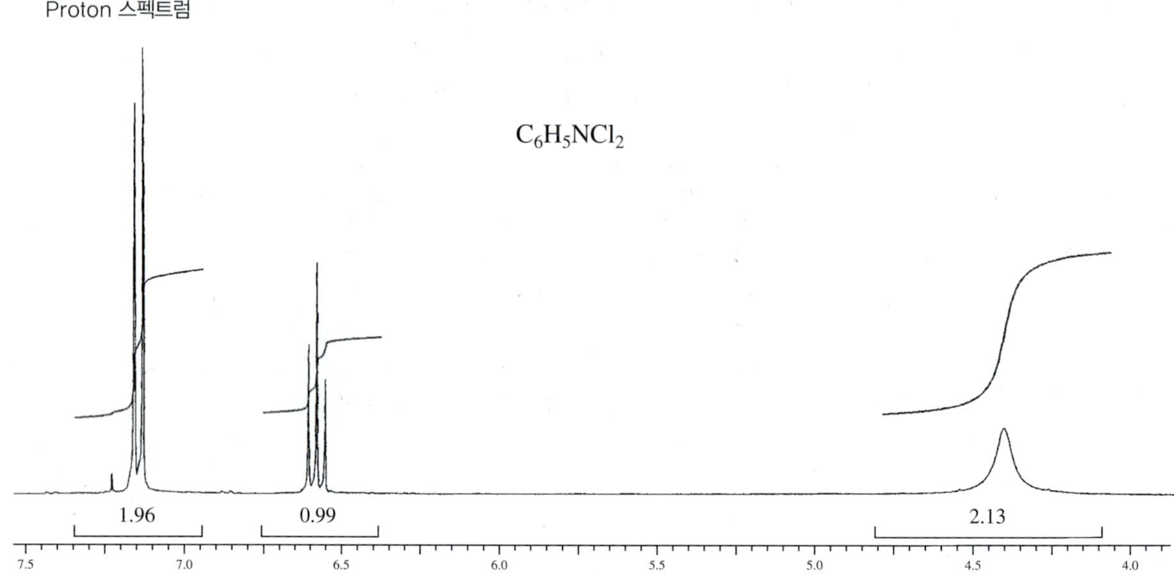

***18.** 다음의 alcohol은 진한 황산의 존재 하에서 제거(elimination) 반응을 일으킨다. 그러나 반응식에 나타낸 생성물은 주생성물이 아니다. 대신 탄소 여섯 개를 갖는 alkene의 다른 이성질체가 주생성물이다. 주생성물은 proton-짝풀림 ^{13}C NMR 스펙트럼에서 20.4 ppm에서 큰 피크를 보이고, 123.4 ppm에서 작은 피크를 보인다. 주생성물의 구조를 그리고, 스펙트럼을 설명하여라. 이와 같은 스펙트럼을 나타내는 생성물의 형성에 관한 메커니즘을 정리하여라.

$$CH_3-\underset{|}{\overset{CH_3}{\overset{|}{CH}}}-\underset{\underset{CH_3}{|}}{CH}-CH_2-OH \xrightarrow{H_2SO_4} CH_3-\overset{CH_3}{\overset{|}{CH}}-\underset{\underset{CH_3}{|}}{C}=CH_2 + H_2O$$

***19.** 다음 화합물들의 proton-짝풀림 ^{13}C 스펙트럼의 모습을 예측하여라.

(a)

$$Cl-\underset{\underset{D}{|}}{\overset{\overset{H}{|}}{C}}-Cl \qquad Cl-\underset{\underset{D}{|}}{\overset{\overset{D}{|}}{C}}-Cl$$

$I = 1$

$J_{CD} \cong 20\sim30$ Hz (한결합)

(b)

$$F-\underset{\underset{H}{|}}{\overset{\overset{H}{|}}{C}}-H \qquad F-\underset{\underset{F}{|}}{\overset{\overset{F}{|}}{C}}-H \qquad F-\underset{\underset{F}{|}}{\overset{\overset{H}{|}}{C}}-CH_2-Cl \qquad F-\underset{\underset{F}{|}}{\overset{\overset{F}{|}}{C}}-CH_2-Cl$$

$I = \frac{1}{2}$

$J_{CF} > 180$ Hz (한결합)

$J_{CF} \cong 40$ Hz (두결합)

20. 1-Fluoropentane의 proton-짝풀림 ^{13}C 스펙트럼(75 MHz)은 다음과 같다. 6.14절을 복습하여 각 탄소 원자를 할당하여라. 27 ppm, 30 ppm, 84 ppm에 나타난 이중선에 대하여 각 짝지음 상수를 계산하여라. 짝지음 상수 표시법(J 값)을 이용하여 이 패턴의 각각에 대해 ^1J, ^2J, ^3J를 나타내어라. 이 화합물에서 ^4J, ^5J가 관찰되지 않는 이유를 설명하여라. 77 ppm을 중심으로 나타나는 세피크 패턴은 용매인 $CDCl_3$에서 중수소와 ^{13}C 사이의 짝지음이다. $CDCl_3$가 용매임을 기억하여라(6.13절 참조).

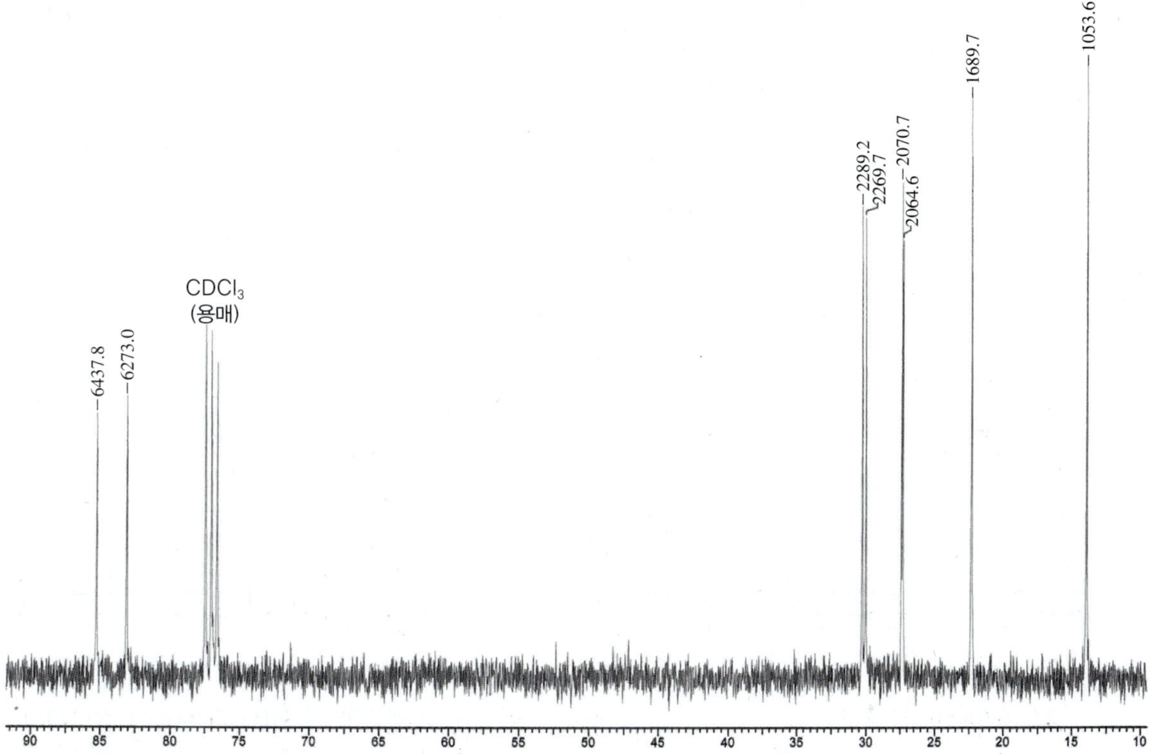

21. 1,1,1-Trifluoroacetone(1,1,1-trifluoro-2-propanone)의 proton-짝풀림 ^{13}C 스펙트럼(75 MHz)은 다음과 같다. 188.6 ppm에 나타난 사중선은 확대시켜 삽입된 그림으로 나타내었다. 각 탄소 원자를 할당하여라. 188.6 ppm과 115.0 ppm에 나타난 사중선에 대하여 각 짝지음 상수를 계산하여라. 짝지음 상수 표시법(J 값)을 이용하여 이 패턴의 각각에 대해 ^1J, ^2J를 나타내어라. 이 화합물에서 ^3J가 관찰되지 않는 이유를 설명하여라. 77 ppm을 중심으로 나타나는 세피크 패턴은 용매인 $CDCl_3$에서 중수소와 ^{13}C 사이의 짝지음이다. $CDCl_3$가 용매임을 기억하여라(6.13절 참조).

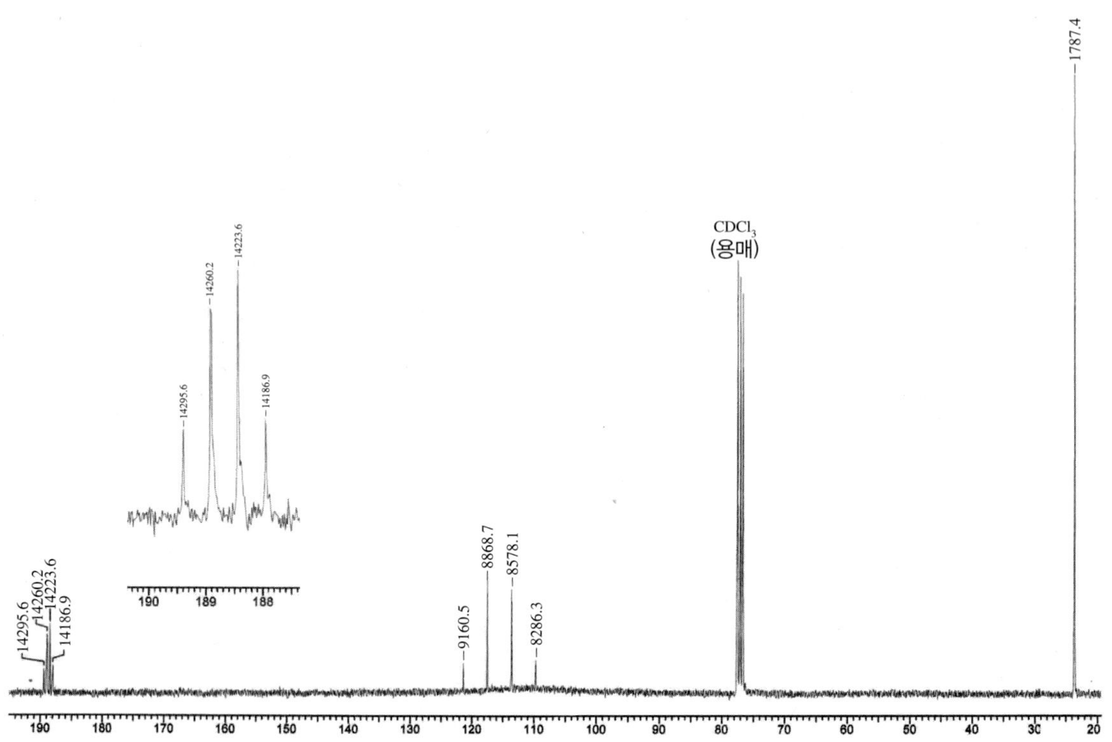

22. Tetraethylphosphonium chloride의 proton-짝풀림 ^{13}C 스펙트럼(75 MHz)은 다음과 같다. 6.15절을 복습하여 각 탄소 원자를 할당하여라. 11.7 ppm과 6.0 ppm에 나타난 이중선에 대하여 각 짝지음 상수를 계산하여라. 짝지음 상수 표시법(*J* 값)을 이용하여 이 패턴의 각각에 대해 ^{1}J, ^{2}J를 나타내어라.

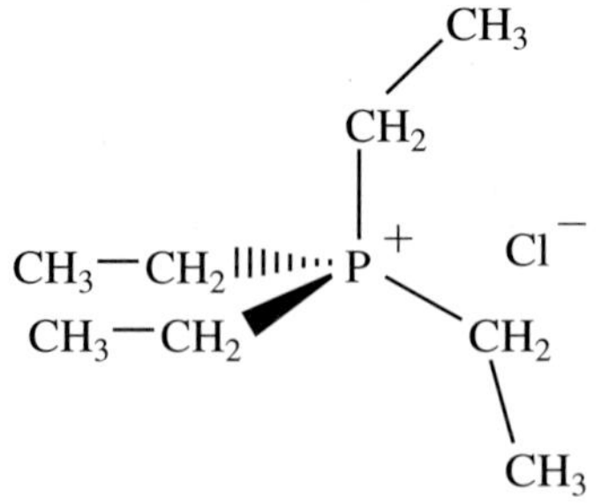

CH_3
CH_2
CH_3-CH_2 P^+ Cl^-
CH_3-CH_2 CH_2
CH_3

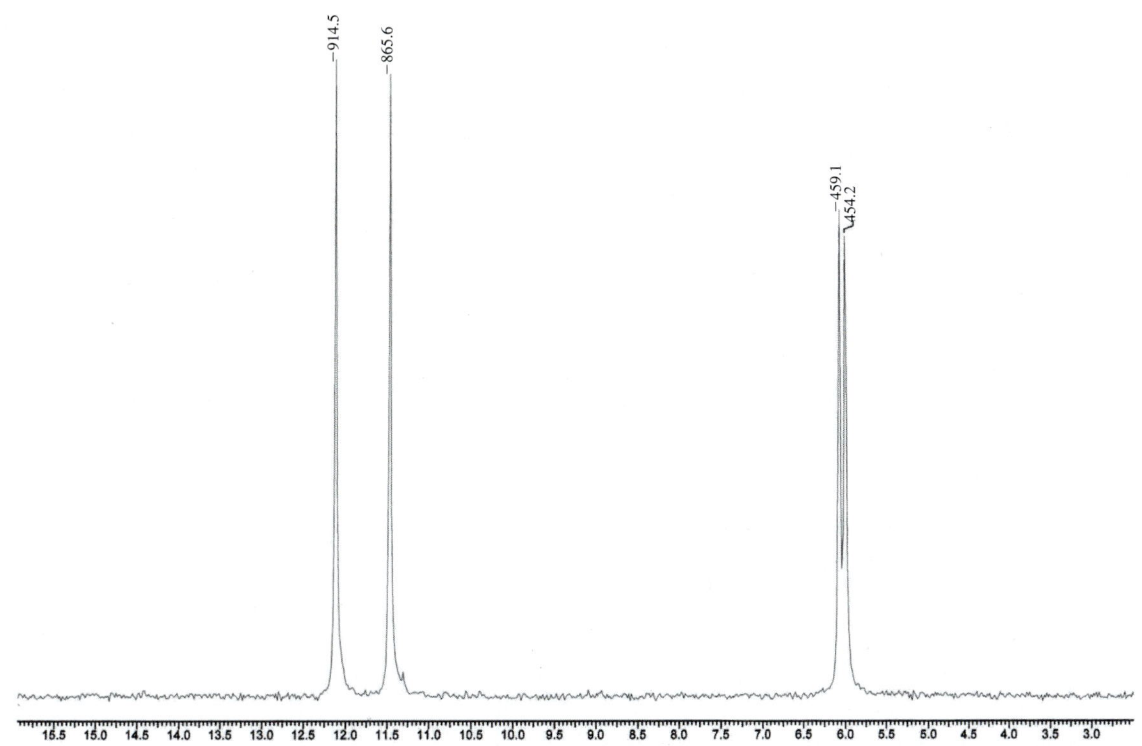

***23.** 그림 6.15는 toluene의 ^{13}C NMR 스펙트럼이다. 6.12절에서 **c** 탄소와 **d** 탄소를 이 스펙트럼의 피크에 할당하는 것이 어렵다는 것을 알았다. 부록 8의 표 7을 참조하여 toluene의 모든 탄소의 예상되는 화학적 이동을 계산하고, 모든 피크를 할당하여라.

***24.** 부록 8의 표들을 이용하여 다음 화합물의 표시된 탄소 원자에 대한 예상되는 ^{13}C 화학적 이동을 계산하여라.

(a) $CH_3O(H)C{=}CH_2$ (C=C 두 탄소 표시)

(b) OH가 결합된 cyclopentane (C-1, C-2, C-3 표시)

(c) H, CH_3CH_2 / C=C / CH_3, H (C=C 두 탄소 표시)

(d) CH_3, CH_3 (ortho-xylene) 모든 탄소; CH_3, CH_3 (meta-xylene) 모든 탄소; CH_3, CH_3 (para-xylene) 모든 탄소

(e) $CH_3CH_2-CH(OH)-CH_2CH_3$ (CH_3, CH_2, CH 표시)

(f) $CH_3-CH(COOH)-CH_2CH_3$ (CH_3, CH, CH_2, CH_3 표시)

(g) $C_6H_5-CH{=}CH-CH_3$ (CH=CH 두 탄소 표시)

(h) $CH_3-C(CH_3)_2-CH_2CH_3$ 모든 탄소

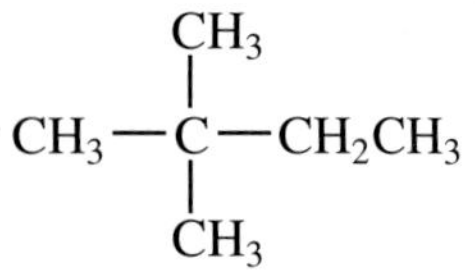

(i) $CH_3CH_2(CH_3)C{=}C(CH_3)COOH$ (↑ C=C 두 탄소)

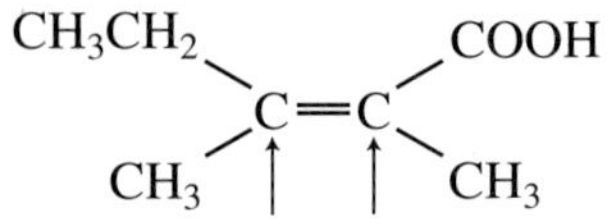

(j) $CH_3CH_2CH_2CH{=}CH-CH_2CH_2CH_3$ (↓ CH)

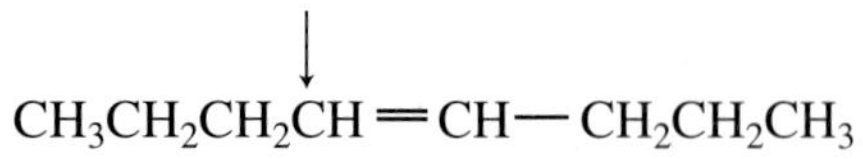

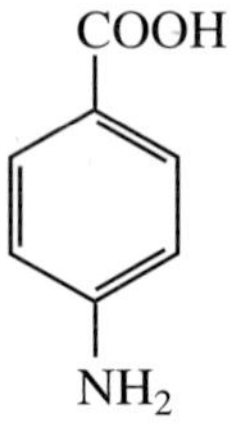

(k) $H_2N-C_6H_4-COOH$ (para) 고리 탄소

(l) $CH_3CH_2CH_2-C{\equiv}C-H$ (↓ CH_3, CH_2, CH_2)

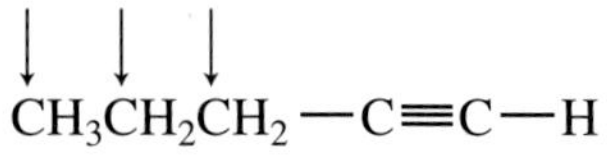

(m) $(CH_3)_2CH-COOCH_3$ (↓ CH_3, CH)

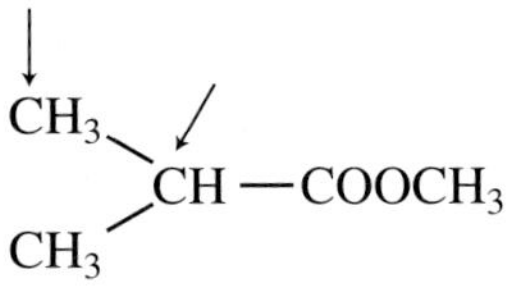

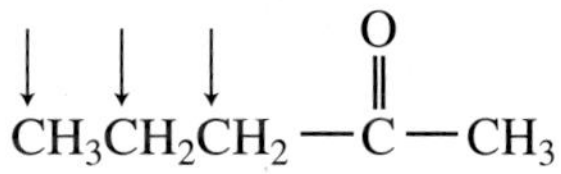

(n) $CH_3CH_2CH_2-C(=O)-CH_3$ (↓ CH_3, CH_2, CH_2)

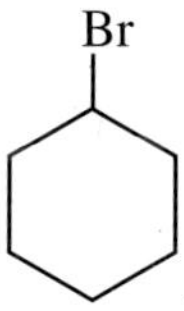

(o) Br-cyclohexane 모든 탄소

(p) $(CH_3)_2CH-COOH$ (↓ CH_3, CH)

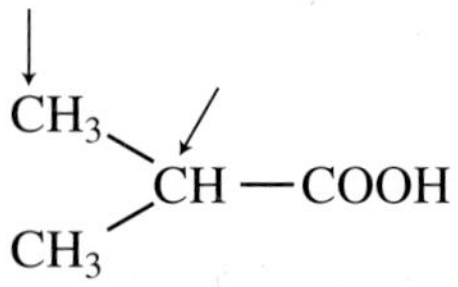

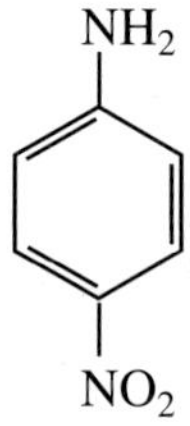

(q) p-NH_2-C_6H_4-NO_2 모든 탄소; o-NH_2-C_6H_4-NO_2 모든 탄소

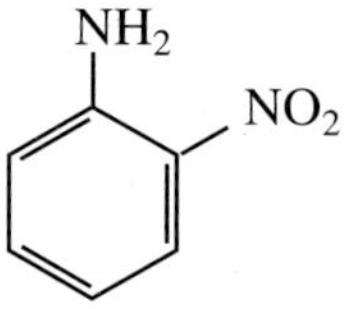

(r) $CH_3-CH{=}CH-CH{=}CH_2$ (↓ CH=CH)

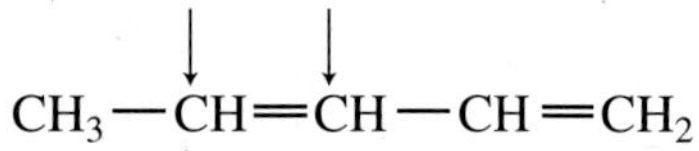

(s) cyclohexene (↙ 이중결합 탄소)

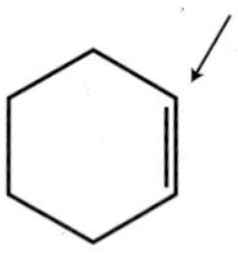

(t) $CH_3-CH(CH_3)-CH{=}CH-CH_3$ (↑ CH=CH)

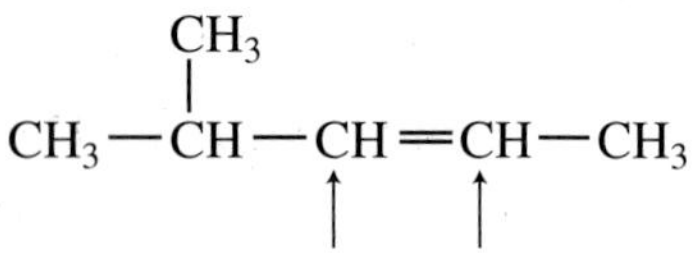

참고 문헌

Textbooks

Berger, S., and & S. Braun, *200 and More NMR Experiments*, Wiley-VCH, Weinheim, 2004.

Crews, P., J. Rodriguez, and M. Jaspars, *Organic Structure Analysis*; Oxford University Press, New York, 2009.

Friebolin, H., *Basic One- and Two-Dimensional NMR Spectroscopy*, 5th ed., Wiley-VCH Publishers, New York, 2010.

Gunther, H., *NMR Spectroscopy*, 2nd ed., John Wiley and Sons, New York, 1995.

Lambert, J. B., S. Groenert, H. F. Shurvell, D. A. Lightner, and R. G. Cooks, *Organic Structural Spectroscopy*, Prentice Hall, Upper Saddle River, NJ, 2010.

Levy, G. C., *Topics in Carbon-13 Spectroscopy*, John Wiley and Sons, New York, 1984.

Levy, G. C., R. L. Lichter, and G. L. Nelson, *Carbon-13 Nuclear Magnetic Resonance Spectroscopy*, 2nd ed., John Wiley and Sons, New York, 1980.

Levy, G. C., and G. L. Nelson, *Carbon-13 Nuclear Magnetic Resonance for Organic Chemists*, John Wiley and Sons, New York, 1979.

Macomber, R. S., *NMR Spectroscopy Essential Theory and Practice*, College Outline Series, Harcourt, Brace Jovanovich, New York, 1988.

Macomber, R. S., A *Complete Introduction to Modern NMR Spectroscopy*, John Wiley and Sons, New York, 1997.

Pretsch, E., P. Buhlmann, and H. Badertscher, *Structure Determination of Organic Compounds. Tables of Spectral Data*, 4th ed., Springer-Verlag, Berlin, 2009.

Sanders, J. K. M., and B. K. Hunter, *Modem NMR Spectroscopy-A Guide for Chemists*, 2nd ed., Oxford University Press, Oxford, England, 1993.

Silverstein, R. M., F. X. Webster, and D. Kiemle, *Spectrometric Identification of Organic Compounds*, 7th ed., John Wiley and Sons, New York, 2005.

Compilations of Spectra

Ault, A., and M. R. Ault, *A Handy and Systematic Catalog of NMR Spectra*, 60 MHz with some 270 MHz, University Science Books, Mill Valley, CA, 1980.

Fuchs, P. L., *Carbon-13 NMR Based Organic Spectral Problems*, 25 MHz, John Wiley and Sons, New York, 1979.

Johnson, L. F., and W. C. Jankowski, *Carbon-13 NMR Spectra: A Collection of Assigned, Coded, and Indexed Spectra*, 25 MHz, Wiley-Interscience, New York, 1972.

Pouchert, C. J., and J. Behnke, *The Aldrich Library of ^{13}C and ^{1}H FT-NMR Spectra*, 75 and 300 MHz, Aldrich Chemical Company, Milwaukee, WI, 1993.

Computer Estimation of Carbon-13 Chemical Shifts

"^{13}C NMR Estimation," CS ChemDraw Ultra, Perkin-Elmer- Cambridge Soft Corp., 100 Cambridge Park Drive, Cambridge, MA 02140.

"Carbon 13 NMR Shift Prediction Module" requires ChemWindow (IBM PC) or Chemlntosh (Macintosh), SoftShcll International, Ltd., 715 Horizon Drive. Grand Junction, CO 81506.

"ChemDraw Ultra," Perkin-Elmer - Cambridge Soft Corp., 100 Cambridge Park Drive, Cambridge, MA 02140, www.cambridgesoft.com

"HyperNMR," IBM PC/Windows, Hypercube, Inc., 419 Phillip Street, Waterloo, Ontario, Canada N2L 3X2.

Selected Websites

http://sdbs.riodb.aist.go.jp

This excellent free website presents an integrated Spectral Data Base System (SDBS) for Organic Compounds, National Institute of Advanced Industrial Science and Technology (AIST), Tsukuba, Ibaraki 305-8565, Japan. This database includes infrared, mass spectra, and NMR data (proton and carbon-13) for a number of compounds.

http://www.chem.ucla.edu/~webspectra

UCLA Department of Chemistry and Biochemisliy, in connection with Cambridge University Isotope Laboratories, presents Web Spectra an outstanding collection of unknowns for students. The website provides NMR and some IR spectra. No mass spectral data is included. Solutions are provided. The website also provides links to other sites with problems for students to solve,

http://www.nd.edu/~smithgrp/structure/workbook.html

Combined structure problems provided by the Smith group at Notre Dame University.

제7장

핵자기공명 분광학

Nuclear Magnetic Resonance Spectroscopy

제3부: 스핀-스핀 짝지음

제5장과 제6장에서는 핵자기공명(NMR) 이론의 가장 기본적인 요소를 다루었다. 이제 기본 개념을 좀 더 복잡한 상황에 응용하고자 한다. 이 장에서는 짝지음 상수의 원인과 그것으로부터 유추할 수 있는 정보가 무엇인지 등을 강조할 것이다. 거울상이성질성(enantiotopic)과 부분입체이성질성(diastereotopic) 시스템 역시 이 장에서 다룰 뿐만 아니라, 2차 스펙트럼과 같은 좀 더 진보된 스핀-스핀 짝지음의 예들도 다룰 것이다.

7.1 짝지음 상수: 기호

제5장 5.17절과 5.18절에서 짝지음 상수를 소개한 바 있다. 간단한 다중선에서는 다중선의 각 피크 사이의 간격을 Hz 단위로 측정함으로써 짝지음 상수 J를 쉽게 구할 수 있다. 이 짝지음 상수는 외부 자기장의 세기나 NMR 분광기의 작동 진동수에 관계없이 같은 값을 갖는다. 즉, J는 상수이다.[1]

같은 유형의 두 핵 사이의 짝지음을 **동종핵 짝지음**(homonuclear coupling)이라고 부른다. 제5장에서 서로 이웃하는 탄소 원자에 결합되어 있는 수소 사이의 동종핵 세결합 짝지음(vicinal 짝지음, 7.2C절)을 다루었고, 이것은 $n + 1$ 규칙에 따라 다중선을 나타낸다. 서로 다른 유형의 두 핵 사이의 짝지음을 **이종핵 짝지음**(heteronuclear coupling)이라고 부르며, ^{13}C와 그것에 결합된 수소 사이의 짝지음은 한결합 이종핵 짝지음이다(7.2A절).

짝지음 상수의 크기는 서로 상호작용하는 두 개의 원자 또는 원자단 사이에 놓여 있는 결합의 개수에 따라 크게 좌우된다. 두 핵 사이의 상호작용에는 다른 요인도 영향을 미치지만 일반적으로 한결합 짝지음이 두결합 짝지음보다 크고, 두결합 짝지음이 세결합 짝지음보다 큰 것과 같이 결합수가 늘어날수록 작아진다. 결과적으로, 짝지음을 표시하는 기호에는 종종 관련된 원자의 유형과 짝지음 상수가 작용하는 결합의 개수에 관한 추가 정보가 담겨 있다.

기호 J에 상호작용이 일어나는 결합의 개수를 제시하기 위하여 위첨자를 넣는다. 관련된 두 핵의 정체가 분명하지 않을 때, 이 정보를 괄호 안에 써 넣는다. ^{13}C와 수소 원자 사이(C−H)의 한결합 짝지음 상수값이 156 Hz인 경우를 나타내는 기호는 다음과 같다.

$$^{1}J\,(^{13}\mathrm{C}-{}^{1}\mathrm{H}) = 156\ \mathrm{Hz}$$

H−C−C−H에서와 같이 두 수소 원자 사이의 세결합 짝지음을 가리키는 기호는 다음과 같다.

$$^{3}J\,(^{1}\mathrm{H}-{}^{1}\mathrm{H}) = 8\ \mathrm{Hz}$$

아래 첨자로 추가 정보를 표시할 수도 있다. 예를 들어, $J_{1,3}$은 구조의 원자 1과 3 사이의 짝지음을 가리키

[1] 하지만 J의 크기는 상호작용하는 핵 사이의 결합각에 의존하므로 화합물의 형태(conformation)에 영향을 주는 정도의 온도나 용매에 따라 변한다.

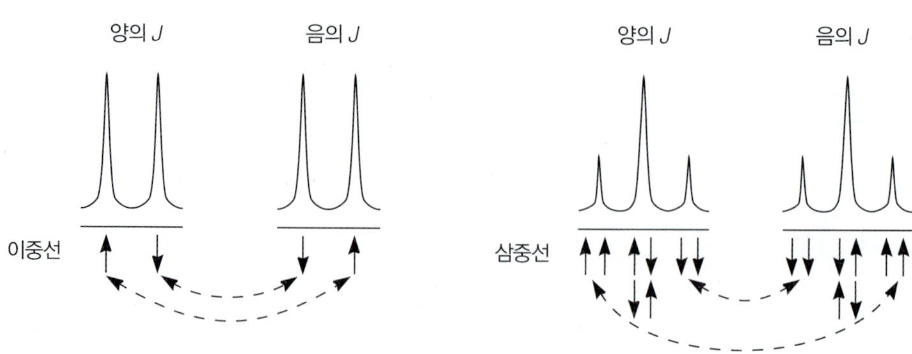

그림 7.1 짝지음 상수 J의 부호에 대한 다중선 할당의 의존도.

거나 구조에서 탄소 1과 탄소 3에 결합된 proton 사이의 짝지음을 나타낸다. J_{CH}나 J_{HH}는 짝지음 상호작용에서 관련 원자의 유형을 명확하게 보여준다. 분자 내의 다른 짝지음 상수는 J_1, J_2, J_3 등으로 표시될 수 있다. 기호 J의 사용법에는 다른 변형도 많이 있을 수 있다.

스펙트럼의 겉보기 모양에는 별 차이가 없지만, 몇몇 짝지음 상수는 양의 값이거나 또는 음의 값이다. 그림 7.1에 나타낸 바와 같이 J가 음인 경우에 다중선에서 개별 선의 의미가 반대로 된다. 즉, 높은 장과 낮은 장 피크가 서로 바뀌어 나타난다. 스펙트럼에서 짝지음 상수를 간단하게 측정할 때, 상수가 양인지 음인지를 안다는 것은 불가능하다. 그러므로 측정된 값은 언제나 J의 *절대값*($|J|$)으로 보아야 한다.

7.2 짝지음 상수: 짝지음 메커니즘

스핀-스핀 짝지음을 물리적으로 묘사하는 것, 즉 하나의 핵의 스핀이 다른 핵의 스핀에 영향을 주는 방법을 설명하는 것은 쉽지 않다. 몇 가지 이론적인 모형을 이용할 수 있다. 가장 우수한 이론은 Dirac 벡터 모형을 기초로 한 것이다. 이 모형은 한계가 있기는 하지만, 초보자가 이해하기 아주 쉽고, 그 예측된 결과는 본질적으로 옳다. Dirac 모형에 따르면 두 핵 사이의 결합에 관여하는 전자는 핵스핀과 전자 스핀 사이의 상호작용을 통하여 하나의 핵으로부터 다른 핵에 스핀 정보를 전달한다. 핵에 가까이 있는 전자는 그 전자의 스핀(작은 화살표) 방향이 핵의 스핀(큰 화살표) 방향과 반대 방향으로 되어 있을 때(또는 "짝을 이루고" 있을 때), 가장 낮은 상호작용 에너지를 갖는 것으로 가정할 수 있다.

핵스핀과 전자 스핀이 서로 짝을 이루거나 반대 방향임(낮은 에너지)

핵스핀과 전자 스핀이 서로 나란함 (높은 에너지)

이와 같은 묘사는 짝지음하는 핵과 핵 사이의 결합의 개수가 많아질수록 짝지음 상수의 크기가 감소하는 것을 이해하기 쉽게 설명해 준다. 곧 알게 되겠지만, 짝지음 상수가 어떤 것은 음의 값으로 나오고, 또 어떤 것은 양의 값으로 나오는지도 설명된다. 이론에 의하여 홀수 개수의 결합을 거치는 짝지음(^1J, ^3J, ...)은 양인 반면, 짝수 개수의 결합을 거치는 짝지음(^2J, ^4J, ...)은 음으로 예상된다.

A. 한결합 짝지음(^1J)

한결합이 두 개의 스핀-활성 핵을 연결하고 있을 때, 한결합 짝지음(one-bond coupling)이 일어난다. 단일결합에 있는 결합 전자들은 하나의 전자가 핵 A의 근처에 있으면 다른 하나의 전자는 핵 B의 근처에 있는 방법으로 서로 멀리 떨어지려 한다. Pauli의 배타 원리에 의하면 같은 궤도함수에 있는 한 쌍의 전자는 서로 반대 방향의 스핀을 갖는다. 그러므로 Dirac의 모형은 결합의 가장 안정한 조건은 두 핵이 서로 반대 방향의 스핀을 갖는 것으로 예측한다. 다음 그림은 $^{13}C–^{1}H$ 결합에 대한 설명이다. ^{13}C 원자핵의 스핀(굵고 채워진 화살표)이 수소핵의 스핀(굵고 채워지지 않은 화살표)에 대해 반대 방향임을 볼 수 있다. 그림에 나타낸 배열은 $^{13}C–^{1}H$ 결합이나 또는 두 핵 모두 스핀을 갖는 다른 어떤 유형의 결합(예를 들어, $^{1}H–^{1}H$, 또는 $^{31}P–^{1}H$ 등)에 대해서도 전형적으로 적용된다.

^{13}C — H

이 배열에서 두 핵은 반대 방향 스핀을 가지려 함에 유의하여라. 두 개의 스핀-활성 핵이 서로 반대 배열(반대 방향 스핀)로 되어 있으면, J는 일반적으로 양의 값을 갖는다. 핵이 서로 평행하거나 나란한 배열(같은 방향 스핀)로 되어 있으면, J는 일반적으로 음의 값을 갖는다. 따라서 대부분의 한결합 짝지음은 양의 J 값을 갖는다. 하지만 $^{13}C–^{19}F$와 같이 짝지음 상수가 음인 몇몇 중요한 예외도 있다는 것을 기억하기 바란다(표 7.1).

짝지음 상수가 관련된 원자의 혼성화에 의존하는 것은 특별한 것이 아니다. $^{13}C–^{1}H$의 짝지음 상수 ^{1}J 값은 다음의 관계식에 의해 탄소 혼성궤도의 s-특성의 양에 따라 크기가 변한다.

$$^{1}J_{CH} = (500\ \text{Hz})\left(\frac{1}{n+1}\right),\ \text{혼성화 형태 } sp^{n}\text{에 대하여} \qquad \textbf{식 7.1}$$

표 7.1의 ethane, ethene, ethyne의 $^{13}C–^{1}H$ 짝지음에 대해 주어진 특정값을 잘 살펴보아라.

Dirac의 핵스핀–전자 스핀 모형을 사용하면, 스핀–스핀 짝지음의 결과로 나타나는 다중선의 원인도 설명할 수 있다. 간단한 예로 $^{13}C–^{1}H$ 결합을 살펴보자. Proton-짝지음 ^{13}C NMR 스펙트럼(6.3절, 그림 6.3)에서 하나의 수소가 결합된 ^{13}C 원자는 이중선(두 피크)으로 나타나는 것을 기억하여라. ^{13}C NMR 스펙트럼에서 수소핵이 두 개의 스핀($+\frac{1}{2}$ 또는 $-\frac{1}{2}$)을 갖고 있고, ^{13}C 핵에 대하여 서로 다른 두 가지의 에너지 전이가 일어나기 때문에 이중선(두 피크)이 관찰된다. 그림 7.2에 이와 같은 두 가지 상황을 그림으로 설명하였다.

그림 7.2a의 아래 부분은 $^{13}C–^{1}H$ 결합의 선호되는 바닥 상태이다. 이와 같은 배열에서 탄소핵은 가장 낮은 에너지 상태[스핀(^{1}H) = $+\frac{1}{2}$]에 있고, 핵스핀과 전자 스핀 모두 짝지어져 있어, 결과적으로 시스템은 가장 낮은 에너지 상태가 된다. 수소 원자의 핵스핀은 ^{13}C의 핵스핀과 반대 방향이다. 수소의 스핀 방향이 뒤집혀 반대로 되면[스핀(^{1}H) = $-\frac{1}{2}$], 시스템은 높은 에너지 상태가 된다. 이와 같은 덜 선호되는 바닥 상

표 7.1 몇몇 한결합 짝지음 상수(^{1}J)

$^{13}C–^{1}H$	110~270 Hz sp^3 115~125 Hz (ethane = 125 Hz) sp^2 150~170 Hz (ethene = 156 Hz) sp 240~270Hz (ethyne = 249 Hz)
$^{13}C–^{19}F$	−165~−370 Hz
$^{13}C–^{31}P$	48~56 Hz
$^{13}C–D$	20~30 Hz
$^{31}P–^{1}H$	190~700 Hz

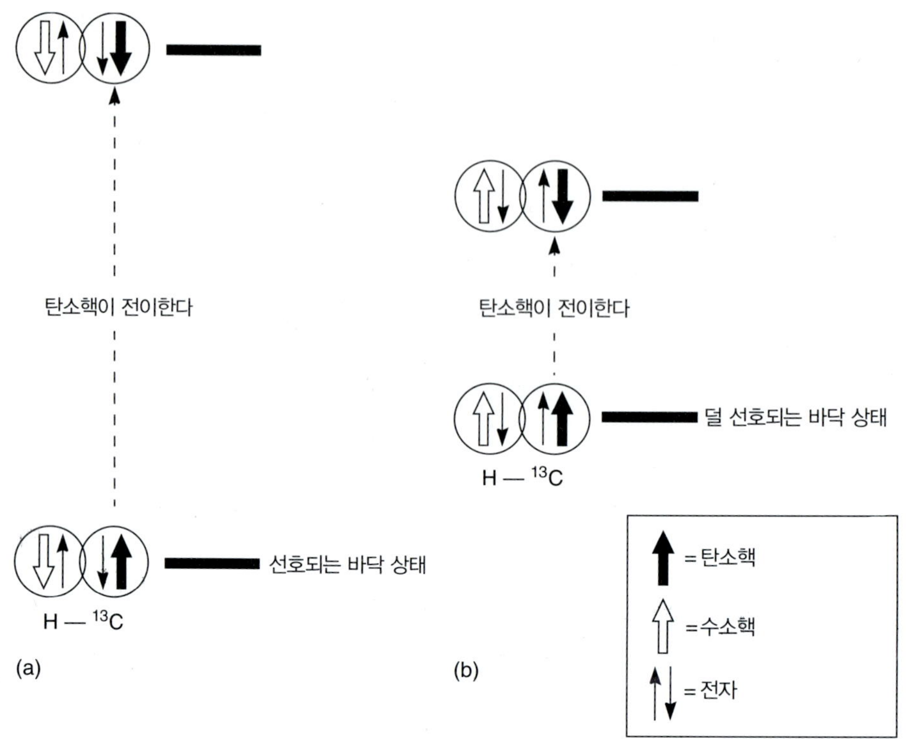

그림 7.2 C—H 결합에서 ^{13}C 핵의 서로 다른 두 가지의 에너지 전이. (a) 선호되는 바닥 상태(모든 스핀이 짝지어짐). (b) 덜 선호되는 바닥 상태(모든 스핀이 짝지어지는 것은 불가능함).

태가 그림 7.2b의 아래 부분에 나타나 있다.

이제 탄소핵이 전이를 일으키고, 그 스핀이 뒤집힌다고 가정해 보자. 모든 핵스핀과 전자 스핀이 짝지어져 있기 때문에 덜 선호되는 바닥 상태에서 전이에 의해 생긴 들뜬 상태(그림 7.2b 위 부분)는 선호되는 바닥 상태에서 전이에 의해 생긴 들뜬 상태(그림 7.2a 위 부분)보다 더 낮은 에너지를 갖는 것으로 나타난다. 따라서 결합되어 있는 수소의 스핀에 따라 ^{13}C 핵[스핀(^{13}C) = + $\frac{1}{2}$]에 대한 두 개의 서로 다른 전이를 관찰할 수 있다. 그 결과로 proton-짝지음 NMR 스펙트럼에서 methine 탄소($^{13}C{-}^{1}H$)에 대해 이중선이 관찰된다.

B. 두결합 짝지음(^2J)

두결합 짝지음(two-bond coupling)은 NMR에서 매우 흔하다. 이것은 상호작용하는 두 개의 핵이 같은 중심 원자에 결합되어 있어 종종 **geminal 짝지음**(라틴어 *gemini* = 쌍둥이, 같은 자리 짝지음)이라고 부른다. 두결합 짝지음 상수는 약자로 ^2J로 쓴다. 두 개 이상의 스핀-활성 원자가 같은 탄소 원자에 결합되어 있는 탄소 화합물에서 항상 일어난다. 표 7.2에 중심 원자가 탄소인 두결합 짝지음 상수가 수록되어 있다. 항상 그렇지는 않지만 전형적으로 두결합 짝지음 상수는 보통 한결합 짝지음 상수보다 크기가 작다(표 7.2). 가장 흔한 유형의 두결합 짝지음인 HCH는 (항상은 아니지만) 보통 음의 값을 갖는다.

하나의 핵에서 다른 핵으로 스핀 정보를 전달하는 수단으로 핵스핀–전자 스핀 짝지음을 적용하여 geminal 짝지음(^2J)의 메커니즘을 설명한다. 이것은 7.2절의 초반과 7.2A절에서 다루었던 Dirac 모형과 일치한다. 그림 7.3에 이 메커니즘을 나타내었다. 이 경우에는 (스핀이 없는) 다른 원자가 상호작용하는 두 개의 궤도함수 사이에 끼어든다. 이와 같은 일이 일어났을 때, 이론으로 예측해 보면 상호작용하는 전자들이 평행한 스핀을 갖는 것을 선호할 것이며, 따라서 핵들도 평행한 방향의 스핀을 가질 것이다. 그 결과 음

표 7.2 두결합 짝지음 상수(^2J)

구조	^2J	구조	^2J
H–C–H (C에 결합한 두 H)	−9~−15 Hz	H–C–^{19}F	~50 Hz[a]
=C(H)–H (이중결합 C에 결합한 두 H)	0~2 Hz	H–C–^{13}C	~5 Hz[a]
H–C–D	~2 Hz[a]	H–C–^{31}P	7~14 Hz[a]
^{19}F–C–^{19}F	~160 Hz[a]		

[a]절대값.

의 짝지음 상수가 얻어질 것이다. 선호되는 배열을 그림 7.3의 왼쪽에 나타내었다.

Geminal 짝지음의 크기는 H−C−H의 결합각 α에 의존한다. 그림 7.4의 그래프가 이 의존성을 보여 주고 있으며, 두 C−H 궤도함수 사이의 전자 상호작용의 정도가 짝지음 상수 ^2J의 크기를 결정한다. 일반

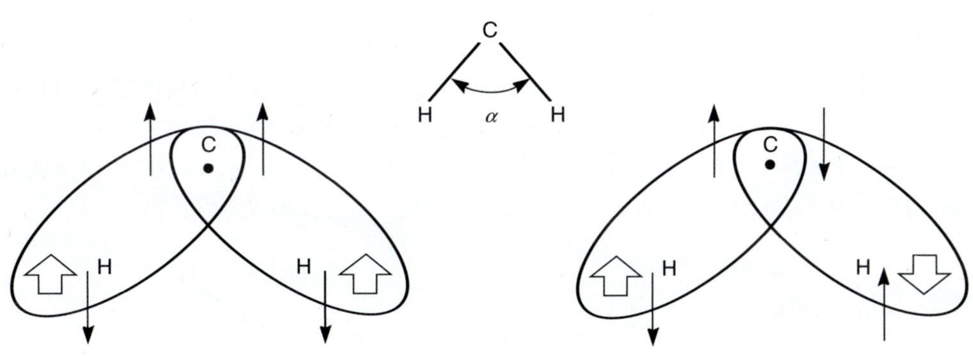

그림 7.3 Geminal 짝지음의 메커니즘.

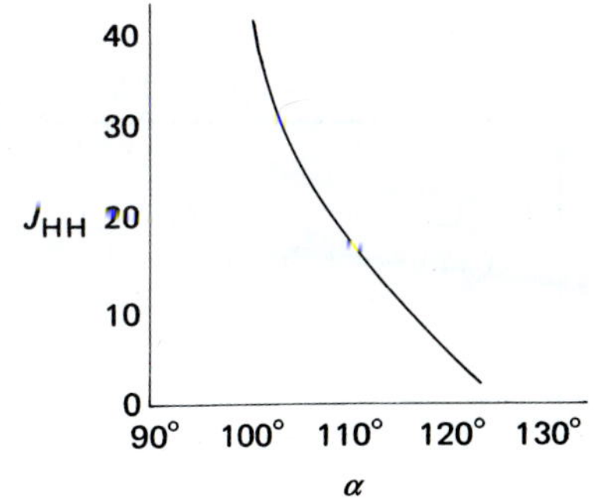

그림 7.4 H−C−H의 결합각 α에 대한 geminal 짝지음 상수, $^2J_{HCH}$ 크기의 의존성.

적으로 각 α가 작아지면, ^2J geminal 짝지음 상수는 커진다. 각 α가 작아짐에 따라 그림 7.3에 나타낸 두 궤도함수가 서로 가까워지고, 전자 스핀 상관관계는 증가한다. 하지만 그림 7.4의 그래프는 매우 근사적인 것으로 일반적인 경향만을 나타내고 있으며, 실제값은 매우 넓은 범위로 달라진다는 것에 유의하여라.

다음은 geminal 짝지음을 보여주는 몇 가지 시스템이며, H−C−H 결합각의 근사값도 함께 나타내었다. 예상한 바와 같이 H−C−H 각이 커지면, 짝지음 상수가 작아지는 것을 볼 수 있다. 또한 입체화학적 변화로 인한 작은 결합각의 변화조차도 geminal 짝지음 상수에 영향을 미친다는 것에 주목하여라.

$\alpha \cong 109°$, $^2J_{HH} \cong 12\sim18$ Hz

$\alpha \cong 118°$, $^2J_{HH} \cong 5$ Hz

$\alpha \cong 120°$, $^2J_{HH} \cong 0\sim3$ Hz

$\alpha = 107°$, $^2J_{HH} = 17.5$ Hz

$\alpha = 108°$, $^2J_{HH} = 15.5$ Hz

표 7.3에 고리 화합물과 alkene 등 선별된 일련의 화합물에 대한 근사값을 나타내었으며, 변화의 범위가 큰 것을 볼 수 있다. 고리가 작아질수록 짝지음 상수 ^2J의 절대값도 줄어드는 것에 유의하여라. 예를 들어, cyclohexane(^2J = −13 Hz)과 cyclopropane(^2J = − 4 Hz)을 비교해 보아라. 고리의 C−C−C 각이 작아지면(p 특성 증가) 상보적으로 H−C−H 각은 커지고(s 특성 증가), 결과적으로 geminal 짝지음 상수는 작아진다. 혼성화가 중요하며, alkene에 대한 짝지음 상수의 부호는 전기음성도가 큰 원소가 결합되어 있는 경우를 제외하고 양으로 변해가는 것에 유의하여라.

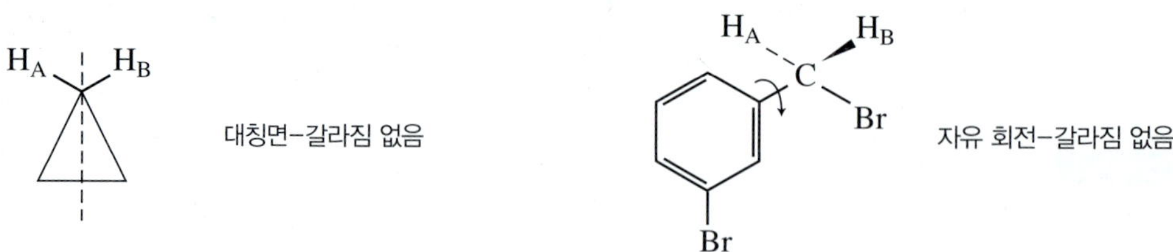

표 7.3 혼성화와 고리 크기에 따른 $^2J_{HH}$의 변화

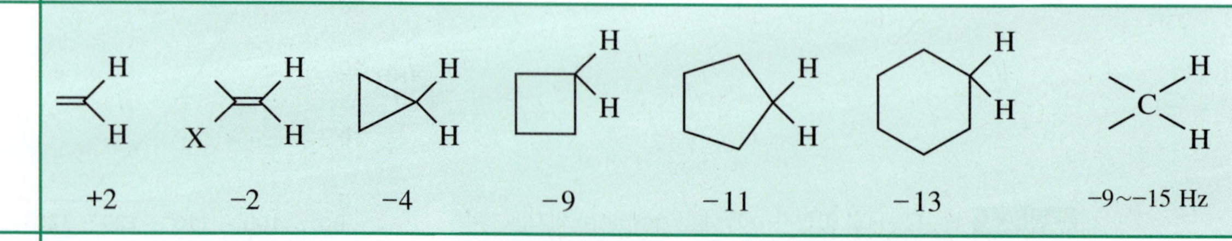

=CH₂	XCH=CH₂	cyclopropane	cyclobutane	cyclopentane	cyclohexane	CH₂
+2	−2	−4	−9	−11	−13	−9∼−15 Hz

동등하지 않은 proton 사이의 geminal 짝지음은 ^{1}H NMR 스펙트럼에서 쉽게 관찰되고, 짝지음 상수 ^2J의 크기는 공명이 1차일 때 피크 사이의 간격으로 쉽게 측정할 수 있다(7.6절과 7.7절 참조). 2차 스펙트럼에서 ^2J 값은 스펙트럼으로부터 직접 측정할 수 없고, 컴퓨터로 계산하는 방법(스펙트럼 시뮬레이션)으로 측정할 수 있다. 하지만 많은 경우에 geminal HCH 짝지음을 볼 수가 없는데(스핀-스핀 갈라짐 없음), geminal proton이 자기적으로 동등하기 때문이다(7.3절 참조). $n + 1$ 규칙을 논의할 때, 탄화수소 사슬의 같은 탄소에 결합되어 있는 proton들은 하나의 그룹으로 취급되어 서로를 갈라지게 하지 않는 것을 이미 본 적이 있다. 스펙트럼에서 스핀-스핀 갈라짐이 관찰되지 않으면, 그와 같은 경우에 어떻게 짝지음이 존재한다고 말할 수 있을까? 해답은 중수소 치환 실험으로 찾을 수 있다. 스핀-스핀 갈라짐을 보이지 않는 화합물의 수소 하나를 중수소로 치환하면 중수소($I = 1$)와의 geminal 갈라짐이 관찰된다. 중수소와 수소는 같은 수의 전자를 갖는(중성자 하나만 다른) 원자이므로 HCD 상호작용이 있으면 HCH 상호작용도 있다고 가정할 수 있다. HCH 짝지음 상수와 HCD 짝지음 상수는 수소와 중수소의 자기회전 비율과 연관되어 있다.

$$^2J_{HH} = \frac{\gamma H}{\gamma D}(^2J_{HD}) = 6.51(^2J_{HD}) \qquad \text{식 7.2}$$

이 장의 다음 절부터 동등해 보이는 proton에 대해서 짝지음 상수값이 주어질 때는(자기적으로 동등하지 않은 경우를 배제하고, 7.3절 참조) 짝지음 상수값은 중수소로 표지된 이성질체의 스펙트럼으로부터 얻어진 것이다.

C. 세결합 짝지음(^3J)

전형적인 탄화수소에서 한 개의 C−H 결합에 있는 수소의 핵스핀은 이웃하고 있는 C−H 결합에 있는 수소의 핵스핀과 짝지음을 한다. 이와 같은 H−C−C−H 짝지음을 보통 **vicinal 짝지음**(이웃 자리 짝지음)이라 부른다. 왜냐하면 이웃(라틴어 vicinus = “이웃”)하는 탄소 원자에 결합된 수소들이 짝지음을 하기 때문이다. Vicinal 짝지음은 세결합 짝지음(three-bond coupling)이며, 그 짝지음 상수는 약자로 ^3J로 표시한다. 5.13절과 5.17절에서 이와 같은 짝지음은 간단한 지방족 탄화수소 사슬에서 $n + 1$ 규칙을 따르는 스핀-스핀 갈라짐 패턴을 나타나게 하는 것을 보았다.

```
   3J
  ↶‿↷
  H   H
  |   |
—C — C—        세결합 vicinal 짝지음
  |   |
```

다시 말해서 핵스핀과 전자 스핀 사이의 상호작용으로 인하여 하나의 수소에서 이웃하는 수소로 스핀 정보가 전달된다. σ C−C 결합과 σ C−H 결합은 거의 수직으로 배치되어 있어 궤도함수 사이에 겹침이 없으며, 전자들은 σ 결합 시스템을 통하여 강하게 상호작용할 수 없다. 이론에 의하면 그들은 이웃하고 있는 C−H 결합 궤도함수 사이에 존재하는 적은 양의 평행한 궤도함수 겹침을 통해 핵스핀 정보를 전달한다. 두 개의 이웃하고 있는 C−H 결합에서 전자들 사이의 스핀 상호작용이 짝지음 상수의 크기를 결정하는 주요 인자이다.

이웃하고 있는 탄소 원자에 결합된 두 개의 짝지어진 proton의 핵스핀과 전자 스핀에 대해 두 가지 가능한 배열에 대한 설명을 그림 7.5에 나타내었다. 탄소핵(^{12}C)의 스핀은 영(zero)임을 기억하여라. 수소핵의 스핀이 짝지어져 있고, 궤도함수 겹침을 통해 상호작용하는 전자의 스핀도 짝지어져 있어 그림 7.5의 왼쪽에 있는 그림은 가장 낮은 에너지를 나타내고 선호되는 상호작용을 가질 것으로 예상된다. 선호되는 배열에서 상호작용하는 핵의 스핀이 짝지어져 있으므로, 세결합 H−C−C−H 짝지음은 양의 값으로 예상된다. 실제로 대부분의 세결합 짝지음은 원자의 유형에 관계없이 양의 값으로 얻어진다.

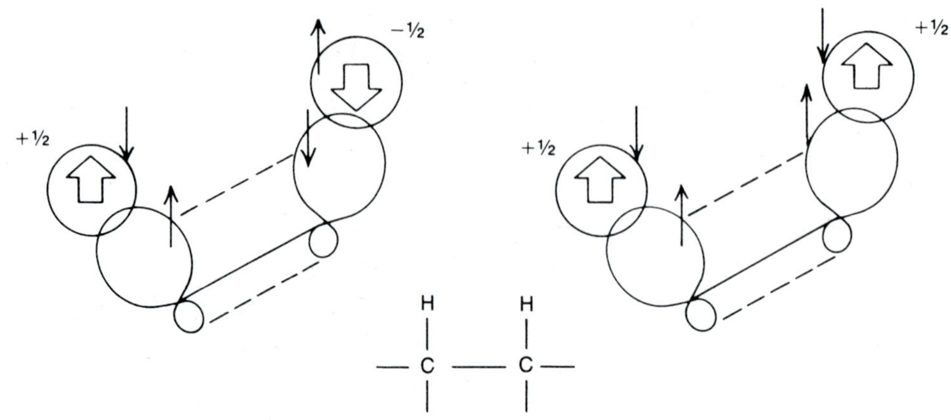

그림 7.5 두 개의 이웃하고 있는 C—H 결합 사이의 스핀 정보 전달 방법.

세결합 vicinal 짝지음에 관한 지금까지의 설명이 결과적으로 옳다는 것은 스핀 상호작용의 크기에 미치는 이웃하는 C—H 결합 사이의 이면각(dihedral angle)의 효과에서 가장 잘 드러날 수 있다(**역자주**. H_A—C—C—H_B에는 각각 H_A—C—C 결합을 포함하는 평면과 C—C—H_B 결합을 포함하는 평면이 있다. 이면각은 두 개의 평면 사이의 끼인각을 의미한다). 서로 동등하지 않은 이웃하는 두 개의 proton은 서로를 갈라지게 하여 두 개의 이중선이 나타나는 것을 기억하여라.

Vicinal 짝지음 상수($^3J_{HH}$)는 갈라짐의 크기를 잰 것이며, 다중선 피크 사이의 Hz 단위 간격과 같다. 두 개의 이웃하는 C—H 결합 사이의 짝지음 상수의 실제 크기는 이와 같은 두 결합 사이의 이면각 α에 직접적으로 의존한다. 그림 7.6에 투시도와 Newman 도표로 이면각 α을 정의하였다.

H_A H_B —C—C— J J H_A H_B

H_A와 H_B 사이의 갈라짐 크기는 $\alpha = 0°$나 $\alpha = 180°$일 때 가장 크고, $\alpha = 90°$일 때 가장 작다. 두 개의 C—H 결합 궤도함수의 옆과 옆(side-to-side) 겹침은 C—H 결합 궤도함수가 서로 평행인 0°일 때 최대이며, 수직인 90°일 때 최소가 된다. $\alpha = 180°$일 때는 sp^3 궤도함수의 뒷부분 로브(작은 로브)와 겹침이 일어난다.

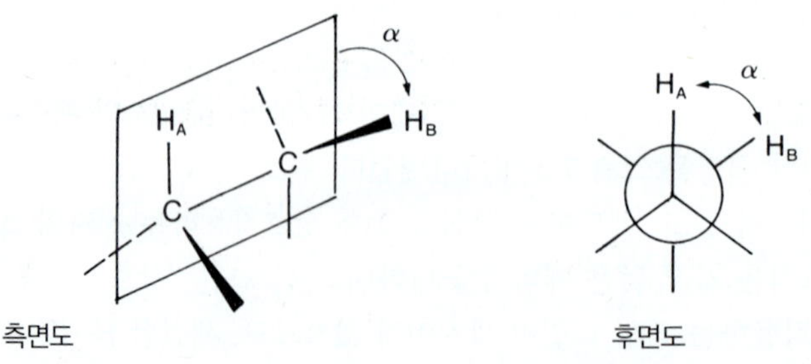

그림 7.6 이면각 α의 정의.

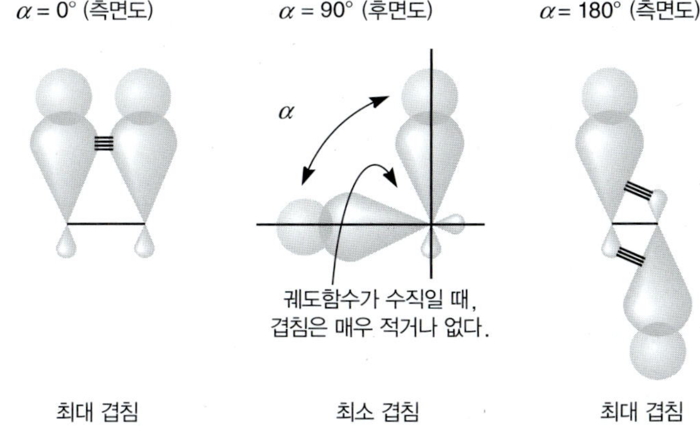

Martin Karplus는 이면각 α에 따른 짝지음 상수 $^3J_{HH}$의 변화를 최초로 연구한 사람이며, 그림 7.7의 그래프에 나타낸 실험 자료와 아주 잘 일치하는 식 7.3을 개발하였다. **Karplus 관계식**은 다음과 같다.

$$^3J_{HH} = A + B\cos\alpha + C\cos 2\alpha$$

$$A = 7 \qquad B = -1 \qquad C = 5 \qquad \textbf{식 7.3}$$

그 후 많은 후속 연구자들이 이 식을 수정 보완하였고(특히 A, B, C 상수들을 중심으로), 문헌에서 몇 가지 서로 다른 형태를 찾을 수 있다. 여기에 나타낸 상수를 사용하여 계산하면 최적의 일반화된 예상값을 얻을 수 있다고 알려져 있다. 하지만 실제 실험 자료는 그림 7.7의 곡선(때로는 **Karplus 곡선**이라고 한다)에서 음영 부분으로 나타낸 바와 같이 넓은 범위의 변화를 보인다.

Dirac 모형에 따르면 Karplus 관계식은 완벽하게 이해가 된다. 이웃하는 두 개의 C–H σ 결합이 수직이면($\alpha = 90°$) 궤도함수 겹침이 최소가 되어, 이 궤도함수의 전자 사이의 스핀 상호작용은 매우 적거나 없다. 그 결과 핵스핀 정보는 전달되지 못하여 $^3J_{HH} \cong 0$이다. 반대로, 두 결합이 평행하거나($\alpha = 0°$), 또는 반대 방향으로 나란하면($\alpha = 180°$), 짝지음 상수는 가장 큰 값이어야 한다($^3J_{HH}$ = 최대값).

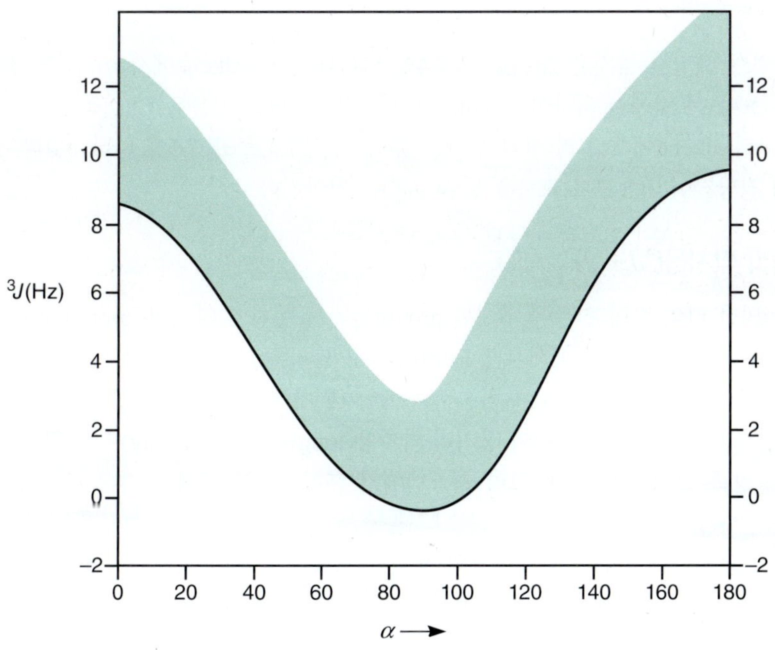

그림 7.7 Karplus 관계식–이면각 α에 따른 짝지음 상수 ^3J의 변화.

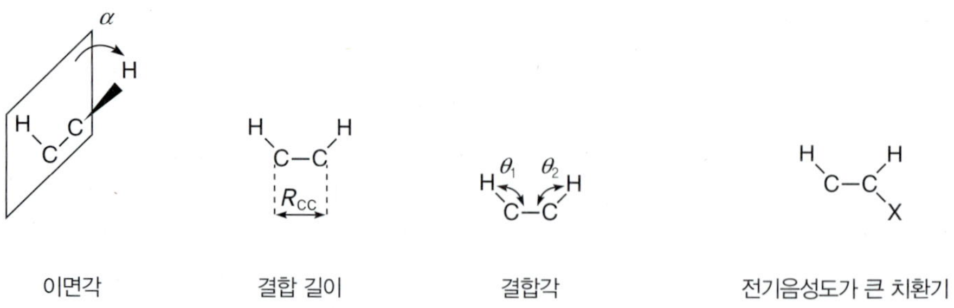

그림 7.8 $^3J_{HH}$의 크기에 영향을 주는 인자.

그림 7.7의 음영 부분으로 나타난 $^3J_{HH}$의 변화는 이면각 α 이외의 다른 인자에 의한 결과이다. 이와 같은 인자(그림 7.8)는 결합 길이 R_{CC}, 결합각 θ_1과 θ_2, 탄소 원자에 결합되어 있는 치환기 X의 전기음성도 등이다.

어떠한 탄화수소에 대해서도 이웃하는 두 개의 C–H 결합 사이의 상호작용의 크기는 항상 그림 7.7에 주어진 값에 가깝다. 한 가지 형태(conformer)에 편향된 cyclohexane 유도체가 이 원리를 가장 잘 설명해주는 예이다. 다음 분자에서 고리는 커다란 *t*-butyl 그룹이 적도 방향으로 위치하는 형태를 선호하도록 상당히 편향되어 있다. 두 개의 축 방향 수소 사이의 짝지음 상수(J_{aa})는 보통 10~14 Hz(α = 180°) 정도인 반면, 축 방향 수소와 적도 방향 수소 사이의 짝지음 상수(J_{ae})의 크기는 일반적으로 2~6 Hz (α = 60°) 정도이다. 적도 방향 수소 사이의 상호작용에 대한 짝지음 상수(J_{ee}) 역시 2~5 Hz(α = 60°) 정도이다. 그러나 같은 고리 시스템에서 적도 방향-적도 방향 vicinal 짝지음 상수(J_{ee})는 축 방향-적도 방향 vicinal 짝지음 상수(J_{ae})에 비해 보통 1 Hz 정도 작다. 실온의 용액에서 하나 이상의 형태를 갖는 cyclohexane 유도체의 경우에는 관찰된 짝지음 상수가 각 개별적인 형태에 대한 짝지음 상수값의 평균값이 될 것이다(그림 7.9). Cyclopropane 유도체와 epoxide가 한 가지 형태에 편향되어 구조가 고정된 시스템의 예이다. 삼원자 고리 화합물에서 J_{cis}(α = 0°)가 J_{trans}(α = 120°)보다 짝지음 상수가 큰 것에 유의하여라(그림 7.10).

대표적인 세결합 짝지음 상수를 표 7.4에 나타내었다. Alkene에서 *trans* 짝지음 상수가 항상 *cis* 짝지음 상수보다 큰 것에 유의하여라. Alkene의 스핀–스핀 짝지음은 7.8절과 7.9절에서 더 자세히 논의할 것이다. 고리 alkene에서 고리 크기에 따른 흥미로운 변화를 표 7.5에 나타내었다. 고리 크기가 작아지면 H–C–H 결합각이 커지므로 짝지음 상수($^3J_{HH}$)는 작아진다.

D. 장거리 짝지음(^4J–^nJ)

앞에서 논의한 바와 같이 질문에 제시된 proton들이 동등하지 않으면, proton–proton 짝지음은 일반적으로 *이웃하고 있는* 원자 사이에서 관찰되고(vicinal 짝지음), 때로는 같은 원자에 결합된 proton 사이에서 관찰된다(geminal 짝지음). 아주 특별한 경우에만 네 개 이상의 공유 결합으로 분리된 proton 사이에서 짝지음이 일어나는데, 이를 통칭하여 **장거리 짝지음**(long-range coupling)이라 한다. 장거리 짝지음은 allyl 시스템, 방향족 고리, 고정된 두고리 시스템에서 흔하게 관찰된다. 방향족 시스템에서 장거리 짝지음은 7.10절에서 다룰 것이다.

장거리 짝지음은 일련의 궤도함수의 특별한 겹침을 통하여 전달되기 때문에 입체화학적으로 요구되는 사항이 있다. Alkene에서는 alkenyl 수소와 이중 결합의 반대편 말단에 대해 α 위치인 탄소에 결합된 proton 사이에 약한 짝지음이 관찰된다.

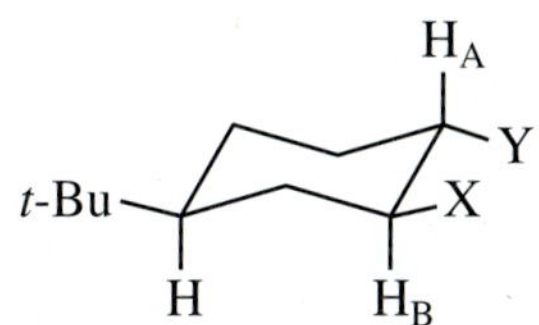

J_{AB} = 10~14 Hz
α = 180°

a,e

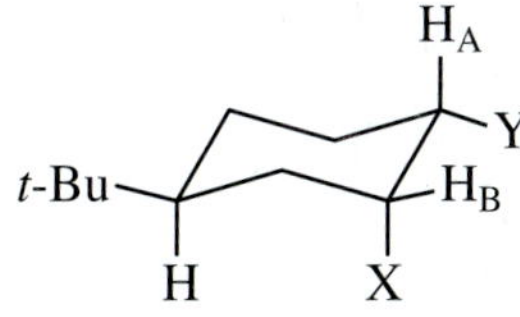

J_{AB} = 2~6 Hz
α = 60°

e,e

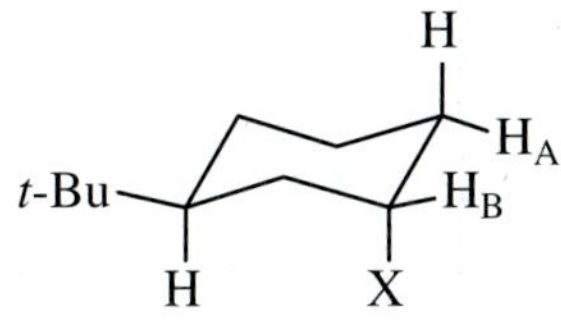

J_{AB} = 2~5 Hz
α = 60°

그림 7.9 Cyclohexane 유도체에서의 vicinal 짝지음.

$^2J_{AC}$ = 3~9 Hz
α = ~115°

$^2J_{AC}$ = 5~6 Hz
α = ~118°

H_A H_B R H_C — $^3J_{AB}$ = 6~12 Hz, α = ~0°

H_A R H_B H_C — $^3J_{AB}$ = 2~9 Hz, α = ~120°

O H_A H_B R H_C — $^3J_{AB}$ = 4~5 Hz, α = ~0°

O H_A R H_B H_C — $^3J_{AB}$ = 2~4 Hz, α = ~120°

삼원자 고리에 대하여, $J_{cis} > J_{trans}$

그림 7.10 삼원자 고리 유도체에서의 vicinal 짝지음.

표 7.4 세결합 짝지음 상수($^3J_{xy}$)

H–C–C–H	6~8 Hz	H–C=C–H	*cis*	6~15 Hz
			trans	11~18 Hz
^{13}C–C–C–H	5 Hz	H–C=C–^{19}F	*cis*	18 Hz
			trans	40 Hz
^{19}F–C–C–H	5~20 Hz	^{19}F–C=C–^{19}F	*cis*	30~40 Hz
			trans	−120 Hz
^{19}F–C–C–^{19}F	−3~−20 Hz			
^{31}P–C–C–H	13 Hz			
^{31}P–O–C–H	5~15 Hz			

표 7.5 고리 alkene에서의 결합각에 따른 $^3J_{HH}$ 의 변화(Hz)

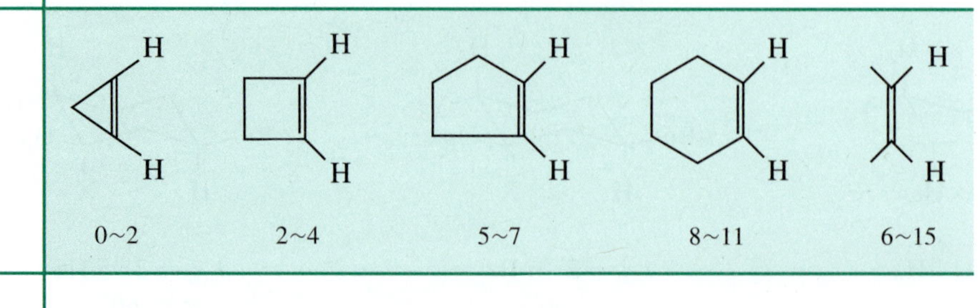

cyclopropene	cyclobutene	cyclopentene	cyclohexene	alkene
0~2	2~4	5~7	8~11	6~15

H_c, H_a, H_b, H_d H_d, R

$|^4J_{ad}| = 0\sim3$ Hz
$|^4J_{bd}| = 0\sim3$ Hz

이와 같은 네결합 짝지음(^4J)을 **allyl 짝지음**이라 부른다. 그림 7.11에 나타낸 바와 같이 이중 결합의 π 전자가 하나의 핵으로부터 다른 핵으로 스핀 정보가 전달되도록 돕는다. Allyl C—H 결합이 C—C π 결합의 평면에 정렬될 때, allyl C—H σ 궤도함수와 π 궤도함수 사이의 겹침이 최대가 되고, allyl 짝지음 상호작용은 최대값(^4J = 3~4 Hz)을 갖는다. Allyl C—H 결합이 C—C π 결합에 수직일 때, allyl C—H σ 궤도함수와 π 궤도함수 사이의 겹침이 *최소*가 되고, allyl 짝지음은 매우 작다(^4J = ~0 Hz). 중간 형태에서는 allyl C—H 결합과 π 궤도함수 사이의 부분적인 겹침이 있고, 짝지음 ^4J에 대해 중간 정도의 값이 관찰된다.

Alkene에서 allyl 짝지음(^4J)의 크기는 탄소-수소 σ 결합과 π 결합 사이의 겹침 정도에 따라 달라진다. 비슷한 유형의 상호작용이 alkyne에서도 일어나는 데 중요한 차이가 있다. 그림 7.12에 나타낸 **propargylic 짝지음**의 경우에, 삼중 결합의 α 위치에 있는 탄소에 있는 C—H σ 궤도함수는 *항상* alkyne π 시스템과 부분적으로 겹친다. 이는 삼중 결합이 두 개의 수직인 π 결합으로 구성되어 있어서 C—C 핵 사이의 결합축 주위에 원통형의 전자 밀도를 효과적으로 만들어내기 때문이다.

어떤 alkene에서 짝지음은 이중 결합의 양쪽에 있는 C—H σ 결합 사이에서 일어난다. 이것을 **homoallyl 짝지음**이라 하고, 다섯 개의 결합(^5J)을 통하여 일어난다. 그러나 거리가 더 멀기 때문에 allyl 짝지음(^4J)보다 일반적으로 약하다. Homoallyl 짝지음은 이중 결합의 양쪽에 있는 C—H σ 결합이 모두 이

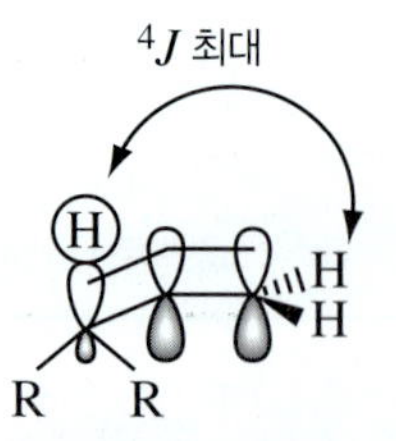

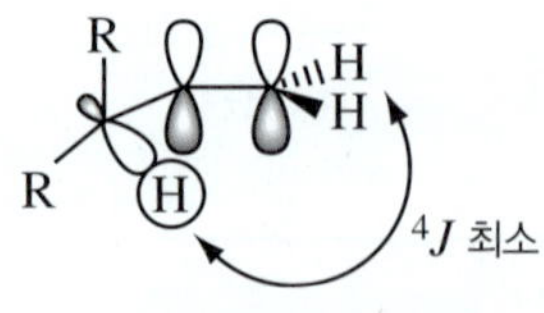

그림 7.11 Allyl 짝지음을 최대화 또는 최소화하는 기하학적 배열.

그림 7.12 Propargylic 짝지음.

중 결합의 π 궤도함수와 *동시에* 평행한 경우를 제외하고는 일반적으로 관찰되지 않는다(그림 7.13). 이와 같은 짝지음은 두 개의 allylic methyl 그룹이 상호작용할 때 보편적으로 나타나는데, 그 이유는 CH_3 그룹의 본질적인 삼중 회전 대칭으로 인하여 CH_3 그룹의 C–H σ 결합 중 한 개가 항상 alkene의 π 결합과 부분적으로 겹치기 때문이다. 하지만 큰 치환기나 가지달린 치환기를 갖는 alkene의 경우, 그와 같은 겹침을 허용하는 형태는 상당한 입체 장애($A^{1,3}$ 뒤틀림)가 있어서, 분자 내의 다른 부분에 고리나 입체적 밀집과 같은 다른 훨씬 더 중요한 구조적 속박(constraint)이 존재하지 않는 한, 그와 같은 화합물의 용액 구조에 충분한 기여를 하지 못할 것이다. 예를 들어, 1,4-cyclohexadiene과 6-methyl-3,4-dihydro-2*H*-pyran의 경우, 두 분자 모두 상당히 큰 homoallyl 짝지음(^5J, 그림 7.13)을 갖는다. Allene 역시 homoallyl 짝지음의 형태로 장거리에 걸쳐 효과적인 스핀–스핀 갈라짐 상호작용을 한다. 한 가지 예로, 1,1-dimethylallene에서 $^5J = 3$ Hz이다(그림 7.13).

대부분의 비고리 alkene의 homoallyl 짝지음에 대한 상황과는 달리, **homopropargylic 짝지음은** 내부 alkyne의 ^{1}H NMR 스펙트럼에서 거의 항상 관찰된다. 앞에서 살펴본 것과 같이, 본질적으로 삼중 결합의 α 위치에 있는 탄소의 C–H σ 결합의 모든 형태는 alkyne의 π 시스템과 부분적으로 겹치는 것이 허용되어, homoallyl 짝지음에서 관찰되었던 것보다 상당히 큰 짝지음 상수가 관찰된다(그림 7.14). 콘쥬게이션을 이루는 enyne 화합물에서 때로는 homoallyl 짝지음과 propargylic 짝지음의 조합의 결과로 ^6J가 관찰된다.

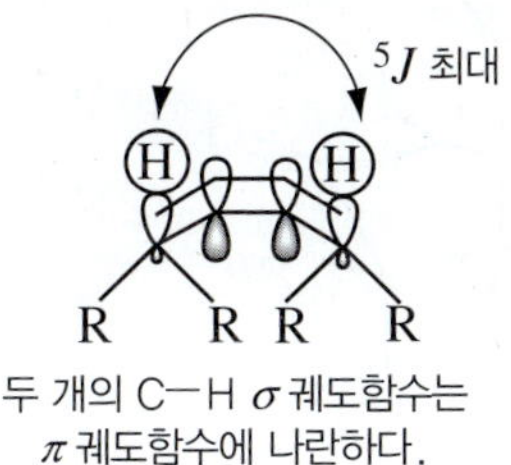

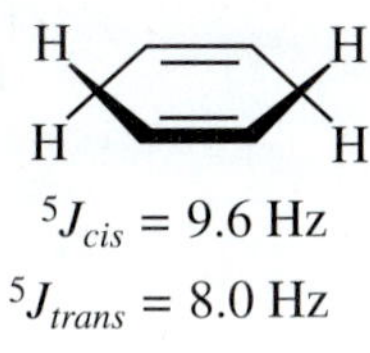

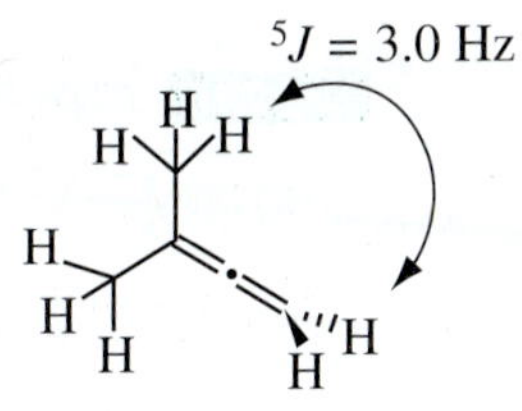

그림 7.13 Alkene과 allene에서의 homoallyl 짝지음.

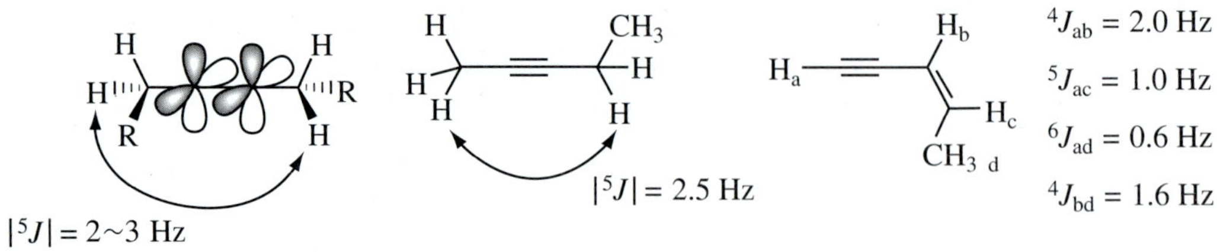

$|^5J| = 2\sim3$ Hz

$|^5J| = 2.5$ Hz

$^4J_{ab} = 2.0$ Hz
$^5J_{ac} = 1.0$ Hz
$^6J_{ad} = 0.6$ Hz
$^4J_{bd} = 1.6$ Hz

그림 7.14 Alkyne에서 homopropargylic 짝지음.

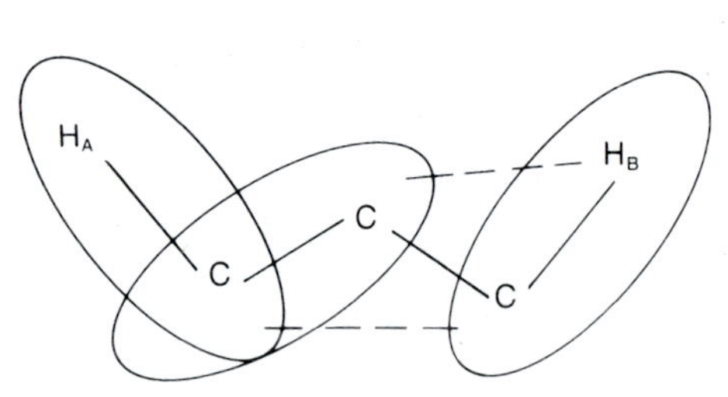

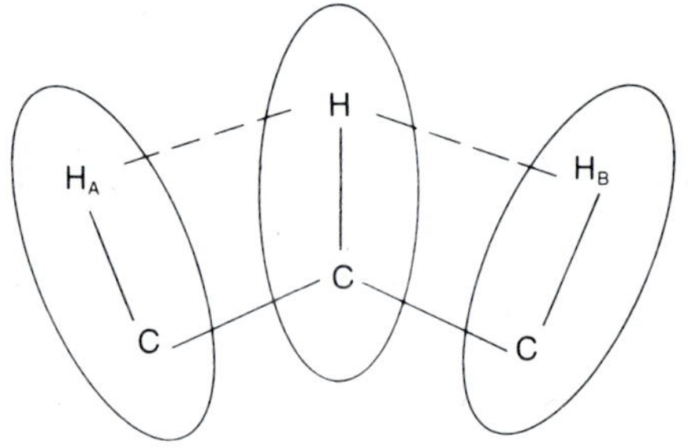

그림 7.15 ^4J W 짝지음을 설명하는 가능한 궤도함수 겹침 메커니즘.

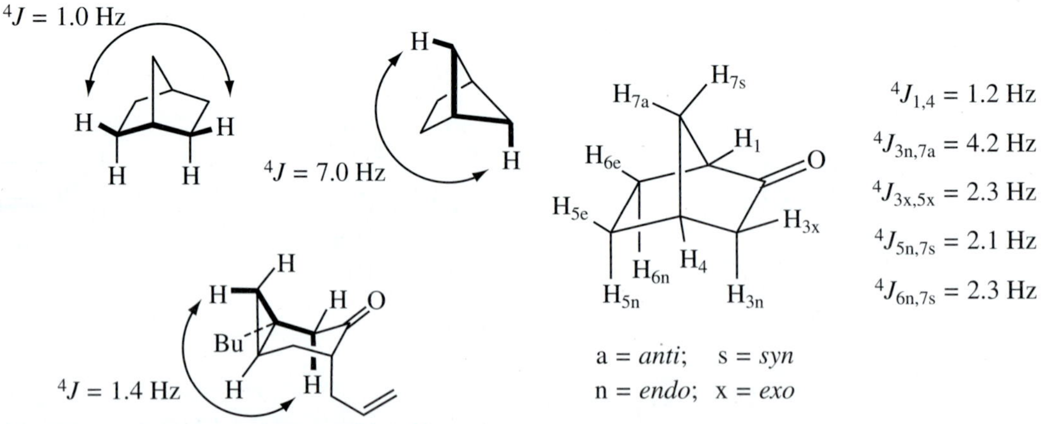

$^4J = 1.0$ Hz

$^4J = 7.0$ Hz

$^4J = 1.4$ Hz

$^4J_{1,4} = 1.2$ Hz
$^4J_{3n,7a} = 4.2$ Hz
$^4J_{3x,5x} = 2.3$ Hz
$^4J_{5n,7s} = 2.1$ Hz
$^4J_{6n,7s} = 2.3$ Hz

a = *anti*; s = *syn*
n = *endo*; x = *exo*

그림 7.16 고정된 두고리 화합물에서의 ^4J W 짝지음의 예.

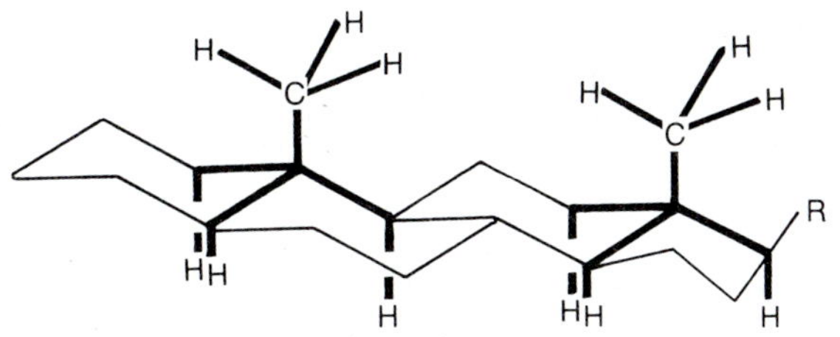

그림 7.17 여러 가지 가능한 W 짝지음(^4J)을 보여주는 steroid 고리 골격.

π 시스템이 없는 화합물의 장거리 짝지음은 흔하지는 않지만 특별한 경우에는 일어난다. 포화 시스템의 장거리 짝지음에 대한 한 가지 경우가 양쪽 말단에 수소가 위치하는 W-자 형태의 고정된 결합 배열을 통하여 일어난다(^4J). 이와 같은 형태의 짝지음을 설명하기 위해서 두 가지 가능한 유형의 궤도함수 겹침이 제안되었다(그림 7.15). 구조가 고정되어 겹침에 대해 선호되는 기하구조를 강화해 주는 크게 뒤틀린 고리 시스템을 제외하고, **W 짝지음**에 대한 ^4J의 크기는 대체로 작다(그림 7.16).

다른 시스템에서는 ^4J의 크기가 종종 1 Hz보다 작고, 고자기장 분광기에서 조차도 분별할 수 없다. 분광기의 분해능보다 더 작은 간격의 피크들은 대체로 넓은 폭으로 나타난다. 즉, 서로 아주 가까이 있는 두 개의 피크는 하나의 "통통한" 피크 또는 넓은 폭의 피크로 나타난다. 많은 W 짝지음은 이와 같은 유형의 피크를 나타내며, 작은 allyl 짝지음($^4J < 1$ Hz) 역시 분명하게 갈라진 피크보다는 피크 넓혀짐을 나타낸다. Steroid의 모서리에 있는 methyl 그룹과 *trans*-decalin 시스템에서 고리 접합 부분에 있는 methyl 그룹들이 종종 고리에 있는 다른 여러 수소와 W 짝지음을 하여 피크 넓혀짐을 보여주기도 한다(그림 7.17). 이와 같은 시스템은 상대적으로 뒤틀림이 덜하기 때문에 ^4J_w는 대개 아주 작다.

7.3 자기적 동등성

제5장 5.8절에서 화학적 동등성의 개념을 살펴보았다. 만약 대칭면이나 대칭축으로 인해 두 개 이상의 핵이 대칭에 의해 동등할 때, 그것들은 **화학적으로 동등하다**(chemically equivalent)라고 한다.

Acetone에서 대칭면과 C_2 회전 대칭축으로 인해 두 개의 methyl 그룹은 화학적으로 동등하다. 두 개의 methyl 탄소는 ^{13}C NMR 스펙트럼에서 하나의 단일 피크로 나타난다. 또한 C−C 결합을 축으로 methyl 그룹의 자유로운 회전이 가능하므로 여섯 개의 모든 수소 원자가 동등하고, 같은 진동수에서 공명하여 ^{1}H NMR 스펙트럼에서 단일선으로 나타난다. 1,2-Dichloroethane에서도 대칭면이 있어 두 개의 methylene(CH_2) 그룹이 동등하다. 두 개의 탄소에 결합되어 있는 수소들이 vicinal(세결합) 짝지음(^3J)을 하기에 충분히 가깝지만, 네 개의 수소는 ^{1}H NMR 스펙트럼에서 단일 피크로 나타나고, 스핀-스핀 짝지음은 보이지 않는다. Fumaric acid에서 이중 회전 대칭축(C_2 축)으로 인하여 각 탄소와 각 수소가 각각 화학적으로 동등하다. Fumaric acid에서 대칭에 의해 이웃하는 *trans* vinyl 수소는 스핀-스핀 갈라짐을 나타나지 않고, 단일선으로 나타난다(수소 두 개가 모두 같은 공명 진동수를 갖는다). *cis*-2,3-Dimethylcyclopropanone의 두 개의 고리 수소와 두 개의 methyl 그룹이 각각 화학적으로 동등한 것(대칭면이 존재함)과 같이, *trans*-2,3-dimethylcyclopropanone의 두 개의 고리 수소와 두 개의 methyl 그룹 역시 각각 화학적으로 동등하다(이중 회전 대칭축이 존재함).

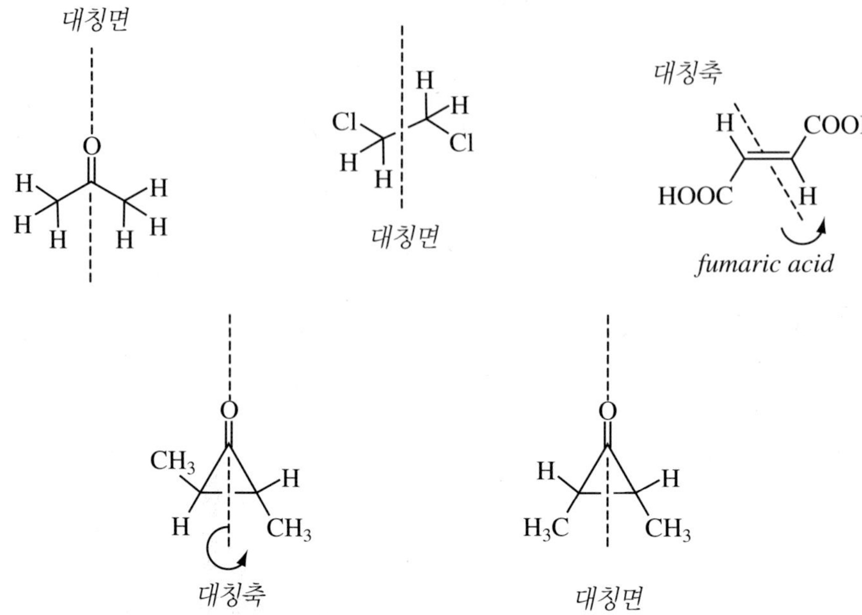

대칭면 *대칭면* *대칭축* *fumaric acid*

대칭축 *대칭면*

대부분의 경우, 화학적으로 동등한 핵은 같은 공명 진동수(화학적 이동)를 갖고, 서로를 갈라지게 하지 않고, 단일 NMR 신호로 나타난다. 이와 같은 일이 일어나는 경우에 그 핵들은 화학적으로 동등할 뿐만 아니라 **자기적으로 동등하다**(magnetically equivalent)라고 한다. 하지만 핵들이 화학적으로는 동등하지만 자기적으로는 *동등하지 않을* 수도 있다. 자기적 동등성이 화학적 동등성보다 더 엄격한 충족 조건을 갖는다. 자기적으로 동등한 핵의 그룹에 대하여 *모든 짝지음 상호작용*을 포함한 자기적 환경이 반드시 같아야 한다. 자기적 동등성을 가지려면 다음 두 가지의 엄격한 요건이 충족되어야 한다.

1. 자기적으로 동등한 핵은 **등화학적 이동**(isochronous)이어야 한다. 즉, 화학적 이동이 같아야 한다.
2. 자기적으로 동등한 핵은 분자 내에 있는 모든 다른 핵에 대한 짝지음 상수가 같아야 한다(같은 J 값).

자기적 동등성으로부터 얻은 결론은, 자기적으로 동등한 핵은 짝지음을 일으킬 만큼 충분히 가까워도 서로를 갈라지게 하지 않으며, NMR 스펙트럼에서 두 핵 모두에 대해 단 하나의 신호만을 나타낸다는 것이다. 이 결론은 자기적으로 동등한 핵 사이에 짝지음이 일어나지 않는다는 것을 의미하는 것이 아니라, 단지 짝지음의 결과로 관찰할 만한 스핀–스핀 갈라짐이 없다는 것을 의미한다.

몇 가지 간단한 예를 살펴보면 이와 같은 조건을 이해하는 데 좀 더 도움이 될 것이다. Chloromethane에서 methyl 그룹의 모든 수소는 분자 내에 삼중 회전 대칭축(C−Cl 결합축과 일치)과 세 개의 대칭면(한 개의 수소와 C−Cl 결합을 포함하는 면)이 있기 때문에 화학적으로, 자기적으로 동등하다. 또한 methyl 그룹은 C−Cl 결합축을 중심으로 자유롭게 회전할 수 있다. 이것 하나만으로도 세 개의 수소 모두가 *평균적으로* 같은 자기적 환경을 경험한다고 확신할 수 있다. Chloromethane의 세 수소는 NMR에서 단일 공명으로 나타난다(등화학적 이동). 이와 같이 한 개의 탄소로 이루어진 화합물에는 이웃하는 수소가 없기 때문에 자동적으로 세 개의 수소 모두는 모든 이웃 핵과 동일하게 짝지음을 하고(짝지음 대상이 없음), 서로 간에 동일하게 짝지음을 한다.

분자 내에 분자를 동등하게 반으로 나누는 대칭면이 있을 때, 관찰되는 스펙트럼은 그 분자의 "절반"에 대한 스펙트럼이다. 3-Pentanone의 ^{1}H NMR 스펙트럼에서 하나의 사중선(세 개의 수소에 이웃하고 있는 CH_2)과 하나의 삼중선(두 개의 수소에 이웃하고 있는 CH_3)만이 나타난다. 대칭면으로 인해 두 개의 ethyl 그룹이 동등하다. 즉, 두 개의 methyl 그룹은 화학적으로 동등하며, 두 개의 methylene 그룹도 화학적으로 동등하다. Methyl 그룹의 어떠한 수소와 methylene 그룹의 어떠한 수소 사이의 짝지음(^3J)도 (자유회전 때문에) 모두 동등하며, 분자의 한쪽 "절반"에서의 짝지음과 다른 쪽 절반에서의 짝지음은 동일하다. 각 유형의 수소는 각각 화학적으로 동등하다.

3-Pentanone $CH_3CH_2-C(=O)-CH_2CH_3$

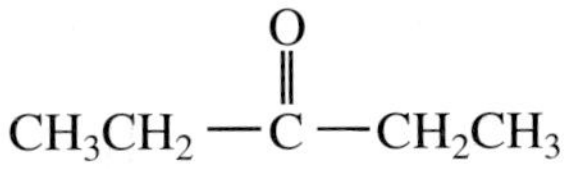

이제 *para* 치환기 X와 Y가 서로 다른 *para*-이중 치환 benzene 고리를 살펴보자. 분자 내에 대칭면이 있기 때문에 대칭면을 사이에 둔 고리의 맞은편에 있는 수소끼리는 서로 화학적으로 동등하다. ^1H 스펙트럼에 분자의 절반 스펙트럼인 두 개의 이중선만이 나올 것으로 예상할지 모른다. 하지만 이 분자의 수소는 *자기적으로 동등하지 않기* 때문에 그렇게 나오지 않는다. 화학적으로 동등한 수소를 H_a와 $H_{a'}$ 또는 H_b와 $H_{b'}$으로 표시를 하자. H_a와 $H_{a'}$ 또는 H_b와 $H_{b'}$의 화학적 이동이 같을 것(등화학적 이동)으로 예상할 수 있다. 그러나 *각 proton의 다른 핵에 대한 짝지음 상수가 같지 않다*. 예를 들어, H_a와 H_b 사이의 짝지음 상수(세결합, ^3J)는 $H_{a'}$과 H_b 사이의 짝지음 상수(다섯결합, ^5J)와 같지 않다. H_b에 대한 H_a와 $H_{a'}$의 짝지음 상수가 서로 다르기 때문에, 화학적으로 서로 동등하더라도 H_a와 $H_{a'}$은 자기적으로 동등할 수 없다. 이와 같은 해석은 $H_{a'}$, H_b와 $H_{b'}$에도 적용되고, 이것의 어떤 것도 분자 내에 있는 다른 수소에 대해 동등하게 짝지음하지 않는다.

두 종류의 동등성 사이에 이와 같은 미세한 차이가 왜 중요한가? 화학적으로 동등한 proton은 종종 자기적으로도 동등하다. 하지만 화학적으로 동등한 proton이 자기적으로 동등하지 *못할 때* 보통 그 결과가 NMR 스펙트럼의 모습으로 나타난다. 자기적으로 동등한 핵은 $n + 1$ 규칙 또는 간단한 "나뭇가지 도표"를 이용하여 해석할 수 있는 "1차 스펙트럼"으로 나타난다(7.5절). 자기적으로 동등하지 않은 핵은 종종 2차 스펙트럼으로 나타나는데, 스펙트럼에는 예상하지 못한 피크가 다중선으로 나타날 수도 있다(7.7절).

대칭에 의해 화학적으로는 동등하지만 자기적으로 동등하지 않은 벤젠보다 더 간단한 예는 1,1-difluoroethene이다. 두 수소 모두 플루오린과 짝지음을 한다(^{19}F, $I = \frac{1}{2}$). 하지만 두 proton H_A와 H_B가 같은 크기의 짝지음 상수($^3J_{HF}$)로 F_A와 짝지음하지 않으므로, 두 proton은 자기적으로 동등하지 않다. 하나의 짝지음은 *cis*($^3J_{cis}$)이고, 다른 하나의 짝지음은 *trans*($^3J_{trans}$)이다. 표 7.4에 나타낸 바와 같이 alkene에서 *cis* 짝지음 상수와 *trans* 짝지음 상수의 크기가 다르며, $^3J_{trans}$가 더 큰 값을 갖는다. 이 수소들은 *같은 원자에 대하여 다른 크기의 짝지음 상수*를 갖기 때문에, 자기적으로 동등할 수 없다. 비슷한 논의를 두 개의 플루오린 원자에도 적용할 수 있으며, 두 개의 플루오린 원자 역시 자기적으로 동등하지 않다.

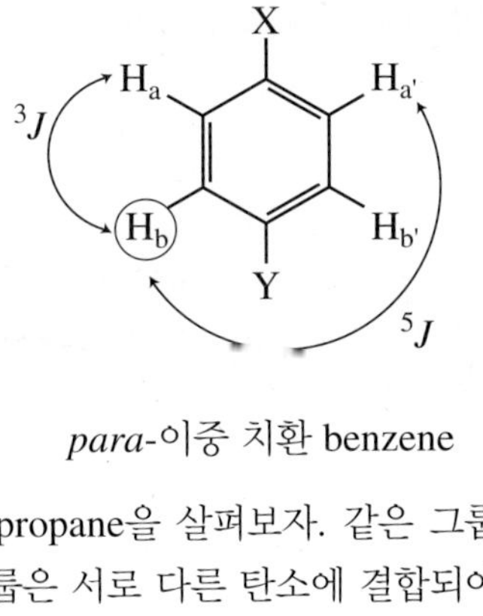

X, H_a, $H_{a'}$, H_b, $H_{b'}$, Y, ^3J, ^5J

para-이중 치환 benzene

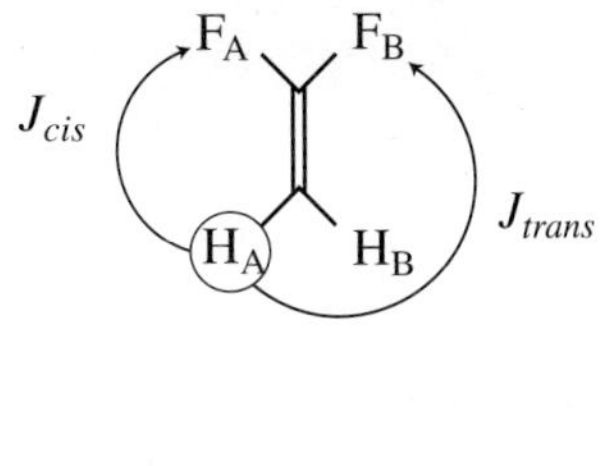

F_A, F_B, H_A, H_B, J_{cis}, J_{trans}

1,1-Difluoroethene

이제 1-chloropropane을 살펴보자. 같은 그룹의 수소(C1, C2, C3에 결합된 수소)는 서로 등화학적 이동이지만, 각 그룹은 서로 다른 탄소에 결합되어 있으므로 그 결과 각 그룹의 수소는 서로 다른 화학적 이동을 갖는다. 각 그룹 내의 수소는 주로 자유 회전 때문에 동일한 *평균* 자기적 환경을 경험하며, 자기적으로 동등하다. 또한 이와 같은 자유로운 회전 때문에 각 그룹의 수소는 다른 그룹의 수소와 동등하게 짝지음을 한다. C2에 결합된 두 수소 H_b와 $H_{b'}$은 C1이나 C3에 결합된 다른 어떤 수소 하나를 지정하면, H_b와 $H_{b'}$은 지정된 수소와 동일한 짝지음 상수를 가질 것이다. 자유로운 회전이 없으면(앞의 설명 참조) 자기적 동등성은 없을 것이다. 이면각(H_a−C−C−C_b 대 H_a−C−C−$H_{b'}$)이 동등하지 않게 고정되어 있기 때문에 J_{ab}와 $J_{ab'}$은 같지 않을 것이다. 온도를 낮추면 자유로운 회전을 느리게 하거나 멈추게 할 수 있다. 이 경우에 H_b와 $H_{b'}$은 자기적으로 동등하지 않게 된다. 이와 같은 유형의 자기적 비동등성은 종종 1,2-이중 치환 ethane 그룹에서 관찰할 수 있다. 1,2-이중 치환 ethane 그룹의 치환기가 충분한 입체 장애를 가지고 있어 C−C 축 주위의 자유로운 회전이 방해되기 때문에 회전이 NMR 시간 척도보다 더 느려져서 자기적 비동등성이 일어난다.

1-Chloropropane CH_3—CH_2—CH_2—Cl
c b a

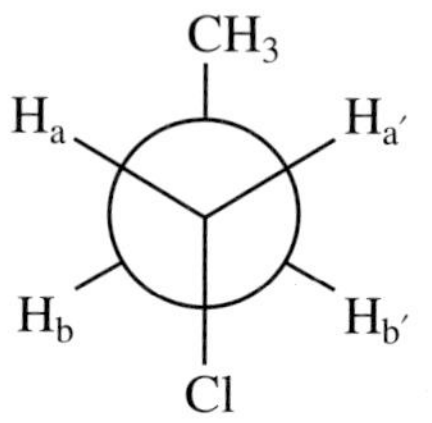

CH_3
H_a $H_{a'}$
H_b $H_{b'}$
Cl

고정된 형태로 가정
(회전이 없음)

NMR 스펙트럼을 해석할 때, 하나의 탄소에 결합된 두 개의 그룹(geminal 그룹)이 동등한가, 또는 동등하지 않은가를 판단해야 하는 일이 자주 일어난다. 흔히 methylene 그룹(geminal proton)과 isopropyl 그룹(geminal methyl 그룹)이 관심 대상이다. 이와 같은 geminal 그룹에 대한 세 가지 가능한 상관관계는 대칭교환자리성(homotopic), 거울상이성질성(enantiotopic), 부분입체이성질성(diasterotopic)의 경우이다.

Methylene 그룹: C(H)(H) Geminal dimethyl 그룹: C(CH_3)(CH_3)

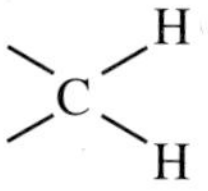

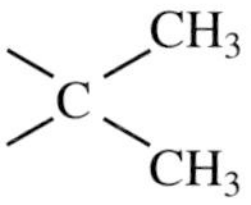

대칭교환자리성(homotopic) 그룹은 항상 동등하다. 다른 그룹의 핵과 짝지음이 없는 한 그것은 등화학적 이동이고, 단일 NMR 흡수를 보인다. 대칭교환자리성 그룹은 회전 대칭에 의해서 서로 교환될 수 있다. 대칭교환자리성 그룹을 알아내는 가장 간단한 방법은 "가상적으로", 또는 "머리속으로" 치환 시험을 해보는 것이다. 이 시험에서는 그룹의 하나를 다른 그룹으로 바꾼 후, 또 다른 그룹을 같은 방법으로 바꾸어 얻어지는 두 구조를 서로 비교한다. 치환의 결과를 검토하여 결과적으로 얻어지는 새로운 구조의 상관관계를 알아본다. 만약 새로운 구조가 *동일하면*, 원래의 두 그룹은 대칭교환자리성이다. 두 개의 대칭교환자리성 methylene 수소를 갖는 분자에 대한 치환 과정이 그림 7.18a에 나와 있다. 이 분자에서 H_A를 치환하여 얻은 구조와 H_B를 치환하여 얻은 구조가 동일하다. 이와 같은 대칭교환자리성 분자에 대해 치환기 X는 서로 같다. 출발 화합물은 대칭면과 이중 회전 대칭축을 모두 가지고 있기 때문에 완전하게 대칭이다.

거울상이성질성 그룹은 동등한 것처럼 보이고, 전형적인 등화학적 이동이고 카이랄 환경에 놓여 있거나 카이랄 시약에 의해 작용을 받는 경우를 제외하고, 단일 NMR 흡수를 보인다. 거울상이성질성 그룹도 가상적인 치환 시험으로 확인할 수 있다. 두 개의 거울상이성질성 methylene 수소를 갖는 분자에 대한 치환 과정이 그림 7.18b에 나와 있다. 이 분자에서 H_A를 치환하여 얻은 구조와 H_B를 치환하여 얻은 구조는 서로 *거울상이성질체* 관계이다. 이 두 개의 수소가 동등한 것처럼 보이고, 전형적인 NMR 스펙트럼에서 등화학적 이동인 것처럼 보이지만, 각각은 치환에 대하여 동일하지 않으며, 각 수소의 치환으로 각각 다른 거울상이성질체가 얻어진다. 이와 같은 거울상이성질성 분자의 구조는 수소 두 개가 같기 때문에 카이랄은 아니지만, 치환기 X, Y는 서로 다른 그룹인 것에 유의하여라. *대칭면*은 있으나 회전 대칭축은 없다. 거울상이성질성 그룹은 때때로 **선구카이랄 그룹**(prochiral group)이라고도 한다. 이 그룹 중 하나가 다른 그

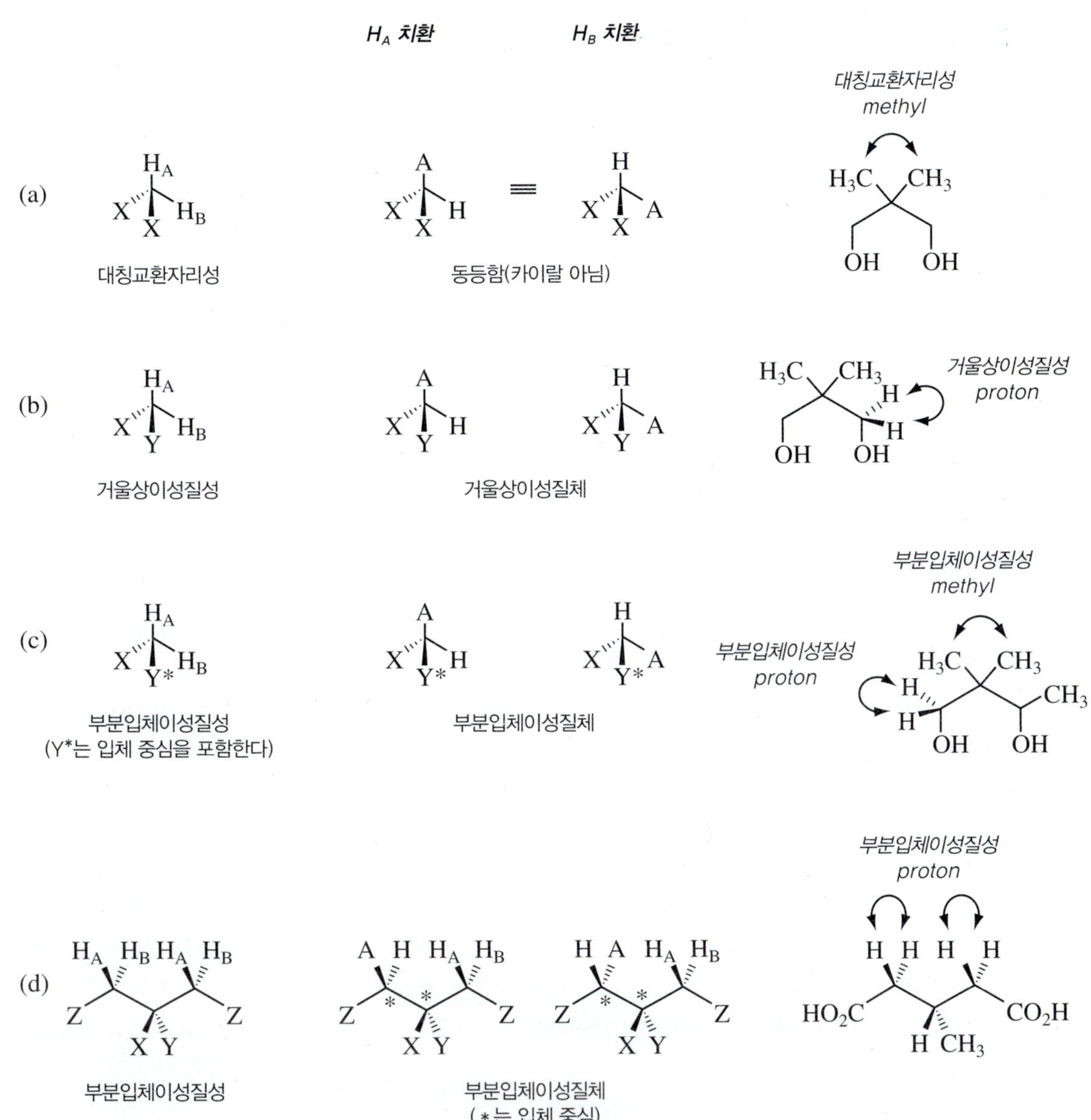

그림 7.18 대칭교환자리성, 거울상이성질성, 부분입체이성질성 그룹의 치환 시험.

룹으로 치환되면 *카이랄* 분자가 얻어진다. 선구카이랄 분자를 생체계의 효소와 같은 카이랄 시약과 반응시키면, 카이랄 분자가 얻어진다. 선구카이랄 분자가 카이랄 환경에 놓이면, 두 개의 그룹은 더 이상 동등하지 않다. 카이랄 이동 시약에 의해 유발된 카이랄 환경은 제8장에서 살펴볼 것이다(8.9절).

부분입체이성질성 그룹은 동등하지도 않고 등화학적 이동도 아니다. 그들은 NMR 스펙트럼에서 서로 다른 화학적 이동을 갖는다. 부분입체이성질성 그룹이 수소일 때 geminal 짝지음 상수 ^2J로 서로를 갈라지게 한다. 두 개의 부분입체이성질성 수소를 갖는 분자에 대한 시험 과정이 그림 7.18c에 나와 있다. 이 분자에서 H_A를 치환하여 얻은 구조와 H_B를 치환하여 얻은 구조는 한 쌍의 *부분입체이성질체*이다. 치환기 Y*가 이미 이웃하는 입체 중심을 가질 경우 부분입체이성질체가 생성된다. 부분입체이성질성 그룹은 선구카이랄 화합물에서도 발견되는데, 그 화합물에 대해 치환 시험을 하면 두 개의 입체 중심이 동시에 생성된다(그림 7.18d). 7.4절에서 두 가지 유형의 부분입체이성질성 상황을 자세하게 다룰 것이다.

7.4 부분입체이성질성 시스템의 스펙트럼

이 절에서는 7.3절에서 논의했던 부분입체이성질성 그룹을 갖는 몇 가지 분자를 살펴볼 것이다. 부분입체이성질성 그룹은 동등하지 않으며, 두 개의 서로 다른 NMR 신호가 관찰된다. 가장 보편적인 부분입체이성질성 그룹의 예는 두 개의 비슷한 그룹 G와 G'이 *입체 중심에 이웃하고 있는* 탄소에 치환되어 있는 경우이다. G 그룹을 다른 그룹으로 치환하여 얻은 구조와 G' 그룹을 다른 그룹으로 치환하여 얻은 구조는 한 쌍의 *부분입체이성질체* 형태이다(그림 7.18c).[2]

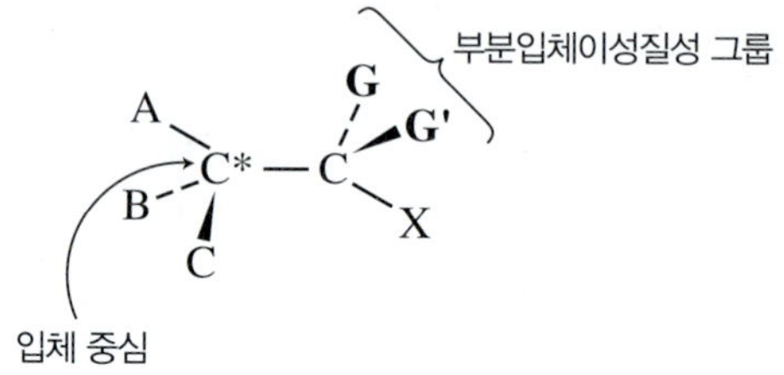

부분입체이성질성 그룹

A, B, C, C*, C, G, G', X

입체 중심

A. 부분입체이성질성 수소: Ethyl 3-Hydroxybutanoate

부분입체이성질성 methylene proton을 갖는 간단한 화합물의 좋은 예는 ethyl-3-hydroxybutanoate(그림 7.19)이다. 화합물의 C-3에 있는 입체 중심은 proton H_c와 proton H_d를 자기적으로 동등하지 않게 만든다. Methylene 그룹에 있는 H_c와 H_d가 서로 다른 환경에 놓여 있으면, ^2J(두결합, geminal) 짝지음(7.2B절)을 보일 것이다. sp^3 혼성 탄소 원자(H–C–H에 대한 결합각 ~109°)에 대하여 ^2J 값(9~18 Hz, 전형적으로 15 Hz)은 보통의 ^3J 짝지음 상수(6~8 Hz)보다 크다. Methylene 그룹의 ^2J 값은 탄소 원자의 혼성화 정도에 따라 상당히 변한다(표 7.3).

라세미 ethyl-3-hydroxybutanoate의 500 MHz proton NMR 스펙트럼을 그림 7.20에 나타내었다. 고자기장 NMR 스펙트럼을 이용하여 화합물의 자세한 해석이 가능하다.[3] 그림 7.20의 각 피크 영역을 확대하여 그림 7.21에 나타내었다. 피크의 위에 나타낸 Hz 값을 이용하여 짝지음 상수를 계산할 수 있다(7.6절 참조). Methyl proton(H_a)은 1.23 ppm에 이중선으로 나타난다. 계산한 ^3J 짝지음 상수는 6.3 Hz(618.92 − 612.62 Hz)이다. Methyl proton(H_b)은 1.28 ppm에 ^3J 짝지음 상수 약 7.1 Hz(646.63 −

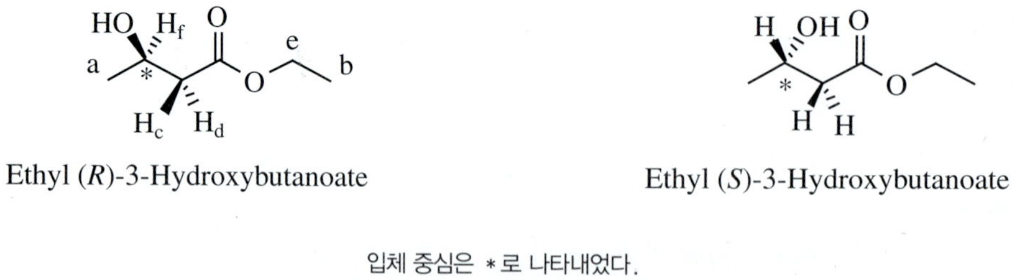

HO, H_f, O, a, *, e, b, O, H_c, H_d

Ethyl (*R*)-3-Hydroxybutanoate

H, OH, O, *, O, H, H

Ethyl (*S*)-3-Hydroxybutanoate

입체 중심은 * 로 나타내었다.

그림 7.19 Ethyl-3-hydroxybutanoate의 라세미 혼합물에서 거울상이성질체의 구조.

---

[2] 멀리 떨어진 사슬을 가지고 있는 그룹 또한 부분입체이성질성이지만, 입체 중심으로부터 거리가 증가함에 따라 그 효과는 매우 작아지고 결국에는 관찰되지 않는다. 입체 중심이 반드시 탄소 원자일 필요는 없다는 것에 유념하여라.

[3] 종종 저자기장 NMR 스펙트럼은 좁은 화학적 이동 범위에 더 가깝게 붙은 피크들을 만들고, 2차 공명을 만들기 때문에 해석하기가 어렵다(7.7절).

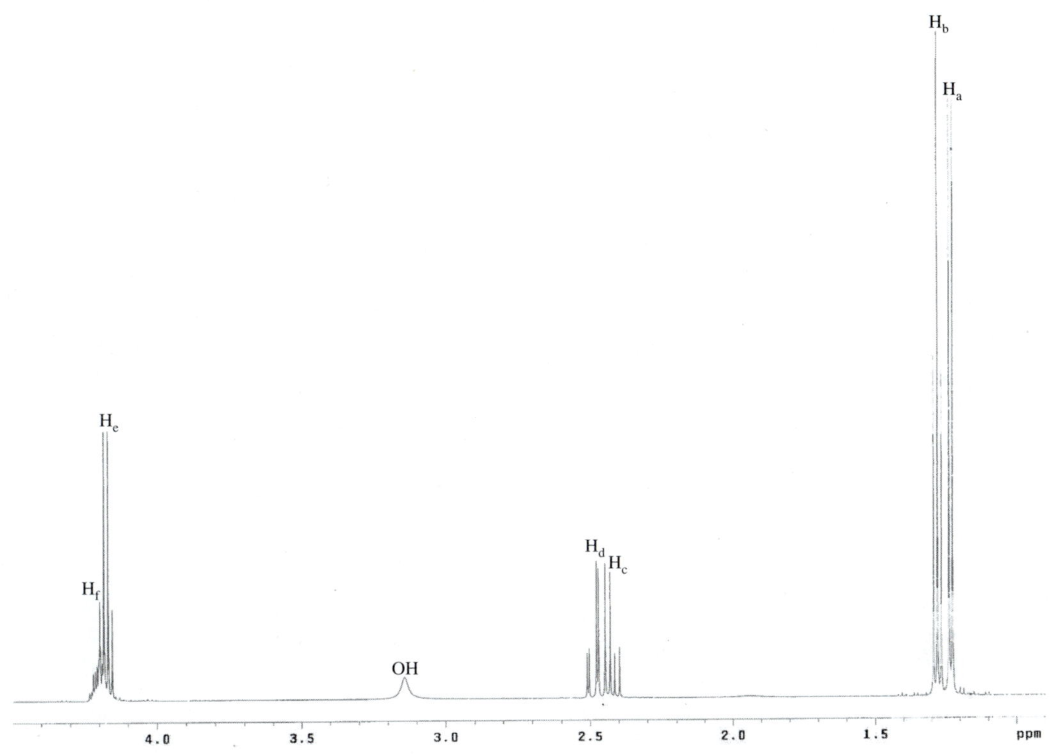

그림 7.20 라세미 ethyl-3-hydroxybutanoate의 ^1H NMR 스펙트럼(500 MHz, $CDCl_3$).

639.45 Hz)를 갖는 삼중선으로 나타난다.[4] Hydroxyl 그룹은 3.15 ppm에 나타난다. 4.18 ppm에 나타나는 사중선은 methyl proton(H_b)에 의해 갈라진 methylene proton(H_e)으로 인한 것이며, 짝지음 상수 ^3J = 7.1 Hz(2090.44 − 2083.38 Hz)이다. Methine proton(H_f)는 약 4.2 ppm에 나타나는 methylene proton H_e의 사중선에 묻혔다. 2.39~2.52 ppm 범위에 나타나는 패턴을 그림 7.22에서 개별적으로 해석하였다.

그림 7.22에 나타낸 methylene proton(H_c와 H_d)은 부분입체이성질성(동등하지 않다)이고, 2.42 ppm과 2.49 ppm에 나타난다. Proton H_c와 proton H_d는 서로 다른 환경에 있기 때문에 서로 다른 화학적 이동을 갖는 것에 주목하여라. 가장 낮은 에너지를 갖는 화합물의 형태에서 H_c는 OH 그룹에 더 가까이 있고(~60° 이면각), H_d는 OH 그룹에 더 멀리 있다(~180° 이면각). 2.42 ppm에 나타나는 H_c에 대한 공명은 먼저 H_d에 의해 이중선($^2J_{cd}$)으로 갈라지고, 이 이중선의 각 피크의 끝은 이웃하고 있는 proton H_f에 의해 다시 이중선으로 갈라진다($^3J_{cf}$). 관찰된 패턴은 이중선의 이중선이다. 유사하게 2.49 ppm에 나타나는 H_d에 대한 공명도 이중선의 이중선이다. 그림 7.22로부터 부분입체이성질성 proton H_c와 proton H_d에 대한 짝지음 상수의 계산 과정을 표 7.6에 나타내었다. 짝지음 상수 $^2J_{cd}$ = 16.5 Hz이다. ^3J 값은 proton 사이의 이면각의 차이로 인하여 변한다. $^3J_{cf}$ = 8.7 Hz이고, $^3J_{df}$ = 3.5 Hz이다.

$^3J_{cf}$와 $^3J_{df}$ 사이의 차이에 대한 이유는 H_c와 H_f(가장 낮은 에너지를 갖는 형태) 사이의 이면각은 180°인 반면, H_d와 H_f 사이의 이면각은 같은 형태에서 60°이기 때문이다. 이면각은 ^3J 짝지음 상수값을 결정하는 데 큰 역할을 한다(7.2C절의 그림 7.6과 그림 7.7 참조). NMR 측정에 비해 단일 결합 주위로의 회전이 매우 빠른 시스템에서는 관찰된 ^3J는 국소적으로 극소값의 에너지를 갖는 각 형태들에 대한 짝지음의

[4] 짝지음 상수를 측정하는 방법은 7.6절에서 자세하게 다룬다.

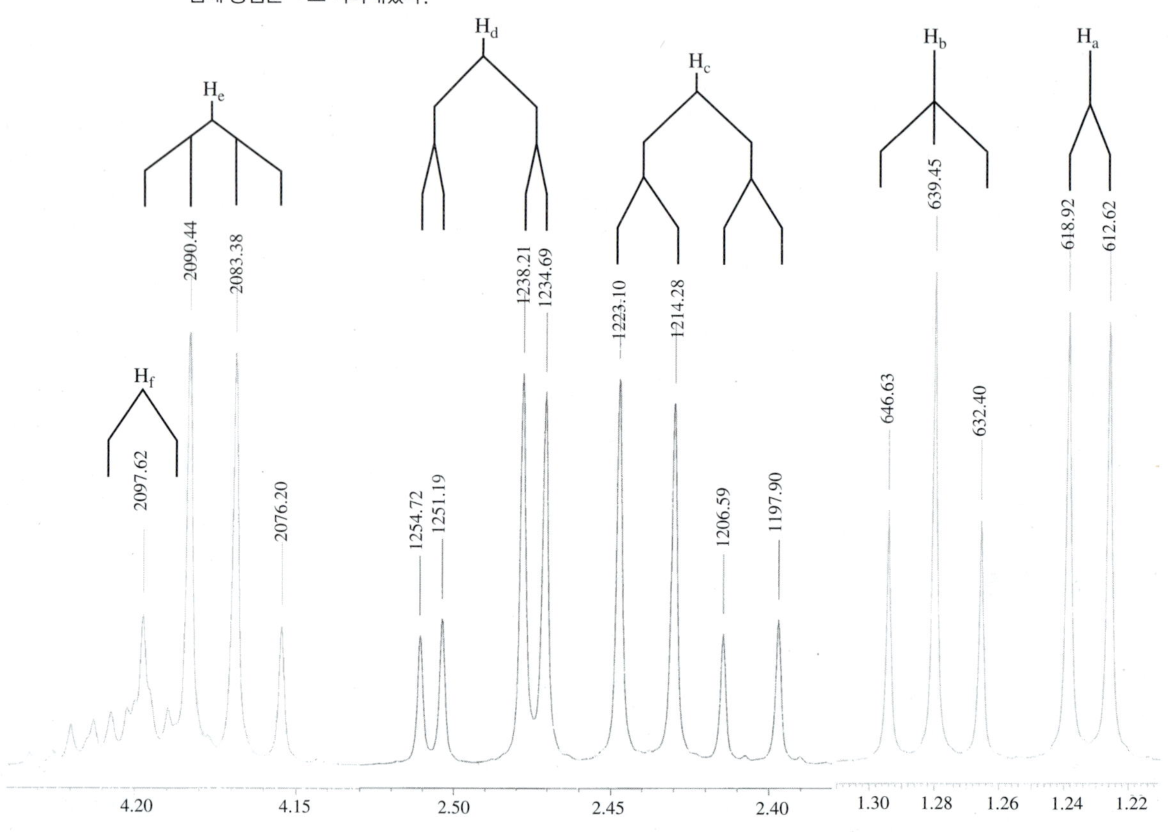

그림 7.21 Ethyl-3-hydroxybutanoate의 ^{1}H NMR 스펙트럼의 확대 그림(500 MHz, $CDCl_3$).

평균이다. 형태들 사이의 퍼텐셜 에너지 차이가 큰 시스템에서 J 값을 할당할 때, 보통 전체적으로 에너지가 극소값인 형태만 고려하는 것도 충분하다.

B. 부분입체이성질성 수소: Anthracene-9-methanol과 *N*-Methylmaleimide의 Diels–Alder 반응의 부가생성물

부분입체이성질성 methylene proton을 갖는 화합물의 또 다른 예는 그림 7.23에 나타낸 바와 같이 anthracene-9-methanol과 *N*-methylmaleimide의 Diels-Alder 반응으로 얻어지는 생성물이다. 분자의 대칭성이 없기 때문에 methylene 그룹이 부분입체이성질성 proton을 갖는 것이 관찰된다. Methylene 그룹에 결합되어 있는 수소 원자, H_f와 H_g는 서로 다른 환경에 놓여 있다. Proton H_f는 질소를 포함하는 고리와 같은 쪽에 있는 반면, proton H_g는 질소를 포함하는 고리에 대하여 반대쪽에 있다. 질소를 포함하는 고리가 존재하지 않으면 분자는 대칭성이고, methylene proton은 동등하며, 따라서 부분입체이성질성이 아니다.

이 생성물의 500 MHz NMR 스펙트럼을 그림 7.24에 나타내었다. 3.25∼3.40 ppm 범위와 4.7∼5.2

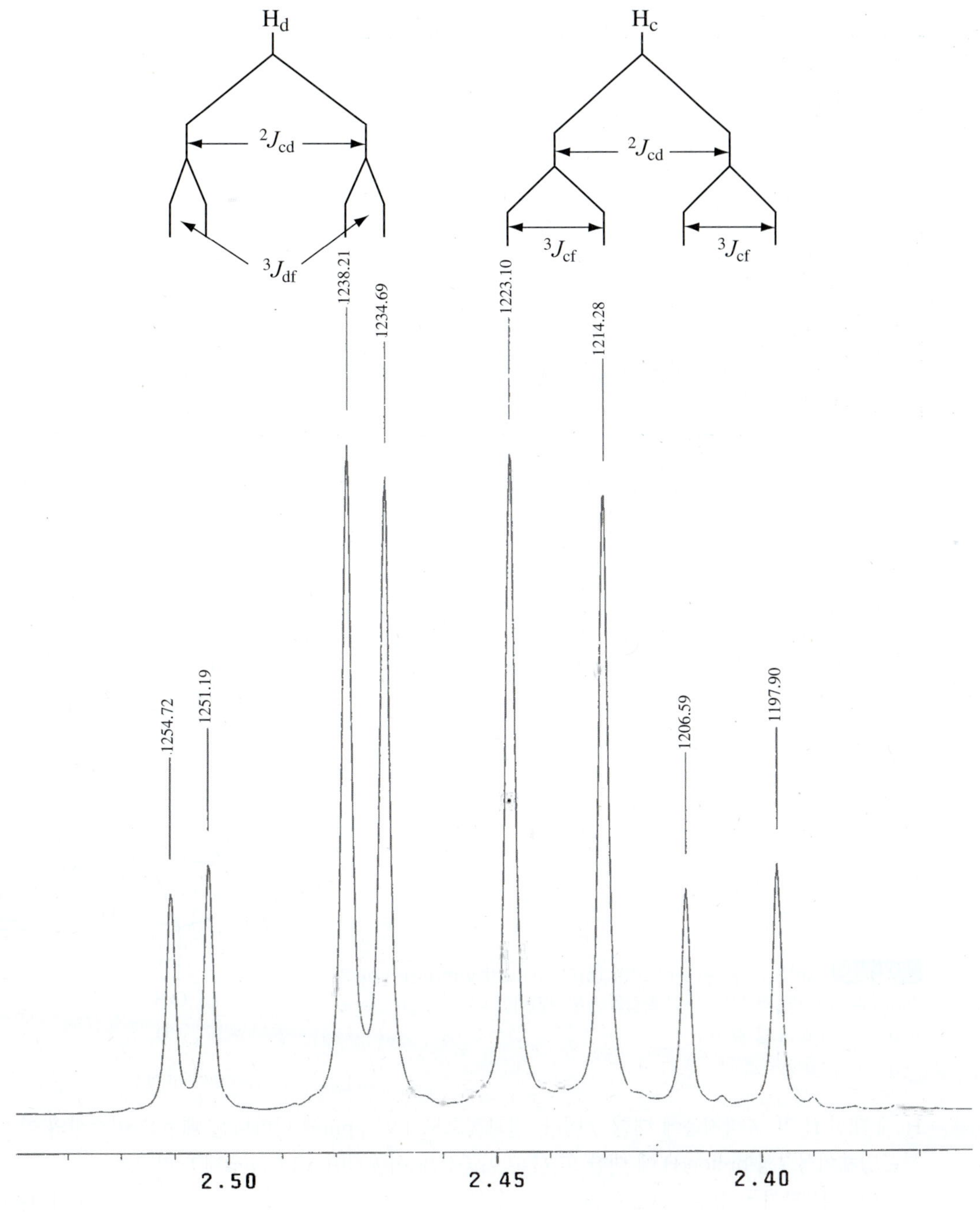

그림 7.22 Ethyl-3-hydroxybutanoate의 ^1H NMR 스펙트럼의 부분입체이성질성 methylene proton의 확대 그림 (500 MHz, $CDCl_3$).

ppm 범위는 확대하여 삽입된 그림으로 함께 나타내었다. 확대된 그림의 피크 위에 나타낸 진동수값은 짝지음 상수의 계산에 사용될 수 있다. 부분입체이성질성 proton H_f와 proton H_g는 4.96 ppm과 5.10 ppm에 나타난다(정확한 할당은 모른다). 할당을 제대로 했다고 가정하면, proton H_g는 4.96 ppm에 이중선($^2J_{fg}$ = 2490.12 − 2478.40 Hz = 약 11.7 Hz)으로 나타난다. 하지만 이중선의 각 끝은 다시 이중선($^3J_{bg}$ = 2490.12 − 2485.36 Hz = 약 4.8 Hz)으로 갈라진다. 4.8 Hz의 짝지음 상수는 OH 그룹에 결합된 proton,

표 7.6 그림 7.22로부터 ^2J 짝지음 상수와 ^3J의 짝지음 상수의 계산

$H_c = 2.42$ ppm
$^2J_{cd} = 1223.10 - 1206.59$ Hz $= 16.51$ Hz, $1214.28 - 1197.90 = 16.38$ Hz.
$\mathbf{^2J_{cd} \approx 16.5}$ **Hz**
$^3J_{cf} = 1223.10 - 1214.28 = 8.82$ Hz, $1206.59 - 1197.90 = 8.69$ Hz
$\mathbf{^3J_{cf} \approx 8.7}$ **Hz**

$H_d = 2.48$ ppm
$^2J_{cd} = 1254.72 - 1238.21 = 16.51$ Hz, $1251.19 - 1234.69 = 16.50$ Hz
$\mathbf{^2J_{cd} \approx 16.5}$ **Hz**
$^3J_{df} = 1254.72 - 1251.19 = 3.53$ Hz, $1238.21 - 1234.69 = 3.52$ Hz
$\mathbf{^3J_{df} \approx 3.5}$ **Hz**

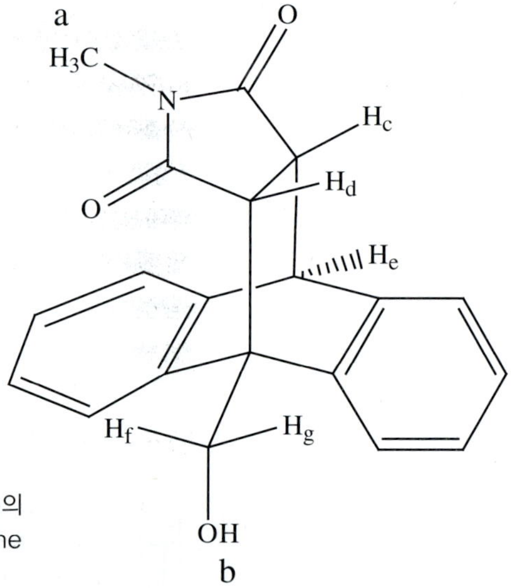

그림 7.23 Anthracene-9-methanol과 *N*-methylmaleimide의 Diels-Alder 반응의 생성물. 이 화합물은 부분입체이성질성 methylene proton인 H_f와 H_g를 갖는다.

H_b에 대한 H_g의 ^3J 짝지음에 대한 것이다. 결과적으로 4.96 ppm에 나타나는 패턴은 이중선의 이중선이다. 부분입체이성질성 proton H_f에 대한 또 다른 이중선의 이중선이 5.13 ppm에 나타난다.

또 다른 짝지음 상수는 3.27 ppm에 나타나는 H_c에 대한 패턴으로부터 얻을 수 있다. 이 패턴은 이중선의 이중선이며, $^3J_{cd} = 8.8$ Hz와 $^3J_{ce} = 3.3$ Hz이다. Proton H_d는 3.36 ppm에 이중선으로 나타나며, $^3J_{cd} = 8.8$ Hz이다. 마지막으로, H_e는 4.75 ppm에 이중선으로 나타나며, $^3J_{ce} = 3.3$ Hz이다. 짝지음 상수를 다음과 같이 정리하였다.

$^2J_{fg} = 11.7$ Hz(4.96 ppm과 5.13 ppm에 나타나는 부분입체이성질성 proton)
$^3J_{bf} = {^3J_{bg}} = 4.8$ Hz(각 부분입체이성질성 proton에 대한 OH의 짝지음)
$^3J_{ce} = 3.3$ Hz(H_e에 대한 H_c의 짝지음)
$^3J_{cd} = 8.8$ Hz(H_d에 대한 H_c의 짝지음)

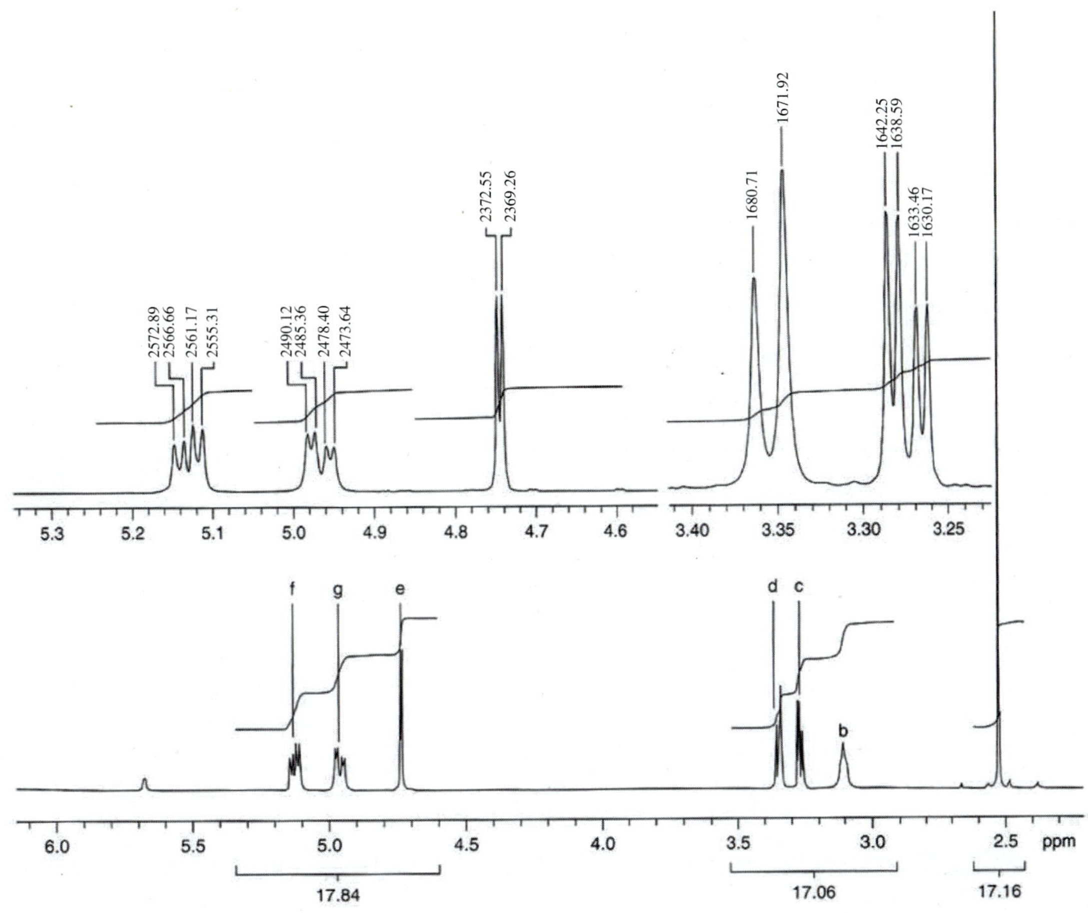

그림 7.24 Anthracene-9-methanol과 *N*-methylmaleimide의 Diels-Alder 반응의 생성물의 500 MHz NMR 스펙트럼($CDCl_3$). 삽입된 그림은 3.25~3.40 ppm 범위와 4.7~5.2 ppm 범위에 대해 확대한 그림이다. 여덟 개의 방향족 고리 proton은 나타내지 않았다(Pavia, D. L., G. M. Lampman, G. S. Kriz, R. G. Engel, *A Microscale Approach to Organic Laboratory Techniques*, 5th ed., Brooks/Cole, Belmont, CA, 2011, p. 926).

C. 부분입체이성질성 수소: 4-Methyl-2-pentanol

이제 부분입체이성질성 proton이 한 개의 geminal 짝지음과 두 개의 vicinal 짝지음을 하여 이중선의 이중선의 이중선(ddd)으로 나타나는 세 번째 짝지음을 갖는 시스템을 살펴보자. 4-Methyl-2-pentanol의 부분입체이성질성 methylene proton을 예로 사용하여 이 유형의 시스템에 대하여 설명하고자 한다. 4-Methyl-2-pentanol의 전체 ^{1}H NMR 스펙트럼을 그림 7.25에 나타내었다. Hydroxyl proton과 methine proton H_d와 함께 부분입체이성질성 methylene proton H_a와 H_b를 나타내는 확대 그림을 그림 7.26에 나타내었다. H_a와 H_b가 서로 갈라지게 한 후, 각각은 또 다시 H_c 및 H_d와 짝지음을 하면 ddd의 세 가지 짝지음을 설명할 수 있다. 짝지음에 대한 해석을 그림 7.27에 나타내었다.

Geminal 짝지음 상수 $^2J_{ab}$ = 13.7 Hz는 비고리 지방족 시스템의 부분입체이성질성 geminal 짝지음에 대한 전형적인 값(7.2B절)이다. 짝지음 상수 $^3J_{bc}$(8.3 Hz)는 $^3J_{ac}$(5.9 Hz)보다 다소 크다. 이는 관련된 형태와 Karplus 관계식(7.2C절)으로부터 예측된 평균 이면각과 잘 일치한다. C-2에 결합된 수소 H_c는 H_a 및 H_b와 짝지음을 할 뿐만 아니라, C-1 methyl 그룹과도 짝지음[$^3J(H_cC{-}CH_3)$ = 5.9 Hz]을 한다. H_c의 갈라짐이 훨씬 더 복잡하기 때문에 이 proton에 대해서는 갈라짐 해석을 위한 나뭇가지 도표를 나타내지 않

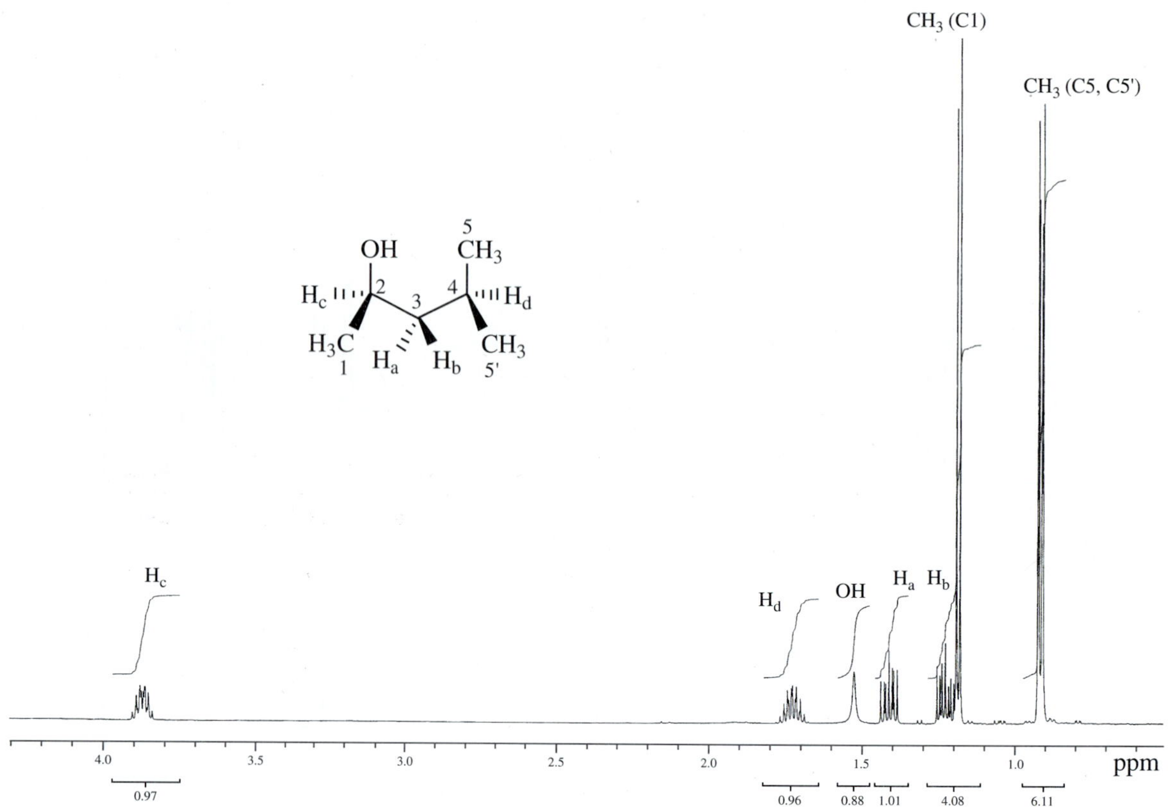

그림 7.25 부분입체이성질성 methyl 그룹과 methylene 그룹을 보여주는 4-methyl-2-pentanol의 ¹H NMR 스펙트럼 (500 MHz, $CDCl_3$).

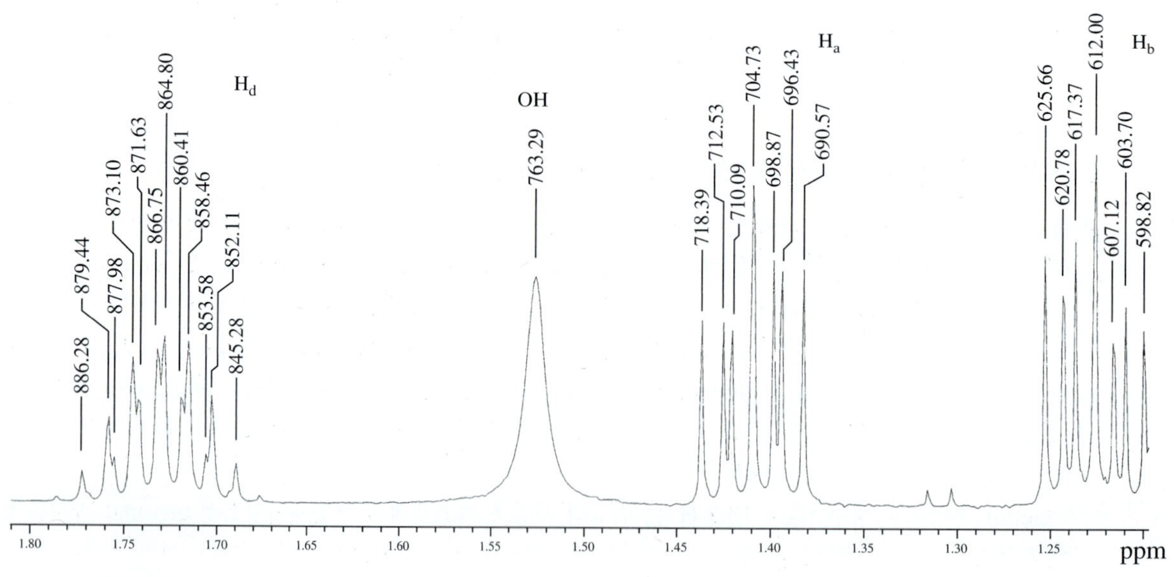

그림 7.26 부분입체이성질성 methylene 그룹을 보여주는 4-methyl-2-pentanol의 ¹H NMR 스펙트럼의 확대 그림.

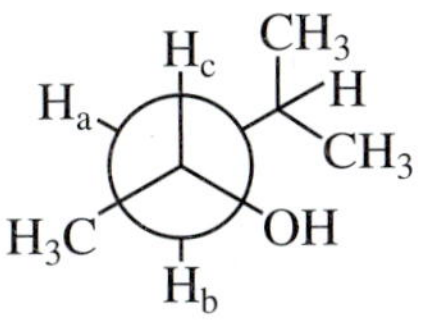
Hc
CH3
H
Ha
CH3
H3C
OH
Hb

가장 낮은 에너지를
갖는 형태

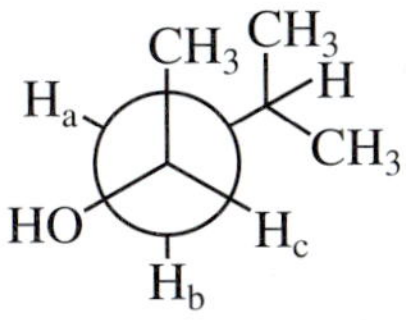
CH3
CH3
H
Ha
CH3
HO
Hc
Hb

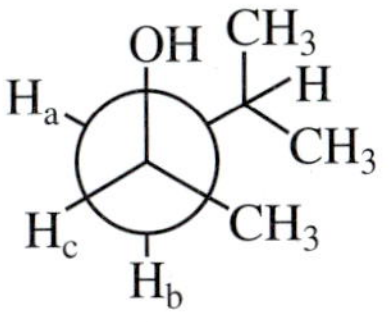
OH
CH3
H
Ha
CH3
Hc
CH3
Hb

가장 높은 에너지를
갖는 형태

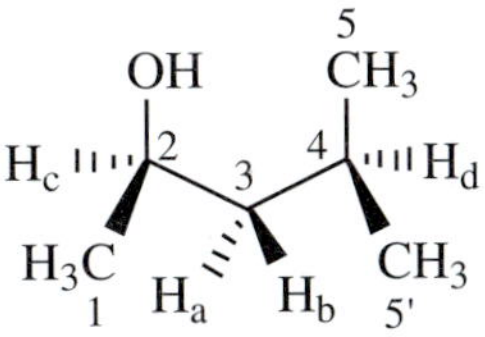
5
OH
CH3
Hc
2
3
4
Hd
H3C
1
Ha
Hb
CH3
5'

4-methyl-2-pentanol

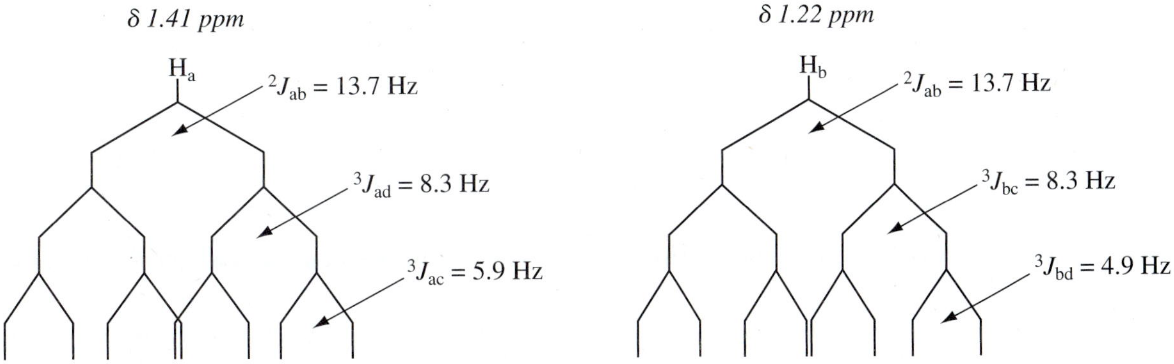
δ 1.41 ppm
Ha
2Jab = 13.7 Hz
3Jad = 8.3 Hz
3Jac = 5.9 Hz
δ 1.22 ppm
Hb
2Jab = 13.7 Hz
3Jbc = 8.3 Hz
3Jbd = 4.9 Hz

그림 7.27 4-Methyl-2-pentanol에서 부분입체이성질성 methylene proton의 갈라짐 도표.

았다. 유사하게, C-4에 결합된 수소(그림 7.26에서 1.74 ppm에 나타나는 수소)도 H_a 및 H_b와의 짝지음과 C-5와 C-5'에 결합된 두 묶음의 부분입체이성질성 methyl proton과의 짝지음으로 인해서 복잡하게 갈라진다. 이와 같이 복잡한 1차 공명으로부터 짝지음 상수를 측정하는 것은 7.5절과 7.6절에서 자세하게 다룰 것이다.

D. 부분입체이성질성 Methyl 그룹: 4-Methyl-2-pentanol

이제 그림 7.25와 그림 7.28에 각각 나타낸 4-methyl-2-pentanol의 ^{1}H NMR 스펙트럼과 ^{13}C NMR 스펙트럼을 살펴보자. 이 분자는 4번 탄소에 5와 5'으로 표지된 부분입체이성질성 methyl 그룹을 가지고 있다. 이 화합물이 부분입체이성질성 그룹을 갖지 않는다면, 화학적으로 구별되는 두 유형의 methyl 그룹만 있으므로 methyl 탄소에 대한 서로 다른 두 개의 피크가 예상된다. 하지만 스펙트럼에는 세 개의 methyl 피크가 있다. 아주 가까운 한 쌍의 공명이 23.18 ppm과 22.37 ppm에서 관찰되는데, 이것이 부분입체이성질성 methyl 그룹이며, 23.99 ppm의 세 번째 공명은 C-1 methyl 그룹의 피크이다. Geminal dimethyl 그룹에 대하여 두 개의 피크가 있다! Methyl 그룹이 결합된 4번 탄소는 24.8 ppm에 나타나고, 3번 탄소는 48.7 ppm에 나타나며, 결합된 hydroxyl에 의해 벗겨지는 2번 탄소는 66.1 ppm에 나타난다.

두 개의 methyl 그룹은 이웃하는 C-2가 입체 중심이기 때문에 약간 다른 화학적 이동을 갖는다. 이 분자에서 두 개의 methyl 그룹은 심지어 자유 회전이 있는 경우에도 항상 동등하지 않다. Newman 투시

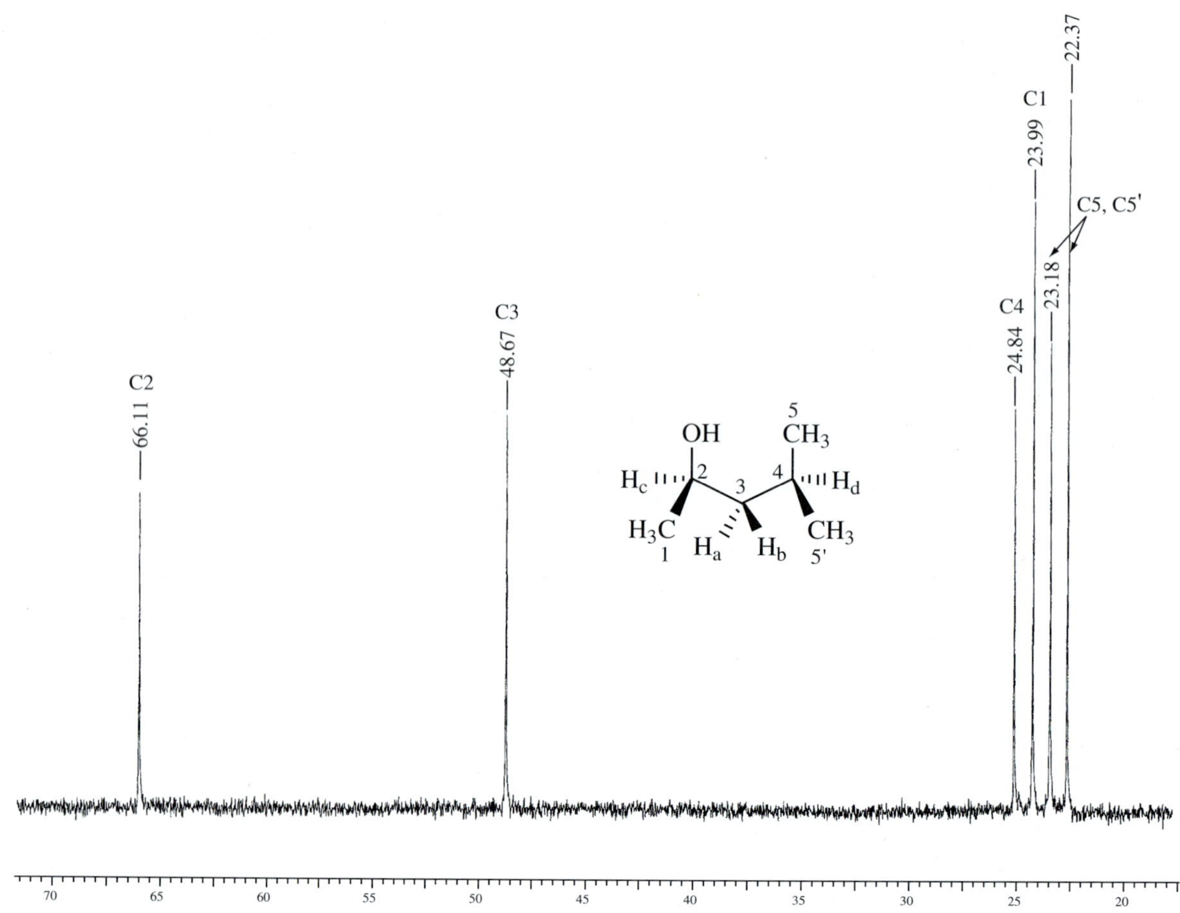

그림 7.28 부분입체이성질성 methyl 그룹을 보여주는 4-methyl-2-pentanol의 ^{13}C NMR 스펙트럼.

도를 사용하여 고정된 다양한 엇갈린 회전 형태를 살펴봄으로써 이 사실을 확인할 수 있다. 어떤 회전 형태에서도 대칭면이 존재하지 않는다. 또한 어떤 methyl 그룹도 거울상이성질성이 아니다.

^{1}H proton NMR 스펙트럼(그림 7.25와 methyl 영역의 확대 그림인 그림 7.29)은 약간 더 복잡하다. 그러나 두 개의 부분입체이성질성 methyl 탄소가 다른 화학적 이동을 갖는 것과 같이 부분입체이성질성 methyl 수소도 다른 화학적 이동을 갖는다. C-4에 결합된 수소 원자는 각 methyl 그룹을 이중선으로 갈라지게 한다. Methyl proton 사이의 화학적 이동 차이는 매우 작지만, 두 개의 이중선은 부분적으로 겹친다. Methyl 이중선의 하나는 0.92 ppm(J = 6.8 Hz)에서 관찰되고, 다른 부분입체이성질성 methyl 이중선은 0.91 ppm(J = 6.8 Hz)에서 관찰된다. C-1 methyl 그룹도 C-2에 결합된 수소에 의해 갈라져서(J = 5.9 Hz) 1.18 ppm에 이중선으로 나타난다.

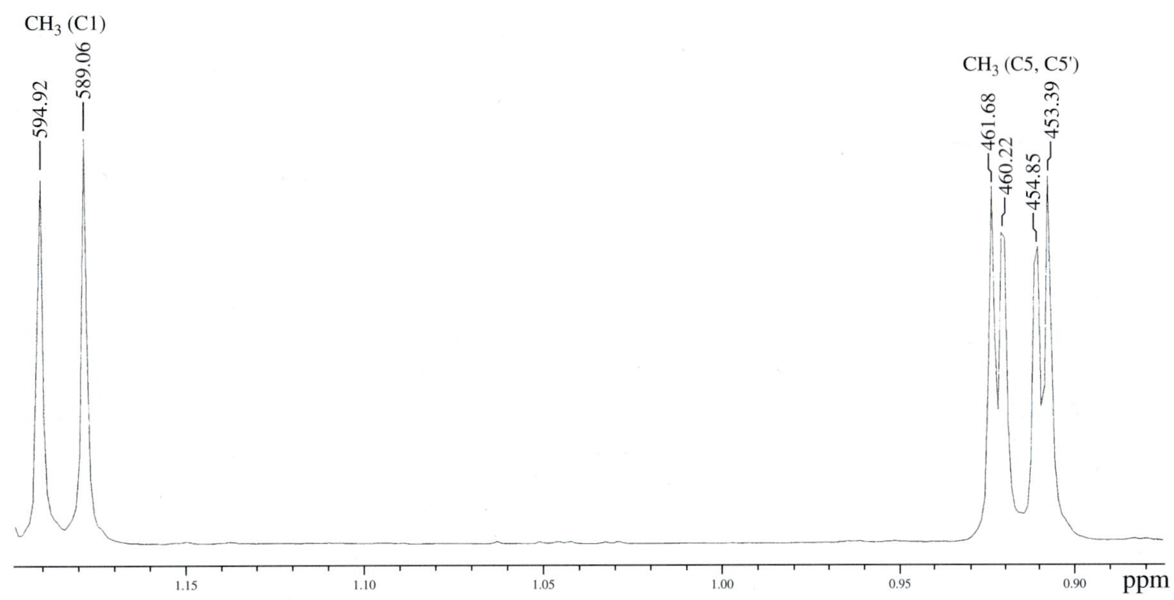

그림 7.29 부분입체이성질성 methyl 그룹을 보여주는 4-methyl-2-pentanol ^{1}H NMR 스펙트럼의 높은 장 범위.

7.5 그룹 안에서의 비동등성 – $n + 1$ 규칙이 성립하지 않는 경우 나뭇가지 도표의 이용

하나의 탄소에 결합된 proton들이 화학적으로 동등하다면(화학적 이동이 같다면) $n + 1$ 규칙으로 갈라짐 패턴을 성공적으로 예측할 수 있다. 반면 하나의 탄소에 결합된 proton들이 화학적으로 동등하지 않다면(화학적 이동이 다른 값을 가지면), $n + 1$ 규칙은 더 이상 적용할 수 없다. $n + 1$ 규칙이 성립하는 경우(1,1,2-trichloroethane)와 그렇지 않은 경우(styrene oxide)를 살펴보자.

1,1,2-Trichloroethane의 스펙트럼이 제5장 5.13절의 그림 5.25에 제시되었다. 이와 같은 대칭 분자는 $-CH_2-CH-$ 형태의 세 개의 proton-시스템을 가지며, 두 개의 methylene proton은 동등하다. C–C 결합 주위로의 자유로운 회전 때문에 각 methylene proton은 같은 평균 환경을 경험하며, 등화학적 이동이고(같은 화학적 이동을 갖는다), 서로를 갈라지게 하지 않는다. 또한 자유로운 회전으로 두 개의 proton은 methine(CH) 수소에 대해 같은 평균 짝지음 상수 J를 갖는다. 결과적으로 proton들은 한 그룹처럼 행동하며, 그 proton들 사이의 geminal 짝지음으로 어떤 갈라짐도 일어나지 않는다. $n + 1$ 규칙에 의해 정확하게 CH_2 proton은 하나의 이웃 수소 때문에 이중선으로 예측되고, CH proton은 두 개의 이웃 수소 때문에 삼중선으로 예측된다. 그림 7.30a에 이 분자의 갈라짐에 대한 설명을 나타내었다.

그림 7.31은 styrene oxide의 ^{1}H 스펙트럼으로서 화학적 비동등성이 스펙트럼을 얼마나 복잡하게 하는지를 잘 보여준다. 삼원자 고리가 회전을 막기 때문에 proton H_A와 proton H_B의 화학적 이동값이 달라진다. 두 proton은 화학적으로도 자기적으로도 동등하지 않다. 수소 H_A는 phenyl 그룹과 함께 고리의 같은 쪽에 놓여 있고, 수소 H_B는 phenyl 그룹에 대해 고리의 반대쪽에 놓여 있다. 두 수소는 약간 다른 화학적 이동값을 갖는다. H_A = 2.75 ppm에 나타나고, H_B = 3.09 ppm에 나타나며, 서로 geminal 짝지음을 한다. 3.81 ppm에 나타나는 세 번째 proton H_C도 H_A(*trans*)와 H_B(*cis*)에 대해 각각 *다르게* 짝지음을 한다. H_A와 H_B가 동등하지 않고, H_C와 H_A 사이의 짝지음이 H_C와 H_B 사이의 짝지음과 다르므로($^3J_{AC} \neq {}^3J_{BC}$) $n + 1$ 규칙은 맞지 않고, styrene oxide의 스펙트럼은 더욱 복잡하게 된다. 스펙트럼을 설명하려면, 각각의 수소를 개별적으로 검토해야 하며, 개별 수소와 다른 수소에 대해 독립적인 모든 수소와의 짝지음을 설명하여야 한다. 그림 7.30b에 이 상황에 대한 변수들을 나타내었다.

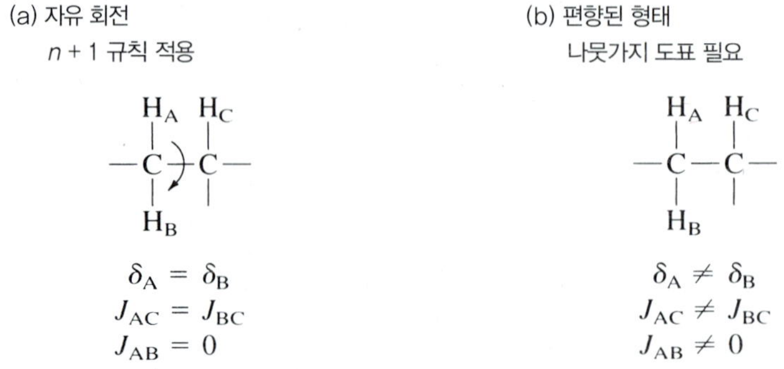

(a) 자유 회전
$n+1$ 규칙 적용

H_A H_C
—C—C—
H_B

$\delta_A = \delta_B$
$J_{AC} = J_{BC}$
$J_{AB} = 0$

(b) 편향된 형태
나뭇가지 도표 필요

H_A H_C
—C—C—
H_B

$\delta_A \neq \delta_B$
$J_{AC} \neq J_{BC}$
$J_{AB} \neq 0$

그림 7.30 갈라짐의 두 가지 경우.

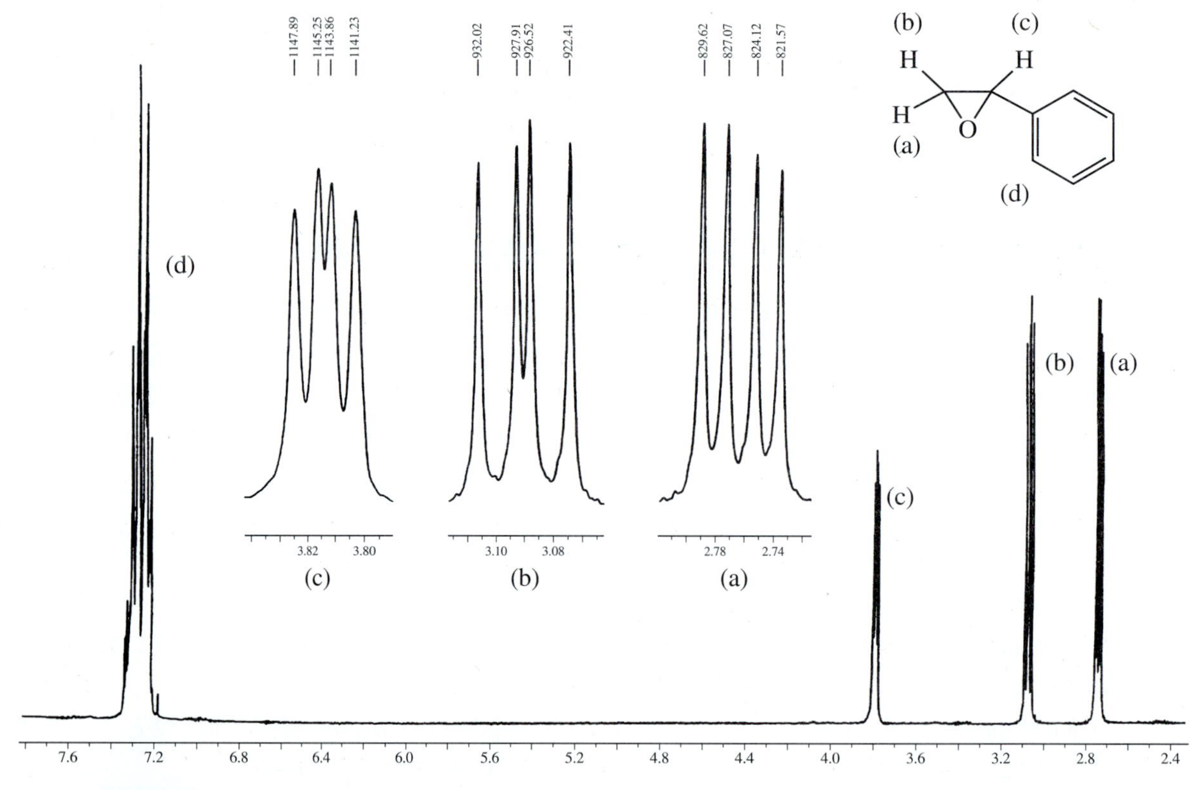

그림 7.31 Styrene oxide의 ^{1}H NMR 스펙트럼.

Styrene oxide의 갈라짐 패턴의 해석은 **도식적 해석**(graphical analyses) 또는 **나뭇가지 도표**(tree diagrams)를 이용하여 각 갈라짐별로 하나씩 수행할 수 있다(그림 7.32). 수소 H_C부터 살펴보자. 첫째, H_B의 두 가지 가능한 스핀이 H_C를 이중선으로 갈라지게($^3J_{BC}$) 한다. 두 번째로 H_A는 그 이중선의 각각을 또 다시 다른 이중선으로 갈라지게($^3J_{AC}$) 한다. 이와 같이 결과적으로 얻어진 두 이중선 패턴을 **이중선의 이중선**(doublet of doublets)이라 부른다. H_A에 의한 갈라짐을 먼저 하고, 그 다음에 H_B에 의한 갈라짐을 고려해도 같은 갈라짐을 관찰할 수 있다. 보통 *갈라짐이 가장 큰 것을 먼저 보여주는 것*이 관례지만, 올바른 결과를 얻기 위하여 꼭 이와 같은 관습을 따라야 하는 것은 아니다. 만약 실제 짝지음 상수값이 알려져 있

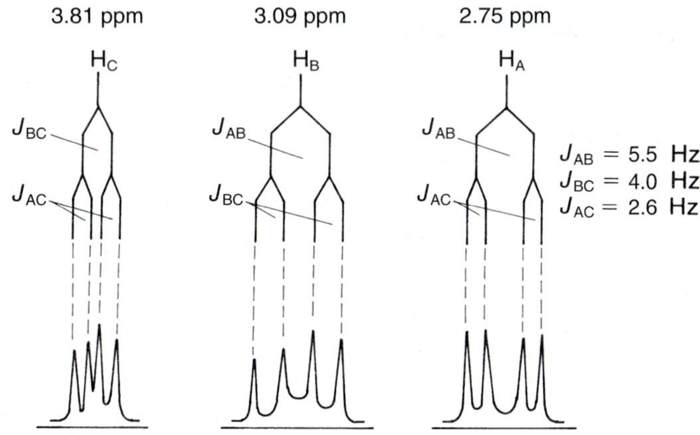

그림 7.32 Styrene oxide 갈라짐 패턴의 해석.

다면, 가로 세로 1 mm 간격으로 눈금이 그려진 모눈종이에 척도와 함께 직접 그려 이 해석을 수행하면 아주 편리하게 할 수 있다.

$^3J_{BC}$(*cis*)는 $^3J_{AC}$(*trans*)보다 큰 것에 주목하여라. 이것은 작은 고리 화합물의 전형적인 특징으로서 서로 *cis* 위치에 있는 proton 사이의 상호작용은 서로 *trans* 위치에 있는 proton 사이의 상호작용보다 크다(7.2C절과 그림 7.10 참조). 따라서 H_C는 3.81 ppm에 중심을 둔 *네* 피크의 묶음(다른 이중선의 이중선)으로 나타나는 것을 볼 수 있다. 유사하게 H_A와 H_B의 공명도 각각 2.75 ppm과 3.09 ppm에 중심을 둔 이중선의 이중선으로 나타난다. 그림 7.32 역시 이와 같은 갈라짐을 보여준다. 자기적으로 동등하지 않은 proton H_A와 proton H_B가 상당히 큰 geminal 갈라짐($^2J_{AB}$)을 보여주는 것에 주목하여라.

살펴본 바와 같이 동등하지 않은 수소의 그룹을 포함하는 분자에 대한 갈라짐 상황은 매우 복잡하다. 사실, 위에 주어진 도식적인 해석이 옳다고 어떻게 확신할 수 있을까라는 의문이 생길 수도 있다. 첫째, 이 해석은 전체 패턴을 설명하고 있고, 둘째, 이 해석은 자체적인 모순이 없다. 짝지음 상수는 사용되는 어디에서나 항상 같은 크기를 갖는 것에 유의하여라. 따라서, 해석할 때, $^3J_{BC}$(*cis*)의 경우 H_C의 갈라짐에 사용될 때나 H_B의 갈라짐에 사용될 때 모두 같은 크기로 주어진다. 유사하게 $^3J_{AC}$(*trans*)의 경우도 H_C의 갈라짐에 사용될 때나 H_A의 갈라짐에 사용될 때나 모두 같은 크기를 갖는다. 짝지음 상수 $^2J_{AB}$(geminal)도 H_A와 H_B에 대해 같은 크기를 갖는다. 갈라짐을 해석할 때 이와 같은 자체 일관성(self-consistency)이 보이지 않으면, 갈라짐 해석은 옳지 않을지도 모른다. 7.28 ppm에 나타나는 NMR 피크를 phenyl 고리의 proton으로 인한 것으로 할당하면 해석이 끝난다. Phenyl 고리의 proton은 다섯 개의 proton으로 적분되며, 다른 세 개의 다중선은 각각 하나의 proton으로 적분된다.

이 시점에서 주의 사항 하나를 짚고 넘어가자. 어떤 분자에서는 갈라짐 상황이 너무 복잡하여 사실상 초보 학생이 그것을 해석한다는 것은 불가능하다. 여러분들의 이해를 돕기 위해서 7.6절에서 짝지음 상수를 결정하는 과정에 대해서 매우 자세하게 설명할 것이다. 겉으로 보기에는 간단한 분자와 관련된 상황이지만, 그 분자에 대한 도식적 해석이 지금 막 끝낸 유형과 같은 도식적 해석으로는 충분하지 않은 상황도 있다(2차 스펙트럼). 7.7절에서 이와 같은 경우에 대한 몇 가지 예를 기술할 것이다.

지금까지 n +1 규칙을 적용할 수 없는 세 가지 상황을 검토하였다. (1) 짝지음이 스핀 = $\frac{1}{2}$을 갖지 않는 수소 이외의 핵과 연관되어 있는 경우(예, 중수소, 6.13절 참조), (2) 같은 탄소에 결합되어 있는 proton의 묶음이 서로 동등하지 않은 경우, (3) 두 묶음의 proton 사이의 화학적 이동의 차이가 서로 짝지음하는 핵 사이의 짝지음 상수에 비해서 작은 경우(7.7절과 7.8절 참조).

7.6 1차 스펙트럼으로부터 짝지음 상수의 측정

실제 스펙트럼에서 짝지음 상수를 측정하고자 할 때, 어떻게 하는 것이 올바르게 하는 것인지에 대해 항상 궁금할 것이다. 이 절에서는 이와 같은 문제를 접근하는 데 도움을 주는 지침을 제공할 것이다. 여기에 주어진 방법은 1차 스펙트럼에 적용할 수 있고, 2차 스펙트럼에 대한 해석은 7.7절에서 논의할 것이다. NMR 스펙트럼에 적용된 "1차"라는 의미는 무엇일까? 스펙트럼이 1차가 되기 위해서는 두 개의 짝지은 공명 사이의 진동수 차이($\Delta\nu$, Hz)가 서로 관련된 짝지음 상수보다 상당히 커야 한다. 1차 스펙트럼은 $\Delta\nu/J > \sim 6$을 갖는다.[5]

1차 공명은 많은 유용한 특징을 가지고 있다. 그 중에서 일부는 개별 짝지음의 개수, n과 관련되어 있다.

1. 다중선의 화학적 이동의 중간 지점에 대해 대칭이다. 하지만 많은 2차 스펙트럼의 패턴도 점대칭성(centrosymmetric)이다(7.7절).
2. 다중선에서 선의 최대 개수는 2^n이다. 실제 선의 개수는 개별 J 값 사이에서 우연히 수학적 상관관계가 일치하여 겹치게 되므로 종종 최대 개수보다 적다.
3. 다중선에서 선의 세기의 합은 2^n이다.
4. 다중선에서 선의 세기는 Pascal의 삼각형에 따른다(5.16절).
5. 다중선에서 적당한 선 사이의 간격을 측정하여 J 값을 직접적으로 측정할 수 있다.
6. 다중선에서 가장 바깥쪽에 있는 두 선 사이의 거리는 모든 개별 짝지음의 합, ΣJ이다.

A. 간단한 다중선 – 하나의 J 값(하나의 짝지음)

하나의 J 값(하나의 짝지음)이 관련된 간단한 다중선에 대한 짝지음 상수값을 측정하는 것은 어렵지 않다. 이 경우에 다중선에서 연속되는 두 피크 사이의 간격을 간단하게 Hz 단위로 측정하면 된다. 이것은 이미 제5장 5.17절에서 논의하였다. 또한 ppm 단위의 차이를 Hz 단위로 전환하는 방법도 5.17절에서 논의하였다. 그 관계식은 다음과 같고, 해당하는 간단한 값을 표 7.7에 나타내었다.

$$1\ \text{ppm에 해당하는 Hz 값} = \text{Hz 단위 분광기 진동수} \div 1{,}000{,}000$$

분광기의 진동수가 ***n* MHz**라면, 결과적으로 스펙트럼의 1 ppm은 ***n* Hz**가 된다. 이 관계를 이용하면 화학적 이동이 ppm 단위로만 알려져 있을 때, 두 피크를 연결지어 쉽게 짝지음 상수값을 얻을 수 있다. 즉,

표 7.7 다양한 분광기 작동 진동수에서 ppm 단위를 Hz 단위로 바꾸기 위한 환산 인자

분광기 진동수	1 ppm에 해당하는 Hz 값
60 MHz	60 Hz
100 MHz	100 Hz
300 MHz	300 Hz
500 MHz	500 Hz

[5] 1차 스펙트럼에 대한 $\Delta\nu/J > 6$의 선택은 엄격한 규칙은 아니다. 어떤 교재에서는 $\Delta\nu/J$ 값이 10보다 커야 1차 스펙트럼이라고 제안하기도 한다. 어떤 경우에는 다중선이 $\Delta\nu/J$ 값이 6보다 약간 작은 값을 갖더라도 본질적으로 1차 스펙트럼으로 나타나기도 한다.

ppm 단위로 화학적 이동의 차이를 계산하고, 간단하게 1 ppm에 해당하는 Hz 환산 인자를 곱하기만 하면 된다.

대부분의 최신 FT-NMR 기기의 작동 소프트웨어는 일반적으로 피크 위치를 Hz와 ppm 모두로 표시해 준다. 최신 300 MHz FT-NMR로부터 얻은 인쇄된 출력물의 예를 그림 7.33에 나타내었다. 이 칠중선에서 피크의 화학적 이동값(ppm)은 스펙트럼 아래에 인쇄된 척도(눈금선)로부터 얻을 수 있고, Hz 단위로 나타낸 각 피크의 값은 각 피크 위에 수직으로 인쇄되어 있다. 짝지음 상수값을 얻기 위해서는 연속되는 두 피크의 Hz 값을 서로 빼주면 된다. 하지만 이렇게 하여 얻은 모든 차이값이 항상 동일하지는 않다. 이 경우 차이값은 공명의 낮은 장에서부터 시작하여 6.889, 6.858, 6.852, 6.895, 6.871, 6.820 Hz이다. 이와 같이 값들이 서로 일치하지 않는 이유는 두 가지가 있다. 첫째, 지나치게 많은 자릿수를 갖는 값을 부여하여 적절한 개수의 유효숫자를 보증할 수 없는 경우이다. 스펙트럼이 가지고 있는 본래의 선너비(line-width)로 인하여 0.1 Hz 미만의 차이는 중요하지 않다. 위의 값들을 소수 둘째 자리에서 반올림하여 소수 첫째 자리(0.1 Hz 단위)까지만 나타내면, 선의 간격은 6.9, 6.9, 6.9, 6.9, 6.9, 6.8 Hz로 서로 훌륭하게 잘 일치한다. 둘째, 피크로 주어진 값이 스펙트럼에서 자료를 나타내기 위한 점의 개수에 항상 정확하게 의존하는 것은 아니다. FID를 수집하는 동안 불충분한 개수의 자료의 점들이 기록된다면(단위 점당 큰 Hz 값이 기록된다면), 피크의 꼭짓점이 기록된 자료의 점과 정확하게 대응하지 않을 수도 있다. 이와 같은 상황으로 화학적 이동에 작은 오차가 생긴다(**역자주**. 스펙트럼을 측정할 때, 주어진 범위에서 연속적인 자료를 측정을 하는 것이 아니라 많은 구획으로 나누어 한정된 자료를 측정한다. 측정값을 점으로 나타낸 다음 점과 점 사이를 선으로 연결하여 스펙트럼을 나타낸다. 따라서 피크에 해당되는 값은 점과 점 사이의 차이만큼 오차를 수반할 수 있다. 아주 촘촘하게 얻은 점이면 그 오차가 작아 기록된 값이 실제 참값과 거의 같을 것이다. 하지만 듬성듬성 얻은 점이면 그 오차가 커서 기록된 값이 실제 참값과 차이가 날 수도 있다).

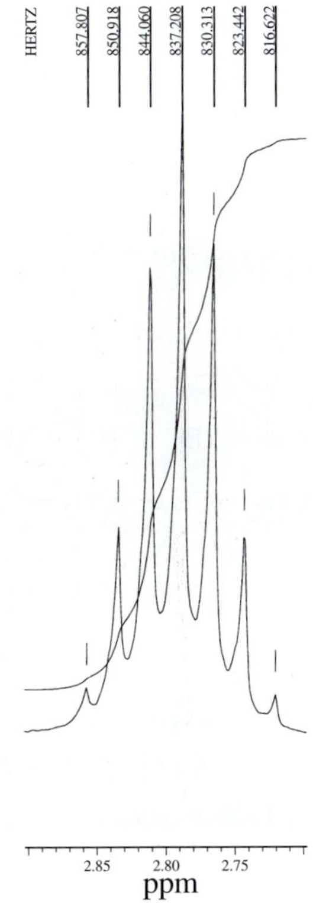

그림 7.33 ppm 값과 Hz 값으로 주어진 피크 위치를 보여주는 300 MHz에서 얻어진 칠중선.

표 7.8 일련의 이중선으로 1차 다중선의 해석

동등한 짝지음의 수	다중선의 겉모습	동등한 일련의 이중선	선의 세기의 합
1	이중선	d	2
2	삼중선	dd	4
3	사중선	ddd	8
4	오중선	dddd	16
5	육중선	ddddd	32
6	칠중선	dddddd	64
7	팔중선	ddddddd	128
8	구중선	dddddddd	256

다중선에 대해 서로 일치되지 않는 J 값을 얻었을 때, 반올림하여 유효숫자를 두 자리로 맞추면 보통 적절하게 일치된다. 값이 비슷할 경우엔 평균을 얻은 후에 유효숫자 두 자리를 맞추면 된다. 대부분의 경우에 측정된 모든 J 값 사이의 차이가 0.3 Hz 미만이면 문제가 없다. 그림 7.33에 나타낸 칠중선에서 모든 차이값의 평균은 6.864 Hz이고, 짝지음 상수로 적절한 값은 유효숫자 두 자리인 6.9 Hz이다.

하나 이상의 구별되는 짝지음 관계를 갖는 다중선을 검토하기 전에, $n + 1$ 규칙으로 적절하게 설명할 수 있는 간단한 다중선을 살펴보는 것이 도움이 될 것이며, 각 개별 짝지음 관계를 분리하여 검토함으로써 다중선을 일련의 이중선으로 간주하기 시작하는 것이 도움이 될 것이다. 예를 들어, 삼중선(t)은 두 개의 동등한 짝지음($n = 2$)이 존재하는 이중선의 이중선(dd)으로 간주할 수 있다($J_1 = J_2$). 삼중선의 선의 세기(1:2:1)의 합은 2^n과 같고, $n = 2$일 때 4이다($1 + 2 + 1 = 2^2 = 4$). 유사하게, 사중선은 세 개의 동등한 짝지음($n = 3$)이 존재할 때, 이중선의 이중선의 이중선으로 생각할 수 있다($J_1 = J_2 = J_3$). 사중선의 선의 세기(1:3:3:1)의 합은 2^n과 같고, $n = 3$일 때 8이다($1 + 3 + 3 + 1 = 2^3 = 8$). 표 7.8에 몇 가지 해석의 예를 더 나타내었다.

B. $n + 1$ 규칙은 실제로 항상 지켜지는가?

선형 사슬 분자에서 $n + 1$ 규칙은 vicinal proton 짝지음 상수(^3J)가 모든 연속되는 탄소쌍에서 정확하게 같을 때만 엄격하게 지켜진다.

$$\begin{array}{cccc} (A) & (B) & (C) & (D) \\ -CH_2- & CH_2- & CH_2- & CH_2- \end{array}$$

$$J_{AB} = J_{BC} = J_{CD} \text{ 등}$$

n + 1 규칙이 엄격하게 적용되는 조건

세 탄소 사슬을 예로 들어보자. 탄소 A와 탄소 C에 결합된 proton은 탄소 B에 결합된 proton을 갈라지게 한다. 탄소 A와 탄소 C에 결합된 proton이 총 네 개라면 $n + 1$ 규칙에 의해 오중선이 예상된다. $^3J_{AB} = {}^3J_{BC}$가 성립할 경우에만 그와 같이 나온다. 그림 7.34에 상황에 대한 도식적 설명을 나타내었다.

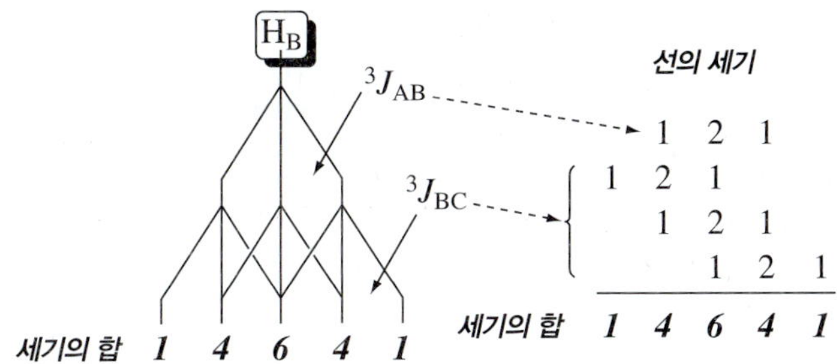

그림 7.34 모두 동등한 짝지음 값을 갖는 네 개의 이웃이 있는 methylene 그룹에 대한 오중선의 구성.

이 상황을 설명하는 한 가지 방법은 삼중선의 삼중선으로 설명하는 것이다. 앞에서 B로 표시된 methylene proton이 A로 표시된 이웃하는 methylene proton에 의해서 삼중선으로 갈라지고, C로 표시된 이웃하는 methylene proton에 의해 다시 삼중선으로 갈라지기 때문이다. 먼저 탄소 A에 결합된 proton이 탄소 B에 결합된 proton을 갈라지게 하여($^3J_{AB}$) 세기 비율 1:2:1의 삼중선이 생긴다. 다시 탄소 C에 결합된 proton이 삼중선의 *각 성분*을 또 다른 삼중선으로 갈라지게 한다($^3J_{BC}$, 세기 비율 1:2:1). 이 단계에서 두 번째 갈라짐 상호작용으로 생기는 많은 선이 같은 간격(J 값)을 갖기 때문에 첫 번째 갈라짐 상호작용으로 생긴 선과 *겹친다.* 이와 같은 우연의 일치로 다섯 개의 선만이 관찰된다. 그러나 최종 다섯 선 패턴(오중선)의 예측되는 세기는 각 단계의 갈라짐의 세기를 더하면 쉽게 확인할 수 있다(그림 7.34 참조). 이 세기는 Pascal의 삼각형(5.16절)으로 예측된 것과 일치한다. 따라서 $n + 1$ 규칙의 성립은 이와 같은 특수 조건에서만 가능하다. 즉, 모든 vicinal 짝지음의 크기가 동일할 경우에만 가능하다.

앞의 상황을 설명하는 또 다른 방법은 $^3J_{AB} = {}^3J_{A'B} = {}^3J_{BC} = {}^3J_{BC'}$일 때, H_B methylene proton을 이중선의 이중선의 이중선의 이중선(dddd)으로 고려하는 것이다. 네 개의 구별되는 짝지음에 대해서 H_B 다중선의 선의 세기의 합은 $2^4 = 16$이 될 것이다. H_B에 대한 갈라짐 나뭇가지 도표를 작성하고, 각 이중선에 대한 세기를 배분하면서 결국 같은 결론에 도달할 것이다. H_B는 1:4:6:4:1 = 16의 선의 세기를 갖는 겉보기 오중선이다(그림 7.35)

하지만 많은 분자에서 J_{AB}는 J_{BC}와 서로 약간 다르다. 선들이 완벽하게 겹치지는 것이 아니기 때문에, 다중선에 피크 넓혀짐이 일어난다[피크 간격의 크기(Hz 단위)가 너무 작아서 NMR 기기가 각각 분리된 피크 성분으로 구별하지 못하기 때문에 피크가 넓혀진다].

때때로 오중선의 교란이 약간만 있어서 피크의 옆에 볼록 나온 봉우리(shoulder)가 보이거나 피크의 중간에 움푹 들어간 부분(dip)이 보이기도 한다. 또 다른 경우, $^3J_{AB}$와 $^3J_{BC}$의 차이가 클 때, 다섯 개 이상의 피크가 나타날 수도 있다. X와 Y의 특성이 매우 다른 X−$CH_2CH_2CH_2$−Y 유형의 사슬에서 이와 같은 벗어남이 가장 흔하다. 이와 같은 벗어남에 대한 근본적인 원인을 그림 7.36에 도식적인 설명으로 나타내었다.

Methylene만으로 구성되어 있거나 또는 그렇지 않거나 사슬의 길이에 관계없이 이와 같은 현상을 나타낼 수 있다. 예를 들어, propylbenzene의 두 번째 methylene 그룹에 있는 proton의 스펙트럼은 아래와 같이 시뮬레이션할 수 있다. 갈라짐 패턴은 대체로 육중선이지만, 두 번째 선에는 왼쪽에 볼록 나온 봉우리가 있고, 네 번째 선에는 분별되지 않은 갈라짐이 있다. 다른 피크는 어느 정도 넓혀져 있다.

1 2 3
Ph−CH_2−CH_2−CH_3

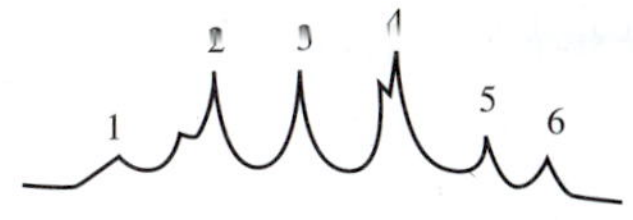

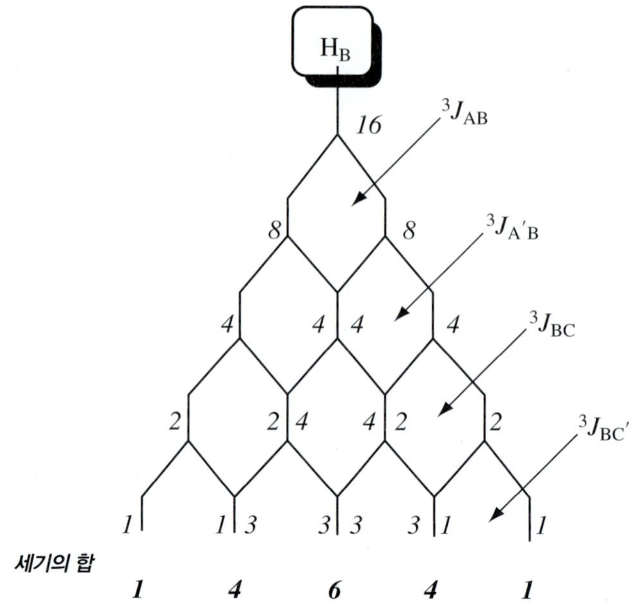

그림 7.35 네 개의 이웃을 갖는 methylene 그룹을 dddd로 고려했을 때의 오중선 구성.

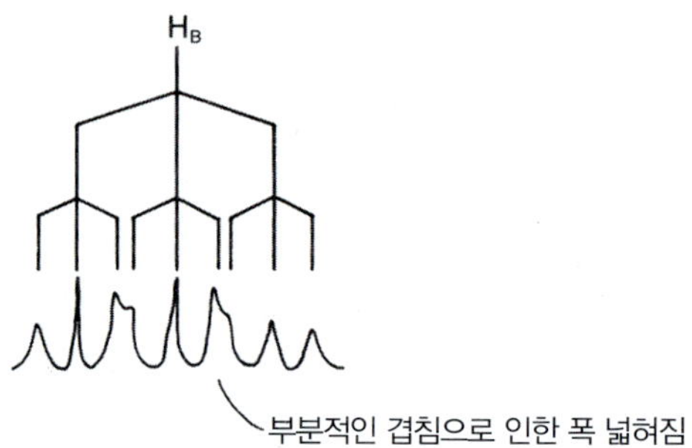

그림 7.36 $^3J_{AB} \neq {}^3J_{BC}$일 때 간단한 오중선이 복잡한 패턴으로 바뀐다.

C. 더 복잡한 다중선 – 하나 이상의 *J* 값

구별되는 하나의 짝지음보다 더 많은 복잡한 공명을 분석할 때, 모든 짝지음 상수를 측정하는 것은 어려운 일이다. 많은 화학자들은 게으른 방식을 택하여 복잡한 공명을 단순히 "다중선"으로 부른다. 이로 인하여 복합적인 수준에서 문제가 생긴다. 첫째, 짝지음 상수는 화합물의 2차원 구조(결합의 연결성)는 물론 3차원 구조(입체 화학)에 관한 유용한 정보를 제공한다. 펄스 장 기울기(pulsed field gradients, PFGs)를 갖춘 고자기장 기기가 이용가능할 경우에, 종종 화학자들은 즉각적으로 COSY, NOESY와 같은 2-D NMR 기법(제9장)을 활용하여 스핀 시스템 내의 결합의 연결성과 3차원 구조를 각각 결정할 수 있다. 공명이 아주 심하게 겹쳐지지 않았거나 2차가 아닐 때, 방법을 알고 있으면, 간단한 1차원 ^{1}H NMR 스펙트럼으로부터 종종 같은 정보를 얻을 수도 있다. 따라서 *1차 공명으로부터 모든 짝지음 상수를 결정해 보려는 노력은 항상 가치가 있는 일이다.*

하나 이상의 짝지음을 갖는 시스템에서 짝지음 상수를 측정할 때, 각 다중선의 중간에 해당하는 적절한 화학적 이동값에 어떠한 피크도 위치하지 않아서 종종 다중선 피크 사이의 *J* 값을 직접 구할 수 있다는 것을 알게 될 것이다. 그림 7.37a에 이중선의 이중선을 이용하여 이에 대해 설명하였다. 이 경우, 첫 번째 짝지음 J_1을 얻을 수 있는 화학적 이동값들에 어떤 피크도 위치해 있지 않다. 처음 접하는 학생들은 피크 1과 피크 2에 대한 화학적 이동값을 평균내고, 피크 3과 피크 4에 대한 화학적 이동값을 평균낸 후, 그 차이를 구하려고 시도할 것이다(점선). 그렇게 할 필요는 없다. 조금만 주의 깊게 살펴보면, 피크 1과 피크 3 사이의 거리와 피크 2와 피크 4 사이의 거리(실선 화살표)로부터 아주 쉽게 원하는 값을 얻을 수 있다. 이와 같은 상황은 잘 분리된 다중선에서 짝수 개의 부피크(이중선, 사중선 등)가 존재하는 경우에 항상 일어난다. 이와 같은 시스템에서는 적절한 간격으로 서로 떨어져 있는 부피크 쌍을 찾아 원하는 값을 얻을 수 있다. 어떤 피크들이 적절한 것인지를 결정하기 위하여 보통은 나뭇가지 도표를 그리는 것이 필요하다.

잘 분리된 다중선이 홀수개의 부피크를 갖는다면, 적절하게 서로 떨어져 있는 부피크들을 찾을 필요 없이 다중선의 부피크 중의 하나는 분명히 원하는 화학적 이동값을 직접 구할 수 있는 위치에 있을 것이다. 그림 7.37b에 삼중선의 이중선을 나타내었다. 피크 2와 피크 5가 J_1 측정을 위한 이상적인 위치에 있다.

그림 7.37c는 이중선의 이중선의 이중선이라 불리는 패턴을 보여준다. 나뭇가지 도표를 그린 후에 세 개의 짝지음 상수(실선 화살표)를 결정하기 위해 사용해야 하는 적절한 피크를 선택하는 것은 상대적으로 쉽다.

다양한 접근법으로 짝지음 상수를 측정하는 것이 가능하다. 일반적으로 피크의 세기와 뾰족함에 기반하여 적절한 간격의 피크쌍을 선택해야 한다. 경험이 풍부한 훈련된 대부분의 합성 화학자들은 두 개 또는 세 개의 동등하지 않은 J 값을 포함하는 모든 공명에 대한 짝지음 상수를 측정할 수 있는 기술을 가지고 있다. 즉, 그림 7.37과 앞에서 설명한 방법을 이용하여 삼중선의 이중선(dt), 이중선의 삼중선(td) 등을 포함하여 이중선의 이중선의 이중선(ddd) 공명 등의 짝지음 상수를 결정할 수 있다.

하지만 경험이 많은 화학자조차도 종종 화합물 내에 네 개의 짝지음(이중선의 이중선의 이중선의 이중선, dddd) 또는 훨씬 더 복잡한 다중선을 갖는 공명으로부터 모든 짝지음 상수를 구하는 데 애를 먹는다. 하지만 직접적이고 체계적인 방법을 이용하면 아주 복잡한 1차 다중선일지라도 철저하게 해석할 수 있다. 앞에서 논의한 ddd 다중선을 더 쉽게 해석할 수 있는 이 방법을 학생들이 연습한다면, 이 방법의 유용성을 확신하게 될 것이다. 이와 같은 체계적인 다중선 해석은 Hoye와 Zhao에 의해 가장 간단하게 제시되었으며, 다음과 같다.

우선 1차 다중선의 해석을 위해 공명에서 각 선을 왼쪽에서 오른쪽으로 번호를 매긴다.[6] 가장 바깥쪽에 있는 선의 상대적 세기는 1이 될 것이다. 상대적 세기가 1 이상인 선은 한 개 이상의 성분 개수(component number)를 갖는다. 상대적 세기가 2인 선은 두 개의 성분 개수를 갖고, 상대적 세기가 3인 선은 세 개의 성분 개수를 갖는다. 선의 성분 개수의 합과 선의 상대적 세기의 합은 모두 2^n이어야 한다. 이에 대한 설명을 그림 7.38에 나타내었다. 그림 7.38a에는 같은 세기를 갖는 여덟 개의 선이 있고($2^3 = 8$), 각 선은 한 개의 성분 개수를 갖는다. 그림 7.38b에는 몇몇 겹쳐진 선들이 있어 가운데 선은 두 배의 세기를 갖기 때문에 두 개의 성분 개수를 갖는다. 그림 7.38c와 그림 7.38d는 각각 상대적 세기 3과 6을 갖는 선들이 포함된 다중선에 대해 선 번호가 매겨진 결과를 보여준다. 때때로 선이 부분적으로 겹치기도 하고 다중선의 세기가 한쪽으로 "기울어지기도"해서 상대적 세기를 결정하는 것이 다소 어렵기 때문에, 선의 성분을 할당할 때 약간의 시행착오를 겪기도 한다. 그럼에도 불구하고 1차 다중선은 항상 중간점에 대해서 대칭이라는 사실을 기억해야 한다.

[6] 1차 공명은 대칭적이기 때문에 오른쪽에서 왼쪽으로도 쉽게 공명선의 번호를 매길 수 있다. 이것은 다중선의 일부분이 다른 공명과 겹쳐져 모호할 때 유용할 것이다. 앞의 7.6A절에서 논의한 것과 같이, 때에 따라서 스펙트럼의 디지털화에 의해 다중선의 한 쪽 "절반"이 다른 쪽 절반보다 더 뾰족할 때, 공명 내에 자체적인 모순이 없는지를 항상 점검해야만 한다.

(a)

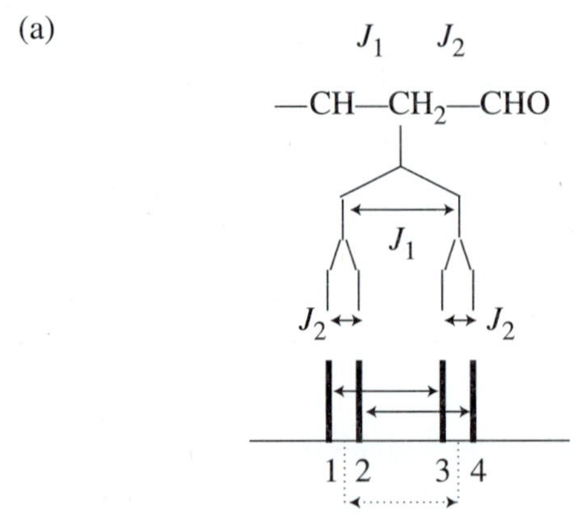

이중선의 이중선(dd)

J_1을 구하기 위하여 선 1과 선 3의 차이 또는 선 2와 선 4의 차이를 Hz 단위로 측정한다.*

*이중선의 중심을 찾으려고 노력하지 말아라.

J_2는 선 1과 선 2 사이의 간격 또는 선 3과 선 4 사이의 간격이다.

(b)

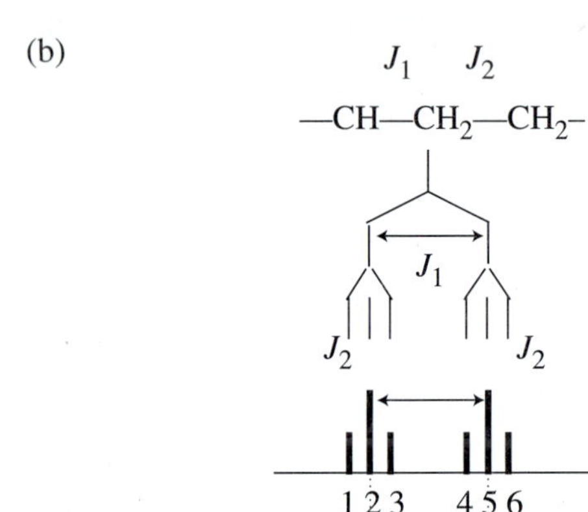

삼중선의 이중선(dt)

J_1을 구하기 위하여 가장 세기가 큰 선(선 2와 선 5) 사이의 차이를 Hz 단위로 측정한다.

J_2는 선 1과 선 2 사이의 간격, 또는 선 2와 선 3 사이의 간격이다. 또는 다른 삼중선에 있는 선 사이의 간격이다.

(c)

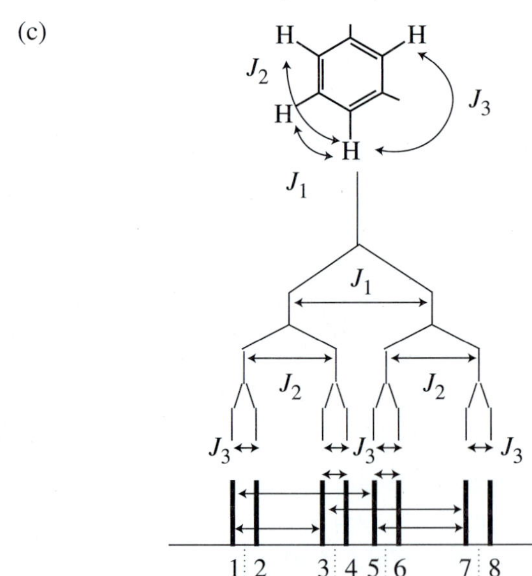

다양한 접근법이 가능하다. 일반적으로 피크의 세기와 모양을 기반으로 적절한 간격의 피크들을 골라야 한다.

그림 7.37 (a) 이중선의 이중선(dd) 패턴, (b) 삼중선의 이중선(dt) 패턴, (c) 이중선의 이중선의 이중선(ddd) 패턴에 대한 짝지음 상수의 결정.

일단 다중선의 각 선에 대한 상대적 세기가 결정되고, 할당된 성분 개수가 2^n개이면, 짝지음 상수를 측정하는 것은 사실상 굉장히 쉽다. 이제 단계적으로 dddd 패턴을 해석해 보자(그림 7.39). 첫 번째 성분과 두 번째 성분 사이의 간격(Hoye는 {1 to 2}라고 지칭함)은 가장 작은 짝지음 상수 J_1이다(그림 7.39,

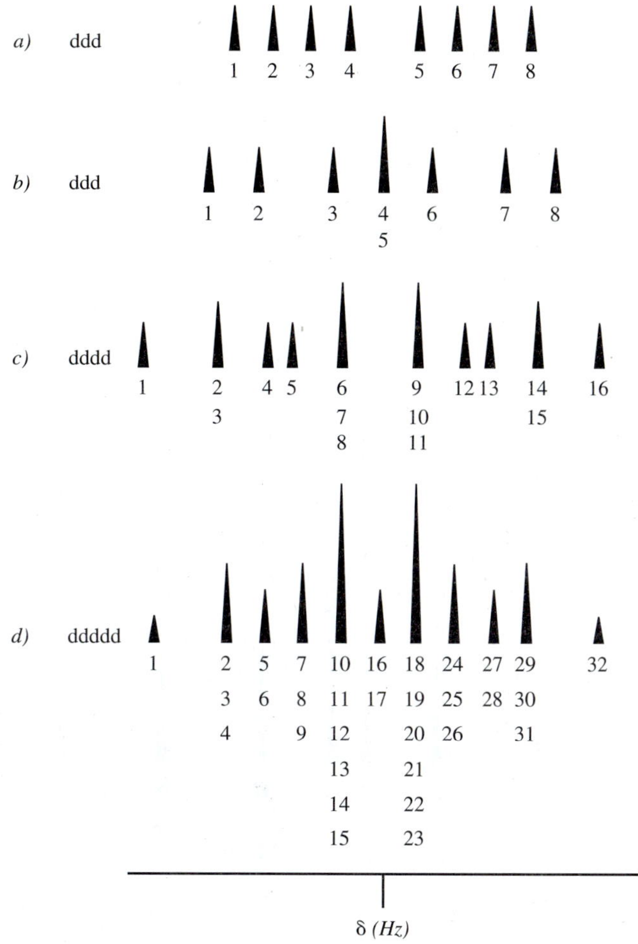

그림 7.38 전체 2^n개의 성분을 함유하고 있는 공명을 설명하기 위한 1차 다중선의 번호 매기기(인용 문헌: Hoye, T. R. and H. Zhao, *Journal of Organic Chemistry* 2002, 67, 4014–4016. 허가 후 게재).

단계 i). 다중선의 성분 1과 성분 3 사이의 간격({1 to 3})은 다음으로 큰 짝지음 상수 J_2에 해당된다(그림 7.39, 단계 ii). 공명의 두 번째 선이 한 개 이상의 성분 개수를 가질 경우에는, 하나의 동등한 J 값보다 더 많은 값이 존재한다는 것에 유의하여라. 예를 들어, 공명의 두 번째 선이 세 개의 성분을 가질 경우, 세 개의 동등한 J 값이 존재한다. J_1과 J_2를 측정한 후에, 해석의 다음 단계는 $(J_1 + J_2)$에 해당되는 다중선의 성분을 "제거"하는 것이다(그림 7.39, 단계 iii, 성분 5가 × 표로 제거되었다). 성분 중에서 하나를 제거하는 이유는 고려 대상 선으로부터 고유한 짝지음 상호작용에 의한 것이 아닌 성분을 제거하기 위한 것이다. 더 정확하게 말하면, 두 개의 작은 짝지음의 합에 의해 얻어져 겹쳐진 선들로부터 일부 성분을 제거하기 위한 것이다. 달리 말하면, 그것은 J_3이 $J_1 + J_2$의 합보다 작기 때문에 공명의 두 "절반"이 서로 "교차되었는지" 아닌지를 보여준다. 이제 J_3은 성분 1과 *남아 있는 그 다음으로 큰* 성분 사이의 거리이다. 남아 있는 그 다음으로 큰 성분은 성분 4 또는 성분 5 중의 하나인데, 단계 iii에서 어느 성분이 제거되었느냐에 달려 있다. 이 예에서 J_3 = {1 to 4}이다(그림 7.39, 단계 iv). 이제 이 과정을 반복하면 된다. 다음 단계는 처음에 얻어진 세 개의 J 값(J_1~J_3)의 조합에 의해 얻어지는 성분 중에서 남아 있는 성분 $(J_1 + J_3)$, $(J_2 + J_3)$, $(J_1 + J_2 + J_3)$을 제거하는 것이다(그림 7.39, 단계 v, 성분 6, 7, 9가 × 표로 제거되었다). 다음 짝지음 상수 J_4는 첫 번째 성분과 남아 있는 그 다음으로 큰 성분 사이의 거리이다. 그림 7.39에 나타난 예제의 경우에 J_4는 {1 to 8}에 해당된다. 모든 짝지음 상수를 얻을 때까지 이와 같은 과정을 반복한다. 짝지음 상호작용의 총 개

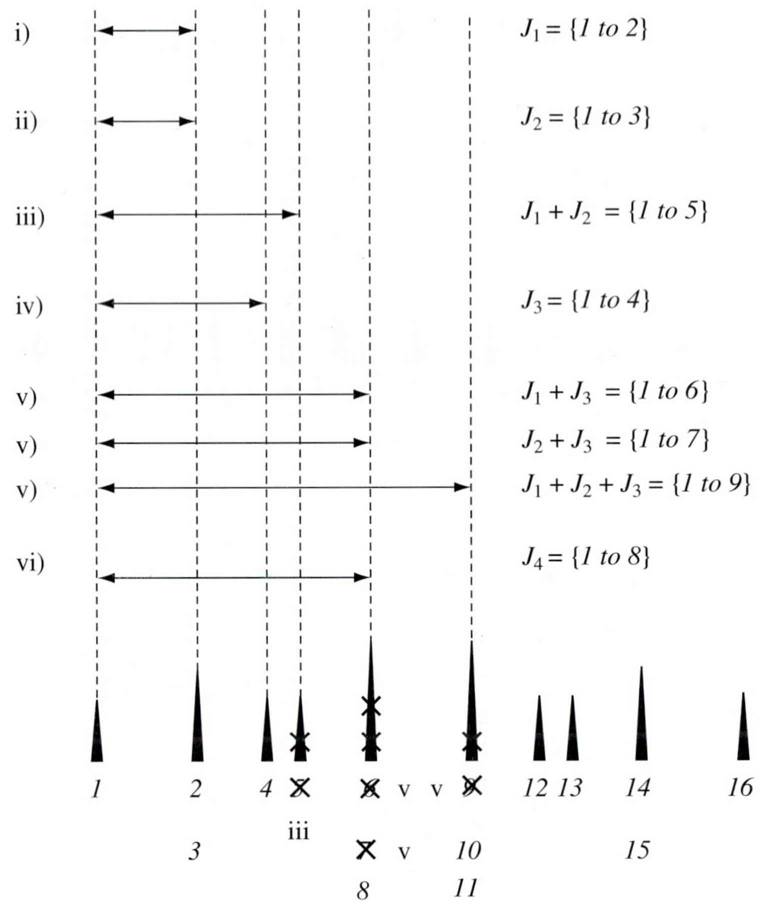

그림 7.39 체계적인 해석에 의한 dddd의 J_1~J_4의 할당(인용 문헌: Hoye, T. R. and H. Zhao, *Journal of Organic Chemistry* 2002, 67, 4014–4016. 허가 후 게재).

수와 선 성분의 총 개수는 2^n이라는 것과 다중선의 전체 너비가 모든 개별 짝지음 상수의 합과 동일하다는 것을 기억해야 한다! 이 방법으로 편리하게 해석 결과를 점검할 수 있다.

7.7 2차 스펙트럼 – 강한 짝지음

A. 1차 스펙트럼과 2차 스펙트럼

앞 절에서 **1차 스펙트럼**을 논의하였는데, 이는 $n + 1$ 규칙이나 간단한 도식적인 해석(갈라짐 나뭇가지 도표)을 사용하여 설명할 수 있는 스펙트럼이다. 하지만 어떤 경우에는 $n + 1$ 규칙이나 도식적인 해석으로 갈라짐 패턴, 세기, 관찰된 피크의 개수 등을 충분히 설명할 수 없을 때가 있다. 후자의 경우에 스펙트럼을 설명하기 위해서는 컴퓨터를 사용한 수학적 해석을 수행해야 된다. 이와 같이 고급 해석이 필요한 스펙트럼을 **2차 스펙트럼**이라고 부른다.

2차 스펙트럼은 두 proton 그룹 사이의 화학적 이동의 차이가 그 proton들을 연결하고 있는 짝지음 상수 J(Hz)와 크기가 비슷할 때 가장 흔하게 관찰된다. 즉, 2차 스펙트럼은 *화학적 이동이 거의 같지만* 완전히 같지는 않은 핵 사이의 짝지음에서 관찰된다. 반면 두 묶음의 핵이 큰 화학적 이동의 차이로 떨어져 있을 때, 그것은 1차 짝지음을 보인다.

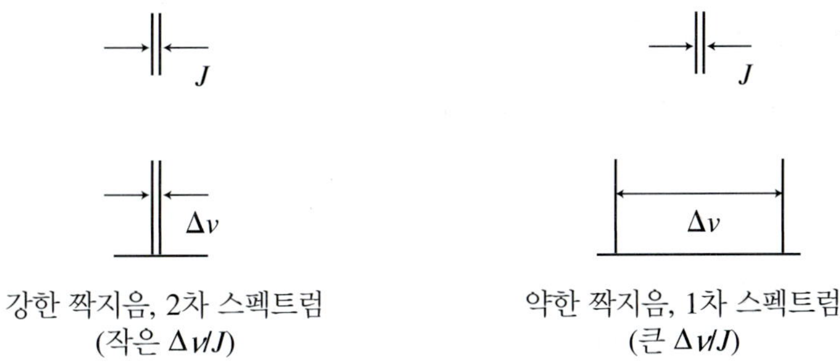

강한 짝지음, 2차 스펙트럼 (작은 $\Delta\nu/J$)

약한 짝지음, 1차 스펙트럼 (큰 $\Delta\nu/J$)

비율 $\Delta\nu/J$를 이용하여 이와 같은 일반화를 다른 방법으로 표현할 수 있다. 이때, $\Delta\nu$는 화학적 이동의 차이이고, J는 두 그룹을 연결하는 짝지음 상수이다. 두 값 모두 Hz 단위로 표시되고, 각 값의 절대값이 계산에 사용된다. $\Delta\nu/J$가 클 때(> ~6), 갈라짐 패턴은 전형적으로 근사적인 1차 갈라짐이다. 하지만 두 그룹의 핵의 화학적 이동이 서로 가까워지면서 $\Delta\nu/J$가 1에 가깝게 되면, 갈라짐 패턴이 2차로 변하는 것을 볼 수 있다. $\Delta\nu/J$가 크고 1차 갈라짐이 보이면, 그 시스템은 **약하게 짝지음**한다고 하고, $\Delta\nu/J$가 작아서 2차 스펙트럼이 생기면, 그 시스템은 **강하게 짝지음**한다고 한다.

복잡하게 보이는 1차 스펙트럼조차도 결합 간의 연결성과 입체 화학에 관한 가치 있는 정보를 제공해 주는 관련된 모든 짝지음 상수를 결정하기 위하여 직접적인 방식으로 해석할 수 있다는 것을 입증하였다. 2차 스펙트럼의 겉보기에 현혹되어 초보자들은 종종 짝지음 상수값을 추출하려고 시도를 하지만 궁극적으로는 헛수고로 끝날 것이다. 그렇다면, 공명이 1차인지, 또는 2차인지 어떻게 결정할 수 있을까? 첫눈에 관련된 짝지음 값을 알지 못한다면, 어떻게 $\Delta\nu/J$를 결정할 수 있을까? 자주 접하는 특징적인 구조에 대한 전형적인 짝지음 상수값에 대해 친숙해지려고 노력하는 것이 중요하다. 구조에 대한 기초적인 지식에 기반하거나 어떤 경우에는 2-D COSY 스펙트럼(제9장 9.6절)에 기반하여, 우선 짝지음을 할 것으로 추정되는 공명 사이의 화학적 이동의 차이를 구하고, 그 값을 관련된 구조 유형에 대한 전형적인 짝지음 상수 또는 *평균* 짝지음 상수로 나누어 $\Delta\nu/J$를 추산해야 한다. 추산된 $\Delta\nu/J$ 값으로부터 공명의 자세한 해석에 유용한지($\Delta\nu/J$ > ~6), 아닌지($\Delta\nu/J$ < ~6)를 판단할 수 있다.

B. 스핀 시스템 표기법

핵자기공명(NMR) 분광학자들은 때때로 **Pople 표기법**(Pople notation)이라 부르는 편리하고 간단한 표기법을 개발하여 스핀 시스템의 유형을 표시한다. 화학적으로 서로 다른 유형의 각 proton에 대문자 A, B, C, . . . 등을 붙인다. 한 그룹이 한 유형의 proton을 두 개 이상 가질 때, 그 proton들은 A_2 또는 B_3와 같이 아래 첨자를 붙여 구별한다. 화학적 이동값이 비슷한 proton들은 알파벳에서 A, B, C와 같이 서로 가까이에 있는 문자를 사용한다. 화학적 이동값이 크게 다른 proton들은 알파벳에서 멀리 떨어진 문자를 부여한다. X, Y, Z 대 A, B, C. H_A와 H_X가 멀리 떨어져 있는 두 개의 proton을 갖는 시스템은 1차 갈라짐을 보이며, AX 시스템이라 부른다. 두 proton이 유사한 화학적 이동을 갖고, 2차 갈라짐을 나타내는 시스템을 AB 시스템이라 부른다. 두 proton이 동일한 화학적 이동을 갖고, 자기적으로 동등하고, 하나의 단일선으로 나타날 때, 시스템은 A_2로 나타낸다. 두 proton이 동일한 화학적 이동을 갖지만, 자기적으로 동등하지 않을 때, 시스템은 AA'으로 나타낸다. 세 개의 proton이 관련되어 있고, 이들이 모두 큰 차이가 나는 화학적 이동을 가지면, 알파벳에서 중간에 있는 문자(보통 M)을 사용하며, AMX 시스템으로 나타낸다. 그림 7.31에 나타낸 styrene oxide의 ^{1}H NMR 스펙트럼이 AMX 패턴에 대한 예이다. 반면, ABC 시스템은 세 개의 proton 모두 화학적 이동이 비슷한 강한 짝지음 상황에 대하여 사용된다. 이 절에서 계속 이와 유사한 표기법이 사용될 것이다.

C. A_2, AB, AX 스핀 시스템

우선 이웃하고 있는 탄소 원자에 결합된 두 개의 proton H_A와 proton H_B로 구성된 시스템을 살펴보자. $n+1$ 규칙을 사용하여 ^{1}H NMR 스펙트럼에서 각 proton 공명은 같은 세기로 구성된 두 개의 이중선으로 나타날 것으로 예상된다. 실제로는 H_A와 H_B 사이의 화학적 이동의 차이($\Delta\nu$)가 그 proton들을 연결하는 짝지음 상수($^3J_{AB}$)의 크기에 비해 큰 상황에서만 같은 세기를 갖는 두 개의 이중선이 관찰된다. 이와 같은 경우에 대한 설명을 그림 7.40에 나타내었다.

Proton H_A와 proton H_B의 화학적 이동이 서로 가까워지고, 비율 $\Delta\nu/J$가 작아짐에 따라 두 proton 시스템 H_AH_B의 갈라짐 패턴이 어떻게 변화하는지를 그림 7.41에 나타내었다. 그림은 $^3J_{AB}$ = 7 Hz의 척도로 그려져 있다. $\delta H_A = \delta H_B$일 때(즉, proton H_A와 proton H_B의 화학적 이동이 같을 때), $\Delta\nu = 0$이 되며, 갈라짐이 관찰되지 않는다. 두 proton은 하나의 흡수 피크를 낸다. 화학적 이동이 같아서($\Delta\nu/J = 0$) 갈라짐이 없는 경우와 $n+1$ 규칙을 따르는 단순 1차 스펙트럼($\Delta\nu/J = 15$)인 경우의 두 가지 극단적인 경우의 사이에서 미세하고 계속적인 갈라짐 패턴의 변화가 일어난다. 가장 뚜렷한 것은 이중선의 바깥쪽 피크의 세기가 줄어들고, 이에 따라 안쪽 피크의 세기는 증가한다. 뚜렷하지는 않지만 다른 변화도 일어난다.

이론학자들에 의한 수학적 해석에 따르면, 단순한 1차 AX 스펙트럼에서는 H_A와 H_B의 화학적 이동이 각각 이중선의 중심점에 해당되는 반면, 2차 스펙트럼의 경우(AB 시스템)에는 좀 더 복잡한 상황이 일어난다. H_A와 H_B의 화학적 이동은 바깥쪽 피크보다는 안쪽 피크에 더 가까이 있게 된다. δ_A와 δ_B의 실제 위치는 계산으로 얻어야 한다. 화학적 이동의 차이는 각 그룹의 개별 피크 성분의 선 위치(Hz)로부터 아래의 식에 따라 계산할 수 있다.

$$(\delta_A - \delta_B) = \sqrt{(\delta_1 - \delta_4)(\delta_2 - \delta_3)}$$

이때, δ_1은 TMS로부터 낮은 장 쪽에 있는 그룹의 첫 번째 선의 위치(Hz 단위)이고, δ_2, δ_3, δ_4는 각각 두 번째, 세 번째, 네 번째 선의 위치이다(그림 7.42). H_A와 H_B의 화학적 이동은 그림 7.42에 나타낸 바와 같이 각 그룹의 중심 쪽으로 $\frac{1}{2}(\delta_A - \delta_B)$만큼 이동한 위치이다.

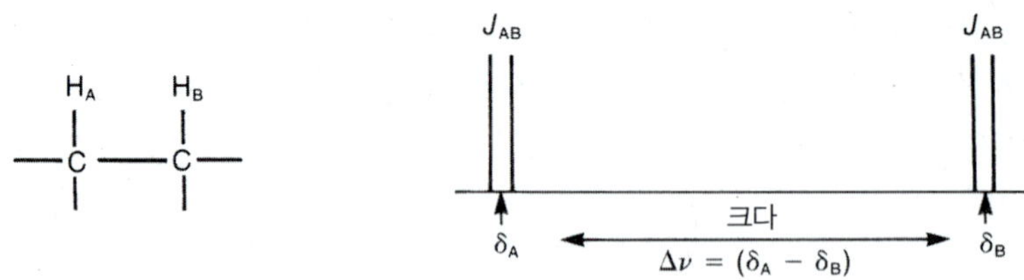

그림 7.40 1차 AX 시스템: $\Delta\nu$가 크고, $n+1$ 규칙이 적용된다.

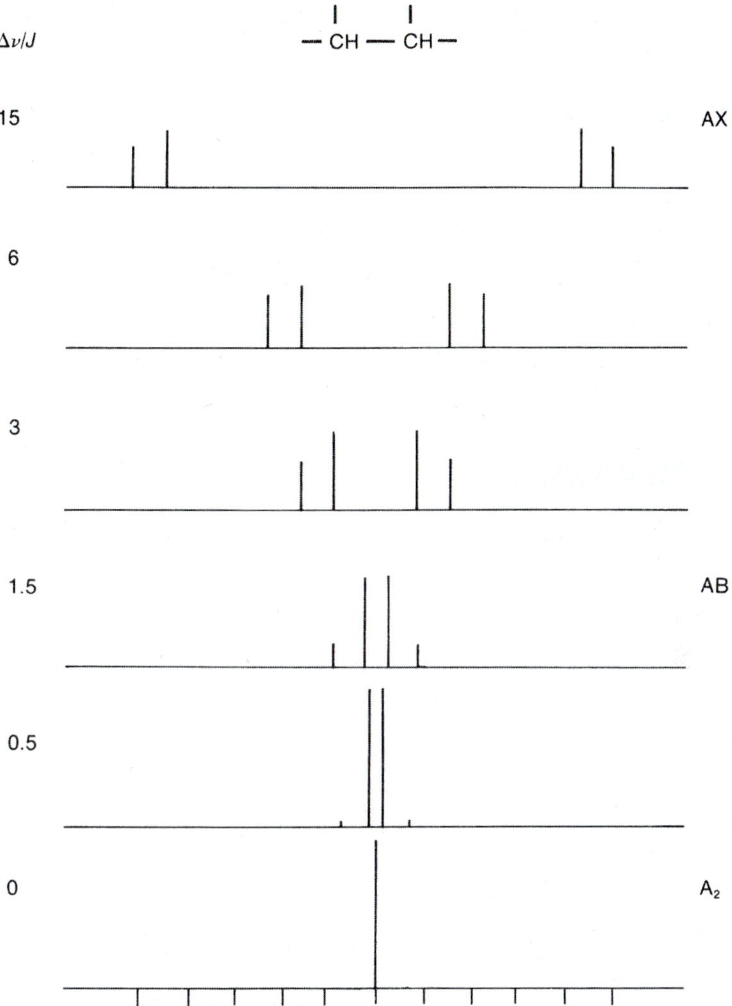

그림 7.41 다양한 $\Delta\nu/J$의 값에 따른 두 proton 시스템에서의 갈라짐 패턴. AB 패턴에서 AX 패턴으로의 전이.

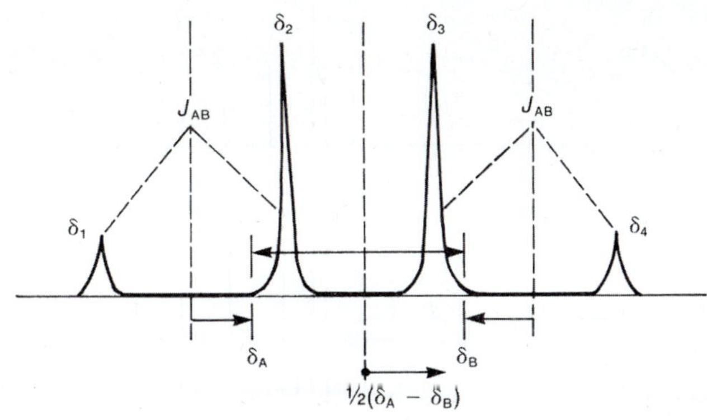

그림 7.42 2차 효과를 보이는 두 proton AB 시스템에서 화학적 이동, 선위치, 짝지음 상수 사이의 상관관계.

D. AB_2 . . . AX_2, A_2B_2 . . . A_2X_2 스핀 시스템

단순한 거동으로부터 2차 변형의 크기에 대한 개념을 제공하기 위하여 두 가지 추가적인 시스템 ($-CH-CH_2-$와 $-CH_2-CH_2-$)의 계산된 ^{1}H NMR 스펙트럼에 대한 도식적인 설명을 그림 7.43과 그림 7.44에 나타내었다. 1차 스펙트럼은 맨 위에 나타내었고($\Delta\nu/J > 10$), 아래쪽($\Delta\nu/J$가 0에 접근)으로 갈수록 2차 복잡성이 증가한다.

그림 7.43과 그림 7.44에 나타낸 두 시스템에 대하여 한 경우는 AB_2($\Delta\nu/J < 10$)와 AX_2($\Delta\nu/J > 10$)이며, 다른 경우는 A_2B_2($\Delta\nu/J < 10$)와 A_2X_2($\Delta\nu/J > 10$)이다. 이와 같은 유형의 스핀 시스템에 대한 자세한 논의는 이 장의 끝에 있는 참고 문헌에 수록된 것과 같은 고급 과정 교재를 참조하기 바란다.

그림 7.45에서 그림 7.48까지는 A_2B_2 유형 분자의 실제 60 MHz ^{1}H NMR 스펙트럼이다. 이 스펙트럼을 검토한 후, 컴퓨터를 이용하여 이론적으로 계산된 예상 패턴(그림 7.44)과 비교하는 것이 편리하다.

E. 스펙트럼의 시뮬레이션

이 책에서는 가능한 모든 2차 스핀 시스템을 다루지는 않을 것이다. 특히 상호작용하는 proton 그룹의 화

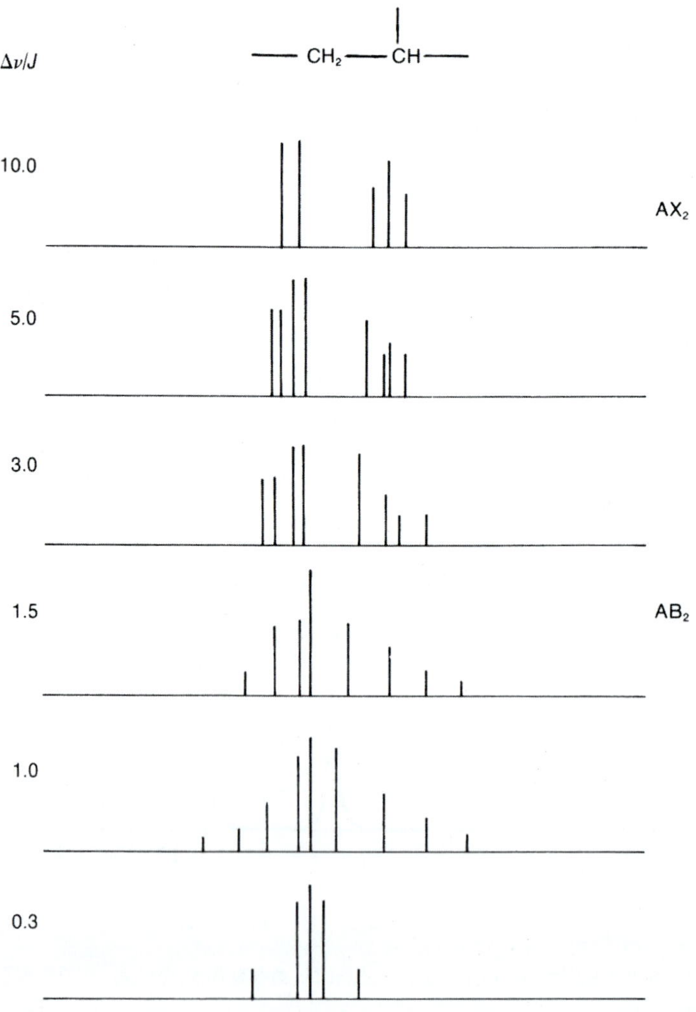

그림 7.43 다양한 $\Delta\nu/J$ 값에 따른 세 proton 시스템 $-CH-CH_2-$의 갈라짐 패턴.

학적 이동이 매우 비슷할 경우, 갈라짐 패턴은 종종 예상보다 더 복잡할 수 있다. 많은 경우, 컴퓨터를 사용하는 경험이 많은 NMR 분광학자만이 이와 같은 유형의 스펙트럼을 해석할 수 있다. 최근에는 상호작용하는 스핀 시스템에서 각 피크에 대한 화학적 이동과 짝지음 상수를 입력하면 어떤 작동 진동수에 대한 것이든 NMR 스펙트럼의 겉보기 모양을 시뮬레이션할 수 있는 PC용 또는 UNIX 워크스테이션용 컴퓨터 프로그램이 많이 개발되어 있다. 또한 계산된 스펙트럼과 실제 스펙트럼을 맞추어 볼 수 있는 프로그램도 있다. 이와 같은 프로그램에서는 사용자가 초기에 최적으로 예측되는 변수(화학적 이동과 짝지음 상수)를 입력하면 프로그램은 이 변수들을 변화시키면서 가장 적합한 것을 찾아낸다. 이와 같은 프로그램 몇 개를 이 장 끝의 참고 문헌 목록에 포함시켰다.

F. 고자기장에서 2차 효과의 사라짐

300 MHz 이상의 ^{1}H 작동 진동수를 갖는 NMR 분광기를 쉽게 접할 수 있기 때문에, 요즈음 화학자들은 과거에 비해 2차 스펙트럼을 적게 접하게 된다. 고자기장에서 스펙트럼을 측정하면 Hz 단위로 나타낸 화학적 이동은 증가하지만 짝지음 상수는 크기가 변하지 않는다는 것을 5.17절과 5.18절에서 논의하였다(그림 5.38 참조). 바꾸어 말하면, Hz 단위의 화학적 이동의 차이($\Delta\nu$)는 증가하고, 짝지음 상수(J)는 변하

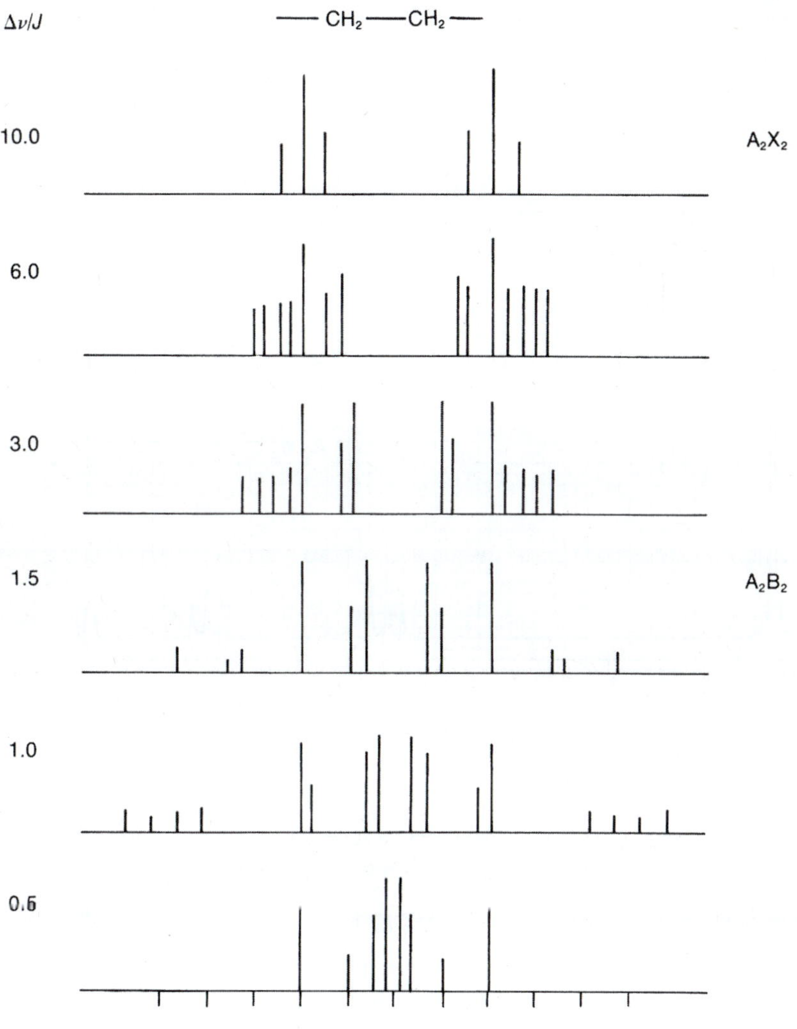

그림 7.44 다양한 $\Delta\nu/J$ 값에 따른 네 proton 시스템 $-CH_2-CH_2-$의 갈라짐 패턴.

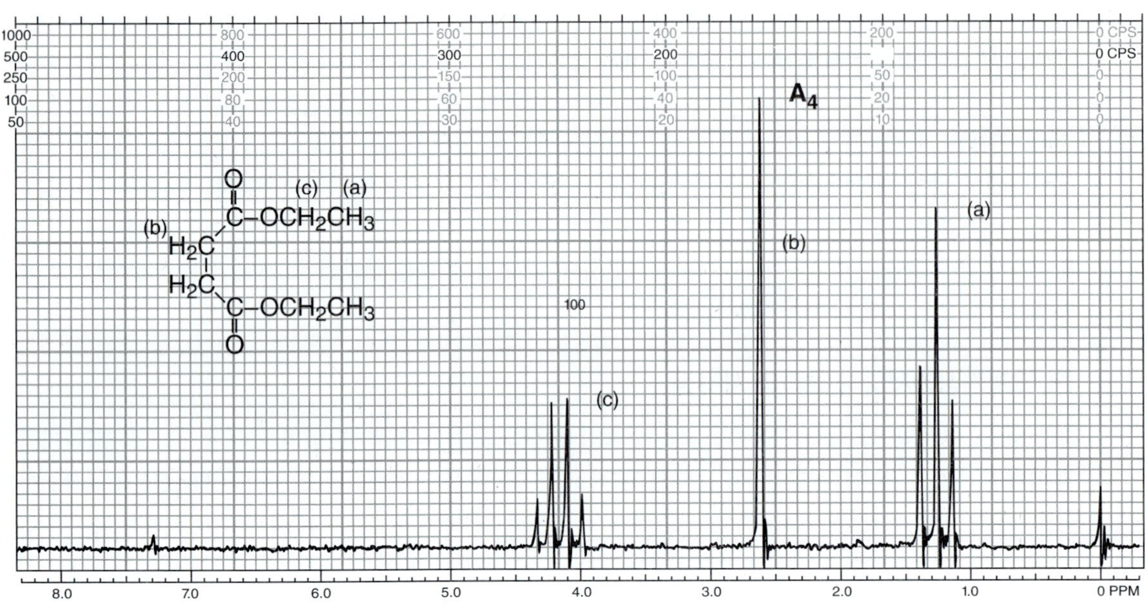

그림 7.45 Diethyl succinate의 60 MHz ¹H NMR 스펙트럼.

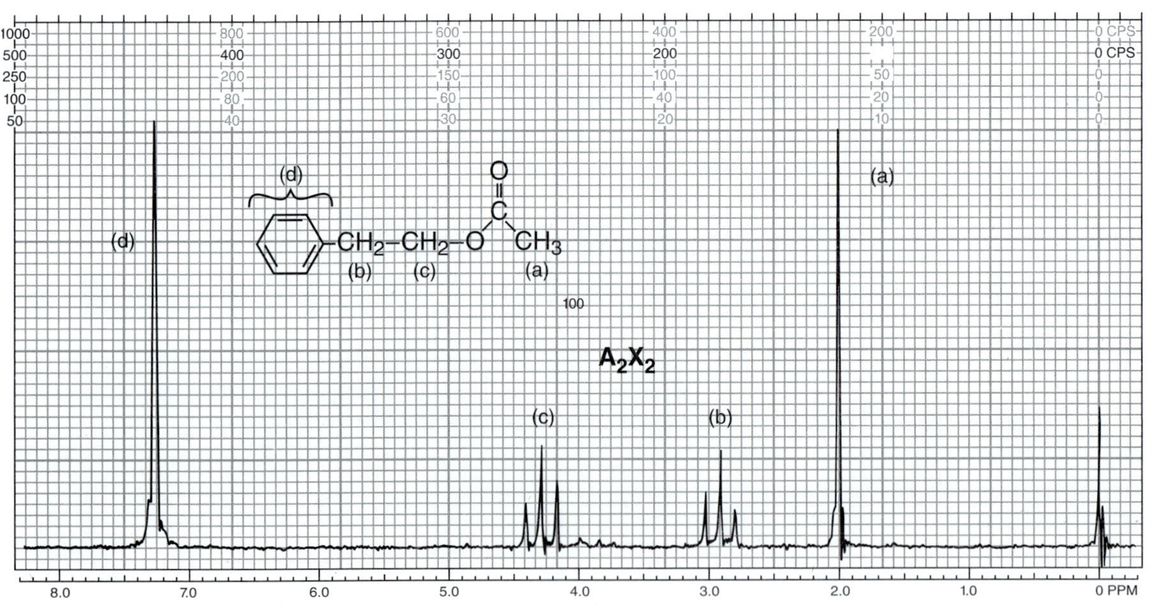

그림 7.46 Phenylethyl acetate의 60 MHz ¹H NMR 스펙트럼.

지 않는다. 이로 인해 $\Delta\nu/J$ 비율이 증가하고, 2차 효과는 사라지기 시작한다. 고자기장에서 얻은 많은 스펙트럼은 1차 스펙트럼이므로 저자기장에서 얻은 스펙트럼보다 해석하기가 쉽다.

예를 들어, 그림 7.48a에 나타낸 2-chloroethanol의 60 MHz ¹H NMR 스펙트럼을 살펴보자. 이것은 상당한 2차 효과($1 < \Delta\nu/J < 3$)를 보이는 A_2B_2 스펙트럼이다. 그림 7.48b는 300 MHz에서 측정한 ¹H NMR 스펙트럼을 보여준다. 그림 7.48a의 복잡한 2차 효과 패턴이 대부분 $n + 1$ 규칙에 의해 예측된 것

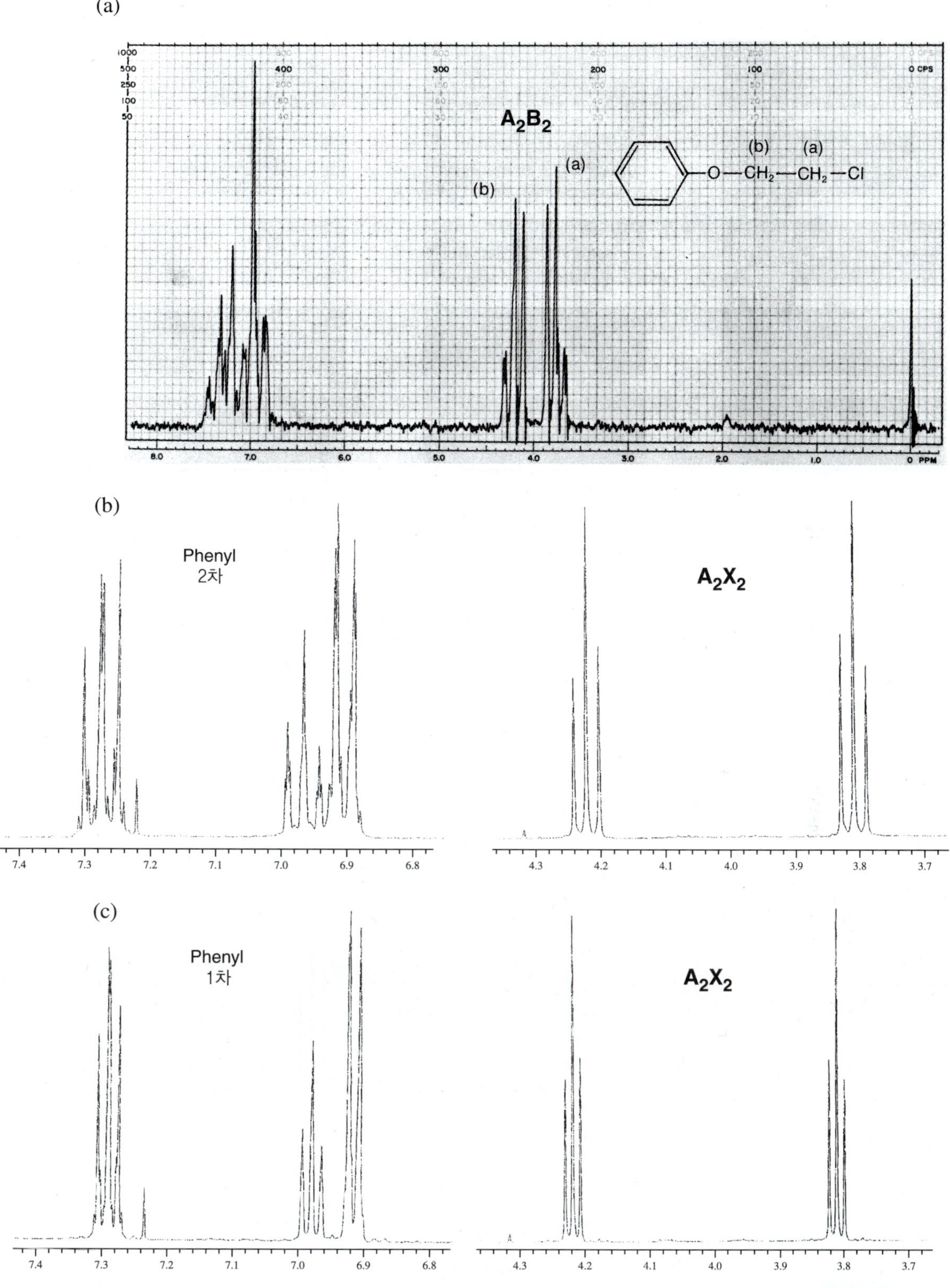

그림 7.47 β-Chlorophenetole의 ^{1}H NMR 스펙트럼. (a) 60 MHz, (b) 300 MHz(7.22 피크는 $CHCl_3$), (c) 500 MHz(7.24 피크는 $CHCl_3$).

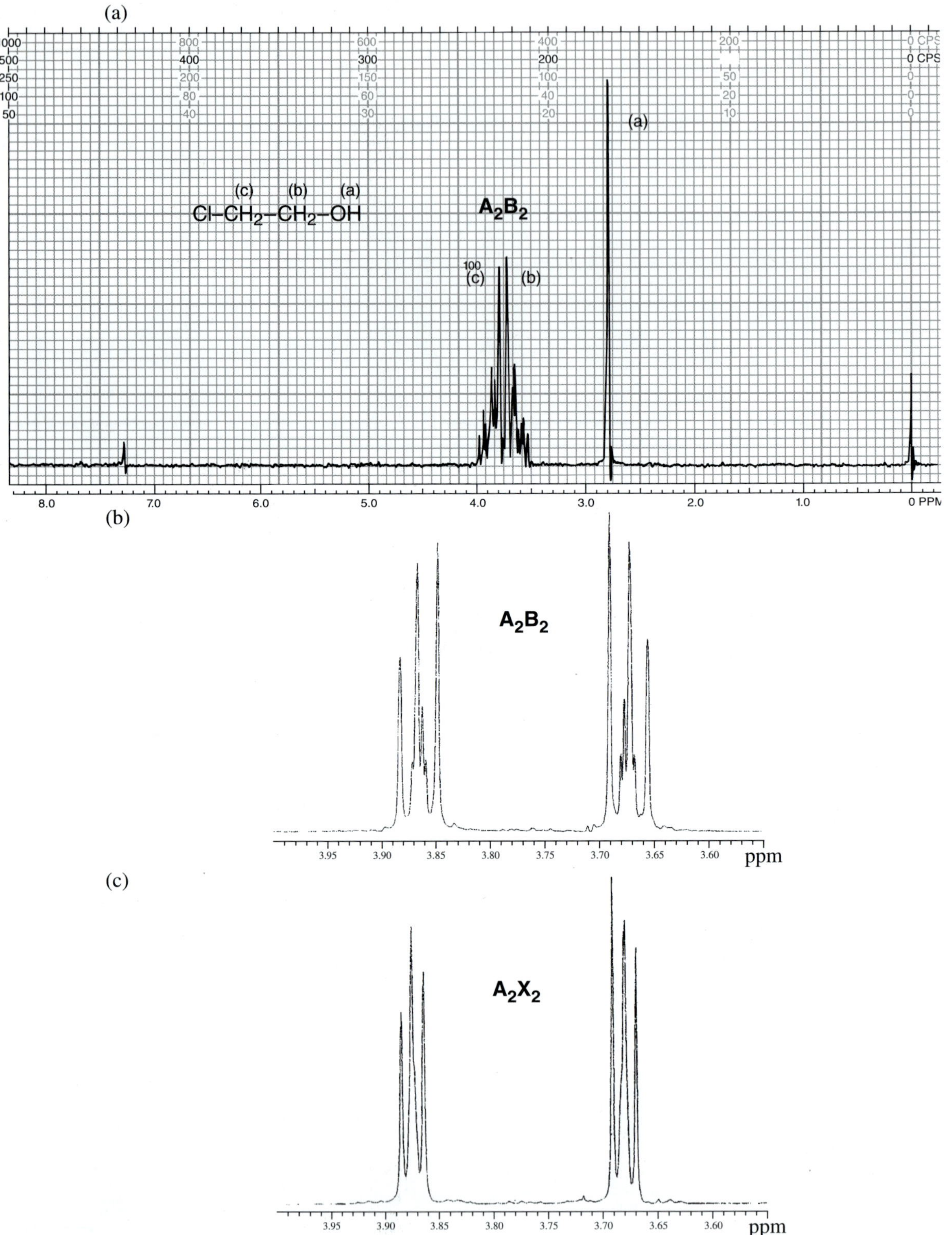

그림 7.48 2-Chloroethanol의 ^{1}H NMR 스펙트럼. (a) 60 MHz, (b) 300 MHz(OH는 나타내지 않았다), (c) 500 MHz(OH는 나타내지 않았다).

과 똑같은 두 개의 삼중선으로 바뀌었다($6 < \Delta\nu/J < 8$). 500 MHz(그림 7.48c)에서는 예측되는 A_2X_2 패턴($\Delta\nu/J$ ~12)이 관찰된다.

G. 눈속임에 의한 단순 스펙트럼

스펙트럼이 완전히 1차로 되었을 때, 항상 분명한 것만은 아니다. 그림 7.44에 나타낸 A_2B_2에서 A_2X_2로 진행되는 과정을 살펴보자. 스펙트럼이 진짜로 1차로 되는 $\Delta\nu/J$ 값은 얼마인가? $\Delta\nu/J = 6$과 $\Delta\nu/J = 10$ 사이의 어딘가에서 스펙트럼은 A_2X_2로 되는 것 같다. 관찰된 피크가 14개에서 단지 6개로 줄어든다. 하지만 $\Delta\nu/J$를 6에서 10으로 서서히 증가시키면서 스펙트럼을 시뮬레이션하면, 그 변화가 갑자기 일어나는 것이 아니라 서서히 일어나는 것을 발견하게 된다. 어떤 선들은 그 세기가 줄어들면서 사라지고, 어떤 선들은 서로 합쳐져서 그 세기가 증가한다. 약한 선은 기준선의 잡음에 묻혀 사라지거나, 합쳐지는 선들은 너무 근접해서 분광기가 더 이상 그 선들을 분별해낼 수 없게 된다. 이 경우, 스펙트럼이 1차로 나타날 것으로 보이지만 실제로는 꼭 그렇지만은 아닐 것이다. 눈속임에 의한 단순 패턴의 보편적인 예로 *para*-이중 치환 방향족 화합물(AA'BB' 스펙트럼)을 들 수 있다(7.10B절 참조).

또한 그림 7.41에서 $\Delta\nu/J$ 값이 3, 6, 15를 갖는 AB 스펙트럼은 모두 대략 1차처럼 보인다는 것에 주목하여라. 그러나 $\Delta\nu/J = 3\sim6$ 범위에서 관찰되는 이중선은 이중선의 중심에 해당되지 않는 화학적 이동을 갖는다(그림 7.42 참조). 2차 효과의 가능성을 인지하지 않고, 화학적 이동을 수학적으로 계산하지 않는 한, 화학적 이동값에는 오차가 있을 것이다. 1차로 보이나 실제로는 1차가 아닌 스펙트럼을 **눈속임에 의한 단순 스펙트럼**(deceptively simple spectrum)이라고 부른다. 그 패턴은 일반 사람들에게 1차처럼 보이고, $n + 1$ 규칙으로 설명될 수 있을 것처럼 보인다. 하지만 너무 약하거나 너무 근접해서 관찰할 수 없는 2차선일 수도 있으며, 다른 어떤 미세한 변화일 수도 있다.

시스템이 눈속임으로 단순하게 된 것인지를 판단하는 것이 중요할까? 많은 경우 시스템이 1차에 거의 가까워서 그다지 문제가 되지는 않는다. 하지만 우리가 스펙트럼을 1차라고 가정하고 화학적 이동과 짝지음 상수를 측정하면 틀린 값을 얻을 가능성이 언제나 따라 다닌다. 완전한 수학적 해석만이 진실을 말해 줄 것이다. 미지의 화합물을 규명하려는 유기화학자에게는 시스템이 눈속임으로 단순하게 된 것인지에 대한 여부는 거의 문제가 되지 않는다. 하지만 중요하거나 어려운 구조적 관점을 증명하기 위해서 화학적 이동값이나 짝지음 상수를 사용하려고 할 때는, 시간을 가지고 유의할 필요가 있다. 아주 명백한 경우를 제외하고는 스펙트럼은 $n + 1$ 규칙을 따르고, 간단한 나뭇가지 도표로 해석될 수 있는 눈속임에 의한 단순 스펙트럼으로 취급될 것이다. 자신들의 연구를 수행할 때, 항상 상당한 정도의 오차가 있다는 것을 인지해야 한다.

7.8 Alkene

이중 결합에 결합된 proton은 혼성화의 변화(sp^2 vs. sp^3)와 이중 결합의 π 전자에 의해 생성된 반자기적 비등방성으로 인한 벗겨짐으로 인해 특징적인 화학적 이동을 갖는다. 또한 alkenyl proton은 특징적인 갈라짐 패턴과 짝지음 상수를 갖는다. 단일 치환된 alkene의 경우, 세 개의 구별되는 유형의 스핀 상호작용이 관찰된다.

H_A H_B / R H_C

$^3J_{AB} = 6\sim15$ Hz(전형적으로 $9\sim12$ Hz)

$^3J_{AC} = 14\sim19$ Hz(전형적으로 $15\sim18$ Hz)

$^2J_{BC} = 0\sim5$ Hz(전형적으로 $1\sim3$ Hz)

이중 결합에 *trans*로 치환된 proton은 약 16 Hz의 전형적인 ^3J 값을 갖고, 가장 강하게 짝지음을 한다. *cis* 짝지음 상수는 이 값의 반보다 약간 큰 약 10 Hz 정도이다. 말단 methylene proton 사이의 geminal 짝지음은 5 Hz보다 작다. 이와 같은 짝지음 상수값은 전기음성도가 큰 치환기에 따라서 가산 방식으로 감소한다. 그러나 주어진 시스템에서 $^3J_{trans}$는 항상 $^3J_{cis}$보다 크다.

간단한 *trans*-alkene의 ^{1}H NMR 스펙트럼인 *trans*-cinnamic acid에 대한 스펙트럼을 그림 7.49에 나타내었다. Phenyl proton이 7.4 ppm과 7.6 ppm 사이에서 큰 그룹으로 나타나고, 산성 proton은 단일선으로 도표 범위 밖 13.2 ppm에 나타난다. 두 vinyl proton H_A와 H_C는 서로를 이중선으로 갈라지게 하고, 하나는 phenyl 공명의 낮은 장 쪽의 7.83 ppm에, 다른 하나는 높은 장 쪽의 6.46 ppm에 중심을 두고 있다. Phenyl 고리가 결합되어 있는 탄소에 결합된 proton H_C는 α,β-불포화 carbonyl 시스템에서 전자가 더 모자라는 β-탄소에 결합되어 있고, 방향족 고리의 π 전자에 의해 생기는 비등방성 장의 벗김 영역에 위치하고 있기 때문에 더 큰 화학적 이동을 갖는 것으로 해석된다. 그림 7.49에 나타낸 300 MHz 스펙트럼으로부터 짝지음 상수 $^3J_{AC}$를 아주 쉽게 얻을 수 있다. 이 경우에 *trans* 짝지음 상수는 15.8 Hz이다(이것은 이중 결합을 가로지르는 *trans* proton-proton 짝지음의 일반적인 값이다). *cis* 이성질체는 더 작은 갈라짐을 보일 것이다.

C=C 이중 결합을 지나는 대칭 요소(대칭면 또는 대칭축)를 갖는 분자는 vinyl proton이 화학적으로도 동등하고 자기적으로도 동등하기 때문에 *cis* 갈라짐이나 *trans* 갈라짐을 보이지 않는다. 각 유형의 예가 *cis*-stilbene과 *trans*-stilbene에 각각 나타나 있다. 각 화합물에서 vinyl proton인 H_A와 H_B는 *갈라짐 없이* 단 하나의 공명 피크로 나타난다.

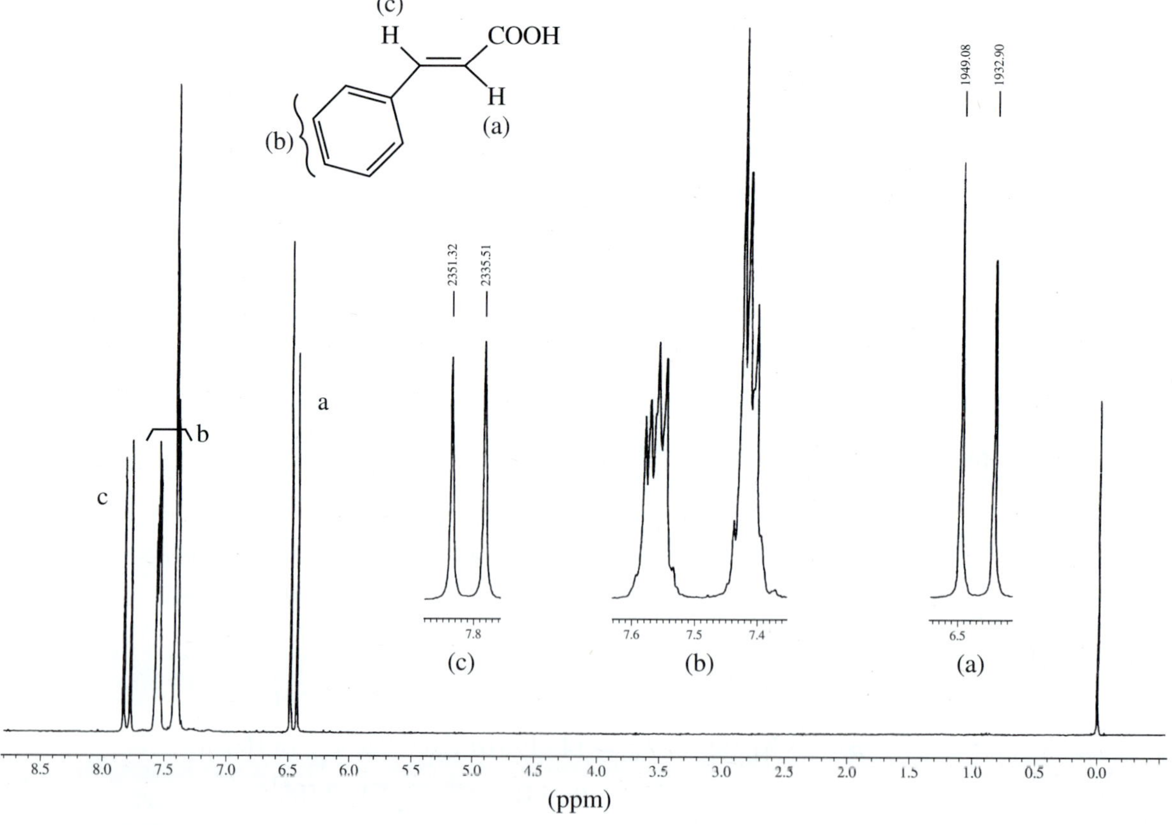

그림 7.49 *trans*-Cinnamic acid의 ^{1}H NMR 스펙트럼.

H_A H_B

대칭면
cis-Stilbene

H_A H_B

이중 회전 대칭축
trans-Stilbene

Vinyl acetate는 말단 alkene을 갖는 전형적인 화합물의 NMR 스펙트럼을 보여준다. 각 alkenyl proton은 각각 다른 proton과 서로 다른 화학적 이동과 짝지음 상수를 갖는다. 그림 7.50에 나타낸 vinyl acetate의 스펙트럼은 styrene oxide의 스펙트럼(그림 7.31)과 많이 달라 보이지는 않는다. 각 수소는 이중선의 이중선(네 개 피크)으로 갈라진다. 그림 7.51은 vinyl proton의 도식적인 해석이다. $^3J_{BC}$(*trans*, 14 Hz)가 $^3J_{AC}$(*cis*, 6.3 Hz)보다 크고, $^2J_{AB}$(geminal, 1.5 Hz)는 매우 작은 것에 유의하여라(이것은 vinyl 화합물에서 흔히 있는 상황이다).

Alkene에서 *cis* 짝지음과 *trans* 짝지음의 메커니즘은 다른 세결합 vicinal 짝지음 메커니즘과 다르지 않으며, 또한 말단 methylene proton의 짝지음은 바로 두결합 geminal 짝지음의 경우이다. 이 세 경우에 대해 모두 이미 살펴보았고, 그림 7.52에 설명을 나타내었다. 두 개의 C—H 결합은 *trans* 짝지음에서 평행한 반면, 두 개의 C—H 결합은 *cis* 짝지음에서 서로 어떤 각으로 벌어져 있는 사실로부터 ^3J 짝지음 상수의 상대적인 크기에 대해 설명할 수 있다. Geminal 짝지음에 대해 H—C—H 각은 거의 120°로 그림 7.4의

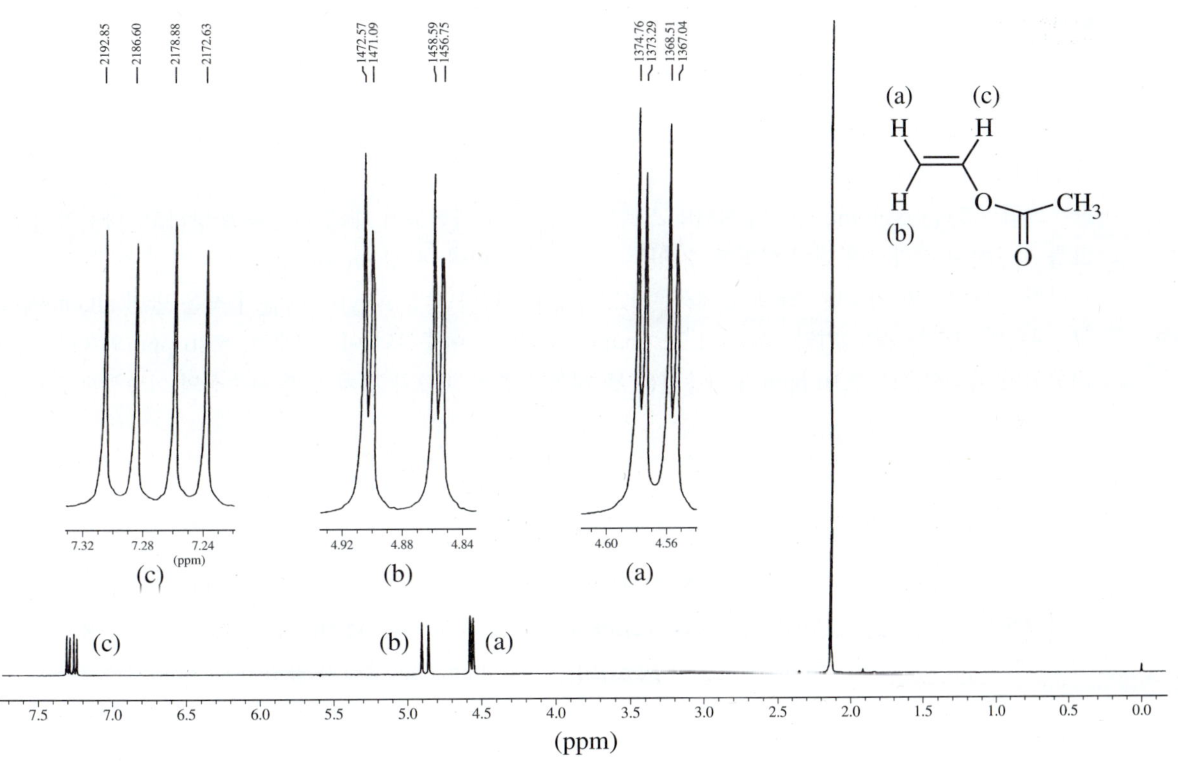

그림 7.50 Vinyl acetate(AMX)의 ^{1}H NMR 스펙트럼.

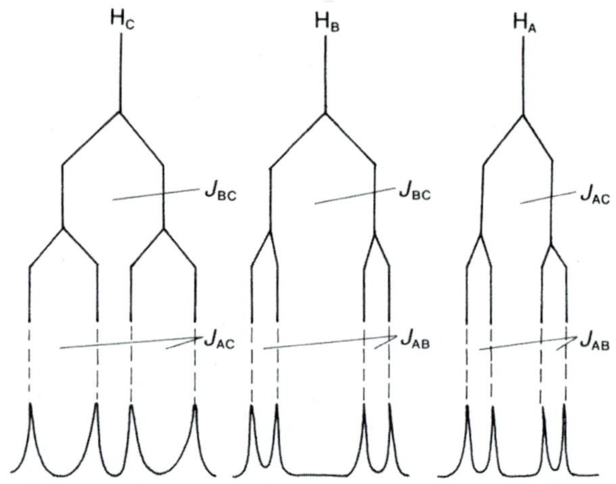

그림 7.51 Vinyl acetate에서 갈라짐의 도식적 해석(AMX).

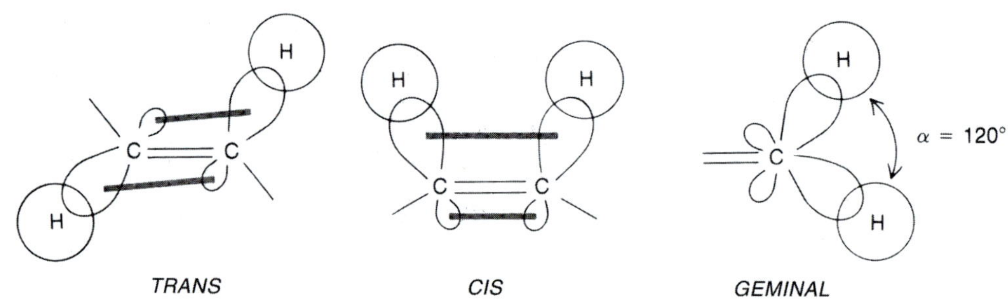

그림 7.52 Alkene에서의 짝지음 메커니즘.

그래프에서 사실상 최소값을 갖는다. 이와 같은 세 가지 유형의 짝지음 외에도, alkene은 종종 작은 장거리 allyl 짝지음을 보여준다(7.2D절).

그림 7.53은 crotonic acid의 NMR 스펙트럼이다. 이 화합물에 대해 피크를 할당하고, 나뭇가지 도표를 사용하여 갈라짐에 대해 설명할 수 있는지 시도해 보아라. 산성 proton의 피크는 전체 스펙트럼에는 나타나지 않았지만 확대한 스펙트럼에서는 12.2 ppm에 나타난다. Allyl 짝지음이 작은 반면 alkene에서 $^3J_{trans}$는 꽤 크다는 것도 기억하여라. 1.92 ppm의 다중선은 이중선의 이중선으로, 5.86 ppm의 다중선은 사중선의 이중선으로, 7.10 ppm의 다중선은 두 개의 사중선 피크가 겹쳐 생긴 사중선의 이중선으로 설명할 수 있다.

7.9 짝지음 상수의 측정 – Allyl 시스템의 분석

이 절에서는 4-allyloxyanisole의 300 MHz FT-NMR 스펙트럼에 대해 해석할 것이다. 전체 스펙트럼을 그림 7.54에 나타내었다. Allyl 시스템의 수소를 a~d로 표시하였다. Methoxy 그룹의 수소(3.78 ppm에서 세 개의 proton에 해당하는 단일선)와 *para*-이중 치환 benzene 고리의 공명(6.84 ppm에서 2차 다중선)도 보인다. *para*-이중 치환된 패턴에 대한 자세한 내용은 7.10B절에서 논의할 것이다. 여기서 주된 관심사는 allyl 갈라짐 패턴을 설명하고, 다양한 짝지음 상수를 결정하는 것이다. Allyl 그룹의 다중선에 대한 정확한 할당은 화학적 이동값은 물론 관찰된 갈라짐 패턴에 따라 달라진다. 명확하게 할당하기에 앞서

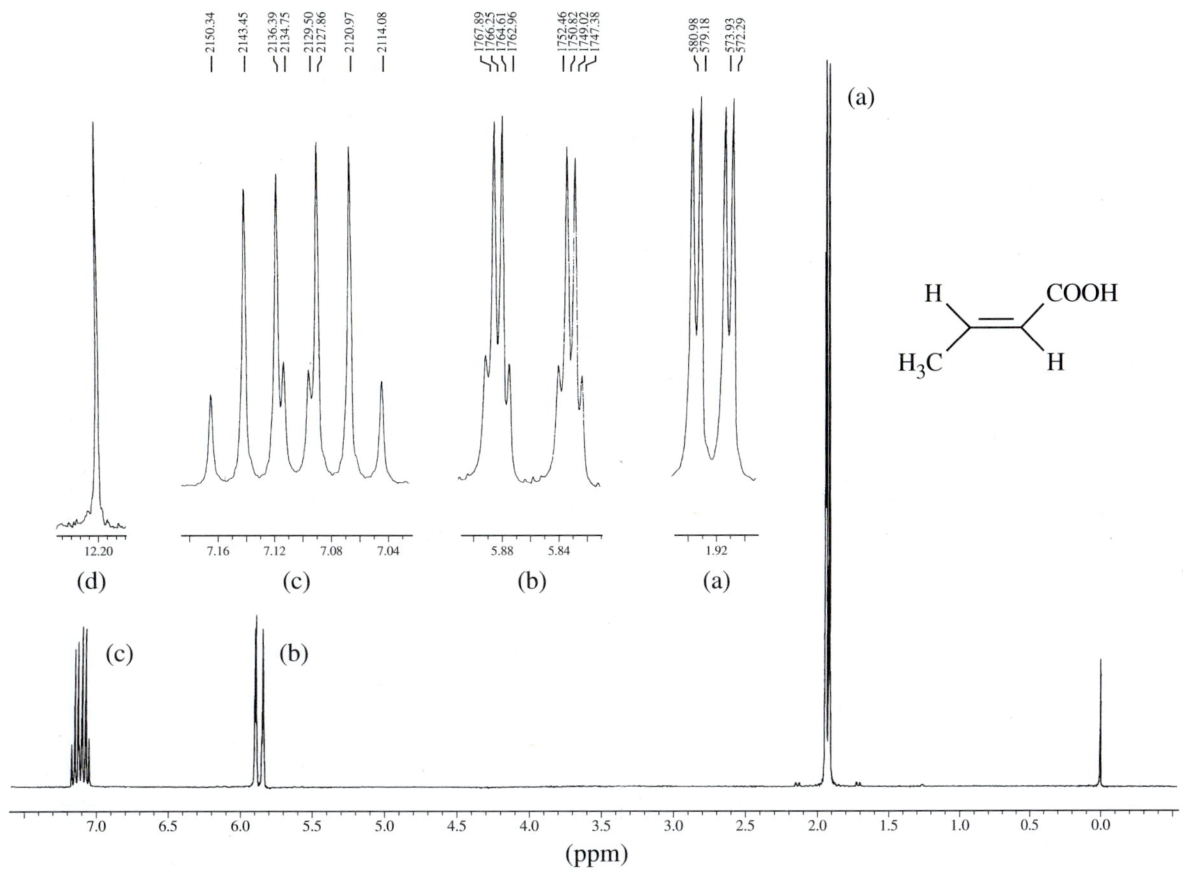

그림 7.53 Crotonic acid(AMX_3)의 300 MHz ^{1}H NMR 스펙트럼.

초기 해석이 수행되어야만 한다.

■ 초기 해석

스펙트럼에서 **a**로 표시된 allyl $-OCH_2-$ 그룹(4.48 ppm)은 2H의 적분값을 갖기 때문에 확인하기 가장 쉬운 다중선이다. 또한 산소 원자에 결합된 탄소 원자에 있는 proton 그룹에 대해 예상되는 화학적 이동 범위 내에 피크가 위치해 있다. Proton이 결합된 탄소는 산소 원자에 결합되어 있을 뿐만 아니라 탄소–탄소 이중 결합에도 결합되어 있어서 높은 장에 나타나는 methoxy(3.77 ppm) 그룹보다 더 큰 화학적 이동값을 갖는다.

이중 결합에서 $-OCH_2-$ 그룹이 결합된 탄소에 결합되어 있는 수소는 가장 폭이 넓고 가장 복잡한 피크 패턴으로 예상되며, 스펙트럼에서 **d**로 표시되었다. 첫 번째 갈라짐은 *trans*-H_c와 짝지음($^3J_{cd}$)을 하여 크게 갈라지며, 다음에 *cis*-H_b와 짝지음($^3J_{bd}$)을 하여 크게 갈라지기 때문에 이 피크는 넓게 퍼진다. 이웃하고 있는 $-OCH_2-$ 그룹과 $^3J_{ad}$ 짝지음으로 인해 추가적으로 약하게 갈라져 삼중선이 얻어진다. 마지막으로, 이 전체 패턴의 적분값은 1H이다.

cis-짝지음과 *trans*-짝지음의 크기 차이에 의해 두 말단 vinyl 수소를 할당할 수 있다. H_c는 H_d와 *trans* 짝지음 $^3J_{cd}$를 하는 반면, H_b는 작은 *cis* 짝지음 $^3J_{bd}$를 경험하기 때문에 H_c는 H_b보다 더 넓은 패턴을 갖는다. 그러므로 더 넓은 간격을 갖는 다중선이 H_c로 할당되고, 더 좁은 간격을 갖는 다중선이 H_b로 할당된다. 각 다중선의 적분값은 1H이다.

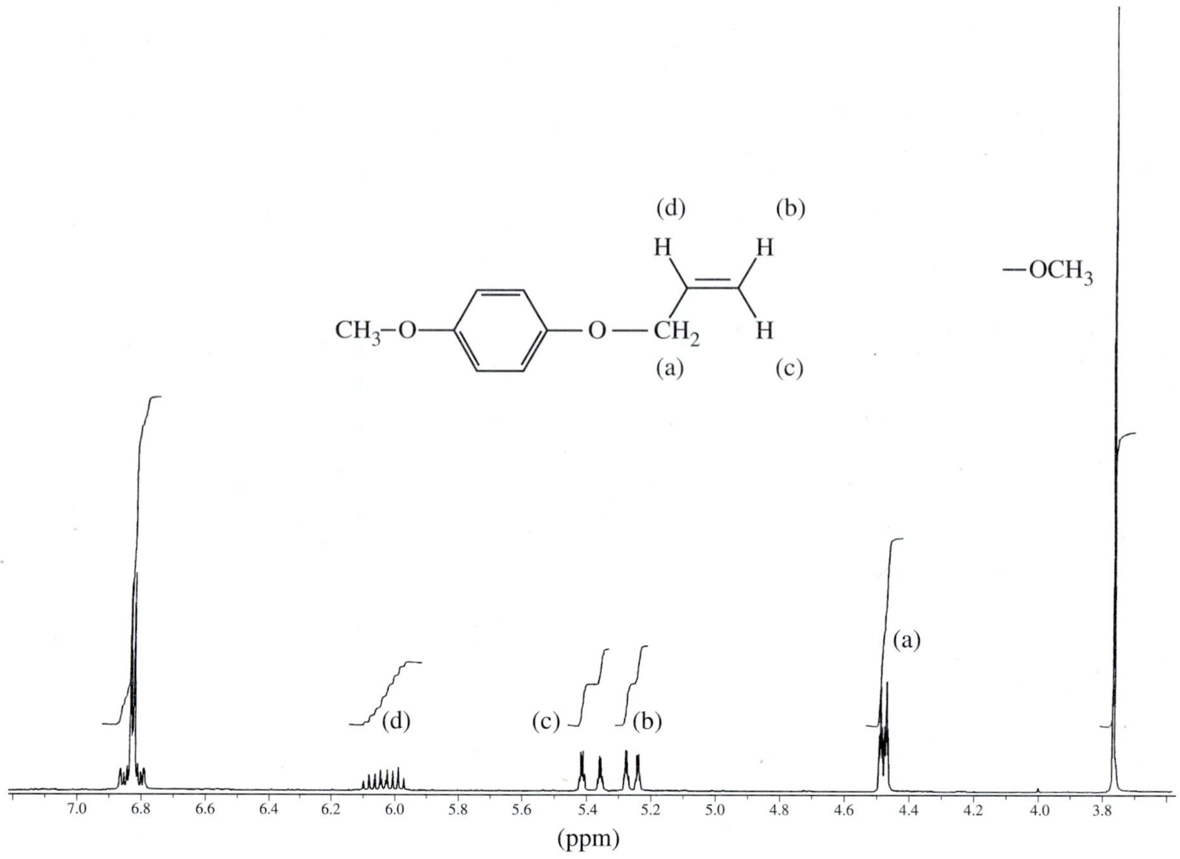

그림 7.54 4-Allyloxyanisole의 300 MHz ^{1}H NMR 스펙트럼.

이와 같은 예비 할당은 단지 임시적인 것이고, 짝지음 상수값을 갖는 전체 나뭇가지 도표 해석의 평가를 통과해야만 한다. 각 부피크의 정확한 Hz 값을 측정하기 위해서는 모든 다중선을 확대시킬 필요가 있다. 피크가 어디에 나타나든 모든 짝지음 상수는 그 크기가 합리적인 오차 범위 내에서 문헌에 보고된 각 유형의 proton에 대한 전형적인 짝지음 상수와 같아야 한다.

■ 나뭇가지 도표에 기반한 해석과 짝지음 상수값의 결정

복잡한 시스템의 해석을 수행할 때, 가장 좋은 방법은 **가장 단순한** 갈라짐 패턴부터 시작하는 것이다. 이 경우에 다중선 **a**에 있는 $-OCH_2-$ proton에 대한 해석부터 시작할 것이다. 이 다중선의 확대 스펙트럼을 그림 7.55a에 나타내었다. 이것은 삼중선의 이중선(dt)처럼 보인다. 하지만 분자 구조(그림 7.54)를 살펴보면, 이 다중선은 이중선의 이중선의 이중선(ddd)임이 틀림없다. 즉, $-OCH_2-$ 그룹은 먼저 H_d와의 짝지음($^3J_{ad}$)에 의해 갈라지고, 다음에 H_b와의 짝지음($^4J_{ab}$)에 의해 갈라지고, 다음에 H_c와의 짝지음($^4J_{ac}$)에 의해 갈라진다. Proton H_b, H_c, H_d는 모두 한 개의 proton이다. 삼중선의 이중선은 $^4J_{ab}$와 $^4J_{ac}$가 우연히 동등한 값을 가질 때만 겹침에 의해 일어난다. 짝지음 상수를 얻고, 나뭇가지 도표를 만들어서 이것을 판별할 수 있다. 다중선에서 개별 피크의 위치를 그림 7.55b에 나타내었다. 적절한 선들의 Hz 값의 차이로부터 1.5 Hz와 5.2 Hz 크기를 갖는 두 개의 짝지음 상수를 얻을 수 있다(7.6절 참조). 큰 값인 5.2 Hz는 vicinal 짝지음($^3J_{ad}$)에 대해 알맞은 범위 안에 있고, 작은 값인 1.5 Hz는 틀림없이 *cis* allyl 짝지음($^4J_{ac}$)과 *trans* allyl 짝지음($^4J_{ab}$)에 대한 범위 안에 있다. 이와 같은 결과의 나뭇가지 도표를 그림 7.55c에 나타내었다. 두 개의 작은 짝지음이 동등하거나 거의 동등할 때 마지막 이중선의 가운데 선들은 겹쳐져서, 한 쌍의 이중선

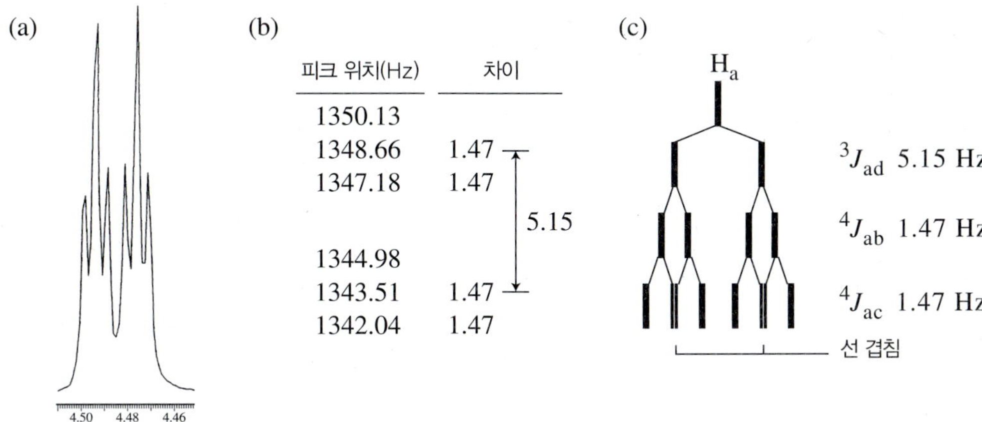

그림 7.55 Allyloxyanisole. (a) Proton H_a의 확대. (b) 피크 위치(Hz)와 선별된 진동수 사이의 차이. (c) 갈라짐 패턴의 원인을 보여주는 갈라짐 나뭇가지 도표.

대신 실제로는 삼중선을 나타낸다. 이것이 사실이라고 가정하고 시작하자. 만약 이 가정이 틀렸다면, 패턴의 나머지 부분과 이 값들을 일치시키려 할 때 문제가 발생할 것이다.

다음으로 H_b를 해석해 보자. 이 다중선의 확대 스펙트럼(그림 7.56a)은 겉보기 사중선의 이중선을 보여준다. 가장 큰 짝지음은 *cis* 짝지음 $^3J_{bd}$이며, 이중선이 얻어진다. Geminal 짝지음 $^2J_{bc}$는 또 다른 쌍의 이중선을 형성하고(dd), allyl geminal 짝지음 $^4J_{ab}$는 두 개의 H_a proton으로 인해 삼중선을 형성한다. 따라서 최종적으로 예측되는 패턴은 갈라짐 패턴의 각 절반에 여섯 개의 피크를 갖는 삼중선의 이중선의 이중선(ddt)이다. 스펙트럼에서 각 절반에 네 개의 피크만 관찰되므로 H_a에 대해서 논의한 것과 같이 틀림없이 피크의 겹침이 있다. 그림 7.56c는 $^2J_{bc}$와 $^4J_{ab}$가 둘 다 작고 거의 같은 크기를 갖는다면 피크의 겹침이 가능하다는 것을 보여준다. 사실상 두 짝지음 값(*J* 값)이 우연하게도 같은 값(또는 비슷한 값)으로 나타난다. 이것은 예측하지 못한 것이 아니다(7.2D절의 전형적인 geminal 짝지음 값과 allyl 짝지음 값 참조). 또한 그림 7.56b는 피크의 위치로부터 단지 두 개의 서로 다른 *J* 값(1.5 Hz와 10.3 Hz)만을 얻을 수 있는 것을 보여준다. 그림 7.56c의 나뭇가지 도표를 살펴보면 최종적인 해답은 삼중선의 이중선의 이중선(ddt)임을 알 수 있고, 우연한 겹침으로 인하여 사중선의 이중선으로 나타나는 것을 알 수 있다.

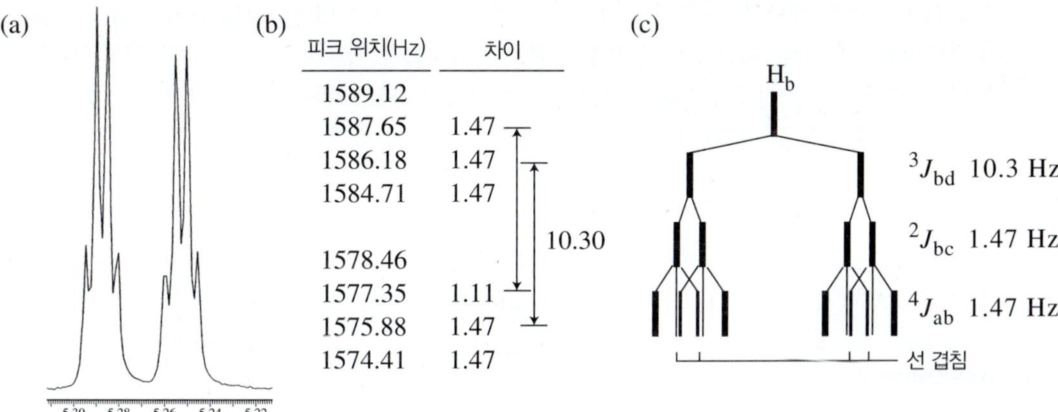

그림 7.56 Allyloxyanisole. (a) Proton H_b의 확대. (b) 피크 위치(Hz)와 선별된 진동수 사이의 차이. (c) 갈라짐 형태의 원인을 보여주는 나뭇가지 도표.

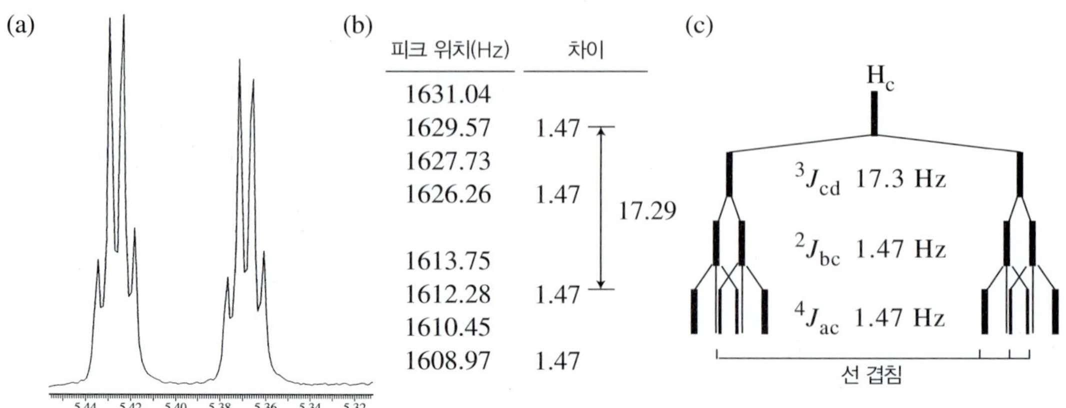

그림 7.57 Allyloxyanisole. (a) Proton H_c의 확대. (b) 피크 위치(Hz)와 선별된 진동수 사이의 차이. (c) 갈라짐 형태의 원인을 보여주는 나뭇가지 도표.

H_c도 삼중선의 이중선의 이중선(ddt)으로 예상되지만, H_b에 대하여 설명한 것과 비슷한 이유로 인하여 사중선의 이중선처럼 나타난다. 그림 7.57에 어떻게 이와 같은 갈라짐이 일어났는지에 대한 설명을 나타내었다. 첫 번째 짝지음($^3J_{cd}$)이 $^3J_{bd}$보다 더 큰 것에 주목하여라.

이 시점에서 주어진 시스템에 대한 여섯 개의 짝지음 상수를 다음과 같이 모두 얻었다.

$$^3J_{cd}\text{-}trans = 17.3\text{ Hz} \qquad ^2J_{bc}\text{-}gem = 1.5\text{ Hz}$$
$$^3J_{bd}\text{-}cis = 10.3\text{ Hz} \qquad ^4J_{ab}\text{-allylic} = 1.5\text{ Hz}$$
$$^3J_{ad} = 5.2\text{ Hz} \qquad ^4J_{ac}\text{-allylic} = 1.5\text{ Hz}$$

아직 H_d는 해석하지 않았다. 그러나 다음 단락에서 *예측*에 의해 해석할 것이다. 세 개의 짝지음 상수(작을 것이라고 예상한 모든 값)가 동등하거나 거의 동등하다는 것에 주목하여라. 이것은 실제로 같은 값을 갖거나 또는 NMR 분광기가 그들 사이의 매우 작은 차이를 분명하게 분별할 능력을 갖지 못해서 그럴 수도 있다. 하여튼 그림 7.56b에 하나의 작은 불일치가 나타나는 것에 주목하여라. 피크 사이의 차이 중 하나가 예상된 1.5 Hz 대신에 1.1 Hz이다.

Proton d – 이미 결정된 *J* 값에 기반한 예측

H_d에 대한 갈라짐 패턴의 확대한 스펙트럼을 그림 7.58a에 나타내었고, Hz 단위의 피크 값을 그림 7.58b에 나타내었다. 관찰된 패턴은 이미 결정된 짝지음 상수값을 이용하여, 결과를 확인하는 방식으로 예측할 수 있다. 만약 모든 짝지음 상수를 올바르게 얻었다면, 갈라짐 패턴을 정확하게 예측할 수 있을 것이다. 그림 7.58c에 이 과정을 나타내었으며, 나뭇가지 도표는 이미 결정된 *J* 값을 이용하여 만들어 척도와 함께 나타내었다. 예측된 패턴은 대칭성 다중선의 각 절반에 여섯 개의 피크를 갖는 삼중선의 이중선의 이중선(ddt)이다. 하지만 겹침으로 인하여 우리가 볼 수 있는 것은 두 개의 겹쳐진 오중선이다. 이것은 관찰된 스펙트럼과 잘 일치하는 것으로 이 해석이 옳았다는 것을 나타낸다. 또 다른 작은 불일치가 여기에 나타난다. 그림 7.56에서 측정된 *cis* 짝지음($^3J_{bd}$)은 10.3 Hz이었다. H_d 다중선으로부터 측정한 같은 짝지음은 $^3J_{bd}$가 10.7 Hz이다. $^3J_{bd}$의 참값은 무엇인가? H_d가 근사적으로 동일한 크기의 작은 장거리 allyl 짝지음을 경험하지 않기 때문에 H_d 공명에서 선들이 H_b 공명에서의 선들보다 더 뾰족하다. 일반적으로, 뾰족하고 덜 복잡한 공명으로부터 측정된 *J* 값이 넓은 폭의 피크로부터 측정된 *J* 값보다 훨씬 신뢰할 만하다. $^3J_{bd}$에 대한 실제 짝지음 크기는 10.3 Hz보다는 10.7 Hz에 더 가까울 것이다.

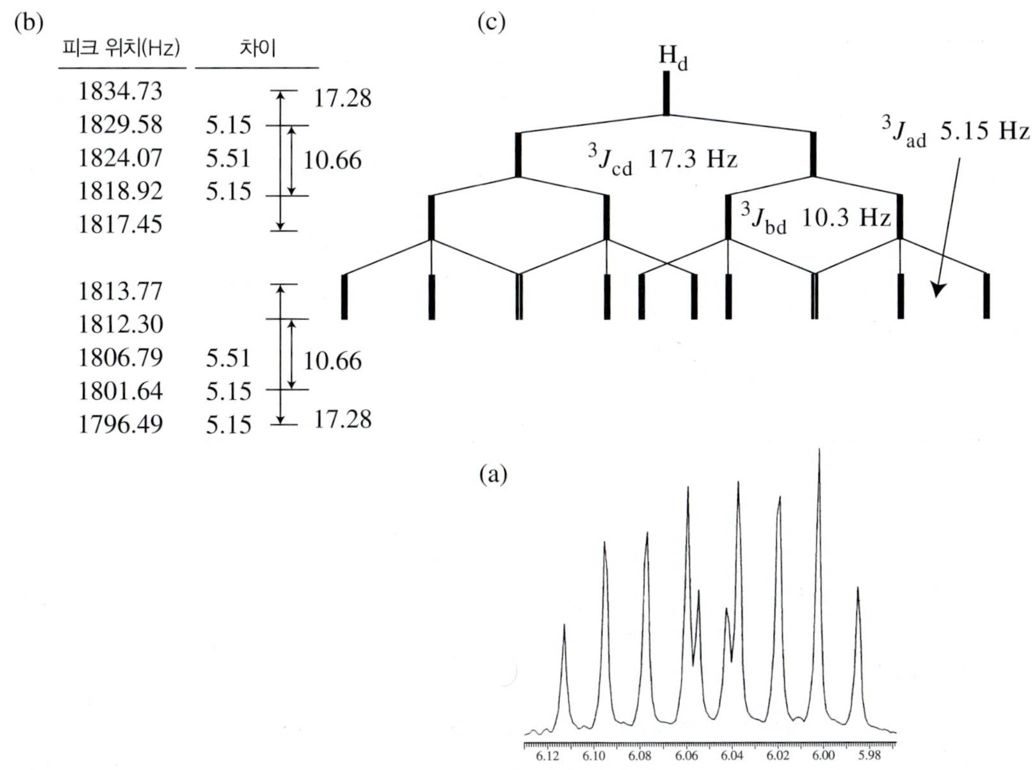

그림 7.58 Allyloxyanisole. (a) Proton H_d의 확대. (b) 피크 위치(Hz)와 선별된 진동수 사이의 차이. (c) 갈라짐 형태의 원인을 보여주는 나뭇가지 도표.

■ 방법

가장 단순한 패턴으로 시작하여 갈라짐 나뭇가지 도표를 결정하고, 관련된 짝지음 상수를 얻은 것에 주목하여라. 그런 다음, 좀 더 복잡한 패턴으로 옮겨가 본질적으로 같은 방식으로 해석하고, 두 개의 패턴에 의해 공유된 짝지음 상수값이 실험 오차 범위 내에서 일치하는지를 확인하였다. 만약 짝지음 상수값이 일치하지 않으면 무언가가 틀렸고, 처음으로 돌아가서 다시 해석을 해야 한다. 세 번째 패턴을 해석하여 모든 짝지음 상수값을 얻었다. 마지막으로, 남아 있는 패턴으로 짝지음 상수를 얻기보다는 이미 얻은 짝지음 상수를 이용하여 갈라짐 패턴을 예측하였다. 방법을 검증하기 위하여 최종 패턴에 대한 예측을 하는 것은 항상 좋은 생각이다. 예측된 갈라짐 패턴이 실험으로 얻은 패턴과 일치한다면, 그 해석은 거의 확실하게 옳다.

7.10 방향족 화합물 – 치환된 벤젠 고리

Phenyl 고리는 유기 화합물에서 매우 흔하기 때문에, phenyl 고리를 포함하는 화합물의 NMR 흡수에 대한 몇 가지 사실을 아는 것은 중요하다. 일반적으로, benzene류 시스템의 고리 proton은 7 ppm 근처에 나타난다. 하지만 고리에 전자끌기 치환기(예, nitro, cyano, carboxyl, carbonyl 그룹)가 도입되면 이 proton들의 공명은 낮은 장으로 이동하고, 고리에 전자주기 치환기(예, methoxy, amino 그룹)가 도입되면 이 proton들의 공명은 높은 장으로 이동된다. 표 7.9에 대칭적으로 *para*-이중 치환된 일련의 benzene 화합물에 대한 이와 같은 경향을 나타내었다. *para*-이중 치환된 화합물은 두 대칭면이 모든 수소를 동등하게 하기 때문에 선택되었다. 각 화합물은 proton NMR 스펙트럼에서 오직 하나의 방향족 피크(단일선)를 보인

표 7.9 *para*-이중 치환 benzene 화합물의 [1]H 화학적 이동

치환기 X	δ (ppm)	
$-OCH_3$	6.80	전자주기
$-OH$	6.60	전자주기
$-NH_2$	6.36	전자주기
$-CH_3$	7.05	전자주기
$-H$	7.32	
$-COOH$	8.20	전자끌기
$-NO_2$	8.48	전자끌기

다. 이와 다른 치환 패턴을 갖는 시스템에서는 어떤 위치가 다른 위치보다 더 강하게 영향을 받는다는 것을 나중에 알게 될 것이다. 부록 6의 표 A6.3을 이용하면 이와 같은 화학적 이동을 대략적으로 계산할 수 있다.

이후의 절에서 몇 가지 benzene 고리 치환의 가장 중요한 유형을 다룰 것이다. 많은 경우 60 MHz와 300 MHz 모두에서 측정한 시료의 스펙트럼을 검토할 필요가 있을 것이다. 많은 benzene류 고리가 60 MHz에서는 2차 갈라짐을 보이나 300 MHz 또는 그 이상의 고자기장에서는 본질적으로 1차 스펙트럼으로 나타난다.

A. 단일 치환 고리

Alkylbenzene

치환기가 강한 전자끌기 또는 강한 전자주기 그룹이 아닌 단일 치환 benzene에서는 스펙트럼을 60 MHz에서 측정할 때 모든 고리 proton이 *단일 공명*처럼 보인다. 이것은 특히 alkyl 치환 benzene에서 공통적으로 볼 수 있는 현상이다. 치환기에 대해 *ortho*, *meta*, *para* 위치에 있는 proton이 화학적으로 동등하지 않지만, 그들은 보통 구별되지 않는 단일 흡수 피크로 나타난다. 이와 같은 조건에서는 모든 proton이 거의 동등해진다. 이와 같은 유형의 상황에 대한 좋은 예가 alkylbenzene 화합물의 방향족 부분의 NMR 스펙트럼이다. Ethylbenzene의 60 MHz ^{1}H NMR 스펙트럼을 그림 7.59a에 나타내었다.

그림 7.59b에 나타낸 ethylbenzene의 300 MHz 스펙트럼은 매우 다른 모습을 보여준다. 고자기장으로 작동 진동수를 증가시키면(그림 5.35 참조), 60 MHz에서 거의 동등한 방향족 proton이 두 그룹으로 깔끔하게 분리된다. *ortho* Proton과 *para* proton이 *meta* proton보다 더 높은 장에 나타난다. 갈라짐 패턴은 분명하게 2차이다.

전자주기 그룹

전자주기 그룹이 방향족 고리에 결합되어 있으면, 60 MHz에서도 고리 proton이 동등하지 않게 된다. Methoxy 그룹과 같은 강한 활성 치환기는 공명에 의해 고리의 *ortho* 위치와 *para* 위치의 전자 밀도를 분명하게 증가시키기 때문에, 이 proton은 *meta* 위치에 있는 proton보다 더 가려진다. 따라서 이 proton들은 본질적으로 다른 화학적 이동을 보인다.

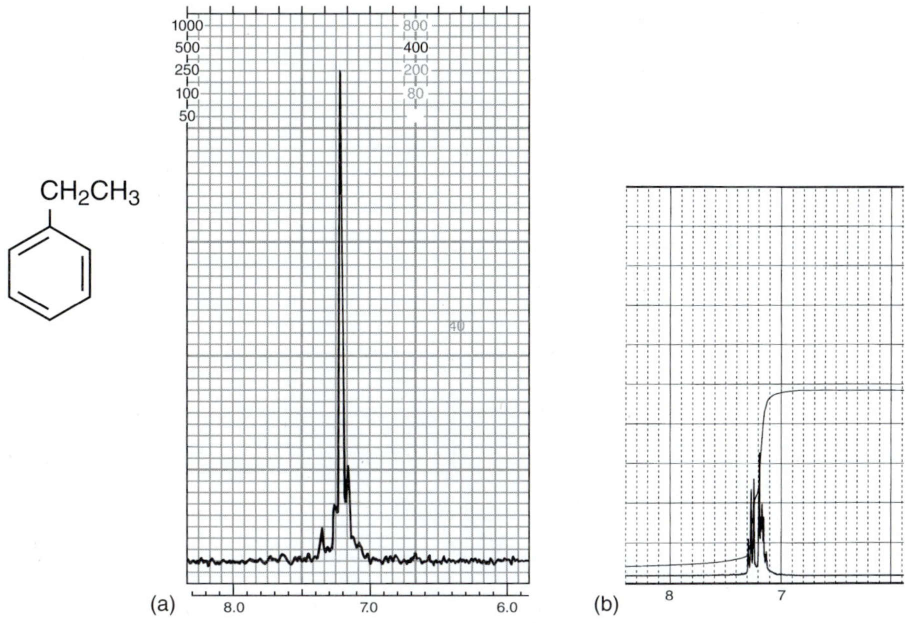

그림 7.59 Ethylbenzene의 ^{1}H NMR 스펙트럼에서 방향족 고리 부분. (a) 60 MHz. (b) 300 MHz.

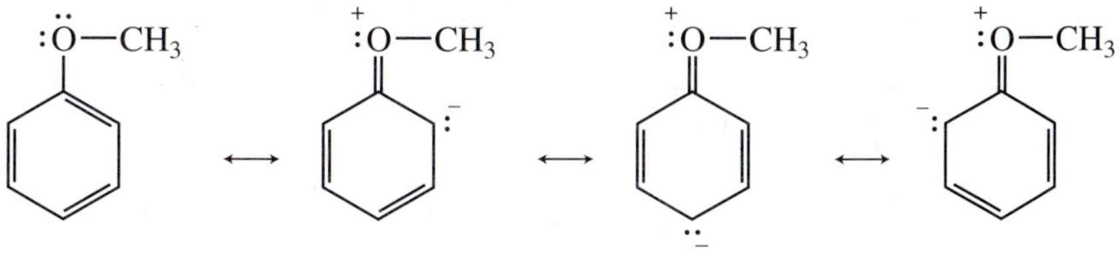

60 MHz에서 이와 같은 화학적 이동의 차이로 anisole(methoxybenzene)에 대해 복잡한 2차 갈라짐 패턴이 나타나지만, proton은 두 개의 그룹, 즉 *ortho*/*para* proton과 *meta* proton으로 분명하게 분리된다. Anisole의 방향족 부분에 대한 60 MHz NMR 스펙트럼(그림 7.60)에서 세 개의 proton으로 적분되는 *o*, *p* proton은 복잡한 다중선이고, 두 개의 proton으로 적분되는 *meta* proton보다 높은 장에 나타나며, 두 유형의 피크 사이에 분명한 분리가 있다. Aniline(aminobenzene)도 amino 그룹의 전자주기 효과로 3:2로 갈라지는 비슷한 스펙트럼을 보여준다.

Anisole의 300 MHz 스펙트럼은 *ortho*/*para* 수소(높은 장)와 *meta* 수소(낮은 장) 사이의 같은 크기의 분리를 보여준다. 하지만 두 유형의 수소 사이의 화학적 이동의 실제 차이인 $\Delta\nu$(Hz 단위)가 더 크므로, 2차 상호작용이 줄어들어 패턴의 선들은 300 MHz에서 더 뾰족하다. 사실상 관찰된 패턴이 마치 1차인 것처럼 해석하고 싶은 마음이 생기지만, 고리에서 대칭면에 대해 반대쪽에 있는 proton들은 대칭면이 있음에도 불구하고 자기적으로 동등하지 않다는 것을 알아야 한다(7.3절). Anisole은 AA'BB'C 스핀 시스템이다.

■ 비등방성 – 전자끌기 그룹

Carbonyl 그룹이나 nitro 그룹은 전자를 끌기 때문에, 이들은 비등방성 효과와는 별개로 위와는 반대의 효과를 보일 것으로 예측된다. 이와 같은 작용기는 *ortho* 위치와 *para* 위치 부근의 전자 밀도를 감소시켜 *ortho* 수소와 *para* 수소를 벗김으로써 anisole의 경우와 정확히 반대 패턴(낮은 장:높은 장 = 3:2)을 보일

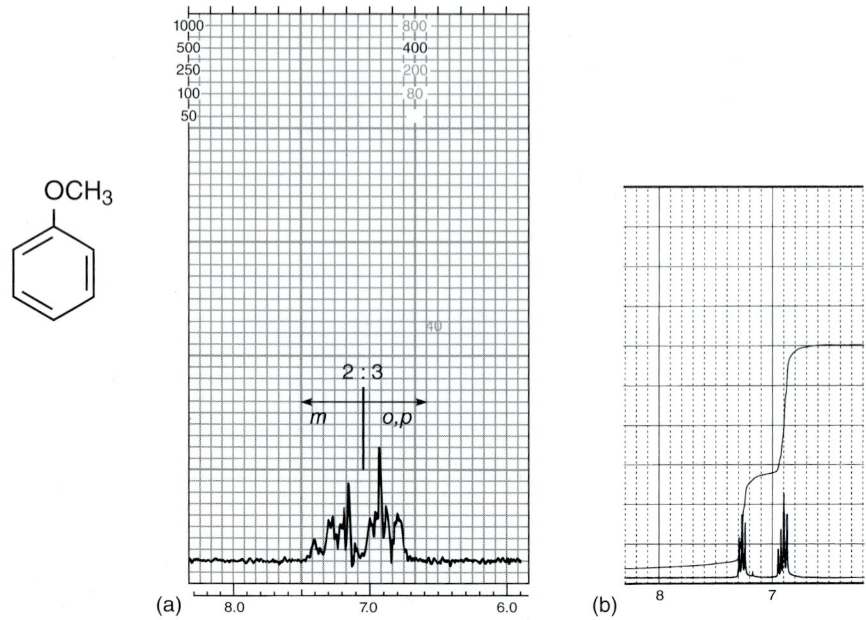

그림 7.60 Anisole의 ^{1}H NMR 스펙트럼의 방향족 고리 부분. (a) 60 MHz. (b) 300 MHz.

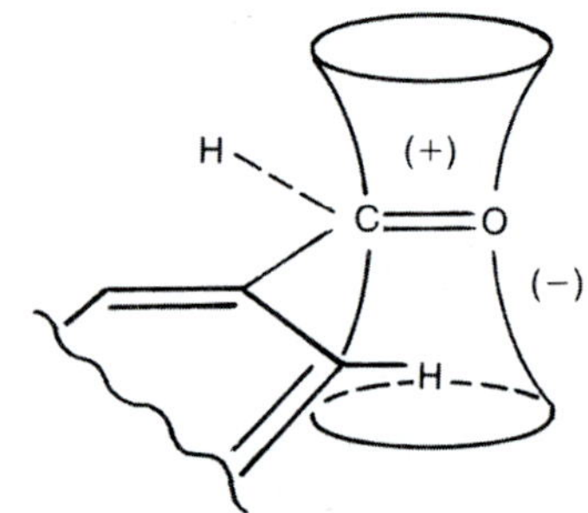

그림 7.61 Benzaldehyde의 *ortho* proton의 비등방성 벗겨짐.

것으로 예상된다. 공명 구조를 그려서 스스로 이것을 확인해 보아라. 그러나 실제 nitrobenzene이나 benzaldehyde의 NMR 스펙트럼은 공명 구조를 기반으로 예측되는 모습대로 나타나지 않는다. 대신 이 그룹에서 π 결합의 자기적 비등방성 때문에 *ortho* proton이 *meta* proton과 *para* proton보다 훨씬 더 벗겨진다.

비등방성은 치환기의 carbonyl 그룹이 benzene 고리에 직접 결합되어 있을 때 관찰된다(그림 7.61). 여기서 다시 고리 proton은 두 개의 그룹으로 나뉜다. *ortho* Proton이 *meta*/*para* proton보다 낮은 장에 나타난다. Benzaldehyde(그림 7.62)와 acetophenone은 NMR 스펙트럼에서 모두 이와 같은 효과를 보여준다. 탄소-탄소 이중 결합이 고리에 결합되어 있을 때, 때때로 비슷한 효과가 관찰된다. Benzaldehyde의 300 MHz 스펙트럼(그림 7.62b)은 거의 1차 스펙트럼이며(아마도 눈속임에 의한 단순 AA′BB′C 스펙트럼), 하나의 이중선(H_C, 2 H), 하나의 삼중선(H_B, 1 H) 또 하나의 삼중선(H_A, 2 H)을 보여준다.

B. *para*-이중 치환 고리

Benzene 고리의 가능한 치환 패턴 중에서 쉽게 설명할 수 있는 패턴은 몇 가지밖에 안된다. 그 중 하나가 *para*-이중 치환 benzene 고리이다. 첫 번째 예로 anethole(그림 7.63a)을 살펴보자. 이 화합물에는

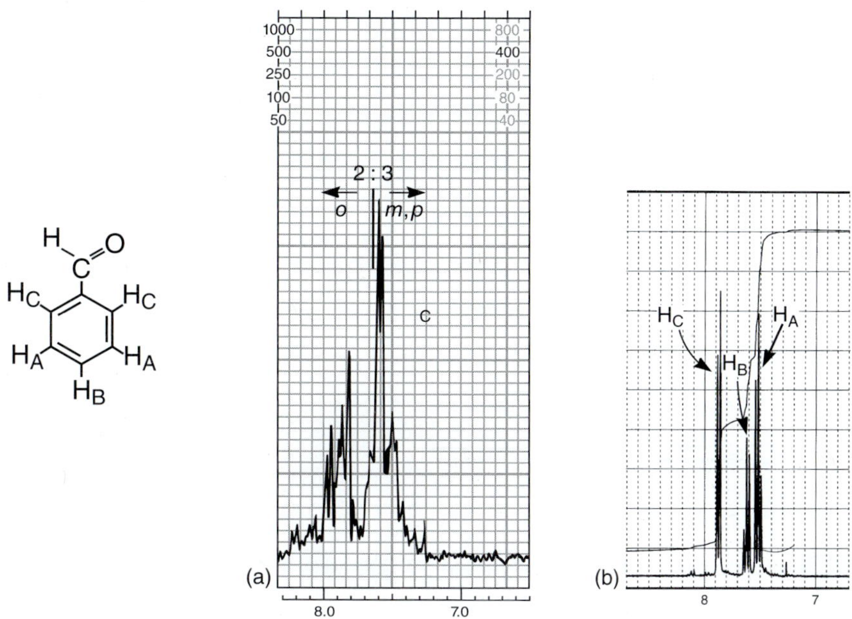

그림 7.62 Benzaldehyde의 ^{1}H NMR 스펙트럼의 방향족 고리 부분. (a) 60 MHz. (b) 300 MHz.

그림 7.63 *para*-이중 치환 benzene 고리(anethole)와 (b) 대칭적인 *ortho*-이중 치환 benzene 고리에 존재하는 대칭면.

methoxy 그룹과 propenyl 그룹을 지나는 대칭면이 있기 때문에, proton H_a와 $H_{a'}$(둘 다 $-OCH_3$에 *ortho* 위치)은 같은 화학적 이동을 가질 것으로 예상된다. 유사하게 H_b와 $H_{b'}$도 같은 화학적 이동을 가질 것으로 예상된다. 실제로도 그렇다. 대칭면을 기준으로 고리의 양쪽 모두 동일한 갈라짐 패턴을 보일 것으로 생각할지도 모른다. 이렇게 가정하면, proton H_b가 proton H_a를 이중선으로 갈라지게 하고, proton H_a가 proton H_b를 두 번째 이중선으로 갈라지게 하는 패턴을 예상하면서 고리의 한 쪽 부분만 분리시켜 관찰하고자 하는 마음이 생길 수도 있다.

Anethole의 NMR 스펙트럼(그림 7.64a)을 조사해 보면, 고리 proton에 대해 대체로 그와 똑같은 네 선 패턴이 나타난다. 사실상 *para*-이중 치환 고리는 이와 같은 네 선 패턴으로 쉽게 인식된다. 하지만 네

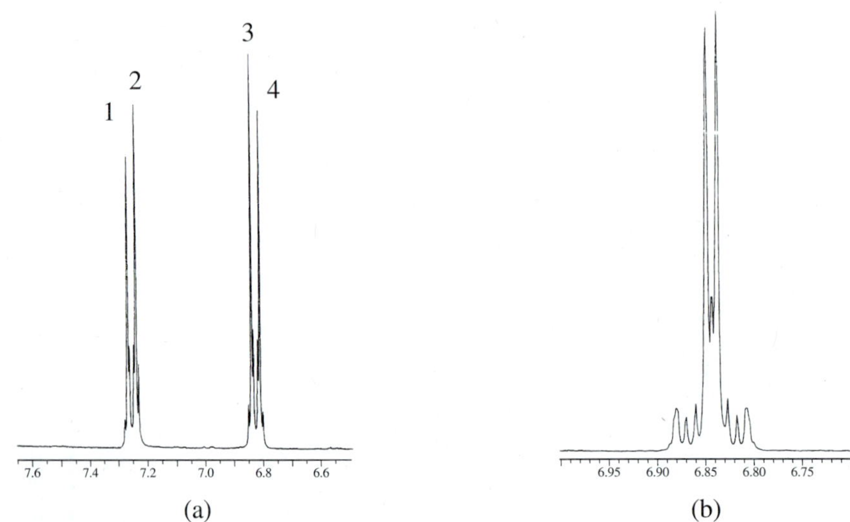

그림 7.64 (a) Anethole과 (b) 4-allyloxyanisole의 300 MHz ^{1}H NMR 스펙트럼의 방향족 고리 부분.

선은 단순한 1차 갈라짐 패턴에 해당되는 것이 아니다. 그 이유는 두 개의 proton H_a와 $H_{a'}$이 *자기적으로는 동등하지 않기* 때문이다(7.3절). Proton H_a와 $H_{a'}$은 서로 상호작용하고 정해진 짝지음 상수 $J_{aa'}$을 갖는다. 유사하게 H_b와 $H_{b'}$이 서로 상호작용하고 짝지음 상수 $J_{bb'}$을 갖는다. 더욱 중요한 것은 H_a가 H_b(H_a에 *ortho* 위치)와 $H_{b'}$(H_a에 *para* 위치)에 대해 동일하게 상호작용하지 않는다는 것이다. 즉, $J_{ab} \neq J_{ab'}$이다. H_b와 $H_{b'}$이 H_a에 대해 서로 다르게 짝지음 하면, 두 proton H_b와 $H_{b'}$은 자기적으로 동등하지 않다. H_a와 $H_{a'}$에 대한 논의로 되돌아가면, H_a와 $H_{a'}$이 H_b나 $H_{b'}$에 대해 서로 다르게 짝지음하기 때문에 H_a와 $H_{a'}$ 역시 자기적으로 동등하지 않다. 이와 같은 사실로 인해 상황은 처음 생각했던 것보다 더 복잡하다. 그림 7.64a의 패턴을 자세히 살펴보면, 실제로 그렇다는 것을 알 수 있다. ppm 척도를 확대해 보면, 이 패턴은 그림 7.65에 나타낸 것과 같이 사실상 네 개의 일그러진 삼중선처럼 보인다. 이 패턴은 AA'BB' 스펙트럼이다.

이와 같은 2차 패턴의 해석은 고급 과정의 참고 문헌을 참조하기 바란다. 하지만 이와 같이 네 개의 공명선을 갖는 스펙트럼은 *para*-이중 치환 고리의 특징이라는 것에 유념하여라. 네 개의 공명선을 갖는 스펙트럼은 두 개의 *ortho* 치환기가 동일하여 대칭면을 만드는 그림 7.63b에 나타낸 형태의 *ortho*-이중 치환 고리의 특징이기도 하다.

H_a와 H_b의 화학적 이동이 서로 가까워질 때, *para*-이중 치환 패턴은 4-allyloxyanisole(그림 7.64b)의 패턴과 비슷하게 된다. 안쪽 피크는 서로 가까워지고 바깥쪽 피크는 작아지거나 심지어는 사라진다. 결국은 H_a와 H_b의 화학적 이동이 거의 가깝게 접근하면 바깥쪽 피크는 없어지고, 두 개의 안쪽 피크도 합쳐져서 하나의 단일선으로 나타나게 된다. 예를 들어, *p*-xylene은 7.05 ppm에 하나의 단일선(표 7.9)으로 나타난다. 그러므로 네 개의 proton에 해당하는 적분을 보이는 방향족 단일 공명은 쉽게 *para*-이중 치환 고리를 나타내는 것이다. 하지만 이때 치환기는 분명하게 동일한 것이어야 한다.

C. 기타 치환

고리의 기타 치환 방식으로 앞에서 살펴본 것보다 더 복잡한 갈라짐 패턴이 종종 나타난다. 방향족 고리에서 짝지음은 대개 이웃하고 있는 탄소 원자를 지나서도 일어난다. *para* 상호작용이 대개 관찰되지는 않지만 실제로 *ortho*, *meta*, *para* proton이 모두 서로 상호작용하고 있다. 이와 같은 상호작용의 전형적인 J 값은 다음과 같다.

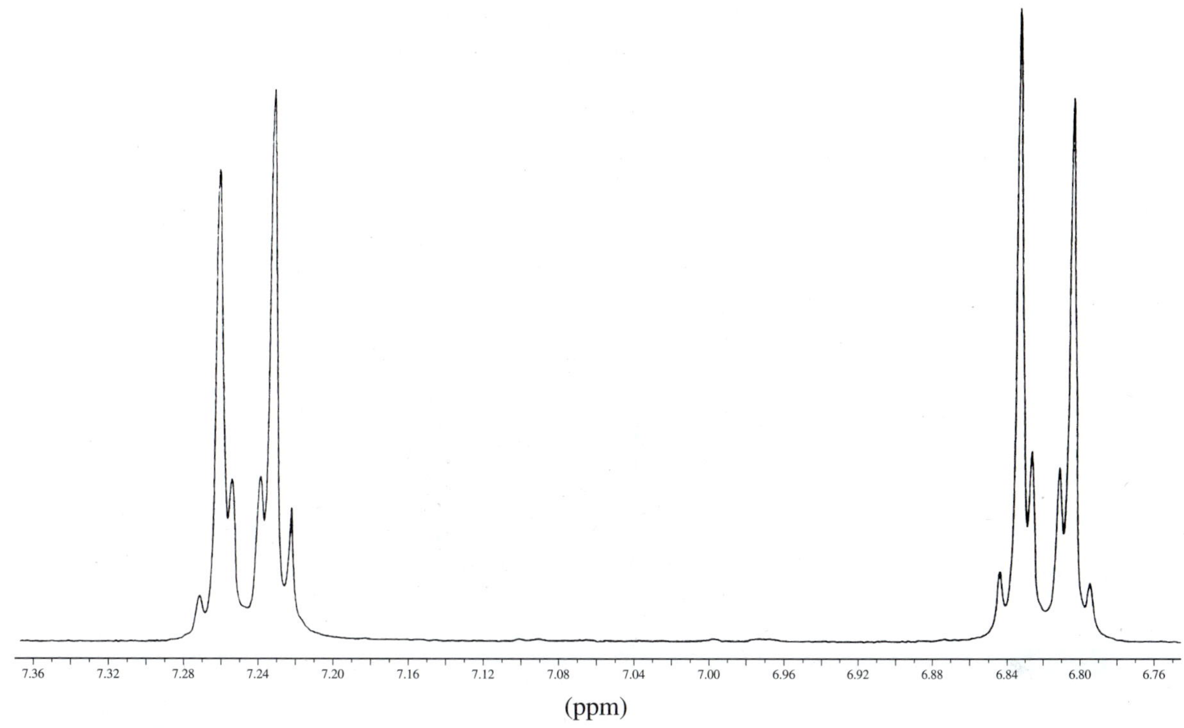

그림 7.65 *para*-이중 치환 benzene의 AA'BB' 패턴의 확대 스펙트럼.

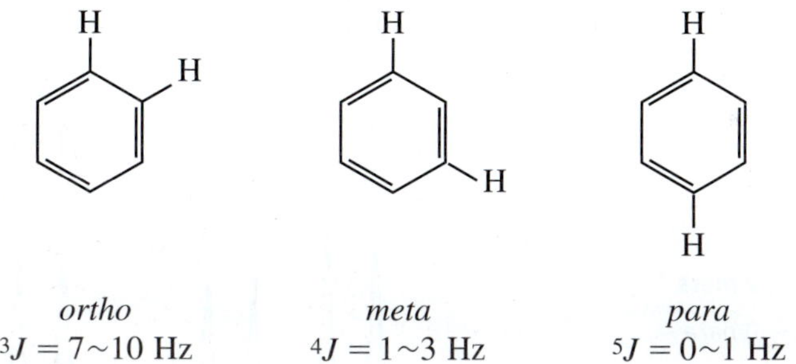

삼중 치환된 화합물인 2,4-dinitroanisole은 앞에서 언급된 모든 유형의 상호작용을 보여준다. 2,4-Dinitroanisole의 ^{1}H NMR 스펙트럼의 방향족 고리 부분을 그림 7.66에 나타내었고, 스펙트럼의 해석을 그림 7.67에 나타내었다. 이와 같은 예에서 전형적으로 *para* proton 사이의 짝지음은 본질적으로 0이다. 또한 이웃 proton의 화학적 이동에 대한 nitro 그룹의 효과에도 주목하여라. 두 개의 nitro 그룹 사이에 위치한 proton H_D는 가장 큰 화학적 이동(8.72 ppm)을 보인다. 반면 한 개의 nitro 그룹의 비등방성에 의한 효과만을 받는 proton H_C는 낮은 장으로 그렇게 많이 내려가지는 않는다.

2-Nitroaniline(*ortho* 이성질체), 3-nitroaniline(*meta*, 이성질체), 4-nitroaniline(*para* 이성질체)의 방향족 고리 부분에 대한 300 MHz ^{1}H NMR 스펙트럼을 그림 7.68에 나타내었다. *para* 이중 치환된 고리의 특징적인 패턴으로 인하여 4-nitroaniline은 쉽게 찾을 수 있다. 이 때 고리에서 마주보고 있는 반대편 proton은 서로 자기적으로 동등하지 않으며 관찰된 갈라짐은 2차이다. 반대로 2-nitroaniline, 3-nitroaniline의 갈라짐 패턴은 더 단순하며, 300 MHz에서 얻어진 스펙트럼의 1차 해석으로 설명이 충분하다. 연습 삼아 스스로 이와 같은 패턴을 해석해 보고, 고리에 있는 특정한 proton에 대해 스펙트럼의 다중선을 각각 할당해 보아라. 표시된 다중도(s, d, t 등)와 예상되는 화학적 이동을 이용하여 할당하면 도움이 될

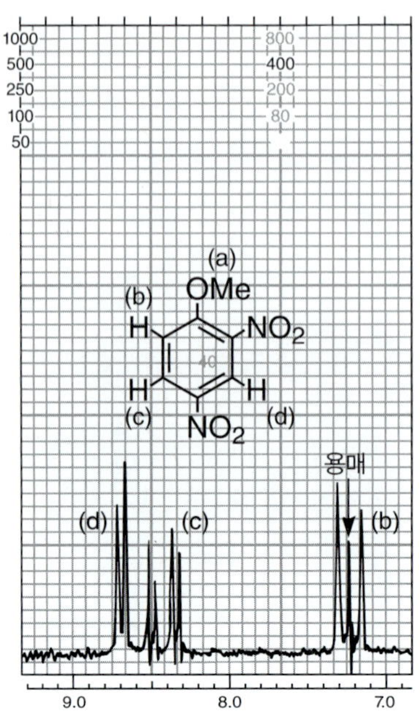

그림 7.66 2,4-Dinitroanisole의 60 MHz ^{1}H NMR 스펙트럼의 방향족 고리 부분.

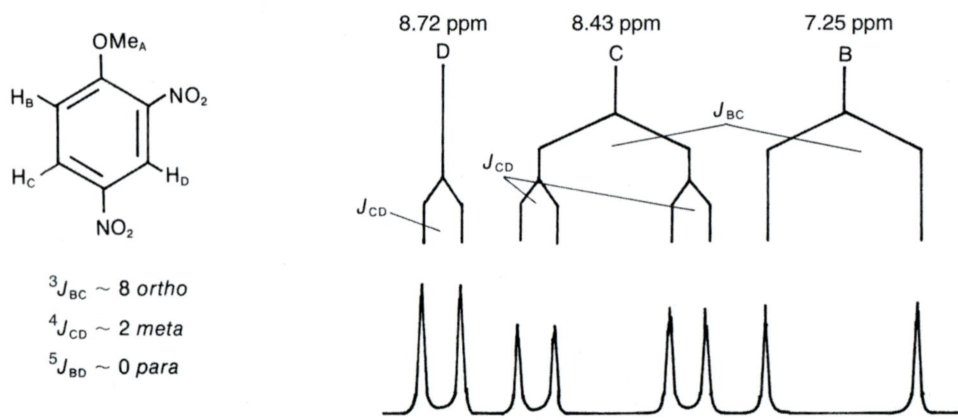

그림 7.67 2,4-Dinitroanisole의 ^{1}H NMR 스펙트럼에서 갈라짐 패턴의 해석.

것이다. ^{4}J와 ^{5}J의 짝지음은 이 그림을 나타내는 척도에서 관찰하기에는 크기가 너무 작으므로 *meta* 또는 *para* 상호작용은 무시해도 된다.

2-Nitrophenol과 3-nitrobenzoic acid의 고리 부분에 결합된 proton만을 확대한 스펙트럼을 그림 7.69와 7.70에 각각 나타내었다. 각각 phenol(−OH)과 acid(−COOH)에 대한 공명은 스펙트럼에 나타내지 않았다. 이 스펙트럼에서 각 부피크의 위치는 Hz로 나타내었다. 이 스펙트럼에 대하여 특정한 수소에 대한 피크를 할당하는 것과 각 상호작용에 대해 각각 따로 얻어진 짝지음 상수를 가지고 나뭇가지 도표를 유도할 수 있다(이 장의 마지막 부분에 있는 연습 문제 1 참조).

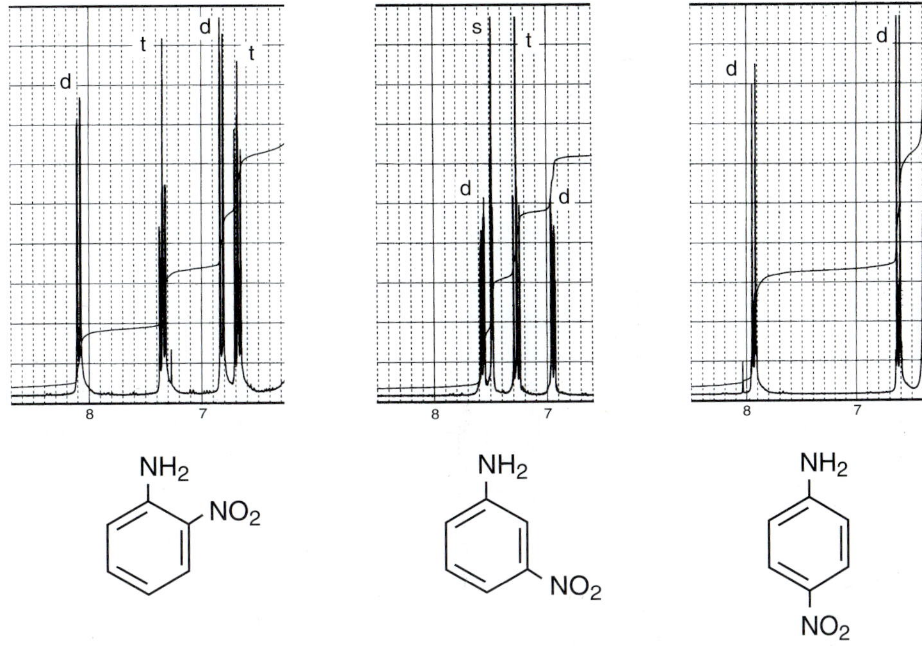

그림 7.68 2-Nitroaniline, 3-nitroaniline과 4-nitroaniline의 방향족 고리 부분의 300 MHz ^{1}H NMR 스펙트럼.

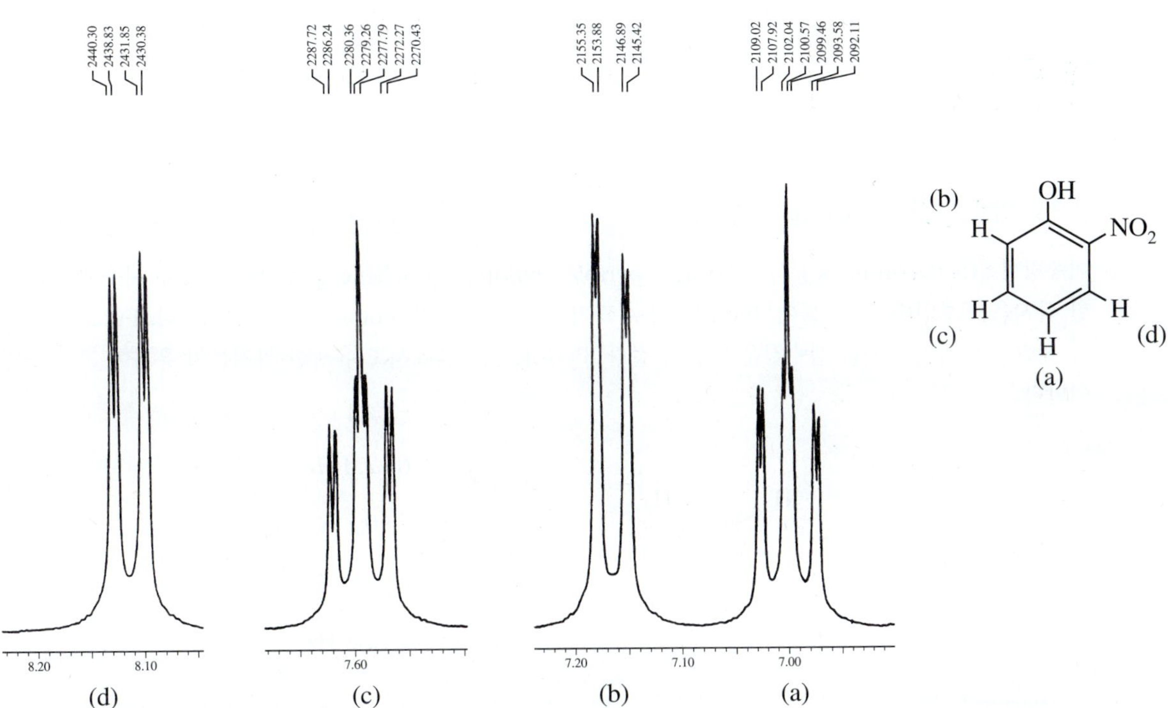

그림 7.69 2-Nitrophenol의 300 MHz ^{1}H NMR 스펙트럼에서 방향족 고리 proton에 대한 다중선의 확대 그림. Hydroxyl(—OH) 공명은 나타내지 않았다.

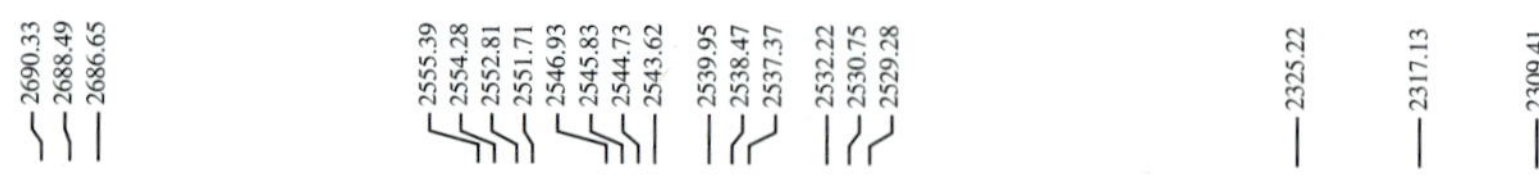

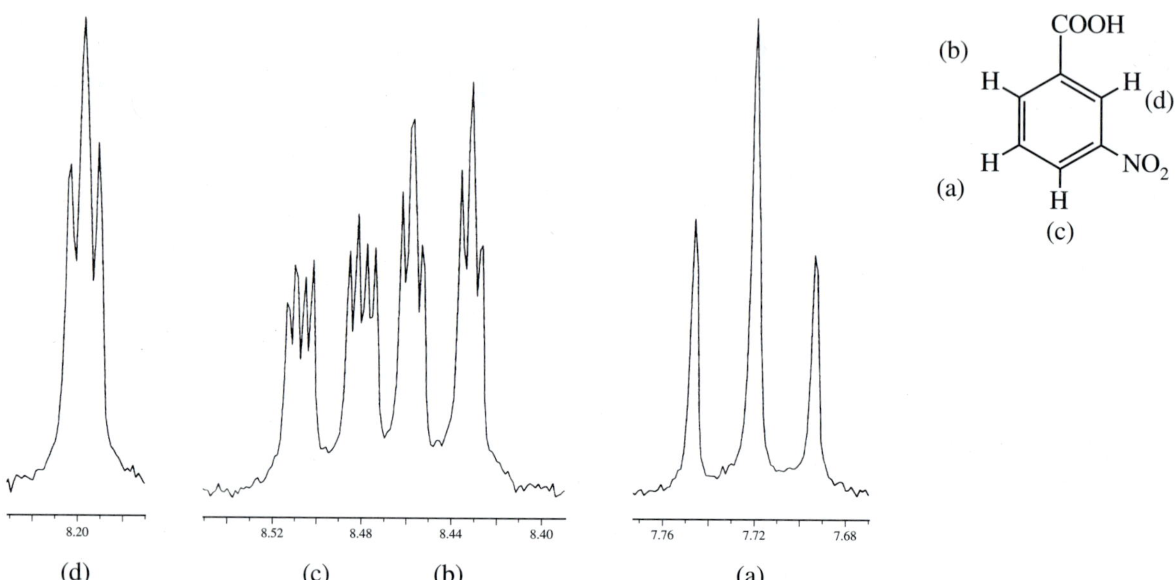

그림 7.70 3-Nitrobenzoic acid의 300 MHz ^{1}H NMR 스펙트럼에서 방향족 고리 proton에 대한 다중선의 확대 그림. Acid(−COOH) 공명은 나타내지 않았다.

7.11 이종방향족 시스템의 짝지음

이종방향족(heteroaromatic) 시스템(furan, pyrrole, pyridine, thiophene 등)은 benzene류 시스템과 유사한 짝지음을 보인다. 예를 들어, furan의 경우 짝지음은 모든 고리 proton 사이에 일어난다. Furan류 고리에 대한 전형적인 짝지음 상수값은 다음과 같다. Pyrrole 시스템에서도 유사한 짝지음이 유사한 크기로 일어난다.

$H_{\beta'}$ H_β $H_{\alpha'}$ O H_α

$^3J_{\alpha\beta} = 1.6\sim2.0$ Hz

$^4J_{\alpha\beta'} = 0.3\sim0.8$ Hz

$^4J_{\alpha\alpha'} = 1.3\sim1.8$ Hz

$^3J_{\beta\beta'} = 3.2\sim3.8$ Hz

Furfuryl alcohol의 구조와 스펙트럼을 그림 7.71에 나타내었다. 스펙트럼 부분에는 고리 수소만 나타내었고, hydroxymethyl 곁가지($-CH_2OH$)의 공명은 나타내지 않았다. 이 분자의 갈라짐에 대하여 나뭇가지 도표를 그리고, 짝지음 상수의 크기를 결정하여라(이 장의 마지막 부분에 있는 연습 문제 1 참조). Proton H_a는 고리의 다른 두 개의 수소(H_b와 H_c)와 짝지음을 보여줄 뿐 아니라 methylene(CH_2) 그룹과도 분별할 수 없을 정도로 약하게 *cis*-allyl 상호작용을 한다는 것에 주목하여라.

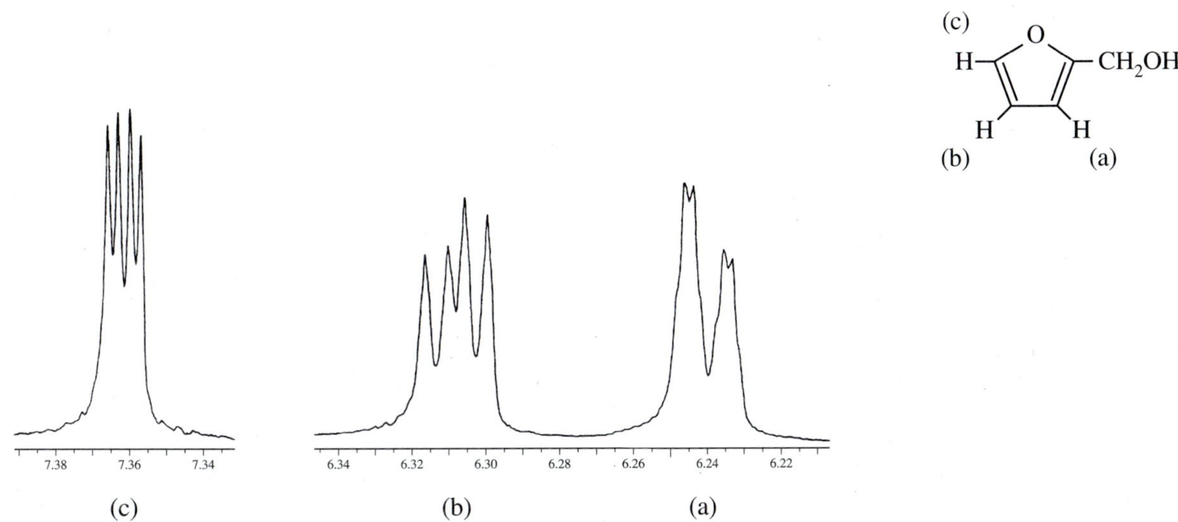

그림 7.71 Furfuryl alcohol의 300 MHz ^{1}H NMR 스펙트럼에서 고리 proton의 공명에 대한 확대 그림. Hydroxymethyl 곁가지($-CH_2OH$)에 대한 공명은 나타내지 않았다.

2-Picoline(2-methylpyridine)의 고리 proton에 대한 공명을 그림 7.72에 나타내었다(methyl 공명은 포함하지 않았다). 관찰된 갈라짐을 설명할 수 있는 나뭇가지 도표를 그리고, 짝지음 상수값을 구하여라(이 장의 마지막 부분에 있는 연습 문제 1 참조). Pyridine 고리의 proton에 대한 전형적인 짝지음 상수값은 benzene의 유사한 짝지음과는 다르다.

H_c
H_d H_b
H_e N H_a

$^3J_{ab} = 4\sim6$ Hz $\quad$ $^3J_{bc} = 7\sim9$ Hz

$^4J_{ac} = 0\sim2.5$ Hz $\quad$ $^4J_{bd} = 0.5\sim2$ Hz

$^5J_{ad} = 0\sim2.5$ Hz

$^4J_{ae} = < 1$ Hz

Proton H_d로부터 유래한 피크는 매우 폭이 넓은 것으로 보아 장거리 갈라짐 상호작용들이 완벽하게 분별된 것 같지는 않다. 이 수소는 이웃하고 있는 질소(I = 1)와 짝지음을 할 수도 있고, 사중 극자-넓혀짐 효과가 작용할 수도 있다(8.5절). 다른 이종원자고리 화합물에 대한 짝지음 상수값은 부록 5에 나타내었다.

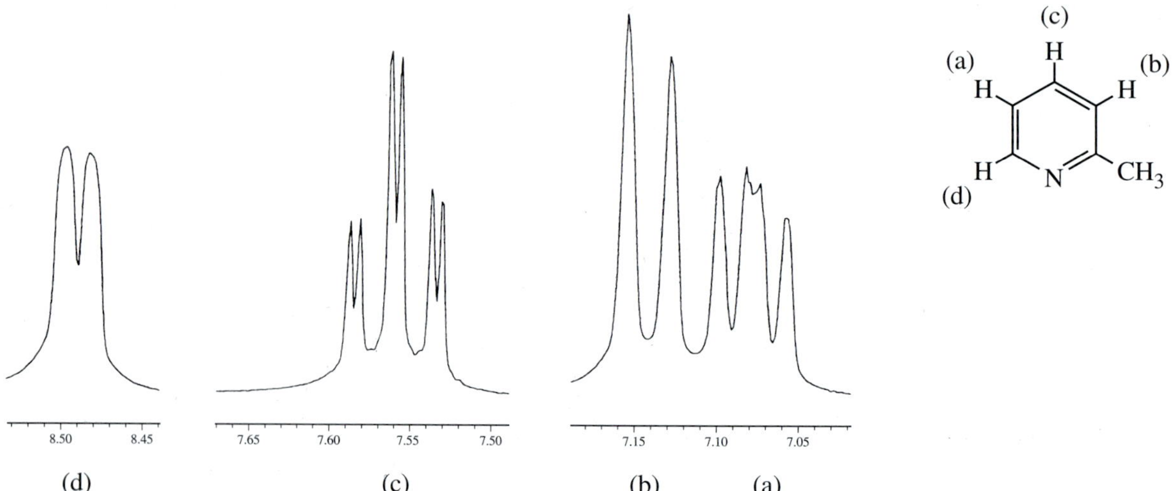

그림 7.72 2-Picoline(2-methylpyridine)의 300 MHz ^{1}H NMR 스펙트럼에서 고리 proton의 공명에 대한 확대 그림. Methyl($-CH_3$) 공명은 나타내지 않았다.

7.12 ^{19}F와 ^{31}P에 대한 ^{1}H의 이종핵 짝지음

^{19}F에 대한 ^{13}C의 이종핵 짝지음과 ^{31}P에 대한 ^{13}C의 이종핵 짝지음은 제6장 6.15절과 6.16절에서 논의하였다. ^{19}F는 자연계에 존재하는 플루오린 원소의 유일한 동위원소이다. 반면, 인은 한 개 이상의 동위원소를 가지며, ^{31}P가 가장 많이 존재한다. 이 절에서 ^{19}F에 대한 ^{1}H의 짝지음과 ^{31}P에 대한 ^{1}H의 짝지음을 다룰 것이다. ^{19}F와 ^{31}P는 각각 핵스핀 $\frac{1}{2}$을 갖기 때문에 이 장의 앞에서 토의한 원리를 직접 적용하여 이 원소들과 짝지음하는 ^{1}H의 공명을 설명할 수 있다.

A. ^{19}F에 대한 ^{1}H의 짝지음

^{1}H에 대한 ^{19}F의 짝지음 상수는 매우 크고, 전형적으로 ^2J 짝지음 값과 ^3J 짝지음 값은 전형적인 ^{1}H에 대한 ^{1}H의 짝지음 상수보다 훨씬 클 것으로 예상된다. 다음의 예는 proton이 전기음성도가 큰 플루오린 원자로부터 멀어질 때 나타나는 ^{19}F에 대한 ^{1}H의 ^2J 짝지음과 ^3J 짝지음의 효과를 보여준다.

$^2J_{HF} \sim 50$ Hz　　　　$^3J_{HF} \sim 20$ Hz

스펙트럼에서 proton은 플루오린 원자와는 물론 이웃하는 proton과도 짝지음한다는 것을 기억하여라. 첫 번째 예로 그림 7.73에 나타낸 2-fluoroethanol의 ^{1}H NMR 스펙트럼을 살펴보자.

그림 7.73에서 C2에 결합된 proton H_b는 낮은 장 4.52 ppm에 나타나는 것에 주목하여라. 플루오린은 전기음성도가 매우 크기 때문에 이웃하고 있는 proton을 벗긴다. 이 수소 원자에 대한 패턴은 삼중선의 이중선으로 설명할 수 있다. ^{19}F에 대한 H_b의 짝지음 상수는 각 삼중선의 중앙 피크의 Hz 값으로부터 쉽게 구할 수 있다. 즉, $^2J_{H_bF}$ = 47.8 Hz(1379.2 − 1331.5)이다. H_{ab} 짝지음 상수는 삼중선 패턴으로부터 얻어진다. 즉, 두 삼중선에서 개별 피크의 간격을 관찰하면 ^3J = 4.1 Hz(예를 들어, 1379.3 − 1375.2 = 4.1 Hz)이다.

이제 3.83 ppm에 중심을 둔 H_a에 대한 삼중선의 이중선을 살펴보자. 플루오린 원자가 C1에 결합된 proton에 더 멀리 떨어져 있기 때문에 ^{19}F에 대한 H_b의 짝지음 상수값(^3J)은 더 작은 값 29.8 Hz이다. 이 값은 각각의 삼중선 패턴에서 두 중앙 피크에 대한 Hz 값의 뺄셈으로 계산된다(1164.5 − 1134.7). C1로부터 얻은 H_{ab} 값은 C2로부터 얻은 값(1168.6 − 1164.5 = 4.1 Hz)과 거의 동등할 것으로 예상하였고 확신하였다. 삼중선의 다른 피크 사이의 간격으로 얻은 값도 유사하다.

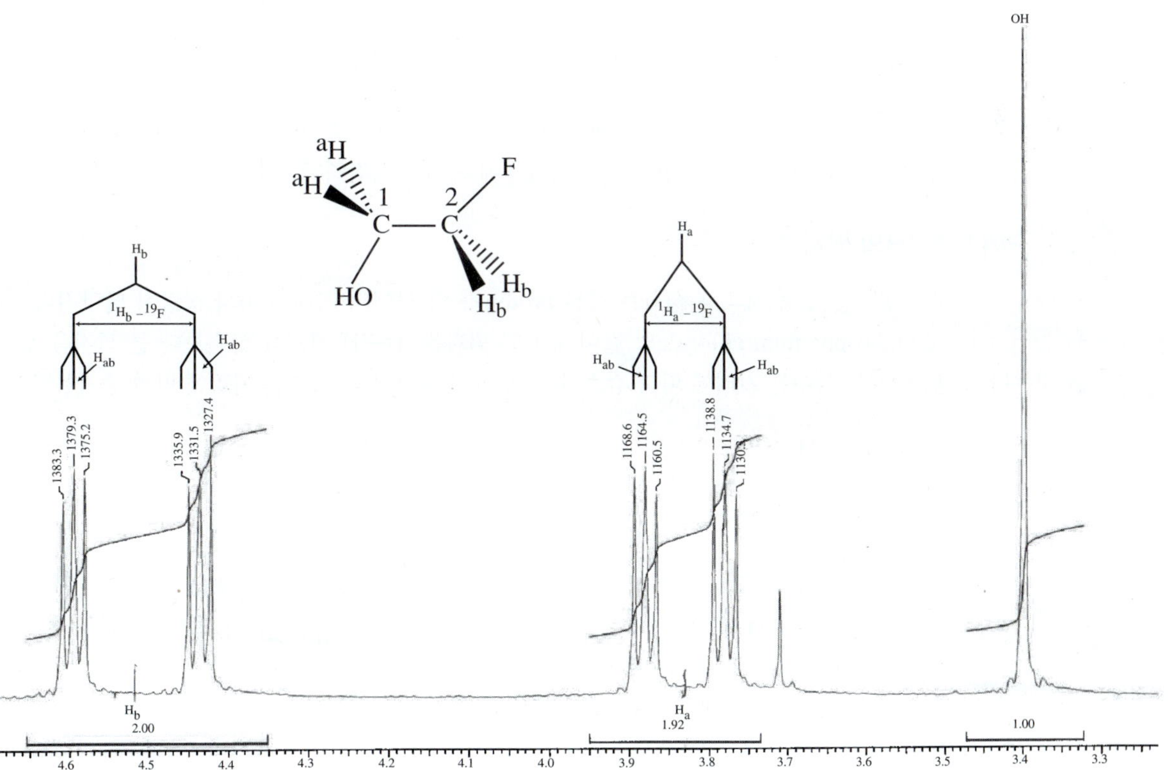

그림 7.73 2-Fluoroethanol의 ^{1}H NMR 스펙트럼(300 MHz, $CDCl_3$).

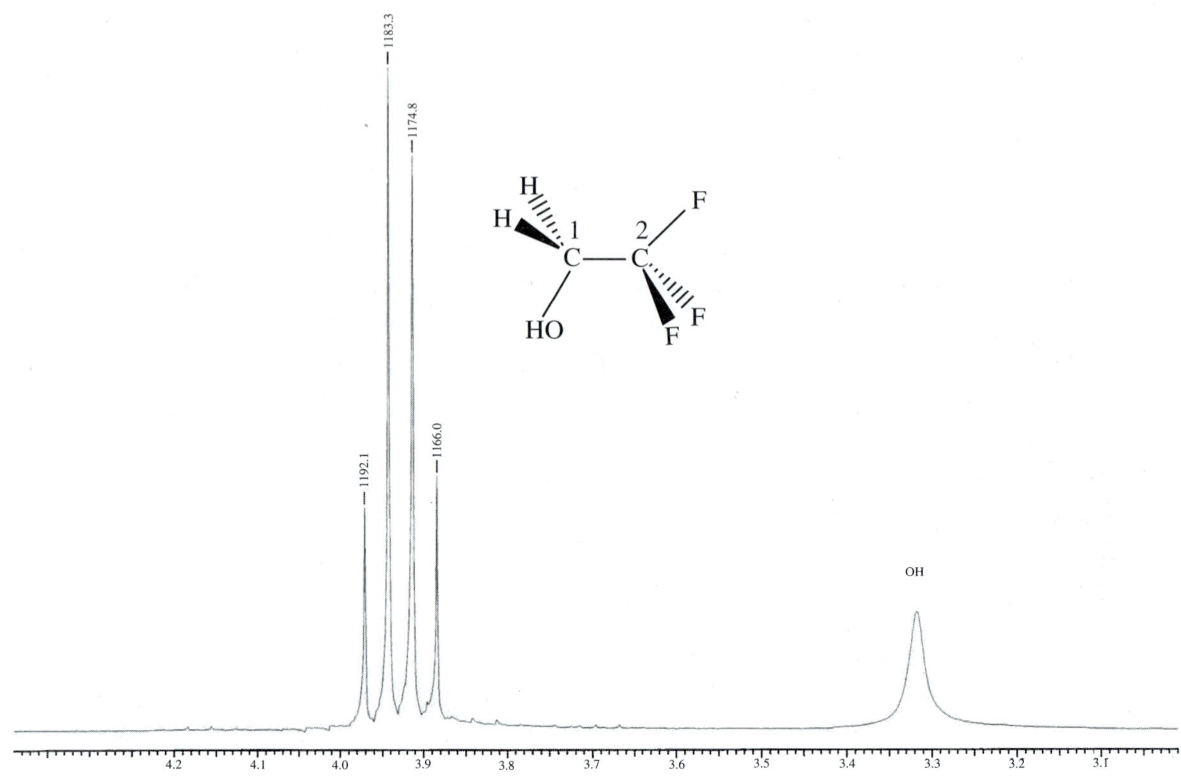

그림 7.74 2,2,2-Trifluoroethanol의 ^{1}H NMR 스펙트럼(300 MHz, $CDCl_3$).

플루오린을 포함하는 더 간단한 화합물인 2,2,2-trifluoroethanol에 대한 스펙트럼을 그림 7.74에 나타내었다. C1에 결합된 두 proton은 C2에 결합된 세 플루오린 원자를 인지할 수 있기 때문에 $n + 1$ 규칙으로 사중선이 예측된다. 따라서 C1에 결합된 proton은 3.93 ppm에 사중선으로 나타나며, ^{19}F에 대한 ^{1}H의 짝지음 ^3J = 8.8 Hz(1192.1 − 1183.3)이다. 이 화합물에 해석을 복잡하게 하는 다른 proton은 없다.

B. ^{31}P에 대한 ^{1}H의 짝지음

Proton-인 짝지음 상수는 인 원자의 혼성화는 물론 proton과 인 사이의 거리에 따라 상당히 달라진다. 예를 들어, tetraethylphosphonium chloride와 같이 4가 인 원자는 ^{1}H−^{1}H 짝지음 상수보다 큰 짝지음 상수를 갖는다. 종종, 짝지음 상수는 거리에 따라 감소하지만, 이 경우 짝지음 상수는 거리에 따라 증가한다.

$$\mathrm{CH_3{-}CH_2{-}P^+Et_3\ Cl^-}$$

$^2J_{HP}$ ~ 14 Hz

$$\mathrm{CH_3{-}CH_2{-}P^+Et_3\ Cl^-}$$

$^3J_{HP}$ ~ 20 Hz

그림 7.75에서 1.33 ppm에 중심을 둔 methyl proton의 공명은 삼중선의 이중선을 보여준다. 큰 짝지음은 인과 methyl 수소 사이의 세결합 짝지음이고, $^3J_{HP}$ = 18.1 Hz(407.1 − 389.0)이다. Methyl 그룹과 methylene 그룹 사이의 작은 짝지음에 대한 $^3J_{HH}$ = 7.7 Hz(414.8 − 407.1)이다. 그림 7.75에서 2.55 ppm

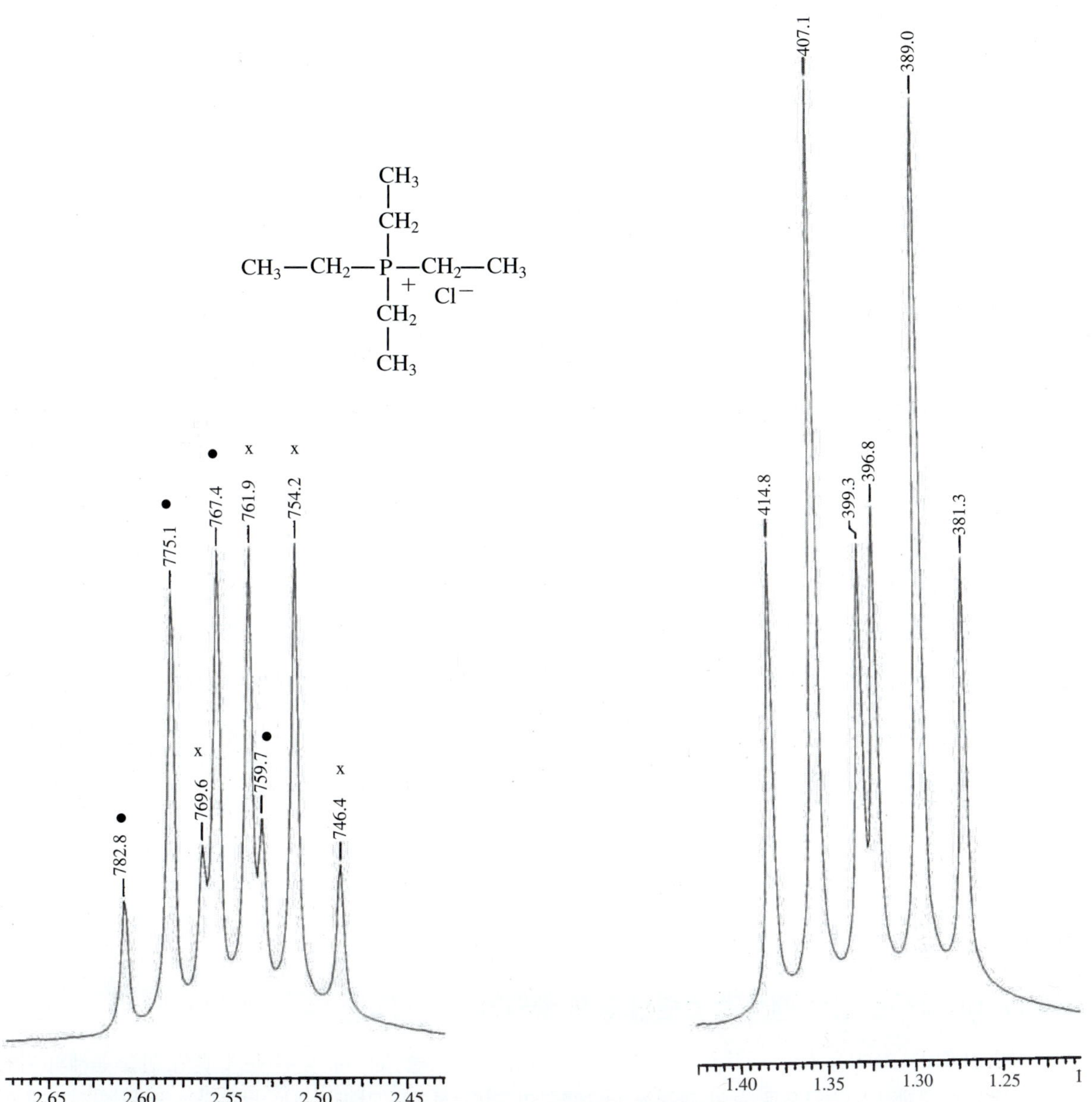

그림 7.75 Tetraethylphosphonium chloride의 ^{1}H NMR 스펙트럼(300 MHz, $CDCl_3$). 1.33 ppm에 중심을 둔 패턴은 삼중선의 이중선이다. 2.55 ppm에 중심을 둔 패턴은 사중선의 이중선으로 설명할 수 있다. 사중선 중의 하나는 점으로 표시하였고, 다른 사중선은 x로 표시하였다.

에 중심을 둔 공명은 사중선의 이중선으로 설명할 수 있다. 다시 큰 짝지음은 인 핵과 관련되어 있고, $^2J_{HP}$ = 13.2 Hz(775.1 − 761.9 또는 767.4 − 754.2)이다. 물론 $^3J_{HH}$ 짝지음 상수는 7.7 Hz(782.8 − 775.1)이고, 이는 다른 신호에서 측정한 $^3J_{HH}$ 짝지음과 일치한다.

4가 인 화합물과는 달리 trimethylphosphine과 같은 3가 인 원자는 매우 작은 짝지음 상수, 즉 ^2J = 1.8 Hz를 갖는다. 다음에 나타낸 것과 같은 5가 인 화합물은 가변적인 ^1J, ^2J, ^3J 짝지음 상수를 갖는다. 보통, $^4J_{HP}$ 짝지음은 ~0 Hz이다.

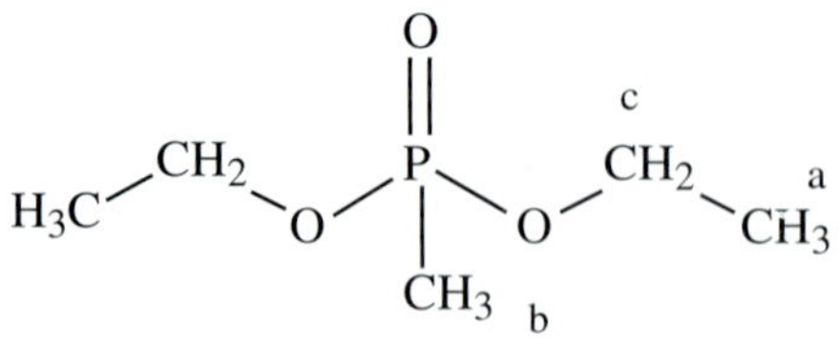

diethyl methylphosphonate

H_a	1.35 ppm	삼중선	$^3J_{ac} = 7.1$ Hz
H_b	1.48 ppm	이중선	$^3J_{HP} = 17.6$ Hz
H_c	4.10 ppm	다중선	$^3J_{ac} = 7.1$ Hz

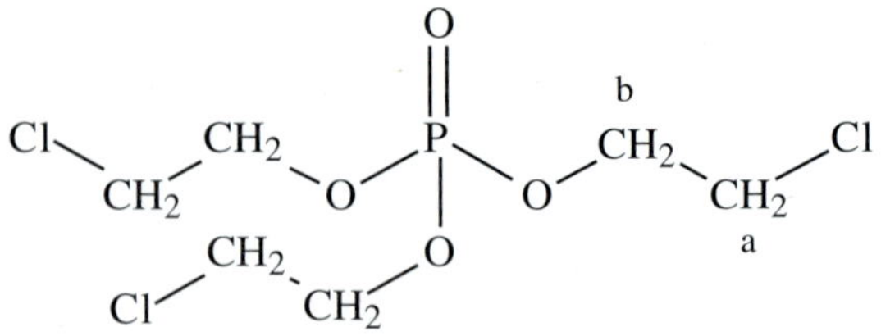

tris(2-chloroethyl) phosphate

H_a	3.74 ppm	삼중선	$^3J_{ab} = 5.5$ Hz
H_b	4.34 ppm	삼중선의 이중선	$^3J_{HP} = 7.7$ Hz $^3J_{ab} = 5.5$ Hz

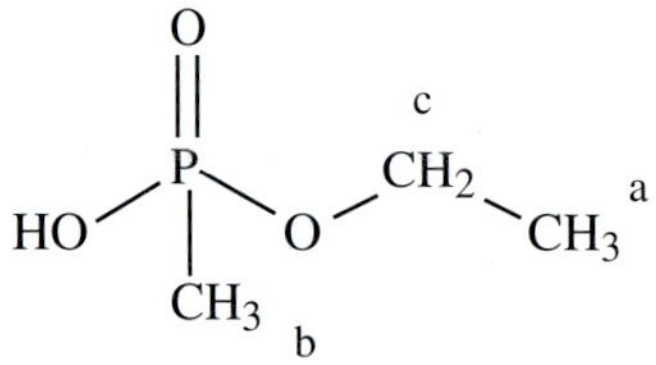

ethyl methylphosphonate

H_a	1.35 ppm	삼중선	$^3J_{ac} = 7$ Hz
H_b	1.49 ppm	이중선	$^3J_{HP} = 17.6$ Hz
H_c	4.10 ppm	겉보기 오중선	$^3J_{ac} = 7$ Hz $^3J_{HP} = 8$ Hz

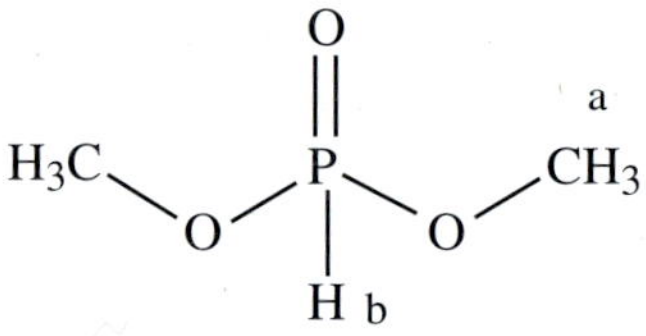

dimethyl phosphonate

H_a	3.77 ppm	이중선	$^3J_{HP} = 11.8$ Hz
H_b	6.77 ppm	이중선	$^1J_{HP} = 697.5$ Hz

7.13 짝지음 상수 해석과 관련된 문제 풀이법

이 절에서는 짝지음 상수 해석을 이용하여 구조 결정 문제를 풀 것이다. 다른 문제 풀이 연습 문제와 마찬가지로 체계적인 접근으로 풀이 과정을 단순화하여 어떤 정보도 간과해서는 않는다는 것을 확신하게 될 것이다. 우선 화학적 이동, 적분값의 고찰과 각 ^{1}H 공명의 갈라짐에 대한 간략한 설명 등 NMR 자료를 간략하게 살펴보는 것부터 시작할 것이다. 보통 이와 같은 정보로부터 화합물의 2차원 구조를 결정할 수 있다. 그것으로부터 짝지음의 크기에 대한 좀 더 자세한 해석을 이용하여 olefin의 기하 구조 또는 입체 중심의 상대 배열과 같은 3차원 정보를 얻을 수 있다.

■ 풀이가 있는 예제 1

$C_{10}H_{10}O_3$의 화학식을 갖는 화합물의 ^{1}H NMR 스펙트럼 정보(300 MHz, $CDCl_3$)를 다음에 나타내었다. 스펙트럼의 낮은 장 영역에 대한 확대된 그림을 나타내었다. 화합물의 구조를 결정하여라. 영역 바깥 12.3 ppm에 나타나는 공명에 주목하여라.

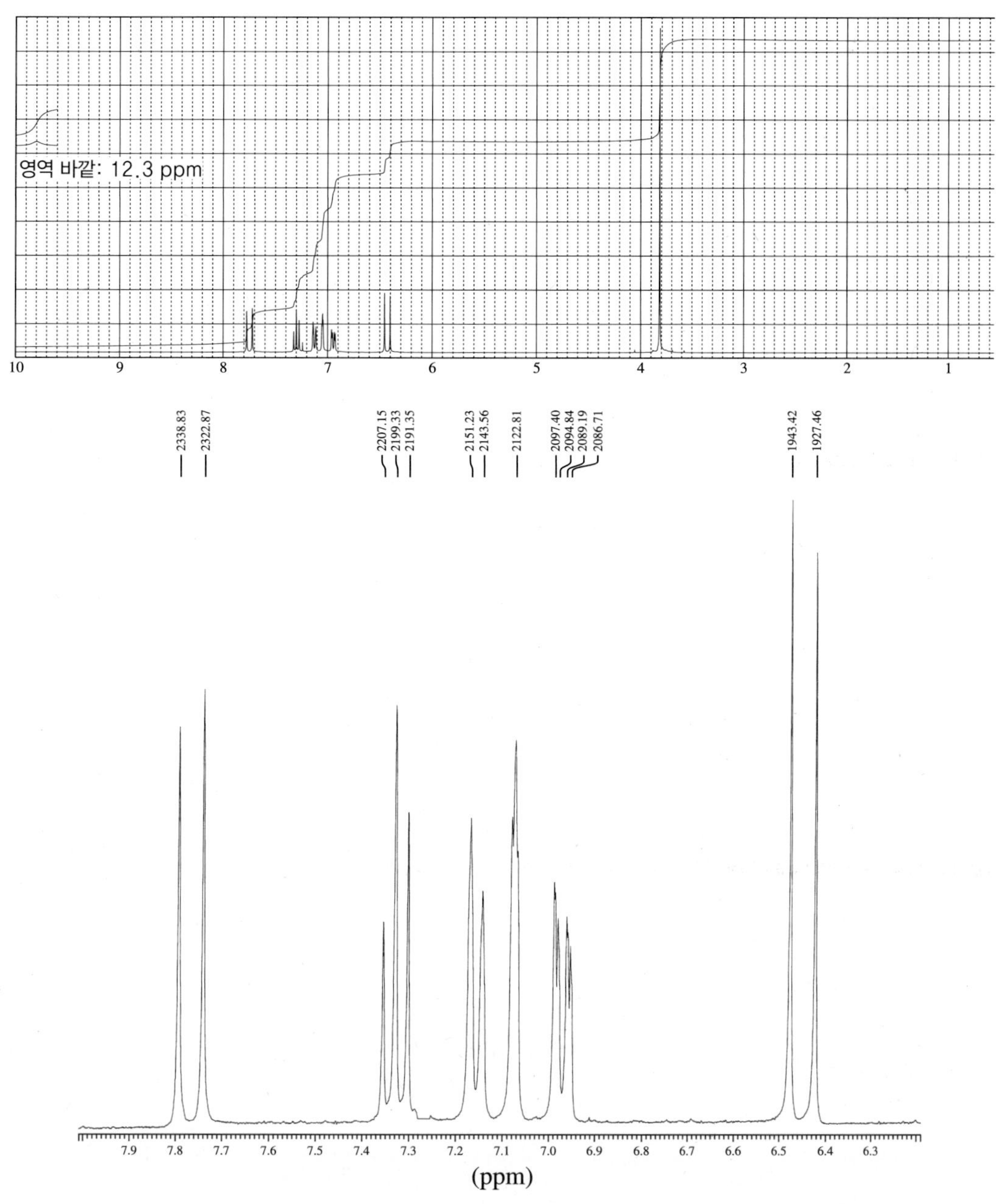

■ 풀이

분자식, $C_{10}H_{10}O_3$으로부터 이 화합물은 6단위의 불포화를 갖는 화합물로 결정할 수 있다. NMR 자료를 간략하게 살펴보면, 12.3 ppm에 넓은 폭으로 나오는 공명을 기반으로 이 화합물이 carboxylic acid라는 합리적인 결론에 도달할 수 있다. Carboxylic acid로 두 개의 산소와 1 단위의 불포화를 설명할 수 있다. 6~8 ppm 범위에 6개의 proton이 있고, 화학적 이동에 기반하여 판단하면 proton들은 sp^2 탄소에 결합되어 있다. 3.8 ppm에 나타나는 단일선은 세 개의 수소로 적분되며, 화학적 이동과 분자식에 기반하여 판단하면 틀림없이 methoxy 그룹에 속할 것이다. 이 시점에서 주어진 화합물은 carboxylic acid(불포화 1 단위), benzene 고리(불포화 4 단위), alkene(불포화 1 단위), methoxy 그룹을 갖는 것으로 판단된다. 이 조각들을 어떻게 알맞게 배치할 수 있을까?

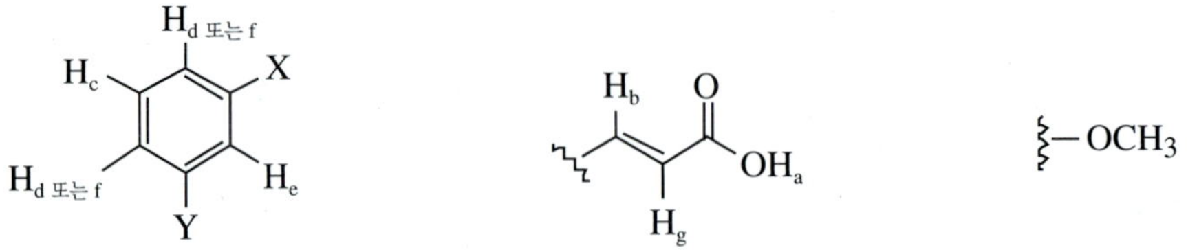

좀 더 단서를 찾기 위하여 benzene/alkene proton의 갈라짐 패턴과 짝지음 상수를 살펴보자. 각 공명에 대한 짝지음 상수를 측정하여 그 값들을 다음 표에 요약하여 정리하였다.

신호	δ(ppm)	적분값	다중도, J(Hz)	할당
a	12.3	1	넓은 폭 단일선	carboxylic acid
b	7.77	1	이중선, $J = 16$	벗겨진 *trans*-alkene
c	7.33	1	겉보기 삼중선, $J = 8$	두 개의 *ortho* 이웃을 갖는 aryl H
d	7.16	1	이중선, $J = 7.7$	한 개의 *ortho* 이웃을 갖는 aryl H
e	7.08	1	넓은 폭 삼중선, 매우 작은 J	고립된 aryl H(?)
f	6.98	1	이중선의 이중선, $J = 8, 2.5$	*ortho*와 *meta* 이웃을 갖는 aryl H
g	6.45	1	이중선, $J = 16$	*trans*-alkene
h	3.81	3	단일선	methoxy

Aryl proton과 alkene proton의 짝지음 상수는 결정적인 정보를 준다. 7.77 ppm과 6.45 ppm에 나타나는 신호는 큰 짝지음 상수인 16 Hz를 기반으로 판단할 때, *trans*-1,2-이중 치환 alkene 부분(7.8절)에서 온 피크이다. 방향족 proton에 대한 갈라짐 패턴과 짝지음 상수(7.10C절)는 1,3-이중 치환 방향족 고리와 일치한다. 이 정보를 기반으로 가장 논리적인 구조는 3-methoxycinnamic acid이다.

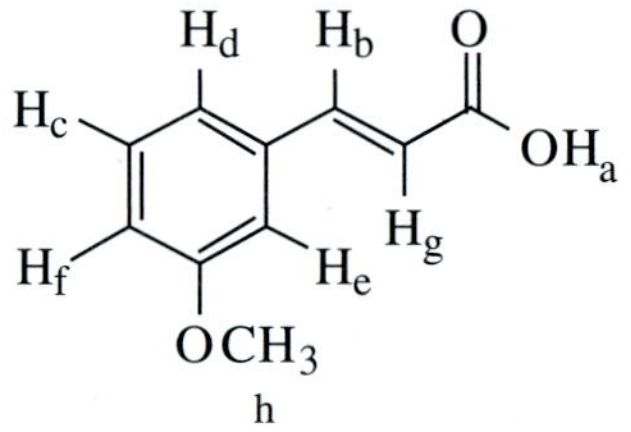

■ 풀이가 있는 예제 2

시약으로 구입할 수 있는 2-*tert*-butylcyclohexyl acetate(*cis*/*trans* 이성질체의 혼합물)의 ^{1}H NMR 스펙트럼(300 MHz, $CDCl_3$)의 일부분을 여기에 나타내었다. 확대된 그림에 나타낸 공명은 구조에 굵게 나타낸 proton에 해당된다. 어떤 부분입체이성질체가 주성분이고, 어떤 부분입체이성질체가 미량성분인가?

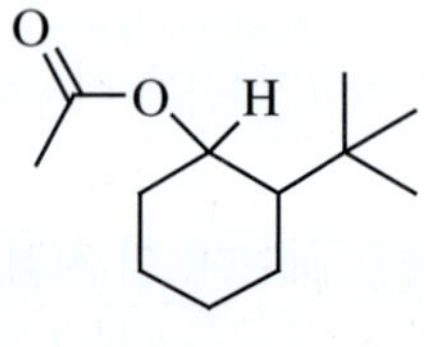

2-*tert*-butyl-cyclohexyl acetate

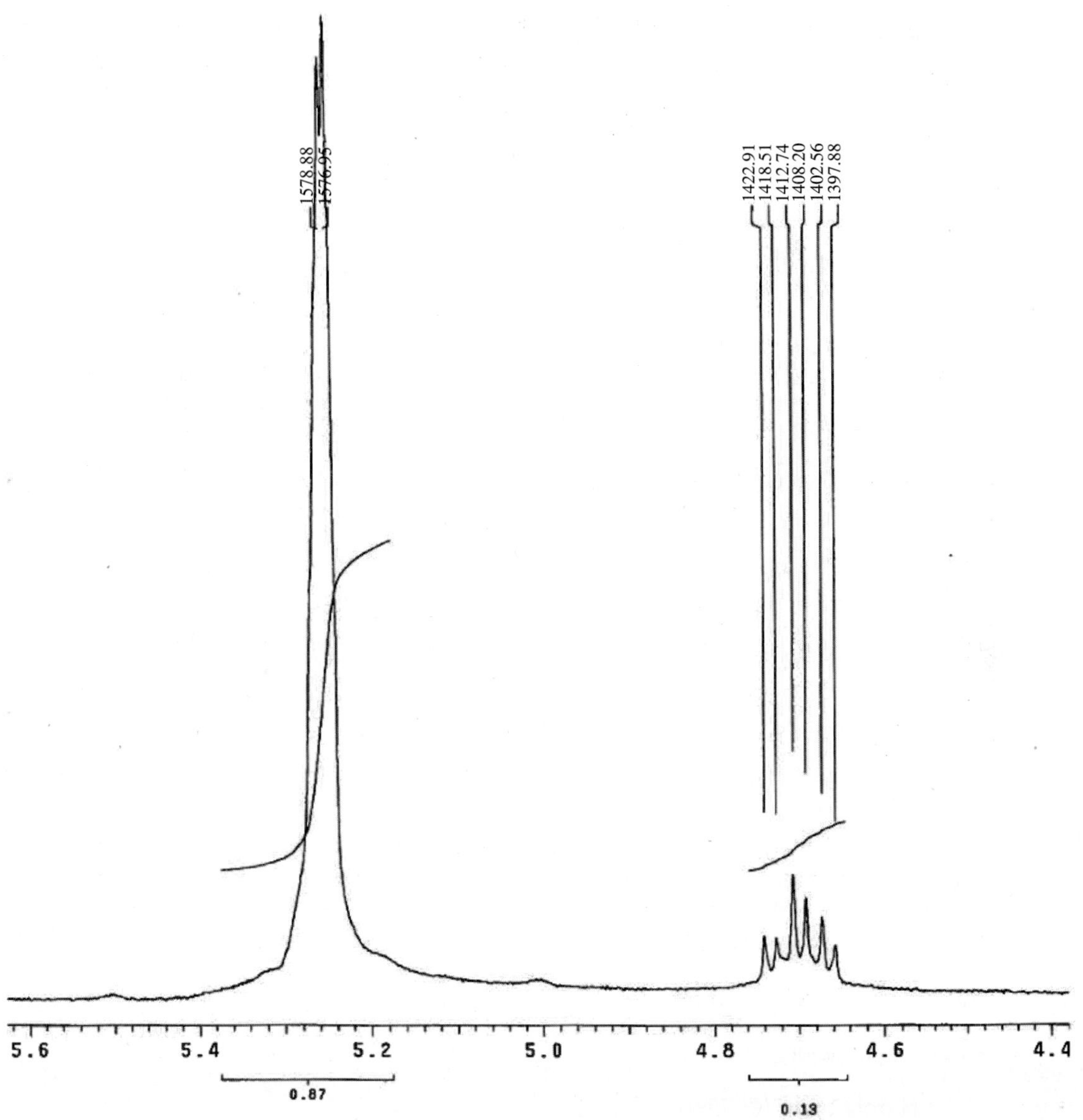

■ 풀이

문제에 주어진 화합물의 낮은 장 proton은 세 개의 이웃하고 있는 proton에 의해 틀림없이 이중선의 이중선의 이중선(ddd)으로 나타날 것이다. 세 개의 이웃 proton 중 두 개는 부분입체이성질성 methylene 그룹으로부터 온 것이다. 4.7 ppm의 공명이 상대적으로 설명하기 쉽기 때문에 여기서부터 시작하자. 이 공명의 다중도는 이중선의 삼중선(td) 또는 개별 짝지음 중에서 두 개가 동등한 이중선의 이중선의 이중선(ddd)이다(7.6절). 짝지음 상수는 10.2 Hz, 10.2 Hz, 4.4 Hz이다. 5.23 ppm에 나타나는 공명은 해독하기가 조금 더 어렵다. ~2 Hz의 짝지음 상수를 갖는 단 한 개의 짝지음이 구별 가능하다. 세 개의 이웃을 갖는 proton이라고 이해하기는 힘들다. 하지만 이 proton에 대한 모든 짝지음이 충분히 작고, 크기가 비슷하다면, 이 예제의 피크처럼 겹침으로 폭이 넓혀진 공명이 얻어질 수도 있다. 1차 다중선의 전체 폭은 개별 짝지음 상수의 합(7.6절)이라는 것을 기억하여라. 이 경우 세 개의 짝지음의 합은 분명히 ~10 Hz 정도 될 것이다.

어떤 부분입체이성질체가 더 많은 양으로 존재하는지 결정하기 위하여 용액에서 입체이성질체의 형태를 고려하고 짝지음 상수에 대한 지식을 이용할 필요가 있다. 각 부분입체이성질체에서 우세한 형태는 크기가 큰 *tert*-butyl 그룹이 적도 방향 위치에 있는 것이다.

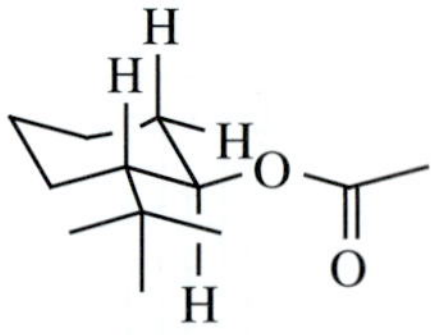

trans-부분입체이성질체에 대한 가장 에너지가 낮은 형태

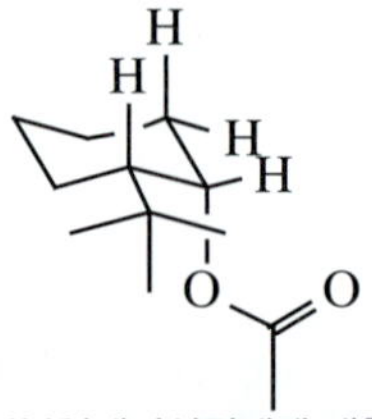

cis-부분입체이성질체에 대한 가장 에너지가 낮은 형태

trans-이성질체에서 ***H***는 축 방향에 있어 두 개의 큰 축 방향-축 방향 짝지음과 한 개의 작은 축 방향-적도 방향 짝지음(7.2C절)을 경험할 것이다. 이 proton은 4.70 ppm(ddd, J = 10.2, 10.2, 4.4 Hz)에 나타난다. *cis*-이성질체에서 ***H***는 적도 방향에 있어 세 개의 작은 짝지음, 즉 두 개의 축 방향-적도 방향 짝지음과 한 개의 적도 방향-적도 방향 짝지음을 경험할 것이다. 이 proton은 5.25 ppm에 나타나고, 기술적으로 ddd이지만 방금 전에 논의한 바와 같이 작은 J 값으로 인하여 상당한 선의 겹침이 일어난다. 그러므로 *cis*-부분입체이성질체가 주성분이며, *trans*-부분입체이성질체가 미량성분이다.

연습 문제

***1.** 이 장에서 다룬 NMR 스펙트럼으로부터 다음 화합물들의 짝지음 상수를 결정하여라. 각 proton에 대한 나뭇가지 도표를 그려라.

(a) Vinyl acetate(그림 7.50)

(b) Crotonic acid(그림 7.53)

(c) 2-Nitrophenol(그림 7.69)

(d) 3-Nitrobenzoic acid(그림 7.70)

(e) Furfuryl alcohol(그림 7.71)

(f) 2-Picoline(2-methylpyridine)(그림 7.72)

***2.** 다음의 화합물에서 문자로 표시된 proton의 예상 갈라짐(J, Hz)을 알아보아라, 즉, J_{ab}, J_{ac}, J_{bc} 등을 제시하여라. 부록 5의 표를 참고할 수 있다.

(a) H_a, Cl, H_b, Cl

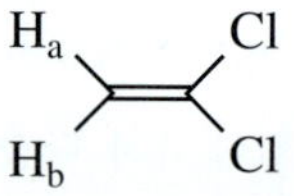

(b) H_a, H_b, Cl, CH_3

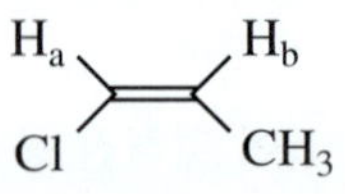

(c) H_a, H_b, Cl, Cl

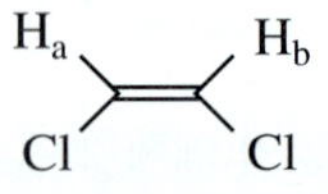

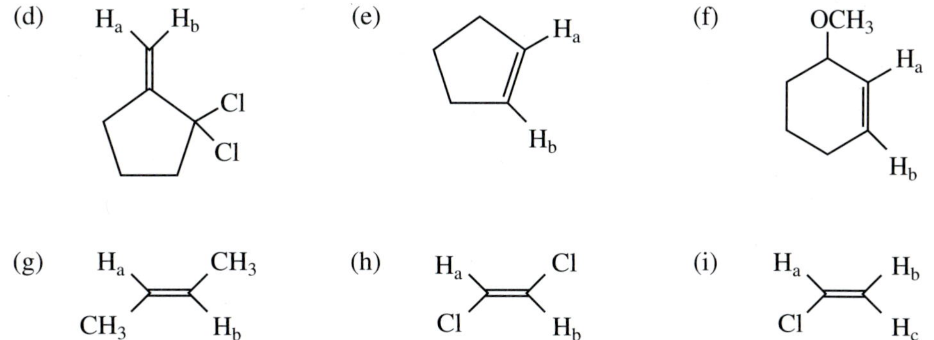

***3.** Methyl vinyl sulfone에 대한 짝지음 상수를 결정하여라. 예로 보여준 그림 7.55~7.58을 이용하여, 확대된 그림에 나타난 세 개의 proton에 대한 나뭇가지 도표를 그려라. a, b, c, d 문자를 사용하여 주어진 구조에 proton을 할당하여라. 확대된 그림의 각 피크 위에 각각의 Hz 값을 표시하였다.

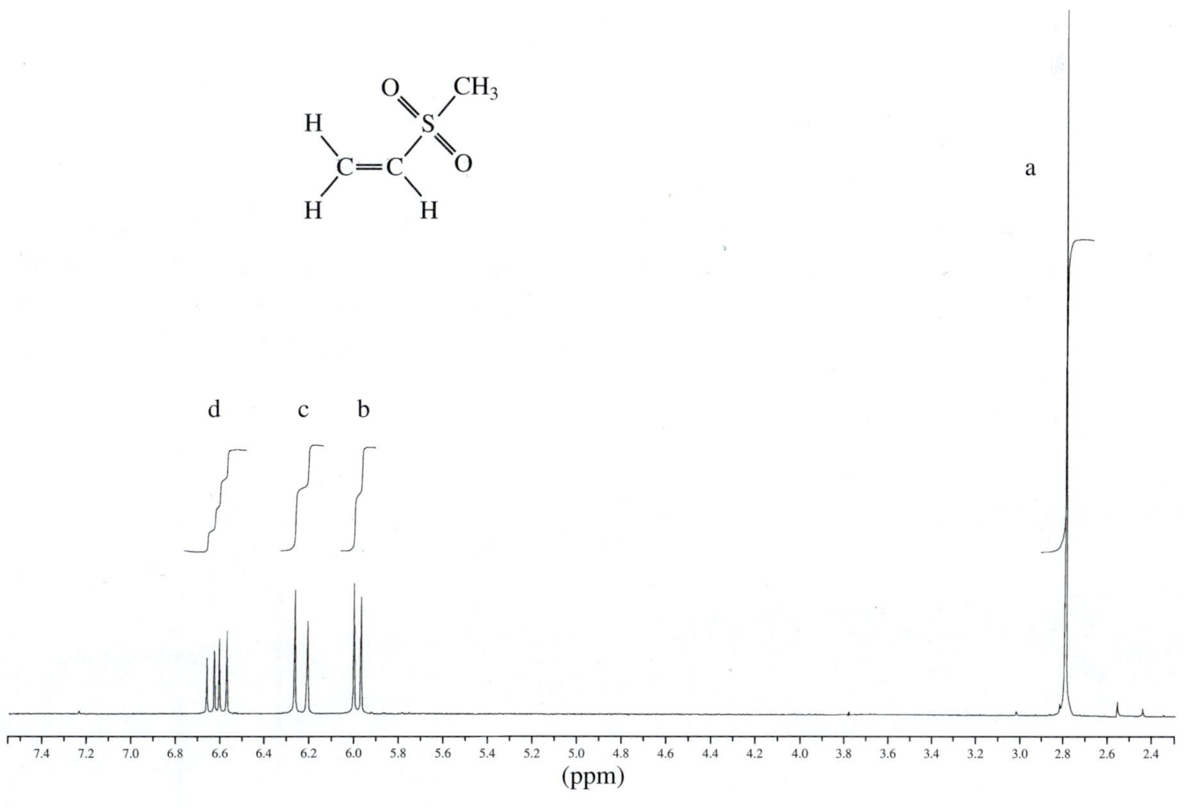

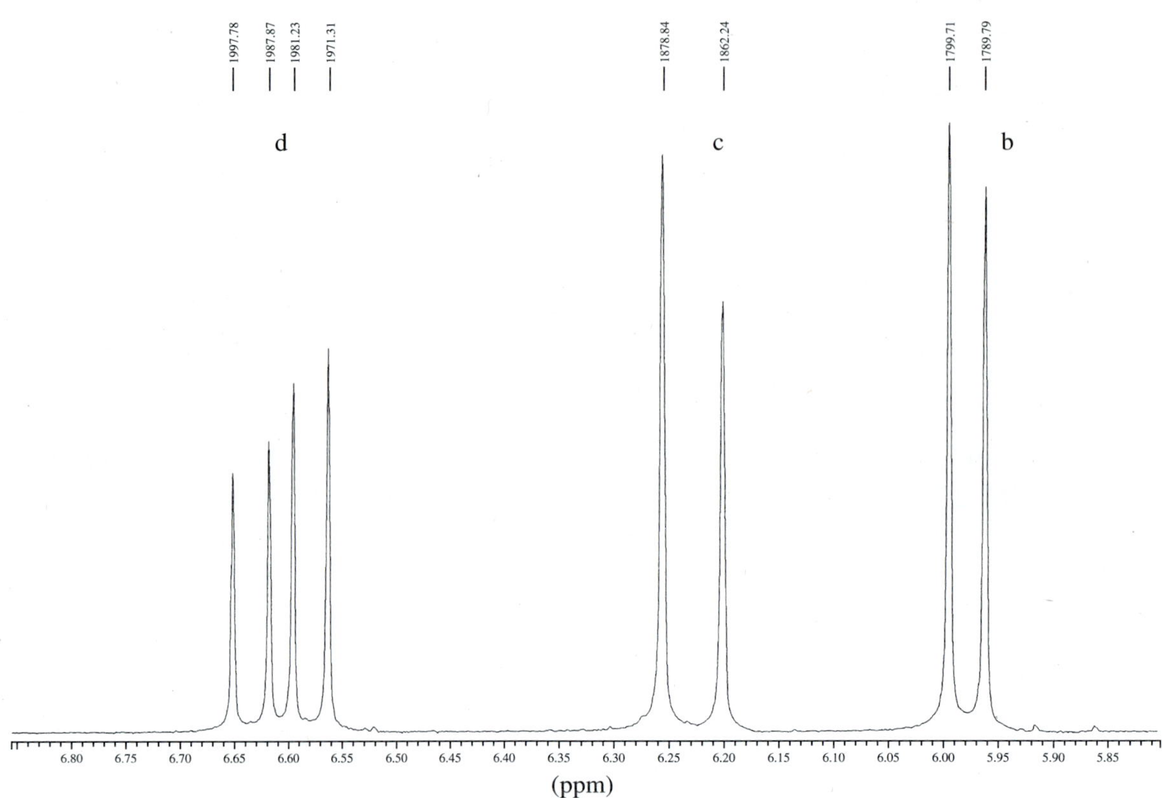

***4.** *trans*-4-Hexen-3-one의 ^{1}H NMR 스펙트럼을 나타내었다. 이 화합물의 다섯 가지 고유한 proton을 확대된 그림에 각각 나타내었다. 짝지음 상수를 구하여라. 확대된 그림에 나타난 각 proton에 대한 나뭇가지 도표를 그리고, 적절한 짝지음 상수를 각 proton에 표시하여라. ^{3}J와 ^{4}J에 해당하는 짝지음 상수를 결정하여라. a, b, c, d, e 문자를 사용하여 주어진 구조에 proton을 할당하여라. 확대된 그림의 각 피크 위에 각각의 Hz 값을 표시하였다.

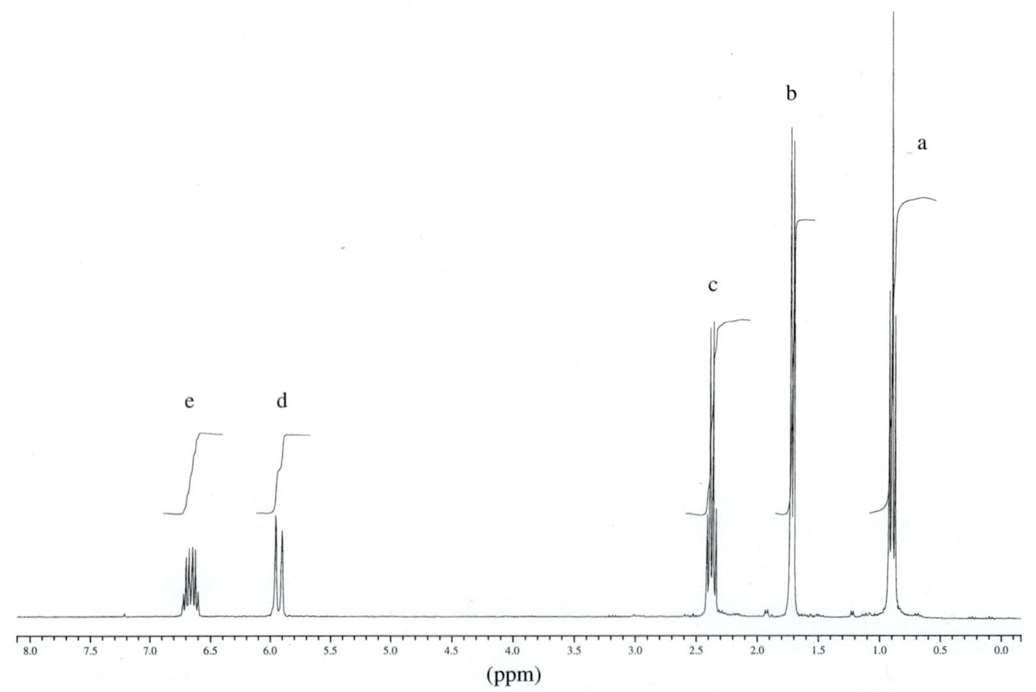

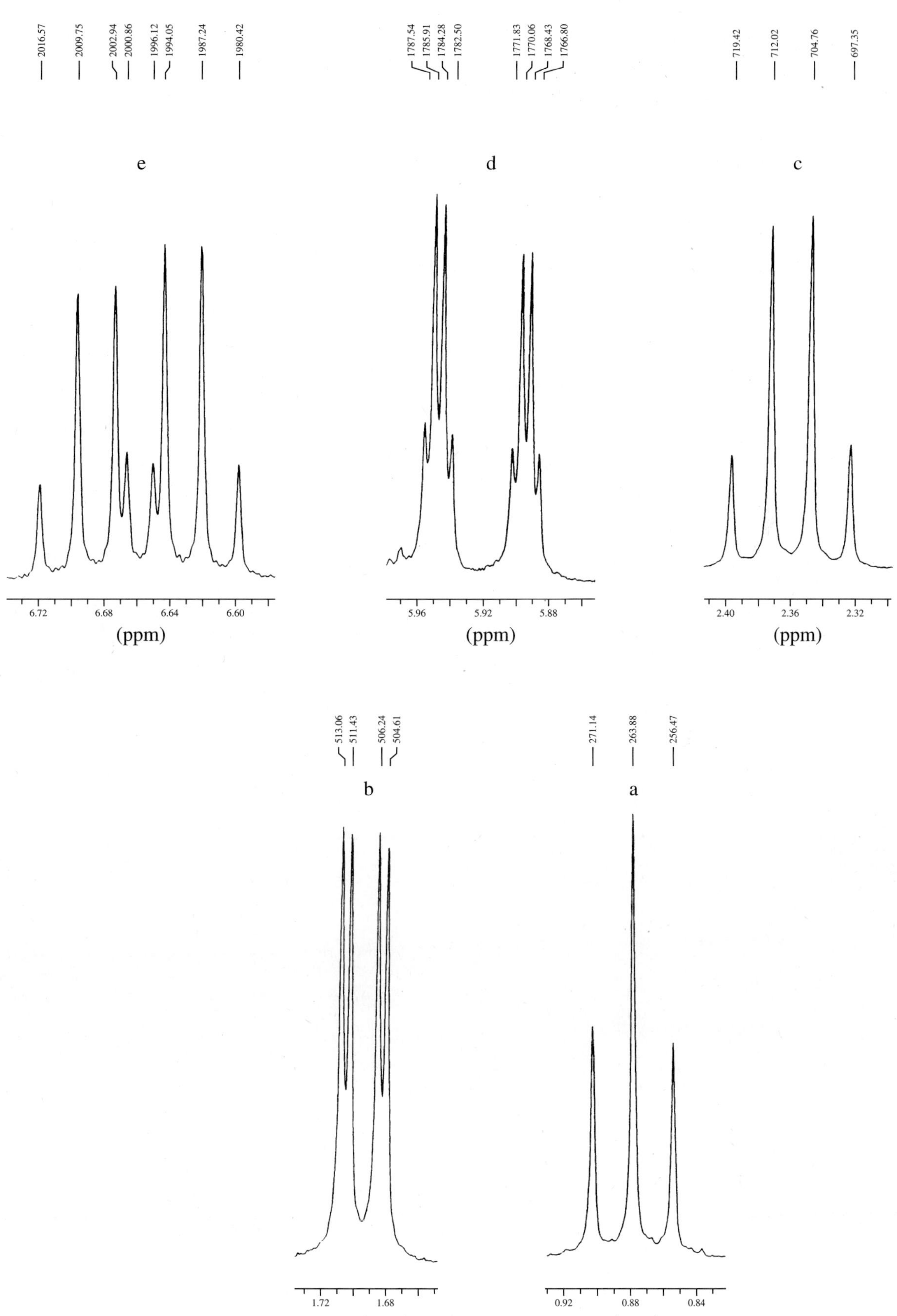
2016.57
2009.75
2002.94
2000.86
1996.12
1994.05
1987.24
1980.42
e
6.72
6.68
6.64
6.60
(ppm)
1787.54
1785.91
1784.28
1782.50
1771.83
1770.06
1768.43
1766.80
d
5.96
5.92
5.88
(ppm)
719.42
712.02
704.76
697.35
c
2.40
2.36
2.32
(ppm)
513.06
511.43
506.24
504.61
b
1.72
1.68
(ppm)
271.14
263.88
256.47
a
0.92
0.88
0.84
(ppm)

***5.** *trans*-2-Pentenal의 ^{1}H NMR 스펙트럼을 나타내었다. 이 화합물의 다섯 가지 고유한 proton을 확대된 그림에 각각 나타내었다. 짝지음 상수를 구하여라. 확대된 그림에 나타난 각 proton에 대한 나뭇가지 도표를 그리고, 적절한 짝지음 상수를 각 proton에 표시하여라. ^3J와 ^4J에 해당하는 짝지음 상수를 결정하여라. a, b, c, d, e 문자를 사용하여 주어진 구조에 proton을 할당하여라. 확대된 그림의 각 피크 위에 각각의 Hz 값을 표시하였다.

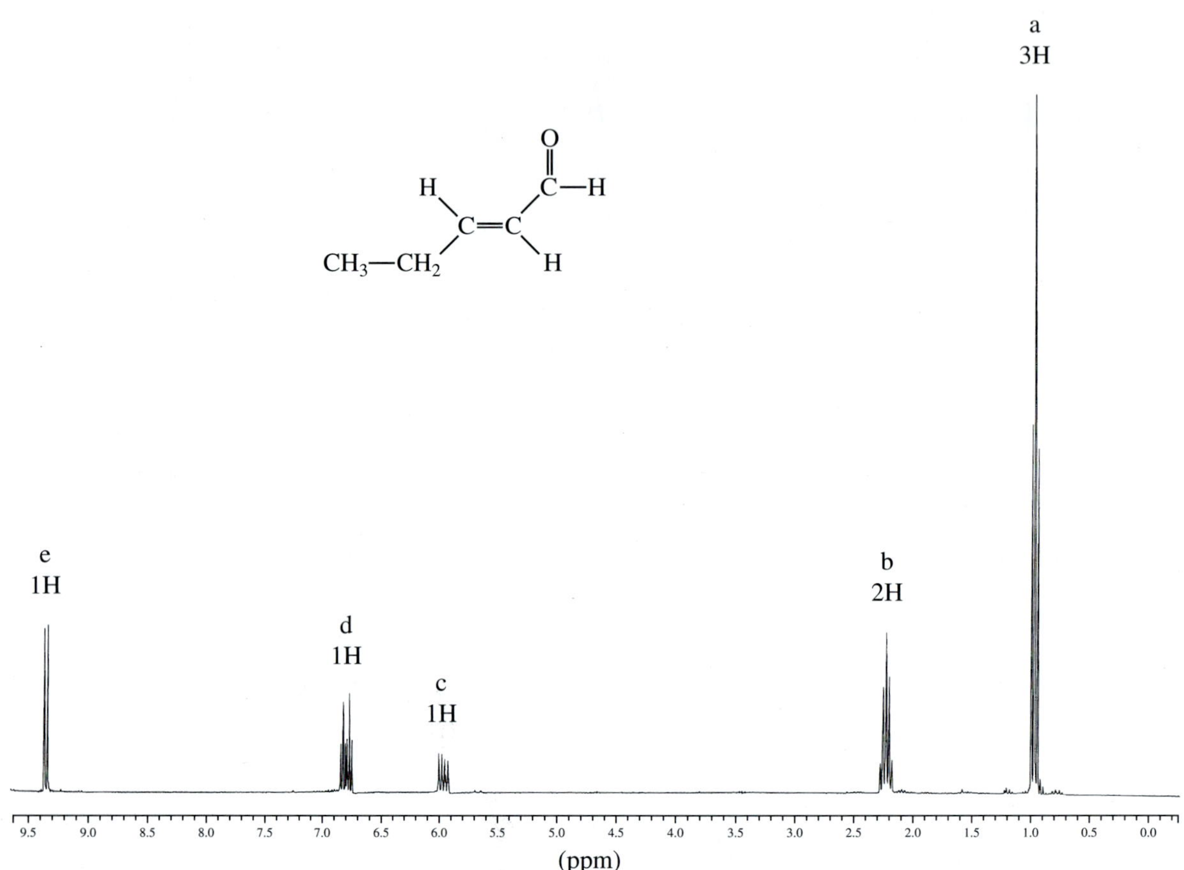

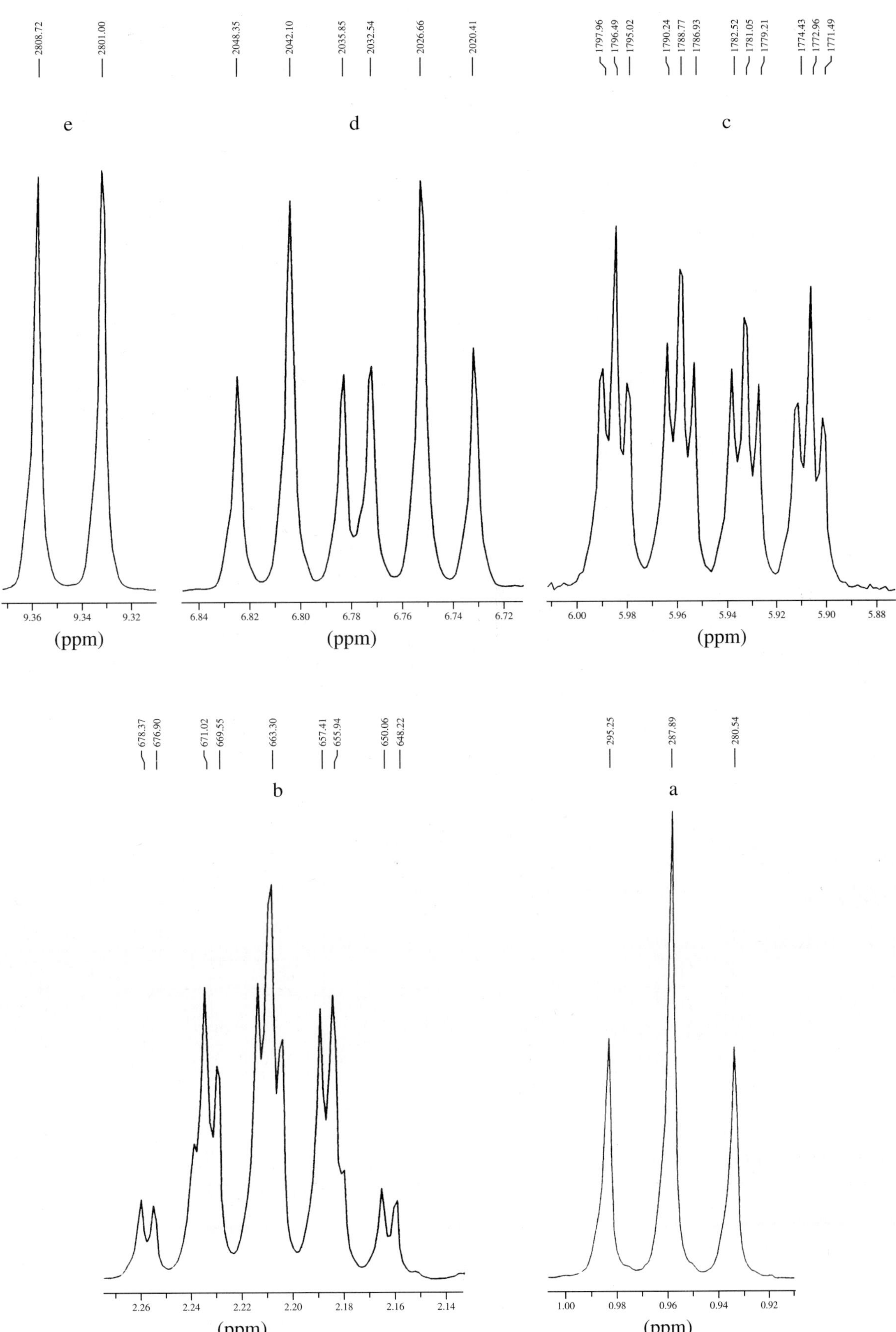
2808.72
2801.00
2048.35
2042.10
2035.85
2032.54
2026.66
2020.41
1797.96
1796.49
1795.02
1790.24
1788.77
1786.93
1782.52
1781.05
1779.21
1774.43
1772.96
1771.49
e
d
c
9.36
9.34
9.32
(ppm)
6.84
6.82
6.80
6.78
6.76
6.74
6.72
(ppm)
6.00
5.98
5.96
5.94
5.92
5.90
5.88
(ppm)
678.37
676.90
671.02
669.55
663.30
657.41
655.94
650.06
648.22
295.25
287.89
280.54
b
a
2.26
2.24
2.22
2.20
2.18
2.16
2.14
(ppm)
1.00
0.98
0.96
0.94
0.92
(ppm)

***6.** 다음 두 화합물 중에서 allyl 짝지음(^4J)을 할 것으로 보이는 화합물은 어느 것인가?

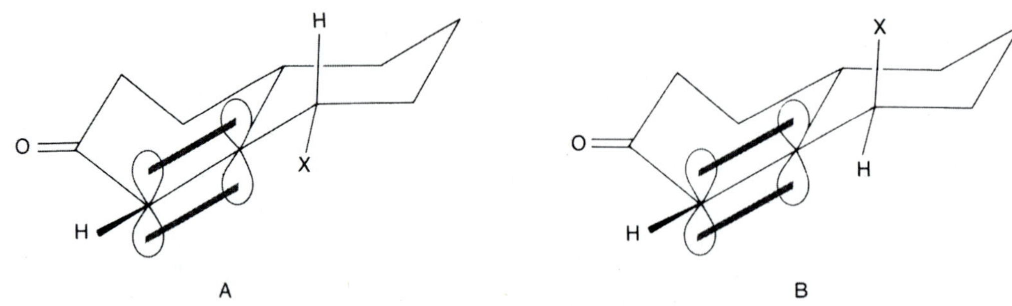

7. 염기성 조건에서 dimethyl malonate와 acetaldehyde(ethanal)의 반응으로 $C_7H_{10}O_4$의 화학식을 갖는 화합물을 얻었다. ^{1}H NMR은 다음에 주어졌으며, 정상 ^{13}C NMR 실험 결과와 DEPT 실험 결과를 다음 표에 요약하였다.

정상 ^{13}C	DEPT-135	DEPT-90
16 ppm	양의 피크	피크 없음
52.2	양의 피크	피크 없음
52.3	양의 피크	피크 없음
129	피크 없음	피크 없음
146	양의 피크	양의 피크
164	피크 없음	피크 없음
166	피크 없음	피크 없음

구조를 결정하고 ^{1}H NMR 스펙트럼에 있는 각 피크를 구조에 할당하여라.

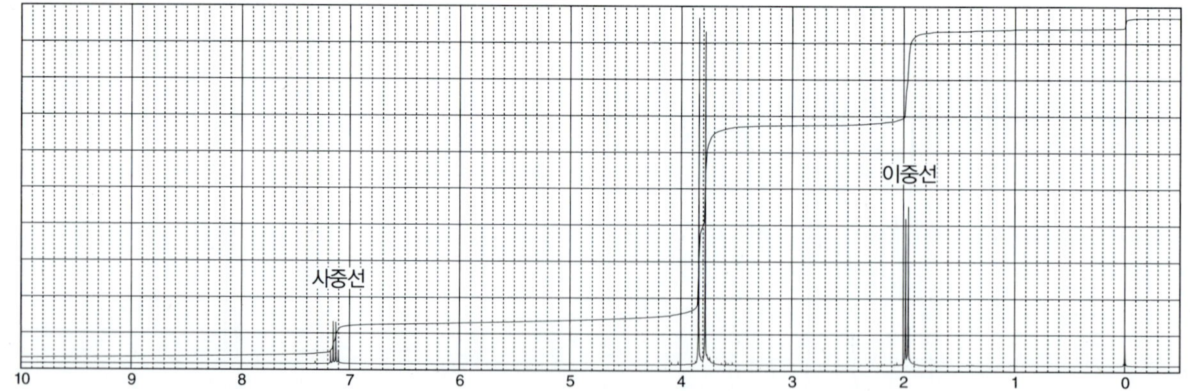

8. Diethyl malonate는 bromoethane과 반응하여 1개 또는 2개의 alkyl 그룹이 치환될 수 있다. 다음의 스펙트럼은 1개 또는 2개의 alkyl 그룹으로 치환된 각 생성물의 ^{1}H NMR 스펙트럼이다. 각 스펙트럼을 설명하고 적절한 구조에 각 피크들을 할당하여라.

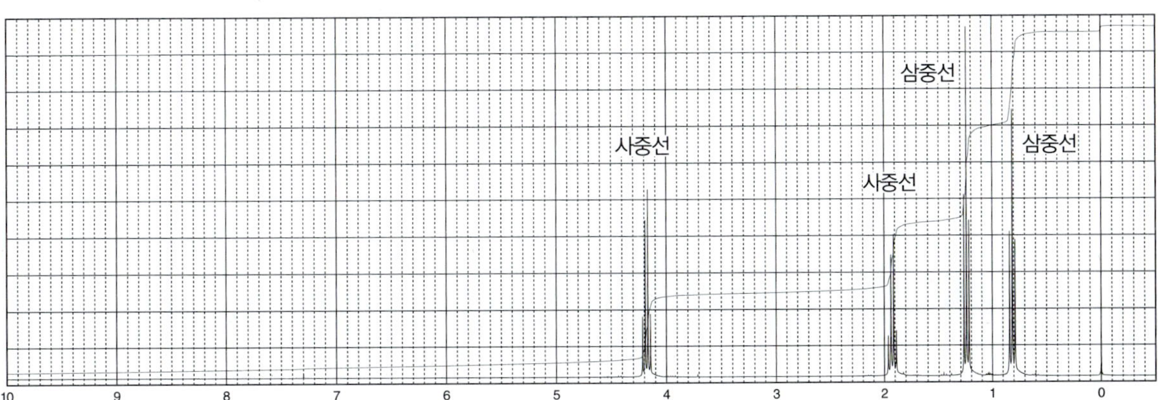

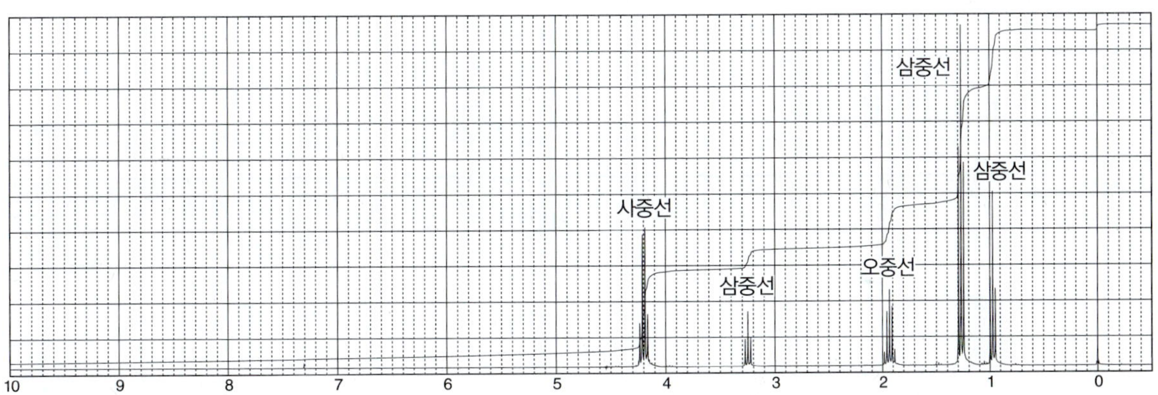

9. $C_8H_8O_3$의 화학식을 갖는 화합물의 ^{1}H NMR 스펙트럼 정보를 다음에 나타내었다. 확대된 그림은 8.2~7.0 ppm 범위를 나타낸다. 이 화합물의 구조를 결정하기 위하여 이 범위를 해석하여라. 12.0 ppm 부근의 폭이 넓은 피크(1H)는 스펙트럼에 나타내지 않았다. 이 화합물의 구조를 그리고 스펙트럼의 각 피크를 할당하여라.

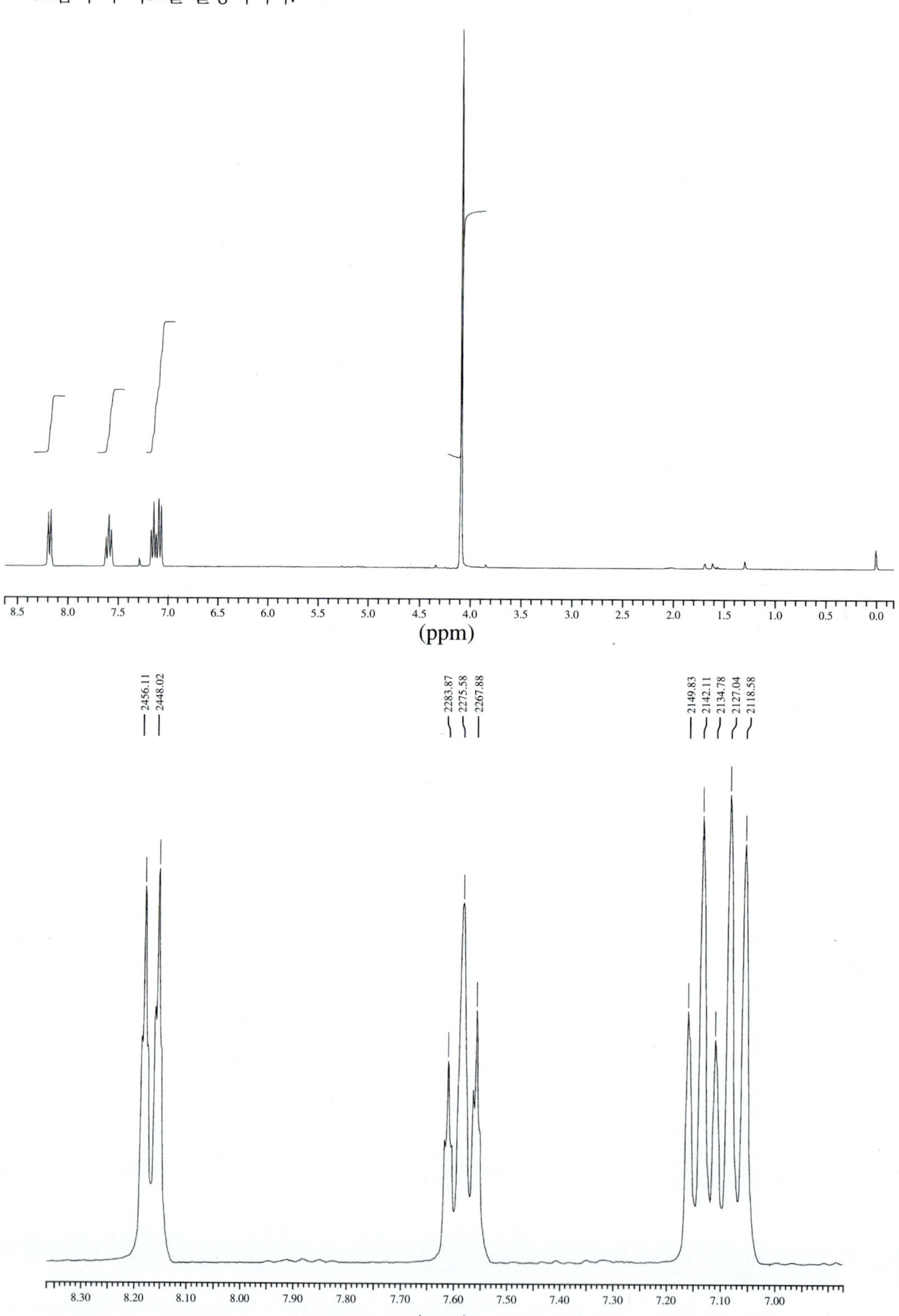

10. $C_{12}H_8N_2O_4$의 화학식을 갖는 화합물의 ^{1}H NMR 스펙트럼 정보를 다음에 나타내었다. 확대된 그림은 8.3~7.2 ppm 범위를 나타낸다. 스펙트럼에 다른 피크는 나타나지 않는다. 이 화합물의 구조를 결정하기 위하여 이 범위를 해석하여라. IR 스펙트럼에서 강한 흡수띠가 1352 cm^{-1}, 1522 cm^{-1}에 나타난다. 이 화합물의 구조를 그려라.

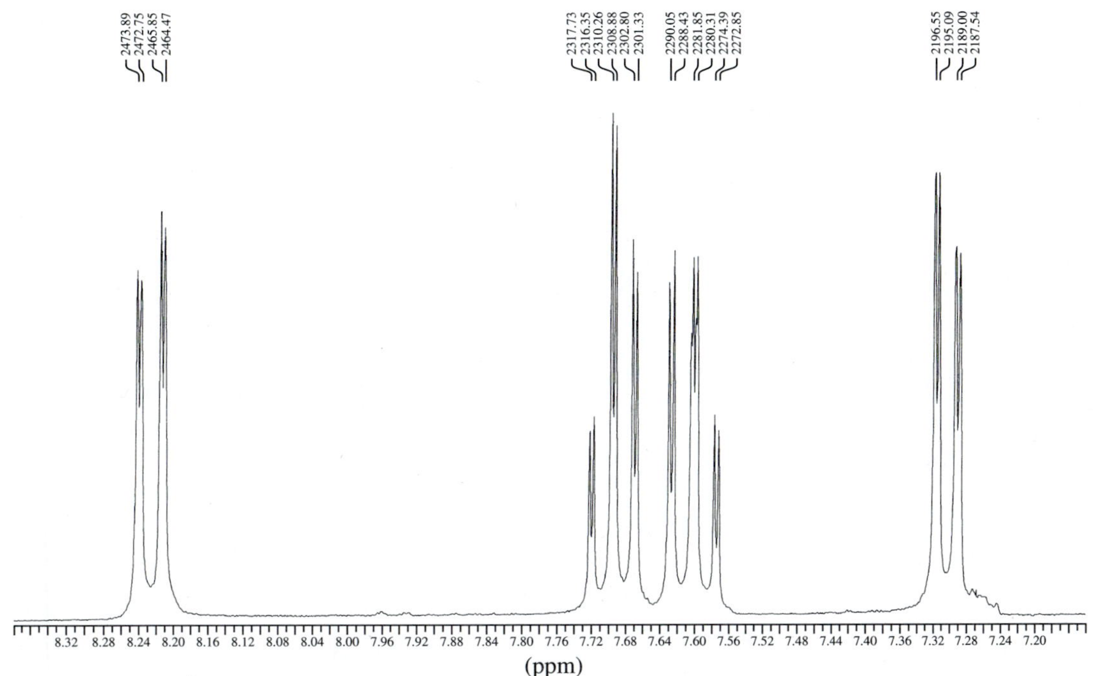

11. $C_9H_{11}NO$의 화학식을 갖는 화합물의 ^{1}H NMR 스펙트럼 정보를 다음에 나타내었다. 확대된 그림은 9.8~3.0 ppm 범위를 나타낸다. 전체 스펙트럼에 다른 피크는 나타나지 않는다. IR 스펙트럼에서 보통의 방향족과 지방족의 C–H 신축 흡수띠가 나타나며, 이와 함께 두 개의 약한 C–H 흡수띠가 2720 cm^{-1}와 2842 cm^{-1}에 나타난다. IR 스펙트럼에서 강한 흡수띠가 1661 cm^{-1}에 나타난다. 이 화합물의 구조를 그려라.

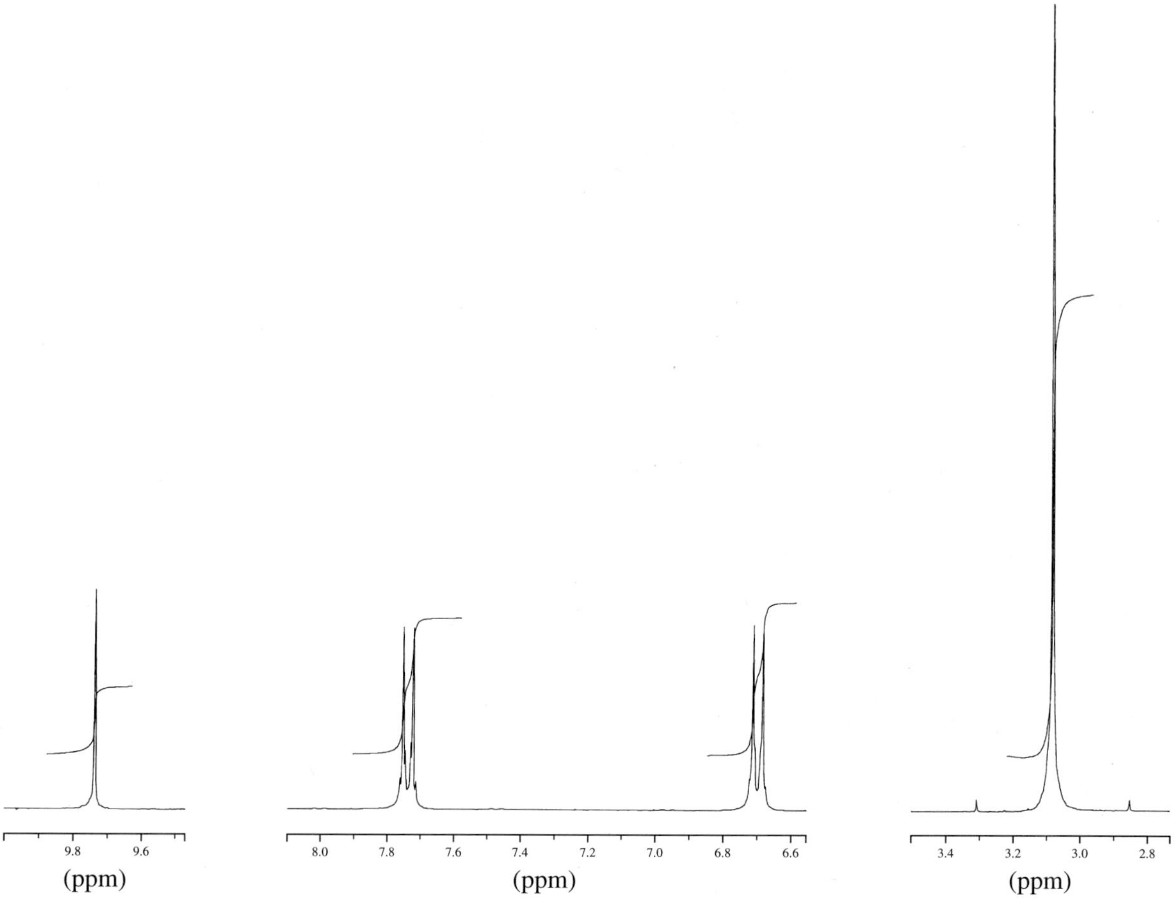

9.8 9.6
(ppm)

8.0 7.8 7.6 7.4 7.2 7.0 6.8 6.6
(ppm)

3.4 3.2 3.0 2.8
(ppm)

12. 향기로운 천연 물질인 anethole($C_{10}H_{12}O$)은 anise로부터 수증기 증류에 의해 얻어진다. 정제된 물질의 ^{1}H NMR 스펙트럼은 다음과 같다. 3.75 ppm의 단일선을 제외한 각 피크들의 확대된 그림 역시 제시되었다. 입체 화학을 포함한 anethole의 구조를 추론하고 스펙트럼을 설명하여라.

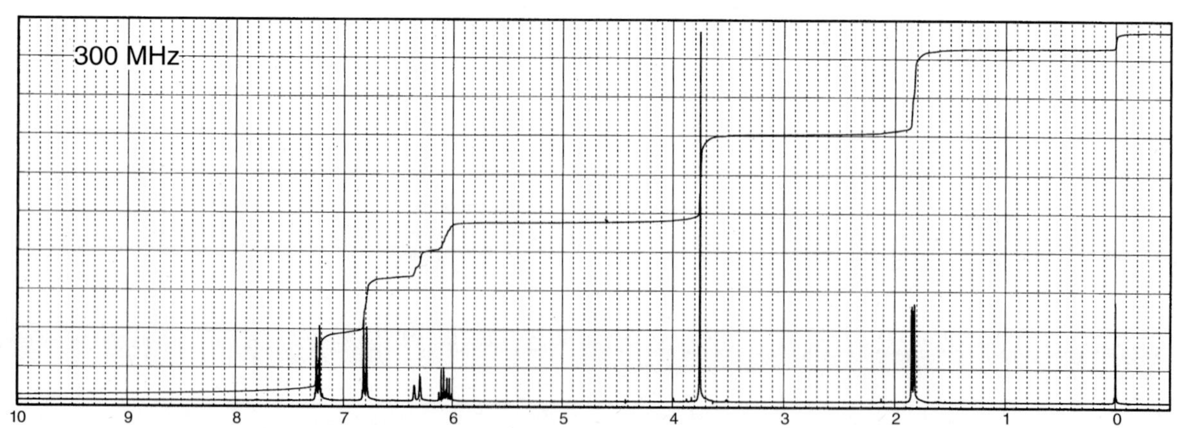

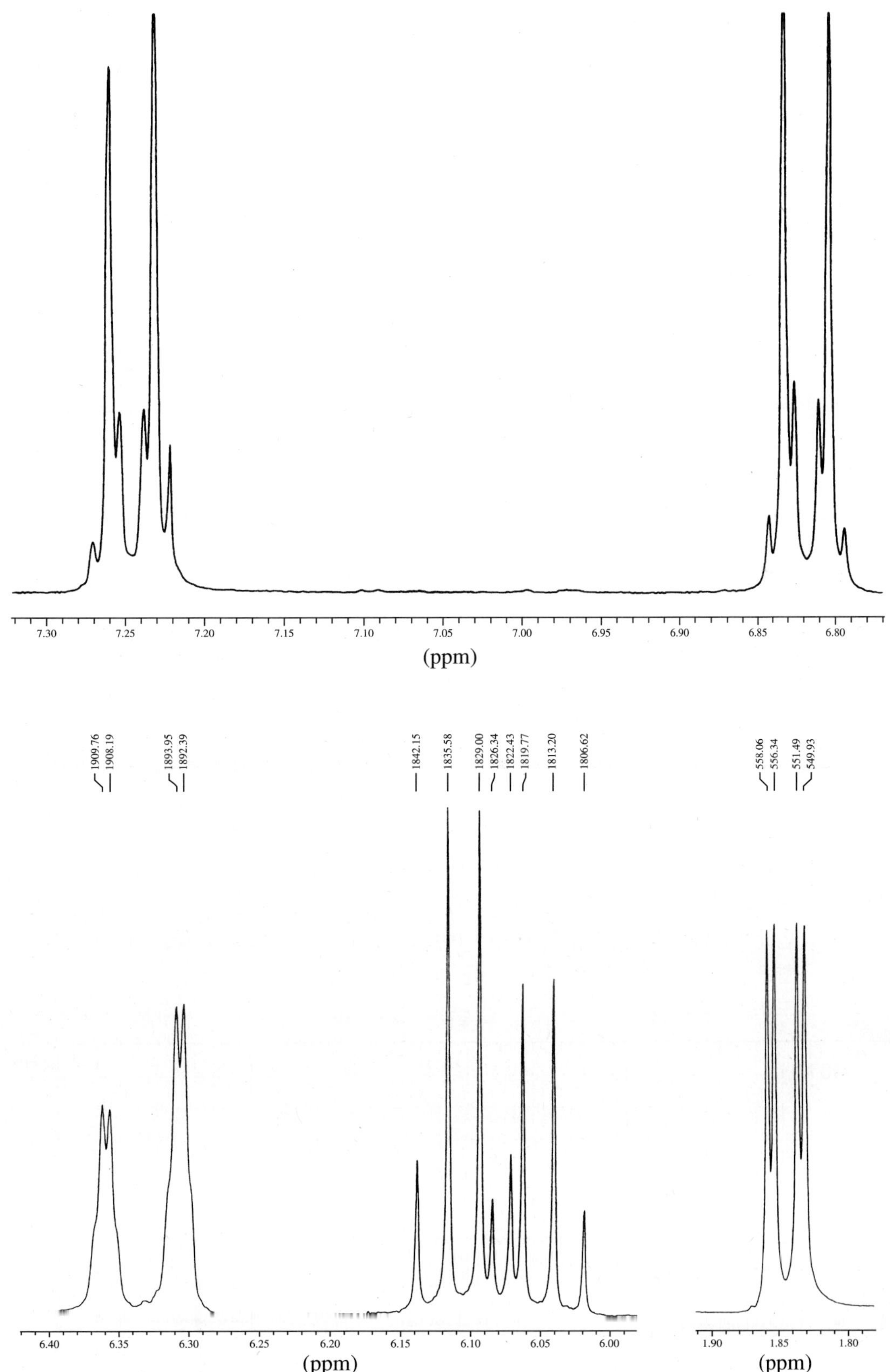
7.30
7.25
7.20
7.15
7.10
7.05
7.00
6.95
6.90
6.85
6.80
(ppm)
1909.76
1908.19
1893.95
1892.39
1842.15
1835.58
1829.00
1826.34
1822.43
1819.77
1813.20
1806.62
558.06
556.34
551.49
549.93
6.40
6.35
6.30
6.25
6.20
6.15
6.10
6.05
6.00
(ppm)
1.90
1.85
1.80
(ppm)

***13.** C_8H_7BrO의 화학식을 갖는 다음 방향족 화합물의 구조를 결정하여라.

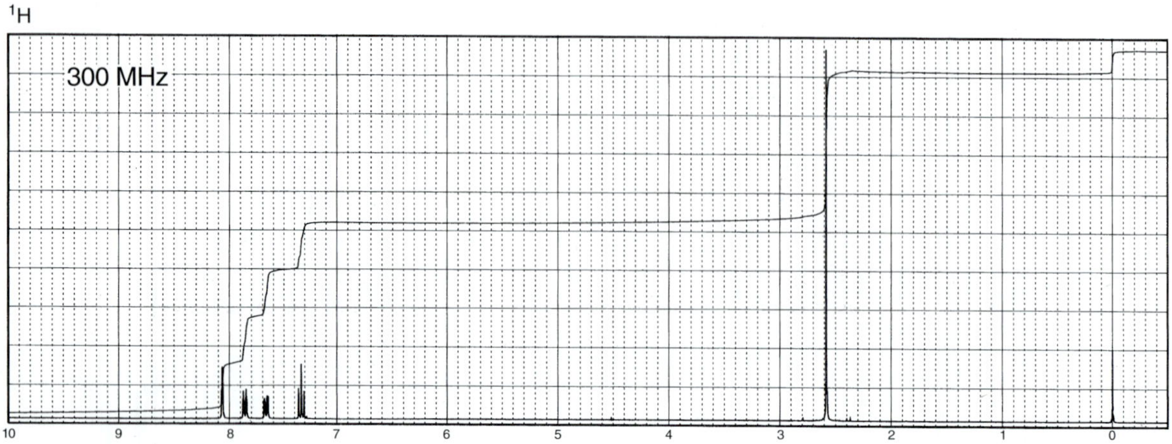

^{1}H

300 MHz

10 9 8 7 6 5 4 3 2 1 0

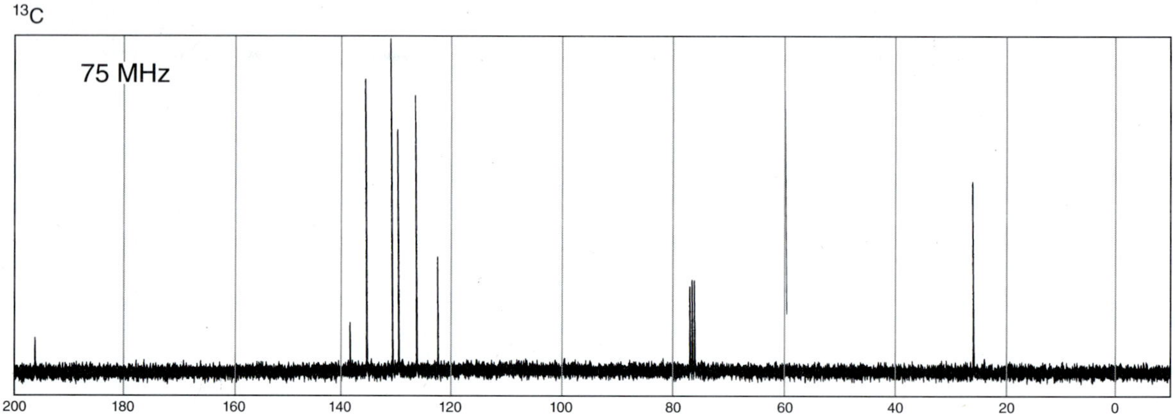

^{13}C

75 MHz

200 180 160 140 120 100 80 60 40 20 0

***14.** $C_5H_{10}O$의 화학식을 갖는 화합물은 2.4 ppm과 9.8 ppm에서 흥미로운 패턴을 보인다. 이 두 묶음의 피크의 확대된 그림도 제시하였다. 전체 스펙트럼에 나타난 다른 피크들의 확대된 그림은 나타내지 않았지만 다음과 같은 패턴을 보인다. 0.92 ppm(삼중선), 1.45 ppm(육중선), 1.61 ppm(오중선). 화합물의 구조를 그려라. 짝지음 상수를 포함하여 2.4 ppm과 9.8 ppm에 나타나는 피크의 나뭇가지 도표를 그려라.

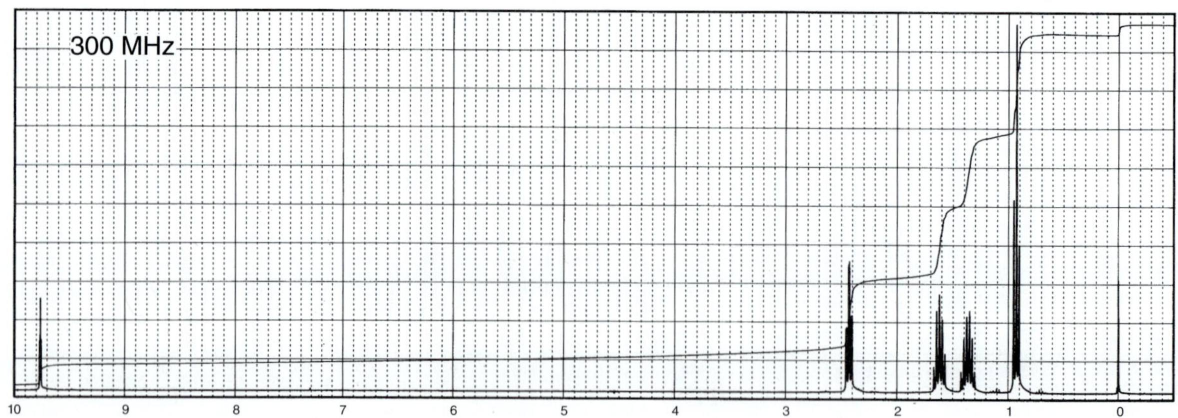

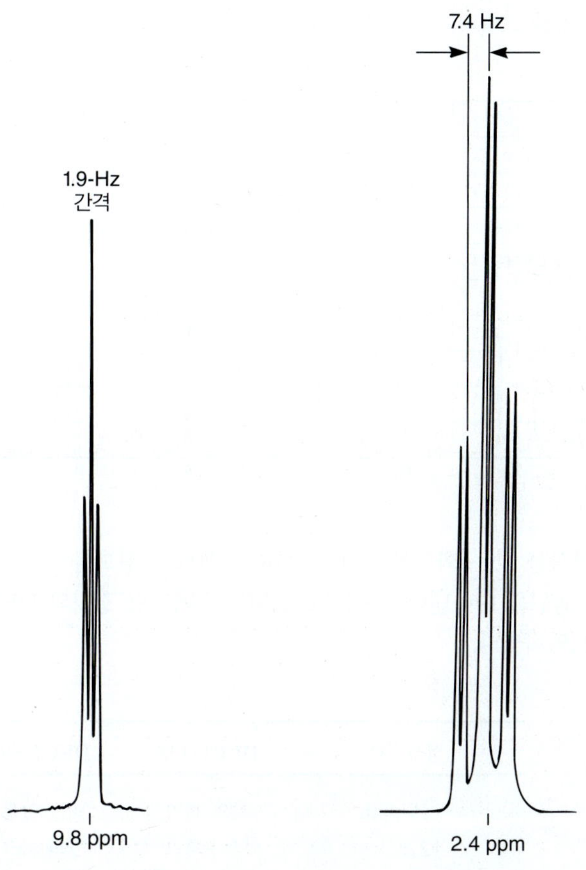

***15.** $C_{10}H_{12}O_3$의 화학식을 갖는 화합물의 ^{1}H NMR 스펙트럼 정보를 다음에 나타내었다. 12.5 ppm에 나타나는 폭이 넓은 피크는 여기에서 다시 그린 proton NMR 스펙트럼에는 나타내지 않았다. 정상 ^{13}C NMR 스펙트럼 결과와 DEPT-135, DEPT-90 실험 결과를 다음 표에 요약하였다.

정상 ^{13}C	DEPT-135	DEPT-90
15 ppm	양의 피크	피크 없음
40	음의 피크	피크 없음
63	음의 피크	피크 없음
115	양의 피크	양의 피크
125	피크 없음	피크 없음
130	양의 피크	양의 피크
158	피크 없음	피크 없음
179	피크 없음	피크 없음

이 화합물의 구조를 그려라.

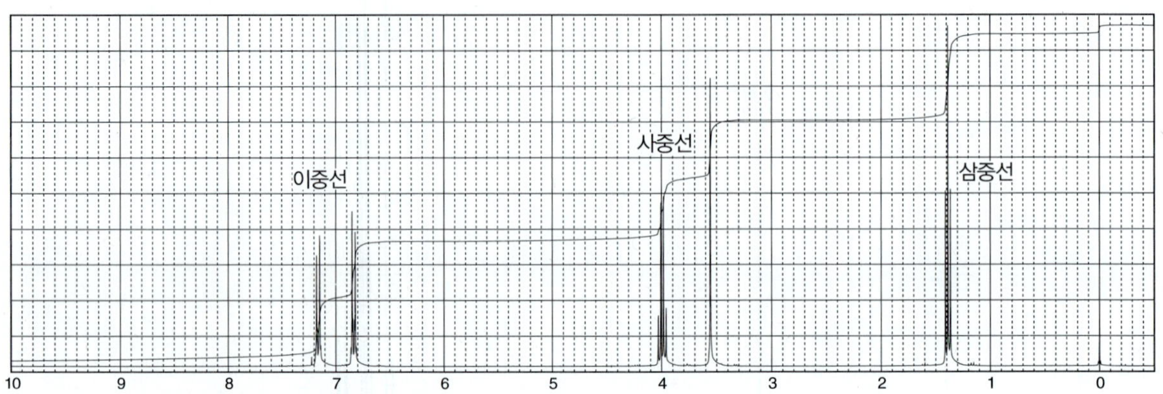

16. $C_{10}H_9N$의 화학식을 갖는 화합물의 ^1H NMR 스펙트럼 정보를 다음에 나타내었다. 확대된 그림은 8.7~7.0 ppm 범위를 나타낸다. 정상 ^{13}C NMR 스펙트럼 결과와 DEPT-135, DEPT-90 실험 결과를 다음 표에 요약하였다.

정상 ^{13}C	DEPT-135	DEPT-90
19 ppm	양의 피크	피크 없음
122	양의 피크	양의 피크
124	양의 피크	양의 피크
126	양의 피크	양의 피크
128	피크 없음	피크 없음
129	양의 피크	양의 피크
130	양의 피크	양의 피크
144	피크 없음	피크 없음
148	피크 없음	피크 없음
150	양의 피크	양의 피크

이 화합물의 구조를 그리고 각 proton을 구조에 할당하여라. 짝지음 상수를 이용하여 수행하면 도움이 될 것이다(부록 5를 참조).

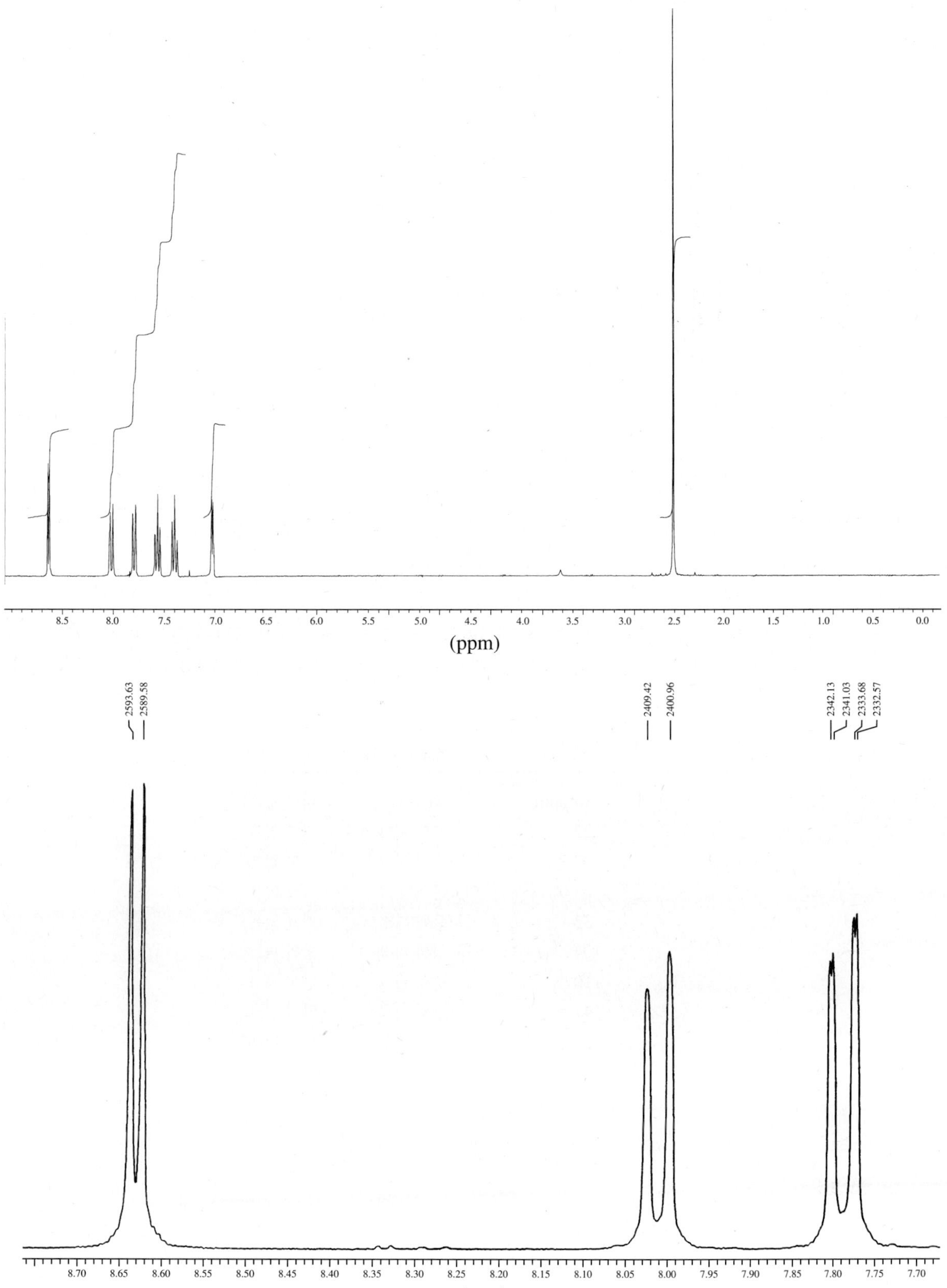

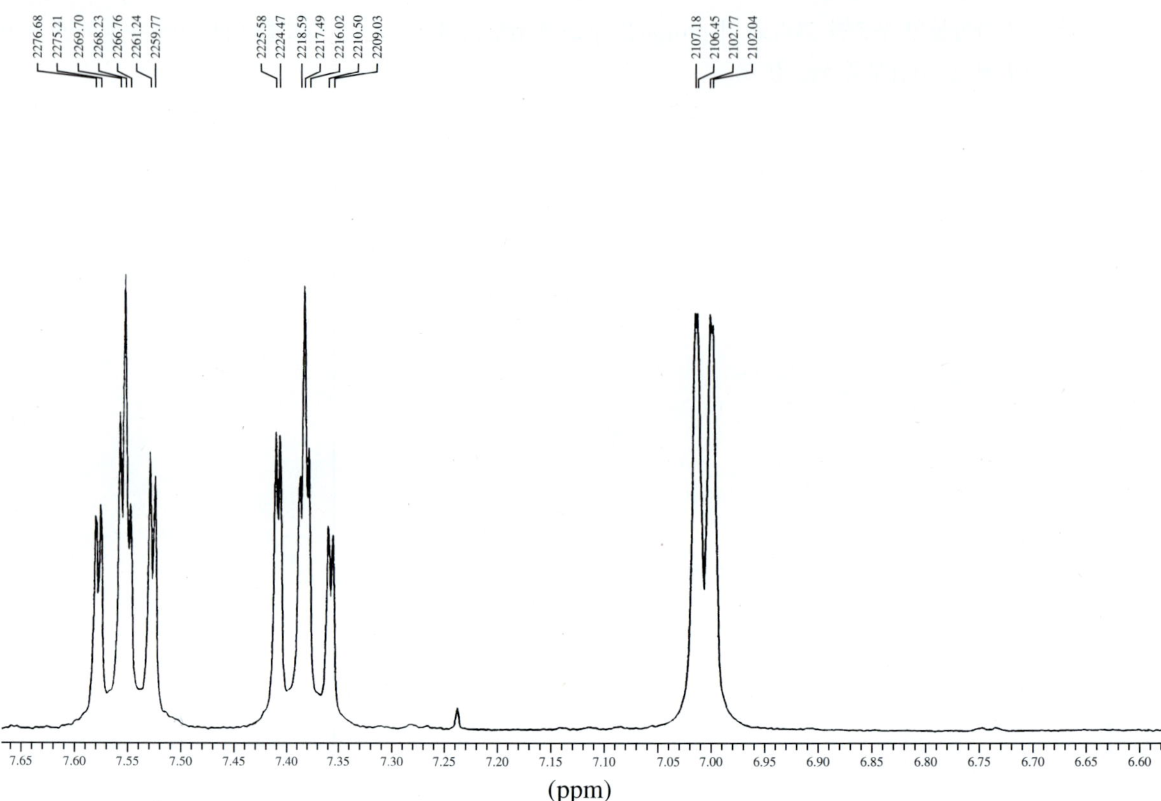

17. $C_9H_{14}O$의 화학식을 갖는 화합물의 ^{1}H NMR 스펙트럼 정보를 다음에 나타내었다. 확대된 그림은 모든 proton을 나타낸다. 정상 ^{13}C NMR 스펙트럼 결과와 DEPT-135, DEPT-90 실험 결과를 다음 표에 요약하였다.

정상 ^{13}C	DEPT-135	DEPT-90
14 ppm	양의 피크	피크 없음
22	음의 피크	피크 없음
27.8	음의 피크	피크 없음
28.0	음의 피크	피크 없음
32	음의 피크	피크 없음
104	양의 피크	양의 피크
110	양의 피크	양의 피크
141	양의 피크	양의 피크
157	피크 없음	피크 없음

이 화합물의 구조를 그리고 각 proton을 구조에 할당하여라. 짝지음 상수를 이용하여 수행하면 도움이 될 것이다(부록 5를 참조).

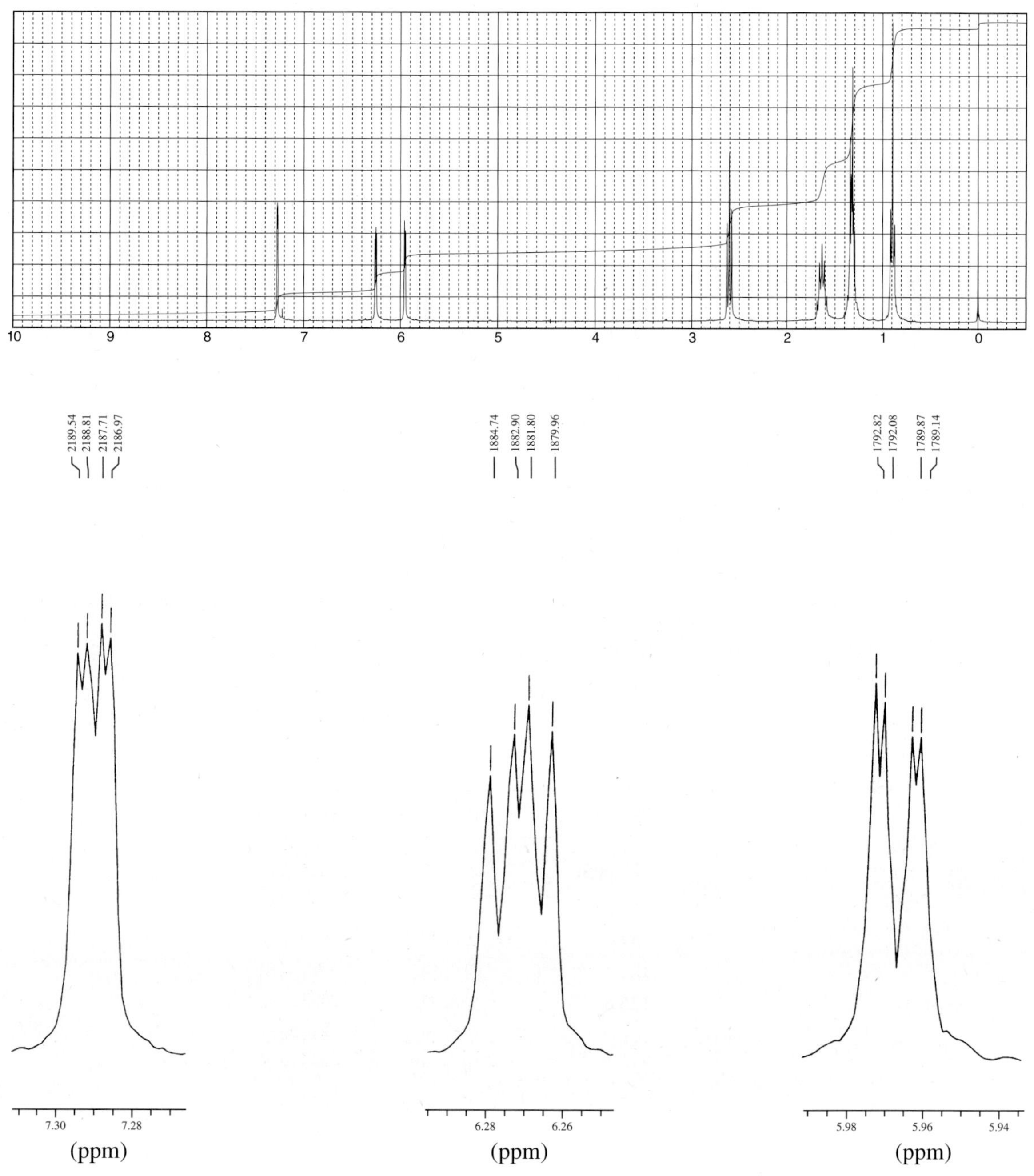

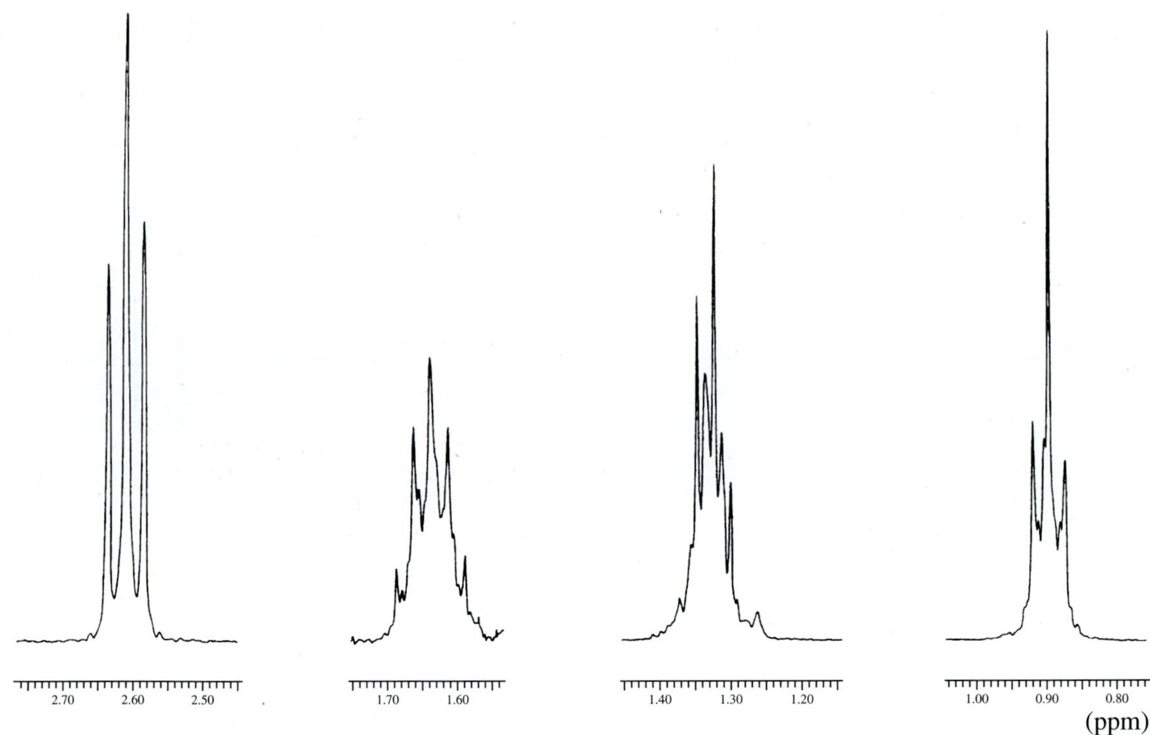

18. $C_{10}H_{12}O_2$의 화학식을 갖는 화합물의 ^{1}H NMR 스펙트럼 정보를 다음에 나타내었다. 나타내지는 않았지만 한 개의 proton은 12.8 ppm에 넓은 폭으로 나타난다. 확대된 그림은 3.5~1.0 ppm 범위를 나타낸다. 단일 치환된 benzene 고리는 7.2 ppm에 나타나는데, 그것의 확대된 그림은 크게 중요하지 않다. 정상 ^{13}C NMR 스펙트럼 결과와 DEPT-135, DEPT-90 실험 결과를 다음 표에 요약하였다.

정상 ^{13}C	DEPT-135	DEPT-90
22 ppm	양의 피크	피크 없음
36	양의 피크	양의 피크
43	음의 피크	피크 없음
126.4	양의 피크	양의 피크
126.6	양의 피크	양의 피크
128	양의 피크	양의 피크
145	피크 없음	피크 없음
179	피크 없음	피크 없음

이 화합물의 구조를 그리고 각 proton을 구조에 할당하여라. 관심 있는 피크가 왜 2.50~2.75 ppm 범위에서 얻어졌는지를 설명하여라. 답의 일부분으로 나뭇가지 도표를 그려라.

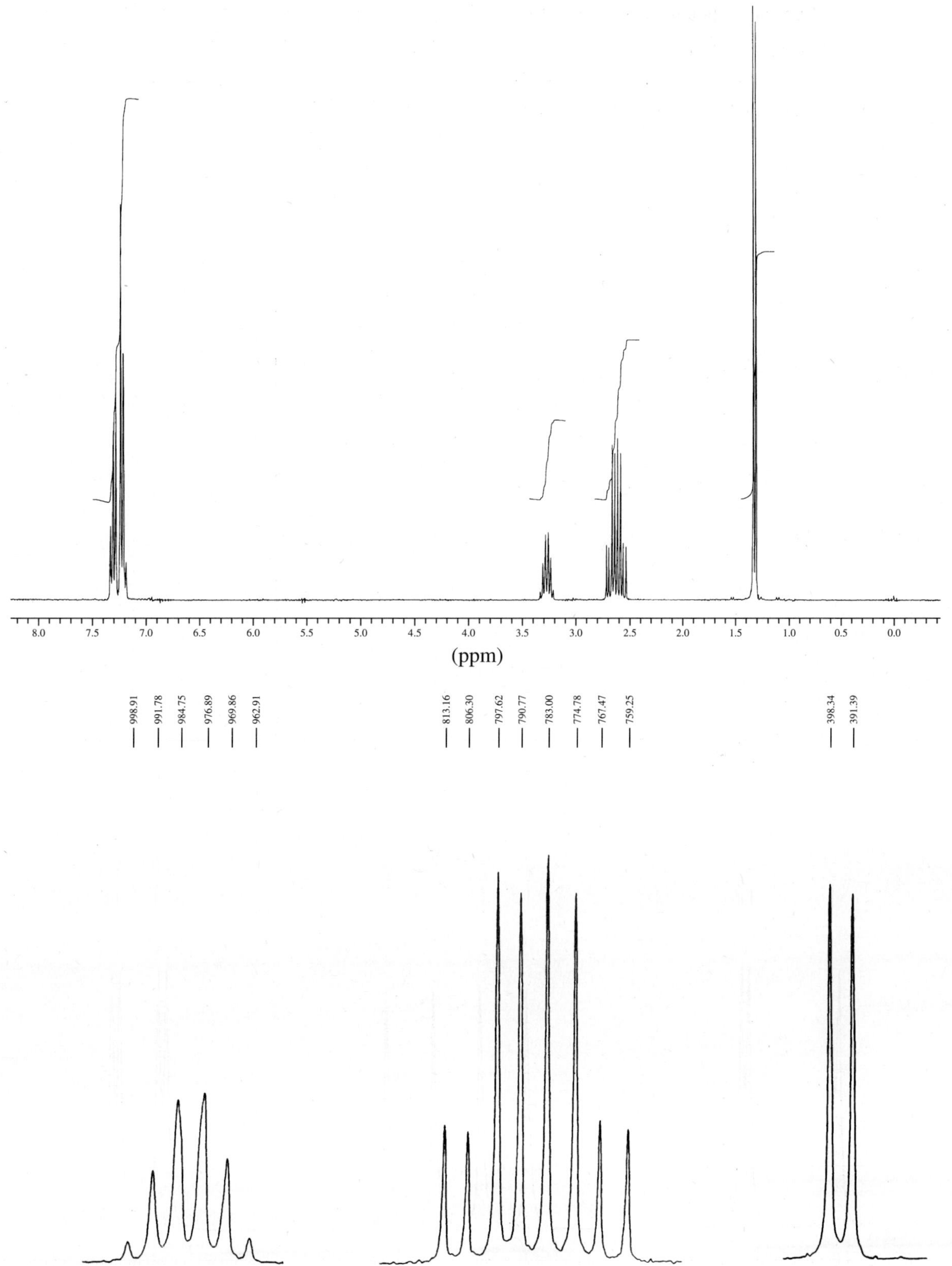
8.0
7.5
7.0
6.5
6.0
5.5
5.0
4.5
4.0
3.5
3.0
2.5
2.0
1.5
1.0
0.5
0.0
(ppm)
998.91
991.78
984.75
976.89
969.86
962.91
813.16
806.30
797.62
790.77
783.00
774.78
767.47
759.25
398.34
391.39
3.35
3.30
3.25
3.20
(ppm)
2.75
2.70
2.65
2.60
2.55
2.50
(ppm)
1.35
1.30
1.25
(ppm)

19. 1-Methoxy-1-buten-3-yne의 ^{1}H NMR 스펙트럼을 나타내었다. 확대된 그림은 각 proton에 대한 것이다. 각 proton의 짝지음 상수를 결정하고, 각각에 대하여 나뭇가지 도표를 그려라. 이 문제에서 관심 있는 부분은 유효 장거리 짝지음 상수이다. 이 화합물에는 ^3J, ^4J, ^5J의 짝지음이 있다. 나뭇가지 도표(도식적 해석)에 이 모든 것이 포함되었는지 확인하여라.

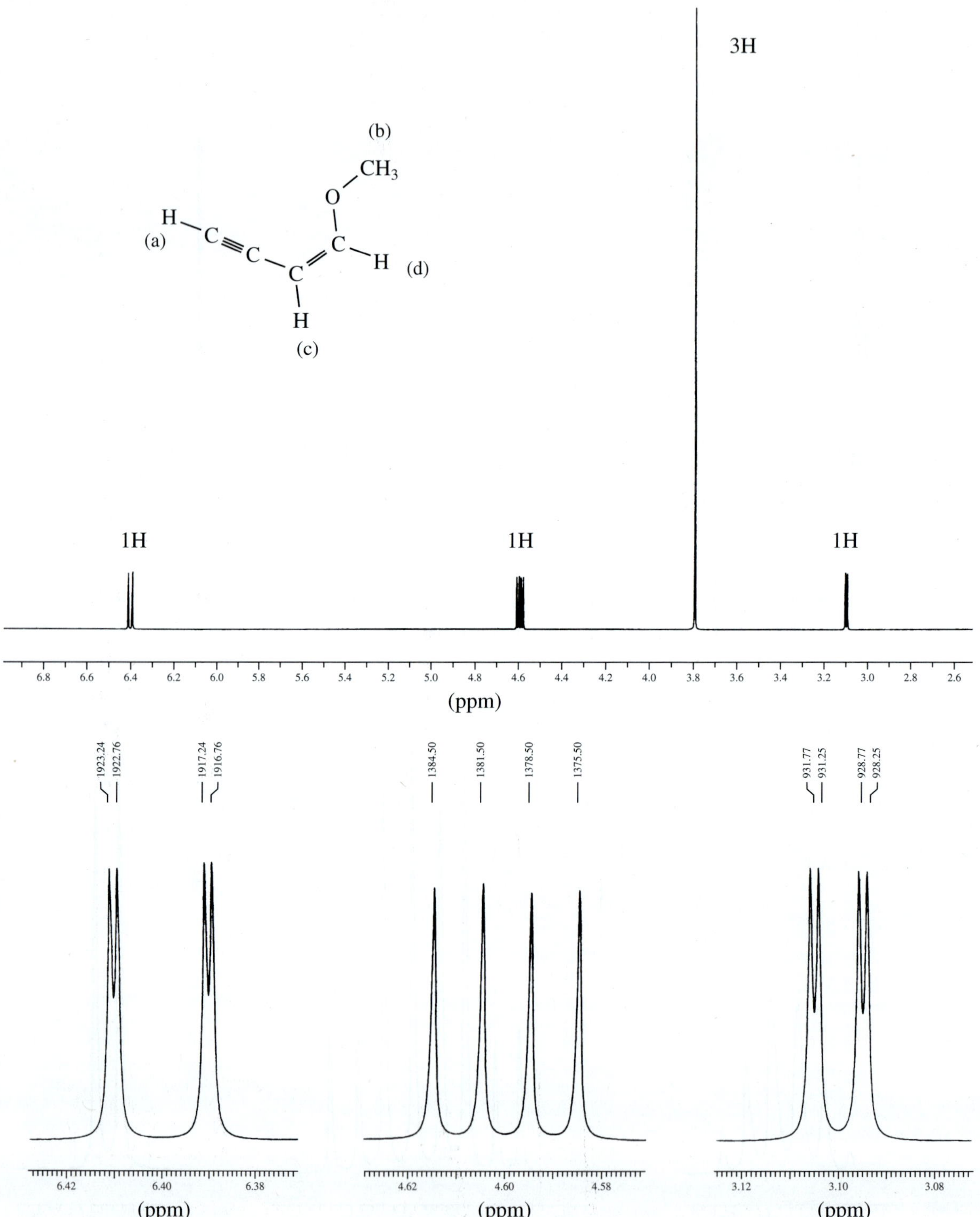

20. 다음에 주어진 화합물의 *cis* 이성질체와 *trans* 이성질체에 대한 ^{1}H NMR 스펙트럼(**A**와 **B**)의 일부를 나타내었다(세 개의 phenyl 그룹에 대한 피크는 각 NMR 스펙트럼에 나타내지 않았다). 각 이성질체의 구조를 그리고, 짝지음 상수의 크기를 이용하여 구조를 각 스펙트럼에 할당하여라. 분자 모형 프로그램을 사용하면 각 화합물에 대한 이면각을 결정하는 것에 도움이 될 것이다. 스펙트럼 **A**에서 3.68 ppm에 나타나는 미세한 간격의 이중선은 O–H 피크이다. 스펙트럼 **A**의 각 피크를 구조에 할당하여라. 스펙트럼 **B**에는 O–H 피크가 나타나지 않지만 화학적 이동의 정보로부터 두 개의 이중선을 구조에 할당하여라.

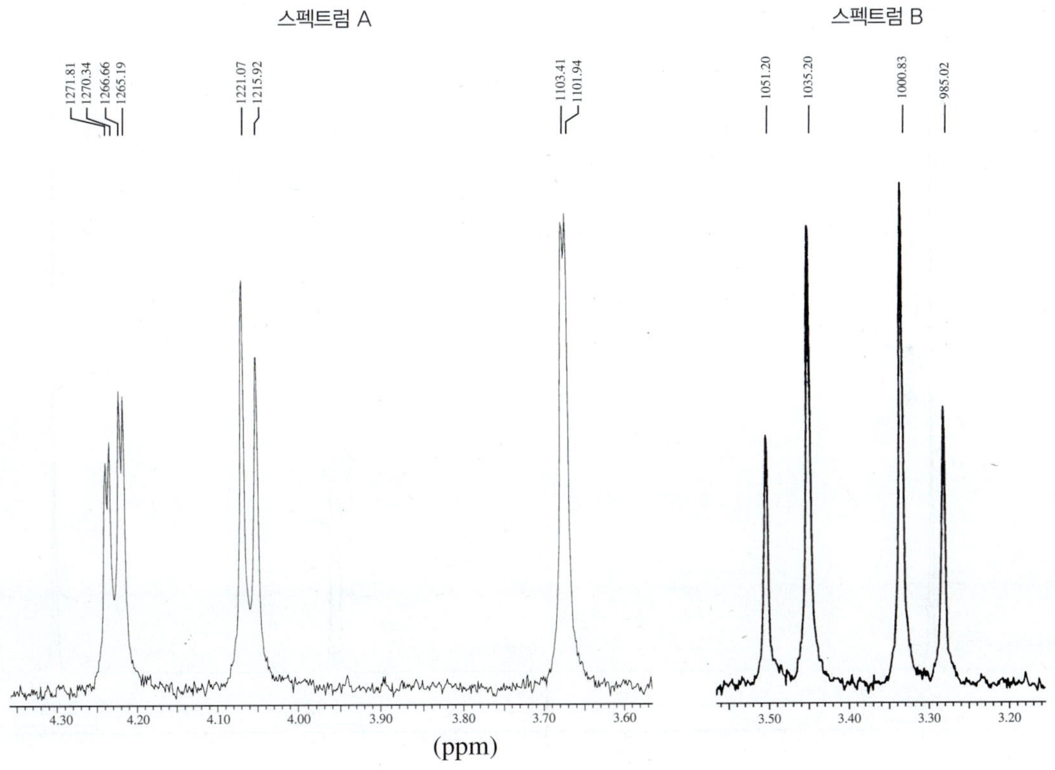

21. 화학식 $C_6H_8Cl_2O_2$를 갖는 화합물의 ^1H NMR 스펙트럼을 다음에 나타내었다. 두 개의 염소 원자가 같은 탄소 원자에 결합되어 있다. IR 스펙트럼에서 1739 cm^{-1}에서 강한 흡수띠를 보여준다. 정상 ^{13}C 실험 결과와 DEPT 실험 결과를 다음 표에 나타내었다. 이 화합물의 구조를 그려라.

정상 ^{13}C	DEPT-135	DEPT-90
18 ppm	양의 피크	피크 없음
31	음의 피크	피크 없음
35	피크 없음	피크 없음
53	양의 피크	피크 없음
63	피크 없음	피크 없음
170	피크 없음	피크 없음

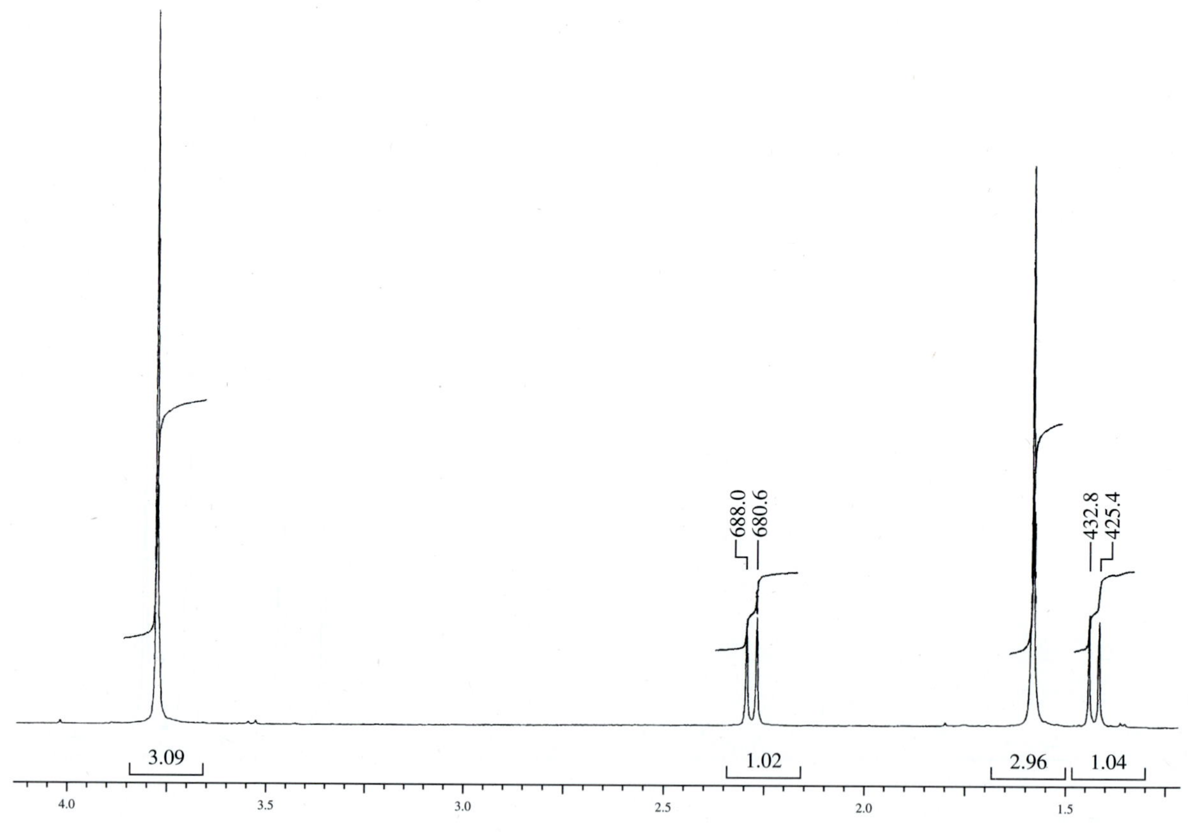

22. 화학식 $C_8H_{14}O_2$를 갖는 화합물의 ^1H NMR 스펙트럼을 다음에 나타내었다. DEPT 실험 결과를 다음 표에 나타내었다. IR 스펙트럼에서 3055, 2960, 2875, 1660 cm^{-1}에 중간 크기의 흡수띠가 나타난다. 이 화합물의 구조를 그려라.

정상 ^{13}C	DEPT-135	DEPT-90
10.53 ppm	양의 피크	피크 없음
12.03	양의 피크	피크 없음
14.30	양의 피크	피크 없음
22.14	음의 피크	피크 없음
65.98	음의 피크	피크 없음
128.83	피크 없음	피크 없음
136.73	양의 피크	양의 피크
168.16	피크 없음	피크 없음(C=O)

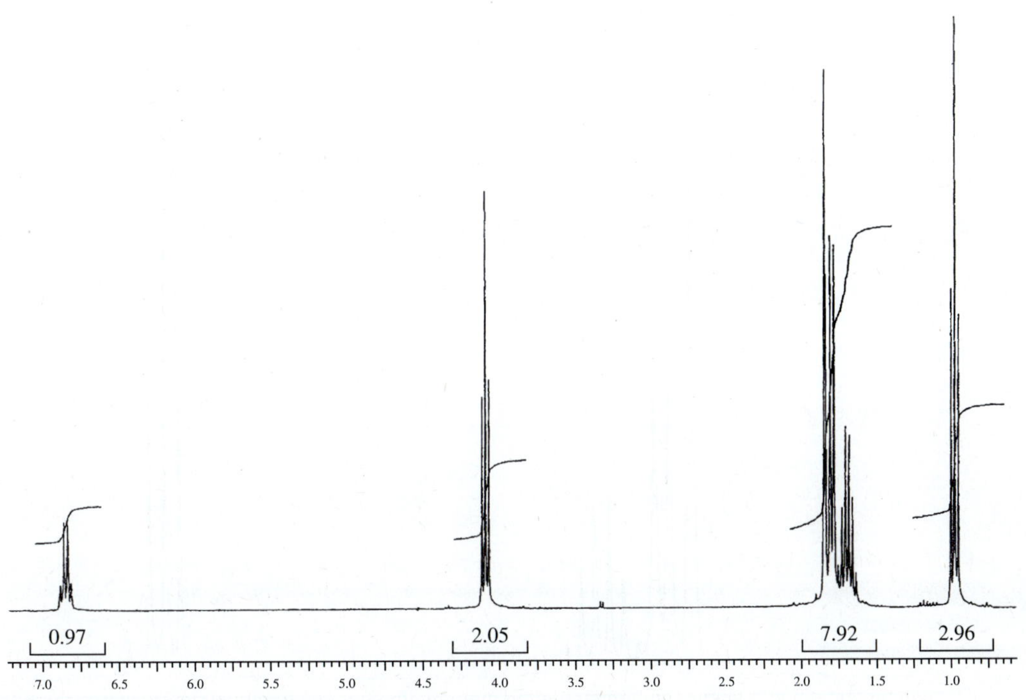

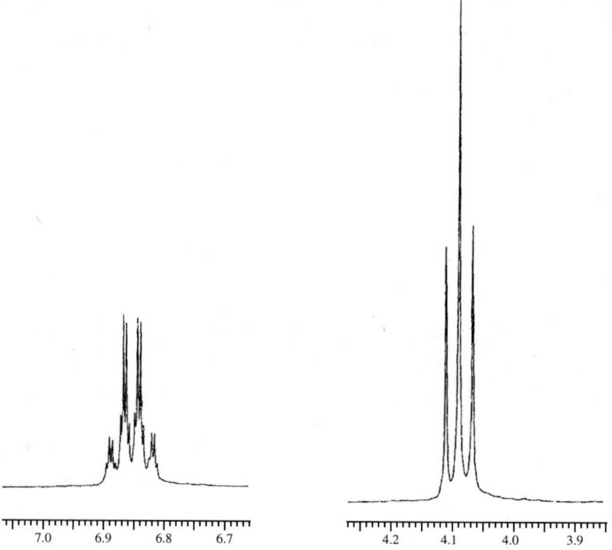
7.0
6.9
6.8
6.7
4.2
4.1
4.0
3.9

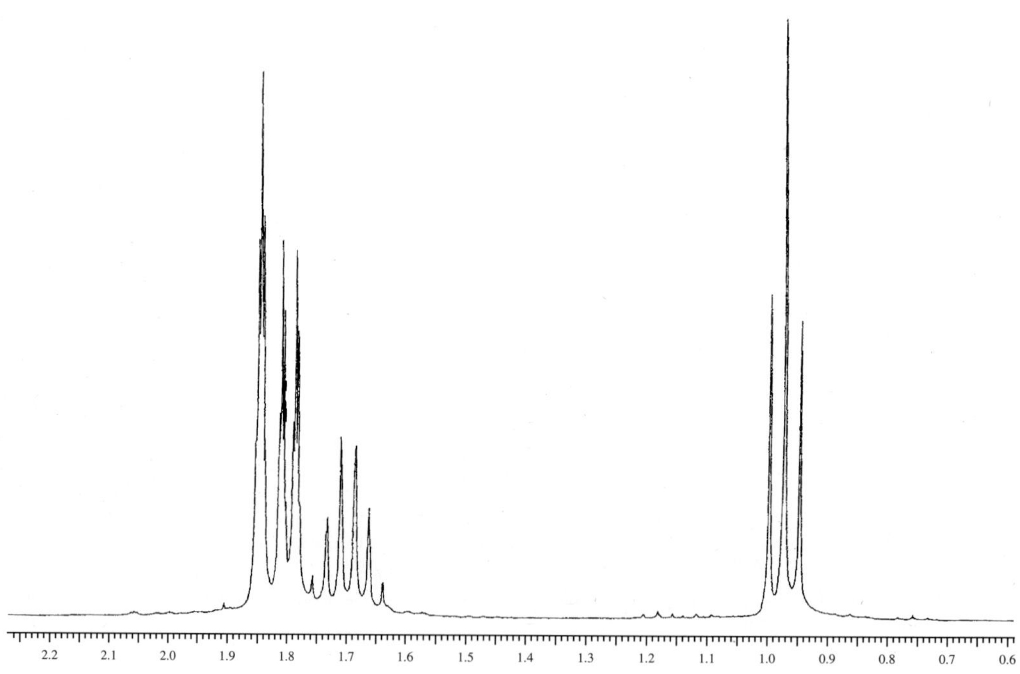
2.2
2.1
2.0
1.9
1.8
1.7
1.6
1.5
1.4
1.3
1.2
1.1
1.0
0.9
0.8
0.7
0.6

23. 화학식 $C_5H_{10}O$를 갖는 화합물의 ^{1}H NMR 스펙트럼을 다음에 나타내었다. DEPT 실험 결과를 다음 표에 나타내었다. IR 스펙트럼에서 2968, 2937, 2880, 2811, 2711 cm^{-1}에 중간 크기의 흡수띠가 나타나고, 1728 cm^{-1}에 강한 세기의 흡수띠가 나타난다. 이 화합물의 구조를 그려라.

정상 ^{13}C	DEPT-135	DEPT-90
11.35 ppm	양의 피크	피크 없음
12.88	양의 피크	피크 없음
23.55	음의 피크	피크 없음
47.78	양의 피크	양의 피크
205.28	양의 피크	양의 피크(C=O)

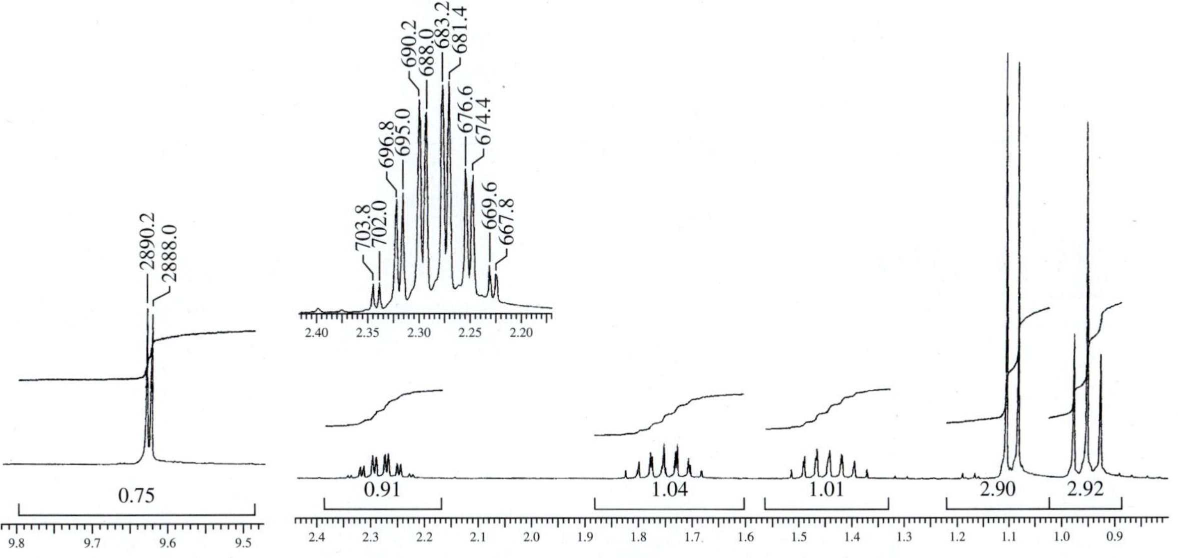

***24.** (a) F−CH$_2$−O−CH$_3$의 대략적인 ^{1}H NMR 스펙트럼을 예측하여라.

(b) 최신 분광기를 이용하여 분광기의 진동수를 변화시켜 많은 다른 NMR-활성 핵을 직접 관찰할 수 있다. F−CH$_2$−O−CH$_3$에 대한 플루오린 NMR 스펙트럼은 어떻게 나올까?

***25.** $C_9H_8F_4O$의 화학식을 갖는 화합물의 ^{1}H NMR 스펙트럼 정보를 다음에 나타내었다. 확대된 그림은 모든 proton을 나타낸다. 방향족 고리는 이중 치환되었다. 7.10~6.95 ppm 범위에 두 개의 이중선(각각 1H)이 있다. 그 중에서 한 개의 이중선은 한 개의 단일선(1H)에 의해 부분적으로 겹쳐져 있다. 스펙트럼에서 흥미로운 부분은 6.05~5.68 ppm 범위에 나타나는 한 개의 proton 패턴이다. 이 화합물의 구조를 그리고, 5.85 ppm에 나타나는 proton에 대한 나뭇가지 도표를 그려라(플루오린에 대한 proton의 짝지음 상수에 대해서는 7.12절 참조).

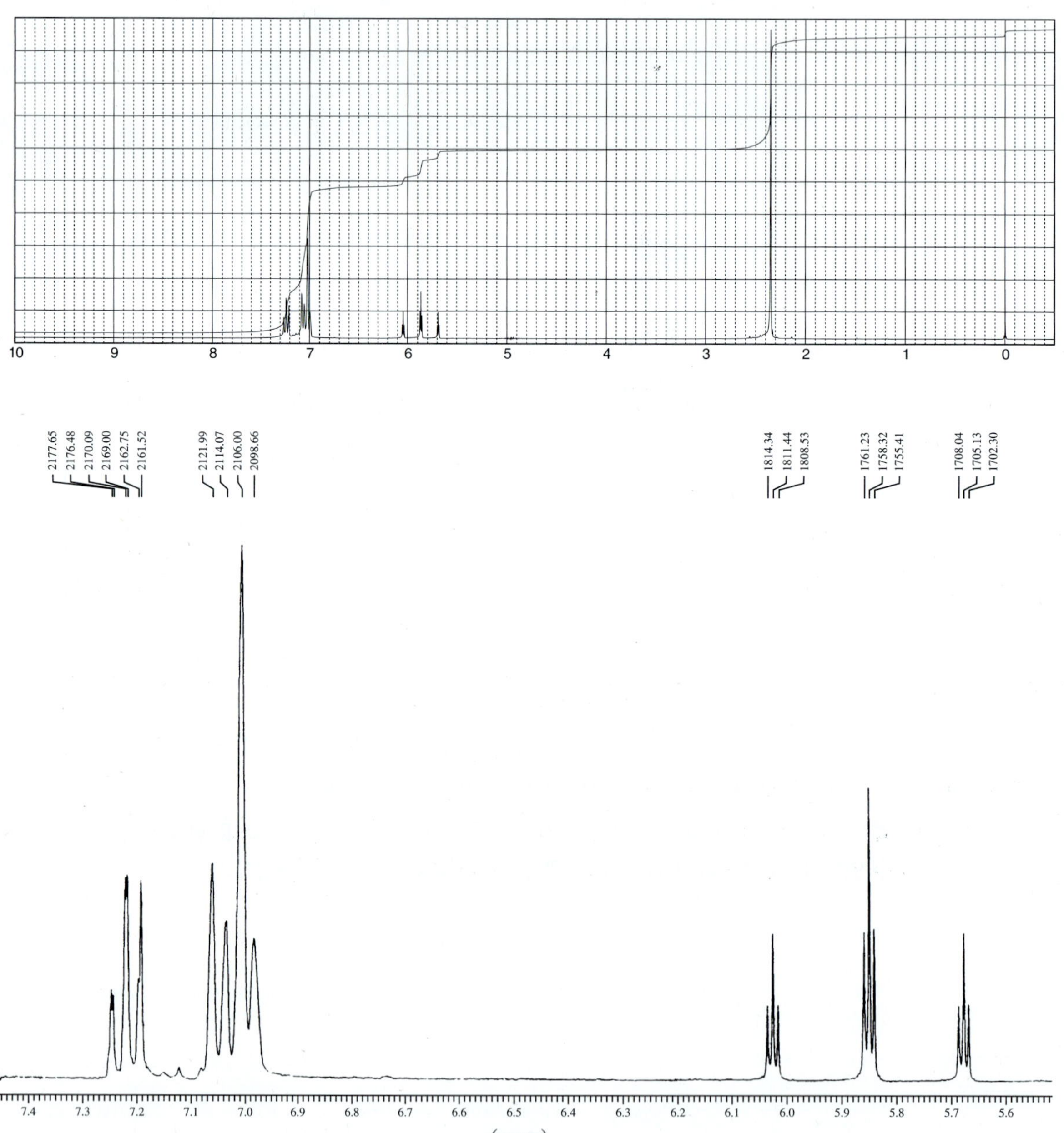

26. C_2H_4BrF의 화학식을 갖는 화합물의 ^1H NMR 스펙트럼은 다음과 같다. 이 화합물의 구조를 그려라. 확대된 그림에 있는 Hz 값을 이용하여 짝지음 상수를 구하여라. 스펙트럼을 완전하게 설명하여라.

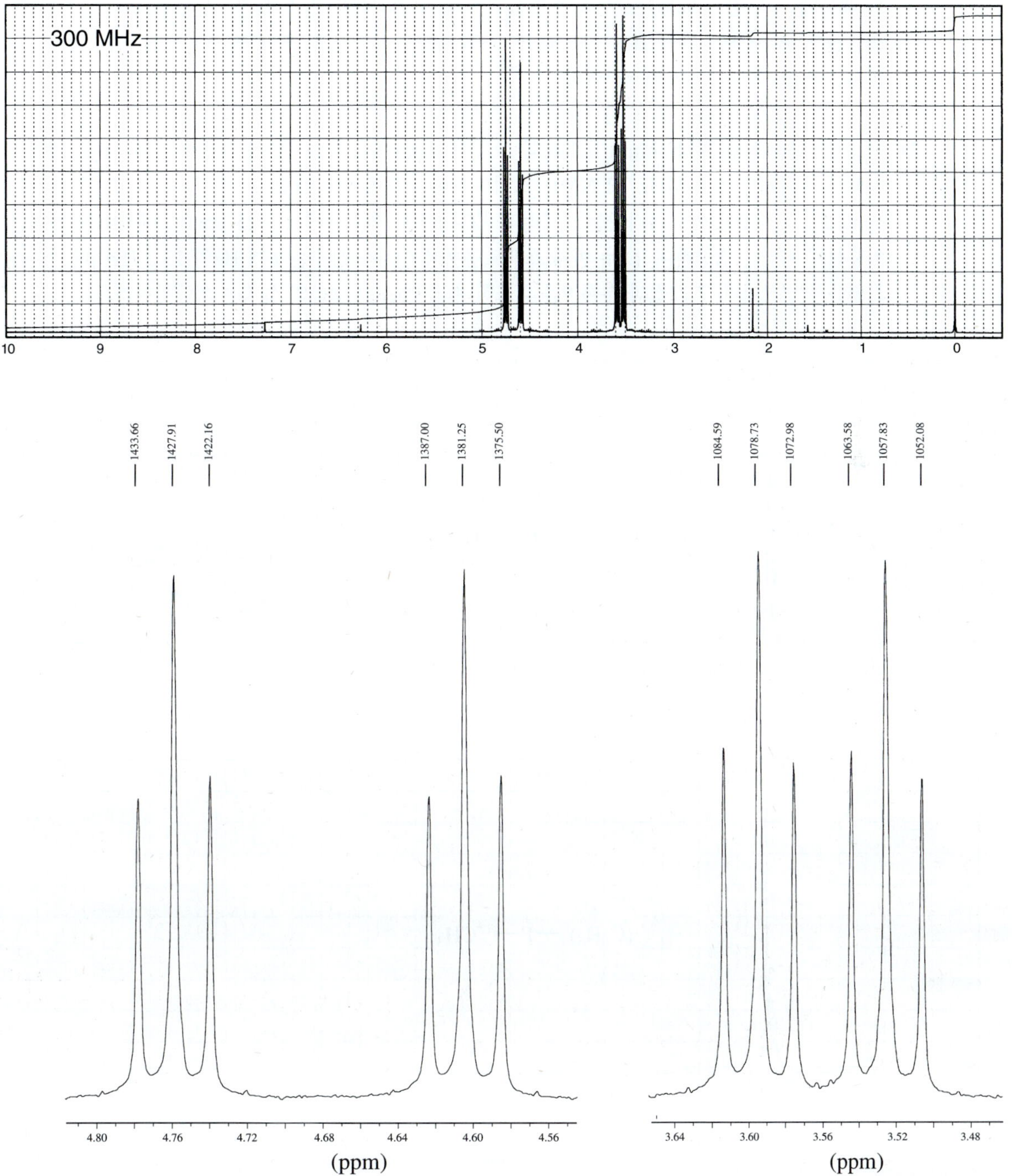

***27.** Deuterium(중수소)의 스핀 양자수는 1이다. D$-$CH$_2-$O$-$CH$_3$의 ^1H NMR 스펙트럼과 ^2H(deuterium) NMR 스펙트럼을 예측하고, F$-$CH$_2-$O$-$CH$_3$의 ^1H NMR 스펙트럼(연습 문제 24a)과 비교하여라.

***28.** 염소($I = \frac{3}{2}$), 브로민($I = \frac{3}{2}$), 아이오딘($I = \frac{5}{2}$)은 핵스핀을 나타내고 있으나 geminal 짝지음 상수 J_{HX}(gem)와 vicinal 짝지음 상수 J_{HX}(vic)는 거의 0이다. 이와 같은 원자는 너무 크고 넓게 퍼져 있어서 단순하게 남는 전자를 통해서 그들의 스핀 정보를 전달할 수가 없다. 강한 전기 사중 극자 모멘트 때문에 이와 같은 halogen은 직접 결합된 proton이나 이웃 탄소에 결합된 proton과 완전하게 짝풀림된다. Br$-CH_2-O-CH_3$의 ^{1}H NMR 스펙트럼을 예측하고, F$-CH_2-O-CH_3$(연습 문제 24a)의 ^{1}H NMR 스펙트럼과 비교하여라

29. Methyltriphenylphosphonium halide와 그것의 methyl 그룹을 ^{13}C를 포함하는 methyl 그룹으로 치환한 유사체의 300 MHz ^{1}H NMR 스펙트럼을 다음에 나타내었다. 첫 번째 스펙트럼에서 3.25 ppm($^2J_{HP}$ = 13.2 Hz)에 나타나는 이중선과 ^{13}C-표지된 화합물에서 3.25 ppm에 나타나는 이중선의 이중선에 관심을 집중하여라. 두 번째 스펙트럼에서 짝지음 상수는 135 Hz와 13.2 Hz이다. 두 스펙트럼을 설명하여라. 7.12절과 부록 9를 참조하여라. Phenyl 그룹의 설명은 생략하여라.

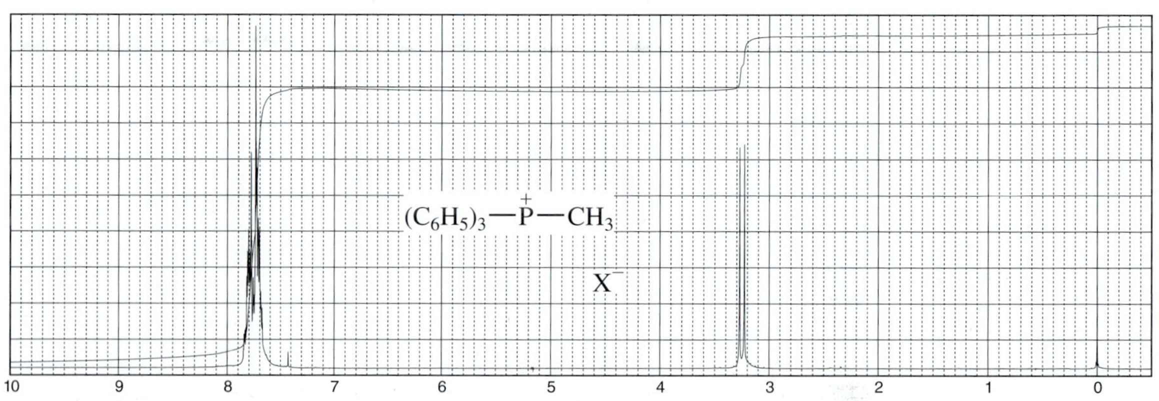

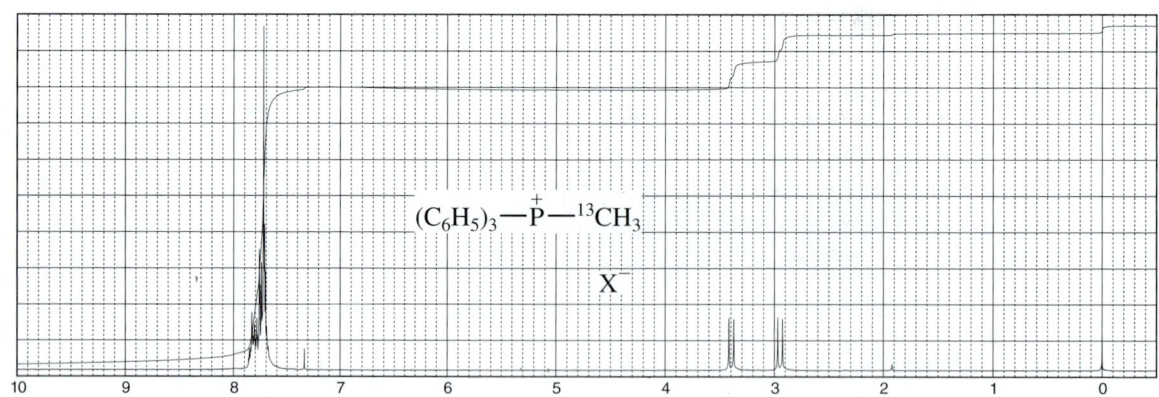

30. a, b, c 세 개의 화합물은 모두 같은 질량(300.4 amu)을 갖는다. 각 화합물을 확인하고, methyl 그룹 수소와 vinyl 그룹 수소에 특별한 주의를 기울여 가능한 한 많은 피크를 할당하여라. 각 스펙트럼의 7.3 ppm 근처에 나타나는 작은 $CHCl_3$ 피크가 있지만 스펙트럼을 해석할 때는 무시하여라.

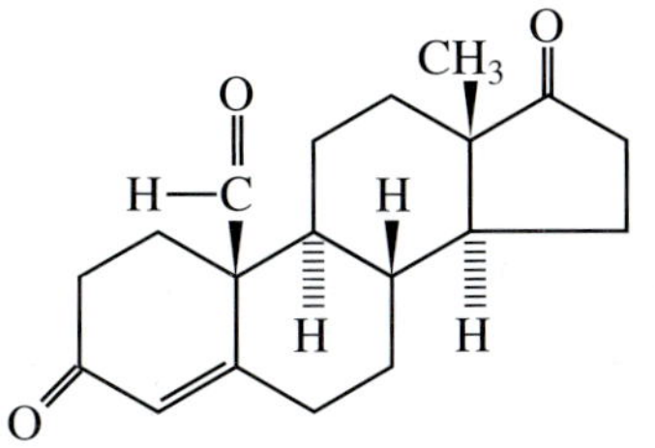

(a) 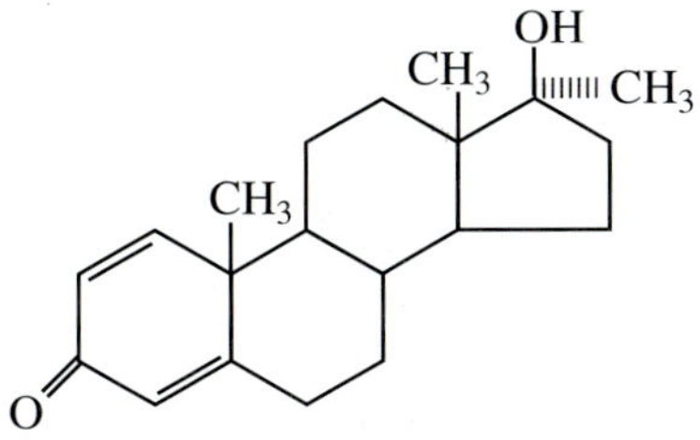 (b) 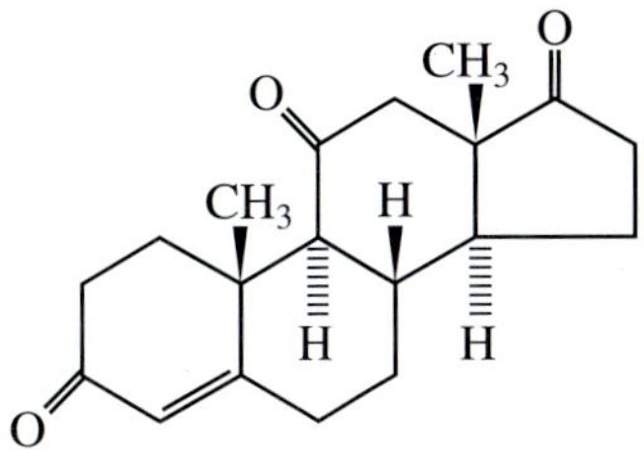 (c)

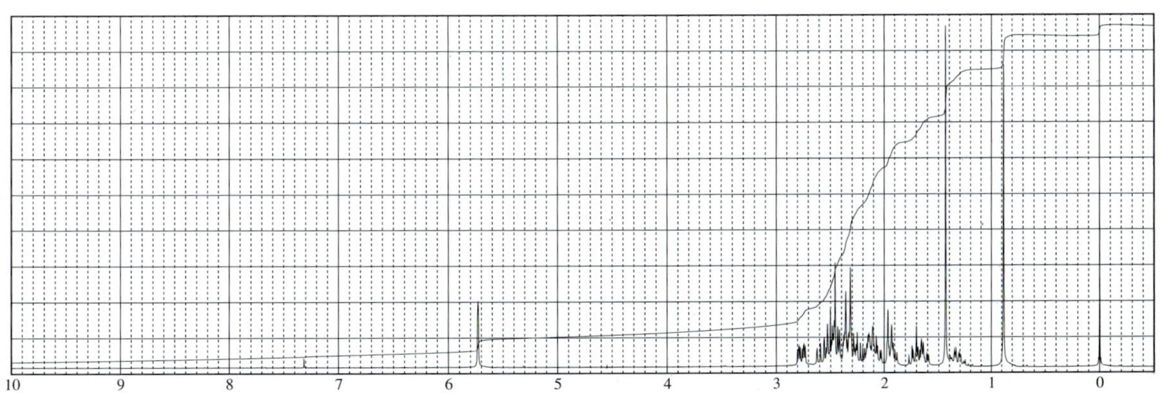

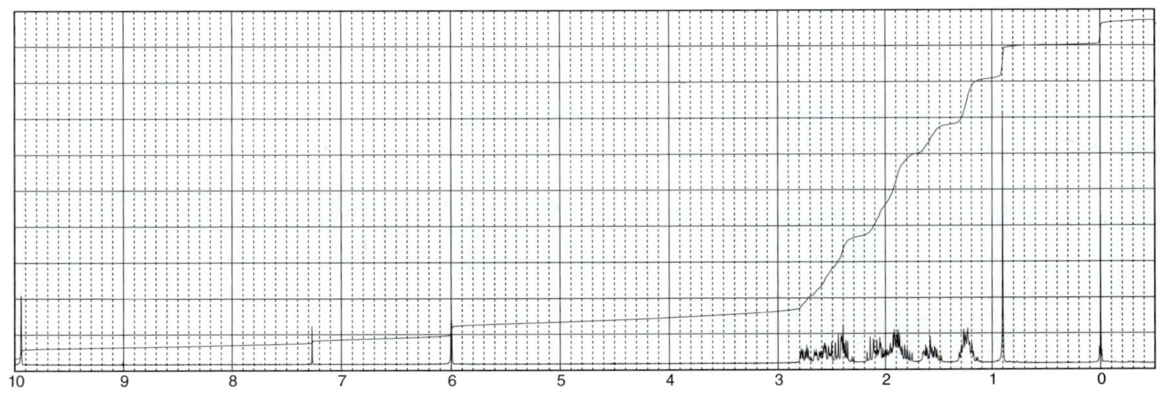

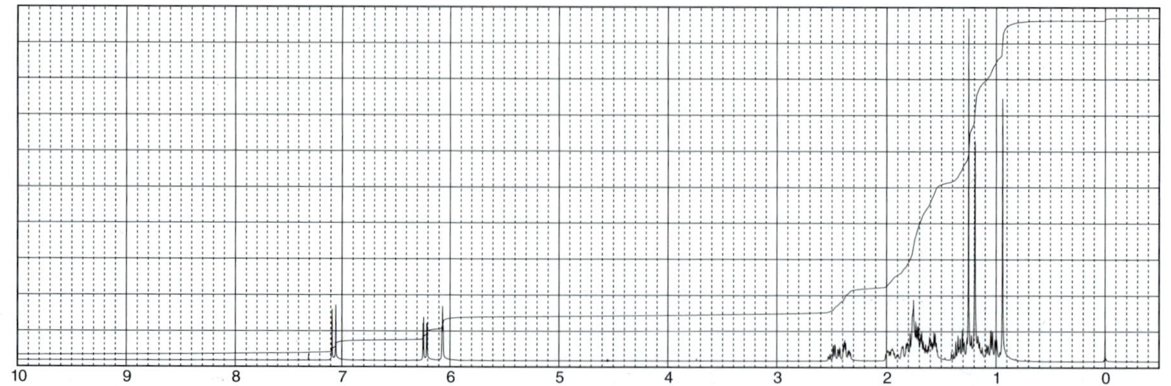

***31.** 부록 6의 표 A6.1을 이용하여, 화살표로 표시된 proton의 화학적 이동을 계산하여라.

(a) $CH_3-C(=O)-CH_3$

(b) $CH_3-CH_2-C(=O)-CH_2-C(=O)-O-CH_3$

(c) $Cl-CH_2-C(=O)-O-CH_3$

(d) $CH_3-CH_2-CH_2-C\equiv C-H$

(e) $CH_3-CH_2-CCl_2-H$

(f) $CH_2=C(CH_3)-CH_2-O-H$

***32.** 부록 6의 표 A6.2를 이용하여, vinyl proton의 화학적 이동을 계산하여라.

(a) $(H)(H)C=C(CH_3)-C(=O)-O-CH_3$

(b) $(CH_3)(H)C=C(H)-C(=O)-O-CH_3$

(c) $(H)(H)C=C(C_6H_5)(H)$

(d) $(C_6H_5)(H)C=C(H)-C(=O)-CH_3$

(e) $(H)(CH_3)C=C(H)-CH_2-OH$

(f) $(CH_3)(CH_3)C=C(H)-C(=O)-CH_3$

33. 한 개의 브로민과 두 개의 methoxy 치환기를 갖는 삼중 치환 benzene 유도체는 δ 6.40, 6.46, 7.41 ppm에 세 개의 방향족 proton 공명을 보인다. 이 화합물을 규명하여라.

34. Methylcyclohexanol 이성질체의 hydroxyl 그룹에 이웃하는 methine proton에 대한 부분적인 NMR 자료(500 MHz, $CDCl_3$)를 다음에 나타내었다. 각 경우에서 주어진 자료가 *cis*-이성질체에 속하는지, 또는 *trans*-이성질체 속하는지를 말하여라.

(a) 2-methylcyclohexanol: 3.78 ppm (ddd, 1H, J = 5.2, 2.7, 2.7 Hz)

(b) 3-methylcyclohexanol: 4.05 ppm (dddd, 1H, J = 4.4, 4.4, 3.0, 3.0 Hz)

(c) 4-methylcyclohexanol: 3.53 ppm (tt, 1H, J = 10.9, 4.3 Hz)

35. Heliannuol은 해바리기 속 식물인 *Helianthus annuus*로부터 분리한 독특한 sesquiterpenoid 구조를 갖는 천연 물질의 일종이다. 본래 Heliannuol G는 다음에 나타낸 구조로 할당되었다[*Journal of Natural Products*, *62* (1999): 1636-9]. 하지만 그 구조를 갖는 화합물이 나중에 합성되었을 때, 합성된 화합물의 NMR 스펙트럼은 천연 물질로부터 얻은 자료와 일치하지 않았다. 천연 물질에 대한 다음의 NMR 자료를 이용하여 Heliannuol G에 대한 합리적인 다른 구조를 제안하여라. OH proton은 NMR 스펙트럼에 보이지 않는 것에 주목하여라.

Heliannuol G에
대해 본래 제안된
(틀린) 구조

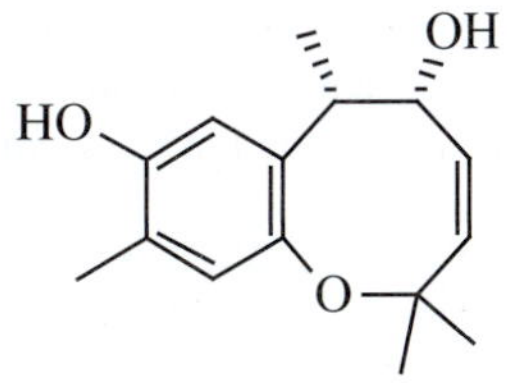

HO OH O

천연 heliannuol G: ^{1}H NMR (400 MHz, $CDCl_3$): δ (ppm): 6.59 (s, 1H), 6.56 (s, 1H), 5.98 (d, 1H, J = 15.5 Hz), 5.79 (dd, 1H, J = 15.5, 8.4 Hz), 5.09 (dd, lH, J = 8.4, 7.4 Hz), 3.43 (dq, 1H, J = 7.2, 7.2 Hz), 2.19 (s, 3H), 1.34 (s, 6H), 1.10 (d, lH, J = 7.2 Hz).

참고 문헌

Books and Monographs

Becker, E. D., *High Resolution NMR: Theory and Chemical Applications*, 3rd ed., Academic Press, New York, 1999.

Breitmaier, E., *Structure Elucidation by NMR in Organic Chemistry:* A Practical Guide, 3rd ed., John Wiley and Sons, New York, 2002.

Claridge, T. D. W., *High Resolution NMR Techniques in Organic Chemistry*, 2nd ed., Pergamon, Oxford, 2009.

Crews, P., J. Rodriguez, and M. Jaspars, *Organic Structure Analysis*, 2nd ed., Oxford University Press, New York, 2010.

Friebolin, H., *Basic One- and Two-Dimensional NMR Spectroscopy*, 5th ed., Wiley-VCH, Weinheim, 2011.

Günther, H., *NMR Spectroscopy*, 2nd ed., John Wiley and Sons, New York, 1995.

Jackman, L. M., and S. Sternhell, *Applications of Nuclear Magnetic Resonance Spectroscopy in Organic Chemistry*, 2d ed., Pergamon Press, London, 1969.

Lambert, J. B., S. Gronert, H. F. Shurvell, D. A. Lightner, *Organic Structural Spectroscopy*, 2nd ed., Prentice Hall, Upper Saddle River, NJ, 2011.

Macomber, R. S., *A Complete Introduction to Modern NMR Spectroscopy*, John Wiley and Sons, New York, 1998.

Nelson, J. H., *Nuclear Magnetic Resonance Spectroscopy*, Prentice Hall, Upper Saddle River, NJ, 2003.

Pople, J. A., W. C. Schneider, and H. J. Bernstein, *High Resolution Nuclear Magnetic Resonance*, McGraw-Hill, New York, 1959.

Pretsch, E., T. P. Buhlmann, and C. Affolter, *Structure Determination of Organic Compounds. Tables of Spectral Data*, 4th ed., Springer-Verlag, Berlin and New York, 2009.

Roberts, J. D., *An Introduction to the Analysis of Spin–Spin Splitting in High Resolution Nuclear Magnetic Resonance Spectra*, W. A. Benjamin, New York, 1962.

Roberts, J. D., *ABCs of FT-NMR*, University Science Books, Sausolito, CA, 2000.

Sanders, J. K. M., and B. K. Hunter, *Modern NMR Spectroscopy–A Guide for Chemists*, 2nd ed., Oxford University Press, Oxford, England, 1993.

Silverstein, R. M., F. X. Webster, and D. J. Kiemle *Spectrometric Identification of Organic Compounds*, 7th ed., John Wiley and Sons, New York, 2005.

VyVyan, J. R., Ph.D. Thesis, University of Minnesota, 1995.

Compilations of Spectra

Ault, A., and M. R. Ault, *A Handy and Systematic Catalog of NMR Spectra*, 60 MHz with Some 270 MHz, University Science Books, Mill Valley, CA, 1980.

Pouchert, C. J., and J. Behnke, *The Aldrich Library of ^{13}C and ^{1}H FT-NMR Spectra*, 300 MHz, Aldrich Chemical Company, Milwaukee, WI, 1993.

Computer Programs

Bell, H., Virginia Tech, Blacksburg, VA. (Dr. Bell has other programs as well, all available from http://www.chemistry.vt.edu/chem-dept/hbell.htm or email: hmbell@vt.edu

Reich, H. J., University of Wisconsin, WINDNMR-Pro, a Windows program for simulating high-resolution NMR spectra. http://www.chem.wisc.edu/areas/reich/plt/windnmr.htm

Papers

Helms, E., N. Arpaia, and M. Widener, "Assigning the NMR Spectrum of Glycidol: An Advanced Organic Chemistry Excercise", *Journal of Chemical Education, 84* (2007): 1328-1330.

Hoye, T. R., P. R. Hanson, and J. R. Vyvyan, "A Practical Guide to First-Order Multiplet Analysis in ^{1}H NMR Spectroscopy," *Journal of Organic Chemistry 59* (1994): 4096.

Hoye, T. R. and H. Zhao, "A Method for Easily Determining Coupling Constant Values: An Addendum to 'A Practical Guide to First-Order Multiplet Analysis in ^{1}H NMR Spectroscopy'", *Journal of Organic Chemistry 67*(2002): 4014.

Mann, B. "The Analysis of First-Order Coupling Patterns in NMR Spectra," *Journal of Chemical Education, 72* (1995): 614.

Selected Websites

National Magnetic Resonance Facility at Madison (NMR-FAM)

http://www.nmrfam.wisc.edu/

National High Magnetic Field Laboratory

http://www.magnet.fsu.edu/scientificdivislons/nmr/overview.html

National Institute of Materials and Chemical Research, Tsukuba, Ibaraki, Japan

Integrated Spectra Data Base System for Organic Compounds (SDBS):

http://sdbs.riodb.aist.go.jp/sdbs/cgi-bin/cre_index.cgi

WebSpectra, UCLA

NMR and IR spectroscopy problems for students to interpret. They provide links to other sites with problems for students to solve.

http://www.chem.uclci.edu/~webspectra/

Organic Structure Elucidation, Notre Dame Combined structure problems.

http://www.nd.edu/-smithgrp/structure/workbook.html

제 8 장

핵자기공명 분광학

Nuclear Magnetic Resonance Spectroscopy

제4부: 1차원 NMR에서 기타 주제들

이 장에서는 1차원 핵자기공명(NMR) 분광학에 대한 추가적인 주제들을 다룰 것이다. 많은 주제들 중에서 산소나 질소와 같이 전기음성도가 큰 원소에 결합된 proton은 화학적 이동이 가변적이라는 것을 다룰 것이며, 질소에 결합된 proton의 특별한 성질, 화학적 이동에 대한 용매 효과, 란타넘 계열 이동 시약, 입체 화학적 배열의 결정법, 스핀 짝풀림 실험 등에 대해 다룰 것이다.

8.1 산소에 결합된 Proton: Alcohol

대부분의 alcohol에 대하여 ^{1}H NMR 스펙트럼을 측정하는 전형적인 조건에서 hydroxyl 수소와 hydroxyl 그룹이 결합되어 있는 탄소에 결합된 vicinal 수소 사이의 짝지음(R−CH−OH에 대한 ^3J)은 관찰되지 않는다. 사실상 이들 수소 사이에 짝지음은 존재하지만, 다른 인자에 의해 스핀−스핀 갈라짐이 종종 보이지 않는다. 주어진 alcohol에 대하여 hydroxyl 수소와 연관된 스핀−스핀 갈라짐을 볼 수 있는가에 대한 여부는 온도, 시료의 순도, 사용된 용매 등을 포함하는 여러 인자에 따라 결정된다. 이와 같은 변수들은 용액에서 hydroxyl proton이 다른 hydroxyl proton(또는 용매)과 교환되는 속도와 관련이 있다. 정상적인 조건에서 alcohol 분자 사이의 proton 교환 속도는 NMR 분광기가 감지할 수 있는 것보다 더 빠르다.

$$\mathrm{R{-}O{-}H_a + R'{-}O{-}H_b \rightleftharpoons R{-}O{-}H_b + R'{-}O{-}H_a}$$

NMR 전이 현상이 일어나고 기록되는 데는 대략 10^{-2}~10^{-3}초가 필요하다. 실온에서 순수 액체 alcohol 시료는 10^5 proton/초 정도의 속도로 분자 간의 proton 교환을 한다. 이것은 주어진 alcohol의 산소 원자에 하나의 proton이 평균 약 10^{-5}초 정도만 머문다는 것을 뜻한다. 이것은 NMR 분광기가 측정하는 핵스핀 전이에 필요한 시간보다 훨씬 짧다. NMR 분광기가 이와 같은 상황에 빠르게 대응하지 못하므로, 분광기는 산소에 결합된 것보다 결합되지 않은 proton을 더 빈번하게 "인지"하여 hydroxyl proton과 분자 내의 다른 어떤 proton과의 스핀 상호작용은 효과적으로 짝풀림된다. *빠른 화학적 교환은 스핀 상호작용을 짝풀림되게 하고*, NMR 분광기는 교환하는 proton에 대하여 *시간-평균 환경만*을 기록한다. 예를 들어, hydroxyl proton은 alcohol 분자 사이에서 매우 빠르게 교환되기 때문에, hydroxyl proton은 탄소에 결합된 수소의 가능한 모든 스핀 배향을 하나의 시간-평균 스핀 배열로 "인지"한다. 마찬가지로, α 수소도 hydroxyl 산소에 결합된 매우 많은 다른 proton(어떤 것은 스핀 $+\frac{1}{2}$, 어떤 것은 스핀 $-\frac{1}{2}$)을 인지하기 때문에, 그것이 느끼는 스핀 배열은 $+\frac{1}{2}$과 $-\frac{1}{2}$의 평균값 또는 중간값인 0이다. 사실상 NMR 분광기는 느린 셔터 속도로 빠른 현상을 찍는 카메라와 같다. 셔터의 개폐 속도보다 빠른 현상은 희미하게 보이거나 평균으로 보인다.

만약 alcohol의 교환 속도를 NMR의 시간 척도까지 비슷하게 늦출 수 있다면(즉, 초당 10^2~10^3 교환 이하로), hydroxyl proton과 hydroxyl 그룹이 결합된 탄소에 결합된 vicinal proton 사이의 짝지음을 관찰할 수 있다. 예를 들어, 25°C(약 300 K)에서 methanol의 NMR 스펙트럼은 단지 두 개의 단일선 피크만 나타나며, 각각 한 개의 proton과 세 개의 proton에 해당되는 적분을 나타낸다. 하지만 −33°C(< 240

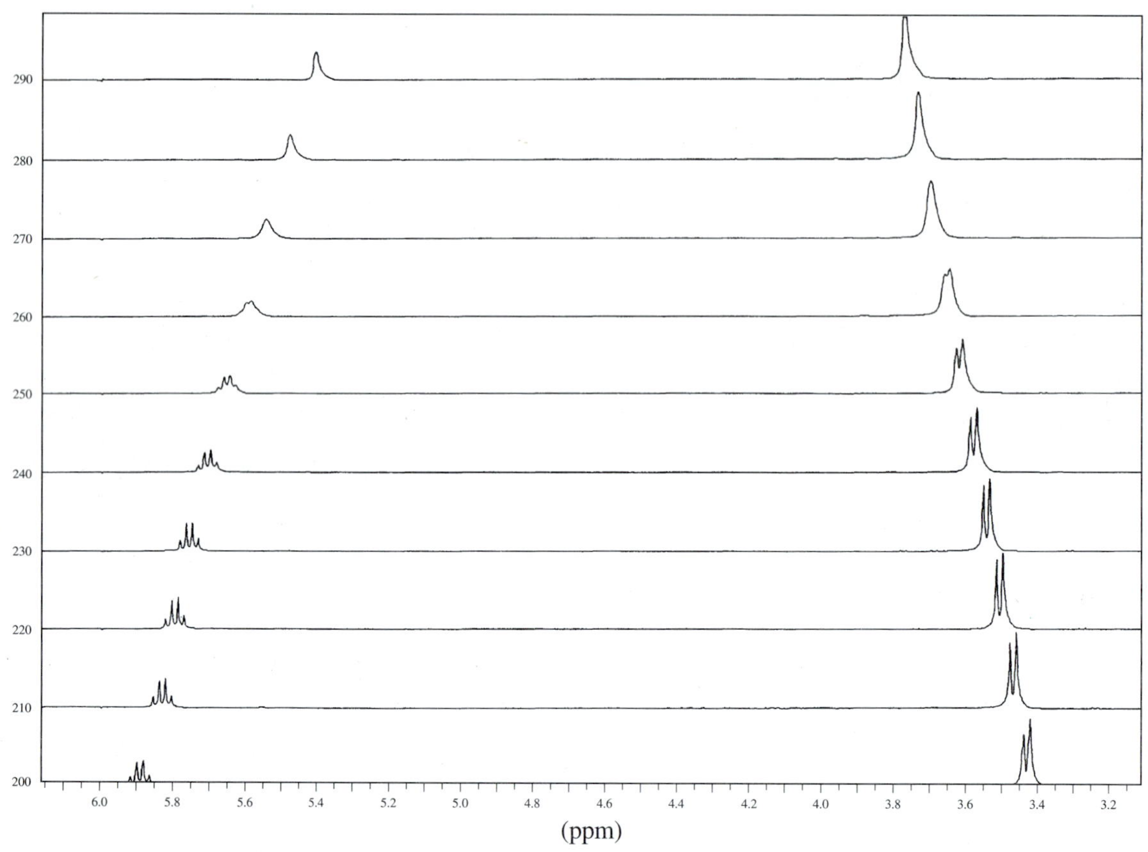

그림 8.1 200~290 K의 온도 범위에서 얻어진 methanol의 ^{1}H NMR 스펙트럼의 쌓기 그래프.

K) 이하에서는 스펙트럼이 극적으로 변한다. O−H의 한 개의 proton의 공명은 사중선(^3J = 5 Hz)으로 되고, methyl 그룹의 세 개의 proton의 공명은 이중선(^3J = 5 Hz)으로 된다. 분명히 −33°C(< 240 K) 이하에서 화학적 교환이 NMR 분광기의 시간 척도 정도로 느려져서 hydroxyl proton과의 짝지음이 관찰된다. 25°C와 −33°C(300 K에서 240 K) 사이의 온도에서는, 변해가는(전이하는) 스펙트럼을 볼 수 있다. 그림 8.1에 200~290 K 사이의 온도 범위에서 측정한 methanol의 NMR 스펙트럼을 쌓기 그래프로 나타내었다.

보통의 ethanol 시료의 실온 스펙트럼(그림 8.2)에서 hydroxyl proton과 methylene proton 사이의 짝지음은 나타나지 않는다. 따라서, hydroxyl proton은 넓은 폭의 단일선, methylene proton은 methyl 그룹에 의해 갈라져서 단순한 사중선으로 나타난다. 이와 같은 시료에서 hydroxyl proton의 교환 속도가 NMR 시간 척도보다 빨라서 hydroxyl proton과 methylene proton 사이의 짝지음이 효과적으로 제거된다. 하지만 proton의 교환 속도를 늦추기 위해서 모든 불순물(특히 산과 물을 제거하면 O−H proton의 교환 속도가 더 느려진다)이 제거된 정제한 ethanol 시료에서 hydroxyl–methylene 짝지음은 더욱 복잡한 스핀−스핀 갈라짐 패턴 형태로 관찰된다. Hydroxyl 흡수는 삼중선으로 되고, methylene 흡수는 겹쳐지는 한 쌍의 사중선으로 나타난다. Hydroxyl 공명은 methylene 탄소에 있는 두 개의 이웃한 proton에 의해 methyl 그룹과 같은 패턴이지만 다른 J 값을 갖는 삼중선으로 갈라진다.

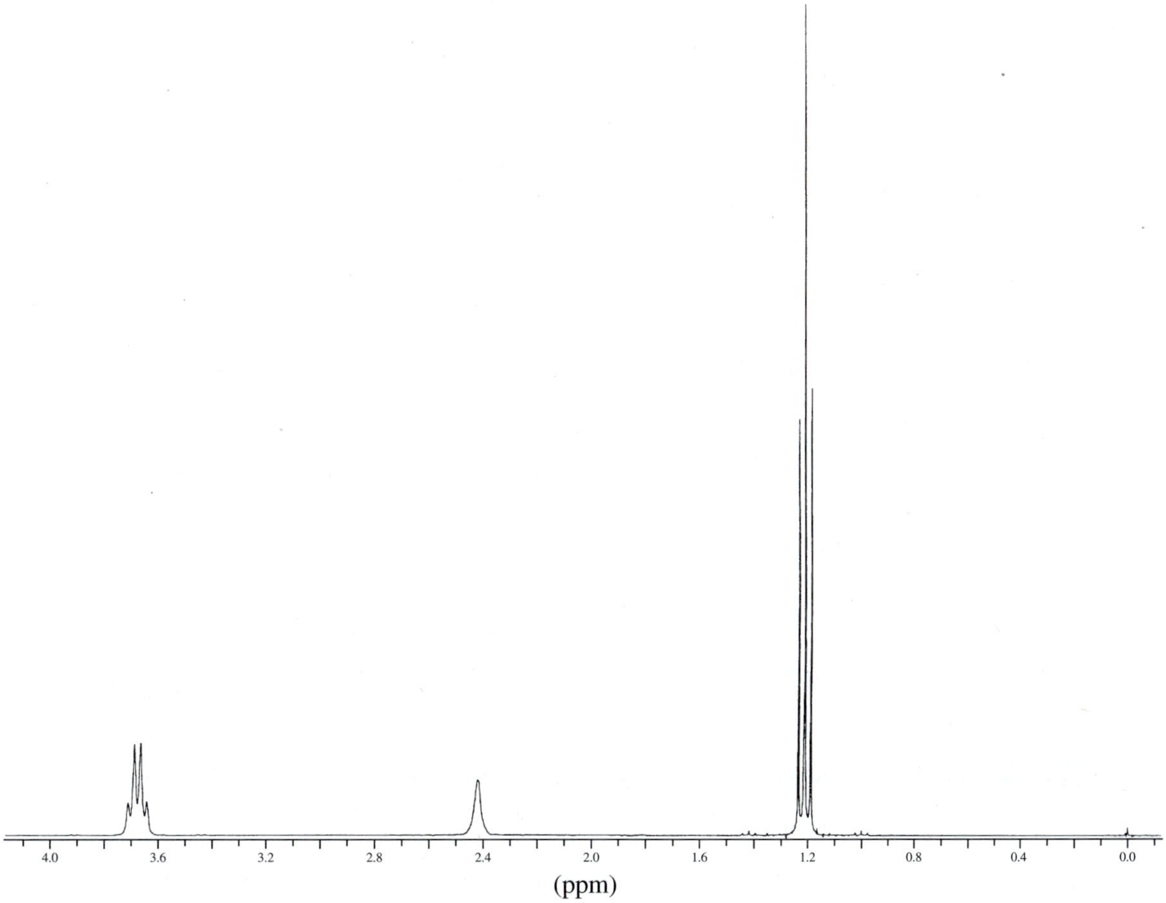

4.0 3.6 3.2 2.8 2.4 2.0 1.6 1.2 0.8 0.4 0.0

(ppm)

그림 8.2 보통의 ethanol 시료의 ^{1}H NMR 스펙트럼.

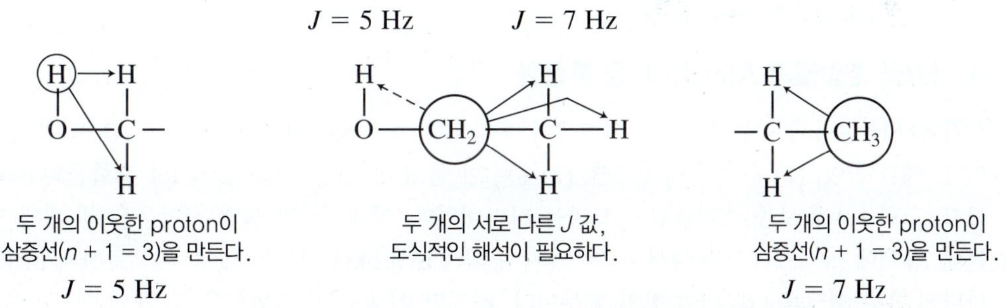

Methylene–hydroxyl 상호작용의 짝지음 상수는 $^{3}J(CH_2, OH)$ = ~5 Hz이다. Methyl 삼중선은 methylene–methyl 짝지음에 대한 다른 짝지음 상수 $^{3}J(CH_3, CH_2)$ = ~7 Hz를 갖는다. 제7장에서 논의한 바와 같이, 이와 같은 경우 $n + 1$ 규칙은 적용되지 못한다. 각 짝지음 상호작용은 서로 독립적이다. 그러나 7.6절에서 논의한 알고리듬을 이용하면 해석은 간단하다.

매우 순수한 ethanol의 스펙트럼을 그림 8.3에 나타내었다. 확대된 갈라짐 패턴에서 methylene proton이 두 개의 겹쳐진 사중선(사중선의 이중선)으로 나타남에 주목하여라.[1] 매우 순수한 ethanol 시료에

[1] 협정에 의하여 사중선 짝지음(7 Hz)이 이중선 짝지음(5 Hz)보다 크므로 이와 같은 패턴을 "이중선의 사중선"이라 하는 것이 더 나을 수도 있다.

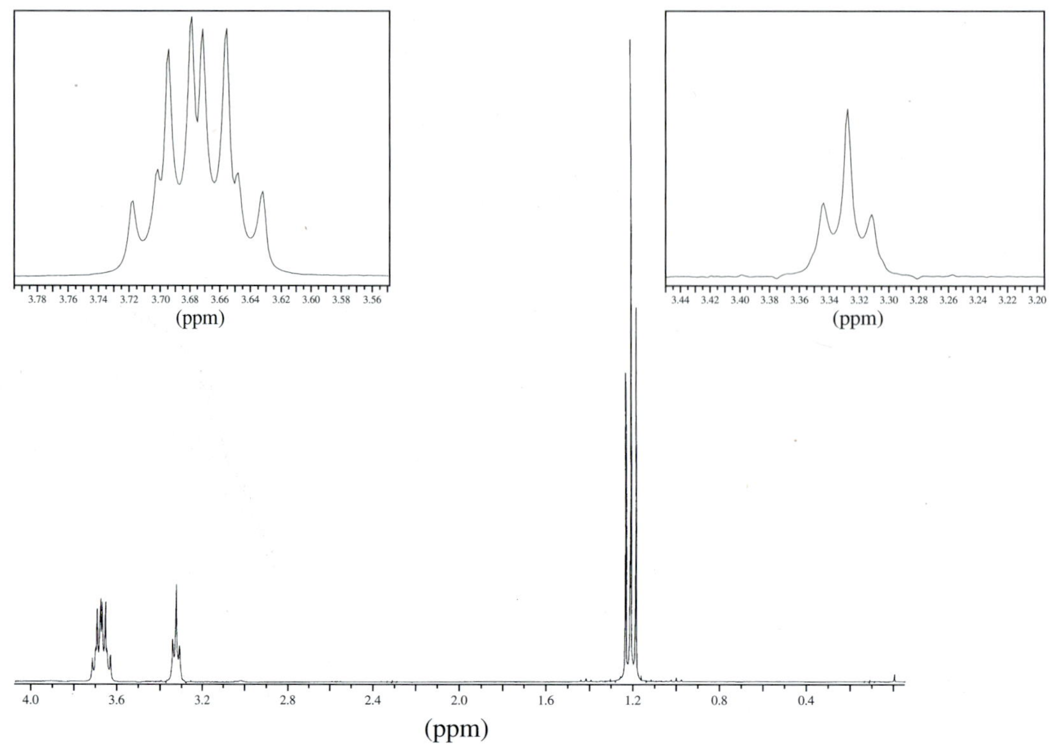

그림 8.3 매우 순수한 ethanol 시료의 ^{1}H NMR 스펙트럼. 갈라짐 패턴의 확대된 그림도 나타내었다.

물을 포함하는 한 방울의 산이라도 첨가하면, proton 교환 속도는 매우 빨라지며, methylene proton과 hydroxyl proton 사이에 짝풀림이 일어나서 단순한 스펙트럼(그림 8.2)이 얻어진다.

8.2 물과 D_2O에서의 교환

A. 산/물 혼합물과 Alcohol/물 혼합물

각각 O−H 그룹을 갖는 두 개의 화합물이 혼합되면, 종종 O−H에 의한 단일 NMR 공명만이 관찰되곤 한다. 예를 들어, (1) 순수한 아세트산, (2) 순수한 물, (3) 아세트산과 물의 1:1 혼합물의 스펙트럼을 살펴보자. 그림 8.4에 보통 스펙트럼의 모양을 나타내었다. 아세트산과 물의 혼합물은 세 개의 피크가 예상되는데, 용액에 아세트산과 물에서 온 두 가지 형태의 hydroxyl 그룹이 있고, 아세트산의 methyl 그룹 역시 하나의 흡수 피크를 나타내야 하기 때문이다. 하지만 실제로 이 혼합물은 두 개의 피크만을 나타낸다. 혼합물에서 methyl 피크는 정상적인 위치에 나오지만, 하나의 hydroxyl 피크는 순수한 물질에서 hydroxyl 피크가 나타나는 위치들 *사이에* 나타난다. 그림 8.4에 나타낸 유형의 교환은 분명히 매우 빠르게 일어나기 때문에, NMR은 다시 각 순수한 물질에 대한 극한적인 두 값 사이의 평균 환경인 중간에서 hydroxyl proton을 "인지"하게 된다. 정확한 O−H 공명 위치는 산과 물의 상대적인 양에 따라 달라진다. 일반적으로, 물보다 산이 많으면 공명은 순수한 산의 hydroxyl 공명에 가깝게 나타난다. 점점 물을 첨가하면, 공명은 순수한 물의 공명 쪽으로 이동한다. Ethanol에 물이 매우 적은 농도(1%)로 포함되어 있을 때는 여전히 두 개의 피크가 관찰되는 경우가 종종 있지만 이 경우를 제외하고는, ethanol과 물의 혼합 시료도 비슷한 유형의 거동을 나타낸다. 하지만 물의 양이 늘어나면 교환 속도가 증가하여 피크들은 하나의 평균 피크로 합쳐진다.

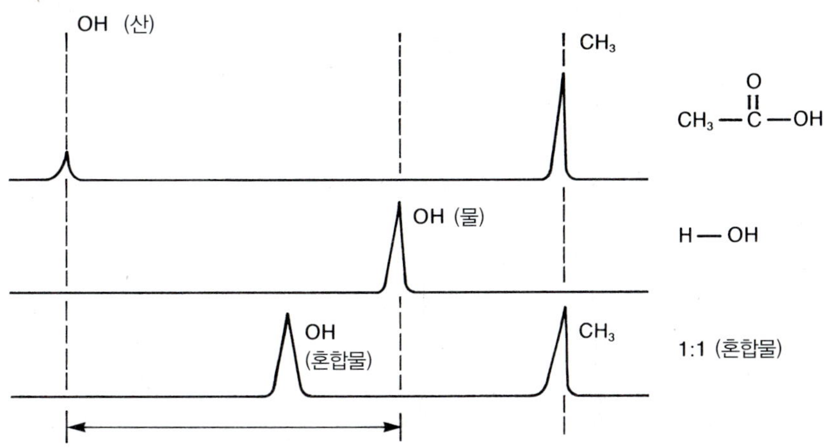

그림 8.4 아세트산, 물 및 두 가지의 1:1 혼합물의 스펙트럼의 도식적인 비교.

$$CH_3C(=O)O—H_a + H—O—H_b \rightleftharpoons CH_3C(=O)O—H_b + H—O—H_a$$

B. 중수소 교환

산성 수소 원자를 가지고 있는 화합물을 D_2O에 넣으면 산성 수소가 중수소에 의해 교환된다. 때로는 한 방울의 산이나 염기 촉매가 필요한 경우도 있지만, 대부분 교환은 자발적으로 일어난다. 하지만 수분에서 한 시간 이상 걸릴지 모르는 공정에 대하여 촉매를 사용하면 빠르게 평형에 도달할 수 있다. Carboxylic acid, phenol, alcohol, amine 등은 빠르게 교환하는 작용기이다. Carboxylic acid와 phenol에서는 염기성 촉매가 최적으로 작동하는 반면, alcohol과 amine에서는 산성 촉매가 가장 효과적이다.

염기성 촉매

$$RCOOH + D_2O \rightleftharpoons RCOOD + DOH$$

$$ArOH + D_2O \rightleftharpoons ArOD + DOH$$

산성 촉매

$$ROH + D_2O \rightleftharpoons ROD + DOH$$

$$RNH_2 + D_2O \rightleftharpoons RND_2 + DOH$$

각 중수소 교환의 결과는 교환된 수소로 인한 피크가 ^1H NMR 스펙트럼에서 “사라진다”. 모든 수소는 결국 HOD 분자로 되기 때문에, “잃어버린” 수소는 새로운 피크, 즉 HOD의 수소 피크로 나타난다. 특정 물질의 NMR 스펙트럼에서 OH proton 또는 NH proton이 존재하여 스펙트럼이 복잡하다면, 교환 가능한 proton으로부터 생기는 피크를 제거함으로써 스펙트럼을 단순화시키는 것이 가능하다. 분석하고자 하는 화합물 용액이 들어 있는 NMR 튜브에 단순히 중수(D_2O) 몇 방울을 첨가하여라. 다시 뚜껑을 닫고 튜브를 격렬하게 몇 초 동안 흔들어준 후, 탐침에 시료를 넣고 새로운 스펙트럼을 얻으면 된다. 첨가된 중수는 예를 들어, $CDCl_3$와 같은 많은 NMR 용매에 섞이지 않아서 용액의 윗부분에 층을 형성할 것이다. 하지만 이 층의 존재가 보통 스펙트럼을 얻는 것을 방해하지는 않는다. 교환 가능한 proton에 의한 공명은 사라지거나 세기가 감소할 것이고, H−O−D의 존재에 의한 새로운 피크가 일반적으로 4.5~5.0 ppm 범위에 관찰될 것이다. 2-Chloroethanol에서 D_2O 교환으로 인하여 단순화된 흥미로운 스펙트럼을 그림 8.5에 나타내었다. 그림의 아래 부분에 나타낸 2-chloroethanol의 ¹H NMR 스펙트럼은 2.22 ppm에 중심을 둔 넓은 폭의 비대칭 공명으로 나타나는 OH proton을 분명하게 보여준다. 또한 hydroxyl 그룹과 이웃하는 methylene 그룹 사이의 vicinal 짝지음(**HO**—**CH**$_2$—CH_2—Cl)의 결과로 인해 3.68 ppm과 3.87 ppm에서 복잡한 모양으로 나타나는 methylene proton의 공명에도 주목하여라. 시료에 D_2O를 넣고 완전히 섞어준 후에 ¹H NMR 스펙트럼을 다시 얻었다(그림 8.5, 위 스펙트럼). OH 공명은 거의 완전하게 사라져 아주 약하게 줄어들었고, 2.38 ppm에 넓은 폭의 신호로 나타나는 것에 주목하여라. 더욱이 이웃하고 있는 methylene proton에 대한 hydroxyl proton의 짝지음이 제거되어 두 개의 methylene 그룹이 거의 1차의 다중선으로 나타난다.

표준 유기 NMR 용매에 잘 녹지 않는 아주 극성이 강한 화합물을 녹일 때 용매로 D_2O를 유용하게 사용할 수 있다. 예를 들어, 어떤 carboxylic acid들은 $CDCl_3$에 잘 녹지 않는다. NaOD를 포함하는 D_2O 염기성 용액은 D_2O에 소량의 소듐 금속을 넣어주면 쉽게 제조할 수 있다. 이와 같은 염기성 용액에서 carboxylic acid는 D_2O에 녹는 가용성의 carboxylate 소듐염으로 바뀌기 때문에 물에 잘 녹는다. Carboxyl 그룹의 수소에 의한 피크는 없어지고, 새로운 HOD 피크가 생긴다.

$$2\,D_2O + 2\,Na \longrightarrow 2\,NaOD + D_2$$

$$RCOOH + NaOD \rightleftharpoons RCOONa + DOH$$

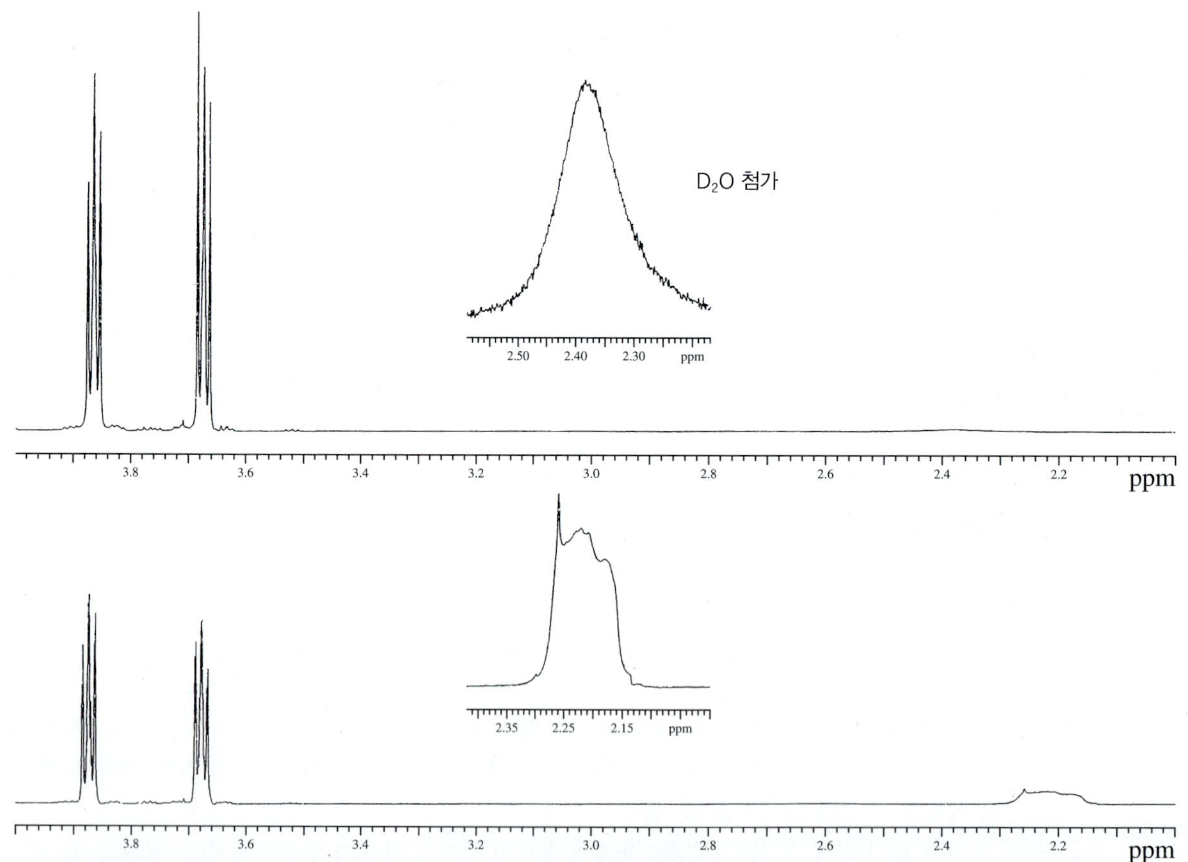

그림 8.5 2-Chloroethanol의 D_2O를 넣기 전(아래)과 넣은 후(위)의 500 MHz ¹H NMR 스펙트럼.

이와 같은 D_2O/NaOD 용매 혼합물을 사용하여 몇몇 ketone, aldehyde, ester의 α 수소를 교환하여 스펙트럼에서 α 수소 피크를 제거할 수도 있다. 하지만 염기성 조건에서 시료의 aldol 유형 축합이 촉진되지는 않는지 주의를 기울여야 한다.

$$R-CH_2-\overset{\overset{\large O}{\|}}{C}-R + 2\,NaOD \rightleftharpoons R-CD_2-\overset{\overset{\large O}{\|}}{C}-R + 2\,NaOH$$

$$NaOH + D_2O \rightleftharpoons NaOD + DOH$$

Amine은 산 DCl이 첨가된 D_2O 용액에 녹는다. Amino proton은 결국 HOD 피크를 형성한다.

$$R-NH_2 + 3\,DCl \rightleftharpoons R-ND_3^+\,Cl^- + 2\,HCl$$

$$HCl + D_2O \rightleftharpoons DCl + DOH$$

사실상 어떤 경우에는 화합물에 존재하는 중수소가 proton 스펙트럼을 복잡하게 만들 수도 있다는 것에 주목하는 것은 중요하다. 중수소는 $I = 1$을 갖기 때문에 다중선은 본래의 다중선에 비해 결국 더 많은 피크를 나타내게 된다. 다음의 경우에서 methine 수소를 생각해 보자. 이 수소는 모든 수소 화합물에서 삼중선이다. 그러나 중수소로 치환된 화합물에서는 다섯 개의 선을 갖는 패턴이 된다. Proton-짝지음 ^{13}C 스펙트럼 역시 중수소에 의하여 복잡성이 증가된 것을 보여준다(6.14절).

$-CH_2-$(CH)$-$ 비교 $-CD_2-$(CH)$-$

삼중선 다섯 개의 선

C. 교환에 의한 피크 넓혀짐

항상 그렇지는 않지만 분자 사이의 빠른 proton 교환으로 인하여 *피크 넓혀짐* 현상이 자주 나타난다. 빠른 교환의 결과로 피크가 뾰족하고 좁은 선 모양보다는 때때로 아래 부분의 폭이 증가하고 높이가 낮아진 모양으로 나타난다. 그림 8.2의 hydroxyl 피크를 주목하여라. 이와 같은 모양의 차이로 O−H 피크는 다른 모든 단일선과 구별되기도 한다. 피크 넓혀짐은 꽤 복잡한 요인에 의해 일어나므로 고급 참고 문헌의 설명을 참조하기 바란다. 다만 이 현상이 *시간 의존적*이고, 교환 속도가 NMR 시간 척도에 비해 빠르지도 느리지도 않고 그 크기가 근사적으로 같은 속도일 때, 때때로 피크 합체(peak coalescence)가 일어나는 중간 전이 단계가 NMR 스펙트럼에 나타난다는 것만 짚고 넘어가고자 한다. 그림 8.6에 이와 같은 상황이 설명되어 있다.

또한 순수한 산이나 alcohol이 반응성이 없는 용매(예, $CDCl_3$나 CCl_4)에서 측정될 때, NMR 흡수 위치는 농도-의존적이라는 점을 잊지 말아야 한다. 이것은 수소결합 차이 때문에 생긴다는 것을 기억해야 한다. 필요하다면, 지금 5.11C절과 5.19F절을 다시 읽어보는 것이 좋을 것이다.

8.3 다른 방식의 교환: 토토머현상

이 장에서 지금까지 여러 번 논의한 교환 현상은 기본적으로 분자 간 특성이다. 이것은 **동적**(dynamic) **NMR**의 예로서, 분자 화학종의 빠른 상호전환과 관련된 과정을 연구하는 데 유용하다. 온도의 함수로 이와 같은 상호전환의 속도를 연구할 수 있으며, NMR의 시간 척도와 비교할 수 있다.

원자 배열 자체는 상당히 다른 구조를 갖는 분자들이, 그 구조들 사이에서 서로 평형으로 존재하는 분자들을 **토토머**(tautomer)라 부른다. 가장 흔한 형태의 토토머현상(tautomerism, **역자주**. 분자 내에서

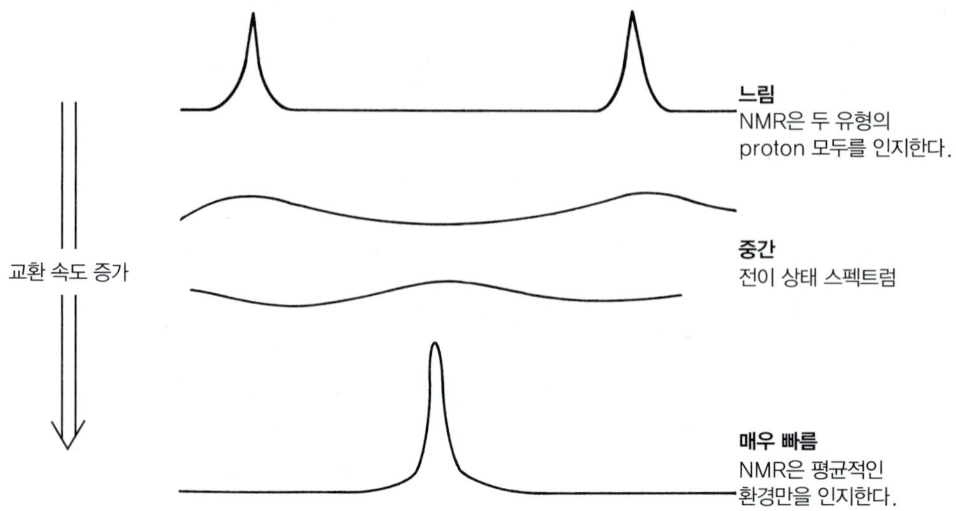

그림 8.6 물에 녹아 있는 hydroxyl 화합물의 NMR 스펙트럼에 대한 교환 속도 효과.

proton의 자리 이동으로 인해 다른 물질이 생성되는 현상)은 주로 수소 원자의 위치가 서로 다른 화학종인 **keto–enol 토토머현상**이다.

Keto ⇌ Enol

일반적으로 keto 형태가 enol 형태보다 훨씬 더 안정하며, 평형은 keto 형태를 선호하는 쪽으로 강하게 치우쳐 있다. Keto–enol 토토머현상은 일반적으로 *분자 간* 과정으로 여겨진다. 1,3-Dicarbonyl 화합물은 keto–enol 토토머현상을 보여줄 수 있다. 이와 같은 예를 **acetylacetone**의 경우로 설명하고자 한다. 대부분의 1,3-dicarbonyl 화합물의 경우에 평형은 확실히 *enol* 형태를 선호하여 오른쪽으로 치우쳐 있다. Enol 형태는 강한 *분자 내* 수소결합을 통하여 안정화된다. Enol 형태에서 공명 때문에 두 methyl 그룹은 동등하다는 것에 주목하여라(화살표 참조).

Keto ⇌ Enol

Acetylacetone의 proton NMR 스펙트럼을 그림 8.7에 나타내었다. 스펙트럼에 나타내지 않은 enol 형태의 O—H proton은 $\delta = 15.5$ ppm의 매우 낮은 장에 나타나고, vinyl C—H proton은 $\delta = 5.5$ ppm에 나타난다. 또한 enol 형태의 CH_3 피크는 $\delta = 2.0$ ppm에 강하게 나타나는 것에 주목하고, keto 형태의 CH_3 피크가 $\delta = 2.2$ ppm에 훨씬 약하게 나타나는 것과 비교하여라. 3.6 ppm에 나타나는 CH_2 피크 역시

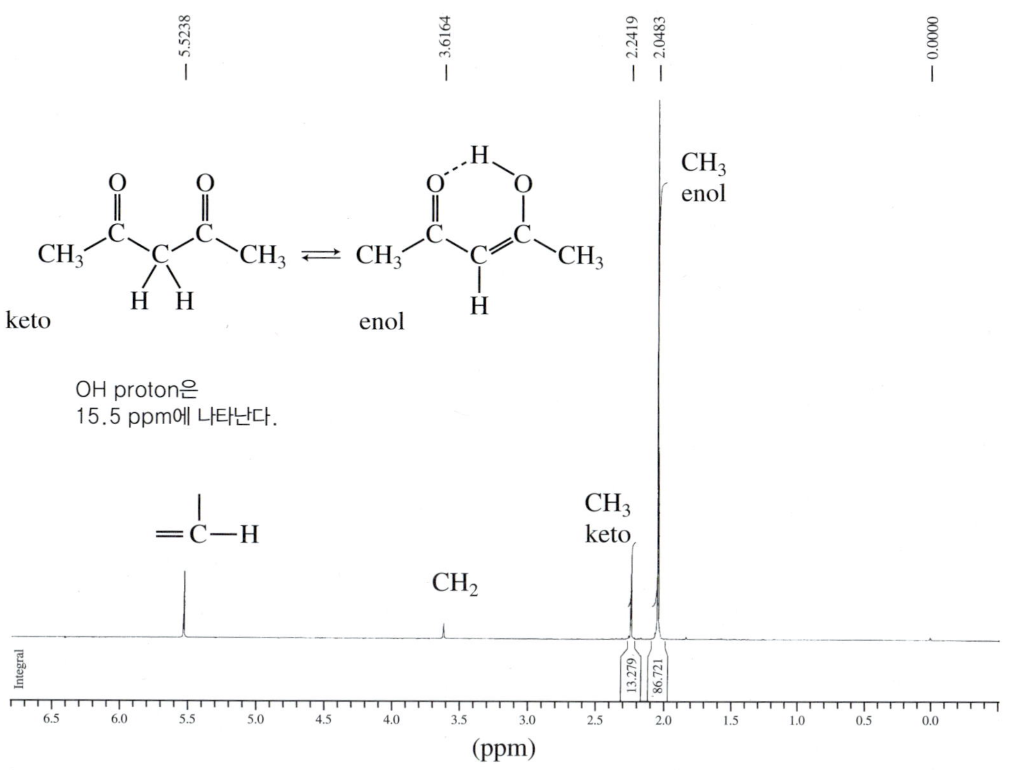

그림 8.7 Acetylacetone의 ^{1}H NMR 스펙트럼. Enol 토토머의 O—H 수소는 나타내지 않았다.

약한 것에 주목하여라. 평형 상태에서 enol 형태가 분명하게 우세하다. 우리가 enol–keto의 두 토토머 형태의 NMR 스펙트럼을 한꺼번에 볼 수 있다는 사실은 keto 형태에서 enol 형태로의 전환 속도 또는 enol 형태에서 keto 형태로의 전환 속도가 NMR 시간 척도보다 느리기 때문이다. 두 개의 다른 methyl 피크의 적분값을 비교하면 쉽게 두 토토머의 평형 분포를 계산할 수 있다.

다른 형태의 토토머현상은 *분자 내* 특성으로 **원자가 토토머현상**(valence tautomerism) 또는 원자가 이성질현상(valence isomerism)이라 부른다. 원자가 토토머는 서로 빠르게 상호 전환하지만, 토토머 형태는 주로 proton의 위치보다는 오히려 *공유 결합*의 위치에 따라 달라진다. 많은 원자가 토토머현상의 예가 문헌에 알려져 있다. 삼중 회전 대칭을 갖는 흥미로운 화합물인 **bullvalene**의 이성질화 반응이 한 가지 예이다. −85°C 아래의 낮은 온도에서 bullvalene의 proton NMR 스펙트럼은 네 개의 복잡한 다중선으로 구성되어 있다(다음 구조에서 H_a~H_d로 표시된 각 수소는 각각 고유한 환경에 있다. 세 개의 동등한 H_a 위치가 있고, H_b와 H_c 각각에 대하여 세 개의 동등한 수소들이 있고, 환경 H_d에 한 개의 수소가 있다). 하지만 온도가 올라감에 따라 다중선은 넓혀지고, 서로 가까이 다가간다. 결국 +120°C에서 전체 스펙트럼은 *하나의* 뾰족한 단일선으로 이루어지고, 이 온도에서 모든 수소가 NMR 시간 척도에서 동등하게 된다.

Bullvalene의 온도에 따른 스펙트럼의 변화를 설명하기 위해서 화학자들은 **Cope 자리옮김**으로 알려진 일련의 이성질화 과정을 통하여 bullvalene이 자리옮김한다는 사실을 밝혔다. 반복된 Cope 자리옮김은 모든 위치가 관련되어 있으며, Cope 자리옮김이 NMR 시간 척도보다 빠르면 그 결과로 인해 bullvalene에 있는 10개의 수소 모두가 동등하게 된다. 서로 다른 다중선이 하나의 매우 넓은 단일선으로 합체되는 온도(+15°C)를 조사하면, 그 이성질화 과정의 활성화 에너지, 반응 속도 상수를 결정할 수 있다. 이와 같은 과정은 NMR 분광학을 제외한 다른 방법으로는 사실상 수행이 불가능하다.

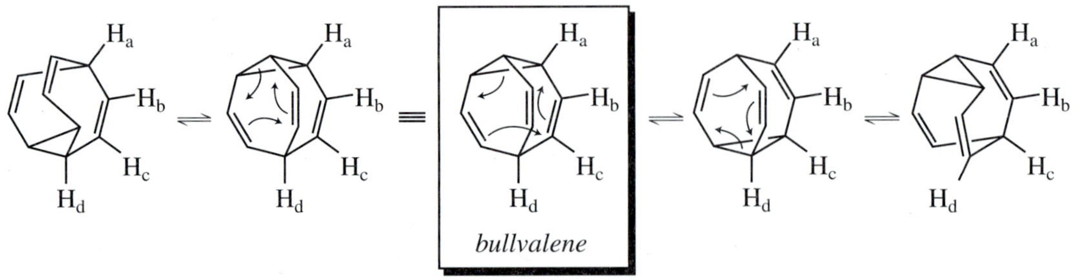

$$\mathrm{H_a, H_b, H_c, H_d} \rightleftharpoons \cdots \equiv \textit{bullvalene} \rightleftharpoons \cdots \rightleftharpoons \cdots$$

bullvalene

8.4 질소에 결합된 Proton: Amine

Alcohol처럼 간단한 amine에서도 분자 간 proton 교환이 일반적으로 빠르게 일어나 질소에 결합된 proton과 α 탄소 원자에 결합된 proton 사이의 스핀–스핀 상호작용이 짝풀림된다. 그와 같은 조건에서 amino 수소는 보통 갈라짐이 없는 넓은 폭의 단일선으로 나타나고, 결국 α 탄소에 결합된 수소도 amino 수소에 의해서 갈라지지 않는다. 용액을 강한 산성(pH < 1)으로 만들어 proton 결합 반응의 평형을 자유 amine보다 4차 ammonium 양이온 쪽에 치우치게 하는 방법으로 교환 속도를 늦출 수 있다.

$$R-CH_2-NH_2 + \underset{\text{과량 (pH < 1)}}{H^+} \rightleftharpoons R-CH_2-NH_3^+$$

이 조건에서 용액 내에 우세하게 존재하는 화학종은 proton이 결합된 amine이며, 분자 간 proton 교환은 느려지므로 종종 자유 amine에서 교환에 의해 짝풀림되고 가려져 관찰할 수 없었던 스핀–스핀 상호작용을 관찰하는 것이 가능하다. Amine보다 염기성이 작은 amide에서는 proton 교환이 느리며, 질소에 결합된 proton과 동일 질소에 치환된 alkyl 치환기의 α 탄소에 결합된 proton 사이의 짝지음이 자주 관찰된다. *n*-Butylamine(그림 8.8)과 1-phenylethylamine(그림 8.9)의 스펙트럼이 복잡하지 않은 스펙트럼의 예이다(^3J H–N–C–H 갈라짐이 없다).

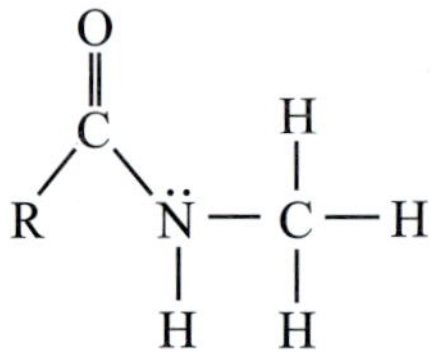

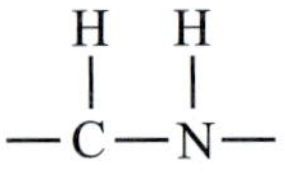

$$R-C(=O)-\ddot{N}H-CH_3 \qquad H-C-N-H \quad {}^3J_{HH} \sim 7\ \text{Hz}$$

불행하게도 amine의 스펙트럼은 항상 이렇게 간단하지는 않다. 또 다른 요인이 amine과 amide의 갈라짐 패턴을 복잡하게 만든다. 질소는 핵스핀 1(I = 1)을 갖는다. 그러므로 질소는 +1, 0, −1 세 가지 스핀 상태를 갖는다. 스핀–스핀 짝지음에 관해 지금까지 알고 있는 것을 토대로 다음과 같이 N과 H 사이의 가능한 상호작용을 예측할 수 있다.

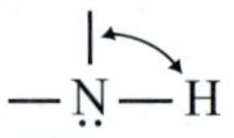

직접 짝지음 $^1J \sim 50$ Hz

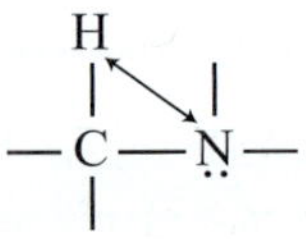

Geminal 짝지음

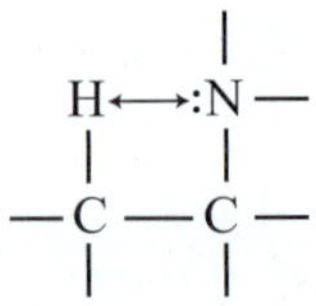

Vicinal 짝지음

^2J와 ^3J 무시할 정도로 작음 (즉, 거의 항상 0임)

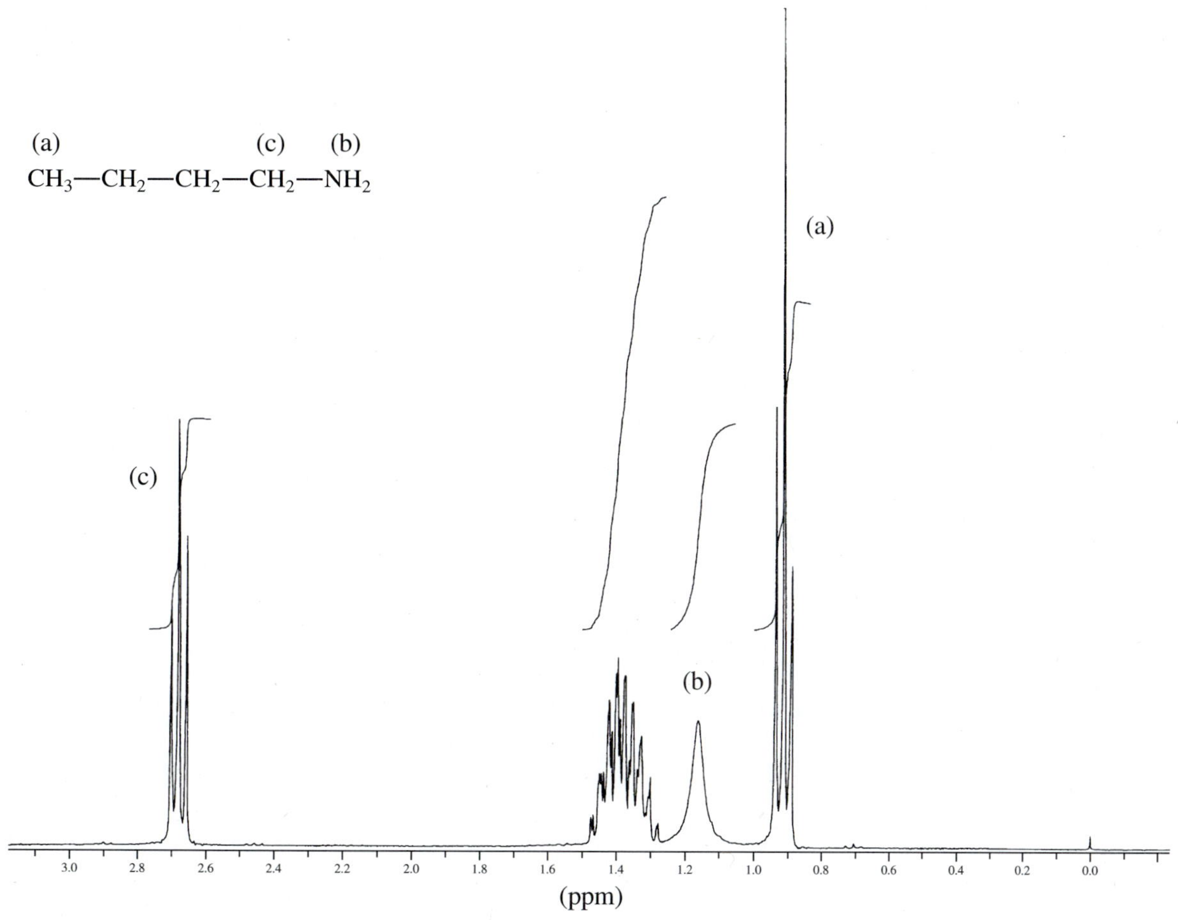

그림 8.8 *n*-Butylamine의 ^{1}H NMR 스펙트럼.

이와 같은 유형의 짝지음 중에서 geminal 짝지음과 vicinal 짝지음은 매우 드물기 때문에 제외할 수 있다. 직접 짝지음의 관찰도 흔하지는 않지만 알려져 있지 않은 것은 아니다. 질소에 결합된 수소가 빠르게 교환을 한다면 직접 짝지음은 관찰될 수 없을 것이다. HN−CH나 HO−CH의 proton–proton 상호작용의 짝풀림이 일어나는 조건과 같은 조건에서 N−H의 질소–proton 상호작용도 짝풀림된다. 직접 짝지음이 관찰될 경우 짝지음 상수는 매우 크다. $^{1}J \sim 50$ Hz.

N−H와 HC−NH의 proton–proton 짝지음이 모두 관찰될 수 있는 경우 중의 하나는 염산 수용액(pH < 1)에서 측정한 methylamine의 NMR 스펙트럼이다. 이 수용액에서 관찰되는 화학종은 실제로는 methylammonium chloride, 즉 methylamine의 HCl 염이다. 이 스펙트럼을 시뮬레이션한 결과를 그림 8.10에 나타내었다. 약 2.2 ppm의 피크는 염산 수용액에 매우 많이 존재하는 물에 의한 것이다. 그림 8.11과 그림 8.12에 스펙트럼의 나머지 부분에 대한 해석을 나타내었다.

8.5 질소에 결합된 Proton: 사중 극자 넓혀짐과 짝풀림

$I = \frac{1}{2}$인 원소에서 전하는 거의 구형으로 핵에 고르게 분포되어 있다. $I > \frac{1}{2}$인 핵에서 전하는 타원체 모양으로 핵에 분포되어 있으며, 그 결과 **사중 극자 모멘트**(quadrupole moment)를 갖는다. 따라서 사중 극자 모멘트의 크기를 결정하는 주요 인자는 핵에 대한 대칭성이다. 큰 사중 극자 모멘트를 갖는 비대칭 핵은

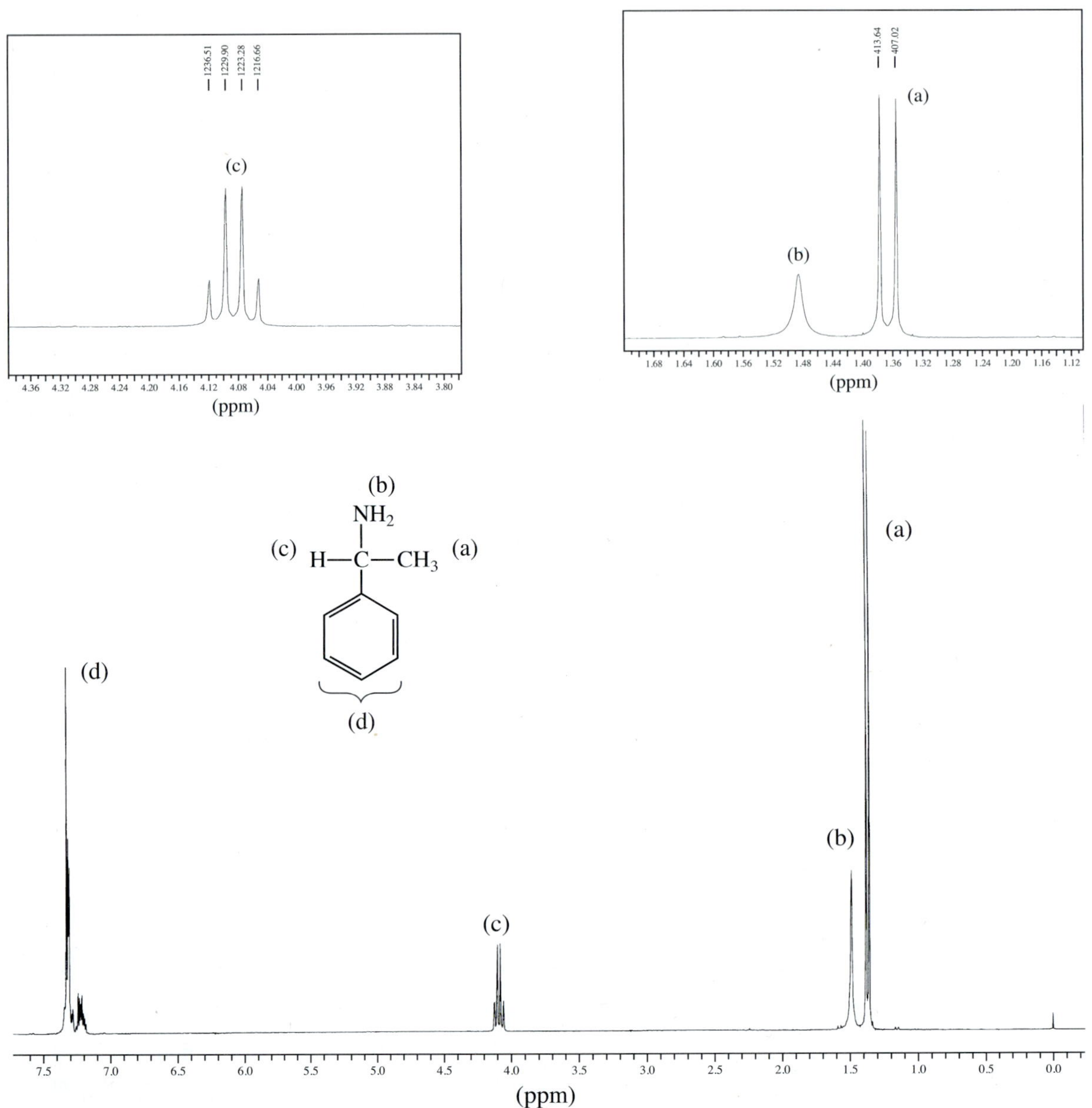

그림 8.9 1-Phenylethylamine의 ^{1}H NMR 스펙트럼.

NMR 분광기의 자기장과의 상호작용에 매우 민감하며, 핵의 원자가 전자나 그 환경의 자기적 교란과 전기적 교란에 매우 민감하다. 큰 사중 극자 모멘트를 갖는 핵은 작은 모멘트를 갖는 핵보다 핵스핀 전이가 빠르고 쉽게 *포화*에 도달한다. 이와 같은 포화 조건에서는 흡수와 방출 모두 핵스핀 전이가 매우 빠른 속도로 일어난다. 빠른 핵 전이로 말미암아 사중 극자 모멘트를 갖는 핵은 이웃하는 NMR-활성핵으로부터 효과적으로 짝풀림된다. 이 이웃하는 핵은 사중 극자 모멘트를 갖는 핵에 대하여 한 개의 평균 스핀($I_{effective} = 0$)을 인지하게 되어 갈라짐이 나타나지 않는다. 염소, 브로민, 아이오딘 모두 큰 사중 극자 모멘트를 가지고 있으며, 이웃하는 proton과의 상호작용으로부터 효과적으로 짝풀림된다. 하지만 플루오린($I = \frac{1}{2}$)은 사중 극자 모멘트를 갖지 않으며, proton과 짝지음하는 것에 주목하여라.

질소는 중간 정도 크기의 사중 극자 모멘트를 가지고 있으며, 질소의 스핀 전이는 보다 무거운 halo-

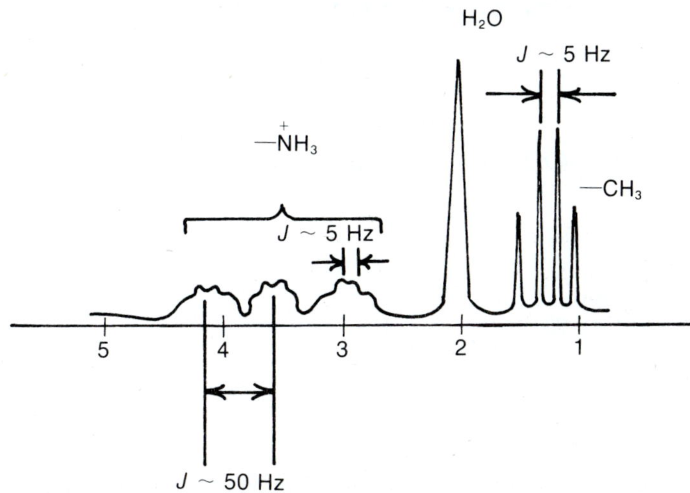

그림 8.10 H_2O(pH < 1)에서 측정한 $CH_3NH_3^+$의 ^1H NMR 스펙트럼.

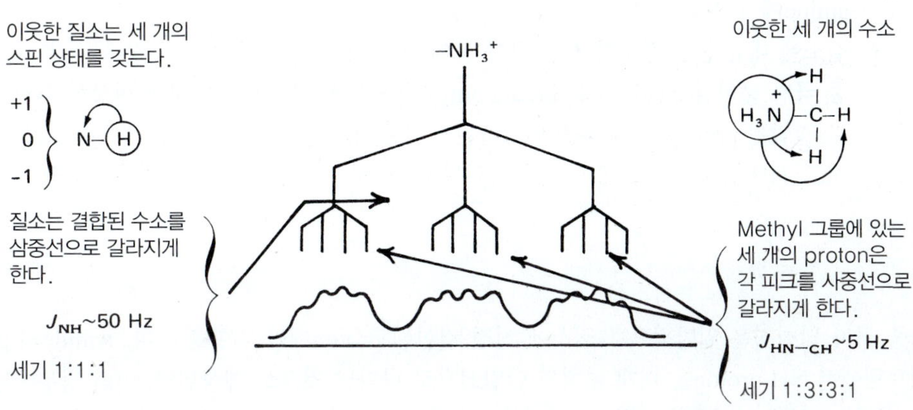

그림 8.11 Methylammonium chloride의 ^1H NMR 스펙트럼의 해석: 질소에 결합된 proton.

gen에 비해 빠르게 일어나지 않는다. 더욱이 전이 속도나 들뜬 스핀 상태(즉 사중 극자 모멘트)의 수명은 분자마다 조금씩 차이가 있다. 용매 환경이나 온도도 사중 극자에 영향을 주는 것으로 보인다. 그 결과 질소 원자에서 다음과 같은 세 가지 구별되는 상황이 가능하다.

1. **질소에 대한 작은 사중 극자 모멘트**. 이 경우 짝지음이 보인다. N–H 형태로 결합된 수소는 질소의 세 가지 가능한 스핀 상태(+1, 0, −1)에 의해 세 개의 흡수 피크로 갈라진다. 이와 같은 첫 번째 상황은 methylammonium chloride의 스펙트럼(그림 8.10~8.12)에서 관찰된다. Ammonium 염이나 methylammonium 염에서 질소핵은 매우 대칭적인 환경에 놓여 있기 때문에 ^1H–^{15}N의 짝지음이 관찰된다. 유사한 상황이 borohydride 이온에서 일어나는데, ^1H–^{11}B와 ^1H–^{10}B 짝지음이 쉽

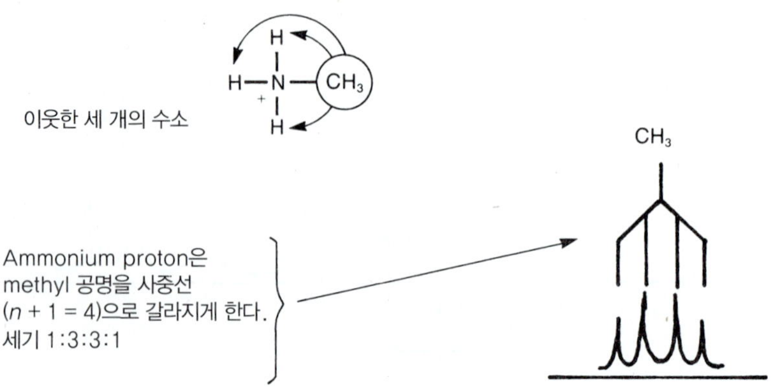

그림 8.12 Methylammonium chloride의 ^{1}H NMR 스펙트럼의 해석: methyl proton.

게 관찰된다.

2. **질소에 대한 큰 사중 극자 모멘트**. 이 경우 짝지음이 보이지 않는다. 질소의 세 스핀 상태 사이의 빠른 전이로 인하여 N−H 형태로 결합된 수소는 질소에 대해 평균 스핀(0) 상태만을 "인지한다". 수소에 대하여 단일선이 관찰된다. 이와 같은 두 번째 상황은 치환된 aniline 같은 1차 방향족 amine에서 흔히 나타난다.
3. **질소에 대한 중간 정도의 사중 극자 모멘트**. 이와 같이 중간 정도의 경우는 갈라지지 않고 대신 **사중 극자 넓혀짐**(quadrupole broadening)이라고 불리는 피크 넓혀짐 현상이 나타난다. N−H 형태로 결합된 proton은 "무엇을 인지하는지 뚜렷하지 않다". 그림 8.13은 pyrrole의 NMR 스펙트럼이고, NH 흡수는 7.5~8.5 ppm 범위에 나타난다. 이는 사중 극자 넓혀짐의 극단적인 예이다.

8.6 Amide

사중 극자 넓혀짐은 일반적으로 질소에 직접 결합된 proton에만 영향을 준다. Amide의 proton NMR 스펙트럼에서 NH proton은 대개 넓혀진 단일선으로 나타날 것으로 예상된다. 어떤 경우에는 넓혀짐이 proton 교환에 의해 일어나기도 하지만, amide proton은 산성도가 낮기 때문에 화학적 교환이 느리다는 것을 기억해야 한다(8.4절). 많은 경우에 질소에 이웃하고 있는 탄소에 결합된 proton이 NH proton에 의해 갈라지는 것(^{3}J H−C−N−H)을 관찰할 수 있다. 그럼에도 불구하고 NH 피크는 여전히 넓혀진 단일선으로 나타난다. 핵 사중 극자 넓혀짐으로 인해 NH에 대한 어떠한 짝지음도 모호하여 불분명하게 된다. *N*-Ethylnicotinamide의 ^{1}H NMR 스펙트럼에서 이에 대하여 설명하였다(그림 8.14). 3.5 ppm의 methylene proton이 vicinal methyl proton과 N−H proton에 의해 갈라져서 사중선의 이중선으로 나타나는 것에 주목하여라. 이 경우에 공명은 두 유형의 vicinal 짝지음이 근사적으로 크기가 같으므로 겉보기 오중선일 것이다. Amide N−H는 6.95 ppm에서 넓혀진 단일선으로 나타난다.

Amide의 NMR 스펙트럼을 고려하면, amide 질소에 결합되어 있는 그룹이 종종 다른 화학적 이동을 나타내는 것에 주목하여라. 예를 들어, *N*,*N*-dimethylformamide(DMF)의 NMR 스펙트럼에서 두 개의 구분되는 methyl 피크가 보인다(그림 8.15). 보통은 C−N 결합 주위로 자유롭게 회전할 수 있기 때문에

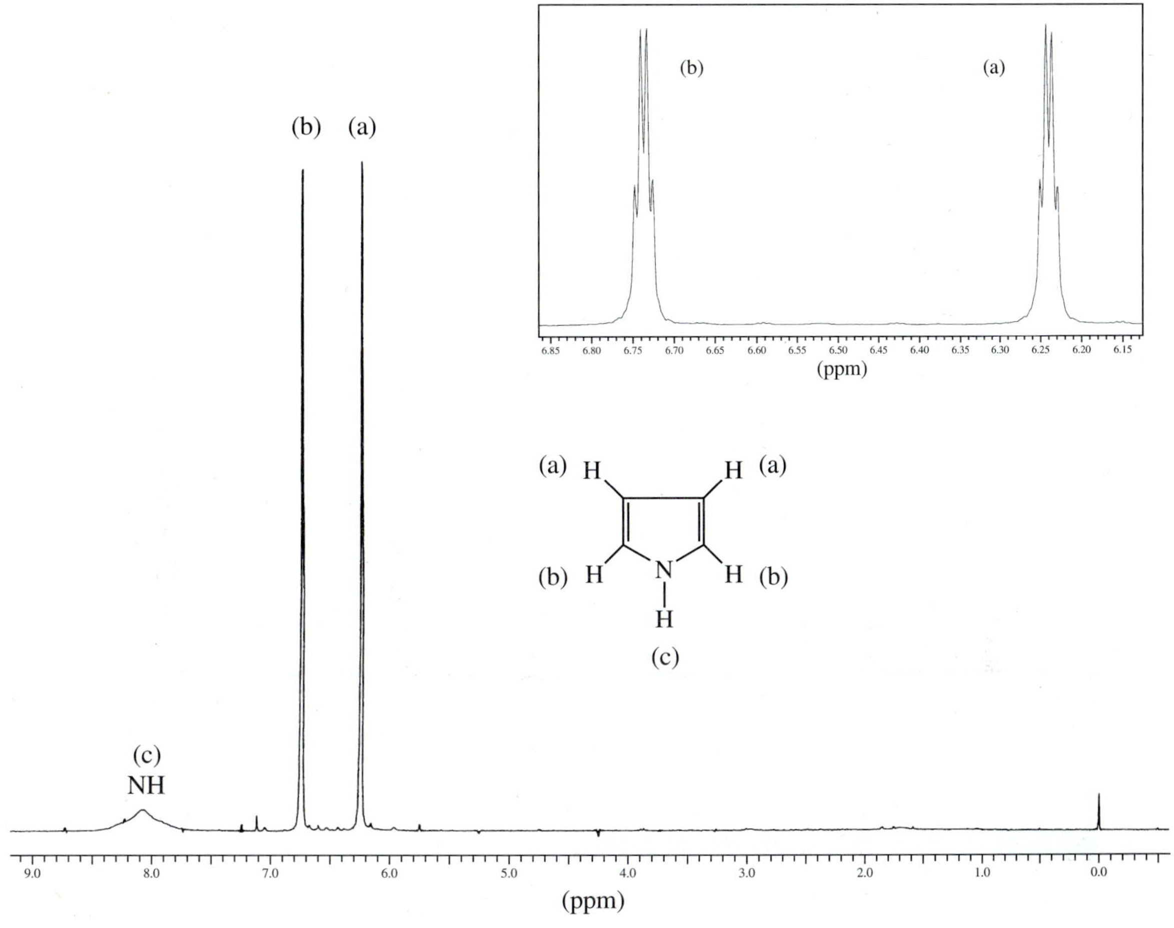

그림 8.13 Pyrrole의 ^{1}H NMR 스펙트럼. 삽입된 그림은 고리 C—H proton 공명의 확대 그림을 보여준다.

질소에 결합된 동일한 두 그룹은 carbonyl 그룹에 대해 화학적으로 동등할 것으로 예상된다. 하지만 질소에 있는 비공유전자쌍과 carbonyl 그룹 사이의 공명 상호작용에 의해서 이 결합 주위의 회전 속도는 느려진다.

$$\mathrm{H{-}C({=}\ddot{O}{:}){-}\ddot{N}(CH_3)_2 \longleftrightarrow H{-}C({-}{:}\ddot{O}{:}^{-}){=}\overset{+}{N}(\underset{A}{CH_3})(\underset{B}{CH_3})}$$

공명 비편재가 일어나기 위해서는 분자가 평면 기하구조를 가져야 한다. 따라서 이렇게 되면 자유로운 회전은 방해를 받는다. 자유로운 회전이 NMR 전이보다 느리게 되면, NMR 분광기는 두 개의 서로 다른 methyl 그룹을 인지하게 된다. 한 개의 methyl 그룹은 C=N 결합에 대해 carbonyl 쪽에 있고, 다른 한 개의 methyl 그룹은 반대쪽에 있다. 따라서 두 그룹은 자기적으로 다른 환경에 있으며, 서로 약간 다른 화학적 이동을 갖는다.

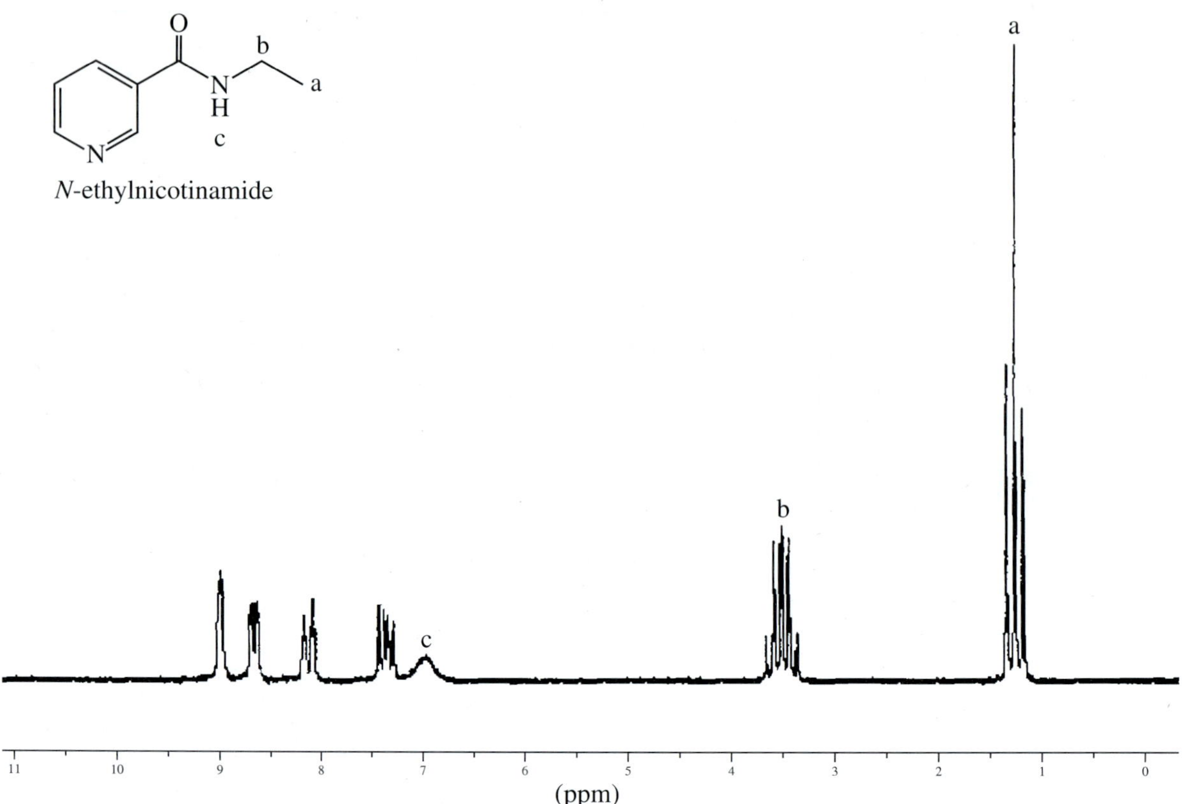

그림 8.14 *N*-Ethylnicotinamide의 ^{1}H NMR 스펙트럼.

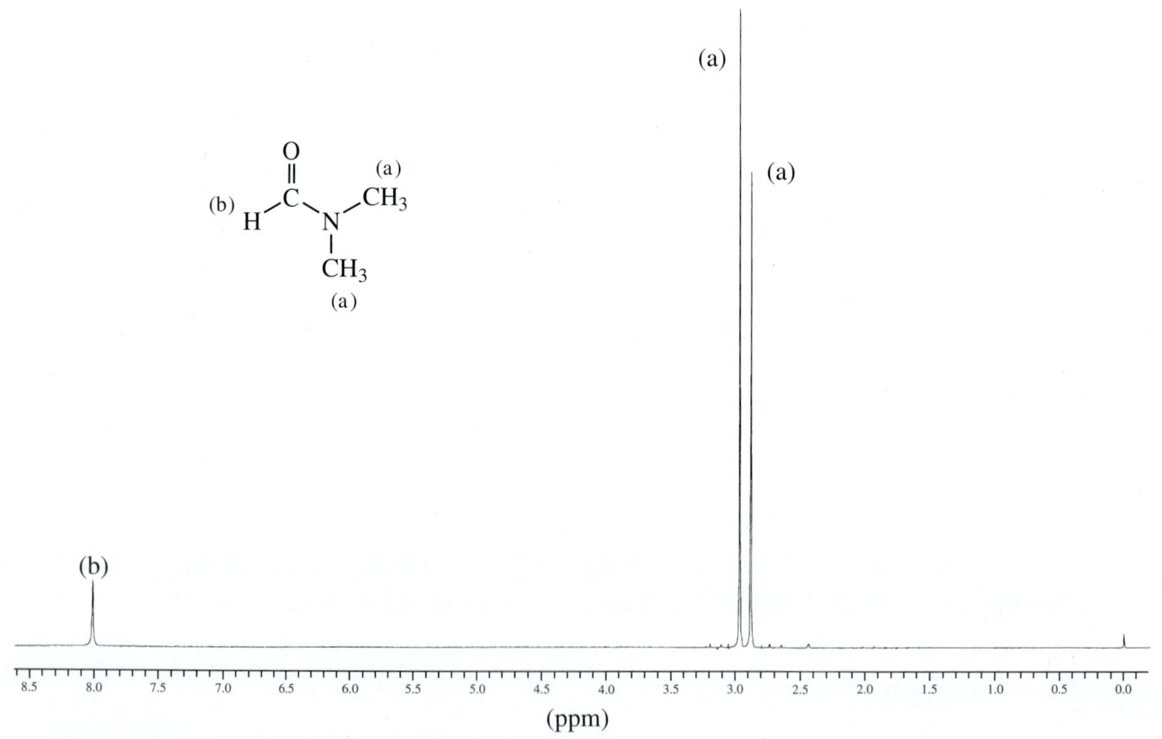

그림 8.15 *N*,*N*-Dimethylformamide의 ^{1}H NMR 스펙트럼.

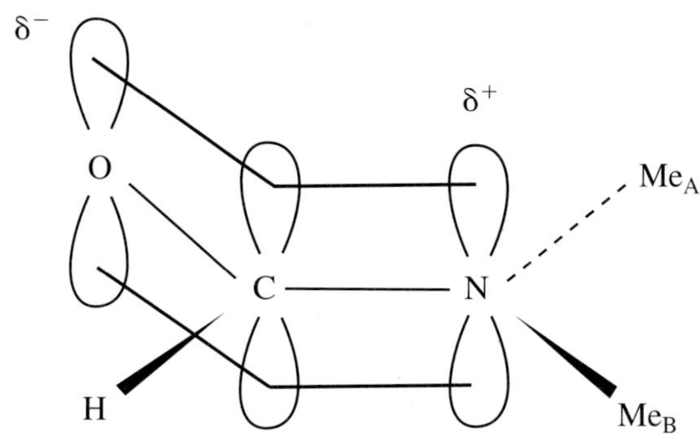

N,*N*-Dimethylformamide 시료의 온도를 서서히 올리면서 스펙트럼을 얻으면, 두 개의 피크가 처음에는 넓혀지고(80∼100°C), 그 후 하나의 넓혀진 피크로 합쳐지고(∼120°C), 결국에는 예리한 단일선으로 나타난다(150°C). 온도의 상승은 분명하게 회전 속도를 빠르게 하여, 그 온도에서 NMR 분광기는 "평균" methyl 그룹을 기록한다. 즉, NMR이 methyl proton 중 하나를 들뜨게 하는 데 걸리는 시간 동안 methyl 그룹은 매우 빠르게 환경을 교환한다. 따라서 그 proton은 모든 가능한 입체 배열의 위치를 동시에 경험하게 된다. 그림 8.16에 *N*,*N*-dimethylformamide의 온도에 따른 methyl 공명 모양의 변화에 대한 설명을 나타내었다.

그림 8.17에 나타낸 chloroacetamide 스펙트럼에서는 $-NH_2$ 공명의 사중 극자 넓혀짐 현상이 나타나는 것으로 보인다. 또한 *두 개*의 N−H 피크가 있는 것에 주목하여라. Amide에서는 종종 C−N 결합에 대한 제한된 회전이 있기 때문에 *N*,*N*-dimethylformamide의 methyl 그룹에서 관찰했던 것과 같이 질소에 결합된 두 개의 수소가 동등하지 않게 된다. 심지어 치환된 amide에서도(RCONHR'), 하나의 수소가 두 가지의 다른 화학적 이동을 가질 수 있다.

회전 속도에 따라 두 개의 NH 흡수가 평균적으로 되어 피크 넓혀짐 현상이 나올 수 있다(8.1절, 8.2C절, 8.4절 참조). 따라서, amide에서 아래 세 가지의 피크-넓혀짐 요인이 항상 고려되어야 한다.

1. 사중 극자 넓혀짐
2. 질소에 결합된 수소의 중간 정도의 교환 속도
3. 제한된 회전으로 인한 NH 수소의 비동등성

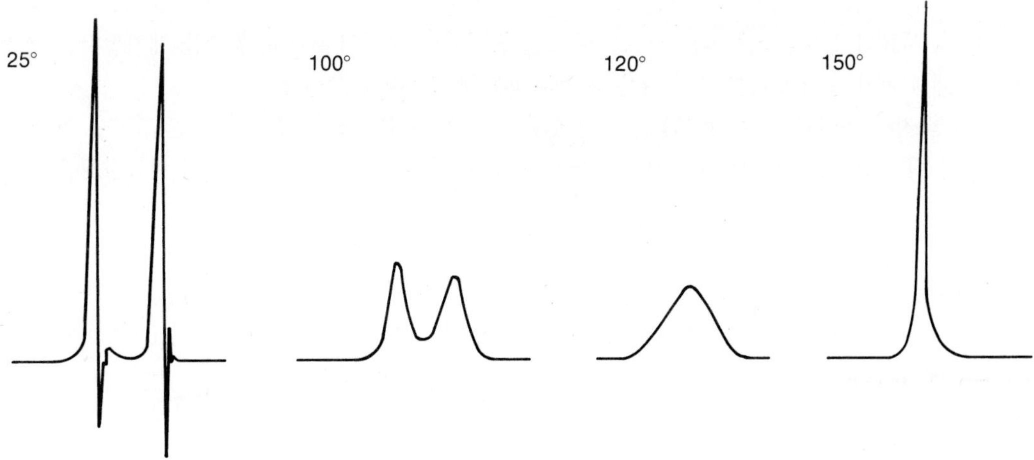

그림 8.16 온도 증가에 따른 *N*,*N*-dimethylformamide의 methyl 공명의 모양.

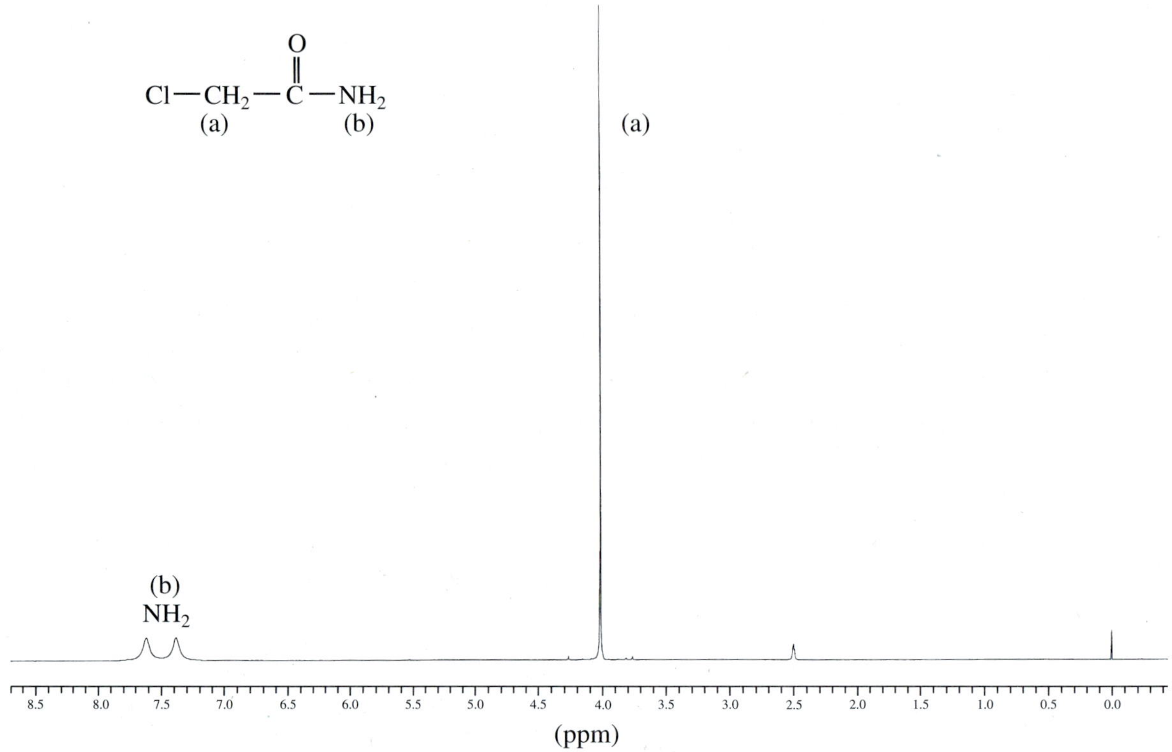

그림 8.17 Chloroacetamide ¹H NMR 스펙트럼.

고온에서는 회전 속도 또는 proton 교환 속도가 증가되기 때문에 2번, 3번의 두 효과는 사라진다.

8.7 용매 효과

Deuteriochloroform(chloroform-*d*, $CDCl_3$)은 작은 분자의 NMR 측정에서 가장 많이 사용되는 용매이다. $CDCl_3$는 NMR 분석에서 용매가 갖추어야 할 모든 조건을 갖추었다. 대부분의 화합물을 녹이고, 값이 저렴하며, 스펙트럼을 얻은 후에 시료로부터 쉽게 제거되고, 동위원소로 치환된 물질($CDCl_3$)을 고순도로 얻을 수 있다. 용매에서 중수소는 FT-NMR 분광기의 고정(locking)과 보정(shimming)의 목적으로 사용되고, 시료의 신호를 가릴지도 모르는 수소를 포함하는 용매의 proton 공명을 제거한다. 스펙트럼을 측정할 때 화학자는 대개 이보다 더 나은 용매의 역할을 고려하지 않는다.

하지만 용매와 용질 사이의 분자 간 힘은 때때로 NMR 스펙트럼에 상당한 영향을 미친다. 시료 분자에서 핵이 느끼는 국소적 가리움은 분자의 전자 구조(5.6절)와 용매의 자기적 비등방성 모두의 함수이다. NMR 분광학에서 화학적 이동에 대한 기준 물질을 사용하는 이유 중의 하나가 이 때문이다. 기준 물질을 사용한다 하더라도 사용된 용매가 화학적 이동 기준 화합물(TMS)과 상호작용하는 것에 비해 상당한 차이가 날 정도로 용질과 상호작용을 하면, 결과적으로 기준 화합물의 관찰된 화학적 이동에 대하여 관심 대상 시료 분자의 관찰된 화학적 이동은 이동될 것이다. 이와 같은 **용매-유도 이동**(solvent-induced shift)의 크기는 proton 스펙트럼에서 때때로 0.1~1 ppm 정도가 된다. Acetone-d_6, acetonitrile-d_3, dimethylsulfoxide-d_6, methanol-d_4 등 극성 용매를 사용하면, 극성 용매와 극성 용질 사이의 상호작용이 용매와 비극성 TMS 사이의 상호작용보다 더 강하게 된다. 반대로 비극성 용매는 극성 용질보다 TMS와 더 강하게 상호작용을 한다.

*The Aldrich Library of ^{13}C and ^{1}H FT-NMR Spectra*와 같은 참고 문헌에서 일련의 스펙트럼을 쭉 훑어보면 사실상 용매-유도 이동이 얼마나 흔한지를 알게 될 것이다. 이 목록에서 모든 스펙트럼은 조심스럽게 TMS = 0.00 ppm을 기준점으로 삼았다. 예를 들어, *Aldrich 자료집*에서 비방향족 ester와 lactone의 스펙트럼을 조사해 보면, 잔존하는 chloroform 피크($CDCl_3$에 남아 있는 아주 소량의 $CHCl_3$)의 공명이 7.25~7.39 ppm 범위에 나타나는 것을 볼 수 있다. 이 정도의 화학적 이동의 변화량은 분자 간 상호작용으로 용질에 의해 유도된 $CHCl_3$ 분자 주위의 국소적 가리움 환경이 미세하게 변하기 때문이다($CHCl_3$에 의해 유도된 용질 분자 주위의 국소적 가리움 환경도 미세하게 변한다). 그러나 애써 만든 합성 물질의 스펙트럼과 천연 물질에 대한 참고 문헌의 자료를 모든 Hz 값까지 일일이 검토하며 비교할 때, 0.2 ppm 정도의 차이는 그다지 큰 것이 아니다. 자신의 실험 자료와 참고 문헌의 표에 정리된 스펙트럼 자료에 대해서 화학적 이동이 맞는지를 비교할 때는 아주 조심해야 한다. 많은 연구자들이 TMS를 함유하지 않는 NMR 용매를 사용하고, 기준 화학적 이동을 방금 살펴본 바와 같이 화학적 이동이 미세하게 변하는 잔존하는 proton이 결합된 용매의 신호에 맞춘다. 문헌에 기술된 동일한 방법으로 스펙트럼의 기준을 정하였는지 확신해야 한다. 그와 같은 비교를 할 때, 모든 공명이 문헌 자료보다 약간 더 큰 (또는 약간 더 작은) 공명 주파수로 이동하여, 스펙트럼 전반에 걸쳐 화학적 이동이 일정한 값만큼 이동하여 불일치되는 것은 흔한 일이다.

단순하게 용질의 농도를 변화시켜도, 때로는 화학적 이동에 커다란 변화가 일어난다. 특히, 수소결합 주개/받개 또는 상당한 반자기성 비등방성을 갖는 π 시스템에 가까운 환경에 대하여 이와 같은 변화가 일어난다. 예를 들어, CD_3OD에서 얻은 acridine의 [1]H 공명은 acridine의 농도가 증가함에 따라 고리의 위치에 따라 0.1~0.5 ppm 정도 높은 장으로 이동한다(그림 8.18).

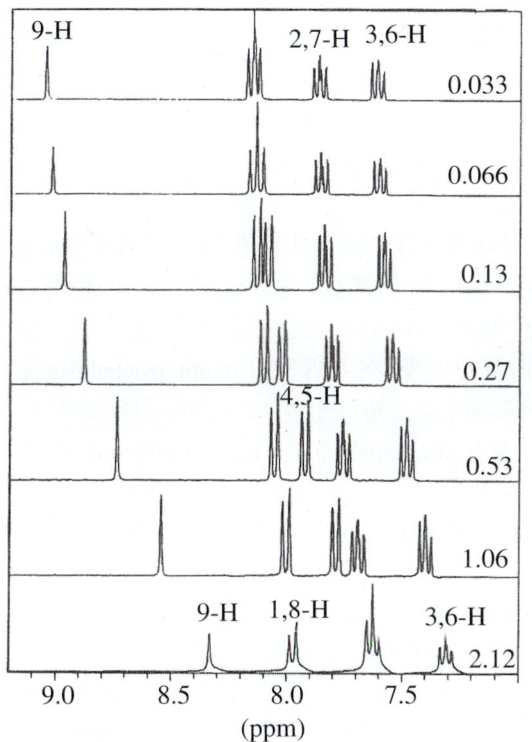

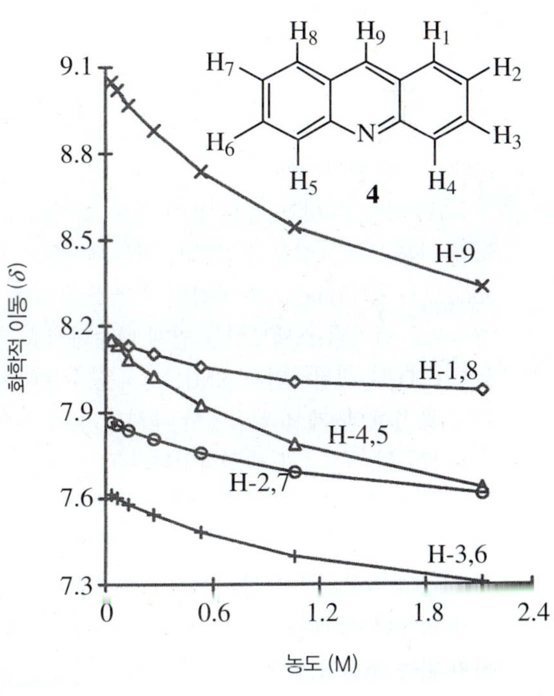

그림 8.18 CD_3OD에서 서로 다른 농도(mol/L)의 acridine의 ^{1}H NMR 스펙트럼[인용 문헌: Mitra, A., P. J. Seaton, R. A. Assapour, T. Williamson; *Tetrahedron 54* (1998): 15489–15498].

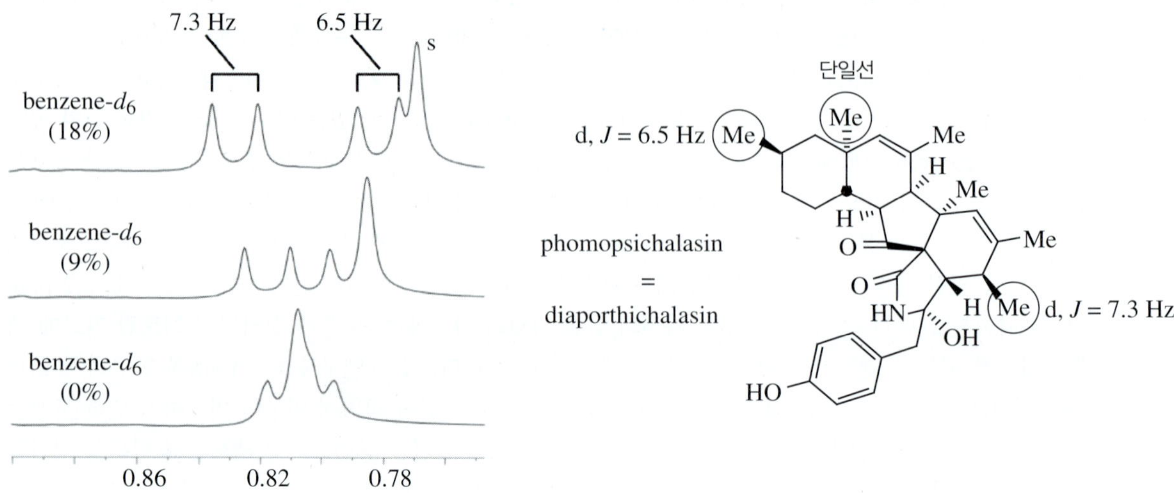

그림 8.19 7.3 Hz와 6.5 Hz의 J 값을 갖는 두 개의 methyl 이중선의 존재를 증명하기 위하여 첨가된 benzene-d_6의 함량(%)을 달리 포함하는 methanol-d_4에서 얻은 phomopsichalasin/diaporthichalasin의 ^{1}H NMR 스펙트럼(500 MHz)의 methyl 영역의 삽입 그림[인용 문헌: Brown, S. G., M. J. Jansma, T. R. Hoye; *Journal of Natural Products, 75* (2012): 1326–1331. 허가 후 게재].

용매가 강한 반자기성 비등방성(예를 들어, benzene-d_6, pyridine-d_5, nitromethane-d_3) 물질이라면 용질과 용매의 비등방성 장 사이의 상호작용은 상당한 정도의 화학적 이동의 변화를 일으킬 것이다. Benzene 또는 pyridine과 같은 용매는 일반적으로 주어진 proton의 관찰된 공명을 작은 δ를 갖는 더 높은 장으로 이동하게 하는 반면, acetonitrile과 같은 다른 용매는 반대 방향(낮은 장)으로 이동하게 한다. 이와 같은 차이는 용액에서 형성되는 용질–용매 착물의 특성에 영향을 주는 용매 분자의 모양에 부분적으로 의존하는 것으로 보인다. 물론 benzene 또는 pyridine과 같은 방향족 용매는 평평한 모양이고, acetonitrile은 막대 모양이다.

화학자들은 이와 같은 용매-유도 화학적 이동 변화의 장점을 이용하여 공명 위치가 겹쳐져서 복잡하게 나온 스펙트럼을 깔끔하게 만든다. 종종, 미지의 시료를 녹인 $CDCl_3$ 용액에 소량(5~20%)의 benzene-d_6나 pyridine-d_5를 가하면 스펙트럼 상에 대단한 변화가 나타나는 것을 관찰할 수 있다. 이 기법의 사용으로 밀집된 스펙트럼을 쉽게 단순화시킬 수 있다. 최근의 예에서 천연 물질 phomopsichalasin의 시료를 C_6D_6로 적정하면서 NMR 분석을 수행하여 세 개의 공명을 분별하였다(그림 8.19). 이를 통해 또 다른 분광 실험과 계산 실험에서 제시한 바와 같이 천연 물질 phomopsichalasin과 diaporthichalasin이 사실상 동등하다는 것을 증명하였다.

염기 또는 산에 민감한 작용기를 포함하는 시료에 대하여 NMR 용매에 소량의 산을 첨가하면 재현성 있는 NMR 측정이 어려워진다. $CDCl_3$의 느린 분해로 인해 소량의 DCl이 생성된다. NMR 시료를 준비하기 직전에 소량의 염기성 alumina 흡착제에 용매를 통과시키면 이 산은 제거된다. 또 다른 경우에, 의도적으로 첨가된 산 때문에 문헌으로부터 얻은 스펙트럼 자료와 비교할 때, 화학적 이동이 변하여 스펙트럼을 산이 없는 조건에서 다시 측정할 필요가 있다. Indole로부터 유도된 천연 물질 mersicarpine의 경우, 산으로 적정하면 모든 방향족 proton과 모든 고리 시스템의 부분입체이성질성 methylene의 모든 화학적 이동이 용액에 존재하는 산의 양에 따라 모두 극적으로 변한다는 사실이 밝혀졌다(그림 8.20). 염기로 세척된 $CDCl_3$로부터 얻은 스펙트럼 자료가 문헌 자료와 일치하지 않는 것은 천연 물질의 시료에 미지의 양의 산

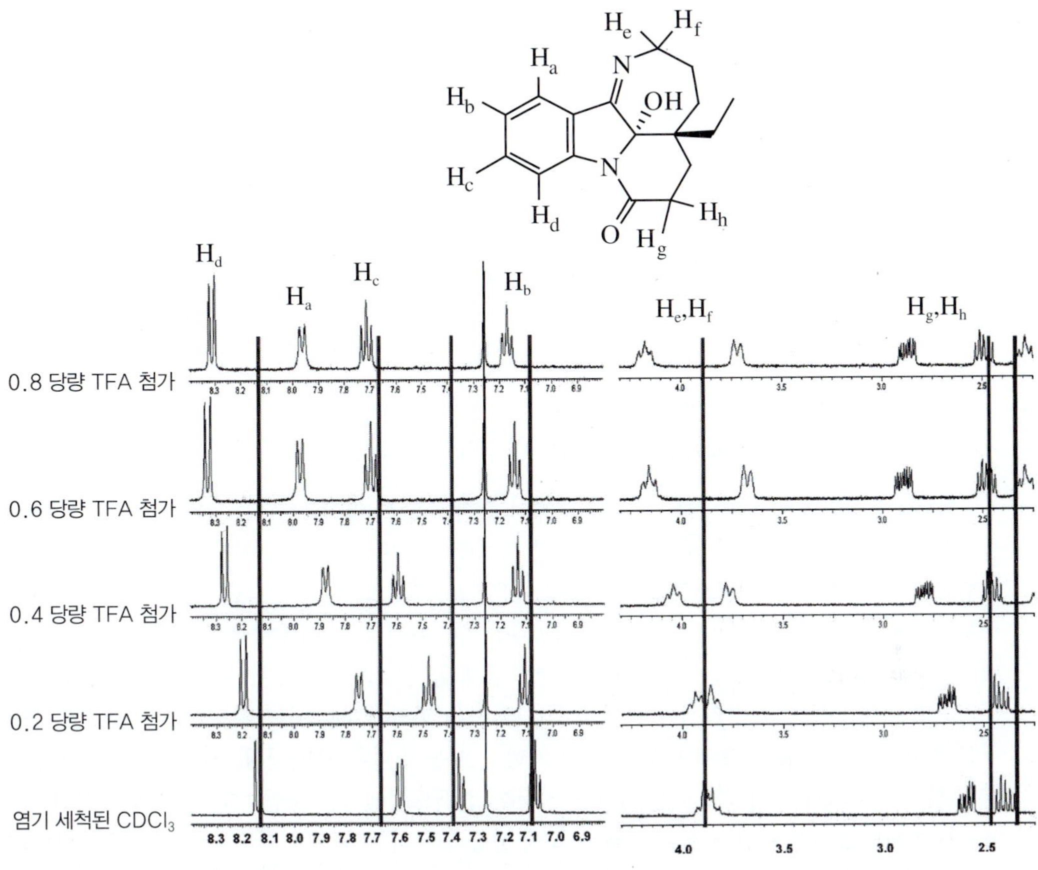

그림 8.20 첨가된 trifluoroacetic acid(TFA)의 양에 따른 ^{1}H NMR 공명의 변화. 수직선은 mersicarpine에 대한 문헌 값을 나타낸다[인용 문헌: Magolan, J., C. A. Carson, M. A. Kerr, *Organic Letters, 10* (2008): 1437−1440. 허가 후 게재].

화학종이 존재하는 것을 나타내는 것에 주목하여라.

교환 가능한 그룹의 수소결합은 NMR 스펙트럼의 모양을 바꾼다는 것을 보았다(8.2절). 용매와 수소결합 상호작용을 하면(또는 그 상호작용이 없어지면) 어떤 경우에는 화합물의 가장 낮은 에너지를 갖는 안정한 형태를 변화시킬 수 있어 관찰된 화학적 이동과 짝지음 상수가 크게 바뀐다. *cis*-3-Methoxycyclohexanol의 경우를 예로 이 현상을 설명해보자. *cis*-3-Methoxycyclohexanol에 대한 ^{1}H NMR 스펙트럼을 cyclohexane-d_{12}에서 얻을 때, vicinal 짝지음 상수는 사실상 두 축 방향(diaxial) 형태가 두 적도 방향(diequatorial) 형태보다 에너지가 낮다는 것을 알려준다(짝지음 자료를 기반으로 계산한 값은 67:33으로 두 축 방향 형태가 우세하다). 분자 내 수소결합은 hydroxyl 그룹과 methoxy 그룹 사이의 1,3-두 축 방향의 입체 반발력의 불안정화 효과를 분명히 상쇄한다. 하지만 용매로 DMSO-d_6를 사용하면 두 적도 방향 형태가 에너지가 낮은 상태가 되고, 비율은 97:3이 된다. 이 경우 용질과 극성 DMSO 사이의 강한 쌍극자 상호작용이 분자 내 수소결합보다 강하다.[2]

[2] de Oliveira, P. R., R. Rittner, "The relevant effect of an intramolecular hydrogen bond on the conformational equilibrium of *cis*-3-methoxycyclohexanol compared to *trans*-3-methoxycyclohexanol and *cis*-1,3-methoxycyclohexanol", *Spectrochemica Acta A 61* (2005): 1737−1745.

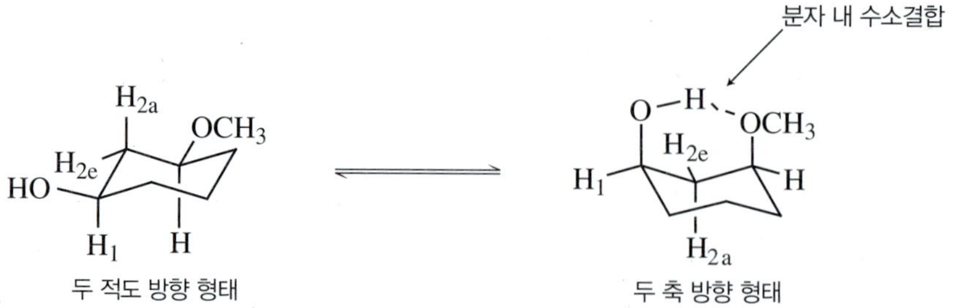

분자 내 수소결합

두 적도 방향 형태 ⇌ 두 축 방향 형태

용매	$J_{H_1\text{-}H_{2a}}$ (Hz)	$J_{H_1\text{-}H_{2e}}$ (Hz)
cyclohexane-d_{12}	6.6	3.4
DMSO-d_6	10.9	4.2

NMR 분광학에서 용매 역시 시료에 대해서 흔한 불순물 역할을 한다. 특히, 합성의 경우에 진공 회전 증발기(rotary evaporator)를 사용하여 완전히 제거할 수 없는 소량의 용매가 종종 시료에 남아 있다. 스펙트럼에서 흔히 접하게 되는 소량의 다른 불순물은 물(중수소화 용매나 시료가 담겨진 유리 용기의 표면으로부터 유래)과 실리콘 그리스(stopcock grease)이다. 때때로, 실험실에서 사용하는 여러 가지 관으로부터 가소제(plasticizer)가 흘러나와 NMR 스펙트럼에 공명으로 나타나곤 한다. 이와 같은 소량의 불순물이 무엇인지 구별하는 것과 부가적인 공명에 의해 혼란을 피하기 위해서 스펙트럼을 "지적으로 편집"을 하는 것은 중요한 기술이다. 시료에 대한 공명의 화학적 이동이 다른 용매에서 변하는 것과 같이 이와 같은 미량의 불순물의 화학적 이동도 다른 용매를 사용한 스펙트럼에서는 또한 다른 위치에 나타난다. 흔하게 사용되는 NMR 용매에 대한 특징을 나타낸 표에 종종 잔존하는 물의 화학적 이동에 대한 정보가 함께 포함되어 있다. 예를 들어, $CDCl_3$에서는 잔존하는 물이 1.56 ppm에 나타나는 반면, benzene-d_6(C_6D_6)에서는 0.40 ppm, acetonitrile-d_3(CD_3CN)과 methanol-d_4(CD_3OD)에서는 각각 2.13 ppm과 4.78 ppm에 나타난다. 지난 15년 동안 가장 널리 인용된 논문에 실험실에서 흔하게 사용되는 용매와 흔하게 사용되는 중수소화 용매에 들어 있는 다른 불순물의 ^1H 화학적 이동과 ^{13}C 화학적 이동에 대한 상세한 표가 제시되어 있다.

8.8 화학적 이동 시약

때때로 유기 화합물의 저자기장(60 MHz 또는 90 MHz) 스펙트럼의 전체 또는 일부분에서 몇몇 proton 그룹의 화학적 이동이 매우 비슷하여 해독하기 어려운 경우가 있다. 이와 같은 경우, 모든 proton 공명이 스펙트럼의 같은 영역에 나타나고, 종종 서로 심하게 겹쳐져서 각각의 피크와 갈라짐을 알아낼 수가 없다. 이와 같은 상황의 해결 방법 중의 하나는 큰 진동수에서 작동하는 분광기를 이용하는 것이다. 짝지음 상수는 NMR 분광기의 작동 진동수나 자기장의 세기에 의존하지 않지만, 5.17절에서 논의한 바와 같이 Hz 단위의 화학적 이동은 이와 같은 변수에 따라 달라진다. 이와 같은 환경으로 종종 해독 불가능한 스펙트럼을 간단하게 만들 수 있다.

예를 들어, 화합물이 매우 비슷한 화학적 이동을 갖는 proton 그룹에 의해 유도된 한 개의 사중선과 두 개의 삼중선, 즉 세 개의 다중선을 갖는다고 가정해 보자. 60 MHz에서 이 피크는 겹쳐지며 그냥 분별되지 않은 흡수선의 다발로 나올지 모른다. 고자기장에서 스펙트럼을 다시 측정하면, 짝지음 상수는 변하지 않지만, 다중선에 해당하는 proton 그룹(H_A, H_B, H_C)의 Hz 단위 화학적 이동(ppm 단위가 아님)은 증가한다. 300 MHz에서 개별 다중선은 깨끗하게 분리되고 분별된다(예를 들어, 그림 5.35 참조). 또한 고자기장에서는 2차 효과도 사라지며, 많은 2차 스펙트럼이 300 MHz 이상의 고자기장에서 1차 스펙트럼으로 되는 것을 기억하여라(7.7A절, 7.7F절).

어떤 때는 수소결합에 의한 상호작용과 같이 분자와 용매와의 상호작용이 어떤 특정 유형의 proton (예, hydroxyl proton이나 amino proton)의 공명 위치를 크게 변화시킬 수 있다는 것은 연구자들에게 잘 알려져 있다. 또한 $CDCl_3$와 같이 일반적인 NMR 용매를 주위 분자에 국소적인 비등방성 효과를 주는 benzene과 같은 용매로 바꿀 때, 몇몇 그룹의 proton의 공명 위치가 크게 영향을 받는다는 것도 알고 있다(앞서 8.7절에서 논의하였다). 많은 경우에 이와 같은 용매 교환으로 부분적으로 겹쳐지는 다중선을 분별하는 것이 가능하다. 하지만 **화학적 이동 시약**(chemical shift reagent)은 1960년대 후반부터 사용된 혁신적인 것으로서 몇몇 스펙트럼에서 겹쳐진 다중선을 분별하게 해주는 빠르고 상대적으로 값싼 방법이다. 대부분의 화학적 이동 시약은 란타넘 계열 중에서 상자기성 희토류 금속(paramagnetic rare-earth metal)의 유기 착물이다. 그런 금속 착물을 스펙트럼 측정 대상 화합물에 가해주면, 여러 종류의 proton의 공명 위치가 크게 이동함을 관찰할 수 있다. 이동의 방향(높은 장 또는 낮은 장)은 우선적으로 사용된 금속에 따라 달라진다. 유로퓸(Eu), 어븀(Er), 툴륨(Tm), 이터븀(Yb) 착물은 더 큰 δ값을 갖는 낮은 장으로 이동시키는 반면, 세륨(Ce), 프라세오디뮴(Pr), 네오디뮴(Nd), 사마륨(Sm), 터븀(Tb), 홀뮴(Ho) 등의 착물은 일반적으로 공명을 높은 장으로 이동시킨다. 이와 같은 시약의 사용에 대한 장점은 고자기장 NMR 기기를 구입하지 않아도 고자기장에서 측정된 스펙트럼과 유사하게 이동된 스펙트럼을 얻을 수 있다는 것이다.

란타넘 계열 중에서 유로퓸이 이동 시약으로 가장 흔히 쓰이는 금속이다. 널리 쓰이는 착물 중에서 두 가지는 *tris*-(dipivalomethanato)europium과 *tris*-(6,6,7,7,8,8,8-heptafluoro-2,2-dimethyl-3,5-octanedionato)europium이다. 각각 약어로 $Eu(dpm)_3$, $Eu(fod)_3$와 같이 표기한다.

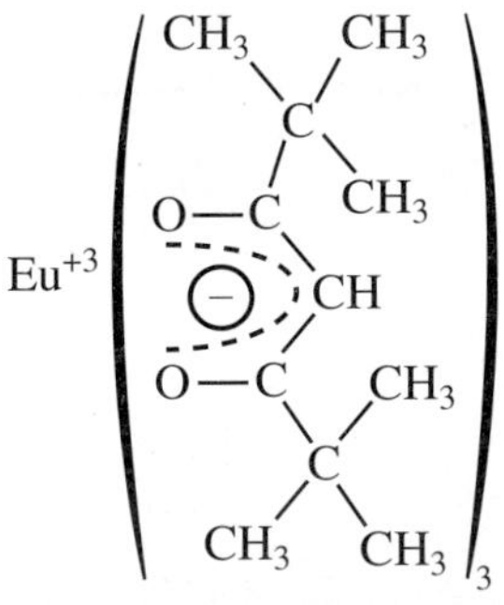

$Eu(dpm)_3$ 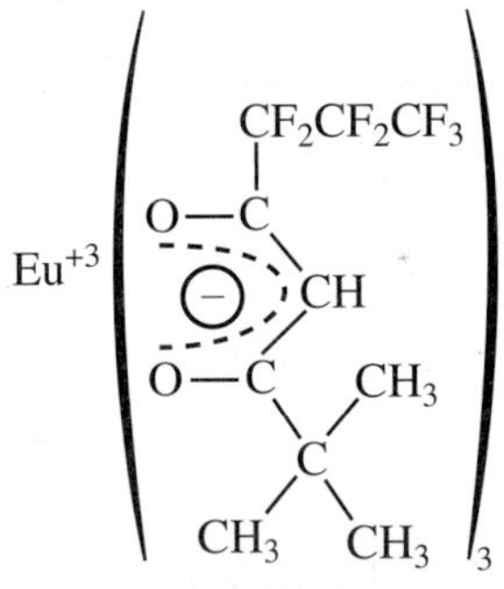 $Eu(fod)_3$

이와 같은 란타넘 계열 착물은 Eu^{3+}와 배위할 수 있는 상대적으로 염기성인 전자쌍(비공유전자쌍)을 갖는 화합물의 NMR 스펙트럼에서 스펙트럼을 단순화시킬 수 있다. 대표적으로 aldehyde, ketone, alcohol, thiol, ether, amine 등 모두가 상호작용한다.

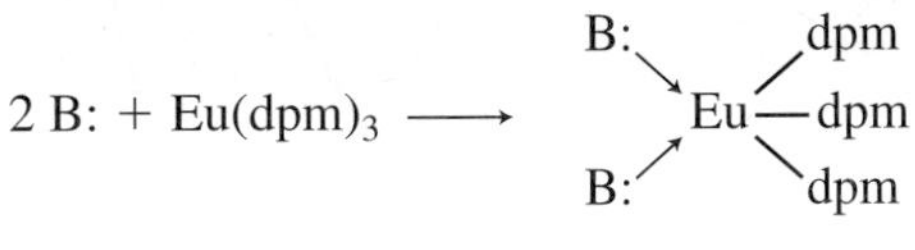

$$2\,B: + Eu(dpm)_3 \longrightarrow (B:)_2Eu(dpm)_3$$

주어진 그룹의 proton이 겪는 이동의 정도는 (1) 금속(Eu^{3+})과 주어진 proton 그룹 사이의 분리된 거리와 (2) 용액 내 이동 시약의 농도에 따라 달라진다. 용액 내 이동 시약의 농도에 따라 달라지기 때문에 란타넘 계열에 의해 이동이 일어난 스펙트럼을 보고할 때는 사용한 이동 시약의 몰당량수나 몰농도를 포함할 필요가 있다.

1-Hexanol의 스펙트럼(그림 8.21과 그림 8.22)은 거리 인자에 대해 훌륭하게 설명해준다. 이동 시약

이 없을 때는 그림 8.21에 나타낸 스펙트럼이 얻어진다. 말단 methyl 그룹의 삼중선과 hydroxyl 그룹의 옆에 있는 methylene 그룹의 삼중선만이 스펙트럼에서 분별된다. O−H를 제외한 다른 proton은 넓혀지고 분별되지 않은 그룹으로 함께 발견된다. 이동 시약을 첨가하면(그림 8.22), 각 methylene 그룹은 명확하게 분리되고, 적절한 다중선 구조로 분별된다. 어느 모로 보나 스펙트럼은 *1차이고*, 단순하게 되었다. 모든 갈라짐을 $n + 1$ 규칙으로 설명할 수 있다.

마지막으로 이동 시약의 사용으로 생기는 한 가지 결과를 짚고 넘어가도록 하자. 그림 8.22에 나타낸

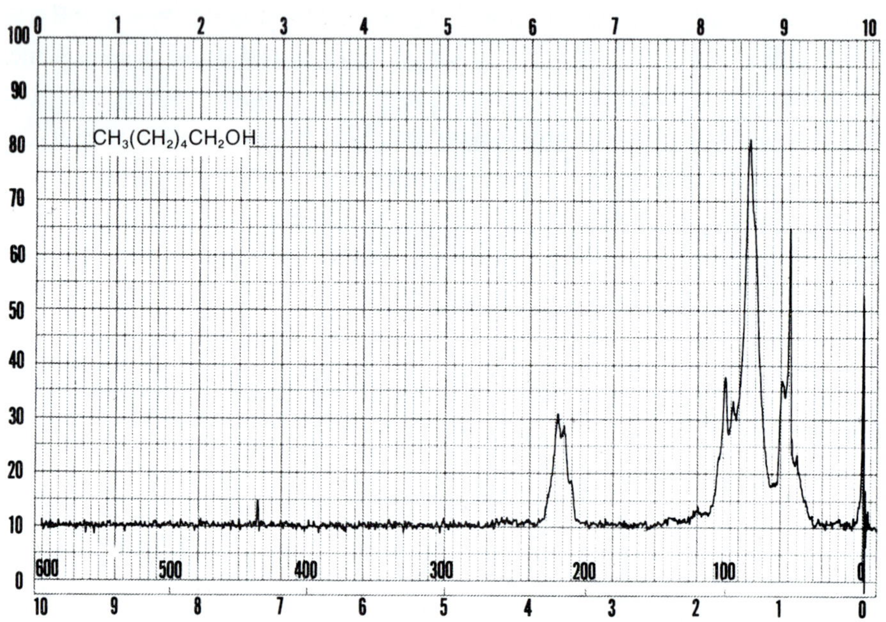

그림 8.21 1-Hexanol의 정상 60 MHz ^{1}H NMR 스펙트럼.

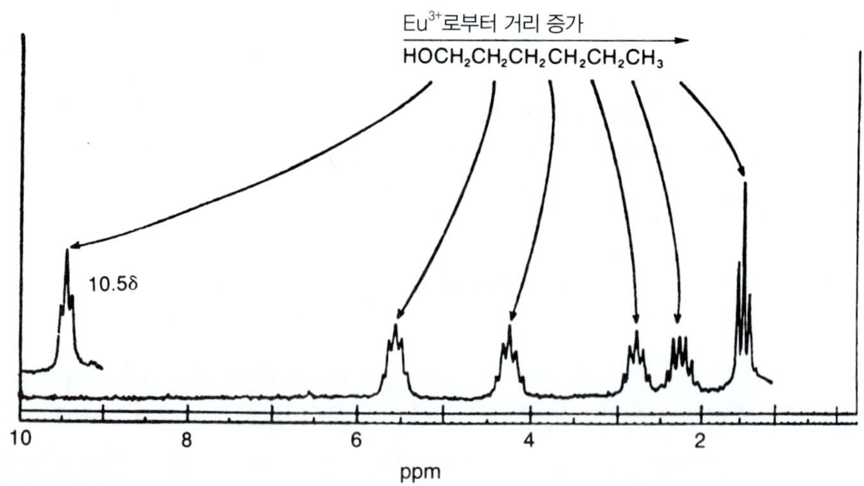

그림 8.22 0.29 몰당량의 $Eu(dpm)_3$를 첨가한 1-hexanol의 100 MHz ^{1}H NMR 스펙트럼[인용 문헌: Sanders, J. K. M., and D. H. Williams, *Chemical Communications* (1970): 442. 허가 후 게재].

다중선은 우리가 보통 예측한 것만큼 뾰족한 피크로 멋지게 분별되어 있지는 않다는 것을 볼 수 있다. 이동 시약인 유로퓸 양이온이 시료에서 proton의 이완 시간을 감소시켜 약간의 선 넓혀짐이 일어난다(**역자 주**. 상자기성 물질은 이완 시간을 감소시켜 선 넓혀짐을 일으킨다). 이동 시약의 농도가 높으면 이와 같은 문제점이 심각해지지만, 보통 유용한 농도에서 넓혀짐 정도는 수용할 만하다.

오늘날 대부분의 실험실에서 ^{1}H 진동수가 300 MHz 이상에서 작동하는 고자기장의 NMR 분광기를 사용할 수 있기 때문에, 앞에서 논의한 간단한 화학적 이동 시약들을 자주 사용하지는 않는다. 하지만 금속에 결합된 유기 리간드를 갖는 란타넘 계열 착화합물은 광학 활성이며, **카이랄 이동 시약**(chiral shift reagent)을 생성한다. 이와 같은 목적으로 흔하게 사용되는 시약이 tris[3-(heptafluoropropylhydroxymethylene)-*d*-camphorato]europium(III)[Eu(hfc)$_3$]이다. Eu(hfc)$_3$가 카이랄 분자과 착물을 형성하면, 부분입체이성질체 착물이 형성되어 착물 형성 전에는 동등했던 proton들이 서로 다른 화학적 이동을 갖는다.

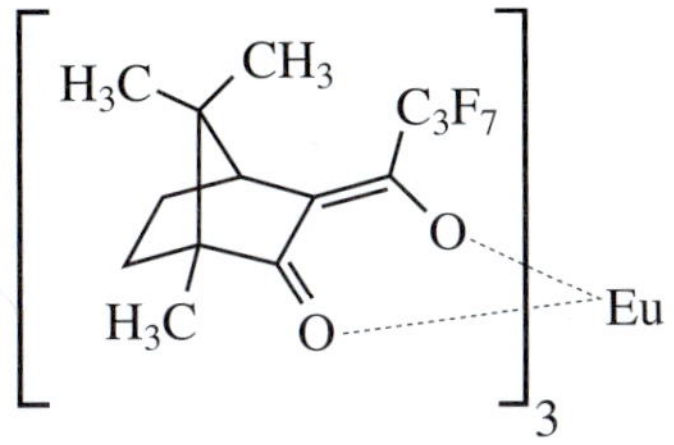

H$_3$C, CH$_3$, C$_3$F$_7$, O, Eu, H$_3$C, O, 3

Tris[3-(heptafluoropropylhydroxymethylene)-*d*-camphorato] europium(III)[Eu(hfc)$_3$]

8.9 카이랄 분별 시약

입체 중심에 결합된 그룹은 입체 중심이 *R*이나 *S* 배열 중 어떤 것을 가져도 일반적으로 같은 화학적 이동을 나타낸다. 하지만 라세미 어미 화합물을 광학적으로 순수한 **카이랄 분별 시약**(chiral resolving agent)으로 처리하여 부분입체이성질체로 바꾸면, 그 그룹은 NMR에서 부분입체이성질성이 된다(다른 화학적 이동을 갖는다). 이 경우에 그 그룹은 더 이상 두 거울상이성질체로 존재하지 않고, 서로 다른 두 *부분입체이성질체*로 존재하며, 각 환경에 따라 화학적 이동이 달라진다.

예를 들어, α-phenylethylamine의 *R*과 *S* 거울상이성질체를 모두 포함하는 혼합물을 동일한 몰수의 광학적으로 순수한 (*S*)-(+)-*O*-acetylmandelic acid와 CDCl$_3$를 함유하고 있는 NMR 튜브에 넣고 섞으면, 두 개의 부분입체이성질체 염이 형성된다.

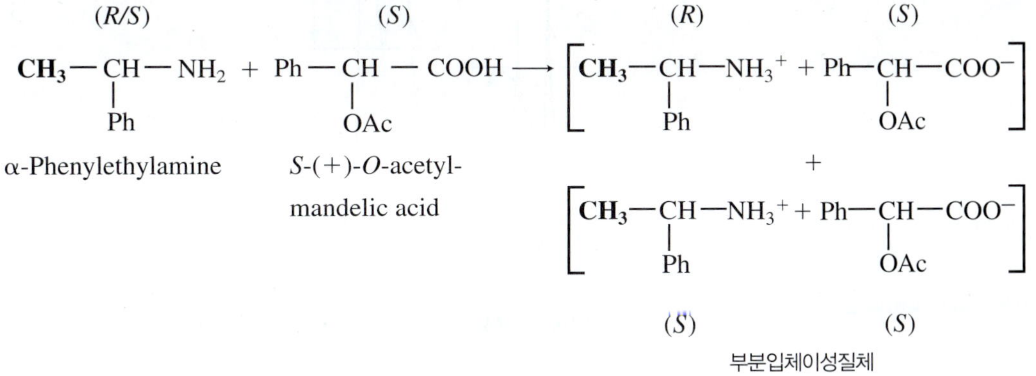

$$\underset{\alpha\text{-Phenylethylamine}}{\overset{(R/S)}{\mathbf{CH_3}-\underset{\text{Ph}}{\text{CH}}-\text{NH}_2}} + \underset{S\text{-}(+)\text{-}O\text{-acetyl-mandelic acid}}{\overset{(S)}{\text{Ph}-\underset{\text{OAc}}{\text{CH}}-\text{COOH}}} \longrightarrow \left[\overset{(R)}{\mathbf{CH_3}-\underset{\text{Ph}}{\text{CH}}-\text{NH}_3^+} + \overset{(S)}{\text{Ph}-\underset{\text{OAc}}{\text{CH}}-\text{COO}^-}\right] + \left[\underset{(S)}{\mathbf{CH_3}-\underset{\text{Ph}}{\text{CH}}-\text{NH}_3^+} + \underset{(S)}{\text{Ph}-\underset{\text{OAc}}{\text{CH}}-\text{COO}^-}\right]$$

부분입체이성질체

두 염에서 amine 부분의 methyl 그룹은 하나는 *R*이고 다른 하나는 *S*인 입체 중심에 결합되어 있다. 그 결과, 이제 methyl 그룹 자체가 부분입체이성질성이며, proton은 각각 다른 화학적 이동을 갖는다. 이 경우 *R* 이성질체가 낮은 장에 나타나고, *S* 이성질체가 높은 장에 나타난다. Methyl 그룹이 methine(CH) 그룹에 이웃하고 있으므로, 혼합물의 NMR 스펙트럼에서 methyl 그룹은 각각 약 1.1 ppm과 1.2 ppm에 이중선으로 나타난다(정확한 화학적 이동은 농도에 따라서 약간씩 달라진다)(그림 8.23).

이렇게 나온 이중선을 적분하면 혼합물에서 *R* amine과 *S* amine의 정확한 조성비(%)를 결정할 수 있다. 주어진 예에서는 분별되지 않은 시료 (±)-α-phenylethylamine과 학생이 분별한 (*S*)-(−)-α-phenylethylamine이 우세하게 포함된 생성물을 같은 양씩 녹여서 만든 혼합물에 대한 NMR 스펙트럼을 측정하였다.

유사하게, 광학적으로 순수한 amine을 카이랄 분별 시약으로 사용하여 카이랄 carboxylic acid의 광학적 순도를 분석할 수 있다. 예를 들어, *O*-acetylmandelic acid의 $CDCl_3$ 용액에 광학적으로 순수한 (*S*)-(−)-α-phenylethylamine을 첨가하면 앞에서 설명했던 것과 같이 부분입체이성질성 염이 형성될 것이다. 이 경우에 ^{1}H NMR 스펙트럼에서 5~6 ppm 범위의 Ph-C**H**-OAc의 methine에 해당하는 두 개의 이중선(각 거울상이성질체당 하나씩)을 관찰할 수 있을 것이다.

염의 형성이 곤란한 화합물(즉, carboxylic acid나 amine이 아닌 경우)에 대한 광학적 순도를 결정할 필요가 있을 때는 NMR에 의한 분석이 약간 어렵게 된다. 예를 들어, 카이랄 2차 alcohol에 대한 거울상이성질체 초과량(enantiomeric excess, ee)을 결정할 필요가 종종 있다. 이와 같은 경우에는 광학적으로 순수한 보조제를 alcohol에 공유 결합으로 부착시켜 유도체를 만들면, 분석을 위한 부분입체이성질체 혼합물이 얻어진다. 이와 같은 과정에서 소량의 카이랄 alcohol 시료와 광학적으로 순수한 유도체 형성 시약 사이의 반응이 요구된다. 때때로 생성물의 정제가 필요하다. 아래에 주어진 반응식과 같이 dicyclohexyl-

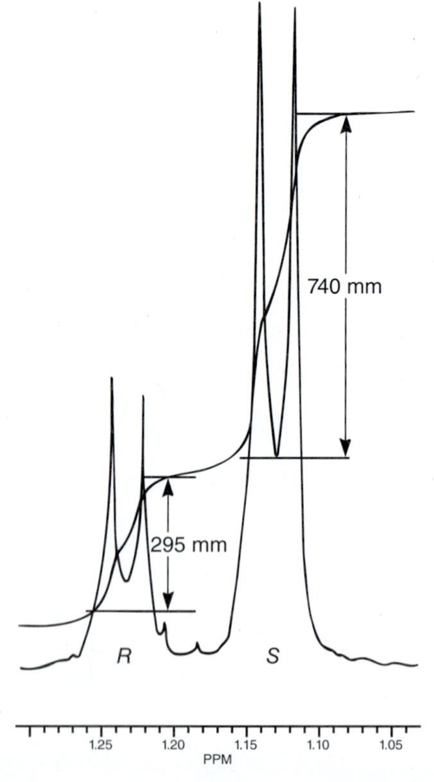

그림 8.23 카이랄 분별 시약인 (*S*)-(+)-*O*-acetylmandelic acid가 첨가된 $CDCl_3$에서 분별된 시료 (*S*)-α-phenylethylamine과 분별되지 않은 라세미 α-phenylethylamine의 50:50 혼합물의 300 MHz ^{1}H 스펙트럼.

carbodiimide(DCC)를 사용하여 카이랄 2차 alcohol과 (*S*)-2-methoxyphenylacetic acid [(*S*)-MPA]를 반응시키면 부분입체이성질체 ester가 형성된다. 분리하고 정제하는 과정을 거친 후에 생성물 혼합물의 ^{1}H NMR 스펙트럼을 얻었다. 원래 alcohol 시료의 광학적 순도(거울상이성질체 초과량)를 결정하기 위해서 산소가 결합된 methine($\boldsymbol{H}CR_1R_2$-O-Aux, 각 부분입체이성질체당 하나의 신호)의 공명을 적분하였다. 생성물이 부분입체이성질체이기 때문에 다른 분석법(예를 들어, 기체 크로마토그래피) 역시 이 목적을 위해서 사용될 수 있다.

R_1 R_2 H OH + OCH_3 O (S) HO $\xrightarrow[CH_2Cl_2]{DCC}$ OCH_3 O (S) H (S) O R_1 R_2 + OCH_3 O (S) H (R) O R_2 R_1

R/*S* 혼합물

(Cahn-Ingold-Prelog 우선 순위: $R_1 > R_2$)

그림 8.24에 2-pentanol과 α-methoxyphenylacetic acid(MPA)에 대한 이와 같은 과정을 설명하였다. 논의를 단순화시키기 위해서, 별개의 두 시료로부터 얻은 ^{1}H NMR 스펙트럼을 나타내었다. 그림 8.24의 위 스펙트럼은 (*R*)-2-pentanol과 (*R*)-MPA로부터 형성된 ester의 스펙트럼이고, 아래 스펙트럼은 (*R*)-2-pentanol과 (*S*)-MPA로부터 형성된 ester의 스펙트럼이다. 진단용으로 가장 적절한 것은 methyl 이중선의 화학적 이동이다. (*R*,*R*) ester의 가장 에너지가 낮은 형태는 위치 3'이 phenyl 고리의 가리움 영역에 놓이는 것이고, methyl 그룹(위치 1')은 크게 교란되지 않아서 methyl 그룹의 이중선은 1.18 ppm에 나타난다. 하지만 (*R*,*S*) ester의 가장 에너지가 낮은 형태에서는 methyl 그룹이 phenyl 고리에 의해 가려져 methyl 그룹의 이중선은 약간 높은 장인 1.05 ppm에 나타난다. MPA의 거울상이성질체 한 가지와 2-pentanol의 거울상이성질체 혼합물이 반응하여 생성된 ester에 대한 스펙트럼과 유사하다고 생각할 수 있다. 두 개의 서로 다른 methyl 이중선을 적분하면, alcohol 시료의 거울상이성질체 비율을 얻을 수 있다.

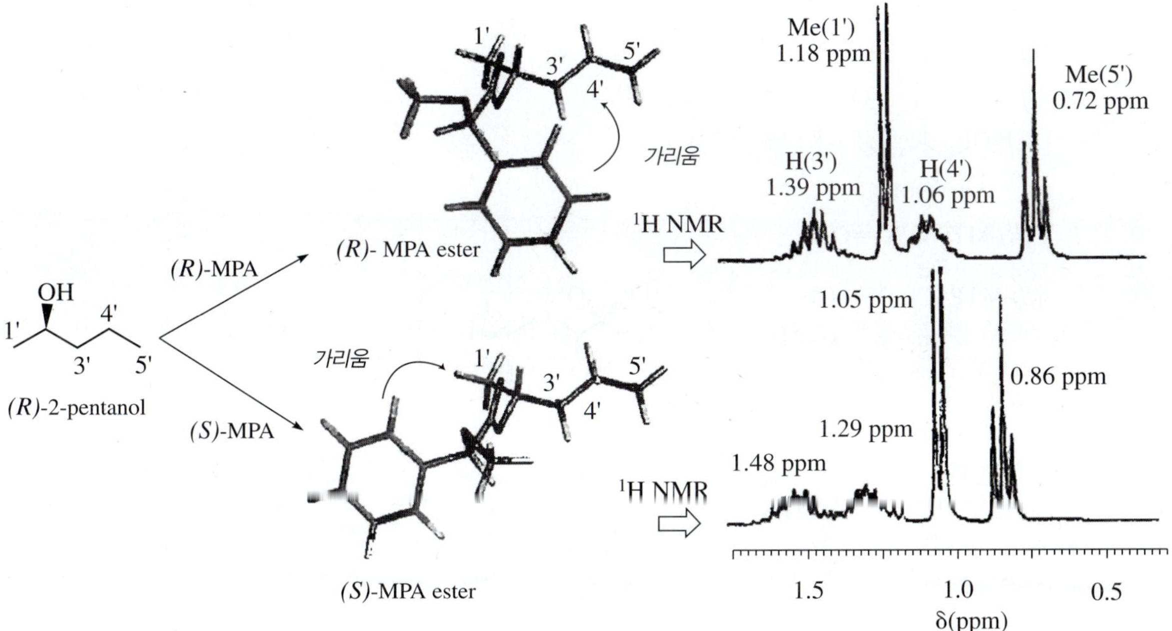

그림 8.24 Chial 유도체 형성 시약으로 2-methoxyphenylacetic acid(MPA) 사용[인용 문헌: Seco, J. M., E. Quinoa, and R. Riguera, *Chemical Reviews 104* (2004): 17–117. 허가 후 게재].

8.10 NMR을 이용한 절대 배열과 상대 배열의 결정

A. 절대 배열의 결정

8.9절에서 설명한 방법은 광학적 순도(거울상이성질체 초과량)를 결정하는 데 아주 유용하다. 그러나 순수한 각 거울상이성질체의 신뢰할 만한 시료를 다룰 수 없으면, 존재하는 주 거울상이성질체의 *절대* 배열을 확신을 갖고 결정하는 것은 대개 불가능하다. 천연물의 분리나 합성 연구에서는 순수한 거울상이성질체의 신뢰할 만한 시료를 다룰 수 있는 경우가 좀처럼 흔하지 않다. 1973년, Mosher는 NMR 분석으로 2차 alcohol의 절대 배열을 결정하는 방법을 보고하였다. 그 이후로 그의 방법은 넓은 영역으로 확장되고, 정교하게 다듬어졌다. Mosher 방법에서 각 alcohol은 따로따로 methoxytrifluoromethylphenylacetic acid(MTPA)의 각 거울상이성질체 또는 산의 해당 염화물인 acid chloride(MTPA-Cl)의 각 거울상이성질체와 반응한다(그림 8.25). Carboxylic acid와 acid chloride는 입체 중심에 치환기의 3차원 배열이 똑같지만, acid의 −OH 그룹이 acid chloride에서 −Cl로 바뀌면서 Cahn-Ingold-Prelog의 우선 순위에 변화가 생기기 때문에 반대의 *R*/*S* 배열을 갖는 것에 유의하여라. 이와 같은 불행한 상황으로 인해 혼란스럽고 잘못된 입체화학적 할당을 한 수많은 경우가 초래되었다.

두 개의 MTPA ester를 준비한 후에, 각 유도체의 NMR 스펙트럼(^{19}F, ^{1}H와/또는 ^{13}C)을 얻고 각 공명의 화학적 이동을 비교한다. (*R*) ester의 스펙트럼에서 입체 중심에 직접 결합된 그룹에 대한 공명의 화학적 이동과 (*S*) ester의 스펙트럼에서 해당 공명에 상응하는 화학적 이동 사이의 차이 값을 얻는다[$\delta(S) - \delta(R) = \Delta\delta^{SR}$]. 그런 다음 ester의 가장 안정한 형태에 대한 정확한 실험 모형을 이용하여 $\Delta\delta$ 값의 부호를 해석하여 기질의 절대 배열을 유추할 수 있다(그림 8.26). 그의 실험에 기초하여 Mosher는 CF_3 그룹, Cα, ester의 carboxyl 그룹과 산소가 결합된 methine(C1′)이 모두 한 평면에 있다는 결론을 얻었다. 이와 같은 형태는 MTPA ester의 phenyl 그룹에 의한 L_1과 L_2에 대한 가리움에 차이를 유발시킨다(방향족 고리의 가리움 효과를 논의한 5.12절을 참조). (*R*)-MTPA ester에서 L_2가 phenyl 고리에 의해 가려진다(그림 8.26a). (*S*)-MTPA ester에서는 반대로 되어 L_1이 phenyl 고리에 의해 가려진다(그림 8.26b). 그 결과, (*R*)-MTPA ester에서 상대적으로 가려졌던 모든 proton(또는 탄소)들은 양의 $\Delta\delta^{SR}$ 값을 가질 것이고

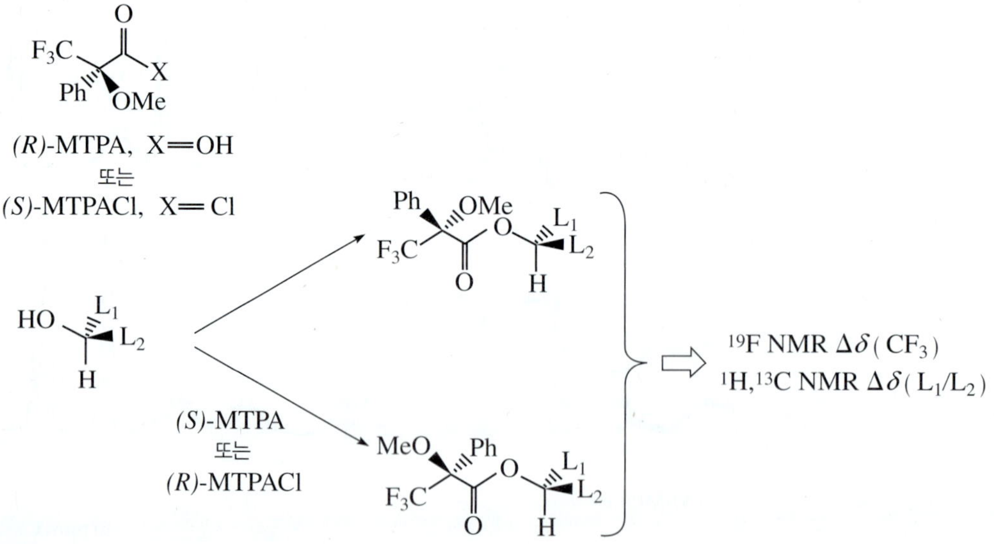

그림 8.25 Mosher ester 유도체의 형성[인용 문헌: Seco, J. M., E. Quinoa, and R. Riguera, *Chemical Reviews 104* (2004): 17–117. 허가 후 게재].

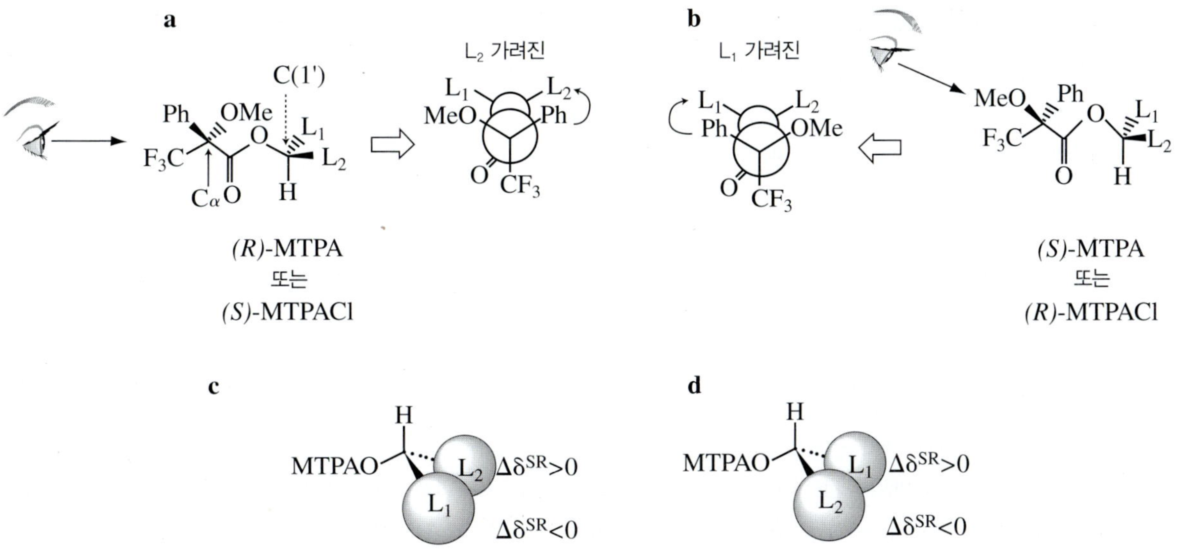

그림 8.26 절대 배열을 결정하기 위한 Mosher ester 유도체의 해석[인용 문헌: Seco, J. M., E. Quinoa, and R. Riguera, *Chemical Reviews* 104 (2004): 17-117].

(그림 8.26c에서 L_2), phenyl 고리에 의해서 가려지지 않는 proton(또는 탄소)들은 음의 $\Delta\delta^{SR}$ 값을 가질 것이다(그림 8.26c에서 L_1). 만약 alcohol이 반대 배열을 갖는다면, 가려짐 환경은 거꾸로 될 것이다(그림 8.26d). 일단 MTPA ester의 측면에 있는 그룹에 대한 $\Delta\delta^{SR}$ 값이 결정되면, L_1과 L_2를 할당하기 위해서 그림 8.26c와 8.26d에 있는 구조 모형을 사용할 수 있고, 그것으로 본래 alcohol의 절대 배열을 결정할 수 있다. 보통 실제 적용에서는 대부분의 연구자들은 *보완된 Mosher 방법*을 사용한다. 이 방법에서는 문제의 입체 중심에 직접 결합된 그룹에 대한 $\Delta\delta^{SR}$ 값만을 조사하는 것이 아니라, 화합물에 있는 모든 proton(또는 탄소)에 대한 $\Delta\delta^{SR}$ 값을 조사한다. 이와 같은 방식을 사용하면, 치환기 L_1과 L_2에 대한 $\Delta\delta^{SR}$의 대표적인 부호를 결정할 수 있어서 비정상적인 화학적 이동으로부터 유래되는 혼돈을 막는 데 도움이 된다.

Mosher 방법은 β-카이랄 1차 alcohol과 α-카이랄 3차 alcohol에도 적용할 수 있다. Mosher amide를 카이랄 amine으로부터 합성하고, 비슷한 방식으로 분석할 수 있다. Alcohol, amine, carboxylic acid, sulfoxide의 절대 배열을 결정하기 위하여 수많은 다른 카이랄 유도체 합성 시약들이 수년에 걸쳐 개발되어 왔다. 일반적으로 이와 같은 모든 카이랄 보조제들은 공통적인 세 가지 특징을 가지고 있다. (1) 기질에 보조제가 효과적으로 결합할 수 있도록 하는 작용기, (2) 특정한 형태에서 관심 있는 화합물을 고정시켜 주는 극성 그룹 또는 크기가 큰 그룹, (3) 측정에 사용되는 두 화학종(부분입체이성질체)에서 서로 차이가 나는 가리움을 일으키는 우세한 형태에서 상당한 비등방성 효과를 일으킬 수 있는 그룹.

Mosher는 본래 MTPA 유도체의 절대 배열을 결정하기 위해서 ^{19}F 분광학을 사용했지만, 오늘날 대부분의 연구자들은 이 목적을 위해서 ^{1}H NMR을 사용한다. ^{19}F 분광학은 MTPA 보조제 자체로부터 단지 플루오린의 신호만 나타나므로 스펙트럼이 혼잡하지 않은 장점을 갖는다. 대부분의 상황에서 ^{1}H NMR이 유용하지만, $\Delta\delta^{SR}$이 작은 경우, 고자기장 분광기를 사용하더라도 공명의 겹침은 여전히 문제가 된다. ^{13}C NMR 분광학은 더 넓은 화학적 이동의 범위를 갖고 있는 장점이 있어서 공명의 겹침이 덜 일어날 것이다. 더욱이 ^{13}C NMR은 입체 중심에 하나 이상의 치환기가 proton을 갖지 않더라도 유용한 정보를 제공한다. 하지만 ^{13}C의 낮은 민감도 때문에 사용가능한 기질의 양이 아주 적은 경우에는 사용에 한계를 나타낸다.

B. 상대 배열의 결정

제7장에서 우리는 ^{1}H–^{1}H 짝지음 상수가 상대 배열을 할당하는 데 사용되는 많은 예를 보았다. 특히 화합물의 형태를 추론할 때 사용하였다. 여기서 그 논의를 확장시키지는 않을 것이다. 몇몇 종류의 화합물에 대해서는 간단한 ^{13}C NMR 분광학을 입체화학적 상대 배열을 할당하는 데 아주 신뢰할 만하게 사용할 수 있다. 가장 신뢰할 만한 예 중의 하나가 비고리 1,3-diol의 상대 배열을 결정하는 [^{13}C]acetonide 방법이다. 2,2-Dimethyl-1,3-dioxolane(acetone ketal, acetonide)에 대한 형태 선호도는 Rychnovsky가 acetonide methyl 그룹의 ^{13}C 화학적 이동과 입체화학적인 배열의 상관관계를 밝혔던 1990년까지 이미 잘 알려져 있었다. *Syn*-1,3-diol의 acetonide는 acetonide의 하나의 methyl 그룹이 축 방향 위치에 있고, 다른 methyl 그룹이 적도 방향 위치에 있는 의자 형태를 갖는다. ^{13}C NMR 스펙트럼에서 더 가려진 축 방향 위치에 있는 methyl 그룹은 ~19 ppm의 화학적 이동을 갖고, 적도 방향 위치에 있는 덜 가려진 methyl 그룹은 ~30 ppm에 나타난다(그림 8.27). 바꾸어 말하면, *anti*-1,3-diol의 acetonide 유도체는 의자 형태에서의 입체 반발을 완화하기 위해서 찌그러진 보트 형태로 존재한다. ^{13}C NMR 스펙트럼에서 *anti*-1,3-diol acetonide의 두 개의 methyl 그룹 모두 ~25 ppm에 나타난다. Acetal 탄소의 화학적 이동 역시 입체화학적 배열에 대해 좋은 상관관계를 갖는데, ^{13}C NMR 스펙트럼에서 *syn*-1,3-diol acetonide의 acetal 탄소는 98.5 ppm에 나타나고, *anti*-1,3-diol acetonide의 acetal 탄소는 100.6 ppm에 나타난다.

문헌에 나오는 수백 개의 1,3-diol acetonide의 ^{13}C NMR 자료를 분석해 보면, 이 방법이 신뢰할 만하다는 것을 알 수 있다. 단지 몇 가지 유형의 치환기(R_1과/또는 R_2)만이 문제가 된다. 그림 8.27에 나타낸 화학적 이동 상관관계는 dioxolane 고리의 4번과/또는 6번 위치에 있는 치환기가 *sp*-혼성화된 탄소(alkyne 또는 nitrile)일 때만 신뢰할 수 없게 된다. Acetal 탄소의 화학적 이동 상관관계를 사용하는 것은 아주 신뢰할만한 것이 아니지만, 수백 개의 acetonide를 조사했을 때, *syn*-1,3-diol acetonide의 10% 미만과 *anti*-1,3-diol acetonide의 5% 미만에서 acetal 탄소만의 화학적 이동에 근거했을 때 잘못 할당될 것이다. 만약 acetal의 화학적 이동을 acetonide methyl의 화학적 이동과 연관지어 고려한다면, 실질적으로 잘못 할당하는 일은 없을 것이다. 이 방법의 유일한 단점은 acetonide 유도체를 diol 기질로부터 합성해야 한다는 것이지만, 이것은 acetone, 2,2-dimethoxypropane, pyridinium/*p*-toluenesulfonate(PPTS)의 혼합물로부터 쉽게 수행된다. 아주 적은 양의 시료만이 사용가능하다면, ^{13}C로 농축된 acetone을 acetonide를 합성하는 데 사용하면 된다. 또한 [^{13}C]acetonide 방법을 여러 가지 다른 1,3-diol을 포함하는 복잡한 천연물에도 쉽게 적용할 수 있다.

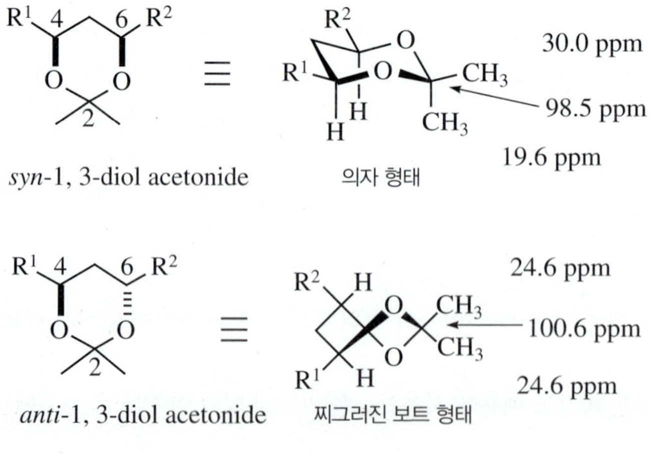

R^1 4 6 R^2 O O 2 ≡ R^2 O R^1 O CH_3 H H CH_3 30.0 ppm 98.5 ppm 19.6 ppm

syn-1, 3-diol acetonide 의자 형태

R^1 4 6 R^2 O O 2 ≡ R^2 H O CH_3 CH_3 O R^1 H 24.6 ppm 100.6 ppm 24.6 ppm

anti-1, 3-diol acetonide 찌그러진 보트 형태

그림 8.27 1,3-Diol acetonide에 대한 ^{13}C NMR 화학적 이동 상관관계[인용 문헌: Rychnovsky, S. D., B. N. Rogers, and T. I. Richardson, *Accounts of Chemical Research 31* (1998): 9–17].

8.11 핵 Overhauser 효과 차이 스펙트럼

NMR 스펙트럼을 해석하는 많은 경우, 분자 내에서 proton의 공간적인 위치에 의해 proton을 구별할 수 있다면 아주 유용할 것이다. 예를 들어, alkene의 경우에 두 개의 그룹이 서로 *cis* 위치에 있는지, 또는 *trans* 이성질체를 나타내는지를 결정하는 것은 유용하다. 두 고리 분자의 경우, 화학자들은 치환기가 *exo* 위치에 있는지, 또는 *endo* 위치에 있는지 알고 싶다. 이와 같은 유형의 많은 문제는 화학적 이동의 해석이나 스핀-스핀 갈라짐 효과의 조사에 의해서는 풀 수 없다.

이와 같은 유형의 문제를 푸는 손쉬운 방법은 핵 Overhauser 효과 **차이 분광학**(NOE difference spectroscopy)을 이용하는 것이다. 이 기법은 핵 Overhauser 효과(6.5절)를 일으키는 동일한 현상에 기반하고 있다. 다만 이종핵 짝풀림이 아닌 *동종핵* 짝풀림을 이용하는 것이 다른 점이다. 핵 Overhauser 효과를 논의할 때, 수소 원자가 직접 탄소 ^{13}C에 결합되어 있고, 수소핵이 넓은 영역 신호에 의해 포화된 것에 주목을 했다. 하지만 두 핵이 핵 Overhauser 효과에 의해 상호작용할 때, 사실상 두 핵이 서로 결합되어 있을 필요는 없다. 두 핵이 일반적으로 약 4 Å 이내의 범위에서 서로 *가까이* 있으면 충분하다. 서로 공간적으로 가까이 있는 핵은 **쌍극자** 메커니즘에 의해 서로를 이완시킬 수 있다(이 책에서는 전기 쌍극자보다는 자기 쌍극자를 지칭한다). 외부 자기장의 존재 하에 한 핵의 자기 모멘트가 세차 운동을 하면, 그 핵의 자기 모멘트는 근처에 있는 핵의 공명 진동수와 같은 진동수를 갖는 진동하는 장을 발생시킨다. 영향을 받은 두 핵 사이에 서로 에너지 교환이 일어나고, 각각 서로를 이완시킨다. 이와 같은 쌍극자 과정에 의해 상호작용하는 두 그룹의 핵은 서로 아주 가까이 있어야 하고, 그 효과의 크기는 r^{-6}의 함수로 감소한다. 이때, r은 두 핵 사이의 거리이다.

약한 세기의 짝풀림 펄스의 적절하게 시간이 제어된 응용으로 이와 같은 쌍극자 상호작용의 이점을 취할 수 있다. 한 그룹의 proton에 쬐어주면, 그 proton과 쌍극자 메커니즘에 의해 상호작용하는 근처의 proton은 신호 *세기*가 증대되는 것을 경험하게 될 것이다.

전형적인 NOE 차이 실험은 *두 개*의 분리된 스펙트럼으로 구성되어 있다. 첫 번째 실험에서는 우리가 쬐어주고자 하는 proton 그룹에 정확하게 맞도록 짝풀림 장치의 진동수를 맞추는 것이다. 두 번째 실험은 첫 번째 실험과 정확하게 같은 조건에서 수행하는데, 다른 점은 짝풀림 장치의 진동수를 짝풀림이 일어나지 않도록 스펙트럼의 어떤 피크와도 멀리 떨어진 값으로 맞추는 것이다. 두 스펙트럼을 컴퓨터에서 디지털로 된 자료로 만들어 서로 빼면 *차이* 스펙트럼을 그릴 수 있다.

이렇게 얻어진 NOE 차이 스펙트럼은 쬐어준 proton 그룹에 대해 *음의* 신호를 보여 줄 것으로 예상된다. 양의 신호는 쌍극자 메커니즘에 의해 쬐어준 proton과 상호작용을 한 핵에 대해서*만* 관찰된다. 달리 말하면, 쬐어준 proton으로부터 약 3~4 Å 이내에 위치한 핵만이 양의 신호를 줄 수 있다. 쬐어줌에 의해 영향을 받지 않은 다른 모든 핵은 아주 약한 신호를 나타내거나 신호가 아예 없을 것이다.

Ethyl methacrylate의 NOE 차이 해석에 대한 설명을 그림 8.28의 스펙트럼에 나타내었다.

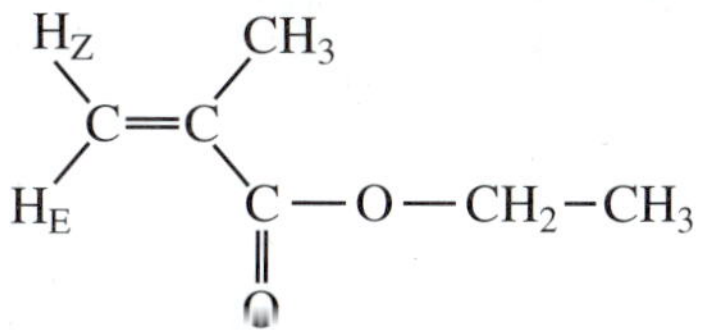

```
H_Z       CH_3
   \     /
    C=C
   /     \
H_E       C—O—CH_2—CH_3
          ‖
          O
```

맨 위의 스펙트럼은 이 화합물의 정상 proton NMR 스펙트럼이다. 두 vinyl 수소에 의한 피크는 5.5~6.1 ppm 범위에 나타난다. Carbonyl 그룹의 공간을 통한 벗김 효과에 의해 H_E가 H_Z보다 더 낮은 장으로 이동되었을 것으로 추정된다. 하지만 이 피크 중에서 어떤 피크가 H_Z에 해당하고, 어떤 피크가 H_E에 해당하는지 분명하게 결정하기 위한 실험을 통하여 이 예측을 확인할 필요가 있다.

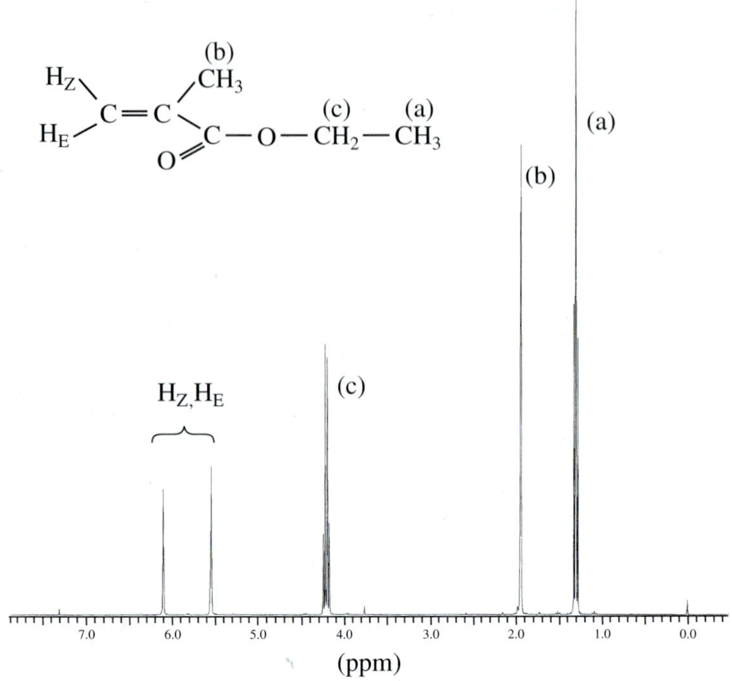

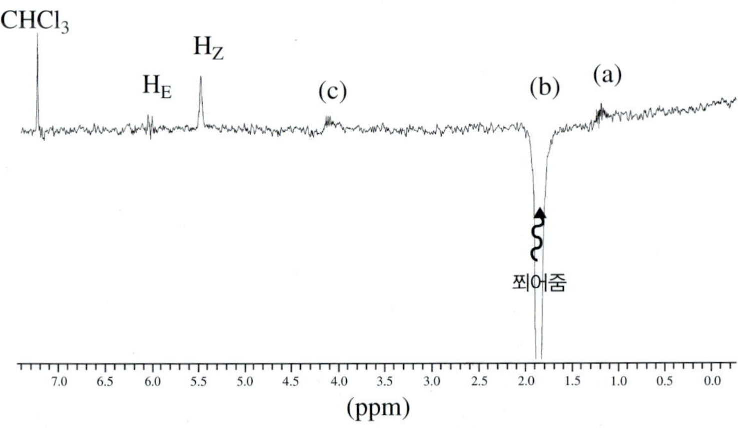

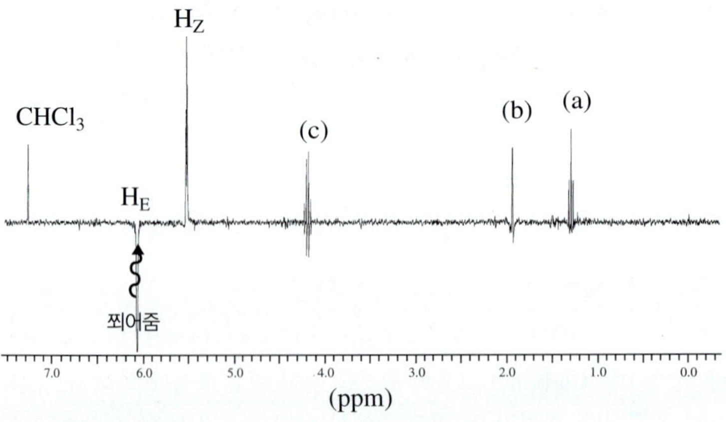

그림 8.28 Ethyl methacrylate의 NOE 차이 스펙트럼. 위 스펙트럼: 짝풀림 없는 ethyl methacrylate의 proton NMR 스펙트럼, 중간 스펙트럼: 1.9 ppm에 찍어준 NOE 차이 스펙트럼, 아래 스펙트럼: 6.1 ppm에 찍어준 NOE 차이 스펙트럼.

두 번째 스펙트럼은 1.9 ppm에 나타나는 methyl 공명에 동시 쬐어줌을 해주며 얻은 것이다. 1.9 ppm의 피크가 강하게 음의 피크로 나타난 것을 즉각적으로 볼 수 있다. 스펙트럼에서 양의 피크로 나타난 유일한 피크는 5.5 ppm의 vinyl proton 피크이다. 6.1 ppm에 나타나는 다른 vinyl 피크는 대부분의 다른 피크처럼 스펙트럼에서 거의 사라져서 아주 작게 보인다. 5.5 ppm의 양의 피크의 존재는 이 피크가 수소 H_Z로부터 온 것임을 확신하게 해 준다. Proton H_E는 methyl 그룹으로부터 너무 멀리 떨어져 있기 때문에 쌍극자 이완 효과를 경험할 수 없다.

실험을 반대 방향으로 수행하여도 위와 같은 결론을 얻을 수 있을 것이다. 5.5 ppm의 vinyl proton에 쬐어주면, 1.9 ppm의 methyl 피크가 양의 피크로 얻어질 것이다. 하지만 결과는 매우 극적인 것만은 아니다. 동등한 수소를 많이 가지고 있는 그룹에 쬐어주고 수소 개수가 적은 그룹의 세기 증대를 관찰하는 것이 그 반대의 경우보다 항상 더 효과적이다.

마지막으로, 세 번째 스펙트럼은 6.1 ppm에 나타나는 H_E 피크에 동시 쬐어줌을 해주며 얻은 것이다. 양의 피크로 나타나는 유일한 피크는 예상대로 5.5 ppm의 H_Z 피크이다. 1.9 ppm의 methyl 피크는 증대를 보여주지 못한다. 이를 통해 methyl 그룹이 6.1 ppm의 피크에 해당하는 proton으로부터 멀리 떨어져 있다는 것을 확신할 수 있다.

이 예를 통하여 복잡한 구조 문제를 푸는 데 있어서 NOE 차이 분광학을 어떻게 사용할 수 있는지 알았다. 이 기법은 특히 방향족 고리에서 치환기의 위치, alkene이나 두 고리 화합물에서 입체화학적 차이와 관련된 문제를 푸는 데 아주 적합하다.

8.12 고급 1-D 방법과 관련된 문제 풀이법

이 절에서는 몇 가지 고급 1-D NMR 자료를 이용하여 문제를 풀 것이다. 여느 문제 풀이 연습과 같이 체계적인 접근으로 풀이 과정을 단순화시키고, 어떠한 정보도 간과하지 않았다는 확신을 도와줄 것이다. 어떤 종류의 NMR 실험이 질문과 관련된 결정적인 정보를 제공할 수 있을 것인지에 대한 분석부터 시작할 것이다. 그런 후에 가능한 각각의 답에 대해서 관찰할 수 있는 것이 무엇인지 조심스럽게 생각할 것이다. 때로는 관찰할 수 없는 것에 대해서도 생각해야만 할지도 모른다. 그러나 이것은 잠재적으로 위험성이 있는 계획이다. 존재하지 않는 자료에 기반하여 결론을 유추하는 것은 일반적으로 현명하지 않은 일이다.

■ 풀이가 있는 예제 1

여기에 나타낸 Horner-Emmons 반응은 두 개의 입체이성질성 alkene(*Z*, *E* 이성질체)을 생성한다. 두 이성질체는 관크로마토그래피에 의해 서로 분리되지만, 거의 동등한 1-D ^{1}H NMR 스펙트럼을 갖는다. 두 이성질체를 어떻게 구별할 수 있는가?

CH_3O CH_3 O H_3C CH_3O — EtO, EtO, P, O, OCH_2CH_3, O / NaH, THF → (*Z*): CH_3O CH_3 H $CO_2CH_2CH_3$ H_3C CH_3O + (*E*): CH_3O CH_3 $CO_2CH_2CH_3$ H H_3C CH_3O

(*Z*) (*E*)

■ 풀이

특별한 경우이기는 하지만 종종 이와 같이 부분입체이성질체들은 구별되지 않는 ^{1}H NMR 스펙트럼을 보인다. 이것은 두 화합물에서 공간을 통한 상관관계가 서로 다른 경우이다. 따라서 NOE 실험이 필요하다 (8.11절). *E*-alkene 이성질체에서 ester에 이웃하고 있는 alkenyl methine에 쬐어주면, 방향족 proton의 증대는 일어나지만, alkene에 결합된 methyl 그룹의 증대는 일어나지 않는다. 반대로 *Z*-alkene 이성질체에서 alkenyl methine proton에 쬐어주면, alkene에 결합된 methyl 그룹의 증대만이 일어난다. 사실상 이것은 각 화합물의 NOE 스펙트럼을 얻을 때 관찰된다.

■ 풀이가 있는 예제 2

"광학 활성 α-methylbenzyl amine"이라 쓰여진 조그만 시약병을 발견하였다. 그 물질로부터 (*S*)-와 (*R*)-Mosher amide를 합성한 후, 다음과 같은 NMR 자료를 얻었다. 조그만 시약병에 들어 있는 것은 α-methylbenzyl amine의 거울상이성질체 중 어느 것인가?

(*S*)-Mosher amide ^{1}H NMR (400 MHz, $CDCl_3$): δ 7.57~7.25 (m, 10H), 7.01 (d, J = 7.2 Hz, 1H), 5.19 (dq, J = 7.2, 6.9 Hz, 1H), 3.37 (s, 3H), 1.51 (d, J = 6.9 Hz, 1H).

(*R*)-Mosher amide ^{1}H NMR (400 MHz, $CDCl_3$) δ 7.44~7.24 (m, 10H), 7.01 (d, J = 7.0 Hz, 1H), 5.18 (dq, J = 7.0, 6.9 Hz, 1H), 3.41 (s, 3H), 1.55 (d, J = 6.9 Hz, 1H).

■ 풀이

8.10절에서 기술한 Mosher ester와 같은 방법으로, (*S*)-Mosher amide에 있는 입체 중심의 옆에 있는 그룹의 화학적 이동에서 (*R*)-Mosher amide에 있는 입체 중심의 옆에 있는 그룹의 화학적 이동을 빼서 $\Delta\delta^{SR}$ 값을 구하면 어느 그룹이 MTPA 입체 중심에 결합된 phenyl 그룹에 의해 가려지는지를 알 수 있다. 이 경우 우리는 methyl 이중선을 사용하였다. $\Delta\delta^{SR}$ 값은 1.51 ppm − 1.55 ppm = −0.04 ppm이다. 이 값이 0보다 작기 때문에 methyl 그룹은 방향족 고리에 의해 가려져 있다. 이로부터 본래의 α-methylbenzyl amine은 (*S*) 배열로 할당된다.

연습 문제

***1.** 매우 순수한 ethanol의 스펙트럼을 그림 8.3에 나타내었다. Ethanol의 methylene 그룹에 대한 나뭇가지 도표를 그려 hydroxyl 그룹과 methyl 그룹에 대한 methylene 그룹의 짝지음을 설명하여라.

***2.** 다음은 화학식 $C_5H_{10}O$인 화합물에 대한 스펙트럼이다. 약 1.9 ppm의 피크는 용매와 농도에 따라 변한다. 피크 사이의 간격을 Hz 단위로 표시한 확대 그림도 나타내었다. 약 5.0 ppm과 5.2 ppm의 두 개의 피크는 미세 구조를 갖는다. 이와 같은 작은 짝지음을 어떻게 설명할 수 있을까? 화합물의 구조를 그리고, 피크를 할당하고, 스펙트럼의 확대 피크에 대한 나뭇가지 도표를 그려라.

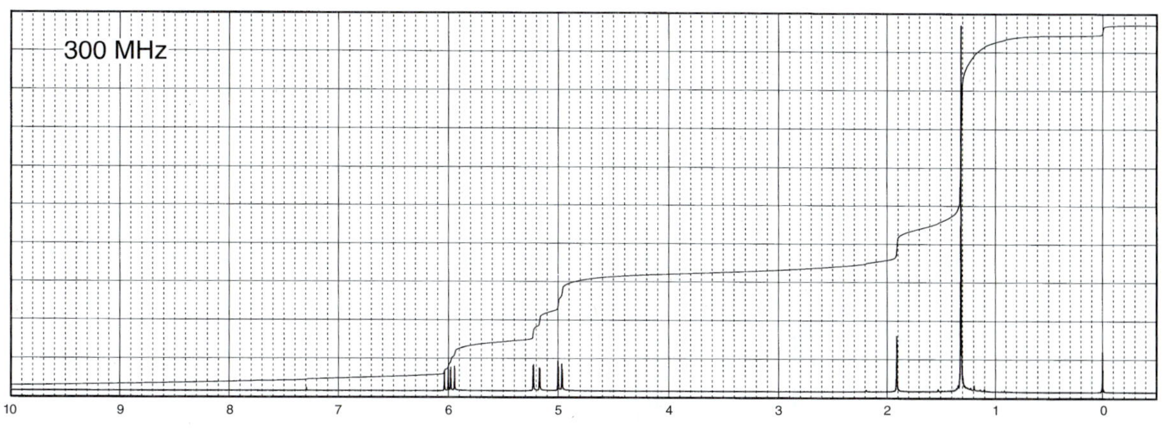

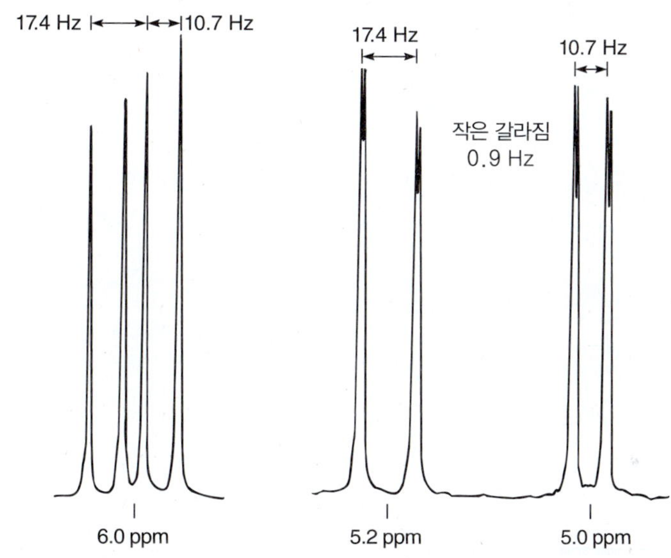

***3.** 화학식 C_6H_5BrO를 갖는 방향족 화합물의 구조를 결정하여라. 약 5.6 ppm의 피크는 교환 가능하고, 시료를 묽히면 쉽게 이동한다. 제시된 확대된 그림은 약 1.6 Hz의 ^4J 짝지음을 보여주고 있다.

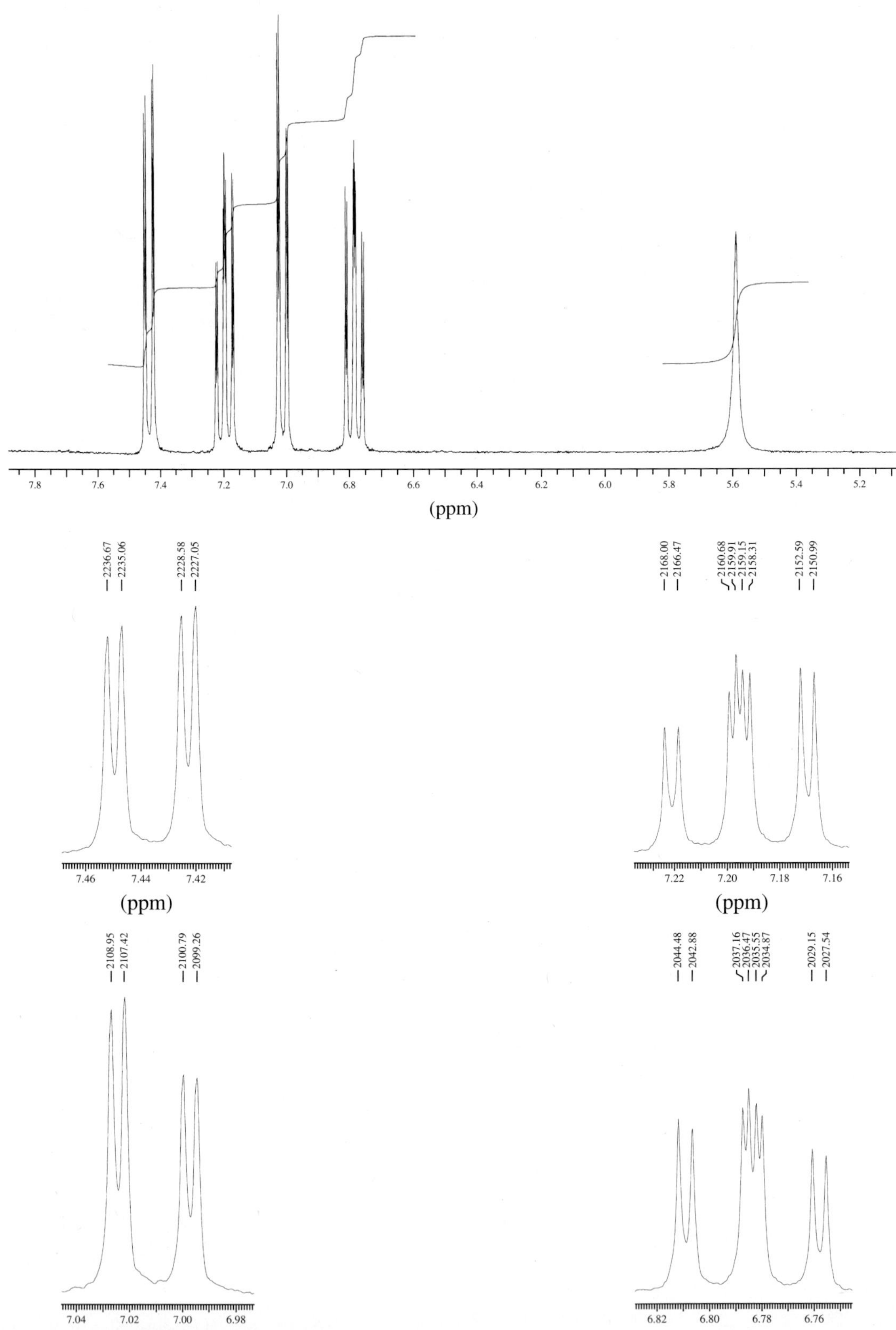
7.8
7.6
7.4
7.2
7.0
6.8
6.6
6.4
6.2
6.0
5.8
5.6
5.4
5.2
(ppm)
2236.67
2235.06
2228.58
2227.05
7.46
7.44
7.42
(ppm)
2168.00
2166.47
2160.68
2159.91
2159.15
2158.31
2152.59
2150.99
7.22
7.20
7.18
7.16
(ppm)
2108.95
2107.42
2100.79
2099.26
7.04
7.02
7.00
6.98
(ppm)
2044.48
2042.88
2037.16
2036.47
2035.55
2034.87
2029.15
2027.54
6.82
6.80
6.78
6.76
(ppm)

***4.** 스펙트럼에 나타낸 화합물은 2-methylphenol로부터 유도되었다. 얻어진 생성물의 화학식은 $C_9H_{10}O_2$이다. IR 스펙트럼에서 3136 cm^{-1}, 1648 cm^{-1}에 두드러지는 피크가 나타난다. 8.16 ppm의 넓은 피크는 교환 가능하고 용매 의존적이다. 제공된 스펙트럼과 화학적 이동의 계산(부록 6 참조)을 이용하여 이 화합물의 구조를 결정하여라. 계산값은 근사값이기는 하지만 정확한 구조를 결정할 수 있도록 해준다.

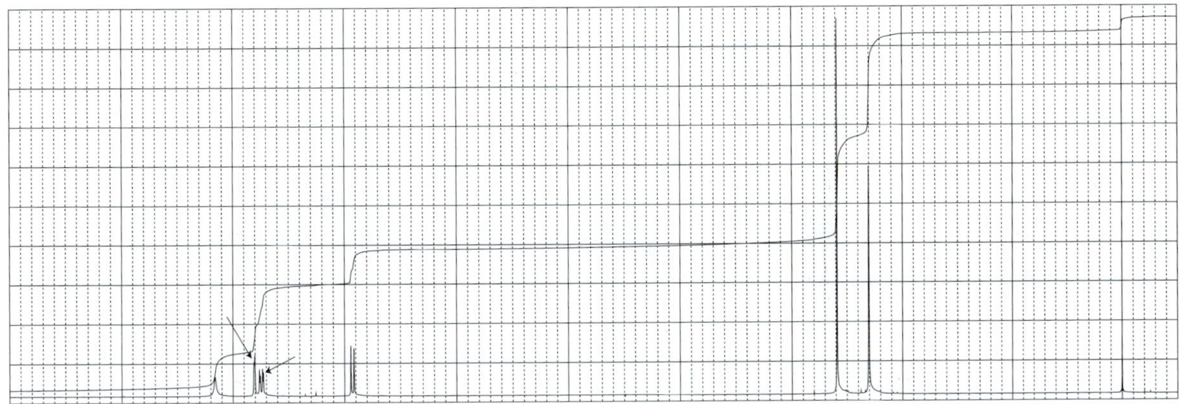

***5.** 이 문제에 제시된 스펙트럼과 확대 그림은 아래에 나타낸 화합물 중의 하나에 대한 것이다. 5.25 ppm의 넓은 피크는 교환 가능하고 용매 의존적이다. *근사적*으로 계산된 화학적 이동과 피크(단일선, 이중선)의 모양과 위치를 이용하여 정확한 구조를 결정하여라. 화학적 이동은 부록 6에 있는 정보로부터 계산할 수 있다. 계산값은 근사값이기는 하지만 정확한 구조를 결정할 수 있도록 해준다.

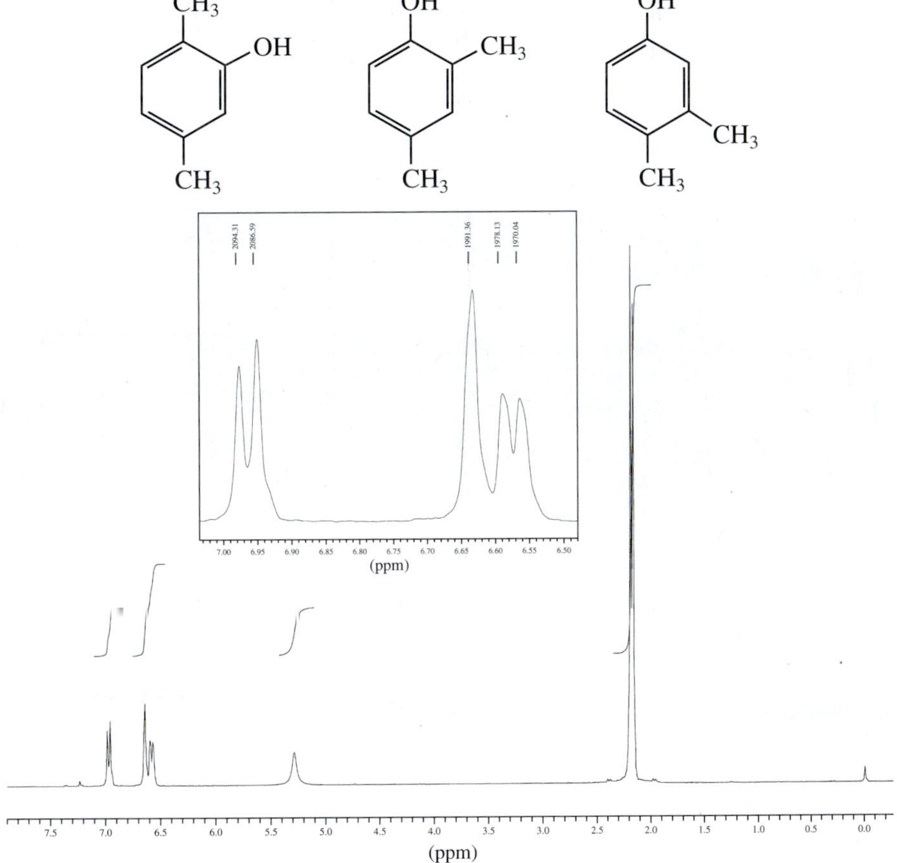

***6.** 화학식 $C_5H_{10}O$를 갖는 화합물의 ^{1}H NMR 스펙트럼이다. 이 화합물의 구조를 결정하여라. 2.1 ppm의 피크는 용매 의존적이다. 확대 그림에 몇 개의 proton을 나타내었다. 4.78 ppm에 나타나는 피크에 대한 미세 구조에 대해 설명하여라. 정상 ^{13}C 스펙트럼과 DEPT-135, DEPT-90 스펙트럼의 자료를 다음 표에 나타내었다.

정상 ^{13}C	DEPT-135	DEPT-90
22 ppm	양의 피크	피크 없음
41	음의 피크	피크 없음
60	음의 피크	피크 없음
112	음의 피크	피크 없음
142	피크 없음	피크 없음

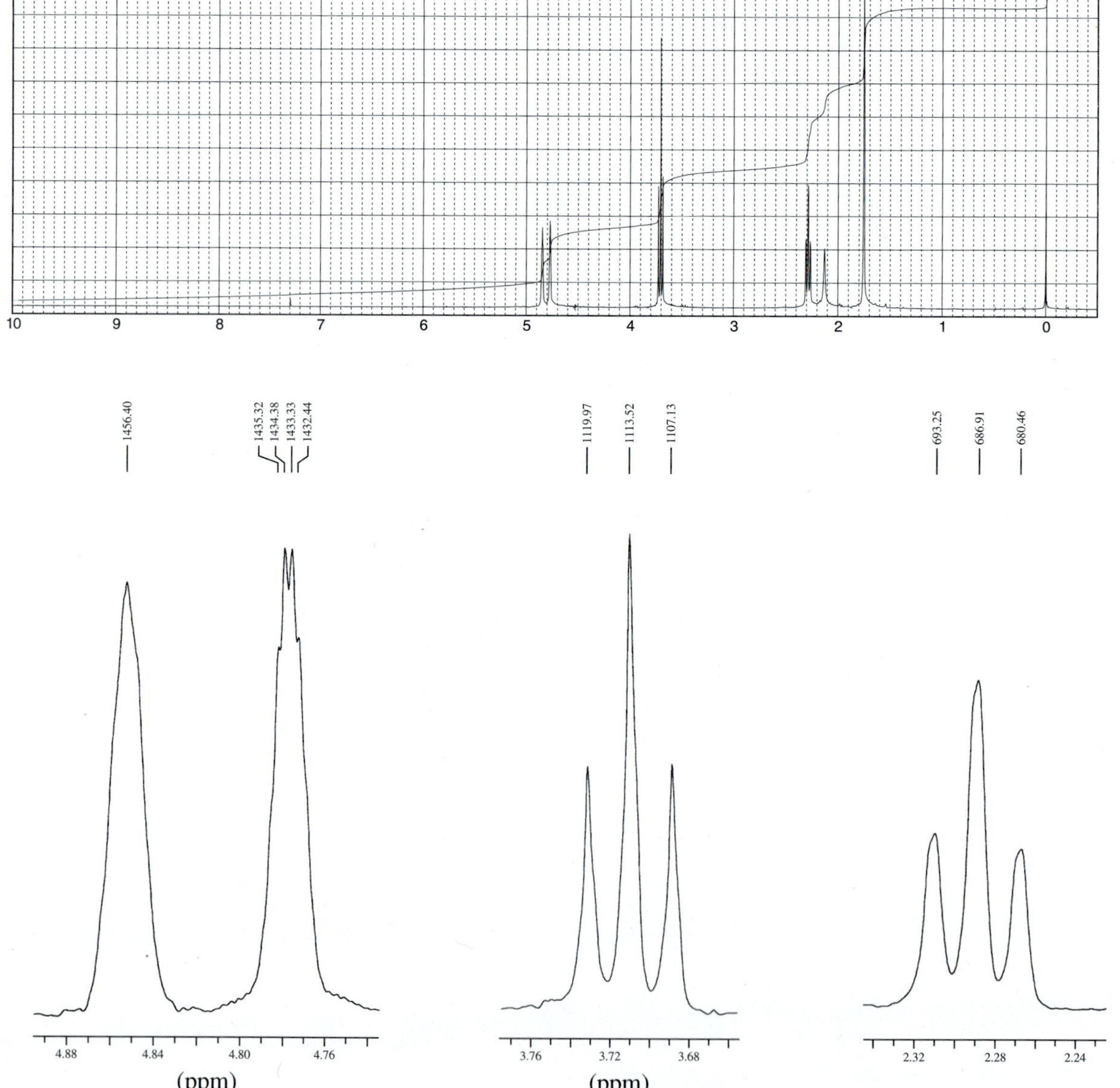

7. 화학식 $C_5H_{10}O$를 갖는 화합물의 ^{1}H NMR 스펙트럼이다. 2.1 ppm의 피크는 용매 의존적이다. IR 스펙트럼은 3332 cm^{-1}에 넓고 강한 흡수띠를 보여준다. 정상 ^{13}C 스펙트럼과 DEPT-135, DEPT-90 스펙트럼의 자료를 다음 표에 나타내었다. 이 화합물의 구조를 결정하여라.

정상 ^{13}C	DEPT-135	DEPT-90
11 ppm	음의 피크	피크 없음
18	피크 없음	피크 없음
21	양의 피크	피크 없음
71	음의 피크	피크 없음

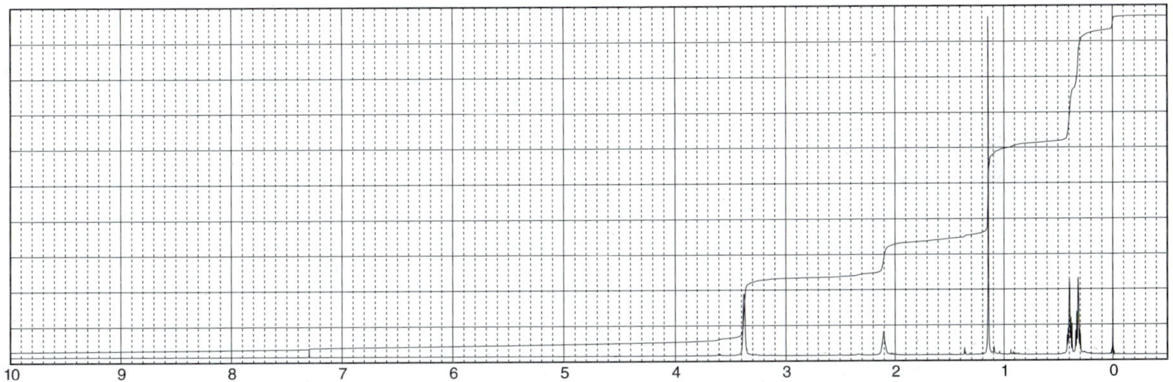

8. 화학식 $C_9H_9ClO_3$을 갖는 방향족 화합물의 구조를 결정하여라. IR 스펙트럼은 3300~2400 cm^{-1} 범위에서 아주 넓은 흡수띠를, 1714 cm^{-1}에서 강한 흡수띠를 보여준다. ^{1}H NMR에 대한 전체 범위의 스펙트럼과 확대 그림이 제시되었다. 이 화합물은 halogen이 결합된 기질에 3-chlorophenol의 소듐염의 친핵성 치환 반응을 통해 합성되었다.

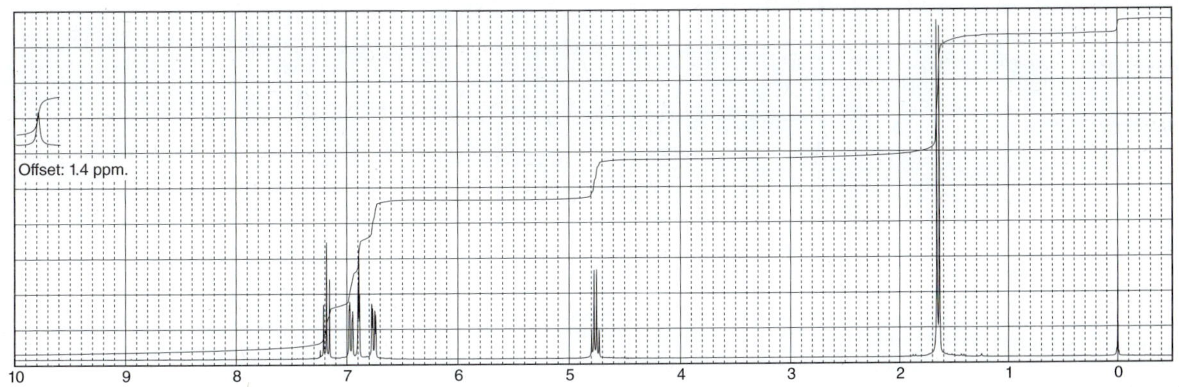

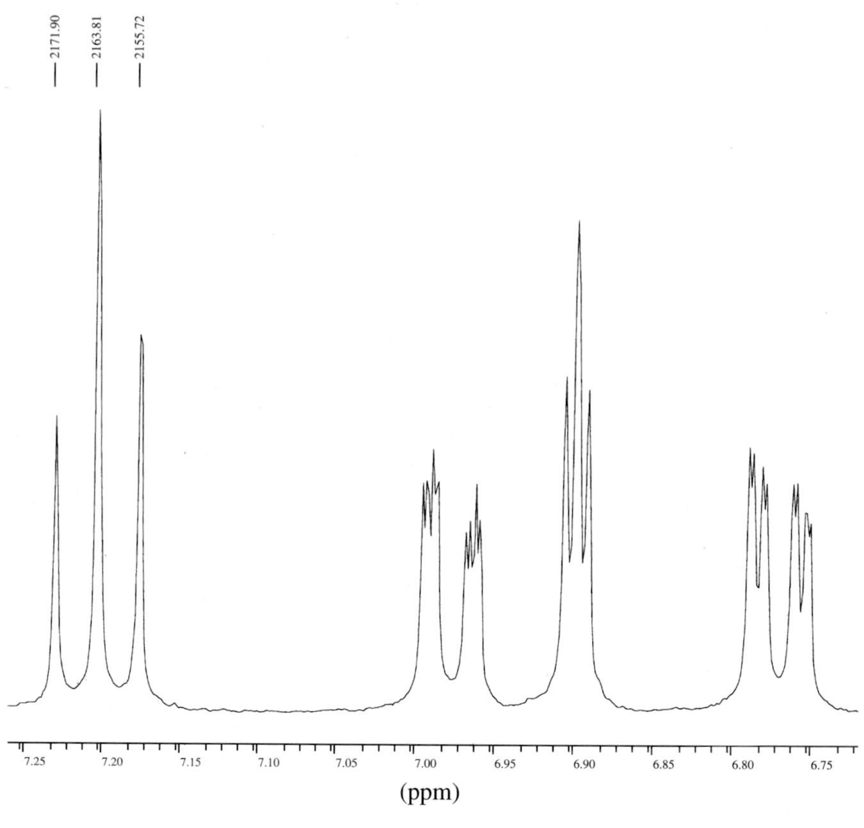
2171.90
2163.81
2155.72
7.25
7.20
7.15
7.10
7.05
7.00
6.95
6.90
6.85
6.80
6.75
(ppm)

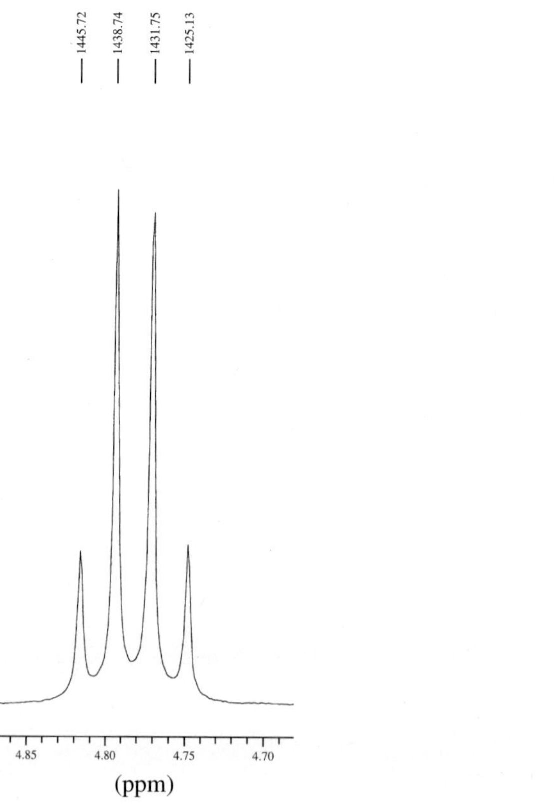
1445.72
1438.74
1431.75
1425.13
4.85
4.80
4.75
4.70
(ppm)

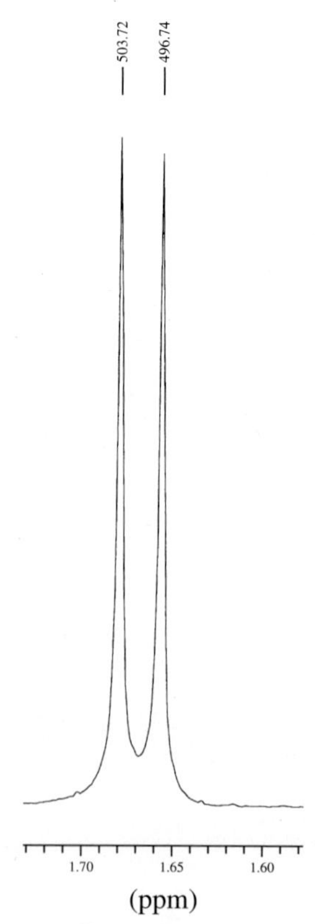
503.72
496.74
1.70
1.65
1.60
(ppm)

***9.** 화학식 $C_{10}H_{15}N$을 갖는 화합물의 구조를 결정하여라. 다음에 ^1H NMR 스펙트럼을 나타내었다. IR 스펙트럼은 3420~3349 cm^{-1} 범위에서 중간 세기의 흡수띠를, 1624 cm^{-1}에서 강한 흡수띠를 보여준다. DCl을 첨가하였을 때, NMR 스펙트럼에서 다른 피크들은 같은 위치에 머무르는 반면, 3.5 ppm의 넓은 피크는 위치가 이동된다.

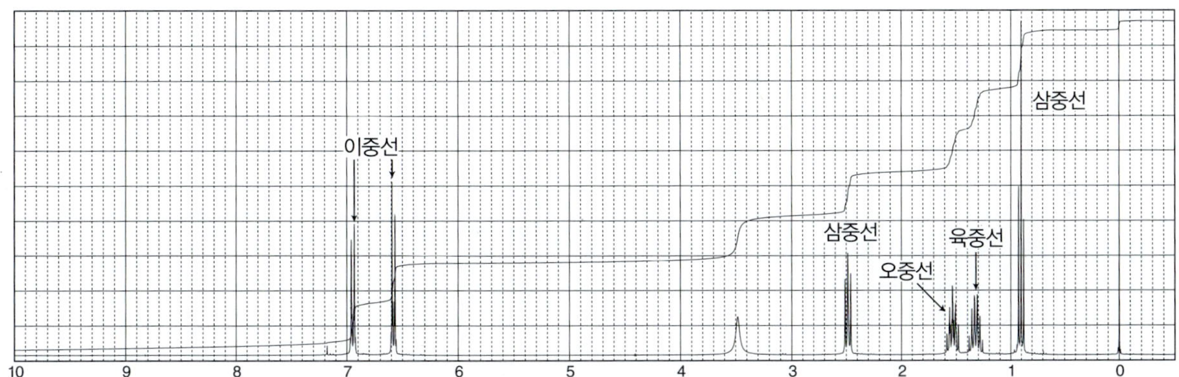

***10.** 화학식 $C_6H_5Br_2N$을 갖는 화합물의 구조를 결정하여라. 다음에 ^1H NMR 스펙트럼을 나타내었다. IR 스펙트럼은 3420~3315 cm^{-1} 범위에서 중간 세기의 흡수띠를, 1612 cm^{-1}에서 강한 흡수띠를 보여준다. 정상 ^{13}C 스펙트럼과 DEPT-135, DEPT-90 스펙트럼의 자료를 다음 표에 나타내었다.

정상 ^{13}C	DEPT-135	DEPT-90
109 ppm	피크 없음	피크 없음
119	양의 피크	양의 피크
132	양의 피크	양의 피크
142	피크 없음	피크 없음

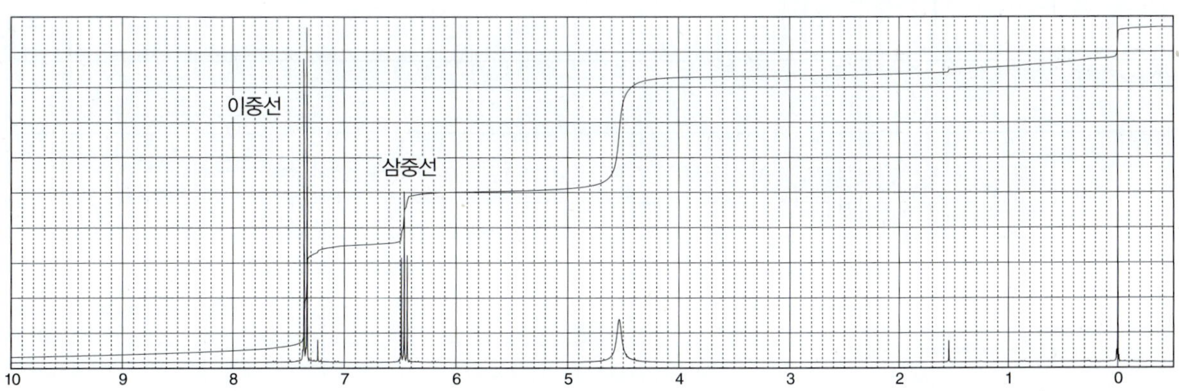

11. 세 개의 방향족 1차 amine의 구조와 함께 각 amine에 대한 ^{1}H NMR 스펙트럼을 다음에 나타내었다. 각 스펙트럼을 적절한 구조에 할당하여라. *근사적인* 화학적 이동을 계산해야만 하며(부록 6), 정확한 구조를 할당하기 위하여 피크(단일선, 이중선)의 모양 및 위치와 함께 화학적 이동의 계산값을 사용해야 한다.

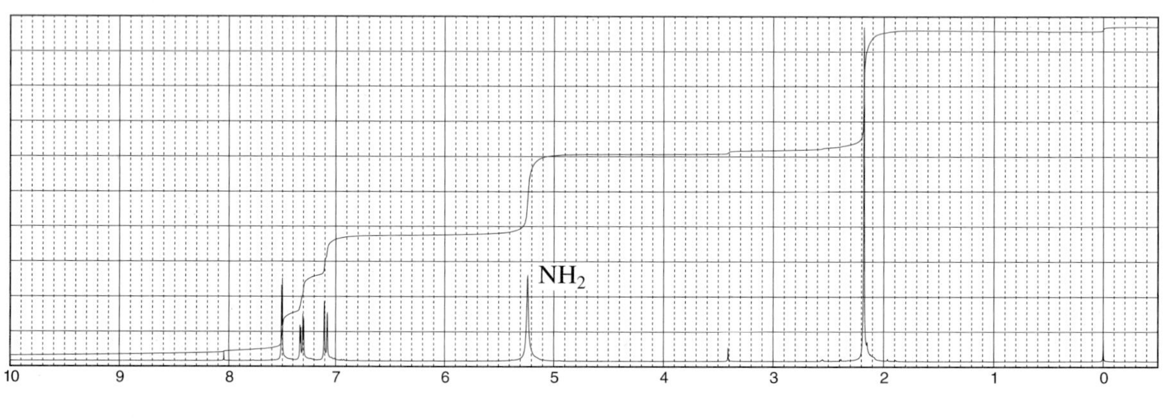

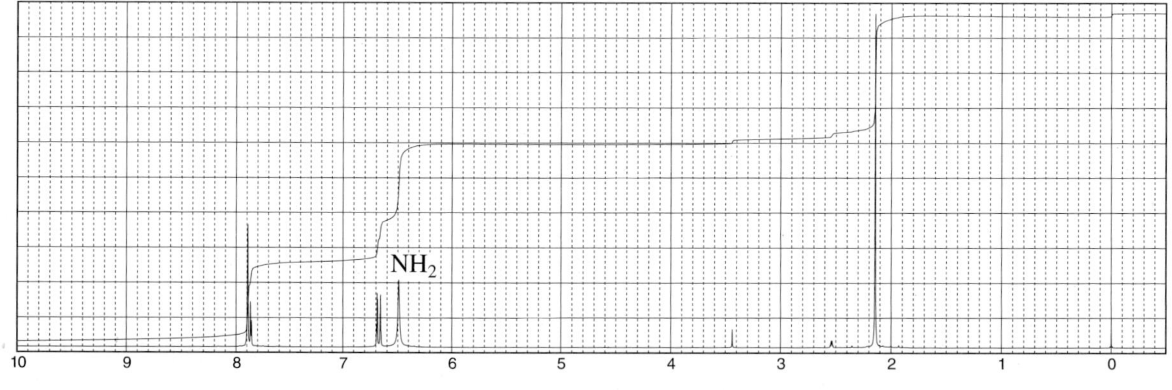

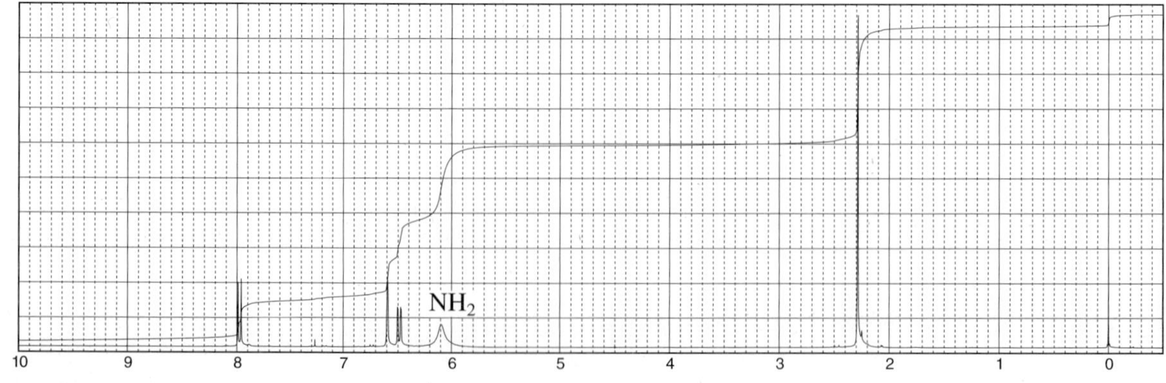

***12.** Aniline이 염소와 반응하면, 화학식 $C_6H_5NCl_2$를 갖는 생성물이 얻어진다. 다음에 이 화합물의 스펙트럼을 나타내었다. 확대 그림에 짝지음 상수값을 Hz 단위로 표시하였다. 화합물의 구조와 치환 패턴을 결정하고, 각 묶음의 피크를 할당하여라. 갈라짐 패턴을 설명하여라.

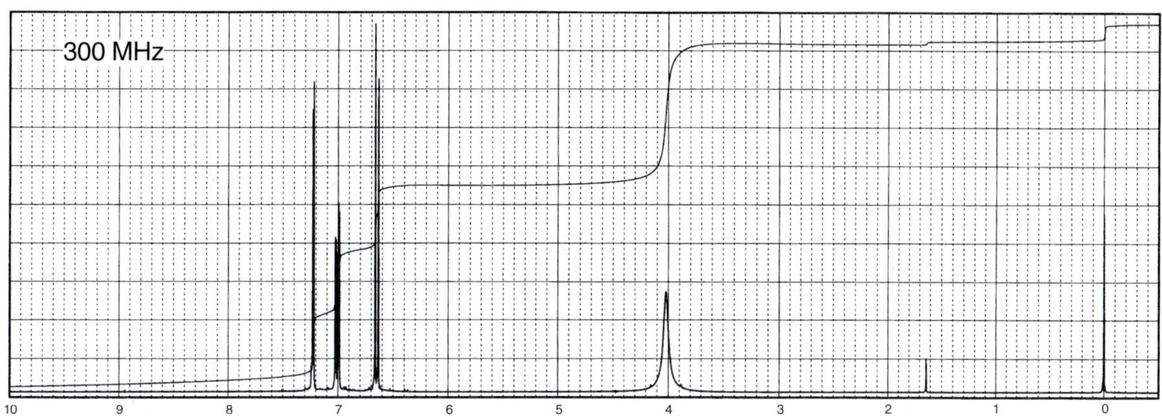

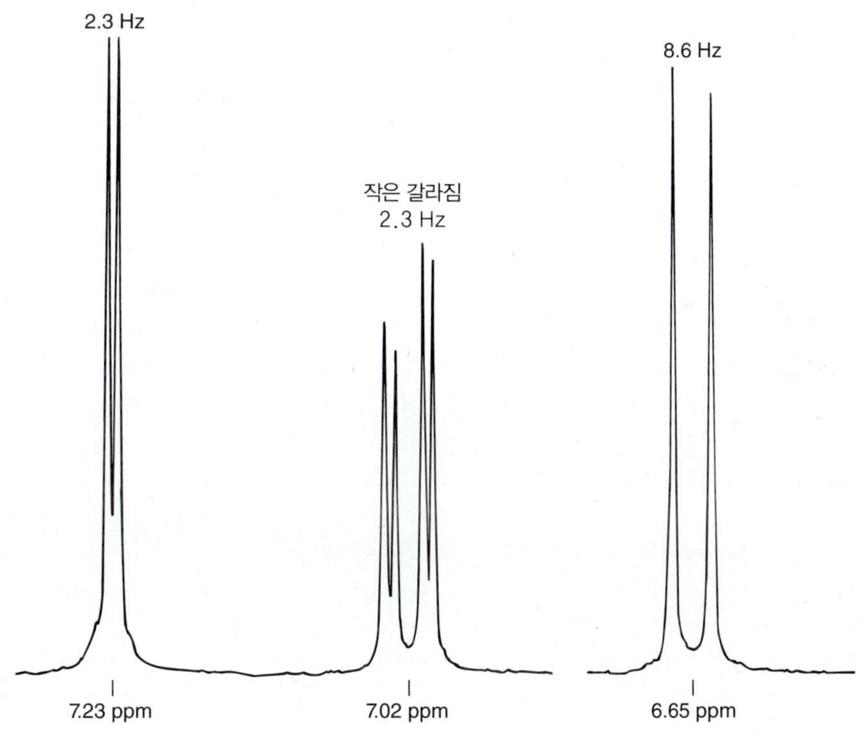

***13.** 화학식 $C_3H_7NO_2$를 갖는 자연계에 존재하는 amino acid에 대한 D_2O 용매에서 얻은 ^{1}H NMR 스펙트럼은 다음과 같다. D_2O 용매에서 amino proton과 carboxyl proton이 4.9 ppm에서 단일 피크로 합쳐진다(피크는 나타내지 않음). 각 다중선의 피크는 7 Hz만큼 분리되어 있다. 이 amino acid의 구조를 결정하여라.

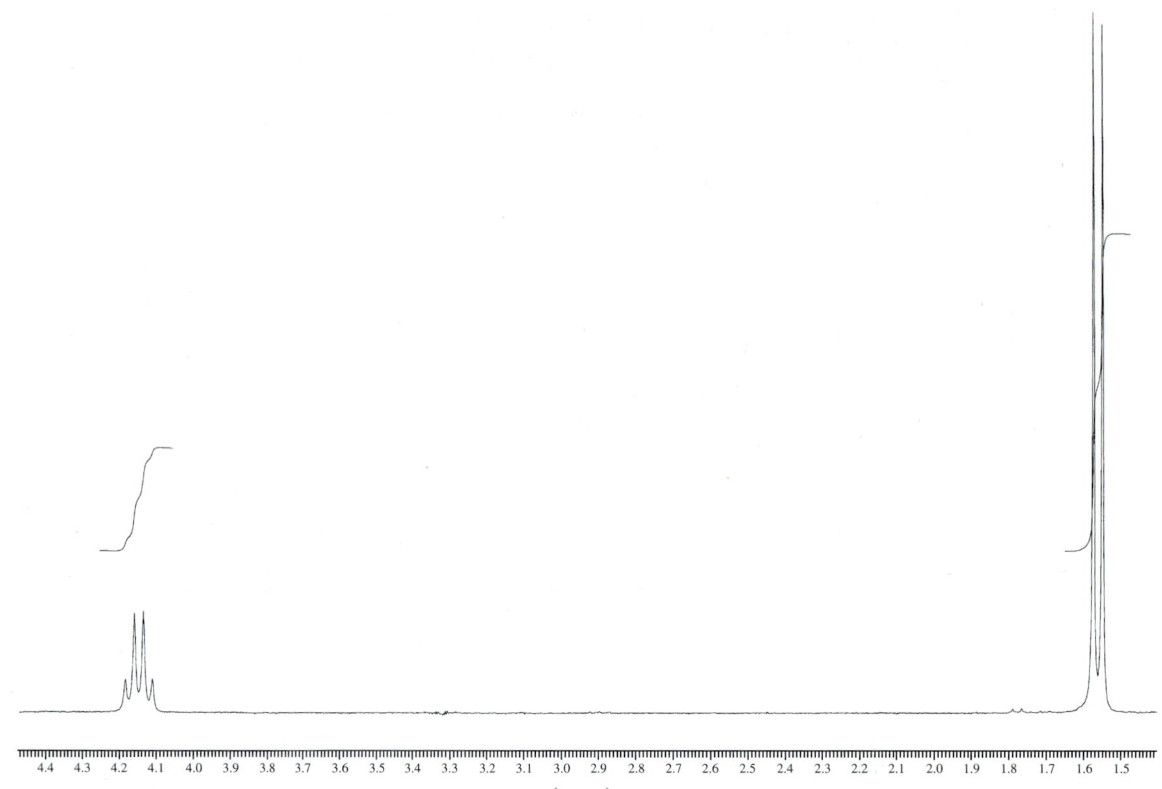

14. 화학식 C_7H_9N을 갖는 화합물의 구조를 결정하여라. 이 화합물의 ^{1}H NMR 스펙트럼을 7.10~6.60 ppm 범위의 확대 그림과 함께 나타내었다. 약 7 ppm의 두 개 proton에 대한 세피크 패턴은 피크의 겹침에 의한 것이다. DCl을 첨가하면, NMR 스펙트럼에서 다른 피크들은 같은 위치에 머무르는 반면, 3.5 ppm의 넓은 피크는 위치가 이동된다. IR 스펙트럼은 3400 cm^{-1}에서 한 쌍의 흡수띠를 보여주며, 751 cm^{-1}에서 평면외 굽힘 흡수띠를 보여준다.

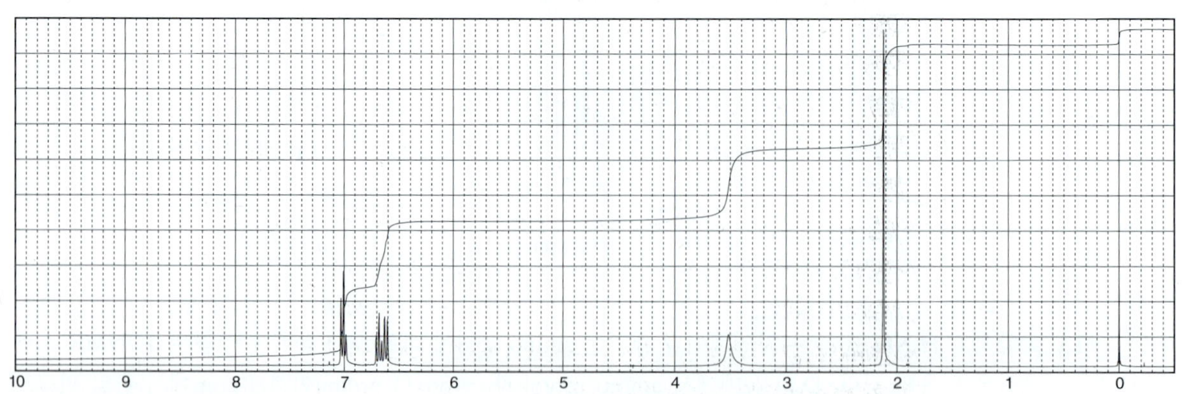

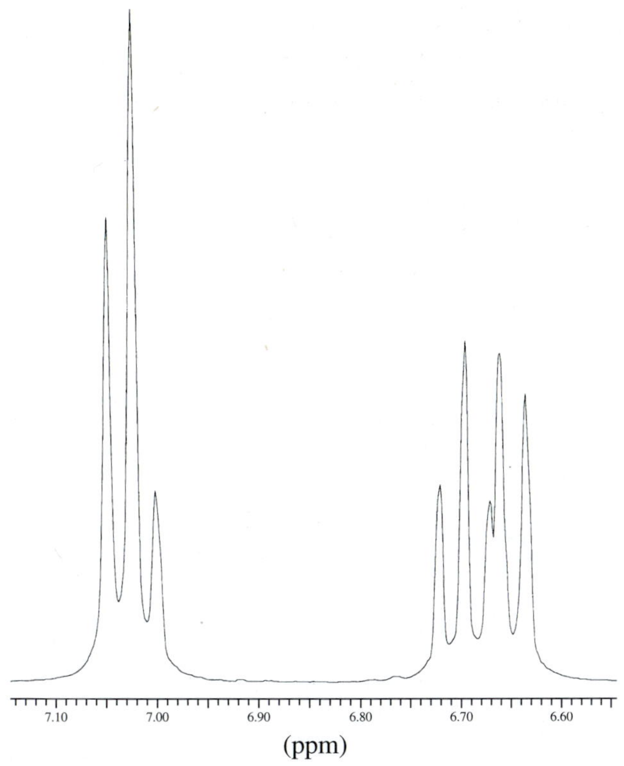

15. 화학식 $C_9H_{11}NO_3$를 갖는 자연계에 존재하는 amino acid에 대한 DCl이 첨가된 D_2O 용매에서 얻은 ^1H NMR 스펙트럼은 다음과 같다. D_2O 용매에서 amino proton, carboxyl proton, hydroxyl proton은 5.1 ppm에서 단일 피크(4 H)로 합쳐진다. 이 amino acid의 구조를 결정하고, 3.17~3.40 ppm 범위에 나타나는 피크들의 패턴을 짝지음 상수를 포함하여 설명하여라.

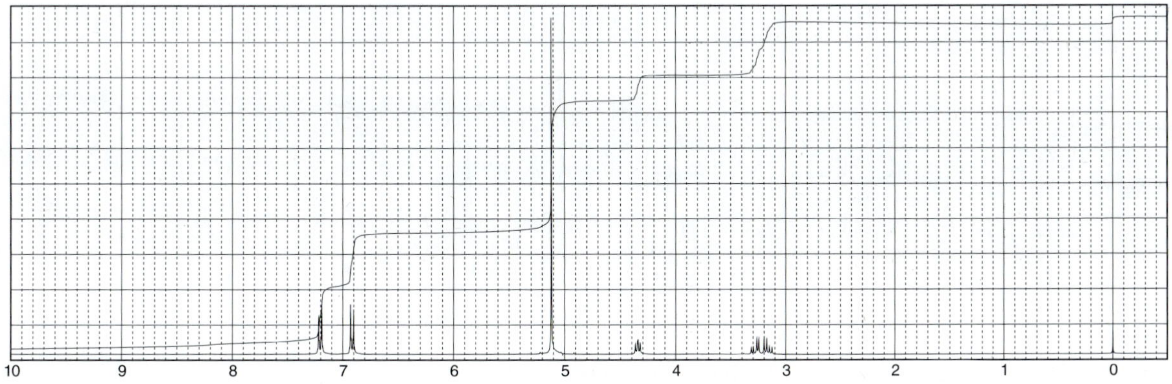

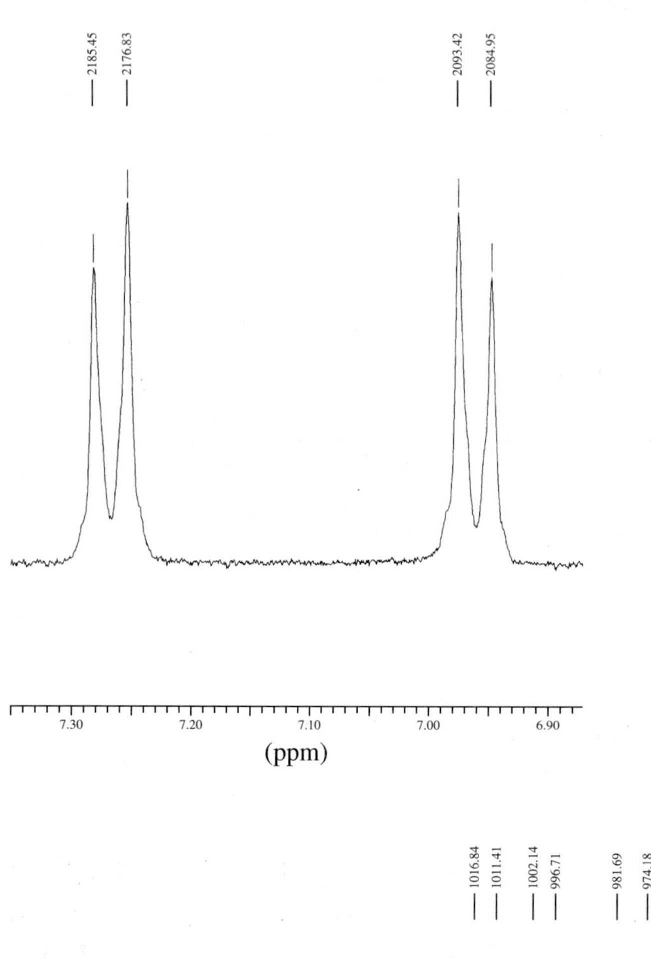
2185.45
2176.83
2093.42
2084.95
7.30
7.20
7.10
7.00
6.90
(ppm)

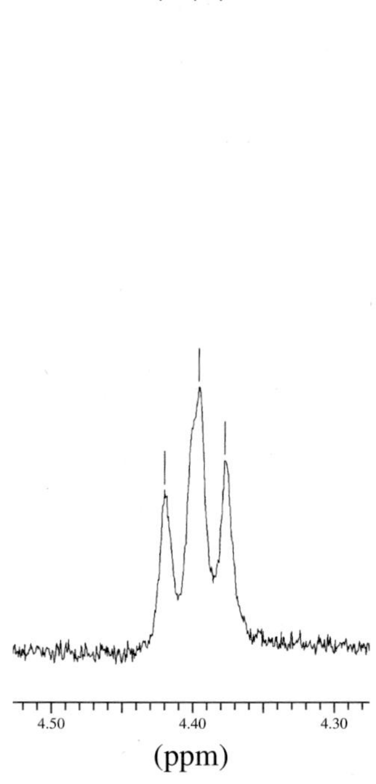
1326.65
1319.46
1313.71
4.50
4.40
4.30
(ppm)

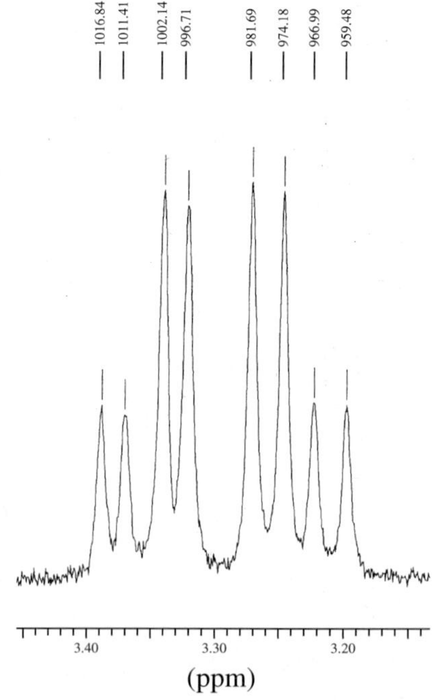
1016.84
1011.41
1002.14
996.71
981.69
974.18
966.99
959.48
3.40
3.30
3.20
(ppm)

16. 화학식 $C_6H_{10}O_2$를 갖는 화합물의 구조를 결정하여라. 이 화합물의 ^1H NMR 스펙트럼과 확대 그림은 다음과 같다. 6.91 ppm에 나타나는 proton의 피크는 1.47 Hz의 간격을 갖는 사중선의 삼중선인 이유를 설명하여라. 또한 미세 구조를 보이는 1.83 ppm의 "단일선"에 대해서도 설명하여라. 정상 ^{13}C 스펙트럼과 DEPT-135, DEPT-90 스펙트럼의 자료를 다음 표에 나타내었다.

정상 ^{13}C	DEPT-135	DEPT-90
12 ppm	양의 피크	피크 없음
13	양의 피크	피크 없음
22	음의 피크	피크 없음
127	피크 없음	피크 없음
147	양의 피크	양의 피크
174	피크 없음	피크 없음

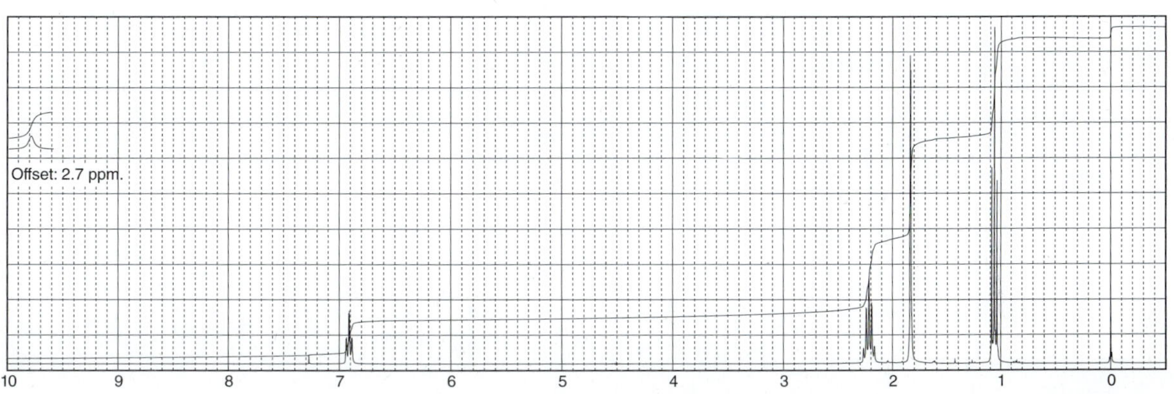

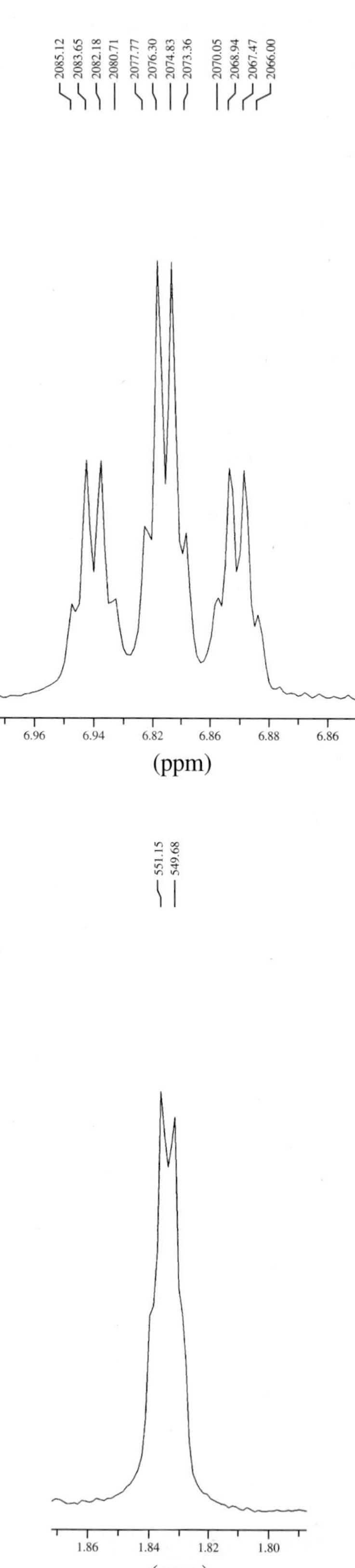
2085.12
2083.65
2082.18
2080.71
2077.77
2076.30
2074.83
2073.36
2070.05
2068.94
2067.47
2066.00
6.96
6.94
6.82
6.86
6.88
6.86
(ppm)
551.15
549.68
1.86
1.84
1.82
1.80
(ppm)

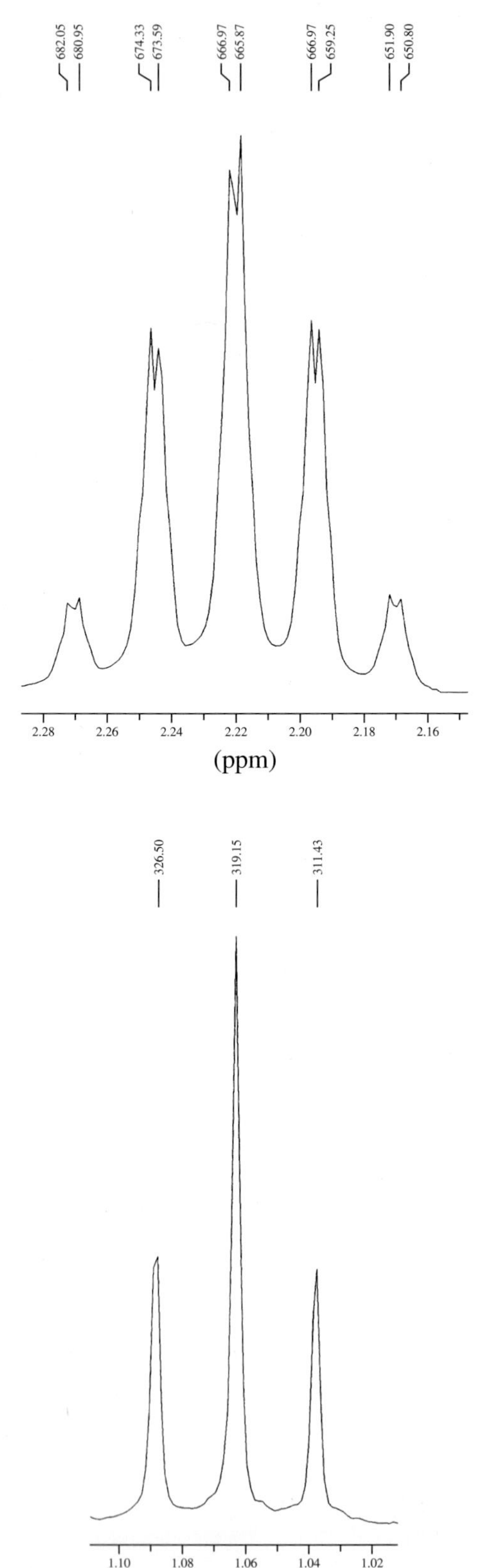
682.05
680.95
674.33
673.59
666.97
665.87
666.97
659.25
651.90
650.80
2.28
2.26
2.24
2.22
2.20
2.18
2.16
(ppm)
326.50
319.15
311.43
1.10
1.08
1.06
1.04
1.02
(ppm)

17. 다음은 생산 중지된 진통제 phenacetin($C_{10}H_{13}NO_2$)의 ^{1}H NMR 스펙트럼이다. Phenacetin은 요즘 가장 많이 사용되는 진통제인 acetaminophen과 구조적으로 연관되어 있다. Phenacetin은 amide 작용기를 갖는다. 3.4 ppm과 8.1 ppm 근처에 두 개의 작은 불순물 피크가 있다. 이 화합물의 구조를 결정하고, 스펙트럼을 해석하여라.

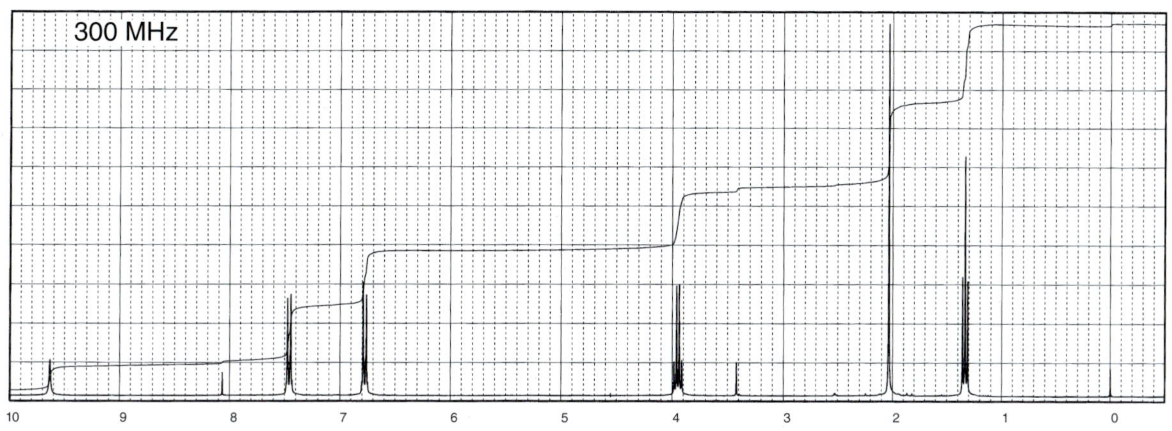

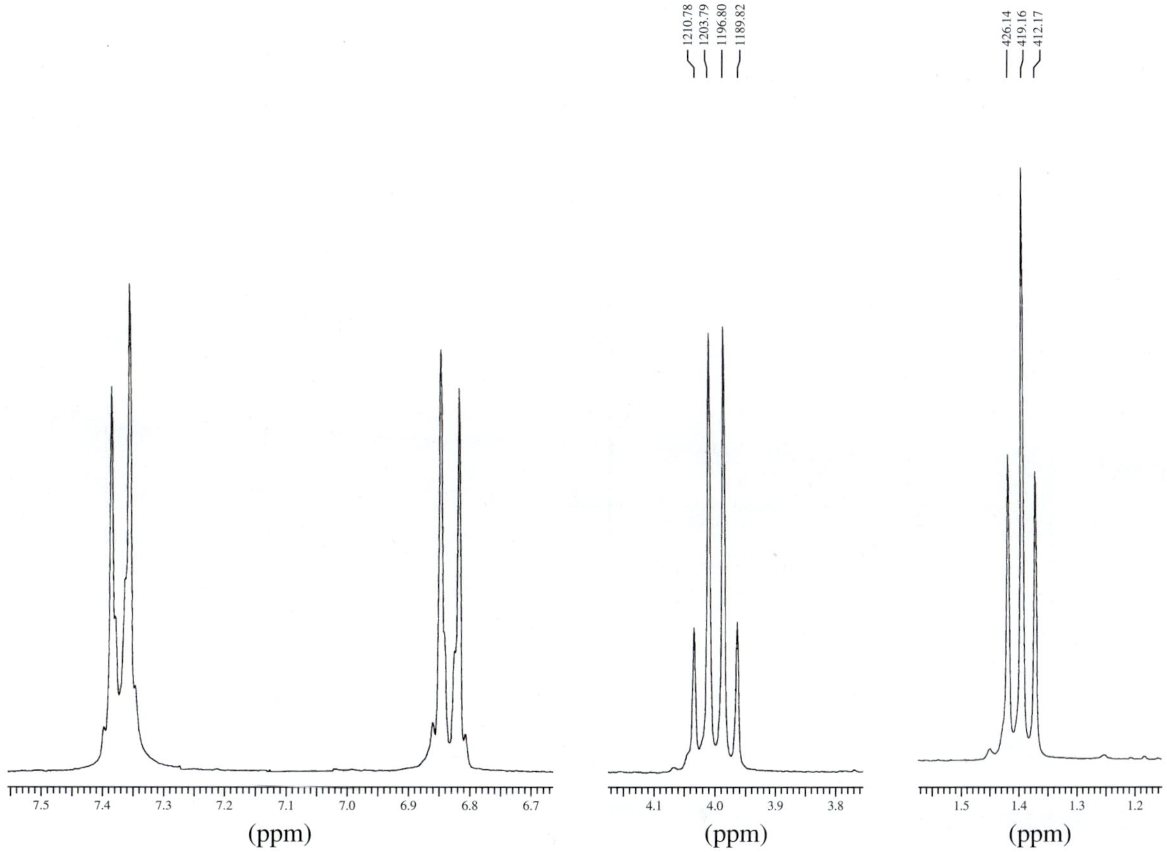

18. 360 K에서 측정된 일반적인 방충제인 *N,N*-diethyl-*m*-toluamide의 ^{1}H NMR 스펙트럼을 다음에 나타내었다. 또한 290~360 K(27~87°C) 온도 범위에서 측정한 이 화합물의 쌓기 그래프를 나타내었다. 낮은 온도에서 1.2 ppm과 3.4 ppm 근처의 두 쌍의 넓은 피크가 높은 온도에서 삼중선과 사중선으로 바뀌는 이유를 설명하여라.

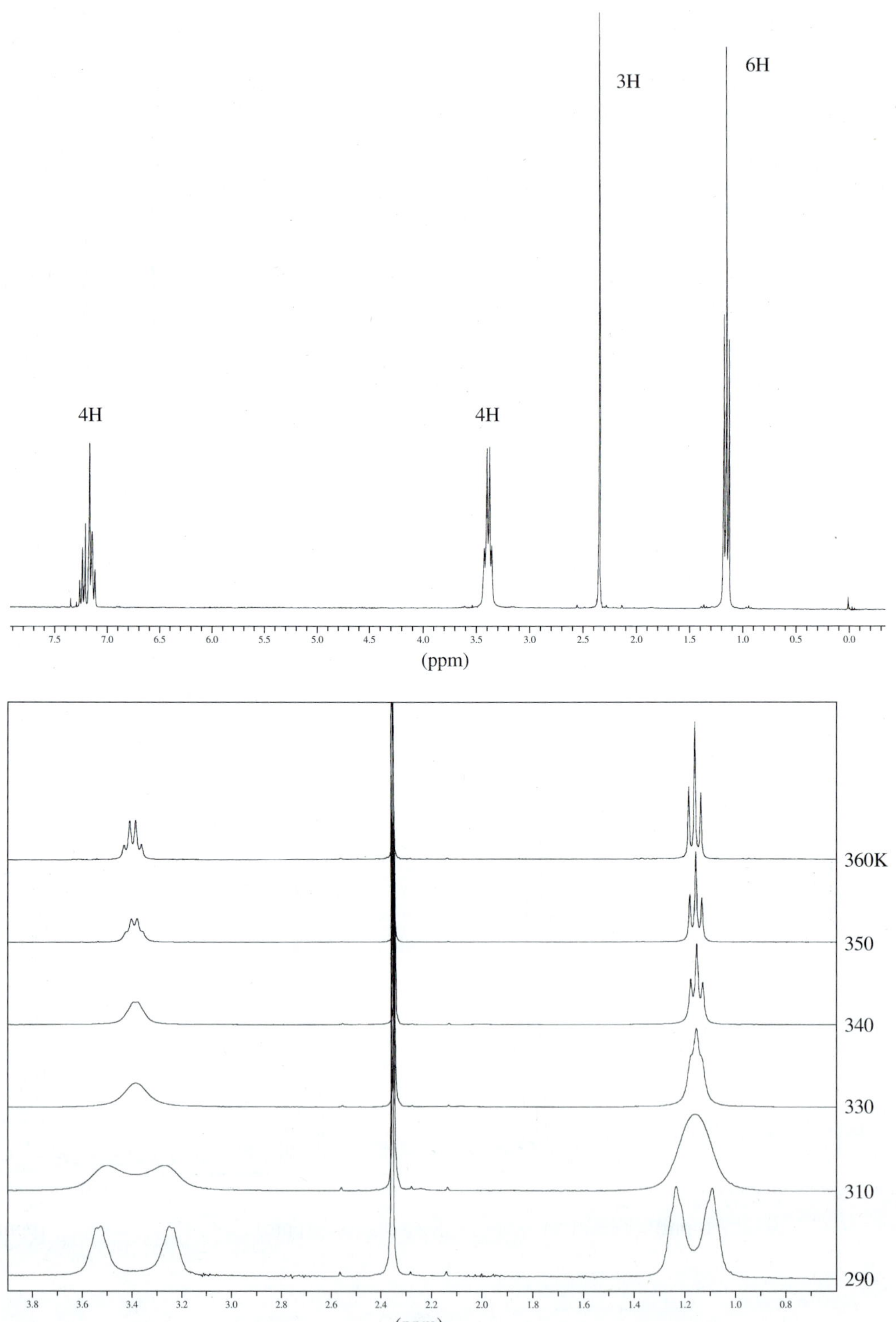

19. 화학식 C_4H_7Cl을 갖는 화합물의 ^{1}H NMR 스펙트럼 정보이다. 각각 고유한 proton에 대한 확대 그림도 주어졌다. 1.59 ppm의 proton을 쬐어주면(짝풀림하면), 4.52 ppm을 중심으로 한 본래의 "오중선"이 이중선으로 단순화된다(8.10절 참조). 다른 실험에서 4.52 ppm의 proton을 짝풀림하면, 5.95 ppm을 중심으로 한 본래의 패턴은 네피크 패턴으로 단순화된다. 4.52 ppm의 proton을 쬐어주면(짝풀림되면) 1.59 ppm의 이중선은 단일선으로 된다. 짝지음 상수를 결정하고, 이 화합물의 구조를 그려라. 이 화합물에 ^2J, ^3J, ^4J의 짝지음이 존재한다는 것에 주목하여라. 짝풀림이 되지 않은 5.95 ppm의 proton에 대해 나뭇가지 도표를 그리고, 4.52 ppm의 proton을 쬐어주면 패턴이 단순화되는 이유를 설명하여라. 스펙트럼의 모든 피크를 할당하여라.

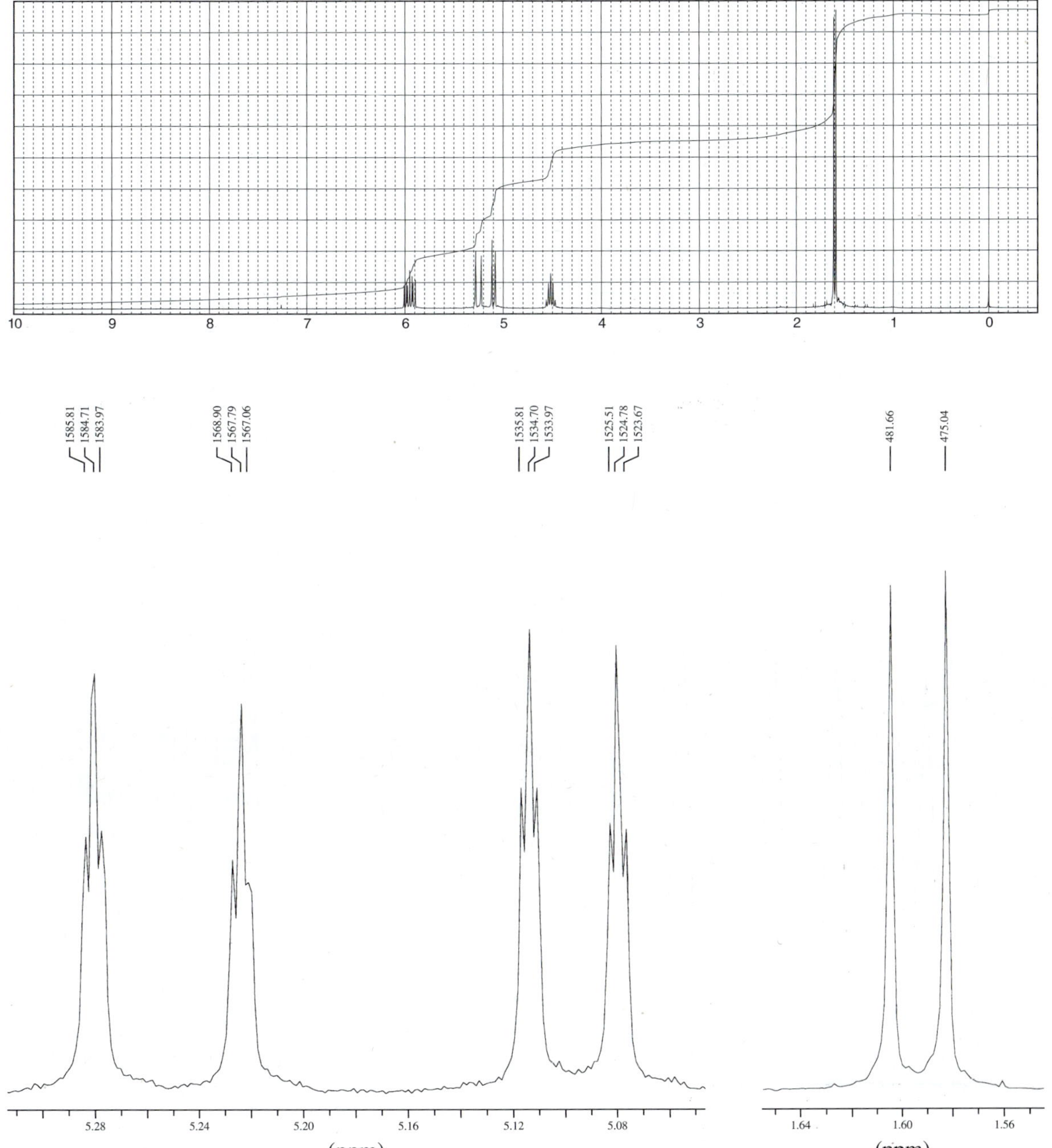

1803.48 1795.76 1793.18 1785.83 1778.84 1776.27 1768.92

6.00 5.96 5.92 5.88

(ppm)

4.52 ppm의
proton에 쬐어줌

1802.01 1792.08 1785.09 1775.17

6.00 5.96 5.92

(ppm)

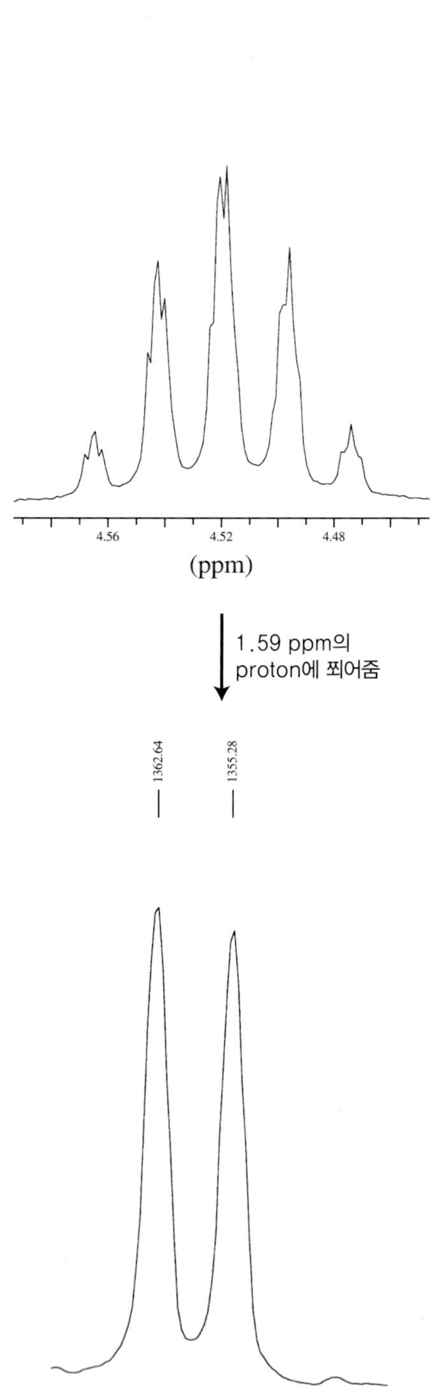

20. 연습 문제 11에서 화학적 이동의 계산은 몇몇 방향족 amine의 스펙트럼에 구조를 할당하는 좋은 방법임을 알았다. 다음 amine을 서로 구별할 수 있는 실험적 방법을 기술하여라.

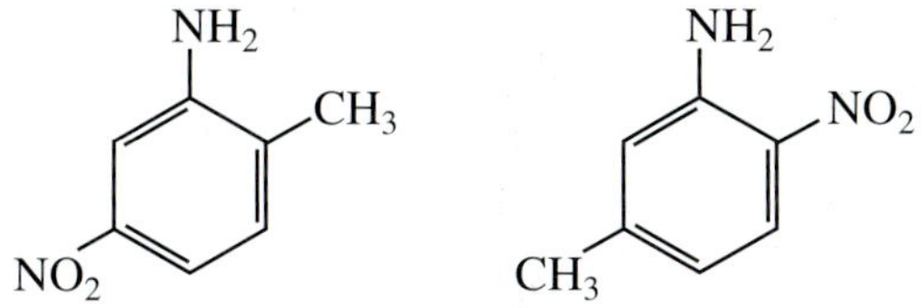

***21.** 실온에서 얻은 cyclohexane의 ^{1}H NMR 스펙트럼은 단 한 개의 공명 피크를 보여준다. 시료의 온도가 낮아짐에 따라 뾰족한 단일 피크는 −66.7°C까지는 넓어지다가 두 개의 넓은 피크로 갈라지게 된다. 온도가 −100°C보다 더 낮아지면, 두 개의 넓은 피크 각각은 자신의 갈라짐 패턴을 보인다. 두 묶음의 피크가 얻어지는 이유를 설명하여라.

***22.** *cis*-1-Bromo-4-*tert*-butylcyclohexane에서 탄소 4에 결합된 proton의 공명은 4.33 ppm에 나타난다. *trans* 이성질체에서 C4 수소의 공명은 3.63 ppm에 나타난다. 이 화합물의 C4 수소에 대한 화학적 이동값이 서로 다른 것을 설명하여라. 4-Bromomethylcyclohexane에서는 아주 낮은 온도를 제외하고는 이와 같은 화학적 이동의 차이가 관찰되지 않는 사실을 설명하여라.

23. Menthol의 두 거울상이성질체는 시약으로 구입이 가능하다. Menthol의 Mosher ester에 대한 다음의 ^{1}H NMR 화학적 이동 자료를 이용하여 이 시료를 합성하기 위하여 사용된 menthol의 거울상이성질체가 어느 것인지 결정하여라.

(*S*)-Mosher ester: ^{1}H NMR (500 MHz, $CDCl_3$) δ 7.54 (m, 2H), 7.39 (m, 3H), 4.90 (ddd, 1H, J = 4.5, 11.0, 11.0 Hz), 3.59 (q, 3H, J = 1.0 Hz), 2.13 (dddd, 1H, J = 2.0, 3.5, 4.0, 11.5 Hz), 1.70 (dddd, 1H, J = 3.5, 3.5, 3.5, 12.5 Hz), 1.67 (dddd, 1H, J = 3.5, 3.5, 3.5, 13 Hz), 1.56 (dsept, 1H, J = 3.0, 7.0), 1.54 (ddddq, 1H, J = 3.5, 3.5, 12, 12, 7.0 Hz), 1.42 (dddd, 1H, J = 3.0, 3.0, 11.0, 12.5 Hz), 1.12 (ddd, 1H, J = 12, 12, 12 Hz), 1.04 (dddd, 1H, J = 3.5, 12.5, 12.5, 12.5 Hz), 0.94 (d, 3H, J = 7.0 Hz), 0.87 (dddd, 1H, J = 4.0, 12.5, 13, 13 Hz), 0.74 (d, 3H, J = 7.0 Hz), 0.67 (d, 3H, J = 7.0 Hz).

(*R*)-Mosher ester: ^{1}H NMR (500 MHz, $CDCl_3$) δ 7.52 (m, 2H), 7.40 (m, 3H), 4.88 (ddd, 1H, J = 4.5, 11.0, 11.0 Hz), 3.53 (q, 3H, J = 1.0 Hz), 2.08 (dddd, 1H, J = 2.0, 3.5, 4.0, 12 Hz), 1.88 (dsept, 1H, J = 3.0, 7.0 Hz), 1.70 (dddd, 1H, J = 3.5, 3.5, 3.5, 13 Hz), 1.69 (dddd, 1H, J = 3, 3, 3, 13 Hz), 1.52 (ddddq, 1H, J = 3.5, 3.5, 12, 12, 6.5 Hz), 1.45 (dddd, 1H, J = 3.0, 3.0, 11.0, 12.5 Hz), 1.06 (dddd, 1H, J = 3.5, 13, 13, 13 Hz), 0.98 (ddd, 1H, J = 12, 12, 12 Hz), 0.91 (d, 3H, J = 6.5 Hz), 0.87 (d, 3H, J = 7.0 Hz), 0.86 (dddd, 1H, J = 3.5, 12.5, 12.5, 12.5 Hz), 0.77 (d, 3H, J = 7.0 Hz).

참고 문헌

Books and Monographs

Claridge, T. D. W., *High Resolution NMR Techniques in Organic Chemistry*, 2nd ed., Pergamon, Oxford, 2009.

Crews, P., J. Rodriguez, and M. Jaspars, *Organic Structure Analysis*, 2nd ed., Oxford University Press, New York, 2010.

Friebolin, H., *Basic One- and Two-Dimensional NMR Spectroscopy*, 5th ed., Wiley-VCH, Weinheim, Germany, 2011.

Gunther, H., *NMR Spectroscopy*, 2nd ed., John Wiley and Sons, New York, 1995.

Lambert, J. B., S. Gronert, H. F. Shurvell, D. A. Lightner, *Organic Structural Spectroscopy*, 2nd ed., Prentice Hall, Upper Saddle River, NJ, 2011.

Macomber, R. S., *A Complete Introduction to Modern NMR Spectroscopy*, John Wiley and Sons, New York, 1997.

Nelson, J. H., *Nuclear Magnetic Resonance Spectroscopy*, Prentice Hall, Upper Saddle River, NJ, 2003.

Pople, J. A., W. C. Schneider, and H. J. Bernstein, *High Resolution Nuclear Magnetic Resonance*, McGraw-Hill, New York, 1969.

Pretsch, E., T. P. Buhlmann, and C. Affolter, *Structure Determination of Organic Compounds. Tables of Spectral Data*, 4th ed., Springer-Verlag, Berlin and New York, 2009.

Reichardt, C., and T. Welton, *Solvents and Solvent Effects in Organic Chemistry*, 4th ed., Wiley-VCH, Weinheim, Germany, 2011.

Sanders, J. K. M., and B. K. Hunter, *Modern NMR Spectroscopy–A Guide for Chemists*, 2nd ed., Oxford University Press, Oxford, England, 1993.

Silverstein, R. M., F. X. Webster, and D. J. Kiemle, Spectrometric Identification of Organic Compounds, 7th ed., John Wiley, New York, 2005.

Compilations of Spectra

Pouchert, C. J., and J. Behnke, *The Aldrich Library of ^{13}C and ^{1}H FT-NMR Spectra*, 300 MHz, Aldrich Chemical Company, Milwaukee, 1993.

Papers

Cavaleiro, J. A. S., "'Sovent Effects' in 1H NMR Spectroscopy, M *Journal o f Chemical Education*, *64*(1987): 549-550.

Gottlieb, H. E., V. Kotlyar, and A. Nudelman. "NMR Chemical Shifts of Common Laboratory Solvents as Trace Impurities," *Journal o f Organic Chemistry*, 62, (1997): 7512–7515.

Fulmer, Gregory R., A. J. M. Miller, N. H. Sherden, H. E. Gottlieb, A. Nudelman, B. M. Stoltz, J. E. Bercaw, K. I. Goldberg, "NMR Chemical Shifts of Trace Impurities: Common Laboratory Solvents, Organics, and Gases in Deuterated Solvents Relevant to the Organometallic Chemist," *Organometallics*, *29* (2010): 2176–2179.

Rothchild, R., "NMR Methods for Determination of Enantiomeric Excess," *Enantiomer 5* (2000): 457–471.

Rychnovsky, S. D., B. N. Rogers, and G. Yang, "Analysis of Two Carbon-13 NMR Correlations for Determining the Stereochemistry of 1,3-diol Acetonides', *Journal of Organic Chemistry 58* (1993): 3511–3515.

Rychnovsky, S. D., B. N. Rogers, and T. I. Richardson, "Configurational Assignment of Polyene Macrolide Antibiotics Using the [^{13}C] acetonide Analysis," *Accounts of Chemical Research 31* (1998): 9–17.

Seco, J. M., E. Quinoa, and R. Riguera, "The Assignment of Absolute Configuration by NMR," *Chemical Reviews 104* (2004): 17–117 and references therein.

Selected Websites

WebSpectra, UCLA

NMR and IR spectroscopy problems for students to interpret. They provide links to other sites with problems for students to solve.

http://www.chem.ucla.edu/~webspectra/

제 9 장

핵자기공명 분광학

Nuclear Magnetic Resonance Spectroscopy

제5부: 고급 NMR 기법

최신의 컴퓨터로 제어되는 Fourier-변환 핵자기공명 기기(FT-NMR)가 개발된 이래로, 앞 장에서 소개한 실험보다 훨씬 정교한 기법을 사용하는 것이 가능해졌다. 특수한 많은 실험이 수행되고 있지만, 가장 중요한 것 중에서 몇 가지만을 다음에서 다루고자 한다.

9.1 펄스 순서

제6장 6.5절에서 **펄스 순서**(pulse sequence)의 개념을 소개하였다. FT-NMR 기기에서 기기를 작동하는 컴퓨터는 들뜸 펄스(excitation pulse)의 시간 선택과 지속 시간을 제어할 수 있도록 프로그램화할 수 있다. 무선진동수 펄스를 사용하여 낮은 스핀 상태에서 높은 스핀 상태로 핵을 들뜨게 한다. 제5장 5.7B절에서 이와 같은 펄스의 특성과 이것이 시료의 모든 핵을 동시에 들뜨게 할 수 있는 이유를 알아보았다. 펄스 순서 동안 작동하는 어떤 짝풀림 전달 장치에도 정확한 시간 선택이 적용될 수 있다. 단순한 proton NMR 스펙트럼을 얻는 데 필요한 펄스 순서에 대한 간단한 설명을 그림 9.1에 나타내었다. 펄스 순서는 전달 장치에서 나오는 들뜸 펄스와 자유 유도 감쇠(free-induction decay, FID) 패턴이 컴퓨터에 디지털 형태로 모아지는 **수집 시간**(aquisition time)과 핵이 이완되어 두 스핀 상태의 평형 입자수가 다시 확립되는 **이완 지연**(relaxation delay)으로 특징지어진다. 이완 지연 후에 두 번째 들뜸 펄스가 순서에서 또 다른 주기의 시작으로 이어진다.

이와 같은 간단한 펄스 순서를 다양하게 변화시키는 것이 가능하다. 예를 들어, 제6장에서 *두 개*의 신호를 시료에 전달하는 것이 가능하다는 것을 알았다. ^{13}C NMR 분광학에서 그림 9.1과 유사한 펄스 순서가 ^{13}C 핵의 흡수 진동수에 전달된다. 동시에 시료의 수소(^{1}H)핵 진동수에 맞추어진 제2의 전달 장치는 수소핵이 ^{13}C 핵과 **짝풀림**할 수 있도록 넓은 영역의 진동수를 전달한다. 이와 같은 종류의 펄스 순서가 그림 9.2에 도시되어 있다.

제6장 6.5절에서 다룬 ^{13}C 스펙트럼 측정에 대한 방법의 논의에서, proton-*짝지음* 스펙트럼을 얻으면서 동시에 핵 Overhauser 증대(NOE)의 이점도 유지하는 방법을 논의하였다. **NOE-증대 proton-짝지음 스펙트럼** 또는 **개폐(gated) 짝풀림 스펙트럼**이라고 불리는 이 기법에서, ^{13}C 핵에 펄스를 가하기 전 쉬는 시간 동안에만 짝풀림 장치(decoupler)가 켜진다. 들뜸 펄스가 전달되는 순간에 짝풀림 장치는 꺼진다. 이완 지연 시간 동안에 다시 짝풀림 장치가 켜진다. 이와 같은 펄스 순서는 짝풀림 장치가 켜져 있는 동안에 핵 Overhauser 효과가 생기도록 하기 위한 것이다. 짝풀림 장치는 들뜸 펄스 동안 꺼진 상태에 있으므로 ^{13}C 원자의 스핀 짝풀림은 관찰되지 않는다(proton-짝지음 스펙트럼이 얻어진다). 핵 Overhauser 증대 효과는 비교적 장시간에 걸쳐서 감쇠되므로 FID가 수집될 때 대부분의 증대 효과는 유지된다. 일단 FID 정보가 축적되면 짝풀림 장치는 다시 켜져서 다음 들뜸 펄스 전에 핵 Overhauser 증대가 생기게 한다. 개폐 짝풀림의 펄스 순서를 그림 9.3a에 나타내었다.

들뜸 펄스가 전달되기 *직전까지도* 짝풀림 장치가 켜져 있지 않으면, 정반대의 결과가 얻어진다. 일단

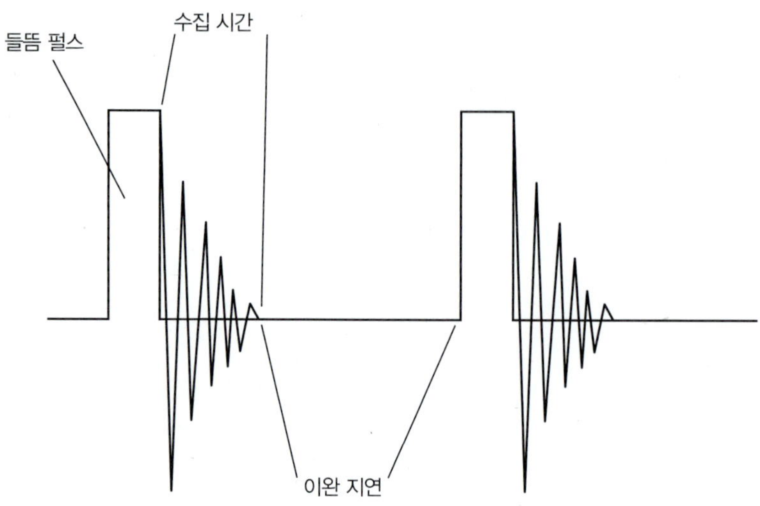

그림 9.1 단순한 펄스 순서.

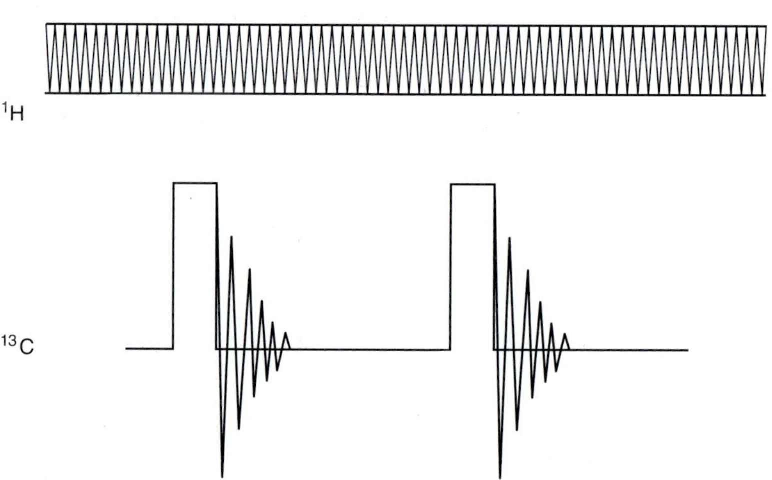

그림 9.2 Proton-짝풀림 ^{13}C NMR 펄스 순서.

FID 자료가 얻어지면, 짝풀림 장치는 다음 들뜸 순서까지 꺼져 있다. 이와 같은 펄스 순서를 **역개폐 짝풀림**(inverse gated decoupling)이라 부른다. 이와 같은 펄스 순서의 효과는 NOE 증대가 없는 proton-짝풀림 스펙트럼을 얻기 위한 것이다. 들뜸 펄스 전에 짝풀림 장치가 꺼지기 때문에 핵 Overhauser 증대가 생기지 않는다. 들뜸 펄스와 수집 시간 동안 짝풀림 장치가 켜져 있기 때문에 proton 짝풀림이 일어난다. 역개폐 짝풀림의 펄스 순서를 그림 9.3b에 나타내었다. ^{13}C 스펙트럼의 적분값을 구할 필요가 있을 때, 이와 같은 기법을 사용한다.

최신의 FT-NMR 기기에 장착된 컴퓨터는 매우 다양한 기능을 가지고 있기 때문에 여기에 소개된 것보다 훨씬 더 복잡하고 흥미로운 펄스 순서를 개발할 수 있도록 해준다. 예를 들어, 우리는 두 번째 펄스, 또는 심지어 세 번째 펄스를 전달할 수 있고, 이 펄스들을 직교 좌표의 어느 축을 따라서도 전달할 수 있다. 다양한 지속 시간을 갖는 펄스를 전달할 수 있으며, 순서 사이에 다양한 시간을 넣어 프로그램화할 수도 있다. 이와 같은 펄스 프로그램의 결과로 핵들이 에너지를 교환하고, 서로의 이완 시간에 영향을 줄 수

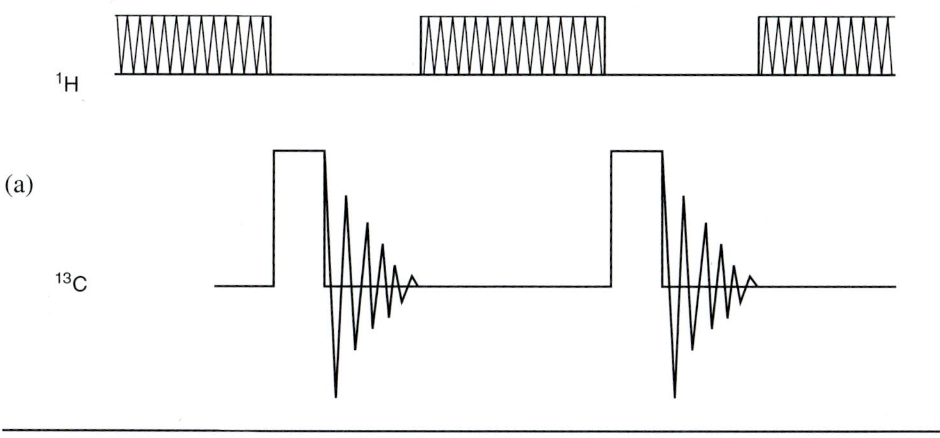

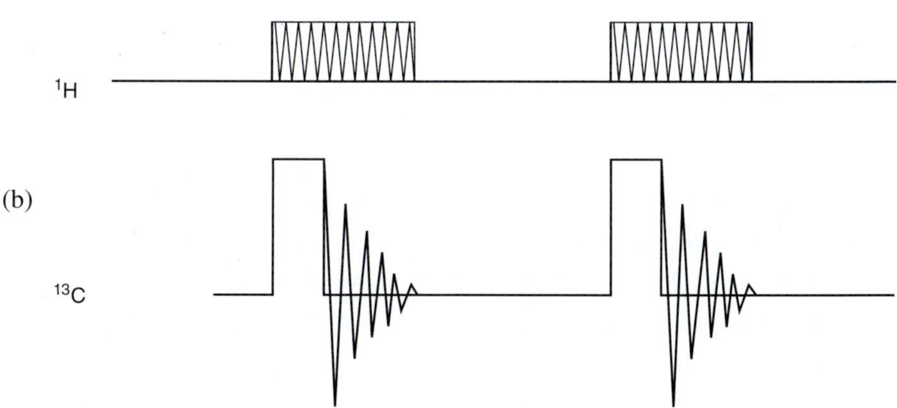

그림 9.3 단순한 펄스 순서. (a) 개폐 짝풀림의 펄스 순서. (b) 역개폐 짝풀림의 펄스 순서.

도 있으며, 하나의 핵에서 다른 핵으로 스핀 짝지음에 관한 정보를 전달할 수도 있다.

이와 같은 복잡한 펄스 순서에 대해 더 이상 깊게 서술하지는 않을 것이다. 그것을 설명하고 해석하는 것은 이 장의 범위를 벗어난다. 이 절에서 몇 가지 간단한 펄스 순서를 설명한 목적은 펄스 순서가 어떻게 구성되고, 그 구성의 도안이 어떻게 NMR 실험 결과에 영향을 미치는가에 대한 개념을 이해시키기 위한 것이다. 이후로는 몇몇 복잡한 순서를 사용한 실험 *결과*와 그 결과를 분자 구조에 관한 문제 풀이에 어떻게 응용할 수 있는지에 대해서만 설명할 것이다. 다음에 소개되는 실험의 펄스 순서 정보를 좀 더 자세하게 공부하고자 한다면, 이 장의 끝부분에 수록된 참고 문헌의 관련된 내용을 공부하기 바란다.

9.2 펄스 너비, 스핀, 자기화 벡터

이 장에서 설명될 고급 기법의 유용성을 이해하기 위하여 시간을 좀 할애하여 자기성 핵(magnetic nucleus)이 무선진동수 에너지의 펄스를 받았을 때, 자기성 핵에 어떤 현상이 나타나는지를 이해해야 한다. 이 논의에서 우리가 다루는 핵은 ^{1}H와 ^{13}C이며, 물론 이들은 자기성을 가지고 있다. 이와 같은 핵에는 정해진 스핀이 있고, 전하를 띠는 입자의 회전으로 인하여 자기장이 형성된다. 이것은 각 핵이 작은 자석처럼 거동한다는 것을 의미한다. 각 핵의 핵자기 모멘트는 벡터로 표시할 수 있다(그림 9.4a). 자기성 핵이 강한

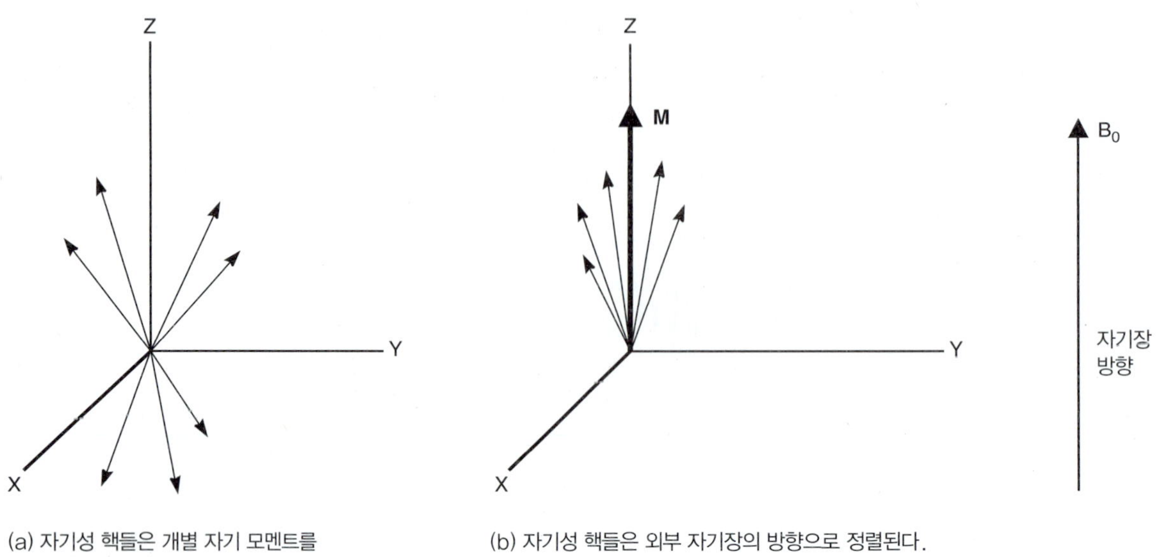

(a) 자기성 핵들은 개별 자기 모멘트를 보여준다.

(b) 자기성 핵들은 외부 자기장의 방향으로 정렬된다. M은 총량 자기화 벡터를 나타낸다.

그림 9.4 핵자기화(실험실 좌표계).

자기장 내에 놓이게 되면, 마치 나침반의 바늘이 지구 자기장에 나란히 정렬되는 것과 같이 핵들은 강한 장에 따라 나란하게 정렬되려는 경향이 있다. 그림 9.4b에 이와 같은 정렬을 나타내었다. 앞으로 계속되는 논의에서 지속적으로 각 개별 핵의 거동을 기술하는 것은 매우 불편할 것이다. 각 핵에 대한 자기장 벡터들이 **핵자기화 벡터**(nuclear magnetization vector) 또는 **총량 자기화 벡터**(bulk magnetization vector)라고 불리는 합 벡터(resultant vector)를 형성한다. 따라서 이와 같은 합 벡터만을 고려함으로써 논의를 단순화시킬 수 있다. 이 벡터(**M**)를 그림 9.4b에 나타내었다. 개별 핵자기 벡터는 주자기장 축(Z)을 중심으로 세차 운동을 한다. 개별 핵자기 벡터는 서로 다른 위상으로 무질서한 세차 운동을 한다. 벡터들이 합해져서 *Z*축에 나란하게 정렬되는 핵(총량)자기화 벡터라는 합 벡터가 된다. 핵자기화 벡터의 거동을 조사함으로써 개별 자기성 핵과 관련된 효과를 쉽게 기술할 수 있다.

그림 9.4의 작은 화살표는 개별 핵의 자기 모멘트를 나타낸다. 이 그림에서 우리는 정지된 위치에서 자기 모멘트 벡터의 배향을 보고 있는 것이다. 마치 우리가 실험실에 서서 핵이 자기장 안에서 세차 운동을 하는 모습을 바라보는 것과 같다. 이와 같은 **기준 좌표계**(frame of reference)에서 바라보는 방식을 **실험실 좌표계**(laboratory frame) 또는 **정지 좌표계**(stationary frame)라 부른다. 평균 핵자기 모멘트가 세차 운동을 하는 것과 같은 방향으로 같은 속도로 회전하는 한 묶음의 좌표를 상상함으로써 자기 모멘트 벡터의 연구를 단순하게 만들 수 있다. 이와 같은 기준 좌표계를 **회전 좌표계**(rotating frame)라 부르며, *Z*축을 중심으로 회전한다. 이 벡터들이 회전 좌표계에 있는 것으로 간주하면, 그 벡터들을 눈으로 보는 것처럼 아주 쉽게 이해할 수 있는데, 이는 지구가 자전하면서 태양 주위를 돌며 태양계를 운행하고 있지만, 어떤 물체의 복잡한 운동을 지구상에서만 관찰함으로써 매우 쉽게 이해할 수 있는 것과 같은 이치이다. 회전 좌표계의 축은 X', Y', Z'(Z와 동일)으로 표시한다. 이와 같은 회전 좌표계에서는 기준 좌표계와 미시적인 자기 모멘트가 같은 방향으로 같은 속도로 회전하기 때문에, 미시적인 자기 모멘트는 정지되어 있다(회전하지 않는다).

각 핵의 작은 미시적인 모멘트(벡터)가 모두 합쳐지기 때문에 기기가 인지하는 것은 전체 시료에 대한 *알짜*(net) 자기화 벡터 또는 *총량*(bulk) 자기화 벡터이다. 앞으로의 논의에서 이것을 총량 자기화 벡터라고 지칭할 것이다.

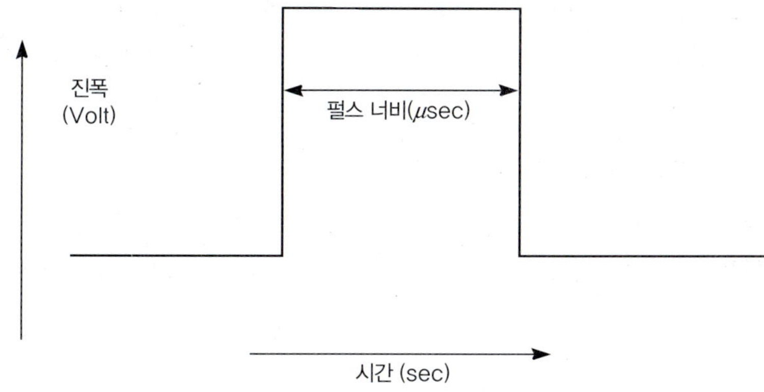

그림 9.5 네모파 펄스.

Fourier 변환 NMR 기기에서 매우 짧은 지속 시간(보통 1~10 μsec)의 **펄스**가 가해지는 동안 무선진동수는 시료에 전달된다. 이 시간 동안 무선진동수 전달 장치가 갑자기 켜졌다가 약 10 μsec 후에 갑자기 다시 꺼진다. 펄스는 *X'*축이나 *Y'*축 어느 축으로도 가해줄 수 있으며, 음의 방향이나 양의 방향 어느 방향으로도 가해줄 수 있다. 그림 9.5에 나타낸 바와 같이 펄스의 모양은 직류 전압 대 시간의 그래프로 나타낸다.

이와 같은 펄스를 시료에 가해주면 모든 자기성 핵의 자기화 벡터는 새로운 펄스의 축을 중심으로 세차 운동을 시작한다.[1] 만약 펄스가 *X'*축에 가해지면 자기화 벡터는 모두 동시에 같은 방향으로 기울기 시작한다. 벡터는 펄스의 지속 시간에 따라 크거나 또는 작게 기울어진다. 보통의 실험에서 펄스의 지속 시간은 총량 자기화 벡터(모든 개별 벡터의 합 벡터)가 특정 **기울기 각도**(tip angle)를 갖도록 선택된다. **펄**

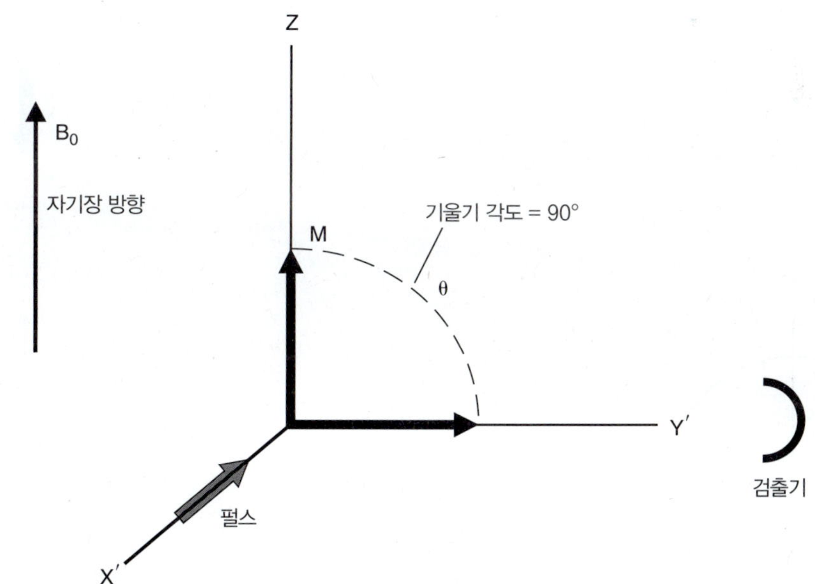

그림 9.6 90° 펄스의 효과(**M**은 시료의 총량 자기화 벡터이다).

[1] 펄스의 지속 시간이 짧으면 펄스는 불확실한 진동수를 갖는다는 것을 제5장에서 배웠다. 불확실성의 범위가 충분히 넓어서 모든 자기성 핵은 펄스로부터 에너지를 흡수한다.

스 너비(pulse width)로 알려진 펄스 지속 시간이 총량 자기화 벡터가 90° 회전하도록 선택된다. 이와 같은 펄스를 **90° 펄스**라고 한다. 그림 9.6은 X'축에 따라 90° 펄스의 효과를 보여준다. 이때 펄스 지속 시간이 두 배로 늘어나면, 총량 자기화 벡터는 180°로 기울어지게 되는데(그림 9.6에서 화살표 끝이 아래를 가리킨다. $-Z$축 방향), 이와 같은 지속 시간을 갖는 펄스를 **180° 펄스**라고 부른다.

90° 펄스 이후에 자기화 벡터에는 어떤 일이 일어날까? 펄스가 끝나도 B_0의 자기장은 여전히 걸려 있으며, 핵들은 자기장을 축으로 계속해서 세차 운동을 하고 있다. 회전 좌표계의 진동수와 정확히 일치하는 진동수로 세차 운동을 하는 핵에 대한 자기 모멘트에 초점을 맞추면, 자기화 벡터는 Y'축 방향으로 남아 있을 것으로 예상된다(그림 9.6).

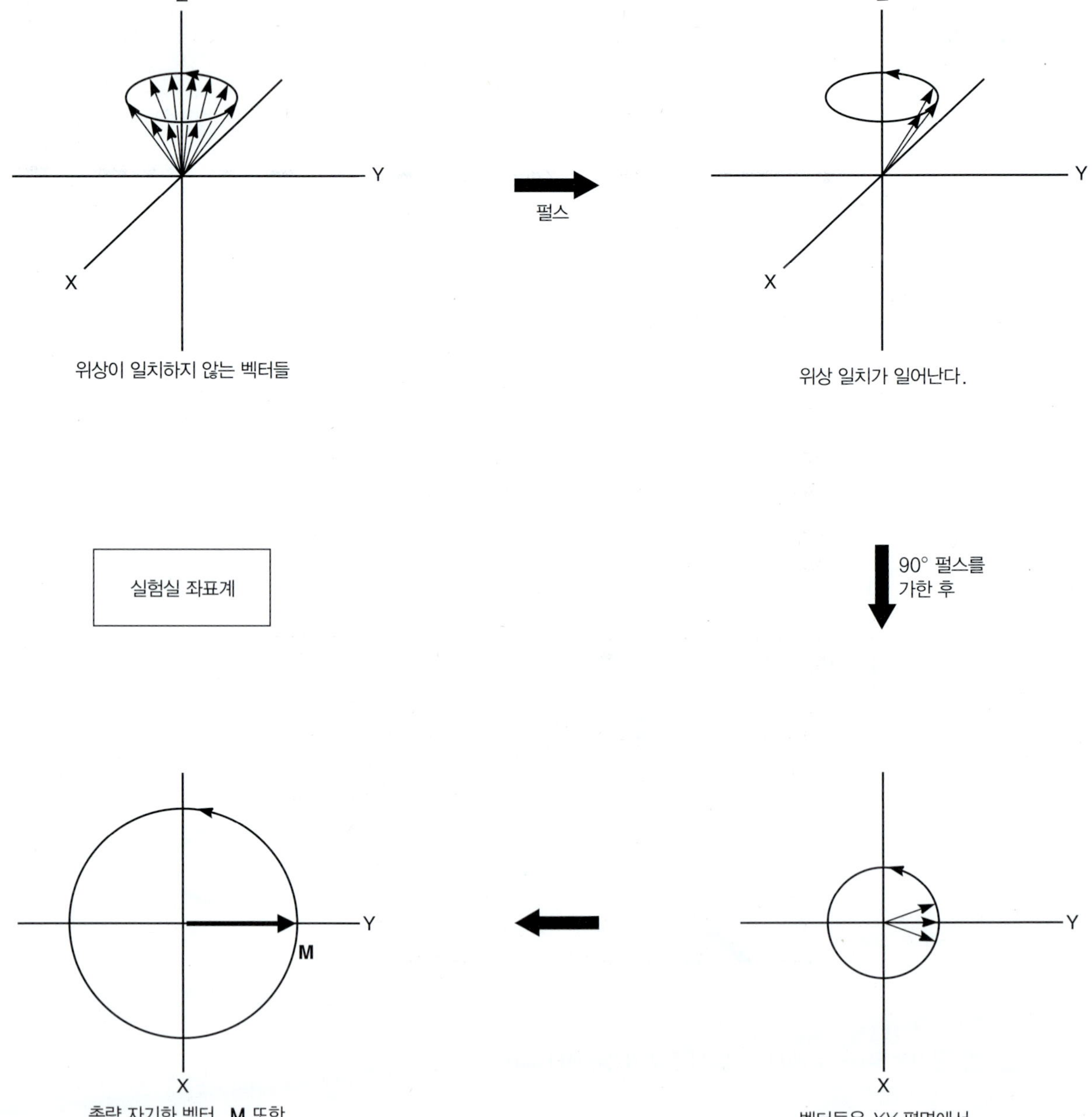

그림 9.7 XY 평면에서의 자기화 벡터의 세차 운동.

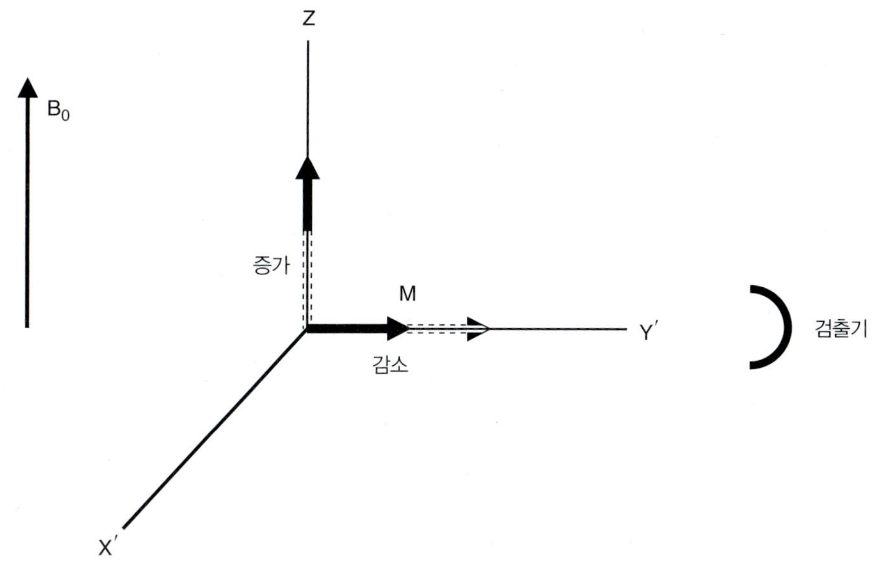

그림 9.8 시간에 대한 함수로 자기화 벡터 성분의 감쇠.

실험실 좌표계에서 *Y′* 성분은 *XY* 평면에서 회전하는 자기화 벡터에 해당된다. 개별 핵자기 벡터가 *Z*축(주자기장 축)을 중심으로 세차 운동을 하므로, 그 자기화 벡터는 *XY* 평면에서 회전한다. 펄스를 주기 전에는 개별 핵은 무질서한 세차 운동을 하며, 위상은 일치하지 않는다. 펄스가 가해지면 모든 벡터가 같은 위상으로 세차 운동하도록 **위상 일치**(phase coherence)가 일어나게 된다(그림 9.7 참조). 모든 개별 벡터가 *Z*축을 중심으로 세차 운동하므로 이들 모든 벡터의 합 벡터인 **M** 또한 *XY* 평면에서 회전한다.

하지만 일단 펄스가 정지하면 들뜬 핵들은 이완되기 시작한다(들뜸 에너지를 잃어버리고 각 핵스핀은 뒤집힌다). 시간이 지남에 따라 그런 **이완 과정**(relaxation process)은 그림 9.8에 설명한 것과 같이 *Y′*축에 있는 총량 자기화 벡터의 세기를 줄어들게 하고, *Z*축 상의 자기화 벡터의 세기를 증가시킨다. 총량 자기화의 이와 같은 변화는 Boltzmann 분포를 회복하려는 스핀 뒤집힘(스핀–격자 이완)과 위상 일치의 상실(스핀–스핀 이완)의 결과로 나타난다. 충분히 오랜 시간이 지나면 총량 자기화는 결국 평형값으로 되돌아가고, 총량 자기화 벡터는 *Z*축을 가리키게 된다.

수신기 코일은 *XY* 평면에 있으며 그곳에서 회전 자기화를 감지한다. *Y′* 성분이 작아짐에 따라 수신기 코일에 걸린 진동 전압(oscillating voltage)은 감쇠되며, 자기화가 *Z*축을 따라 복귀할 때 그 값은 0에 도달하게 된다. *X*축 자기장이 없을 때, 핵들이 "자유롭게" 세차 운동을 하기 때문에, 수신기 전압을 시간의 함수로 기록한 것을 **자유 유도 감쇠**(free-induction decay, FID)라고 부른다. 자유 유도 감쇠 패턴에 대한 예를 제5장의 그림 5.15에 나타내었다. 그와 같은 패턴이 Fourier 변환을 통해 해석되면, 전형적인 NMR 스펙트럼이 얻어진다.

들뜸 펄스가 시료 핵에 어떤 작용을 하며, 펄스 실험 동안 시료 핵의 자기화가 어떻게 거동하는지에 대해 제대로 알면, 몇 가지 고급 실험 내용을 이해하는 데 도움이 된다. 이 시점에서 관심을 돌려 가장 중요한 세 가지 고급 실험에 대해 살펴보자.

9.3 펄스 장 기울기

NMR 스펙트럼을 측정하기 전에 해야 할 중요한 일 중의 하나는 자기장을 **보정**(shimming)하는 것이다. NMR 실험에서 시료 전체에 가해지는 자기장은 균일해야 한다. 자기장이 균일하지 않으면, 피크가 넓혀지거나 잘못된 곁띠(side-band) 피크가 나타나는 등 일반적으로 분해능이 나빠진다. 따라서 자기장에 시료를 넣을 때마다 매번 약간씩 조절하여 자기장을 균일하게 맞추어야 한다(자기장 균일성).

보정 과정은 각각 작은 자기장을 만드는 한 묶음의 코일에 흐르는 전류의 양을 변화시키는 일련의 제어를 세밀하게 조절하여 자기장이 균일하게 되도록 한다. 즉, 가변 자기장으로 전체 자기장의 불균일성을 상쇄한다. 세밀한 보정의 결과로 스펙트럼의 피크는 깔끔한 모양으로 얻어지며 분해능은 최대가 된다.

이와 같이 보정 과정은 수작업으로 진행되기 때문에 많은 시간이 소비되고, 자동화된 환경에서 스펙트럼을 측정할 때엔 아주 부적합한 결함을 가지고 있다. **펄스 장 기울기**(pulsed field gradients)의 도입으로 보정 과정이 훨씬 빨라졌고, 자동화된 스펙트럼의 측정에도 적용할 수 있다.

"정상" NMR 실험에서는 시료의 길이를 따라 균일한 자기장의 펄스를 가한다. 이 펄스가 어떻게 가해지는지를 그림 9.9a에 나타내었다. 펄스 장 기울기 실험에서 가해진 펄스는 시료관의 길이에 따라 변한다. 이 펄스가 어떻게 가해지는지를 그림 9.9b에 나타내었다.

장 기울기 펄스로 인하여 시료관의 길이를 따라 다른 위치에 있는 분자들의 핵은 다른 진동수에서 세차 운동을 하게 된다. 그 결과 개별 핵의 회전하는 자기화 벡터는 급격하게 위상이 맞지 않게 되어 신호가 없어지게 된다. *Z*축을 따라 반대 방향으로 두 번째 기울기 펄스를 가하면, 잡음이나 다른 인위적 피크들이 제거된다. 이와 같은 두 번째 펄스에 의해 관심 대상인 시료의 자기화 벡터는 "손상을 입지 않고" 깨끗한 신호로 나타난다. 결과적으로 원하지 않는 피크는 사라지게 되고, 중요한 관심 대상 피크만이 남게 된다. 기기의 컴퓨터에 있는 기억 장치에 이미 **자기장 지도**(field map)가 저장되어 있기 때문에 정확하게 원하는 신호에 선택적으로 다시 초점을 맞출 수 있다. 자기장 지도는 강한 신호를 제공하는 시료를 사용하여 각 탐침에 대해 측정된다. 이를 위하여 일반적으로 용매 속에 있는 물이나 중수소가 사용된다. 일단 사용하는 탐침에 대한 자기장 지도가 작성되면, 컴퓨터는 그 값들을 활용하여 장 기울기를 세밀하게 조절하여 가장 강하고 가장 뾰족한 모양의 신호가 얻어지도록 한다.

일반적으로 두세 번의 되풀이(iteration)만으로 측정을 완료할 수 있다는 것이 장 기울기 보정의 장점이다. 반면 수동으로 하는 보정은 수많은 되풀이로 인하여 지루하고 시간이 오래 걸린다. 자동화된 장 기울기 보정의 특성은 스펙트럼을 자동으로 측정하는 데 매우 적합하다. 특히 기기에 자동 시료 교체 장치가

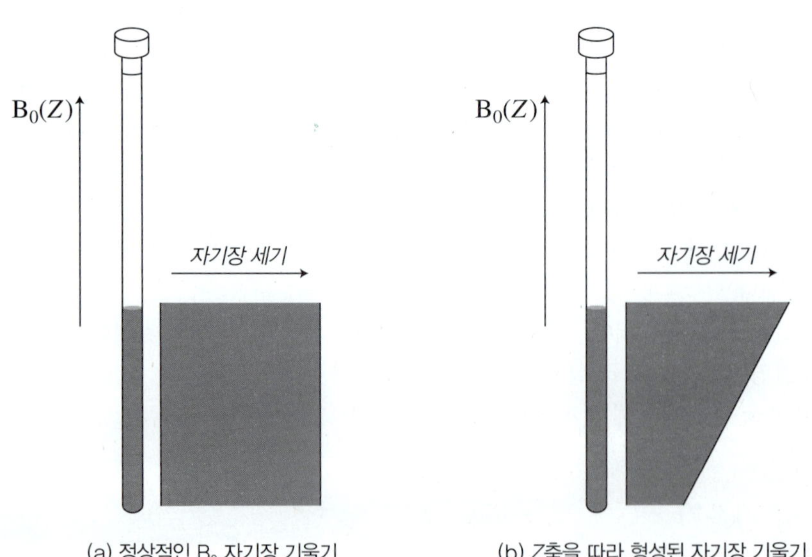

(a) 정상적인 B_0 자기장 기울기 (b) *Z*축을 따라 형성된 자기장 기울기

그림 9.9 NMR 시료관의 *Z*축을 따라 자기장 펄스의 모양을 보여주는 그림.

장착되어 있을 때, 이와 같은 방법은 매우 유용하다.

장 기울기 보정의 장점을 다양한 2차원 분광학 기법에도 적용할 수 있는데, 앞으로 논의할 이 장의 절들에서 그 기법에 대해서 설명할 것이다.

9.4 DEPT 실험: ^{13}C 원자에 결합된 Proton의 개수

^{13}C 분광학에서 **편극 전달에 의한 일그러짐 없는 증대**(Distortionless Enhancement by Polarization Transfer) 또는 **DEPT**로 더 잘 알려진 실험은 매우 유용하게 사용되는 펄스 순서이다. 이제 DEPT 방법은 NMR 분광학자가 주어진 탄소 원자에 결합된 수소의 개수를 결정하는 데 사용하는 가장 중요한 기법 중의 하나가 되었다. 펄스 순서는 ^{1}H 채널과 ^{13}C 채널의 펄스와 지연 시간으로 구성된 복잡한 프로그램이다. 이와 같은 펄스 순서의 결과로 1~3개의 수소가 결합된 탄소 원자가 서로 다른 **위상**으로 기록된다. 또한 이와 같은 탄소 신호의 위상은 펄스 순서에 프로그램으로 짜여진 지연의 지속 시간에 따라 달라진다. 우선 DEPT-45라 불리는 실험에서 몇 개든 상관없이 수소가 결합된 탄소만의 피크를 얻는다. 약간 다른 지연 시간으로 DEPT-90이라 불리는 두 번째 실험을 통해 **methine 그룹**(CH) 부분의 탄소 원자들에 대한 피크를 얻는다. 훨씬 더 긴 지연 시간으로 DEPT-135 스펙트럼을 얻는다. DEPT-135 스펙트럼에서 methine과 methyl 탄소는 양의 피크를 보여주는 반면, methylene 탄소는 뒤집힌 음의 피크를 나타낸다. 이와 같은 종류의 실험에서 서로 다른 개수의 수소가 결합된 탄소들이 서로 다르게 거동을 하는 이유를 9.5절에서 설명할 것이다. 결합되어 있는 수소가 없는 4차 탄소는 DEPT 실험에서 피크로 나타나지 않는다.

DEPT 실험을 나타내는 몇 가지 방법이 있다. 한 가지 방법은 각각의 분리된 스펙트럼을 모두 한 장의 기록지에 그리는 것이다. 첫 번째 스펙트럼에는 오직 methyl 탄소만을 나타내고, 두 번째 스펙트럼에는 methylene 탄소만을 나타내고, 세 번째 스펙트럼에는 methine 탄소만을 나타내고, 네 번째 스펙트럼에는 수소를 갖는 모든 탄소를 나타낸다. DEPT 실험을 나타내는 또 다른 방법으로 methyl 탄소, methylene 탄소, methine 탄소의 피크들을 한 기준선 위에 나타낼 수 있는데, 이때 methyl 탄소와 methine 탄소는 양의 피크로 나타나고, methylene 탄소는 음의 피크로 나타난다.

많은 경우 DEPT 스펙트럼을 이용하여 proton-짝풀림 ^{13}C 스펙트럼보다 더 쉽게 피크를 할당할 수 있다. 그림 9.10은 **isopentyl acetate**의 DEPT-135 스펙트럼이다.

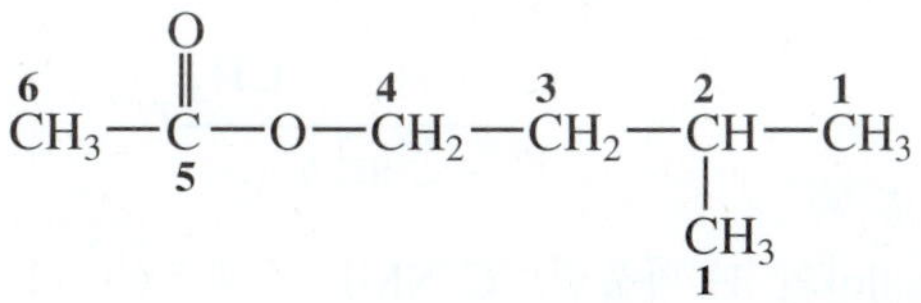

$$\overset{6}{CH_3}-\underset{5}{\overset{\overset{O}{\|}}{C}}-O-\overset{4}{CH_2}-\overset{3}{CH_2}-\overset{2}{CH}\left(\underset{1}{CH_3}\right)-\overset{1}{CH_3}$$

DEPT 135 스펙트럼에서 methyl 그룹과 methine 그룹은 양의 피크로 나타나고, methylene 그룹은 음의 피크로 나타난다. 두 개의 동등한 methyl 탄소(번호 **1**)는 가장 큰 피크(22.3 ppm)로 나타나는 반면, acetyl 그룹의 methyl 그룹(번호 **6**)은 20.8 ppm에서 작게 나타난다. Methine 탄소(번호 **2**)는 24.9 ppm에서 역시 작게 나타난다. 37.1 ppm에 탄소 **3**번, 63.0 ppm에 탄소 **4**번처럼 methylene 탄소들은 뒤집힌 피크로 나타난다. 탄소 **4**번은 전기음성도가 큰 산소 원자 옆에 있어서 벗겨져있다. 결합된 수소 원자가 없으므로 carbonyl 탄소(번호 **5**)는 DEPT 스펙트럼에 나타나지 않는다. Isopentyl acetate에 대한 DEPT 스펙트럼을 나타내는 또 다른 방법은 그림 6.9에 나타내었다. 두 가지 표현 방법 모두 피크 할당에 매우 유용하다.

DEPT 기법은 확실히 ^{13}C NMR 분광학의 매우 유용한 보조 수단이다. DEPT 실험의 결과로부터 주어진 피크가 methyl 그룹 methylene 그룹 또는 methine 그룹에서 온 것인지를 알 수 있다. DEPT 스펙트럼을 본래의 ^{1}H-짝풀림 ^{13}C NMR 스펙트럼과 비교함으로써 4차 탄소의 피크 역시 알아낼 수 있다. 수소를

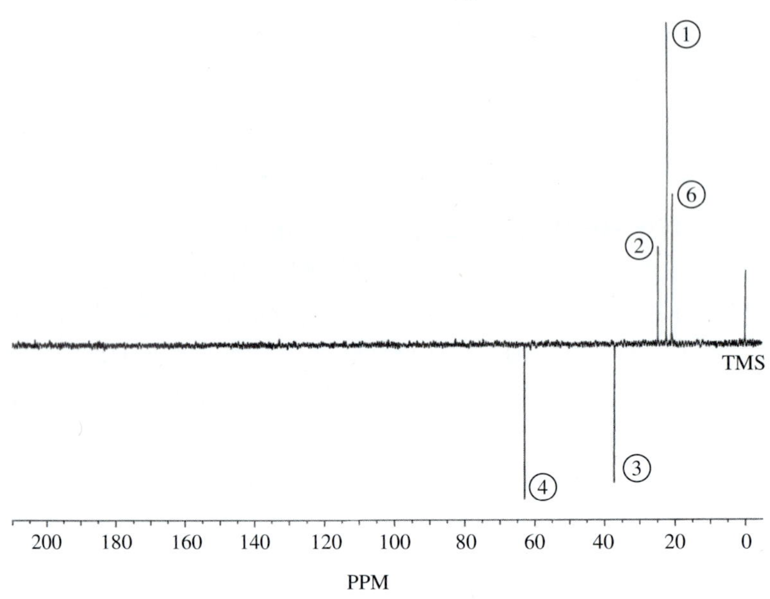

그림 9.10 Isopentyl acetate의 DEPT-135 스펙트럼.

갖고 있지 않는 4차 탄소는 ^{13}C NMR 스펙트럼에는 나타나지만 DEPT 스펙트럼에는 나타나지 않는다.

DEPT 기법의 몇 가지 강점을 보여주는 또 다른 예가 terpenoid alcohol인 **citronellol**이다.

10 CH_3 H
4 3 2
5 1
6 OH
7
CH_3 CH_3
8과 9

그림 9.11은 citronellol의 ^{1}H-짝풀림 ^{13}C NMR 스펙트럼이다. 화학적 이동과 피크의 세기를 조사하여 스펙트럼에 있는 각 피크에 분자 내의 각 탄소 원자를 쉽게 할당할 수 있다. 이중 결합 sp^2 탄소 원자가 발견될 것으로 예상되는 영역(120~140 ppm)에 두 개의 피크가 보인다. 124.6 ppm의 큰 피크는 탄소 6으로 할당할 수 있고, 131.0 ppm의 작은 피크는 탄소 7로 할당할 수 있다. 결합된 수소 원자가 없는 탄소 원자는 핵 Overhauser 증대가 없기 때문에 세기가 작은 반면(제6장 6.5절 참조), 탄소 6은 한 개의 수소 원자를 가지고 있어 핵 Overhauser 증대가 나타나며, 세기가 더 크다. 하지만 15~65 ppm 범위의 패턴은 너무 복잡하여 해석하기가 아주 어렵다.

Citronellol의 DEPT 스펙트럼의 쌓기 그래프(그림 9.12)를 이용하여 더욱 쉽게 개별 탄소 원자의 할당을 할 수 있다. Methine "CH 탄소" 영역에 피크가 나타나기 때문에, 앞에서 124.6 ppm의 피크를 탄소 6에 할당한 것은 확실하게 맞다. 탄소 7은 결합된 수소 원자가 없기 때문에 131.0 ppm의 피크는 "proton이 결합된 모든 탄소" 부분에 빠져 있는 것에 주목하여라. 60.8, 39.7, 37.1, 25.33 ppm에 나타나는 피크는 모두 methylene 그룹이다. 29.0 ppm의 피크는 한 개의 proton이 결합된 "CH 영역"에 있는 methine

⑦
131.054
⑥
124.624
CDCl3
77.260
77.000
76.748
60.794
39.701
37.120
29.071
25.581
25.336
19.379
17.493
130
120
110
100
80
60
ppm

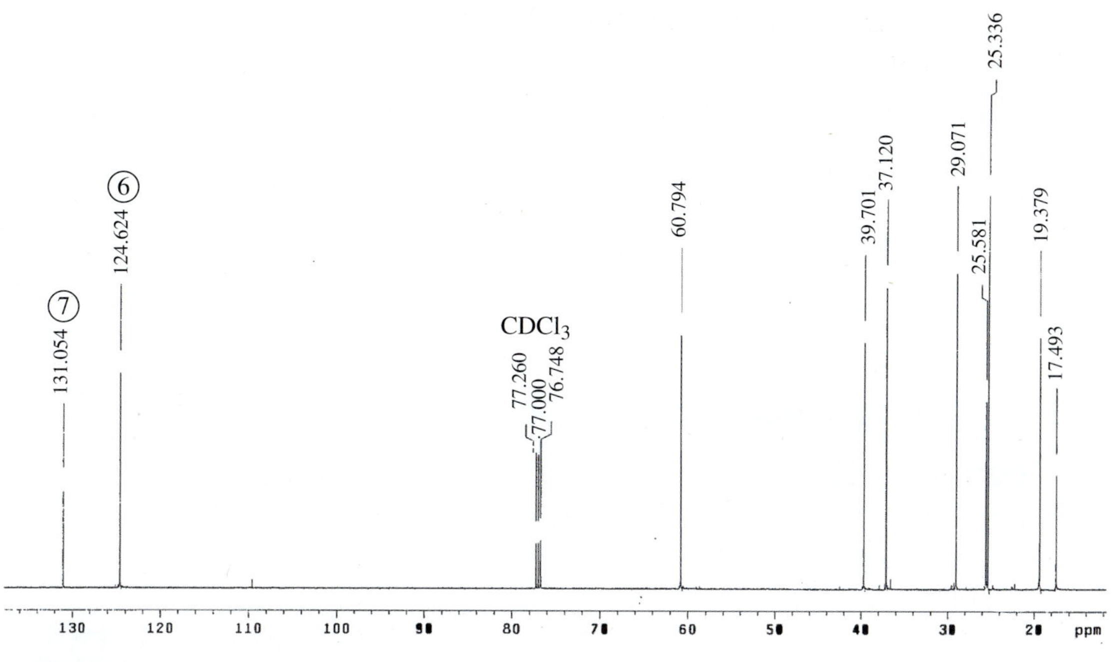

그림 9.11 Citronellol의 ^{13}C NMR 스펙트럼(125 MHz).

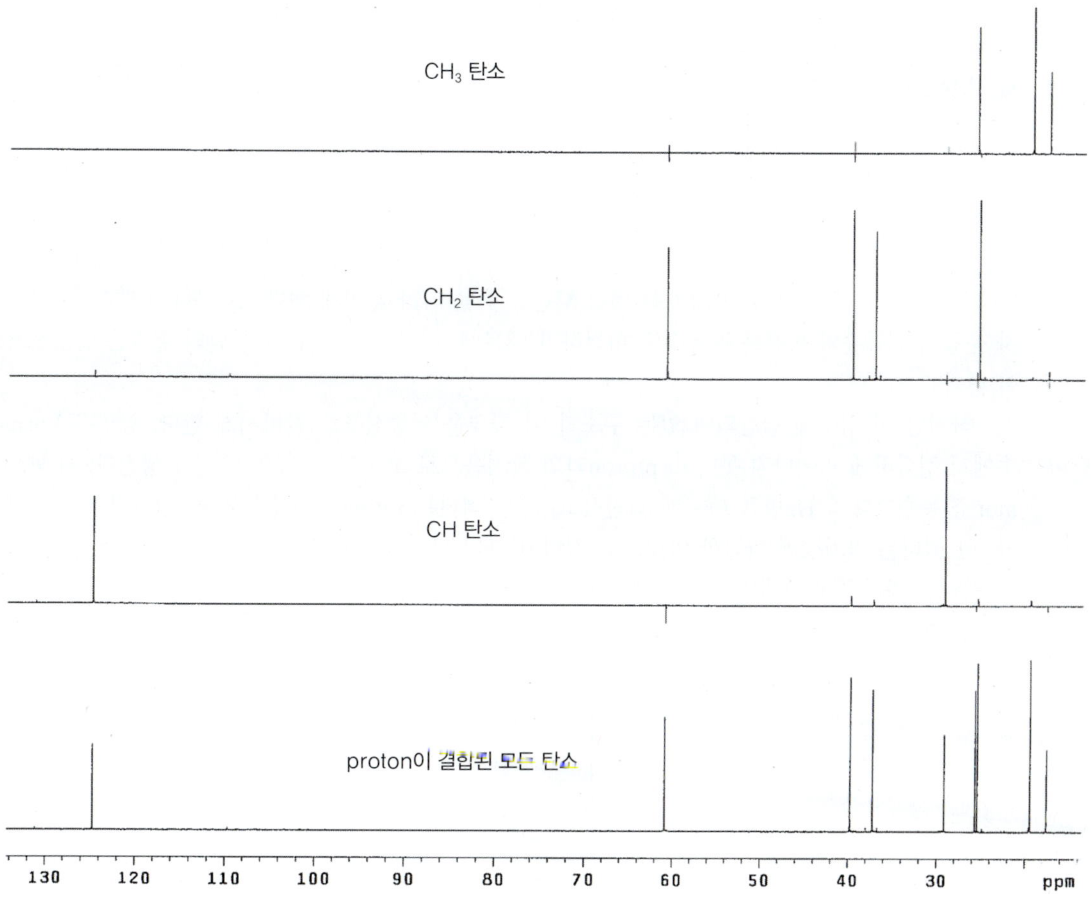

CH3 탄소
CH2 탄소
CH 탄소
proton이 결합된 모든 탄소
130
120
110
100
90
80
70
60
50
40
30
ppm

그림 9.12 Citronellol의 DEPT 스펙트럼의 쌓기 그래프(125 MHz).

proton이며, 탄소 3이다. 60.8 ppm에 나타나는 methylene 그룹은 탄소 1에 결합된 산소 원자(OH 그룹)에 이웃한 CH_2 그룹으로 할당할 수 있을 것이다. 이 그룹은 전기음성도가 큰 산소 원자에 의해 크게 벗겨질 것으로 예상된다. 39.7, 37.1, 25.3 ppm에 나타나는 남아 있는 세 methylene 그룹은 추가적인 정보 없이는 탄소 2, 탄소 4, 탄소 5에 할당할 수 없다. 비슷하게 25.6, 19.4, 17.5 ppm에 나타나는 세 methylene 그룹은 추가적인 정보 없이는 할당할 수 없다. 9.7절과 그림 9.15a와 그림 9.15b에 나타낸 COSY 스펙트럼으로 남아 있는 피크에 대한 할당을 할 수 있다.

이 예를 통해 DEPT 기법의 우수성을 알았을 것이다. DEPT 기법은 ^{13}C NMR 스펙트럼에서 methyl, methylene, methine, 4차 탄소를 구별하는 우수한 방법이다.

9.5 결합된 수소 개수의 결정

결합된 proton 시험(attached proton test, APT)에 관한 실험으로 불리는 DEPT 실험은 기본적인 NMR 실험을 변형한 기법이다. DEPT 실험의 기초가 되는 이론을 자세히 설명하는 것은 이 책의 범위를 벗어나지만, 훨씬 간단한 실험인 APT를 검토하여 그 결과가 어떻게 결정되었는지를 이해할 수 있으며, 그것으로부터 DEPT 실험에 대한 충분한 통찰력을 갖게 될 것이다.

이와 같은 유형의 실험에 두 개의 전달 장치가 사용되는데, 하나는 proton 공명 진동수에서 작동하고, 다른 하나는 ^{13}C 공명 진동수에서 작동된다. Proton 전달 장치는 proton 짝풀림 장치 역할을 한다. 이 장치는 펄스 순서 동안 적절한 시간 간격을 두고 켜졌다 꺼졌다 한다. ^{13}C 전달 장치는 X'축을 따라 보통의 90° 펄스를 준다. 그러나 Y'축을 따라서도 펄스를 줄 수 있도록 프로그램화되어 있다.

A. Methine 탄소(CH)

Proton 하나가 결합되어 있는 ^{13}C 원자를 생각해 보자. 이 때 J는 짝지음 상수이다.

$$-\overset{|}{\underset{|}{C}}-H \qquad {}^1J_{CH}$$

90° 펄스를 걸어준 후에 총량 자기화 벡터 **M**은 Y'축을 따라 놓이게 된다. 단 하나의 벡터만이 Larmor 세차 운동의 진동수와 똑같은 진동수로 회전하기 때문에, 이와 같은 간단한 실험의 결과는 단일선으로 나와야 한다.

하지만 이 경우에 결합되어 있는 수소가 이 공명을 이중선으로 갈라지게 한다. 공명은 Larmor 진동수에서 정확하게 일어나지 못하고, proton과의 짝지음으로 오히려 두 개의 벡터가 생긴다. 한 벡터는 Larmor 진동수보다 $\frac{J}{2}$ Hz만큼 *빠르게* 회전하고, 다른 벡터는 Larmor 진동수보다 $\frac{J}{2}$ Hz만큼 *느리게* 회전한다. 한 벡터는 자기장에 나란한 방향으로 정렬된 자기 모멘트를 갖는 proton과 짝지음을 한 결과이며, 다른 벡터는 자기장에 반대 방향으로 정렬된 자기 모멘트를 갖는 proton과 짝지음을 한 결과이다. 두 개의 벡터는 회전 좌표계에서 서로 분리된다.

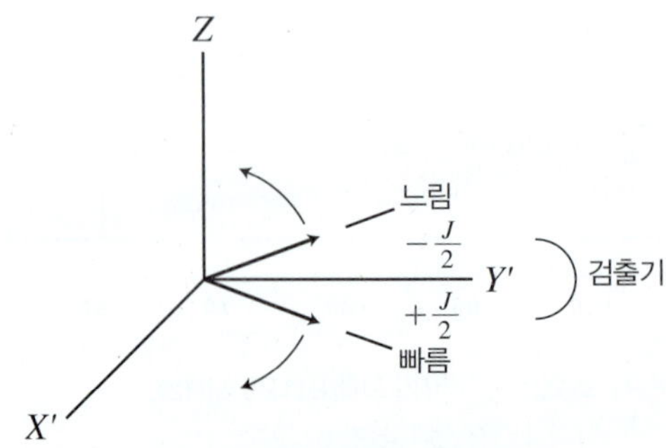

벡터들은 회전 좌표계에 대해 초당 $\frac{J}{2}$의 회전 속도로 서로 반대 방향으로 움직인다. 그러므로 한 바퀴 도는 데 걸리는 시간은 이 속력의 역수, 즉 회전당 $\frac{2}{J}$초이다. 시간 $\frac{1}{4}(\frac{2}{J}) = \frac{1}{2J}$초에 각 벡터들은 서로 반대 방향으로 $\frac{1}{4}$ 회전하여 결국 X'축을 따라 서로 반대 방향으로 놓이게 된다. 이 시점에는 Y'축을 따라 어떠한 자기화 성분도 없기 때문에 수신기에 어떠한 신호도 검출되지 않는다(이 두 벡터의 합은 0이다).

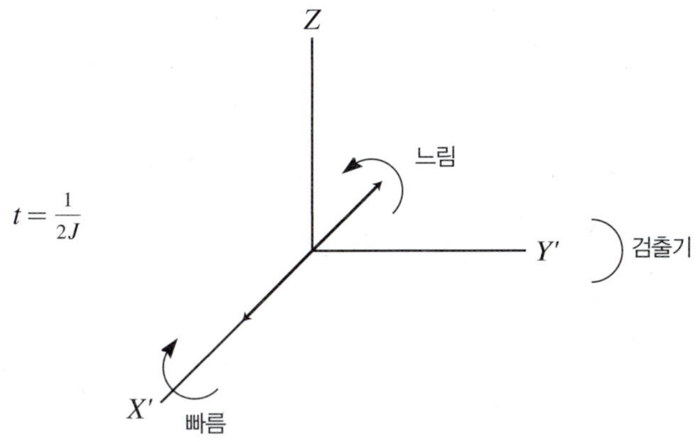

시간 $\frac{1}{2}(\frac{2}{J}) = \frac{1}{J}$초에 벡터들은 Y'축의 음의 방향을 따라 재정렬한다. 이 시점에서 신호를 수집하면 뒤집힌 피크가 얻어질 것이다. 그러므로 $t = \frac{1}{J}$초일 때, methine 탄소는 뒤집힌 피크로 나타난다.

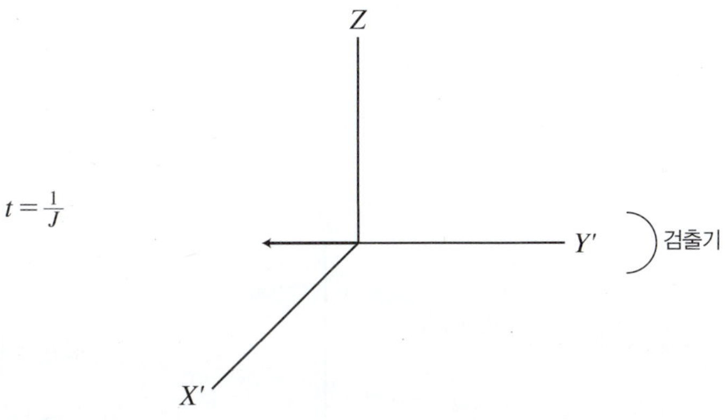

B. Methylene 탄소(CH_2)

두 *개*의 proton이 결합되어 있는 ^{13}C 원자의 경우를 조사해 보면, methine 탄소와는 다른 거동을 관찰할 수 있다.

$$H-\overset{|}{\underset{|}{C}}-H \qquad {}^{1}J_{CH}$$

이 경우 결합된 두 개의 proton이 ^{13}C 공명을 삼중선으로 갈라지게 하기 때문에 ^{13}C 핵에 대한 *세* 개의 벡터가 있다. 세 벡터 중 한 벡터는 회전 좌표계에서 정지 상태로 있는 반면, 다른 두 벡터는 초당 J 회전의 속력으로 따로따로 운동한다.

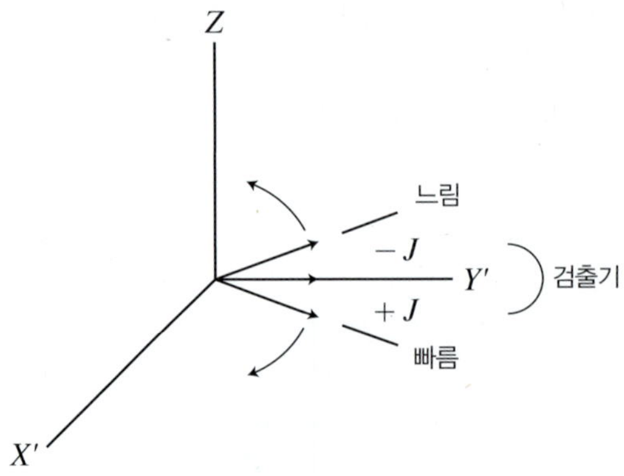

시간 $\frac{1}{2}(\frac{1}{J})$ 초에 움직이는 두 벡터는 음의 Y′축을 따라 다시 정렬한다.

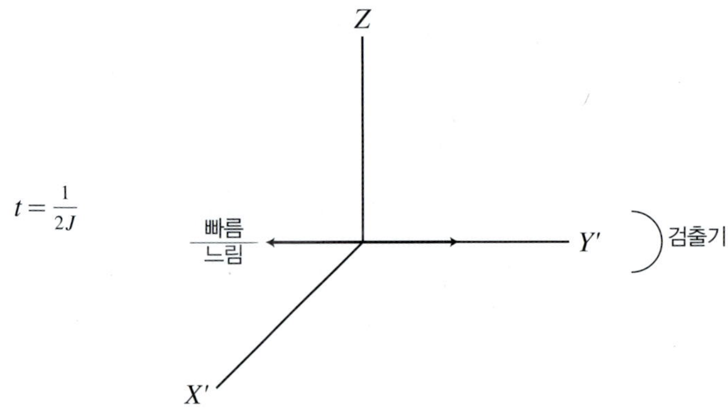

그리고 $\frac{1}{J}$시간 초에 양의 Y′축을 따라 다시 정렬한다. 따라서 시간 $t = \frac{1}{J}$초에 검출될 경우, 벡터들은 정상 피크로 나타난다. 그러므로 methylene 탄소는 정상(양의) 피크로 나타낸다.

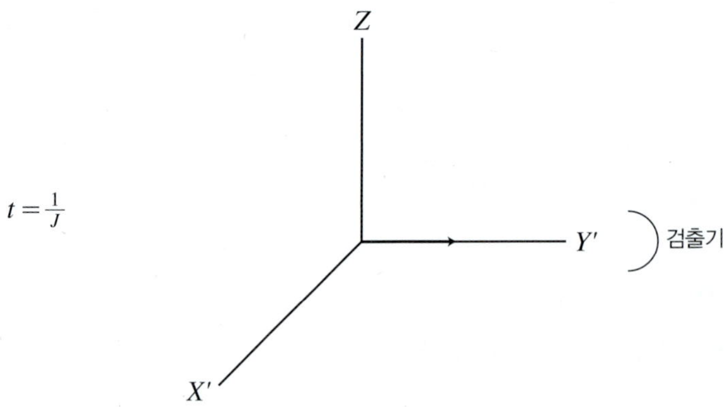

C. Methyl 탄소(CH_3)

Methyl 탄소의 경우, 세 개의 수소핵의 조합으로 만들 수 있는 네 개의 스핀 상태에 해당하는 *네* 개의 벡터가 있어야 한다.

H—C—H (with H above C) ${}^{1}J_{CH}$

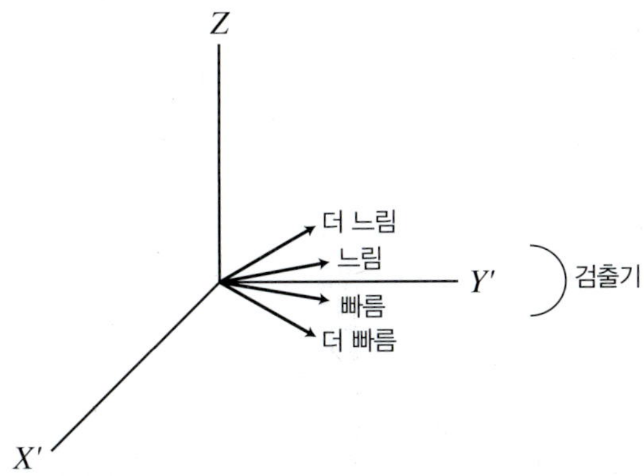

이 벡터들의 세차 운동의 진동수를 해석해 보면, 시간 $t = \frac{1}{J}$초 후에 methyl 탄소는 뒤집힌 피크로 나타나는 것을 알 수 있다.

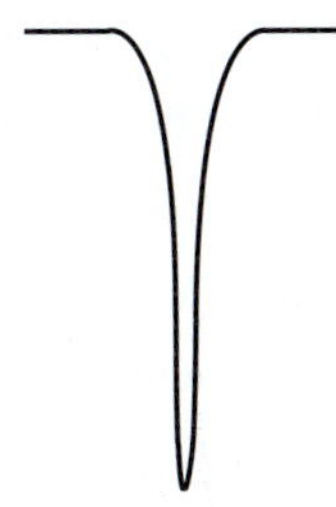

D. 4차 탄소(C)

결합된 proton이 없는 탄소는 단순히 한 개의 자기화 벡터를 보여주며, 이 벡터는 Larmor 진동수로 세차 운동을 한다(즉, 항상 Y'축을 향하고 있다). 그러므로 시간 $t = \frac{1}{J}$초에 정상 피크로 나타난다.

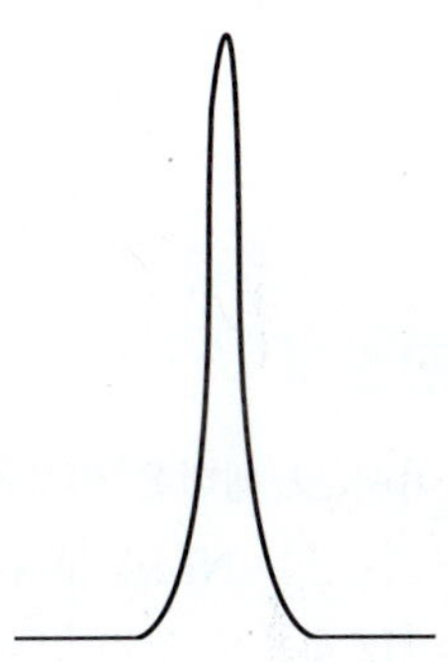

E. 최종 결과

이와 같은 유형의 실험을 통하여 모든 4차 탄소와 methylene 탄소는 정상(양의) 피크로 나타나며, 모든 methine 탄소와 methyl 탄소는 뒤집힌(음의) 피크로 나타남을 알았다. 따라서 탄소에 결합된 수소의 개수가 짝수인가 또는 홀수인가를 판명할 수 있다.

DEPT 실험으로 알려진 이와 같은 형태의 실험에서 펄스 순서는 앞에서 설명한 것보다 훨씬 더 복잡하다. 펄스 너비와 지연 시간을 다르게 함으로써 methyl 탄소, methylene 탄소, methine 탄소에 대한 각각의 스펙트럼을 얻을 수 있다. DEPT 스펙트럼(예를 들어, DEPT-135 스펙트럼)을 나타내는 일반적인 방법에서, 모든 유형의 ^{13}C 원자에 대한 스펙트럼을 종합하는 그래프는 앞에서 설명한 결합된 proton 시험(APT)에 대하여 기술한 표현과는 반대로 된다. 그러므로 그림 9.10에 나타낸 스펙트럼에서 홀수개의 수소가 결합된 탄소 원자는 양의 피크로 나타나고, 짝수개의 수소가 결합된 탄소 원자는 음의 피크로 나타나며, 결합된 proton이 없는 탄소는 피크로 나타나지 않는다.

APT 실험에 대하여 여기에서 설명한 것과 유사한 결과를 DEPT 실험에서도 얻을 수 있다. 다양한 펄스 각(pulse angle)과 지연 시간을 펄스 순서의 구성 성분으로 포함시킬 수 있다. DEPT 실험 결과로부터 methyl 탄소, methylene 탄소, methine 탄소, 4차 탄소를 각각 구별할 수 있다.

9.6 2차원 분광학 방법의 소개

지금까지 설명한 방법들은 1차원 실험(one-dimensional experiment)에 대한 예들이었다. **1차원 실험**에서는 신호가 하나의 변수, 주로 화학적 이동의 함수로 표현된다. **2차원 실험**(two-dimensional experiment)에서는 좌표축이 두 개이다. 일반적으로 이 축들도 화학적 이동을 나타낸다. 신호는 이들 각각의 화학적 이동의 함수로 기록된다. 자료는 격자 모양으로 그려진다. 첫 번째 축은 하나의 화학적 이동 범위를 나타내고, 두 번째 축은 두 번째 화학적 이동 범위를 나타내며, 세 번째 차원은 관찰된 신호의 크기(세기)이다. 결과는 등고선 도표로 표현되며, 등고선은 신호의 세기에 해당된다.

정상 펄스 NMR 실험에서 90° **들뜸 펄스** 직후 곧바로 **자료 수집 위상**(data aquisition phase)이 생기며, 이 때 FID가 기록되고 자료가 컴퓨터에 저장된다. 예를 들어, DEPT와 같이 복잡한 펄스 순서를 사용하는 실험에서는 자료 수집 전에 **전개 위상**(evolution phase)이 포함되어 있다. 이 전개 위상 동안 핵자기화 벡터가 세차 운동을 하도록 허용되며, 자기성 핵 사이의 정보가 서로 교환된다. 다시 말하면, 주어진 핵은 이웃하는 다른 핵의 스핀 상태에 관한 정보를 인식하여 암호화(encode)할 수 있다.

많은 유형의 2차원 실험 중에서 다음 두 가지가 가장 널리 사용되고 있다. 하나는 **H–H 상관관계 분광학**(H–H correlation spectroscopy)으로서 머리 글자를 딴 **COSY**로 더 잘 알려져 있다. COSY 실험에서는 두 축 모두 proton 스펙트럼의 화학적 이동으로 나타낸다. 두 번째 중요한 기법은 **이종핵 상관관계 분광학**(heteronuclear correlation spectroscopy)으로서 **HETCOR** 기법으로 더 잘 알려져 있다. HETCOR 실험에서는 proton 스펙트럼의 화학적 이동을 한 축에 나타내고, 같은 시료의 ^{13}C 스펙트럼의 화학적 이동을 두 번째 축에 나타낸다.

9.7 COSY 기법: ^{1}H–^{1}H 상관관계

특정한 proton의 갈라짐 패턴을 얻어서 그 패턴을 이웃하는 탄소에 있는 proton의 개수의 항으로 해석할 때, 구조를 증명하는 문제에 적용될 수 있는 NMR 분광학의 방법 중에서 단 한 가지 방법만을 사용한다. 아마도 우리는 어떤 proton이 J = 4 Hz 값으로 짝지음하는 두 개의 동등한 이웃 proton을 가지고 있고, 또 다른 이웃 proton은 J = 10 Hz 값으로 짝지음하며, 세 개의 또 다른 이웃 proton은 J = 2 Hz 값으로 짝지음한다는 것을 알 수 있다. 이와 같은 짝지음으로 인하여 우리가 관찰하고자 하는 proton에 대하여 매우 많은 패턴(**역자주**. 미세 피크가 많은 복잡한 피크)이 얻어지지만, 우리는 나뭇가지 도표를 사용하여 약간의 노력으로 그것을 해석할 수 있다. 짝지음 패턴의 특성에 관하여 좀 더 직접적인 정보를 얻기 위하여 선택적 스핀 짝풀림 기법을 사용하여 스펙트럼의 일부를 단순화하여 사라지게 하거나 뾰족하게 하여 보기 좋게 할 수도 있다. 하지만 이와 같은 방법의 각 과정은 시간이 매우 많이 걸리는 지루한 작업이며, 복잡한 스펙트럼에서는 매우 어려운 과정이다. 따라서 짝지음하는 핵에 관련된 간단하고 선입견이 없는 편리한 방법이 필요하다.

A. COSY 실험의 개요

^{1}H COSY 실험에 사용되는 펄스 순서에는 가변의 지연 시간 t_1은 물론 수집 시간 t_2가 포함되어 있다. 실험은 다양한 t_1 값으로 되풀이되고, t_2 시간 동안 수집된 자료가 컴퓨터에 저장된다. 각 실험에 대하여 t_1 값은 작은 간격으로 일정하게 증가되며, 그 결과 수집된 자료는 각각 다른 t_1 값에서 t_2 시간 동안 수집된 일련의 FID 패턴으로 이루어진다.

Proton들이 서로 짝지음하는 것을 규명하기 위하여 t_1 시간 동안 짝지음 상호작용이 일어나도록 허용된다. 같은 시간 동안 개별 핵자기화 벡터는 스핀-짝지음 상호작용의 결과로서 퍼져 나간다. 이 상호작용으로 t_2 시간 동안 관찰되는 신호가 변경된다. 불행하게도 COSY 실험에서의 스핀 상호작용에 대한 메커니즘은 너무 복잡하여 간단한 방법으로 완전하게 설명할 수 없다. 도식적인 설명만으로 충분할 것이다.

두 개의 proton이 서로 짝지음하는 시스템을 생각해 보자.

```
   |    |
 —C—C—
   |    |
  Ha   Hx
```

초기 이완 지연과 펄스는 90°에 의해 핵들의 총량 자기화 벡터를 회전시킴으로써 스핀 시스템을 **준비**(prepare)한다. 이 시점에서, 두 개의 proton 중 단 한 개의 proton의 스핀만을 포함하는 개별항들의 합으로 스핀 시스템을 수학적으로 기술할 수 있다. 가변 지연 시간(t_1이라고 불림) 동안 스핀은 **전개**(evolve)된다. 다른 말로 표현하면, 화학적 이동과 상호간의 스핀−스핀 짝지음 모두의 영향 하에 스핀들은 세차 운동을 한다. 이 세차 운동이 수집 시간(t_2) 동안 우리가 최종적으로 관찰하는 신호를 변경한다. 또한 스핀의 상호간 짝지음으로 몇몇 단일-스핀항을 **곱**(product)의 양으로 변환시켜주는 수학적 효과를 얻을 수 있으며, 곱의 양은 두 핵 모두의 자기화 성분을 포함한다. 이와 같은 곱의 항들이 COSY 스펙트럼을 해석할 때 가장 유용하다.

전개 기간이 지나면, 두 번째 90° 펄스가 도입된다. 이것은 순서에서 다음으로 필수적인 부분인 **혼합 기간**(mixing period, 이전에 논의된 적이 없음)으로 이루어진다. 펄스를 혼합하는 것은 짝지음하는 핵들의 다양한 스핀 상태로 자기화를 분배시키는 효과를 나타낸다. t_1 시간 동안 화학적 이동에 의해 암호화된 자기화는 t_2 시간 동안 또 다른 화학적 이동에서 검출될 수 있다. 시스템의 수학적 설명은 여기에서 다루기에는 너무 복잡하다. 그보다는 차라리 처리 과정에서 중요한 유형의 두 개의 항이 나타난다고 설명하는 것이 낫다. 우리에게 유용한 정보를 많이 갖지 못하는 첫 번째 유형의 항은 2차원 도표에서 대각선 위의 피크로 나타난다. 짝지음하는 두 핵 모두의 세차 운동 진동수를 포함하는 항으로부터 펄스 순서의 좀 더 흥미로운 결과가 얻어진다. 이 항으로 표현되는 자기화는 t_1 시간 동안 한 핵의 화학적 이동에 의해 변조(또는 "표지")되고, 혼합 펄스 후에는 t_2 시간 동안 또 다른 핵의 세차 운동에 의해 변조된다. 그 결과로 얻어지는 대각선-바깥 피크(**교차 피크**)는 스핀−스핀 짝지음을 하는 핵들 사이의 상관관계를 보여준다. 자료를 Fourier 변환하여 얻어지는 스펙트럼 도표에는 하나의 축(f_1)을 따라 첫 번째 proton의 화학적 이동이 나타나고, 다른 축(f_2)을 따라 두 번째 proton의 화학적 이동이 나타난다. 두 proton 모두의 화학적 이동에 해당되는 대각선-바깥 피크의 존재는 이들 두 proton 사이의 스핀 짝지음의 증거이다. 짝지음이 없다면 그들의 자기화는 대각선-바깥 피크를 만들지 못할 것이다. 전체 분자의 COSY 스펙트럼에서 모든 가능한 대각선-바깥 피크가 나타날 수 있도록 펄스는 짧은 시간 동안 강력한 세기로 전달된다. 얻어진 결과로 분자 내의 짝지음 짝들을 완벽하게 설명할 수 있다.

각 축은 전체 화학적 이동 범위를 나타내므로, t_1을 조금씩 증가시키면서, 수천 개의 개별 FID 패턴에 관한 자료가 기록되어야 한다. 높은 분광기 진동수로 작동되는 기기(고자기장 기기)에서는 훨씬 더 많은 FID 패턴이 수집되어야 된다. 결과적으로 전형적인 COSY 실험을 수행하는 데 약 30분 정도의 시간이 소요된다. 더욱이 각 FID 패턴이 컴퓨터 기억 장치 안에서 분리된 구획에 저장되어야 하므로, 이와 같은 유형의 실험은 매우 큰 기억 용량을 갖는 컴퓨터를 필요로 한다. 그러나 대부분의 최신 기기를 사용하여 쉽게 일상적으로 COSY 실험을 수행할 수 있다.

B. COSY 스펙트럼을 읽는 방법

2-Nitropropane. COSY 스펙트럼이 어떤 종류의 정보를 제공하는가를 알아보기 위하여 점차 복잡해지는 순서로 몇 가지 예를 들어볼 것이다. 첫 번째 예는 2-nitropropane의 COSY 스펙트럼이다. 이와 같은 간단한 분자에서는 두 개의 methyl 그룹 proton과 methine proton 사이의 짝지음이 예상된다.

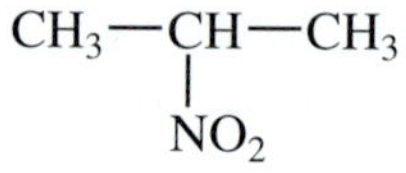

$$CH_3—CH(NO_2)—CH_3$$

2-Nitropropane의 COSY 스펙트럼을 그림 9.13에 나타내었다. 스펙트럼에서 첫 번째로 주목해야 할 사항은 조사 대상 화합물의 proton NMR 스펙트럼이 수평축과 수직축에 그려져 있고, 각 축은 화학적 이동값(ppm)으로 눈금이 매겨져 있다는 것이다. COSY 스펙트럼에는 오른쪽 위에서 왼쪽 아래로 걸쳐 있는 대각선 위에 두드러진 반점들이 나타나 있다. 대각선 위의 각 반점에서 수직과 수평으로 선을 그으면 대각선의 각 반점은 각 좌표축의 같은 피크에 해당함을 쉽게 알 수 있다. 대각선 위의 피크는 단지 기준점 역할을 한다. 스펙트럼에서 중요한 피크는 **대각선-바깥 피크**(off-diagonal peak)이다. 2-Nitropropane의 스펙트럼에서 1.56 ppm의 반점(**A**로 표시되어 있으며 methyl proton에 해당됨)에서 수평선을 그을 수 있다. 이 수평선은 결국 4.66 ppm의 methine proton 피크(**B**로 표시됨)에 해당하는 대각선-바깥 반점 **C**(COSY 스펙트럼에서 왼쪽 위)와 만난다. 이 대각선-바깥 반점에서 수직선을 그리면 methine proton에 해당하는 대각선 위의 반점(**B**)과 교차한다. Methyl proton 반점과 methine proton 반점과 연관이 있는 이와 같은 대각선-바깥 반점 **C**의 존재로 우리가 예상한 것과 같이 methyl proton은 methine proton과 서로 짝지음하는 것을 확신할 수 있다. 1.56 ppm의 반점(**A**)에서 수직선을 그리고 4.66 ppm의 반점(**B**)에서 수평선을 그려서 유사한 결과를 얻을 수 있다. 두 개의 선이 두 번째 대각선-바깥 반점 **D**(COSY 스펙트럼의 오른쪽 아래)에서 서로 교차한다. 이 해석에서 기술한 수직선과 수평선이 그림 9.13의 COSY 스펙트럼에 나타나 있다.

Isopentyl Acetate. 실제로 2-nitropropane의 NMR 스펙트럼을 완전하게 해석하기 위해서 COSY 스펙트럼까지 필요하지는 않다. 앞에서 설명한 해석은 이해하기 쉬운 간단한 예를 사용하여 COSY 스펙트럼을 어떻게 해석하는지를 보여주기 위한 것이었다. 좀 더 흥미로운 예는 **isopentyl acetate**의 COSY 스펙트럼이다(그림 9.14).

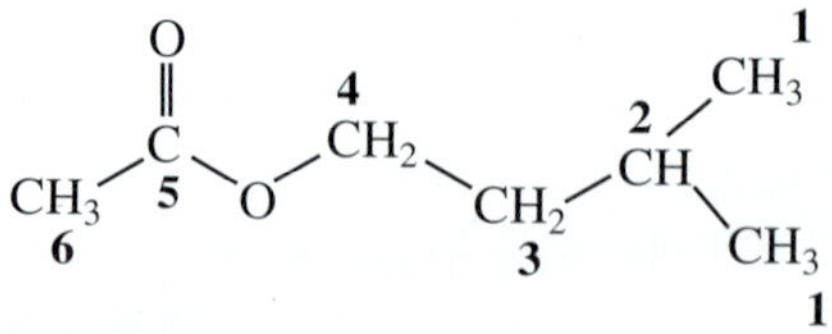

$$\underset{6}{CH_3}—\underset{5}{C}(=O)—O—\underset{4}{CH_2}—\underset{3}{CH_2}—\underset{2}{CH}(\underset{1}{CH_3})_2$$

여기서 다시 좌표축을 살펴보자. Isopentyl acetate의 proton 스펙트럼을 각각의 축에 나타내었다. COSY 스펙트럼은 대각선 위에 두드러진 반점들을 보여주고 있으며, 각 반점은 각 좌표축에 있는 동일한 피크에 해당된다. 상관관계를 알아보기 위하여 수평선과 수직선을 그려 넣었다. 그림 9.14에서 먼저 대각선을 살펴보자.

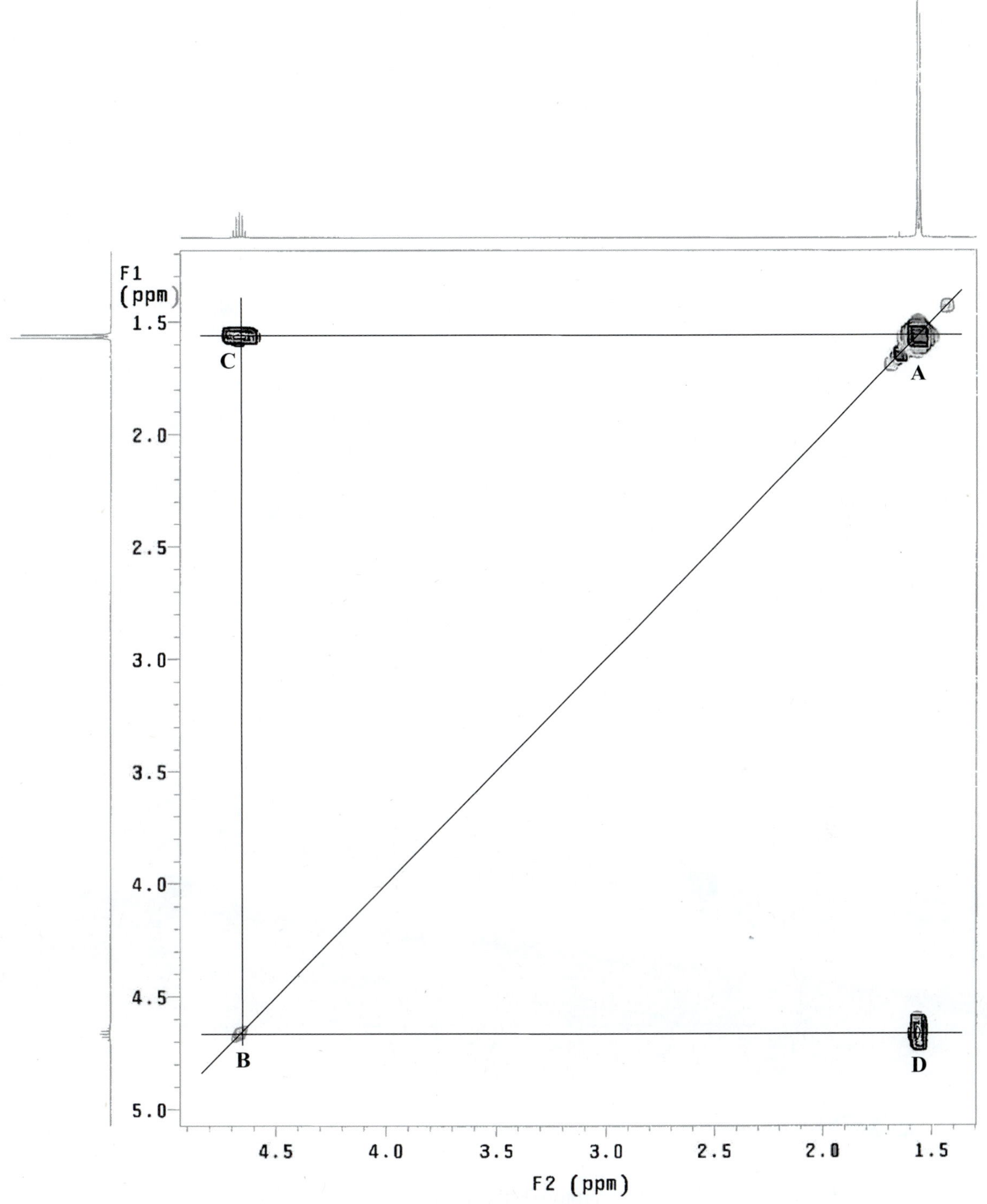

그림 9.13 2-Nitropropane의 COSY 스펙트럼(125 MHz).

- 탄소 1에 결합된 proton에 대한 대각선의 오른쪽 위 부분에서 시작하자. 수평선을 따라 왼쪽으로 가면 **A**에 나타나는 대각선-바깥 피크를 만난다. 탄소 **1**에 결합된 proton은 탄소 **2**에 결합된 proton과 상관관계를 하고 있는 것을 말해준다. 따라서 두 개의 동등한 methyl 그룹 proton(**1**)은 **A**에

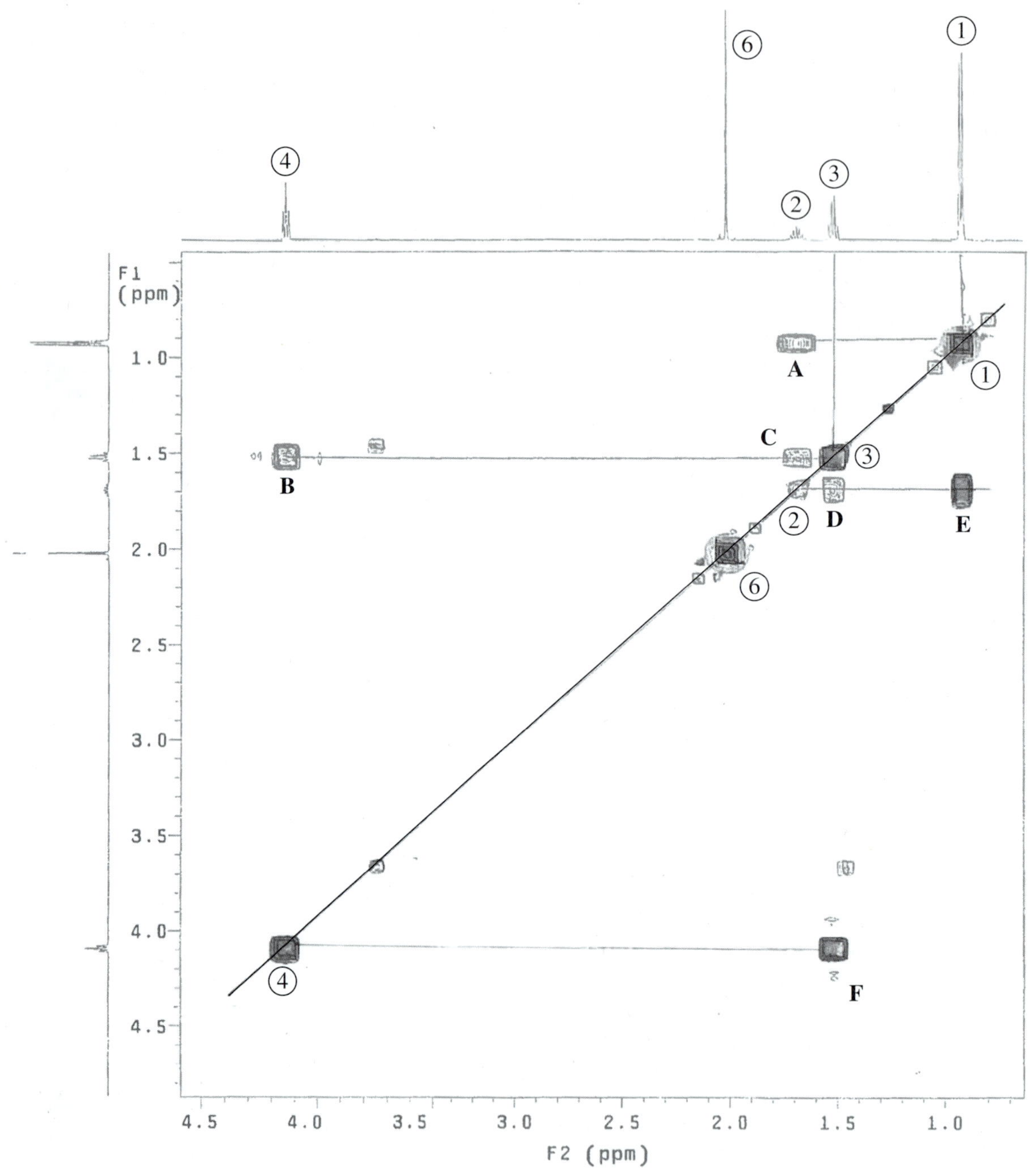

그림 9.14 Isopentyl acetate의 COSY 스펙트럼(125 MHz).

서 탄소 **2**에 결합된 methine proton과 상관관계를 하고 있다고 결론지을 수 있다.

- 이제 다시 대각선에서 탄소 **3**에 결합된 proton을 살펴보자. 수평선을 따라 왼쪽으로 가면 **B**와 **C**에 나타나는 두 개의 대각선-바깥 피크가 관찰된다. 탄소 **3**에 결합된 proton은 탄소 **4**에 결합된 proton(methylene) 및 탄소 **2**에 결합된 proton(methine)과 상관관계를 하고 있는 것을 말해준다.
- 다시 **2**로 표시된 위치에서 대각선을 자세히 살펴보자. 수평선을 따라 오른쪽으로 가면 **D**와 **E**에 나타나는 대각선-바깥 피크는 탄소 **2**에 결합된 proton은 탄소 **3** 및 탄소 **1**에 결합된 proton과 상관관

계를 하고 있는 것을 말해준다.

- 이제 탄소 **6**에 결합된 proton이 나타나는 위치에서 대각선을 살펴보자. Acetyl 부분의 methyl 그룹은 대각선-바깥 피크를 보여주지 못한다. **6**으로 표시된 이 methyl 그룹은 이웃하는 proton이 없으므로 다른 어떠한 proton과 상관관계를 하지 못한다. Acetyl methyl proton은 분자 내 다른 proton과 짝지음하지 않는다.
- 마지막으로, 대각선의 왼쪽 아래 부분에 나타나는 탄소 **4**에 결합된 proton을 살펴보자. 수평선을 따라 오른쪽으로 가면 탄소 **3**(F)에 결합된 proton과 상관관계를 하고 있는 것을 보여준다. 이 결과로부터 두 개의 methylene 그룹 **3**과 **4**에 있는 proton들은 서로 상관관계를 하고 있는 것을 알 수 있다.

이 절에 소개된 각 COSY 스펙트럼에는 논의 과정에서 검토 대상인 반점들 이외에 추가적인 반점들이 나타나 있는 것을 알 수 있다. 이와 같은 "여분의" 반점들은 종종 소량의 불순물의 존재를 알려준다. 이와 같은 "여분의" 반점들은 도표에 나타나는 주요 반점들보다 훨씬 작은 세기를 갖는다. 하지만 때때로 COSY 방법으로 세결합(이웃하는 수소 원자들) 이상의 범위에 걸친 핵 사이의 상호작용을 검출할 수도 있다. 이와 같은 장거리 짝지음 이외에도 여러 결합만큼 떨어져 있지만 공간적으로는 매우 가까운 핵들이 대각선-바깥 피크를 나타낼 때도 있다. COSY 스펙트럼을 해석할 때, 이와 같은 부수적인 조그만 피크는 무시하여도 무방하다. 하지만 몇 가지 변형된 기법에서 분광학자들은 특히 이와 같은 유형의 정보를 기록하는 2차원 NMR 스펙트럼을 얻기 위하여 그와 같은 장거리 상호작용을 이용한다.

Citronellol. 이 화합물의 구조는 다음과 같다. 전체 COSY 스펙트럼은 그림 9.15a에 나타내었다. 앞에서 살펴본 isopentyl acetate의 예와 같이 대각선이 그려져 있다. 대각선에 나타나는 반점에서 짝지음을 하는 proton에 대한 대각선-바깥 반점으로 수평선을 그렸다. 도표가 대칭적이기 때문에 스펙트럼의 대각선-바깥 반점으로 수직선을 그릴 수도 있다. 스펙트럼이 복잡하다는 것에 주목하여라. 특히, 2.2~0.8 ppm 범위에서 복잡하다. 이 때문에 이 범위에 대한 확대 그림을 그림 9.15b에 나타내었다. 앞에서 살펴본 isopentyl acetate의 예(그림 9.14)에서는 대각선의 오른쪽 위 부분에서 해석을 시작하였다. 이번에는 반점들이 훨씬 적은 스펙트럼의 왼쪽 아래에서 시작할까 한다. 대각선 위에 있는 반점 6, 1, 5에 주의를 집중하여라. 그림 9.15a에 그려진 수평선을 살펴보자.

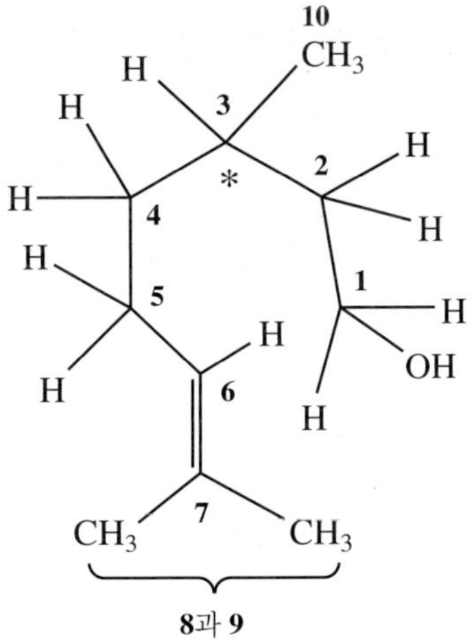

8과 9

Citronellol

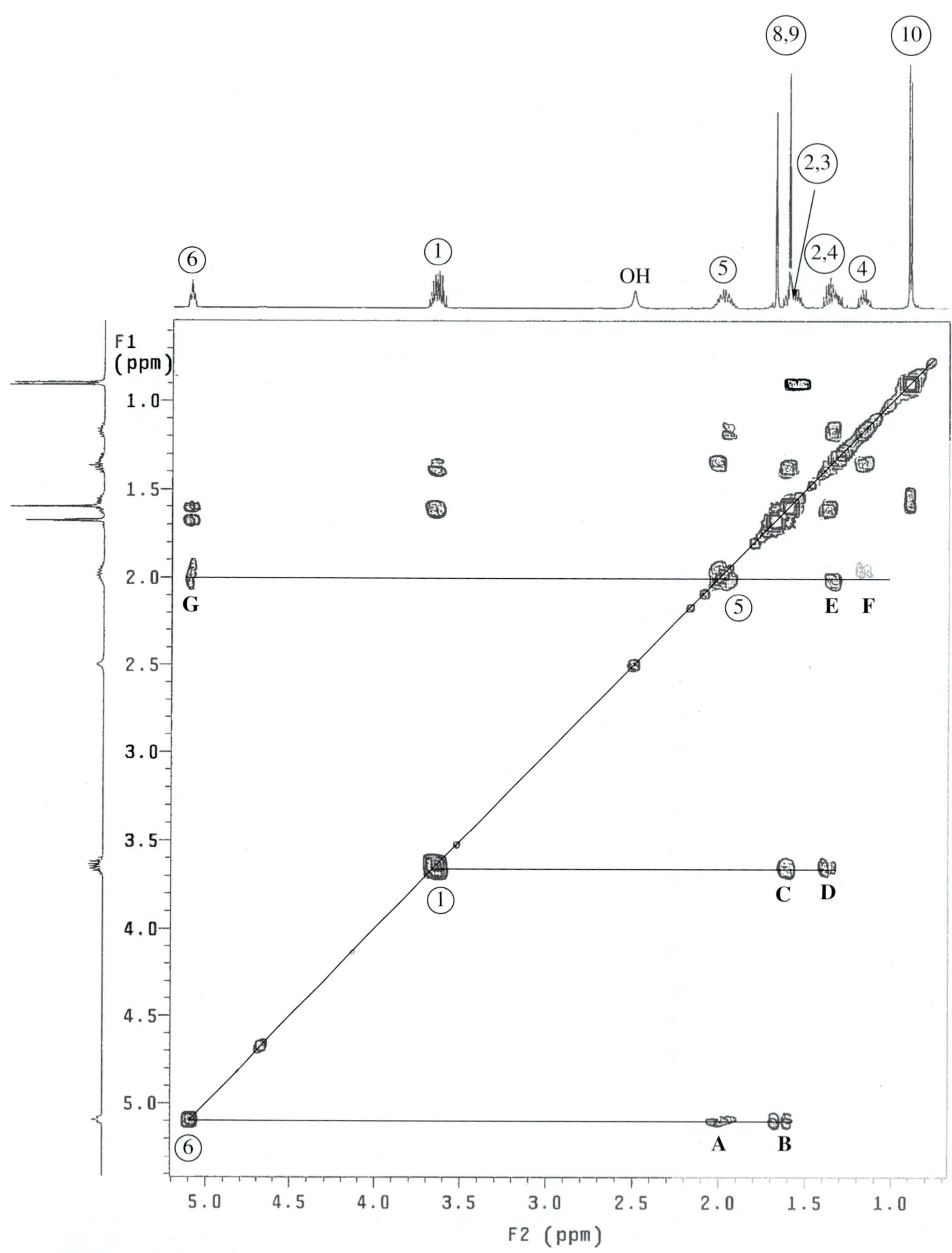

그림 9.15a Citronellol의 gCOSY 스펙트럼(125 MHz).

■ 그림 9.15a에 나타낸 전체 COSY 스펙트럼의 해석

- 그림 9.15a에 나타낸 대각선 위의 C6에 결합된 proton은 수평선을 따라가서 만나는 **A**에 있는 C5에 결합된 두 개의 proton과 확실히 짝지음을 하고 있다. 스펙트럼을 면밀히 관찰하면, C6에 결합된 proton은 **B**에 있는 C8과 C9의 두 개의 methyl 그룹과 allyl(네결합) 짝지음을 하는 것을 알 수 있다.

- 대각선 위의 위치 C1에 연결된 수평선을 따라 오른쪽으로 가면, 대각선-바깥 반점 **C**(1.6 ppm)와 **D**(1.4 ppm)를 만난다. 이것은 C1에 결합된 두 개의 proton이 C2에 결합된 동등하지 않은 두 개의 proton과 짝지음을 하는 것을 보여준다. C2에 결합된 두 개의 proton은 분자 내의 C3에 입체 중심(구조에서 *로 나타냄)이 있기 때문에 동등하지 않다. Proton들은 부분입체이성질성 수소 원자의 예이고, 제7장 7.4절에서 논의하였다(**주의**. 9.8절과 문제 3에서 논의될 HETCOR 분광 방법을 이용하면 확실하게 부분입체이성질성 proton을 할당할 수 있다).

- 이제 주의를 기울여 그림 9.15a의 C5에서 대각선 위에 있는 반점을 살펴보자. 우선, 수평선을 따라 오른쪽으로 가보자. C5에 결합된 두 개의 proton은 **E**(1.35 ppm)와 **F**(1.17 ppm)에 나타나는 C4에 결합된 동등하지 않은(부분입체이성질성) 수소와 짝지음을 한다. C4에 결합된 두 개의 proton은 C3에 있는 입체 중심의 이웃에 있기 때문에 동등하지 않다(**주의**. 9.8절과 문제 3에서 논의될 HETCOR 분광 방법을 이용하면 확실하게 부분입체이성질성 proton을 할당할 수 있다). 수평선을 따라 왼쪽으로 가면 C5에 결합된 두 개의 수소 원자는 **G**로 표시된 C6에 결합된 수소 원자와도 짝지음하는 것을 관찰할 수 있다.

■ 그림 9.15b에 나타낸 확대된 COSY 스펙트럼의 해석

그림 9.15b에 나타낸 0.8~2.2 ppm 범위의 확대된 그림으로부터 남아 있는 상관관계를 파악할 수 있다. 이 영역을 설명할 때, 가장 중요한 문제점 중의 하나는 많은 반점들이 서로 겹쳐 있어 해석하기가 어렵다는 것이다. 예를 들어, 도표의 위쪽에 나타낸 ^{1}H 스펙트럼에서 몇몇 피크가 서로 겹치는 것에 주목해야 한다. 특히, 1.6 ppm과 1.4 ppm에 나타나는 피크가 서로 겹친다. C2와 C4의 두 methylene 그룹에 있는 각 쌍의 부분입체이성질성 수소 원자들을 해석하는 것도 흥미로운 일이다.

- 스펙트럼에서 오른쪽 위 C10이 나타나는 대각선에서 시작하자. 수평선을 따라 왼쪽으로 가면 **H**에서 반점과 만나는데 이는 C10의 methyl 그룹이 C3에 결합된 한 개의 수소 원자와 상관관계를 하고 있다는 것을 보여준다. 위쪽 축에 그려진 ^{1}H 스펙트럼에서 이 methyl 그룹은 이중선으로 나타난다.

- 이제 대각선의 C4를 살펴보자. C4에 결합된 부분입체이성질성 proton 중의 하나(1.17 ppm)는 반점 **I**에서 C4에 결합된 다른 부분입체이성질성 proton(1.35 ppm)과 상관관계를 하고 있다. 그 proton은 반점 **J**에서 C5에 결합된 두 개의 proton 중의 하나와도 상관관계를 하고 있다. 흥미롭게도 C4에 결합된 proton은 C3에 결합된 proton과 상관관계를 하지 않는다.

- 거의 C2와 겹쳐진 또 다른 C4가 대각선 위에 나타나 있는 것에 주목하여라. C4에 결합된 이 부분입체이성질성 proton(1.35 ppm)은 **M**으로 표시된 1.17 ppm에 나타나는 다른 부분입체이성질성 proton과 상관관계를 하고 있다. 그 proton은 반점 **L**에서 C3에 결합된 proton과도 상관관계를 하고 있다. C4에 결합된 이 proton은 반점 **K**에서 C5에 결합된 두 proton 중의 하나와도 상관관계를 하고 있다. C5에 결합된 proton은 부분입체이성질성이다.

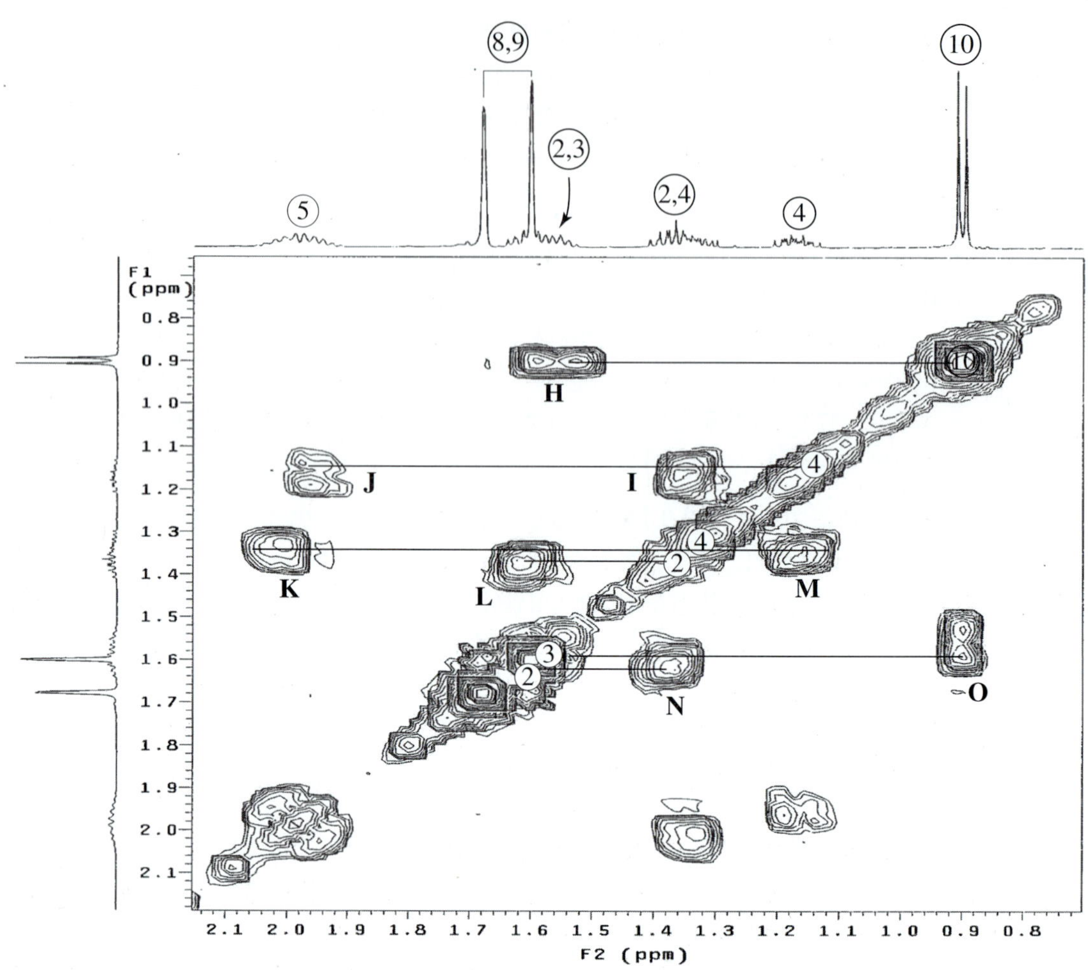

그림 9.15b Citronellol의 gCOSY 스펙트럼의 확대 그림(**0.8**~**2.2** ppm).

- C2에 결합된 두 개의 부분입체이성질성 proton 중의 하나(1.37 ppm)는 약 1.60 ppm에 나타나는 다른 부분입체이성질성 proton과 상관관계를 하고 있다. **L**로 표시하였다. 그 proton은 C3에 결합된 proton과도 상관관계를 하고 있다. 역시 **L**로 표시하였다. 그 proton은 C1에 결합된 두 개의 proton과도 상관관계를 하고 있다(확대 그림에 나타나지 않음)(**주의**. 9.8절과 문제 3에서 논의될 HETCOR 분광 방법을 이용하면 확실하게 부분입체이성질성 proton을 할당할 수 있다).
- C2에 결합된 다른 부분입체이성질성 proton(1.60 ppm)은 C3에 결합된 proton과 겹친다. 그 proton은 반점 **N**에서 C2에 결합된 다른 부분입체이성질성 proton(1.37 ppm)과도 상관관계를 하고 있다.
- 마지막으로 C3에 결합된 proton은 **O**에서 C10의 methyl 그룹과 상관관계를 하고 있다. 그 proton은 **N**에서 C4에 결합된 proton 중의 하나와 상관관계를 하고 있지만, C4에 결합된 다른 proton과는 상관관계를 하지 않는다. C3에 결합된 proton은 **N**에서 C2에 결합된 proton과도 상관관계를 한다.

9.3절에서 펄스 장 기울기에 대하여 소개한 바 있다. COSY 방법과 펄스 장 기울기 방법을 조합하여

사용함으로써 짧은 시간 동안 COSY 스펙트럼의 정보를 고스란히 간직한 채 훨씬 더 분해능이 좋은 스펙트럼을 얻을 수 있다. 이와 같은 유형의 실험을 **기울기-선택 COSY**(gradient-selected COSY, 때로는 **gCOSY**)라고 부른다. 전형적인 COSY 스펙트럼을 얻기 위하여 40분 동안 자료 수집을 해야 하는 반면, gCOSY 스펙트럼은 5분 내에 얻을 수 있다. Citronellol의 이 스펙트럼은 이 방법으로 얻어졌다.

9.8 HETCOR 기법: ^{1}H–^{13}C 상관관계

Proton과 탄소 원자는 아주 중요한 두 가지 방법으로 상호작용을 한다. 첫째, proton과 탄소 원자는 모두 자기적 성질을 가지므로 서로를 이완되도록 유도한다. 둘째, 두 유형의 핵은 서로 스핀-짝지음을 할 수 있다. 직접 결합된 proton과 탄소의 J 값은 두결합이나 세결합 짝지음을 하는 핵들의 J 값보다 최소한 10배 이상 크기 때문에, 스핀-짝지음 상호작용이 매우 유용하게 쓰인다. 이와 같이 현저하게 구분되는 짝지음 상수값의 차이로 인하여 직접 결합된 탄소와 proton을 확인할 수 있는 고감도의 방법을 제시할 수 있다.

2차원 실험에서 탄소와 직접 결합된 proton과의 상관관계를 알아내기 위하여 ^{13}C 원자의 화학적 이동을 한축을 따라 나타내고, proton의 화학적 이동을 다른 한축에 나타낼 수 있다. 이와 같은 유형의 2차원 스펙트럼에서 어느 정도 세기 이상의 반점이 나타나면, 그것은 C–H 결합이 존재하는 것을 의미한다. 이종핵 화학적 이동 상관관계(heteronuclear chemical shift correlation, HETCOR) 실험은 이와 같이 요구되는 스펙트럼을 얻기 위하여 고안되었다.

A. HETCOR 실험의 개요

COSY 실험에서 한 것과 같이 proton의 자기화 벡터들이 그들의 화학적 이동에 의해 정해진 대로, 서로 다른 속도로 세차 운동을 하게끔 하고 싶다. 그러므로 proton에 90° 펄스를 가하고, 전개 시간(t_1)을 준다. 이와 같은 펄스가 총합 자기화 벡터를 $X'Y'$ 평면으로 기울어지게 한다. 전개 시간 동안 proton의 스핀은 그것의 화학적 이동과 다른 핵(proton과 탄소 모두)과의 짝지음이 정해주는 속도로 세차 운동을 한다. ^{13}C 핵에 결합되어 있는 proton은 t_1 시간 동안 그들 자신의 화학적 이동뿐만 아니라 동종핵 스핀 짝지음과 결합된 ^{13}C 원자와의 이종핵 스핀 짝지음을 겪게 된다. ^{1}H 핵과 ^{13}C 핵 사이의 상호작용은 흥미로운 상관관계를 보여준다. 전개 시간이 지나면 proton과 탄소 모두에게 90° 펄스를 동시에 가한다. 이 펄스가 proton에서 탄소로 자기화를 전달한다. 탄소의 자기화는 t_1 시간 동안 proton의 세차 운동 진동수로 "표시"되어 있으므로, t_2 시간 동안 검출되는 ^{13}C 신호는 짝지은 proton의 화학적 이동에 의해 변조된다. 그런 후에 proton 변조의 각 유형을 수반하는 특정한 탄소를 규명하기 위하여 ^{13}C의 자기화는 t_2 시간 안에 검출될 수 있다.

다른 2차원 실험과 마찬가지로 HETCOR 실험은 t_1 시간 동안 핵 주위의 환경을 기술한다. HETCOR 펄스 순서를 구성하는 방법 때문에, proton 스핀 상태의 변조에 대응되는 상호작용은 proton의 화학적 이동과 동종핵 짝지음뿐이다. 각 ^{13}C 원자는 탄소의 화학적 이동에 해당되는 f_2 축에 하나 이상의 피크를 나타낸다. Proton의 화학적 이동의 변조로 인하여 proton 신호의 2차원적 세기가 proton의 화학적 이동에 해당되는 f_1 값에 나타난다. 동종핵(H–H) 짝지음으로 인하여 훨씬 더 작은 진동수의 추가적인 proton 변조가 일어난다. 이것으로 인하여 f_1 축을 따라 나타나는 피크에 미세 구조가 생긴다. 정상 proton 스펙트럼에서와 똑같은 방법으로 미세 구조를 해석할 수 있으나, 이 경우 proton의 화학적 이동값은 자기 자신의 탄소의 화학적 이동값에 나타나는 특정 ^{13}C 핵에 결합된 proton에 속한다는 것을 이해할 수 있다.

따라서 알고 있는 proton의 화학적 이동을 근거로 탄소 원자를 할당할 수 있으며, 또는 반대로 탄소의 화학적 이동을 근거로 proton을 할당할 수 있다. 예를 들어, proton 스펙트럼이 매우 밀집되어 나타나지만 탄소 스펙트럼은 잘 분별되는 경우가 있다. 또는 그 반대의 경우도 있다. 이와 같은 접근 방법으로 HETCOR 실험은 거대하고 복잡한 분자의 스펙트럼을 해석하는 데 특히 유용하다. 훨씬 더 강력한 기법은 HETCOR 실험과 COSY 실험의 결과 모두를 함께 사용하는 것이다.

B. HETCOR 스펙트럼을 읽는 방법

2-Nitropropane. 간단한 HETCOR 도표의 예를 그림 9.16에 나타내었다. 이 경우 시료 물질은 2-nitropropane이다.

$$CH_3-\underset{\underset{NO_2}{|}}{CH}-CH_3$$

연구하고자 하는 화합물의 proton 스펙트럼을 한 축을 따라 나타내고, 탄소 스펙트럼을 다른 축을 따라 나타내는 것이 보편적인 관례이다. 2차원 도표에서 세기가 강한 각 반점은 해당 proton과 결합되어 있는 탄소 원자가 있는 것을 알려준다. 그림 9.16에서 탄소 스펙트럼(수평축)의 21 ppm에 나타나는 methyl 탄소에 해당하는 피크를, 79 ppm에 나타나는 methine 탄소에 해당하는 피크를 찾을 수 있다. 수직축(proton 스펙트럼)에는 1.56 ppm에 methyl 그룹의 이중선이 보이고, 4.66 ppm에 methine의 칠중선이 보인다. 탄소 스펙트럼의 methyl 피크(21 ppm)로부터 수직선을 그리고, proton 스펙트럼의 methyl 피크(1.56 ppm)로부터 수평선을 그리면, 두 선은 2차원 도표에서 정확하게 반점이 나타나는 지점 **A**에서 교차한다. 이 반

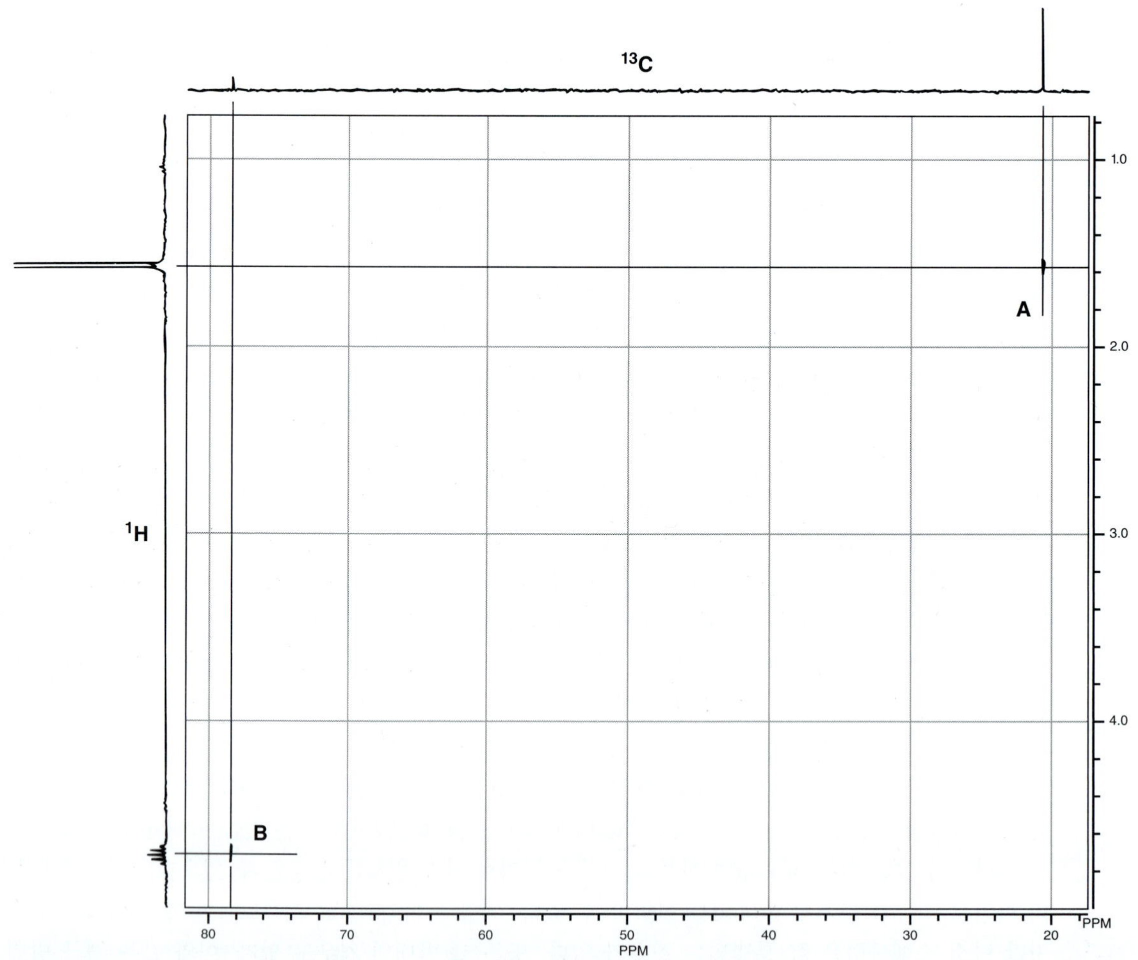

그림 9.16 2-Nitropropane의 HETCOR 스펙트럼.

점은 1.56 ppm의 proton과 21 ppm의 탄소가 분자 내의 같은 위치를 나타내는 것을 의미한다. 즉, 수소들은 표시된 탄소에 결합되어 있는 것이다. 같은 방법으로 HETCOR 도표의 왼쪽 아래 귀퉁이의 반점 **B**는 79 ppm의 탄소 피크와 4.66 ppm의 proton 칠중선과 상관관계가 있으며, 이 두 흡수는 분자 내의 같은 위치를 나타낸다.

Isopentyl Acetate. 두 번째로 좀 더 복잡한 예가 isopentyl acetate이다. 이 물질의 HETCOR 도표를 그림 9.17에 나타내었다.

$$\overset{6}{CH_3}-\underset{5}{\overset{\overset{O}{\|}}{C}}-O-\overset{4}{CH_2}-\overset{3}{CH_2}-\overset{2}{\underset{\underset{\underset{1}{CH_3}}{|}}{CH}}-\overset{1}{CH_3}$$

HETCOR 도표에서 각 반점에는 번호가 부여되어 있고, proton 피크와 탄소 피크 사이의 상관관계를 볼 수 있도록 수평선과 수직선이 그려져 있다. 23 ppm의 탄소 피크와 0.92 ppm의 proton 이중선은 methyl 그룹(**1**)에 해당된다. 25 ppm의 탄소 피크와 1.6 ppm의 proton 다중선은 methine 위치(**2**)에 해당된다. 37

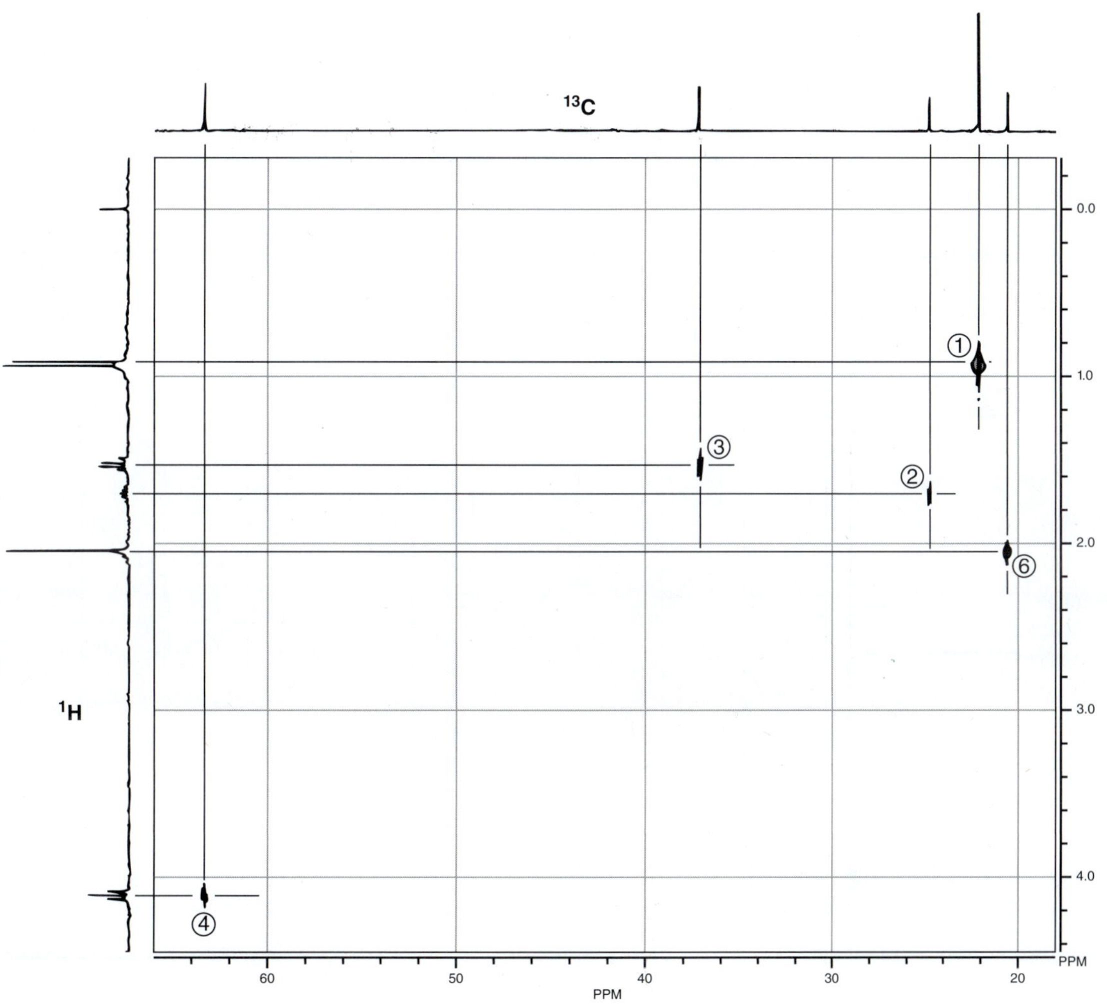

그림 9.17 Isopentyl acetate의 HETCOR 스펙트럼.

ppm의 탄소 피크와 1.52 ppm의 proton 사중선은 methylene 그룹(**3**)에 해당된다. 다른 methylene 그룹(**4**)은 이웃에 있는 산소 원자에 의해 벗겨져 있다. 그러므로 이 그룹의 HETCOR 도표상의 반점은 탄소축의 63 ppm과 proton축의 4.10 ppm에 나타난다. Proton 스펙트럼에서 acetyl 부분의 methyl 그룹(**6**)이 isopentyl 그룹의 methyl 그룹(**1**)보다 낮은 장에 나오는(2.04 ppm) 것은 흥미롭다. Carbonyl 그룹의 비등방성 특성에 의하여 methyl 그룹의 proton이 벗겨지기 때문에 이와 같은 화학적 이동이 예상된다. 하지만 탄소 스펙트럼에서는 acetyl 부분의 methyl 탄소(**6**) 피크가 isopentyl 그룹의 methyl 탄소(**1**)보다 높은 장에 나타난다. 이 두 피크와 관련된 HETCOR 도표상의 반점은 이와 같은 할당에 대해 확신을 준다.

4-Methyl-2-Pentanol. 그림 9.18은 마지막 예로 4-methyl-2-pentanol의 스펙트럼이며, 이는 HETCOR 기법의 우수성을 보여주는 예이다. 상관관계를 쉽게 찾을 수 있도록 수직선과 수평선이 그려져 있다.

$$\overset{1}{CH_3}-\underset{OH}{\overset{2}{CH}}-\overset{3}{CH_2}-\underset{4}{\overset{\overset{5}{CH_3}}{CH}}-\overset{6}{CH_3}$$

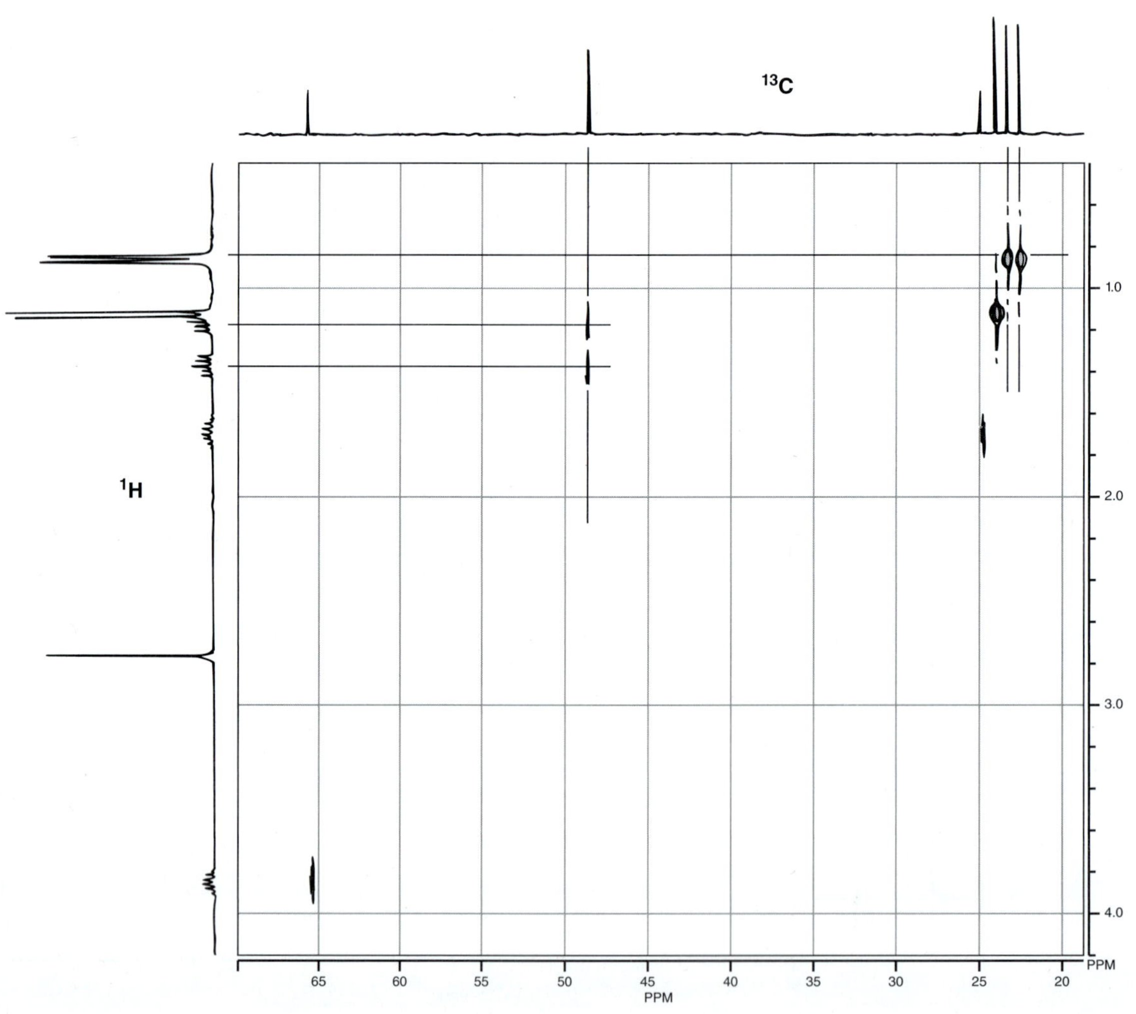

그림 9.18 4-Methyl-2-pentanol의 HETCOR 스펙트럼.

이 분자에는 탄소 2에 입체 중심이 있다. 4-Methyl-2-pentanol의 HETCOR 도표를 살펴보면, 탄소 3의 두 methylene proton에 해당하는 *두 개*의 반점이 보인다. 탄소축의 48 ppm에 두 개의 등고선 반점이 나타난다. Proton축에서 하나는 약 1.20 ppm에 나타나며, 다른 하나는 약 1.40 ppm에 나타난다. HETCOR 도표는 탄소 3에 결합된 동등하지 않은 두 개의 proton이 있는 것을 보여주고 있다. 이 분자의 Newman 투영도를 그려보면 입체 중심의 존재로 두 개의 methylene proton(**a**와 **b**)은 동등하지 않게 된다(이들은 서로 부분입체이성질체이다. 제7장 7.4절 참조). 그 결과 그 proton들은 서로 다른 화학적 이동값에 나타난다.

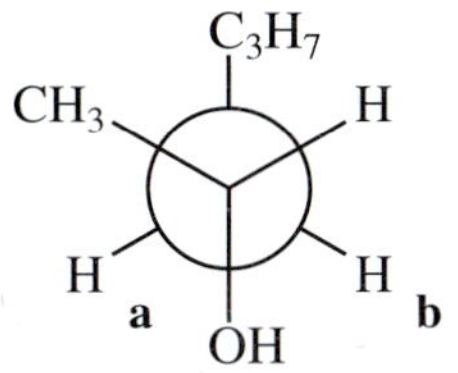

탄소 스펙트럼도 분자 내의 입체 중심의 효과를 보여준다. Proton 스펙트럼에서 0.91 ppm에 이중선으로 보이는 피크(실제로는 한 *쌍*의 이중선)는 앞의 구조에서 **5**와 **6**으로 표시된 methyl 그룹의 여섯 개 proton에 의한 것이다. HETCOR 도표를 오른쪽으로 이동하면서 살펴보면, 두 개의 등고선 반점이 나타나는데, 그 중 하나는 22 ppm에 나타나는 탄소에 해당되고, 다른 하나는 23 ppm에 나타나는 탄소에 해당된다. 이 두 탄소 피크 역시 두 methyl 그룹이 완전하게 동등하지 않기 때문에 나온 것이다. 분자에 대해서 가장 안정한 형태를 고려하더라도, 한 methyl 그룹에서 산소 원자까지의 거리와 다른 methyl 그룹에서 산소 원자까지의 거리는 완전히 똑같지는 않다.

복잡한 분자에 대해서 매우 많은 진보된 고급 기법을 적용할 수 있다. 여기서 우리는 가장 중요한 것 중에서 몇 가지만을 살펴보았다. 컴퓨터가 빨라지고 고성능화되고, 화학자들은 다른 펄스 순서로 어떤 결과를 얻을까 하는 지식을 개발하고, 과학자들이 좀 더 세련된 컴퓨터 프로그램으로 그러한 펄스 순서를 제어하고 자료를 처리할 수 있게 됨에 따라 더 복잡해지는 시스템에 NMR 분광학을 적용할 수 있게 될 것이다.

9.9 역검출 방법

HETCOR 실험과 같은 대부분의 이종핵 실험에 대하여 사용되는 NMR 검출 탐침은 감도가 낮은 핵("불감" 핵)에 대한 수신 코일이 감도가 높은 핵(일반적으로 ^{1}H)에 대한 수신 코일보다 시료에 더 가깝게 위치하도록 설계되어 있다. 감도가 낮은 핵으로부터 검출되는 신호를 극대화하기 위한 목적으로 이와 같이 설계되었다. 제6장에서 기술한 바와 같이, 자연계 존재비가 낮고 자기회전 비율(magnetogyric ratio)이 낮기 때문에 ^{13}C 핵을 검출하는 것은 ^{1}H 핵보다 6000배 정도 더 어렵다. ^{15}N 핵을 검출하는 것 역시 ^{1}H 핵에 비해 비슷한 정도로 어렵다.

이와 같은 탐침의 설계로 인하여 전개하는 동안은 감도가 높은 ^{1}H 채널에서 검출하는 반면, 초기 펄스와 검출은 감도가 낮은 채널에서 이루어지는 곤란함이 있다. 하지만 스핀의 전개가 검출되는 채널에서 *분해능*은 훨씬 더 낮아진다. 탄소와 수소가 상관관계를 하는 경우(HETCOR)에 ^{13}C 스펙트럼의 분해능은 최대가 되어 모든 피크가 단일선으로 얻어지며, 최대의 분해능이 요구되는 ^{1}H 스펙트럼의 분해능은 최저가 된다는 것을 의미한다. 실질적으로 *최대*의 분해능이 요구되는 축을 따라 *최저*의 분해능이 관찰된다.

지난 20년 동안 탐침 설계 기술이 대단히 개선되어 요즘의 기기에는 **역검출 탐침**(inverse detection probe)이 장착되어 있다. 이와 같이 설계된 기기에서 초기 펄스와 검출은 분해능이 아주 높은 ^{1}H 채널에서 이루어진다. 일반적으로 높은 분해능이 요구되지 않는 불감 핵은 펄스 순서의 전개 시간 동안 검출된다. 그 결과 깔끔하고 분해능이 좋은 2차원 스펙트럼이 얻어진다. 역검출 탐침을 사용한 이종핵 검출 실험의 예가 **이종핵 다중-양자 상관관계**(heteronuclear multiple-quantum correlation, HMQC)와 **이종핵 단일-양자 상관관계**(heteronuclear single-quantum correlation, HSQC) 기법이다. 각 기법 역시 HETCOR 스펙트럼에서 얻을 수 있는 동일한 정보를 제공하지만, 많은 피크들이 서로 가까이 밀집되어 있는 스펙트럼의 경우에 이 기법들이 더 적합하다. 분광학자들은 아주 가까이에 위치하고 있어서 HETCOR 스펙트럼에서는 하나의 넓은 피크로 겹쳐 있는 두 개의 피크를 분해능이 개선된 HMQC와 HSQC 실험으로 구별할 수 있다. 더욱이, 감도가 더 좋은 proton 핵이 이 실험에서 검출되기 때문에 자료 수집 시간은 짧게 걸린다.

9.10 NOESY 실험

제6장 6.5절과 6.6절에서 핵 Overhauser 효과에 대하여 기술하였다. 핵 Overhauser 효과의 장점을 살려 2차원 NMR 실험을 수행하는 것을 핵 Overhauser 효과 분광학(nuclear Overhauser effect spectroscopy), 또는 NOESY라고 부른다. 쌍극자 이완 과정을 통하여 다른 핵과 상호작용하는 ^{1}H 핵은 NOESY 스펙트럼에서 교차 피크로 나타난다. 서로 직접 짝지은 핵들은 물론 직접적인 짝지음은 없지만 *공간상*으로 서로 가까이에 위치하고 있는 핵들이 이와 같은 유형의 상호작용을 한다. 결과적으로 COSY 스펙트럼과 매우 유사한 2차원 스펙트럼이 얻어지며, 예상되는 COSY의 많은 교차 피크와 더불어 공간을 통하여 상호작용하는 핵들의 상호작용으로 인하여 생기는 추가적인 교차 피크를 보여준다. 이와 같은 공간적인 상호작용이 실제적으로 관찰되기 위해서는 핵들은 반드시 5 Å 이내에 있어야 한다.

NOESY 분광학은 단백질이나 polynucleotide와 같은 거대한 분자를 연구하는 데 특히 유용하다. 매우 큰 분자들은 용액에서 아주 느리게 움직이기 때문에 핵 Overhauser 효과 상호작용을 할 수 있는 시간이 더 길다. 작은 분자들은 용액에서 훨씬 빠르게 움직이기 때문에 하나의 핵이 다른 핵을 너무 빠르게 지나치게 되어 유효 쌍극자 상호작용이 일어날 수 없다. 그 결과 NOESY 교차 피크는 매우 약하여 관찰되지 않는다.

NOESY 스펙트럼의 교차 피크는 공간적인 상호작용으로부터 일어나기 때문에, 이와 같은 분광학은 특히 분자의 배열(configuration)과 형태(conformation)의 연구에 매우 적합하다. Acetanilide를 예로 들어 NOESY 실험의 우수성을 설명하고자 한다. 구조식은 다음과 같고, 관련된 proton의 proton NMR 화학적 이동을 구조에 나타내었다.

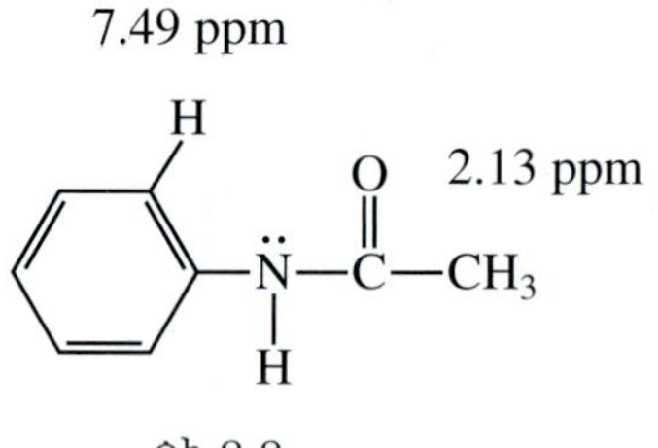

7.49 ppm

H

O 2.13 ppm

N—C—CH_3

H

약 8.8 ppm

이 분자에 대해 가능한 두 가지의 형태 중에서 어느 것이 더 중요한지를 결정하는 것이 풀어야 할 문제이다. 두 가지의 형태는 다음과 같고 공간상으로 서로 가까이에 있기 때문에 핵 Overhauser 상호작용을 보일 것으로 기대되는 proton을 원으로 표시하였다.

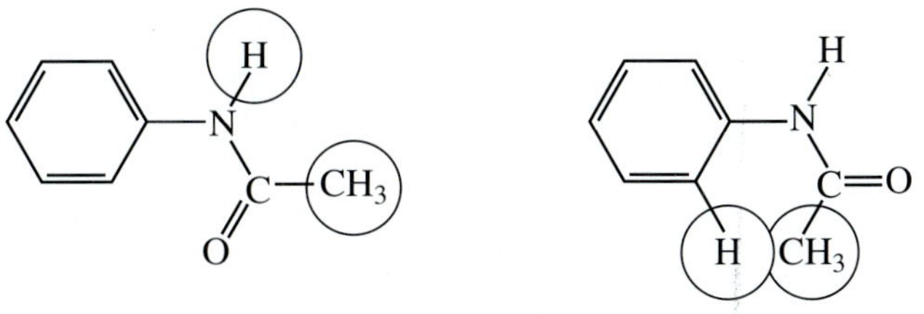

A B

형태 **A**에서 N–H 수소는 methyl의 C–H 수소에 가깝게 위치하고 있다. 8.8 ppm의 N–H 피크와 2.13 ppm의 C–H 피크가 상관관계를 하는 교차 피크가 NOESY 스펙트럼에 나타날 것으로 예상된다. 형태 **B**에서 methyl의 C–H proton과 방향족 고리의 *ortho* proton이 서로 가까이에 있다. 이 형태에서 7.49 ppm의 방향족 proton과 2.13 ppm의 methyl proton이 상관관계를 하는 교차 피크가 나타날 것으로 예상된다. 실제 스펙트럼을 얻으면 8.8 ppm의 피크와 2.13 ppm의 피크가 서로 연계된 약한 교차 피크가 나타난다. 따라서 acetanilide의 선호되는 형태는 **A**라는 것을 분명하게 설명할 수 있다.

Polypeptide와 같은 복잡한 분자의 3차원 구조를 풀고자 할 때, 모든 피크와 교차 피크를 할당하기 위한 도전은 확실히 만만치 않은 일이 될 것이다. 그럼에도 불구하고 COSY와 NOESY 방법을 조합하여 생체 물질의 구조 규명에 대한 다양한 응용 분야를 찾을 수 있다.

9.11 자기공명 영상

이 교재의 전반에 걸쳐 설명되는 NMR 실험에 관한 원리가 의학 분야에도 응용된다. 의학 분야에서 매우 중요한 진단 기법인 **자기공명 영상**(magnetic resonance imaging, MRI)이 바로 그것이다. 지난 몇 년 사이 MRI는 부상이나 또는 다른 신체 이상의 진단에 폭넓게 응용되었다. 웬만한 스포츠팬이면 누구나 운동선수가 무릎 부상을 입어 MRI 영상으로 검진을 받았다는 소식을 들어보았을 것이다.

전형적인 MRI 기기는 자기장 세기 1 Tesla 정도의 초전도 자석을 사용한다. 자석은 안쪽 공간을 아주 크게 만들어 인체 전체가 안쪽에 들어갈 수 있도록 설계되었다. **표면 코일**로 부르는 전달 장치–수신기 코일이 몸의 바깥, 즉 검진을 받는 위치 근처에 놓여 있다. 살아 있는 조직의 내부나 주변에 존재하는 물 분자에서 발견할 수 있는 ^1H 핵이 대부분의 경우 조사 대상이다. X-선을 기반으로 한 CAT(computerized axial tomography, 컴퓨터 체축 단층촬영술) 영상법과 유사한 방법으로, 일련의 평면 영상이 수집되고 컴퓨터에 저장된다. 평면 영상은 다양한 각도에서 얻어진다. 자료가 수집되면 컴퓨터는 결과를 처리하여 검진되는 인체 부분의 proton 밀도에 대한 3차원 영상을 보여준다.

생체 세포 내에 결합되어 있지 않은 물 분자의 ^1H 핵은 조직 내에 결합되어 있는 물 분자의 ^1H 핵과 다른 이완 시간을 갖는다. 고도로 정렬된 상태로 있는 물 분자는 보다 무질서한 상태로 있는 물 분자보다 이완 시간이 짧다. 조직 내에서 물 분자는 인체 내를 흐르는 체액에 포함된 물 분자보다 정렬된 정도가 더 크다. 더욱이 조직의 유형에 따라 물 분자의 정렬된 정도가 서로 다른데, 특히 정상 조직과 비교하여 병든 조직에서 물 분자의 정렬된 정도는 다르다. 특수한 펄스 순서를 사용하여 검진 대상 조직 내에 있는 물 분자의 proton에 대한 이완 시간의 차이를 검출한다. 주사 결과를 처리하여 얻어지는 영상은 물 분자의 정렬된 정도에 따라 다른 신호 밀도를 보인다. 결과적으로 우리가 보는 "MRI 사진"에는 다양한 종류의 조직이 명확하게 나타난다. 그런 후에 방사선 학자들은 영상을 조사하여 인체에 이상이 있는지 없는지 그 여부를 판단할 수 있다.

MRI로부터 얻을 수 있는 정보의 유형을 간략하게 설명하기 위하여 그림 9.19의 영상을 살펴보자. 이것은 환자의 척추 쪽에서 머리 방향으로 올려다 본 두개골의 영상이다. 옅은 색깔로 나타난 부분은 뇌의

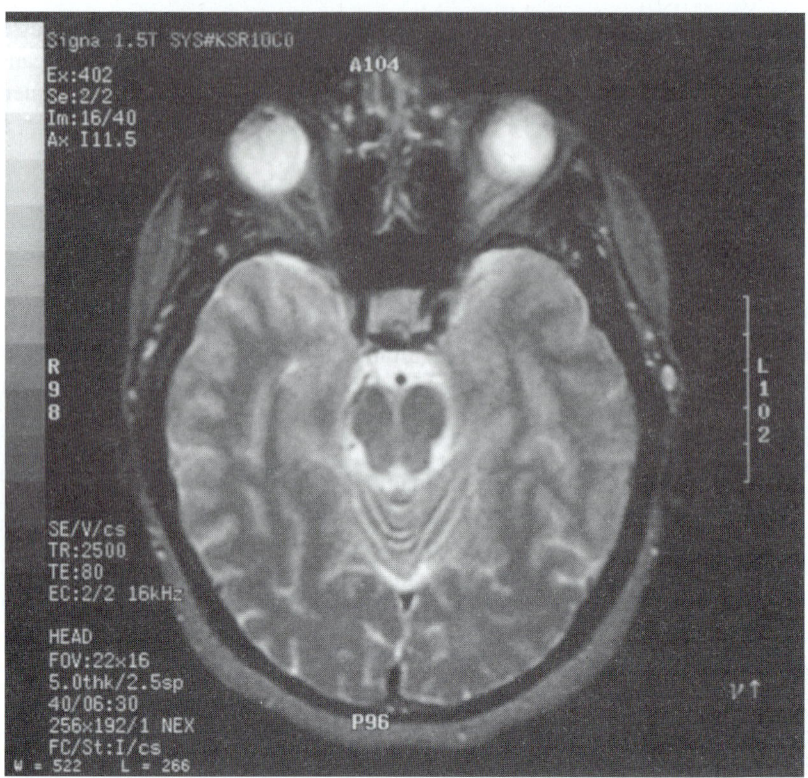

그림 9.19 뇌와 눈의 연조직을 보여주는 두개골의 MRI 영상.

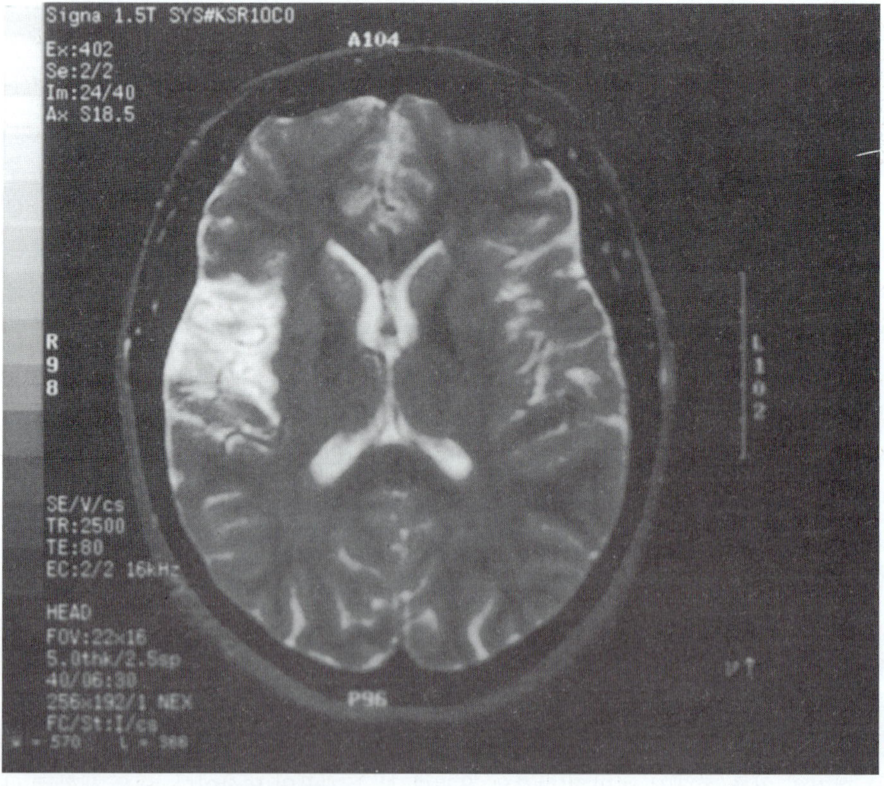

그림 9.20 뇌경색을 보여주는 두개골의 MRI 영상.

연조직을 나타낸다. 뼈에는 물 분자 농도가 낮으므로 MRI 영상에서 척추 뼈는 다소 어둡게 나온다. 영상의 윗부분의 볼록한 모양은 사람의 눈이다.

그림 9.20은 그림 9.19에 나타낸 같은 환자의 또 다른 MRI 영상이다. 영상의 왼쪽에 하얗게 빛나는 부분이 있다. 환자는 **뇌경색**을 앓아서 뇌에 공급되는 혈관의 폐색으로 인한 죽은 조직을 가지고 있다. 즉, 환자는 뇌졸중을 앓고 있으며, MRI는 이 병소가 어디에서 일어났는지를 명확하게 보여주고 있다. 외과 의사는 치료 계획을 세우기 위해서 이와 같은 종류의 아주 전문적인 정보를 사용한다.

MRI 기법은 물분자의 연구에만 국한되지 않는다. 지방질의 분포를 연구할 수 있도록 고안된 펄스 순서도 사용되고 있다.

MRI 기법은 통상적인 X선 기법이나 CAT 주사 영상법에 비해 몇 가지 장점을 가지고 있다. 연조직 이상이나 대사 질환 같은 질병 연구에 더 적합하다. 더욱이 다른 진단 기법과 달리 MRI는 침습적 방법(**역자주**. 바늘이나 관 따위를 체내에 삽입하여 진단하는 방법)이 아니어서 고통이 없으며, 환자가 다량의 X-선이나 방사성 동위원소에 노출되지 않는다.

9.12 1-D 기법과 2-D 기법을 조합하여 구조 문제 풀기

이 절에서는 ^{1}H, ^{13}C, HETCOR(gHSQC), COSY, DEPT NMR 기법과 같은 다양한 분광학적 기법을 사용하여 구조 규명 문제를 푸는 방법을 보여줄 것이다. 예제의 문제를 풀기 위하여 적외선 분광학 역시 사용할 것이다.

A. 수소 모자람 지수와 IR 스펙트럼

화학식 $C_6H_{10}O_2$를 갖는 화합물이 있다. 첫 번째로 할 일은 수소 모자람 지수를 구하는 것인데, 계산으로 얻어진 지수는 2이다. 이제 지수 2에 일치하는 작용기의 존재 여부를 알아보기 위하여 그림 9.21에 나타낸

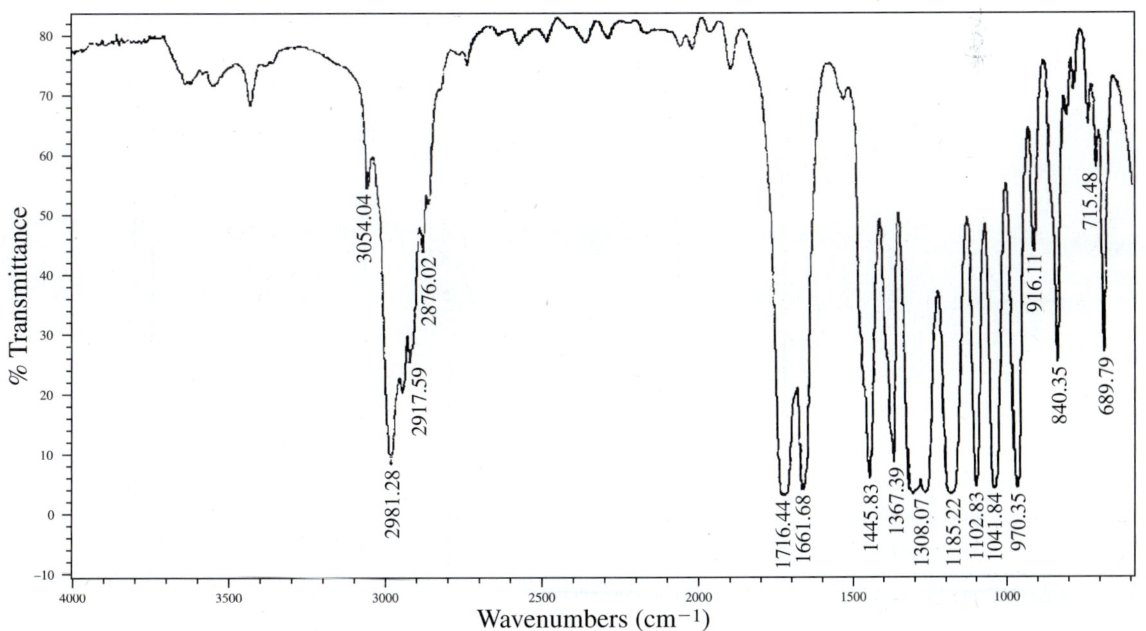

그림 9.21 $C_6H_{10}O_2$의 IR 스펙트럼.

IR 스펙트럼을 살펴보자. 스펙트럼에서 1716 cm^{-1}에 C=O에 대한 강한 피크와 1661 cm^{-1}에 C=C에 대한 강한 피크가 나타난다. C=O 피크가 비록 ketone에 대한 예상값 근처에 나타날지라도, C=C의 존재로 인하여 화합물은 이중 결합과 콘쥬게이션을 하고 있는 ester라는 것을 추정할 수 있다. 콘쥬게이션을 이루지 않은 ester에서는 정상적으로 1735 cm^{-1}에 나타나는 C=O 신축이 이중 결합과 공명으로 인하여 더 낮은 값으로 이동되었다. 1350~1100 cm^{-1} 범위에 나타나는 강한 C—O 흡수띠는 ester라는 추정을 뒷받침한다. 그림 2.22에 나타낸 평면외 C—H 굽힘 패턴은 C=C 결합의 치환 형태를 결정하는 데 유용하다. 예를 들어, 970 cm^{-1}의 흡수띠는 *trans* 이중 결합을 나타낸다. 3054 cm^{-1}에 나타나는 약한 흡수띠는 sp^2 C—H 결합의 존재를 나타내는 것에 주목하여라. 3000 cm^{-1} 아래의 다른 C—H 신축띠는 sp^3 C—H 결합을 나타낸다.

B. ^{13}C NMR 스펙트럼

다음으로 그림 9.22에 나타낸 proton 짝풀림 ^{13}C NMR 스펙트럼을 살펴보자. 화학식의 여섯 개 탄소에 해당하는 여섯 개의 피크가 스펙트럼에 나타나 있는 것에 주목하여라. ^{13}C 스펙트럼의 활용법을 설명하고 있는 6.17절을 다시 읽어보아라. 용매($CDCl_3$) 피크 오른쪽에 나타나 있는 세 개의 피크는 sp^3 탄소 원자를 나타낸다. 약 60 ppm에 있는 피크는 전기음성도가 큰 산소 원자에 결합된 탄소 원자를 나타낸다. 용매 피크 왼쪽에 세 개의 피크가 나타나는데, 122 ppm과 144 ppm에 나타나는 두 개는 C=C 결합에 있는 sp^2 탄소 원자에 의한 것이며, 약 166 ppm에 나타나는 나머지 탄소 피크는 C=O 탄소 원자에 의한 것이다.

C. DEPT 스펙트럼

DEPT 스펙트럼을 그림 9.23에 나타내었다. 각 탄소 원자에 결합된 proton의 수를 알려주는 것이 이 실험의 매력이다. 여기에 나타낸 스펙트럼의 표현 방식은 그림 9.12에 나타낸 DEPT의 표현 방식과 동일하다. DEPT 스펙트럼을 나타내는 다른 방식은 그림 9.10과 제6장 그림 6.9이다. 그림 9.23의 도표에 위에서부

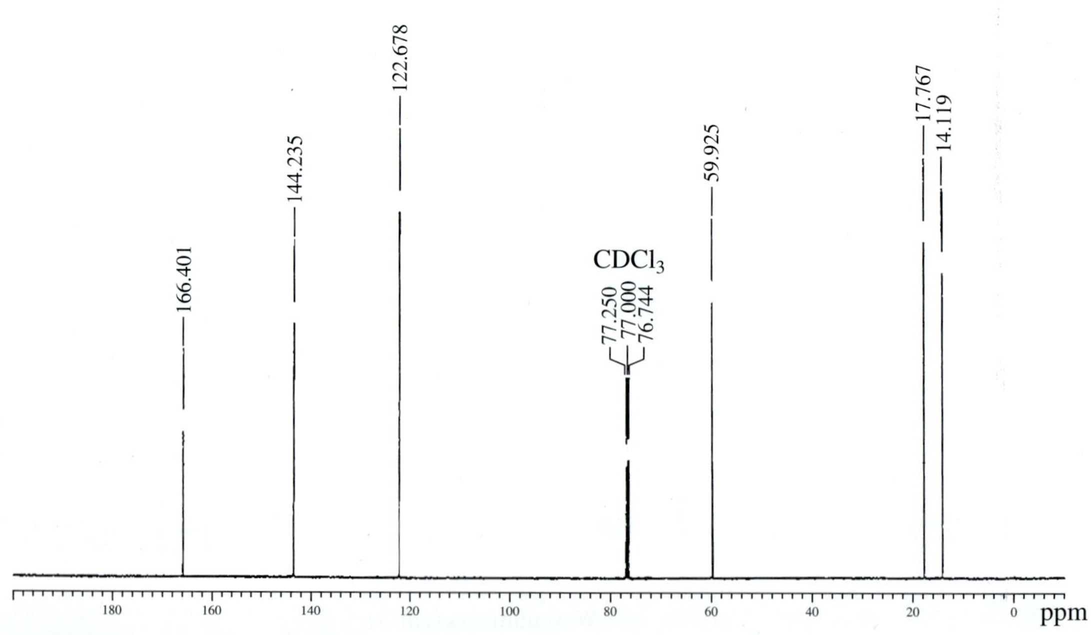

그림 9.22 $C_6H_{10}O_2$의 ^{13}C NMR 스펙트럼.

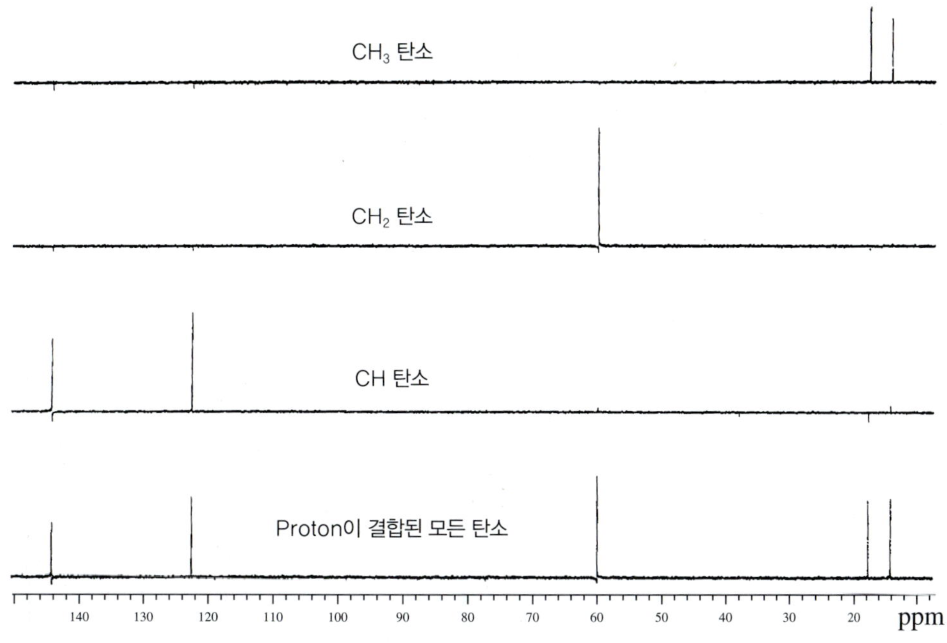

그림 9.23 $C_6H_{10}O_2$의 DEPT 스펙트럼.

터 methyl 탄소, methylene 탄소, methine 탄소를 양의 피크로 나타내었다. 맨 아래의 도표에 proton이 결합된 모든 탄소를 나타내었다. Proton이 결합되지 않은 탄소는 DEPT 스펙트럼에 나타나지 않는다. 따라서 결합된 proton이 없기 때문에 C=O 탄소는 도표에 나타나지 않는다. 하지만 정상 ^{13}C NMR 스펙트럼으로부터 166.4 ppm에 나타나는 피크가 C=O 탄소 원자라는 것을 분명히 알 수 있다. 용매인 $CDCl_3$의 피크가 정상 ^{13}C NMR 스펙트럼에서 약 77 ppm을 중심으로 세 개의 선 패턴으로 나타나는 반면, DEPT 스펙트럼에는 나타나지 않는 것에 주목하여라. DEPT 실험으로부터 14.1 ppm과 17.7 ppm에 나타나는 두 개의 methyl 탄소, 59.9 ppm에 나타나는 한 개의 methylene(−O−CH_2−) 탄소, 122.6 ppm과 144.2 ppm의 낮은 장에 나타나는 C=C 이중 결합에 대한 두 개의 methine 탄소가 있다고 결론지을 수 있다. IR 결과로부터 확인된 바와 같이 화합물은 이중 치환된 alkene이며, IR, ^{13}C NMR, DEPT 실험으로부터 얻어진 화합물의 구조는 다음과 같다.

$$\underset{b}{CH_3}-\overset{H_e}{C}H=\underset{H_d}{C}H-C(=O)-O-\underset{c}{CH_2}-\underset{a}{CH_3}$$

D. Proton NMR 스펙트럼

Proton NMR 스펙트럼을 그림 9.24에 나타내었다. 피크 아래에 있는 숫자를 사용하여 적분값을 결정할 수 있다. 스펙트럼에서 열 개의 proton에 대한 적분값의 비는 1:1:2:3:3이다. 특별히 관심 있는 proton에 대한 확대 그림을 그림 9.25에 나타내었다. 6.97 ppm을 중심으로 하는 신호는 사중선의 이중선이다. 겉으로 보기에 가장 그럴싸한 것은 두 개의 사중선이 겹쳐져 있다는 것이다(패턴을 더 쉽게 볼 수 있도록 오른쪽 사중선은 음영으로 표시하였다). 패턴에서 이중선 부분은 *trans* proton H_d에 의하여 이중선($^3J_{trans}$)으로 갈라진 vinyl proton H_e에 의한 결과이다. 그림 9.25의 확대 그림에 왼쪽에서 오른쪽으로 피크마다 번호를 부여

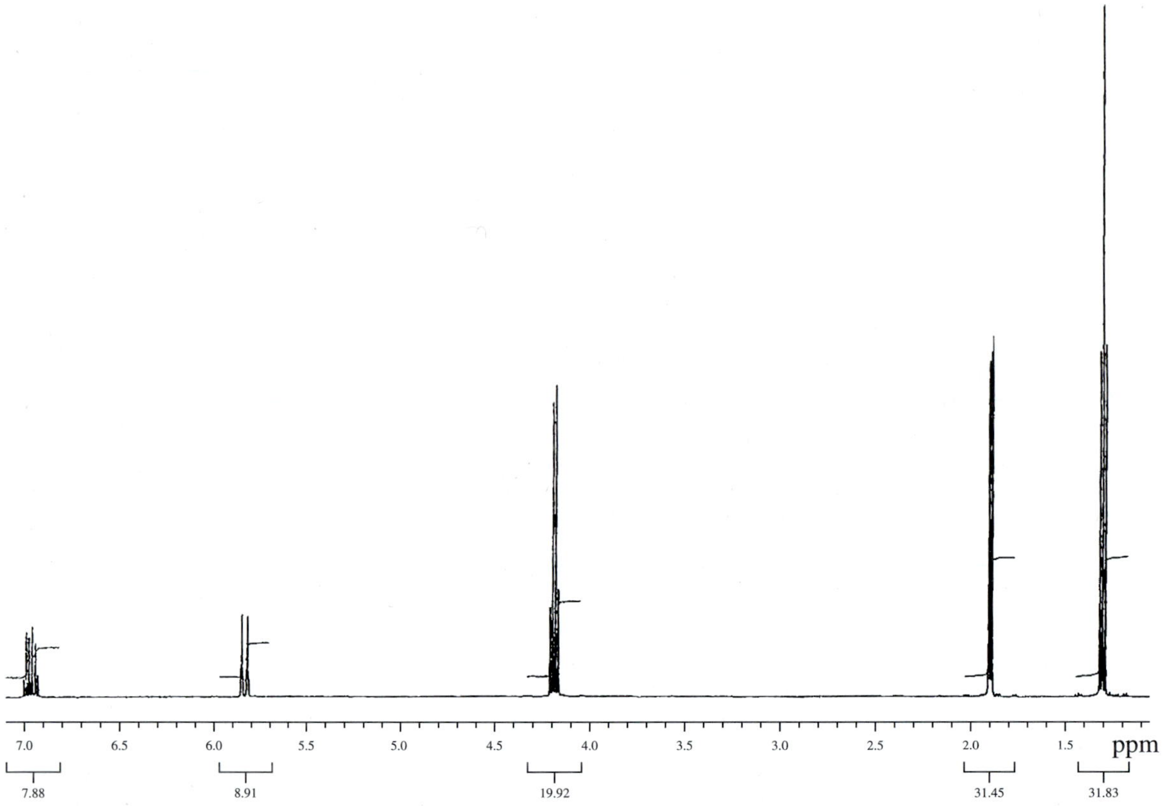

그림 9.24 $C_6H_{10}O_2$의 ^{1}H NMR 스펙트럼.

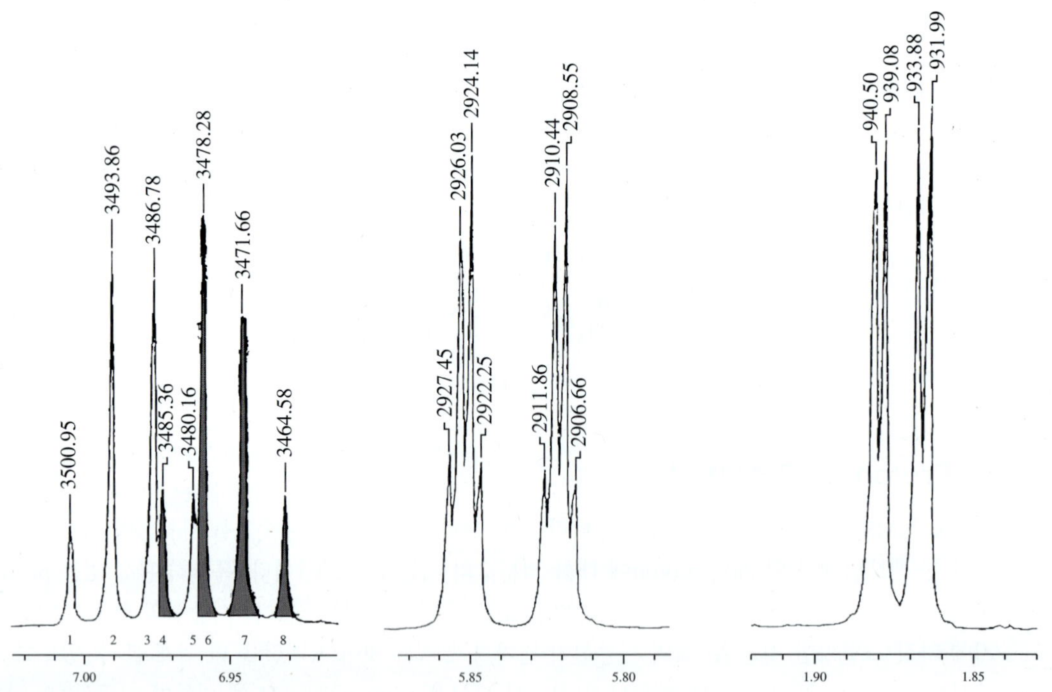

그림 9.25 $C_6H_{10}O_2$의 ^{1}H NMR 스펙트럼의 확대 그림.

하였다. 사실상 이중선에 대한 짝지음 상수는 왼쪽 사중선의 중심에 대한 Hz 값으로부터 오른쪽 사중선의 중심에 대한 Hz 값을 빼줌으로써 구할 수 있다. 결과적으로 단순하게 선 2에 대한 Hz 값으로부터 선 6에 대한 Hz 값을 빼주거나, 선 3에 대한 Hz 값으로부터 선 7에 대한 Hz 값을 빼줌으로써 훨씬 쉽게 구할 수 있다. 평균값은 ^3J = 15.3 Hz이다. Vinyl proton H_e와 methyl proton H_b 사이의 짝지음의 결과로 얻어지는 패턴의 사중선 부분에 대한 짝지음 상수도 계산할 수 있다. 선 1의 Hz 값으로부터 선 2의 Hz 값을 빼고, 선 2의 Hz 값으로부터 선 3의 Hz 값을 빼고, 이런 식으로 계속해서 값을 얻은 후에 평균을 내면 평균값은 ^3J = 7.1 Hz이다. 전체 패턴은 ^3J = 15.3 Hz과 7.1 Hz를 갖는 사중선의 이중선으로 기술할 수 있다.

5.84 ppm을 중심으로 하는 다른 vinyl proton(H_d) 역시 사중선의 이중선으로 기술할 수 있다. 이 경우는 사중선의 이중선이라는 것이 6.97 ppm의 패턴보다 훨씬 더 분명하다. 사중선에서 피크들에 대한 Hz 값은 평균값으로 ^4J = 1.65 Hz로 얻어진다. 이는 H_d와 H_b 사이의 장거리 짝지음의 결과이다. H_d와 H_e 사이의 짝지음 상수는 2924.14 − 2908.55 Hz = $^3J_{trans}$ = 15.5 Hz로 구할 수 있다. 이 값은 앞에서 살펴본 6.97 ppm의 proton으로부터 얻어진 $^3J_{trans}$와 실험 오차 범위 안에서 일치한다.

1.87 ppm에 나타나는 methyl 그룹(H_b)은 이중선의 이중선이다. Proton H_b와 H_e 사이의 짝지음은

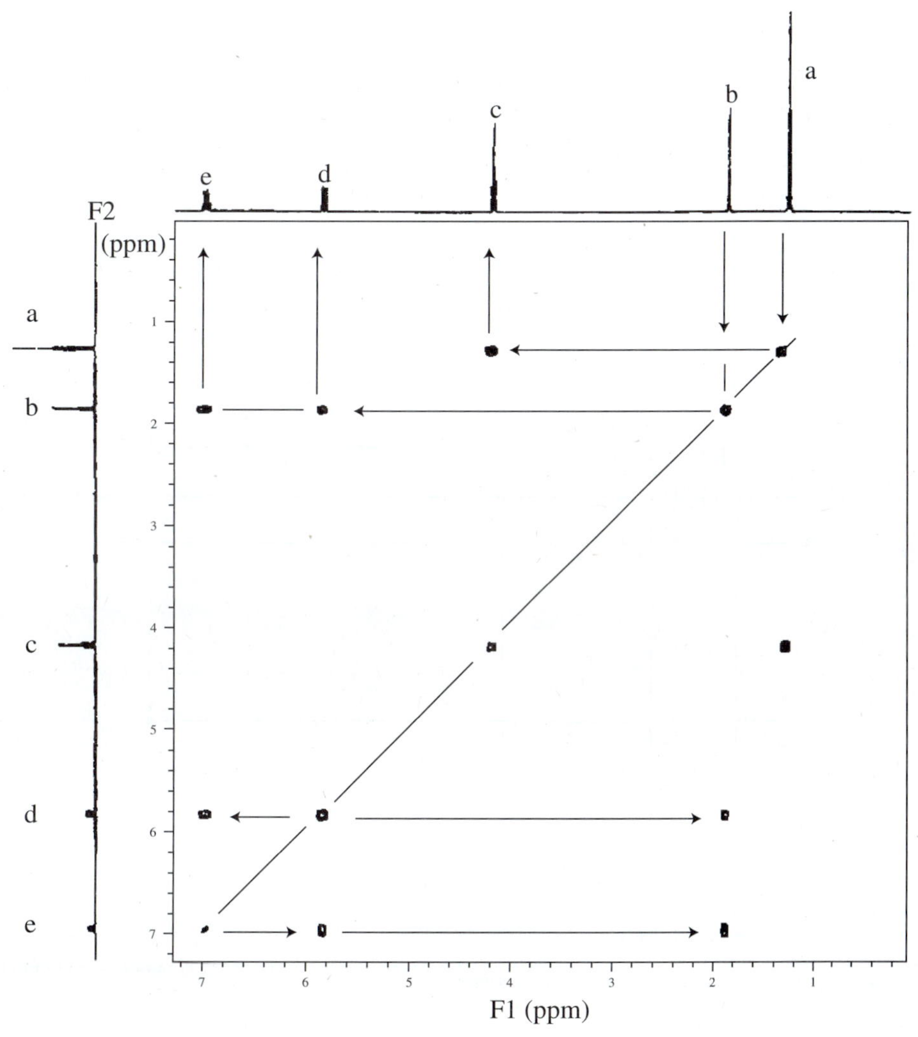

그림 9.26 $C_6H_{10}O_2$의 H—H 상관관계(COSY) 스펙트럼.

939.08 − 931.99 Hz = ^3J = 7.1 Hz로 계산된다. 이 값은 앞에서 H_e에 대해 얻어진 값과 일치함에 주목하여라. 작은 피크들 사이의 거리에 대한 평균값(Hz)은 ^4J = 1.65 Hz이다. 이 값은 앞에서 H_d에 대해 구한 값과 일치한다.

마지막으로 1.3 ppm에 나타나는 삼중선은 이웃한 methylene 그룹(H_c)에 의해 갈라진 methyl 그룹(H_a)으로 할당된다. 4.2 ppm의 사중선은 이웃한 methyl 그룹(H_a)과 짝지음의 결과로 인한 것이다.

E. COSY NMR 스펙트럼

COSY 스펙트럼을 그림 9.26에 나타내었다. COSY 스펙트럼은 두 축에 모두 proton NMR 스펙트럼이 그려진 **^{1}H–^{1}H 상관관계**이다. COSY 스펙트럼은 본 예에서 ^3J와 ^4J처럼 이웃하고 있는 proton들 사이의 짝지음을 제대로 할당했는지에 대한 확신을 준다. 스펙트럼에 그려진 선들을 따라가면, proton H_a는 ethyl 그룹에 있는 H_c와 상관관계를 하고 있는 것을 알 수 있다. Proton H_b는 H_d와 H_e 모두와 상관관계를 하고 있고, proton H_d는 H_e와 H_b 모두와 상관관계를 하고 있으며, 마지막으로 proton H_e는 H_d와 H_b 모두와 상관관계를 하고 있는 것을 알 수 있다. 신나지 않는가?

F. HETCOR(HSQC) NMR 스펙트럼

HETCOR(HSQC) 스펙트럼을 그림 9.27에 나타내었다. 이와 같은 유형의 스펙트럼은 **^{13}C–^{1}H 상관관계**를 나타내는데, 한 축에 ^{13}C NMR 스펙트럼이 그려져 있고, 다른 한 축에 ^{1}H NMR 스펙트럼이 그려져 있다. 이 실험의 목적은 proton의 패턴에 대응하는 ^{13}C 피크를 할당하기 위한 것이며, 그 결과는 할당에 대해 이미 얻어진 결론을 뒷받침해 준다. 여기서 놀라지 마시길!

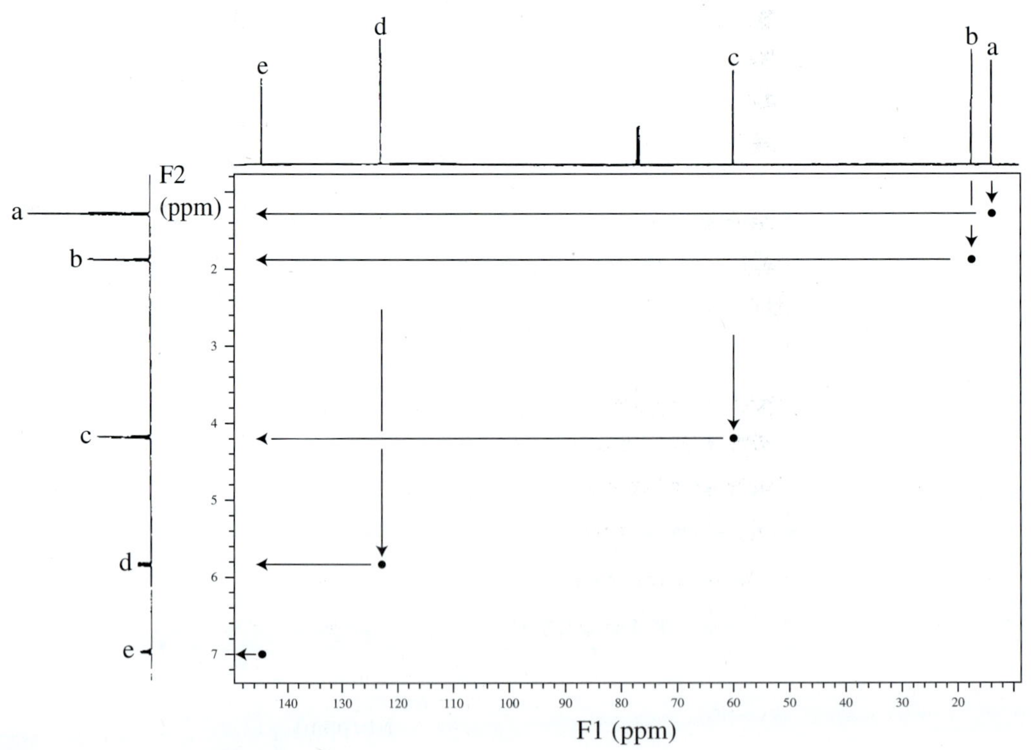

그림 9.27 $C_6H_{10}O_2$의 C–H 상관관계(HETCOR/HSQC) 스펙트럼.

연습 문제

***1.** 다음의 DEPT-135, COSY, HETCOR 스펙트럼 묶음을 사용하여 C_4H_9Cl의 모든 proton과 탄소를 구조에 할당하여라.

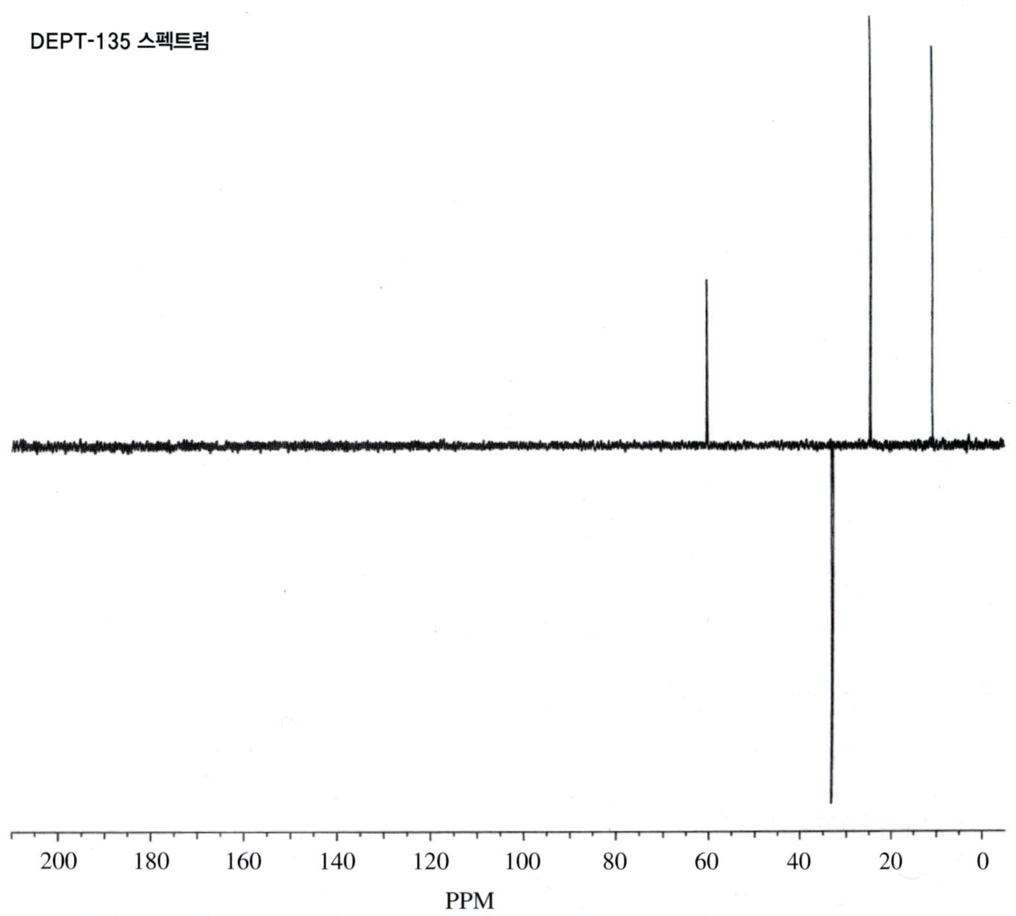

COSY 스펙트럼

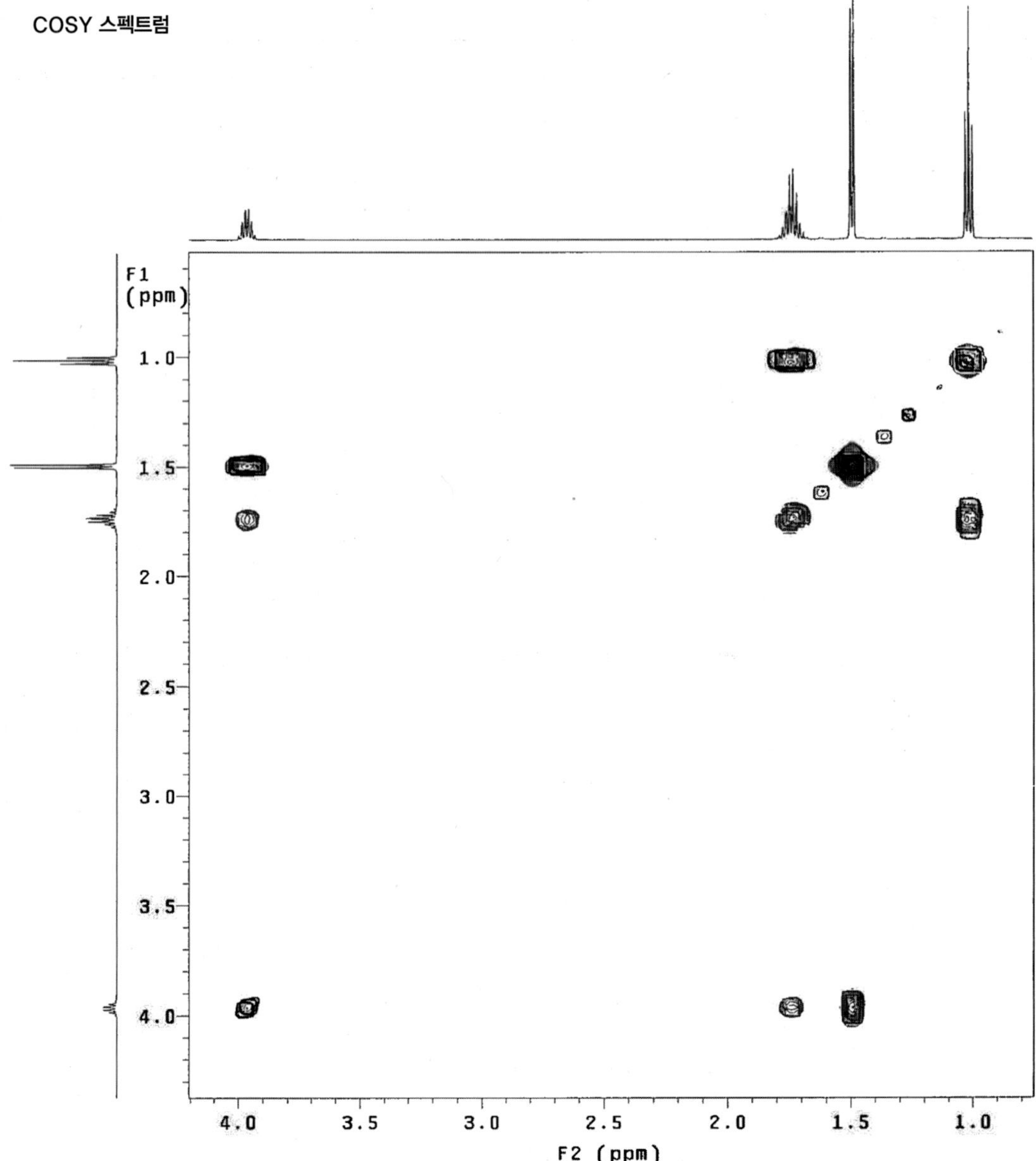

HETCOR 스펙트럼

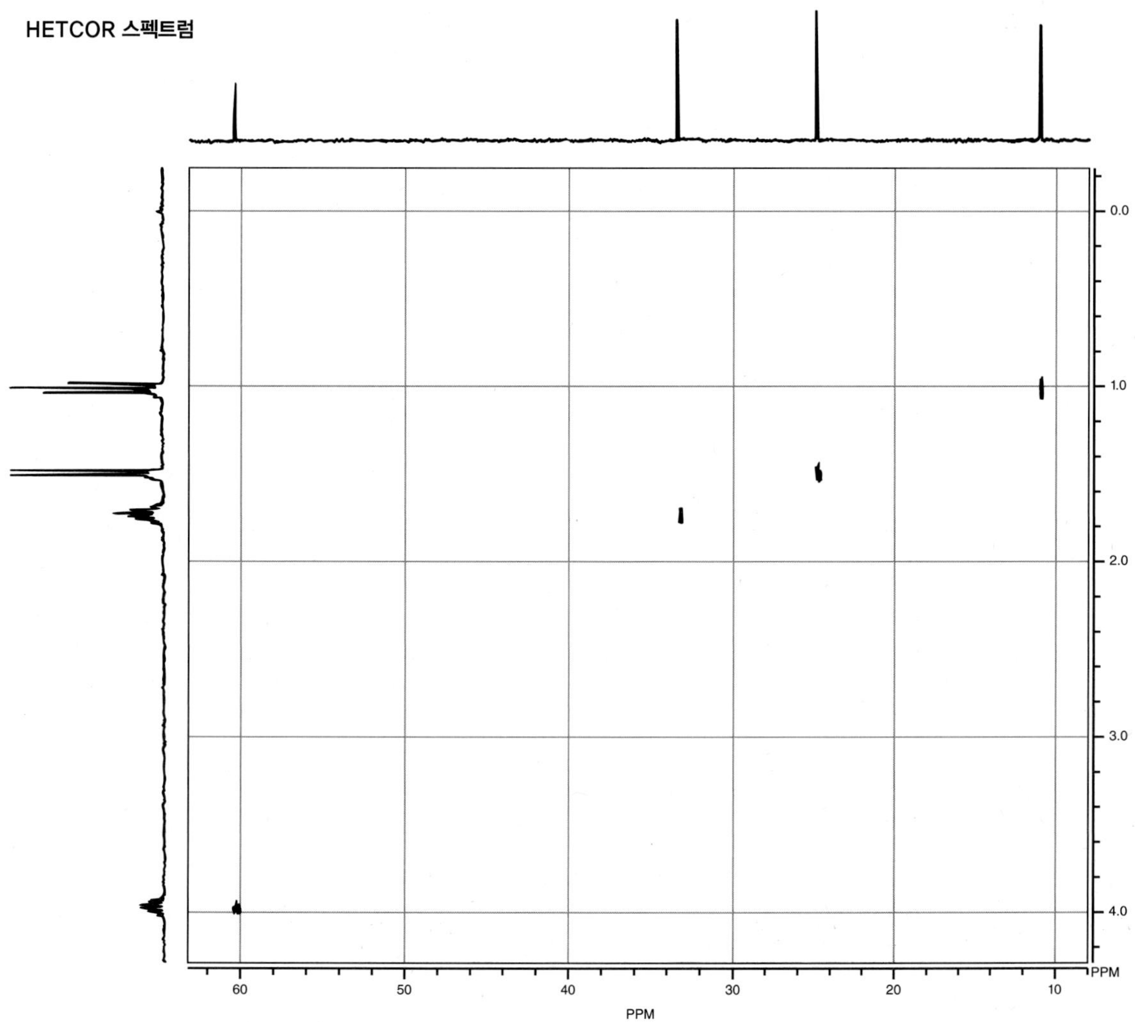

***2.** 다음의 $C_6H_{14}O$의 DEPT 스펙트럼에 대하여 각 피크를 할당하여라. IR 스펙트럼은 3350 cm^{-1}에서 강하고 폭이 넓은 흡수띠를 보여준다(**주의**. 하나 이상의 답이 가능하다).

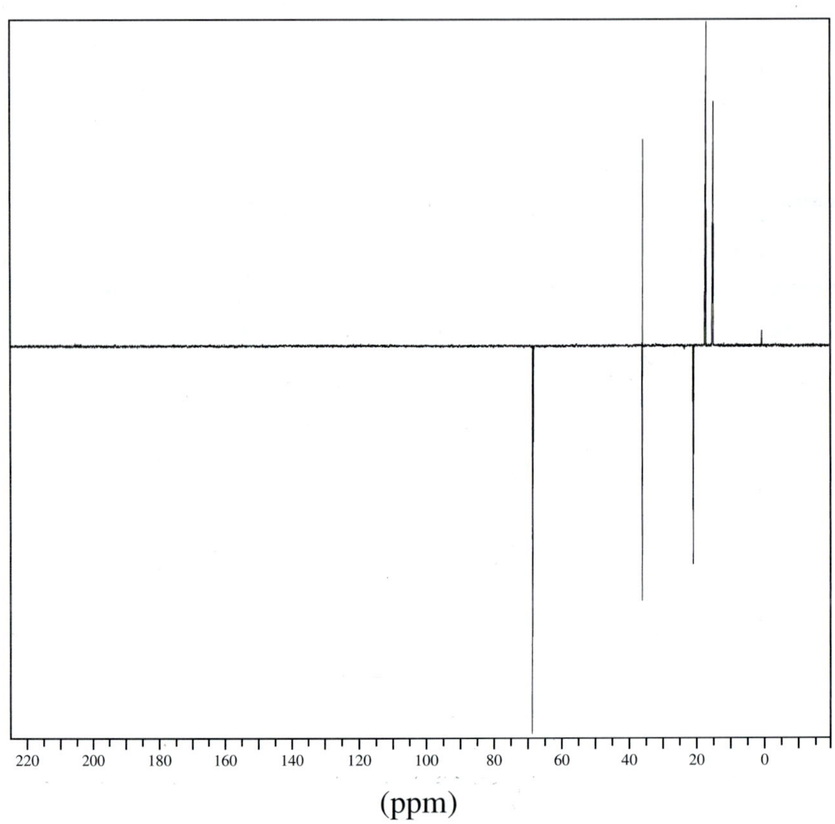

***3.** 첫 번째 스펙트럼은 0.8~5.5 ppm 범위에서 얻어진 citronellol의 HETCOR(HSQC) 스펙트럼이고, 두 번째 스펙트럼은 0.8~2.2 ppm 범위에서 얻어진 같은 화합물의 확대 그림이다. 9.7B절에 나타낸 구조식은 물론 그림 9.12에 쌓기 그래프로 나타낸 전범위 편집된 DEPT 스펙트럼과 그림 9.15a와 그림 9.15b에 나타낸 gCOSY 스펙트럼을 이용하여 분자의 모든 탄소 원자와 수소 원자를 스펙트럼에 완전하게 할당하여라. 특히 25, 37, 40 ppm에 나타나는 부분입체이성질성 proton에 대한 할당에 유의하여라. 연습 문제 해답에 완전하게 할당한 자료를 제공하였다.

HETCOR 스펙트럼

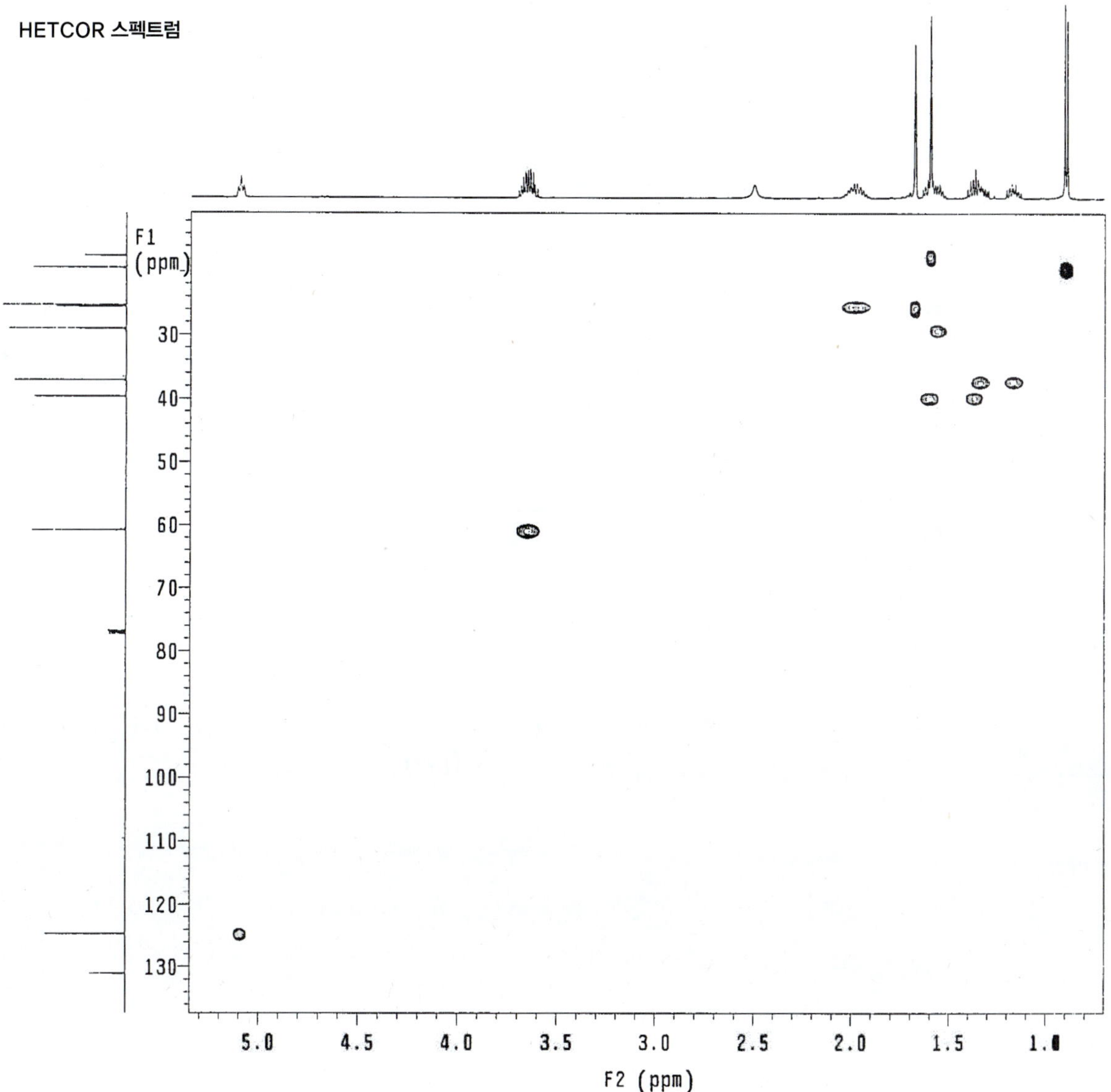

HETCOR 스펙트럼의 확대 그림

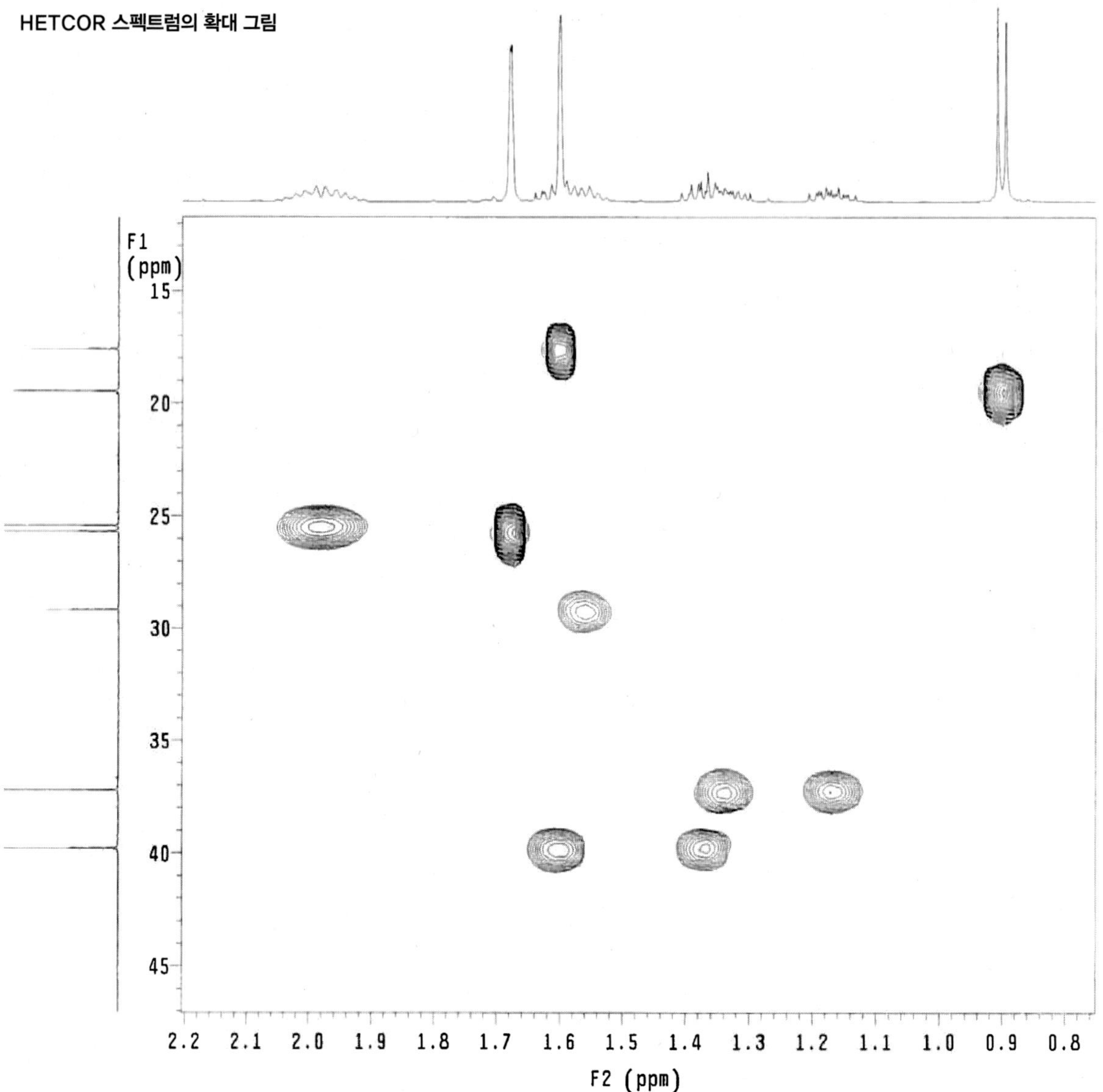

***4. Geraniol**의 구조는 다음과 같다.

10 CH_3 3 1 4 2 OH 5 6 7 CH_3 CH_3 8과 9

이 페이지에 나타낸 전범위 편집된 DEPT 스펙트럼의 쌓기 그래프, 다음 페이지에 나타낸 gCOSY 스펙트럼, 마지막으로 그 다음 페이지에 나타낸 HETCOR(HSQC) 스펙트럼을 이용하여 geraniol의 모든 proton과 탄소를 할당하여라. DEPT 스펙트럼은 오로지 proton이 결합된 탄소 원자만을 보여 주기 때문에 탄소 3과 탄소 7은 DEPT 스펙트럼에 나타나지 않는다. 연습 문제 3에서 결정한 할당이 도움이 된다. 연습 문제 해답에 완전하게 할당한 자료를 제공하였다.

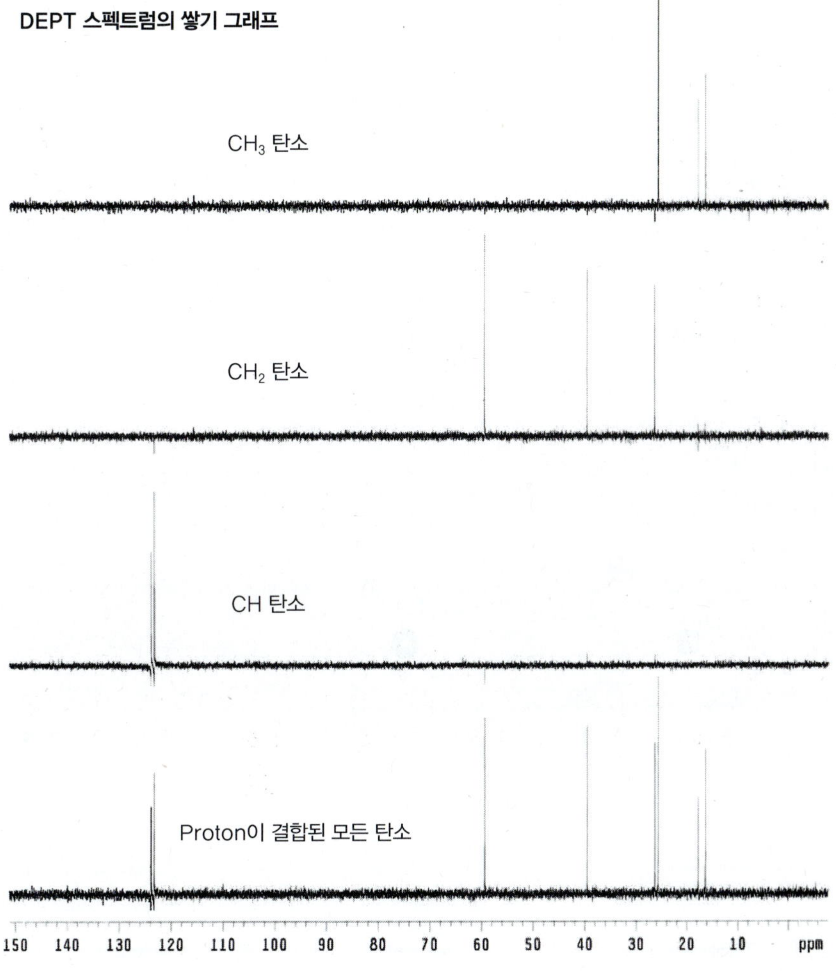

gCOSY 스펙트럼

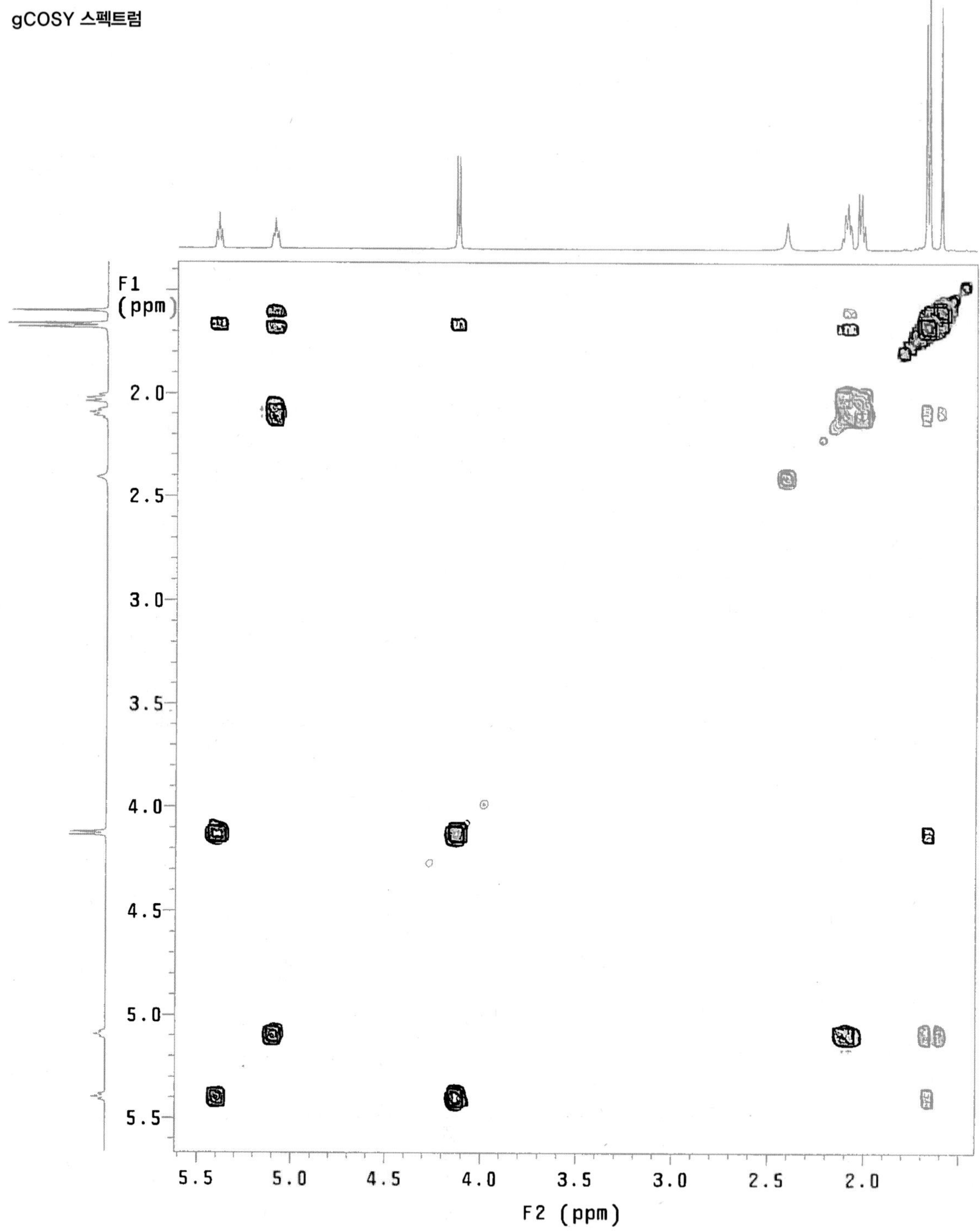

HETCOR(HSQC) 스펙트럼

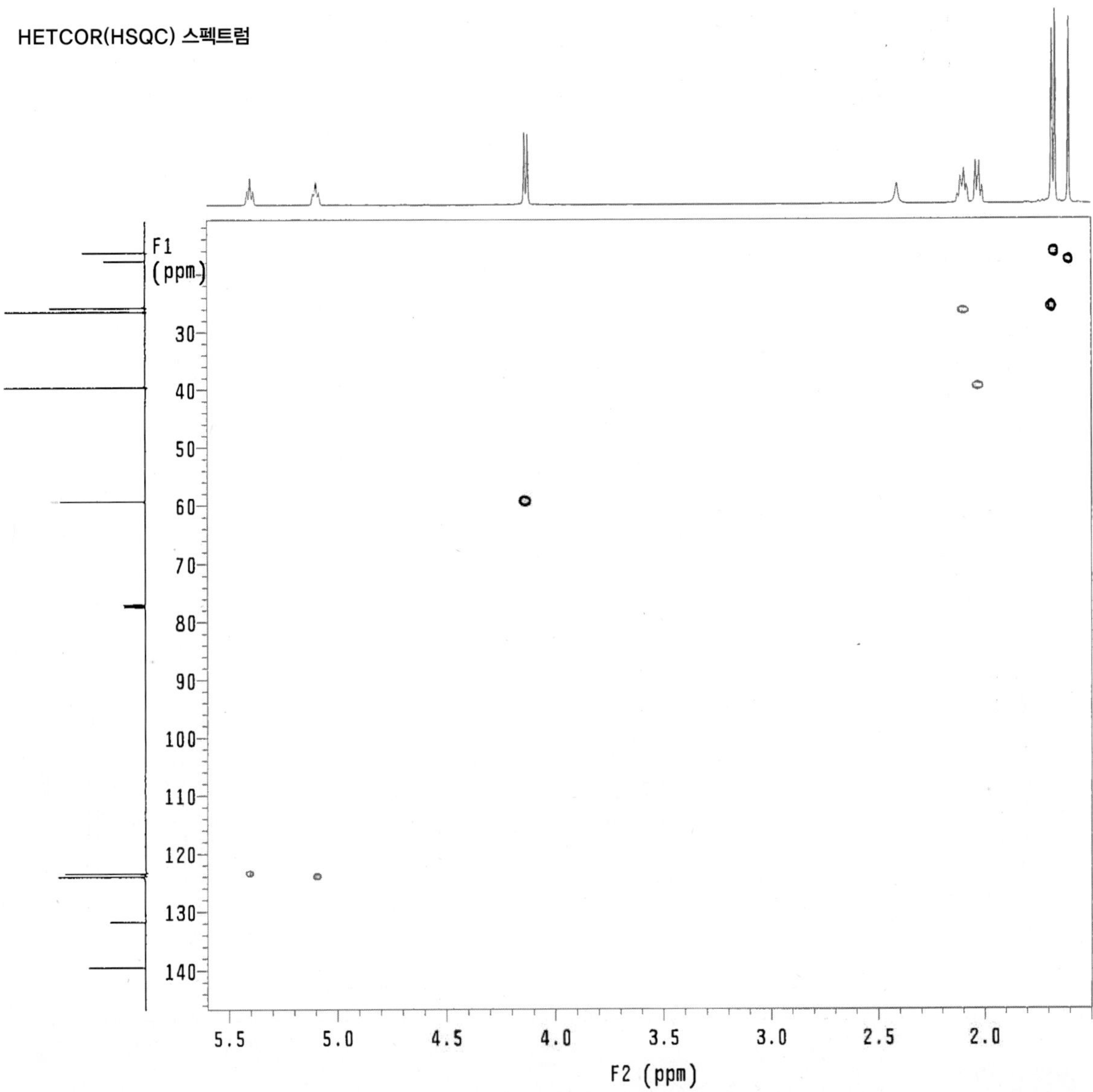

***5.** 다음의 스펙트럼 묶음은 **methyl salicylate**의 ^{1}H NMR 스펙트럼의 방향족 부분의 확대 그림과 HETCOR 스펙트럼이다. Methyl salicylate에서 모든 방향족 proton과 치환되지 않은 고리 탄소를 완전하게 할당하여라(*힌트:* 치환기의 공명 효과를 고려하여 방향족 수소의 상대적인 화학적 이동을 결정하여라. 또한 부록 6에 제공된 자료를 사용하여 예상되는 화학적 이동을 계산해 보아라).

Methyl salicylate의 ^{1}H NMR 스펙트럼의 확대 그림

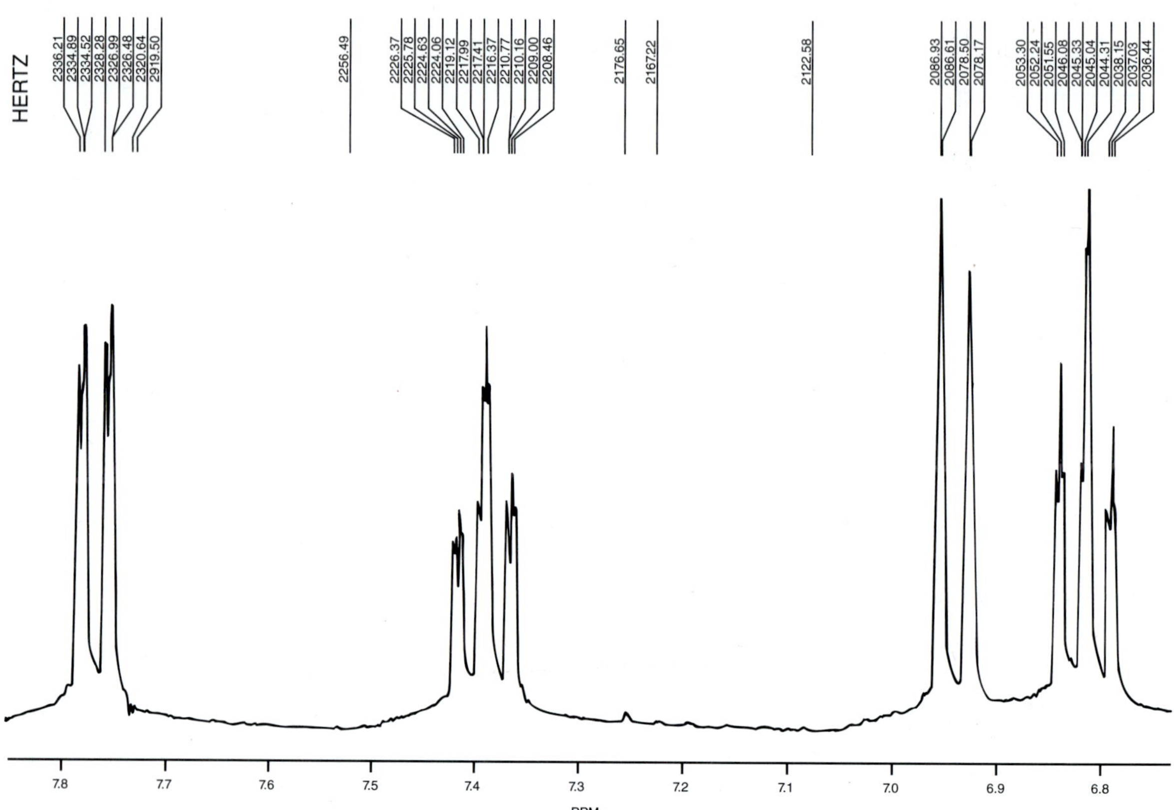

HETCOR 스펙트럼

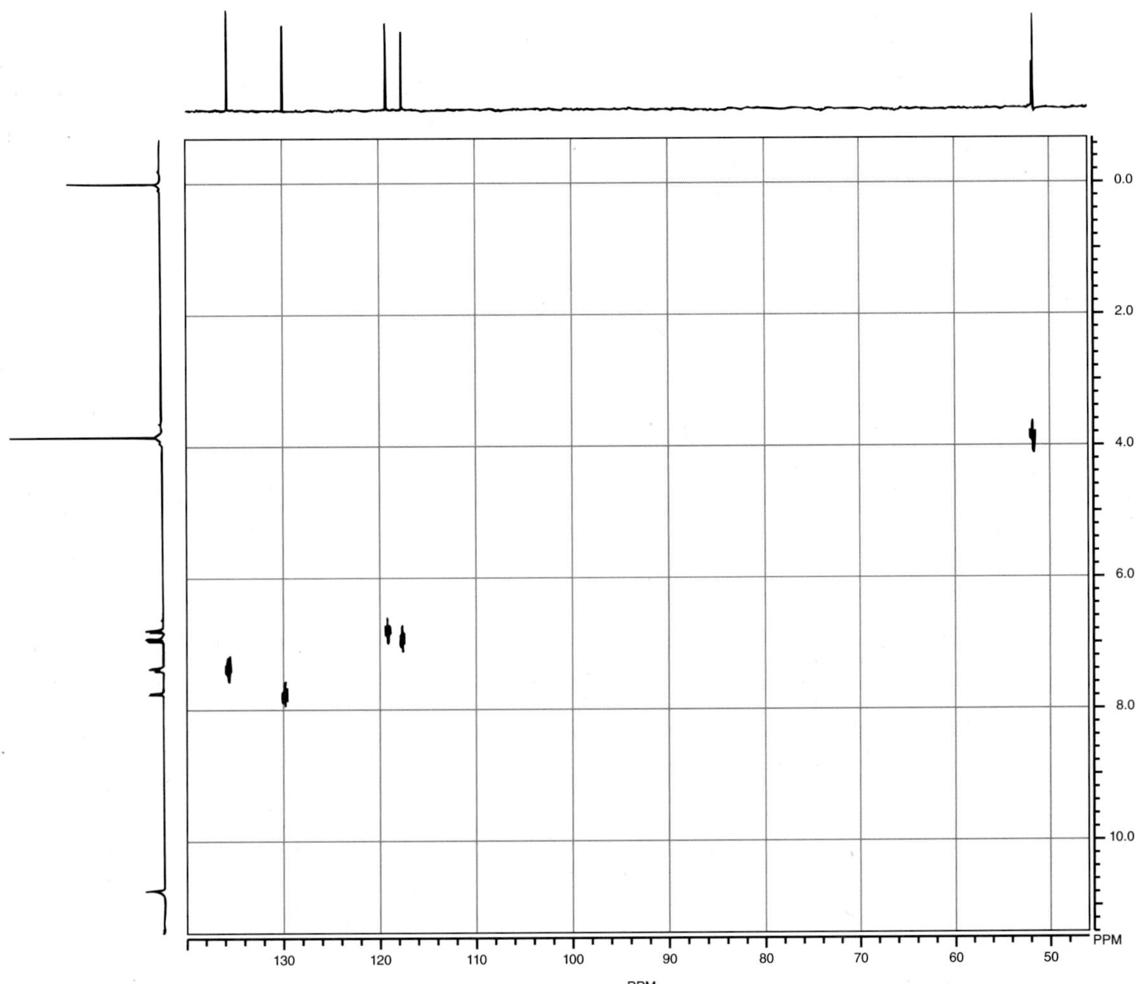

6. $C_6H_{12}O_2$의 화학식을 갖는 화합물에 대하여 구조를 결정하여라. IR 스펙트럼은 3400~2400 cm^{-1} 범위와 1710 cm^{-1}에서 강하고 폭이 넓은 흡수띠를 보여준다. ^{1}H NMR 스펙트럼과 확대 그림이 주어졌으며, 12.0 ppm에 나타나는 피크는 전체 스펙트럼에 나타나지 않았다. ^{1}H NMR 스펙트럼을 완전하게 설명하고, 특히 2.1~2.4 ppm 범위의 패턴을 설명하여라. 이 문제에 HETCOR 스펙트럼이 주어졌다. HETCOR 스펙트럼에서 29 ppm과 41 ppm에 나타나는 탄소 피크에 대해 설명하여라. 이 화합물에 대한 모든 proton과 탄소를 할당하여라.

^{1}H NMR 스펙트럼

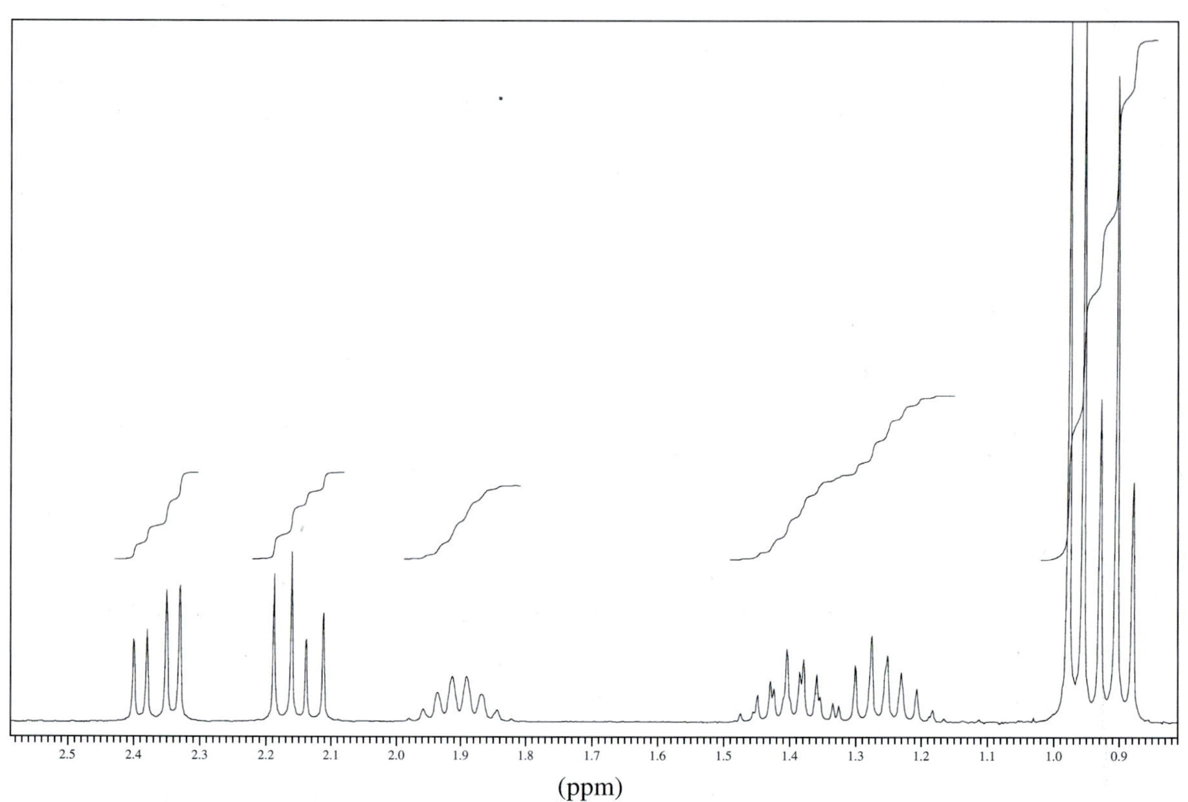

^{1}H NMR 스펙트럼의 확대 그림

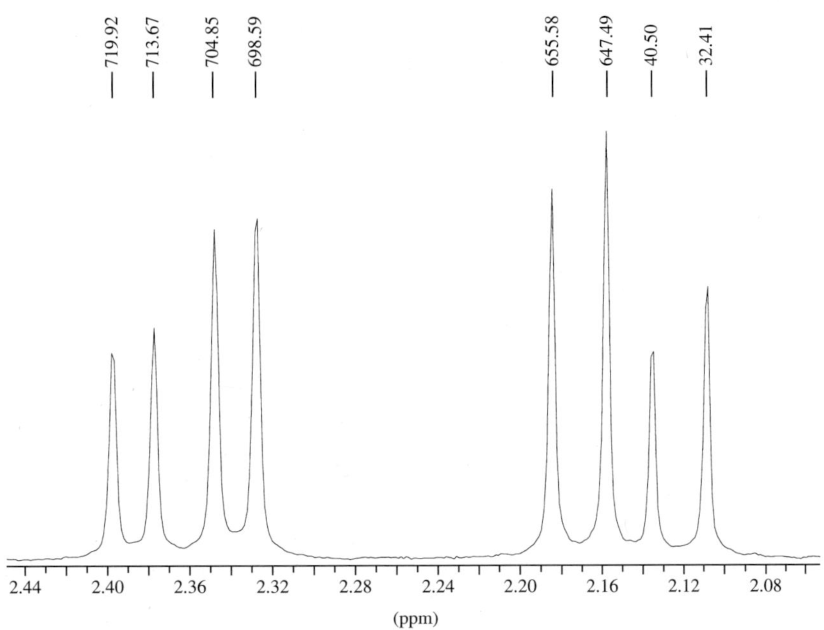

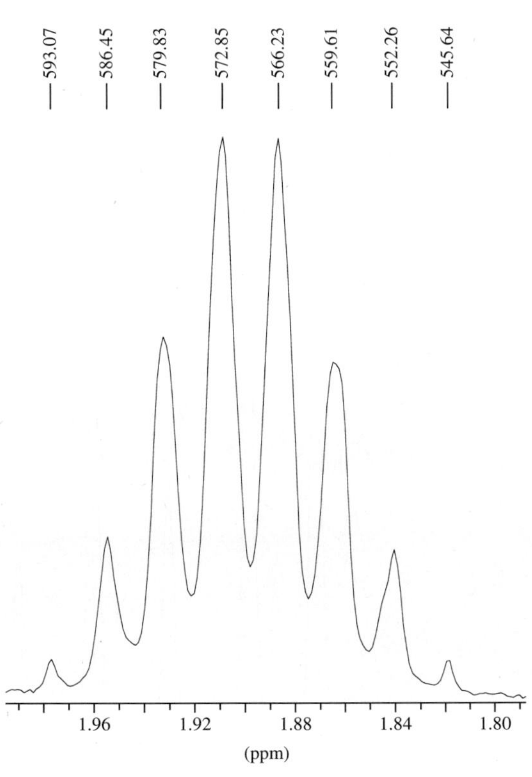

^{1}H NMR 스펙트럼의 확대 그림

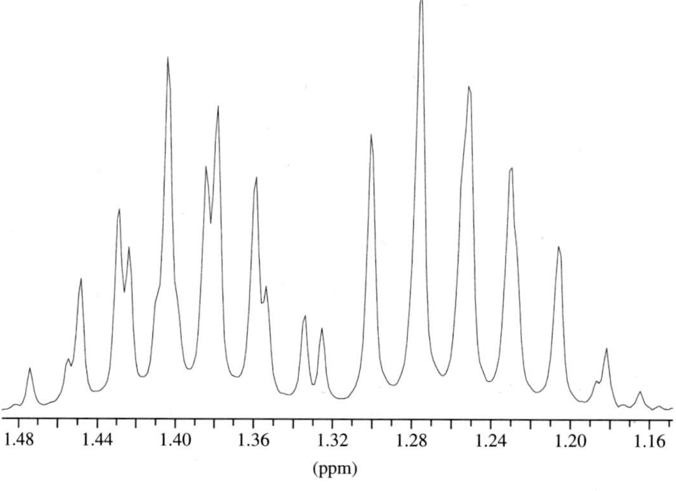

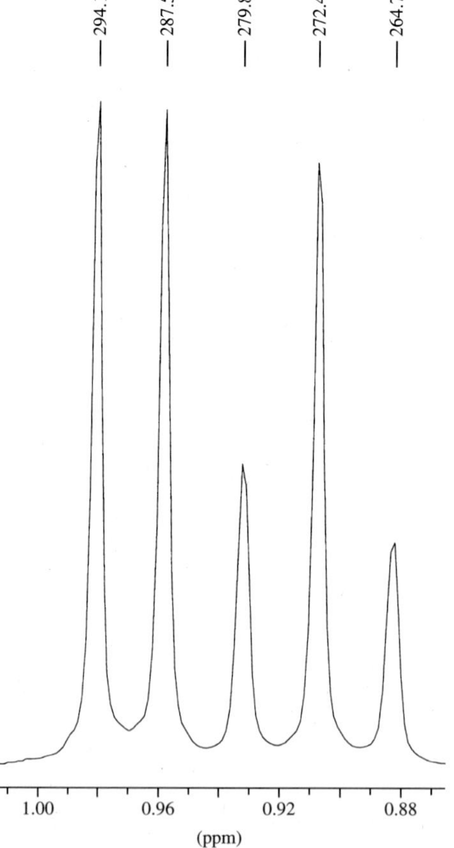

HETCOR 스펙트럼

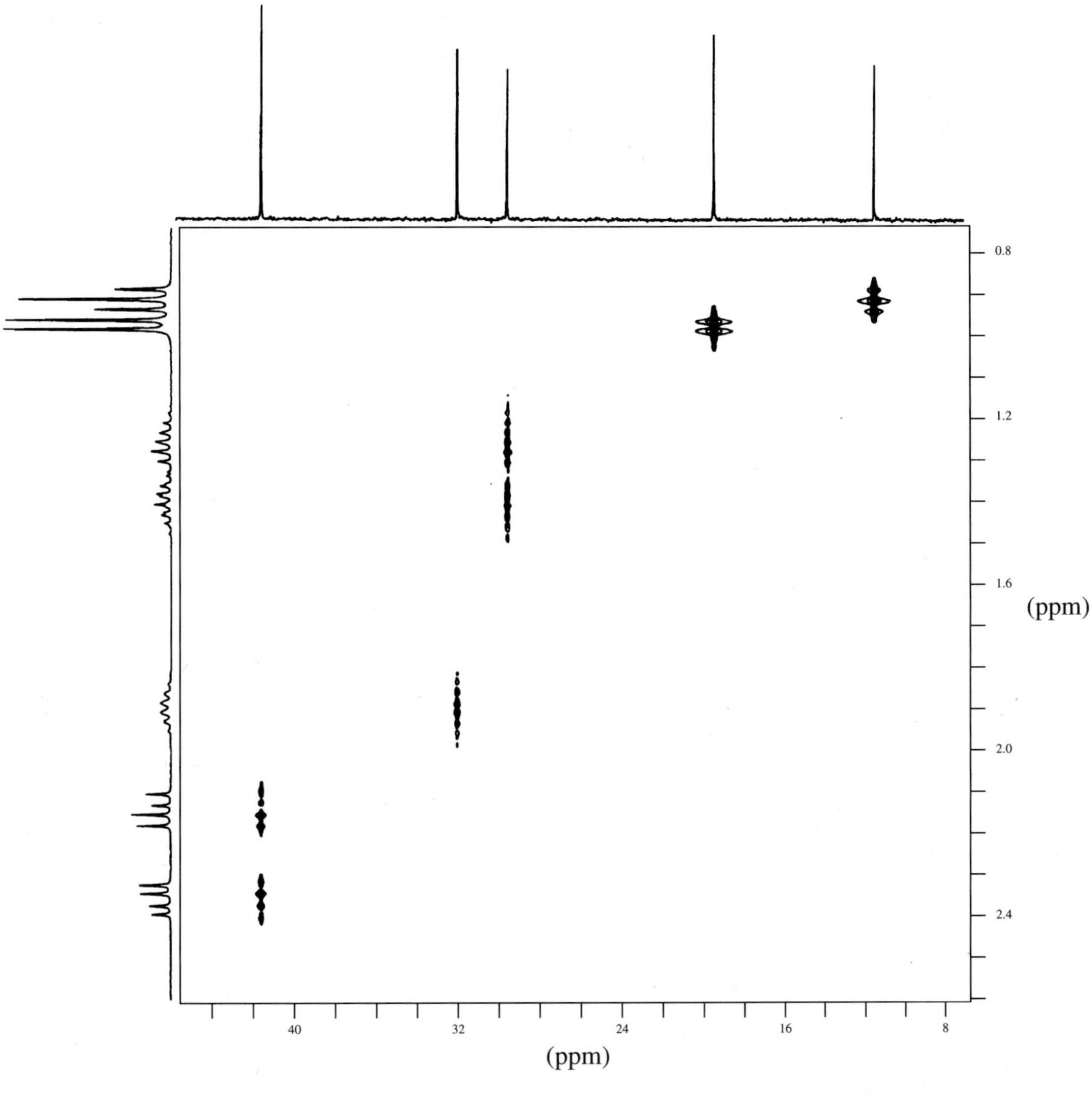

7. $C_{11}H_{16}O$의 화학식을 갖는 화합물에 대하여 구조를 결정하여라. 이 화합물은 재스민 꽃에서 분리하였다. IR 스펙트럼은 1700 cm^{-1}와 1648 cm^{-1}에서 강한 흡수띠를 보여준다. ^{1}H NMR 스펙트럼과 확대 그림이 HETCOR, COSY, DEPT 스펙트럼과 함께 주어졌다. DEPT-90 스펙트럼은 주어지지 않았지만 125 ppm과 132 ppm에 피크를 나타낸다. 이 화합물은 2,5-hexanedione이 (*Z*)-1-chloro-2-pentene과 단일 알킬화 반응을 한 후에 aldol 축합 반응을 일으켜 합성되었다. 이 화합물에 대한 모든 proton과 탄소를 할당하여라.

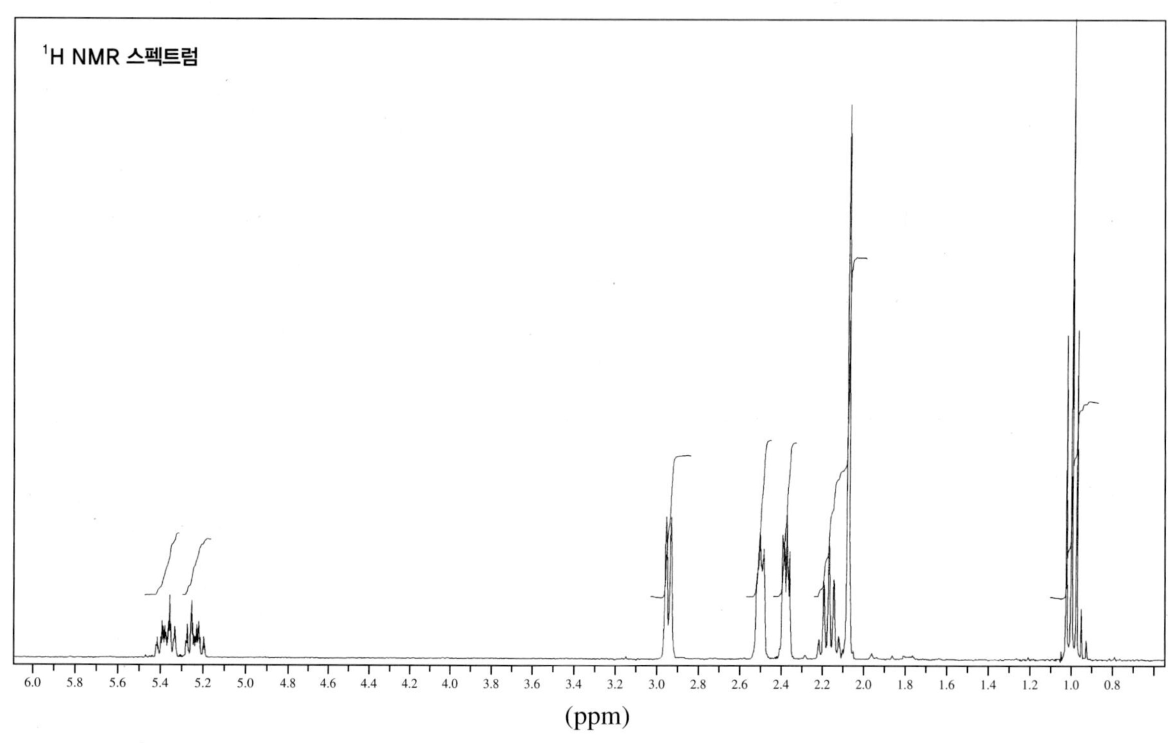

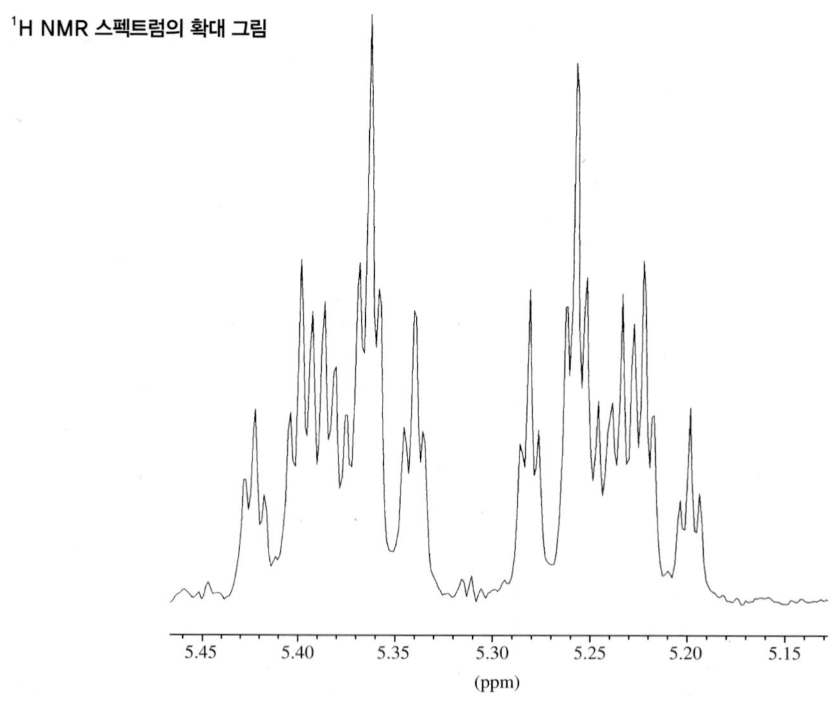

^{1}H NMR 스펙트럼의 확대 그림

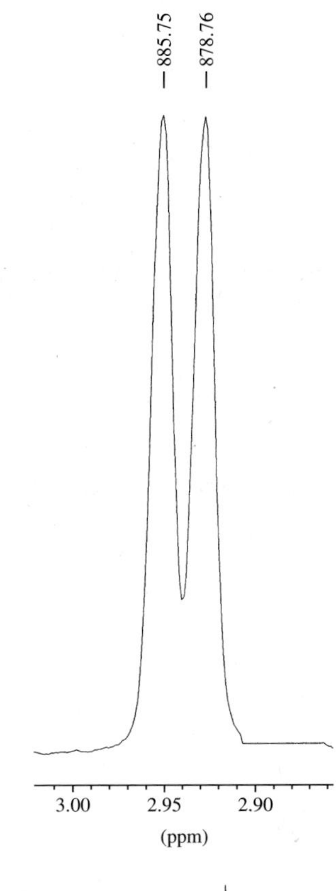
885.75
878.76
3.00
2.95
2.90
(ppm)

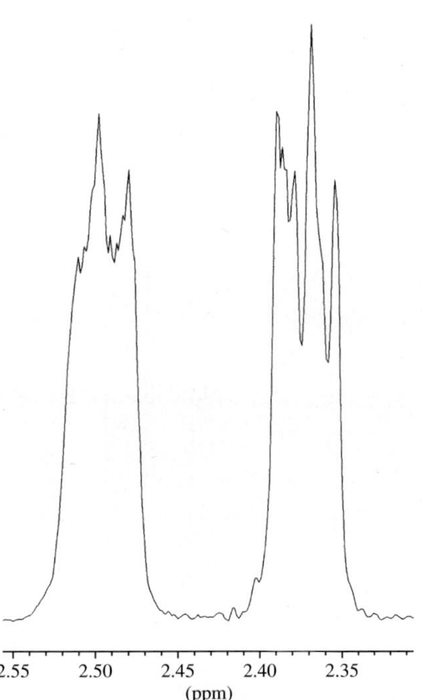
2.55
2.50
2.45
2.40
2.35
(ppm)

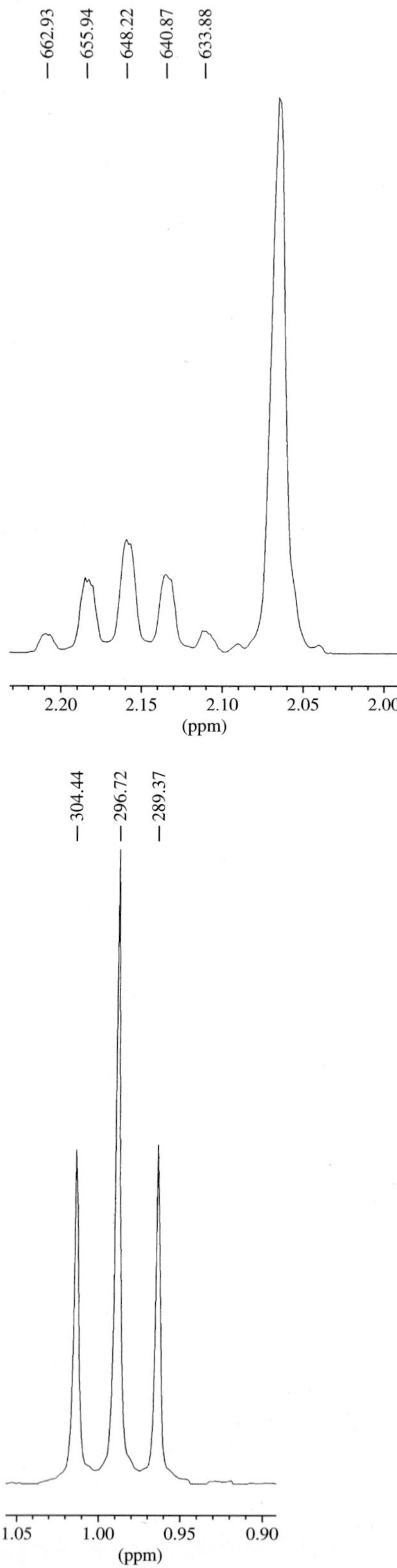

¹H NMR 스펙트럼의 확대 그림
662.93
655.94
648.22
640.87
633.88
2.20
2.15
2.10
2.05
2.00
(ppm)
304.44
296.72
289.37
1.05
1.00
0.95
0.90
(ppm)

HETCOR 스펙트럼

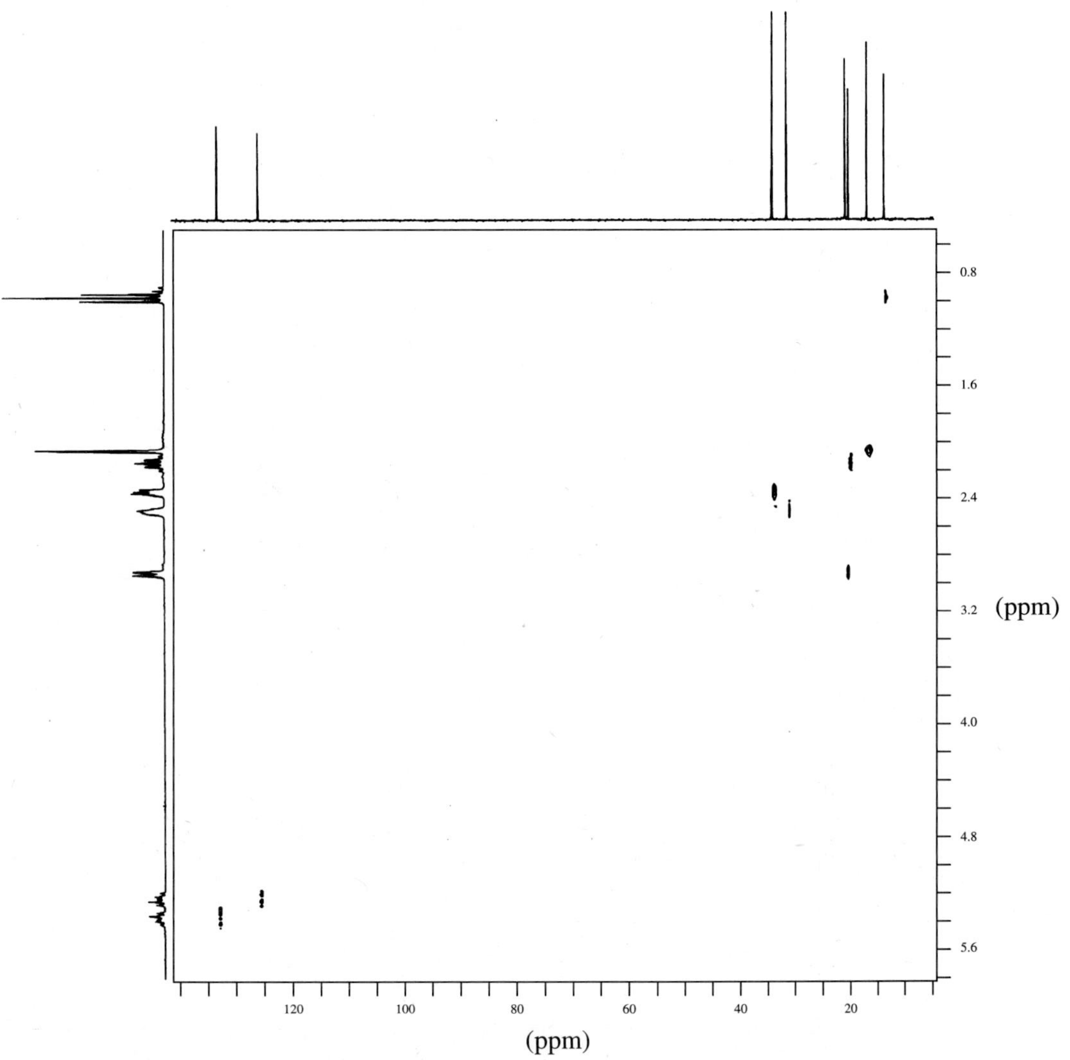

COSY 스펙트럼

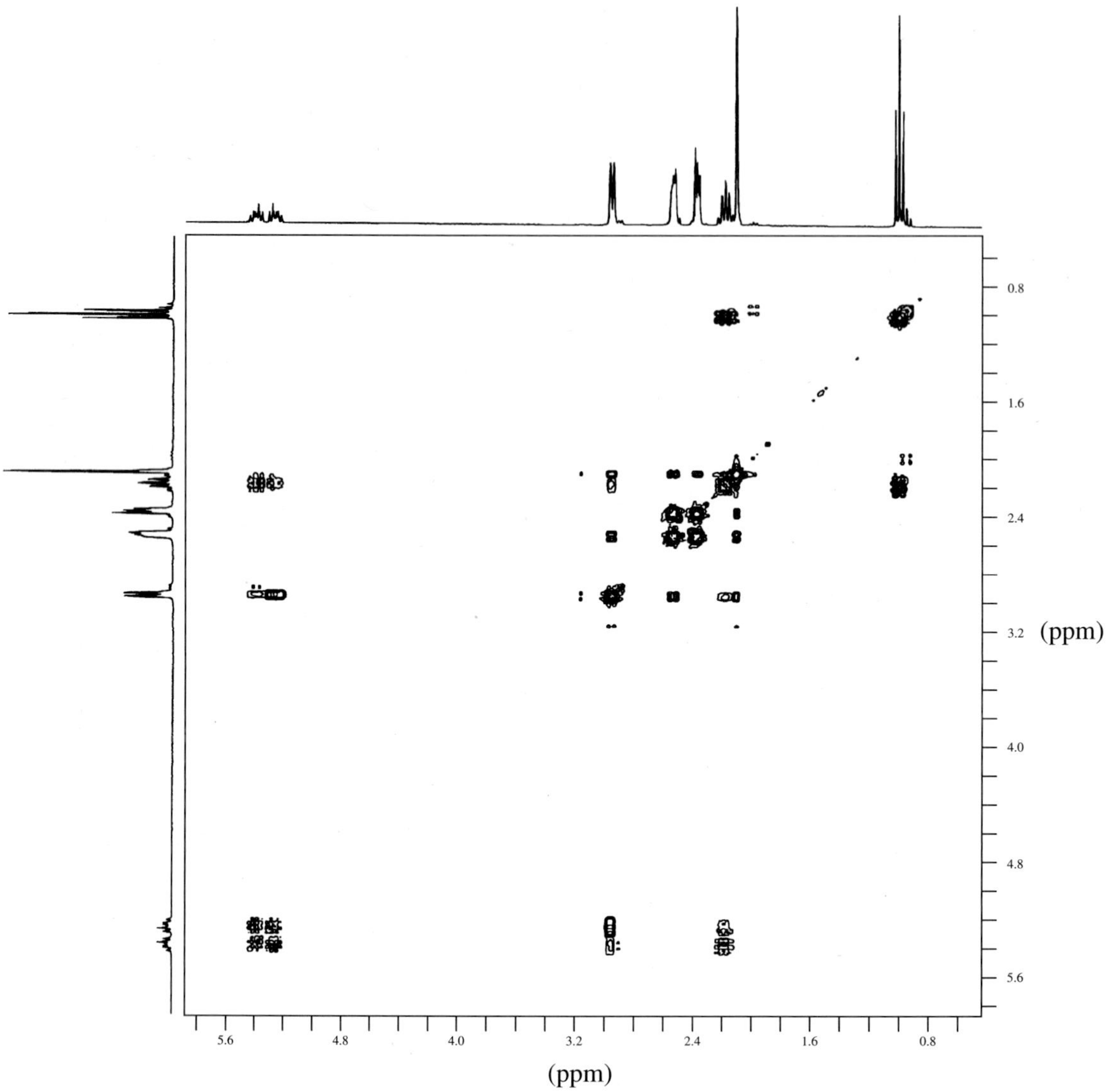

정상 ^{13}C 스펙트럼

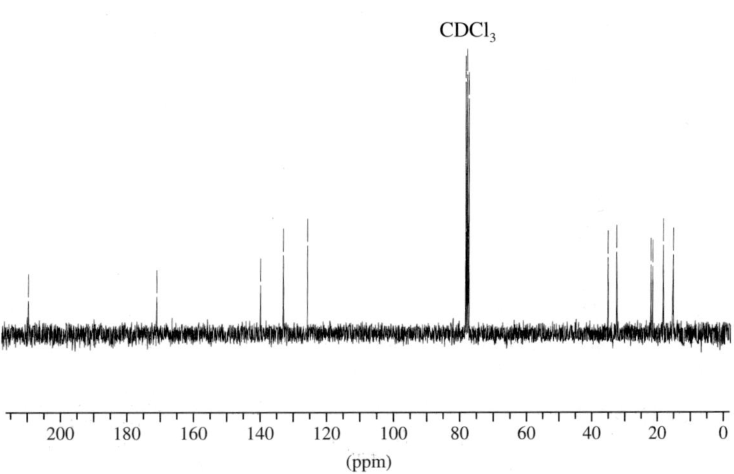

DEPT-135 스펙트럼

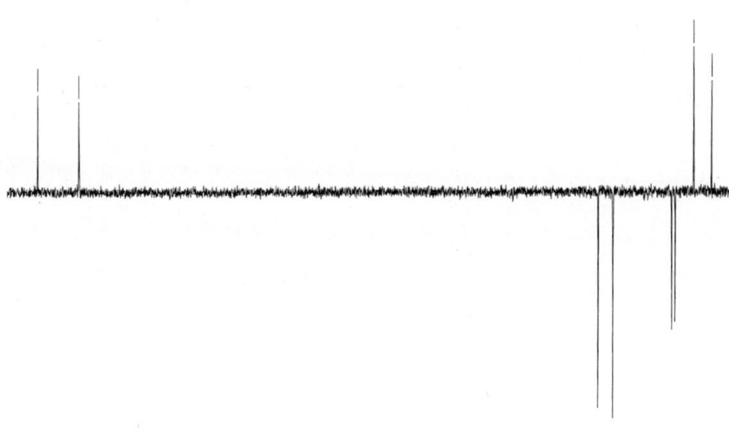

8. $C_{10}H_8O_3$의 화학식을 갖는 화합물에 대하여 구조를 결정하여라. IR 스펙트럼은 1720 cm^{-1}, 1620 cm^{-1}에서 강한 흡수띠를 보여준다. 아울러 IR 스펙트럼은 1580, 1560, 1508, 1464, 1125 cm^{-1}에서 흡수띠를 보여준다. ^{1}H NMR 스펙트럼과 확대 그림이 COSY, DEPT 스펙트럼과 함께 주어졌다. 이 화합물에 대한 모든 proton과 탄소를 할당하여라.

^{1}H NMR 스펙트럼

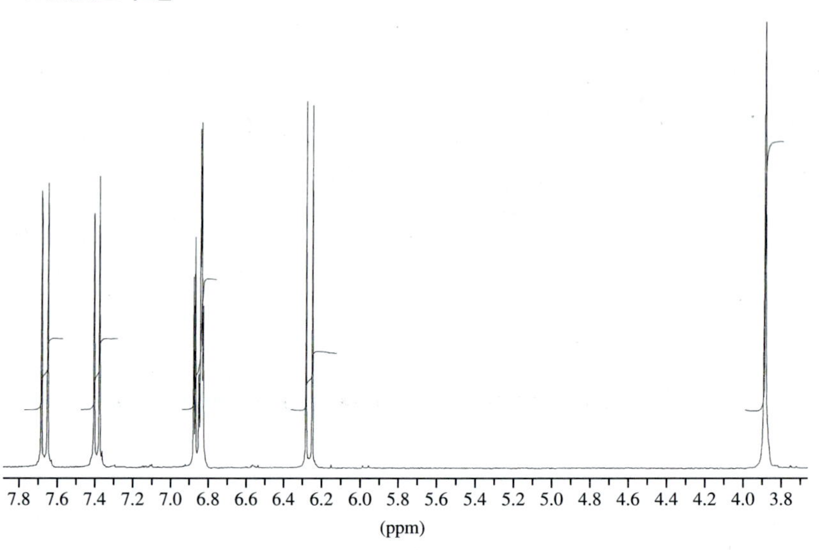

^{1}H NMR 스펙트럼의 확대 그림

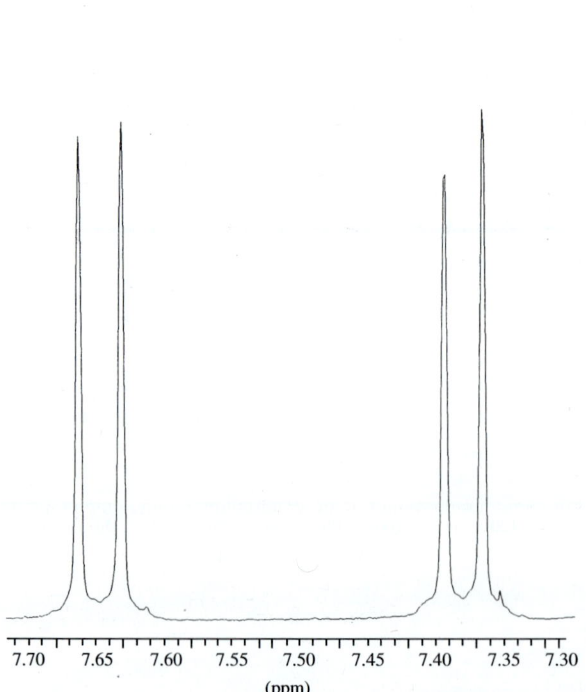

^{1}H NMR 스펙트럼의 확대 그림

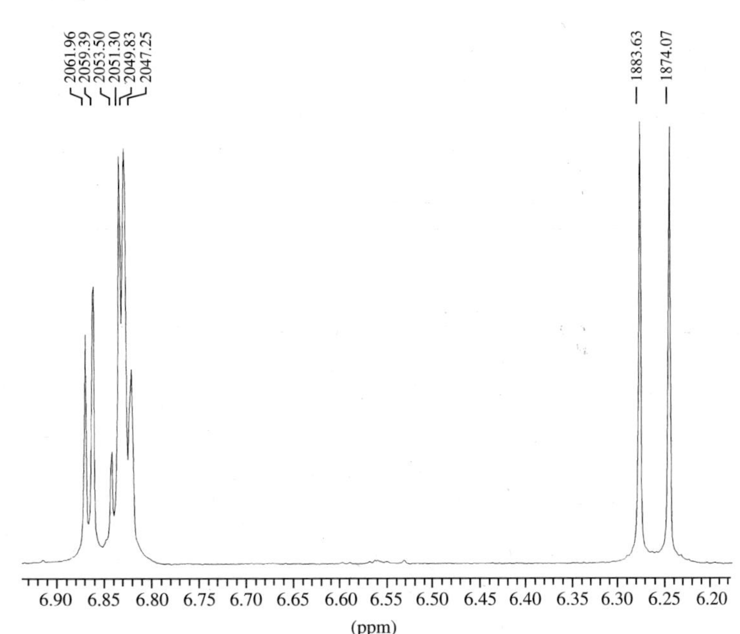
2061.96
2059.39
2053.50
2051.30
2049.83
2047.25
1883.63
1874.07
6.90 6.85 6.80 6.75 6.70 6.65 6.60 6.55 6.50 6.45 6.40 6.35 6.30 6.25 6.20
(ppm)

DEPT-90
스펙트럼

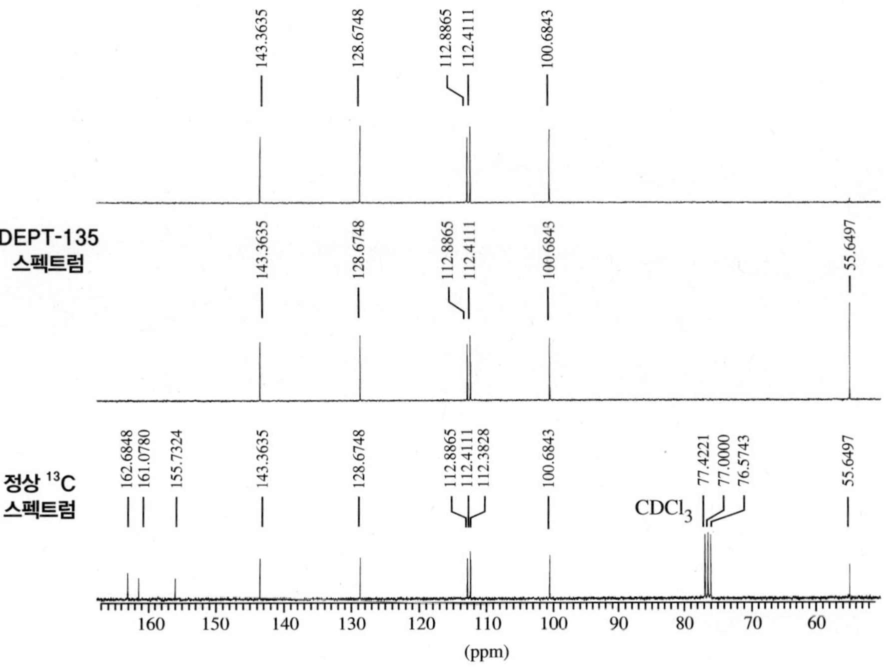
143.3635
128.6748
112.8865
112.4111
100.6843
DEPT-135
스펙트럼
143.3635
128.6748
112.8865
112.4111
100.6843
55.6497
정상 ¹³C
스펙트럼
162.6848
161.0780
155.7324
143.3635
128.6748
112.8865
112.4111
112.3828
100.6843
77.4221
77.0000
76.5743
CDCl₃
55.6497
160 150 140 130 120 110 100 90 80 70 60
(ppm)

COSY 스펙트럼

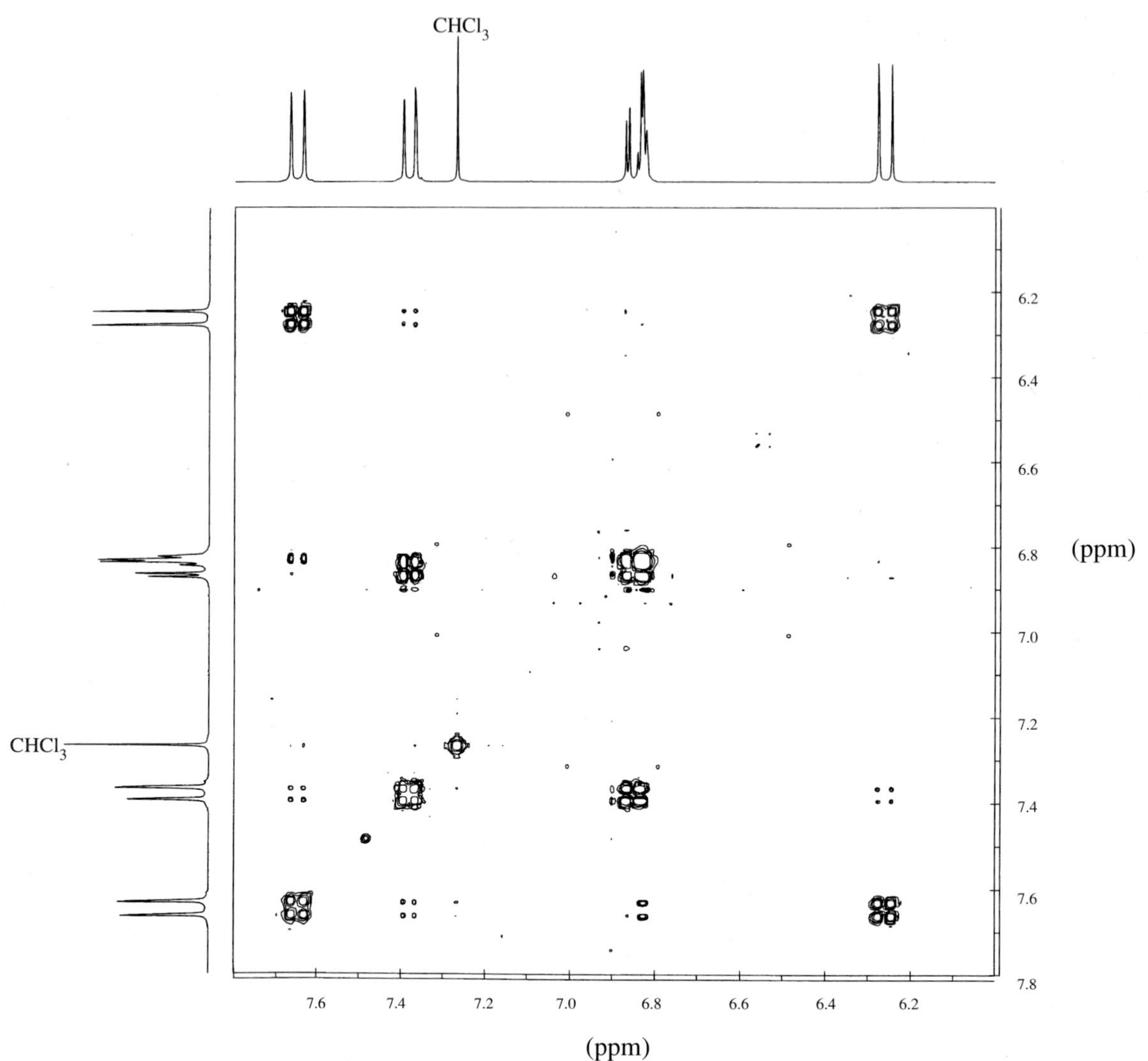
CHCl3
CHCl3
6.2
6.4
6.6
6.8
7.0
7.2
7.4
7.6
7.8
(ppm)
7.6
7.4
7.2
7.0
6.8
6.6
6.4
6.2
(ppm)

9. $C_8H_{14}O$의 화학식을 갖는 화합물에 대하여 구조를 결정하여라. 이 문제에 대한 IR 스펙트럼, ^1H NMR 스펙트럼, 확대 그림, ^{13}C NMR 스펙트럼, DEPT 스펙트럼, COSY 스펙트럼, HETCOR(HSQC) 스펙트럼이 주어졌다.

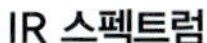

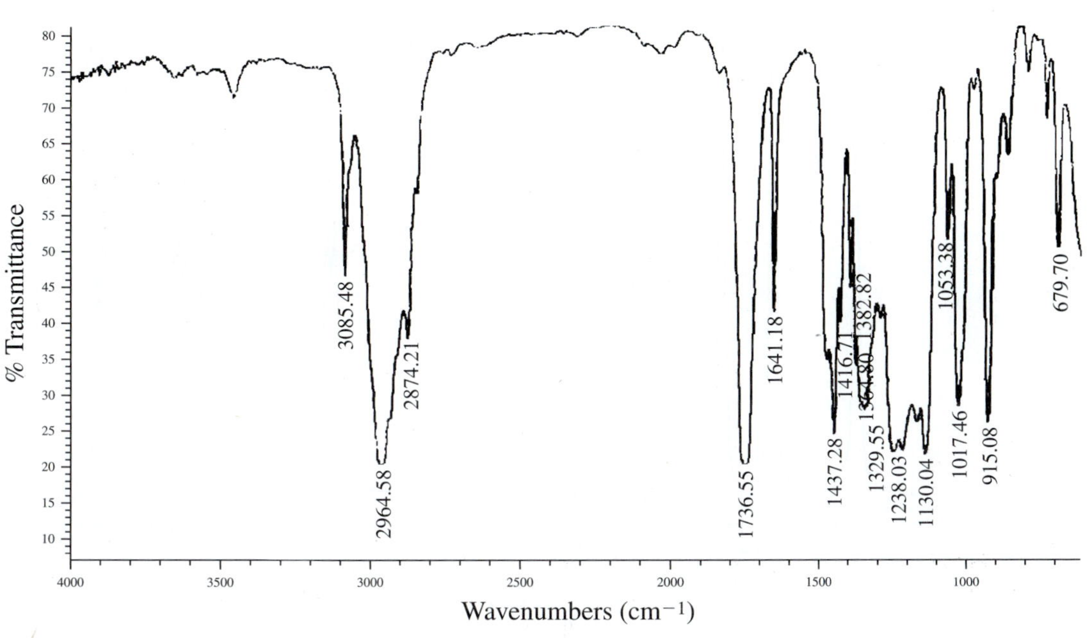

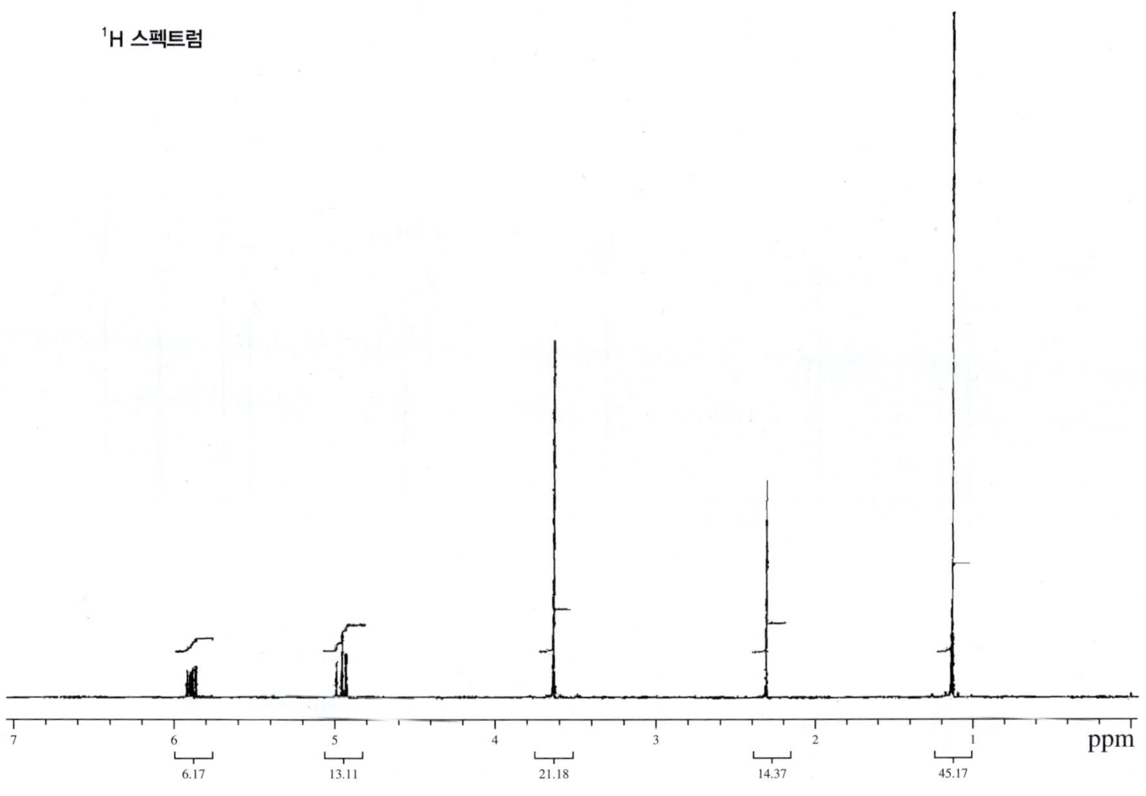

^1H 스펙트럼의 확대 그림

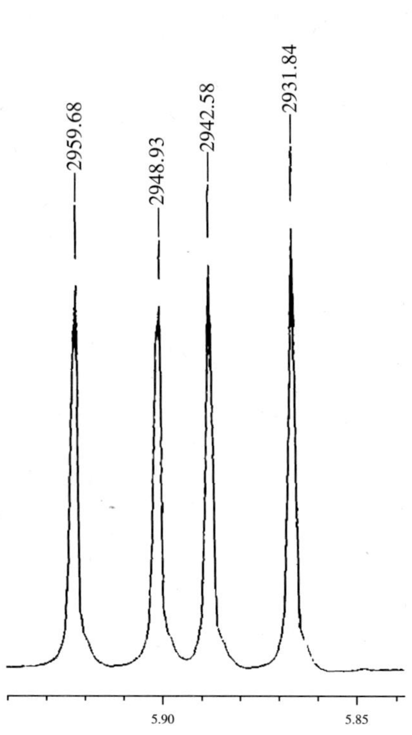

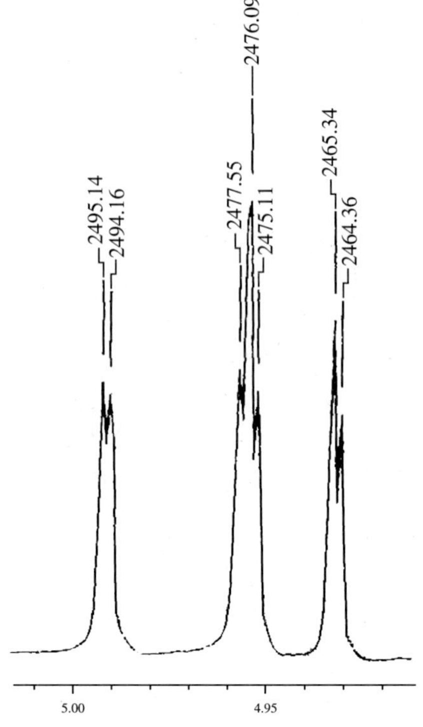

^{13}C 스펙트럼

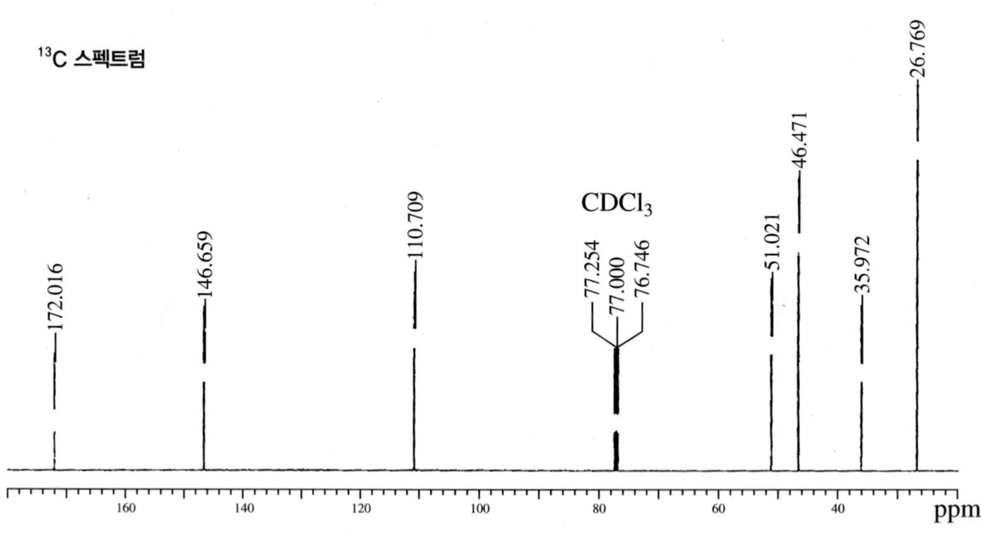

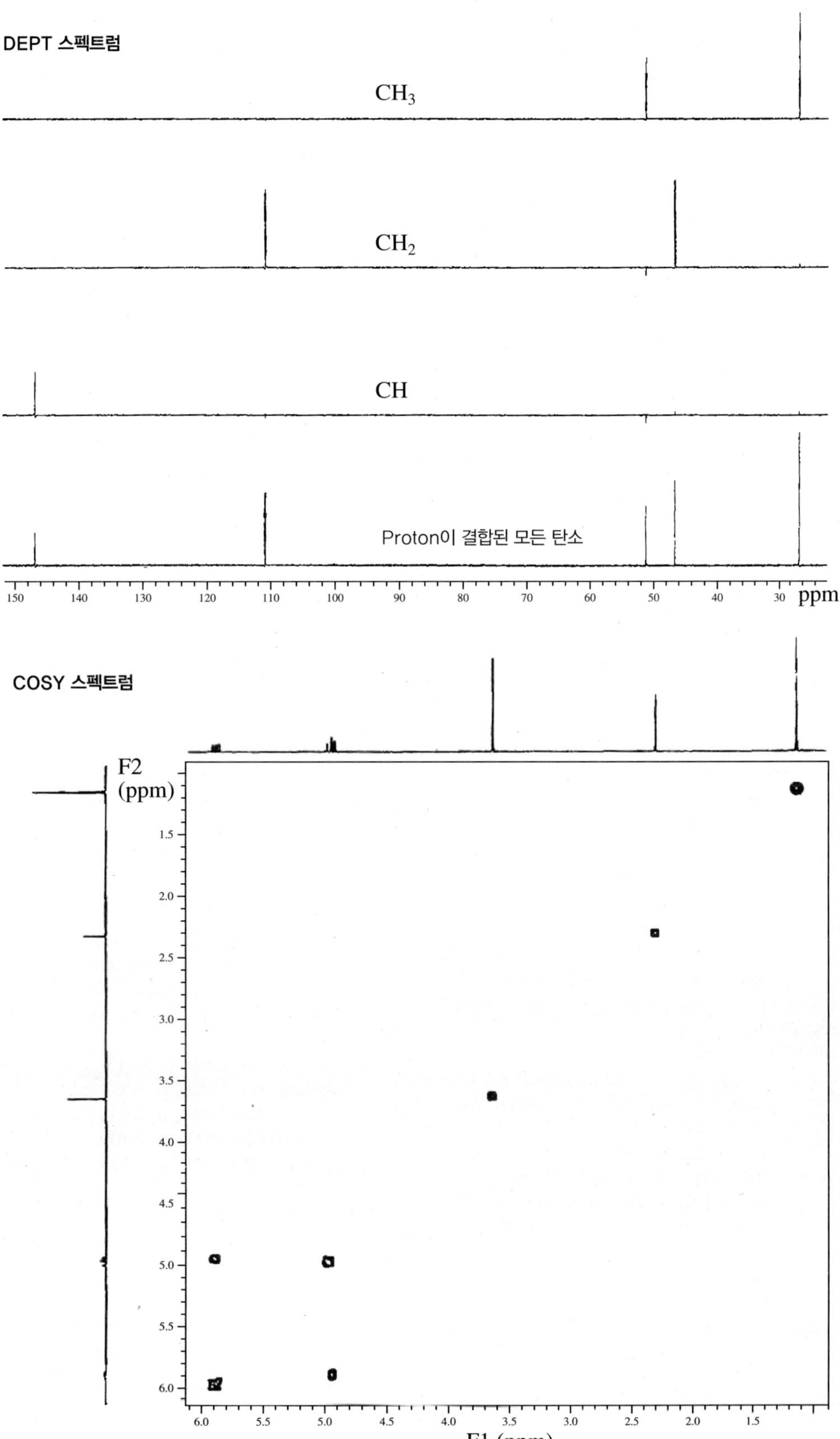
DEPT 스펙트럼
CH3
CH2
CH
Proton이 결합된 모든 탄소
150 140 130 120 110 100 90 80 70 60 50 40 30 ppm
COSY 스펙트럼
F2 (ppm)
1.5 2.0 2.5 3.0 3.5 4.0 4.5 5.0 5.5 6.0
6.0 5.5 5.0 4.5 4.0 3.5 3.0 2.5 2.0 1.5
F1 (ppm)

HETCOR 스펙트럼

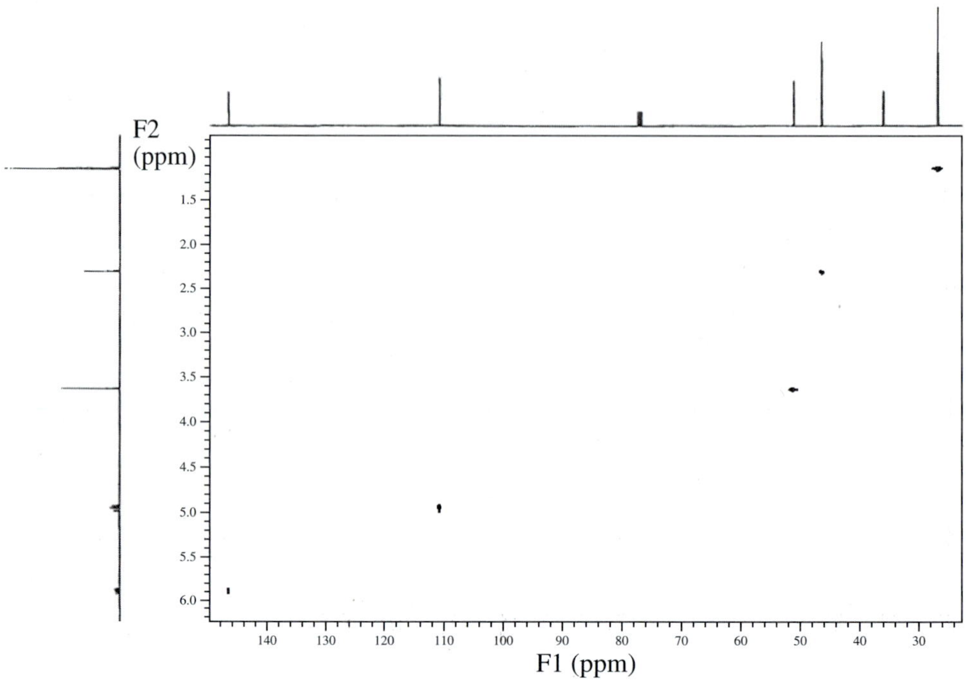

참고 문헌

Becker, E. D., *High Resolution NMR: Theory and Chemical Applications*, 3rd ed., Academic Press, San Diego, 2000.

Claridge, T. D. W., "High-Resolution NMR Techniques in Organic Chemistry," *Tetrahedron Organic Chemistry*, Vol. 27, 2nd ed., Elsevier, 2008.

Friebolin, H., *Basic One- and Two-Dimensional NMR Spectroscopy*, 5th ed., Wiley-VCH, Weinheim, Germany, 2010.

Jacobsen, N. E., *NMR Spectroscopy Explained: Simplified Theory, Applications and Examples for Organic Chemistry and Structural Biology*, John Wiley & Sons, New York, 2007.

Keeler, J., *Understanding NMR Spectroscopy*, 2nd ed., John Wiley & Sons, New York, 2010.

Sanders, J. K. M., and B. K. Hunter, *Modern NMR Spectroscopy: A Guide for Chemists*, 2nd ed., Oxford University Press, Oxford, England, 1993.

Silverstein, R. M., F. X. Webster, and D. J. Kiemle, *Spectrometric Identification of Organic Compounds*, 7th ed., John Wiley and Sons, New York, 2005.

Simpson, J. H., *Organic Structure Determination Using 2-D NMR Spectroscopy: A Problem-Based Approach*, 2nd ed., Academic Press, San Diego, 2012.

Journal of Chemical Education References

Advanced NMR methods was covered in a series of articles that appeared in the *Journal of Chemical Education* under the general title "The Fourier Transform in Chemistry." The specific volume and page citations are as follows.

Volume 66(1989), p. A213
Volume 66 (1989), p. A243
Volume 67 (1990), p. A93
Volume 67 (1990), p, A100
Volume 67 (1990), p. A125

Selected Websites

http://www.chem.ucla.edu/~webspectra/
Problems in NMR and IR Spectroscopy, C. A. Merlic, Project Director.

http.//www.cis.rit.edu/htbooks/nmr/inside.htm
Basics of NMR, J. P. Homak, Rochester Institute of Technology

제 10 장

자외선 분광법

Ultraviolet Spectroscopy

대부분의 유기 화합물과 작용기들은 **자외선**(ultraviolet, UV)과 **가시광선**(visible, VIS) 영역인 파장 190 nm에서 800 nm 사이의 전자기 스펙트럼 영역의 일부를 투과시킨다. 결과적으로 이 파장 범위에서 흡수 분광학의 용도는 제한적이기는 하지만, 어떤 경우에는 이 영역의 스펙트럼에서 매우 유용한 정보를 얻을 수 있다. 이와 같은 정보는 IR 스펙트럼과 핵자기공명(NMR) 스펙트럼에서 상세한 정보가 제공될 때, 화합물의 구조를 추정하기 위하여 유용하게 이용될 수 있다.

10.1 전자 들뜸의 본질

연속적인 복사선이 투명한 물질을 통과할 때, 복사선의 일부는 흡수된다. 이와 같이 프리즘을 통과한 복사선은 이미 흡수된 부분과의 차이(gap)를 갖게 되는데 이를 **흡수 스펙트럼**(absorption spectrum)이라 부른다. 에너지의 흡수로 인하여 원자나 분자는 낮은 에너지 상태(초기 또는 **바닥 상태**, ground state)로부터 높은 에너지 상태(**들뜬 상태**, excited state)로 전환된다. 이와 같이 양자화된 들뜸 과정을 그림 10.1에 나타내었다. 흡수된 전자기 복사선은 들뜬 상태와 바닥 상태 사이의 에너지 *차이*와 정확하게 동일한 에너지를 갖는다.

자외선과 가시광선 분광법의 경우에 이 영역에서 전자기 복사선의 흡수로 일어나는 전이는 **전자** 에너지 준위(electronic energy level) 사이의 전이이다. 분자가 에너지를 흡수하면, 전자는 점유 궤도함수에서 더 높은 퍼텐셜 에너지를 갖는 비점유 궤도함수로 올라간다. 일반적으로 가장 일어나기 쉬운 전이는 **최고 점유 분자 궤도함수**(highest occupied molecular orbital, HOMO)에서 **최저 비점유 분자 궤도함수**(lowest unoccupied molecular orbital, LUMO)로의 전이이다. 대부분의 분자에서 전자 준위 사이의 에너지 차이는 125~650 kJ/mol 범위의 값을 갖는다.

대부분의 분자에서 최저 에너지 점유 분자 궤도함수는 σ 결합에 해당하는 σ 궤도함수이다. π 궤도함수는 σ 궤도함수보다 다소 높은 에너지 준위에 있으며, 비공유전자쌍을 갖는 **비결합성 궤도함수**(non-

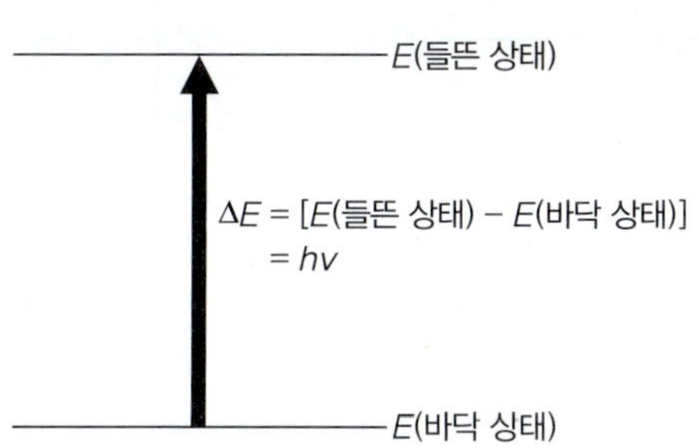

그림 10.1 들뜸 과정.

bonding orbitals, n)는 이보다 훨씬 더 높은 에너지를 갖는다. 비점유 궤도함수 또는 **반결합성 궤도함수**(antibonding orbitals), 즉 π^* 궤도함수와 σ^* 궤도함수는 가장 높은 에너지를 갖는 궤도함수이다. 그림 10.2a에 전형적인 전자 에너지 준위를 나타내었다.

Alkane 이외의 다른 모든 화합물에서 전자는 여러 가지 에너지 준위로 전이할 수 있다. 가장 중요한 전이 중 일부는 다음과 같다.

그림 10.2b는 이와 같은 전이를 설명하고 있다. 방향족 분자의 전자 에너지 준위는 여기서 설명한 것보다 더 복잡하다. 10.14절에서 방향족 화합물의 전자 전이에 대하여 설명할 것이다.

바닥 상태인 최고 점유 분자 궤도함수(HOMO)로부터 최저 비점유 분자 궤도함수(LUMO)로의 전이에 필요한 에너지는 분명히 더 낮은 점유 분자 궤도함수로부터의 전이에 필요한 에너지보다 작다. 따라서 그림 10.2b에서 $n \rightarrow \pi^*$ 전이는 $\pi \rightarrow \pi^*$ 전이보다 더 낮은 에너지를 갖는다. 여러 가지 이유로 인하여 최저 에너지 전이가 가장 중요하다.

언뜻 보기에 가능할 것 같은 전이가 모두 관찰되는 것은 아니다. 일정한 제한, 즉 **선택 규칙**(selection rule)을 고려해야만 한다. 한 가지 중요한 선택 규칙은 전이 과정에서 전자의 스핀 양자수(spin quantum number)가 바뀌는 전이는 허용되지 않는다는 것이다. 이것을 **금지 전이**(forbidden transition)라고 한다. 한 번에 들뜰 수 있는 전자의 수, 분자나 전자 상태의 대칭성, 그리고 다른 요인에 의한 선택 규칙에 대해서 여기에서는 논의하지 않을 것이다. 선택 규칙에 의해 금지된 전이는 실제로 잘 관찰되지 않는다. 하지만 이론은 다소 근사적으로 접근하는 것이기 때문에, 비록 선택 규칙에 의해 **허용되는** 전이보다 흡수의 세기는 훨씬 더 낮은 경향이 있지만, 어떤 경우에는 금지 전이가 관찰되기도 한다. $n \rightarrow \pi^*$ 전이는 가장 일반적인 형태의 금지 전이이다.

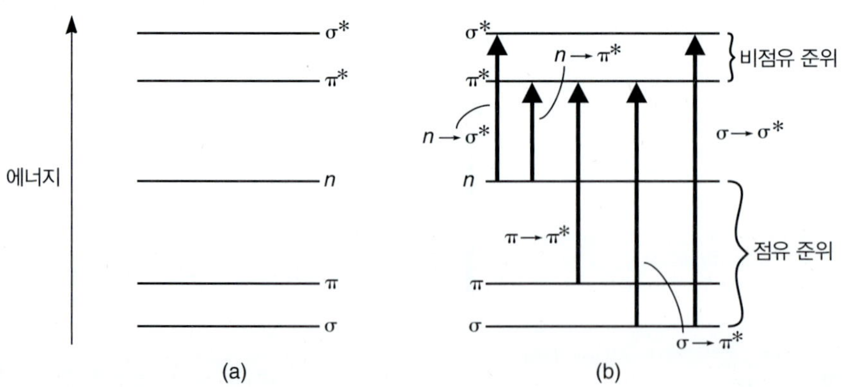

그림 10.2 전자 에너지 준위와 전이 형태.

10.2 자외선 띠구조의 원인

분리된 두 에너지 준위 사이에서 일어나는 양자화 과정에 대해 예상한 바와 같이 자외선을 흡수하는 원자의 흡수 스펙트럼은 때때로 매우 뾰족한 선으로 구성된다. 하지만 분자의 자외선 흡수는 일반적으로 넓은 파장 범위에서 일어나게 되는데, 이는 분자가 원자와는 상반되게 통상적으로 실온에서 진동이나 회전과 같은 많은 들뜸 방식을 가지고 있기 때문이다. 사실 분자의 진동은 매우 낮은 온도에서도 완전히 "정지"시킬 수는 없다. 따라서 일반적으로 분자 집합체에서 각 분자는 여러 가지의 진동과 회전에 의한 들뜬 상태를 갖게 된다. 이와 같은 상태의 에너지 준위는 아주 근접해 있으며, 전자 준위의 에너지 차이보다 훨씬 작은 에너지 차이에 해당된다. 따라서 회전 준위와 진동 준위는 전자 준위에 "포개져 있다"고 할 수 있다. 그러므로 그림 10.3에 나타낸 바와 같이 분자에서 전자 들뜸 및 진동 들뜸과 회전 들뜸이 동시에 일어나게 된다.

미세한 차이의 여러 전이가 일어나기 때문에, 각 전자 전이는 밀집된 많은 선으로 이루어져 있으므로 분광기가 이 선들을 일일이 분별해 낼 수는 없다. 오히려 측정 기기는 전체적인 패턴에 대한 "겉모습(envelope)"만을 기록하는 것이다. 이와 같은 형태의 조합 전이에서 관찰되는 것은 보통 주된 전이를 일으키는 파장 주위를 중심으로 얻어지는 넓은 **흡수띠**(band)로 구성된 분자의 자외선 스펙트럼이다.

10.3 흡수 분광법의 원리

주어진 파장에서 빛을 흡수할 수 있는 분자가 많을수록 빛의 흡수 정도는 더 커진다. 더욱이 분자가 빛을 더 효과적으로 흡수하는 파장에서 빛의 흡수 세기는 더 커진다. 이로부터 **Beer–Lambert 법칙**으로 알려진 다음의 실험식이 확립되었다.

주어진 파장에 대하여 $$A = \log\left(\frac{I_0}{I}\right) = \varepsilon cl$$ **식 10.1**

A = 흡광도(absorbance)

I_0 = 시료 용기에 들어가는 빛의 세기

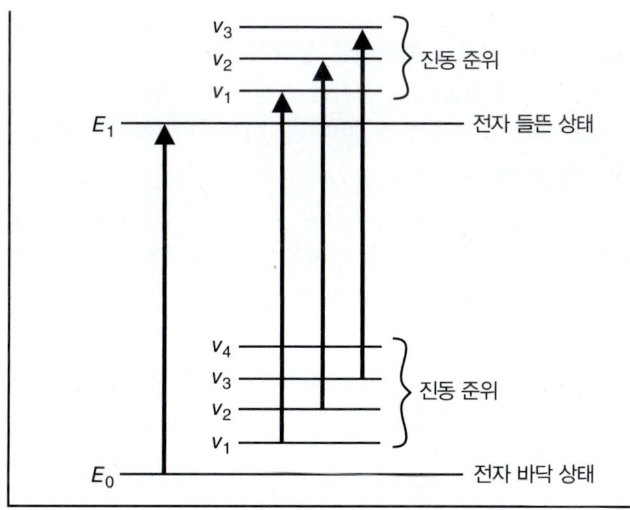

그림 10.3 전자 들뜸과 진동 들뜸이 서로 포개져 있다(회전 준위는 진동 준위 내에서 매우 좁은 간격으로 분포하므로 선명한 그림을 위하여 생략하였다).

I = 시료 용기로부터 나오는 빛의 세기

c = 용질의 몰농도(molar concentration)

l = 시료 용기의 길이(cm)

ε = 몰흡광계수(molar absorptivity)

$\log(\frac{I_0}{I})$항은 **흡광도**[absorbance, 옛 문헌에서는 광밀도(optical density)]로 알려져 있으며, 약자로 A로 표시된다. **몰흡광계수**(molar absorptivity, 이전에는 molar extinction coefficient라고 했음)는 용액의 제조와 관련된 다양한 변수의 함수가 아니라 전자 전이를 일으키는 분자의 고유한 특성이다. 0에서 10^6까지의 범위를 갖는 흡광계수는 흡수 시스템의 크기와 전자 전이가 일어날 확률에 따라 달라진다. 10^4 이상의 값을 **강한 세기의 흡수**로, 10^3 이하의 값을 **약한 세기의 흡수**로 정한다. 금지 전이(10.1절)는 0~1000 범위의 흡광계수를 갖는다.

Beer−Lambert 법칙은 *단일종*(single species)의 관찰된 흡수에 대해서는 잘 적용된다. 하지만 빛을 흡수하는 다른 형태의 분자가 평형을 이루고 있을 때, 회합(association)에 의해 용매와 용질이 착물을 형성할 때, 전자의 바닥 상태와 낮게 위치한 들뜬 상태 사이에 *열적*으로 평형을 이루고 있을 때, 형광 물질이나 빛의 쬐어줌(irradiation)에 의하여 변형된 화합물이 있을 때, 이 법칙은 잘 적용되지 않을 수 있다.

10.4 기기

전형적인 분광광도기는 **광원**(light source), **단색화 장치**(monochromator), **검출기**(detector)로 구성된다. 보통 광원으로 스펙트럼의 자외선 영역에서 전자기 복사선을 내는 중수소 램프가 사용된다. 두 번째 광원인 텅스텐 램프는 가시광선 영역의 파장에 대하여 사용된다. 단색화 장치는 회절발로서 빛살을 각 구성 파장으로 분배시키는 역할을 한다. 슬릿 장치는 원하는 파장을 시료 용기에 집중시킨다. 빛은 시료 용기를 통과한 후, 투과된 빛의 세기(I)를 기록하는 검출기에 도달한다. 최신의 분광기는 광다이오드(photodiode)를 사용하지만, 일반적인 검출기는 광전자 증배관(photomultiplier tube)이다. 전형적인 겹살 분광기(double beam instrument)에서 광원으로부터 나온 빛은 **시료 빛살**(sample beam)과 **기준 빛살**(reference beam)의 두 빛살로 갈라진다. 시료 빛살에 시료 용기가 없을 때 검출된 빛은 시료에 들어가는 빛의 세기(I_0)와 같다.

실험에 사용되는 시료 용기는 전자기 복사선을 통과시키는 물질로 만들어야 한다. 유리나 플라스틱 용기는 일반적으로 가시광선 영역에 적합하다. 하지만 스펙트럼의 자외선 영역의 경우에는 유리나 플라스틱 용기가 자외선을 흡수하기 때문에 사용할 수 없다. 그 대신 이 영역에서 자외선을 흡수하지 않는 석영(quartz)으로 만들어진 용기를 사용해야 한다.

지금까지 언급한 기기는 단지 한 파장에서 측정할 경우에만 적합하다. 만약 전범위의 파장에서 측정하고자 한다면, 이와 같은 장치는 약간의 결함을 가지고 있다. 원하는 모든 파장에 대해 주사(scan)할 수 있도록 단색화 장치를 회전시킬 수 있는 기계 장치가 필요하다. 이와 같은 장치는 느리게 작동하므로 스펙트럼을 얻기 위하여 많은 시간이 걸린다.

최근에 전통적인 분광광도기를 개선한 것으로 **다이오드 배열 분광광도기**(diode-array spectrophotometer)라는 것이 있다. 다이오드 배열은 실리콘 결정 위에 나란히 놓여 있는 일련의 광다이오드 검출기로 구성되어 있다. 각각의 다이오드는 스펙트럼의 좁은 영역을 기록할 수 있도록 설계되어 있다. 한꺼번에 전체 스펙트럼을 기록할 수 있도록 다이오드는 서로 연결되어 있다. 이 검출기는 움직이는 부품이 없어서(**역자주**. 단색화 장치를 회전시키는 기계 장치 등이 없어서) 빠르게 스펙트럼을 기록할 수 있다. 더욱이 출력을 컴퓨터로 보내어 정보를 처리할 수 있고, 다양한 출력 형식을 유용하게 제공할 수 있다. 광다이오드

수가 제한적이기 때문에 분해능은 약간 떨어지지만, 그 대신 앞에서 설명한 바와 같이 기록 속도가 빠르고 사용이 매우 편리하다. 이와 같은 분광기의 장점은 많은 응용 분야에서 분해능의 손실이라는 결점을 충분히 보완할 수 있다.

10.5 스펙트럼의 표현

일반적으로 자외선-가시광선 스펙트럼은 흡광도 대 파장의 그래프로 기록된다. 그런 후에 관습적으로 ε 또는 log ε을 세로축(y축)으로, 파장을 가로축(x축)으로 자료를 다시 그린다. 그림 10.4에 나타낸 benzoic acid의 스펙트럼은 자외선-가시광선 스펙트럼을 나타내는 전형적인 방법이다. 하지만 과학 문헌에 전자 스펙트럼이 그대로 기록되는 예는 드물고, 흡수 최대값의 파장과 주흡수 피크의 흡광도를 표시하여 기술하는 것이 보통이다. Benzoic acid의 경우 전형적인 표현은 다음과 같다.

λ_{max} = 230 nm	log ε = 4.2
272	3.1
282	2.9

그림 10.4는 이 자료에 해당하는 실제 스펙트럼이다.

10.6 용매

자외선 분광학에 사용되는 용매의 선택은 매우 중요하다. 좋은 용매에 대한 첫 번째 척도는 측정하고자 하는 물질의 스펙트럼 영역에서 자외선을 흡수하지 않아야 한다는 것이다. 비록 용매들이 자외선을 투과할

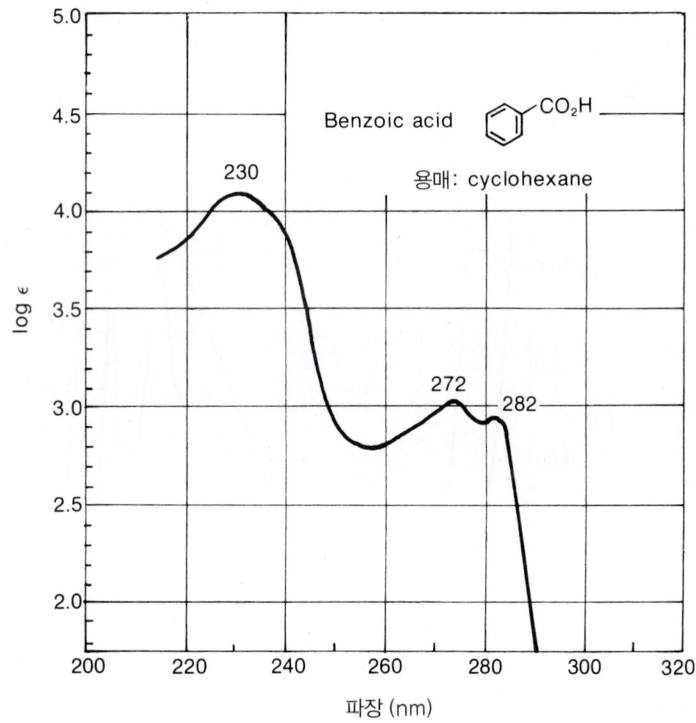

그림 10.4 Cyclohexane에서 측정한 benzoic acid의 자외선 스펙트럼(인용 문헌: Friedel R. A. and M. Orchin, *Ultraviolet Spectra of Aromatic Compounds*, New York, 1951. 허가 후 게재).

표 10.1 용매의 차단점

Acetonitrile	190 nm	*n*-Hexane	201 nm
Chloroform	240	Methanol	205
Cyclohexane	195	Isooctane	195
1,4-Dioxane	215	Water	190
95% Ethanol	205	Trimethyl phosphate	210

수 있는 가장 짧은 파장은 서로 다르지만, 콘쥬게이션 시스템을 갖지 않은 용매가 이 목적에 가장 적합하다. 일반적인 자외선 분광학에 사용되는 용매와 그들의 차단점(cutoff point) 또는 투과하는 최소 파장 영역을 표 10.1에 정리하였다.

표 10.1의 용매 중에서 물, 95% ethanol, hexane이 가장 널리 사용된다. 측정하려는 시료 분자의 흡수 피크가 나타나는 자외선 스펙트럼 영역에서 이들은 자외선을 흡수하지 않는다.

좋은 용매에 대한 두 번째 척도는 흡수띠의 미세 구조에 미치는 용매의 효과이다. 그림 10.5에 흡수띠에 영향을 미치는 용매의 극성 효과와 비극성 효과를 나타내었다. 비극성 용매는 용질과 수소결합을 하지 않으므로 용질의 스펙트럼은 기체 상태에서 측정한 것과 비슷하다. 반면, 극성 용매의 경우는 수소결합으로 용질−용매 착물을 형성하여 흡수띠의 미세 구조가 없어진다.

좋은 용매에 대한 세 번째 척도는 용매가 바닥 상태 또는 들뜬 상태의 안정화를 통하여 흡수되는 자외선의 파장에 영향을 미치는 것이다. 극성 용매는 극성 분자의 들뜬 상태보다 극성 분자의 바닥 상태와 수소결합을 더 잘한다. 따라서 극성 용매는 분자의 전자 전이의 에너지를 증가시킨다. 극성 용매는 $n \rightarrow \pi^*$ 형태의 전이를 단파장 쪽으로 이동시킨다. 반면 어느 경우는 들뜬 상태가 바닥 상태보다 더 강한 수소결합을 이루게 된다. 이 경우 전자 전이 에너지가 감소하게 되므로 극성 용매는 흡수를 장파장 쪽으로 이동시킨다. 극성 용매는 $\pi \rightarrow \pi^*$ 형태의 전이를 장파장 쪽으로 이동시킨다. 전자 전이에 대한 일련의 용매의 전형적인 효과를 표 10.2에 나타내었다.

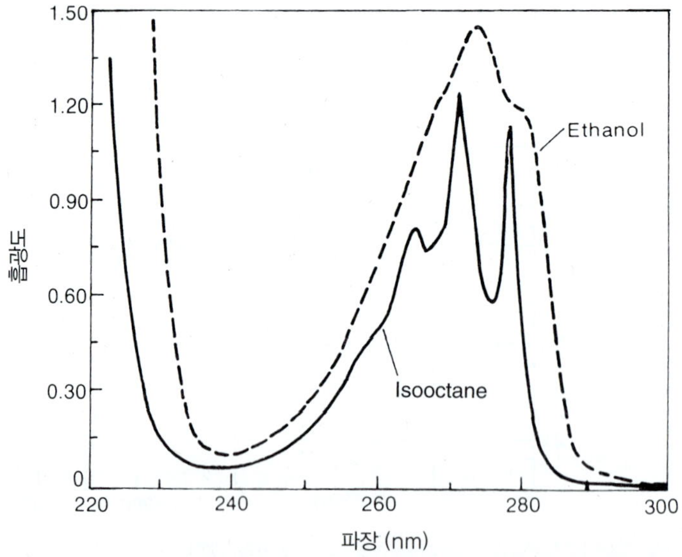

그림 10.5 Ethanol과 isooctane에서 phenol의 자외선 스펙트럼(인용 문헌: Coggeshall, N.D. and E.M. Lang. *J. Am. Chem. Soc.*, *70*, 1948: 3288. 허가 후 게재).

표 10.2 Acetone에서의 $n \rightarrow \pi^*$ 전이에 대한 용매 효과

용매	H_2O	CH_3OH	C_2H_5OH	$CHCl_3$	C_6H_{14}
λ_{max} (nm)	264.5	270	272	277	279

10.7 발색단이란 무엇인가?

비록 자외선 흡수는 바닥 상태에서 들뜬 상태로의 전자의 들뜸에 의하여 이루어지지만, 흡수 파장을 결정하는 데는 결합 상태에서 전자를 붙잡고 있는 핵이 큰 역할을 한다. 핵은 전자가 결합되는 세기를 결정하므로, 바닥 상태와 들뜬 상태 사이의 에너지 크기에 영향을 준다. 따라서 특징적인 전이 에너지나 흡수 파장은 전자 자체의 성질이라기보다는 원자단(group of atoms)의 성질이라고 해야 할 것이다. 이와 같이 흡수를 나타내는 원자단을 **발색단**(chromophore)이라 한다. 발색단의 구조 변화에 따라 흡수 에너지와 그 세기가 변화될 것으로 예상된다. 대부분의 경우 발색단의 구조가 변형되었을 때, 흡수가 어느 정도 변할 것인가를 이론으로 예측하는 것은 매우 어렵다. 따라서 이와 같은 관계를 예측하기 위하여 실험으로 얻어진 지침을 응용하는 것이 필요하다.

Alkane: Alkane과 같은 분자는 단일 결합만 가지고 있으며, 비공유전자쌍을 갖는 원자가 없기 때문에 가능한 전자 전이는 $\sigma \rightarrow \sigma^*$ 형태뿐이다. 이와 같은 전이는 매우 높은 에너지에 해당되며, 전형적인 분광기를 사용하여 실험적으로 측정 가능한 파장보다 더 짧은 파장에서 자외선 에너지를 흡수한다. 이와 같은 전이를 그림 10.6에 나타내었다. σ 결합 전자가 σ^* 반결합성 분자 궤도함수로 전이하는 것을 오른쪽에 나타내었다.

Alcohol, Ester, Amine, Sulfur 화합물: 비결합 전자쌍(비공유전자쌍)이 있는 원자를 갖는 포화 분자의 경우, $n \rightarrow \sigma^*$ 형태의 전이가 중요하게 된다. 이 전이 역시 에너지가 큰 전이이지만, 실험적으로 측정 가능한 영역의 파장을 흡수한다. 유기 thiol과 sulfide는 200~220 nm 범위에서 흡수가 있는 반면, alcohol과 amine은 175~200 nm 범위에서 흡수가 있다. 대부분의 흡수는 일반적인 용매의 차단점보다 낮은 곳에서 일어나므로, 용액 스펙트럼에서는 이들이 관찰되지 않는다. Amine에서의 $n \rightarrow \sigma^*$ 전이를 그림 10.7에 나타내었다. 비결합 전자가 반결합성 분자 궤도함수로 전이하는 과정을 오른쪽에 나타내었다.

Alkene과 Alkyne: 불포화 분자에서 $\pi \rightarrow \pi^*$ 전이가 가능하며, 이 전이 역시 비교적 높은 에너지이다. 하지만 흡수 위치는 나중에 알게 되겠지만 치환기의 존재에 따라 민감하게 변한다. Alkene은 약 175 nm에서, alkyne은 약 170 nm에서 흡수한다. 이와 같은 형태의 전이를 그림 10.8에 나타내었다.

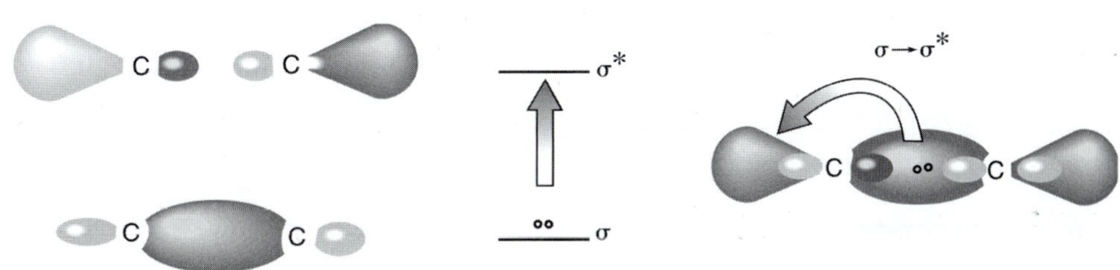

그림 10.6 $\sigma \rightarrow \sigma^*$ 전이.

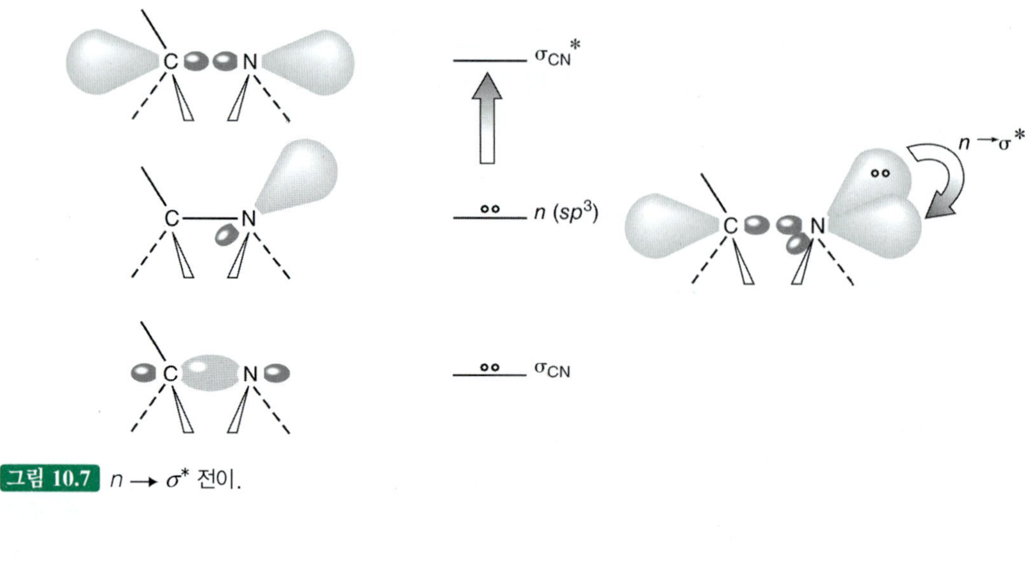

그림 10.7 $n \rightarrow \sigma^*$ 전이.

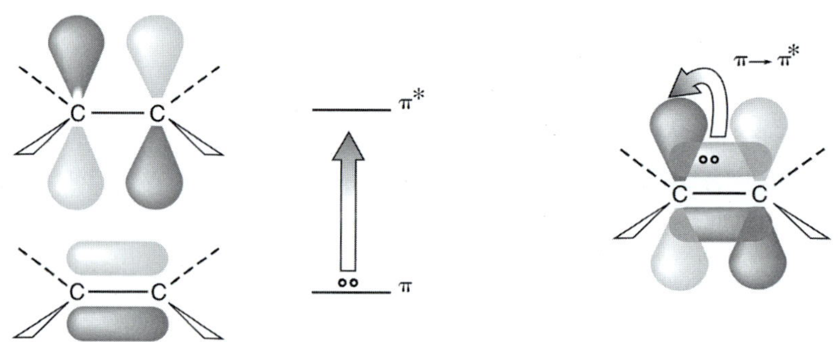

그림 10.8 $\pi \rightarrow \pi^*$ 전이.

Carbonyl 화합물: 산소나 질소를 갖는 불포화 분자는 $n \rightarrow \pi^*$ 전이를 할 수 있다. 이 전이는 아마 carbonyl 화합물에서 가장 흥미롭고 많이 연구된 전이이다. 이 전이는 발색단의 치환기에 따라 다소 민감하다. 전형적인 carbonyl 화합물은 약 280~290 nm(ε = 15) 부근에서 $n \rightarrow \pi^*$ 전이를 한다. 대부분의 $n \rightarrow \pi^*$ 전이는 금지되어 있으므로 세기가 약하다. Carbonyl 화합물은 약 188 nm(ε = 900) 부근에서 $\pi \rightarrow \pi^*$ 전이를 한다. 그림 10.9는 carbonyl 그룹의 $n \rightarrow \pi^*$ 전이와 $\pi \rightarrow \pi^*$ 전이를 나타내고 있다.[1]

표 10.3에 간단한 고립된 발색단의 전형적인 흡수를 정리하였다. 이와 같이 간단한 발색단은 거의 모두가 대체로 같은 파장 범위(160~210 nm)에서 흡수한다는 것을 알 수 있다.

기본적인 발색단 구조에서 수소 대신 다른 치환기가 도입되면 발색단의 흡수 영역의 위치나 세기가 달라진다. 이와 같은 치환기 자체는 자외선 흡수는 없으나 그것들이 존재함으로써 주발색단의 흡수가 바뀌게 된다. 이와 같이 흡수의 세기를 증가시키고, 파장에 변화를 주는 치환기를 **조색단**(auxochrome)이라 한다. 대표적인 조색단으로는 methyl, hydroxyl, alkoxy, halogen과 amino 그룹이 있다.

치환기들은 흡수에 미치는 영향에 따라 다음과 같이 4가지로 분류된다.

[1] 단순한 이론으로 예상했던 것과 반대로 carbonyl 그룹에 있는 산소 원자는 sp^2 혼성이 아니다. 분광학적 결과들은 탄소 원자가 sp^2 혼성일지라도 산소 원자의 혼성은 sp 혼성에 더 가깝다는 것을 보여주고 있다.

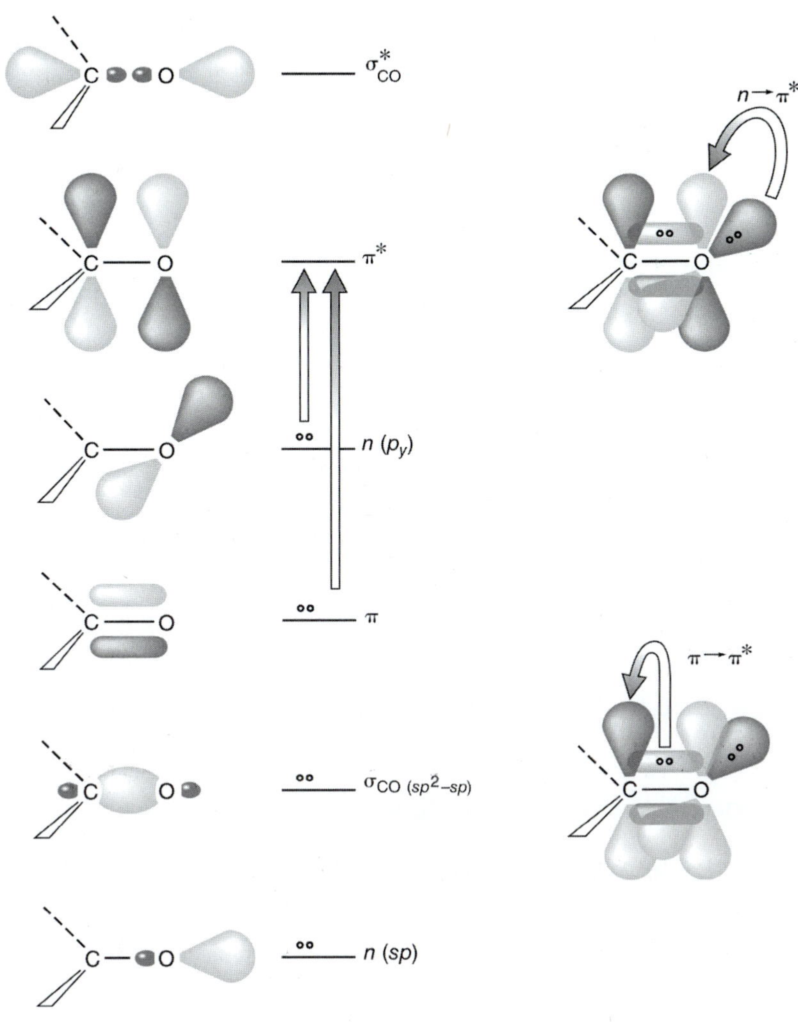

그림 10.9 Carbonyl 그룹의 전자 전이.

표 10.3 간단한 고립된 발색단의 전형적인 흡수

구분	전이	λ_{max} (nm)	log ε	구분	전이	λ_{max} (nm)	log ε
R–OH	$n \rightarrow \sigma^*$	180	2.5	$R-NO_2$	$n \rightarrow \pi^*$	271	<1.0
R–O–R	$n \rightarrow \sigma^*$	180	3.5	R–CHO	$\pi \rightarrow \pi^*$	190	2.0
$R-NH_2$	$n \rightarrow \sigma^*$	190	3.5		$n \rightarrow \pi^*$	290	1.0
R–SH	$n \rightarrow \sigma^*$	210	3.0	R_2CO	$\pi \rightarrow \pi^*$	180	3.0
$R_2C{=}CR_2$	$\pi \rightarrow \pi^*$	175	3.0		$n \rightarrow \pi^*$	280	1.5
R–C≡C–R	$\pi \rightarrow \pi^*$	170	3.0	RCOOH	$n \rightarrow \pi^*$	205	1.5
R–C≡N	$n \rightarrow \pi^*$	160	<1.0	RCOOR′	$n \rightarrow \pi^*$	205	1.5
R–N=N–R	$n \rightarrow \pi^*$	340	<1.0	$RCONH_2$	$n \rightarrow \pi^*$	210	1.5

1. **장파장 이동**(bathochromic shift, red shift) – 장파장 또는 낮은 에너지 영역으로 이동.
2. **단파장 이동**(hypsochromic shift, blue shift) – 단파장 또는 높은 에너지 영역으로 이동.
3. **세기 증가 효과**(hyperchromic effect) – 세기의 증가.
4. **세기 감소 효과**(hypochromic effect) – 세기의 감소.

10.8 콘쥬게이션 효과

장파장 이동을 일으키는 가장 대표적인 경우는 이중 결합이 있는 시스템에서 콘쥬게이션의 정도가 증가하는 경우이다. 콘쥬게이션을 이룬 이중 결합이 존재함으로써 발색단의 전자 에너지 준위가 서로 가까워진다. 그 결과 점유 전자 에너지 준위에서 비점유 준위로의 전이를 하는 데 필요한 에너지가 감소하므로 흡수 파장이 길어진다. 일련의 콘쥬게이션을 이룬 polyene에서 콘쥬게이션을 이룬 사슬의 길이가 길어짐에 따라 관찰되는 장파장 이동을 그림 10.10에 나타내었다.

두 발색단의 콘쥬게이션은 장파장 이동을 나타낼 뿐만 아니라 흡수 세기도 증가시킨다. 콘쥬게이션은 시판되고 있는 분광기에서 측정하기 어려운 영역에서 측정 가능한 영역으로 고립된 발색단의 선택적인 빛의 흡수를 이동시키므로, 앞에서 기술한 두 가지 효과는 유기 분자의 전자 스펙트럼의 해석과 이용에 매우 중요하다. 콘쥬게이션을 이룬 시스템의 흡수띠의 정확한 위치와 세기는 시스템의 콘쥬게이션의 정도와 상관관계가 있다. 표 10.4는 대표적인 전자 전이에 대한 콘쥬게이션 효과를 나타내고 있다.

10.9 Alkene에서의 콘쥬게이션 효과

콘쥬게이션을 이룬 시스템의 길이가 증가함에 따라 나타나는 장파장 이동은 콘쥬게이션의 증가가 전자 들뜸에 필요한 에너지를 감소시킨다는 것을 의미한다. 이것은 실제 관찰되는 사실이며, 분자 궤도함수 이론을 이용하여 매우 쉽게 설명할 수 있다. 분자 궤도함수 이론[molecular orbital(MO) theory]에 의하면, 각 탄소 원자에서 p 원자 궤도함수가 서로 결합하여 π 분자 궤도함수를 만든다. Ethylene의 경우를 예로 들면, 두 개의 p 원자 궤도함수, ϕ_1과 ϕ_2가 있다. 두 개의 p 원자 궤도함수로부터 선형 결합에 의하여 두 개의

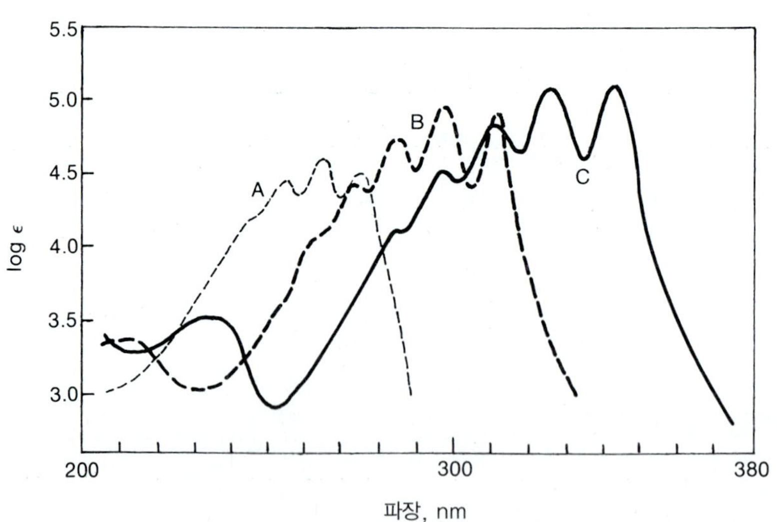

그림 10.10 Dimethylpolyene, $CH_3-(CH=CH)_n-CH_3$의 자외선 스펙트럼. (a) $n = 3$, (b) $n = 4$, (c) $n = 5$ (인용 문헌: Nayler, P. and M. C. Whiting, *J. Chem. Soc.*, 1955: 3042. 허가 후 게재).

표 10.4 전자 전이에 미치는 콘쥬게이션 효과

	λ_{max} (nm)	ε
Alkene		
Ethylene	175	15,000
1,3-Butadiene	217	21,000
1,3,5-Hexatriene	258	35,000
β-Carotene (11개의 이중 결합)	465	125,000
Ketone		
Acetone		
$\pi \rightarrow \pi^*$	189	900
$n \rightarrow \pi^*$	280	12
3-Buten-2-one		
$\pi \rightarrow \pi^*$	213	7,100
$n \rightarrow \pi^*$	320	27

ψ_1과 $\psi_2{}^*$의 π 분자 궤도함수를 만든다. 두 개의 p 궤도함수의 파동 함수를 합한 결과로 결합성 궤도함수 ψ_1을, 두 파동 함수의 차이에 의한 결과로 반결합성 궤도함수 $\psi_2{}^*$를 형성한다. 새로운 결합성 궤도함수(bonding orbital) 즉, **분자 궤도함수**는 원래의 두 p 궤도함수의 어느 것보다도 더 낮은 에너지를 가지며, 반결합성 궤도함수는 더 높은 에너지를 갖는다. 그림 10.11에 이를 도식적으로 나타내었다.

두 개의 원자 궤도함수가 결합하여 두 개의 분자 궤도함수를 이루는 것에 주목하여라. 또한 각 p 원자 궤도함수에 존재하는 한 개의 전자가 더해져 분자 궤도함수에는 총 두 개의 전자가 있게 된다. 선형 결합

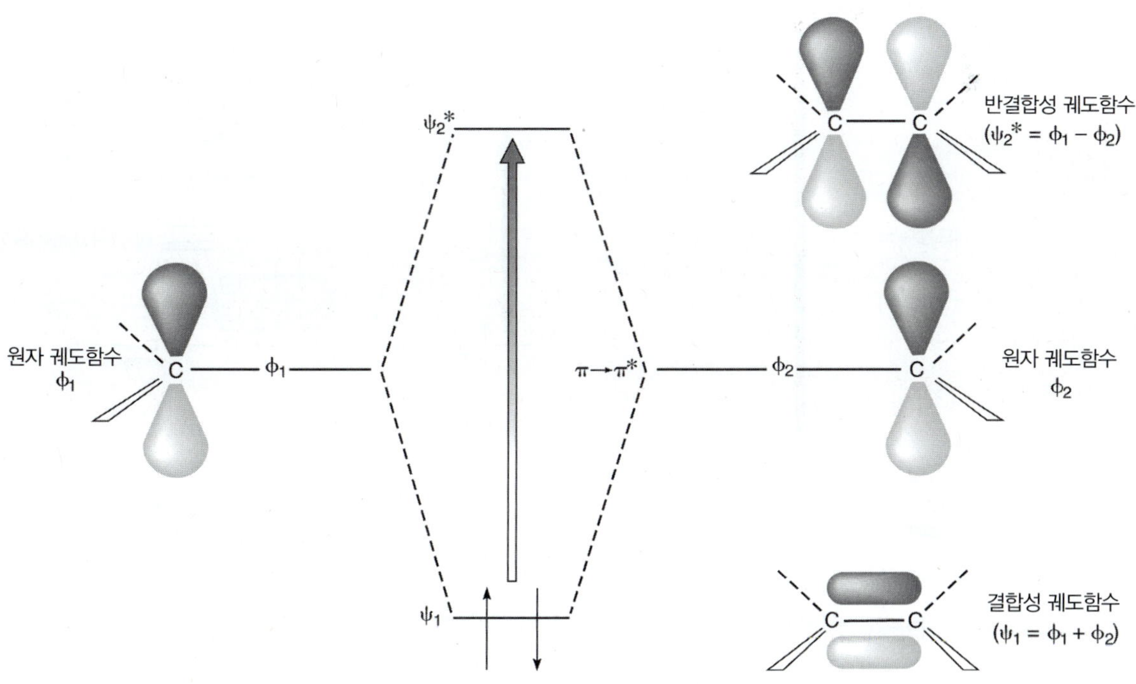

그림 10.11 Ethylene의 분자 궤도함수 형성.

의 결과 생성된 새로운 π 시스템은 두 개의 전자를 갖게 된다. 전자는 먼저 낮은 에너지 궤도함수를 채우므로, 전자 두 개는 ψ_1인 결합성 궤도함수를 채우게 되며, 새로운 π 결합을 이룬다. 따라서 이 시스템에서의 전자 전이는 ψ_1에서 ψ_2*로의 전이인 $\pi \rightarrow \pi^*$ 전이가 된다.

이제 간단한 두 궤도함수의 경우를 벗어나서, *네* 개의 p 원자 궤도함수로부터 두 개의 콘쥬게이션이 이루어진 이중 결합의 π 시스템을 형성하는 1,3-butadiene의 경우를 살펴보자. 이 경우 네 개의 원자 궤도함수가 있으므로 *네* 개의 분자 궤도함수를 형성한다. 상호 비교를 위하여 새로 생성된 궤도함수와 함께 동일한 에너지 척도로 ethylene의 궤도함수를 그림 10.12에 나타내었다.

1,3-Butadiene의 가장 낮은 에너지 전이인 $\psi_2 \rightarrow \psi_3$*는 $\pi \rightarrow \pi^*$ 전이이고, 이것은 일반적으로 ethylene에서의 $\psi_1 \rightarrow \psi_2$* 전이보다 더 낮은 에너지에서 일어나는 것에 주목하여라. 콘쥬게이션 시스템을 이루는 p 원자 궤도함수의 수가 증가할수록 최고 점유 분자 궤도함수(HOMO)에서 최저 비점유 분자 궤도함수(LUMO)로의 전이는 점차적으로 낮은 에너지에서 일어나게 된다. 결합성 궤도함수와 반결합성 궤도함수 사이의 에너지 간격도 콘쥬게이션의 증가에 따라 점차 줄어들게 된다. 사슬의 증가에 따라 콘쥬게이션을 이룬 여러 polyene의 분자 궤도함수 에너지 준위를 동일한 에너지 척도로 그림 10.13에 나타내었다. 화살표는 HOMO에서 LUMO로의 전이를 의미한다. 콘쥬게이션이 증가하면 관찰되는 흡수 파장은 장파장 쪽으로 이동한다.

정성적으로 유사한 방식으로, 많은 조색단도 콘쥬게이션 시스템의 길이를 증가시켜 장파장 이동을 일

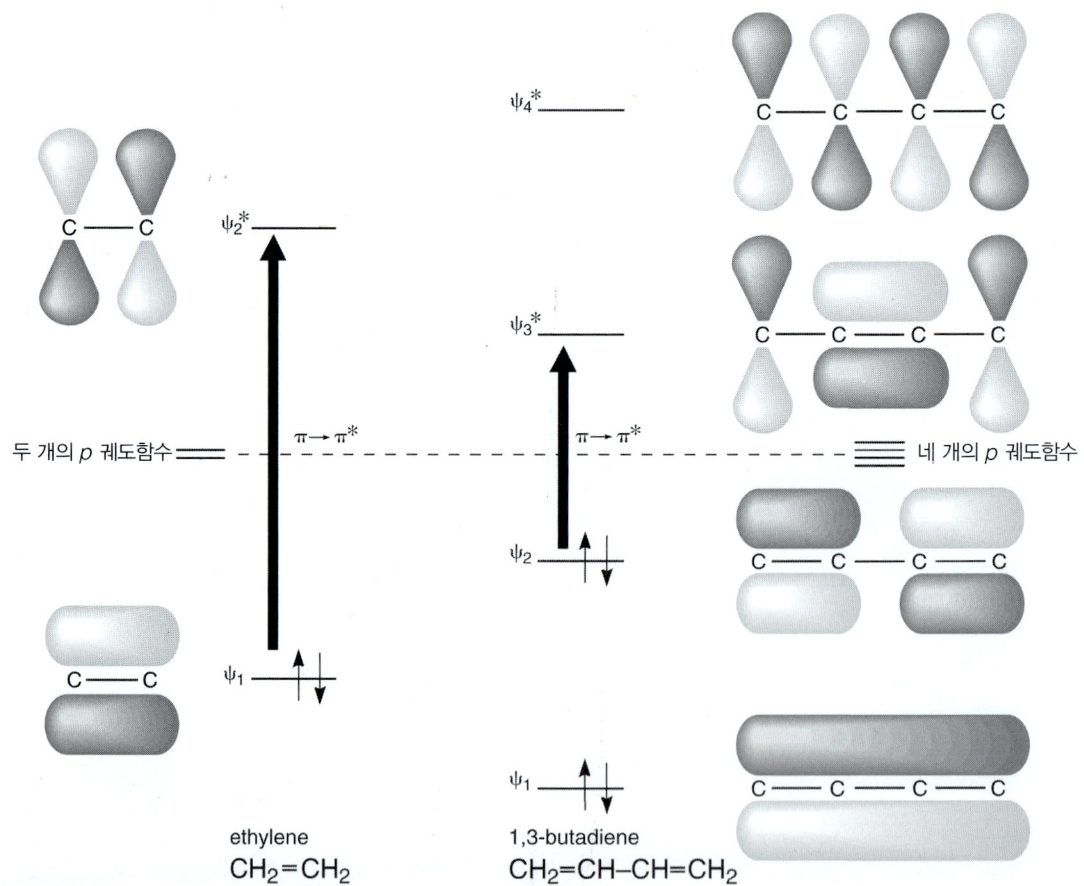

그림 10.12 Ethylene과 1,3-butadiene에서의 $\pi \rightarrow \pi^*$ 전이에 대한 분자 궤도함수 에너지 준위의 비교.

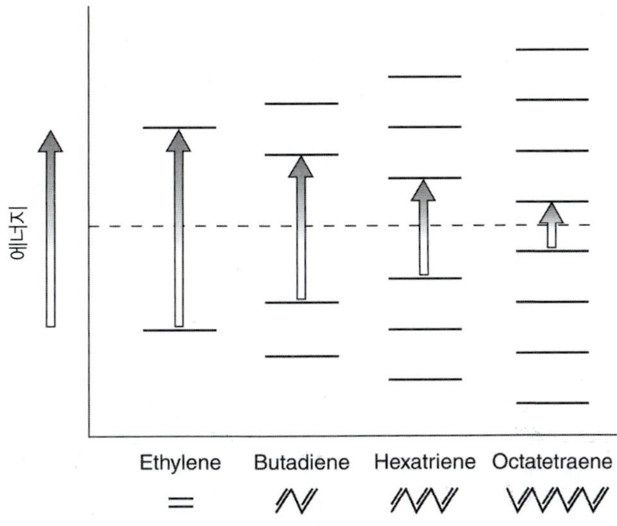

그림 10.13 사슬 길이가 길어지는 일련의 polyene에서 $\pi \rightarrow \pi^*$ 전이 에너지 차이의 비교.

으킨다. 가장 강한 조색단은 이중 결합 시스템에 결합된 원자에 반드시 한 쌍의 비공유전자쌍을 가지고 있다. 이와 같은 비공유전자쌍과 이중 결합 사이의 공명 상호작용은 콘쥬게이션을 이룬 시스템의 길이를 증가시킨다.

$$\left[\;\rangle C{=}C{-}\ddot{B} \longleftrightarrow \rangle\ddot{C}{-}C{=}B^{+} \;\right]$$

이와 같은 상호작용의 결과 위의 화학식에 나타낸 바와 같이 비결합 전자는 분자 궤도함수의 π 시스템의 일부가 되며, 하나의 추가된 궤도함수만큼 길이를 증가시킨다. Ethylene과 비공유전자쌍을 갖는 불특정 원자 B 사이의 상호작용을 그림 10.14에 나타내었다. 하지만 전형적인 조색단인 $-OH$, $-OR$, $-X$, $-NH_2$

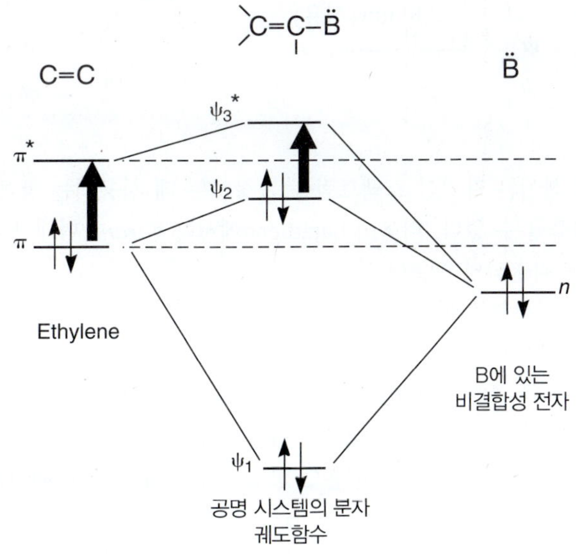

그림 10.14 새로 형성된 분자 궤도함수와 상호작용하는 π 시스템과 조색단의 에너지 상관관계.

어느 경우도 특정하게 설명될 수 있다.

새로 형성된 시스템에서는 최고 점유 궤도함수 ψ_2에서 비결합성 궤도함수 ψ_3*로의 전이가 상호작용이 없는 원래 시스템의 $\pi \rightarrow \pi^*$ 전이보다 항상 낮은 에너지를 나타낸다. 이와 같은 일반적인 결과를 MO 이론으로 설명할 수 있으나 이 책의 수준을 넘는다.

마찬가지로 methyl 그룹 역시 장파장 이동을 나타낸다. 하지만 methyl 그룹은 비공유전자쌍을 가지고 있지 않으므로, 다음 그림에서 보는 바와 같이 상호작용은 π 시스템과 C–H 결합성 궤도함수와의 겹침에 의한 것으로 생각된다.

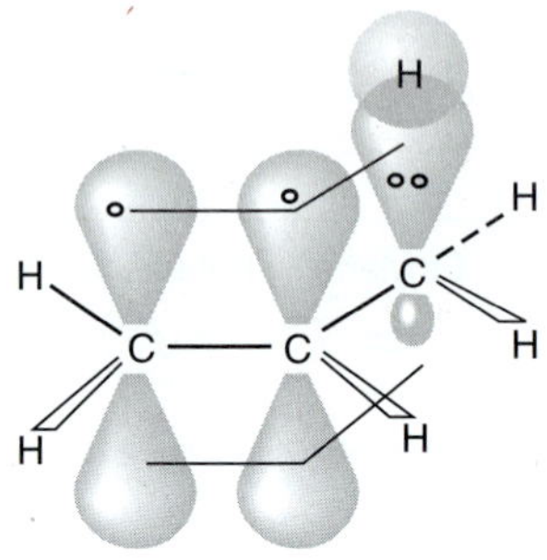

이와 같은 형태의 상호작용을 **hyperconjugation**이라 하며, 그로 인한 알짜 효과는 π 시스템의 확장이다.

10.10 Diene에 대한 Woodward–Fieser 규칙

Butadiene의 경우 $\psi_2 \rightarrow \psi_3$*와 $\psi_2 \rightarrow \psi_4$*의 두 가지 $\pi \rightarrow \pi^*$ 전이가 일어날 수 있다. 이미 우리는 쉽게 관찰할 수 있는 $\psi_2 \rightarrow \psi_3$* 전이를 다룬 바 있으며(그림 10.12 참조), $\psi_2 \rightarrow \psi_4$* 전이는 다음의 두 가지 이유 때문에 잘 관찰되지 않는다. 첫 번째로 butadiene의 경우 175 nm 근처에서 흡수가 있으며, 두 번째로 butadiene에서 이중 결합의 *s-trans* 형태에 대해 이 전이는 금지 전이이기 때문이다.

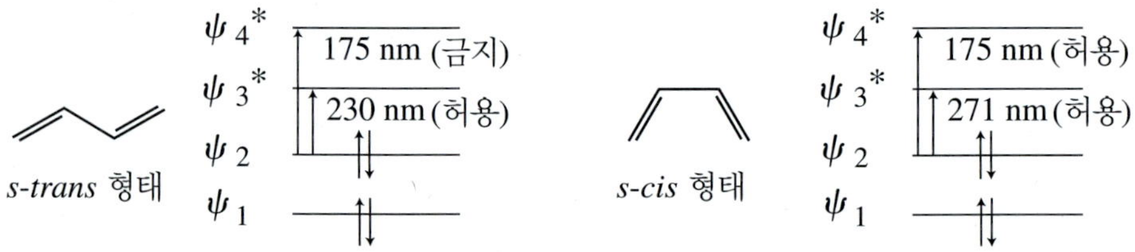

175 nm에서의 전이는 자외선 스펙트럼을 측정하는 데 사용되는 용매의 차단 영역(표 10.1) 아래에 위치하므로 쉽게 검출될 수 없다. 더욱이 butadiene에서는 *s-trans* 형태가 *s-cis* 형태보다 선호되므로 175 nm의 흡수띠는 보통 검출되지 않는다.

일반적으로 콘쥬게이션을 이룬 diene은 $\pi \rightarrow \pi^*$ 전이에 의하여 217~245 nm 영역에서 강한 흡수띠를 나타낸다(ε = 20,000~26,000). 이 흡수띠의 위치는 용매의 특성에 거의 영향을 받지 않는 영역이다.

앞에서 언급한 바와 같이 butadiene과 간단하게 콘쥬게이션을 이룬 많은 diene은 같은 평면상에 *s-trans* 형태로 존재한다. 일반적으로 alkyl 그룹을 치환하면 장파장 이동과 세기 증가 효과가 나타난다. 하지만 어떤 경우에는 alkyl 그룹에 의해 흡수 파장은 증가하나 흡수 세기는 감소하기도 한다. 1,3-Dialkylbutadiene은 *s-trans* 형태로 존재하기에는 alkyl 그룹들이 너무 밀집되어 있어 단일 결합을 중심으로 회전하여 *s-cis* 형태로 전환되고, 이것은 장파장에서 흡수가 일어나지만 흡수 세기는 *s-trans* 형태보다 낮게 나타난다.

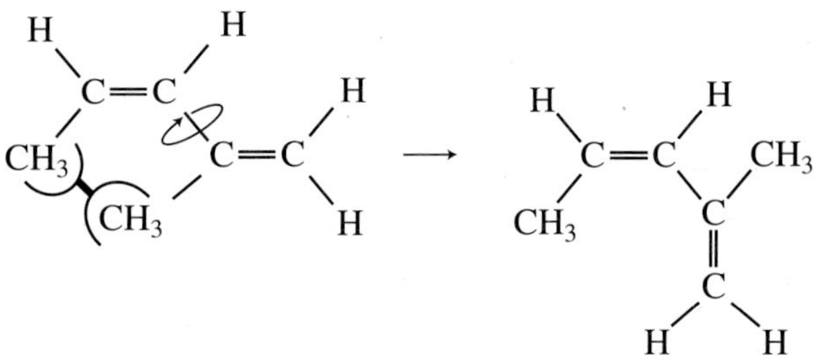

s-trans → *s-cis*

중심 결합이 고리 시스템의 일부인 고리 diene에서 일반적으로 diene 발색단은 *s-trans*(transoid) 또는 *s-cis*(cisoid) 배향으로 단단하게 고정되어 있다. 전형적인 흡수 스펙트럼은 다음에 나타낸 바와 같이 예상되는 패턴을 따른다.

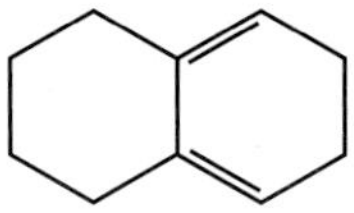

동일 고리 diene(cisoid 또는 *s-cis*)
약한 세기, $\varepsilon = 5{,}000 \sim 15{,}000$
긴 파장(273 nm)

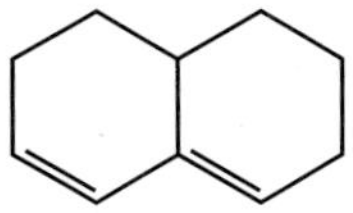

이종 고리 diene(transoid 또는 *s-trans*)
강한 세기, $\varepsilon = 12{,}000 \sim 28{,}000$
짧은 파장(234 nm)

유형이 다른 많은 수의 diene을 연구한 결과, Woodward와 Fieser는 구조적 변수들과 실험적 상관관계를 밝혀내어 콘쥬게이션을 이룬 diene이 흡수할 파장을 예상할 수 있었다. 이 규칙을 표 10.5에 요약하였다. 다음에 이 규칙을 적용한 몇 개의 예를 나타내었다. 주어진 화학 구조에서 해당 부분을 굵게 나타내었다.

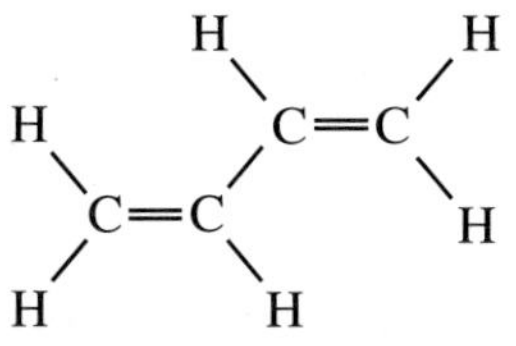

Transoid:	214 nm
측정값:	217 nm

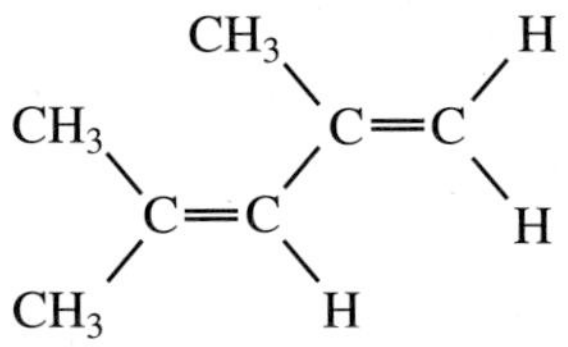

Transoid:		214 nm
Alkyl 그룹:	$3 \times 5 =$	15
		229 nm
측정값:		228 nm

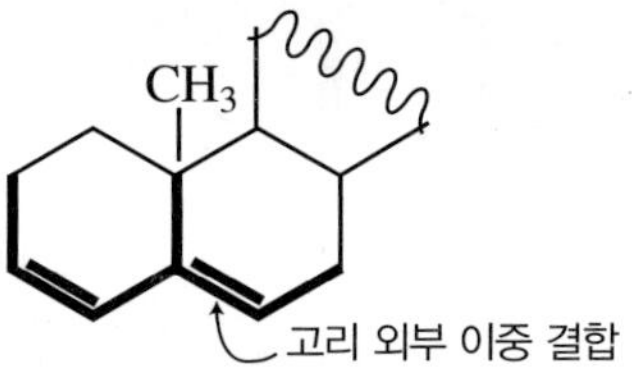

고리 외부 이중 결합

Transoid:	214 nm
고리의 나머지: $3 \times 5 =$	15
고리 외부 이중 결합:	5
	234 nm
측정값:	235 nm

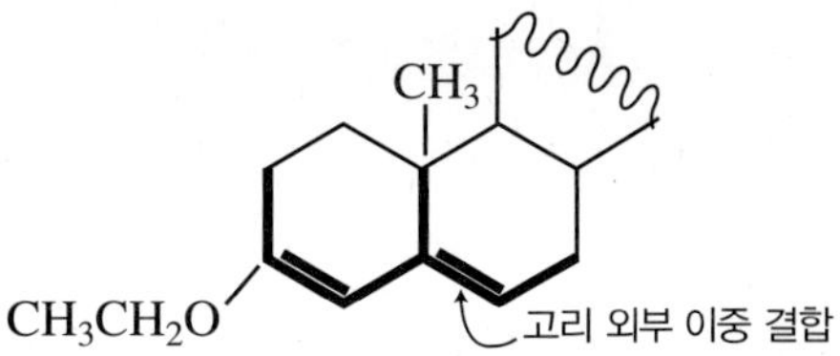

CH_3CH_2O 고리 외부 이중 결합

Transoid:	214 nm
고리의 나머지: $3 \times 5 =$	15
고리 외부 이중 결합:	5
—OR:	6
	240 nm
측정값:	241 nm

표 10.5 Diene에 대한 실험 규칙

	동일 고리 (cisoid)	이종 고리 (transoid)
어미분자	$\lambda = 253$ nm	$\lambda = 214$ nm
증가량:		
확장된 콘쥬게이션을 이룬 이중 결합	30	30
Alkyl 치환기 또는 고리의 나머지	5	5
고리 외부 이중 결합	5	5
극성 작용기:		
$-OCOCH_3$	0	0
$-OR$	6	6
$-Cl$, $-Br$	5	5
$-NR_2$	60	60

이 책에서 *고리 외부 이중 결합*(exocyclic double bond)이라는 것은 주어진 고리의 밖에 위치한 이중 결합을 말한다. 고리 외부의 결합은 정해진 고리의 외부에 있더라도 다른 고리의 내부에 있을 수가 있다. 때때로 고리 외부 이중 결합은 고리들의 접합점(junction point)에서 발견된다. 아래에 고리 외부 이중 결합(*표로 표시)을 갖는 화합물의 예를 나타내었다.

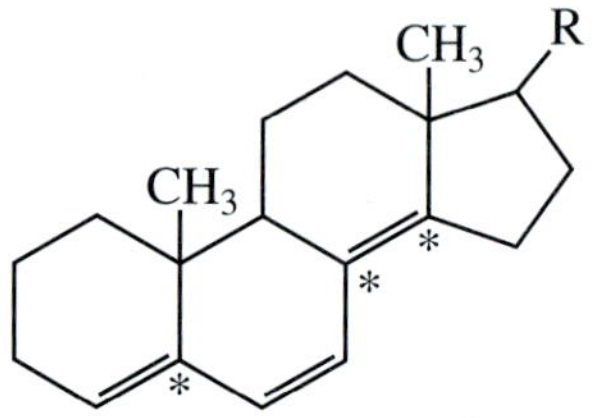

CH_3 R CH_3 * * *

세 개의 고리 외부 이중 결합 = 3 × 5 = 15 nm

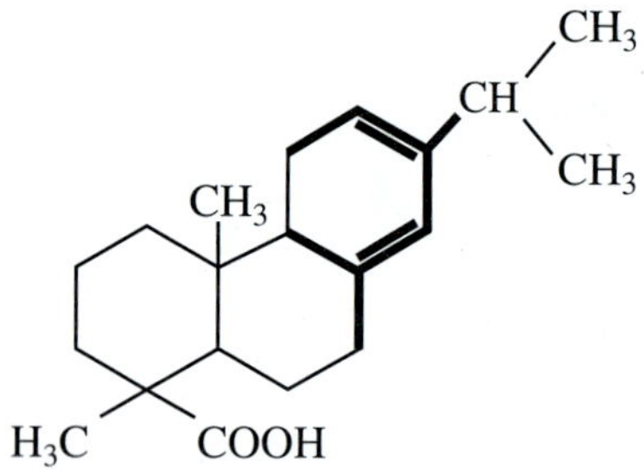

CH_3 CH CH_3 CH_3 H_3C COOH

Cisoid:	253 nm
Alkyl 치환기:	5
고리의 나머지: 3 × 5 =	15
고리 외부 이중 결합:	5
	278 nm
측정값:	275 nm

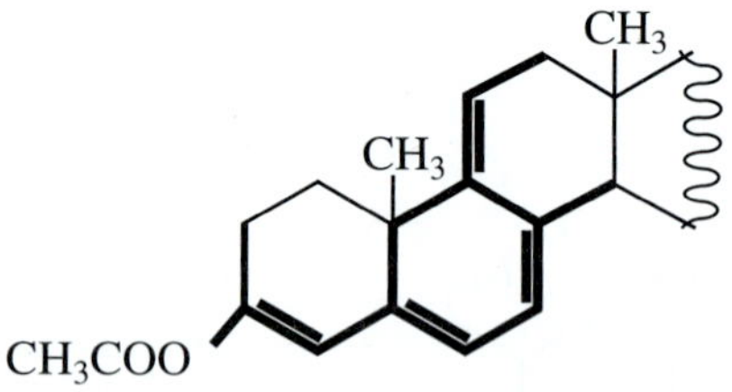

CH_3 CH_3 CH_3COO

Cisoid:	253 nm
고리의 나머지: 5 × 5 =	25
확장된 콘쥬게이션을 이룬 이중 결합: 2 × 30 =	60
고리 외부 이중 결합: 3 × 5 =	15
CH_3COO—:	0
	353 nm
측정값:	355 nm

10.11 Carbonyl 화합물: Enone

10.7절에서 살펴본 바와 같이 carbonyl 화합물은 허용된 $\pi \rightarrow \pi^*$ 전이와 금지된 $n \rightarrow \pi^*$ 전이의 두 가지 전형적인 자외선 전이를 나타낸다.

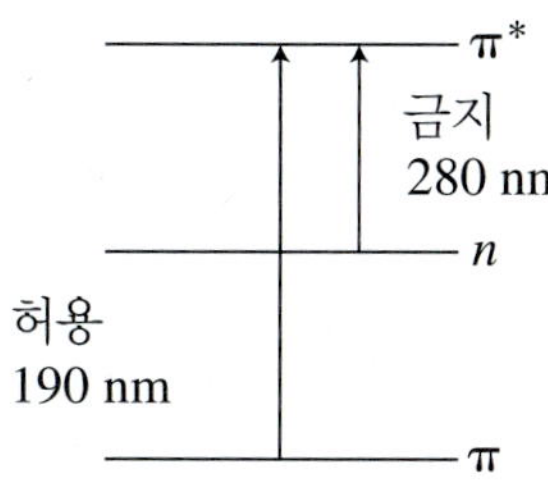

이 중에서 비록 금지되어 약하지만 보통 $n \rightarrow \pi^*$ 전이만이 용매의 일반적인 차단 영역보다 높은 곳에서 관찰된다. 비공유전자쌍을 갖는 조색단 즉, amide, acid, ester, acid halide 등에서 볼 수 있는 $-NR_2$, $-OH$, $-OR$, $-NH_2$, $-X$ 등으로 치환된 carbonyl 그룹은 $n \rightarrow \pi^*$ 전이에 대해서는 현저한 단파장 이동 효과를 보이고, $\pi \rightarrow \pi^*$ 전이에 대해서는 약한 장파장 이동 효과를 보인다. 이와 같은 장파장 이동은 10.9절에서 논의한 것과 유사한 공명 상호작용으로 인한 것이다. 하지만 이 효과가 $\pi \rightarrow \pi^*$ 흡수띠를 용매의 차단 영역 이상으로 끌어올릴 정도로 큰 경우는 거의 없다. $n \rightarrow \pi^*$ 전이에 대한 acetyl 그룹의 단파장 이동 효과를 표 10.6에 나타내었다.

$n \rightarrow \pi^*$ 전이에서의 단파장 이동은 주로 산소, 질소 또는 halogen 원자의 유도 효과로 인한 것이다. 이 원자들은 carbonyl 탄소로부터 전자를 끌어들여 산소 원자에 있는 비공유전자쌍이 유도 효과가 없는 경우보다 더욱 더 견고하게 붙어 있게 한다.

표 10.6 Carbonyl 그룹의 $n \rightarrow \pi^*$ 전이에 대한 비공유전자쌍을 갖는 조색단의 단파장 이동 효과

	λ_{max}	ε_{max}	용매
$CH_3-C(=O)-H$	293 nm	12	Hexane
$CH_3-C(=O)-CH_3$	279	15	Hexane
$CH_3-C(=O)-Cl$	235	53	Hexane
$CH_3-C(=O)-NH_2$	214	—	Water
$CH_3-C(=O)-OCH_2CH_3$	204	60	Water
$CH_3-C(=O)-OH$	204	41	Ethanol

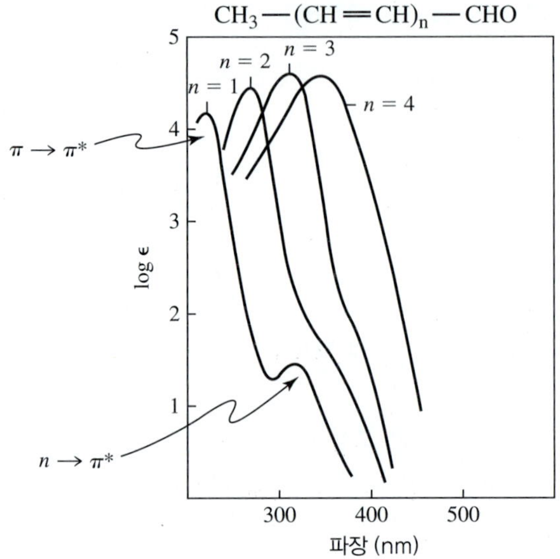

그림 10.15 일련의 polyene aldehyde의 스펙트럼(인용 문헌: Murrell, J. N., *The Theory of the Electronic Spectra of Organic Molecules*, Methuen and Co., Ltd., London, 1963. 허가 후 게재).

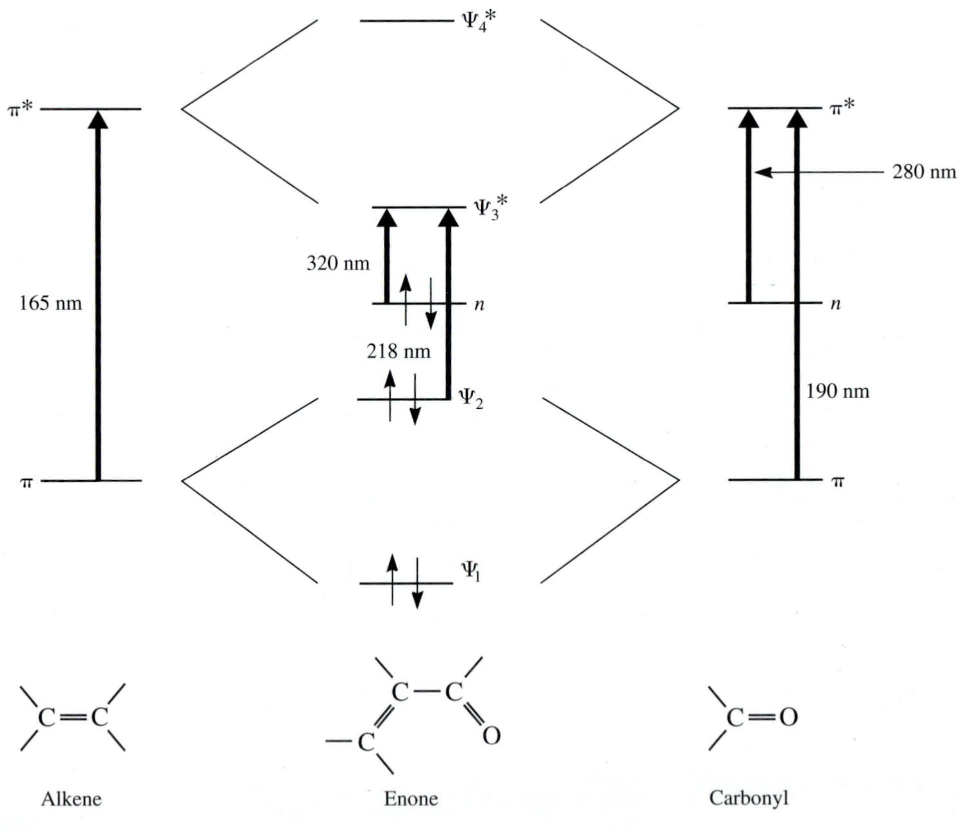

그림 10.16 상호작용하지 않는 발색단의 궤도함수와 enone 시스템의 궤도함수와의 비교.

만일 carbonyl 그룹이 이중 결합의 콘쥬게이션 시스템의 일부일 때, $n \rightarrow \pi^*$ 흡수띠와 $\pi \rightarrow \pi^*$ 흡수

띠 모두 장파장으로 이동한다. 하지만 $n \rightarrow \pi^*$ 전이 에너지는 더 강하게 흡수하는 $\pi \rightarrow \pi^*$ 흡수띠의 에너지만큼 빠르게 줄어들지는 않는다. 콘쥬게이션을 이룬 사슬의 길이가 충분히 길 때, $n \rightarrow \pi^*$ 흡수띠는 더 강한 $\pi \rightarrow \pi^*$ 흡수띠에 "파묻혀" 버리게 된다. 일련의 polyene aldehyde에 대한 이와 같은 효과를 그림 10.15에 나타내었다.

상호작용하지 않는 이중 결합과 carbonyl 그룹의 분자 궤도함수와 함께 간단한 enone 시스템의 분자 궤도함수를 그림 10.16에 나타내었다.

10.12 Enone에 대한 Woodward 규칙

이중 결합과 carbonyl 그룹의 콘쥬게이션으로 인하여 carbonyl 그룹의 $\pi \rightarrow \pi^*$ 전이에 해당하는 강한 흡수(ε = 8,000~20,000)가 나타난다. 간단한 enone의 경우, 이 흡수는 220~250 nm 범위에서 볼 수 있다. $n \rightarrow \pi^*$ 전이는 더욱 약하며(ε = 50~100), 310~330 nm 범위에 나타난다. 발색단의 구조 변화에 의해 $\pi \rightarrow \pi^*$ 전이는 예측할 수 있을 정도로 영향을 받지만, $n \rightarrow \pi^*$ 전이는 그와 같이 예측할 수 있는 거동을 보이지 않는다.

Woodward는 수많은 enone의 자외선 스펙트럼을 관찰한 결과를 기반으로, 미지 enone의 $\pi \rightarrow \pi^*$ 전이를 일으키는 파장을 예측할 수 있는 일련의 실험 규칙을 고안하였으며, 이 규칙을 표 10.7에 요약하였다.

이 규칙의 몇 가지 적용 예를 들어보자. 주어진 화학 구조에서 해당 부분을 굵게 나타내었다.

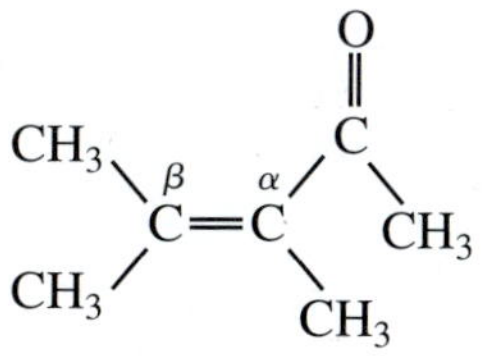

비고리 enone:	215 nm
α-CH_3:	10
β-CH_3: 2 × 12 =	24
	249 nm
측정값:	249 nm

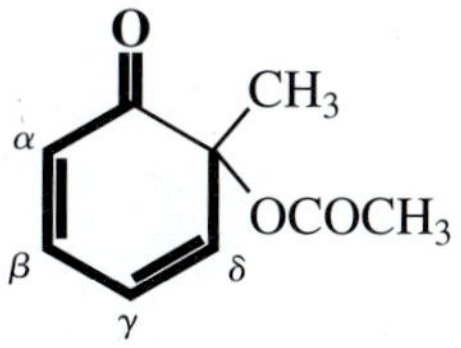

육원자 고리 enone:	215 nm
확장된 콘쥬게이션을 이룬 이중 결합:	30
동일 고리 diene:	39
δ-고리의 나머지:	18
	302 nm
측정값:	300 nm

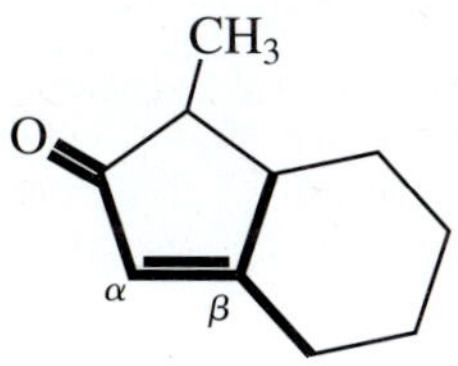

오원자 고리 enone:	202 nm
β-고리의 나머지: 2 × 2 =	24
고리 외부 이중 결합:	5
	231 nm
측정값:	226 nm

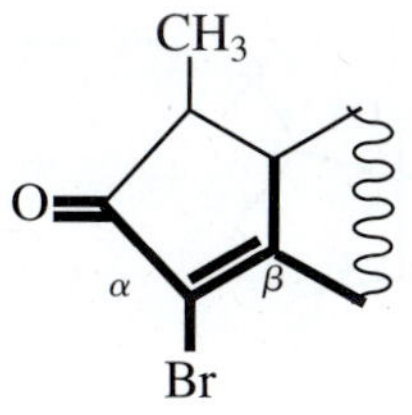

오원자 고리 enone:	202 nm
α-Br:	25
β-고리의 나머지: 2 × 12=	24
고리 외부 이중 결합:	5
	256 nm
측정값:	251 nm

표 10.7 Enone의 실험 규칙

β—C(β)=C(α)—C=O

δ—C(δ)=C(γ)—C(β)=C(α)—C=O

기본값:		
육원자 고리 또는 비고리 어미 분자 enone		= 215 nm
오원자 고리 어미 분자 enone		= 202 nm
비고리 dienone		= 245 nm
증가량:		
확장된 콘쥬게이션을 이룬 이중 결합		30
Alkyl 그룹 또는 고리의 나머지	α	10
	β	12
	γ와 그 이상	18
극성 작용기:		
$-OH$	α	35
	β	30
	δ	50
$-OCOCH_3$	α,β,δ	6
$-OCH_3$	α	35
	β	30
	γ	17
	δ	31
$-Cl$	α	15
	β	12
$-Br$	α	25
	β	30
$-NR_2$	β	95
고리 외부 이중 결합		5
동일 고리 diene 성분		39
용매 보정		가변적
		λ_{max}^{EtOH}(계산값) = 총합

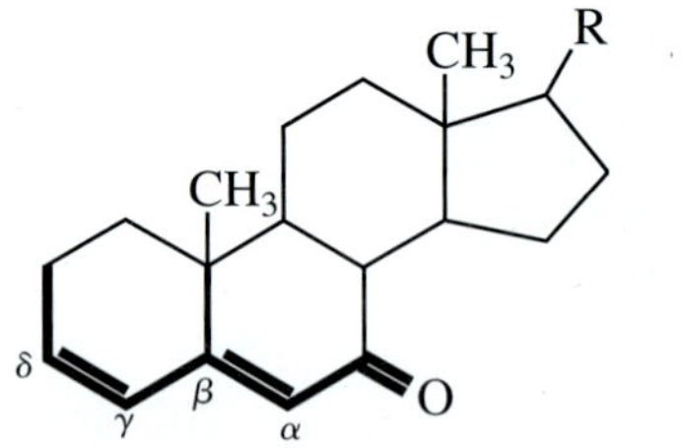

육원자 고리 enone:	215 nm
확장된 콘쥬게이션을 이룬 이중 결합:	30
β-고리의 나머지:	12
δ-고리의 나머지:	18
고리 외부 이중 결합:	5
	280 nm
측정값:	280 nm

10.13 α,β-불포화 Aldehyde, Acid, Ester

α,β-불포화 aldehyde는 흡수띠가 상응하는 ketone의 흡수보다 5~8 nm 단파장으로 이동하는 것 이외에는 enone의 경우에서의 규칙이 그대로 적용된다(앞 절 참조). 불포화 aldehyde의 실험 규칙을 표 10.8에 나타내었다.

Nielsen은 enone의 규칙과 비슷한 α,β-불포화 acid와 ester의 규칙을 개발하였다(표 10.9).

2-Cyclohexenoic acid와 2-cycloheptenoic acid를 예로 들어보자.

(2-cyclohexenoic acid, COOH)	α,β-dialkyl 이중 결합이 육원자 고리에 있다. 증가량이 없다.	217 nm 계산값 217 nm 측정값
(2-cycloheptenoic acid, COOH)	α,β-dialkyl 이중 결합이 칠원자 고리에 있다.	217 nm + 5 222 nm 계산값 222 nm 측정값

표 10.8 불포화 aldehyde에 대한 실험 규칙

$$\beta_2C{=}C(\alpha){-}C(H){=}O$$

어미 분자	208 nm
α 또는 β alkyl 그룹	220
α,β 또는 β,β alkyl 그룹	230
α,β,β alkyl 그룹	242

표 10.9 불포화 acid와 ester에 대한 실험 규칙

기본값:

$$\beta_2C{=}C(\alpha)COOR \qquad \beta_2C{=}C(\alpha)COOH$$

α 또는 β alkyl 그룹:	208 nm
α,β 또는 β,β alkyl 그룹:	217
α,β,β alkyl 그룹:	225
고리 외부 α,β 이중 결합:	5 nm 증가
오원자 고리 또는 칠원자 고리에 있는 고리 외부 α,β 이중 결합:	5 nm 증가

10.14 방향족 화합물

Benzene 발색단의 전이에 의한 흡수는 매우 복잡할 수 있다. 자외선 스펙트럼은 세 개의 흡수띠를 가지고 있으며, 때때로 매우 중요한 미세 구조를 나타내는 경우도 있다. 전자 전이는 기본적으로 $\pi \rightarrow \pi^*$ 형태이나, 자세한 내용은 이 장의 앞 절에서 기술한 발색단의 경우만큼 간단하지는 않다.

그림 10.17a에 benzene의 분자 궤도함수를 나타내었다. Benzene의 전자 전이를 간단하게 설명하면 네 개의 가능한 전이가 있으며 각 전이는 같은 에너지를 가질 것이다. Benzene의 자외선 스펙트럼은 하나의 흡수띠로 이루어질 것이라고 예상할 수 있지만, 전자–전자 간의 반발과 대칭성을 고려할 때, 전자 전이가 일어나는 실제 에너지 상태는 다소 변한다. 그림 10.17b에 benzene의 에너지 상태 준위를 나타내었으며, 이와 같은 들뜬 상태로 세 개의 전자 전이가 일어난다. 그림 10.17b에서 보는 바와 같이, 이 전이는 184 nm와 202 nm에 나타나는 **1차 흡수띠들**(primary band)과 255 nm에 나타나는 **2차**(미세 구조) **흡수띠**(secondary band)이다. 그림 10.18은 benzene의 스펙트럼이다. 1차 흡수띠 중에서 184 nm의 흡수띠(두 번째 1차 흡수띠)는 47,000의 몰흡광계수를 가지며 허용된 전이이다. 그럼에도 불구하고 이 전이는 보통의 실험 조건에서 관찰되지 않는다. 그 이유는 스펙트럼에서 이 파장에서의 흡수는 대부분의 일반적인 기기들의 파장 범위를 벗어나는 진공 자외선 영역이기 때문이다. 여러고리(polycyclic) 방향족 화합물에서 두 번째 1차 흡수띠는 종종 장파장으로 이동하므로 보통의 조건에서 관찰될 수 있다. 202 nm에서의 흡수띠는 훨씬 약한 세기($\varepsilon = 7,400$)를 갖는 금지된 전이에 해당한다. 2차 흡수띠는 benzene의 흡수띠 중 가장 약하며($\varepsilon = 230$), 이것 역시 대칭성에 따른 금지된 전자 전이에 해당한다. 전자 에너지 준위와 진동 방식과의 상호작용으로 인하여 생기는 2차 흡수띠는 매우 미세한 구조로 나타난다. Benzene 스펙트럼을 극성 용매에서 측정하거나 benzene 고리에 하나의 작용기가 치환되면 이 미세 구조는 사라진다. 이와 같은 경우 2차 흡수띠는 흥미로운 미세 구조가 없는 넓은 피크로 나타난다.

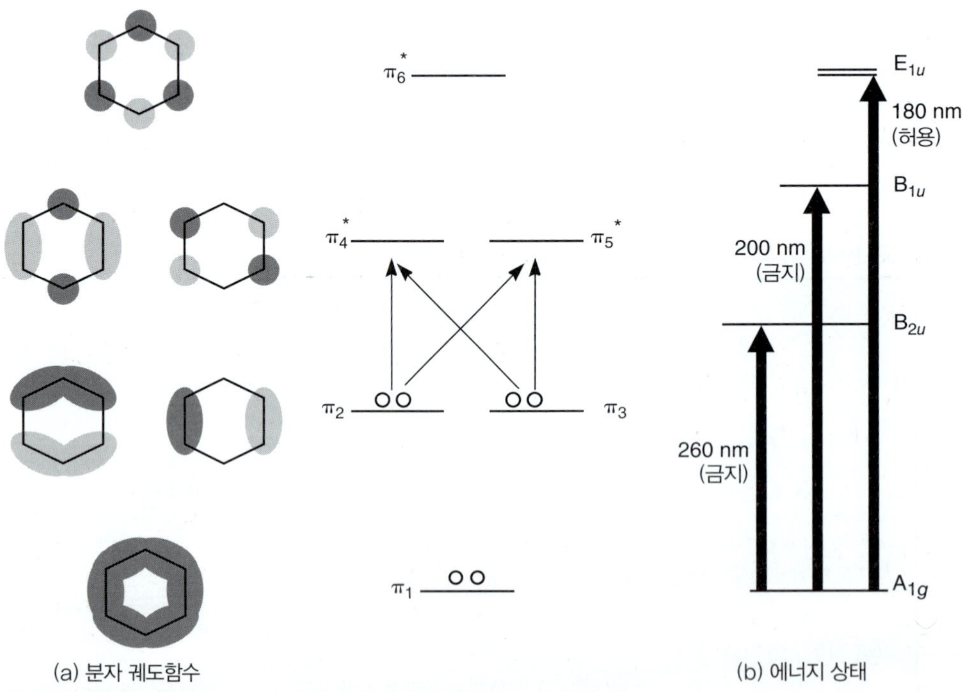

그림 10.17 Benzene에 대한 분자 궤도함수와 에너지 상태.

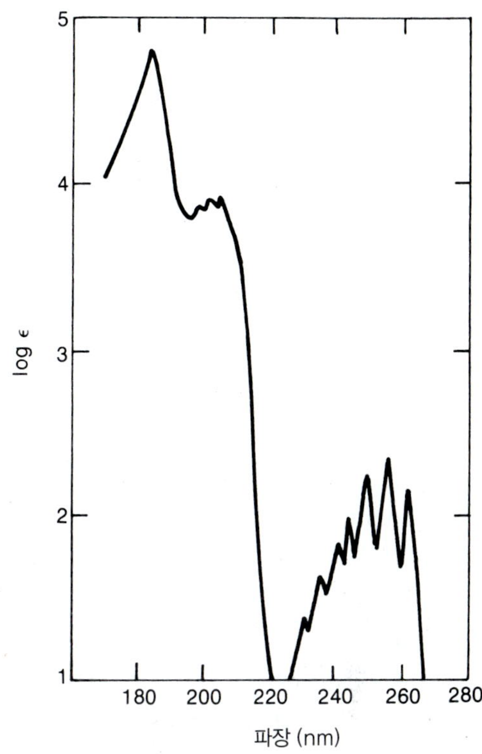

그림 10.18 Benzene의 자외선 스펙트럼(인용 문헌: Petruska, J., *J. Chem. Phys.*, 34, 1961: 1121. 허가 후 게재).

Benzene 고리에서의 치환은 장파장 이동과 세기 증가를 일으키는데 불행하게도 이와 같은 이동은 예측하기 어렵다. 따라서 방향족 화합물의 스펙트럼을 예측할 수 있는 실험 규칙을 만드는 일은 이 장의 앞에서 다룬 diene, enone, 다른 종류의 화합물들과는 달리 불가능하다. Benzene의 치환기들을 그룹으로 분류함으로써 치환기 효과에 대해 정성적으로 이해할 수 있다.

A. 비공유전자를 갖는 치환기

비결합 전자(n 전자)를 갖는 치환기는 1차 흡수띠와 2차 흡수띠를 이동시킬 수 있다. 비결합 전자는 공명을 통하여 π 시스템의 길이를 증가시킬 수 있다.

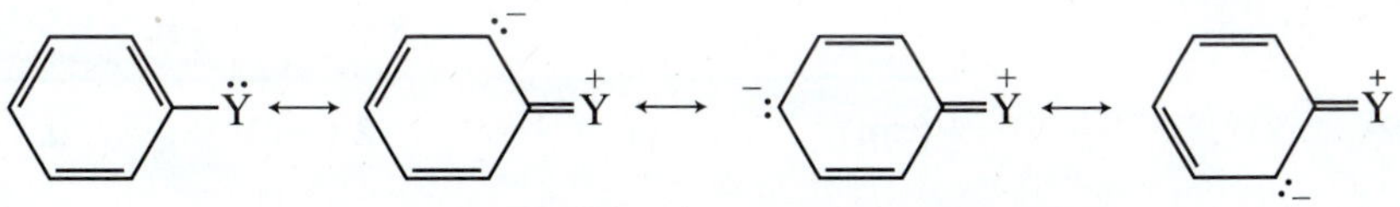

방향족 고리의 π 시스템과 상호작용할 수 있는 n 전자가 많으면 많을수록 이동은 더욱 커지게 된다. n 전자를 가지고 있는 작용기의 예로 amino 그룹, hydroxyl 그룹, methoxy 그룹, halogen 등이 있다.

n 전자와 π 전자의 이와 같은 상호작용으로 benzene의 1차 흡수띠와 2차 흡수띠는 보통 장파장으로 이동된다(확장된 콘쥬게이션). 또한 이와 같은 화합물에서 n 전자의 존재는 $n \rightarrow \pi^*$ 전이를 가능하게 한다. 만약 n 전자가 확장된 π^* 발색단으로 들뜨게 되면, 전자를 잃어버린 원자는 전자 모자람 상태가 되는 반면, 원자 Y를 포함하는 방향족 고리 시스템은 여분의 전자를 얻게 된다. 이로 인하여 분자 내에서 전하의 분리가 일어나고 앞에서와 같이 통상적인 공명 구조로 표시할 수 있다. 하지만 고리 내에 있는 여분의 전자는 실제로는 π^* 궤도함수에 있으므로 들뜬 전자에 *를 표시하여 다음과 유형의 구조와 같이 더 좋은 방법으로 표현할 수 있을 것이다.

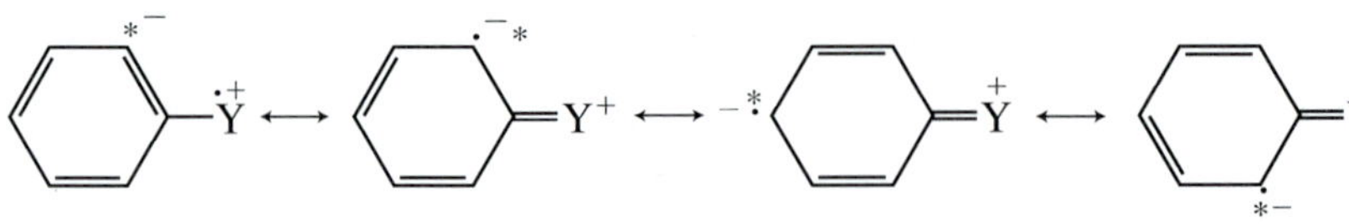

이와 같은 들뜬 상태를 **전하 이동**(charge-transfer) 또는 **전자 이동**(electron-transfer) 들뜬 상태라 한다.

산이나 염기 화합물에서 pH 변화는 1차 흡수띠와 2차 흡수띠의 위치에 대해 매우 큰 효과를 보일 수 있다. 표 10.10은 다양한 작용기로 치환된 benzene 화합물의 흡수띠에 대한 용액의 pH 변화에 대한 효과를 설명해주고 있다. Benzene에서 phenol로 바뀜에 따라 1차 흡수띠가 203.5 nm에서 210.5 nm로 7 nm의 이동을 보임을 알 수 있다. 2차 흡수띠는 254 nm에서 270 nm로 16 nm의 이동을 보이고 있다. 하지만 phenol의 짝염기인 phenoxide 이온의 경우는 1차 흡수띠가 203.5 nm에서 235 nm로 31.5 nm 이동, 2차 흡수띠가 254 nm에서 287 nm로 33 nm 이동한다. 2차 흡수띠의 세기 역시 증가한다. Phenoxide 이온에는 더 많은 *n* 전자가 있어 phenol보다 방향족 π 시스템과 더 효율적으로 상호작용할 수 있다.

Aniline과 anilinium 이온을 비교함으로써 반대의 경우를 설명할 수 있다. Aniline도 phenol과 비슷한 이동을 나타낸다. Benzene에서 aniline으로 바뀜에 따라, 1차 흡수띠는 203.5 nm에서 230 nm로 26.5 nm만큼 이동하고, 2차 흡수띠는 245 nm에서 280 nm로 26 nm만큼 이동한다. 하지만 aniline의 짝산인 anilinium 이온의 경우는 이와 같은 큰 이동은 볼 수 없이 1차 흡수띠와 2차 흡수띠는 전혀 이동하지 않는다. Anilinium 이온의 4차 질소($PhNH_3^+$)는 benzene의 π 시스템과 상호작용할 수 있는 비공유전자쌍을 가지고 있지 않다. 결과적으로 anilinium 이온의 스펙트럼은 benzene의 스펙트럼과 거의 동일하다.

B. π-콘쥬게이션을 할 수 있는 치환기

치환기 자체가 발색단인 경우 대부분 π 전자를 갖고 있다. *n* 전자의 경우와 마찬가지로 benzene 고리의 전자와 치환기의 π 전자의 상호작용은 새로운 전자 이동 흡수띠를 만든다. 때때로 이 새로운 흡수띠는 너무 강하여 benzene 시스템의 2차 흡수띠를 가려 불분명하게 한다. 이와 같은 상호작용은 반대 극성을 유발하여 고리는 전자 모자람 상태가 됨에 주목하여라(**역자주**. 비공유전자를 갖는 치환기일 경우에는 benzene 고리에 음의 전하, 치환기에 양의 전하가 형성되었다. 이와 반대로 고리에 양의 전하, 치환기에 음의 전하가 형성되므로 반대 극성이라 표현하였다).

표 10.10 흡수띠에 대한 pH 효과

치환기	1차 λ (nm)	1차 ε	2차 λ (nm)	2차 ε
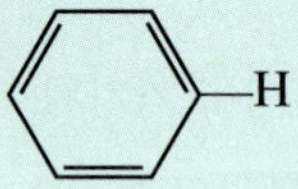 C_6H_5–H	203.5	7,400	254	204
–OH	210.5	6,200	270	1,450
$-O^-$	235	9,400	287	2,600
$-NH_2$	230	8,600	280	1,430
$-NH_3^+$	203	7,500	254	169
–COOH	230	11,600	273	970
$-COO^-$	224	8,700	268	560

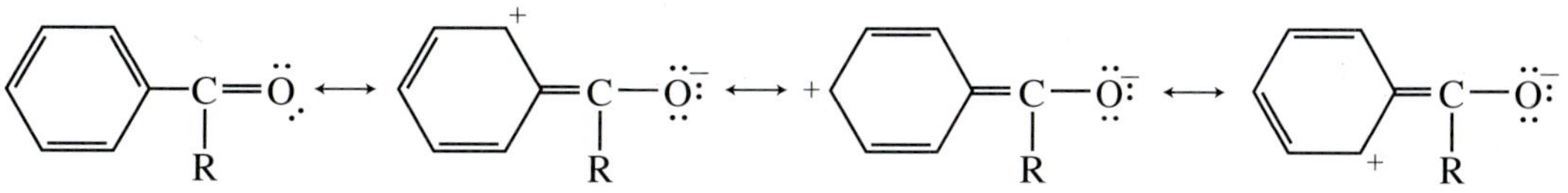

이와 같은 발색단 역할을 하는 치환기에 대한 용액의 산성도 또는 염기도의 효과를 표 10.10에 나타내었다. Benzoic acid의 경우 benzene을 기준으로 볼 때 1차 흡수띠와 2차 흡수띠의 상당한 이동이 있으나, benzoic acid의 짝염기인 benzoate 이온의 경우에는 그 이동의 크기가 다소 작으며, 또한 피크의 세기도 benzoic acid보다 작다. 이와 같은 종류의 전자 이동은 작용기가 이미 음전하를 가지고 있을 때 잘 일어나지 않을 것으로 예측된다.

C. 전자주기 효과와 전자끌기 효과

치환기가 전자주기 그룹인지 또는 전자끌기 그룹인지에 따라 흡수 최대값의 위치에 대한 효과가 달라질 것이다. 방향족 분자에서 전자 분포에 대한 영향을 고려하지 않는다면, 치환기는 1차 흡수띠를 장파장으로 이동시킨다. 전자끌기 그룹 자체가 발색단이 아닐 경우, 물론 전자끌기 그룹은 2차 흡수띠의 위치에 아무런 영향도 주지 않는다. 하지만 전자주기 그룹은 2차 흡수띠의 파장과 세기를 모두 증가시킨다. 전자주기 그룹과 전자끌기 그룹의 효과를 표 10.11에 함께 요약하였다.

D. 이중 치환 Benzene 유도체

이중 치환 benzene 유도체의 경우 두 치환기 각각의 효과를 고려할 필요가 있다. *para*-이중 치환 benzene의 경우 두 가지 가능성이 있다. 만일 두 그룹이 모두 전자주기 그룹이거나 또는 전자끌기 그룹일 때는 단일 치환의 경우와 비슷한 효과를 나타낸다. 더 강한 효과를 갖는 작용기가 1차 흡수띠의 이동을 결정한다.

표 10.11 여러 방향족 화합물에서의 자외선 흡수 최대값

치환기		1차 λ (nm)	1차 ε	1차 λ (nm)	1차 ε
	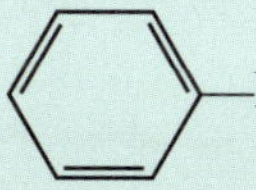 C₆H₅—H	203.5	7,400	254	204
전자주기 치환기	$-CH_3$	206.5	7,000	261	225
	$-Cl$	209.5	7,400	263.5	190
	$-Br$	210	7,900	261	192
	$-OH$	210.5	6,200	270	1,450
	$-OCH_3$	217	6,400	269	1,480
	$-NH_2$	230	8,600	280	1,430
전자 끌기 치환기	$-CN$	224	13,000	271	1,000
	$-COOH$	230	11,600	273	970
	$-COCH_3$	245.5	9,800		
	$-CHO$	249.5	11,400		
	$-NO_2$	268.5	7,800		

치환기가 하나는 전자주기 그룹이고, 다른 하나는 전자끌기 그룹인 경우 1차 흡수띠의 이동의 크기는 개별 작용기에 의한 것의 합보다 더 크게 된다. 이동이 커지는 현상은 다음과 같은 공명 상호작용에 의한 것이다.

이중 치환 benzene 유도체의 두 그룹이 서로 *ortho* 또는 *meta*에 위치할 경우 관찰된 이동의 크기는 각 작용기에 의해서 일어나는 이동의 합과 거의 일치한다. 이와 같은 형태의 치환에서는 *para* 치환에서 관찰되었던 치환기 사이의 직접적인 공명 상호작용을 볼 수 없다. *ortho* 치환기의 경우에는 두 작용기의 입체 장애로 인하여 같은 평면(coplanar)에 있는 구조를 취할 수 없으므로 공명이 잘 일어나지 않는다.

치환된 benzoyl 유도체의 특별한 경우에는 1차 흡수띠의 관찰된 위치와 구조 사이의 실험적 상관관계가 정립되어 있다(표 10.12). 표에 제시된 방법을 이용하여 benzoyl 유도체에 대한 1차 흡수띠의 위치를 5 nm 이내의 오차로 어림잡아 계산할 수 있다.

표 10.12 Benzoyl 유도체에 대한 실험 규칙

발색단 어미 분자: $C_6H_5-C(=O)-R$		
R = alkyl 또는 고리의 나머지		246
R = H		250
R = OH 또는 OAlkyl		230
각 치환기에 대한 증가량:		
−Alkyl 또는 고리의 나머지	*o, m*	3
	p	10
−OH, −OCH 또는 −OAlkyl	*o, m*	7
	p	25
$-O^-$	*o*	11
	m	20
	p	78
−Cl	*o, m*	0
	p	10
−Br	*o, m*	2
	p	15
$-NH_2$	*o, m*	13
	p	58
$-NHCOCH_3$	*o, m*	20
	p	45
$-NHCH_3$	*p*	73
$-N(CH_3)_2$	*o, m*	20
	p	85

다음은 이 규칙을 적용한 두 개의 예이다.

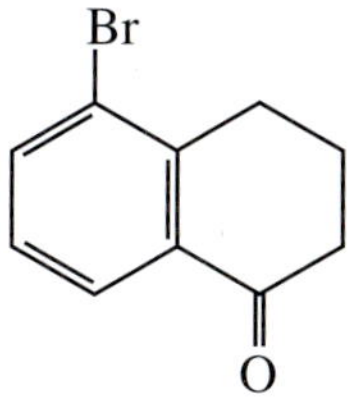

발색단 어미 분자:	246 nm	발색단 어미 분자:	230 nm
o-고리의 나머지:	3	*m*-OH: 2 × 7 =	14
m-Br:	2	*p*-OH:	25
	251 nm		269 nm
측정값:	253 nm	측정값:	270 nm

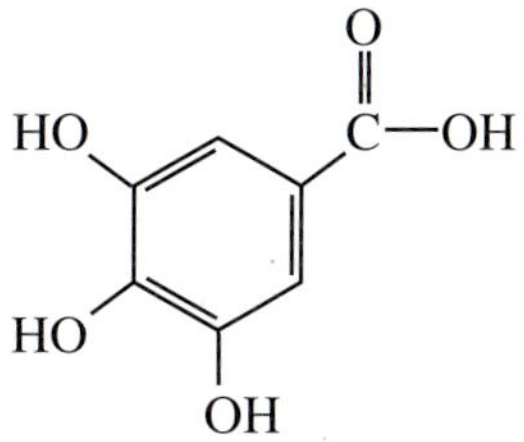

E. 다핵 방향족 탄화수소와 이종원자고리 화합물

다핵 방향족 탄화수소(polynuclear aromatic hydrocarbons)의 스펙트럼에서 1차 흡수띠와 2차 흡수띠는 장파장으로 이동됨이 관찰되어 왔다. 사실상 두 번째 1차 흡수띠(benzene에서는 184 nm에 나타남)조차도 대부분의 자외선 분광기에서 측정 가능한 영역으로 이동한다. Naphthalene의 스펙트럼에서 이 흡수띠는 220 nm에 위치한다. 콘쥬게이션 정도가 증가함에 따라 장파장 이동의 크기 역시 증가한다.

다핵 방향족 탄화수소의 자외선 스펙트럼은 특징적인 모양과 미세 구조를 가지고 있다. 치환된 다핵 방향족 유도체의 스펙트럼을 연구할 때, 치환되지 않은 탄화수소의 스펙트럼과 비교하는 것이 보편적인 관례이다. 흡수띠의 모양과 미세 구조의 유사성에 근거하여 발색단의 성질을 규명할 수 있다. 이 기법은 모형 화합물의 이용을 필요로 하며 10.15절에서 좀 더 깊게 다룰 것이다.

Naphthalene과 anthracene의 자외선 스펙트럼을 그림 10.19에 나타내었다. 흡수 최대값의 위치에 미치는 증가된 콘쥬게이션의 효과뿐만 아니라 각 스펙트럼의 특징적인 모양과 미세 구조를 주의 깊게 살펴보아야 한다.

이종원자고리(heterocyclic) 분자는 $\pi \rightarrow \pi^*$ 전이와 $n \rightarrow \pi^*$ 전이의 조합으로 인한 전자 전이를 갖는다. 이 스펙트럼은 매우 복잡하며, 연관된 전이를 분석하는 것은 고도의 처리 기법이 요구된다. 이종원자고리 분자의 유도체에 대한 일반적인 연구 방법은 치환기가 없는 어미 이종원자고리 시스템의 스펙트럼과 비교하는 것이다. 이와 같은 방법에서 모형 화합물의 사용에 대해 10.15절에서 좀 더 깊게 다룰 것이다.

Pyridine, quinoline, isoquinoline의 자외선 스펙트럼을 그림 10.20에 나타내었다. Pyridine의 스펙트럼을 benzene의 스펙트럼(그림 10.18)과 quinoline 및 isoquinoline의 스펙트럼을 naphthalene의 스펙트럼(그림 10.19)과 비교해 보기 바란다.

10.15 모형 화합물 연구

특정하게 분류된 화합물들 중에서 종종 몇 가지 화합물의 자외선 스펙트럼은 매우 유사하다. 만약 분류된 화합물들 중에서 각 화합물의 분광학적인 특성에 익숙하지 않으면, 자외선 스펙트럼으로 개별 화합물들의 치환 패턴을 구별하기는 매우 어렵다. 하지만 이와 같은 방법으로 미지 물질 내의 발색단에 대한 대략적인 특성을 결정할 수 있으며, 그런 후에 발색단에 대한 지식을 근거로 분자의 정확한 구조와 치환 패턴을 밝히기 위하여 이 책에 기술된 다른 분광학적인 기법을 사용할 수 있다.

모형 화합물을 이용하는 접근법은 자외선 분광학 기법이 효과를 발휘하게끔 하는 가장 좋은 방법 중

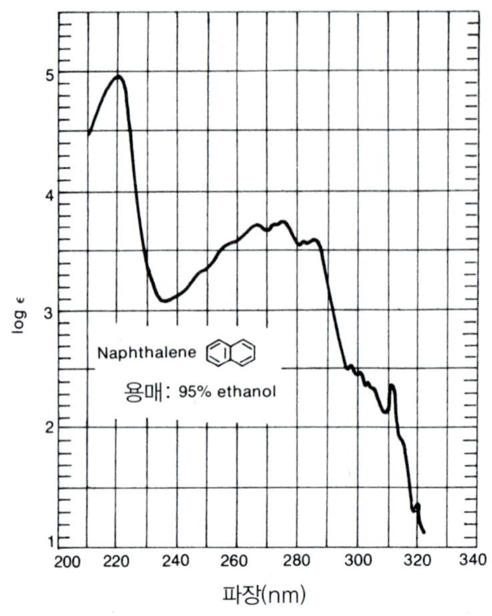

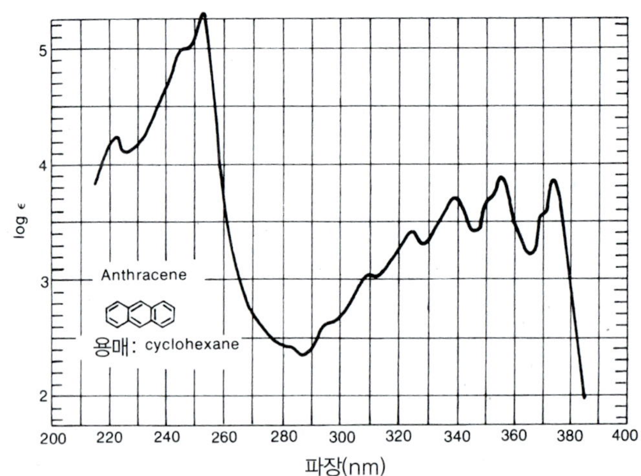

그림 10.19 Naphthalene과 anthracene의 자외선 스펙트럼(인용 문헌: Friedel, R. A., and M. Orchin, *Ultraviolet Spectra of Aromatic Compounds*, John Wiley and Sons, New York, 1951. 허가 후 게재).

의 하나이다. 미지 물질의 자외선 스펙트럼과 구조는 비슷하지만 미지 물질보다 치환이 덜 된 모형 화합물의 스펙트럼을 비교함으로써 같은 발색단의 존재 여부를 알 수 있다. 이 장 끝부분의 참고 문헌 목록에 수록된 많은 도서들에 적절한 모형 화합물의 스펙트럼 자료가 많이 있다. 이것을 이용하여 π 전자를 포함하는 분자 일부분의 개괄적인 구조를 알 수 있다. 그런 후에 적외선 분광학 또는 NMR 분광학을 이용하여 자세한 구조를 결정할 수 있다.

예를 들어, 분자식이 $C_{15}H_{12}$인 미지 시료를 생각해보자. 이 화합물의 스펙트럼(그림 10.21)을 anthracene의 스펙트럼(그림 10.19)과 비교해보면 두 스펙트럼이 거의 동일함을 알 수 있다. 미미한 장파장 이동을 무시하면 미지 시료의 스펙트럼과 모형 화합물인 anthracene의 스펙트럼에서 개괄적인 흡수띠의 모양과 미세 구조가 동일하게 나타난다. 따라서 미지 시료는 치환된 anthrancene의 유도체로 결론지을 수 있다. 좀 더 깊이 있게 구조 결정을 해보면, 미지 시료는 9-methylanthracene임을 알 수 있다. 모형 화합물의 스펙트럼은 출판된 자외선 스펙트럼 편람(Catalogues of UV Spectra)에서 얻을 수 있다. 적절한 모형 화합물이 없을 경우에는 모형 화합물을 합성하여 스펙트럼을 측정할 수도 있다.

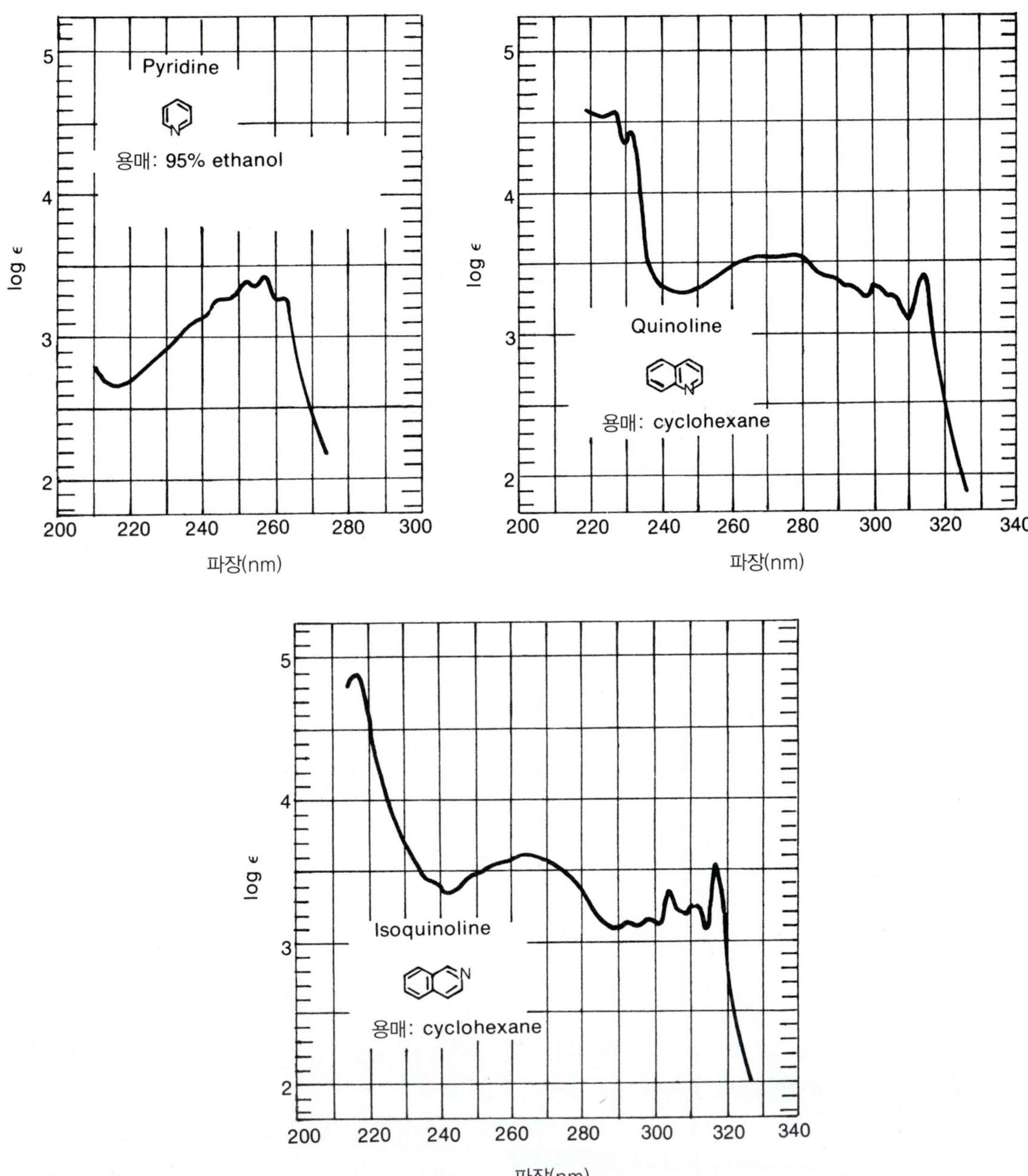

그림 10.20 Pyridine, quinoline, isoquinoline의 자외선 스펙트럼(인용 문헌: Friedel, R. A., and M. Orchin, *Ultraviolet Spectra of Aromatic Compounds*, John Wiley and Sons, New York, 1951. 허가 후 게재).

10.16 가시광선 스펙트럼: 화합물의 색

대략 400~750 nm 범위의 전자기 스펙트럼은 **가시광선** 영역이며, 이 범위에 해당하는 파장의 빛은 사람의 눈에 색깔로 나타나 보이게 된다. 굴절에 의한 프리즘 분산이나 무지개의 분산 효과에서 알 수 있듯이 가시광선 스펙트럼의 한 쪽 끝은 보라색이고, 다른 한 쪽 끝은 빨간색이다. 파장 400 nm 근처의 빛은 보라색이며, 750 nm 근처의 빛은 빨간색이다.

하지만 화합물의 색깔은 앞에서 설명한 것과 같이 그렇게 간단한 현상은 아니다. 만약 어떤 물질이 가

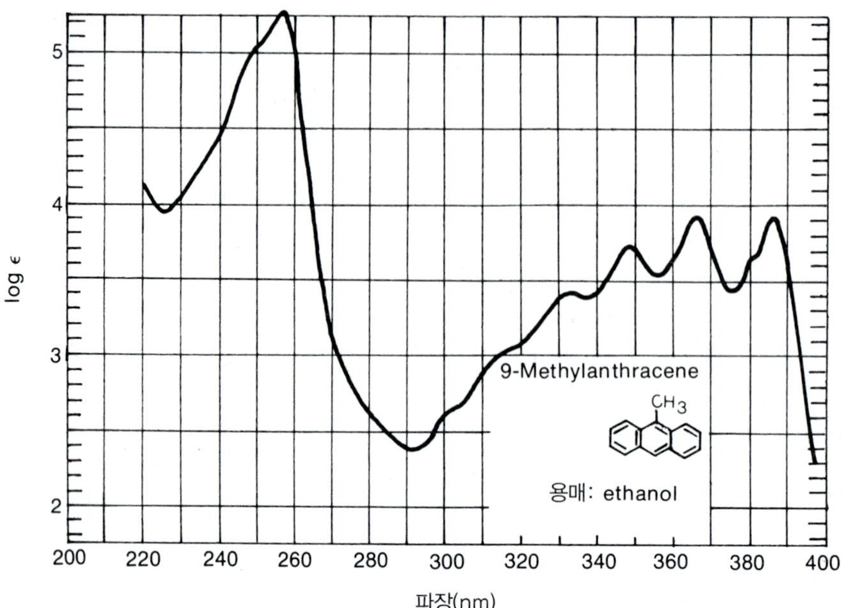

그림 10.21 9-Methylanthracene의 자외선 스펙트럼(인용 문헌: Friedel, R. A., and M. Orchin, *Ultraviolet Spectra of Aromatic Compounds*, John Wiley and Sons, New York, 1951. 허가 후 게재).

시광선을 흡수하면 색깔을 띠고, 가시광선을 흡수하지 않으면 백색으로 보인다. 한편 스펙트럼에서 가시광선 영역의 빛을 흡수하는 화합물은 흡수된 빛의 파장에 해당하는 색깔을 내는 것이 아니다. 오히려 관찰되는 색깔과 흡수된 빛의 색깔 사이에는 서로 보색 관계가 있다.

우리가 램프나 방출 스펙트럼과 같은 광원에서 **나오는**(emitted) 빛을 볼 때는 방출된 빛의 파장에 해당하는 색깔을 관찰하는 것이다. 보라색을 내는 광원은 가시광선 스펙트럼의 높은 에너지 영역의 빛을 방출하는 것이고, 빨간색을 내는 광원은 스펙트럼의 낮은 에너지 영역의 빛을 내는 것이다.

하지만 우리가 특정 물체나 물질의 색깔을 관찰할 때는 그들이 방출하는 빛을 관찰하는 것이 아니라(분명 그 물체는 어두운 곳에서 빛을 발하지 않는다) 오히려 **반사된**(reflected) 빛을 관찰하는 것이다. 따라서 우리의 눈이 감지하는 색깔은 흡수되는 빛의 파장에 해당하는 색깔이 아니라 그것의 **보색**(complement)이다. 백색광이 어떤 물체에 비추어지면, 특정 파장의 빛이 흡수되고, 나머지의 빛은 반사된다. 눈과 뇌는 흡수된 색깔에 대한 보색으로서 모든 반사광을 인식하게 된다.

투명한 물체나 용액에서 우리 눈은 **투과된**(transmitted) 빛을 감지한다. 다시 말해서 특정한 파장의 빛이 흡수되고, 나머지 빛이 투과되어 우리 눈에 감지되는 것이다. 앞에서와 같이 눈은 흡수된 색깔에 대한 보색으로서 이와 같이 투과된 빛을 인식하게 된다. 표 10.13은 어떤 물질에 의하여 흡수된 빛의 파장과 관찰자에 의해 인식되는 색깔과의 관계를 나타내고 있다.

몇몇의 친숙한 화합물들은 흡수 스펙트럼과 관찰된 색깔 사이의 관계를 잘 뒷받침 해주고 있다. 이와 같은 예의 구조식을 아래에 나타내었으며, 각 물질은 고도로 확장된 전자의 콘쥬게이션 시스템을 가지고 있는 것을 알 수 있다. 이와 같은 확장된 콘쥬게이션 시스템은 전자 스펙트럼을 장파장 쪽으로 이동시켜 가시광선을 흡수하여 색깔을 나타낼 수 있도록 한다.

β-Carotene(당근 색소)	λ_{max} = 452 nm, **주황색**
Cyanidin(수레국화의 파란 색소)	λ_{max} = 545 nm, **파란색**
Malachite green(triphenylmethane 염료)	λ_{max} = 617 nm, **녹색**

표 10.13 화합물에 의해 흡수된 빛의 색깔과 관찰된 화합물의 색깔 사이의 관계

흡수된 빛의 색	흡수된 빛의 파장(nm)	관찰된 색
보라색	400	노란색
파란색	450	주황색
청록색	500	빨간색
황록색	530	적자색
노란색	550	보라색
황적색	600	청록색
빨간색	700	녹색

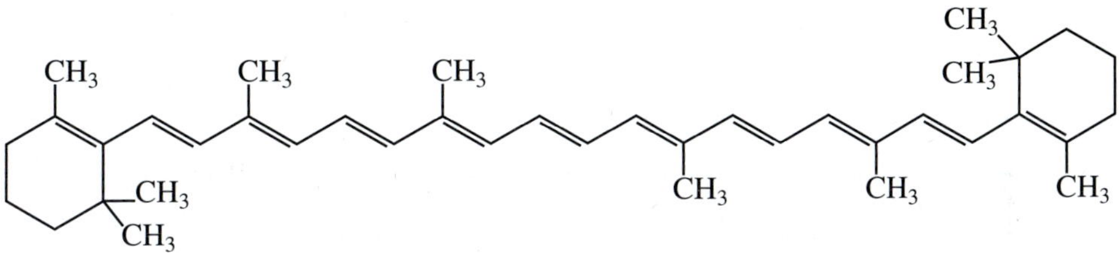

β-Carotene(식물 색소의 하나인 cartenoid)
λ_{max} = 452 nm

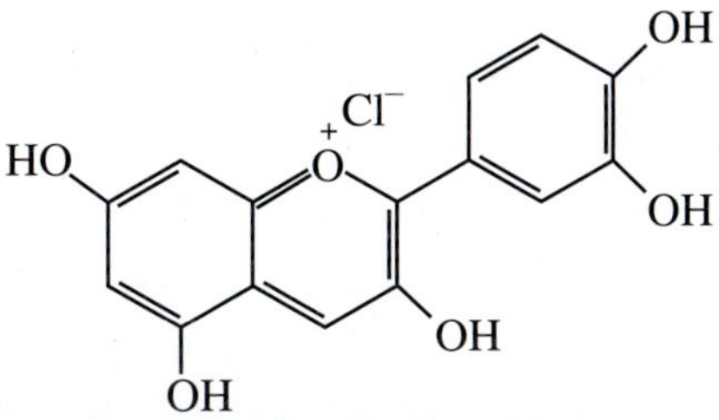

Cyanidin(식물 색소의 하나인 anthocyanin)
λ_{max} = 545 nm

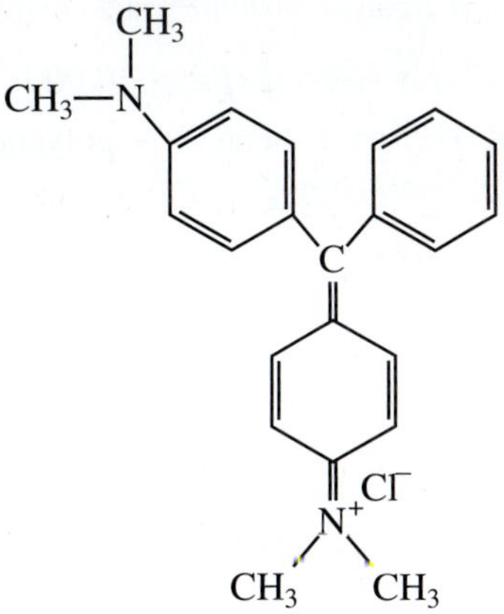

Malachite green(triphenylmethane 염료)
λ_{max} = 617 nm

10.17 자외선 스펙트럼을 분석할 때 눈여겨 볼 점 – 실용적 지침

자외선 스펙트럼 자체만을 사용하여 많은 정보를 얻는 것은 때때로 어렵다. 지금까지 분명한 것은 자외선 스펙트럼은 적어도 구조에 대한 일반적인 지식이 있을 때 가장 유용하다는 것이며, 이와 같은 방법에는 다양한 실험 규칙이 적용될 수 있다. 그럼에도 불구하고 자외선 스펙트럼 자료를 이용하는 데 일반화된 몇 가지의 지침들이 있다. 일반화된 지침들은 적외선 자료, NMR 자료와 함께 사용하면 훨씬 더 의미가 있다. 예를 들어, 적외선 자료와 NMR 자료를 사용하여 carbonyl 그룹, 이중 결합, 방향족 계열, nitro 그룹, nitrile, enone, 다른 중요한 발색단을 명확하게 규명할 수 있다. IR 스펙트럼 또는 NMR 스펙트럼 자료가 없으면, 다음과 같은 관찰 사항을 지침으로 이용할 수 있다.

1. *220 nm 이하에서 약한 세기에서 중간 세기(ε = 100~10,000)의 단일 흡수띠*는 보통 $n \rightarrow \sigma^*$ 전이를 나타낸다. 콘쥬게이션 시스템에 비결합 전자가 포함되지 않은 amine, alcohol, ether 또는 thiol일 가능성이 있다. 이와 같은 일반화에 대한 한 가지 예외는 cyano 그룹(−C≡N)의 $n \rightarrow \pi^*$ 전이가 이 영역에 나타난다. 하지만 이것은 매우 약한 전이($\varepsilon < 100$)이며, cyano 그룹은 IR 스펙트럼에서 쉽게 확인될 수 있다. IR 스펙트럼에서 N−H, O−H, C−O, S−H 흡수띠를 찾아보는 것을 소홀히 하지 말아야 한다.
2. *200~250 nm의 짧은 파장 영역에서 주된 흡수띠 없이 250~360 nm 영역에서의 약한 세기(ε = 10~100)의 단일 흡수띠*는, 보통 $n \rightarrow \pi^*$ 전이이다. 흡수가 장파장에서 일어나지 않으므로 일반적으로 O, N, S 원자를 갖는 단순하고 콘쥬게이션을 이루지 않는 발색단임을 알 수 있다. C=O, C=N, N=N, $-NO_2$, −COOR, −COOH, $-CONH_2$ 등이 이와 같은 발색단의 예이며, 거듭 말하지만, IR 스펙트럼과 NMR 스펙트럼이 매우 도움이 된다.
3. *두 흡수띠 모두 200 nm 이상에서 λ_{max}를 가지고 둘 다 중간 세기(ε = 1,000~10,000)를 갖는 흡수띠*는 보통 방향족 화합물의 존재를 나타낸다. 방향족 화합물이 있을 때는 장파장 흡수 영역에서 많은 미세 구조(비극성 용매에서만)를 나타낼 것이다. 방향족 고리의 치환, 특히 치환기가 콘쥬게이션 시스템을 증가시킬 때는 몰흡광계수를 10,000 이상으로 증가시킨다.

   다핵 방향족 물질의 경우에는 세 번째 흡수띠가 200 nm 근처에 나타난다. 단순한 방향족 화합물에서는 이 흡수띠는 200 nm 이하에서 나오므로 관찰할 수 없다. 대부분의 다핵 방향족 화합물과 이종원자고리 화합물은 매우 특징적인 세기와 모양(미세 구조)을 갖는 흡수띠를 나타내며, 때때로 문헌상의 스펙트럼과 비교하여 쉽게 확인할 수 있다. 이 장의 끝부분에 수록된 참고 문헌 중 Jaffé와 Orchin의 저서와 Scott의 저서에는 매우 유용한 스펙트럼 자료들이 수록되어 있다.
4. *210 nm 이상에서 나타나는 강한 세기(ε = 10,000~20,000)의 흡수띠*는 보통 α,β-불포화 ketone(IR 스펙트럼으로 확인)이나 diene 또는 polyene을 나타낸다. 콘쥬게이션 시스템의 길이가 길어짐에 따라 관찰되는 흡수 파장도 길어진다. Diene의 경우에는 Woodward-Fieser 규칙(10.10절)을 이용하여 λ_{max}를 계산할 수 있다.
5. *단순한 ketone, acid, ester, amide, π 시스템, 비공유전자쌍을 동시에 가지고 있는 화합물은 두 개의 흡수띠*를 보여준다. 장파장(> 300 nm, 약한 세기)에서의 $n \rightarrow \pi^*$ 전이와 단파장(< 250 nm, 강한 세기)에서의 $\pi \rightarrow \pi^*$ 전이이다. 콘쥬게이션(enone)에 의해 $\pi \rightarrow \pi^*$ 흡수띠의 λ_{max}는 장파장으로 이동하며, 이는 Woodward 규칙에 의해 예측할 수 있다(10.12절). 콘쥬게이션에 의해 ε 값은 보통 10,000 이상이 되고, 흡수 세기가 매우 강하여 약한 $n \rightarrow \pi^*$ 전이를 가리거나 덮어서 감추어버린다.

α,β-불포화 ester나 acid의 경우, 콘쥬게이션의 증가와 치환에 따라 λ_{max}의 위치를 추정하기 위하여 Nielsen 규칙(10.13절)을 사용할 수 있다.

6. *강한 색깔을 갖는 화합물*(가시광선 영역에서 흡수가 있는)은 긴 사슬의 콘쥬게이션 시스템이 있거나, 고리가 많은 방향족 발색단을 가질 가능성이 높다. Benzene류 화합물은 충분한 콘쥬게이션 치환기가 있으면 색깔을 나타낼 수 있다. 비방향족 계열의 화합물이 가시광선 영역에서 흡수를 하기 위해서는 적어도 4~5개의 콘쥬게이션을 이룬 발색단이 필요하다. 하지만 일부 간단한 nitro, azo, nitroso, α-diketo, polybromo, polyiodo 화합물들도 quinoid 구조를 갖는 많은 화합물들처럼 색깔을 나타낼 수 있다.

연습 문제

***1.** Benzonitrile의 자외선 스펙트럼은 224 nm에서 1차 흡수띠를, 271 nm에서 2차 흡수띠를 갖는다.

(a) 1×10^{-4} M 의 benzonitrile 수용액을 파장 224 nm에서 측정하였더니, 1 cm 용기의 길이에서 흡광도가 1.30이었다. 이 흡수띠의 몰흡광계수는 얼마인가?

(b) 같은 용액을 271 nm에서 측정하였다. 흡광도는 얼마가 되겠는가(ε = 1000)? $\frac{I_0}{I}$의 세기 비는 어떻게 될 것인가?

***2.** 다음 관찰 사항과 일치되는 화합물의 구조를 그려라.

(a) 242 nm에서 자외선 흡수 최대값을 갖는 산, $C_7H_4O_2C_{12}$

(b) 248 nm에서 자외선 흡수 최대값을 갖는 ketone, $C_8H_{14}O$

(c) 244 nm에서 자외선 흡수 최대값을 갖는 aldehyde, $C_8H_{12}O$

***3.** 다음 각 물질에 대해 자외선 흡수 최대값의 파장을 예상하여라.

(a) $CH_2{=}CH{-}\overset{O}{\overset{\|}{C}}{-}CH_3$

(b) $(CH_3)_2C{=}C(CH_3){-}C(=O){-}CH_2{-}CH_3$

(c)

(d)

(e)

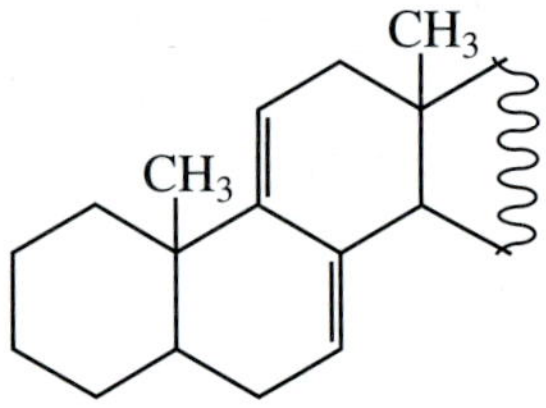

(f)

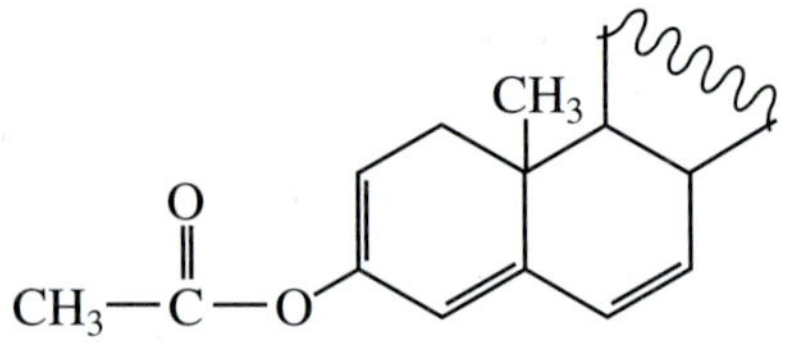

(g)

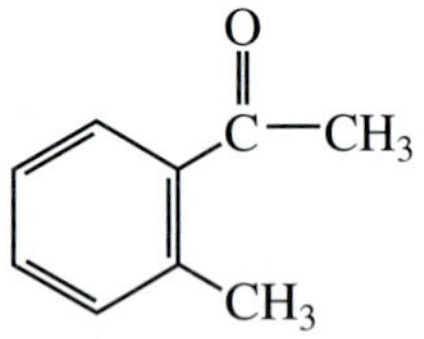

(h)

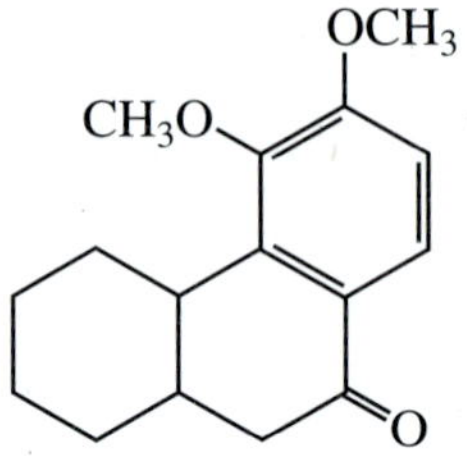

(i)

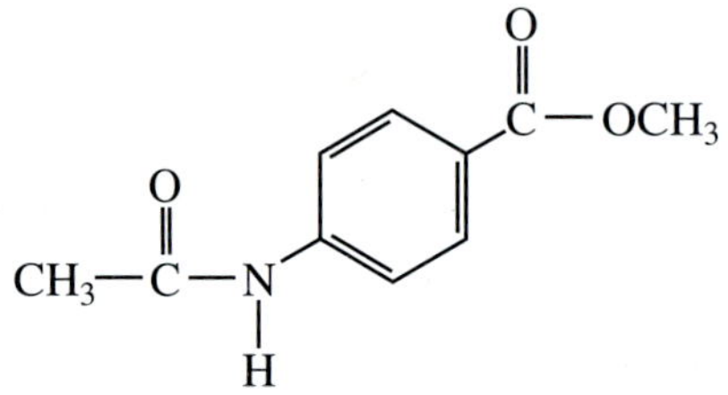

(j)

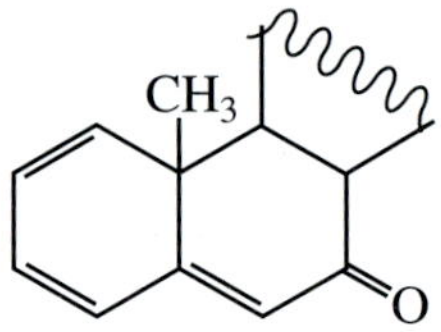

***4.** Acetone의 자외선 흡수 스펙트럼은 166, 189, 279 nm에서 흡수 최대값을 나타낸다. 각 흡수띠는 어떤 종류의 전이에 의한 것인가?

***5.** Chloromethane은 172 nm, bromomethane은 204 nm, iodomethane은 258 nm에서 흡수 최대값을 나타낸다. 각 흡수띠는 어떤 종류의 전이에 의한 것인가? 이와 같은 흡수의 경향을 어떻게 설명할 수 있는가?

***6.** 다음 화합물에서 어떠한 종류의 전자 전이가 가능한가?

(a) Cyclopentene

(b) Acetaldehyde

(c) Dimethyl ether

(d) Methyl vinyl ether

(e) Triethylamine

(f) Cyclohexane

7. 다음 주어진 화합물의 쌍을 서로 구별하기 위하여 자외선-가시광선 분광법을 이용할 수 있는지를 예측하고 설명하여라. 가능하다면 계산값을 이용하여 답하여라.

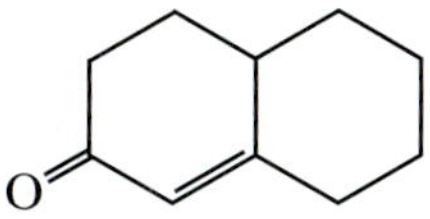

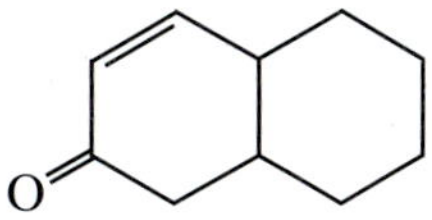

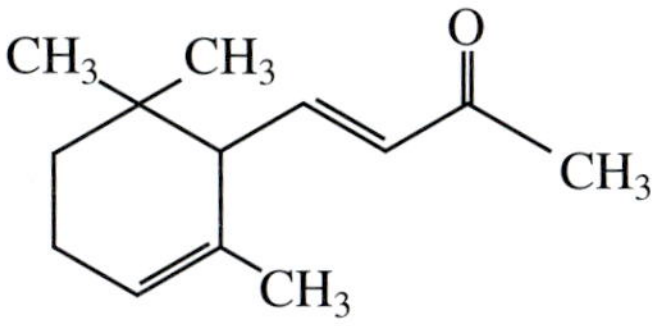

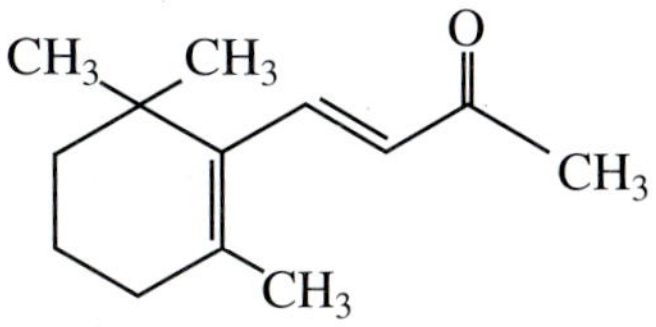

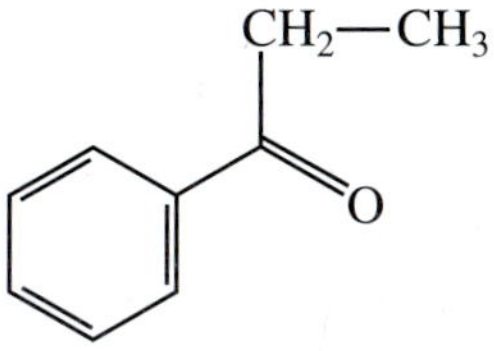

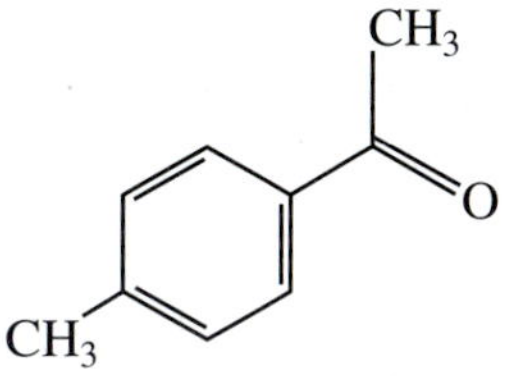

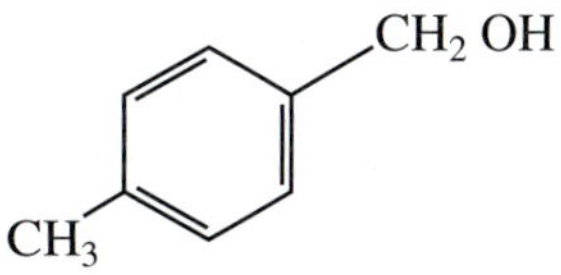

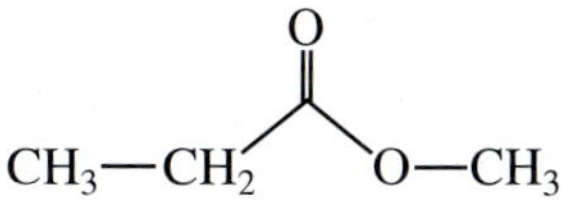

CH_3 CH_3 O CH_3 CH_3 CH_3 CH_3 O CH_3 CH_3

$CH_2—CH_3$ O CH_3 O CH_3

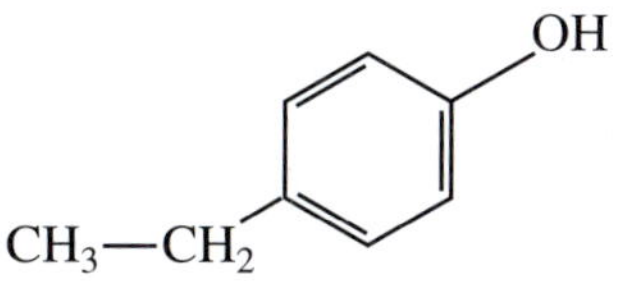

OH $CH_3—CH_2$ CH_2 OH CH_3

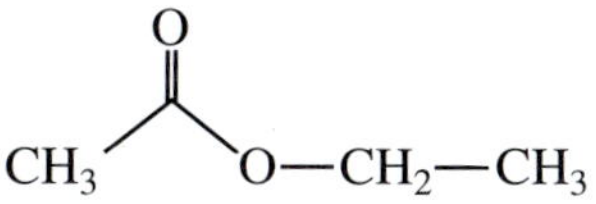

O CH_3 O—CH_2—CH_3 O CH_3—CH_2 O—CH_3

8. (a) 다음의 광화학 반응에 대한 반응물과 생성물의 자외선 흡수 최대값의 파장을 예측하여라.

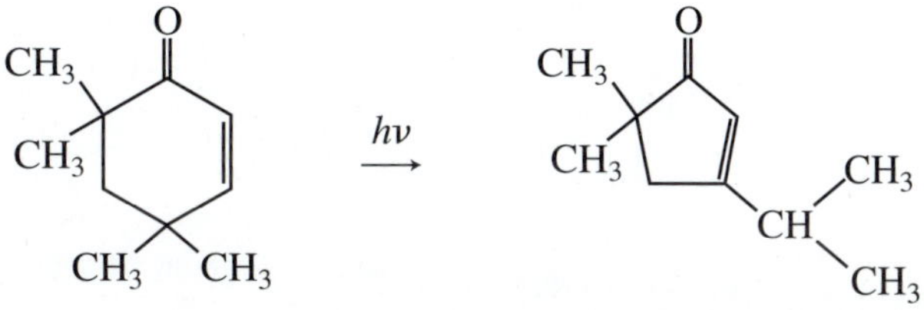

O CH_3 CH_3 CH_3 CH_3 $\xrightarrow{h\nu}$ O CH_3 CH_3 CH_3 CH CH_3

(b) 자외선 분광법이 반응물과 생성물을 구별하는 좋은 방법인가?

(c) 반응물과 생성물을 구별하기 위하여 적외선 분광법을 어떻게 이용할 것인가?

(d) 반응물과 생성물을 구별하기 위하여 proton NMR 분광법을 어떻게 이용할 것인가? (두 가지 방법)

(e) 반응물과 생성물을 구별하기 위하여 DEPT NMR을 어떻게 이용할 것인가? (제9장 참조)

참고 문헌

America Petroleum Institute Research Project 44, *Selected Ultraviolet Spectral Data*, Vols. I–IV, Thermodynamics Research Center, Texas A&M University, College Station, Texas, 1945–1977.

Friedel, R. A., and M. Orchin, *Ultraviolet Spectra of Aromatic Compounds*, John Wiley and Sons, New York, 1951.

Graselli, J. G., and W. M. Ritchey, eds., Atlas of *Spectral Data and Physical Constants*, CRC Press, Cleveland, OH, 1975.

Grinter, H. C., T. L. Threlfall(translator), *UV-VIS Spectroscopy and Its Applications*, Springer Laboratory, 1992.

Hershenson, H. M., *Ultraviolet Absorption Spectra: Index for 1954–1957*, Academic Press, New York, 1959.

Jaffé, H. H., and M. Orchin, *Theory and Applications of Ultraviolet Spectroscopy*, John Wiley and Sons, New York, 1964.

Parikh, V. M., *Absorption Spectroscopy of Organic Molecules*, Addison-Wesley Publishing Co., Reading, MA, 1974, Chapter 2.

Scott, A. I., *Interpretation of the Ultraviolet Spectra of Natural Products*, Pergamon Press, New York, 1964.

Silverstein, R. M., F. X. Webster, and D. J. Kiemle *Spectrometric Identification of Organic Compounds*, 7th ed., John Wiley and Sons, New York, 2005.

Stern, E. S., and T. C. J. Timmons, *Electronic Absorption Spectroscopy in Organic Chemistry*, St. Martin's Press, New York, 1971.

Selected Website

http//webbook.nist.gov/chemistry/

The National Institute of Standards and Technology (NIST) has developed the WebBook. This site includes UV/visible spectra, gas phase infrared spectra, and mass spectral data for compounds.

제 11 장

구조에 대한 종합 문제

Combined Structure Problems

이 장에서 여러분은 유기화학의 구조 문제를 풀기 위하여 지금까지 다루었던 모든 분광학적 방법을 종합적으로 적용해야 할 것이다. 앞 장에서 배웠던 원리를 이용하여 풀 수 있도록 45개의 문제가 제공된다. 문제에는 질량 스펙트럼(MS), 적외선(IR) 스펙트럼, proton(^{1}H) 및 탄소(^{13}C) 핵자기 공명 스펙트럼(NMR)이 포함되어 있다. 자외선(UV) 스펙트럼 자료는 문제에 제공될 때 스펙트럼보다는 표로 나타내었다. 이 장을 공부하면서 각 문제에는 "혼합된" 여러 형태의 스펙트럼 정보가 이용된다는 것을 알 것이다. 따라서 어느 문제에는 질량 스펙트럼, IR 스펙트럼과 함께 proton NMR 스펙트럼이 주어져 있으며, 또 다른 문제에는 IR 스펙트럼, proton NMR 스펙트럼 및 탄소 NMR 스펙트럼이 주어져 있다.

모든 ^{1}H(proton) NMR 스펙트럼은 300 MHz에서 측정하였으며, ^{13}C NMR 스펙트럼은 75 MHz에서 측정하였다. 따로 표시가 없는 한, ^{1}H NMR 스펙트럼과 ^{13}C NMR 스펙트럼은 $CDCl_3$ 용매에서 측정하였다. 어떤 경우에는 ^{13}C 스펙트럼 자료는 DEPT-135, DEPT-90 자료와 함께 표로 만들어 제시되었다. 어떤 경우에는 proton NMR 스펙트럼을 정밀하게 관찰하기 위하여 확대 그림을 삽입한 경우도 있다. 마지막으로, *액체* 시료의 IR 스펙트럼은 KBr 염판에 넣어 원액으로(용매 없이) 측정하였고, *고체* 시료의 IR 스펙트럼은 염판에 용융 주물(KBr 펠릿)로 만들거나 Nujol(광유) 반죽(현탁액)으로 측정하였다.

제시된 문제들의 화합물은 C, H, O, N, S, Cl, Br, I의 원소를 포함하고 있다. Halogen 원소가 있는 대다수의 경우 질량 스펙트럼으로부터 어떤 halogen 원자가 들어있는가에 대한 정보와 halogen 원자의 수에 대한 정보를 알아내야 한다(제3장 3.7절 참조).

이 장의 문제를 푸는 데는 많은 접근 가능한 방법이 있을 것이다. 문제 풀이에 "표준" 방법은 없다. 하지만 일반적으로 문제를 풀기 위하여 먼저 문제에 제시된 스펙트럼을 개괄적으로 보고 전반적인 개념을 얻도록 노력하여야 한다. 그렇게 하면서 구조에 대한 단편적인 정보를 얻을 수 있을 것이다. 일단 단편적인 조각들이 확인되면 이들을 붙여 맞춘 후 각 스펙트럼을 다시 검토하여 그 구조의 적합성을 시험해 볼 수 있을 것이다.

1. **질량 스펙트럼.** 질량 스펙트럼을 이용하여 스펙트럼에 표시된 분자 이온 피크(M)와 십삼의 규칙에 의한 계산(제1장 1.5절)을 수행하여 분자식을 얻는다. 대부분의 경우 탄화수소의 화학식을 작용기를 포함하는 화학식으로 전환하는 것이 필요하다. 예를 들어, IR 스펙트럼이나 ^{13}C 스펙트럼에서 carbonyl 그룹을 관찰할 수 있을 것이다. 스펙트럼 상의 증거에 부합할 수 있도록 탄화수소의 화학식으로 적절하게 맞추어라. 문제에 질량 스펙트럼이 제공되지 않는다면 분자식이 주어질 것이다. 표기된 토막 피크들은 분석하고자 하는 화합물에 존재하는 독특한 특징에 대한 훌륭한 증거를 제공할 것이다. 보통의 작용기에 대한 토막나기 패턴은 제4장 4.4절(alcohol), 4.6절(carbonyl 그룹을 포함하는 화합물), 4.9절(halide)에서 논의하였다.

2. **IR 스펙트럼.** IR 스펙트럼으로부터 작용기의 유무를 판단할 수 있는 아이디어를 얻을 수 있다. 우선 O−H, N−H, C≡N, C≡C, C=C, C=O, NO_2, 방향족 고리와 같은 작용기를 확인하기 위하여 스펙트럼의 왼쪽 부분을 살펴보아라. 스펙트럼에서 무엇을 찾을 수 있는지를 알려줄 수 있는 단초에 대해 제2장 2.8절과 2.9절을 참조하여라. 우선적으로 스펙트럼을 대강 훑어보는 동안 C−H 신축띠와 스펙트럼의 오른쪽 부분(지문 영역)은 무시하여라. 스펙트럼을 이용하여 C=O 그룹의 유형을 결정하고, 아울러 이중 결합에 콘쥬게이션이 있는지 또는 방향족 고리가 있는지를 검토하여라. 평면외 굽힘띠(oops)들을 이용하여 때때로 alkene(제2장 2.22절)과 방향족 고리(제2장 2.28절)의 치환 패턴을 결정할 수 있다. IR 스펙트럼의 완전한 해석은 거의 필요치 않다.
3. **Proton NMR 스펙트럼.** Proton(^{1}H) NMR 스펙트럼은 탄소 골격에 결합되어 있는 수소 원자의 수와 유형에 대한 정보를 준다. 제5장 5.19절은 다양한 작용기에 대한 정보, 특히 예상되는 화학적 이동에 대한 proton NMR 스펙트럼에 대한 정보를 제공한다. 주어진 적분 자료를 사용하여 proton들에 대한 적분비를 결정할 필요가 있다. 탄소 사슬에 결합된 수소의 수를 알아내는 방법은 제5장 5.9절을 참조하여라. 대부분의 경우 300 MHz에서 얻은 전체 스펙트럼에서 다중선의 갈라짐 패턴을 관찰하는 것은 쉽지 않다. 그러므로 전체 스펙트럼에 이중선, 삼중선, 사중선, 오중선, 육중선 등과 같이 피크의 다중도를 나타내었다. 단일선은 일반적으로 알아보기가 쉽기 때문에 표시하지 않았다. 많은 문제에서 proton NMR 스펙트럼에 대한 확대 그림이 제공되었으며, 짝지음 상수를 계산하기 쉽도록 Hz 값으로 나타내었다. Proton 짝지음 상수의 크기는 때때로 alkene에서 수소 원자의 상대적 위치(*cis/trans* 이성질체)와 같은 화합물에 대한 구조적 특징을 할당하는 데 도움이 된다.
4. **탄소 NMR 스펙트럼.** 탄소(^{13}C) NMR 스펙트럼은 분자 내에서 동등하지 않은 탄소 원자의 총 개수를 알려준다. 어느 경우는 대칭성 때문에 탄소의 화학적 이동이 같을 수 있다. 이 경우, 탄소의 총 개수는 분자식에서 알 수 있는 탄소 수보다 적을 것이다. 제6장에 있는 중요한 상관도표를 다시 한 번 검토해야 할 것이다. 그림 6.1과 표 6.1은 다양한 구조적 특성을 예상할 수 있는 화학적 이동의 범위를 보여준다. Carbonyl 그룹에 대한 예상 범위는 그림 6.2에 나타내었다. 아울러 부록 8에 수록한 것과 같이 근사적인 ^{13}C 화학적 이동값을 계산하는 것은 유용하다. 보편적으로 sp^3 탄소 원자는 $CDCl_3$ 용매 피크보다 높은 장(오른쪽)에 나타나는 반면, alkene이나 방향족 고리에 있는 sp^2 탄소 원자는 용매 피크의 왼쪽(낮은 장)에 나타난다. C=O 그룹에 있는 탄소 원자는 탄소 스펙트럼에서 가장 왼쪽에 나타난다. 가능성 있는 C=O 그룹을 확인하기 위하여 우선적으로 탄소 스펙트럼의 왼쪽 부분을 살펴보아라.
5. **고급 NMR 기법.** 몇몇 경우의 문제에서 미지 시료에 존재하는 탄소 원자의 유형에 대한 값진 정보를 제공해 주는 표를 작성하였다. 탄소 스펙트럼에서 어떻게 CH_3, CH_2, CH, C 원자의 존재를 결정하는지에 대한 정보를 알기 위하여 제6장 6.10절 'DEPT 맛보기'를 다시 한 번 검토하여라. 이와 같은 고급 기법에 대한 추가 정보를 얻기 위하여 제9장 9.4절(DEPT), 9.7절(COSY), 9.8절(HETCOR)을 참조할 필요가 있다.
6. **자외선/가시광선 스펙트럼.** 분자 내에 불포화가 있을 경우 자외선/가시광선 스펙트럼은 유용한 정보를 준다. 자외선 스펙트럼을 어떻게 설명하는지에 대한 정보를 알기 위하여 제10장 10.17절을 참조하여라.
7. **최종 구조의 결정.** 각 문제에 제공된 정보의 완벽한 해석으로 미지 화합물에 대한 단 하나의 구조를 이끌어내야 한다. 우선 풀이가 있는 네 개의 예제를 나타내었다. 이 예제를 푸는 데는 여러 가지 접근 방법이 있을 것이다. 이 장의 시작 부분에 있는 문제가 다소 쉽기 때문에, 어려운 문제로

더 나아가기 전에 반드시 그 문제들을 먼저 풀어 보아야 한다. 진심으로 즐겁게 문제를 풀어라. 이 책의 지은이들이 느낀 것 이상의 즐거움을 느낄 것이다.

풀이가 있는 예제 1

❖ 문제

이 화학물의 자외선 스펙트럼은 끝 흡수(end absorption)만을 보인다. 이 화합물의 구조를 결정하여라.

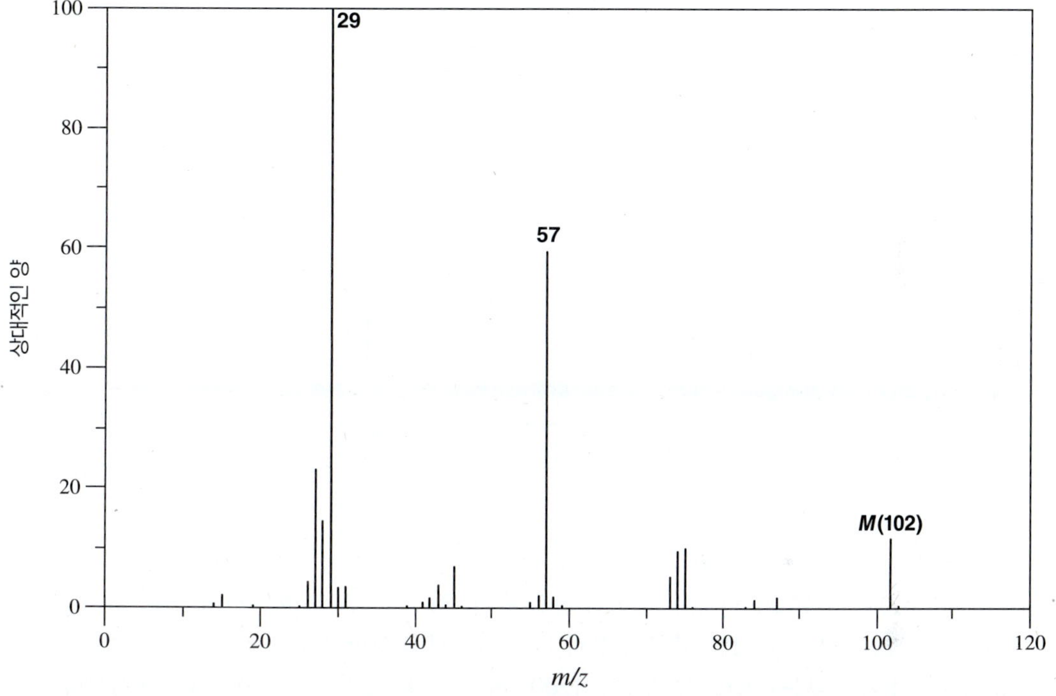

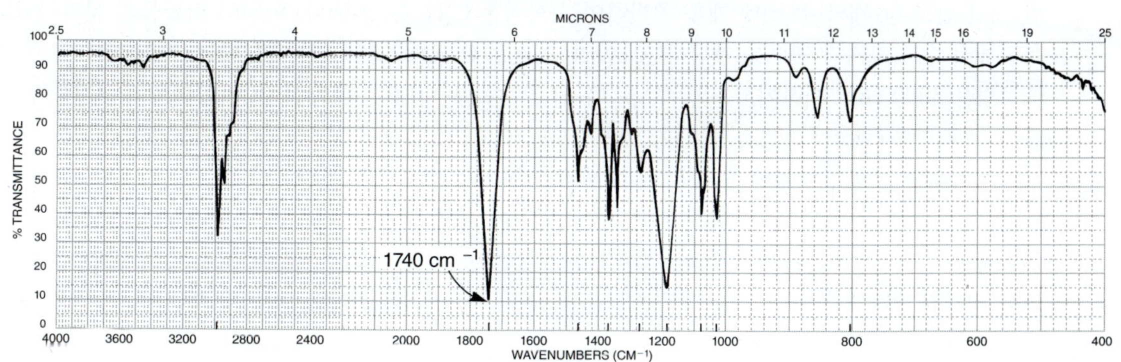

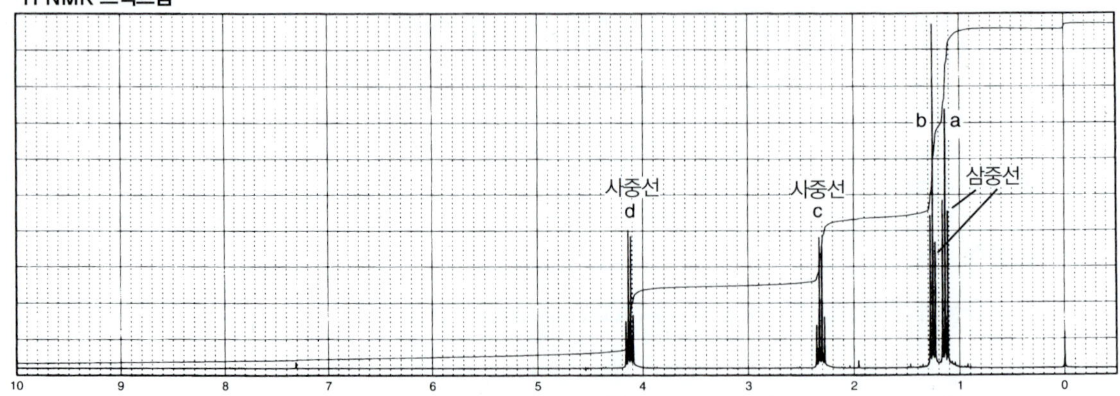

13C NMR 스펙트럼

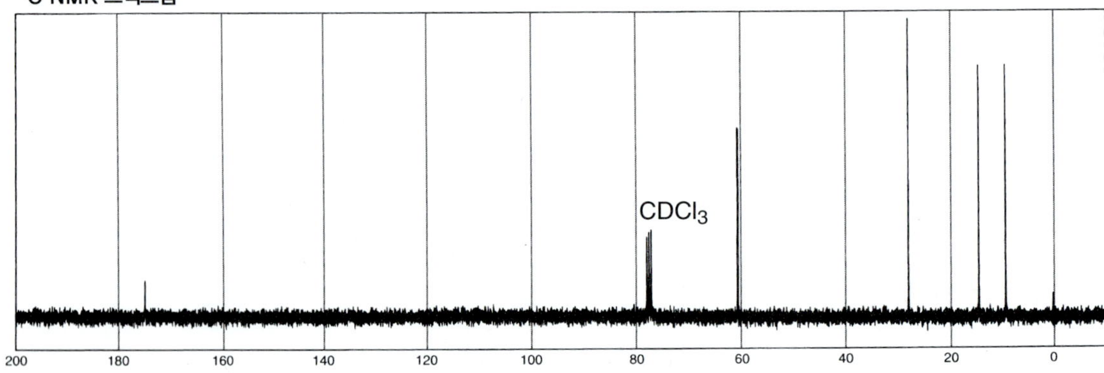

✣ 풀이

이 문제에는 분자식이 제공되지 않은 것에 유의하여라. 스펙트럼 증거로부터 이를 얻어야 한다. 분자 이온 피크는 m/z = 102에 나타나 있다. 십삼의 규칙(제1장 1.5절)을 이용하여, 102에 있는 피크를 화학식 C_7H_{18}로 계산할 수 있다. IR 스펙트럼에서 1740 cm^{-1}에서 강한 흡수가 있는 것으로 보아 화합물은 단순히 콘쥬게이션되지 않은 ester로 추측된다. 1200 cm^{-1}에 있는 강하고 넓은 폭의 C–O 흡수띠의 존재로 ester임을 확신할 수 있다. 이제 화학식에 두 개의 산소가 있는 것을 알 수 있다. 질량 스펙트럼의 증거로 되돌아가 십삼의 규칙을 통해 계산한 화학식은 C_7H_{18}이다. 두 개의 산소를 탄소와 수소로 치환하면 산소 원자 한 개가 탄소 한 개와 수소 네 개를 치환하여 화학식은 $C_5H_{10}O_2$가 된다. 이것이 화합물의 분자식이다. 이 화합물의 수소 모자람 지수를 계산하면 1이며, 이것은 C=O 그룹에 있는 불포화에 해당한다. 또한 IR 스펙트럼은 3000 cm^{-1} 이하에서 지방족 sp^3 C–H 흡수를 나타낸다. 따라서 이 화합물은 $C_5H_{10}O_2$의 분자식을 갖는 지방족 ester라고 결론지을 수 있다.

^{13}C NMR 스펙트럼에서 총 다섯 개의 피크를 보여주는데 이는 분자식에 있는 탄소 수에 정확하게 대응한다. 십삼의 규칙으로부터 다섯 개의 탄소 원자에 대해 얻은 분자식에 대한 계산을 검토할 수 있다. 174 ppm의 피크는 ester의 C=O 탄소에 해당한다. 60 ppm의 피크는 이웃에 있는 단일 결합 산소 원자에 의해 벗겨진 탄소 원자이다. 나머지 탄소들은 비교적 가려져 있다. 이와 같은 세 개의 피크는 ester의 탄소 사슬의 나머지 부분에 해당한다.

여기서 두 개의 가능한 구조를 생각할 수 있으나, ^{1}H NMR 스펙트럼으로 정확한 구조를 확정할 수 있다. 스펙트럼의 적분 곡선으로부터 피크의 적분비는 낮은 장에서부터 높은 장으로 2:2:3:3이다. 이 숫자를 합하면 10이 되어 분자식에 있는 수소 개수와 일치한다. 이번에는 피크의 갈라짐 패턴을 이용하여 이 화합물의 구조를 결정할 수 있다. 이것은 ethyl propanoate이다.

$$\overset{\mathbf{a}}{CH_3}-\overset{\mathbf{c}}{CH_2}-\overset{O}{\overset{\|}{C}}-O-\overset{\mathbf{d}}{CH_2}-\overset{\mathbf{b}}{CH_3}$$

4.1 ppm(**d** proton)에 있는 낮은 장의 사중선은 탄소 **b**에 있는 이웃 proton에 의해 갈라진 것이고, 2.4 ppm(**c** proton)의 또 다른 사중선은 탄소 **a**의 proton들에 의한 스핀-스핀 갈라짐에 의한 것이다. 따라서 proton NMR은 최종 구조와 일치한다.

자외선 스펙트럼은 의미가 없으나, 이 구조를 확인할 수 있도록 해준다. 단순 ester는 용매의 차단점 부근에서 약한 $n \rightarrow \pi^*$ 전이(205 nm)를 나타낸다. 질량 스펙트럼으로 돌아가서 57 질량 단위의 강한 피크는 alkoxy 그룹의 α-절단의 결과로 생성된 acylium 이온($CH_3-CH_2-\overset{+}{C}=O$)이다. 이 이온의 질량은 57이다.

■ 풀이가 있는 예제 2

❖ 문제

화학식 $C_{10}H_{12}O_2$인 화합물의 구조를 결정하여라. IR 스펙트럼, ^{1}H NMR 스펙트럼뿐만 아니라 정상 ^{13}C NMR, DEPT-135, DEPT-90 스펙트럼 자료를 다음 표에 나타내었다.

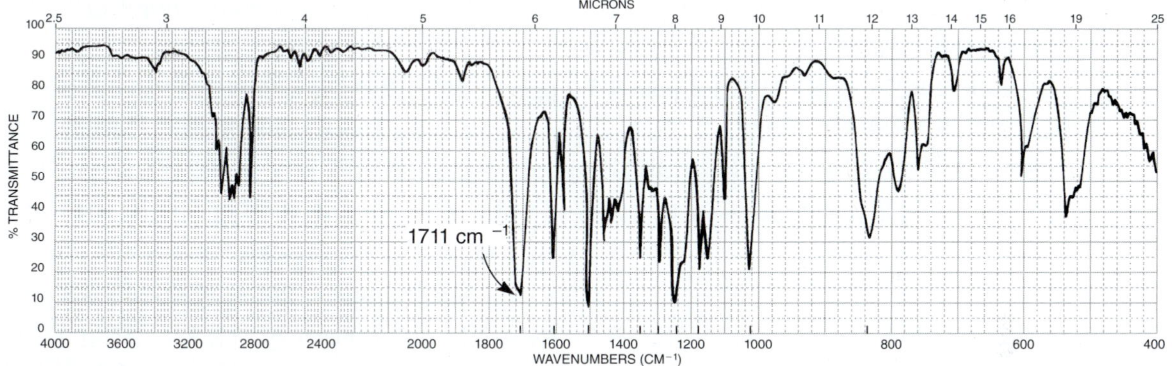

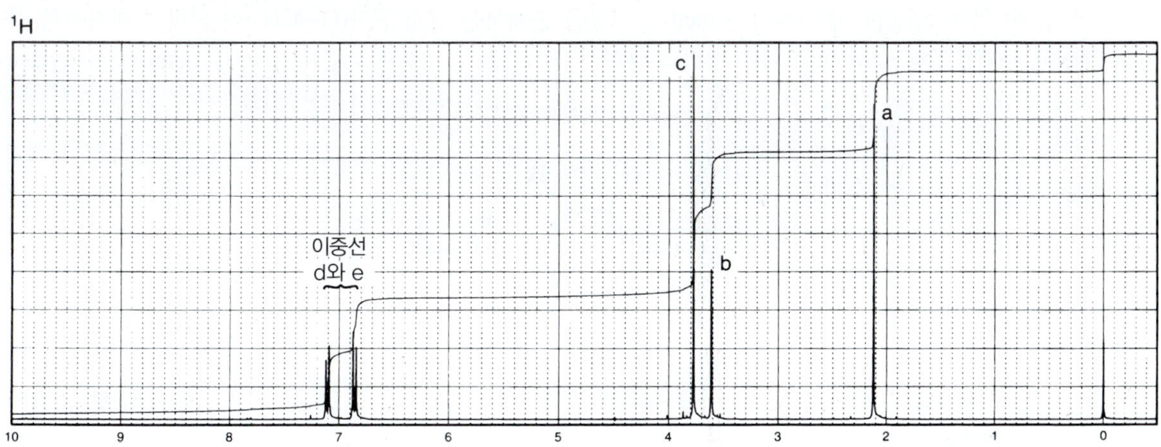

정상 ^{13}C	DEPT-135	DEPT-90
29 ppm	양의 피크	피크 없음
50	음의 피크	피크 없음
55	양의 피크	피크 없음
114	양의 피크	양의 피크
126	피크 없음	피크 없음
130	양의 피크	양의 피크
159	피크 없음	피크 없음
207	피크 없음	피크 없음

✣ 풀이

수소 모자람 지수(제1장 1.4절)를 계산하면 5이다. IR 스펙트럼뿐만 아니라, ^{1}H NMR 스펙트럼, ^{13}C NMR 스펙트럼으로 방향족 고리(불포화 지수 = 4)를 추정할 수 있다. 남은 지수 하나는 IR 스펙트럼의 1711 cm^{-1}에 나타나는 C=O 그룹 때문이다. C=O에 대한 이 값은 ester로서는 너무 낮고, 콘쥬게이션되지 않은 ketone의 carbonyl 그룹에 가까운 것으로 예측할 수 있다. ^{13}C NMR 스펙트럼에서 207 ppm의 피크는 ketone의 전형적인 것으로, ketone의 C=O임을 확정할 수 있다. 분자식은 10개의 탄소가 존재하는데 비하여, ^{13}C NMR 스펙트럼에는 단지 여덟 개의 피크만 나타난다. 이는 대칭으로 인하여 일부 탄소 원자가 동등함을 암시한다.

^{1}H NMR 스펙트럼을 살펴보면, 6.8 ppm과 7.2 ppm 사이에 이웃한 "한 쌍의 이중선"이 나타난다. 이는 *para* 치환 패턴으로 인한 것이며, 각 이중선의 적분값은 각각 두 개의 proton에 해당한다. Methoxy 그룹의 전자주기 특성으로 인하여 또는 ^{1}H 화학적 이동의 계산으로 조금 더 높은 장 공명인 6.8 ppm의 피크를 방향족 고리에 결합되어 있고 $-OCH_3$ 그룹에 이웃하고 있는 proton(**d**)로 할당할 수 있다. ^{1}H NMR 스펙트럼의 높은 장 부분에 있는 proton들은 각각 CH_3, CH_2, CH_3에 해당하는 3:2:3의 적분비를 갖는 것을 알 수 있다. 또한 이 피크들은 갈라지지 않은 것으로 보아 이웃한 proton이 없음을 알 수 있다. 3.8 ppm의 낮은 장에 나타나는 methyl 그룹은 산소 원자 다음에 있는 것으로 methoxy 그룹으로 추정된다. ^{13}C DEPT NMR 스펙트럼 결과로부터 분명하게 두 개의 methyl 그룹과 한 개의 methylene 그룹이 있는 것을 알 수 있다. 55 ppm에 나타나는 methyl 그룹은 존재하는 산소 원자($O-CH_3$)에 의하여 벗겨진다. ^{1}H NMR 스펙트럼의 *para* 이중 치환 패턴과 단일선 피크들을 고려하여 다음과 같이 4-methoxyphenylacetone에 대한 구조를 유도할 수 있다.

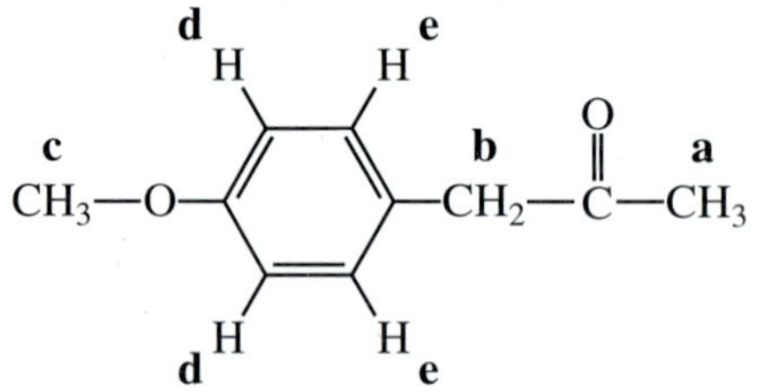

d H H e
c b O a
$CH_3-O-C_6H_4-CH_2-C(=O)-CH_3$
d H H e

^{13}C 스펙트럼 결과로부터 *para* 이중 치환된 고리를 더욱 확신할 수 있다. ^{13}C NMR 스펙트럼의 방향족 탄소 영역에 네 개의 피크가 있다. 이 중 두 개의 피크(126 ppm, 159 ppm)는 DEPT-135 또는 DEPT-90에 나타나지 않은 proton이 결합되지 않은 *ipso* 탄소 원자이다. 남아 있는 114 ppm과 130 ppm의 두 개의 피크는 대칭에 의해 두 개씩 동등한 네 개의 탄소 원자에 할당된다. 두 개의 **d** 탄소 원자는 DEPT-135와 DEPT-90 실험에 모두 피크로 나타나므로 proton이 결합(C−H)되어 있는 것이 확실하다. 비슷하게

두 개의 **e** 탄소 원자 역시 DEPT-135와 DEPT-90 실험에 피크로 나타나므로 C–H의 존재가 확실하다. IR 스펙트럼에서 평면외 영역(835cm^{-1})에서 *para* 치환 패턴을 갖는 것으로 보아, 이 화합물은 방향족 고리에 1,4-이중 치환된 것을 확인할 수 있다.

■ 풀이가 있는 예제 3

❖ 문제

분자식 $C_9H_{11}NO_2$인 화합물의 구조를 결정하여라. IR 스펙트럼, 확대 그림을 포함한 ^{1}H NMR 스펙트럼과 ^{13}C NMR 스펙트럼 자료를 아래에 나타내었다.

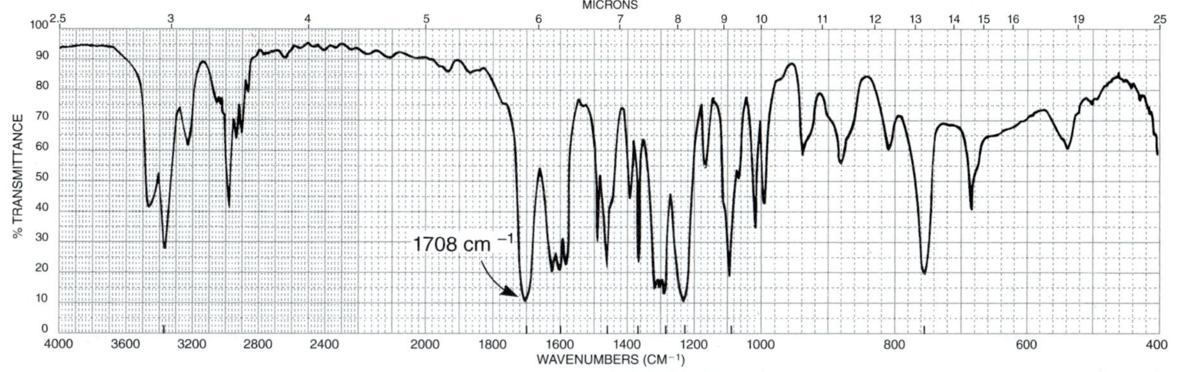

정상 ^{13}C	DEPT-135	DEPT-90
14 ppm	양의 피크	피크 없음
61	음의 피크	피크 없음
116	양의 피크	양의 피크
119	양의 피크	양의 피크
120	양의 피크	양의 피크
129	양의 피크	양의 피크
131	피크 없음	피크 없음
147	피크 없음	피크 없음
167	피크 없음	피크 없음

^{1}H NMR 스펙트럼

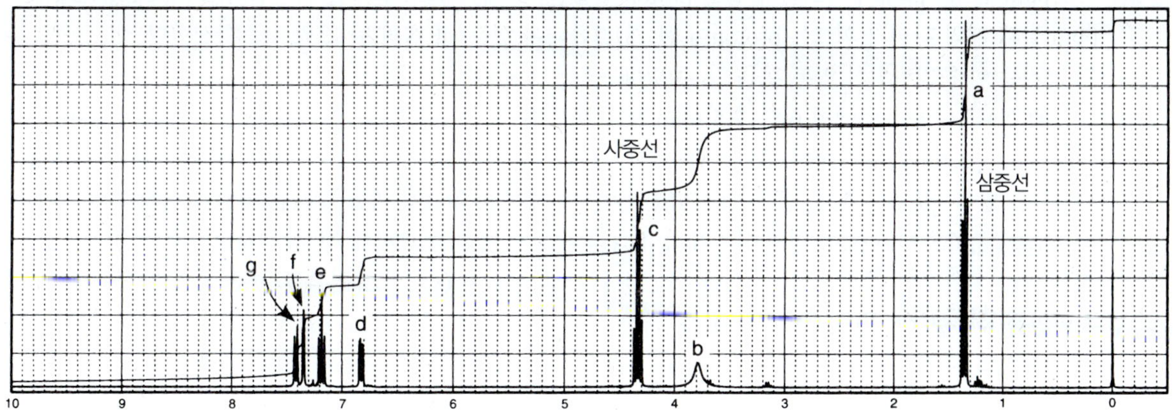

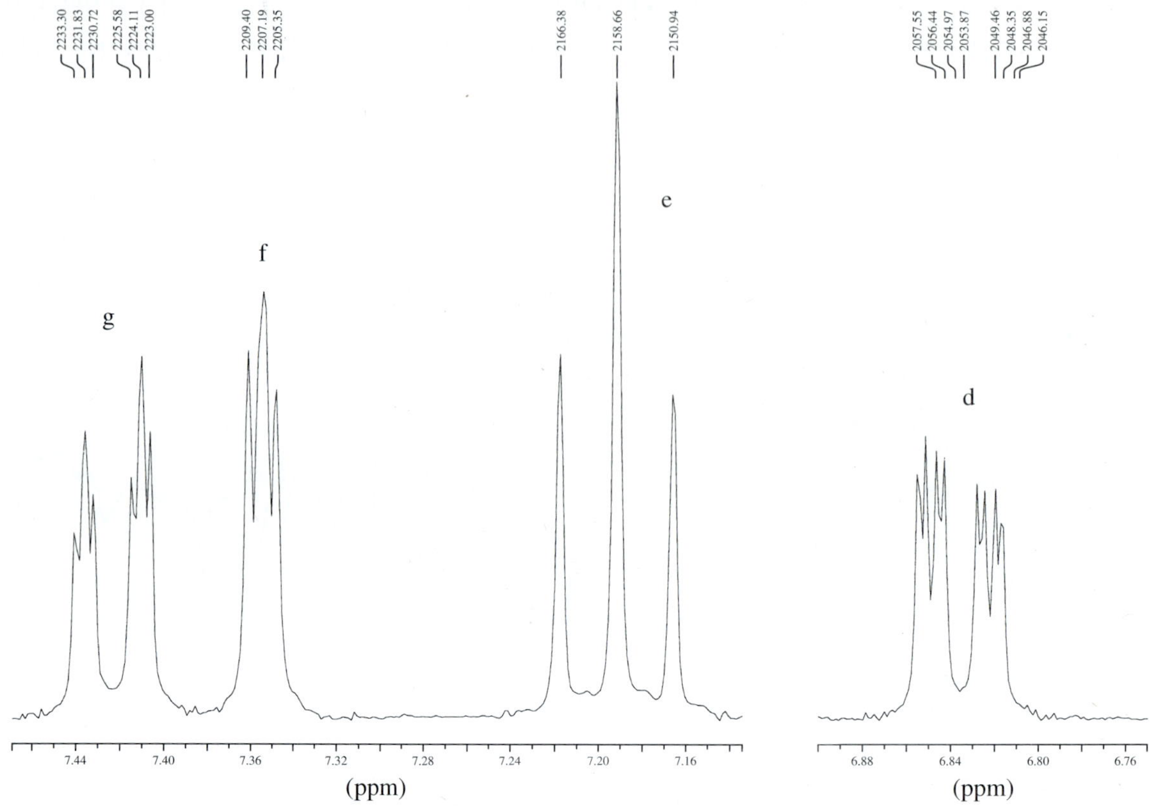

✣ 풀이

수소 모자람 지수를 계산하면 5이다. 이 문제에 주어진 모든 스펙트럼으로 방향족 고리(불포화 지수 = 4)를 추정할 수 있다. 남은 지수 하나는 IR 스펙트럼의 1708 cm^{-1}에 나타나는 C=O 그룹 때문이다. Carbonyl 그룹에 대한 이 값은 amide로는 너무 크다. 따라서 콘쥬게이션된 ester로 보는 것이 합리적이다. 화학식의 NO_2는 nitro 그룹으로 추정할 수도 있으나, ester 작용기에 산소 두 개가 필요하므로 nitro 그룹은 존재할 수 없다. IR 스펙트럼에서 3400 cm^{-1}의 이중선은 완전한 1차 amine을 의미한다.

^{13}C NMR 스펙트럼에는 아홉 개의 피크가 있으며 분자식의 아홉 개 탄소 원자 개수에 해당한다. Ester의 C=O 탄소 원자는 167 ppm에 나타난다. 나머지 낮은 장의 탄소들은 각각 다른 환경의 6개의 방향족 고리 탄소에 해당한다. 이로부터 고리는 대칭으로 치환되어 있지 않음을 알 수 있다. DEPT 결과 131 ppm과 147 ppm의 피크는 결합된 proton이 없는 두 개의 탄소 원자를 확신한다. 116, 119, 120, 129 ppm의 네 개의 나머지 피크는 proton이 한 개 결합되어 있는 네 개의 탄소 원자를 확신한다. 이 정보로부터 고리는 이중 치환되어 있는 것을 알 수 있다.

^{1}H NMR 스펙트럼에서 6.8~7.5 ppm 범위의 방향족 고리 영역을 잘 관찰하여야 한다. 방향족 고리에 네 개의 proton이 존재하며, ^{1}H NMR 스펙트럼에 나타난 적분값으로부터 각 피크는 한 개의 proton에 해당함을 알 수 있다. 주어진 전체 ^{1}H NMR 스펙트럼에서 proton에 대한 갈라짐 패턴을 결정하는 것이 쉽지 않으므로, 6.8~7.5 ppm 영역을 확대하여 나타내었다. 방향족 고리에 네 개의 proton이 나타나므로 고리는 이중 치환되어 있다. 나타난 패턴으로 판단할 때, 1,4-이중 치환 또는 1,2-이중 치환보다는 1,3-이중 치환임을 추측할 수 있다(제7장 7.10절). 가장 결정적인 관찰 사항은 proton **f**가 좁게 갈라진 삼중선(또는 이중선의 이중선, dd) ^{3}J 짝지음이 아닌 ^{4}J 짝지음을 하는 것을 추측할 수 있다. 다시 말하면, 이 proton

은 이웃한 proton을 가지고 있지 않다. 이 proton은 두 개의 proton 그룹이 아닌 amino(−NH_2) 그룹과 carbonyl(C=O) 그룹 사이에 "끼어" 있다. C=O 그룹의 비등방성 효과(그림 7.61 참조)로 벗겨지기 때문에 proton **g**와 proton **f**는 proton **e**와 proton **d**에 비해 상대적으로 낮은 장에 나타난다. Proton NMR 증거만큼 확신할 수는 없지만, IR 스펙트럼에서 680, 760, 880 cm^{-1}에 나타나는 방향족의 평면외 굽힘띠로부터 *meta*-이중 치환임을 알 수 있다.

^1H NMR 스펙트럼의 높은 장에서 발견되는 사중선과 삼중선으로부터 ethyl 그룹이 존재함을 알 수 있다(4.3 ppm, 1.4 ppm은 각각 CH_2, CH_3 그룹에 해당한다). 마지막으로 두 개의 proton에 해당하는 적분값을 갖는 넓은 폭의 NH_2 피크는 proton NMR 스펙트럼에서 3.8 ppm에 나타난다. 이 화합물은 ethyl 3-aminobenzoate이다.

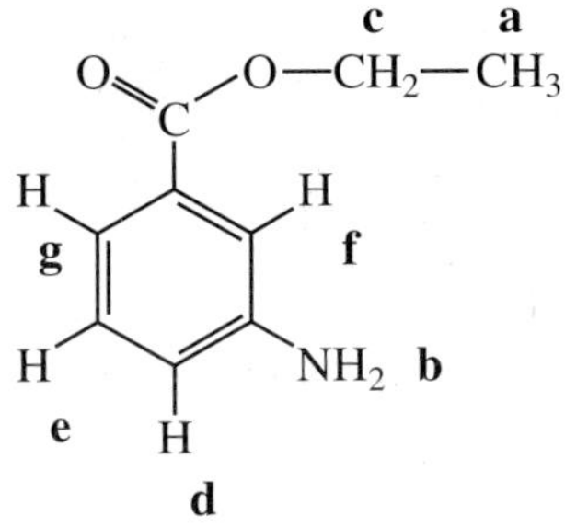

방향족 proton에 대한 할당을 확신하기 위하여 문제에 주어진 proton NMR 스펙트럼의 확대 그림을 살펴볼 필요가 있다. 확대 그림에 주어진 Hz 값은 1,3-이중 치환 패턴을 확신할 수 있는 짝지음 상수를 얻을 수 있도록 한다. 확대 그림에서 관찰되는 갈라짐은 이 화합물에 존재하는 짝지음 상수 ^3J와 ^4J로 설명할 수 있다. ^5J 짝지음은 0이거나 너무 작아 확대 그림에서 관찰할 수 없다.

7.42 ppm(H_g) 삼중선의 이중선(dt) 또는 이중선의 이중선의 이중선(ddd).
$^3J_{eg}$ = 7.8 Hz, $^4J_{fg}$와 $^4J_{dg}$ ≈ 1.5 Hz.

7.35 ppm(H_f) 이 proton은 고리에 결합된 두 치환기 사이에 위치해 있다. 관찰되는 proton 짝지음은 아주 가깝게 있는 삼중선, 좀 더 정확하게는 이중선의 이중선의 결과인 작은 ^4J 짝지음이다.
$^4J_{fg}$와 $^4J_{df}$ ≈ 1.5~2 Hz.

7.19 ppm(H_e) 이 proton은 넓은 간격을 갖는 "삼중선"으로 나타난다. 한 개의 짝지음 상수는 $^3J_{eg}$ = 7.8 Hz는 7.42 ppm에 있는 패턴으로부터 얻어진다. 또 다른 짝지음 상수 $^3J_{de}$ = 8.1 Hz는 6.84 ppm에 있는 패턴으로부터 얻어진다. 패턴은 삼중선으로 나타나는데, 짝지음 상수가 거의 같기 때문에 그 결과 "삼중선"의 가운데 피크는 우연히 겹쳐졌기 때문이다. 따라서 이 "삼중선"은 좀 더 정확하게 이중선의 이중선(dd)으로 기술할 수 있다.

6.84 ppm(H_d) 이중선의 이중선의 이중선(ddd).
$^3J_{de}$ = 8.1 Hz, $^4J_{dg} \neq {}^4J_{df}$.

■ 풀이가 있는 예제 4

❖ 문제

분자식 $C_5H_7NO_2$인 화합물의 구조를 결정하여라. IR 스펙트럼, ^{1}H NMR 스펙트럼과 ^{13}C NMR 스펙트럼이 아래에 주어졌다.

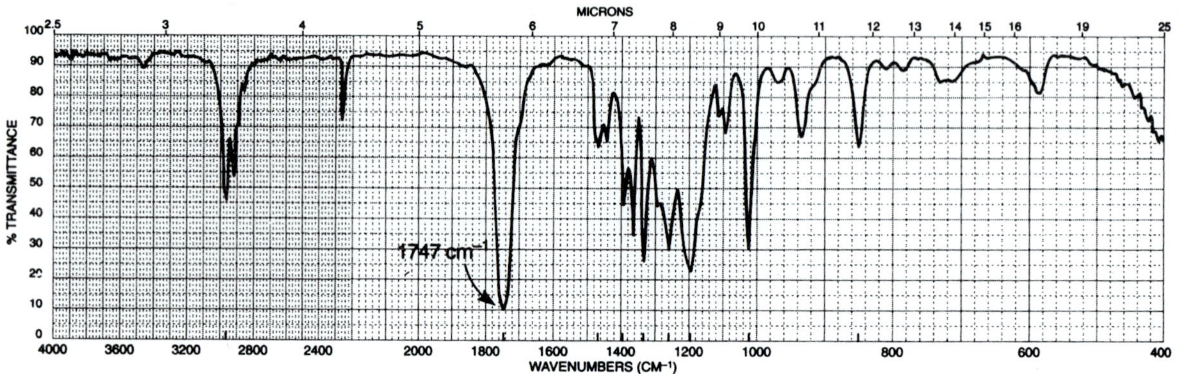

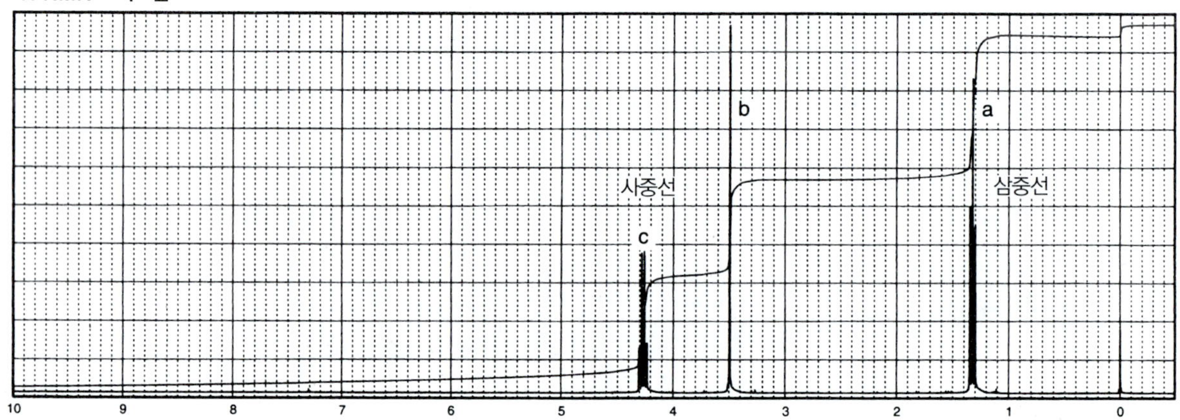

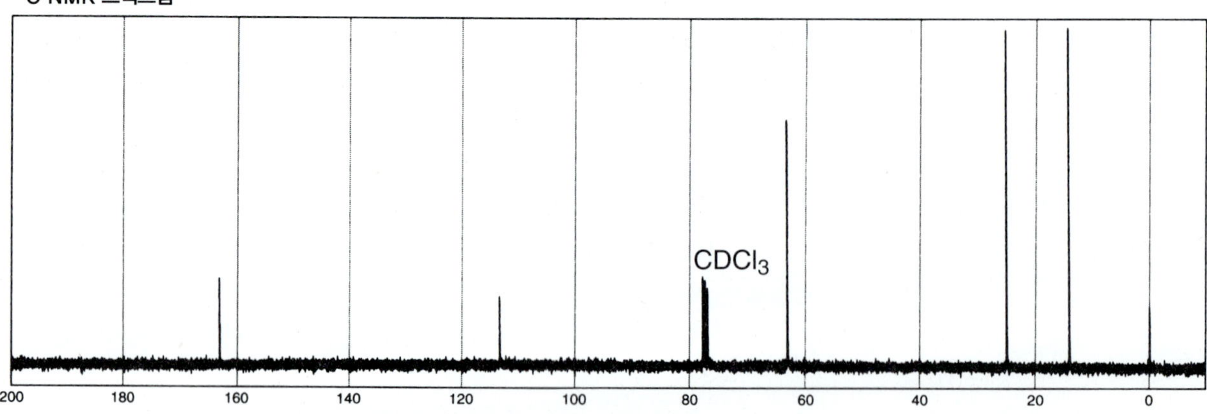

✣ 풀이

수소 모자람 지수를 계산하면 3이다. IR 스펙트럼을 대강 훑어보면 지수 3에 해당하는 불포화의 원인을 찾을 수 있다. 2260 cm^{-1}의 nitrile 그룹(불포화 지수 = 2)과 1747 cm^{-1}의 carbonyl 그룹(불포화 지수 = 1)이 있다. Carbonyl 그룹의 흡수 진동수는 콘쥬게이션된 ester를 의미한다. 1200 cm^{-1} 부근의 여러 개의 강한 C−O 흡수띠는 ester 작용기의 존재를 확인시켜 준다. C≡C 결합은 C≡N 결합보다 작은 값의 진동수(2150 cm^{-1})에서 약한 세기의 피크를 나타내므로 배제할 수 있다.

^{13}C NMR 스펙트럼의 다섯 개의 피크는 다섯 개의 탄소가 있는 분자식과 일치한다. C≡N 그룹의 탄소 원자는 113 ppm에서 특징적으로 나타난다. 아울러, ester C=O의 탄소 원자는 163 ppm에 나타난다. 나머지 중 한 개의 탄소 원자(63 ppm)는 아마도 전기음성도가 큰 산소 원자 옆에 있으며, 25 ppm과 14 ppm에 나타나는 나머지 두 개의 탄소 원자는 methylene과 methyl 그룹에 해당된다. 따라서 구조는 다음과 같다.

$$N{\equiv}C{-}\underset{b}{CH_2}{-}\overset{O}{\overset{\|}{C}}{-}O{-}\underset{c}{CH_2}{-}\underset{a}{CH_3}$$

^{1}H NMR 스펙트럼은 4.3 ppm에서 사중선(2H)과 1.3 ppm에서 삼중선(3H)을 보이는 ethyl의 패턴을 보여준다. 사중선은 전기음성도가 큰 산소 원자의 영향을 크게 받아 낮은 장으로 이동한다. 3.5 ppm에 두 개의 proton에 해당하는 단일선이 있다.

연습 문제

***1.** 이 질문에 화학식 $C_{13}H_{12}O_2$를 갖는 naphthalene 고리 유도체에 대한 구조가 제시되었다. IR 스펙트럼은 1680 cm^{-1}에서 C=O 작용기에 대한 강한 흡수띠를 보여준다. 정상 ^{13}C NMR 스펙트럼은 DEPT-135과 DEPT-90 스펙트럼과 함께 쌓기 그래프로 나타내었다. 제7장 7.10절과 부록 6의 표 6.3을 참조하여 benzene 고리에 결합된 proton에 대하여 예상되는 상대적인 화학적 이동에 대한 carbonyl 그룹 대 methoxy 그룹의 효과를 결정하여라. 구조에 대한 해석에서 세 개의 개별 단계를 고려하여라. 완전한 할당은 연습 문제 해답에 제시하였다.

(A) **DEPT 해석:** 구조에 있는 13개의 탄소 원자에 번호를 부여하였다. 이 예제에서 해야 할 일의 일부분으로, 가능한 한 많은 탄소 원자에 ppm 값을 할당할 필요가 있다. DEPT 스펙트럼을 이용하여 그룹 내에 있는 일부 ^{13}C 원자들을 할당할 수 있다. 예를 들어, 한 그룹에 있는 모든 C−H와 다른 그룹에 있는 수소 원자가 결합되지 않은 모든 4차 탄소 등을 할당할 수 있을 것이다. Methyl 그룹은 각각의 화학적 이동값을 기반으로 할당될 수 있다(제5장 표 5.4와 그림 5.20 참조).

(B) **COSY 해석:** COSY 스펙트럼과 함께 ^{1}H NMR 스펙트럼과 확대 그림이 문제에 제공되었다. COSY 스펙트럼에서 위 축은 스펙트럼에서 개별 수소 원자 위치에 해당되는 문자로 표시되어 있다. 스펙트럼이 단지 7.0~8.6 ppm 영역만을 나타내기 때문에, 두 개의 methyl 그룹은 COSY 스펙트럼에 포함되지 않았다. COSY 스펙트럼을 사용하여 화합물에 있는 모든 C−H 수소 원자를 할당하여라. 두 개의 methyl 그룹을 각각의 화학적 이동값에 기반하여 할당하여라. 다음에 나타낸 구조에 COSY 스펙트럼과 일치하도록 적절한 문자 a, b, c, d, e, f로 표시하여라.

(C) **짝지음 상수:** Naphthalene 고리에 있는 각 C–H 수소 원자에 대해 짝지음 상수 ^3J와 ^4J를 계산하여라. 얻어진 값은 반드시 COSY 스펙트럼으로부터 얻어진 상관관계를 기반으로 할당한 것을 확신할 수 있어야만 한다.

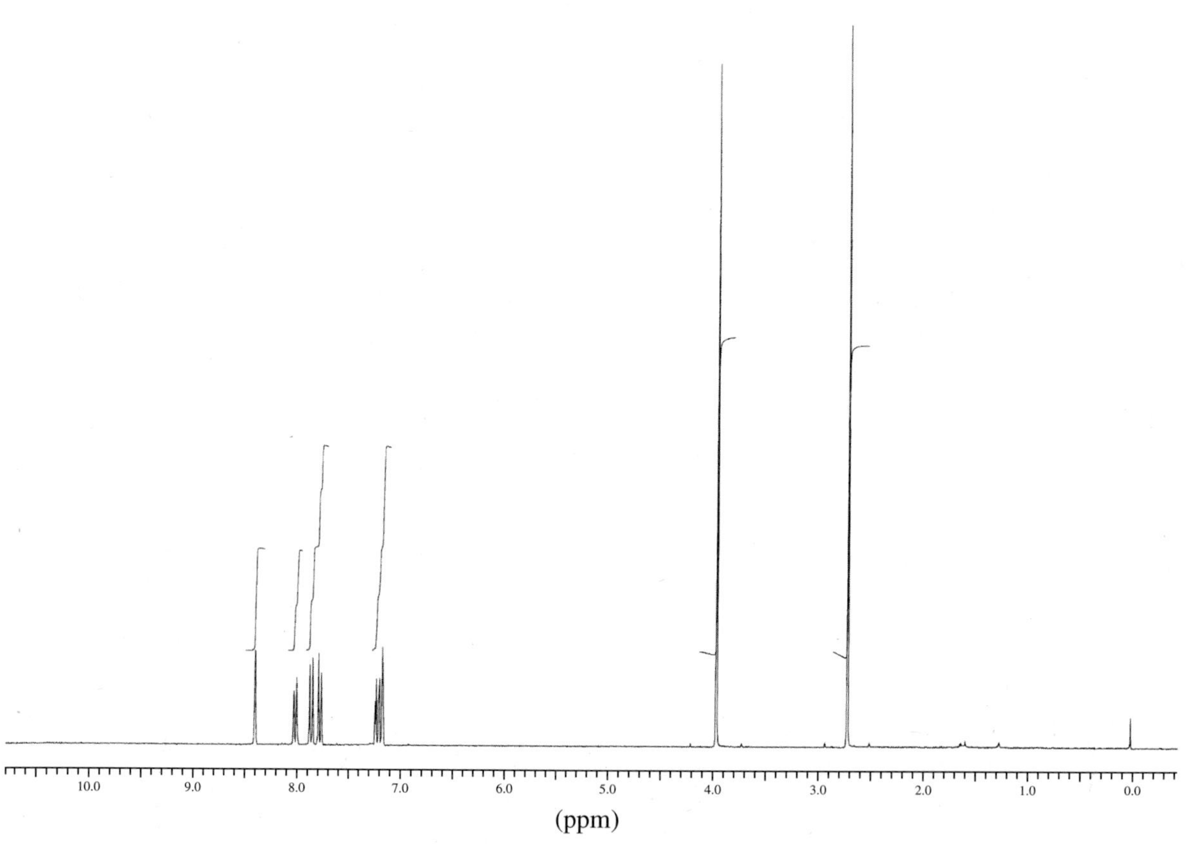

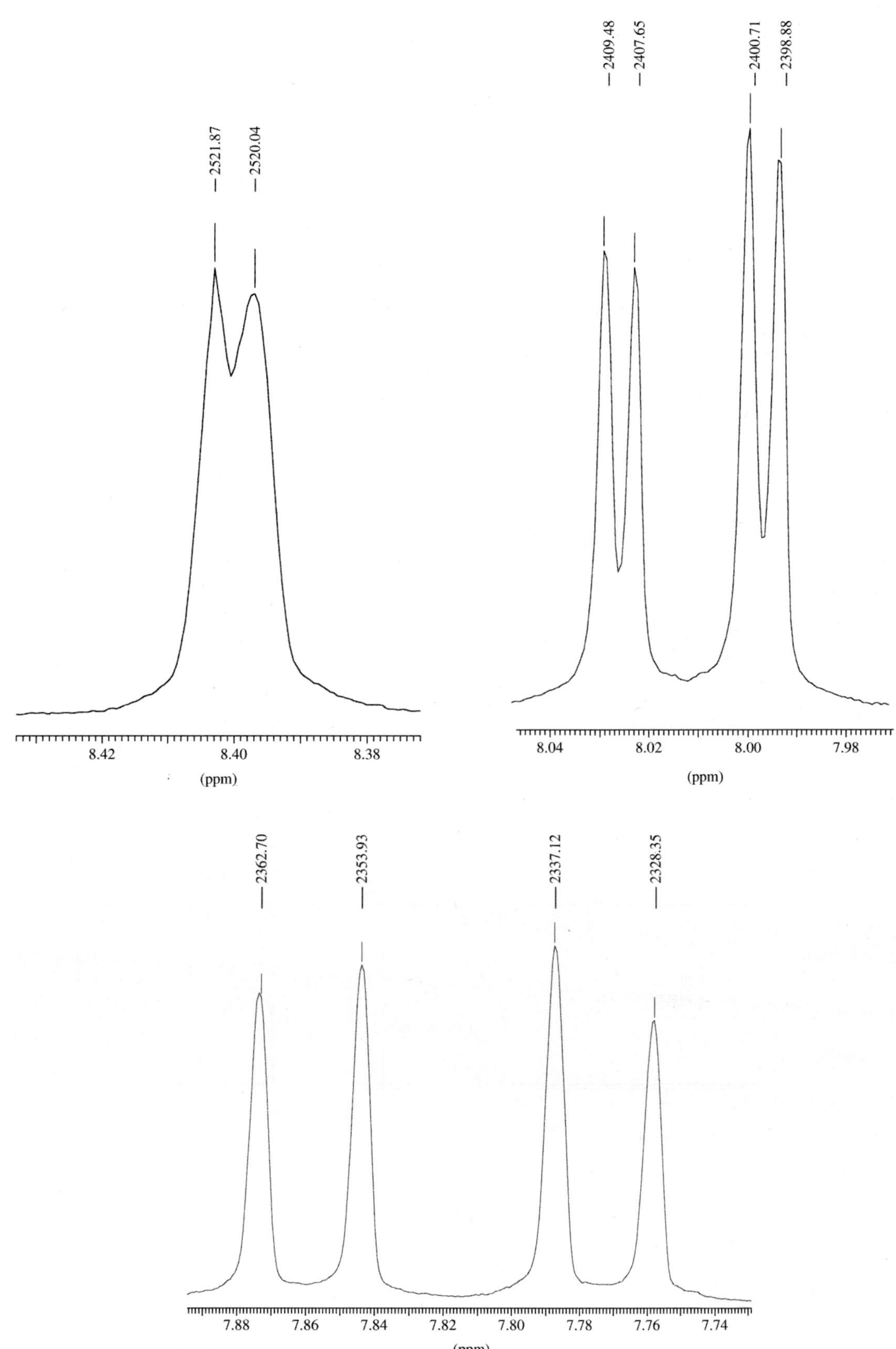
2521.87
2520.04
8.42
8.40
8.38
(ppm)
2409.48
2407.65
2400.71
2398.88
8.04
8.02
8.00
7.98
(ppm)
2362.70
2353.93
2337.12
2328.35
7.88
7.86
7.84
7.82
7.80
7.78
7.76
7.74
(ppm)

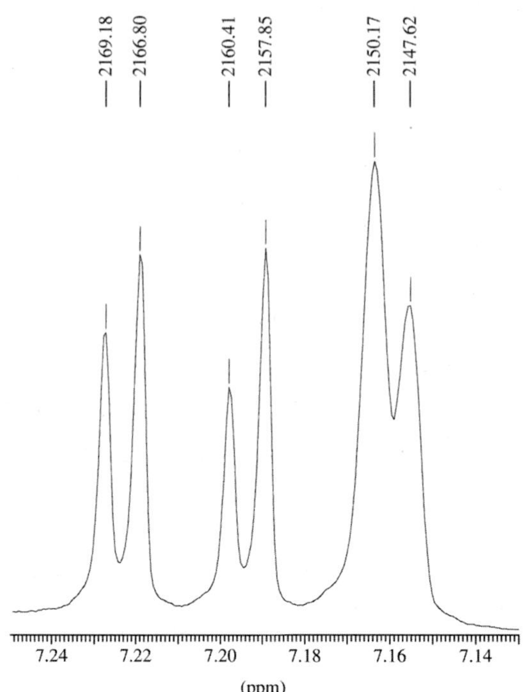

DEPT-90 스펙트럼

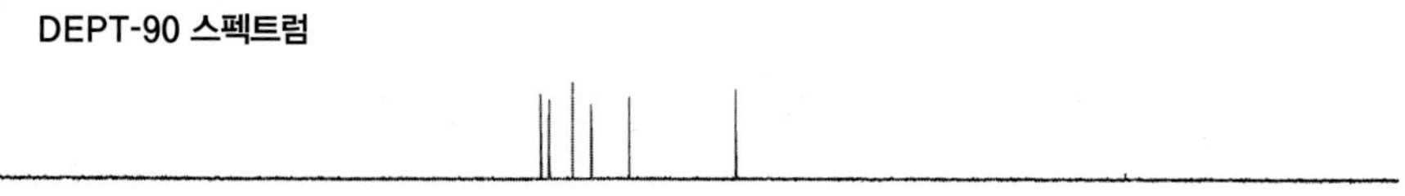

DEPT-135 스펙트럼

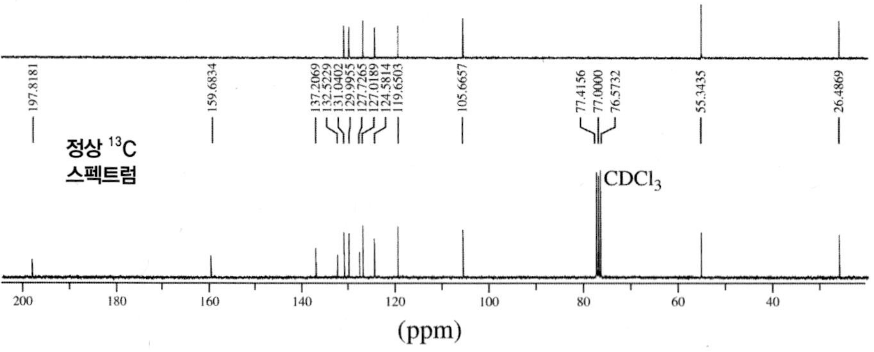

COSY 스펙트럼

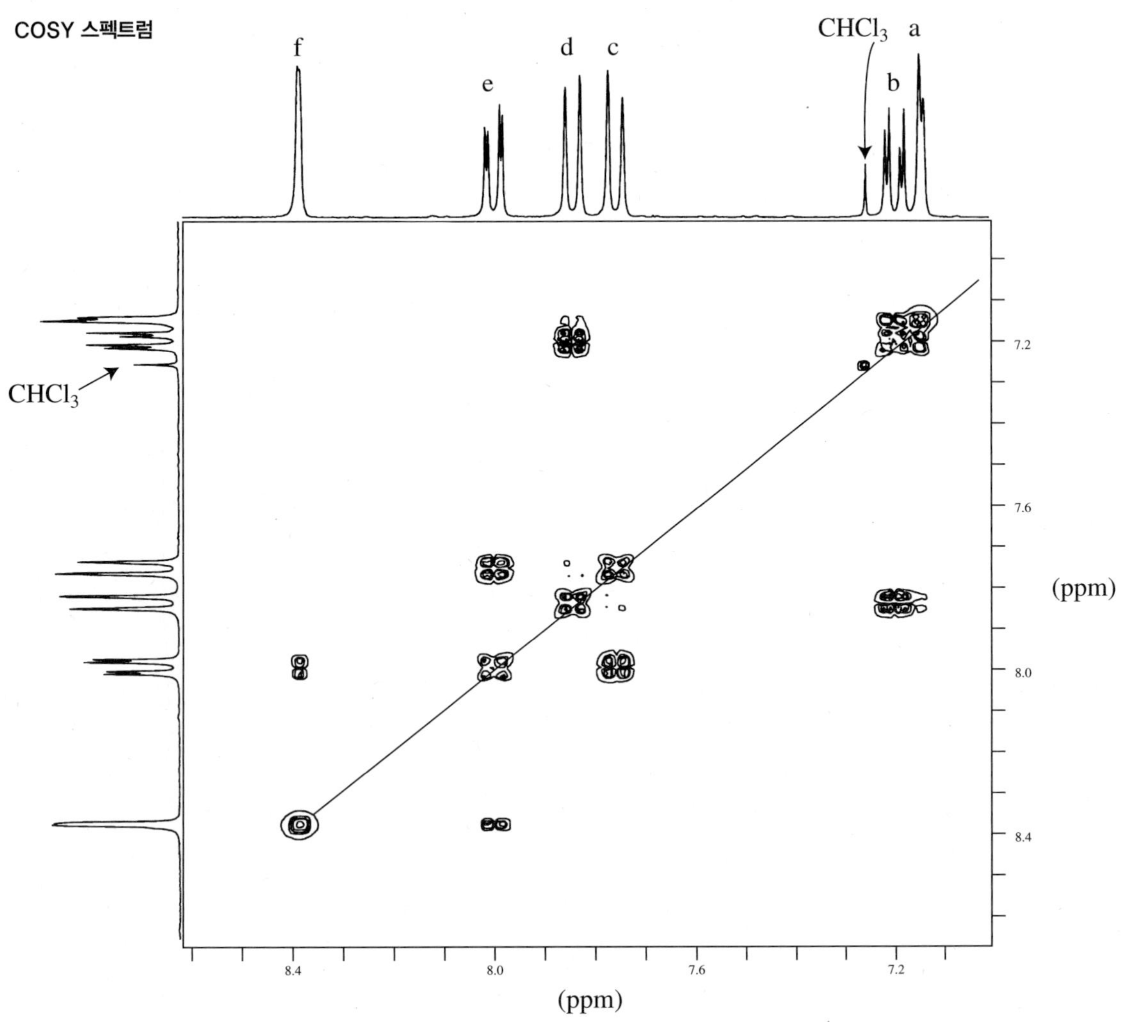

2. 화학식 C_3H_5ClO를 갖는 화합물의 구조를 결정하여라. IR 스펙트럼, ^1H NMR, ^{13}C NMR, DEPT, COSY, HETCOR(HSQC) 스펙트럼이 문제에 제시되어 있다. IR 스펙트럼에 포함된 소량을 물 (3700~3400 cm^{-1} 영역)은 무시하여라. HETCOR 스펙트럼은 매우 중요한 정보를 제공하기 때문에 주의 깊게 검토하여라. 짝지음 상수에 대하여 부록 5(alkane과 고리 alkane)를 참조하면 도움이 될 것이다. ^1H NMR 스펙트럼으로부터 proton c를 제외한 짝지음 상수를 결정하고, 계산값을 부록 5에 나타낸 값과 비교하여라. 화합물의 구조를 그리고, 구조 위에 proton을 문자로 표시하여라.

IR 스펙트럼

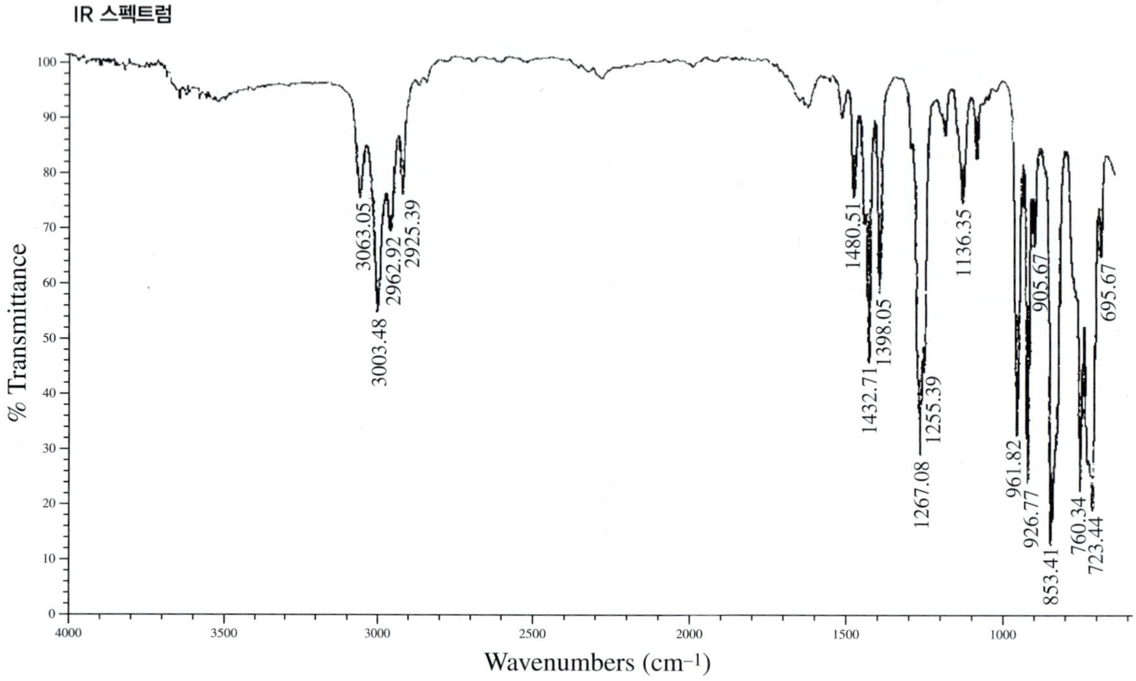

^1H 스펙트럼

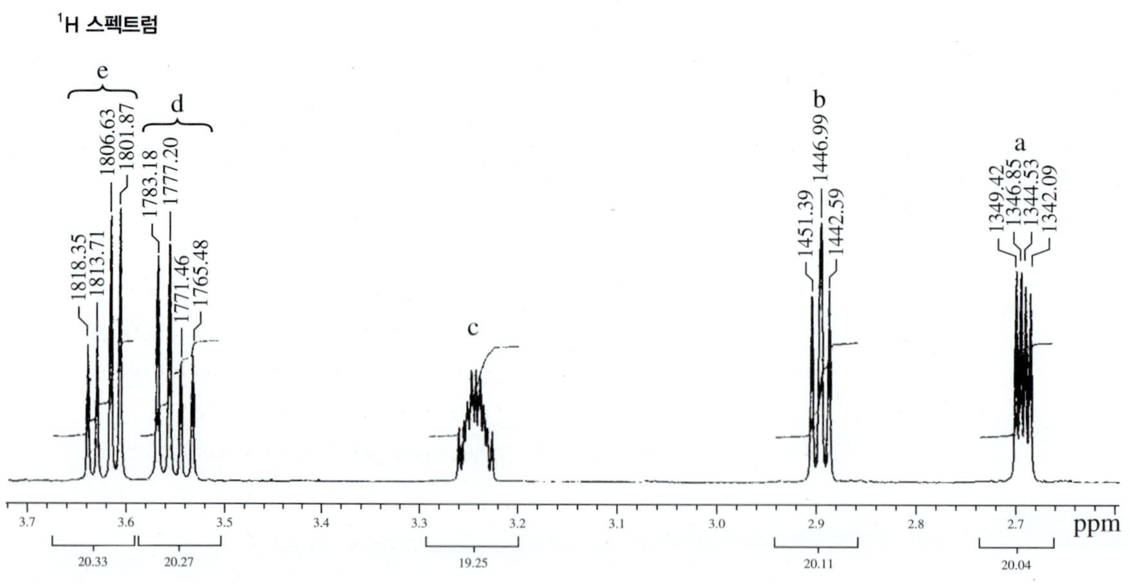

^{13}C 스펙트럼

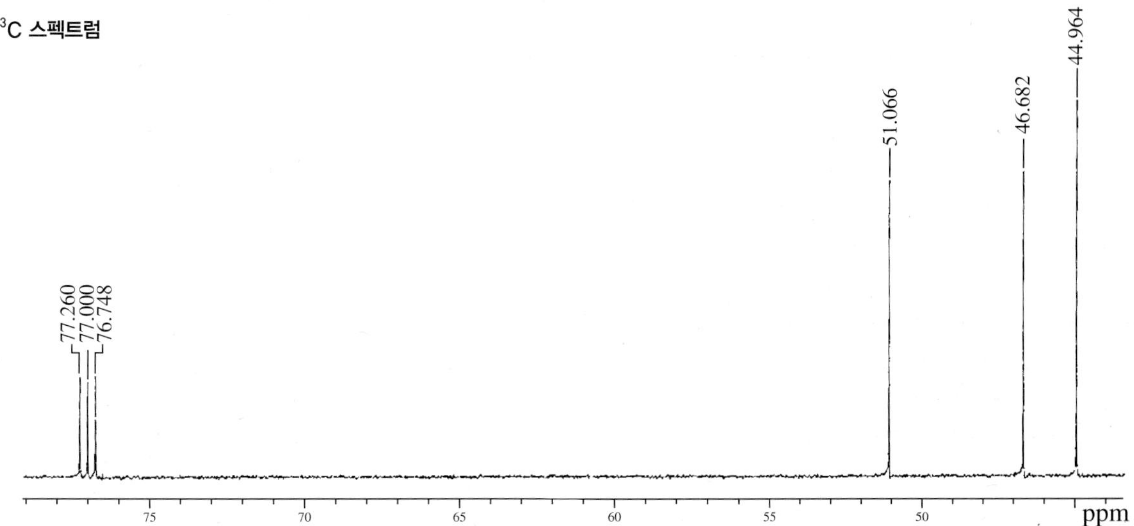

DEPT 스펙트럼

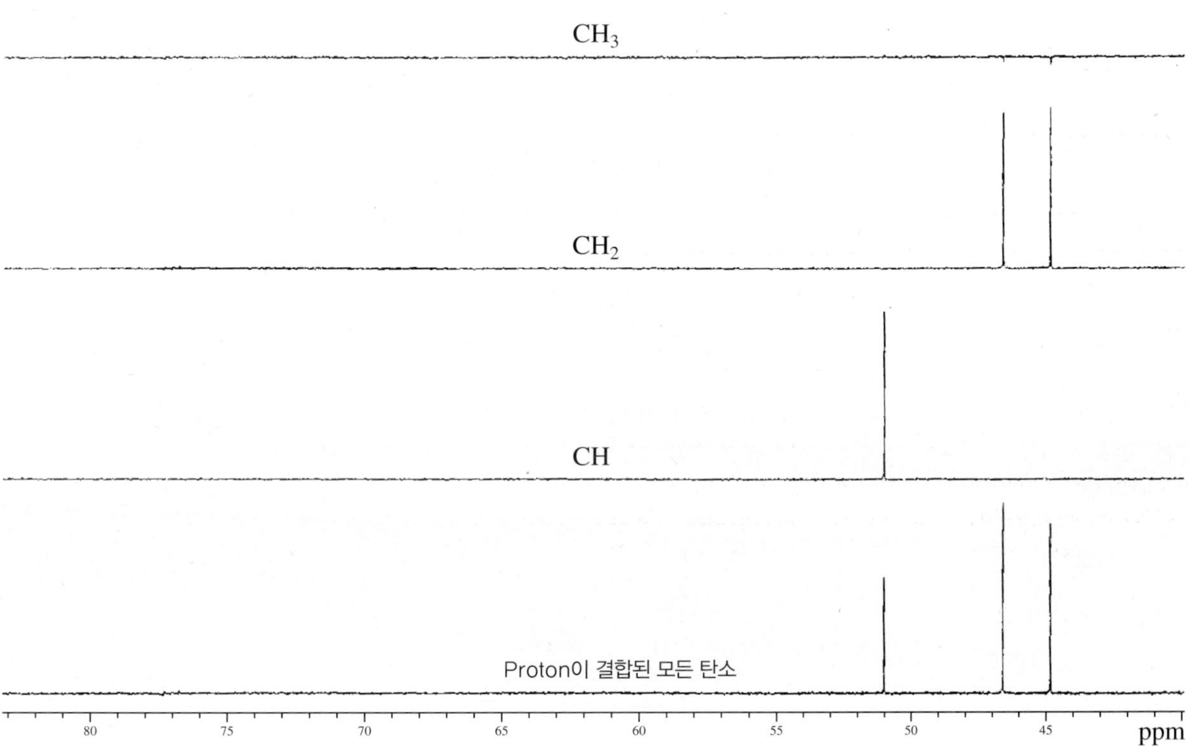

COSY 스펙트럼

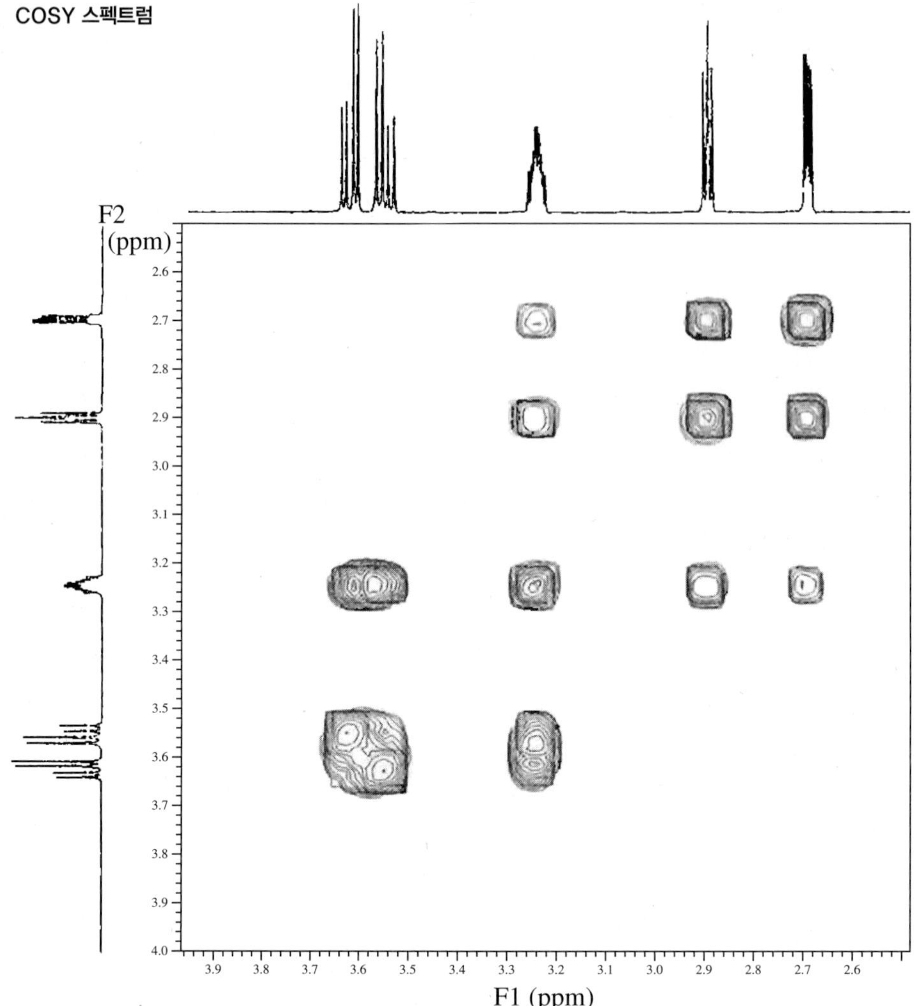
F2
(ppm)
2.6
2.7
2.8
2.9
3.0
3.1
3.2
3.3
3.4
3.5
3.6
3.7
3.8
3.9
4.0
3.9
3.8
3.7
3.6
3.5
3.4
3.3
3.2
3.1
3.0
2.9
2.8
2.7
2.6
F1 (ppm)

HETCOR 스펙트럼

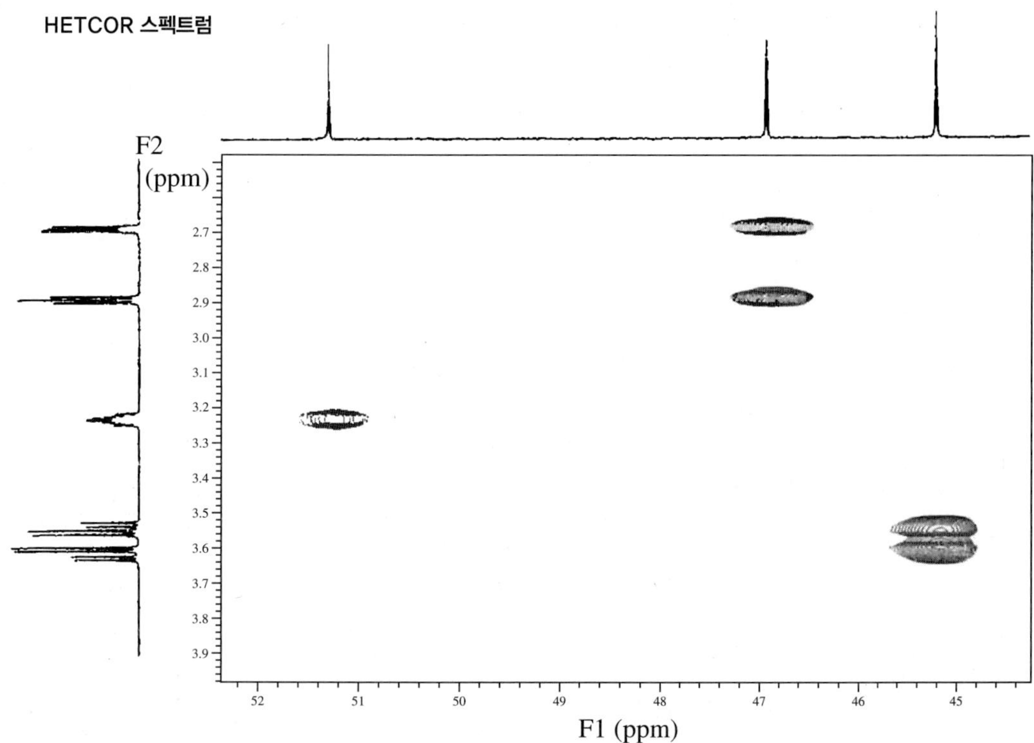
F2
(ppm)
2.7
2.8
2.9
3.0
3.1
3.2
3.3
3.4
3.5
3.6
3.7
3.8
3.9
52
51
50
49
48
47
46
45
F1 (ppm)

***3.** 이 화합물의 자외선 스펙트럼을 95% ethanol에서 측정하였다. λ_{max} 290 nm(log ε = 1.3).

(a)

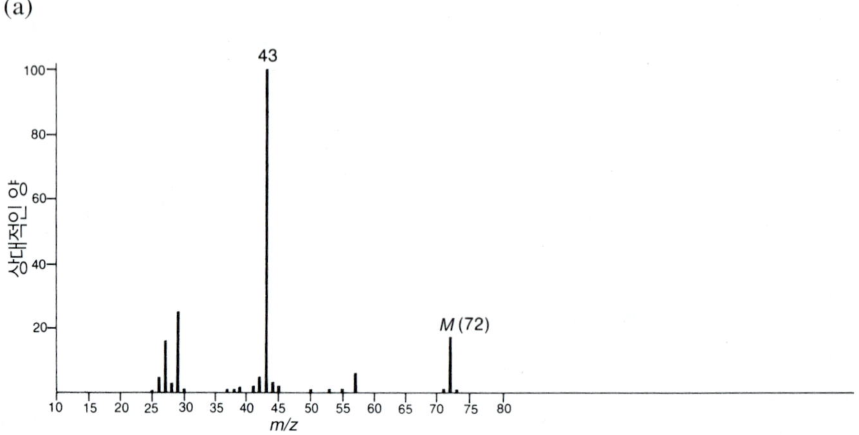

(b)

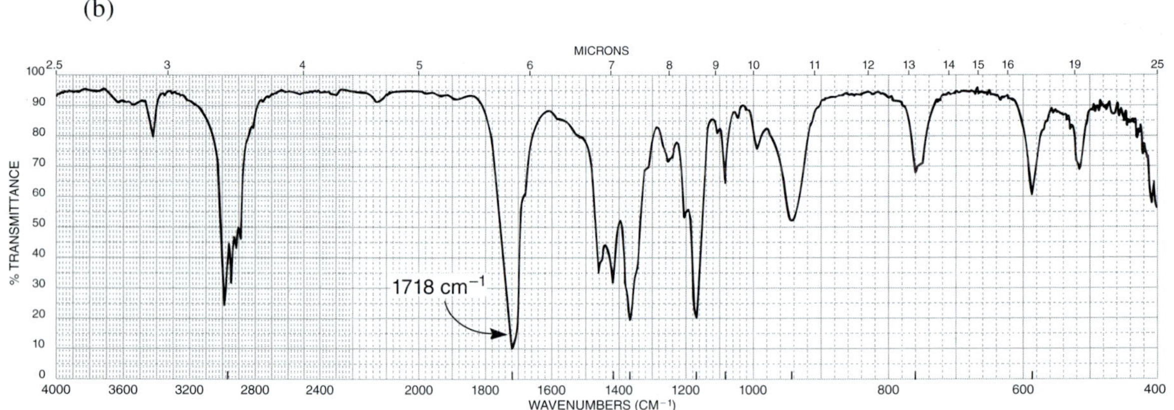

(c)

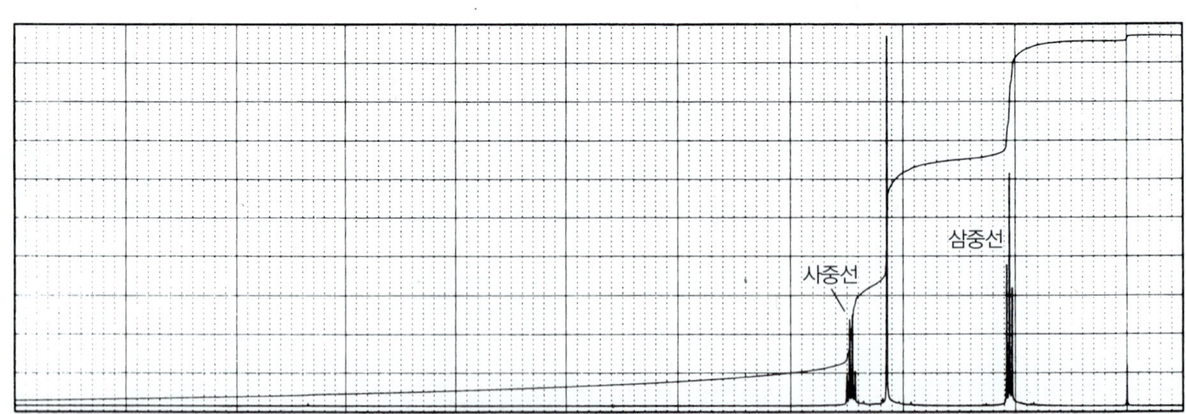

***4.** 이 화합물의 자외선 스펙트럼에서 205 nm 이상에서 흡수 최대값이 없다. 한 방울의 산 수용액을 이 시료에 넣었을 때, ^{1}H NMR 스펙트럼에서 3.6 ppm의 피크가 삼중선으로 단순화되었으며, 3.2 ppm의 피크도 단일선으로 단순화되었다.

(a)

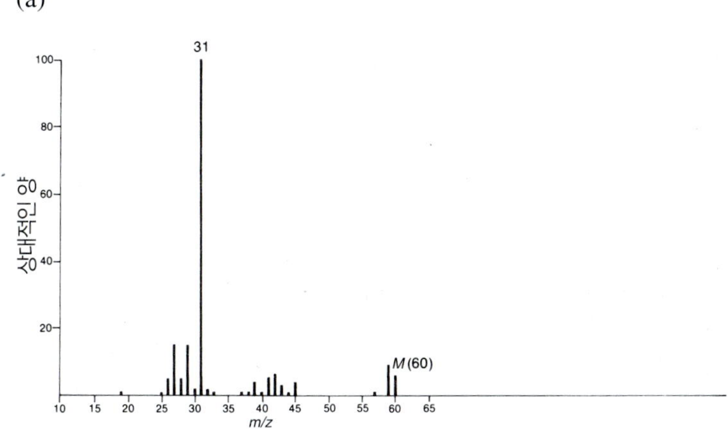

(b)

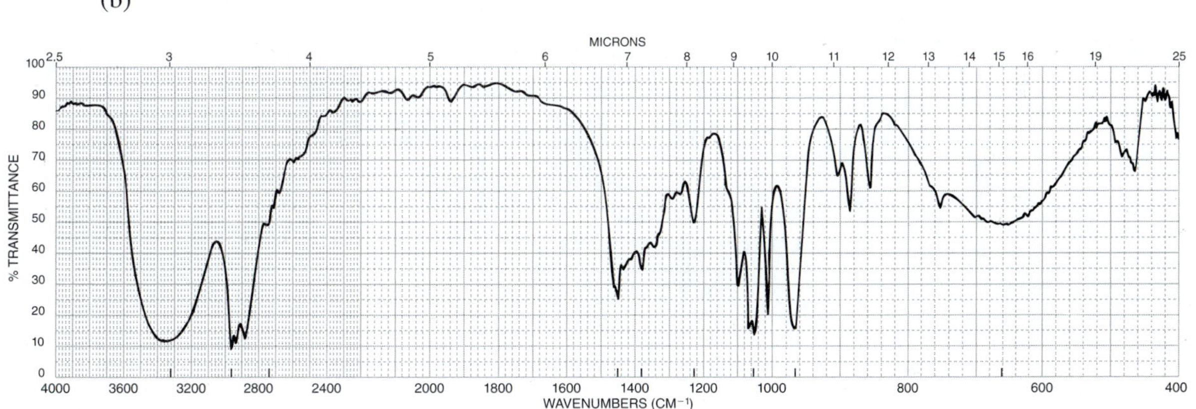

(c)

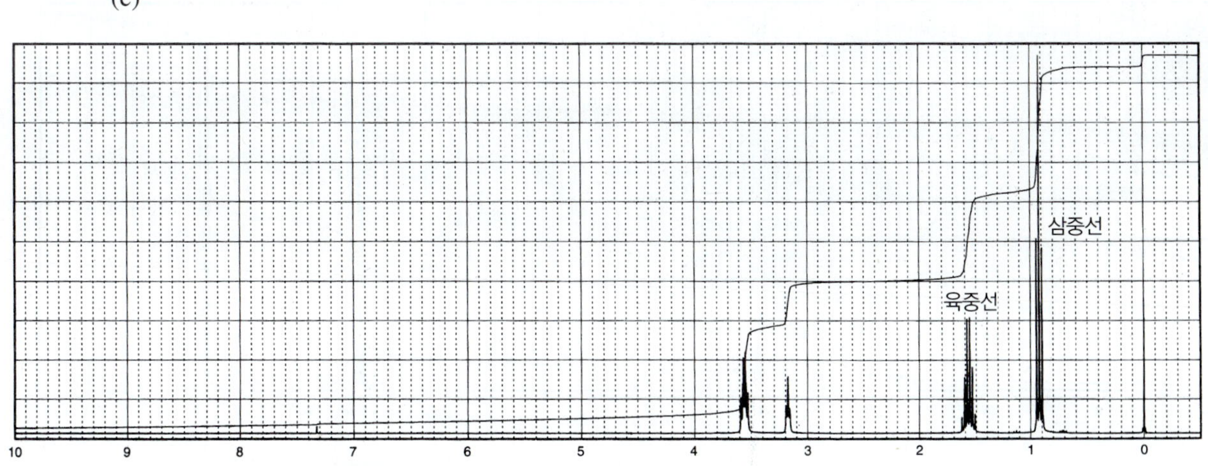

***5.** 이 화합물의 자외선 스펙트럼을 95% ethanol에서 측정하였다. λ_{max} 280 nm(log ε = 1.3).

(a)

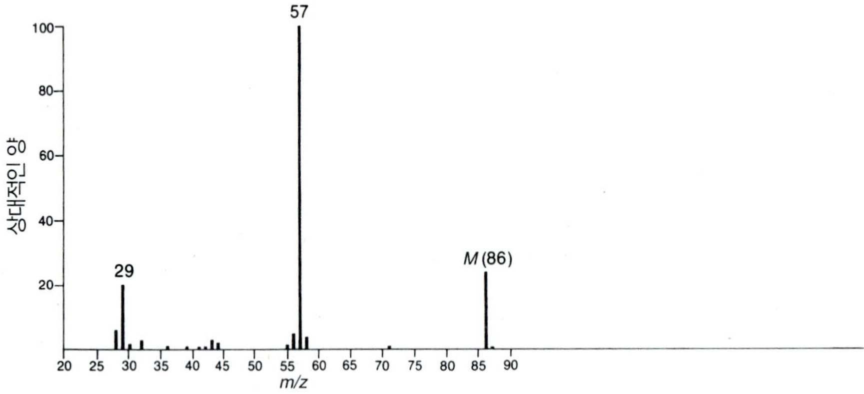

(b)

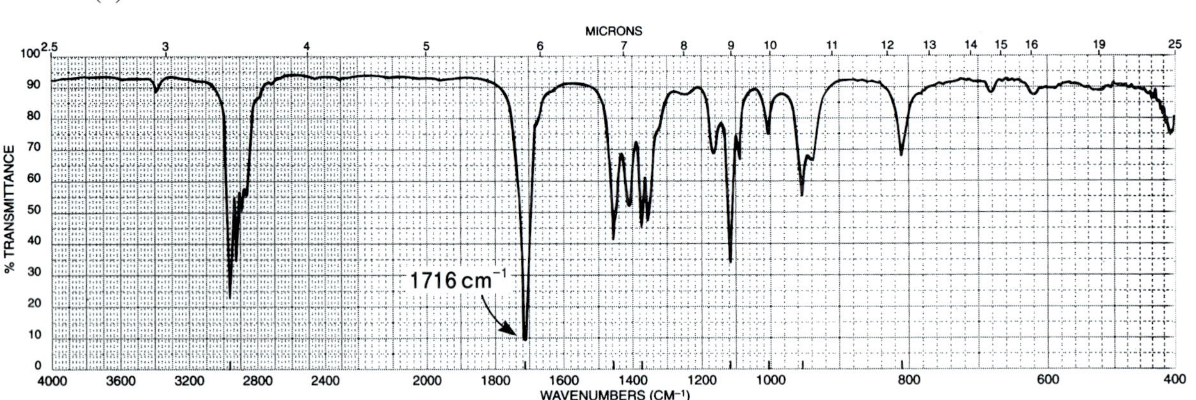

(c)

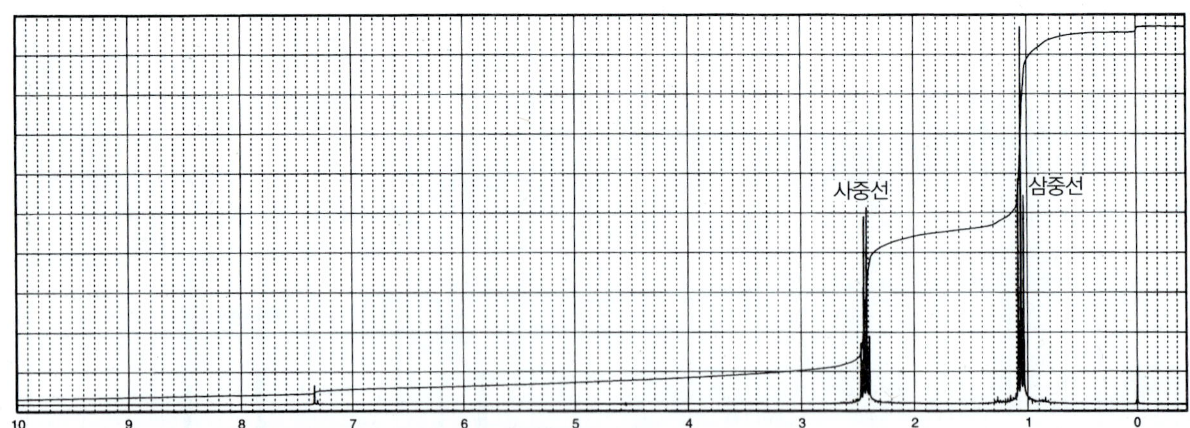

***6.** 이 화합물의 화학식은 $C_6H_{12}O_2$이다.

(a)

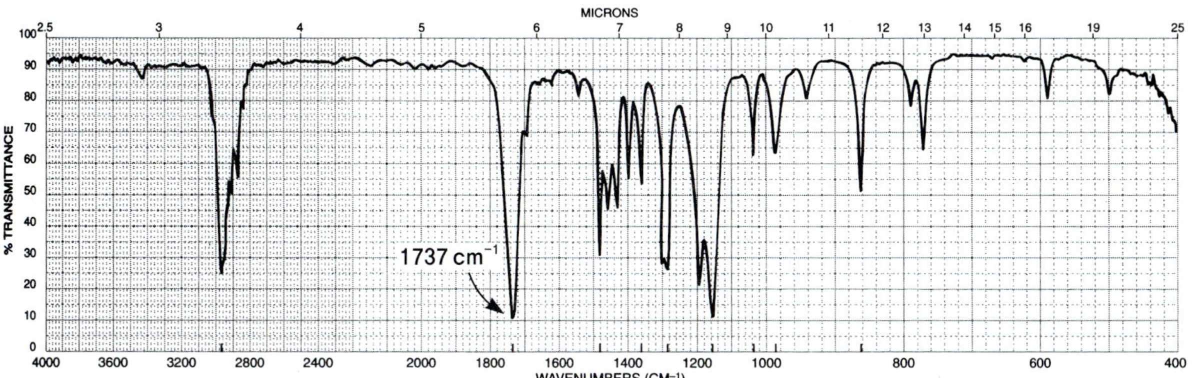

(b)

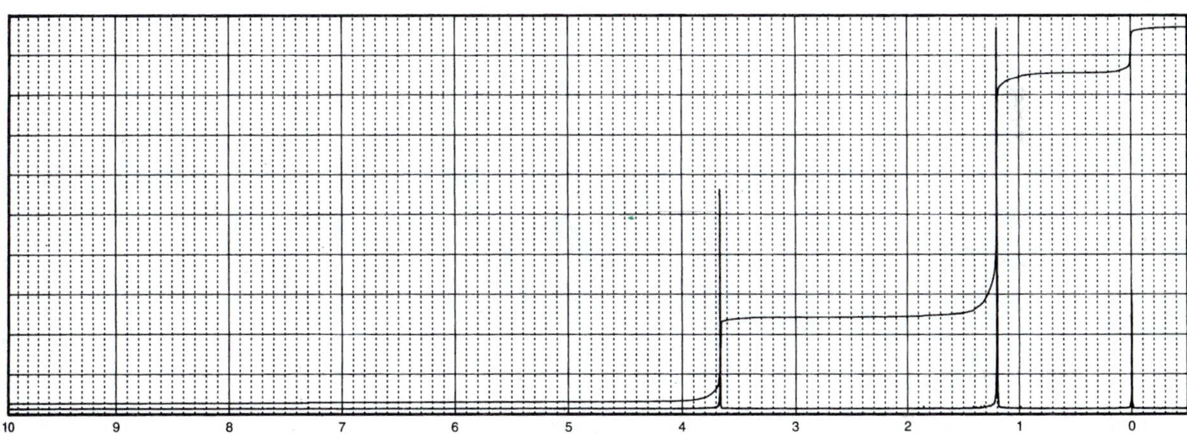

(c)

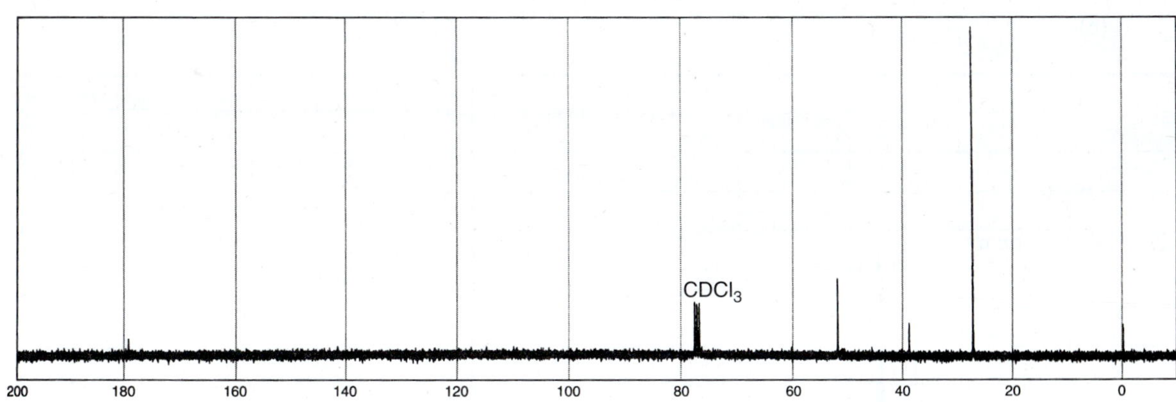

***7.** 이 화합물의 자외선 스펙트럼을 95% ethanol에서 측정하였다. 강한 끝 흡수띠와 λ_{max} 257 nm(log ε = 2.4)에 나타나는 미세 구조띠를 얻었다. IR 스펙트럼은 Nujol 반죽으로 측정하였다. Nujol의 C−H 신축에 의한 2920 cm^{-1}와 2860 cm^{-1}의 강한 흡수띠는 3300~2500 cm^{-1} 범위에 이르는 넓은 흡수띠와 겹쳐져 있다.

(a)

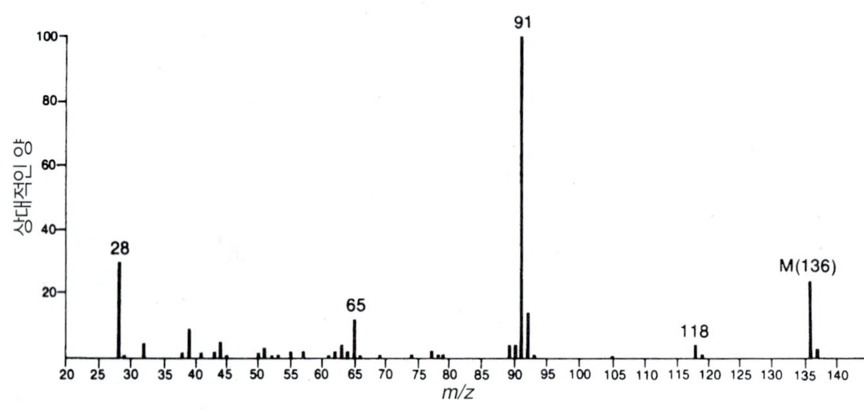

(b)

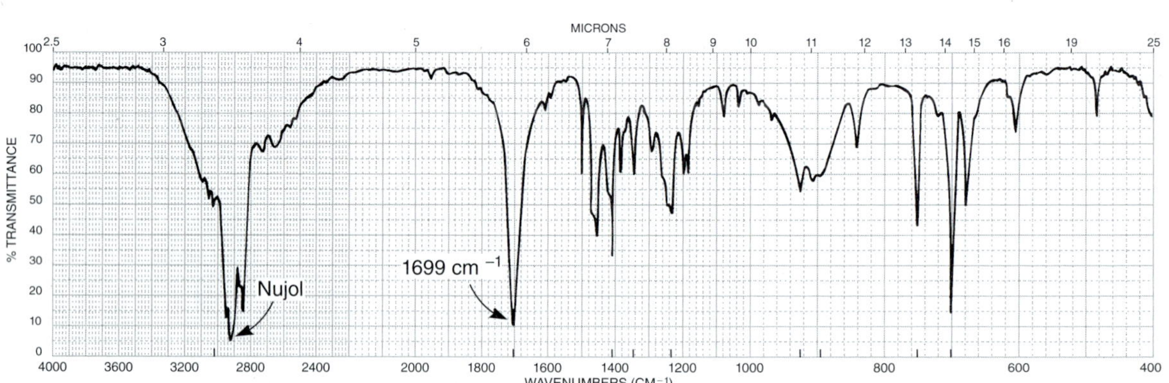

(c)

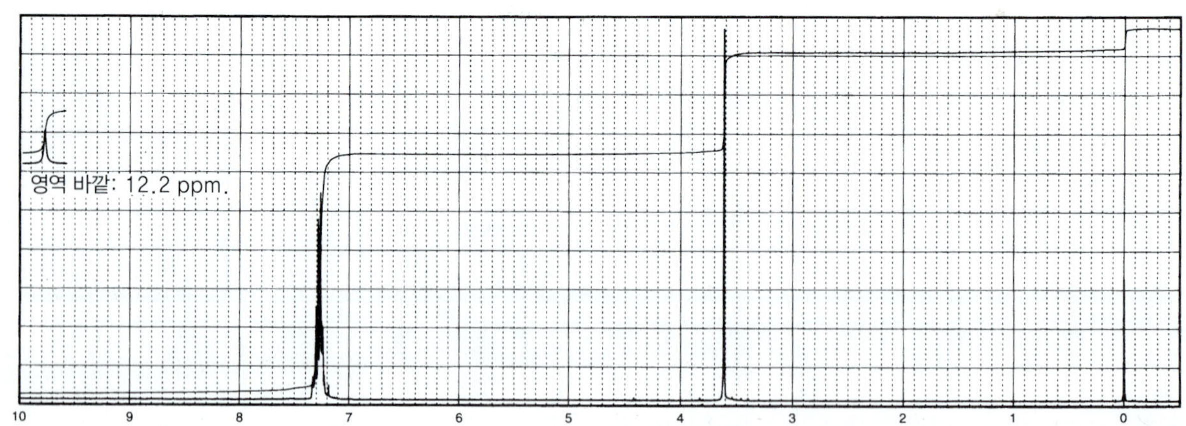

***8.** 이 화합물의 질량 스펙트럼은 172 질량 단위에서 강한 분자 이온 피크를 보여주며, 대략 같은 크기의 $M + 2$ 피크를 보여준다. 미지 고체의 IR 스펙트럼은 Nujol 반죽으로 측정하였다. 약 2900 cm^{-1}를 중심으로 뚜렷한 C–H 신축띠는 Nujol로부터 나온 것으로 미지 시료에 의한 것은 아니다. ^{1}H NMR 스펙트럼에서 약 5.3 ppm에 나타나는 피크는 용매 의존적이다. 농도가 달라지면 이 피크는 쉽게 이동한다.

(a)

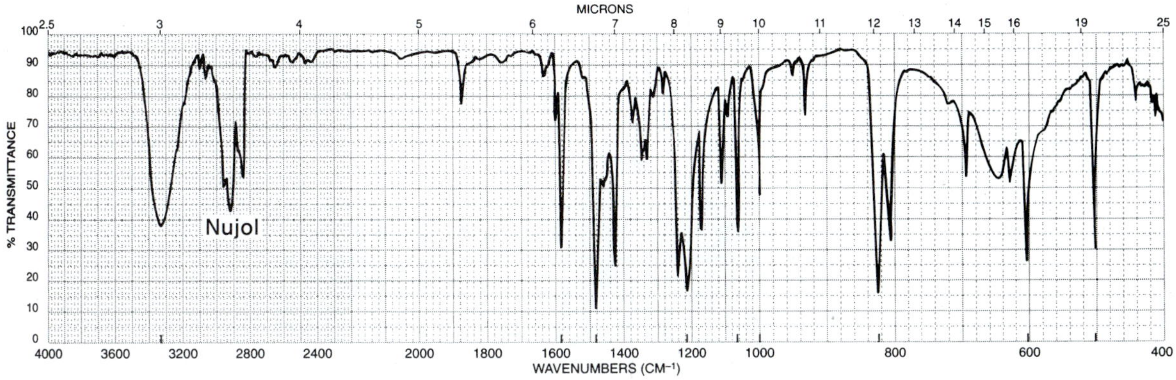

(b)

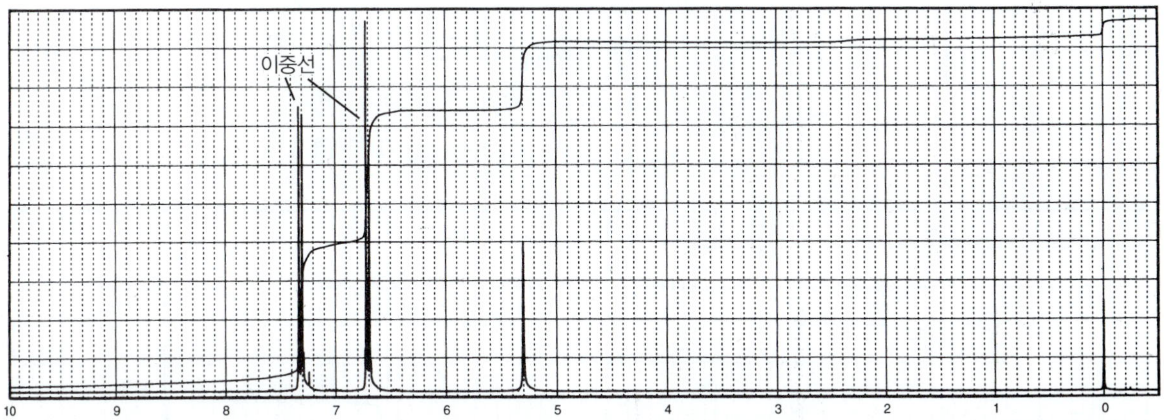

(c)

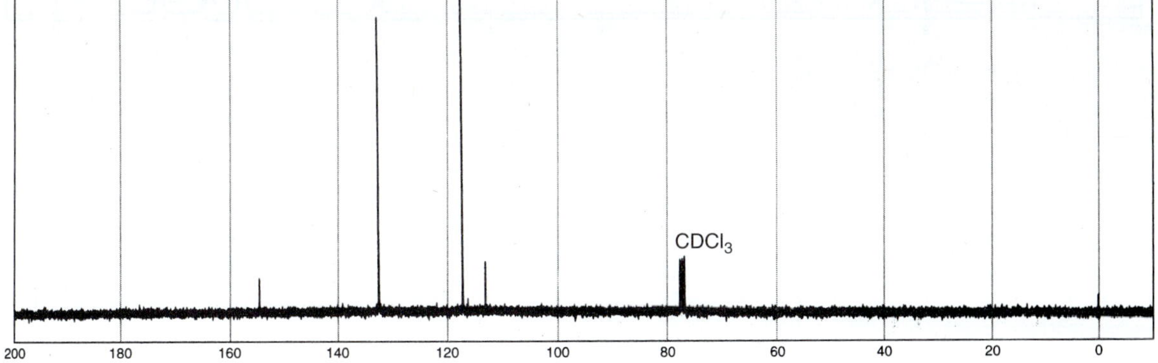

***9.** 이 화합물의 분자식은 $C_{11}H_{14}O$이다.

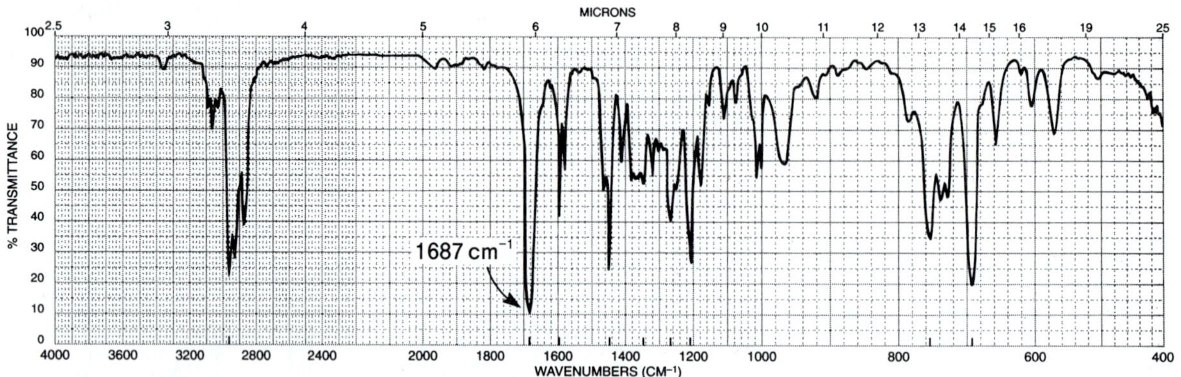

정상 ^{13}C	DEPT-135	DEPT-90
14 ppm	양의 피크	피크 없음
22	음의 피크	피크 없음
26	음의 피크	피크 없음
38	음의 피크	피크 없음
128	양의 피크	양의 피크
129	양의 피크	양의 피크
133	양의 피크	양의 피크
137	피크 없음	피크 없음
200	피크 없음	피크 없음

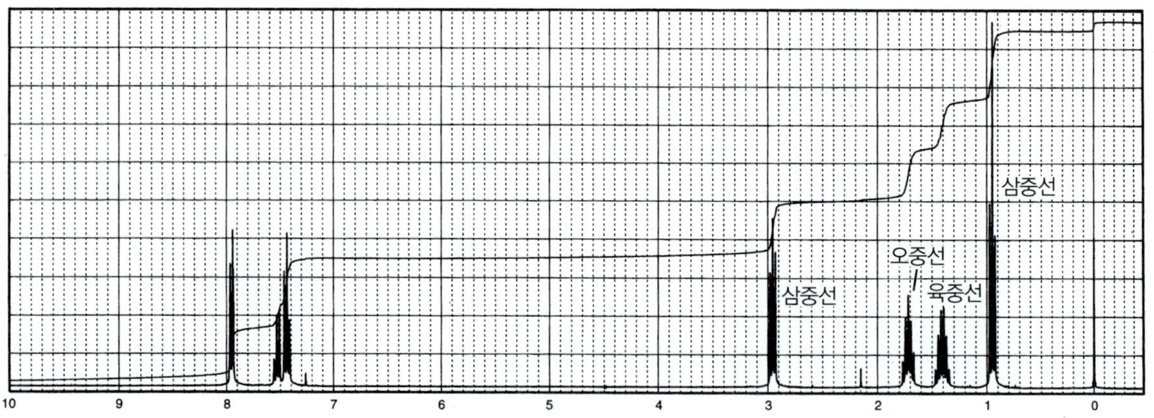

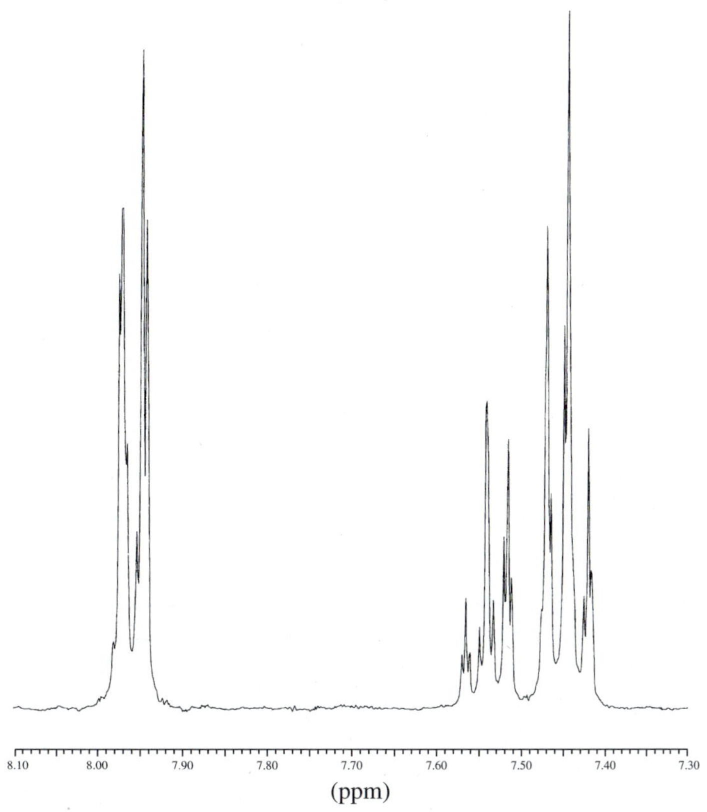

10.** IR 스펙트럼에서 1725 cm^{-1}에서 강한 흡수띠를 나타내며, 1300~1200 cm^{-1} 범위에서 여러 개의 강한 흡수띠를 나타내는 이성질체 화합물들의 구조를 결정하여라. 각 이성질체의 화학식은 $C_9H_9BrO_2$ 이다. ***A와 ***B*** 두 화합물의 ^{1}H NMR 스펙트럼은 다음과 같다. 화합물 ***A***에 대하여 8.2~7.2 ppm 범위의 확대 그림을 나타내었다.

A.

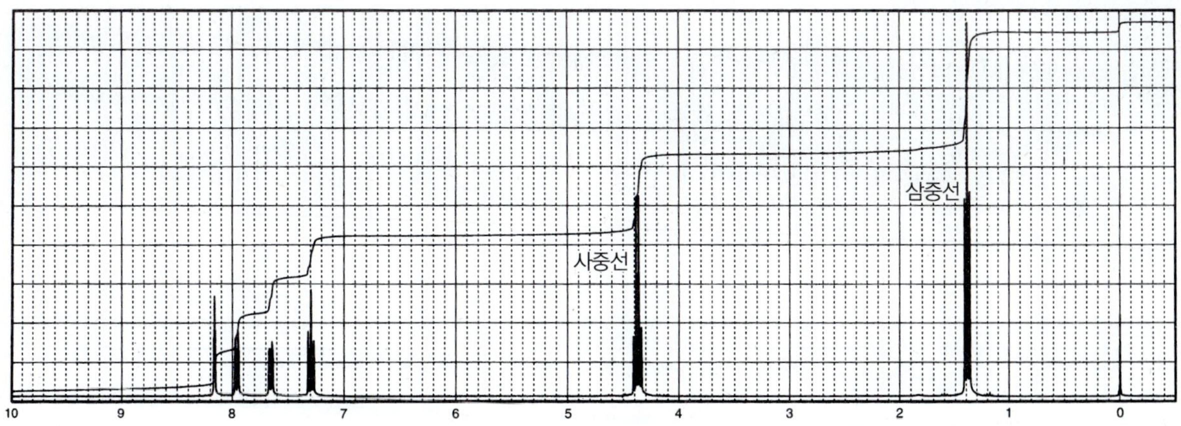

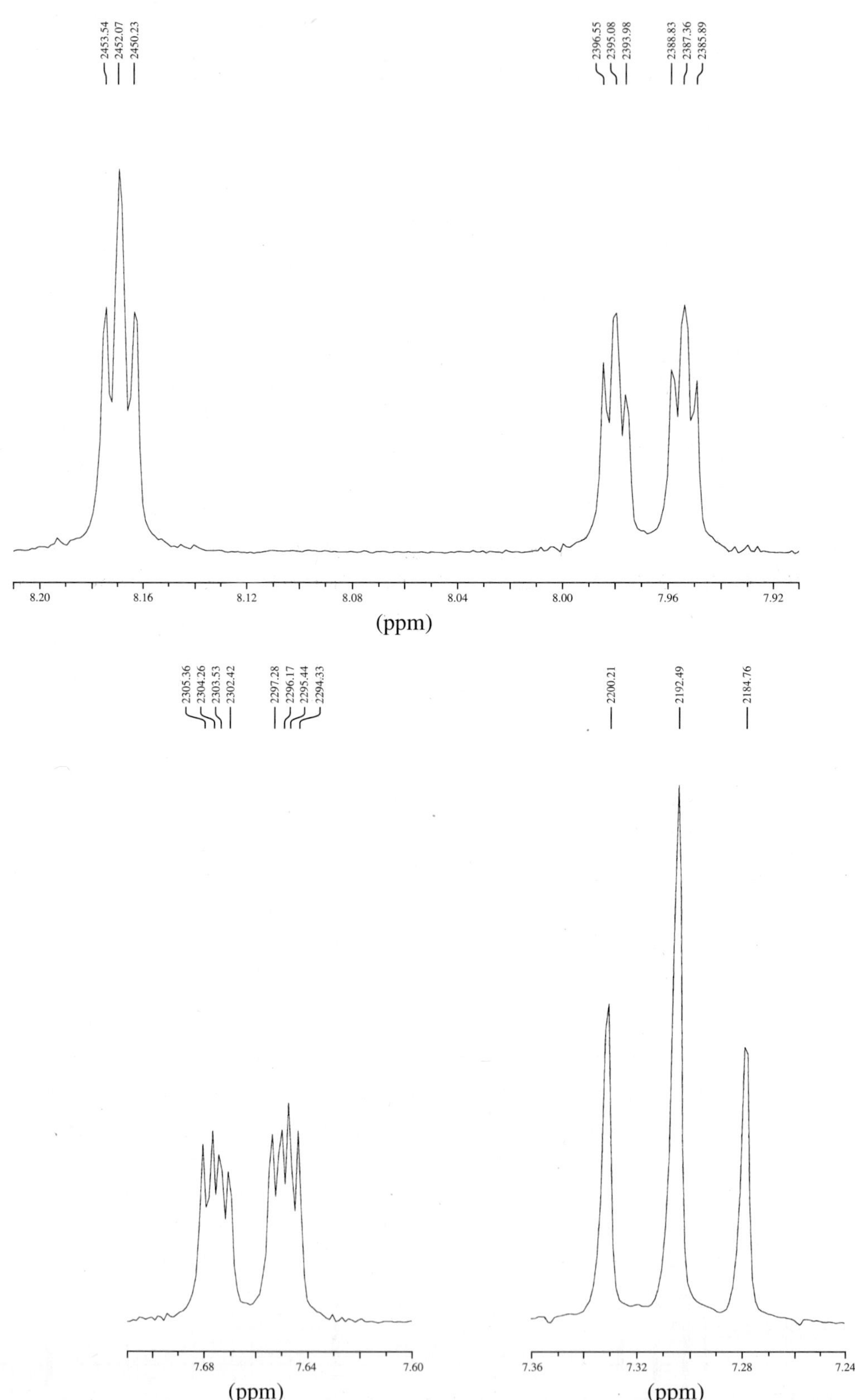

2453.54
2452.07
2450.23
2396.55
2395.08
2393.98
2388.83
2387.36
2385.89
8.20
8.16
8.12
8.08
8.04
8.00
7.96
7.92
(ppm)
2305.36
2304.26
2303.53
2302.42
2297.28
2296.17
2295.44
2294.33
7.68
7.64
7.60
(ppm)
2200.21
2192.49
2184.76
7.36
7.32
7.28
7.24
(ppm)

B.

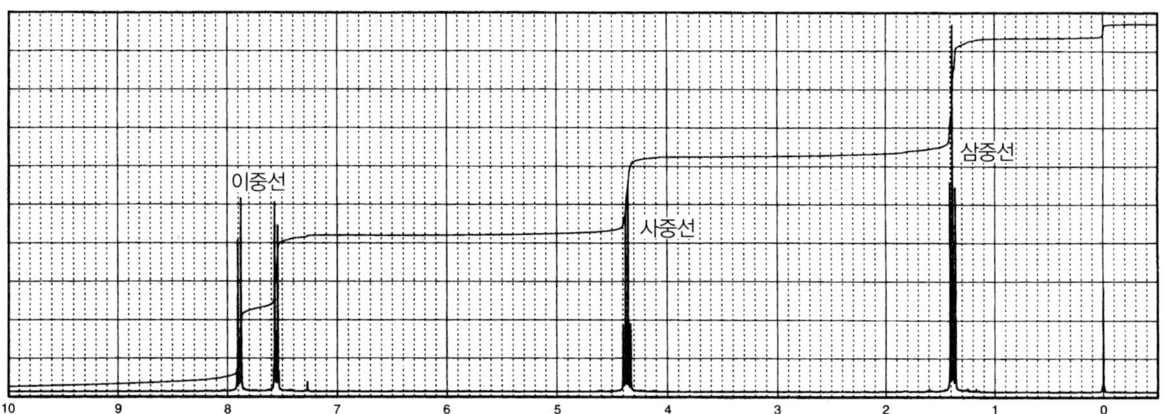

***11.** 이 화합물의 분자식은 $C_4H_{11}N$이다.

(a)

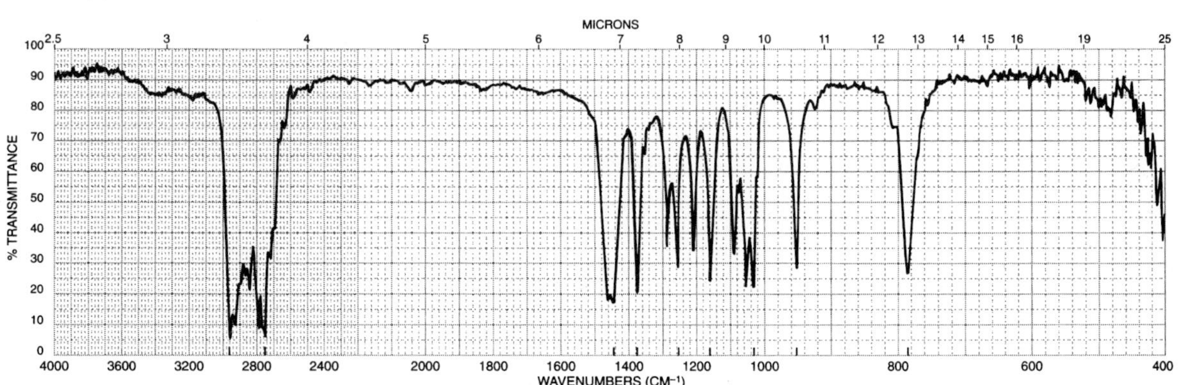

(b)

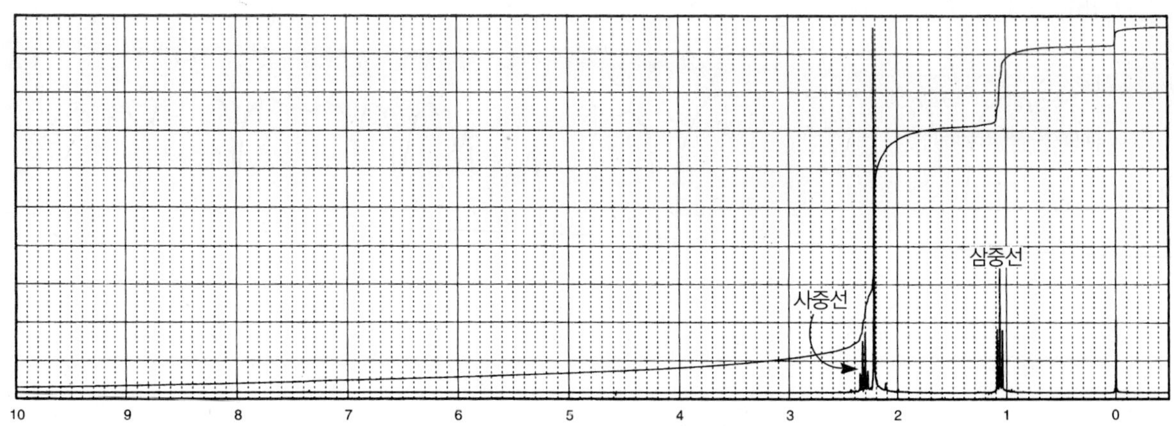

(c)

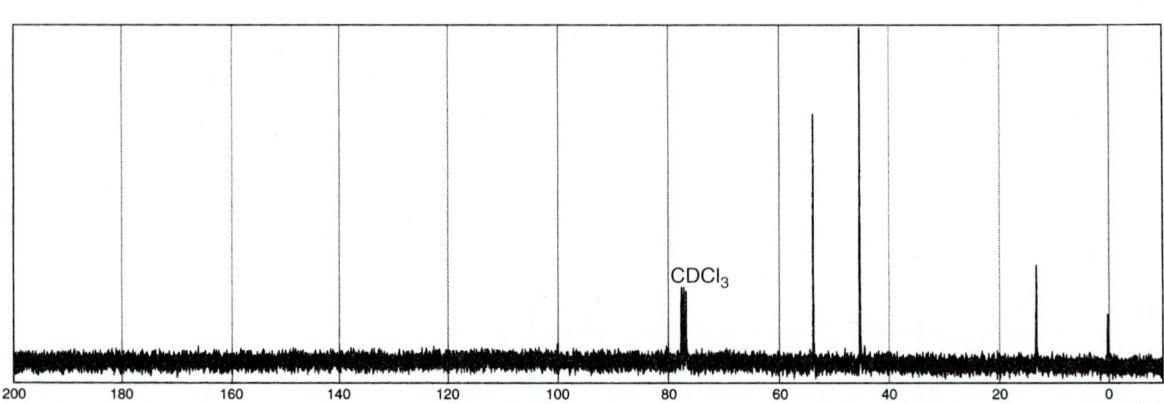

***12.** 이 화합물의 자외선 스펙트럼을 95% ethanol에서 측정하였다. λ_{max} 280 nm(log ε = 1.3). 이 화합물의 화학식은 $C_5H_{10}O$이다.

(a)

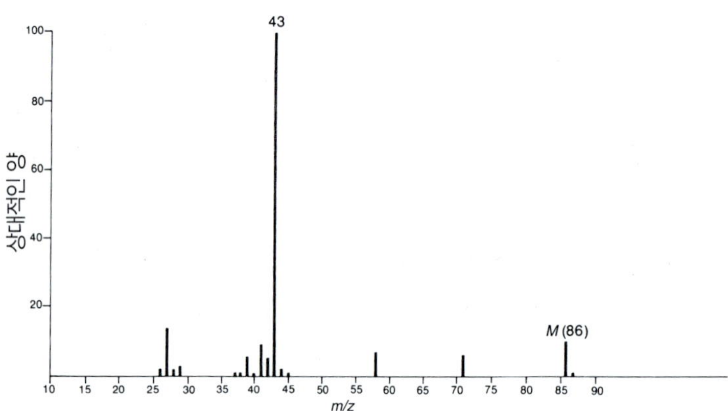

(b)

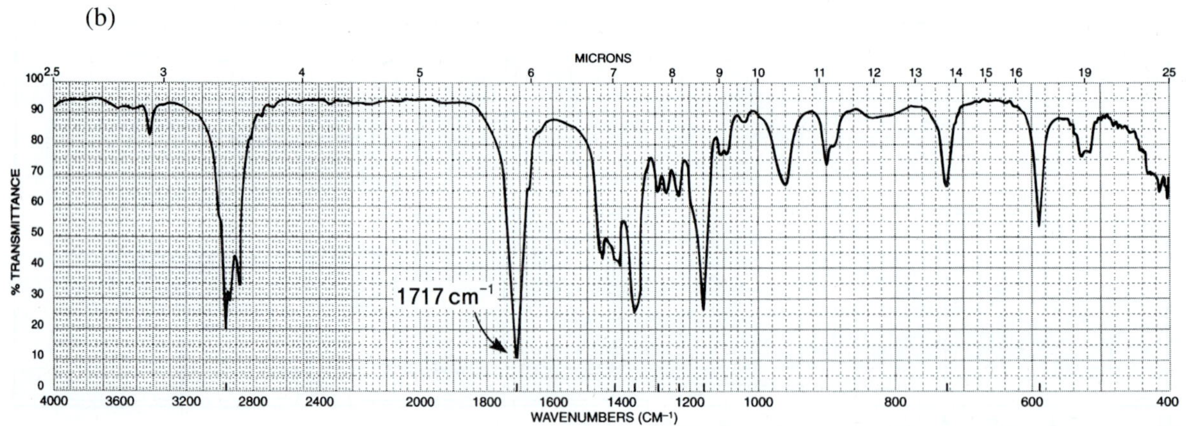

(c)

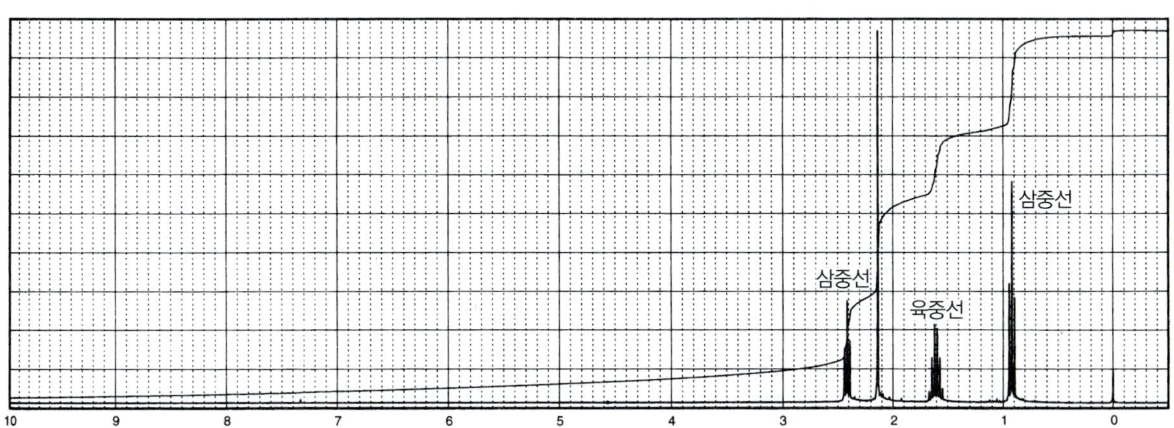

***13.** 이 화합물의 화학식은 $C_3H_6O_2$이다. 이 화합물에 대한 자외선 스펙트럼에는 205 nm 이상에서 흡수 최대값이 없다. ^{13}C NMR 스펙트럼은 14, 60, 161 ppm에서 얻어진다. DEPT-90 스펙트럼에서 161 ppm의 피크는 양의 피크로 나타난다.

(a)

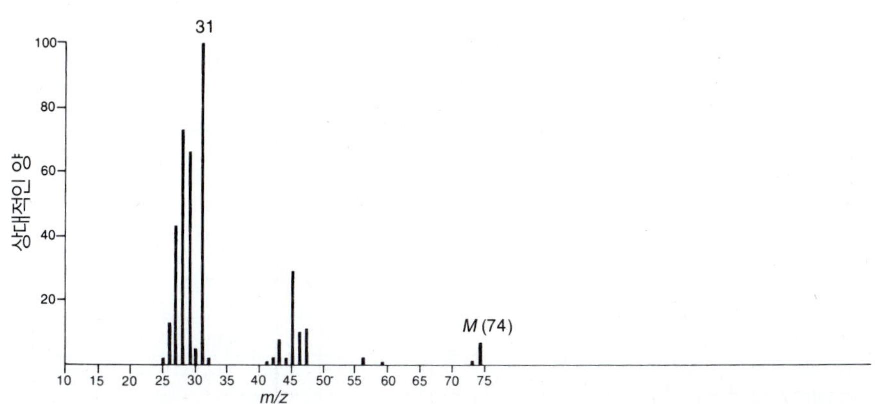

(b)

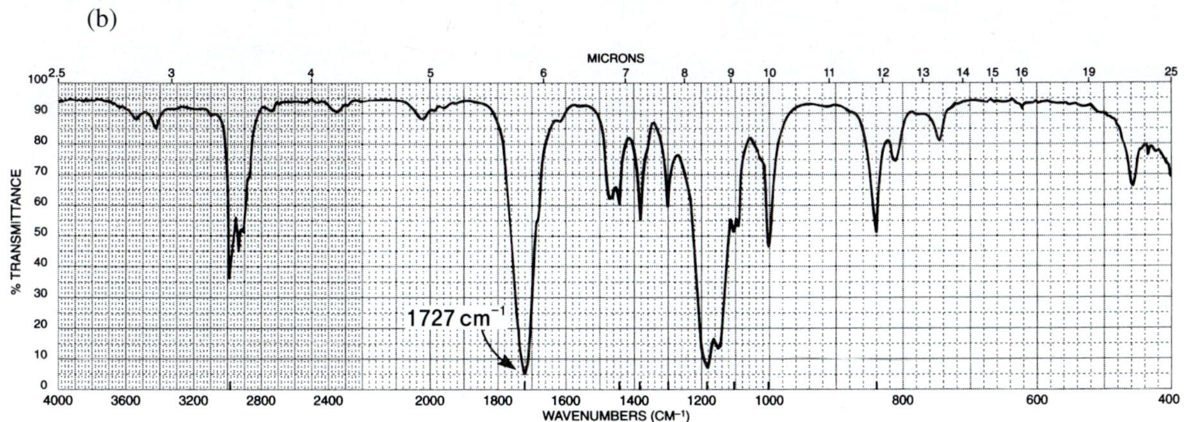

(c)

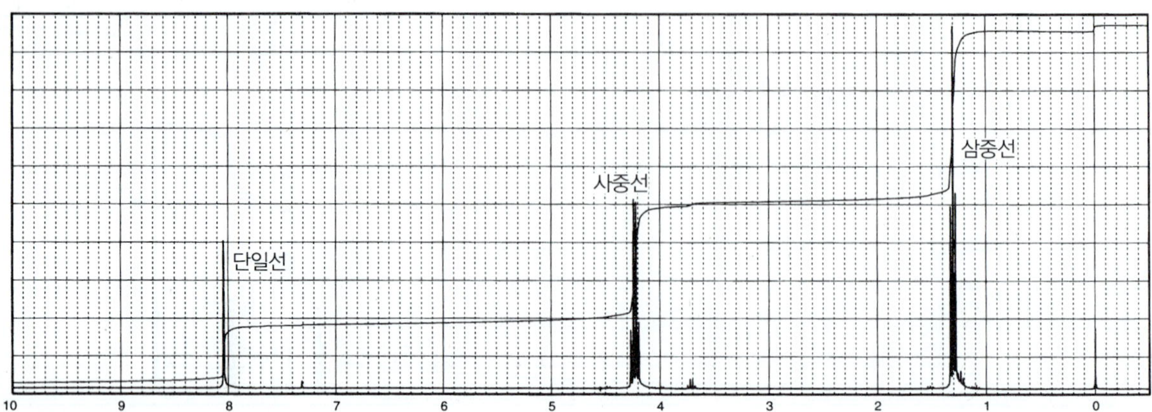

14.** 화학식이 C_8H_7BrO인 ***A와 ***B*** 이성질체 화합물들의 구조를 결정하여라. IR 스펙트럼에서 ***A*** 화합물은 1698 cm^{-1}에서 강한 흡수띠를 나타내고, ***B*** 화합물은 1688 cm^{-1}에서 강한 흡수띠를 나타낸다. 화합물 ***A***에 대한 ^{1}H NMR 스펙트럼을 다음에 나타내었으며, 7.7~7.2 ppm 범위의 확대 그림을 나타내었다. 화합물 ***B***에 대한 ^{1}H NMR 스펙트럼 역시 나타내었다.

A.

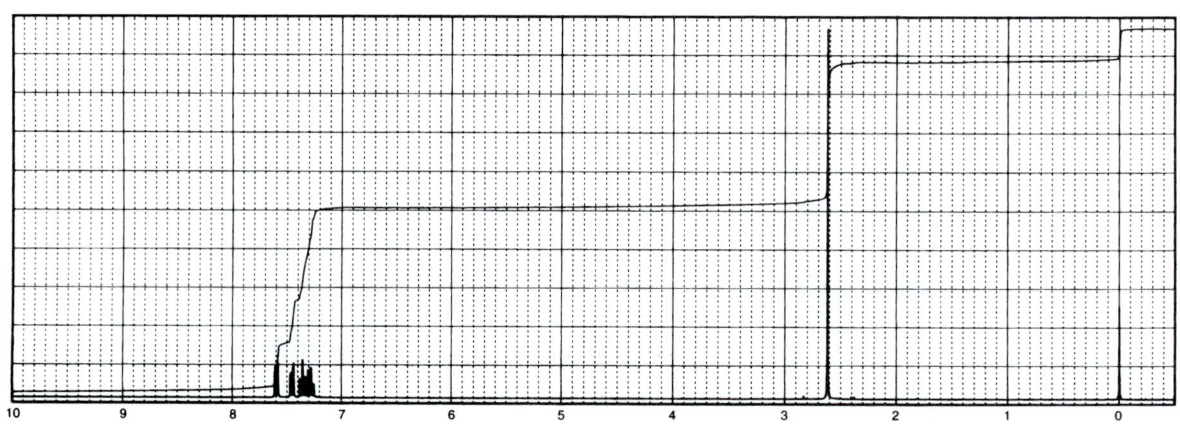

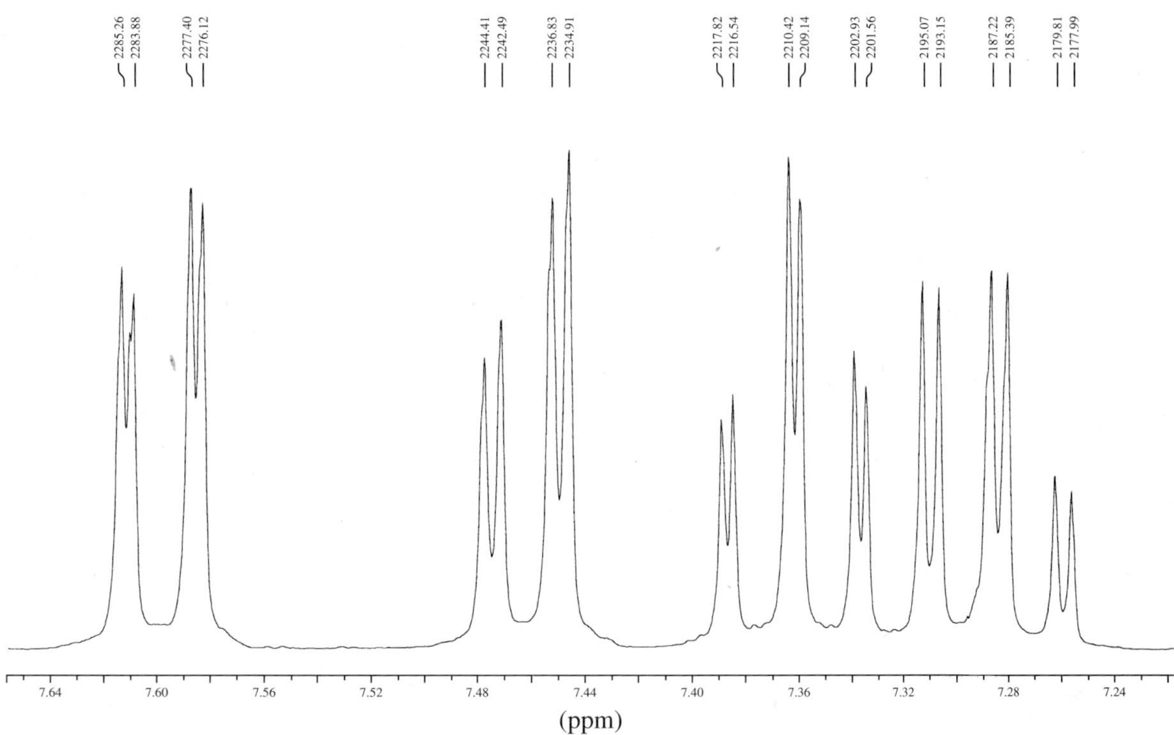
2285.26
2283.88
2277.40
2276.12
2244.41
2242.49
2236.83
2234.91
2217.82
2216.54
2210.42
2209.14
2202.93
2201.56
2195.07
2193.15
2187.22
2185.39
2179.81
2177.99
7.64
7.60
7.56
7.52
7.48
7.44
7.40
7.36
7.32
7.28
7.24
(ppm)

B.

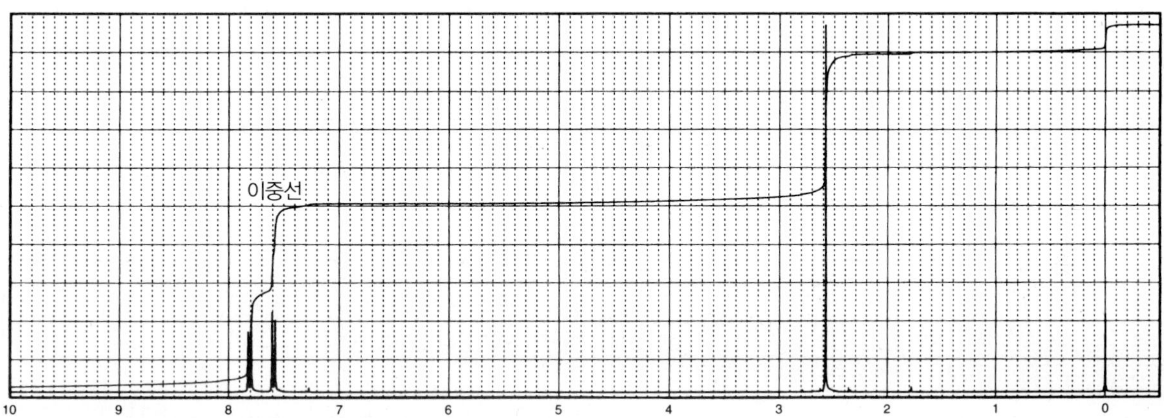
이중선
10
9
8
7
6
5
4
3
2
1
0

*15. 이 화합물의 화학식은 C_4H_8O이다. ^{1}H NMR 스펙트럼을 확대하면 9.8 ppm에 나타나는 단일선 피크는 실제로는 삼중선이며, 2.4 ppm의 삼중선 패턴은 결국 이중선의 삼중선임이 밝혀졌다.

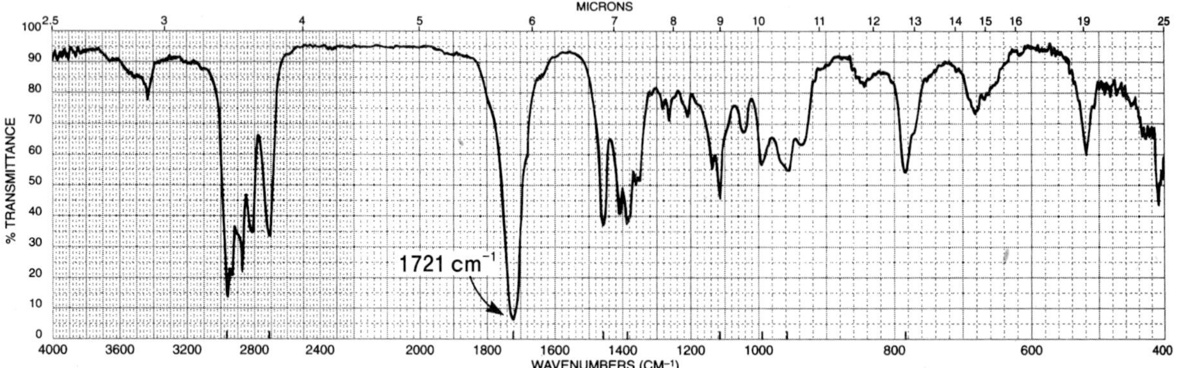

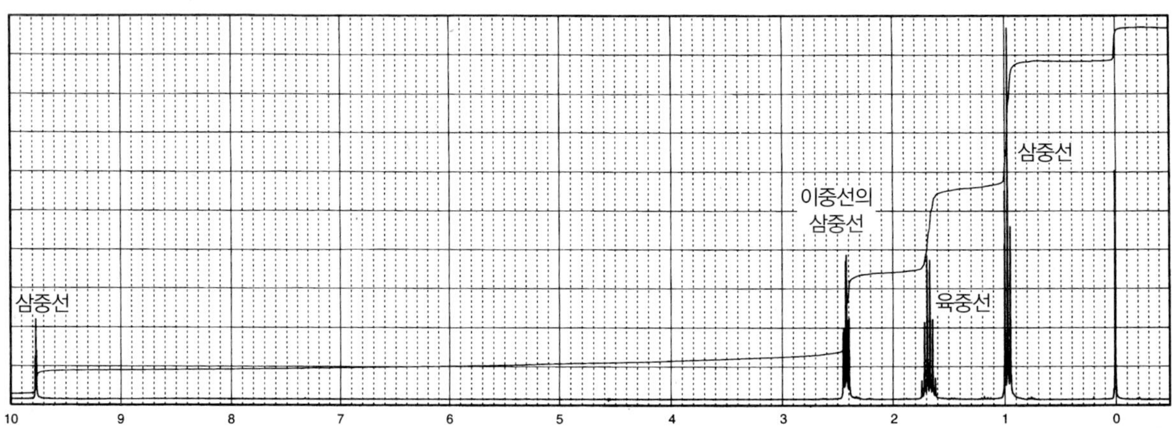

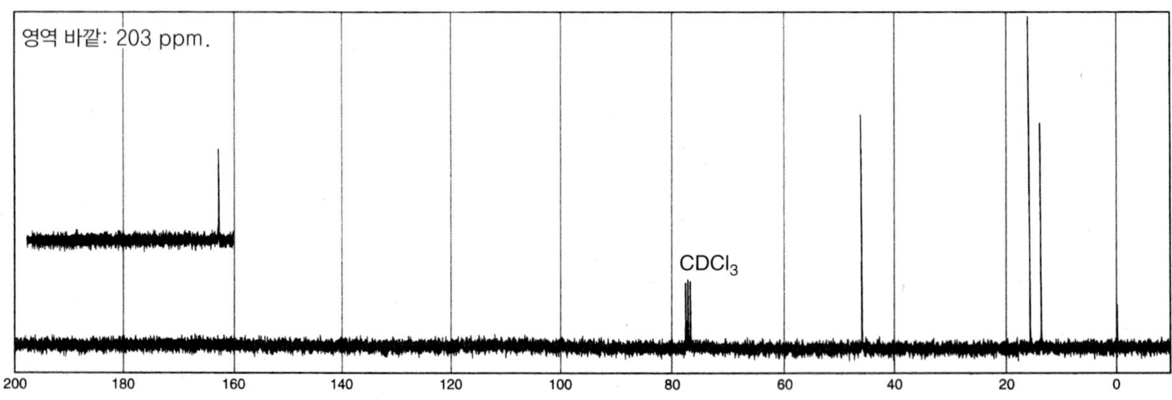

***16.** 이 화합물의 화학식은 $C_5H_{12}O$이다. 소량의 산 수용액을 이 시료에 넣으면 ^1H NMR 스펙트럼은 3.6 ppm의 분명한 삼중선을 보이며, 2.2 ppm의 넓은 피크는 4.5 ppm으로 이동한다.

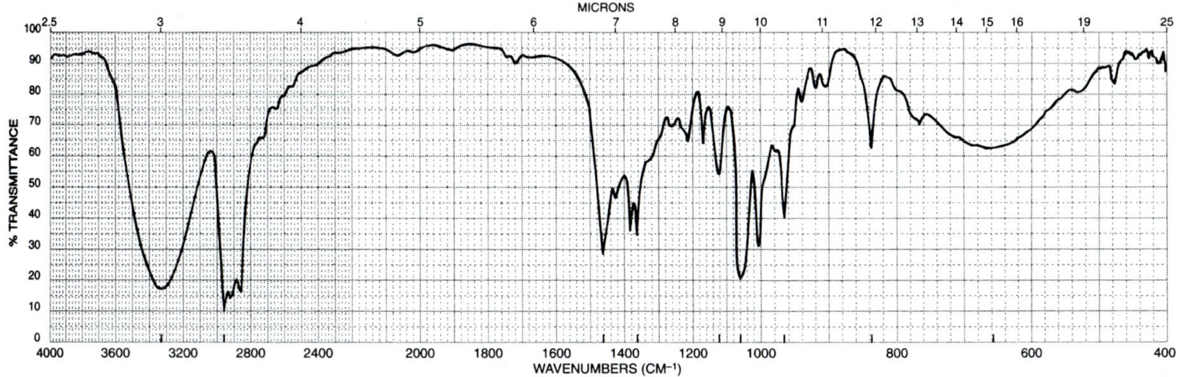

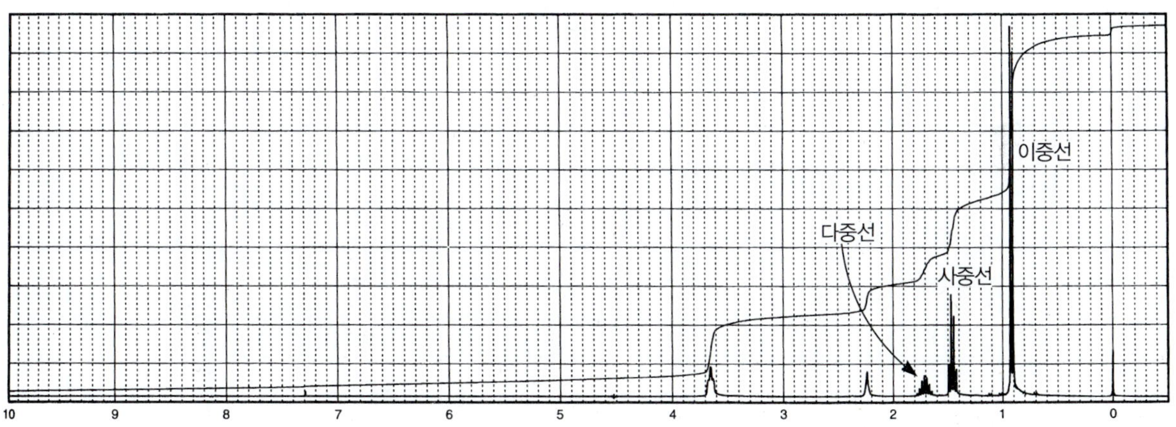

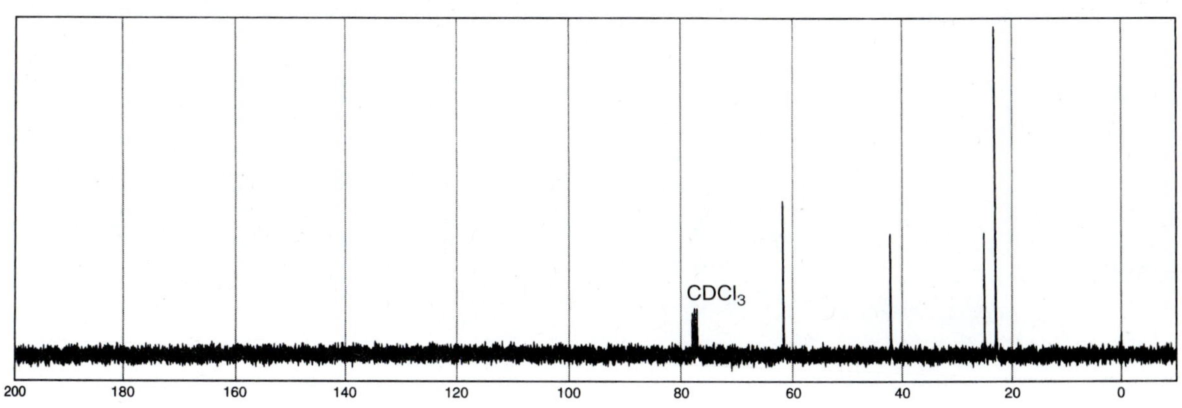

***17.** 화학식이 $C_5H_9BrO_2$인 이성질체 화합물들의 구조를 결정하여라. 두 화합물의 ^1H NMR 스펙트럼을 아래에 나타내었다. 첫 번째 ^1H NMR 스펙트럼에 해당하는 화합물의 IR 스펙트럼은 1739, 1225, 1158 cm^{-1}에서 강한 흡수띠를 나타내고, 두 번째 ^1H NMR 스펙트럼에 해당하는 화합물의 IR 스펙트럼은 1735, 1237, 1182 cm^{-1}에서 강한 흡수띠를 나타낸다.

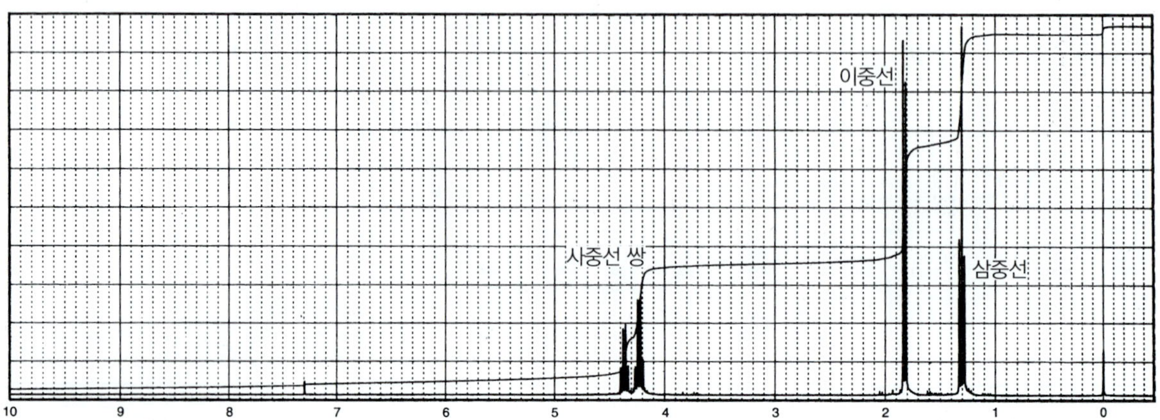

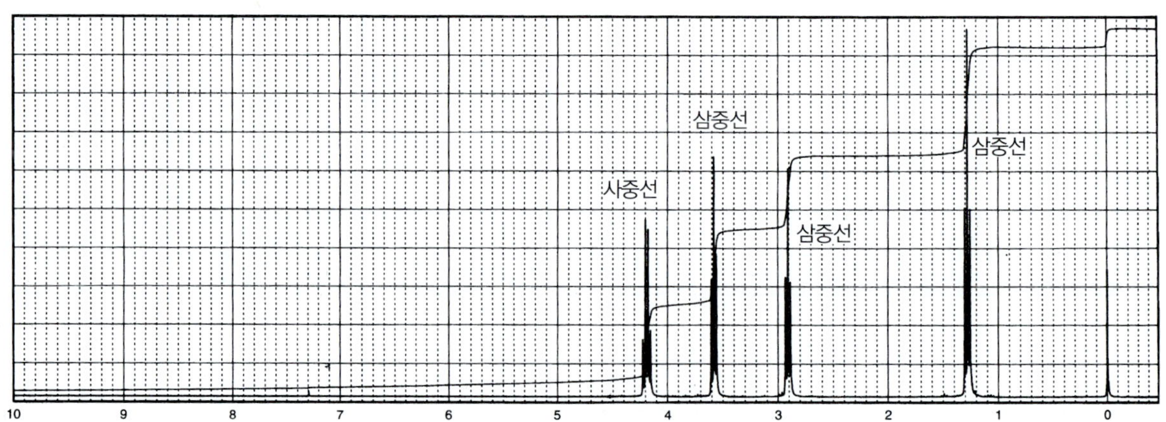

***18.** 이 화합물의 분자식은 $C_{10}H_9NO_2$이다.

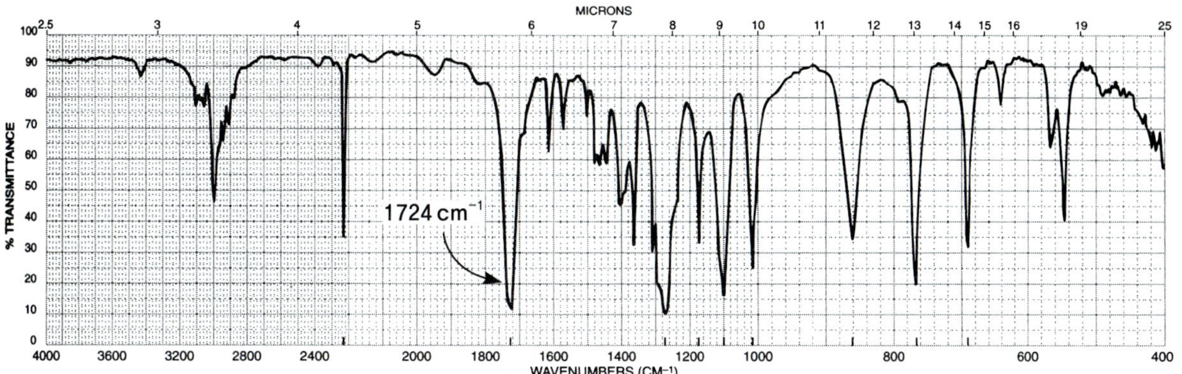

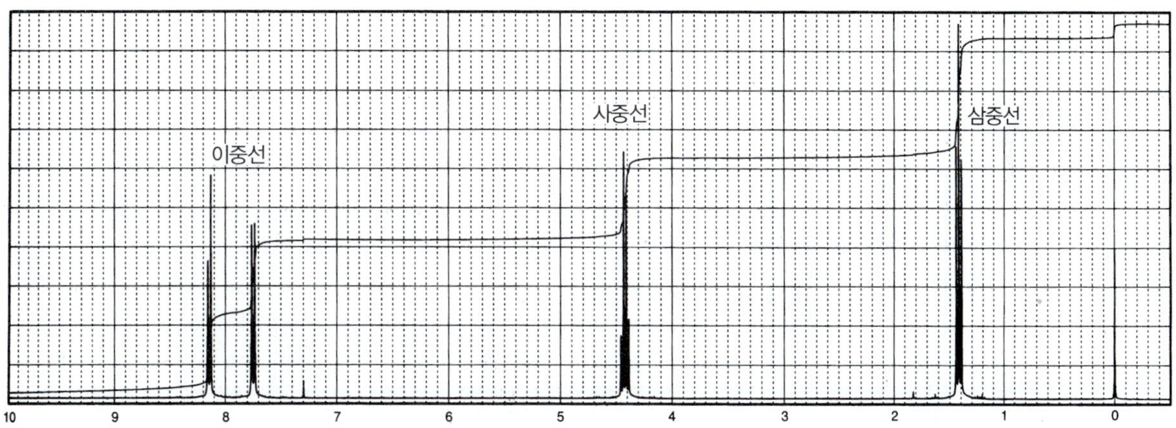

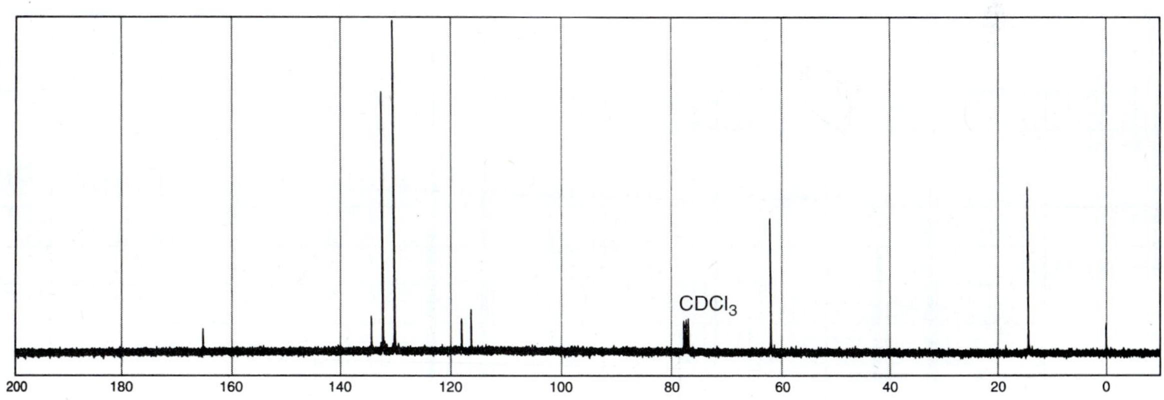

***19.** 이 화합물의 화학식은 C_9H_9ClO이다. ^1H NMR의 전체 스펙트럼을 각 부분의 확대 그림과 함께 나타내었다.

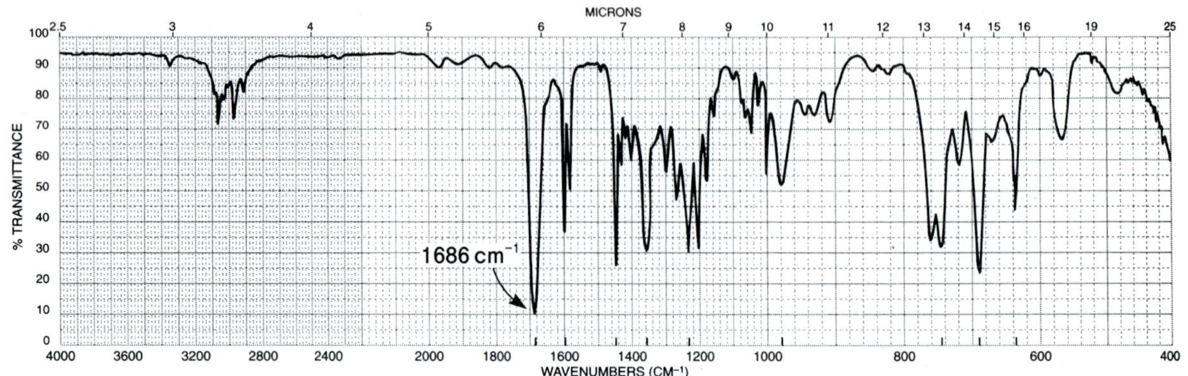

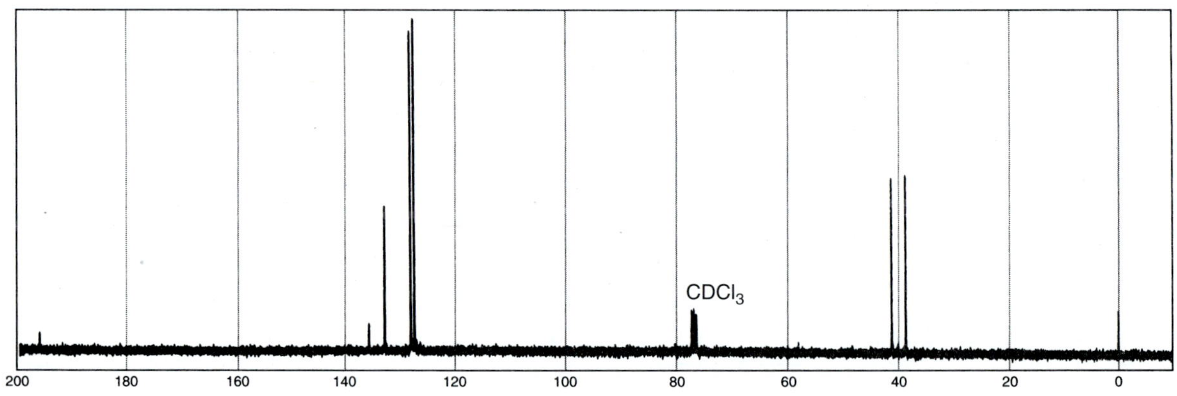

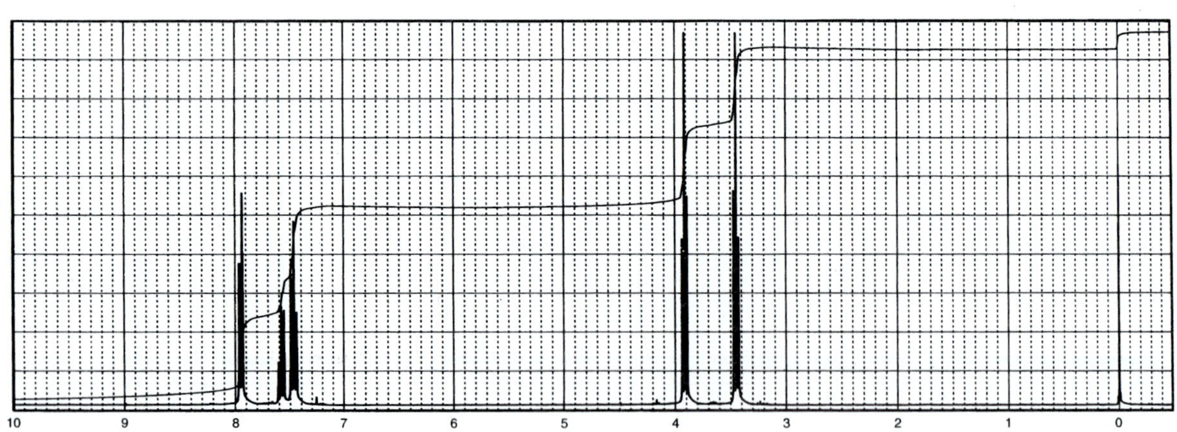

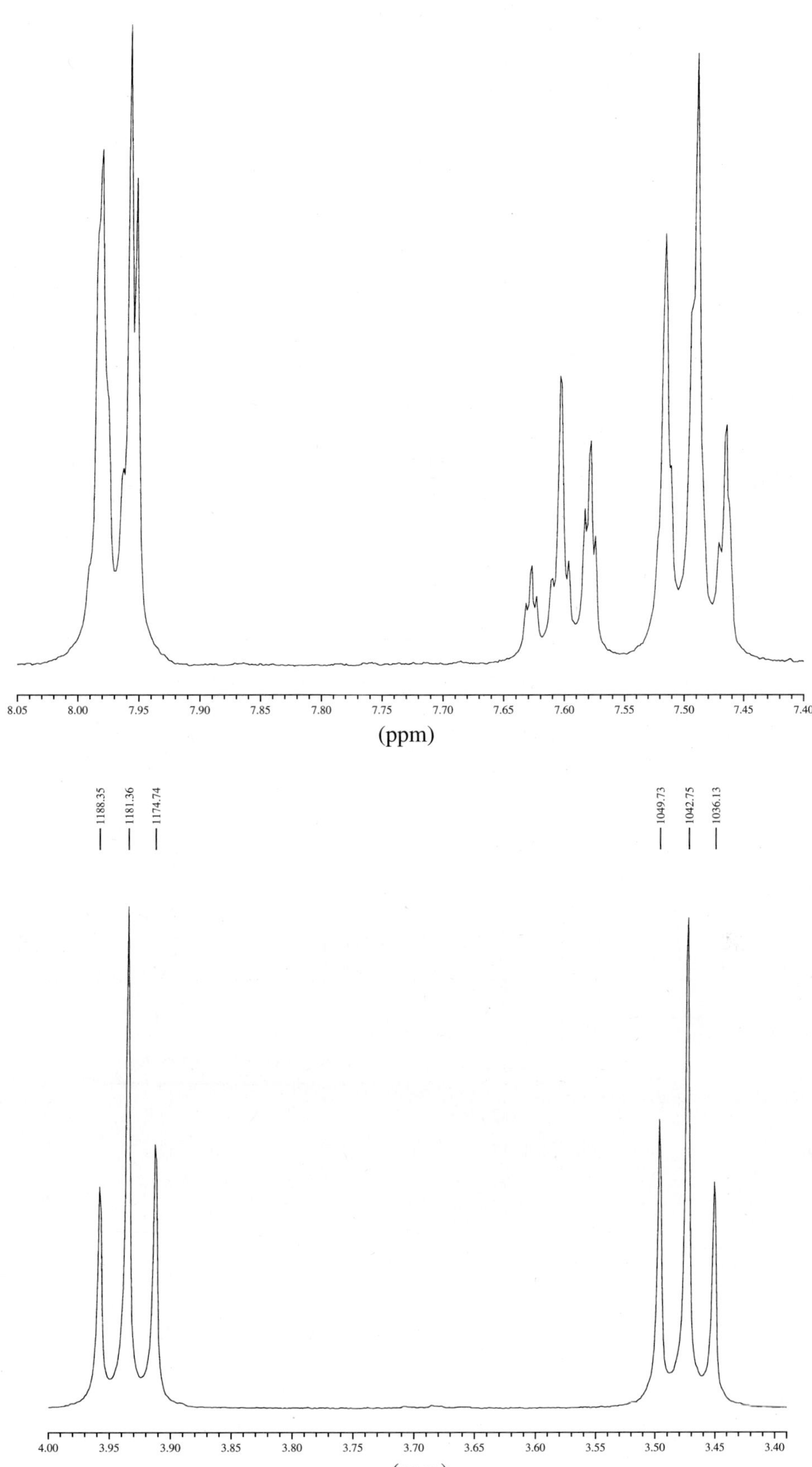
8.05
8.00
7.95
7.90
7.85
7.80
7.75
7.70
7.65
7.60
7.55
7.50
7.45
7.40
(ppm)
1188.35
1181.36
1174.74
1049.73
1042.75
1036.13
4.00
3.95
3.90
3.85
3.80
3.75
3.70
3.65
3.60
3.55
3.50
3.45
3.40
(ppm)

20. 마취제인 procaine(Novocaine)의 화학식은 $C_{13}H_{20}N_2O_2$이다. ^{1}H NMR 스펙트럼의 2.8 ppm과 4.3 ppm에서 삼중선의 각 쌍은 6 Hz의 짝지음 상수를 갖는다. 1.1 ppm의 삼중선과 2.6 ppm의 사중선은 7 Hz의 짝지음 상수를 갖는다. IR 스펙트럼은 Nujol에서 측정하였다. IR 스펙트럼에서 약 2920 cm^{-1}에 나타나는 Nujol의 C–H 흡수띠는 전 C–H 신축 영역을 가려서 알아보기 어렵게 한다. IR 스펙트럼에서 1669 cm^{-1}에 나타나는 carbonyl 그룹은 다른 것에 비하여 현저히 작은 진동수를 보이고 있다. 왜 그런가?

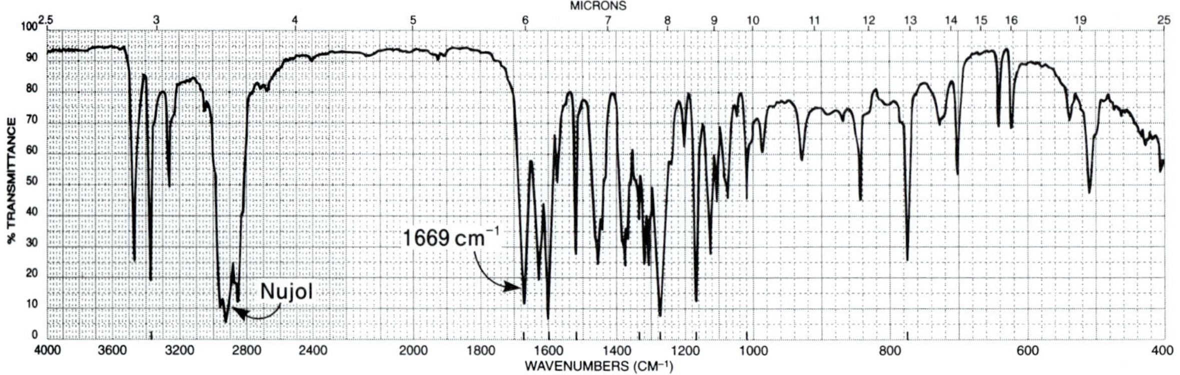

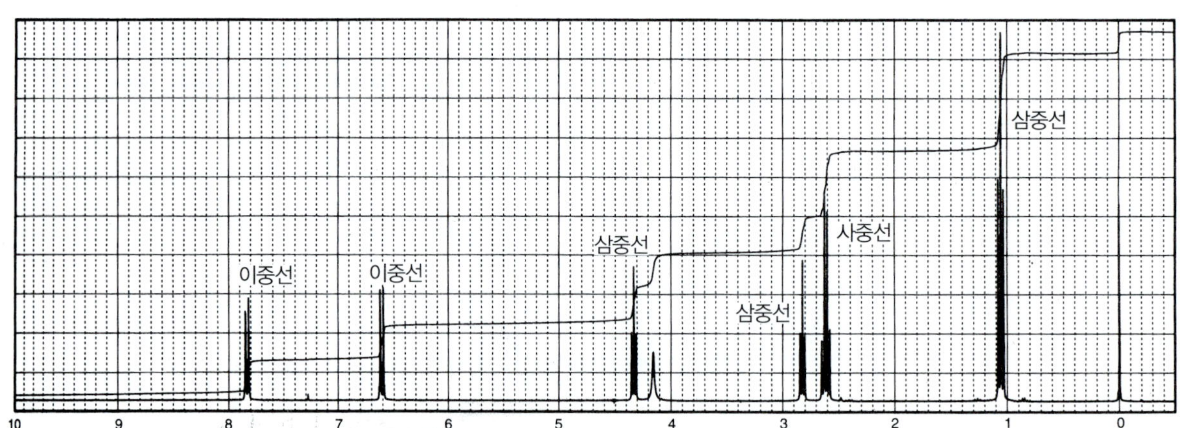

정상 ^{13}C	DEPT-135	DEPT-90
12 ppm	양의 피크	피크 없음
48	음의 피크	피크 없음
51	음의 피크	피크 없음
63	음의 피크	피크 없음
114	양의 피크	양의 피크
120	피크 없음	피크 없음
132	양의 피크	양의 피크
151	피크 없음	피크 없음
167	피크 없음	피크 없음

21. 이 화합물의 자외선 스펙트럼에서 250 nm 이상에서 흡수 최대값을 보이지 않는다. 질량 스펙트럼에서 M, $M + 2$, $M + 4$ 피크에 대한 패턴이 1:2:1(214, 216, 218 m/z)의 비율을 갖는다. 이 화합물의 구조를 그리고 질량 135와 137 토막의 구조에 대하여 설명하여라.

(a)

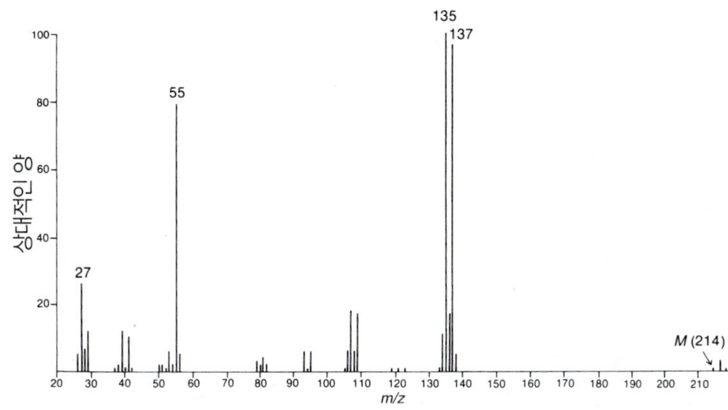

(b)

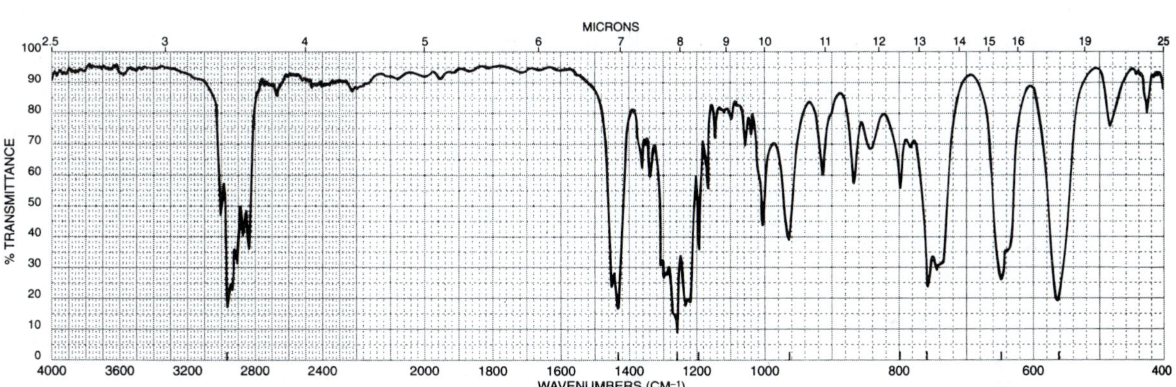

(c)

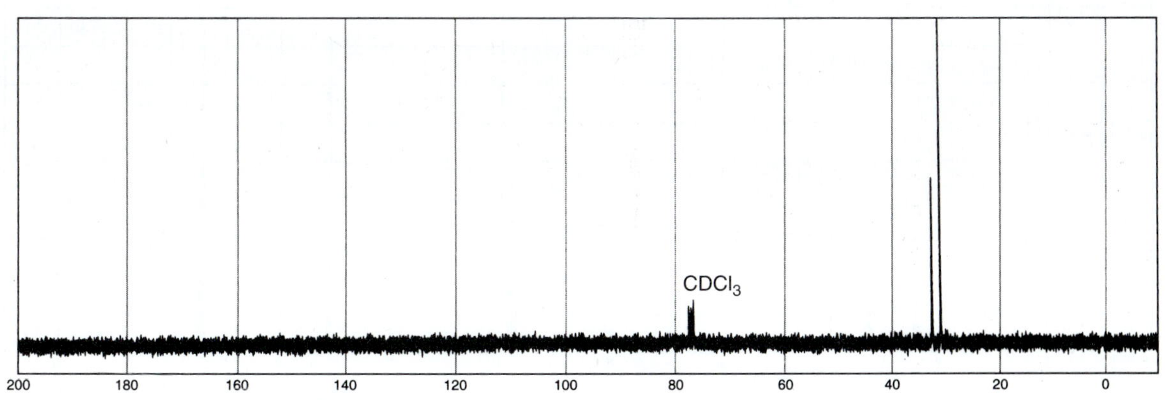

22. 이 화합물의 자외선 스펙트럼을 95% ethanol에서 측정하였다. λ_{max} 225 nm(log ε = 4.0)와 270 nm(log ε = 2.8). 이 화합물의 화학식은 $C_9H_{12}O_3S$이다

(a)

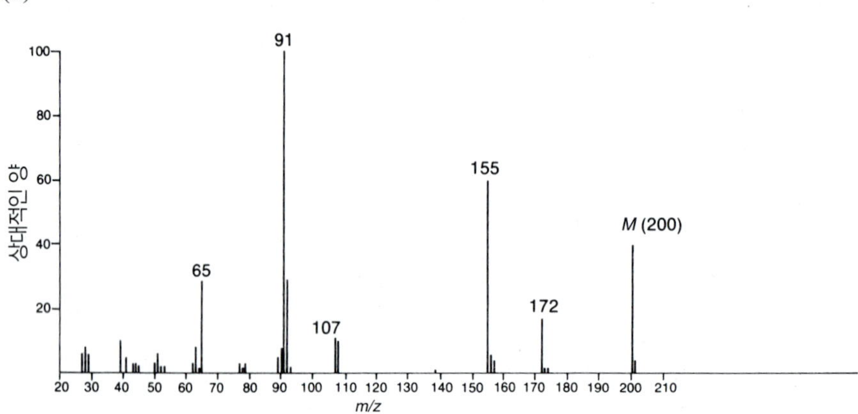

(b)

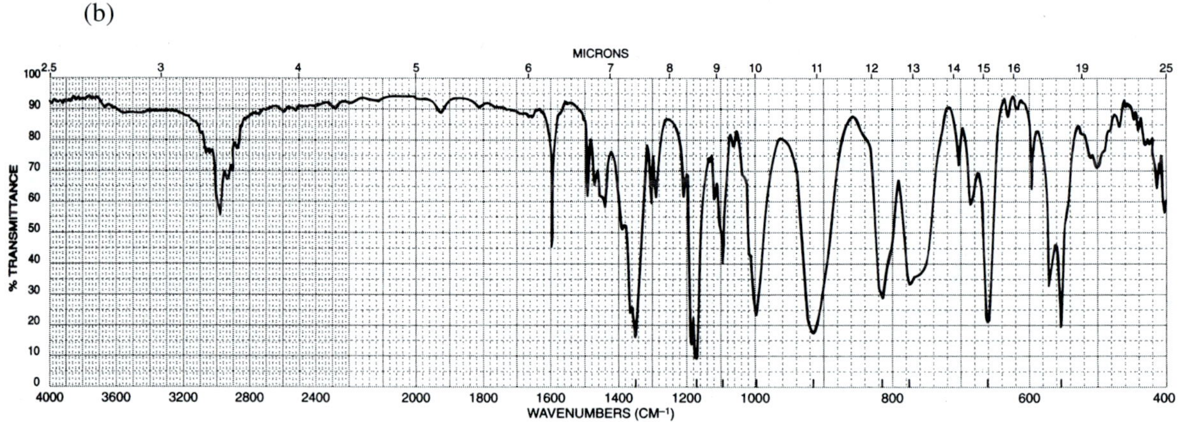

(c)

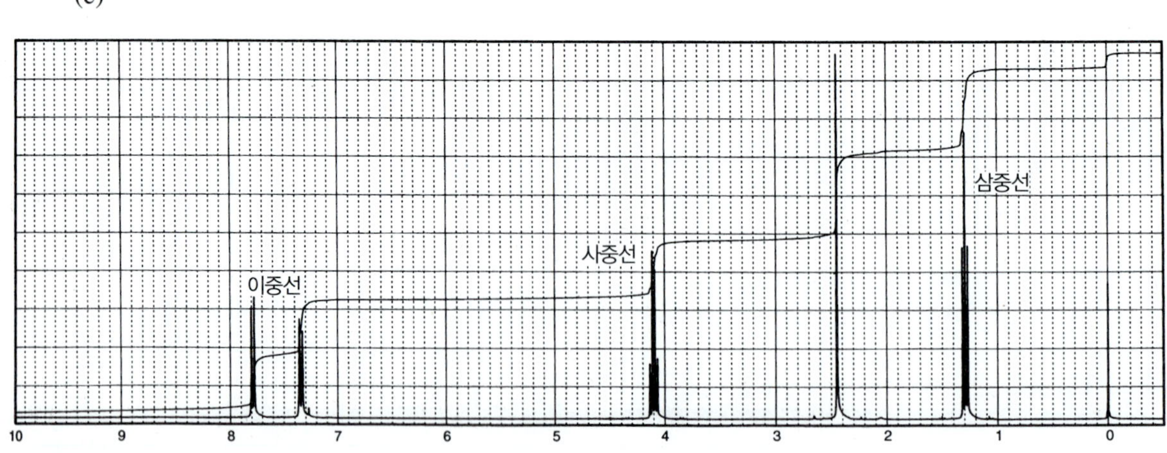

23. 이 화합물의 분자식은 $C_9H_{10}O$이다. IR 스펙트럼과 ^1H NMR 스펙트럼이 제시되어 있다. ^1H NMR에서 4.3, 6.35, 6.6 ppm 근처에 중심을 둔 흥미로운 피크들의 확대 그림도 함께 제시되어 있다. 방향족 수소들에 해당하는 7.4 ppm 근처의 지저분한 피크를 해석하려고 시도할 필요는 없다. 2.3 ppm(한 개의 proton)의 넓은 피크는 용매와 농도에 의존적이다.

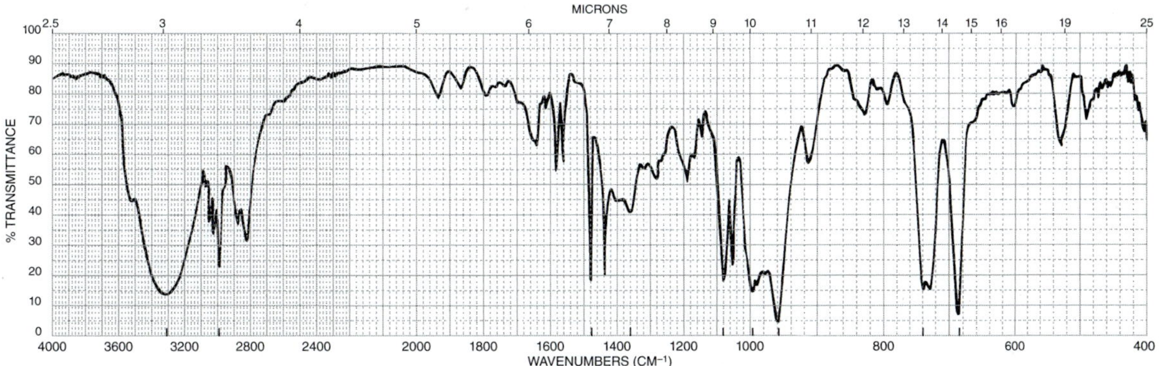

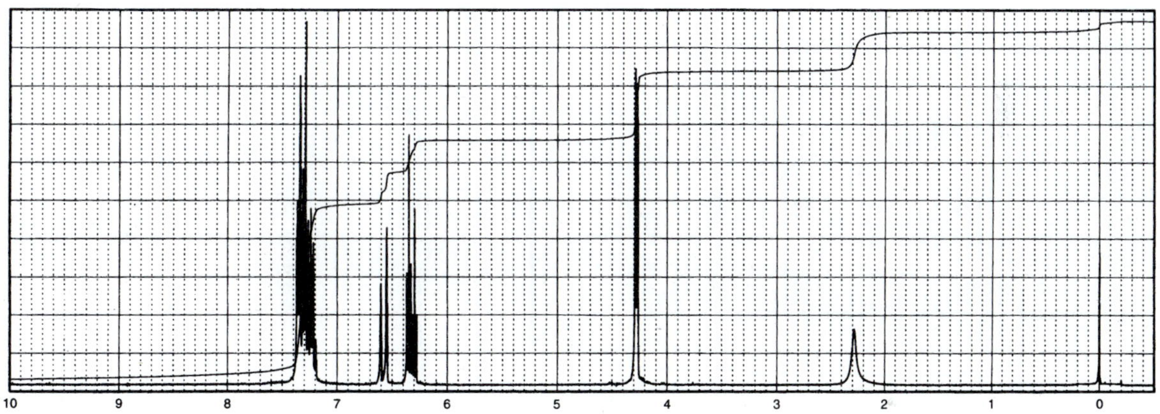

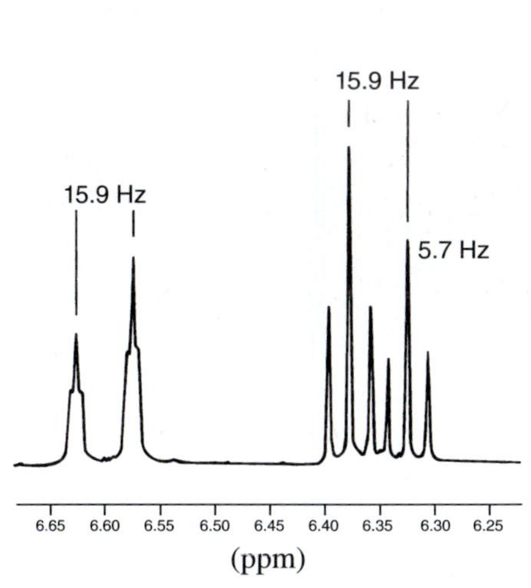

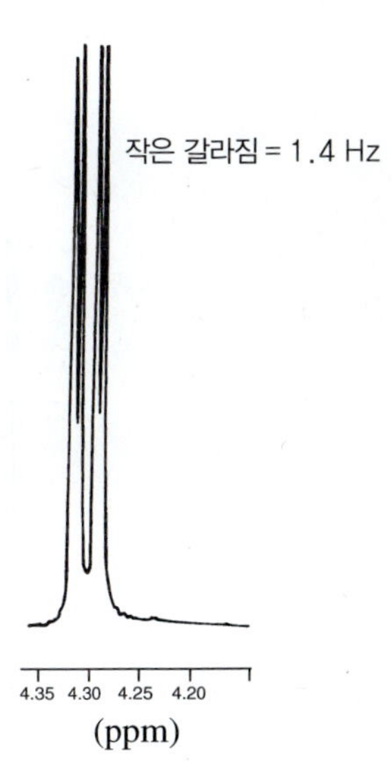

24. 이 화합물의 화학식은 C_3H_4O이다. IR 스펙트럼과 ^1H NMR 스펙트럼이 제시되어 있다. 3300 cm^{-1}의 단일 피크는 거기에 있는 넓은 피크와 겹쳐져 있다. ^1H NMR에서 2.5 ppm과 4.3 ppm 근처에 중심을 둔 흥미로운 피크들의 확대 그림도 함께 제시되어 있다. 3.25 ppm(1H)의 피크는 용매와 농도에 의존적이다.

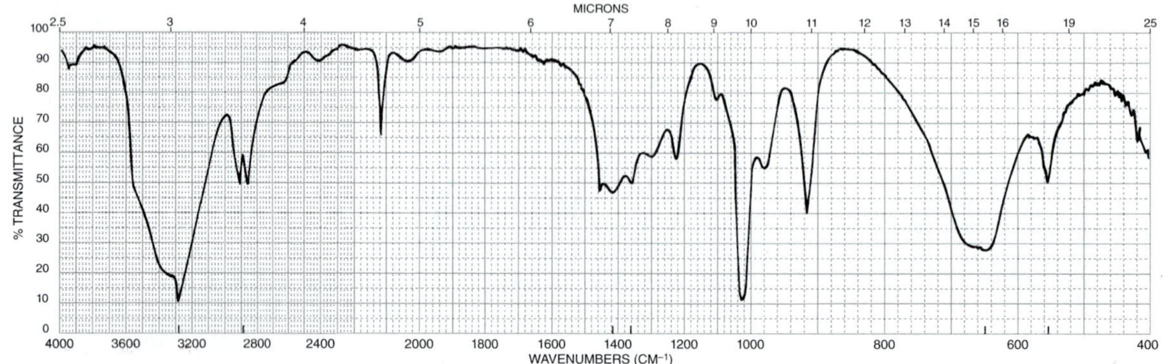

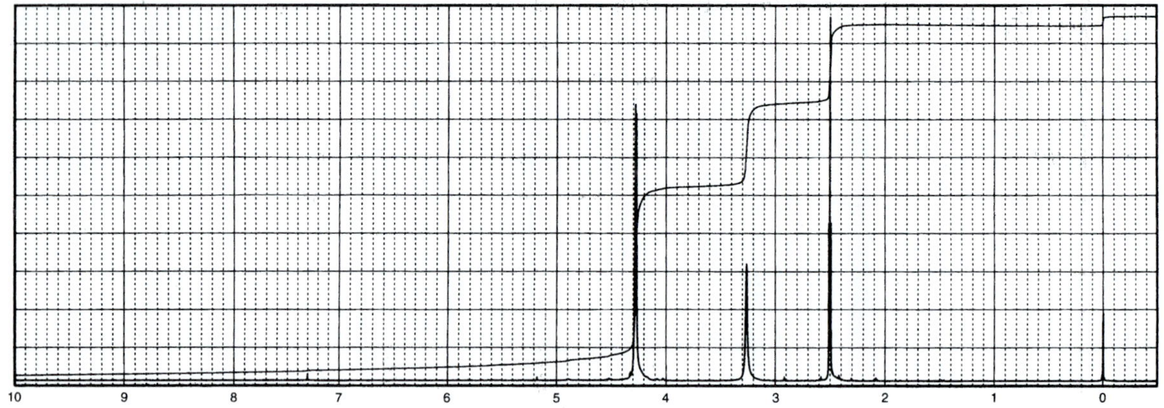

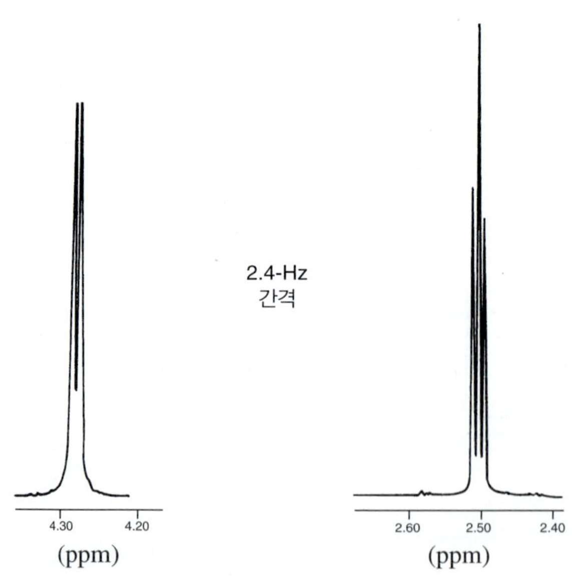

25. 이 화합물의 분자식은 $C_7H_8N_2O_3$이다. IR 스펙트럼과 DMSO-d_6에서 측정된 ^1H NMR 스펙트럼이 제시되어 있다. ^1H NMR 스펙트럼에서 7.75, 7.6, 6.7 ppm 근처에 중심을 둔 흥미로운 피크들의 확대 그림도 함께 제시되어 있다. 6.45 ppm(두 개의 proton)의 넓은 피크는 용매와 농도에 의존적이다. 자외선 스펙트럼에서 204 nm(ε = 1.68 × 10^4), 260 nm(ε = 6.16 × 10^3), 392 nm(ε = 1.43 × 10^4)의 피크들이 보인다. 392 nm의 강한 흡수띠는 고리에 있는 치환기들의 위치를 정하는 데 중요한 단서가 된다. 산성화되면 이 흡수띠는 더 낮은 파장으로 이동한다. IR 스펙트럼은 Nujol에서 측정하였다. 약 2920 cm^{-1}의 Nujol C–H 흡수띠가 미지 물질의 C–H 흡수띠를 가려서 알아보기 어렵게 한다.

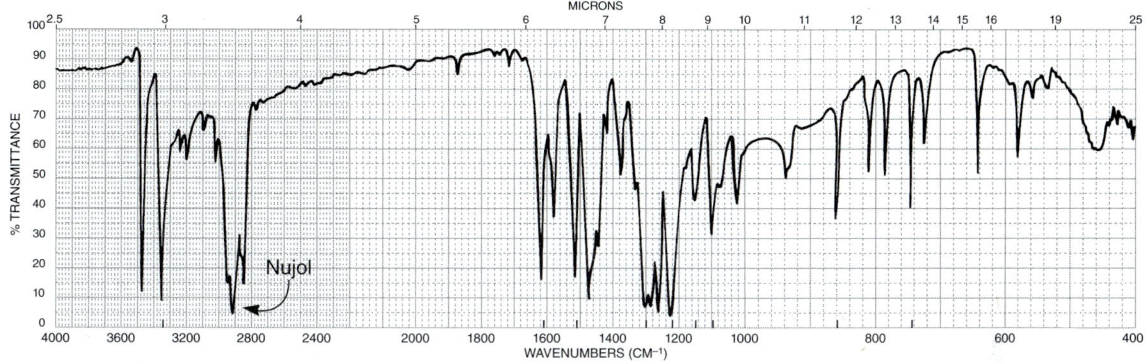

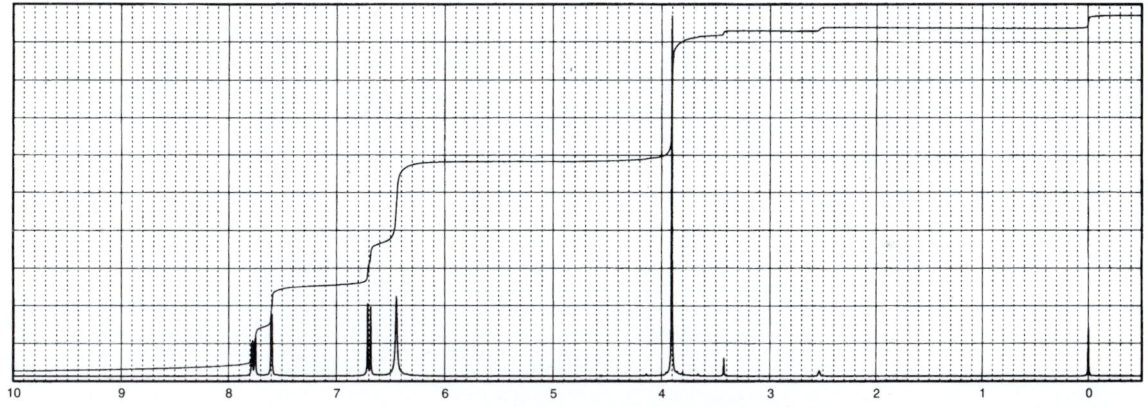

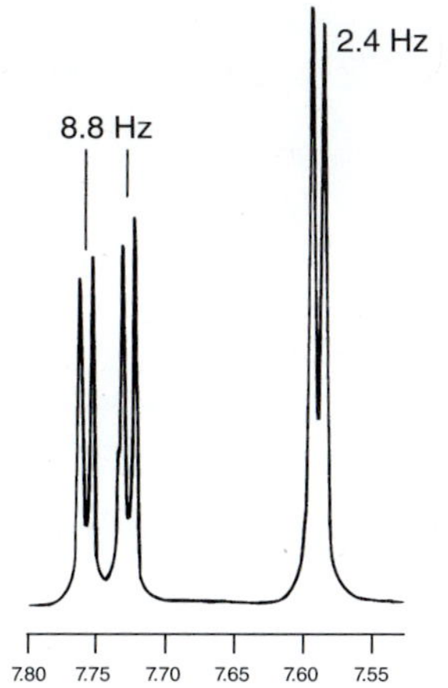

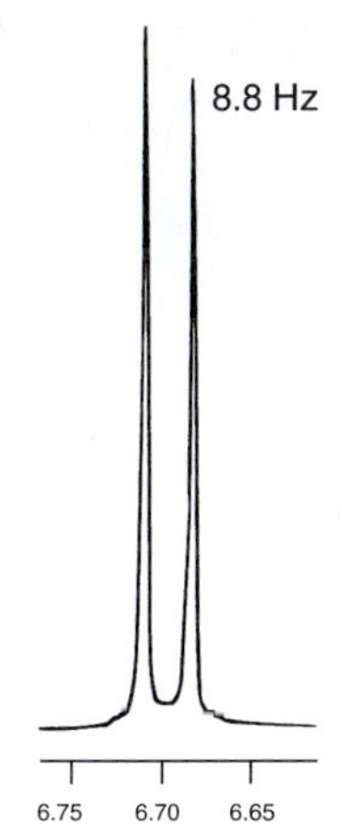

26. 이 화합물의 화학식은 $C_6H_{12}N_2$이다.

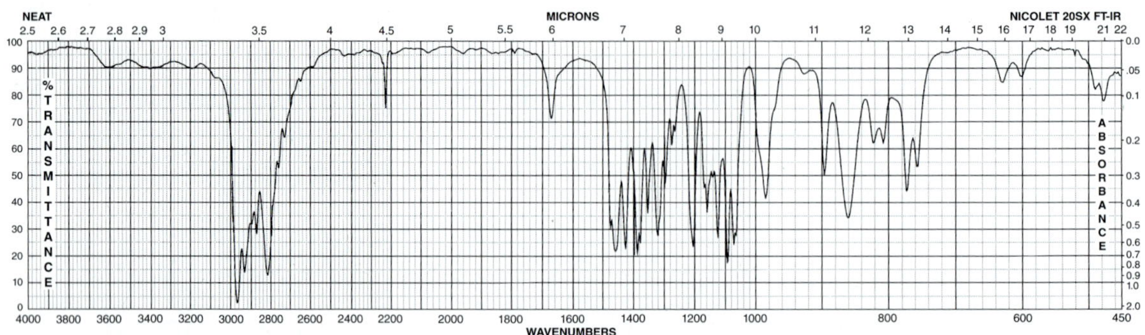

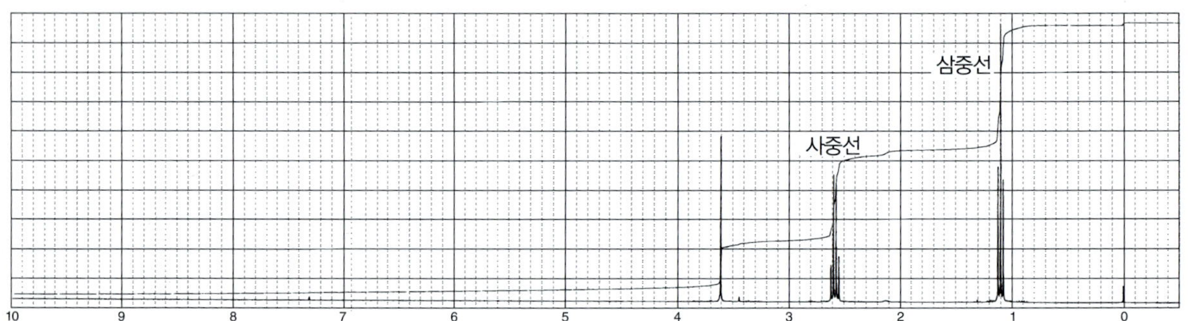

정상 ¹³C	DEPT-135	DEPT-90
13 ppm	양의 피크	피크 없음
41	음의 피크	피크 없음
48	음의 피크	피크 없음
213	피크 없음	피크 없음

27. 이 화합물의 화학식은 $C_6H_{11}BrO_2$이다. 이 화합물의 구조를 결정하여라. 질량 스펙트럼에서 121/123과 149/151에서 관찰되는 토막의 구조를 그려라. ^{13}C NMR 스펙트럼에서 14, 31, 56, 62, 172 ppm에 피크가 관찰된다.

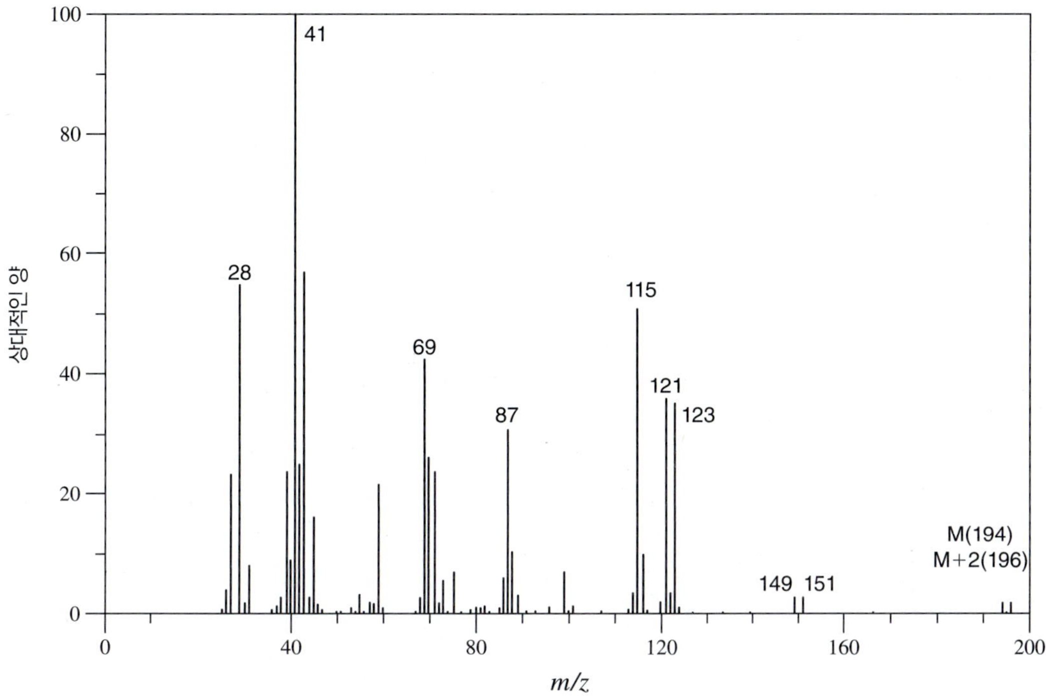

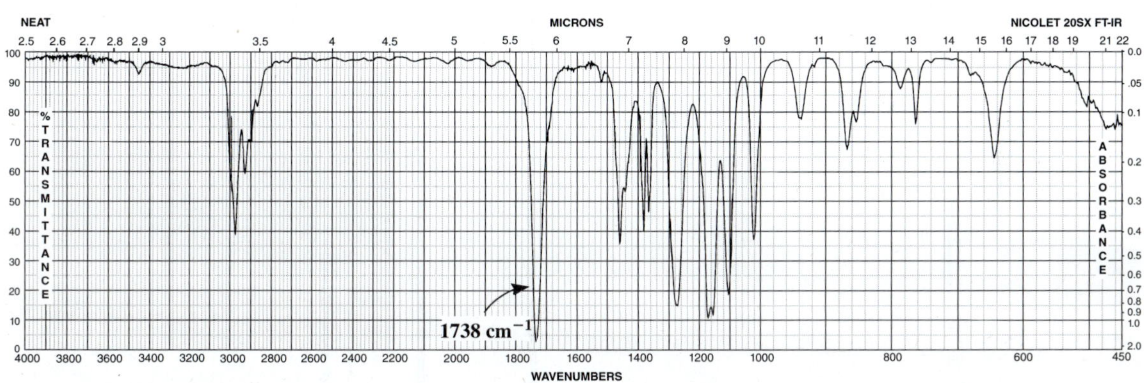

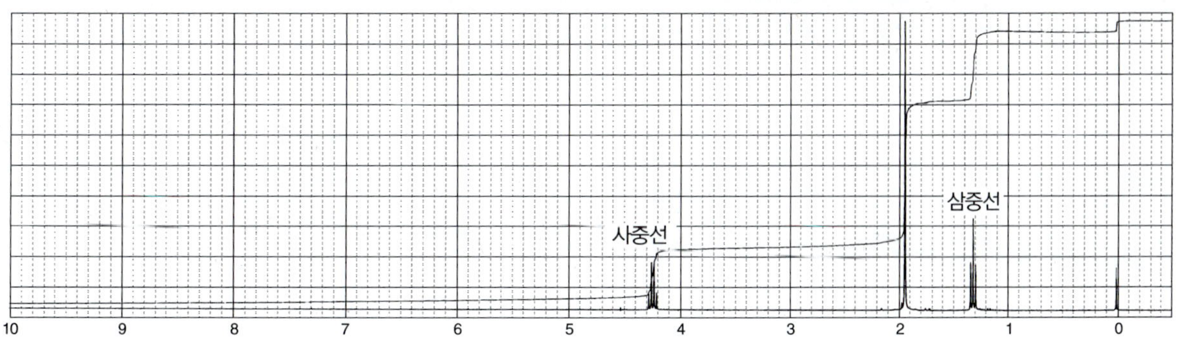

28. 이 화합물의 화학식은 $C_9H_{12}O$이다. ^{13}C NMR 스펙트럼에서 28, 31, 57, 122, 124, 125, 139 ppm에 피크가 관찰된다.

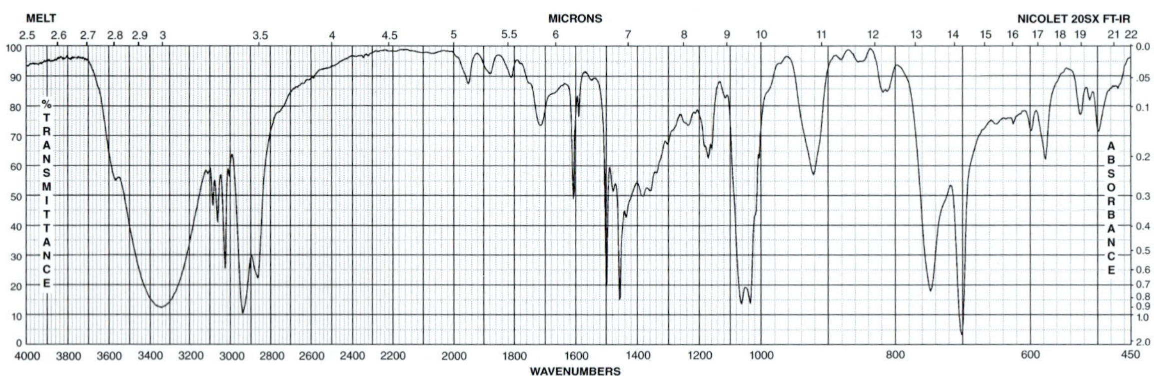

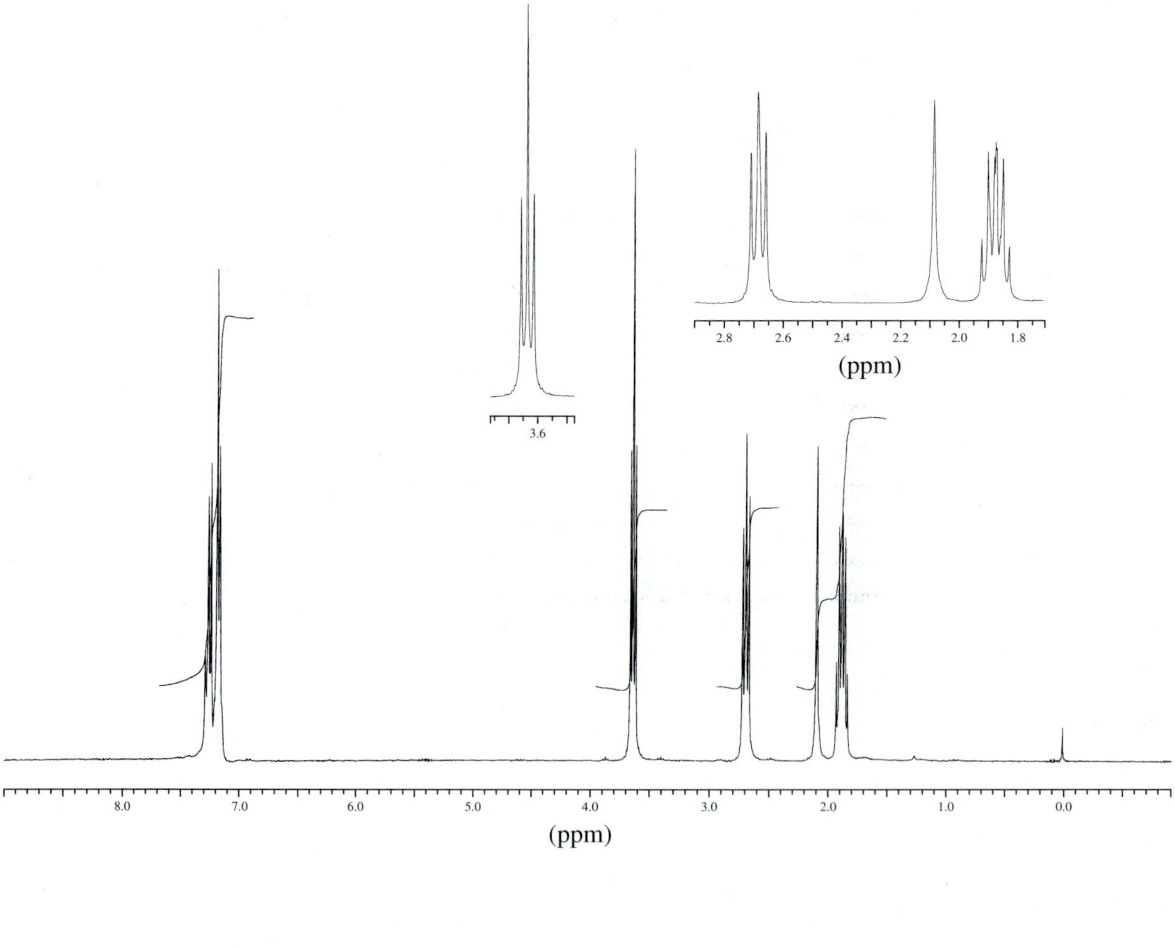

29. 이 화합물의 화학식은 $C_6H_{10}O$이다. ^{13}C NMR 스펙트럼에서 21, 27, 31, 124, 155, 198 ppm에 피크가 관찰된다.

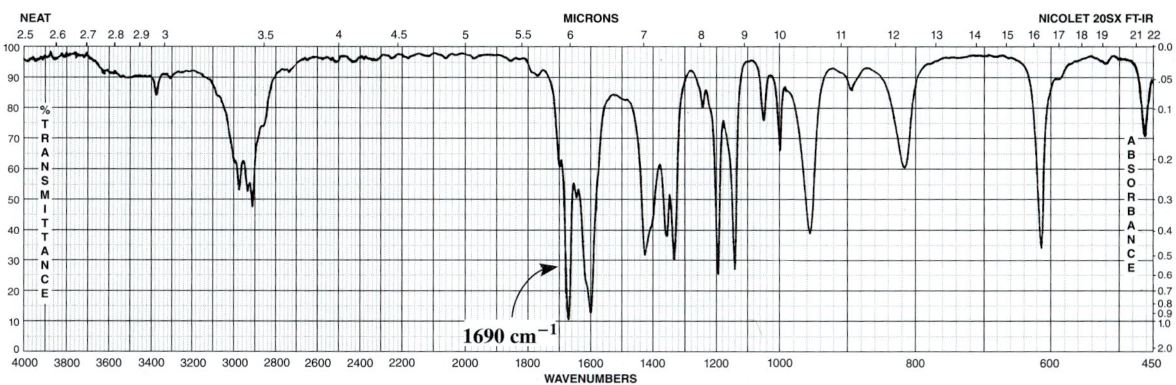

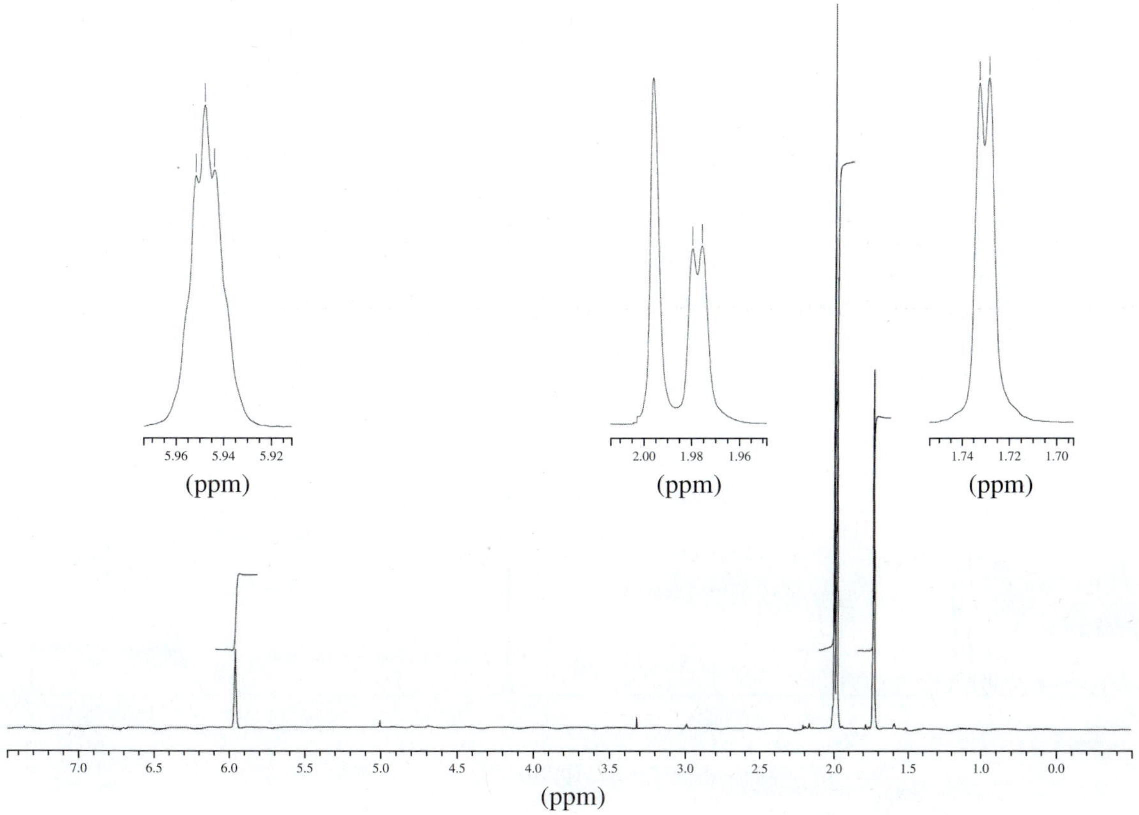

30. 이 화합물의 화학식은 $C_{10}H_{10}O_2$이다. ^{13}C NMR 스펙트럼에서 52, 118, 128, 129, 130, 134, 145, 167 ppm에 피크가 관찰된다.

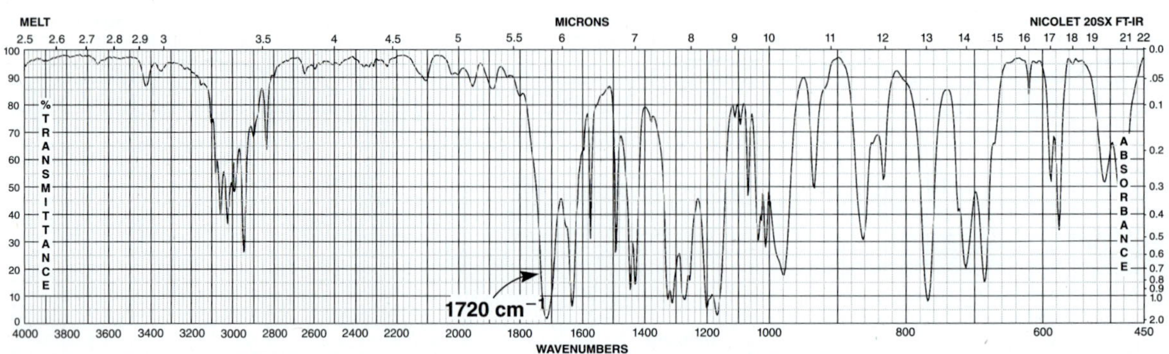

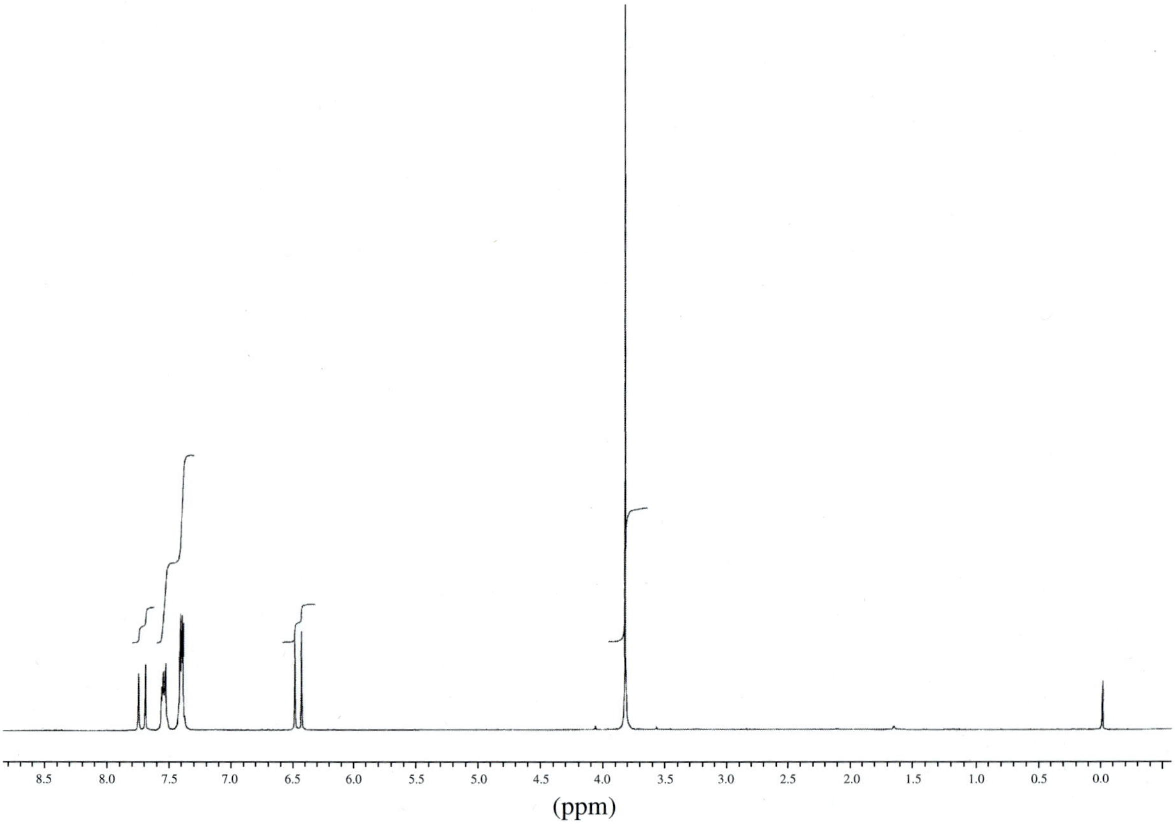

8.5 8.0 7.5 7.0 6.5 6.0 5.5 5.0 4.5 4.0 3.5 3.0 2.5 2.0 1.5 1.0 0.5 0.0

(ppm)

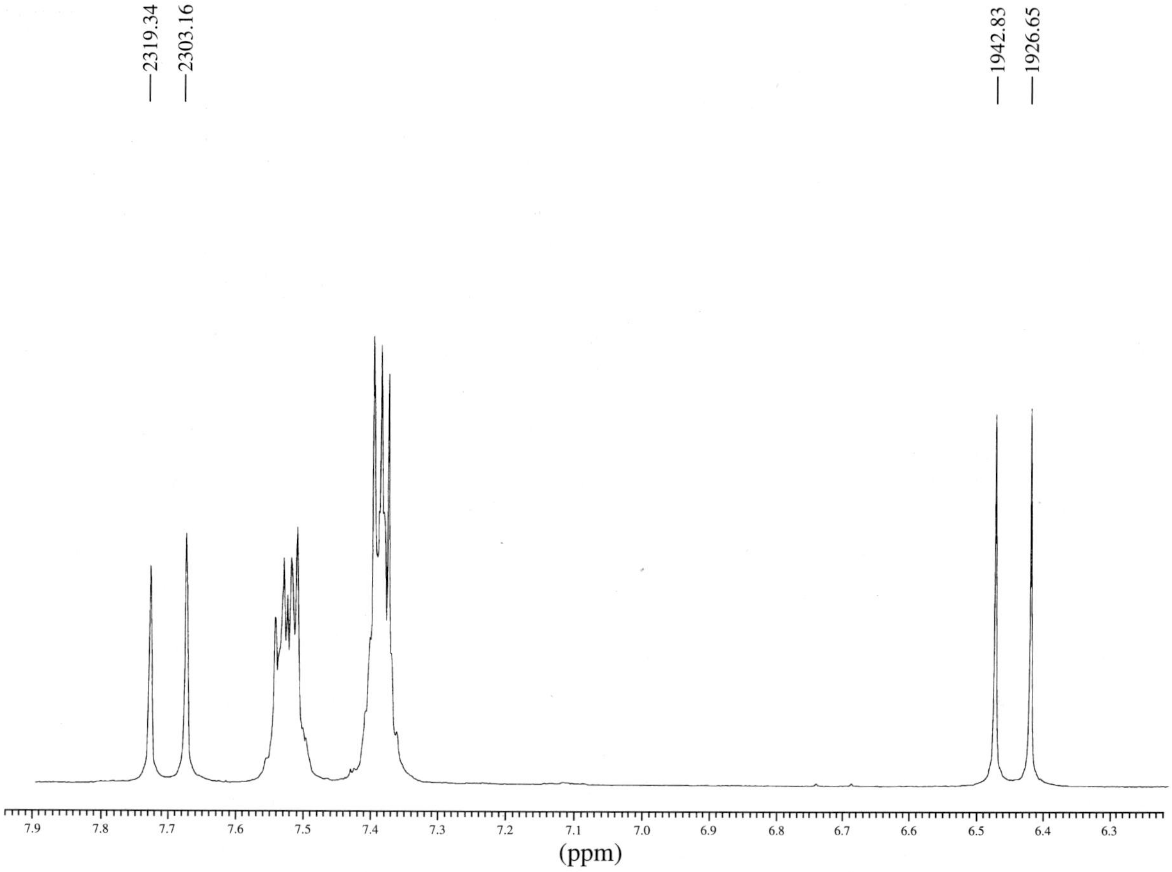

2319.34
2303.16
1942.83
1926.65
7.9
7.8
7.7
7.6
7.5
7.4
7.3
7.2
7.1
7.0
6.9
6.8
6.7
6.6
6.5
6.4
6.3
(ppm)

31. 이 화합물의 화학식은 $C_5H_8O_2$이다. ^{13}C NMR 스펙트럼에서 14, 60, 129, 130, 166 ppm에 피크가 관찰된다.

NEAT
MICRONS
NICOLET 20SX FT-IR
% TRANSMITTANCE
ABSORBANCE
1725 cm^{-1}
WAVENUMBERS

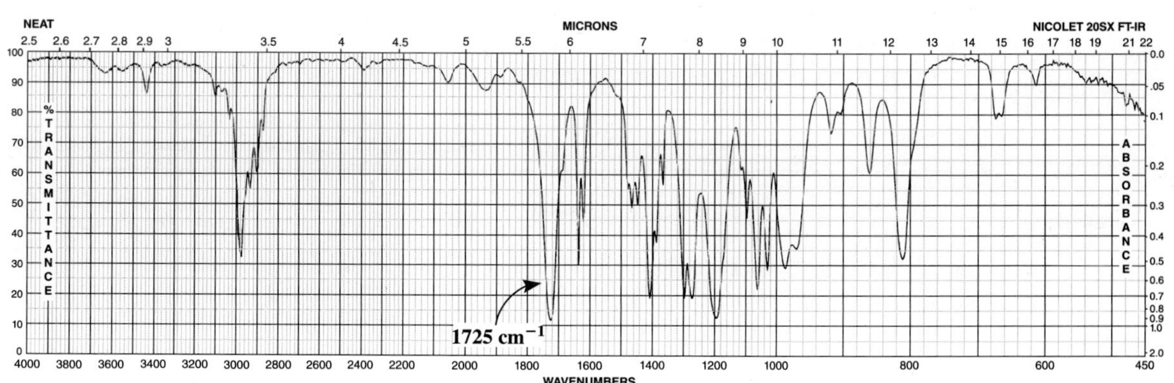

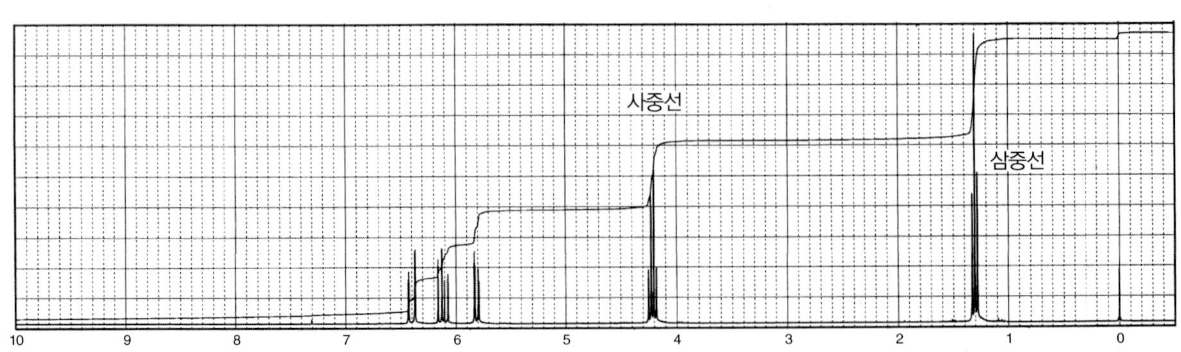
사중선
삼중선
10
9
8
7
6
5
4
3
2
1
0

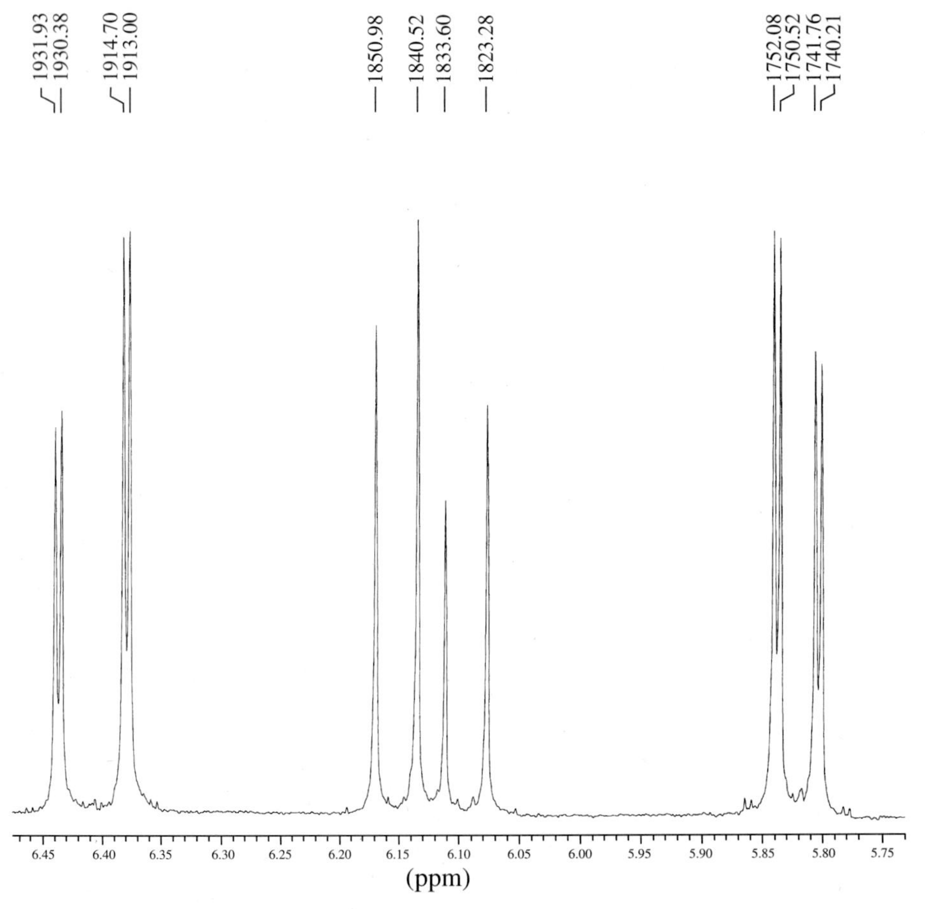
1931.93
1930.38
1914.70
1913.00
1850.98
1840.52
1833.60
1823.28
1752.08
1750.52
1741.76
1740.21
6.45
6.40
6.35
6.30
6.25
6.20
6.15
6.10
6.05
6.00
5.95
5.90
5.85
5.80
5.75
(ppm)

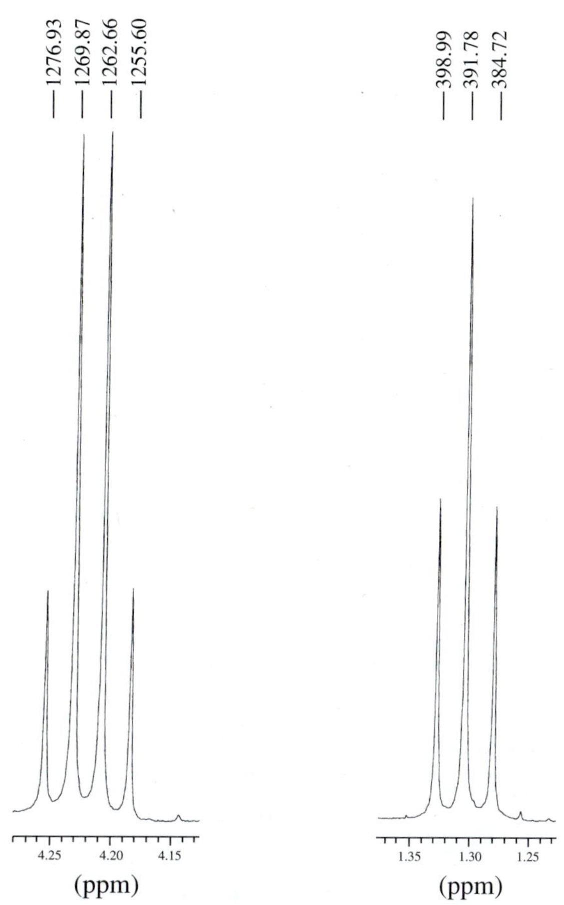

32. 이 화합물의 화학식은 $C_6H_{12}O$이다. ^{1}H NMR 스펙트럼에서 1.3 ppm과 1.58 ppm을 중심으로 하는 피크를 설명하여라.

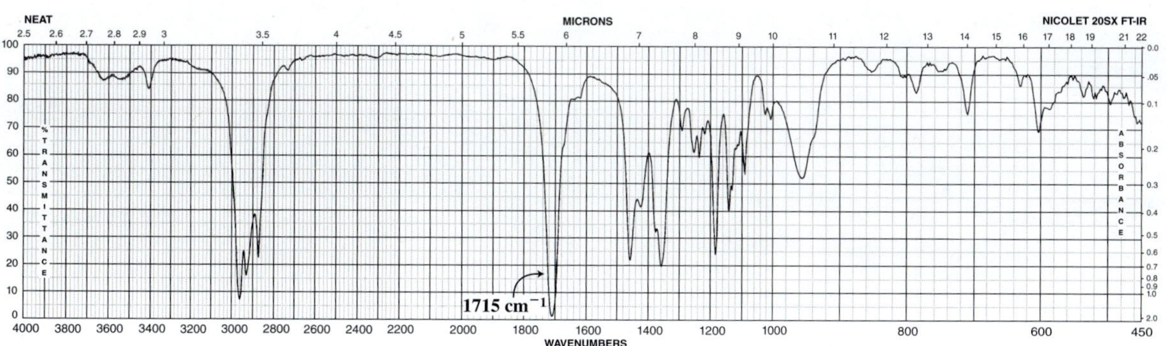

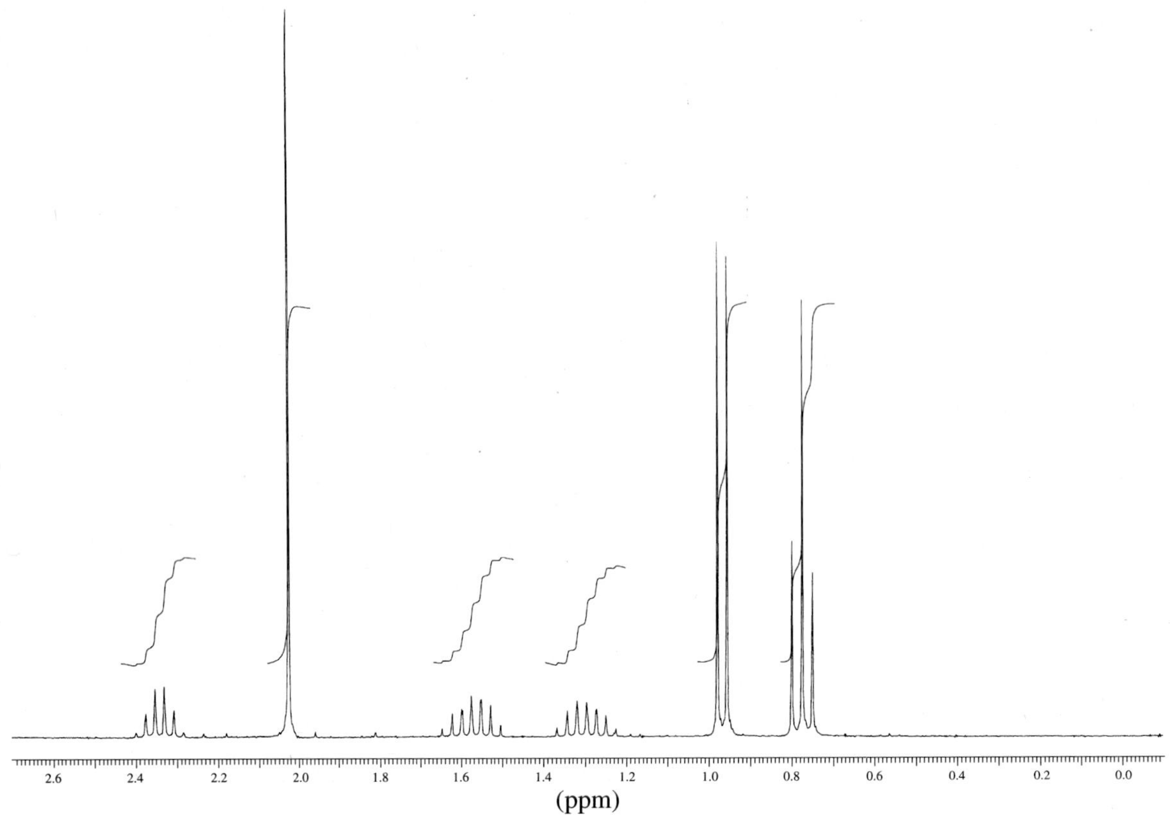

2.6 2.4 2.2 2.0 1.8 1.6 1.4 1.2 1.0 0.8 0.6 0.4 0.2 0.0
(ppm)

719.63
712.78
705.90
699.06
692.18
685.36

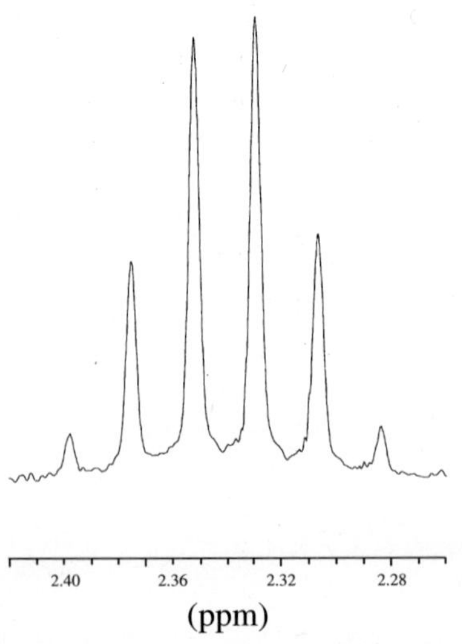

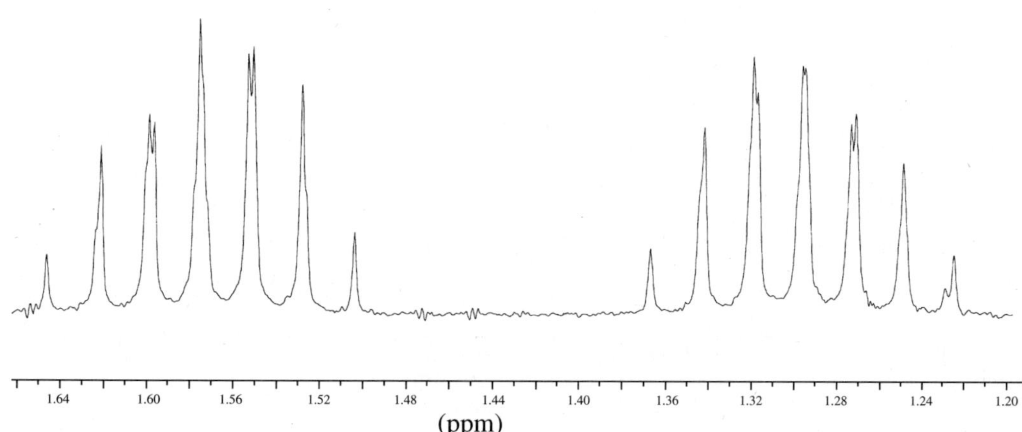
494.05
486.52
479.77
479.06
472.77
466.04
465.36
458.60
451.25
410.29
402.73
395.92
395.33
388.98
382.19
381.54
374.78
367.58
1.64
1.60
1.56
1.52
1.48
1.44
1.40
1.36
1.32
1.28
1.24
1.20
(ppm)

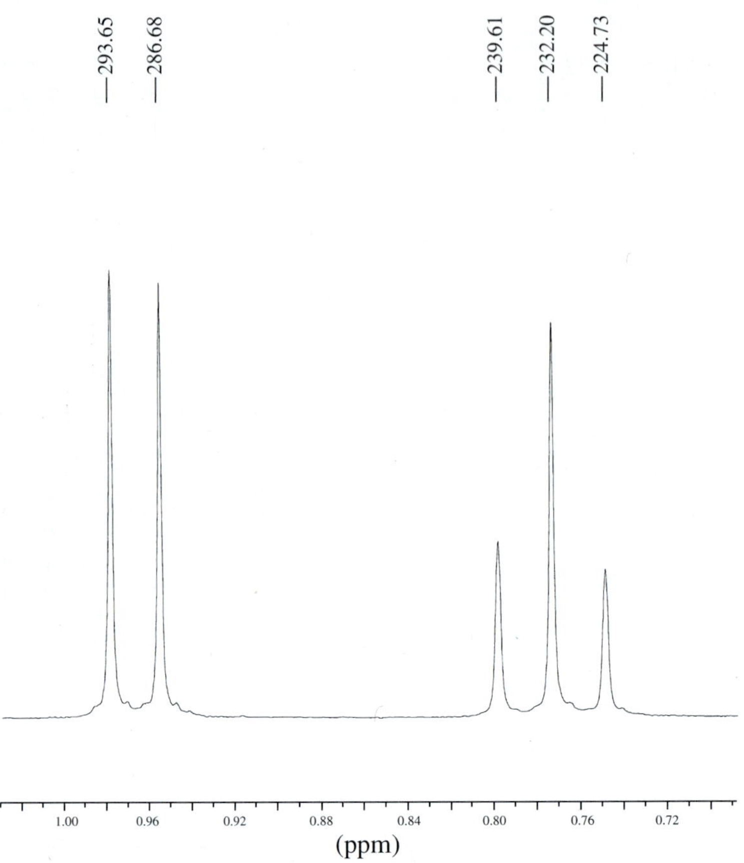

정상 ^{13}C	DEPT-135	DEPT-90
12 ppm	양의 피크	피크 없음
16	양의 피크	피크 없음
26	음의 피크	피크 없음
28	양의 피크	피크 없음
49	양의 피크	양의 피크
213	피크 없음	피크 없음

33. 이 화합물의 화학식은 $C_9H_{10}O_2$이다.

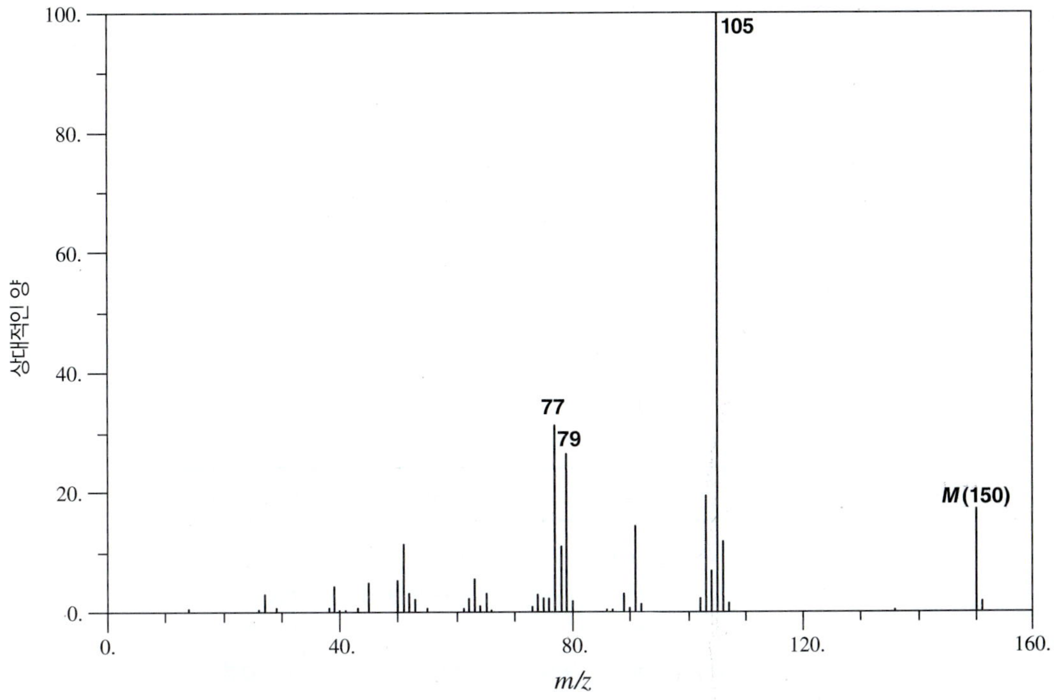

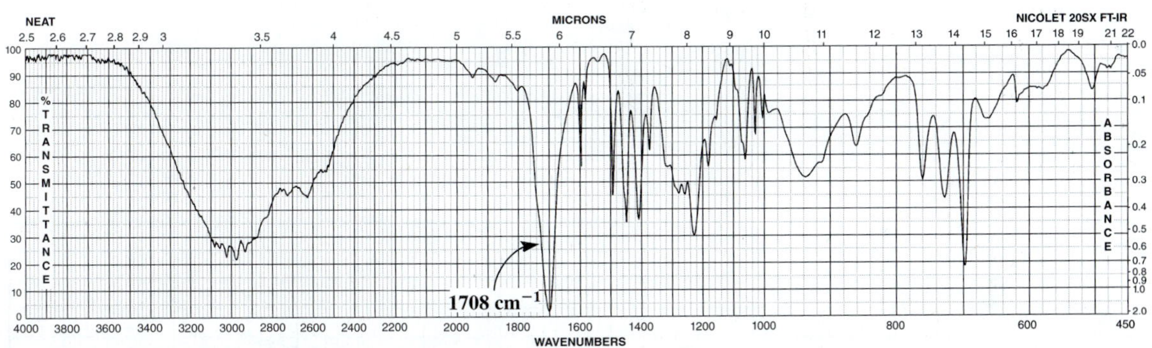

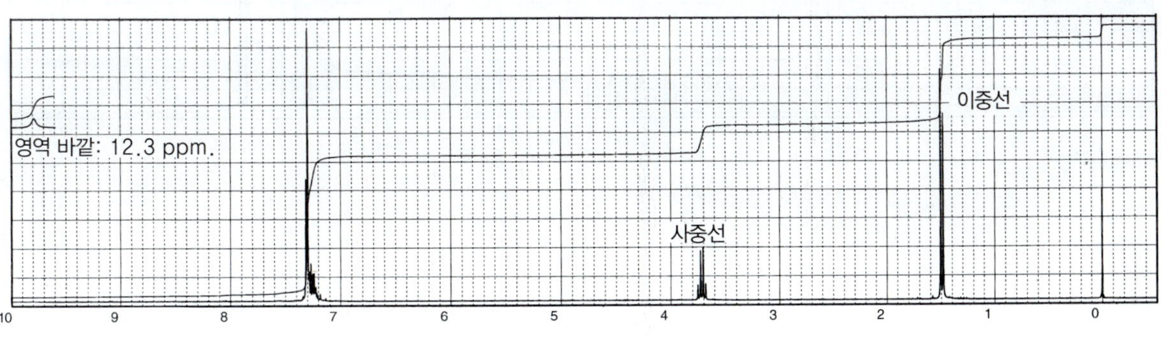

1690 cm^{-1}

34. 이 화합물의 화학식은 $C_8H_{14}O$이다.

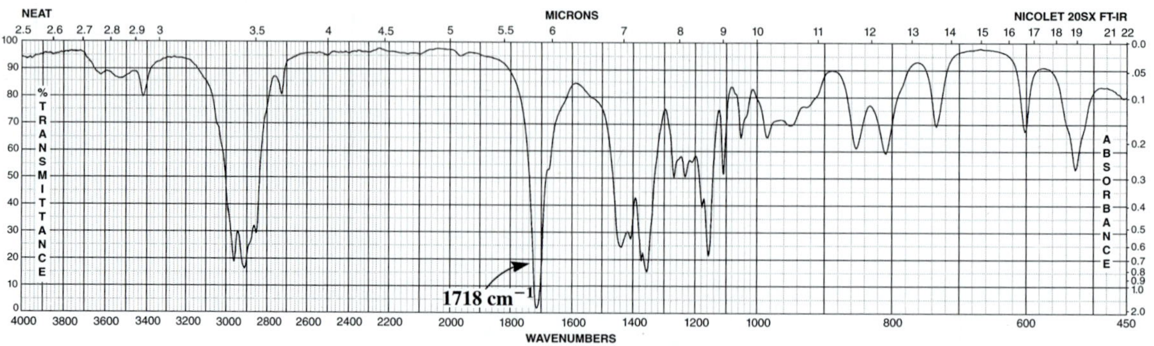

정상 ^{13}C	DEPT-135	DEPT-90
18 ppm	양의 피크	피크 없음
23	음의 피크	피크 없음
26	양의 피크	피크 없음
30	양의 피크	피크 없음
44	음의 피크	피크 없음
123	양의 피크	양의 피크
133	피크 없음	피크 없음
208	피크 없음	피크 없음

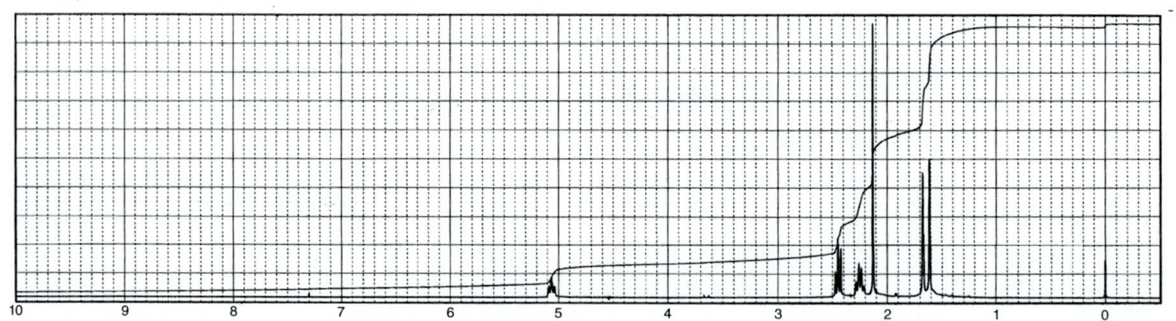

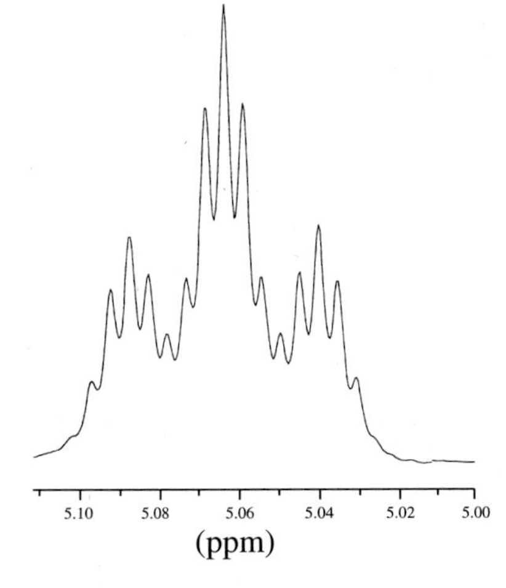
5.10
5.08
5.06
5.04
5.02
5.00
(ppm)

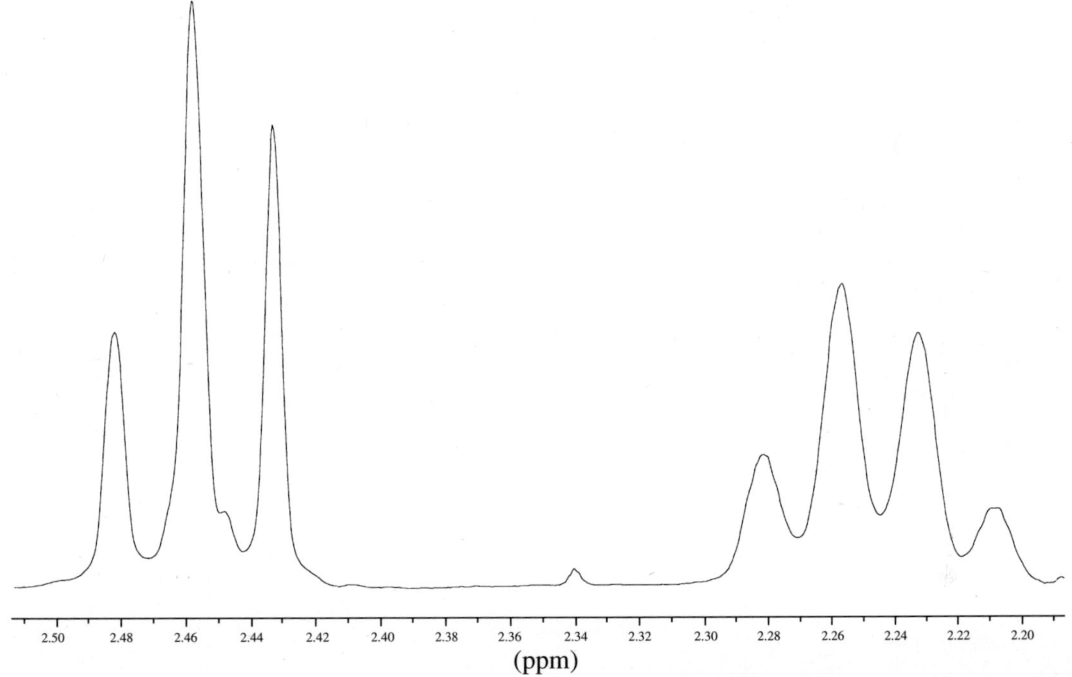
2.50
2.48
2.46
2.44
2.42
2.40
2.38
2.36
2.34
2.32
2.30
2.28
2.26
2.24
2.22
2.20
(ppm)

35. 이 화합물의 화학식은 $C_6H_6O_3$이다. ^{13}C NMR 스펙트럼에서 52, 112, 118, 145, 146, 159 ppm에 피크가 관찰된다.

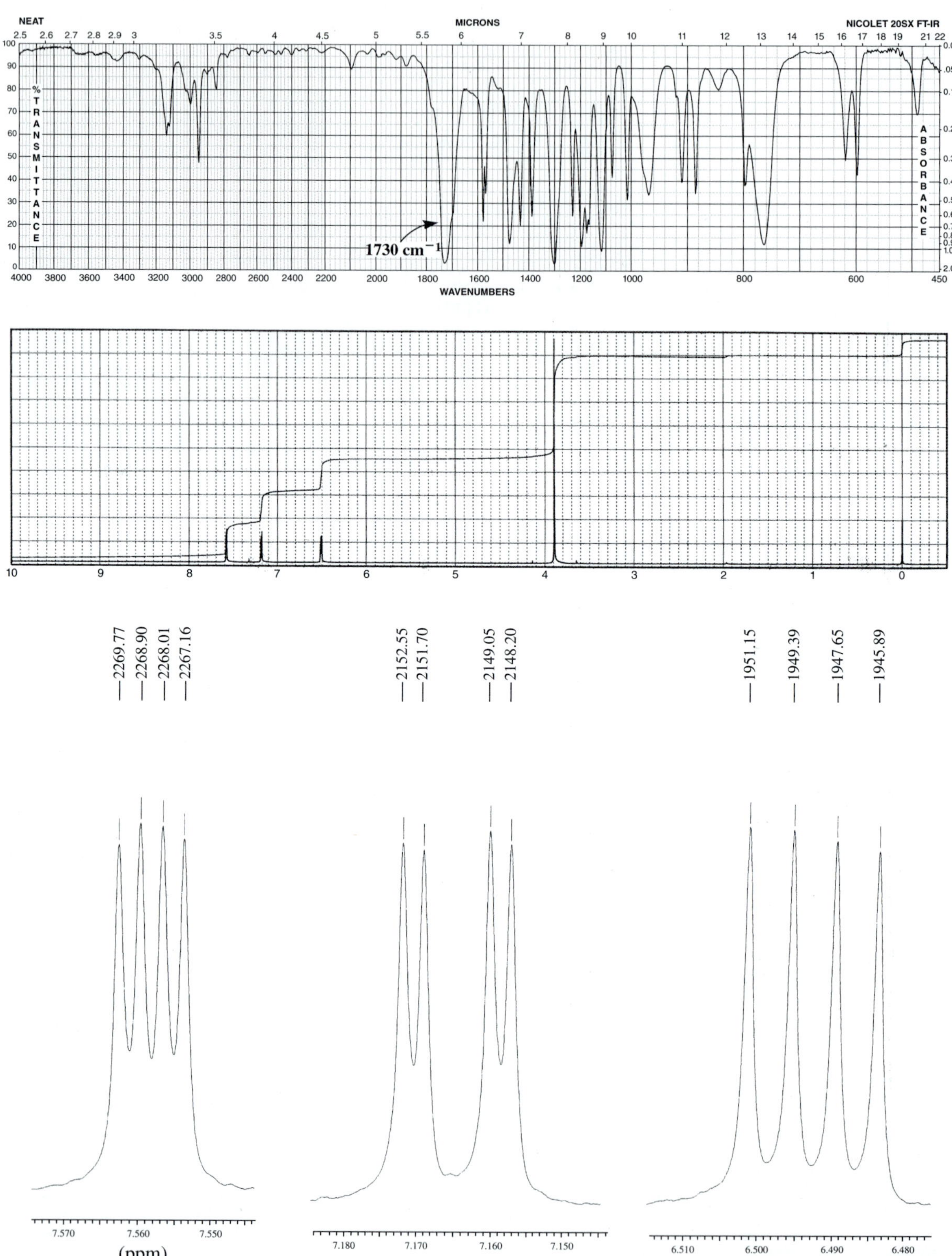

36. 화학식 $C_9H_8O_3$를 갖는 화합물은 IR 스펙트럼 1661 cm^{-1}에서 강한 흡수띠를 보인다. 아래에 ^1H NMR 스펙트럼을 제시하였다. 소량의 불순물에 의한 피크가 3.35 ppm에 있는데 무시하여라. 낮은 장의 proton에 대한 확대 그림이 제시되었다. 정상의 ^{13}C NMR 스펙트럼과 DEPT-135, DEPT-90 스펙트럼이 표에 요약되었다.

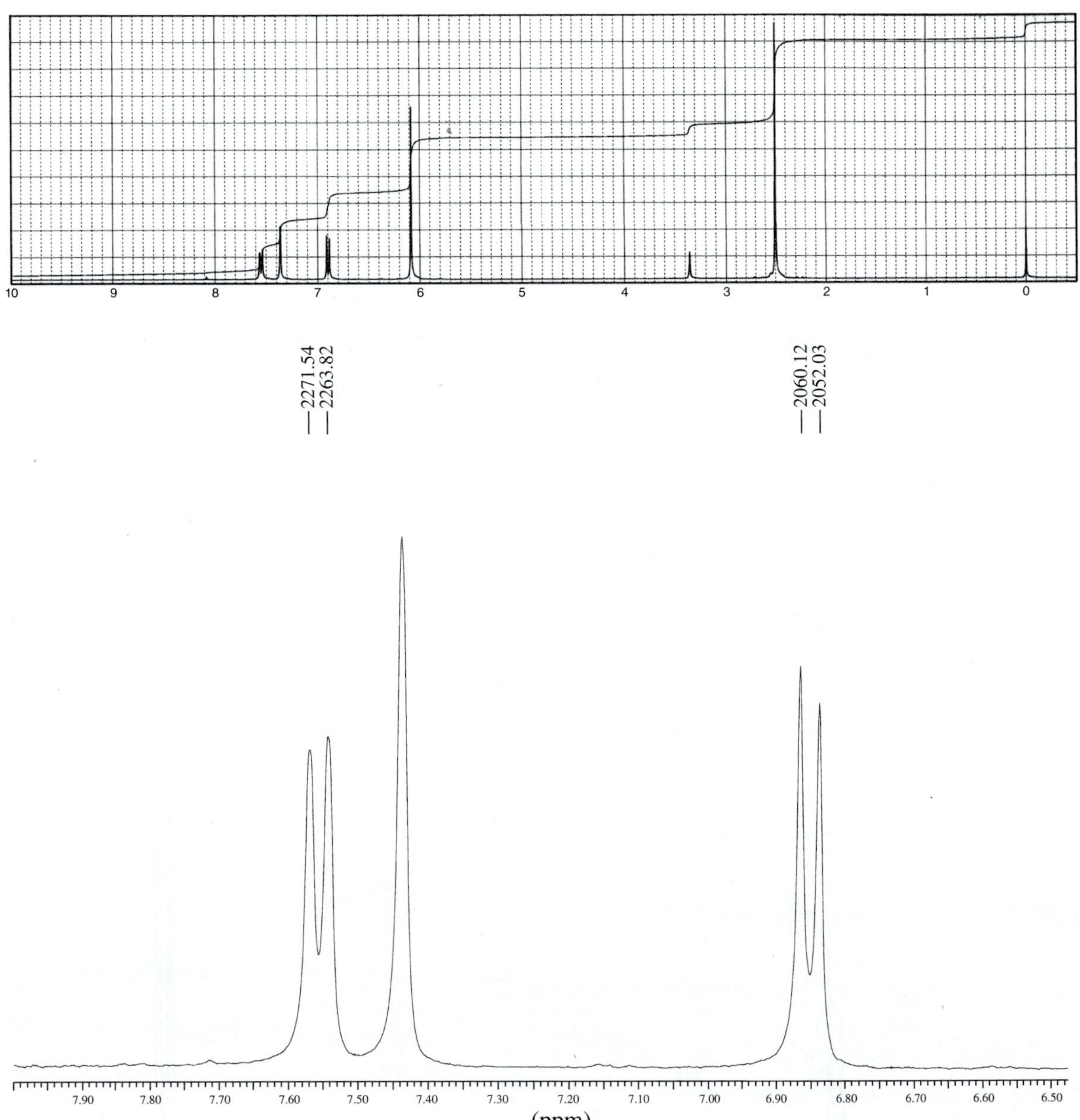

정상 ^{13}C	DEPT-135	DEPT-90
26 ppm	양의 피크	피크 없음
102	음의 피크	피크 없음
107	양의 피크	양의 피크
108	양의 피크	양의 피크
125	양의 피크	양의 피크
132	피크 없음	피크 없음
148	피크 없음	피크 없음
151	피크 없음	피크 없음
195	피크 없음	피크 없음

37. 화학식 $C_5H_{10}O_2$를 갖는 화합물은 IR 스펙트럼 3500~2500 cm^{-1} 범위에 걸쳐 매우 넓은 흡수띠를 보인다. 눈에 띄는 또 다른 흡수띠는 1710 cm^{-1}에 나타난다. 아래에 ^{1}H NMR 스펙트럼과 ^{13}C NMR 스펙트럼을 나타내었다. 이 화합물에 대한 구조를 그려라.

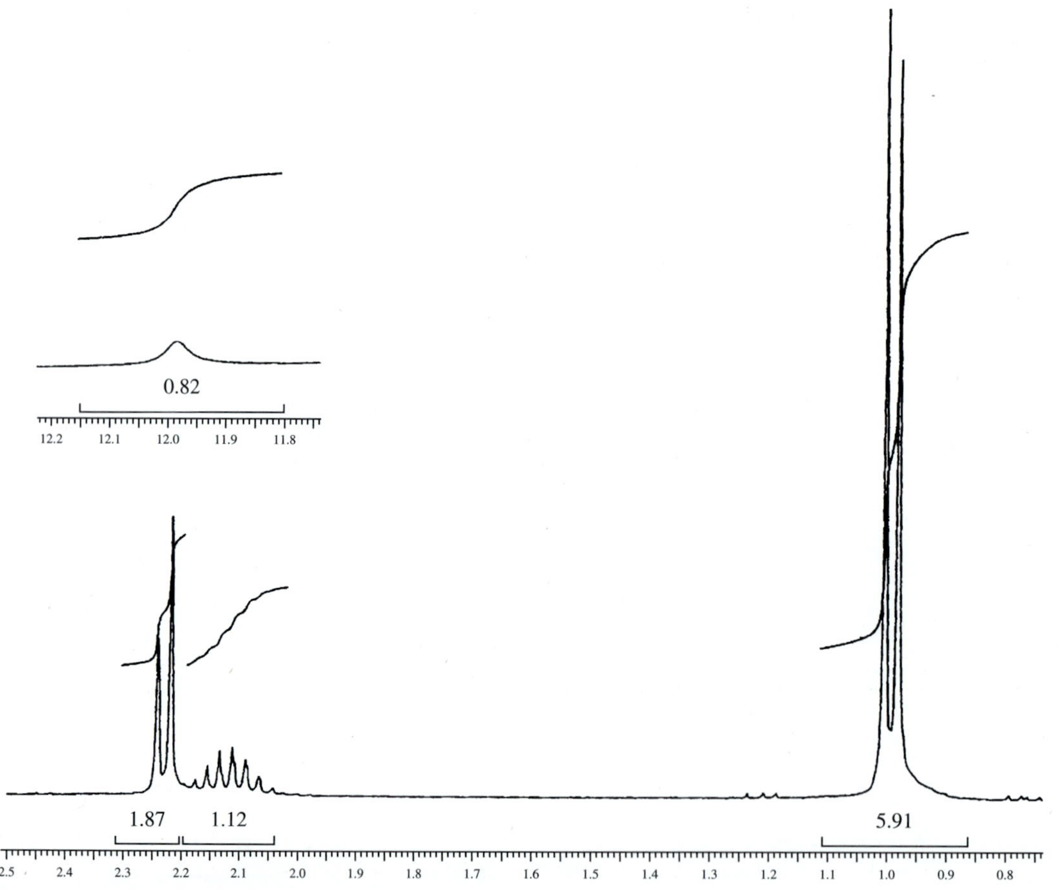

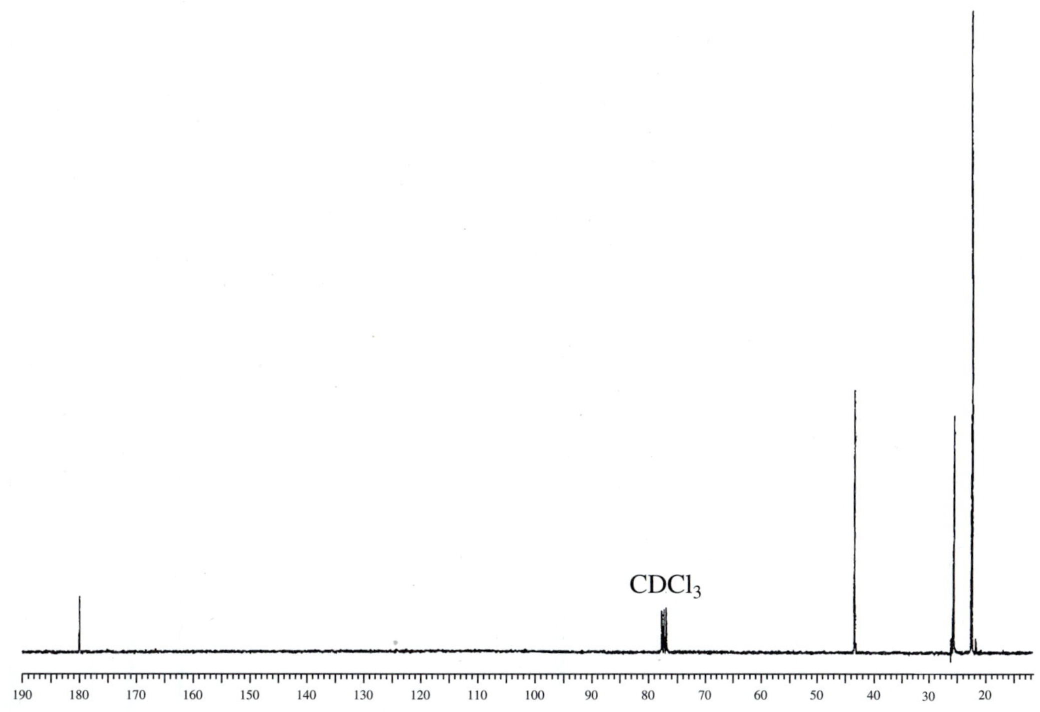

38. 화학식 $C_8H_{14}O_2$를 갖는 화합물은 IR 스펙트럼에서 3106~2876 cm^{-1}의 범위에서 여러 개의 흡수띠를 보인다. 또한 1720 cm^{-1}와 1170 cm^{-1}에서 강한 흡수띠가 나타나며, 1640 cm^{-1}에 중간 세기의 흡수띠가 나타난다. 아래에 ^{1}H NMR 스펙트럼과 ^{13}C NMR 스펙트럼을 DEPT 자료와 함께 나타내었다. 이 화합물에 대한 구조를 그려라.

정상 ^{13}C	DEPT-135	DEPT-90
13.73 ppm	양의 피크	피크 없음
18.33	양의 피크	피크 없음
19.28	음의 피크	피크 없음
30.76	음의 피크	피크 없음
64.54	음의 피크	피크 없음
125.00	음의 피크	피크 없음
136.63	피크 없음	피크 없음
167.51	피크 없음	피크 없음

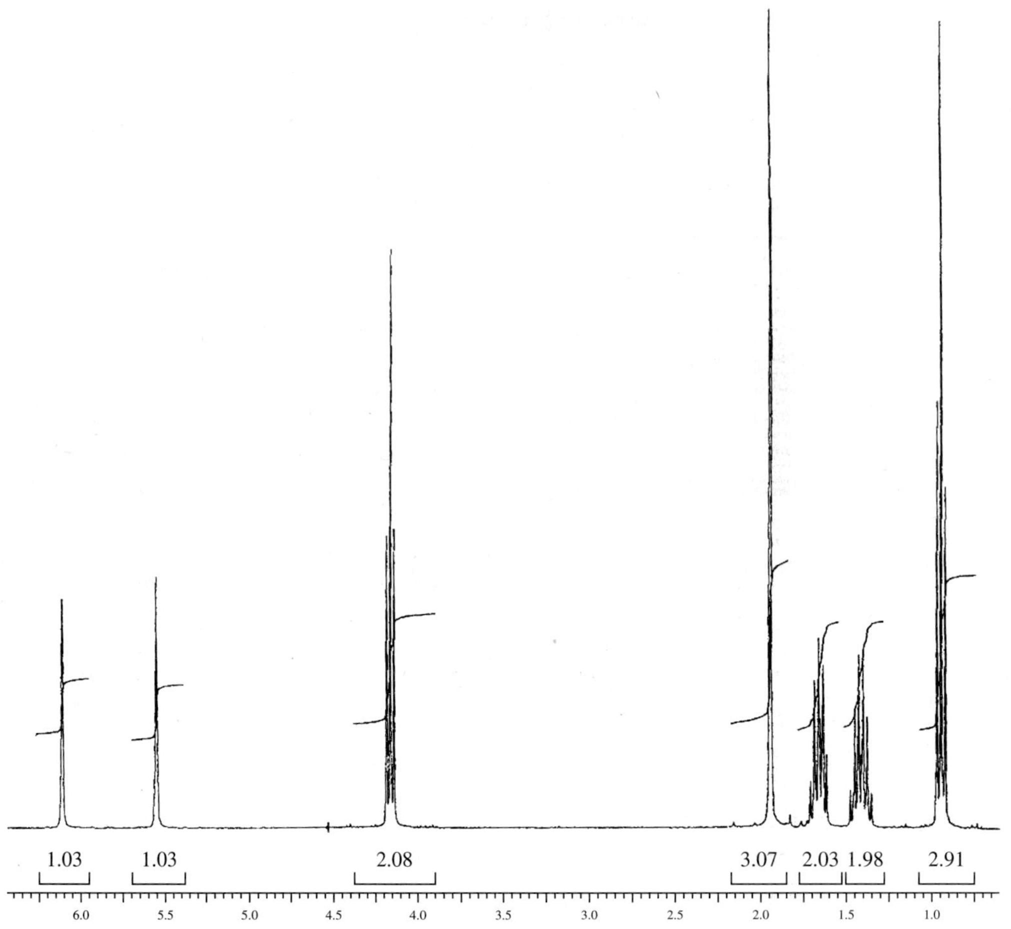
1.03
1.03
2.08
3.07
2.03
1.98
2.91
6.0
5.5
5.0
4.5
4.0
3.5
3.0
2.5
2.0
1.5
1.0

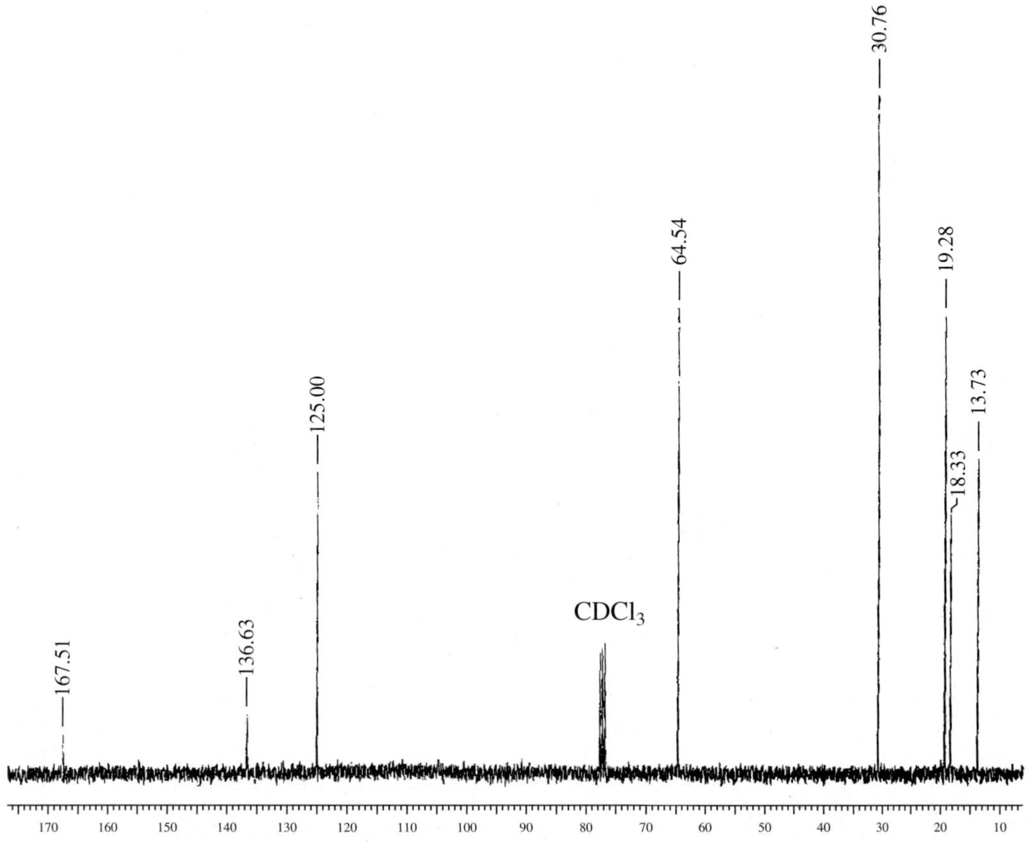
30.76
64.54
19.28
125.00
13.73
18.33
CDCl$_3$
167.51
136.63
170 160 150 140 130 120 110 100 90 80 70 60 50 40 30 20 10

39. 화학식 $C_8H_{10}O$를 갖는 화합물은 IR 스펙트럼에서 대략 3300 cm^{-1}를 중심으로 넓은 흡수띠를 보인다. 또한 3035~2855 cm^{-1}의 범위에서 여러 개의 흡수띠를 보인다. 1595~1445 cm^{-1} 범위에 중간 세기의 흡수띠가 나타난다. 아래에 ^{1}H NMR 스펙트럼과 ^{13}C NMR 스펙트럼을 나타내었다. 이 화합물에 대한 구조를 그려라.

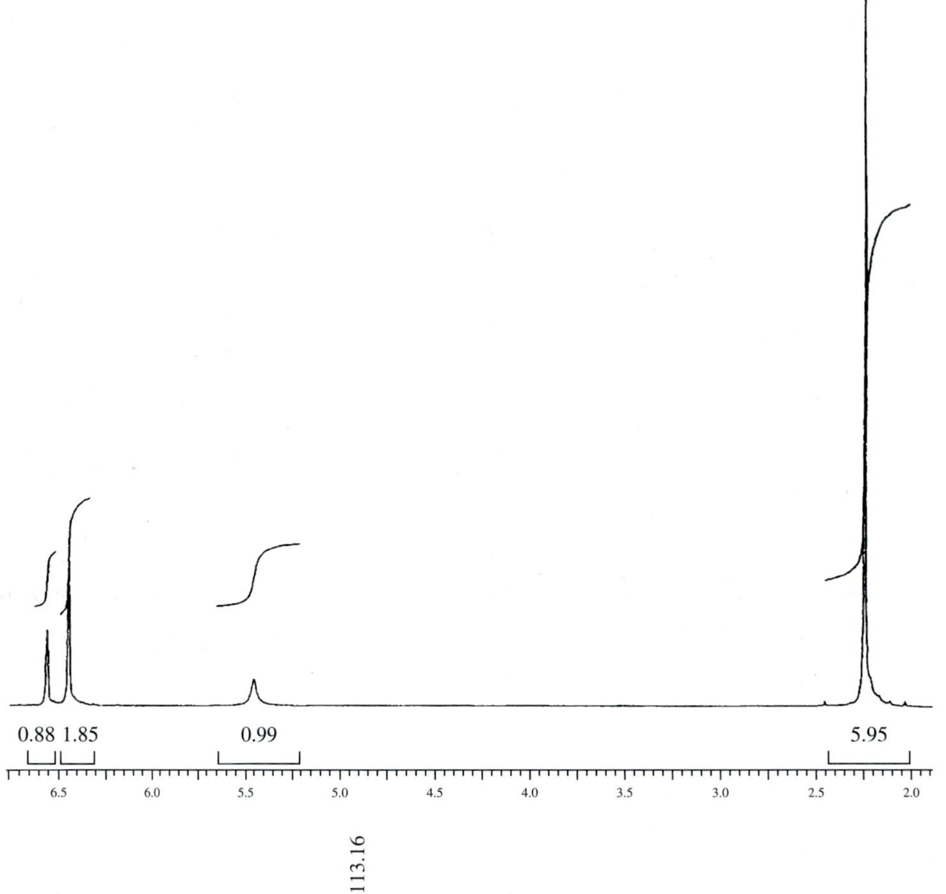

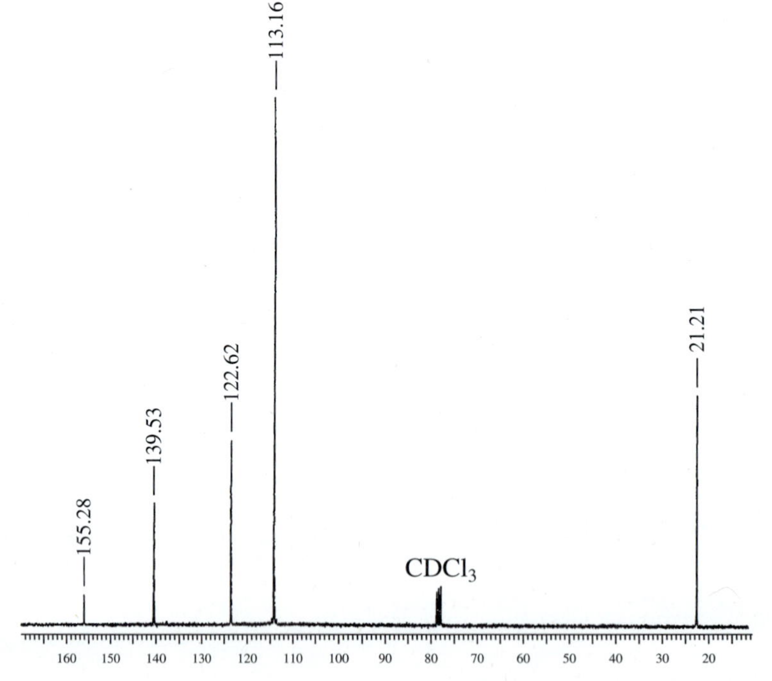

40. 화학식 $C_8H_6O_3$를 갖는 화합물은 IR 스펙트럼에서 3100~2716 cm^{-1} 범위에서 약한 흡수띠를 보인다. 1697 cm^{-1}와 1260 cm^{-1}에 아주 강한 흡수띠가 나타난다. 1605~1449 cm^{-1} 범위에서 중간 세기의 흡수띠들이 나타난다. 아래에 ^{1}H NMR 스펙트럼과 ^{13}C NMR 스펙트럼을 나타내었으며, DEPT 결과는 표에 요약되었다. 이 화합물에 대한 구조를 그려라.

정상 ^{13}C	DEPT-135	DEPT-90
102.10 ppm	음의 피크	피크 없음
106.80	양의 피크	양의 피크
108.31	양의 피크	양의 피크
128.62	양의 피크	양의 피크
131.83	피크 없음	피크 없음
148.65	피크 없음	피크 없음
153.05	피크 없음	피크 없음
190.20	양의 피크	양의 피크(C=O)

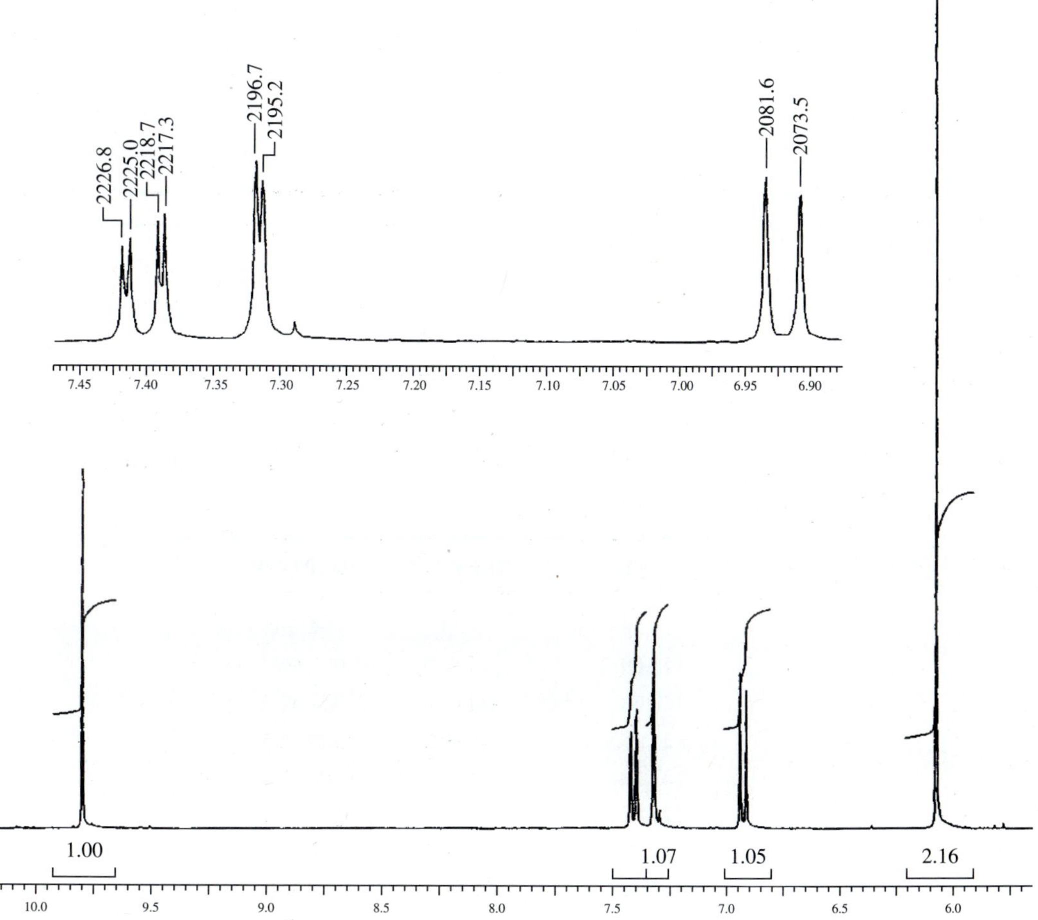

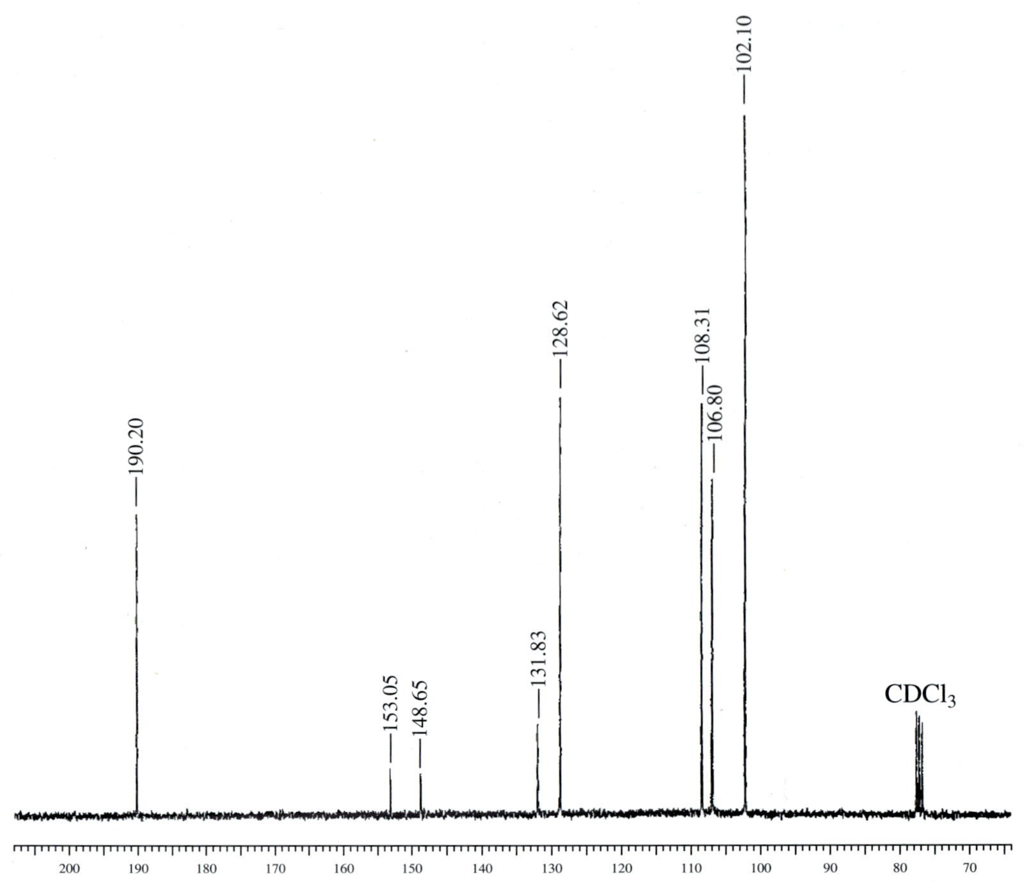

41. 화학식 $C_{11}H_8O_2$를 갖는 화합물의 ^1H NMR 스펙트럼과 ^{13}C NMR 스펙트럼을 나타내었으며, DEPT 결과는 표에 요약되었다. IR 스펙트럼에서 약 3300 cm^{-1}를 중심으로 하는 넓은 흡수띠와 1670 cm^{-1}에 강한 흡수띠가 나타난다. 이 화합물에 대한 구조를 그려라. *Hint*: Naphthalene 구조의 같은 고리에 두 개의 치환기가 결합되어 있다.

정상 ^{13}C	DEPT-135	DEPT-90
111.88 ppm	피크 없음	피크 없음
118.69	양의 피크	양의 피크
120.68	양의 피크	양의 피크
124.13	양의 피크	양의 피크
127.52	피크 없음	피크 없음
128.85	양의 피크	양의 피크
128.95	양의 피크	양의 피크
132.18	피크 없음	피크 없음
138.41	양의 피크	양의 피크
164.08	피크 없음	피크 없음
193.28	양의 피크	양의 피크(C=O)

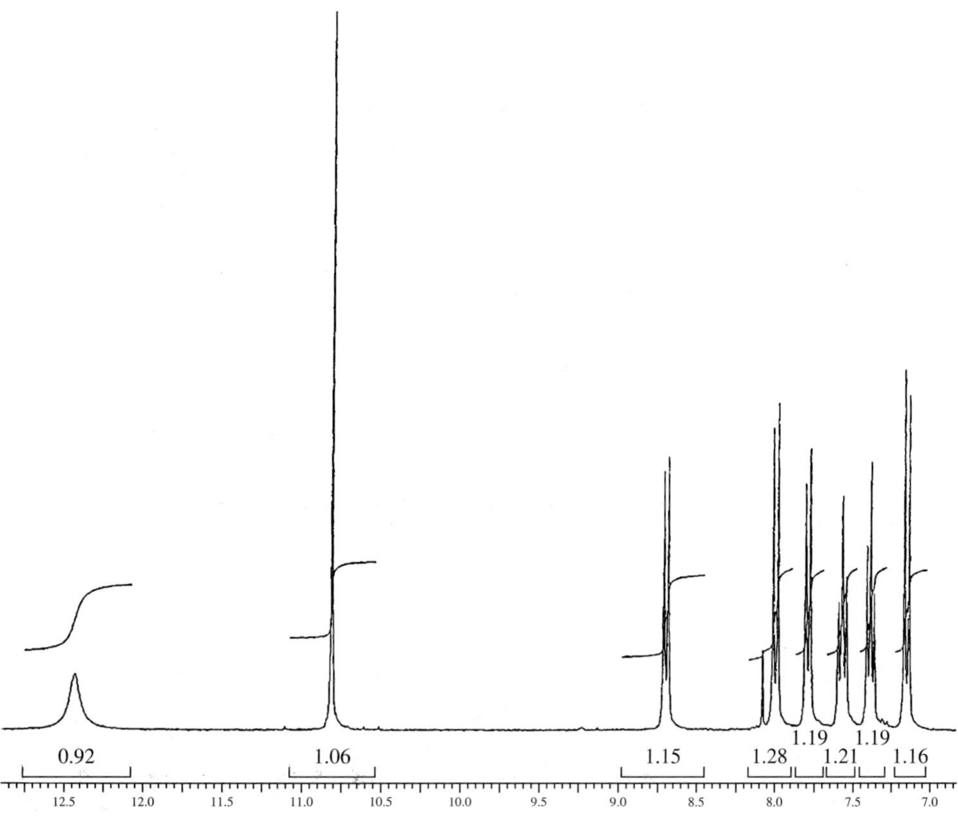
0.92
1.06
1.15
1.28
1.19
1.21
1.19
1.16
12.5
12.0
11.5
11.0
10.5
10.0
9.5
9.0
8.5
8.0
7.5
7.0

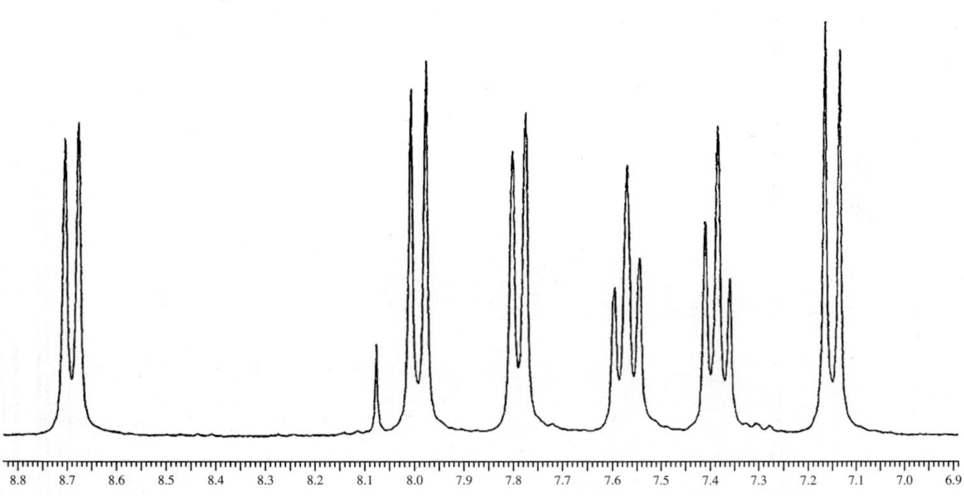
8.8
8.7
8.6
8.5
8.4
8.3
8.2
8.1
8.0
7.9
7.8
7.7
7.6
7.5
7.4
7.3
7.2
7.1
7.0
6.9

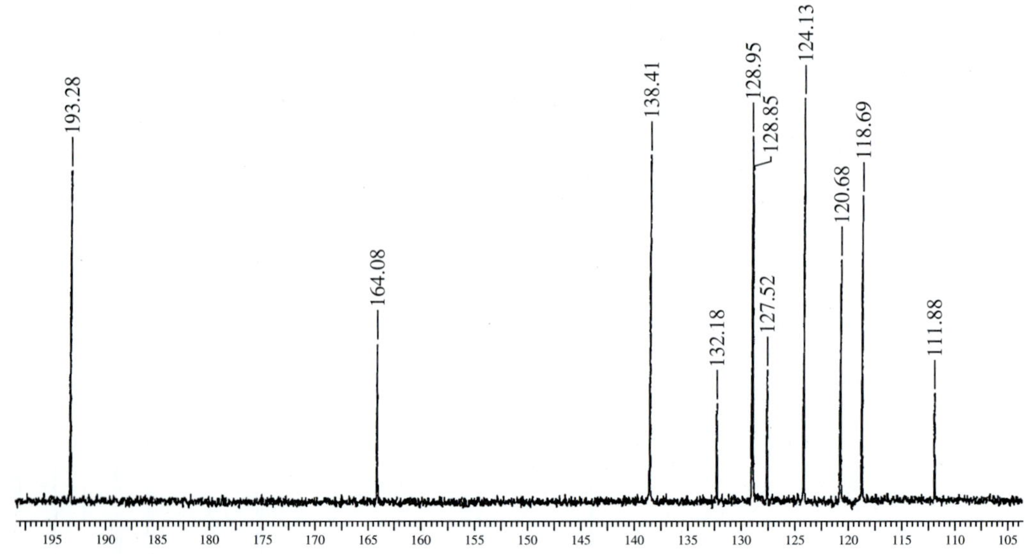

42. 화학식 $C_3H_8O_3$를 갖는 화합물의 ^1H NMR 스펙트럼과 ^{13}C NMR 스펙트럼을 나타내었다. IR 스펙트럼에서 약 3350 cm^{-1}를 중심으로 하는 넓은 흡수띠와 1110과 1040 cm^{-1}에 강한 흡수띠가 나타난다. 이 화합물에 대한 구조를 그리고, 그것을 뒷받침하기 위하여 3.55 ppm과 3.64 ppm에 나타난 패턴에 대해 짝지음 상수를 구하여라.

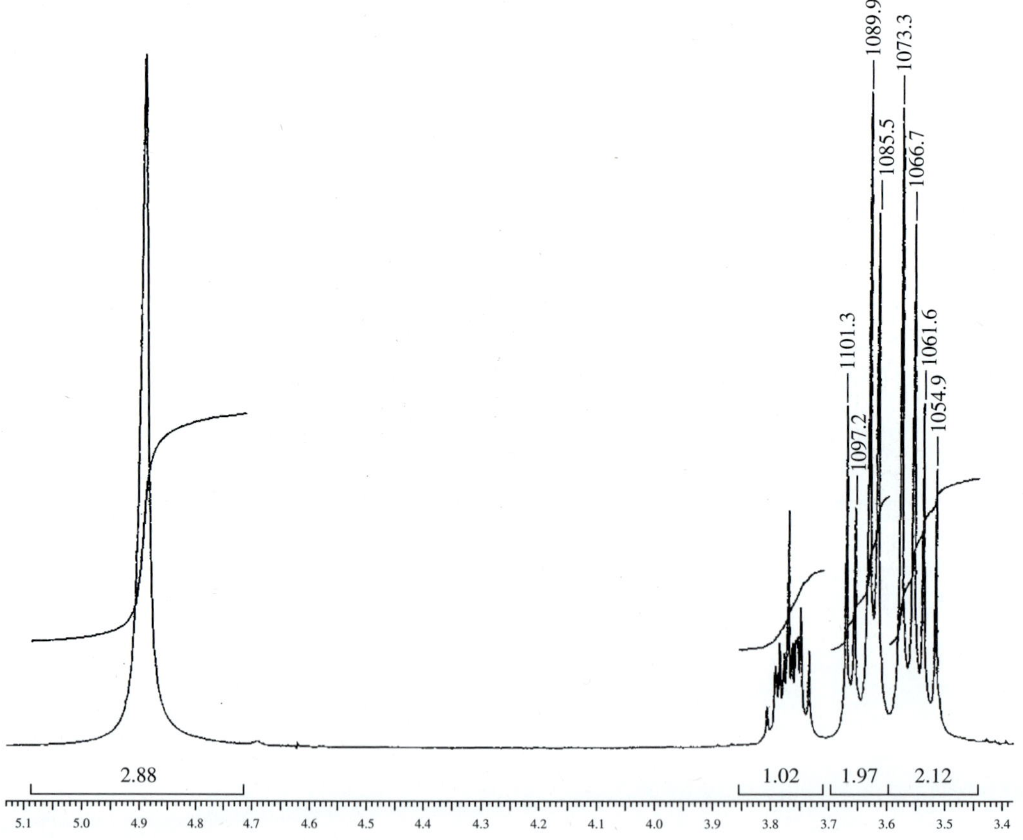

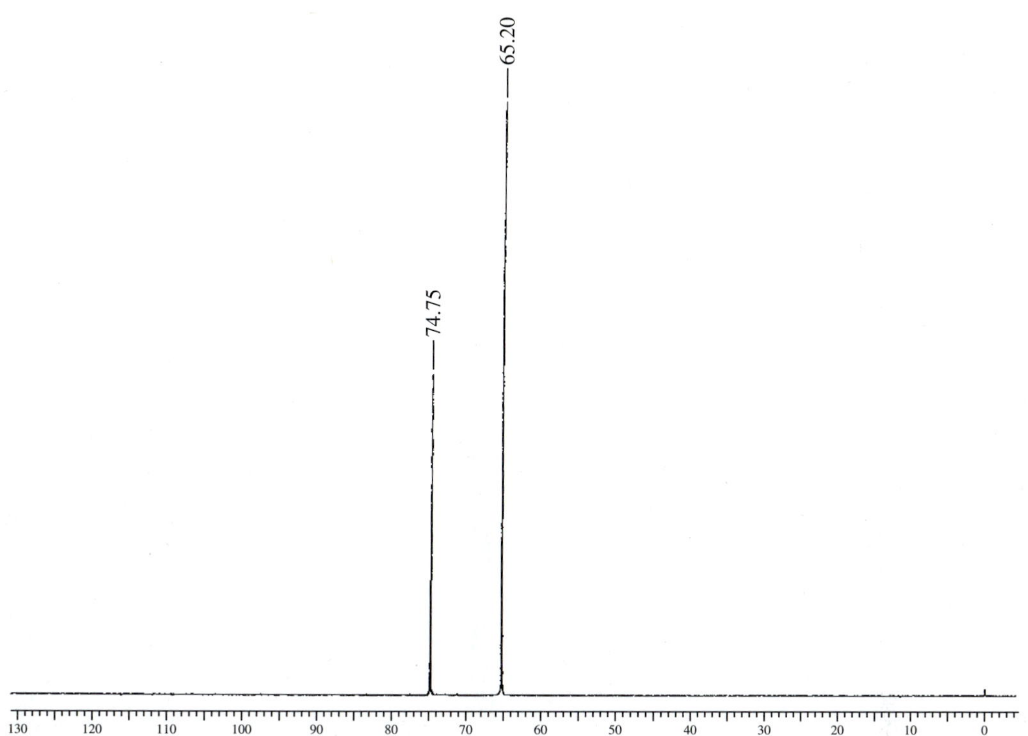

43. 화학식 $C_5H_3ClN_2O_2$를 갖는 화합물의 ^{1}H NMR 스펙트럼과 ^{13}C NMR 스펙트럼을 나타내었다. IR 스펙트럼에서 3095, 3050, 1590, 1564, 1445 cm^{-1}에 중간 세기의 흡수띠들이 나타나고, 1519 cm^{-1}와 1355 cm^{-1}에 강한 흡수띠가 나타난다. ^{1}H NMR 스펙트럼에 나타난 Hz 값으로부터 짝지음 상수를 구하여라. 부록 5에 나타낸 짝지음 상수를 이용하여 주어진 자료에 부합하는 화합물의 구조를 구하여라.

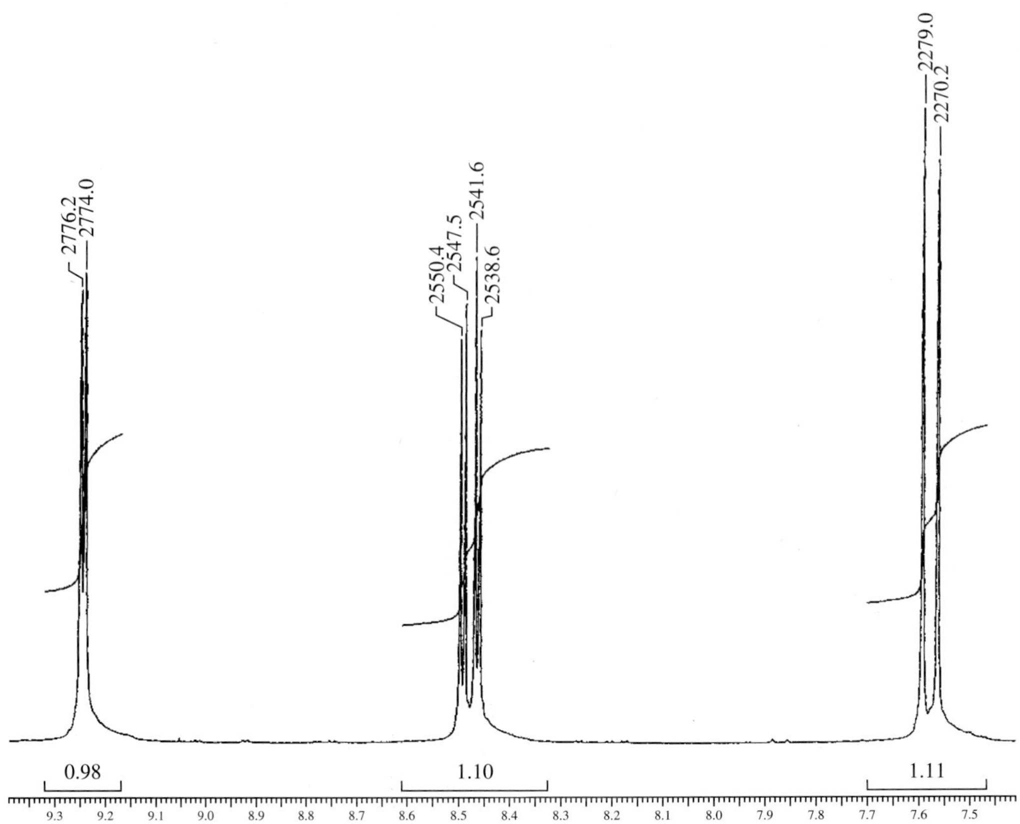

2776.2
2774.0
2550.4
2547.5
2541.6
2538.6
2279.0
2270.2
0.98
1.10
1.11
9.3
9.2
9.1
9.0
8.9
8.8
8.7
8.6
8.5
8.4
8.3
8.2
8.1
8.0
7.9
7.8
7.7
7.6
7.5

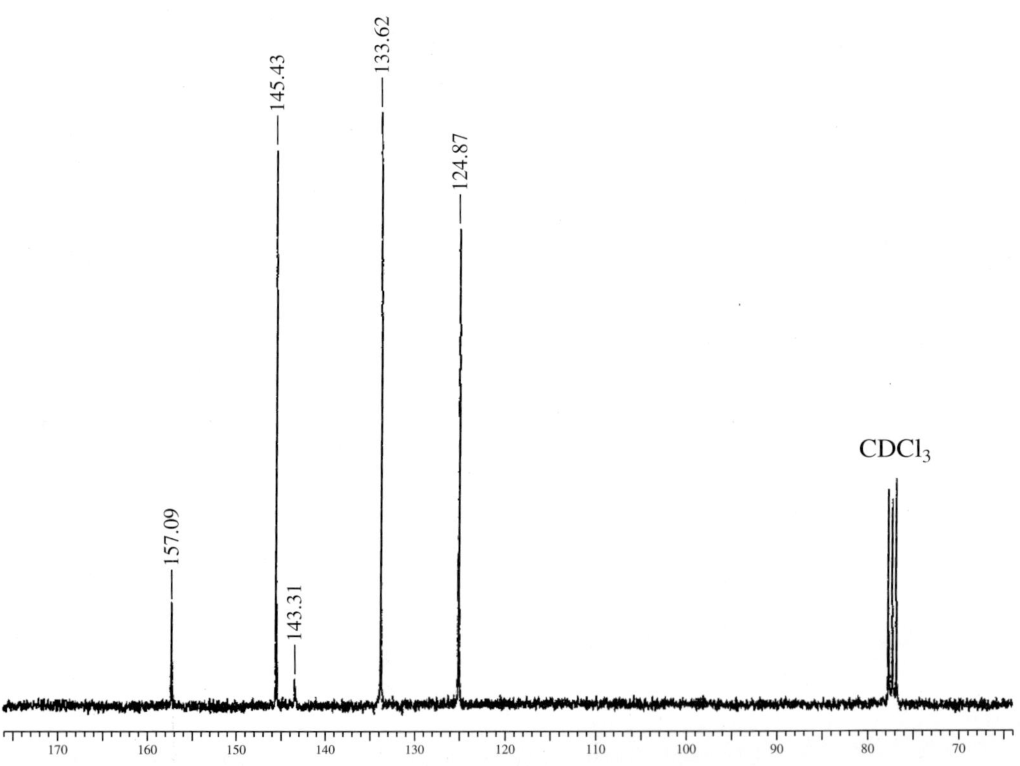

145.43
133.62
124.87
157.09
143.31
CDCl3
170
160
150
140
130
120
110
100
90
80
70

44. 화학식 $C_6H_{12}O_2$를 갖는 화합물의 ^{1}H NMR 스펙트럼을 나타내었으며, DEPT 결과는 표에 요약되었다. IR 스펙트럼은 크게 흥미롭지 못하며, 1200~1020 cm^{-1} 범위에서 네 개의 강한 흡수띠를 나타낸다. 화합물은 1,2-ethanediol과 2-butanone의 반응으로 얻어진다. 이 화합물에 대한 구조를 그려라.

정상 ^{13}C	DEPT-135	DEPT-90
8.35 ppm	양의 피크	피크 없음
23.31	양의 피크	피크 없음
31.98	음의 피크	피크 없음
64.70	음의 피크	피크 없음
110.44	피크 없음	피크 없음

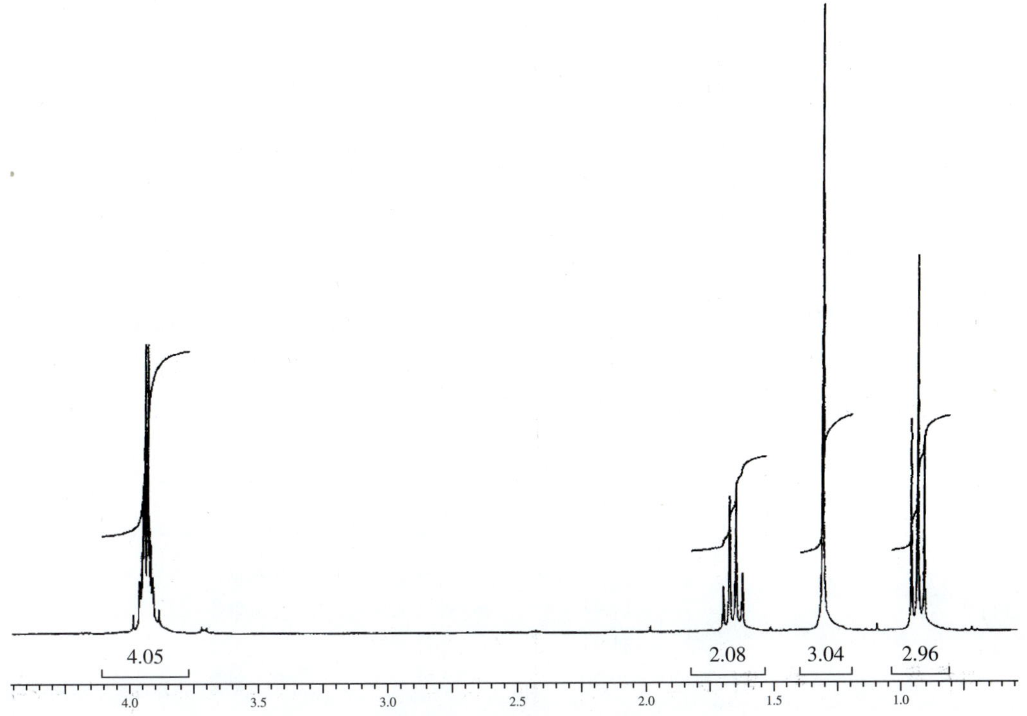

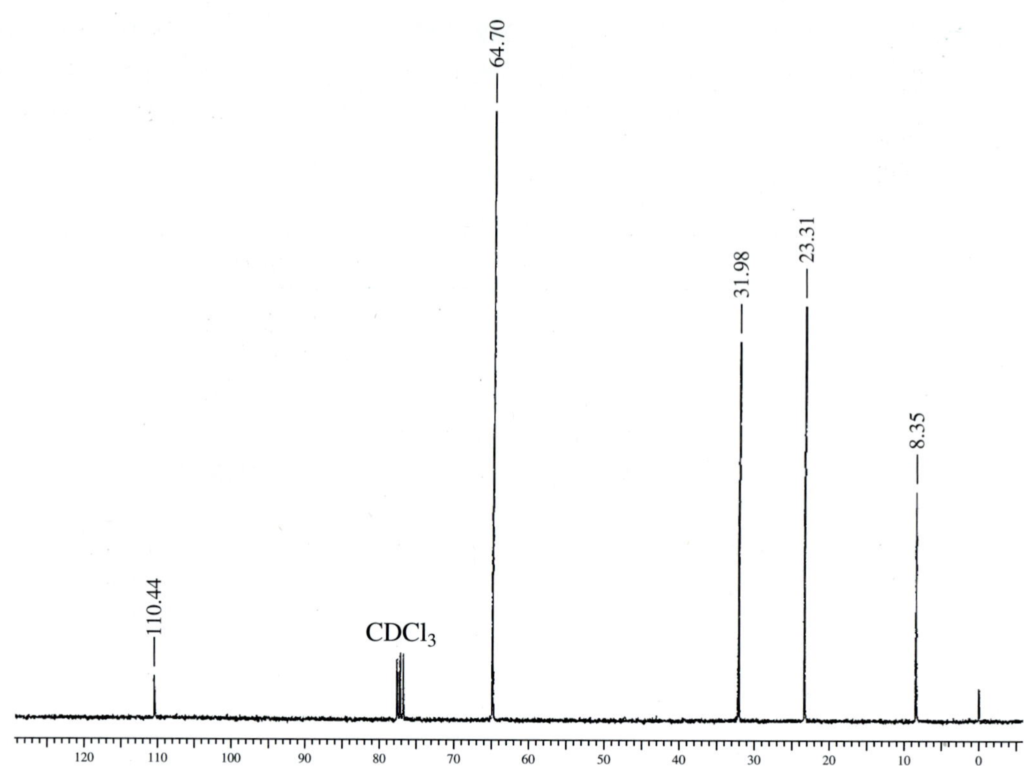

45. 화학식 $C_7H_{14}O$를 갖는 화합물의 ^1H NMR 스펙트럼을 나타내었으며, DEPT 결과는 표에 요약되었다. IR 스펙트럼에서 3080, 2960, 2865, 1106 cm^{-1}에 흡수띠들이 나타나고, 1647 cm^{-1}에 중간 세기의 흡수띠가 나타난다. 이 화합물에 대한 구조를 그려라.

정상 ^{13}C	DEPT-135	DEPT-90
13.93 ppm	양의 피크	피크 없음
19.41	음의 피크	피크 없음
31.91	음의 피크	피크 없음
70.20	음의 피크	피크 없음
71.80	음의 피크	피크 없음
116.53	음의 피크	피크 없음
135.16	양의 피크	양의 피크

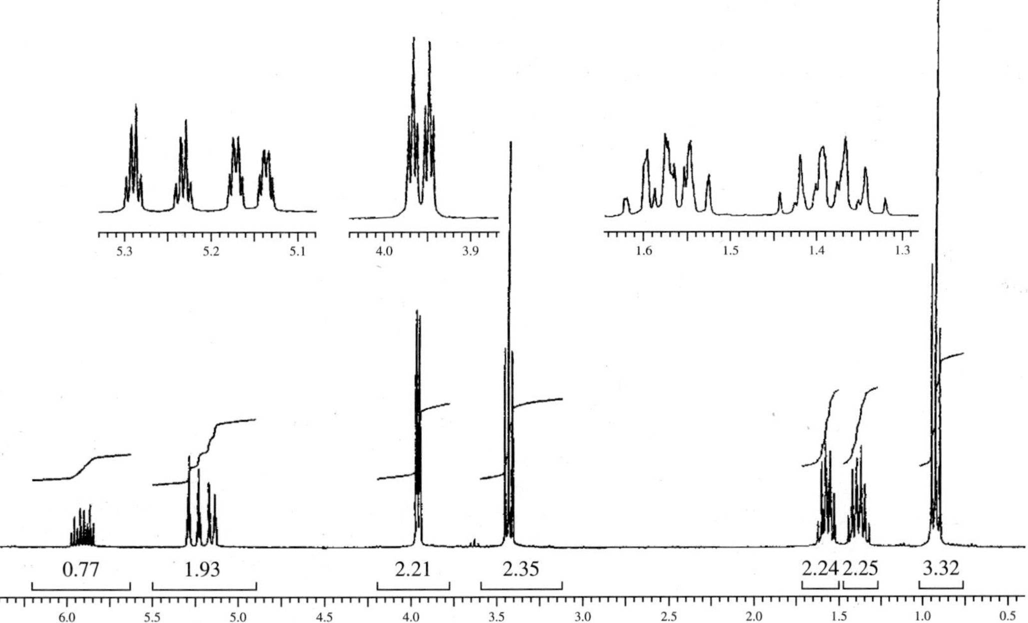
5.3
5.2
5.1
4.0
3.9
1.6
1.5
1.4
1.3
0.77
1.93
2.21
2.35
2.24
2.25
3.32
6.0
5.5
5.0
4.5
4.0
3.5
3.0
2.5
2.0
1.5
1.0
0.5

구조에 대한 종합 문제의 출처

Books that Contain Combined Spectral Problems

Field, L. D., S. Sternhell, and J. R. Kalman, *Organic Structures from Spectra*, 5th ed., John Wiley and Sons, New York, 2013.

Fuchs, P. L., and C. A. Bunnell, *Carbon-13 NMR-Based Organic Spectral Problems*, John Wiley and Sons, New York, 1979.

Huggins, M., J. E. Gurst, and D. A Lightner, *2D NMR-Based Organic Spectroscopy Problems*, Prentice Hall, 2010.

Silverstein, R. M., F. X. Webster, and D. J. Kiemle, *Spectrometric Identification of Organic Compounds*, 7th ed., John Wiley and Sons, New York, 2005.

Simpson, J. H., *Organic Structure Determination Using 2-D NMR Spectroscopy:* A Problem-Based Approach, 2nd ed., Academic Press, San Diego, 2012.

Taber, D. F. *Organic Spectroscopic Structure Determination: A Problem-Based Learning Approach*, Oxford University Press, 2007.

Tomasi, R. A., *A Spectrum of Spectra*, Sunbelt R&T, Inc., Sunbelt R&T, Inc., 1946 S. 74 E. Ave., Tulsa, OK 741112-7716, phone 918-627-9655. A CD-ROM version is available.

Williams, D. H., and I. Fleming, *Spectroscopic Methods in Organic Chemistry*, 6th ed., McGraw-Hill Book Co. Ltd., London, 2008.

Compilations of Spectra and Tables of Spectral Data

Pouchert, C. J., and J. Behnke, *The Aldrich Library of ^{13}C and ^{1}H FT-NMR Spectra, 300 MHz*, Aldrich Chemical Company, Milwaukee, 1993.

Pretsch, E., J. P. Buhlmann, and C. Affolter, *Structure Determination of Organic Compounds. Tables of Spectral Data*, 3rd ed., Springer-Verlag, Berlin, 2000.

Websites That Have Combined Spectral Problems

http://orgchem.Colorado.edu/Spectroscopy/Spectroscopy.html

This website at the University of Colorado at Boulder, Department of Chemistry and Biochemistry includes infrared and nmr tutorials along with 20 problems that include molecular formula, infrared, and low field ^{1}H spectra. The problems are graded from easy to more difficult and include problem answers. This site is highly recommended.

http:/Avww.chem.ucla.edu/~webspectra/

The UCLA Department of Chemistry and Biochemistry in connection with Cambridge University Isotopes Laboratories presents WebSpectra, an outstanding collection of 75 combined problems for students to interpret. All problems include NMR and ^{13}C NMR spectra, but some problems also include infrared spectra and DEPT and COSY spectra, as well. Formulas for each of the unknowns are provided. No mass spectral data is included. This website is highly recommended. Solutions to the problems are provided. They provide links to other sites with problems.

http://www3.nd.edu/~smithgrp/structure/wvorkbook.html

The Smith group at the University of Notre Dame provide 64 combined problems that include molecular formulas, infrared spectra, 500 MHz and 125 MHz ^{13}C nmr spectra and mass spectral data. The problems are graded according to difficulty. Answers are not provided.

http://www2.chemistry.msu.edu/faculty/reusch/VirtTxtJml/Spectrpy/spectro.htm

The excellent website presented by Professor William Reusch from the Department of Chemistry at Michigan State University includes background material for infrared spectroscopy, NMR spectroscopy, UV spectroscopy, and mass spectrometry. Some problems are included. The site includes links to other available sites for spectral problems.

Websites That Have Spectral Data

http://sdbs.riodb. aist.go.jp/sdbs/cgi-bin/cre_index.cgi?lang=eng

This excellent free website presents an Integrated Spectral Data Base System for Organic Compounds (SDBS). It is organized and maintained by the National Institute of Advanced Industrial Science and Technology (AIST), Tsukuba, Ibaraki 305-8565, Japan. This database includes infrared, mass spectra, and NMR data (^{1}H and ^{13}C) for a number of compounds. This site provides the actual spectrum when the formula or name is provided.

http://webbook.nist.gov/chemistry/

National Institute of Standards and Technology (NIST). The site includes gas phase infrared spectra and mass spectral data.

부록
Appendices

부록 1
작용기의 IR 흡수 진동수

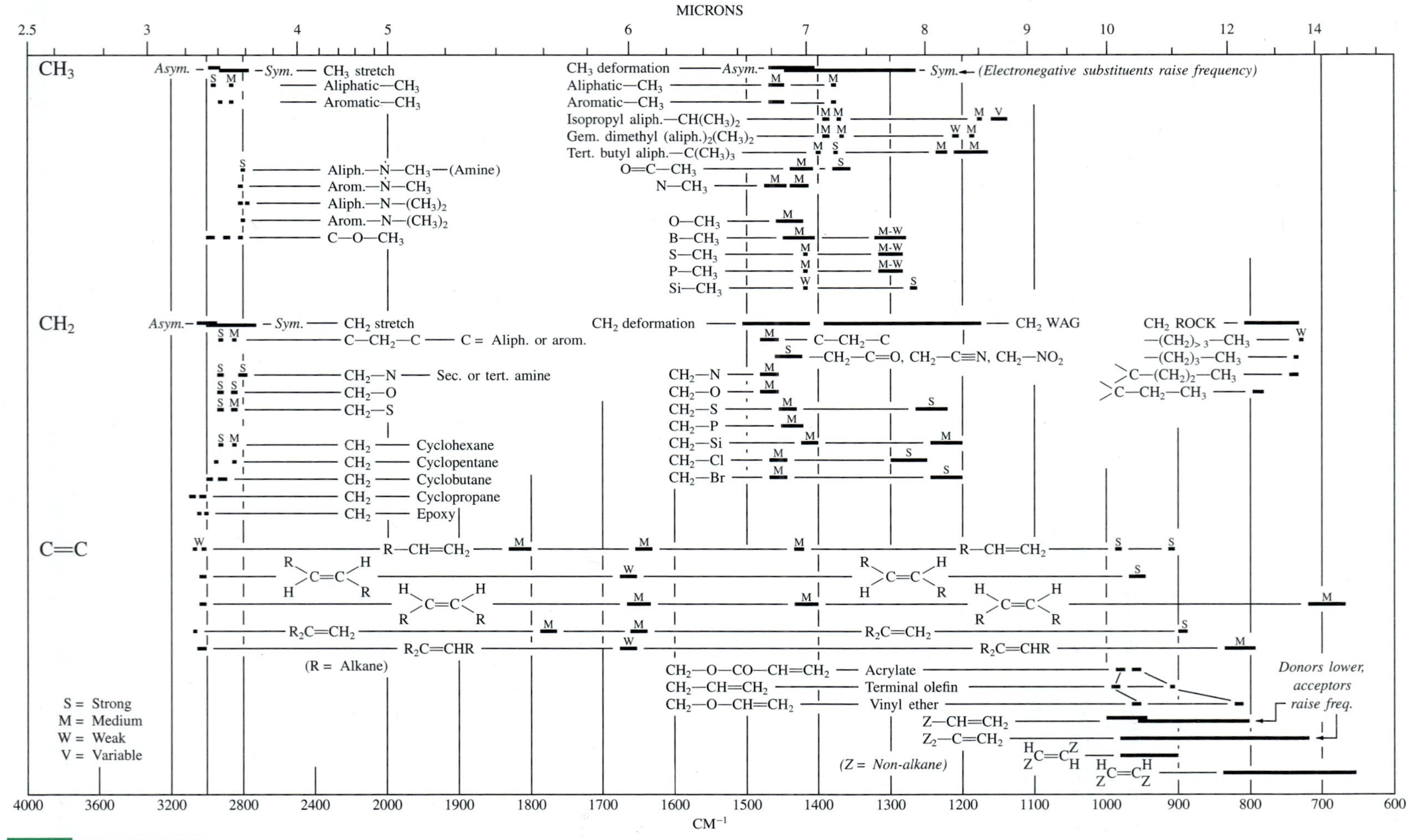

Colthup spectra-structure correlation charts for infrared frequencies in the 4000–600 cm^{-1} region from Lin-Vien, D., N. B. Colthup, W. G. Fateley, and J. G. Grasselli, *The Handbook of Infrared and Raman Characteristic Frequencies of Organic Molecules*, Academic Press, New York, 1991.

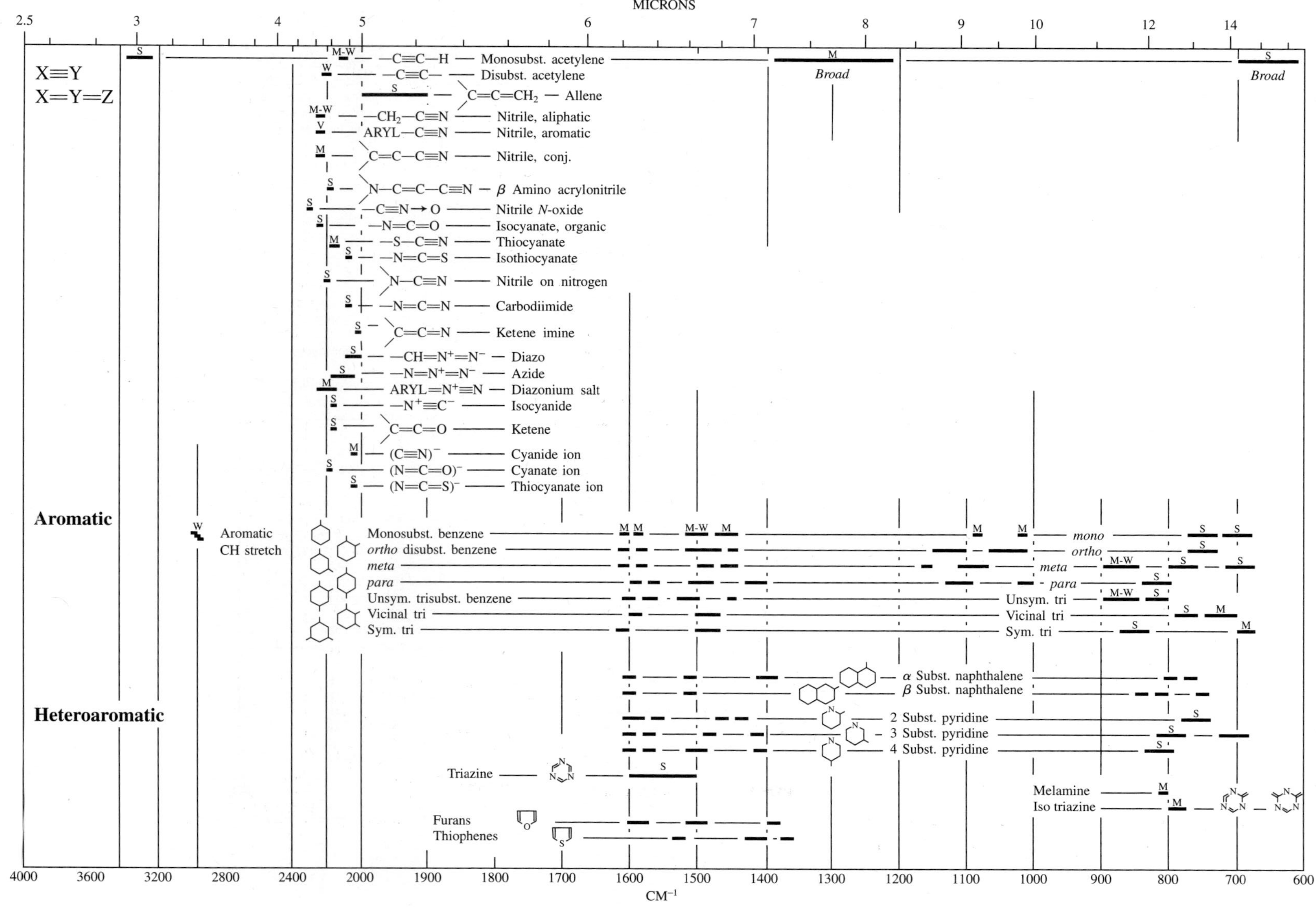
MICRONS
2.5 3 4 5 6 7 8 9 10 12 14
X≡Y
X=Y=Z
—C≡C—H — Monosubst. acetylene
—C≡C— — Disubst. acetylene
C=C=CH₂ — Allene
—CH₂—C≡N — Nitrile, aliphatic
ARYL—C≡N — Nitrile, aromatic
C=C—C≡N — Nitrile, conj.
N—C=C—C≡N — β Amino acrylonitrile
—C≡N→O — Nitrile N-oxide
—N=C=O — Isocyanate, organic
—S—C≡N — Thiocyanate
—N=C=S — Isothiocyanate
N—C≡N — Nitrile on nitrogen
—N=C=N — Carbodiimide
C=C=N — Ketene imine
—CH=N⁺=N⁻ — Diazo
—N=N⁺=N⁻ — Azide
ARYL—N⁺≡N — Diazonium salt
—N⁺≡C⁻ — Isocyanide
C=C=O — Ketene
(C≡N)⁻ — Cyanide ion
(N=C=O)⁻ — Cyanate ion
(N=C=S)⁻ — Thiocyanate ion
Broad
Broad
Aromatic
Aromatic CH stretch
Monosubst. benzene
ortho disubst. benzene
meta
para
Unsym. trisubst. benzene
Vicinal tri
Sym. tri
mono
ortho
meta
para
Unsym. tri
Vicinal tri
Sym. tri
Heteroaromatic
α Subst. naphthalene
β Subst. naphthalene
2 Subst. pyridine
3 Subst. pyridine
4 Subst. pyridine
Triazine
Furans
Thiophenes
Melamine
Iso triazine
4000 3600 3200 2800 2400 2000 1900 1800 1700 1600 1500 1400 1300 1200 1100 1000 900 800 700 600
CM⁻¹

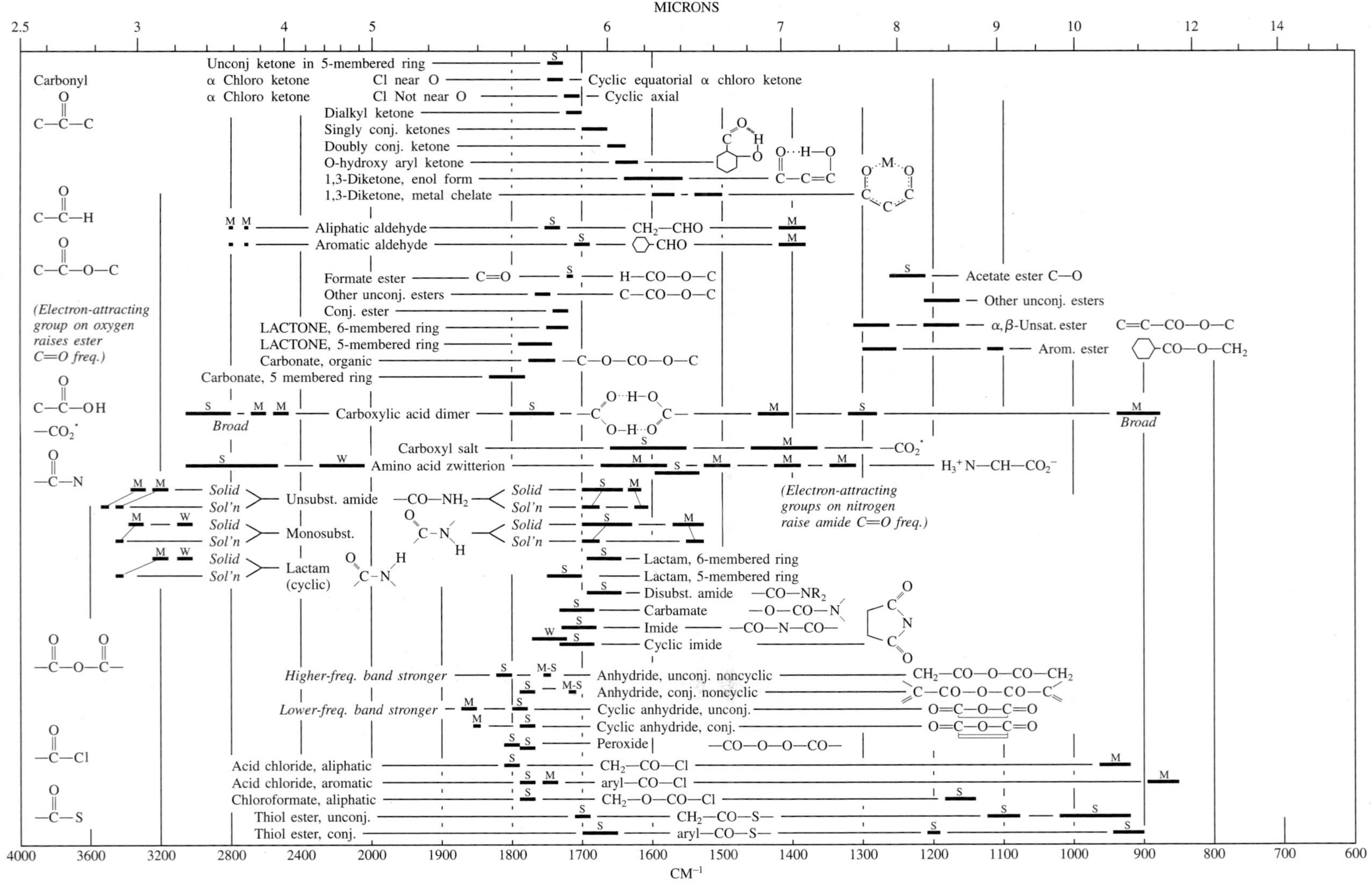
MICRONS
2.5
3
4
5
6
7
8
9
10
12
14
Carbonyl
Unconj ketone in 5-membered ring
α Chloro ketone
α Chloro ketone
Cl near O
Cl Not near O
Cyclic equatorial α chloro ketone
Cyclic axial
Dialkyl ketone
Singly conj. ketones
Doubly conj. ketone
O-hydroxy aryl ketone
1,3-Diketone, enol form
1,3-Diketone, metal chelate
Aliphatic aldehyde
Aromatic aldehyde
CH₂—CHO
Formate ester
Other unconj. esters
Conj. ester
LACTONE, 6-membered ring
LACTONE, 5-membered ring
Carbonate, organic
Carbonate, 5 membered ring
H—CO—O—C
C—CO—O—C
—C—O—CO—O—C
Acetate ester C—O
Other unconj. esters
α,β-Unsat. ester
Arom. ester
C=C—CO—O—C
(Electron-attracting group on oxygen raises ester C=O freq.)
Carboxylic acid dimer
Broad
Carboxyl salt
Amino acid zwitterion
—CO₂⁻
H₃⁺N—CH—CO₂⁻
Solid
Sol'n
Unsubst. amide
—CO—NH₂
Monosubst.
Lactam (cyclic)
(Electron-attracting groups on nitrogen raise amide C=O freq.)
Lactam, 6-membered ring
Lactam, 5-membered ring
Disubst. amide
—CO—NR₂
Carbamate
—O—CO—N
Imide
—CO—N—CO—
Cyclic imide
Higher-freq. band stronger
Lower-freq. band stronger
Anhydride, unconj. noncyclic
Anhydride, conj. noncyclic
Cyclic anhydride, unconj.
Cyclic anhydride, conj.
Peroxide
CH₂—CO—O—CO—CH₂
—CO—O—O—CO—
Acid chloride, aliphatic
Acid chloride, aromatic
Chloroformate, aliphatic
Thiol ester, unconj.
Thiol ester, conj.
CH₂—CO—Cl
aryl—CO—Cl
CH₂—O—CO—Cl
CH₂—CO—S—
aryl—CO—S—
4000
3600
3200
2800
2400
2000
1900
1800
1700
1600
1500
1400
1300
1200
1100
1000
900
800
700
600
CM⁻¹

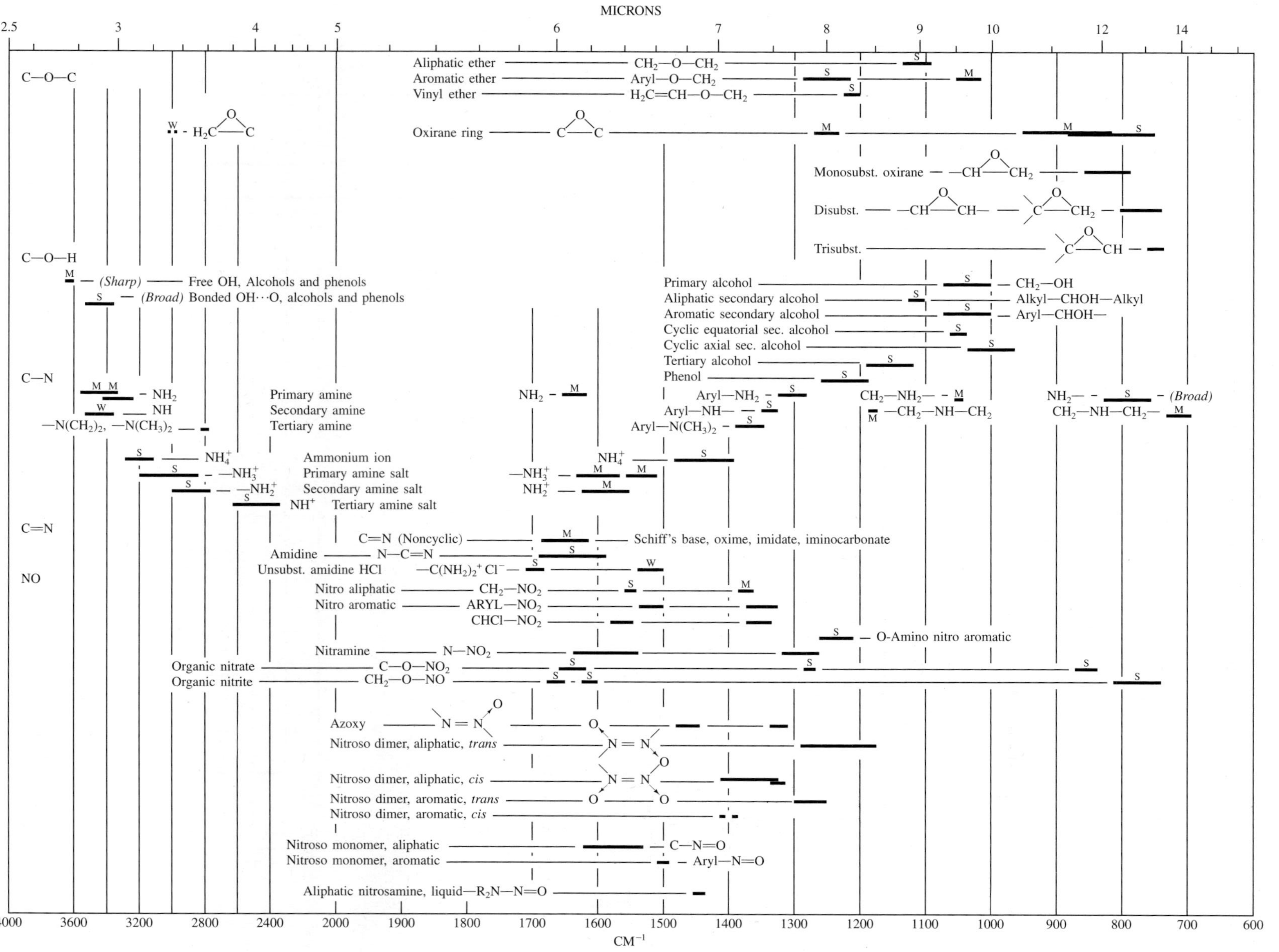
MICRONS
CM^{-1}
C—O—C
Aliphatic ether — CH_2—O—CH_2
Aromatic ether — Aryl—O—CH_2
Vinyl ether — H_2C=CH—O—CH_2
Oxirane ring
Monosubst. oxirane
Disubst.
Trisubst.
C—O—H
(Sharp) Free OH, Alcohols and phenols
(Broad) Bonded OH···O, alcohols and phenols
Primary alcohol — CH_2—OH
Aliphatic secondary alcohol — Alkyl—CHOH—Alkyl
Aromatic secondary alcohol — Aryl—CHOH—
Cyclic equatorial sec. alcohol
Cyclic axial sec. alcohol
Tertiary alcohol
Phenol
C—N
Primary amine
Secondary amine
Tertiary amine
Ammonium ion
Primary amine salt
Secondary amine salt
Tertiary amine salt
C=N
C=N (Noncyclic)
Schiff's base, oxime, imidate, iminocarbonate
Amidine
Unsubst. amidine HCl
NO
Nitro aliphatic — CH_2—NO_2
Nitro aromatic — ARYL—NO_2
CHCl—NO_2
O-Amino nitro aromatic
Nitramine — N—NO_2
Organic nitrate — C—O—NO_2
Organic nitrite — CH_2—O—NO
Azoxy
Nitroso dimer, aliphatic, *trans*
Nitroso dimer, aliphatic, *cis*
Nitroso dimer, aromatic, *trans*
Nitroso dimer, aromatic, *cis*
Nitroso monomer, aliphatic — C—N=O
Nitroso monomer, aromatic — Aryl—N=O
Aliphatic nitrosamine, liquid—R_2N—N=O

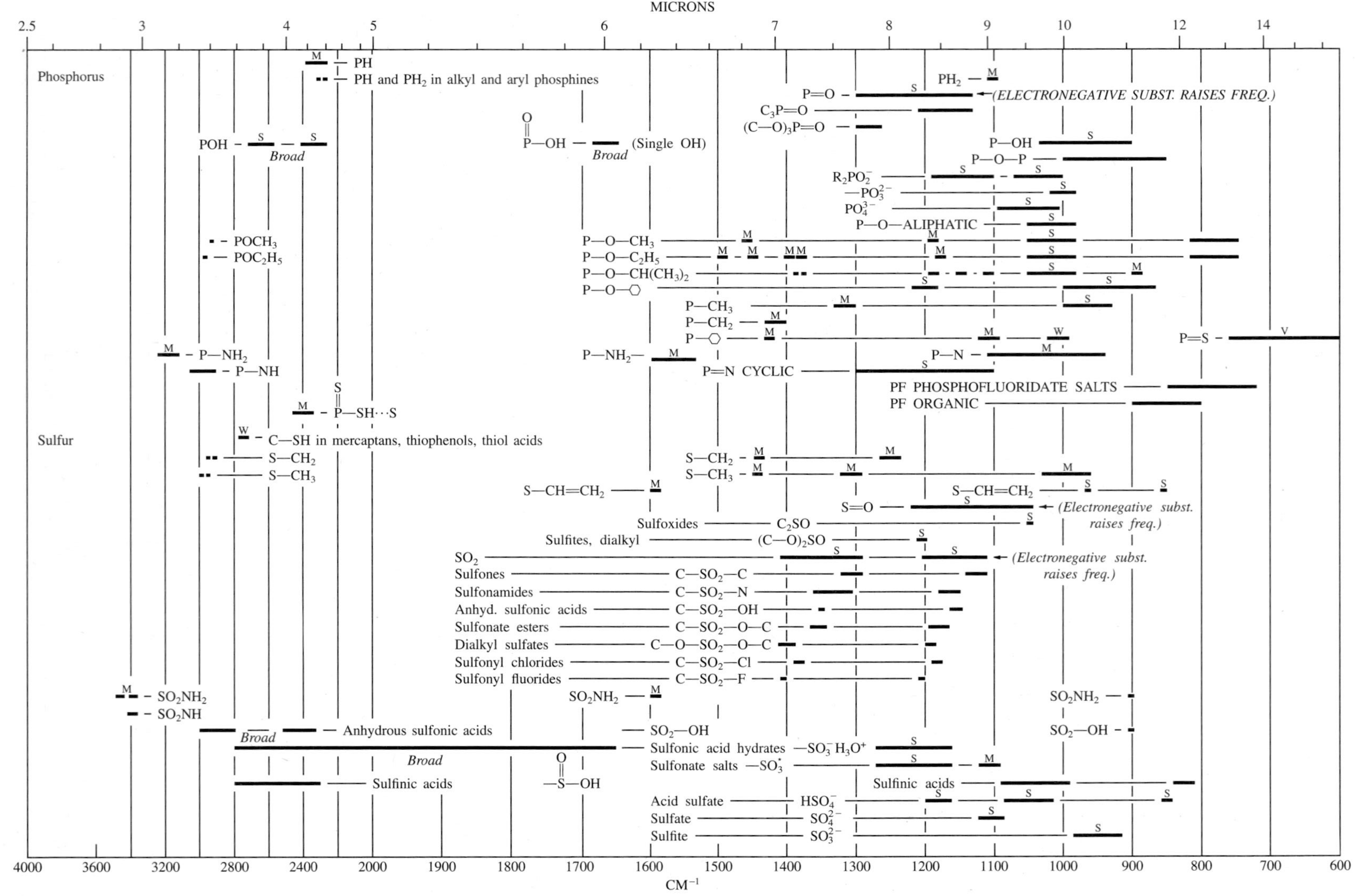
MICRONS
2.5
3
4
5
6
7
8
9
10
12
14
Phosphorus
PH
PH and PH₂ in alkyl and aryl phosphines
PH₂
P=O
(ELECTRONEGATIVE SUBST. RAISES FREQ.)
C₃P=O
(C—O)₃P=O
POH
Broad
P—OH
(Single OH)
P—OH
P—O—P
R₂PO₂⁻
—PO₃²⁻
PO₄³⁻
P—O—ALIPHATIC
POCH₃
POC₂H₅
P—O—CH₃
P—O—C₂H₅
P—O—CH(CH₃)₂
P—O—⬡
P—CH₃
P—CH₂
P—⬡
P—NH₂
P—NH
P—NH₂—
P=S
P—N
P=N CYCLIC
PF PHOSPHOFLUORIDATE SALTS
PF ORGANIC
P—SH··S
Sulfur
C—SH in mercaptans, thiophenols, thiol acids
S—CH₂
S—CH₃
S—CH=CH₂
S=O
(Electronegative subst. raises freq.)
Sulfoxides
C₂SO
Sulfites, dialkyl
(C—O)₂SO
SO₂
(Electronegative subst. raises freq.)
Sulfones
C—SO₂—C
Sulfonamides
C—SO₂—N
Anhyd. sulfonic acids
C—SO₂—OH
Sulfonate esters
C—SO₂—O—C
Dialkyl sulfates
C—O—SO₂—O—C
Sulfonyl chlorides
C—SO₂—Cl
Sulfonyl fluorides
C—SO₂—F
SO₂NH₂
SO₂NH
SO₂NH₂
SO₂—OH
Anhydrous sulfonic acids
Broad
Sulfonic acid hydrates
—SO₃⁻ H₃O⁺
Sulfonate salts
—SO₃⁻
Broad
Sulfinic acids
—S—OH
Sulfinic acids
Acid sulfate
HSO₄⁻
Sulfate
SO₄²⁻
Sulfite
SO₃²⁻
4000
3600
3200
2800
2400
2000
1900
1800
1700
1600
1500
1400
1300
1200
1100
1000
900
800
700
600
CM⁻¹

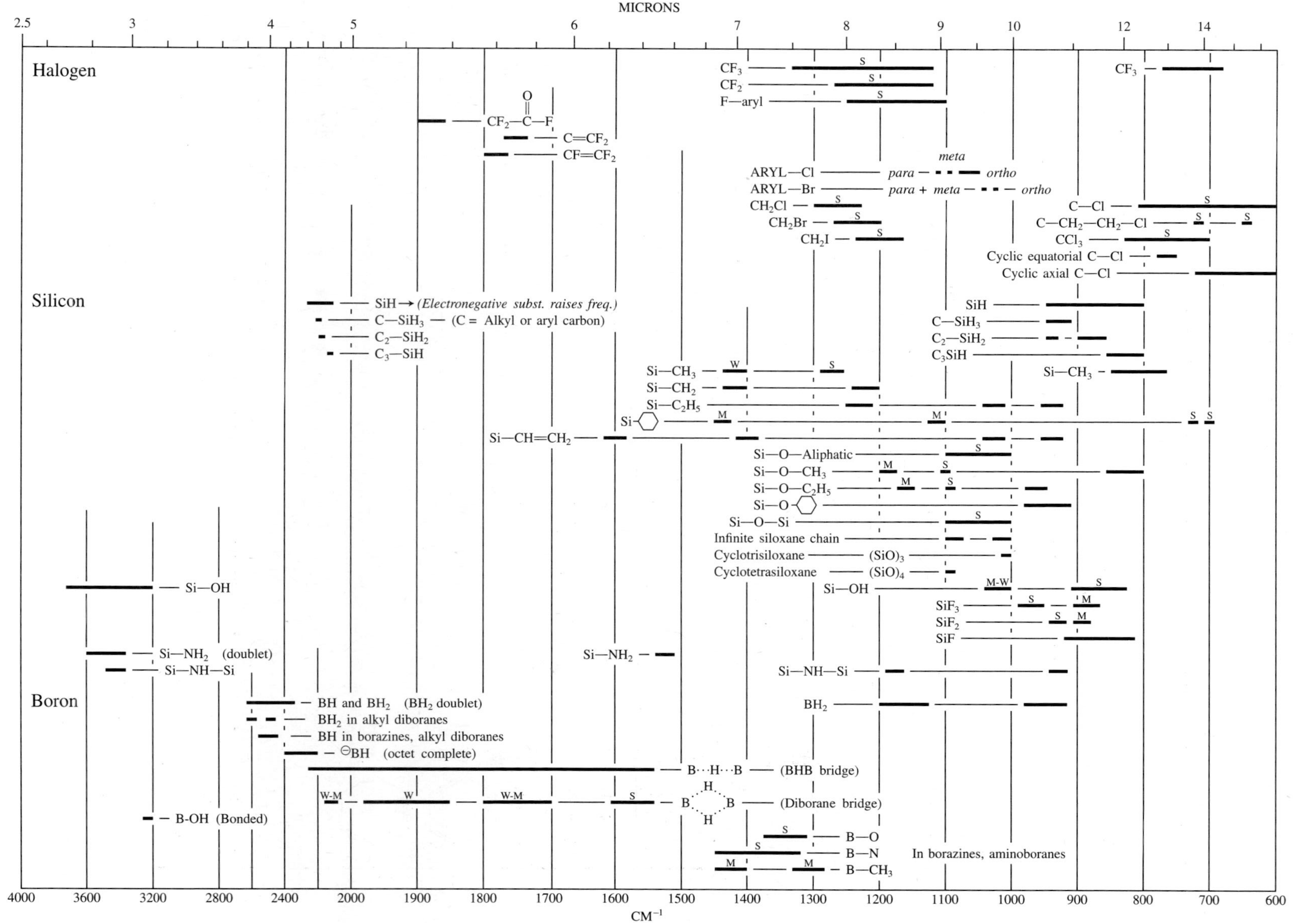
MICRONS
2.5 3 4 5 6 7 8 9 10 12 14
Halogen
CF₃
CF₂
F—aryl
CF₂—C(=O)—F
C=CF₂
CF=CF₂
ARYL—Cl para meta ortho
ARYL—Br para + meta ortho
CH₂Cl
CH₂Br
CH₂I
C—Cl
C—CH₂—CH₂—Cl
CCl₃
Cyclic equatorial C—Cl
Cyclic axial C—Cl
Silicon
SiH → (Electronegative subst. raises freq.)
C—SiH₃ — (C = Alkyl or aryl carbon)
C₂—SiH₂
C₃—SiH
SiH
C—SiH₃
C₂—SiH₂
C₃SiH
Si—CH₃
Si—CH₃
Si—CH₂
Si—C₂H₅
Si—CH=CH₂
Si—O—Aliphatic
Si—O—CH₃
Si—O—C₂H₅
Si—O—Si
Infinite siloxane chain
Cyclotrisiloxane (SiO)₃
Cyclotetrasiloxane (SiO)₄
Si—OH
Si—OH
SiF₃
SiF₂
SiF
Si—NH₂ (doublet)
Si—NH—Si
Si—NH₂
Si—NH—Si
Boron
BH and BH₂ (BH₂ doublet)
BH₂ in alkyl diboranes
BH in borazines, alkyl diboranes
⊖BH (octet complete)
B-OH (Bonded)
BH₂
B··H··B (BHB bridge)
(Diborane bridge)
B—O
B—N
B—CH₃
In borazines, aminoboranes
4000 3600 3200 2800 2400 2000 1900 1800 1700 1600 1500 1400 1300 1200 1100 1000 900 800 700 600
CM⁻¹

부록 2

선별된 유형의 Proton[a]에 대한 ^1H 화학적 이동 범위(ppm)의 근사값

양성자 유형		화학적 이동 (ppm)
$R-CH_3$		0.7 ~ 1.3
$R-CH_2-R$		1.2 ~ 1.4
R_3CH		1.4 ~ 1.7
$R-C=C-C-H$		1.6 ~ 2.6
$R-C(=O)-C-H$, $H-C(=O)-C-H$		2.1 ~ 2.4
$RO-C(=O)-C-H$, $HO-C(=O)-C-H$		2.1 ~ 2.5
$N\equiv C-C-H$		2.1 ~ 3.0
C_6H_5-C-H		2.3 ~ 2.7
$R-C\equiv C-H$		1.7 ~ 2.7
$R-S-H$	가변적	1.0 ~ 4.0[b]
$R-N-H$	가변적	0.5 ~ 4.0[b]
$R-O-H$	가변적	0.5 ~ 5.0[b]
C_6H_5-O-H	가변적	4.0 ~ 7.0[b]
C_6H_5-N-H	가변적	3.0 ~ 5.0[b]
$R-C(=O)-N-H$	가변적	5.0 ~ 9.0[b]
$R-N-C-H$		2.2 ~ 2.9
$R-S-C-H$		2.0 ~ 3.0
$I-C-H$		2.0 ~ 4.0
$Br-C-H$		2.7 ~ 4.1
$Cl-C-H$		3.1 ~ 4.1
$R-S(=O)_2-O-C-H$		약 3.0
$RO-C-H$, $HO-C-H$		3.2 ~ 3.8
$R-C(=O)-O-C-H$		3.5 ~ 4.8
O_2N-C-H		4.1 ~ 4.3
$F-C-H$		4.2 ~ 4.8
$R-C=C-H$		4.5 ~ 6.5
C_6H_5-H		6.5 ~ 8.0
$R-C(=O)-H$		9.0 ~ 10.0
$R-C(=O)-OH$		11.0 ~ 12.0

[a] *$-C-H$로 나타내는 수소들에 대하여, 수소가 methyl 그룹(CH_3)의 일부이면 화학적 이동은 일반적으로 주어진 범위의 작은 쪽 값이고, 수소가 methylene 그룹($-CH_2-$)의 수소이면 화학적 이동은 주어진 범위의 중간값이고, 수소가 methine 그룹($-CH-$)의 수소이면, 화학적 이동은 전형적으로 주어진 범위의 큰 쪽 값이다.*

[b] *이 그룹들의 화학적 이동은 분자 내의 화학적 환경은 물론 농도, 온도, 용매에 따라 가변적이다.*

부록 3

다양한 유형의 Proton[a]에 대한 대표적인 ^1H 화학적 이동값[b]

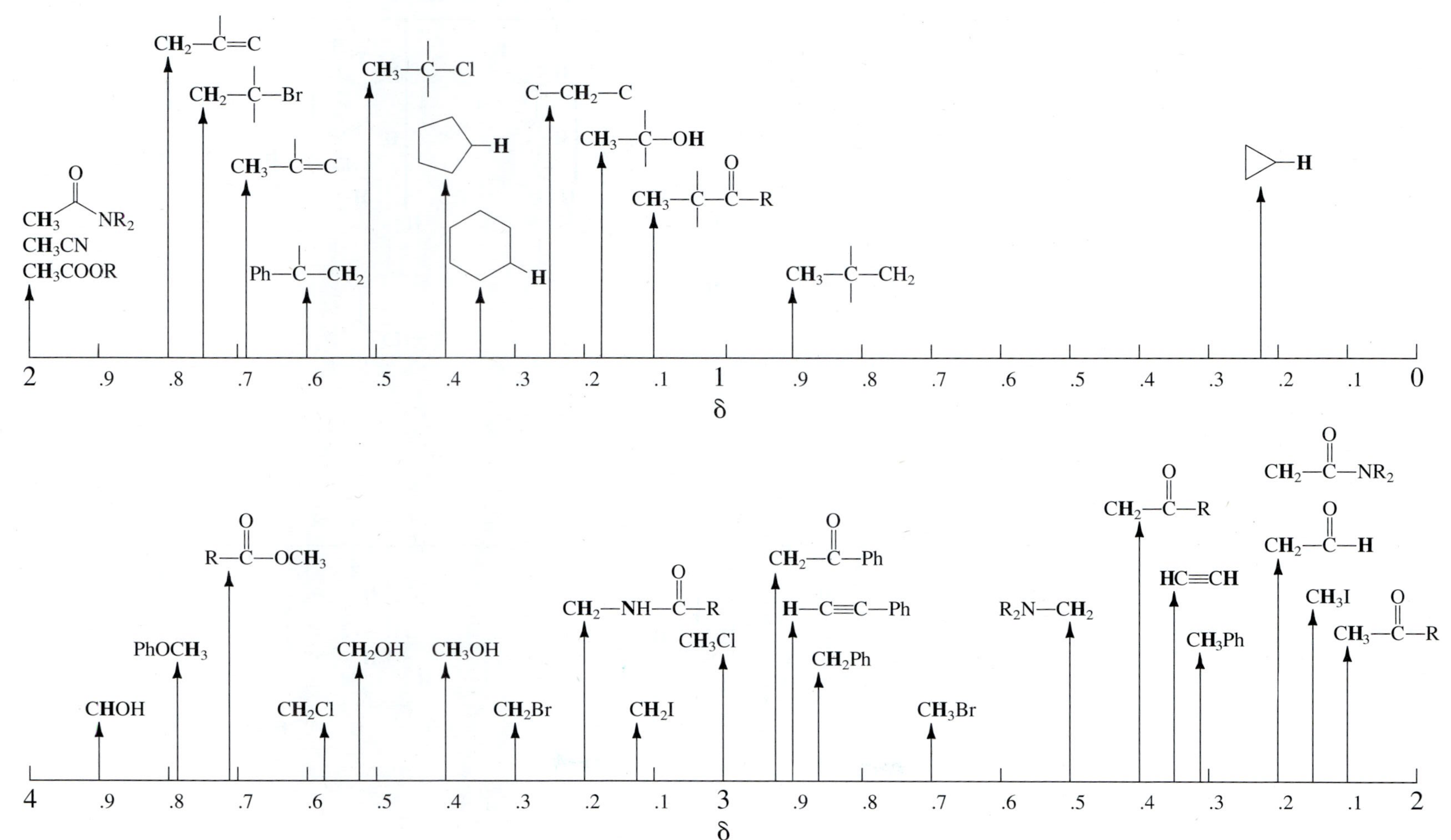

[a] Landgrebe, J. A., *Theory and Practice in the Organic Laboratory*, 4th ed., Brooks/Cole Publishing, Pacific Grove, CA, 1993. 허가 후 게재.

[b] 화학적 이동값은 보통 글씨체로 나타낸 proton H에 대한 것이 아니라 굵은 글씨체로 나타낸 proton **H**를 지칭한다.

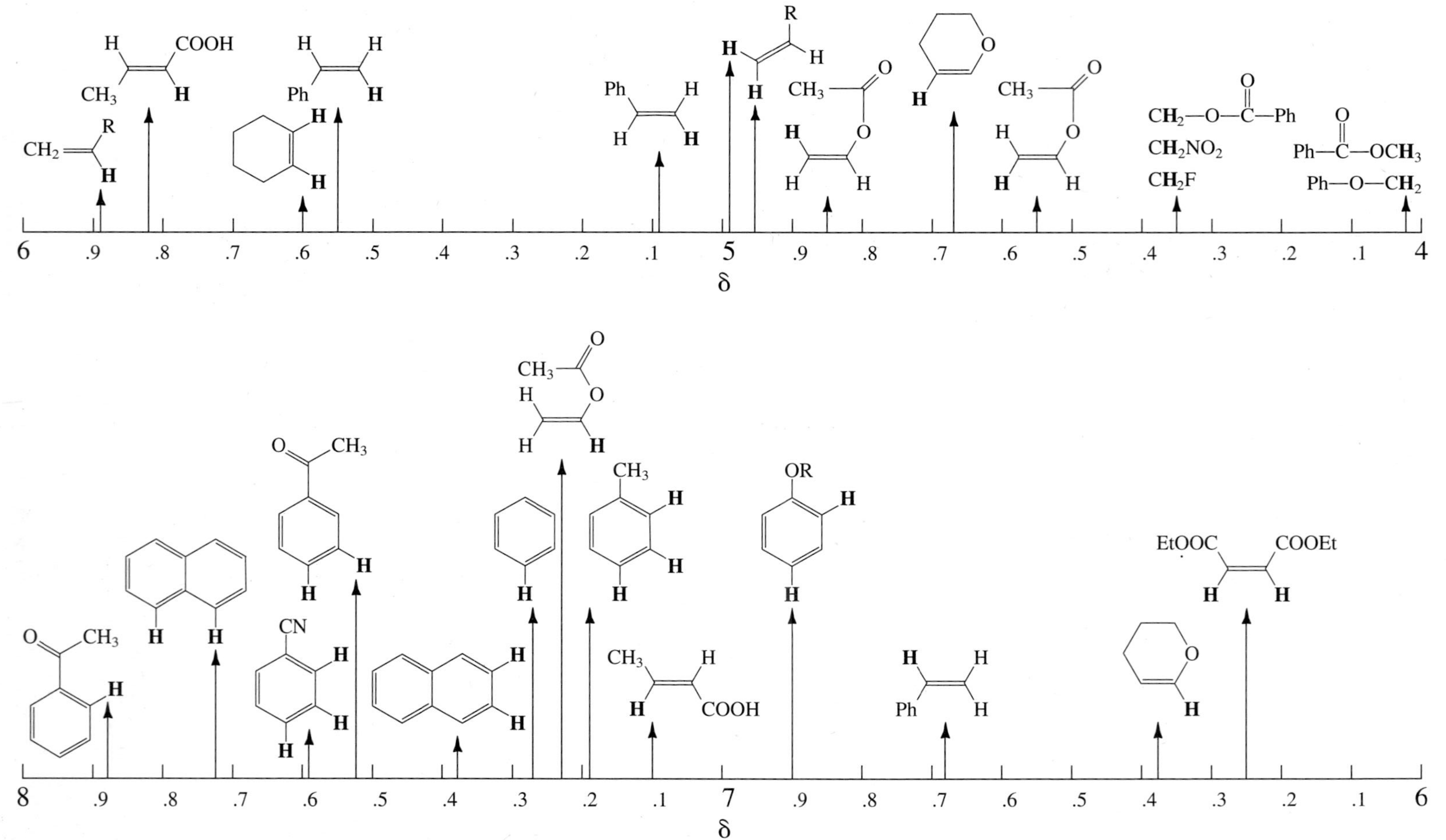
CH2—O—C(=O)—Ph
CH2NO2
CH2F
Ph—C(=O)—OCH3
Ph—O—CH2
EtOOC
COOEt
COOH
OR
CN
CH3
Ph
R
δ

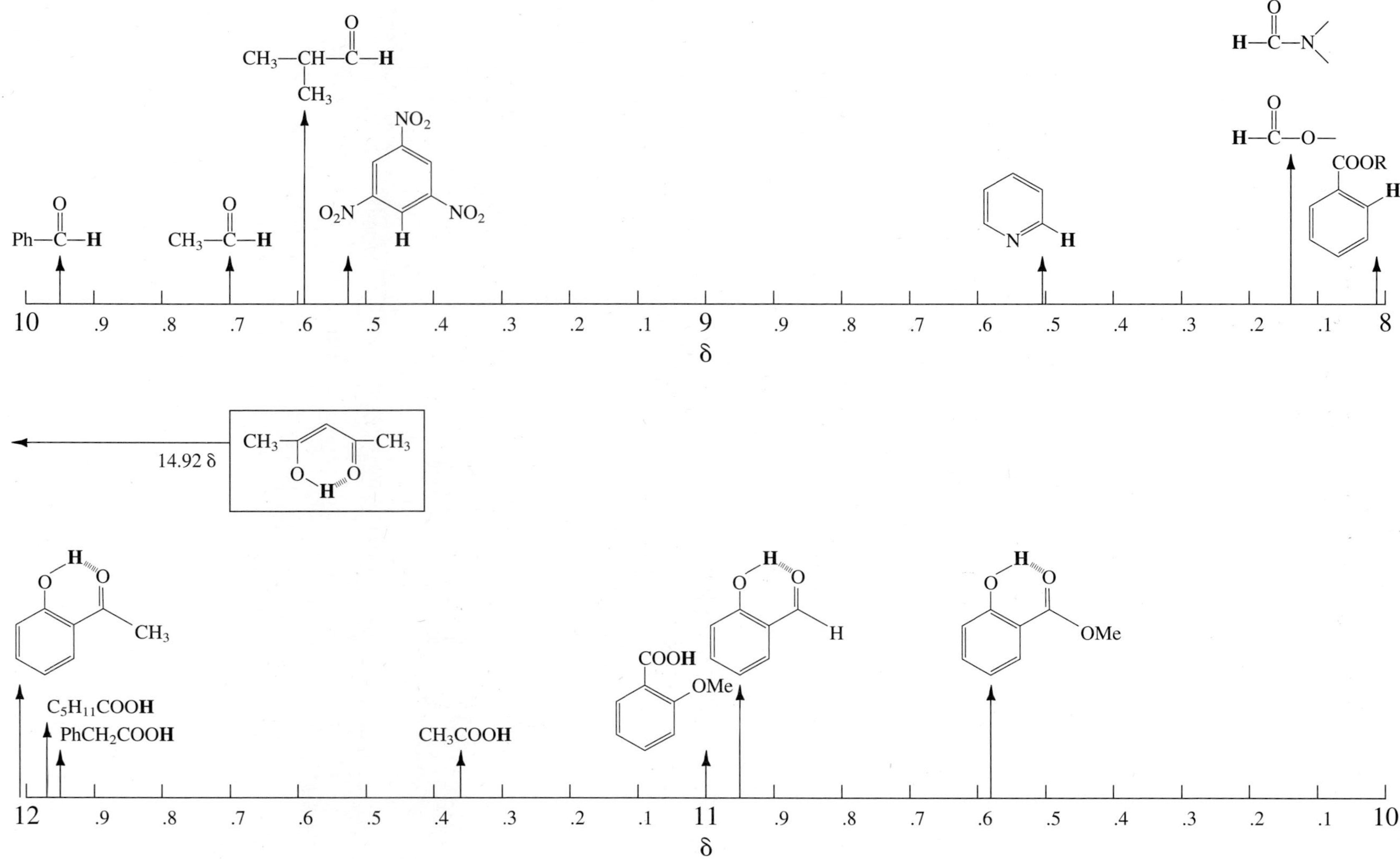

Ph—C—H
CH_3—C—H
CH_3—CH—C—H
CH_3
NO_2
O_2N
NO_2
H
N
H
H—C—N
H—C—O—
COOR
H
10 .9 .8 .7 .6 .5 .4 .3 .2 .1 9 .9 .8 .7 .6 .5 .4 .3 .2 .1 8
δ
14.92 δ
CH_3
CH_3
O
H
O
CH_3
$C_5H_{11}COOH$
$PhCH_2COOH$
CH_3COOH
COOH
OMe
H
OMe
12 .9 .8 .7 .6 .5 .4 .3 .2 .1 11 .9 .8 .7 .6 .5 .4 .3 .2 .1 10
δ

부록 4

이종원자고리 화합물과 여러고리 방향족 화합물의 ^1H 화학적 이동

부록 5

전형적인 Proton의 짝지음 상수

ALKANE과 고리 화합물

유형		전형적인 값 (Hz)	범위 (Hz)	
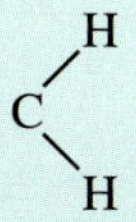 H–C–H (geminal)	^2J geminal	12	12~15	(H–C–H 각 109°에 대해)
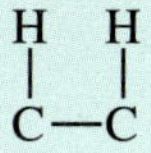 H–C–C–H	^3J vicinal	7	6~8	(H–C–C–H 이면각에 의존)
cyclohexane (H, H)	^3J a,a	10	8~14	형태적으로 견고한 시스템에서
	^3J a,e	5	0~7	(반전이 일어나는 시스템에서 모든
	^3J e,e	3	0~5	$J \approx 7\sim8$ Hz)
cyclopropane (R, H_a, H_b, H_c)	^3J *cis* (H_bH_c)	9	6~12	
	^3J *trans* (H_aH_c)	6	4~8	
	^2J *gem* (H_aH_b)	6	3~9	
epoxide (R, O, H_a, H_b, H_c)	^3J *cis* (H_bH_c)	4	2~5	
	^3J *trans* (H_aH_c)	2.5	1~3	
	^2J *gem* (H_aH_b)	5	4~6	
 H–C–C–C–H (W)	^4J	0	0~7	(어쩔 수 없이 *W*-형태–뒤틀림이 걸린 시스템은 더 큰 값을 갖는다)

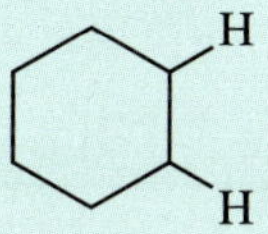

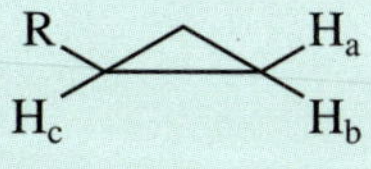

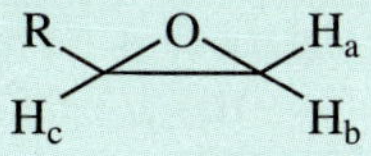

ALKENE과 고리 ALKENE (^2J와 ^3J)

유형	전형적인 값 (Hz)	범위 (Hz)	유형	전형적인 값 (Hz)	범위 (Hz)
^2J *gem*	<1	0~5	^3J	2	0~2
^3J *cis*	10	6~15	^3J	4	2~4
^3J *trans*	16	11~18			
			^3J	6	5~7
^3J	5	4~10			
^3J	10	9~13	^3J	10	8~11

ALKENE과 고리 ALKYNE (^4J와 ^5J)

유형		전형적인 값 (Hz)	범위 (Hz)	유형		전형적인 값 (Hz)	범위 (Hz)
H−C=C−C−H Allylic	^4J (*cis* 또는 *trans*)	1	0~3	H−C≡C−C−H Allylic	^4J	2	2~3
H−C−C=C−C−H Homoallylic	^5J	0	0~1.5	H−C−C≡C−C−H Homoallylic	^5J	2	2~3

방향족 물질과 이종원자고리 화합물

유형			전형적인 값 (Hz)	범위 (Hz)
벤젠 (H, H)	^3J	*ortho*	8	6~10
	^4J	*meta*	3	1~4
	^5J	*para*	<1	0~2
퓨란 (H_α, H_β, $H_{\beta'}$, $H_{\alpha'}$, O)	^3J	$\alpha\beta$		1.6~2.0
	^4J	$\alpha\beta'$		0.3~0.8
	^4J	$\alpha\alpha'$		1.3~1.8
	^3J	$\beta\beta'$		3.2~3.8
피롤 (H_α, H_β, $H_{\beta'}$, $H_{\alpha'}$, N–H)	^3J	$\alpha\beta$		2.0~2.6
	^4J	$\alpha\beta'$		1.0~1.5
	^4J	$\alpha\alpha'$		1.8~2.3
	^3J	$\beta\beta'$		2.8~4.0

유형			범위 (Hz)
싸이오펜 (H_α, H_β, $H_{\beta'}$, $H_{\alpha'}$, S)	^3J	$\alpha\beta$	4.6~5.8
	^4J	$\alpha\beta'$	1.0~1.5
	^4J	$\alpha\alpha'$	2.1~3.3
	^3J	$\beta\beta'$	3.0~4.2
피리딘 (H_α, H_β, H_γ, $H_{\beta'}$, $H_{\alpha'}$, N)	^3J	$\alpha\beta$	4.9~5.7
	^4J	$\alpha\gamma$	1.6~2.0
	^5J	$\alpha\beta'$	0.7~1.1
	^4J	$\alpha\alpha'$	0.2~0.5
	^3J	$\beta\gamma$	7.2~8.5
	^4J	$\beta\beta'$	1.4~1.9

ALCOHOLS

유형		전형적인 값 (Hz)	범위 (Hz)
H–C–OH (교환이 일어나지 않음)	^3J	5	4~10

ALDEHYDES

유형		전형적인 값 (Hz)	범위 (Hz)
H–C(=O)–C–H	^3J	2	1~3
H–C=C–C(=O)–H	^3J	6	5~8

PROTON–다른 핵 짝지음 상수

유형	전형적인 값 (Hz)	유형	전형적인 값 (Hz)	유형	전형적인 값 (Hz)
H–C–F (^2J)	44~81	R–P(H)–H (^1J)	~190	N–H	~52
H–C–C–F (^3J)	3~25	H–P(=O) (^1J)	~650	H–C–N–H	~0
H–C–C–C–F (^4J)	~0	H–C–P(=O) (^2J)	~17		
D–C–H (^2J)	~2	H–C–C–O–P(=O) (^4J)	~0		
H–C–C–D (^3J)	<1 (피크 넓힘만 일어남)	H–C–O–P(=O) (^3J)	~8		

플루오린에 대한 Proton의 짝지음 상수(^1J, ^2J, 그 이상의 장거리)

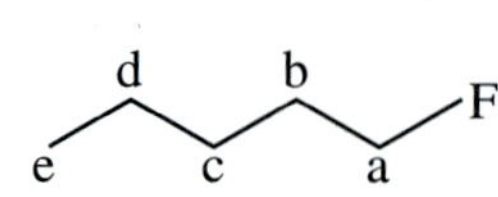

C_a 4.45 ppm, 삼중선의 이중선 2H (^2J H_aF = 47.4 Hz, H_aH_b = 6.3 Hz)
C_b 1.70 ppm, 오중선의 이중선 2H (^3J H_bF = 25.0 Hz, H_bH_a = H_bH_c = 6 Hz)
C_c and Cd, 1.40 ppm, 다중선 4H (^4J HF = 0)
C_e 0.95 ppm, 삼중선 (^5J HF = 0, H_eH_d = 7.0 Hz)

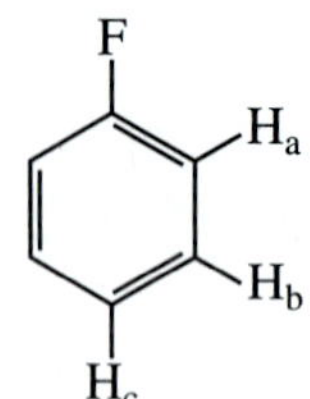

7.03 ppm, 이중선의 이중선 2H (H_aH_b = 8.8 Hz, ^3J H_aF = 8.9 Hz). 미세 구조를 갖는 삼중선처럼 보인다.

7.30 ppm, 이중선의 삼중선, 2H (H_bH_a와 H_bH_c = 7.8, ^4J H_bF = 5.8). 미세 구조를 갖는 사중선처럼 보인다.

7.10 ppm, 이중선의 삼중선 1H (H_cH_b = 7.4, ^5JH_cF = 0.8). 삼중선처럼 보인다.

인에 대한 Proton의 짝지음 상수(^1J, ^2J, ^3J, ^4J)

짝지음 상수는 인 원자의 산화수에 따라 달라진다.

Phosphonium 염

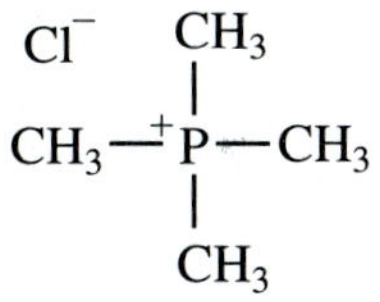

$$Cl^- \quad (CH_3)_4P^+$$

Tetramethyl phosphonium chloride

$^2J = 14.7$ Hz

3가 인

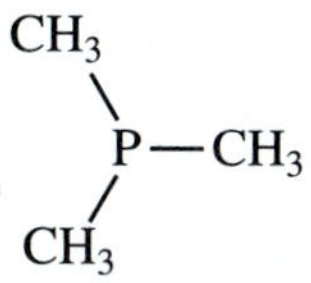

$$P(CH_3)_3$$

Trimethyl phosphine

$^2J = 1.8$ Hz

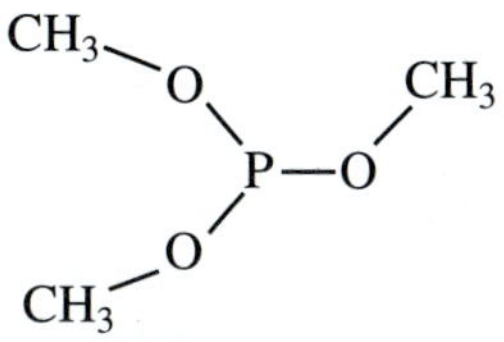

$$P(OCH_3)_3$$

Trimethyl phosphite

$^3J = 10.7$ Hz

Phosphate, Phosphonate, Phosphite Ester

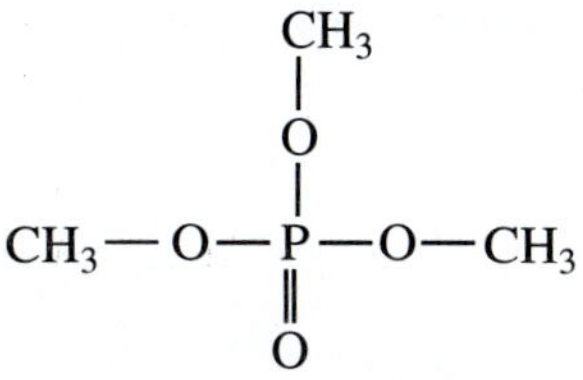

$$(CH_3O)_3P{=}O$$

Trimethoxy phosphate

$^3J = 11.0$ Hz

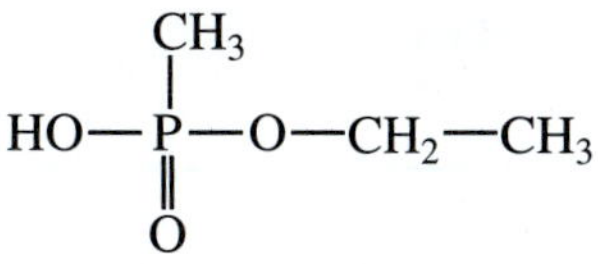

$$HO-P(=O)(CH_3)-O-CH_2-CH_3$$

Ethyl methylphosphonate

$^2J = 17.6$ Hz

$^3J = 8$ Hz

$^4J = 0$ Hz

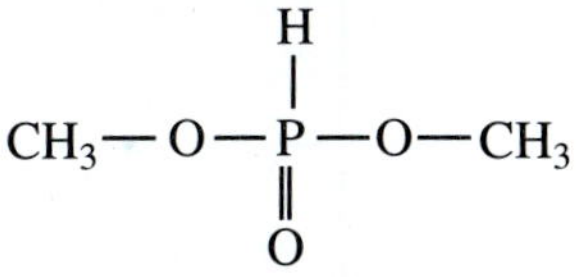

$$CH_3-O-PH(=O)-O-CH_3$$

Dimethyl phosphite

$^1J = 697.5$ Hz

$^3J = 11.8$ Hz

부록 6

Proton(^{1}H) 화학적 이동의 계산

표 A6.1 이중 치환된 METHYLENE 화합물에 대한 ^{1}H 화학적 이동의 계산

$X-CH_2-X$ 또는 $X-CH_2-Y$

δ_H ppm = 0.23 + Σ 상수

치환기	상수	치환기	상수
Alkane, alkene, alkyne, 방향족 화합물		산소에 결합된	
−R	0.47	−OH	2.56
>C=C<	1.32	−OR	2.36
−C≡C−	1.44	−OCOR	3.13
$-C_6H_5$	1.85	$-OC_6H_5$	3.23
질소와 황에 결합된		Halogen에 결합된	
$-NR_2$	1.57	−F	4.00
−NHCOR	2.27	−Cl	2.53
$-NO_2$	3.80	−Br	2.33
−SR	1.64	−I	1.82
Ketones		Carboxylic acid 유도체	
−COR	1.70	−COOR	1.55
$-COC_6H_5$	1.84	$-CONR_2$	1.59
		−C≡N	1.70

계산 예

화학식으로부터 methane(0.23 ppm)에 기반한 proton(^{1}H)에 대한 화학적 이동값의 *근사값*을 계산할 수 있다. 어떤 proton(methyl, methylene, methine)에 대해서도 화학적 이동을 계산할 수 있지만, 실제 실험값과 가장 잘 맞는 것은 $X-CH_2-Y$ 또는 $X-CH_2-X$ 유형의 이중 치환 화합물이다.

Cl−**CH₂**−Cl　$\delta_H = 0.23 + 2.53 + 2.53 = 5.29$ ppm; 실제값 = 5.30 ppm

$C_6H_5-\mathbf{CH_2}-O-C(=O)-CH_3$　$\delta_H = 0.23 + 1.85 + 3.13 = 5.21$ ppm; 실제값 = 5.10 ppm

$C_6H_5-\mathbf{CH_2}-C(=O)-O-CH_3$　$\delta_H = 0.23 + 1.85 + 1.55 = 3.63$ ppm; 실제값 = 3.60 ppm

$CH_3-CH_2-\mathbf{CH_2}-NO_2$　$\delta_H = 0.23 + 3.80 + 0.47 = 4.50$ ppm; 실제값 = 4.38 ppm

표 A6.2 치환된 ALKENE에 대한 ^{1}H 화학적 이동의 계산

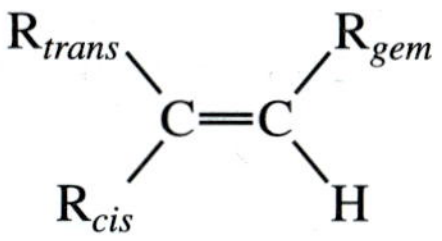

R_{trans} and R_{cis} on one carbon, R_{gem} and H on the other (R_{trans}–C=C–R_{gem}, with R_{cis} and H below)

$$\delta_H \text{ ppm} = 5.25 + \delta_{gem} + \delta_{cis} + \delta_{trans}$$

치환기(−R)	δ_{gem}	δ_{cis}	δ_{trans}
포화 탄소 그룹			
Alkyl	0.44	−0.26	−0.29
$-CH_2-O-$	0.67	−0.02	−0.07
방향족 그룹			
$-C_6H_5$	1.35	0.37	−0.10
Carbonyl, carboxylic acid 유도체, nitrile			
COR	1.10	1.13	0.81
−COOH	1.00	1.35	0.74
−COOR	0.84	1.15	0.56
−C≡N	0.23	0.78	0.58
산소 그룹			
−OR	1.18	−1.06	−1.28
−OCOR	2.09	−0.40	−0.67
질소 그룹			
$-NR_2$	0.80	−1.26	−1.21
$-NO_2$	1.87	1.30	0.62
Halogen 그룹			
−F	1.54	−0.40	−1.02
−Cl	1.08	0.19	0.13
−Br	1.04	0.40	0.55
−I	1.14	0.81	0.88

계산 예

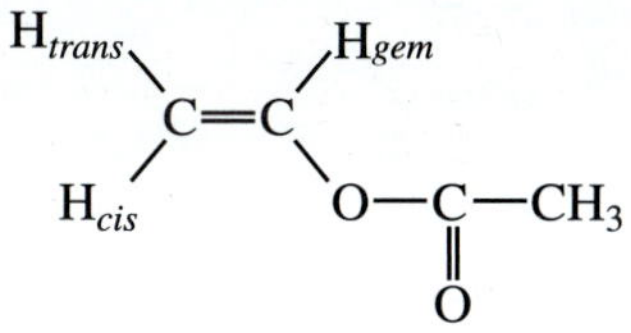

H_{trans}, H_{cis}, H_{gem} on C=C, with $-O-C(=O)-CH_3$

$H_{gem} = 5.25 + 2.09 = 7.34$ ppm; 실제값 = 7.25 ppm

$H_{cis} = 5.25 - 0.40 = 4.85$ ppm; 실제값 = 4.85 ppm

$H_{trans} = 5.25 - 0.67 = 4.58$ ppm; 실제값 = 4.55 ppm

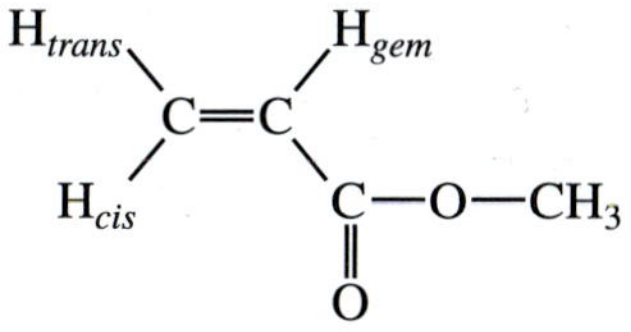

H_{trans}, H_{cis}, H_{gem} on C=C, with $-C(=O)-O-CH_3$

$H_{gem} = 5.25 + 0.84 = 6.09$ ppm; 실제값 = 6.14 ppm

$H_{cis} = 5.25 + 1.15 = 6.40$ ppm; 실제값 = 6.42 ppm

$H_{trans} = 5.25 + 0.56 = 5.81$ ppm; 실제값 = 5.82 ppm

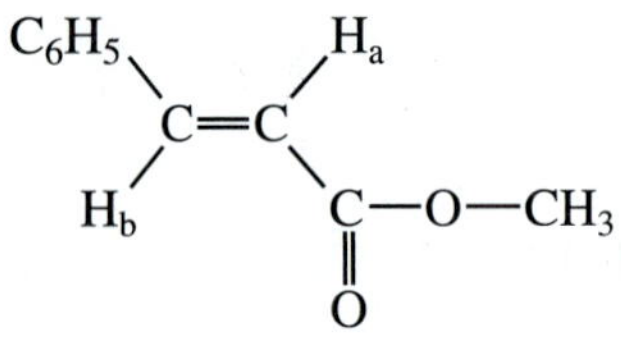

$C_6H_5(H_b)C=C(H_a)-C(=O)-O-CH_3$

H_a: δ_{gem} −COOR에 대하여 = 0.84
δ_{cis} −C_6H_5에 대하여 = 0.37
$H_a = 5.25 + 0.84 + 0.37 = 6.46$ ppm;
실제값 = 6.43 ppm

H_b: δ_{gem} −C_6H_5에 대하여 = 1.35
δ_{cis} −COOR에 대하여 = 1.15
$H_b = 5.25 + 1.35 + 1.15 = 7.75$ ppm;
실제값 = 7.69 ppm

표 A6.3 치환된 BENZENE 고리에 대한 ¹H 화학적 이동의 계산

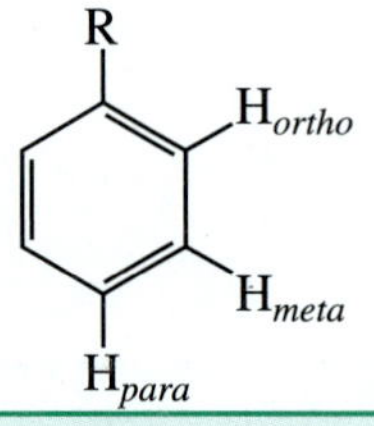

(R-치환 benzene: H_{ortho}, H_{meta}, H_{para})

$$\delta_H \text{ ppm} = 7.27 + \Sigma\delta$$

치환기(−R)	δ_{ortho}	δ_{meta}	δ_{para}
치환된 탄소 그룹			
Alkyl	−0.14	−0.06	−0.17
−CH_2OH	−0.07	−0.07	−0.07
Aldehyde와 ketone			
−CHO	0.61	0.25	0.35
−COR	0.62	0.14	0.21
Carboxylic acid와 산 유도체			
−COOH	0.85	0.18	0.34
−COOR	0.71	0.10	0.21
−C≡N	0.25	0.18	0.30
산소 그룹			
−OH	−0.53	−0.17	−0.45
−OCH_3	−0.48	−0.09	−0.44
−$OCOCH_3$	−0.19	−0.03	−0.19
질소 그룹			
−NH_2	−0.80	−0.25	−0.65
−NO_2	0.95	0.26	0.38
Halogen 그룹			
−F	−0.29	−0.02	−0.23
−Cl	0.03	−0.02	−0.09
−Br	0.18	−0.08	−0.04
−I	0.38	−0.23	−0.01

계산 예

화학식으로부터 benzene 고리에 있는 proton(^{1}H)에 대한 화학적 이동값의 *근사값*을 계산할 수 있다. 표에 나타낸 값이 *단일 치환 benzene*일지라도, 표로부터 값을 더함으로써 이중 치환 화합물과 삼중 치환 화합물에 대한 화학적 이동을 추산할 수 있다. *meta*-이중 치환 benzene과 *para*-이중 치환 benzene에 대한 계산은 종종 실제값과 매우 근접하게 맞는다. 실험값으로부터 심각하게 벗어나는 것은 *ortho*-이중 치환 benzene과 삼중 치환 benzene이다. 이 유형의 화합물은 입체 상호작용으로 인하여 carbonyl 그룹과 nitro 그룹과 같은 그룹들이 고리의 평면으로부터 벗어나게 만들어 결과적으로 콘쥬게이션을 잃는다. *ortho*-이중 치환 benzene과 삼중 치환 benzene에 대한 계산값은 종종 실제 화학적 이동보다 작다.

O, O—CH_3, C, H_{ortho}, H_{meta}, H_{para}

$H_{ortho} = 7.27 + 0.71 = 7.98$ ppm; 실제값 $= 8.03$ ppm

$H_{meta} = 7.27 + 0.10 = 7.37$ ppm; 실제값 $= 7.42$ ppm

$H_{para} = 7.27 + 0.21 = 7.48$ ppm; 실제값 $= 7.53$ ppm

Cl, H_a, H_b, NO_2

H_a
- δ_{ortho} −Cl에 대하여 $= 0.03$
- δ_{meta} −NO_2에 대하여 $= 0.26$
- $H_a = 7.27 + 0.03 + 0.26 = 7.56$ ppm; 실제값 $= 7.50$ ppm

H_b
- δ_{meta} −Cl에 대하여 $= -0.02$
- δ_{ortho} −NO_2에 대하여 $= 0.95$
- $H_b = 7.27 - 0.02 + 0.95 = 8.20$ ppm; 실제값 $= 8.20$ ppm

Cl, H_b, H_d, H_a, NO_2, H_c

H_a
- δ_{meta} −Cl에 대하여 $= -0.02$
- δ_{meta} −NO_2에 대하여 $= 0.26$
- $H_a = 7.27 - 0.02 + 0.26 = 7.51$ ppm; 실제값 $= 7.51$ ppm

H_b
- δ_{ortho} −Cl에 대하여 $= 0.03$
- δ_{para} −NO_2에 대하여 $= 0.38$
- $H_b = 7.27 + 0.03 + 0.38 = 7.68$ ppm; 실제값 $= 7.69$ ppm

H_c
- δ_{para} −Cl에 대하여 $= -0.09$
- δ_{ortho} −NO_2에 대하여 $= 0.95$
- $H_c = 7.27 - 0.09 + 0.95 = 8.13$ ppm; 실제값 $= 8.12$ ppm

H_d
- δ_{ortho} −Cl에 대하여 $= 0.03$
- δ_{ortho} −NO_2에 대하여 $= 0.95$
- $H_d = 7.27 + 0.03 + 0.95 = 8.25$ ppm; 실제값 $= 8.21$ ppm

부록 7

선별된 유형의 탄소에 대한 ^{13}C 화학적 이동값(ppm)의 근사값

탄소 유형	범위(ppm)	탄소 유형	범위(ppm)
$R-CH_3$	8~30	C≡C	65~90
R_2CH_2	15~55	C=C	100~150
R_3CH	20~60	C≡N	110~140
C−I	0~40	(벤젠 고리)	110~175
C−Br	25~65	R−C(=O)−OR, R−C(=O)−OH	155~185
C−N	30~65	$R-C(=O)-NH_2$	155~185
C−Cl	35~80	R−C(=O)−Cl	160~170
C−O	40~80	R−C(=O)−R, R−C(=O)−H	185~220

부록 8

^{13}C 화학적 이동의 계산

표 8A.1 선별된 탄화수소의 ^{13}C 화학적 이동(ppm)

화합물	화학식	C1	C2	C3	C4	C5
Methane	CH_4	−2.3				
Ethane	CH_3CH_3	5.7				
Propane	$CH_3CH_2CH_3$	15.8	16.3			
Butane	$CH_3CH_2CH_2CH_3$	13.4	25.2			
Pentane	$CH_3CH_2CH_2CH_2CH_3$	13.9	22.8	34.7		
Hexane	$CH_3(CH_2)_4CH_3$	14.1	23.1	32.2		
Heptane	$CH_3(CH_2)_5CH_3$	14.1	23.2	32.6	29.7	
Octane	$CH_3(CH_2)_6CH_3$	14.2	23.2	32.6	29.9	
Nonane	$CH_3(CH_2)_7CH_3$	14.2	23.3	32.6	30.0	30.3
Decane	$CH_3(CH_2)_8CH_3$	14.2	23.2	32.6	31.1	30.5
2-Methylpropane		24.5	25.4			
2-Methylbutane		22.2	31.1	32.0	11.7	
2-Methylpentane		22.7	28.0	42.0	20.9	14.3
2,2-Dimethylpropane		31.7	28.1			
2,2-Dimethylbutane		29.1	30.6	36.9	8.9	
2,3-Dimethylbutane		19.5	34.4			
Ethylene	$CH_2{=}CH_2$	123.3				
Cyclopropane		−3.0				
Cyclobutane		22.4				
Cyclopentane		25.6				
Cyclohexane		26.9				
Cycloheptane		28.4				
Cyclooctane		26.9				
Cyclononane		26.1				
Cyclodecane		25.3				
Benzene		128.5				

표 A8.2 선형 ALKANE과 가지달린 ALKANE에 대한 [13]C 화학적 이동의 계산

$$\delta_C = -2.3 + 9.1\alpha + 9.4\beta - 2.5\gamma + 0.3\delta + 0.1\varepsilon + \Sigma \text{ (입체 보정)ppm}$$

$\alpha, \beta, \gamma, \delta, \varepsilon$는 관찰하고자 하는 탄소 원자에 대한 상대적인 $\alpha, \beta, \gamma, \delta, \varepsilon$의 위치에서 탄소 원자의 개수이다.

$$\cdots\cdots C_\varepsilon\text{—}C_\delta\text{—}C_\gamma\text{—}C_\beta\text{—}C_\alpha\text{—}\underset{\uparrow}{\underline{C}}\text{—}C_\alpha\text{—}C_\beta\text{—}C_\gamma\text{—}C_\delta\text{—}C_\varepsilon\cdots\cdots$$

입체 보정은 다음 표로부터 유도되었다(한 번 이상 적용되더라도 적용되는 모든 것에 사용하여라).

입체 보정(ppm)

	결합된 탄소의 유형			
관찰된 탄소 원자	**1차**	**2차**	**3차**	**4차**
1차	0	0	−1.1	−3.4
2차	0	0	−2.5	−7.5
3차	0	−3.7	−8.5	−10.0
4차	−1.5	−8.4	−10.0	−12.5

예

$$\overset{1}{CH_3}\text{—}\overset{2}{C}(CH_3)_2\text{—}\overset{3}{CH_2}\text{—}\overset{4}{CH_3}$$

2,2-Dimethylbutane

실제값: C1 29.1 ppm
C2 30.6 ppm
C3 36.9 ppm
C4 8.9 ppm

C1 = −2.3 + 9.1(1) + 9.4(3) − 2.5(1) + 0.3(0) + 0.1(0) + **[1(−3.4)]** = 29.1 ppm

입체 보정(굵은 글씨) = 이웃한 1개의 4차를 갖는 1차

C2 = −2.3 + 9.1(4) + 9.4(1) − 2.5(0) + 0.3(0) + 0.1(0) + **[3(−1.5)]** + **[1(−8.4)]** = 30.6 ppm

입체 보정 = 4차/3개의 1차, 4차/1개의 2차

C3 = −2.3 + 9.1(2) + 9.4(3) − 2.5(0) + 0.3(0) + 0.1(0) + **[1(0)]** + **[1(−7.5)]** = 36.6 ppm

입체 보정 = 2차/1개의 1차, 2차/1개의 4차

C4 = −2.3 + 9.1(1) + 9.4(1) − 2.5(3) + 0.3(0) + 0.1(0) + **[1(0)]** = 8.7 ppm

입체 보정 = 2차/1개의 1차, 2차/1개의 4차

표 A8.3 ALKANE과 고리 ALKANE에 대한 ^{13}C 치환기 증가분(ppm)[a]

	말단: $Y-C_\alpha-C_\beta-C_\gamma$			내부: $C_\gamma-C_\beta-C_\alpha(Y)-C_\beta-C_\gamma$		
치환기	α	β	γ	α	β	γ
$-D$	−0.4	−0.1	0			
$-CH_3$	9	10	−2	6	8	−2
$-CH{=}CH_2$	19.5	6.9	−2.1			−0.5
$-C{\equiv}CH$	4.5	5.4	−3.5			−3.5
$-C_6H_5$	22.1	9.3	−2.6	17	7	−2
$-CHO$	29.9	−0.6	−2.7			
$-COCH_3$	30	1	−2	24	1	−2
$-COOH$	20.1	2	−2.8	16	2	−2
$-COOR$	22.6	2	−2.8	17	2	−2
$-CONH_2$	22	2.5	−3.2			−0.5
$-CN$	3.1	2.4	−3.3	1	3	−3
$-NH_2$	29	11	−5	24	10	−5
$-NHR$	37	8	−4	31	6	−4
$-NR_2$	42	6	−3			−3
$-NO_2$	61.6	3.1	−4.6	57	4	
$-OH$	48	10	−6.2	41	8	−5
$-OR$	58	8	−4	51	5	−4
$-OCOCH_3$	56.5	6.5	−6.0	45	5	−3
$-F$	70.1	7.8	−6.8	63	6	−4
$-Cl$	31	10	−5.1	32	10	−4
$-Br$	20	11	−3	25	10	−3
$-I$	−7.2	10.9	−1.5	4	12	−1

[a] *이 증가분을 표 A8.1에 주어진 값들에 더하여라.*

예 1

$$\overset{1}{CH_3}-\underset{\underset{OH}{|}}{\overset{2}{C}H}-\overset{3}{CH_2}-\overset{4}{CH_3}$$ **2-Butanol**

표 A8.1에 정리한 butane에 대한 값과 표 A8.3으로부터 내부 치환 보정을 이용하여 계산한다.

	실제값
C1 = 13.4 + 8 = 21.4 ppm	22.6 ppm
C2 = 25.2 + 41 = 66.2 ppm	68.7 ppm
C3 = 25.2 + 8 = 33.2 ppm	32.0 ppm
C4 = 13.4 + (−5) = 8.4 ppm	9.9 ppm

예 2

$$HO-\overset{1}{CH_2}-\overset{2}{CH_2}-\overset{3}{CH_2}-\overset{4}{CH_3}$$ **1-Butanol**

표 A8.1에 정리한 butane에 대한 값과 표 A8.3으로부터 말단 치환 보정을 이용하여 계산한다.

	실제값
C1 = 13.4 + 48 = 61.4 ppm	61.4 ppm
C2 = 25.2 + 10 = 35.2 ppm	35.0 ppm
C3 = 25.2 + (−6.2) = 19.0 ppm	19.1 ppm
C4 = 13.4 = 13.4 ppm	13.6 ppm

예 3

$$Br-\overset{1}{CH_2}-\overset{2}{CH_2}-\overset{3}{CH_3}$$ **1-Bromopropane**

표 A8.1에 정리한 propane에 대한 값과 표 A8.3으로부터 말단 치환 보정을 이용하여 계산한다.

	실제값
C1 = 15.8 + 20 = 35.8 ppm	35.7 ppm
C2 = 16.3 + 11 = 27.3 ppm	26.8 ppm
C3 = 15.8 + (−3) = 12.8 ppm	13.2 ppm

표 A8.4 ALKENE에 대한 ^{13}C 치환기 증가분(ppm)[a,b]

$$Y-\overset{1}{\underset{\uparrow}{C}}=\overset{2}{C}-X$$

치환기	Y	X
$-H$	0	0
$-CH_3$	12.9	−7.4
$-CH_2CH_3$	19.2	−9.7
$-CH_2CH_2CH_3$	15.7	−8.8
$-CH(CH_3)_2$	22.7	−12.0
$-C(CH_3)_3$	26.0	−14.8
$-CH{=}CH_2$	13.6	−7
$-C_6H_5$	12.5	−11
$-CH_2Cl$	10.2	−6.0
$-CH_2Br$	10.9	−4.5
$-CH_2I$	14.2	−4.0
$-CH_2OH$	14.2	−8.4
$-COOH$	5.0	9.8
$-NO_2$	22.3	−0.9
$-OCH_3$	29.4	−38.9
$-OCOCH_3$	18.4	−26.7
$-CN$	−15.1	14.2
$-CHO$	15.3	14.5
$-COCH_3$	13.8	4.7
$-COCl$	8.1	14.0
$-Si(CH_2)_3$	16.9	6.7
$-F$	24.9	−34.3
$-Cl$	2.6	−6.1
$-Br$	−8.6	−0.9
$-I$	−38.1	7.0

[a]*C1에 대한 보정: ethylene의 값(123.3 ppm)을 기반으로 이 증가분을 더하여라.*

[b]*도표에 나타낸 바와 같이 C1을 계산하여라. C2에 대한 값을 구할 때 C2를 C1으로 바꾸어라.*

예 1

$$\overset{1}{\text{Br—CH}}{=}\overset{2}{\text{CH}}\text{—}\overset{3}{\text{CH}_3}$$ **1-Bromopropene**

	실제값	
	cis	*trans*
C1 = 123.3 + (–8.6) + (–7.4) = 107.3 ppm	108.9	104.7 ppm
C2 = 123.3 + 12.9 + (–0.9) = 135.3 ppm	129.4	132.7 ppm

예 2

$$\text{HOO}\overset{1}{\text{C}}\text{—}\overset{2}{\text{CH}}{=}\overset{3}{\text{CH}}\text{—}\overset{4}{\text{CH}_3}$$ **Crotonic acid**

	실제값(*trans*)
C2 = 123.3 + 5 + (–7.4) = 120.9 ppm	122.0 ppm
C3 = 123.3 + 12.9 + 9.8 = 146.0 ppm	147.0 ppm

표 A8.5 선형 ALKENE과 가지달린 ALKENE에 대한 ^{13}C 화학적 이동 계산[a]

$$\delta_{C1} = 123.3 + [10.6\alpha + 7.2\beta - 1.5\gamma] - [7.9\alpha' + 1.8\beta' - 1.5\gamma'] + \Sigma \text{ (입체 보정)}$$

α, β, γ와 α', β', γ'는 C1에 대한 상대적인 동일한 위치에서 탄소 원자의 개수이다.

$$\text{C}\gamma\text{—C}\beta\text{—C}\alpha\text{—}\underset{\uparrow}{\overset{1}{\text{C}}}{=}\overset{2}{\text{C}}\text{—C}\alpha'\text{—C}\beta'\text{—C}\gamma'$$

입체 보정은 다음과 같이 적용되었다(적용되는 모든 것에 사용하여라).

Cα와 *C*α'는 *trans*(*E*-배열)이다.	0
Cα와 *C*α'는 *cis*(*Z*-배열)이다.	–1.1
C1에 두 개의 alkyl 치환기(두 개의 *C*α)	–4.8
C2에 두 개의 alkyl 치환기(두 개의 *C*α')	+2.5
Cβ에 두 개 또는 세 개의 alkyl 치환기(두 개의 *C*α')	+2.3

[a] *도표에 나타낸 바와 같이 C1을 계산하여라. C2에 대한 값을 구할 때 C2를 C1으로 바꾸어라.*

예 1

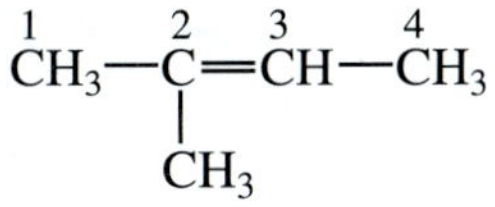

$$\overset{1}{CH_3}-\overset{2}{\underset{\displaystyle CH_3}{\underset{|}{C}}}=\overset{3}{CH}-\overset{4}{CH_3}$$ **2-Methyl-2-butene**

실제값

C2 = 123.3 + [10.6(2)] − [7.9(1)] + [(−4.8) + (−1.1)] = 130.7 ppm 131.4 ppm
C3 = 123.3 + [10.6(1)] − [7.9(2)] + [(+2.5) + (−1.1)] = 119.5 ppm 118.7 ppm

예 2

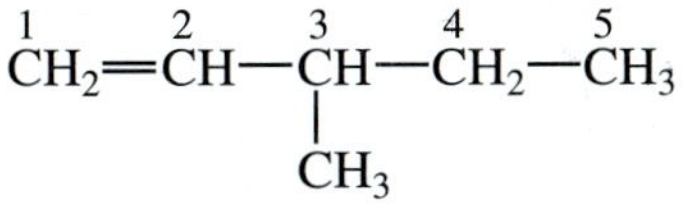

$$\overset{1}{CH_2}=\overset{2}{CH}-\overset{3}{\underset{\displaystyle CH_3}{\underset{|}{CH}}}-\overset{4}{CH_2}-\overset{5}{CH_3}$$ **3-Methyl-1-pentene**

실제값

C1 = 123.3 + [0] − [7.9(1) + 1.8(2) − 1.5(1)] = 113.3 ppm 112.9 ppm
C2 = 123.3 + [10.6(1) + 7.2(2) − 1.5(1)] − [0] + [(+2.3)] = 149.1 ppm 144.9 ppm

예 3

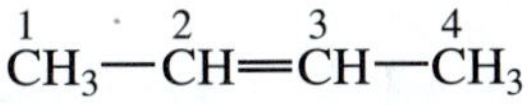

$$\overset{1}{CH_3}-\overset{2}{CH}=\overset{3}{CH}-\overset{4}{CH_3}$$ **2-Butene**

실제값

C2 (*cis* 이성질체) = C3 = 123.3 + [10.6(1)] − [7.9(1)] + [(−1.1)] = 124.9 ppm 124.6 ppm
C2 (*trans* 이성질체) = C3 = 123.3 + [10.6(1)] − [7.9(1)] + [0] = 126.0 ppm 126.0 ppm

표 A8.6 ALKENE(VINYL) 탄소에 대한 ^{13}C 치환기 증가분[a,b]

$$\gamma-\beta-\alpha(\alpha)C=C(\alpha')-\alpha'-\beta'-\gamma'$$

치환기	α	β	γ	α′	β′	γ′
탄소	10.6	7.2	−1.5	−7.9	−1.8	−1.5
$-C_6H_5$	12			−11		
−OR	29	2		−39	−1	
−OCOR	18			−27		
−COR	15			6		
−COOH	4			9		
−CN	−16			15		
−Cl	3	−1		−6	2	
−Br	−8	0		−1	2	
−I	−38			7		

[a] *위쪽 사슬에서 그룹이 β 또는 γ 위치라면, 앞에 있는 원자(α과/또는 β)는 탄소 원자로 가정된다. Ethylene의 기본값(123.3 ppm)에 이 증가분을 더하여라.*

[b] *도표에 나타낸 바와 같이 C1을 계산하여라. C2에 대한 값을 구할 때 C2를 C1으로 바꾸어라.*

예 1

$$\overset{1}{Br-CH}=\overset{2}{CH}-\overset{3}{CH_3}$$ **1-Bromopropene**

	실제값 cis	실제값 trans
C1 = 123.3 − 8 − 7.9 = 107.4 ppm	108.9	104.7 ppm
C2 = 123.3 + 10.6 − 1 = 132.9 ppm	129.4	132.7 ppm

예 2

$$\underset{5}{CH_3}-\underset{4}{C}(CH_3)=\underset{3}{CH}-\underset{2}{C}(=O)-\underset{1}{CH_3}$$ **Mesityl oxide**

	실제값
C3 = 123.3 + 15 − 7.9 − 7.9 = 122.5 ppm	124.3 ppm
C4 = 123.3 + 10.6 + 10.6 + 6 = 150.5 ppm	154.6 ppm

표 A8.7 BENZENE 고리에 대한 ^{13}C 치환기 증가분(ppm)[a]

치환기	α (*ipso*)	o (*ortho*)	m (*meta*)	p (*para*)
$-CH_3$	9.3	0.7	−0.1	−2.9
$-CH_2CH_3$	11.7	−0.5	0	−2.6
$-CH(CH_2)_2$	20.1	−2.0	−0.3	−2.5
$-C(CH_3)_3$	18.6	−3.4	−0.4	−3.1
$-CH{=}CH_2$	9.1	−2.4	0.2	−0.5
$-C{\equiv}CH$	−6.2	3.6	−0.4	−0.3
$-C_6H_5$	8.1	−1.1	−0.5	−1.1
$-CHO$	8.2	1.2	0.6	5.8
$-COCH_3$	8.9	−0.1	−0.1	4.4
$-COC_6H_5$	9.1	1.5	−0.2	3.8
$-COOH$	2.1	1.6	−0.1	5.2
$-COOCH_3$	2.0	1.2	−0.1	4.3
$-CN$	−16.0	3.6	0.6	4.3
$-NH_2$	18.2	−13.4	0.8	−10.0
$-N(CH_3)_2$	16.0	−15.7	0.8	−10.5
$-NHCOCH_3$	9.7	−8.1	0.2	−4.4
$-NO_2$	19.6	−4.9	0.9	6.0
$-OH$	28.8	−12.7	1.6	−7.3
$-OCH_3$	33.5	−14.4	1.0	−7.7
$-OCOCH_3$	22.4	−7.1	−0.4	−3.2
$-F$	33.6	−13.0	1.6	−4.5
$-Cl$	5.3	0.4	1.4	−1.9
$-Br$	−5.4	3.4	2.2	−1.0
$-I$	−31.2	8.9	1.6	−1.1

[a] *Benzene-고리 탄소의 기본값(123.3 ppm)에 이 증가분을 더하여라.*

예 1

Mesitylene

	측정값
C1,C3,C5 = 128.5 + 9.3 − 0.1 − 0.1 = 137.6 ppm	137.4 ppm
C2,C4,C6 = 128.5 + 0.7 + 0.7 − 2.9 = 127.0 ppm	127.1 ppm

예 2

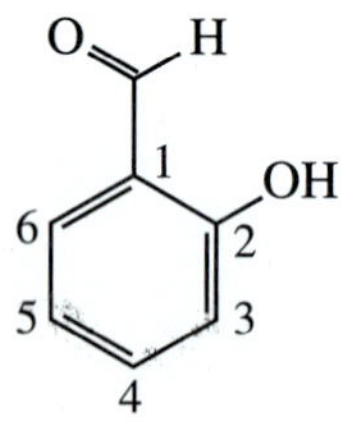

Salicylaldehyde

	측정값
C1 = 128.5 + 8.2 − 12.7 = 124.0 ppm	121.0 ppm
C2 = 128.5 + 28.8 + 1.2 = 158.5 ppm	161.4 ppm
C3 = 128.5 − 12.7 + 0.6 = 116.4 ppm	117.4 ppm
C4 = 128.5 + 1.6 + 5.8 = 135.9 ppm	136.6 ppm
C5 = 128.5 − 7.3 + 0.6 = 121.8 ppm	119.6 ppm
C6 = 128.5 + 1.2 + 1.6 = 131.3 ppm	133.6 ppm

예 3

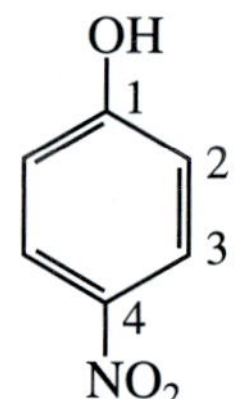

4-Nitrophenol

	측정값
C1 = 128.5 + 28.8 + 6.0 = 163.3 ppm	161.5 ppm
C2 = 128.5 − 12.7 + 0.9 = 116.7 ppm	115.9 ppm
C3 = 128.5 + 1.6 − 4.9 = 125.2 ppm	126.4 ppm
C4 = 128.5 + 19.6 + 7.3 = 140.8 ppm	141.7 ppm

부록 9

Proton, 중수소, 플루오린, 인에 대한 ^{13}C의 짝지음 상수

^{13}C-proton 짝지음 상수(^1J와 ^2J)

^{13}C-proton 짝지음 상수(^1J)는 탄소 원자의 혼성화에 매우 크게 의존한다. 뒤틀림이 걸린 고리 화합물은 *s*-특성의 증가로 인하여 큰 짝지음 상수를 갖는다.

Reich, Hans J., University of Wisconsin

http://www.chem.wise.edu/areas/reich/nmr/06-cmr-05-1jch.htm

$^1J_{CH}$, $^2J_{CH}$, $^3J_{CH}$ 짝지음 상수

^{13}C-proton 짝지음 상수(^1J)

sp^3 ^{13}C−H	115~125 Hz
sp^2 ^{13}C−H	150~170 Hz
sp ^{13}C−H	250~270 Hz

^{13}C-proton 짝지음 상수(^2J)

^{13}C−C−H	0~60 Hz

H−C−

sp^3 C−H = 125.0 Hz

H−C=C

sp^2 C−H = 156 Hz

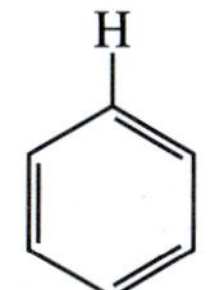

sp^2 C−H = 159 Hz

H−C≡C−

sp C−H = 248 Hz

^1J = 127 Hz

뒤틀림이 없는 고리는 정상의 sp^3 H—C—H 결합각 약 109°를 갖는다.

^1J = 161 Hz

뒤틀림이 걸린 고리 화합물은 더 큰 H—C—H 결합각을 갖고, sp^2 값에 가까운 값을 갖는다.

^{13}C-Deuterium 짝지음 상수(^1J)

^{13}C−D	20~30 Hz

^{13}C-플루오린 짝지음 상수(^1J, ^2J와 그 이상의 장거리)

^{13}C-플루오린 짝지음 상수(^1J)
$^{13}C-F$ 165~370 Hz

^{13}C-플루오린 짝지음 상수(^2J)
$^{13}C-C-F$ 18~45 Hz

$(CH_3)_3C-F$

$^1J_{CF}$ = 162 Hz
$^2J_{CF}$ = 24 Hz

C1 162.9 ppm, 이중선, ^1J = 245 Hz
C2 115.3 ppm, 이중선, ^2J = 20.7 Hz
C3 129.9 ppm, 이중선, ^3J = 8.5 Hz
C4 124.0 ppm, 이중선, ^4J = 2.5 Hz

C1 = 84.2 ppm, 이중선, ^1J = 165 Hz
C2 = 30.2 ppm, 이중선, ^2J = 19.5 Hz
C3 = 27.4 ppm, 이중선, ^3J = 6.1 Hz
C4 = 22.4 ppm, 단일선, ^4J = 0 Hz
C5 = 13.9 ppm, 단일선, ^5J = 0 Hz

^{13}C-플루오린 짝지음 상수(^1J, ^2J와 그 이상의 장거리)

이 짝지음 상수는 인 원자의 산화 상태에 따라 달라진다.

Phoshonium 염

^{13}C-인 짝지음 상수(^1J)
$^{13}C-P$ 48~56 Hz

^{13}C-인 짝지음 상수(^2J)
$^{13}C-C-P$ 4~6 Hz

$(CH_3CH_2)_4P^+\ Cl^-$

^1J = 48.9 Hz
^2J = 4.9 Hz

3가 인

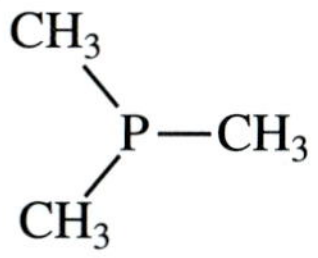

$P(CH_3)_3$

^1J = 12.2 Hz

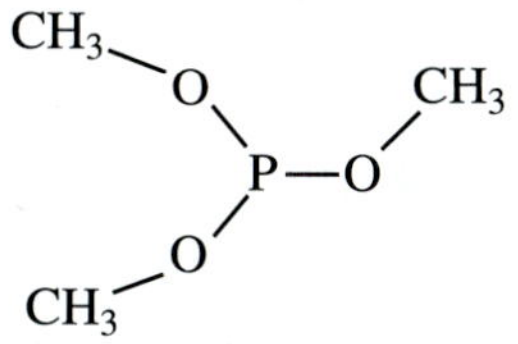

$P(OCH_3)_3$

^2J = 9.8 Hz

$P[CH(CH_3)_2]_3$

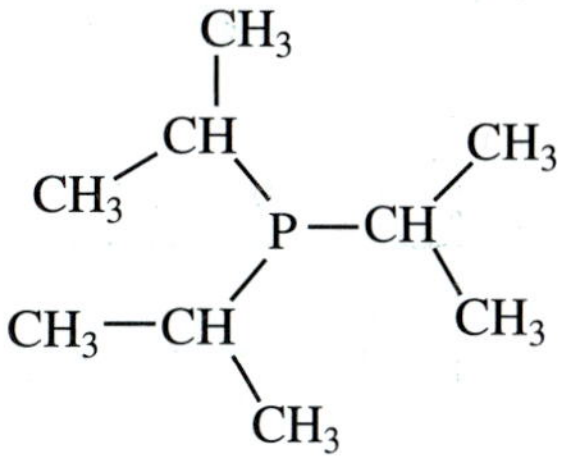

^1J = 15.9 Hz
^2J = 12.2 Hz

Phosphonate과 Phosphite Ester

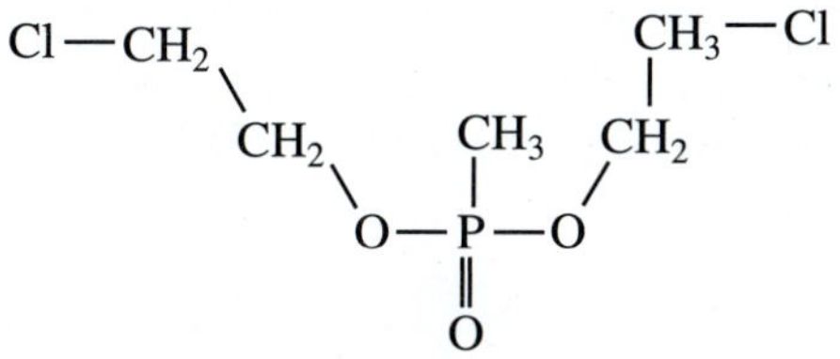

$CH_3P(=O)(OCH_2CH_2Cl)_2$

^1J = 145.3 Hz
^2J = 4.8 Hz
^3J = 6.1 Hz

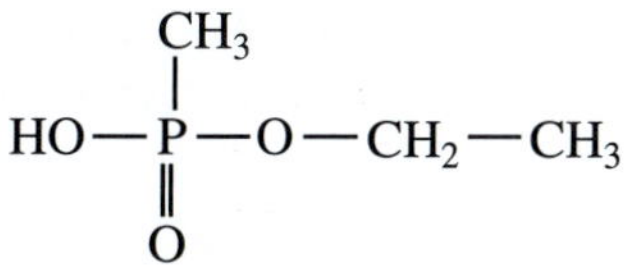

$CH_3P(=O)(OH)(OCH_2CH_3)$

^1J = 146.5 Hz
^2J = 6.1 Hz
^3J = 7.3 Hz

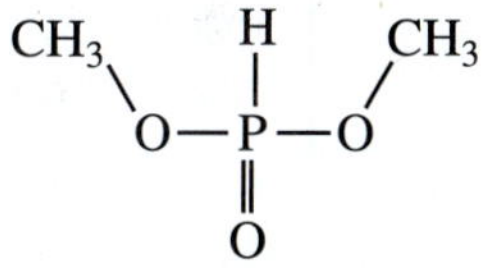

$HP(=O)(OCH_3)_2$

^2J = 6.1 Hz

부록 10

흔히 쓰는 NMR 용매에 대한 ^{1}H와 ^{13}C 화학적 이동

표 A10.1 흔히 쓰는 NMR 용매에 대한 ^{1}H 화학적 이동

용매	중수소화 형태	화학적 이동(다중도)[a]
Acetone	Acetone-d_6	2.05 (5)
Acetonitrile	Acetonitrile-d_3	1.93 (5)
Benzene	Benzene-d_6	7.15 (넓은 폭)
Carbon tetrachloride	—	—
Chloroform	Chloroform-d	7.25 (1)
Dimethylsulfoxide	Dimethylsulfoxide-d_6	2.49 (5)
Water	Deuterium oxide	4.82 (1)
Methanol	Methanol-d_4	4.84 (1) hydroxyl
		3.30 (5) methyl
Methylene chloride	Methylene chloride-d_2	5.32 (3)

[a]다중선을 적용할 때, 중심 피크가 주어지고 선의 개수를 괄호 속에 나타낸다. 표에 나타낸 완벽하게 중수소화된 용매에서는 proton 피크가 관찰되지 않는다. 하지만 용매가 100% 순수한 동위원소만을 가지는 것이 아니므로 다중선은 중수소와 proton의 짝지음으로부터 일어난다. 예를 들어, acetone-d_6는 소량의 acetone-d_5를 포함하고 있고, $CDCl_3$에는 약간의 $CHCl_3$가 존재한다.

표 A10.2 흔히 쓰는 NMR 용매에 대한 ^{13}C 화학적 이동

용매	중수소화 형태	화학적 이동(다중도)[a]
Acetone	Acetone-d_6	206.0 (1) carbonyl
		29.8 (7) methyl
Acetonitrile	Acetonitrile-d_3	118.3(1) CN
		1.3(7) methyl
Benzene	Benzene-d_6	128.0 (3)
Chloroform	Chloroform-d	77.0 (3)
Dimethylsulfoxide	Dimethylsulfoxide-d_6	39.5 (7)
Dioxane	Dioxane-d_8	66.5 (5)
Methanol	Methanol-d_4	49.0 (7)
Methylene chloride	Methylene chloride-d_2	54.0 (5)

[a]다중선을 적용할 때, 중심 피크가 주어지고 선의 개수를 괄호 속에 나타낸다. 다중선은 중수소와 탄소의 짝지음으로부터 일어난다.

부록 11

질량 105 이하의 일반적인 토막 이온[a]

m/z	이온
14	CH_2
15	CH_3
16	O
17	OH
18	H_2O
	NH_4
19	F
	H_3O
26	$C\equiv N$
27	C_2H_3
28	C_2H_4
	CO
	N_2 (공기)
	$CH{=}NH$
29	C_2H_5
	CHO
30	CH_2NH_2
	NO
31	CH_2OH
	OCH_3
32	O_2 (공기)
33	SH
	CH_2F
34	H_2S
35	Cl
36	HCl
39	C_3H_3
40	$C\equiv N$
41	C_3H_5
	$CH_2C{=}H + H$
	C_2H_2NH
42	C_3H_6
43	C_3H_7
	$CH_3C{=}O$
	C_2H_5N
44	$CH_2CH{=}O + H$
	CH_3CHNH_2
	CO_2
	$NH_2C{=}O$
	$(CH_3)_2N$
45	CH_3CHOH
	CH_2CH_2OH
	CH_2OCH_3
	$C(=O)-OH$
	$CH_3CH-O + H$
46	NO_2
47	CH_2SH
	CH_3S
48	$CH_3S + H$
49	CH_2Cl
51	CHF_2
	C_4H_3
53	C_4H_5
54	$CH_2CH_2C\equiv N$
55	C_4H_7
	$CH_2{=}CHC{=}O$
56	C_4H_8
57	C_4H_9
	$C_2H_5C{=}O$
58	$CH_3-C(=O)-CH_2 + H$
	$C_2H_5CHNH_2$
	$(CH_3)_2NHCH_2$
	$C_2H_5NHCH_2$
	C_2H_2S

[a] *Silverstein, R. M. and E X. Webster, Spectrometric Identification of Organic Compounds, 6th ed., John Wiley & Sons, New York, 1998. 허가 후 게재.*

m/z	이온
59	$(CH_3)_2COH$
	$CH_2OC_2H_5$
	$C(=O)-OCH_3$
	$NH_2C(=O)CH_2$ + H
	CH_3OCHCH_3
	CH_3CHCH_2OH
60	$CH_2C(=O)OH$ + H
	CH_2ONO
61	$C(=O)-OCH_3$ + 2H
	CH_2CH_2SH
	CH_2SCH_3
65	H (또는 C_5H_5)
66	H H (또는 C_5H_6)
67	C_5H_7
68	$CH_2CH_2CH_2C{\equiv}N$
69	C_5H_9
	CF_3
	$CH_3CH{=}CHC{=}O$
	$CH_2{=}C(CH_3)C{=}O$
70	C_5H_{10}
71	C_5H_{11}
	$C_3H_7C{=}O$
72	$C_2H_5C(=O)-CH_2$
	$C_3H_7CHNH_2$
	$(CH_3)N{=}C{=}O$
	$C_2H_5NHCHCH_3$과 이성질체
73	59의 동족류
74	$CH_2-C(=O)-OCH_3$ + H
75	$C(=O)-OC_2H_5$ + 2H
	$CH_2SC_2H_5$
	$(CH_3)_2CSH$
	$(CH_3O)_2CH$
77	C_6H_5
78	C_6H_5 + H
79	C_6H_5 + 2H
	Br
80	CH_3SS + H
81	C_6H_9
82	$CH_2CH_2CH_2CH_2C{\equiv}N$
	CCl_2
	C_6H_{10}
83	C_6H_{11}
	$CHCl_2$
85	C_6H_{13}
	$C_4H_9C{=}O$
	$CClF_2$
86	$C_3H_7C(=O)-CH_2$ + H
	$C_4H_9CHNH_2$ 와 이성질체
87	$C_3H_7C(=O)O$
	73의 동족류
	$CH_2CH_2C(=O)OCH_3$
88	$CH_2-C(=O)-OC_2H_5$ + H

m/z	이온
89	$\overset{O}{\overset{\Vert}{C}}-OC_3H_7$ + 2H
	C
90	CH_3CHONO_2
	CH
91	CH_2 또는 H
	CH + H
	C + 2H
	$(CH_2)_4Cl$
	N
92	CH_2 N
	CH_2 + H
93	CH_2Br
	OH
	C_7H_9
	O
94	O + H
96	$CH_2CH_2CH_2CH_2CH_2C{\equiv}N$
97	C_7H_{13}
99	C_7H_{15}
	$C_6H_{11}O$
100	$C_4H_9\overset{O}{\overset{\Vert}{C}}-CH_2$ + H
	$C_5H_{11}CHNH_2$
101	$\overset{O}{\overset{\Vert}{C}}-OC_4H_9$
102	$CH_2\overset{O}{\overset{\Vert}{C}}-OC_3H_7$ + H
103	$\overset{O}{\overset{\Vert}{C}}-OC_4H_9$ + 2H
	$C_5H_{11}S$
	$CH(OCH_2CH_3)_2$
104	$C_2H_5CHONO_2$
105	C=O
	CH_2CH_2
	$CHCH_3$

부록 12

질량 스펙트럼의 토막나기 패턴에 대한 편리한 지침

Alkane

좋은 M^+
14-amu 토막

Alkene

구별되는 M^+
15, 29, 43 등의 손실

Cycloalkane

강한 M^+
$CH_2{=}CH_2$의 손실 $M - 28$
Alkyl의 손실

방향족 화합물

강한 M^+
$C_7H_7^+$ $m/z = 91$, 약한 $m/z = 65$ $(C_5H_5^+)$

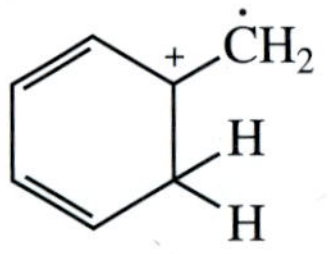

$m/z = 92$ *감마* 수소의 전달

Halide

Cl과 Br 이중선(M^+와 $M + 2$)
$m/z = 49$ 또는 51 $CH_2{=}Cl^+$
$m/z = 93$ 또는 95 $CH_2{=}Br^+$
$M - 36$ HCl의 손실

$m/z = 91$ 또는 93

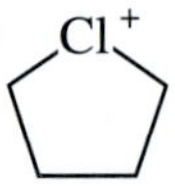

$m/z = 135$ 또는 137

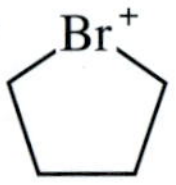

$M - 79$ ($M - 81$) Br· 의 손실
$M - 127$ I· 의 손실

Alcohol

M^+ 약하거나 없음
Alkyl의 손실
$CH_2{=}OH^+$ $m/z = 31$
$RCH{=}OH^+$ $m/z = 45, 59, 73, \ldots$
$R_2C{=}OH^+$ $m/z = 59, 73, 87, \ldots$
$M - 18$ H_2O의 손실
$M - 46$ $H_2O + CH_2{=}CH_2$의 손실

Phenol

강한 M^+
강한 $M-1$, H· 의 손실
$M-28$ CO의 손실

Ether

Alcohol보다 강한 M^+
Alkyl의 손실
OR′의 손실, $M-31$, $M-45$, $M-59$ 등
$CH_2{=}OR'^+$ $m/z = 45, 59, 73, \ldots$

Amine

M^+ 약하거나 없음
질소 규칙
$m/z = 30$ $CH_2{=}NH_2^+$ (기본 피크)
Alkyl의 손실

Aldehyde

약한 M^+
$M-29$ HCO의 손실
$M-43$ $CH_2{=}CHO$의 손실
$m/z = 44$

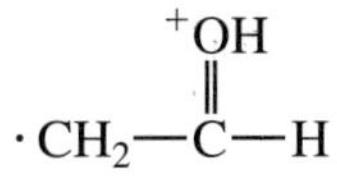

$$\cdot CH_2-\overset{\overset{+}{O}H}{\overset{\|}{C}}-H$$ *감마* 수소의 전달

or 58, 72, 86, . . .

방향족 *Aldehyde*

강한 M^+
$M-1$ H· 의 손실
$M-29$ H· 와 CO의 손실

Ketone

M^+ 강함
$M-15$, $M-29$, $M-43$, . . . Alkyl 그룹의 손실
$m/z = 43$ CH_3CO^+
$m/z = 58, 72, 86, \ldots$ *감마* 수소의 전달
$m/z = 55$ $^+CH_2-CH{=}C{=}O$ 고리 ketone에 대한 기본 피크
$m/z = 83$ (cyclobutyl)$-C{\equiv}O^+$ Cyclohexanone에서
$m/z = 42$ [cyclopropane]$^{+\cdot}$ Cyclohexanone에서
$m/z = 105$ $C_6H_5-C{\equiv}O^+$ Aryl ketone에서
$m/z = 120$ $C_6H_5-\overset{\overset{+}{O}H}{\overset{\|}{C}}-CH_2\cdot$ *감마* 수소의 전달

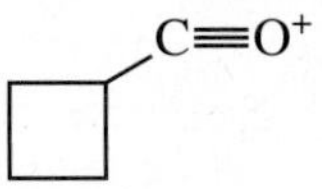

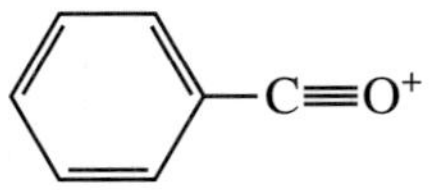

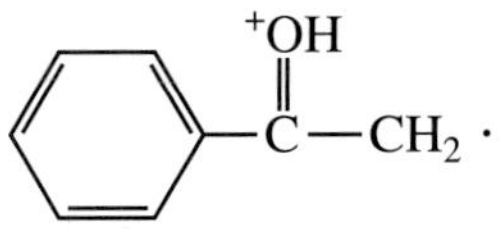

Carboxylic Acid

M^+ 약하지만 관찰됨
$M - 17$ OH의 손실
$M - 45$ COOH의 손실
$m/z = 45$ ^+COOH
$m/z = 60$ $HO-C(=OH^+)-CH_2\cdot$ *감마* 수소의 전달

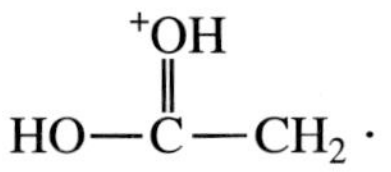

방향족 산

M^+ 큼
$M - 17$ OH의 손실
$M - 45$ COOH의 손실
$M - 18$ *ortho* 효과

Methyl Ester

M^+ 약하지만 관찰됨
$M - 31$ OCH_3의 손실
$m/z = 59$ $^+COOCH_3$
$m/z = 74$ $CH_3O-C(=OH^+)-CH_2$ *감마* 수소의 전달

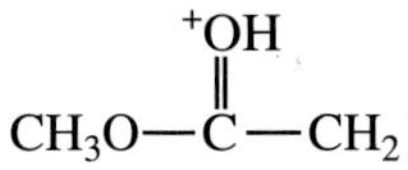

사슬이 큰 Ester

M^+ RCOOCH보다 약함
Methyl ester에서와 동일한 패턴
$M - 45, M - 59, M - 73$ OR의 손실
$m/z = 73, 87, 101$ ^+COOR
$m/z = 88, 102, 116$ $RO-C(=OH^+)-CH_2\cdot$ *감마* 수소의 전달 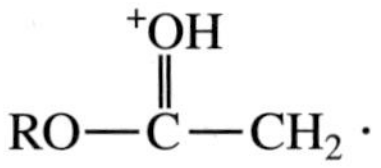
$m/z = 28, 42, 56, 70$ Alkyl 그룹에 결합된 *베타* 수소
$m/z = 61, 75, 89$ $R-C(=OH^+)-OH$ 긴 alkyl 사슬 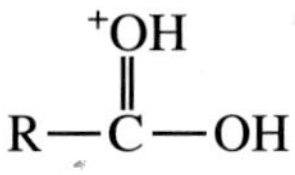
$m/z = 108$ $CH_2=C=O$ 의 손실 Benzyl 또는 acetate ester
$m/z = 105$ $C_6H_5-C\equiv O^+$
$m/z = 77$ $C_6H_5^+$ 약한

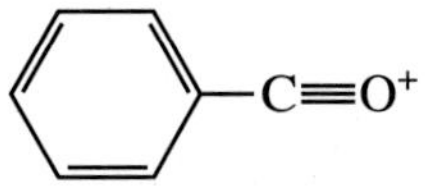

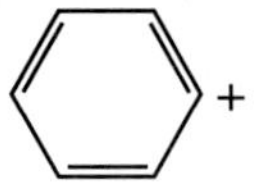

$M - 32, M - 46, M - 60$ *ortho* 효과−ROH의 손실

연습 문제 해답

Answers to Selected Problems

제 1 장

1. (a) 90.50 % 탄소; 9.50% 수소 (b) C_4H_5

2. 32.0% 탄소; 5.4% 수소; 62.8% 염소; $C_3H_6C_{12}$

3. $C_2H_5NO_2$

4. 180.2 = 분자 질량. 분자식은 $C_9H_8O_4$이다.

5. 당량 = 52.3

6. (a) 6 (b) 1 (c) 3 (d) 6 (e) 12

7. 수소 모자람 지수 = 1. 삼중 결합에는 최소한 2 이상의 수소 모자람 지수가 요구되기 때문에 삼중 결합이 있을 수는 없다.

8. (a) 59.6% 탄소; 5.75% 수소; 34.29% 산소 (b) $C_7H_8O_3$ (c) $C_{21}H_{24}O_9$
(d) 최대 두 개의 방향족(벤젠류) 고리

9. (a) $C_8H_8O_2$ (b) $C_8H_{12}N_2$ (c) $C_7H_8N_2O$ (d) $C_5H_{12}O_4$

10. 분자식 = $C_8H_{10}N_4O_2$
수소 모자람 지수 = 6

11. 분자식 = $C_{21}H_{30}O_2$
수소 모자람 지수 = 7

제 2 장

1. (a) Propargyl chloride (3-chloropropyne) (b) *p*-Cymene (4-isopropyltoluene)
(c) *o*-Toluidine (2-methylaniline) (d) *N*-Ethylaniline
(e) 2-Chlorotoluene (f) 2-Chloropropanoic acid
(g) 1,2,3,4-Tetrahydronaphthalene (h) 1,2-Epoxybutane

2. Citronellal

3. *trans*-Cinnamaldehyde (*trans*-3-phenyl-2-propenal)

4. 위 스펙트럼, *trans*-3-hexen-1-ol; 아래 스펙트럼, *cis*-3-hexen-1-o1

5. (a) 구조 B (ethyl cinnamate) (b) 구조 C (cyclobutanone)
(c) 구조 D (2-ethylaniline) (d) 구조 A (propiophenone)
(e) 구조 D (butanoic anhydride)

6. Poly(acrylonitrile-styrene); poly(methyl methacrylate); polyamide(nylon)

제 3 장

1. $C_{43}H_{50}N_4O_6$
2. $C_{34}H_{44}O_{13}$
3. $C_{12}H_{10}O$
4. C_6H_{12}
5. C_7H_9N
6. C_3H_7Cl

제 4 장

1. (a) Methylcyclohexane (b) 2-Methyl-pentene (c) 2-Methyl-2-hexanol
   (d) Ethyl isobutyl ether (e) 2-Methylpropanal (f) 3-Methyl-2-heptanone
   (g) Ethyl octanoate (h) 2-Methylpropanoic acid (i) 4-Methylbenzoic acid
   (j) Butylamine (k) 2-Propanethiol (l) Nitroethane
   (m) Propanenitrile (n) Iodoethane (o) Chlorobenzene
   (p) 1-Bromobutane (q) Bromobenzene (r) 1,1-Dichloroethane
   (s) 1,2,3-Trichloro-1-propene

제 5 장

1. (a) −1, 0, +1 (b) $-\frac{1}{2}, +\frac{1}{2}$ (c) $-\frac{5}{2}, -\frac{3}{2}, -\frac{1}{2}, +\frac{1}{2}, +\frac{3}{2}, +\frac{5}{2}$ (d) $-\frac{1}{2}, +\frac{1}{2}$
2. 128 Hz/60 MHz = 2.13 ppm
3. (a) 180 Hz (b) 1.50 ppm
4. 그림 5.22와 5.23 참조. Methyl proton이 가리움 영역에 있다. Acetonitrile은 acetylene과 유사한 비등방성 거동을 보인다.
5. *o*-Hydroxyacetophenone은 분자 내 수소결합이 있다. Proton은 벗겨져 있다(12.05 ppm). 농도를 변화시켜도 수소결합의 정도는 변하지 않는다. Phenol은 분자 간 수소결합을 한다. 수소결합의 정도는 농도에 의존한다.
6. Methyl 그룹이 이중 결합의 가리움 영역에 있다. 그림 5.23 참조.
7. Carbonyl 그룹은 비등방성으로 인하여 *ortho* proton을 벗긴다.
8. Methyl 그룹은 이중 결합 시스템의 가리움 영역에 있다. 그림 5.24 참조.
9. 화학적 이동에 약간의 차이 이외에는 스펙트럼이 그림 5.25와 비슷할 것이다. 스핀 배열: H_A는 그림 5.32의 패턴과 같다(삼중선); H_B는 하나의 이웃 proton을 인지하여 이중선($+\frac{1}{2}, -\frac{1}{2}$)으로 나타날 것이다.
10. Isopropyl 그룹의 α-H(methine)는 칠중선으로 나온다. Pascal의 삼각형에 의해 그 세기는 1:6:15:20:15:6:1이다. CH_3 그룹은 이중선이 될 것이다.
11. 탄소 1에 결합된 proton과 탄소 3에 결합된 proton은 낮은 장에서 면적 = 2인 이중선; 탄소 2에 결합된 proton은 높은 장에서 면적 = 1인 삼중선.
12. $X \neq Y$일 때, $X-CH_2-CH_2-Y$.
13. C-3에 결합된 proton은 높은 장에서 면적 = 3인 삼중선; C-2에 결합된 proton은 중간 위치에서 면

적 = 2인 육중선; C-1에 결합된 proton은 낮은 장에서 면적 = 2인 삼중선으로 나타난다.

14. Ethyl acetate (ethyl ethanoate)

15. Isopropylbenzene

16. 2-Bromobutanoic acid

17. 1,3-Dibromopropane

18. 2,2-Dimethoxypropane

19. (a) Isobutyl propanoate (b) *t*-Butyl propanoate (c) Butyl propanoate

20. (a) 2-Phenylbutane (*sec*-butylbenzene) (b) 1-Phenylbutane (butylbenzene)

21. 2-Phenylethylamine

제 6 장

1. Methyl acetate

2. (e) 7 피크 (f) 10 피크
(g) 4 피크 (h) 4 피크
(i) 5 피크 (j) 6 피크
(k) 8 피크

3. (a) 2-Methyl-2-propanol (b) 2-Butanol (c) 2-Methyl-1-propanol

4. Methyl methacrylate (methyl 2-methyl-2-propenoate)

5. (a) 2-Bromo-2-methylpropane (b) 2-Bromobutane (c) 1-Bromobutane
(d) 1-Bromo-2-methylpropane

6. (a) 4-Heptanone (b) 2,4-Dimethyl-3-pentanone (c) 4,4-Dimethyl-2-pentanone

18. 2,3-Dimethyl-2-butene. Hydride 이동을 통해 1차 탄소양이온이 3차 탄소양이온으로 자리옮김을 한다. E1 제거 반응으로 사중 치환된 alkene이 생성된다.

19. (a) 한 개의 D 원자와 ^{13}C의 짝지음으로 같은 크기를 갖는 세 개의 피크; 두 개의 D 원자와 ^{13}C의 짝지음으로 오중선을 나타낸다.

(b) Fluoromethane: 한 개의 F 원자와 ^{13}C의 짝지음으로 이중선(^1J > 180 Hz).
Trifluoromethane: 세 개의 F 원자와 ^{13}C의 짝지음으로 사중선(^1J > 180 Hz).
1,1-Difluoro-2-chloroethane: 두 개의 F 원자와 탄소-1의 짝지음으로 삼중선(^1J > 180 Hz); 두 개의 F 원자와 탄소-2의 짝지음으로 삼중선($^2J \approx 40$ Hz).
1,1,1-Trifluoro-2-chloroethane: 세 개의 F 원자와 탄소-1의 짝지음으로 사중선(^1J > 180 Hz); 세 개의 F 원자와 탄소-2의 짝지음으로 사중선($^2J \approx 40$ Hz).

23. C1 = 128.5 + 9.3 = 137.8 ppm; C2 = 128.5 + 0.7 = 129.2 ppm; C3 = 128.5 − 0.1 = 128.4 ppm; C4 = 128.5 − 2.9 = 125.6 ppm.

24. 모든 탄소는 IUPAC 규정에 따라 번호가 부여된다. 화합물의 이름, 사용된 표 번호(A8.2~A8.7, 부록 8), 그리고 필요한 경우 사용된 기준 물질의 이름(A8.1부터, 부록 8)과 같은 정보가 주어져 있다. 실제값(actual value)이 알려져 있으면, 그것들은 괄호 안에 주어졌다.

(a) Methyl vinyl ether, A8.2 (실제값: 153.2, 84.2 ppm)
C1 = 123.3 + 29.4 = 152.7 C2 = 123.3 − 38.9 = 84.4

(b) Cyclopentanol, A8.3-cyclopentane (실제값: 73.3, 35.0, 23.4 ppm)
C1 = 25.6 + 41 = 66.6 C2 = 25.6 + 8 = 33.6 C3 = 25.6 − 5 = 20.6

(c) 2-Pentene, A8.5 (실제값: 123.2, 132.7 ppm)

C2 = 123.3 + 10.6 − 7.9 − 1.8 = 124.2 C3 = 123.3 + 10.6 + 7.2 − 7.9 = 133.2

표 A8.4를 사용하여:

C2 = 123.3 + 12.9 − 9.7 = 126.5 C3 = 123.3 + 17.2 − 7.4 = 133.1

(d) *ortho*-Xylene, A8.7

C1, C2 = 128.5 + 9.3 + 0.7 = 138.5

C3, C6 = 128.5 + 0.7 − 0.1 = 129.1

C4, C5 = 128.5 − 0.1 − 2.9 = 125.5

meta-Xylene, A8.7 (실제값: 137.6, 130.0, 126.2, 128.2 ppm)

C1, C3 = 128.5 + 9.3 − 0.1 = 137.7

C2 = 128.5 + 0.7 + 0.7 = 129.9

C4, C6 = 128.5 + 0.7 − 2.9 = 126.3

C5 = 128.5 − 0.1 − 0.1 = 128.3

para-Xylene, T7

C1, C4 = 128.5 + 9.3 − 2.9 = 134.9

C2, C3, C5, C6 = 128.5 + 0.7 − 0.1 = 129.1

(e) 3-pentanol, A8.3-pentane (실제값: 9.8, 29.7, 73.8 ppm)

C1, C5 = 13.9 − 5 = 8.9 C2, C4 = 22.8 + 8 = 30.8 C3 = 34.7 + 41 = 75.7

(f) 2-Methylbutanoic acid, A8.3-butane

C1 = 13.4 + 2 = 15.4 C2 = 25.2 + 16 = 41.2

C3 = 25.2 + 2 = 27.2 C4 = 13.4 − 2 = 11.4

(g) 1-Phenyl-1-propane, A8.4

C1 = 123.3 + 12.5 −7.4 = 128.4 C2 = 123.3 + 12.9 − 11 = 125.2

(h) 2,2-Dimethylbutane, A8.3 또는 A8.2(실제값: 29.1, 30.6, 36.9, 8.9 ppm)

표 A8.3를 이용하여: C1 = 13.4 + 8 + 8 = 29.4 C2 = 25.2 + 6 + 6 = 37.2

C3 = 25.2 + 8 + 8 = 41.2 C4 = 13.4 − 2 − 2 = 9.4

표 A8.2를 이용하여:

C1 = −2.3 + [9.1(1) + 9.4(3) − 2.5(1)] + [(−3.4)] = 29.1

C2 = −2.3 + [9.1(4) + 9.4(1)] + [3(−1.5) + (−8.4)] = 30.6

C3 = −2.3 + [9.1(2) + 9.4(3)] + [(0) + (−7.5)] = 36.6

C4 = −2.3 + [9.1(1) + 9.4(1) − 2.5(3)] + [(0)] = 8.7

(i) 2,3-Dimethyl-2-pentenoic acid, A8.6

C2 = 123.3 + 4 + 10.6 − 7.9 − 7.9 − 1.8 = 120.3

C3 = 123.3 + 10.6 + 10.6 + 7.2 + 9 − 7.9 = 152.8

(j) 4-Octene, A8.5, *trans* 기하구조라고 가정.

C4, C5 = 123.3 + [10.6 + 7.2 − 1.5] − [7.9 + 1.8 − 1.5] = 131.4

cis 기하구조라고 가정하면, 다음과 같이 수정: 131.4 − 1.1 = 130.3

(k) 4-Aminobenzoic acid, A8.7

C1 = 128.5 + 2.1 − 10.0 = 120.6 C2 = 128.5 + 1.6 + 0.8 = 130.9

C3 = 128.5 − 13.4 + 0.1 = 115.2 C4 = 128.5 + 18.2 + 5.2 = 151.9

(l) 1-Pentyne, A8.3-propane

C3 =15.8 + 4.5 = 20.3 C4 = 16.3 + 5.4 = 21.7 C5 = 15.8 − 3.5 = 12.3

(m) Methyl 2-methylpropanoate, A8.3-propane

C2 = 16.3 + 17 = 33.3 C3 = 15.8 + 2 = 17.8

(n) 2-Pentanone, A8.3-propane

C3 = 15.8 + 30 = 45.8 C4 = 16.3 + 1 = 17.3 C5 = 15.8 − 2 = 13.8

(o) Bromocyclohexane, A8.3-cyclohexane

C1 = 26.9 + 25 = 51.9 C2 = 26.9 + 10 = 36.9 C3 = 26.9 − 3 = 23.9

C4 = 26.9(수정 없음)

(p) 2-Methylpropanoic acid, A8.3-propane

C1 = 15.8 + 2 = 17.8 C2 = 16.3 + 16 = 32.3

(q) 4-Nitroaniline, A8.7(실제값: 155.1, 112.8, 126.3, 136.9 ppm)

C1 = 128.5 + 18.2 + 6.0 = 152.7 C2 = 128.5 − 13.4 + 0.9 = 116.0

C3 = 128.5 + 0.8 − 4.9 = 124.4 C4 = 128.5 + 19.6 − 10.0 = 138.1

2-Nitroaniline, A8.7

C1 = 128.5 + 18.2 − 4.9 = 141.8 C2 = 128.5 − 13.4 + 19.6 = 134.7

C3 = 128.5 − 4.9 + 0.8 = 124.4 C4 = 128.5 + 0.9 − 10.0 = 119.4

C5 = 128.5 + 0.8 + 6 = 135.3 C6 = 128.5 − 13.4 + 0.9 = 114.2

(r) 1,3-Pentadiene, A8.4

C3 = 123.3 + 13.6 − 7.4 = 129.5 C4 = 123.3 + 12.9 − 7 = 129.2

(s) Cyclohexene, A8.5(실제값: 127.3 ppm)

C1, C2 = 123.3 + [10.6 + 7.2 − 1.5] − [7.9 + 1.8 − 1.5] + [−1.1] = 130.3

(t) 4-Methyl-2-pentene, A8.5, *trans* 기하구조라고 가정.

C2 = 123.3 + [10.6(1)] − [7.9(1) + 1.8(2)] = 122.4

C3 = 123.3 + [10.6(1) + 7.2(2)] − [7.9(1)] + 2.3 = 142.7

제 7 장

1. Proton 스펙트럼의 확대 그림의 윗부분에 인쇄된 Hz 값을 이용하여 짝지음 상수를 측정하는 방법은 7.6절과 7.9절의 설명을 참조하여라.

(a) Vinyl acetate(그림 7.50): 모든 vinyl proton은 이중선의 이중선이다.

H_a = 4.57 ppm, $^3J_{ac}$ = 6.25 Hz, $^2J_{ab}$ = 1.47 Hz.

H_b = 4.88 ppm. 짝지음 상수는 동일하지 않다. 피크의 간격으로부터 $^3J_{bc}$ = 13.98 또는 14.34 Hz. $^2J_{ab}$ = 1.48 또는 1.84 Hz. 때때로 짝지음 상수가 동일하지 않은 경우가 있다(7.9절 참조). 좀 더 잘 일치하는 짝지음 상수는 proton H_c의 분석으로부터 얻을 수 있다.

피크의 간격으로부터 H_c = 7.27 ppm, $^3J_{bc}$ = 13.97 Hz, $^3J_{ac}$ = 6.25 Hz.

스펙트럼의 분석으로부터 얻은 짝지음 상수의 요약: $^3J_{ac}$ = 6.25 Hz, $^3J_{bc}$ = 13.97 Hz, $^2J_{ab}$ = 1.47 Hz. 이 값들은 반올림하여 각각 6.3, 14.0, 1.5 Hz로 나타낼 수 있다.

(b) *trans*-Crotonic acid(그림 7.53)

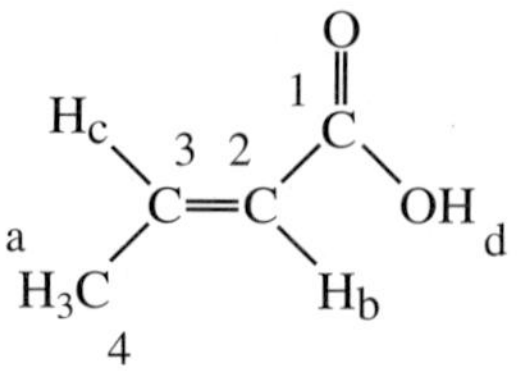

H_a = 1.92 ppm(C-4 탄소의 methyl 그룹). ^3J와 ^4J 짝지음을 모두 보이므로 이중선의 이중선(dd)으로 나타난다. $^3J_{ac}$ = 6.9 Hz, $^4J_{ab}$ allyl = 1.6 Hz.

H_b = 5.86 ppm(C-2 탄소의 vinyl proton). 사중선의 이중선(dq)으로 나타난다. $^3J_{bc}$ *trans* = 15.6 Hz, $^4J_{ab}$ allyl = 1.6 Hz.

H_c = 7.10 ppm(C-3 탄소의 vinyl proton). 사중선이 부분적으로 겹쳐진 사중선의 이중선(dq)으로 나타난다. $^3J_{bc}$ *trans* = 15.6 Hz, $^3J_{ac}$ = 6.9 Hz. Carboxyl 그룹의 공명 효과와 carbonyl 그룹에 있는 산소 원자의 공간을 통한 벗기기 효과 때문에 H_c는 H_b보다 더 낮은 장으로 이동함에 주목하여라.

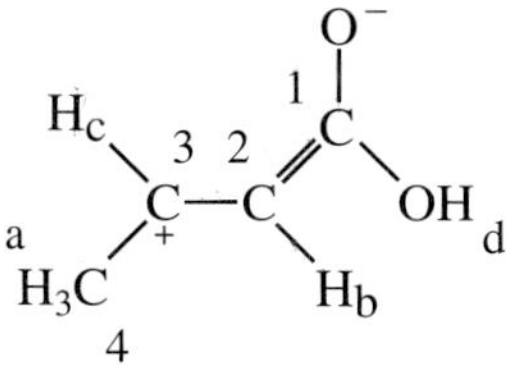

H_d = 12.2 ppm(단일선, carboxyl 그룹에 있는 proton)

(c) 2-Nitrophenol(그림 7.69). H_a와 H_b는 공명에 관여하는 산소 원자의 비결합 전자(비공유전자쌍)들로 인한 hydroxyl 그룹의 전자주기 효과에 의해 가려진다. 이 proton들은 겉보기에 의해 구별된다. H_a는 몇 개의 미세 구조를 갖는 삼중선이며, H_b는 미세 구조를 갖는 이중선이다. H_d는 전자끌기 효과와 nitro 그룹의 비등방성 때문에 벗겨진다. 몇 개의 미세 구조를 갖는 이중선 패턴임을 주목하여라. H_c는 지워나가기 과정에 의하여 할당된다. 이 proton에는 앞에서 언급한 가려지거나 벗겨지는 효과가 없으며, 몇 개의 미세 구조를 갖는 삼중선으로 나타난다.

H_a = 7.00 ppm(ddd); $^3J_{ac} \cong {}^3J_{ad}$ = 8.5 Hz, $^4J_{ab}$ = 1.5 Hz. H_a는 $^3J_{ac}$와 $^3J_{ad}$가 거의 같기 때문에 이중선의 삼중선(td)으로 기술할 수 있다.

H_b = 7.16 ppm(dd); $^3J_{bc}$ = 8.5 Hz, $^4J_{ab}$ = 1.5 Hz.

H_c = 7.60 ppm(ddd 또는 td); $^3J_{ac} \cong {}^3J_{bc}$ = 8.5 Hz, $^4J_{cd}$ = 1.5 Hz.

H_d = 8.12 ppm(dd); $^3J_{ad}$ = 8.5 Hz, $^4J_{cd}$ = 1.5 Hz, $^5J_{bd}$ = 0 Hz.

OH 그룹은 스펙트럼에 나타내지 않았다.

(d) 3-Nitrobenzoic acid(그림 7.70). H_d는 nitro 그룹과 carboxyl 그룹의 비등방성으로 인하여 매우 많이 벗겨지기 때문에 훨씬 낮은 장에 나타난다. 이 proton은 좁은 간격의 삼중선으로 나타난다. 이 proton은 ^4J 짝지음만을 보여준다. H_b는 carboxyl 그룹의 *ortho* 위치에 있으며, H_c는 nitro 그룹의 *ortho* 위치에 있다. 두 개의 proton 모두 벗겨져 있지만 nitro그룹 옆에 있는 proton이 carboxyl 그룹 옆에 있는 proton보다 더 낮은 장에 나타난다(부록 6 참조). H_b와 H_c는 모두 방향족 고리에서의 위치에 부합되는 미세 구조를 갖는 이중선이다. H_a는 상대적으로 가려져 있으며 넓은 간격을 갖는 삼중선으로 높은 장에 나타난다. 이 proton은 결합된 치환기에서 멀리 떨어져 있기 때문에 어떠한 비등방성도 갖지 않는다. H_a는 ^3J 짝지음만을 갖는다($^5J_{ad}$ = 0 Hz).

H_a = 7.72 ppm(dd); $^3J_{ac}$ = 8.1 Hz, $^3J_{ab}$ = 7.7 Hz(이 값들은 아래의 H_b와 H_c를 분석하여 얻었

다). 짝지음 상수가 유사하기 때문에 패턴은 우연히 삼중선으로 나타난다.

H_b = 8.45 ppm(ddd 또는 dt); $^3J_{ab}$ = 7.7 Hz, $^4J_{bd} \cong {}^4J_{bc}$ = 1.5 Hz. 패턴은 우연히 삼중선의 이중선으로 나타난다.

H_c = 8.50 ppm(ddd); $^3J_{ac}$ = 8.1 Hz, $^4J_{cd} \neq {}^4J_{bc}$.

H_d = 8.96 ppm(dd); 패턴은 좁은 간격의 삼중선으로 나타나는데 $^4J_{bd} \neq {}^4J_{cd}$이므로 우연히 삼중선으로 나타난다.

Carboxyl proton은 스펙트럼에 나타내지 않았다.

(e) Furfuryl alcohol(그림 7.71). 퓨란형(furanoid) 고리에 대한 화학적 이동값과 짝지음 상수는 부록 4와 5에 주어졌다.

H_a = 6.24 ppm(사중선의 이중선); $^3J_{ab}$ = 3.2 Hz, $^4J_{ac}$ = 0.9 Hz. H_a와 CH_2OH 그룹에 있는 두 개의 methylene proton과의 ^4J 짝지음과 H_a와 H_c의 ^4J 짝지음(n + 1 규칙, 3 proton + 1 = 4, 사중선)이 거의 같기 때문에 사중선 패턴이 된다.

H_b = 6.31 ppm(dd); $^3J_{ab}$ = 3.2 Hz, $^3J_{bc}$ = 1.9 Hz.

H_c = 7.36 ppm(dd); $^3J_{bc}$ = 1.9 Hz, $^4J_{ac}$ = 0.9 Hz.

CH_2와 OH 그룹은 스펙트럼에 나타내지 않았다.

(f) 2-Methylpyridine(그림 7.72). Pyridine 고리에 대한 전형적인 화학적 이동값과 짝지음 상수는 부록 4와 5에 주어졌다.

H_a = 7.08 ppm(dd); $^3J_{ac}$ = 7.4 Hz, $^3J_{ad}$ = 4.8 Hz.

H_b = 7.14 ppm(d); $^3J_{bc}$ = 7.7 Hz, $^4J_{ab} \cong$ 0 Hz.

H_c = 7.56 ppm(ddd 또는 td); $^3J_{ac} \cong {}^3J_{bc}$, $^4J_{cd}$ = 1.8 Hz이기 때문에 이 패턴은 우연히 이중선의 삼중선과 같이 나타난다.

H_d = 8.49 ppm("이중선"). 이 패턴에서 피크가 넓혀져서 정확한 짝지음 상수를 얻는 것은 불가능하다. 이중선의 이중선으로 예상하지만 $^4J_{cd}$가 $^3J_{ad}$로부터 분해되지 않는다. 이웃한 질소 원자가 피크를 넓힌 것 같다.

2. (a) J_{ab} = 0 Hz (b) J_{ab}~10 Hz (c) J_{ab} = 0 Hz (d) J_{ab}~1 Hz
(e) J_{ab} = 0 Hz (f) J_{ab}~10 Hz (g) J_{ab} = 0 Hz (h) J_{ab} = 0 Hz
(i) J_{ab}~10 Hz; J_{ac}~16 Hz; J_{bc}~1 Hz

3.

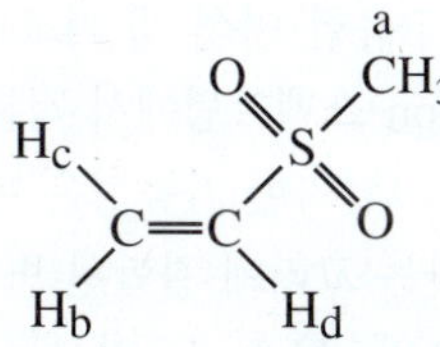

H_a = 2.80 ppm(단일선, CH_3).

H_b = 5.98 ppm(이중선); $^3J_{bd}$ = 9.9 Hz, $^2J_{bc}$ = 0 Hz.

H_c = 6.23 ppm(이중선); $^3J_{cd}$ = 16.6 Hz, $^2J_{bc}$ = 0 Hz.

H_d = 6.61 ppm(이중선의 이중선); $^3J_{cd}$ = 16.6 Hz, $^2J_{bd}$ = 9.9 Hz.

4.

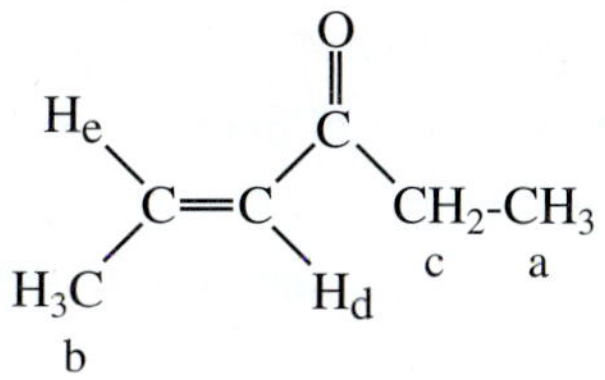

H_a = 0.88 ppm(삼중선, CH_3); $^3J_{ac}$ = 7.4 Hz.

H_c = 2.36 ppm(사중선, CH_2); $^3J_{ac}$ = 7.4 Hz.

H_b = 1.70 ppm(이중선의 이중선, CH_3); $^3J_{be}$ = 6.8 Hz, $^4J_{bd}$ = 1.6 Hz.

H_d = 5.92 ppm(사중선의 이중선, vinyl proton). 이 사중선은 좁은 간격으로 떨어져 있어 네결합 짝지음을 암시한다. ^4J; $^3J_{de}$ = 15.7 Hz, $^4J_{bd}$ = 1.6 Hz.

H_e = 6.66 ppm(사중선의 이중선, vinyl proton). 이 사중선은 넓은 간격으로 떨어져 있어 세결합 짝지음을 암시한다. ^3J; $^3J_{de}$ = 15.7 Hz, $^3J_{be}$ = 6.8 Hz. H_e는 H_d보다 더 낮은 장에 나타난다(설명으로 연습 문제 1b에 대한 답을 참조).

5.

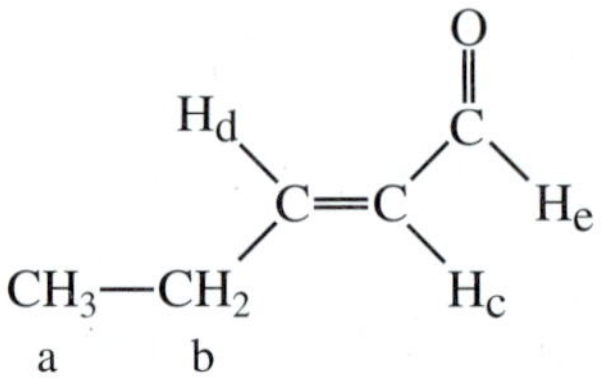

H_a = 0.96 ppm(삼중선, CH_3); $^3J_{ab}$ = 7.4 Hz.

H_d = 6.78 ppm(삼중선의 이중선, vinyl proton). 이 삼중선은 넓은 간격으로 떨어져 있어 세결합 짝지음을 암시한다. ^3J; $^3J_{cd}$ = 15.4 Hz, $^3J_{bd}$ = 6.3 Hz. H_d는 H_c보다 더 낮은 장에 나타난다(설명으로 연습 문제 1b에 대한 답을 참조).

H_b = 2.21 ppm(이중선의 이중선의 사중선, CH_2); 미세 구조를 갖는 오중선과 유사하다. $^3J_{ab}$ = 7.4 Hz, $^3J_{bd}$ = 6.3 Hz는 H_a와 H_d 패턴으로부터 유도되었으며, $^4J_{bc}$ = 1.5 Hz는 H_b 패턴(2.26 ppm 왼쪽의 이중선) 또는 H_c 패턴으로부터 얻어졌다.

H_c = 5.95 ppm(삼중선의 이중선의 이중선, vinyl proton). 이 삼중선은 좁은 간격으로 떨어져 있어 네결합 짝지음을 암시한다. ^4J; $^3J_{cd}$ = 15.4 Hz, $^3J_{ce}$ = 7.7 Hz, $^4J_{bc}$ = 1.5 Hz.

H_e = 9.35 ppm(이중선, aldehyde proton); $^3J_{ce}$ = 7.7 Hz.

6. 구조 **A**는 allyl 짝지음을 보여준다. C–H 결합성 궤도함수는 더 많은 겹침을 가져오는 이중 결합의 π 시스템에 평행하다. 두 proton 사이의 더 강한 짝지음이 나타난다.

13. 3-Bromoacetophenone. Proton 스펙트럼에서 방향족 영역은 1,3-이중 치환(*meta*)된 패턴과 일치하는 한 개의 단일선, 두 개의 이중선, 그리고 한 개의 삼중선을 보여준다. 방향족 고리에서 각각의 탄소 원자는 탄소 스펙트럼에서 고유한 여섯 개 피크로 관찰된다. 197 ppm 근처의 낮은 장 피크는 ketone의 C=O와 일치한다. Proton 스펙트럼에서 적분값(3H)과 화학적 이동값(2.6 ppm)은 methyl 그룹이 존재함을 알려준다. 가장 그럴싸한 가능성은 한 개의 acetyl 그룹이 방향족 고리에 결합되어 있는 것이다. 한 개의 브로민 원자는 고리에 결합된 또 다른 치환기이다.

14. Valeraldehyde(pentanal). 탄소 1의 aldehyde 피크는 9.8 ppm에서 나온다. 이것은 탄소 2에 있는 두 개의 methylene proton에 의해 삼중선으로 갈라진다(^3J = 1.9 Hz). Aldehyde proton은 때때로 전형적인 값들보다 작은 세결합(vicinal) 짝지음 상수를 갖는다. 2.4 ppm의 패턴(이중선의 삼중선)은 탄소 3의 두 개의 proton과의 짝지음(^3J = 7.4 Hz)과 탄소 1의 하나의 aldehyde proton과의 짝지음(^3J = 1.9 Hz)에 의한 것이다.

15. DEPT 스펙트럼 결과로부터 15 ppm의 피크는 CH_3 그룹; 40 ppm과 63 ppm의 피크는 CH_2 그룹; 115 ppm과 130 ppm은 CH 그룹; 125 ppm과 158 ppm은 4차 탄소(*ipso* 탄소)임을 알 수 있다. 탄소 스펙트럼에서 179 ppm 피크는 ester와 carboxylic acid에 대한 C=O 그룹의 전형적인 값이다. Proton NMR 스펙트럼에서 12.5 ppm에 나타나는 넓은 피크는 carboxylic acid를 나타내준다. 63 ppm에 methylene 탄소의 화학적 이동값은 산소 원자가 결합되어 있는 것을 알려준다. Proton 스

펙트럼에서 4 ppm의 사중선으로 이와 같은 사실을 확신할 수 있으며, 1.4 ppm의 CH_3 그룹에 대한 삼중선은 화합물이 ethoxy 그룹을 갖는다는 결론을 이끌어낸다. 탄소 스펙트럼에 두 개의 C–H와 proton이 없는 두 개의 C가 나타나는 것으로부터 *para* 위치에 이중 치환된 방향족 고리가 있는 것을 알 수 있다. Proton 스펙트럼에 6.8 ppm과 7.2 ppm의 두 개의 이중선으로부터 이와 같은 치환 패턴을 알 수 있다. 남아있는 methylene 그룹은 탄소 스펙트럼에서 40 ppm에 나타나며, proton 스펙트럼에서 단일선으로 나타나는데 이는 이웃한 proton이 없다는 것을 알려준다. 이 화합물은 4-ethoxyphenylacetic acid이다.

24. (a) *Proton* NMR에서 한 개의 플루오린 원자가 $CH_2(^2J_{HF})$를 이중선으로 가른다. 이 이중선이 전기음성도가 큰 플루오린 원자의 영향으로 낮은 장으로 이동한다. CH_3 그룹은 플루오린에서 너무 멀리 떨어져 있으므로 높은 장에서 단일선으로 나온다.

(b) 이제 플루오린 원자만을 관찰할 수 있도록 NMR 작동 진동수를 바꾼다. 하나의 플루오린 원자는 이웃하는 두 개의 proton 때문에 플루오린 NMR에서 삼중선으로 나올 것이다(n + 1 규칙). 이것이 스펙트럼에서 관찰되는 유일한 패턴이다. 따라서 분광기가 다른 진동수에서 작동하므로 플루오린 스펙트럼에서는 proton을 직접 관찰할 수 없다. 그러나 플루오린 스펙트럼에서 proton의 영향은 알 수 있다. J 값이 proton NMR에서 얻은 값과 같다.

25. 방향족 고리의 스펙트럼 자료는 고리가 1,3-이중 치환된(*meta* 치환된) 것을 알려준다. 결합된 치환기 중의 한 개는 methyl 그룹이다(2.35 ppm, 3H 적분값). 고리가 이중 치환되었기 때문에 남아있는 치환기는 남아있는 두 탄소 원자 중의 하나에 결합된 산소 원자이다. “ethoxy” 그룹에 있는 두 개의 탄소원자에 한 개의 proton과 네 개의 플루오린 원자가 결합되어 있다. 이 치환기는 1,1,2,2-tetrafluoroethoxy 그룹일 것으로 보인다. 가장 흥미로운 패턴은 5.85 ppm를 중심으로 하는 넓은 간격을 갖는 삼중선의 삼중선이다. 이웃한 두 개의 플루오린 원자(proton과 같은 탄소에 결합되어 있는 두결합, ^2J)와 짝지음을 한 ethoxy 그룹의 탄소 2에 있는 proton에 대해 $^2J_{HF}$ = 53.1 Hz; 탄소 1에 있는 남아 있는 두 개의 플루오린 원자(세결합, ^3J)와 짝지음을 한 탄소 2에 있는 동일한 proton에 대해 $^3J_{HF}$ = 2.9 Hz. 이 화합물은 1-methyl-3-(1,1,2,2-tetrafluoroethoxy)benzene이다.

27. *Proton* NMR에서 결합된 중수소는 스핀 = 1로서 methylene proton을 삼중선으로 갈라지게 한다(각각의 피크 세기가 같고, 1:1:1 패턴이다). Methyl 그룹은 중수소로부터 멀리 떨어져 있어서 어떠한 영향도 받지 않으며, 단일선으로 나타날 것이다. 이제 NMR의 진동수를 중수소가 공명할 수 있는 값으로 바꾸어보자. 중수소는 methylene 그룹에 있는 이웃한 두 개의 proton으로 인하여 삼중선(1:2:1 패턴)으로 갈라질 것이다. 이와 같은 NMR 진동수에서는 중수소만이 관찰 가능하므로 다른 피크들은 보이지 않는다. 결과를 연습 문제 24의 답과 비교해 보아라.

28. Proton NMR 스펙트럼에 두 개의 단일선(낮은 장의 CH_2, 높은 장의 CH_3 그룹)이 나타난다. 결과를 연습 문제 24a의 답과 비교해 보아라.

31. (a) δ_H ppm = 0.23 + 1.70 = 1.93 ppm

(b) δ_H ppm(두 개의 C=O 그룹에 α 위치) = 0.23 + 1.70 + 1.55 = 3.48 ppm

δ_H ppm(한 개의 C=O 그룹에 α 위치) = 0.23 + 1.70 + 0.47 = 2.40 ppm

(c) δ_H ppm = 0.23 + 2.53 + 1.55 = 4.31 ppm

(d) δ_H ppm = 0.23 + 1.44 + 0.47 = 2.14 ppm

(e) δ_H ppm = 0.23 + 2.53 + 2.53 + 0.47 = 5.76 ppm

(f) δ_H ppm = 0.23 + 2.56 + 1.32 = 4.11 ppm

32. (a) δ_H ppm($COOCH_3$에 *cis*) = 5.25 + 1.15 − 0.29 = 6.11 ppm

δ_H ppm($COOCH_3$에 *trans*) = 5.25 + 0.56 − 0.26 = 5.55 ppm

(b) δ_H ppm(CH_3에 *cis*) = 5.25 + 0.84 − 0.26 = 5.83 ppm
δ_H ppm($COOCH_3$에 *cis*) = 5.25 + 1.15 + 0.44 = 6.84 ppm

(c) δ_H ppm(C_6H_5에 *cis*) = 5.25 + 0.37 = 5.62 ppm
δ_H ppm(C_6H_5에 *gem*) = 5.25 + 1.35 = 6.60 ppm
δ_H ppm(C_6H_5에 *trans*) = 5.25 − 0.10 = 5.15 ppm

(d) δ_H ppm(C_6H_5에 *cis*) = 5.25 + 0.37 + 1.10 = 6.72 ppm
δ_H ppm($COCH_3$에 *cis*) = 5.25 + 1.13 + 1.35 = 7.73 ppm

(e) δ_H ppm(CH_3에 *cis*) = 5.25 + 0.67 − 0.26 = 5.66 ppm
δ_H ppm(CH_2OH에 *cis*) = 5.25 − 0.02 + 0.44 = 5.67 ppm

(f) δ_H ppm = 5.25 + 1.10 − 0.26 − 0.29 = 5.80 ppm

제 8 장

1. Methylene 그룹은 이중선의 사중선이다. 사중선이 7 Hz의 간격을 가질 때 나뭇가지 도표를 그려라. 이것은 methylene proton으로부터 CH_3 그룹으로의 ^3J(세결합 짝지음)를 표현한다. 사중선의 각각 피크는 이중선(5 Hz)으로 갈라진다. 이것은 O–H 그룹에 대한 methylene proton의 ^3J(세결합 짝지음)를 표현한다. 이 패턴은 사중선의 이중선으로도 설명할 수 있다. 이 때 이중선(5 Hz)이 먼저 형성되고, 이 이중선의 각 피크가 사중선(7 Hz)으로 갈라진다.

2. 2-Methyl-3-buten-2-ol. H_a = 1.3 ppm; H_b = 1.9 ppm; H_c = 5.0 ppm(이중선의 이중선, $^3J_{ce}$ = 10.7 Hz(*cis*), $^2J_{cd}$ = 0.9 Hz(*geminal*)); H_d = 5.2 ppm(이중선의 이중선, $^3J_{de}$ = 17.4 Hz(*trans*), $^2J_{cd}$ = 0.9 Hz(*geminal*)); H_e = 6.0 ppm(이중선의 이중선, $^3J_{de}$ = 17.4 Hz, $^3J_{ce}$ = 10.7 Hz).

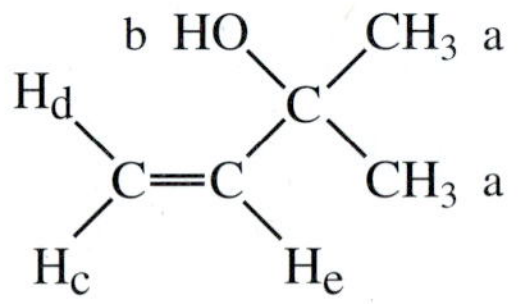

b HO CH_3 a
H_d C
C=C CH_3 a
H_c H_e

3. 2-Bromophenol. 확대되지 않은 스펙트럼은 1,2-이중 치환된(*ortho*) 패턴에 일치하는 두 개의 이중선과 두 개의 삼중선을 보여준다. 각각은 확대 그림에서 미세 구조(^4J)를 보여준다. 가려진 두 개의 높은 장 proton은 전자주기 OH 그룹에 *ortho*와 *para*에 위치한 proton으로 할당할 수 있다. 다른 두 패턴은 지워나가기 과정을 통해 할당할 수 있다.

4. 여기에 주어진 두 구조는 2-methylphenol로부터 유도될 수 있다. IR 스펙트럼은 매우 많이 이동된 콘쥬게이트된 carbonyl 그룹을 보여준다. 이는 OH 그룹이 C=O 그룹에 전자를 주며 단일 결합 특성을 만들어준다는 것을 암시하며, 4-hydroxy-3-methylacetophenone과 일치한다(다른 화합물은 C=O 그룹의 의미가 있을 정도의 이동을 갖지 못한다). (**역자주.** 탄소 4에 결합된 OH의 산소 원자에 있는 비공유전자쌍을 탄소 4에 주며 공명 기여자를 그리면 이중 결합이 이동하며 carbonyl의 C=O가 $C-O^-$로 되는 구조를 그릴 수 있어 단일 결합 특성을 갖는다. 하지만 다른 화합물의 경우에는 이와 같은 공명 기여자를 그릴 수 없다.) 3136 cm^{-1}피크는 OH 그룹이며, NMR 스펙트럼에서도 용매 의존적 피크로 나타난다. 두 구조 모두 NMR 스펙트럼의 방향족 영역에서 하나의 단일선과 두 개의 이중선이 예상된다. 스펙트럼에서 낮은 장의 단일선과 이중선의 위치는 부록 6으로부터 계산한 3-hydroxy-4-methylacetophenone에 대한 값보다는 4-hydroxy-3-methylacetophenone에 대한 값에 훨씬 잘 맞는다(각각의 구조에 계산 값들을 나타내었다). 6.9 ppm에 나타나는 다른 이중선은

계산값인 6.79 ppm에 잘 맞는다. 3-Hydroxy-4-methylacetophenone에서 두 *ortho* proton은 C=O 그룹에 의해 벗겨지고 OH 그룹에 의해 가려져 기본값인 7.27 ppm(부록 6)으로부터 작은 이동을 가져오는 것은 흥미롭다. 결론적으로 NMR 스펙트럼과 계산값은 4-hydroxy-3-methylacetophenone에 가장 잘 맞는다.

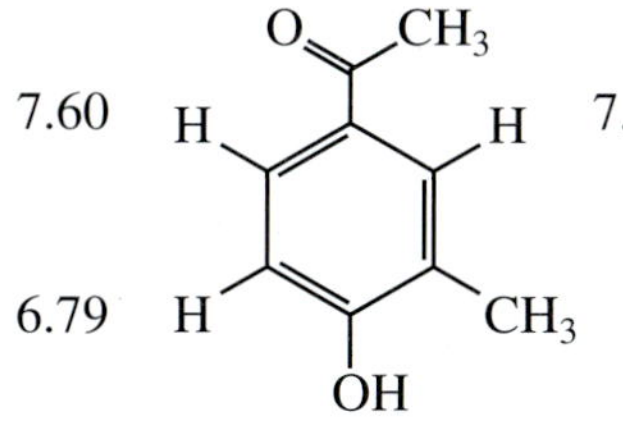

4-hydroxy-3-methylacetophenone (H: 7.60, 7.63, 6.79)

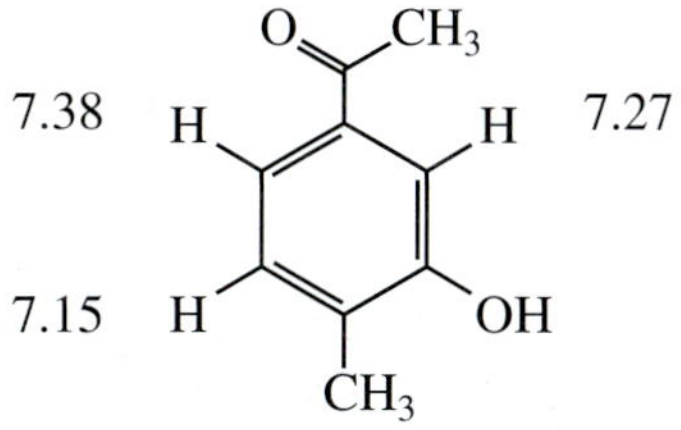

3-hydroxy-4-methylacetophenone (H: 7.38, 7.27, 7.15)

5. 아래에 주어진 모든 화합물은 NMR 스펙트럼의 방향족 영역에서 한 개의 단일선과 두 개의 이중선을 갖는다. 관찰된 화학적 이동을 계산값과 비교할 때 각각의 proton의 상대적 위치(이중선, 단일선, 이중선의 위치)를 비교하는 것은 중요하다. 계산된 값과 관찰된 값 사이의 약간의 차이(약 ±0.10 Hz)에 대해서는 신경쓰지 말아라. 세 번째 화합물의 계산값이 앞의 두 화합물보다 관찰된 스펙트럼 결과에 더 잘 맞는다.

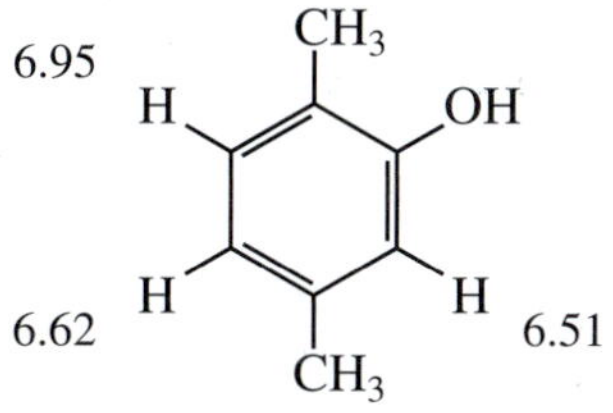

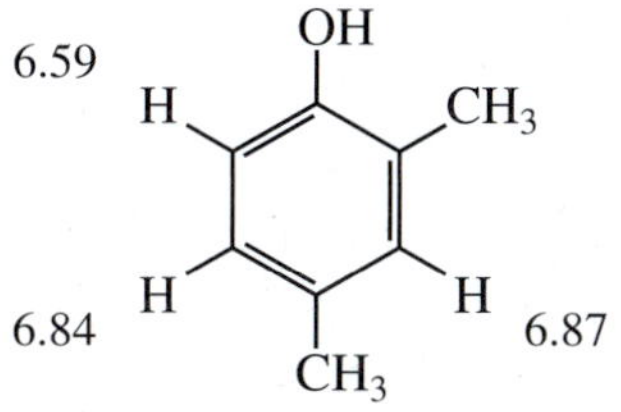

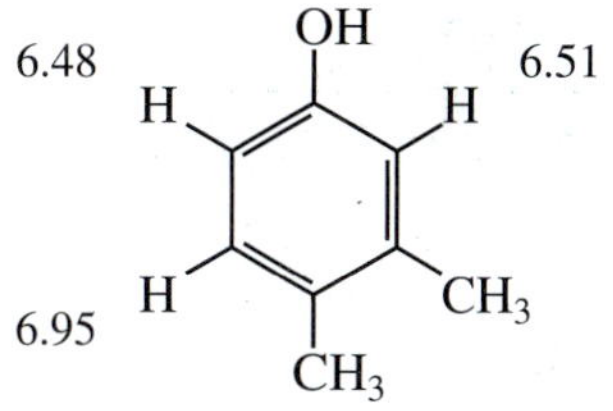

			측정값
6.51 s	6.59 d	6.48 d	6.57 d
6.62 d	6.84 d	6.51 s	6.64 s
6.95 d	6.87 s	6.95 d	6.97 d

6. 3-Methyl-3-buten-1-ol. DEPT 스펙트럼 결과는 22 ppm에 한 개의 CH_3 그룹, 41 ppm과 60 ppm에 두 개의 CH_2 그룹을 보여준다. 112 ppm(CH_2)과 142 ppm(H가 결합되지 않은 C)의 피크는 vinyl 그룹 부분이다. Proton 스펙트럼에서 4.78 ppm과 4.86 ppm의 피크는 말단의 이중 결합에 있는 proton이다. 4.78 ppm 패턴(미세 구조)은 methyl과 methylene 그룹에 대한 장거리 짝지음(^4J)을 보여준다. 2.29 ppm의 methylene 그룹은 분별되지 않은 ^4J 짝지음 때문에 넓혀져 있다.

9. 4-Butylaniline

10. 2,6-Dibromoaniline

12. 2,4-Dichloroaniline. 4 ppm 근처의 넓은 피크는 $-NH_2$ 그룹으로 할당된다. 7.23 ppm의 이중선은 탄소 3에 결합된 proton으로 할당된다(위에 있는 스펙트럼에서는 거의 단일선처럼 나타난다). Proton 3은 탄소 5에 결합된 proton과 장거리 짝지음($^4J = 2.3$ Hz)을 한다. 7.02 ppm을 중심으로 하는 이중선의 이중선은 탄소 5에 결합된 proton으로 할당되며, 이 proton은 탄소 6에 결합된 proton과 짝지음($^3J = 8.6$ Hz)을 하고, 또한 proton 3과도 짝지음($^4J = 2.3$ Hz)을 한다. 마지막으로 6.65 ppm의 이중선은 탄소 6에 결합된 proton($^3J = 8.6$ Hz)으로 할당되며, 탄소 5에 결합된 proton과의 짝지음으로 이중선이 생긴다. 이 화합물에서는 ^5J 짝지음의 기미는 보이지 않는다.

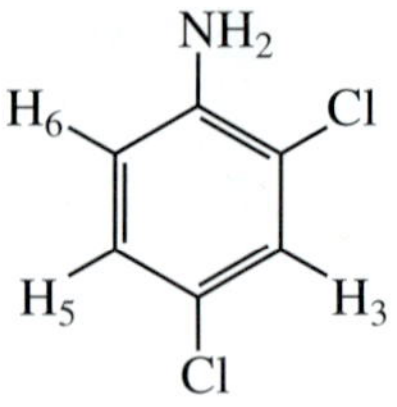

$$\text{2,4-dichloroaniline: NH}_2 \text{ (C1), Cl (C2), H}_3\text{, Cl (C4), H}_5\text{, H}_6$$

13. Alanine

21. 실온에서 의자 형태(chair conformation) 구조 사이에 빠른 평형이 이루어지므로 단일선이 나타난다. 온도를 낮추면 상호 변환이 느려지고, −66.7°C 이하에서는 축 방향과 적도 방향의 수소에 의한 피크가 관찰된다. 이 조건에서는 축 방향과 적도 방향의 수소가 서로 다른 화학적 이동을 갖는다.

22. *t*-Butyl-치환된 고리는 형태적으로 잠겨 있다(**역자주.** *t*-Butyl 그룹의 큰 입체 장애로 인하여 열적 평형에 의한 형태의 변화를 가져올 수 없다). C4에 결합된 수소는 축 방향이냐 또는 적도 방향이냐에 따라 서로 다른 화학적 이동값을 갖는다. 4-Bromocyclohexane은 형태적으로 유동적이다. 온도를 낮추어서 의자−의자 형태의 상호 변환의 속도가 감소될 때까지 축 방향과 적도 방향 수소는 서로 차이가 없다.

제 9 장

1.

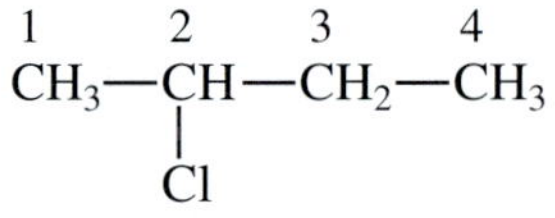

$$\overset{1}{CH_3}-\overset{2}{\underset{|\atop Cl}{CH}}-\overset{3}{CH_2}-\overset{4}{CH_3}$$

Proton #1: 1.5 ppm	Carbon #1: 24 ppm
Proton #2: 4.0 ppm	Carbon #2: 60 ppm
Proton #3: 1.7 ppm	Carbon #3: 33 ppm(뒤집힌 피크는 CH_2를 나타낸다.)
Proton #4: 1.0 ppm	Carbon #4: 11 ppm

2.

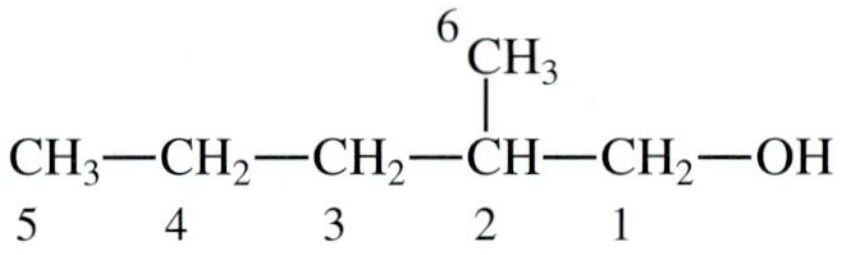

$$\underset{5}{CH_3}-\underset{4}{CH_2}-\underset{3}{CH_2}-\underset{2}{\overset{{}^6CH_3\atop |}{CH}}-\underset{1}{CH_2}-OH$$

Carbon #1: 68 ppm

Carbon #2: 35.2 ppm

Carbon #3: 35.3 ppm

Carbon #4: 20 ppm

Carbon #5: 14 ppm

Carbon #6: 16 ppm

3-Methyl-1-pentanol과 4-methyl-1-pentanol은 유사한 DEPT 스펙트럼을 나타낼 것으로 예상된다. 주어진 정보를 기반으로 그들 모두 수용할 수 있는 답이다.

3.

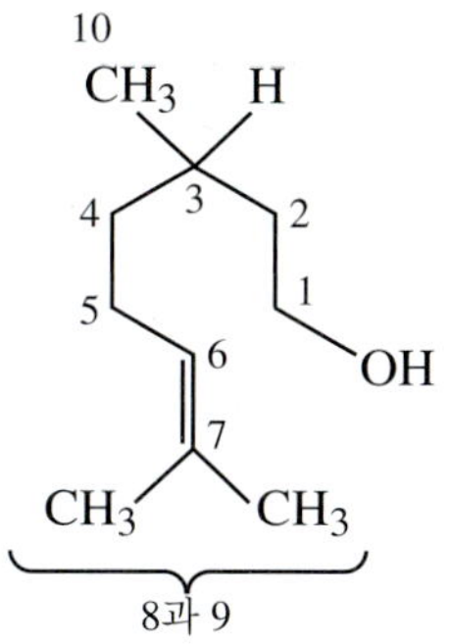

Citronellol

그림 9.12에 나타낸 DEPT 스펙트럼으로 ^{13}C 피크 각각에 대한 proton의 개수를 얻는다. 세 개의 methyl 그룹, 네 개의 methylene 그룹, 두 개의 methine 그룹이 있다. Methine 피크 중의 하나는 낮은 장의 약 124 ppm에 나타나며, C6로 할당할 수 있다. 다른 methine 피크는 C3으로 할당된다. 남아있는 탄소 원자는 이중 결합에 있는 C7이 틀림없다. 이 탄소 원자는 결합된 proton을 갖지 않기 때문에 DEPT 스펙트럼에 나타나지 않는다.

COSY 스펙트럼은 그림 9.15a, 9.15b에 나타내었다. 할당은 9.7B절에서 설명한 것과 같이 결정되었으며, 그림의 위 축에 숫자로 할당을 나타내었다. C2는 C3과 겹치고, 또한 methyl 그룹 C8나 C9 중의 하나와도 겹친다. C2는 C4와도 겹친다. 세 개의 methylene 그룹 C2, C4, C5에 세 묶음의 부분입체이성질성 proton이 있다.

COSY 스펙트럼에서 위 축에 나타나는 피크는 규명되었다. 이 연습 문제에 주어진 HETCOR(HSQC) 스펙트럼은 모든 ^{1}H 화학적 이동값과 ^{13}C 화학적 이동값을 쉽게 결정할 수 있도록 해준다. C10의 methyl 그룹에 대한 이중선은 0.91 ppm에 나타난다. C2에 결합된 proton은 부분입체이성질성이고, 1.37 ppm과 1.60 ppm에 나타난다. 그 proton들은 40 ppm에 나타나는 단 한 개의 13C 피크와 상관관계를 하고 있다. C4에 결합된 proton 역시 부분입체이성질성이고, 1.17 ppm과 1.35 ppm에 나타난다. 그 proton들은 37 ppm에 나타나는 단일 ^{13}C 피크와 상관관계를 하고 있다. 마지막으로, 남아 있는 부분입체이성질성 proton의 묶음은 COSY 스펙트럼(그림 9.15b)에서 C5에 대하여 1.96 ppm과 2.02 ppm에서 최상으로 관찰된다. 연습 문제 3의 확장된 HETCOR 스펙트럼에서, 약 2.0 ppm에 중심을 둔 길쭉한 피크는 ^{13}C 척도에서 25.1 ppm에 나타나는 C5에 결합된 두 proton은 거의 서로 겹친다는 것을 보여준다. 할당은 다음과 같이 표로 정리하였다.

Proton C1: 3.7 ppm	Carbon C1: 61 ppm
Proton C2: 1.37과 1.60 ppm	Carbon C2: 40 ppm
Proton C3: 1.57 ppm	Carbon C3: 28 ppm
Proton C4: 1.17과 1.35 ppm	Carbon C4: 37 ppm
Proton C5: 1.96과 2.02 ppm	Carbon C5: 25.1 ppm
Proton C6: 5.10 ppm	Carbon C6: 125 ppm
Proton C7: −	Carbon C7: 131 ppm
Proton C8 또는 C9: 1.60 ppm	Carbon C8 또는 C9: 18.0 ppm
(할당 안됨) 1.68 ppm	(할당 안됨) 25.2 ppm
Proton C10: 0.91 ppm	Carbon C10: 19.5 ppm

^{13}C 원자에 대한 화학적 이동의 일부는 9.4절에서 결정한 것과 약간 다르다. 하지만 실험 오차 내에서 일치한다.

4.

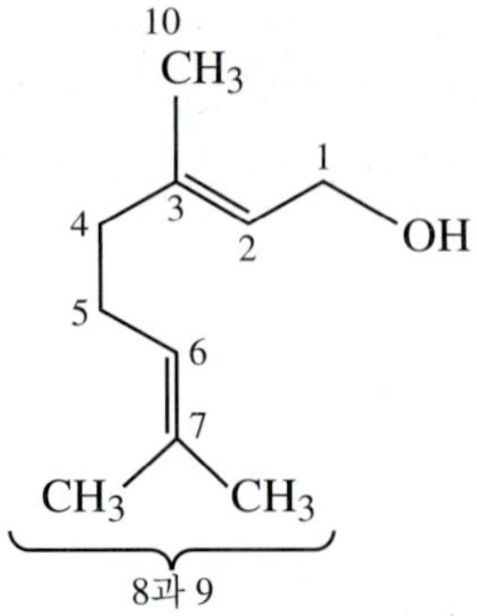

10 CH_3 1 3 4 2 OH 5 6 7 CH_3 CH_3 8과 9

Geraniol

Geraniol에 대한 연습 문제 4의 스펙트럼 자료와 함께 연습 문제 3의 해답에서 citronellol에 할당한 값들을 살펴보아야만 한다. 연습 문제 4번의 전범위 편집된 DEPT의 쌓기 그래프는 세 개의 methyl 그룹, 세 개의 methylene 그룹, 두 개의 methine 그룹을 보여준다. 이 스펙트럼에 C3과 C7은 나타나지 않는다.

연습 문제 4번에 나타낸 COSY 스펙트럼의 오른쪽 위에서 왼쪽 아래로 대각선을 그려 해석을 시작하자. 각각 한 개의 proton이 결합되어 있는 두 개의 이중 결합 탄소 원자가 위치하고 있는 대각선의 왼쪽 아래에서부터 해석을 시작하자(5.40 ppm과 5.20 ppm). 5.40 ppm (C2)에 나타나는 아래쪽 반점으로부터 수평선을 그리면, 이 proton은 4.20 ppm(위쪽 척도상 이중선)에 나타나는 C1에 결합된 두 개의 methylene proton과 상관관계를 하고 있는 것을 알 수 있다. 5.40 ppm에 나타나는 proton은 1.67 ppm에 나타나는 C10의 methyl 그룹 proton과도 장거리 짝지음(^4J)에 의해 상관관계를 하고 있다.

이제 대각선의 5.20 ppm (C6)에 나타나는 다른 proton으로부터 또 하나의 수평선을 그리면, 2.10 ppm(C5)에서 반점과 연결되고, 1.60 ppm과 1.70 ppm에 나타나는 두 개의 methyl 그룹(C8과 C9)과도 장거리 짝지음(^4J)에 의해 연결되는 것을 알 수 있다. 연습 문제 4에 나타낸 HETCOR 스펙트럼은 이 두 methyl 그룹 C8과 C9에 대한 ^{13}C 화학적 이동(18.0 ppm과 26.0 ppm)을 제공한다. 이 두 methyl 그룹은 citronellol에서 얻은 값(18.0 ppm과 25.2 ppm)과 거의 같은 값을 갖는다. 1.67 ppm에 나타나는 세 번째 methyl 그룹 C10은 16.0 ppm의 ^{13}C 화학적 이동값을 보인다.

대각선에서 C1의 methylene proton에 해당하는 4.20 ppm의 반점으로부터 또 다른 수평선을 그리면, 그 proton들은 5.40 ppm(C2)의 이중 결합에 있는 C–H와 상관관계를 하고 있는 것을 알 수 있다. 그 proton들은 장거리 짝지음(^4J)에 의해 C10의 methyl 그룹과도 상관관계를 하고 있다.

불행하게도, C5와 C4에 결합된 proton에 해당하는 2.10 ppm과 2.05 ppm에 위치한 두 개의 methylene 그룹의 proton에 대해 COSY 스펙트럼을 이용하여 각각을 구분하여 할당하는 것은 좀 더 어렵다. 이 proton들은 거의 같은 화학적 이동값을 갖는다. 연습 문제 4에 나타낸 HETCOR 스펙트럼이 할당에 도움이 될 것이다. C5는 27 ppm의 ^{13}C 화학적 이동을 갖는데, 그 값은 citronellol의 C5에 대한 ^{13}C 화학적 이동인 25.1 ppm과 비슷한 값이다(연습 문제 3의 해답 참조). C4는 훨씬 큰 값인 39 ppm의 ^{13}C 화학적 이동을 갖는데, citronellol의 C4에 대한 ^{13}C 화학적 이동인 37 ppm과 비슷한 값이다.

흥미롭게도, OH 그룹은 대각선에서 약 2.4 ppm에 나타난다. OH 그룹은 다른 어떤 그룹과도 상관관계를 하지 않는 것에 주목하여라. 할당은 다음과 같이 표로 정리하였다.

Proton C1: 4.20 ppm	Carbon C1: 59 ppm
Proton C2: 5.40 ppm	Carbon C2: 124 ppm
Proton C3: −	Carbon C3: 132 또는 139 ppm

Proton C4: 2.05 ppm	Carbon C4: 39 ppm
Proton C5: 2.10 ppm	Carbon C5: 27 ppm
Proton C6: 5.20 ppm	Carbon C6: 125 ppm
Proton C7: −	Carbon C7: 132 또는 139 ppm
Proton C8 또는 C9: 1.60 ppm	Carbon C8 또는 C9: 18.0 ppm
(할당 안됨) 1.70 ppm	26.0 ppm
Proton C10: 1.67 ppm	Carbon C10: 16.0 ppm

5.

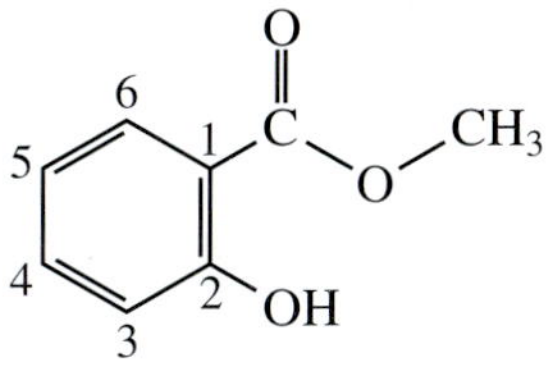

Proton #3: 6.95 ppm	Carbon #3: 117 ppm
Proton #4: 7.40 ppm	Carbon #4: 136 ppm
Proton #5: 6.82 ppm	Carbon #5: 119 ppm
Proton #6: 7.75 ppm	Carbon #6: 130 ppm

$J_{3,4} = 8$ Hz	$J_{3,5} = 1$ Hz	$J_{3,6}$ ~0 Hz
$J_{4,5} = 7$ Hz	$J_{4,6} = 2$ Hz	$J_{5,6} = 8$ Hz

제 10 장

1. (a) $\varepsilon = 13{,}000$ (b) $I_0/I = 1.26$

2. (a) 2,4-Dichlorobenzoic acid 또는 3,4-dichlorobenzoic acid

(b) 4,5-Dimethyl-4-hexen-3-one

(c) 2-Methyl-1-cyclohexenecarboxaldehyde

3.

(a) 계산값: 215 nm	측정값: 213 nm
(b) 계산값: 249 nm	측정값: 249 nm
(c) 계산값: 214 nm	측정값: 218 nm
(d) 계산값: 356 nm	측정값: 348 nm
(e) 계산값: 244 nm	측정값: 245 nm
(f) 계산값: 303 nm	측정값: 306 nm
(g) 계산값: 249 nm	측정값: 245 nm
(h) 계산값: 281 nm	측정값: 278 nm
(i) 계산값: 275 nm	측정값: 274 nm
(j) 계산값: 349 nm	측정값: 348 nm

4. 166 nm: $n \rightarrow \sigma^*$

189 nm: $\pi \rightarrow \pi^*$

279 nm: $n \rightarrow \pi^*$

5. 각 흡수띠는 $n \rightarrow \sigma^*$ 전이 때문이다. *Chloro* 그룹에서 *bromo* 그룹, *iodo* 그룹으로 감에 따라 halogen의 전기음성도는 감소한다. 궤도함수들은 서로 다른 정도로 상호작용하여 n 상태와 σ^* 상태의

에너지가 서로 다르다(따라서 흡수띠의 위치가 달라진다).

6. (a) $\sigma \rightarrow \sigma^*$, $\sigma \rightarrow \pi^*$, $\pi \rightarrow \pi^*$, $\pi \rightarrow \pi^*$

(b) $\sigma \rightarrow \sigma^*$, $\sigma \rightarrow \pi^*$, $\pi \rightarrow \pi^*$, $\pi \rightarrow \sigma^*$, $n \rightarrow \sigma^*$, $n \rightarrow \pi^*$

(c) $\sigma \rightarrow \sigma^*$, $n \rightarrow \sigma^*$

(d) $\sigma \rightarrow \sigma^*$, $\sigma \rightarrow \pi^*$, $\pi \rightarrow \pi^*$, $\pi \rightarrow \sigma^*$, $n \rightarrow \sigma^*$, $n \rightarrow \pi^*$

(e) $\sigma \rightarrow \sigma^*$, $n \rightarrow \sigma^*$

(f) $\sigma \rightarrow \sigma^*$

제 11 장

1. 연습 문제 1에 있는 화합물의 정상 ^{1}H 스펙트럼은 각각 2.7 ppm(OCH_3)과 3.9 ppm(CH_3–C=O)에 나타나는 두 개의 methyl 그룹(3H의 적분값)을 분명하게 보여준다. 7.0~8.5 ppm 범위의 남아있는 모든 proton은 여섯 개의 방향족 proton 피크로 할당되고, 각각은 1H의 적분값을 갖는다. Methoxy 그룹은 전자주기 그룹이다(제7장 7.10절). Methoxy 그룹의 산소 원자에 있는 결합하지 않은 전자들(비공유전자쌍)은 왼쪽 고리에 전자를 제공하여 H_a와 H_b가 가려진다. 오른쪽 고리에 있는 acetyl 그룹의 C=O는 전자를 끌어들여 H_e와 H_f를 벗긴다(제7장 7.10절, 그림 7.61). Proton H_a와 H_b는 proton H_e와 H_f에 비해 상대적으로 높은 장에 나타난다.

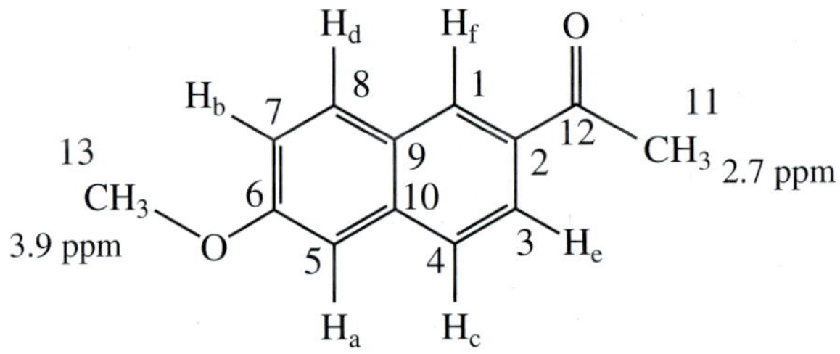

연습 문제 1에 나타낸 COSY 스펙트럼은 값진 정보를 제공한다. 대각선의 오른쪽 위에서부터 시작하면, 다음과 같은 상관관계가 얻어진다.

H_a와 H_b는 H_d와 상관관계를 한다.
H_c는 H_e와 상관관계를 한다.
H_d는 H_a와 H_b와 상관관계를 한다.
H_e는 H_c와 H_f와 상관관계를 한다.
H_f는 H_e와 상관관계를 한다.

이와 같은 상관관계로부터 이제 proton H_c, H_e, H_f는 오른쪽 고리에 결합되어 있는 반면, proton H_a, H_b, H_d는 왼쪽 고리에 결합되어 있는 것을 알았다.

연습 문제 1에 나타낸 H_f와 H_e의 확대 그림으로 다음과 같은 값을 얻는다.

H_f 8.40 ppm, 이중선, $^4J_{ef}$ = 1.83 Hz, 장거리 짝지음만 보인다.
H_e 8.01 ppm, 이중선의 이중선, $^3J_{ce}$ = 8.77 Hz, $^4J_{ef}$ = 1.83 Hz.

연습 문제 1에 나타낸 확대 그림으로 다음과 같은 값을 얻는다.

H_c 7.77 ppm, 이중선, $^3J_{ce}$ = 8.77 Hz.

H_d 7.86 ppm, 이중선, $^3J_{bd}$ = 8.77 Hz.

H_b 7.21 ppm, 이중선의 이중선, $^3J_{bd}$ = 8.77 Hz, $^4J_{ab} \approx$ 2.5 Hz.

H_a 7.16 ppm, 이중선, $^4J_{ab} \approx$ 2.5 Hz, 장거리 짝지음만 보인다.

연습 문제 1에 나타낸 DEPT 135 스펙트럼은 여섯 개의 방향족 C−H 그룹과 지방족 CH_3 그룹들을 보여준다. CH_2 그룹은 없다. HETCOR 스펙트럼이 이 연습 문제에 포함되어 있지 않으므로 우리는 최선을 다해 가능한 한 많은 할당을 해야 한다. 정상 탄소 스펙트럼은 proton이 결합되지 않은 탄소 원자에 대한 몇몇 화학적 이동을 제공한다.

C11, CH_3, 26.4 ppm

C12, C=O, 197.8 ppm

C13, CH_3, 55.3 ppm

C1, C3, C4, C5, C7, C8은 할당하지 않은 C−H 탄소 원자: 105.6, 119.6, 124.5, 127.0, 129.9, 131.0 ppm.

C2, C6, C9, C10은 할당하지 않은 proton이 결합되지 않은 탄소 원자: 127.7, 132.5, 137.2, 159.6 ppm.

3. 2-Butanone

4. 1-Propanol

5. 3-Pentanone

6. Methyl trimethylacetate (methyl 2,2-dimethylpropanoate)

7. Phenylacetic acid

8. 4-Bromophenol

9. Valerophenone (1-phenyl-1-pentanone)

10. Ethyl 3-bromobenzoate; ethyl 4-bromobenzoate

11. *N,N*-dimethylethylamine

12. 2-Pentanone

13. Ethyl formate

14. 2-Bromoacetophenone; 4-bromoacetophenone

15. Butyraldehyde (butanal)

16. 3-Methyl-1-butanol

17. Ethyl 2-bromopropionate (ethyl 2-bromopropanoate);
Ethyl 3-bromopropionate (ethyl 3-bromopropanoate)

18. Ethyl 4-cyanobenzoate

19. 3-Chloropropiophenone (3-chloro-1-phenyl-1-propanone)

찾아보기

Index

ㅁ

ㅂ

ㅅ

ㅈ

파비아의

제5판

분광학강의

Introduction to Spectroscopy
5th Edition

| 제5판 1쇄 발행일 | 2018년 8월 23일
| 제5판 5쇄 발행일 | 2023년 2월 1일

옮긴이와의 합의로 인지 첨부를 생략함

| 지 은 이 | Pavia, Lampman, Kriz, Vyvyan
| 옮 긴 이 | 문석식, 김진권, 이석우, 홍인석
| 발 행 인 | 송성헌
| 발 행 처 | 센게이지러닝코리아㈜
| 등록번호 | 제313-2007-000074호(2007.3.19.)
| 이 메 일 | asia.infokorea@cengage.com
| 홈페이지 | www.cengage.co.kr
| I S B N | 978-89-6218-438-9

| 공 급 처 | 사이플러스
| 주 소 | 서울시 영등포구 양평로 30길 14, 세종앤까뮤스퀘어 1106호
| 도서안내 및 주문 | TEL 02) 332-6171 FAX 02) 332-6185
| 홈페이지 | www.sciplus.co.kr

정가 45,000원